로 가득

이 책은 진화와 생명의 의미에 대해 내가 안다고 생각한 모든 것을 바꾸어놓았다.

_ **하워드 라인골드** 《가상 공동체》《넷스마트》 저자

《통제 불능》은 첨단 생물학, 컴퓨터 과학, 경제학, 조직 이론, 예술을 비롯한 수많은 분야에서 일어난 최선의 성과들을 결합한다. 케빈 켈리는 이 책으로 단지 최고 저널리스트에 머물지 않고, 지적 내파內破 작업을 적극적으로 주도한다.

_ **스튜어트 브랜드** 《미디어 랩》 저자

가우디의 미래 지향적 건축물부터 컴퓨터화된 스마트 주택, 다윈의 진화론에 도전하는 컴퓨터 시뮬레이션에 이르기까지, 온갖 영역을 종횡무진하며 탐험하는 이 거대한 여정은 독자들에게 충격과 즐거움을 선물할 것이다.

_ **퍼블리셔스 위클리**

앞으로 다가올 세계에 대한 숙고를 담은 밀도 높은 담론.

_ **커커스 리뷰**

통제 불능

통제 불능

1판 1쇄 발행 2015. 12. 7.
1판 6쇄 발행 2019. 1. 14.

지은이 케빈 켈리
옮긴이 이충호, 임지원
기획·해제 이인식 지식융합연구소 소장, 문화창조아카데미 총감독

발행인 고세규
책임 편집 조혜영 | 디자인 길하나

발행처 김영사
등록 1979년 5월 17일(제406-2003-036호)
주소 경기도 파주시 문발로 197(문발동) 우편번호 10881
전화 마케팅부 031)955-3100, 편집부 031)955-3200 | 팩스 031)955-3111

값은 뒤표지에 있습니다.
ISBN 978-89-349-7277-8 03400

홈페이지 www.gimmyoung.com 블로그 blog.naver.com/gybook
페이스북 facebook.com/gybooks 이메일 bestbook@gimmyoung.com

좋은 독자가 좋은 책을 만듭니다.
김영사는 독자 여러분의 의견에 항상 귀 기울이고 있습니다.

이 도서의 국립중앙도서관 출판시도서목록(CIP)은 서지정보유통지원시스템 홈페이지 (http://seoji.nl.go.kr)와 국가자료공동목록시스템(http://www.nl.go.kr/kolisnet)에서 이용하실 수 있습니다.(CIP제어번호 : CIP2015031996)

이 책은 해동과학문화재단의 지원을 받아 NAEK 한국공학한림원과 김영사가 발간합니다.

인간과 기계의 미래 생태계

통제 불능

OUT
OF
CONTROL

케빈 켈리 | 이충호·임지원 옮김 | 이인식 해제

김영사

차례

해제_ 신을 창조하는 21세기 과학 원리 6

1 만들어진 것들과 태어난 것들 15

2 벌떼 마음 22

3 반항적 태도를 가진 기계 69

4 복잡성의 조립 125

5 공진화 149

6 자연의 격동 191

7 통제의 출현 229

8 닫힌계 260

9 생물권의 출현 303

10 산업 생태계 334

11 네트워크 경제 368

12 전자 화폐 405

13 신의 게임 457

14 형태 도서관에서 511

15 인공 진화 556

16 제어의 미래 607

17 열린 우주 644

18 조직된 변화의 구조 681

19 후기 다윈주의 703

20 잠자고 있는 나비 743

21 솟아오르는 흐름 770

22 예측 기계 799

23 전체, 구멍, 공간 851

24 신이 되는 아홉 가지 법칙 882

감사의 말 890

참고문헌 892

찾아보기 919

해제

신을 창조하는 21세기 과학 원리

이인식(지식융합연구소 소장, 문화창조아카데미 총감독)

우리가 생명의 힘을 창조된 기계에 불어넣으면 우리는 기계들을 제어할 힘을 잃어버리게 된다. 기계들은 야생성을 획득하고, 또한 야생에 수반되는 의외성을 띠게 된다. 이것이 바로 모든 신들이 마주하는 딜레마이다.

_케빈 켈리

1

케빈 켈리는 이 책이 "태어난 것들과 만들어진 것들의 결합에 관한 이야기이다."라고 밝히고, 비비시스템vivisystem의 세계로 독자를 유혹한다. 그는 '만들어진 것이든 태어난 것이든 생명과 유사한 특성lifelikeness을 갖고 있는 시스템'은 모두 비비시스템이라고 부른다. 가령 생명체와 생태계로 알려진 생물 공동체와 로봇, 기업, 경제와 같이 인간이 만든 것들이 비비시스템에 해당된다. 요컨대 비비시스템은 다름 아닌 복잡 적응계complex adaptive system의 다른 명칭이다. 그러므로 이 책은 복잡 적응계를 탐구하는 학자들의 통찰과 연구 성과를 생생히 증언하는 기념비적인 보고서임에 틀림없는 것 같다.

살아 있는 세포, 사람의 뇌 그리고 증권거래소. 이들은 과학적 주제로서 공통점이 없는 듯하지만 복잡성 과학science of complexity의 이론가들은 적어도 두 가지 특성을 공유하고 있는 것으로 본다.

첫째, 이들은 단순한 구성 요소가 수많은 방식으로 상호작용하고 있다는 의미에서 복잡계complex system라 할 수 있다. 가령 세포는 단백질, 핵산 등 수많은 분자로 구성되어 있다.

둘째, 이들은 환경의 변화에 수동적으로 반응하지 않고 구성 요소를 재조직하면서 능동적으로 적응한다. 예컨대 사람의 뇌는 끊임없이 신경세포의 회로망을 재구성하면서 경험을 통해 학습하고 환경에 적응한다. 복잡성 과학에서는 단순히 그냥 복잡한 물체와 구별하기 위해 이들을 통틀어 복잡 적응계라 일컫는다.

복잡 적응계의 행동은 얼핏 보아 무질서해 보인다. 왜냐하면 구성 요소의 상호작용이 고도로 비선형적인 행동을 보여주기 때문이다. 비선형계에서는 초기 조건에서 발생하는 작은 변화가 출력에서는 엄청나게 큰 변화를 일으킨다. 그러한 현상의 하나가 혼돈chaos이다. 혼돈은 바다의 난류 또는 주식 가격의 난데없는 폭락처럼 불규칙적이며 예측하기 어렵다. 그러나 복잡 적응계는 혼돈 대신에 질서를 형성해낸다. 혼돈과 질서의 균형을 잡는 능력을 갖고 있기 때문이다. 요컨대 단순한 질서와 완전한 혼돈 사이의 광대한 영역에 놓여 있는 거의 모든 자연 세계와 사회 현상을 복잡 적응계로 간주할 수 있다.

복잡성 과학의 기본 전제는 복잡 적응계가 자발적으로 질서를 형성하는 이른바 자기 조직화self-organization 능력을 갖고 있다는 것이다. 자기 조직화에 의해 단순한 구성 요소를 모아놓은 전체 구조에서 새로운 특성이나 행동이 나타나는 것을 창발emergence이라 한다. 창발은 복잡성 과학의 기본 주제이다.

1984년 미국의 샌타페이에 설립된 복잡성과학연구소에는 물리학, 생물학, 경제학, 컴퓨터 과학의 기라성 같은 인물들이 몰려들었다. 노벨상을 받은 머레이 겔만(물리학), 케네스 애로우(경제학) 등 학계 원로와 함께 스튜어트 카우프만(생물학), 윌리엄 브라이언 아더(경제학), 크리스토퍼 랭턴(컴퓨터 과학) 같은 중견 학자들이 참여하여 지식 융합 연구를 추진했다.

2

크리스토퍼 랭턴은 이 책의 17장에서 '독불장군처럼 최첨단 인공 생명artificial life 분야를 이끈' 인물로 묘사된 것처럼 '인공 생명'이란 용어를 처음 만들고 1987년 9월에 이 학문의 탄생을 공식적으로 천명한 세미나를 주관한 장본인이다. 랭턴에 따르면 인공 생명은 '생명체의 특성을 나타내는 행동을 보여주는 인공물의 연구'라고 정의된다. 말하자면 살아 있는 것 같은 행동을 보여줄 수 있는 인공물, 켈리의 표현을 빌리면 일종의 비비시스템의 개발을 겨냥하는 학문이다.

인공 생명은 생물학과 컴퓨터 과학이 융합된 분야로서 연구 영역이 매우 다양하다. 그러나 한 가지 공통점은 컴퓨터를 도구로 사용하여 생명의 창조를 시도한다는 것이다. 주요한 관심 분야는 진화하는 소프트웨어, 컴퓨터 그래픽스, 로봇공학을 꼽을 수 있다.

생물처럼 진화하는 소프트웨어로는 15장에 소개되는 티에라Tierra와 유전 알고리듬genetic algorithm이 유명하다.

토머스 레이가 생태계를 모의simulation하여 개발한 티에라는 기생생물이 숙주와 경쟁하면서 진화하는 과정을 보여줌으로써 생태학 연구에 크게 기여했다. 특히 수십억 년에 걸쳐 진행되는 생물의 진화 과정을 짧은 시간에 컴퓨터 화면으로 볼 수 있게 됨에 따라 티에라는 인공 생명 연구의 걸작품으로 평가된다. 티에라는 스페인어로서 '지구'를 의미한다.

유전 알고리듬은 존 홀랜드가 자연 선택을 모의하여 개발한 문제 해결 프로그램이다. 유전 알고리듬으로 작성된 소프트웨어는 게임 이론에서부터 복잡한 기계 설계에까지 그 실용성이 입증되었다.

인공 생명은 생물체와 거의 흡사한 행동을 컴퓨터 화면으로 보여줄 수 있으므로 컴퓨터 그래픽스에도 활용된다. 16장에 등장하는 아리스티드 린덴마이어와 프셰미스와프 프루싱키에비치가 각각 식물이 성장하는 모습을 모의하여 컴퓨터 그래픽스로 생생하게 보여준 소프트웨어가 단연 돋보인다.

3

인공 생명의 접근 방법에 의하여 가장 괄목할 만한 결과를 내놓은 분야는 로봇공학이다. 1954년 호주 태생인 로드니 브룩스는 인공지능artificial intelligence의 하향식 접근 방법과는 달리 인공 생명의 상향식 방법으로 이동 로봇을 개발하여 성과를 거두었다.

브룩스는 동물행동학ethology을 로봇공학에 접목시킨다. 동물행동학에서는 곤충의 복잡한 행동이 나타나는 까닭은, 한 행동의 결과가 다음 행동을 차례대로 유발시키기 때문이라고 설명한다. 서로 다른 단순 행동이 상호작용한 결과로 복잡한 행동이 출현하는 것으로 보고 이를 창발적 행동emergent behavior이라 부른다. 요컨대 동물행동학의 기본 전제는 곤충의 창발적 행동이 의식적인 통제가 없는 상태에서 자율적으로 나타난다는 것이다.

브룩스는 미국의 저술가인 스티븐 레비가 1992년에 펴낸 저서 《인공 생명》에서 언급한 것처럼 '방 안에서 걷지 못하는 천재보다는 곤충처럼 들판을 헤집고 다니는 천치'와 같은 로봇을 만들어냈다. 이른바 곤충 로봇insectoid을 설계하는 접근 방법으로 내놓은 그의 아이디어는 로봇공학, 나아가서는 인공 지능의 고정관념을 송두리째 뒤흔들어놓았다. 이는 3장에 상세히 소개된 포섭 구조subsumption architecture이다.

켈리는 "어떤 기관이든 기업이든 공장이든 생물이든 경제든 로봇이든 중앙 통제식으로 설계될 경우 번영하기 힘들다."면서 포섭 구조의 분산 처리 방식에 대해 의미를 부여한다.

포섭 구조가 지닌 또 다른 의미는 신체화된 인지embodied cognition 이론을 뒷받침하는 사례라는 것이다. 켈리는 "진짜 몸 안에서 하루하루 자신의 힘으로 생존하는 로봇을 만들어내는 것이 인공 지능 내지는 진짜 지능을 만드는 유일한 길이다. 마음이 창발하는 것을 원하지 않는다면, 마음을 몸에서 분리시키라!"고 다소 흥분한 어투로 신체화된 인지 이론을 옹호한다.

곤충 수준의 지능을 가진 로봇에 대해 그 쓰임새를 의심하는 사람들이 적지 않다. 그럼에도 불구하고 브룩스의 연구진들은 모기 크기의 로봇을 우주 탐사에 보낼 꿈을 꾼다. 수백만 개의 모기 로봇이 민들레 꽃씨처럼 바람에 실려 화성에 착륙한 뒤에 메뚜기처럼 뜀박질하면서 여기저기로 퍼져나가 개미와 같은 사회성 곤충처럼 협동하여 우주를 탐사할 것으로 믿고 있는 것이다. 모기 로봇의 집단으로부터 지능이 창발할 것이라고 확신하기 때문이다. 이러한 곤충 집단의 지능은 떼지능swarm intelligence이라 불린다. 떼지능은 개미, 흰개미, 꿀벌 따위의 사회성 곤충에서 보편적으로 창발하는 집단 지능collective intelligence의 일종이다.

2장에서 켈리가 벌떼 마음hive mind을 집단 마음group mind이라고 표현한 것도 집단 지능과 같은 의미로 받아들여도 무방할 것 같다.

4

복잡성 과학의 목표는 복잡 적응계가 보여주는 자기 조직화 능력을 설명하는 이론을 정립하는 데 있다.

자기 조직화의 연구에서 가장 활발한 이론가는 20장에 등장하는 스튜어트 카우프만이다. 미국의 생물학자인 카우프만은 개체 발생 ontogeny에 관심을 가졌다. 사람의 게놈(유전체)은 2만여 개의 유전자로 구성된다. 이처럼 복잡하고 거대한 게놈의 조절 체계에서 유전자의 활동이 제어되는 과정에 대해 의문을 갖게 된 것이다. 이 의문을 풀기 위해 카우프만은 게놈의 조절 체계를 비선형계로 상정하고 반혼돈antichaos이라는 수학적 개념을 창안했다. 비선형계가, 무질서에서 자발적으로 질서가 형성되는 반혼돈 특성을 갖고 있다는 아이디어이다. 이러한 질서는 자연 발생적으로 존재하는 질서라는 의미에서 부존질서order for free라고 명명했다. 부존질서는 자기 조직화의 산물에 다름 아니다.

카우프만은 생물체의 진화는 자연 선택과 자기 조직화의 결합으로 이해되어야 한다는 독창적인 이론을 개진했다. 생물체가 갖고 있는 질서는 오로지 자연 선택의 결과라고 믿고 있는 생물학의 통념에 도전한 것이다.

카우프만은 1995년에 펴낸 그의 저서《우주의 안식처에서At Home in the Universe》에서 무작위적인 돌연변이로 작용하는 자연 선택이 질서의 유일한 원천이 될 수는 없다고 주장하고, 자기 조직화가 자연 선택보다 더 중요한 질서의 근원이라고 강조했다. 다시 말해서 자기 조직화에 의해 나타나는 자발적인 질서가 모든 생물에서 볼 수 있는 질서 대부분의 기초가 된다는 것이다.

카우프만은, 생명은 자발적인 질서와 그 질서를 정교하게 하는 자연 선택의 상호 협력에 의존하고 있다고 결론을 내렸다. 말하자면 생물체가 우연의 산물임과 동시에 질서의 산물이라는 주장을 한 셈이다.

생명체와 같은 복잡 적응계는 혼돈의 가장자리edge of chaos로 진화한다. 카우프만은 구성 요소가 완전히 고정되거나 완전히 무질서한 행동을 할 경우에는 복잡 적응계에서 생명이 솟아날 수 없다고 주장했다. 질서와 혼돈 사이에 완벽한 평형이 이루어지는 영역에서 생명의 복잡성이 비롯된다는 것이다. 이와 같이 혼돈과 질서를 분리시키는 극도로 얇은 경계선을 혼돈의 가장자리라고 한다. 요컨대 생명은 혼돈의 가장자리에서 출현하는 것이다. 결론적으로 카우프만은 생명은 혼돈의 가장자리에서 자기 조직화에 의해 창발하는 질서에 의존해서 유지된다고 주장한 셈이다.

켈리는 이 책에서 스튜어트 카우프만, 크리스토퍼 랭턴, 로드니 브룩스 등 쟁쟁한 복잡성 이론가들의 통찰을 유려하고 자상한 필치로 소개한 뒤에 22장에서 다음과 같은 결론을 내린다.

"경제, 생태계, 인간 문화 같은 비비시스템은 어떤 곳에서도 제어하기가 어렵다."

이어서 마지막 장인 24장에서는 "복잡성 과학 분야에서 축적된 많은 관찰 사실들에서 이 원리들은 가장 광범위하고 분명하고 대표적인 일반 원리이다. 나는 이 아홉 가지 법칙을 잘 따르면, 신이 되는 길까지 충분히 멀리 나아갈 수 있다고 믿는다."면서 그가 발견했다는 '신이 되는 아홉 가지 법칙'을 설명한다.

20세기가 끝나가는 1994년에 21세기의 핵심 연구 주제가 될 만한 것들을 모조리 살펴보기 위해 출간된 문제작으로 자리매김한 이 방대한 저서의 끄트머리는 다음과 같이 마무리된다.

"다가오는 신생물학neo-biological 시대에는 우리가 의존하는 동시에 두려워하는 것은 모두 만들어지기보다는 태어날 것이다."

더 읽어볼 만한 관련 도서 (국내 출간 순)

- 《사람과 컴퓨터》 이인식, 까치글방, 1992
- 《카오스에서 인공 생명으로 Complexity》 미첼 월드롭, 범양사출판부, 1995
- 《인공 생명 Artificial Life》 스티븐 레비, 사민서각, 1995
- 《복잡성 과학이란 무엇인가 Complexification》 존 카스티, 까치글방, 1997
- 《혼돈의 가장자리 At Home in the Universe》 스튜어트 카우프만, 사이언스북스, 2002
- 《이머전스 Emergence》 스티븐 존슨, 김영사, 2004
- 《스마트 스웜 The Smart Swarm》 피터 밀러, 김영사, 2010
- 《자연은 위대한 스승이다》 이인식, 김영사, 2012
- 《몸의 인지과학 The Embodied Mind》 프란시스코 바렐라, 김영사, 2013
- 《융합하면 미래가 보인다》 이인식, 21세기북스, 2014

OUT OF CONTROL

1

만들어진 것들과 태어난 것들

나는 완전히 밀폐된 유리로 만든 작은 집 안에 있다. 그 안에서 나는 내가 내쉰 공기를 다시 들이마신다. 하지만 팬이 계속해서 휘저어주는 공기는 나름대로 신선하다. 내가 배출한 소변과 대변은 배관과 파이프, 철사, 식물, 습지 미생물 등으로 이루어진 시스템을 지나면서 섭취할 수 있는 물과 음식으로 탈바꿈한다. 맛있는 음식과 훌륭한 물이다.

간밤에 밖에 눈이 내렸다. 하지만 이 실험용 캡슐 안은 따뜻하고 포근하며 습기도 적절하게 유지된다. 오늘 아침 두꺼운 창문 안쪽에 응결된 물방울이 흘러내린다. 식물들이 내부 공간을 채우고 있다. 마음을 따사롭게 만들어주는 황록색의 커다란 바나나나무 잎들이 나를 둘러싸고 있다. 오글오글한 콩 덩굴이 수직면이라면 무엇이든 감고 올라간다. 캡슐 안에 있는 식물 중 절반 정도는 식용 식물이며 나는 이들 식물에서 직접 저녁거리를 거두어들였다.

나는 지금 우주 생활을 실험하는 테스트 모듈 안에 있다. 나를 둘러싼 대기는 식물과 식물이 뿌리내린 토양, 그리고 식물 사이에 설치된 시끄러운 배관과 파이프를 통해 재생된다. 초록색 식물이나 둔중한 기계, 둘 중 어느 한쪽만으로는 나의 생명을 유지시킬 수 없다. 햇빛을 먹고 사는 생명체와 기름을 먹고 돌아가는 기계가 손에 손을 잡고 협력해서 내가 살 수 있는 환경을 만든다. 이 작은 공간 안에서 생명체와 인공물이 결합해 하나의 견고한 시스템을 이루었고, 그 시스템의 목적은 한층 더 높은 복잡성을 길러내는 것이다. 지금 이 순간 그 한층 더 높은 복잡성이란 다름 아닌 바로 나다.

이 유리 캡슐 안에서 분명하게 일어나고 있는 일이, 새천년을 얼마 앞둔 지금, 지구 위에서 조금 덜 분명하지만 대신 훨씬 더 큰 규모로 일어나고 있다. 태어난 것들과 만들어진 것들, 즉 자연물과 인공물이 하나가 되어가는 현상이 바로 그것이다. 기계들은 점점 생물학적 속성을 띠어가고 생물은 점점 공학적 속성을 띠어간다.

케케묵은 비유가 떠오른다. 최초의 기계가 만들어진 이래로 기계를 생물에 비유하고 생물을 기계에 비유하는 일은 수없이 되풀이되어왔다. 그런데 그 오래된 은유가 이제 더 이상 시적인 표현에만 머무르지 않는다. 비유가 현실이 되고 있는 것이다.

이 책은 태어난 것들과 만들어진 것들의 결합에 관한 이야기이다. 기술자들은 생명체와 기계 양쪽으로부터 논리적인 원리를 추출한 후, 극도로 복잡한 시스템을 만드는 데 그 원리를 적용함으로써, 만들어진 동시에 살아 있는 것을 고안해낸다. 이와 같은 생명체와 기계의 결합은 어떤 면에서는 정략 결혼이라 할 수 있다. 인간이 창조한 인공물의 세계가 극도로 복잡해짐에 따라, 그 세계를 다룰 방편을 찾기 위해 다시 생명체의 세계로 눈을 돌릴 수밖에 없게 된 것이다. 다시 말해서 우리가 만들어나가는 환경이 고도로 기계화될수록 그것이 제대로 작동하려면 궁극적으로 고도로 생물학적이 되어야 한다는 것이다. 우리의 미래는 기술의 토대 위에 설 것이다. 그러나 그것은 회색빛 강철의 세계가 아니다. 기술을 바탕으로 한 우리의 미래는 신생물학적neo-biological 문명을 향해 나아갈 것이다.

지금까지 자연은 인간에게 자신의 신선한 살점을 내주었다. 처음에 우리는 자연의 물질에서 먹을 것, 입을 것, 잘 곳을 얻었다. 그 후 인간은 자연의 생물권에서 원재료를 추출해 그것으로부터 새로운 합성 물질을 얻는 방법을 배웠다. 그런데 이제 어머니 자연은 우리에게 자신의 정신을 주고 있다. 우리는 자연의 논리를 얻고 있다.

시계 장치 논리, 즉 기계 논리로는 단순한 장치밖에 만들 수 없다. 세포나 초원, 경제나 뇌(생물학적 뇌이든 인공 뇌이든)처럼 진짜로 복잡한 시스템에 필요한 논리는 철저하게 비기술적인 것이다. 이제 우리는 생각하는 기계, 아니, 하다못해 어느 정도 규모에서라도 제대로 작동하는 시스템을 만들려면 오로지 생물 논리bio-logic로만 가능하다는 사실을 알고 있다.

생물학으로부터 생물 논리를 추출하고 그것을 유용하게 사용할 수 있다는 사실은 놀라운 발견이다. 과거에 많은 철학자들이 생명의 법칙을 찾아내고 그것을 다른 곳에 적용할 수 있으리라 추측하기는 했지만, 그것을 입증할 수 있게 된 것은 컴퓨터를 비롯해 인간이 만든 시스템이 살아 있는 생명체만큼의 복잡성에 도달한 이후였다. 생명의 속성 가운데 얼마나 많은 것을 다른 곳에 적용할 수 있는지 살펴보면 경이로움을 느끼게 된다. 지금까지 우리가 성공적으로 기계 시스템에 이식한 생명의 속성에는 자기 복제, 자율적 관리self-governance, 제한된 수준의 자기 복구, 일정 범위 내에서의 진화, 부분 학습 등이 있다. 하지만 그보다 훨씬 더 많은 속성들을 합성하고 그것을 통해 뭔가 새로운 것을 만들어낼 수 있다고 믿을 만한 근거가 많이 있다.

생물 논리가 기계로 도입되고 있는 동시에 한편으로는 공학 논리가 생명체로 도입되고 있다.

생명공학은 생물을 향상시킬 수 있을 만큼 충분히 오랫동안 제어하려는 욕망에 뿌리를 두고 있다. 사육하는 가축이나 재배하는 작물은 공학 논리를 동물과 식물에 적용한 사례이다. 영어로 '앤 여왕의 레이스Queen Anne's lace, 정식 명칭은 야생 당근'라고 불리는 들꽃의 향기로운 뿌리가 여러 세대의 약초 채집자들의 세심한 손을 거쳐 밭에서 재배하는 당근으로 개량되었다. 또한 야생 소의 젖통은 송아지가 아닌 인간을 만족시키기 위해 '비자연적인' 방식을 선택함으로써 점점 커지게 되었다. 따라서 젖소와 당근은 증기 기관이나 화약만큼이나 인간의 발명품이라고 부를 만하다. 하지만 젖소와 당근은 우리가 미래에 만들게 될 발명품이 어떤 방향으로 나아갈지를 보여주는 데 더욱 효과적이다. 즉, 공장에서 찍어내기보다는 재배되는 생산품 말이다.

유전자 조작은 바로 가축 사육자들이 더 나은 홀스타인 품종의 소를 얻기 위해 하는 일과 같은 것이다. 단지 생명공학의 경우 좀 더 정확하고 강력한 통제 수단을 사용할 뿐이다. 당근이나 젖소의 경우 종잡을 수 없는 생물의 진화에 의존해야 했지만 현대의 유전공학자들은 인공 진화, 즉 합목적적 설계를 이용할 수 있기 때문에 빠른 시간에 품종을 개량할 수 있다.

기계 영역과 생물 영역이 서로 겹쳐지는 현상은 해가 갈수록 늘어나고 있다. 이 생체공학적 수렴 현상은 부분적으로 용어 문제에 있다. '기계적'이라는 단어나 '생명체'라는 단어의 의미를 제각기 확장하다보면 모든 복잡한 사물을 '기계적'이라고 볼 수도 있고, 한편 스스로 자신의 존재를 유지할 수 있는self-sustaining 기계는 살아 있다고 볼 수 있다. 그러나 의미론적 차원을 넘어서서 구체적인 경향 두 가지가 나타나고 있다. (1) 사람들이 만들어내는 물건이 점점 생명체와 유사하게 행동한다. (2) 생명체에 공학적 요소가 점점 더 많이 가미되고 있다. 생물과 제조품 사이에 쳐져 있던 베일이 벗겨지면서 그 둘이 사실은 하나이며 예전부터 지금까지 쭈욱 하나였음을 보여준다. 생명체나 생태계 등으로 알려진 생물 공동체와 로봇, 기업, 경제, 컴퓨터 회로 등과 같이 인간이 만든 것들 사이의 공통 영혼을 무엇이라고 불러야 할까? 나는 만들어진 것이든 태어난 것이든 '생명과 유사한 특성lifelikeness'을 갖고 있다면, 그와 같은 시스템을 '비비시스템vivisystem, 살아 있는 계'이라고 부르고자 한다.

이어지는 장들에서 나는 이 통합된 생체공학적 변경 지대를 탐험할 것이다. 내가 소개하고자 하는 비비시스템 가운데 상당 부분은 '인공적'인 것이다. 즉, 사람의 손으로 만든 것이다. 하지만 거의 모든 사례들은 실제로 존재하는 것이다. 그러니까 단순한 이론이 아니라 실험으로 구현된 것이다. 내가 조사한 인공적 비비시스템들은 모두 복잡하고 웅장하다. 그 비비시스템에는 전 지구적 통신 시스템, 컴퓨터 바이러스 인큐베이터, 로봇 원형, 가상 현실 세계, 합성된 애니메이션 캐릭터, 다양한 인공 생태계, 지구 전체의 컴퓨터 모형 등이 있다.

그러나 야생 자연이야말로 비비시스템에 대한 명확한 통찰을 돕는 중요한 원천이다. 그리고 아마도 계속해서 새로운 통찰을 제공해주는 가장 중요한 원천이 될 것이다. 나는 새롭게 조직된 생태계에 대한 실험, 생태계 복원과 관련된 생물학, 산호초의 복제, 벌과 개미 같은 사회적 곤충, 그리고 앞부분에서 묘사한 애리조나주에서 실시된 바이오스피어 2 계획 등에 대한 내용을 전할 것이다.

이 책에서 탐구할 비비시스템은 깊이를 헤아릴 수 없는 복잡성을 지니고 있다. 아우르는 범위도, 세부 사항의 깊이도 방대하기 그지없다. 이와 같은 각각의 방대한 시스템을 통해 나는 모든 거대한 비비시스템을 관통하는 통일된 원리에 접근하고자 한다. 스스로 유지되고, 스스로 개선되는 시스템들이 모두 공유하고 있는 근본적인 그 원리를 나는 '신의 법칙'이라고 부르고자 한다.

더욱더 복잡한 기계적 시스템을 만들려는 인간의 노력을 들여다보면, 결국 그 방향이 자연을 향하게 된다는 사실을 반복해서 확인하게 된다. 그러니까 자연은 단순히 미래의 질병을 치료할 수 있는, 지금까지 발견되지 않은 약초를 어딘가에 숨기고 있는 다양한 유전자 보고에 그치지 않는다. 물론 그런 측면도 분명히 있지만. 자연은 또한 '밈meme, 유전자처럼 개체의 기억에 저장되거나 다른 개체의 기억으로 복제될 수 있는 비유전적 문화 요소 또는 문화의 전달 단위-옮긴이'의 보고, 곧 아이디어 공장이다. 정글 같은 개미집 구석구석마다 후기 산업 시대의 핵심 패러다임들이 숨어 있다. 살아 있는 벌레나 잡초 따위로 이루어진, 무수히 많은 발이 달린 통합된 생명체와 같은 자연과 그 자연에서 의미를 뽑아낸 인간 원주민 문화는 보존할 가치가 있다. 다른 이유를 찾을 수 없다면, 그들이 아직까지 드러내지 않은 포스트모던 은유의 가치만으로도 충분히 보호할 가치가 있다. 초원을 파괴하는 것은 단순히 귀중한 유전자 보고를 파괴하는 행위에 그치지 않고 미래의 은유와 통찰, 새로운 생물학적 문명, 곧 모형의 보고를 파괴하는 행위이다.

생물 논리를 통째로 기계에 이식한다는 개념에 우리는 경외감을 느끼지 않을 수 없다. 태어난 것과 만들어진 것 사이의 결합이 완료되면, 그 구조물은 스스로 배우고, 적응하고, 치유하고, 진화해나갈 것이다. 그것은 우리가 지금까지 꿈조차 꾸어보지 못한 힘이다. 수백만 가지 생물학적 기계들의 집합적 능력은 언젠가는 인간의 혁신 능력과 맞먹게 될지도 모른다. 인간의 혁신 능력은 호화롭고 눈부시지만, 미약하고 작은 부분들이 끊임없이 움직이고 작동하면서 만들어내는 느리지만 광범위한 창조력 역시 무시할 수 없다.

그러나 우리가 생명의 힘을 창조된 기계에 불어넣으면 우리는 기계들을 제어할 힘을 잃어버리게 된다. 기계들은 야생성을 획득하고, 또한 야생에 수반되는 의외성을 띠게 된다. 이것이 바로 모든 신들이 마주하는 딜레마이다. 즉 신들은 그들이 만든 최상의 창조물을 완전히 지배할 수 없게 된다는 문제를 받아들여야만 한다.

만들어진 것들의 세계는 곧 태어난 것들의 세계와 비슷해질 것이다. 자율적이고 적응적이며 창조적인, 그리고 바로 그렇기 때문에 통제할 수 없는 세계 말이다. 이것은 엄청난 거래가 아닐 수 없다.

2

벌떼 마음

내 사무실 창 밖에 있는 벌집은 엄청난 수의 벌떼 군단을 조용히 뱉어냈다가 다시 들이마신다. 여름날 오후 나무 아래로 스며든 햇빛이 뒤에서 벌집을 비출 때, 햇빛을 받아 반짝이면서 어두컴컴한 작은 입구를 향해 다가가는 벌들의 모습은 마치 커브를 그리며 날아가는 예광탄처럼 보인다. 나는 올해의 마지막 철쭉나무에서 그러모은 마지막 꿀을 운반하는 벌들을 바라보았다. 곧 비가 올 것이고 벌들은 숨어버릴 것이다. 이 글을 쓰는 지금 이 순간에도 나는 창 밖을 바라보고 있다. 벌들의 고된 일과는 지금도 계속되고 있을 것이다. 하지만 이제 고된 일과는 그들의 어두운 집 안에서 벌어지고 있다. 아주 쾌청한 날에나 수천 마리의 벌들이 환한 햇빛 아래에서 날아다니는 광경을 바라보는 행운을 얻을 수 있다.

몇 년 동안 벌을 치면서, 나는 돈을 들이지 않고 쉽게 벌을 치기 위해 다른 건물이나 나무에 있는 벌 군집을 옮겨오려고 시도했다. 어느 가을날 이웃이 벌들이 살고 있는 나무를 베어 쓰러뜨렸을 때,

나는 그 나무 속을 파냈다. 쓰러진 늙은 니사나무를 전기톱으로 가르자, 불쌍한 나무 속에는 벌집이 마치 거대한 암 덩어리처럼 자리잡고 있었다. 안으로 더 깊이 파고 들어갈수록 더 많은 벌들이 나타났다. 벌들은 거의 내 몸집만큼이나 커다란 구멍을 꽉 채우고 있었다. 흐리고 선선한 가을날, 마침 함께 벌집 안에 모여 있던 벌들은 나무에 가해진 수술에 동요하기 시작했다. 어느 순간 나는 벌집 안으로 손을 쑥 밀어넣었다. 구멍 속은 뜨끈뜨끈했다. 적어도 35℃는 되는 것 같았다. 냉혈 동물인 벌이 10만 마리 이상 빽빽하게 모여 있는 벌집은 온혈 동물이 되었다. 후끈하게 가열된 꿀은 마치 묽고 뜨뜻한 혈액처럼 벌집 안을 흘러다녔다. 마치 죽어가는 동물의 뱃속에 손을 집어넣은 것 같은 느낌이 들었다.

벌집에 사는 벌들의 무리 전체가 하나의 동물 같다는 개념은 최근에야 등장했다. 그리스인과 로마인은 벌을 잘 치기로 유명했다. 그들은 손수 만든 벌집에서 상당한 양의 꿀을 채취하고는 했다. 그러나 이 고대인들이 벌에 대해 품고 있던 생각은 거의 모든 측면에서 틀린 것이었다. 그럴 수밖에 없었던 까닭은 어둠 속에 감춰진 벌의 은밀한 사생활 때문이라고 해두자. 수만에 이르는 충성스러운 무장 군인들이 목숨을 걸고 비밀스러운 음모를 지키고 있으니 말이다. 데모크리토스는 벌이 구더기에서 나온다고 생각했다. 크세노폰소크라테스의 제자였던 그리스 역사학자 – 옮긴이은 여왕벌의 존재를 알아냈으나 여왕벌이 벌집을 지배하고 관장한다고 잘못 생각했다. 아리스토텔레스는 진실에 좀 더 다가갔다. 여왕벌이 벌집 구멍 속에 애벌레를 집어넣는다고 주장했는데, 그것은 반쯤 옳은 이야기였다. (사실은 여왕벌이 구멍에 집어넣는 것은 애벌레가 아니라 알이지만 적어도 구더기에서 벌이 나온다는 데모크리토스의 주장보다는 많이 발전한 것이다.) 그러다가 르네상스 시대에 이르러서야 비로소 여왕벌의 성별이 암컷이라거나 밀랍이

벌의 몸 아랫부분에서 분비되는 것이라는 사실 등이 입증되었다. 또한 현대 유전학이 나타나기 전까지는 벌 군집이 철저한 모계 사회이자 여성 공동체, 즉 아무 짝에도 쓸데없는 소수의 수벌을 제외하고는 모두 암컷이며, 모두 한 배에서 나온 자매들로 이루어진 사회라는 사실을 아무도 알지 못했다. 사람들이 보기에 벌집 사회는 일식처럼 헤아릴 수 없는 불가사의였다.

나는 일식도 본 적이 있고 벌떼의 이동도 본 적이 있다. 일식은 별로 내키지 않지만 거의 의무적으로 보았다. 하지만 벌떼의 이동 장면은 다른 종류의 경외감을 불러일으켰다. 나는 벌들이 한꺼번에 벌집에서 나와 이동하는 장면을 몇 번 본 적이 있었다. 그 광경을 볼 때마다 나는 그 자리에 얼어붙은 듯 꼼짝도 할 수 없었다. 나뿐만 아니라 주변의 모든 사람들이 하던 일을 놓고 그 광경에 시선을 고정시켰다.

벌떼가 이동을 시작하려는 벌집은 마치 귀신이 들린 듯한 분위기를 풍긴다. 벌집 입구 주변에서부터 흥분과 동요의 기색을 느낄 수 있다. 벌집 전체에서 윙윙대는 소리가 커다랗게 울리면서 주위로 퍼져나간다. 그런 후에 벌집은 엄청난 양의 벌떼를 뱉어낸다. 마치 벌집의 내장과 영혼을 모두 쏟아내기라도 하듯이. 의지를 가진 작은 개체들이 유령 같은 회오리바람의 덩어리를 이루며 벌집 상자 위에 모여든다. 그것은 생명으로 빽빽하게 들어찬, 목적을 가진 짙은 빛깔의 구름이 된다. 소란스럽게 윙윙대는 소음에 휩싸여 유령은 빈 상자와 당혹스러운 침묵을 남긴 채 천천히 하늘 위로 떠오른다. 독일의 신지학자神智學者, theosophist, 신지학은 우주와 자연의 불가사의한 비밀을 탐구할 때 신의 존재에 기대지 않고 학문적 지식이 아닌 직관으로 신비적 합일을 이루고 그 본질을 인식하려고 하는 철학적 사조를 말한다.–옮긴이 루돌프 슈타이너는 다소 괴상한 책인 《벌에 대한 강연 9편Nine Lectures on Bees》에서 이렇게 말했다. "벌떼가 하늘로 날아오르는 것을 보면 우리는 인간의 영혼이 육신을 떠나는 이미지를 볼 수 있다."

우리 동네에서 양봉업을 하는 마크 톰프슨은 오랫동안 사람이 들어갈 수 있는 벌집을 만들고 싶다는 괴상한 욕망을 품어왔다. 그러니까 머리를 쑥 집어넣어 안으로 들어갈 수 있는 살아 있는 벌집 말이다. 어느 날 그가 양봉장에서 일을 하고 있는데 벌집 가운데 하나가 벌떼를 쏟아냈다. 그는 "마치 녹아내리는 용암처럼 검은색 덩어리가 흘러나오더니 날개를 달고 공중으로 날아올랐다."라고 묘사했다. 3만 마리의 벌들이 둘레가 6m쯤 되는 검은색 고리를 만들더니 마치 UFO처럼 딱 사람의 눈높이까지 올라왔다. 깜박거리는 고리가 계속해서 눈높이 정도를 유지하면서 천천히 옆으로 이동하기 시작했다. 사람이 들어갈 수 있는 벌집이라는 마크 톰프슨의 꿈이 실현되는 순간이었다.

마크는 망설이지 않았다. 그는 손에 들고 있던 장비를 내려놓고는 벌떼의 고리 가운데로 들어갔다. 벌떼로 이루어진 태풍의 눈 위치에 그의 대머리가 자리잡았다. 벌떼의 이동에 맞추어 마크는 종종걸음으로 걸었다. 가다가 울타리가 나오자 벌떼의 고리를 두른 채 펄쩍 뛰어넘었다. 그는 이제 웅웅거리는 짐승의 배 위로 머리를 내놓은 채 보조를 맞추기 위해 전력을 다해 뛰었다. 그들은 길을 건너 널찍한 들판 위를 달렸다. 그러고는 또 다른 울타리를 훌쩍 뛰어넘었다. 이제 마크는 힘이 부치기 시작했다. 하지만 벌떼들은 아니었다. 오히려 속력을 내기 시작했다. 벌떼를 두른 남자는 언덕배기를 미끄러지듯 달려 내려가 습지로 들어섰다. 시끄럽게 윙윙거리면서 공중에 붕붕 뜬 채로 이리저리 돌아다니는 벌떼 인간은 마치 옛날 이야기에 나오는 늪에 사는 악마와 비슷했다. 마크는 벌떼를 따라잡기 위해 흙탕물을 텀벙거리고 양손을 마구 휘둘렀다. 그러다가 갑자기 무슨 신호라도 받은 듯 벌떼의 움직임이 한층 빨라졌다. 마크를 둘러싸고 있던 벌떼의 고리가 벗겨지더니 "황홀한 경이감에 빠져 숨을 헐떡거리는" 그를 남겨둔 채 아까와 같은 높이를 유지하며 가던 길을 갔다. 벌떼는 마치 육신의 속박에서 벗어난 영혼처럼 주변 경관 속을 둥둥 떠다니다가 고속도로를 건너 어두컴컴한 소나무 숲으로 사라졌다.

"벌떼의 영혼은 어디에 있을까? 영혼이 위치하는 곳은 어디인가?" 1901년 작가인 모리스 마테를링크가 이런 질문을 던졌다. "누가 이 벌집을 통치하는 것일까? 명령을 내리고 미래를 내다보는 존재는 무엇인가?" 이제 우리는 그것이 여왕벌이 아니라는 사실을 확실히 알고 있다. 벌집 입구에서 벌떼가 쏟아져 나올 때 여왕벌은 나중에 뒤따라나올 뿐이다. 언제 어디에 정착해야 할지는 여왕의 딸들이 투표를 통해 정한다. 특별할 것이 없는 일벌 대여섯 마리가 먼저 정찰에 나선다. 그들은 속이 빈 나무나 벽의 구멍 등 벌집을 지을 만한 장소를 물색한다.

그런 다음 그들은 춤을 춤으로써 그 정보를 나머지 무리에게 보고한다. 벌들은 더 좋은 장소일수록 더 격렬하게 춤을 춘다. 그러면 춤의 강도에 따라 후발 정찰대 벌들이 후보지를 찾아가보고 돌아와서 선발 정찰대의 춤에 동참한다. 동참자가 늘어날수록 가장 인기 있는 후보지에는 더욱더 많은 벌들이 방문하게 되고 그 벌들이 돌아와서 그 후보지를 추천하는 춤에 동참하는 식이다.

그런데 맨 처음 정찰에 나선 벌들을 제외하고는 벌 한 마리가 한 곳 이상을 둘러보는 경우는 드물다. 다른 벌들은 대개 "거기에 가봐. 좋은 장소야."라는 메시지를 보고서 그곳에 갔다가 돌아와서 "그래, 맞아. 정말 멋진 장소야."라는 대답을 춤으로 표현하는 셈이다. 인기 있는 장소는 더욱더 많은 벌들이 찾아가게 되고 그들이 돌아와서 더 많은 방문자를 이끌어내는 식으로 기하급수적으로 지지자가 늘어나게 된다. 이처럼 장소를 놓고 벌이는 인기 투표에서 수확 체증의 법칙law of increasing returns, 투입 요소와 수익의 상관관계에서 어느 지점을 넘어서는 수익이 투입 요소에 비례해서 산출되는 것이 아니라 그 이상으로 높은 수익이 나타난다는 법칙. 부익부 빈익빈과 비슷한 개념이다.–옮긴이에 따라 인기 있는 장소는 더욱더 많은 표를 받게 되고, 인기 없는 장소는 표를 받지 못하게 된다. 결국에는 눈뭉치처럼 점점 세를 불려가는 쪽이 댄스 경연의 대단원을 장식하게 된다. 가장 많은 대중이 모인 쪽이 이기는 것이다.

바보들의, 바보들에 의한, 바보들을 위한 투표가 아닐 수 없다. 하지만 기가 막히게 잘 돌아가는 시스템이다. 이것이야말로 진정한 민주주의이자 분산 통치distributed governance의 사례이다. 투표가 막을 내리면, 시민의 선택에 따라 벌떼가 여왕을 모시고 투표로 결정된 장소를 향해 길을 나선다. 이끄는 자가 아니라 따르는 자인 여왕은 겸손하게 자신의 처지를 받아들인다. 만약 여왕벌이 생각이라는 것을 할 수 있다면, 그녀 자신도 사실은 남들과 똑같은 평범한 벌로 태어났다는 사실을 기억할 수 있으리라. 피를 나눈 친자매인 보모 일벌이 다른 자매들과 똑같은 애벌레 중 하나였던 자신을 선택했고(누구의 지시로?) 그 후 로열젤리를 먹고 자라서 비천한 신데렐라가 여왕으로 변신한 것이다. 대체 공주 애벌레는 어떤 운명으로 선택되는 것일까? 그리고 그것을 선택하는 벌은 또 누가 선택하는 것일까?

윌리엄 모턴 휠러William Morton Wheeler는 "벌떼 전체가 선택한다."라는 재치 있는 대답을 내놓았다. 휠러는 사회성 곤충이라는 분야를 창시한 자연철학자이자 곤충학자이다. 휠러는 1911년에 발표한 〈하나의 생물로서의 개미 군집The Ant Colony as an Organism〉이라는 제목의 충격적인 논문에서 곤충 군집은 단순히 하나의 생물에 비유할 수 있는 것이 아니라, 중요한 과학적인 의미에서 진짜로 하나의 생물이라고 주장했다. "하나의 세포나 한 사람처럼 곤충 군집은 하나의 통합된 전체로서 행동한다. 공간 속에서 그 정체성을 유지하고 해체에 저항한다.… 하나의 물건이나 개념이 아니라 연속적인 흐름 내지는 과정이다."

2만 마리의 개체가 합체하여 하나가 된 것이다.

라스베이거스의 한 어두운 회의장에 들어찬 청중들이 환호를 지르며 판지로 만든 막대를 공중으로 휘둘렀다. 각각의 막대는 한쪽은 빨간색이고 다른 쪽은 초록색이었다. 거대한 강당 맞은편에서 카메라가 열광하는 관중들의 모습을 촬영했다. 비디오 카메라는 막대의 색점을 그래픽의 마법사 로렌 카펜터Loren Carpenter, 컴퓨터 그래픽 분야의 선구자 중 한 사람으로 픽사 스튜디오의 공동 창업자이다.– 옮긴이가 설치한 여러 대의 컴퓨터로 전송했다. 카펜터의 맞춤 제작된 소프트웨어가 회의장 안의 빨간색 막대와 초록색 막대의 위치를 찾아냈다. 오늘 밤 회의장에는 5000명이 조금 못 되는 사람들이 막대를 들고 모여 있다. 컴퓨터는 무대에 설치된 거대하고 상세한 비디오 스크린 위의 회의장 지도에 각각의 막대와 그 색깔을 정확하게 보여주었다. 더욱 중요한 것은 컴퓨터가 빨간색 막대와 초록색 막대의 총 수를 세어서 그 값으로 소프트웨어를 조절한다는 사실이었다. 청중들이 막대를 흔들면 스크린은 어둠 속에서 춤추는 불빛의 물결을 보여주었다. 그것은 마치 광적인 촛불 퍼레이드 장면처럼 보였다. 청중들은 스크린 지도 안에서 자신의 모습을 보았다. 그들의 모습은 빨간색 또는 초록색 픽셀로 나타났다. 그들은 손에 든 막대기를 뒤집어서 자신을 나타내는 픽셀의 색깔을 바꿀 수 있었다.

로렌 카펜터는 거대한 스크린 위에 오래된 비디오 게임 〈퐁〉을 펼쳐놓았다. 〈퐁〉은 널리 대중의 주목을 끈 최초의 상업용 비디오 게임이다. 이 게임은 미니멀리즘을 바탕으로 만들어졌다. 정사각형 안에서 흰색 점이 튀어오른다. 큰 정사각형의 양쪽 끝에는 움직일 수 있는 직사각형 2개가 라켓처럼 흰 점을 되받아치게 되어 있다. 간단히 말해서 가상의 탁구 게임이라고 할 수 있다. 그날의 〈퐁〉 게임에서 막대의 빨간 쪽은 탁구채를 위로 올리게 되어 있고 초록색은 탁구채를 아래로 내리게 되어 있었다. 좀 더 정확히 말하자면 회의장 안의 빨간색 막대 수가 평균적으로 늘어나거나 줄어듦에 따라서 탁구채가 위로 올라가거나 아래로 내려가게 되어 있는 것이다.

카펜터가 길게 설명할 필요도 없었다. 1991년 컴퓨터 그래픽 전문가들의 회의에 모인 참가자들은 모두 한때 〈퐁〉 게임에 빠졌던 경험을 갖고 있다. 카펜터의 목소리가 마이크를 타고 회의장에 울려 퍼졌다. "자, 여러분! 왼편에 앉은 분들이 왼쪽 탁구채를 조절하시고, 오른편에 앉은 분들이 오른쪽 채를 조절하세요. 내가 왼쪽에 앉은 것 같다고 생각하는 분은 왼쪽에 앉은 게 맞는 겁니다. 알겠죠? 자, 시작합시다!"

청중들이 기쁨의 함성을 질렀다. 5000명의 군중이 잠시의 망설임도 없이 제법 멋지게 〈퐁〉 게임을 시작했다. 탁구채는 참가자 수천 명의 의도가 합쳐져서 움직였다. 참가자들은 기묘한 느낌을 경험했다. 탁구채는 대개의 경우 각 참가자의 의도와 같이 움직였지만 항상 그렇지는 않았다. 그렇지 않을 때는 날아오는 공뿐만 아니라 탁구채의 움직임을 예측하는 데에도 상당한 신경을 쓰게 되었다. 참가자들은 게임에 참여하고 있는 또 다른 지적 존재를 느꼈다. 그것은 바로 고함치는 군중이었다.

집단적 마음이 〈퐁〉 게임을 너무나 잘 수행했기 때문에 카펜터는 수위를 한 단계 더 높이기로 했다. 아무런 경고 없이 공이 튀어나가는 속도가 더 빨라졌다. 게임 참가자들이 동시에 소리를 질렀다. 1~2초 쯤 지나자 참가자들은 빨라진 속도에 적응했고 이전보다 더 훌륭하게 게임을 수행했다. 카펜터가 게임 속도를 더욱 올렸다. 참가자들은 금방 요령을 터득해 적응했다.

"자, 이번에는 다른 걸 해보죠." 카펜터가 제안했다. 회의장의 좌석 지도가 스크린에 나타났다. 그는 스크린 중심에 흰색으로 커다란 원을 그렸다. "여러분, 이 원 안에 초록색으로 5자를 만들 수 있을까요?" 그가 청중에게 물었다. 이번 게임은 경기장에서 관중이 플래카드로 그림을 만드는 것과 비슷했다. 그러나 이번에는 미리 주어진 지시 없이 가상의 거울을 보고서 관중들이 스스로 알아서 만들어야 한다. 그런데 카펜터의 말이 떨어지자마자 초록색 픽셀들이 꿈틀거리며 나타나기 시작하더니 이리저리 요동치기 시작했다. 자신이 5자에 해당되는 자리에 앉아 있다고 생각하는 관중은 막대기를 뒤집어 초록색이 보이도록 했다. 희미한 무늬가 점점 선명해져갔다. 관중들은 소란 속에서 집단적으로 '5'라는 글자를 식별하기 시작했다. 일단 5자가 식별되자 그 모양은 재빨리 명확하게 다듬어져 갔다. 윤곽의 삐죽삐죽한 부분에 앉아 있던 관중은 재빨리 어느 색이 위로 가게 막대를 들어야 할지 결정했고, 금방 '5'자가 선명해졌다. 숫자가 저절로 조립된 것이다.

"자, 이제 4를 만들어봅시다." 목소리가 울려 퍼졌다. 그러자 얼마 되지 않아 4자가 만들어졌다. "이번에는 3!" 눈 깜짝할 사이에 '3'이 나타났다. 그 후 빠르게 연속해서 '2…1…0…'이 만들어졌다. 숫자들은 계속 순조롭게 나타났다.

로렌 카펜터는 이번에는 비행기 조종 시뮬레이션을 스크린에 불러왔다. 그의 지시는 간단했다. "왼편에 앉은 분들은 비행기의 좌우 기울기roll를 조종하세요. 오른쪽에 앉은 분들은 상하 요동pitch을 조종하시구요. 만일 비행기가 뭔가 흥미로운 것을 향하면 내가 로켓을 발사하겠습니다." 비행기는 공중에 떠 있고 조종사는 5000명의 경험 없는 초보자들이다. 순간 회의장 안은 완전한 침묵에 잠겼다. 창밖으로 보이는 광경이 비행기가 점점 추락하고 있음을 알려주는 가운데 모든 사람들이 항법 계기를 연구했다. 비행기는 분홍색 산들 사이의 분홍색 계곡에 있는 착륙 장소를 향하고 있었다. 활주로는 매우 작아 보였다.

비행기에 탄 승객들에게 집단적으로 비행기 조종을 맡긴다는 개념은 흥미로우면서 또 터무니없는 면이 있다. 완전히 민주적이라는 느낌은 매력적이다. 승객들은 모든 것에 대해 표결을 해야 한다. 어디로 날아갈지뿐만 아니라 언제 플랩 **flap, 항공기의 주 날개 뒷부분에 장착되어 형상을 바꿈으로써 높은 양력을 발생시키는 장치—옮긴이**을 접어넣을지도 모두 표결로 결정한다.

그러나 착륙을 하는 결정적 순간에는 집단 마음이 불리한 것처럼 보인다. 그 순간에는 평균의 여지가 없다. 5000명의 참석자들이 비행기를 착륙시키기 시작했다. 방 안의 웅성거림은 갑작스러운 고함과 긴급한 명령으로 중단되었다. 회의장은 곧 위기에 빠진 거대한 비행기 조종실로 변했다. "초록! 초록! 초록!" 어느 한쪽에서 소리쳤다. 그러더니 잠시 후 "빨강 좀 더!"라는 고함이 터져나왔다. "빨강! 빨강! 빨~강!!!" 비행기는 불안정하게 왼쪽으로 기울어졌다. 비행기가 활주로를 지나쳐 날개부터 땅에 닿을 것이 분명해 보였다. 〈퐁〉 게임과 달리 플라이트 시뮬레이터는 레버를 조작하고 나서 그 효과가 나타나기까지 시간이 상당히 지연되었다. 즉 보조 날개를 살짝 움직인 후 실제로 비행기가 기울어지기까지 시간이 꽤 걸렸다. 그와 같은 신호 지연은 집단 마음에 혼란을 일으켰다. 집단 마음은 정반대되는 과잉 보상 행동 사이에서 이리저리 오갔다. 비행기는 갈지자로 이리저리 흔들렸다. 그런데 승객들이 어느 순간 착륙 시도를 중단하고 분별 있게 비행기를 다시 위로 높였다. 그들은 다시 착륙을 시도하기 위해 기수를 돌렸다.

그들은 어떻게 비행기를 돌렸을까? 오른쪽으로 돌릴지 왼쪽으로 돌릴지, 아니 선회 자체를 할지 말지 누가 결정한 것이 아니었다. 지휘를 하는 사람은 아무도 없었다. 그러나 모두가 마치 한 마음인 양 비행기를 기울이더니 크게 한 바퀴 선회했다. 비행기는 다시 한 번 착륙을 시도했다. 이번에도 기울어진 자세로 활주로에 접근했다. 승객들은 수평적 의사소통도 없이 마치 한 떼의 새들이 무리지어 날아오르듯 일사불란하게 다시 한 번 비행기의 고도를 높였다. 위로 날아오르면서 비행기는 약간 기울어졌다. 그리고 조금 더 기울어졌다. 그러다가 어느 마법과도 같은 순간에 한 가지 강렬한 생각이 동시에 5000명의 마음을 사로잡았다. '우리가 360° 회전을 할 수 있지 않을까?'

한마디 말도 없이 집단은 비행기를 기울이기 시작했다. 아무도 그 움직임에 거슬리는 조작을 하지 않았다. 지평선이 어지럽게 돌아가고, 최초의 단독 비행에 나선 5000명의 아마추어 파일럿은 비행기를 천천히 기울여 완전히 한 바퀴 빙 돌렸다. 우아하고 장엄한 순간이었다. 승객들은 자신에게 기립박수를 보냈다.

그들은 바로 새들이 하는 행동, 즉 '무리지어 날기'를 했다. 그러나 그것은 분명히 의식하면서 한 행동이었다. 그들이 '5'자를 만들거나 제트기를 조종하면서 자신들의 전체 모습을 바라보고 그것에 반응했던 것이다. 하지만 하늘을 나는 새들은 그들이 어떤 모양을 만드는지 개념이 없다. 이러한 '무리 짓기flockness'는 자신들이 구성하는 집단적인 형태, 규모, 배열에 대하여 아무것도 알지 못하는 동물들에게서 나타난다. 무리를 짓는 새들은 그들이 날면서 만드는 모양의 우아함과 일관성을 전혀 알지 못한다.

어느 날 새벽, 잡초가 무성한 미시간 호수에서 수천 마리의 청둥오리가 안절부절못하고 있었다. 연분홍색 여명으로 물들어 있는 하늘 아래 오리들은 끽끽거리고 날개를 퍼덕이고 먹이를 잡기 위해 물 속에 고개를 처넣기도 했다. 호수 어느 곳에나 오리들이 쫙 퍼져 있었다. 그런데 갑자기 감지할 수 없는 어떤 신호를 받은 듯 1000마리쯤 되는 새들이 한 몸처럼 날아올랐다. 새들은 우레 같은 소리를 내며 일제히 하늘로 날아올랐다. 그러자 수면에 있던 다른 오리들 중 또 1000마리쯤이 마치 끌려가듯 선발대의 뒤를 따랐다. 마치 누워 있던 거인이 잠에서 깨어나 신체 각 부분을 차례차례 일으키는 듯했다. 공중에 뜬 거대한 괴물 같은 짐승은 해가 떠오르는 동쪽으로 방향을 잡더니 어느 순간 눈 깜짝할 사이에 안팎을 뒤집듯 방향을 반대로 돌렸다. 거대한 새떼가 마치 하나의 마음으로 조종하는 것처럼 동시에 방향을 돌려 서쪽으로 날아간 것이다. 17세기에 한 무명 시인은 이렇게 노래했다. "… 수천 마리의 물고기들이 하나의 거대한 짐승처럼 물을 헤치며 나아간다. 그들은 한 몸처럼, 가차 없이 같은 운명에 속박된 것처럼 보인다. 이러한 통일성은 어디에서 나올까?"

새떼는 커다란 새 한 마리가 아니다. 과학 전문 기자 제임스 글릭James Gleick이 한 말이다. "한 마리의 새나 물고기의 움직임이 아무리 유연하다고 해도 옥수수 밭 위에서 중심축을 중심으로 회전하는 찌르레기떼나 순식간에 한 몸처럼 무리 지어 같은 방향으로 달리는 피라미떼의 움직임에 비할 바가 아니다. … (적을 피하기 위해 재빨리 방향을 바꾸는 무리를 담은) 고속 촬영 필름은 방향을 바꾸는 움직임이 무리 안에서 마치 파동처럼 퍼져나가는 것을 보여주는데, 한 마리에서 다른 한 마리로 움직임이 전달되는 속도가 17분의 1초에 불과한 것으로 나타난다. 그것은 새 한 마리의 반응 시간보다도 훨씬 짧은 시간이다." 그러니까 새들의 무리는 각각의 새들의 총합 이상의 무엇인 것이다. 더 탁월한 존재라는 의미 – 옮긴이

영화 〈배트맨 리턴즈〉에 거대한 검은 박쥐떼가 물에 잠긴 터널에서 떼 지어 몰려나와 고담 시내로 날아가는 장면이 나온다. 이 박쥐들은 컴퓨터 그래픽으로 창조된 것이다. 먼저 박쥐 한 마리를 만든 다음 이 박쥐에게 자동적으로 날개를 퍼덕일 자유를 준다. 그런 다음 이 박쥐를 수십 마리로 복제해서 박쥐떼를 만든다. 그리고 각각의 박쥐들에게 스크린 위에서 자유롭게 움직이되 알고리듬으로 설정된 몇 가지 단순한 규칙을 지키도록 한다. 다른 박쥐와 부딪치지 않기, 옆에 있는 박쥐들과 보조 맞추기, 혼자서 너무 멀리 떨어지지 않기 등과 같은 규칙 말이다. 그런 다음 이와 같은 알고리듬을 가진 박쥐들을 스크린 위에 풀어놓으면, 그들은 진짜 박쥐떼와 흡사하게 무리지어 행동했다.

이 무리 짓기 법칙을 발견한 사람은 그래픽 하드웨어 제조업체인 심볼릭스Symbolics 소속의 컴퓨터 과학자 크레이그 레이놀즈Craig Reynolds였다. 레이놀즈는 자신이 개발한 단순한 공식의 다양한 변수들을 조정함으로써 – 개체 사이의 결합력을 조금 더 강화하고, 지연 시간을 조금 더 줄이고 등 – 가상의 동물 무리들이 살아 있는 박쥐떼, 참새떼, 물고기떼처럼 행동하도록 만들 수 있었다. 〈배트맨 리턴즈〉에서 행진하는 펭귄떼도 레이놀즈의 알고리듬으로 창조된 것이다. 박쥐떼의 경우와 마찬가지로 이 3-D 펭귄들 역시 한 마리로 시작해 대량 복제하여 특정 방향을 향하도록 설정한 후 스크린 위에 자유롭게 풀어놓은 것이다. 그러자 누구의 조종도 없이 펭귄들이 자연스러운 군중처럼 서로 밀치며 앞서거니 뒤서거니 하면서 눈 덮인 거리를 행진하는 장면이 나타났다.

레이놀즈의 단순한 무리 짓기 알고리듬이 너무나 진짜 같았기 때

문에, 생물학자들이 고속 촬영한 동물 무리의 영상을 다시 검토한 후 진짜 새나 물고기의 무리 짓기 행동 역시 단순한 규칙으로부터 창발한 것이라고 결론내리게 되었다. 한때는 이와 같은 무리 행동이 생명체가 지닌 결정적인 특징이라고 여겨졌다. 즉, 무리를 짓는 것은 오직 살아 있는 생물만이 할 수 있는 고귀한 행동이라는 것이다. 그런데 레이놀즈의 알고리듬은 무리 짓기 행동이 생물이든 인공물이든 모든 종류의 분산 비비시스템에 적합한 적응 전략임을 입증했다.

개미 연구의 선구자 윌리엄 모턴 휠러는 개체의 분주한 협동으로 운영되는 곤충 군집을 '생물'에 비유하는 것과 명확히 구분하기 위해 '초개체superorganism'라고 부르기 시작했다. 그는 20세기 초 유행했던 철학 사조의 영향을 받았다. 그것은 바로 작은 부분 각각의 행동을 하나로 감싸는 전체론 특성에 주목하는 사조였다. 당시 과학계는 물리학과 생물학을 비롯한 자연과학 전 분야에서 미세한 세부사항을 향한 맹목적 질주를 시작하고 있었다. 사람들은 전체를 그 구성 요소로 환원해서 바라보는 것이야말로 전체를 쉽게 이해할 수 있는 가장 실용적인 접근 방법이라고 생각했다. 이런 접근 방법은 20세기의 나머지 기간 동안 꾸준히 계속되었고 지금도 과학 연구의 지배적인 방식으로 군림하고 있다. 휠러가 남긴 50편의 논문은 전문가나 관심을 가질 만한, 개미의 특이한 행동을 다룬다. 이러한 그의 논문에서 알 수 있듯이 휠러와 그의 동료들 역시 세세한 구성 요소를 중요시하는 환원주의적 관점을 선호했다. 그러나 한편 휠러는 개미 군집이 각 구성원의 특성의 총합을 넘어서는, 초개체로서의 '창발적 특성'을 보인다는 데에도 주목했다. 휠러는 곤충이라는 생물 집단에서 곤충 군집이라는 초개체가 '창발'한다고 말했다. 그는 여기서 창발이라는 용어를 어떤 신비주의적 의미가 아니라 과학적-기술적이고 합리적이며 설명적인-의미로 사용했다.

휠러는 이 창발이라는 관점이야말로 전체를 각 부분으로 쪼개어 분석하는 환원주의적 접근 방법과 전체를 있는 그대로 바라보는 전체론적 접근 방법을 화해시키는 길이라고 주장했다. 각 부분의 제한적인 행동으로부터 전체론적 행동이 정당하게 창발한다면 몸과 마음, 전체와 부분이라는 이원론이 해소될 수 있다. 하지만 좀 더 기본적인 부분들로부터 한 차원 더 높은 뭔가가 구체적으로 어떻게 창발하느냐 하는 문제는 여전히 모든 사람들의 마음에 애매하게 느껴졌고 지금도 역시 그렇다.

그러나 휠러와 동료들은 창발이 분명히 자연적 현상임을 느꼈다. 그것은 일반적으로 A가 B를 일으키고, B가 C를 일으키며, 2 더하기 2는 4가 되는 우리 일상 속의 보통의 인과 관계와 관련이 있다. 황 원자에 철 원자를 더하면 황화철 분자가 된다는 화학에서의 관찰 결과로부터 이와 같은 보통의 인과 관계를 이끌어낼 수 있다. 그런데 휠러와 동시대의 철학자 로이드 모건C. Lloyd Morgan에 따르면, 창발 개념은 그와 다른 종류의 인과 관계를 제시한다. 이 새로운 종류의 인과 관계에서는 2 더하기 2가 4와 같지 않다. 심지어 5도 아니다. 창발의 논리에서는 '2+2=사과'와 같은 결론이 나타난다. 모건은 1923년 내놓은 대담한 저서《창발적 진화》에서 "창발 단계는, 다소 '비약적saltatory'으로 느껴질지 모르지만, 어떤 사건의 경과에 있어서 방향의 질적인 변화나 결정적인 전환점을 가장 잘 설명해준다."라고 주장한다. 모건은 어떻게 코드에서 음악이 출현하는지를 노래한 브라우닝의 시 구절을 인용했다.

인간에게 허락된 그와 같은 재능이 아니라면
어떻게 그가 구성한 3개의 음으로부터 네 번째 음이 아니라
별이 나타나는지 결코 알지 못한다.

이제 우리는 각각의 음에서 음악을 이끌어내는 것이 인간 뇌의 복잡성이라고 말할 수 있다. 참나무는 바흐의 곡을 음미할 수 없을 테니 말이다. '바흐적 속성Bachness'—우리가 바흐의 음악을 들을 때 우리의 마음속을 침투해 들어오는 것—은 각각의 음과 일반적인 정보로부터 어떻게 어떤 의미 있는 패턴이 출현하는지에 대한 적절한 시적 이미지이다.

작은 꿀벌의 몸의 구성은 꿀벌을 이루는 더 작은 구성 요소들, 그러니까 10분의 1g이나 될까 말까 하는 날개의 세포, 조직, 키틴질 등의 패턴을 창출한다. 벌집의 구성은 일벌, 수벌, 꽃가루, 애벌레 등의 공동체를 통합한다. 미세한 꿀벌의 각 부분으로부터 23kg 정도 되는, 고유의 정체성을 가진 벌집이라는 기관organ이 창발한 것이다. 벌집은 그 구성 요소들에는 없는 특성들을 많이 가지고 있다. 작은 점 같은 꿀벌의 뇌는 6일 동안 지속되는 기억력을 갖고 있다. 그러나 벌집 전체는 석 달 동안의 일을 기억할 수 있다. 석 달은 벌의 평균 수명의 두 배에 달하는 시간이다.

개미 역시 집단 마음을 가지고 있다. 한 개미집에서 새로운 개미집으로 이동하는 개미 군집은 창발적 통제의 카프카적작가 카프카의 작품 세계를 연상시키는 상황을 표현하는 형용사로 무의미하고 어지럽고 종종 위협적인 복잡성을 일컬을 때 주로 쓰는 표현—옮긴이 이면을 보여준다. 한 무리의 개미들이 짐을 싸 들고 서쪽으로 이동하기 시작한다. 일개미들이 개미집의 보물인 알과 번데기와 애벌레를 입에 물고 분주히 서쪽으로 나른다. 그런데 또 다른 무리의 충성스러운 일개미들 역시 입에 보물단지를 물고서

똑같이 빠른 속도로 동쪽으로 이동한다. 그리고 또 다른 일개미들은 빈 손, 아니 빈 입으로 이쪽에서 저쪽으로 정신없이 왔다 갔다 한다. 이들은 아마도 모순된 신호를 받고 있는 것처럼 보인다. 이 풍경은 사람들의 일터에서 전형적으로 나타나는 모습과 비슷하다. 그러나 어찌어찌해서 개미 군집은 결국 이사를 한다. 눈에 보이는 상부의 의사 결정이 없는데도 개미 군집은 새로운 집터를 선택하고, 일개미들에게 집을 지으라는 신호를 보내고, 자기 자신을 다스린다.

이 집단 마음의 경이로운 점은 아무도 통제권을 쥐고 있지 않는데도 어떤 보이지 않는 손이 전체를 통치한다는 사실이다. 그 보이지 않는 손은 바로 우둔한 구성원들로부터 창발한다.

놀라운 점은 수가 많아지면서 질적인 변화가 생긴다는 사실이다. 곤충이라는 유기체organism로부터 군집이라는 유기체를 생성하는 데 필요한 것은 단순히 곤충의 수를 불려서 더 많고 많은 곤충들을 만들어내고 그들로 하여금 서로 의사소통을 하도록 하는 것뿐이다. 그러면 '벌레'라는 단순한 범주에서 시작된 복잡성 수준이 점점 높아지다가 어느 단계에서 '군집'과 같은 범주가 출현할 수 있을 정도에 이르게 된다. 군집은 이미 곤충 수준에 내재되어 있어서 이와 같은 경이로움을 예고한다. 벌떼의 속성은 이미 벌에 내재되어 있던 것이다. 그러나 내재되어 있더라도 사이클로트론원자의 핵변환이나 동위 원소 제조에 쓰는 가속 장치 – 옮긴이이나 형광 투시경fluoroscope, 심부 구조를 보기 위한 엑스선 검사 장치로 방사선원에서 나온 방사선이 신체를 통과하여 형광판 위에 투영되어 형광상으로 나타난다. – 옮긴이으로 벌을 백날 들여다보고 분석해도 거기에서 벌집을 찾아낼 수는 없다.

낮은 수준의 존재로부터 높은 수준의 복잡성을 추론할 수 없다는 것. 이것이 바로 비비시스템의 보편적 법칙이다. 컴퓨터이든 사람 마음이든 수학이나 물리학이나 철학과 같은 수단이든, 그 어떤 것도 각 부분 속에 내재되어 있는 창발 패턴을 미리 밝혀낼 수는 없다. 어떤 것으로 창발할지는 오로지 그것을 전개해보아야만 알 수 있다. 오직 벌들이 모여 그들의 사회를 만든 후에야 그와 같은 군집이 한 마리의 벌 안에 내재되어 있다는 사실을 알 수 있다. 이론가들은 그것을 이렇게 표현한다. 어떤 시스템 안에 잠재되어 있는 창발적 구조를 알아내는 가장 빠르고, 짧고, 유일하게 확실한 방법은 직접 그 시스템을 운영해보는 것이라고. 비선형적이고 난해한 방정식을 가지고 그것이 어떻게 전개될 것인지 미리 알고 '표현할' 지름길은 존재하지 않는다. 그 안에는 너무나 많은 행동들이 녹아들어가 있기 때문이다.

그렇다면 이런 질문이 떠오를 것이다. 꿀벌 안에는 우리가 지금까지 보지 못한 또 다른 어떤 것들이 잠재되어 있을까? 또는 벌집에는 지금까지 충분한 수의 벌집들이 동시에 한데 모여 있지 않음으로써 아직 나타나지 않은 어떤 특성이 내재되어 있는 것일까? 그리고 그와 더불어 인간에게는, 물리적 연결 수단과 정치에 의해 서로 연결된 후에야 비로소 출현할 어떤 특성이 들어 있을까? 이 생체공학적 벌집 같은 초超마음supermind에서 가장 예기치 못한 무언가가 탄생할 것이다.

가장 불가해한 것들이 모든 종류의 마음에서 생성된다.

몸이 펌프 작용을 하는 심장, 배출을 담당하는 신장 등 전문화된 기관들의 집합체이기 때문에 마음 역시 인지 기능을 뇌의 각기 다른 부분에 할당하고 있다는 사실을 발견했을 때 사람들은 별로 놀라지 않았다.

1800년대 후반 의사들은 사망한 환자 뇌의 손상된 영역과 사망 직전 명백하게 손상되었던 정신적 기능 사이에 상관관계가 있다는 사실에 주목했다. 그러나 그 인과 관계는 당시의 학문 영역을 넘어서는 것이었다. 1873년 런던의 웨스트라이딩루나틱정신병원에서 뇌 손상 부위와 정신 기능의 손상 사이의 상관관계에 심증을 가진 젊은 의사가, 수술로 살아 있는 원숭이 두 마리의 뇌에서 일부분을 제거했다. 원숭이 둘 중 한 마리는 수술 후 오른쪽 팔 다리에 마비를 보였다. 다른 원숭이는 소리를 듣지 못하게 되었다. 하지만 다른 모든 면에서 원숭이들은 정상이었다. 이 실험은 뇌가 여러 개의 구획으로 나뉘어 있음을 명확하게 보여주었다. 어느 한 부분이 망가져도 배 전체가 가라앉지는 않는다.

만일 뇌의 각 부분이 뚜렷하게 구분되어 있다면 기억은 어느 부분에 저장되어 있을까? 복잡한 마음은 업무를 어떤 식으로 배분할까? 뇌는 우리가 전혀 예상하지 못했던 방식으로 업무를 배분한다.

1888년, 유창하게 말을 하고 또렷한 기억력을 가진 한 남자가 랜돌트 박사의 진료실에서 자신이 알파벳을 한 자도 읽을 줄 모른다는 사실에 경악했다. 그는 당혹감에 빠졌다. 이 남자는 불러주는 문장을 완벽하게 받아쓸 수는 있었다. 그러나 자신이 쓴 글을 읽을 수 없었고 혹시 자신이 잘못 쓴 부분이 있어도 그것을 발견하지 못했다. 랜돌트 박사는 이렇게 기록했다. "시력 검사 차트를 읽어보라고 해도 그는 글자를 전혀 읽지 못했다. 하지만 글자들이 명확하게 보인다고 말했다.… A자를 보고는 이젤과 같다고 말하고 Z를 보고는 뱀, P자를 보고는 버클과 비슷하다고 말했다."

글자를 읽지 못하는 그의 증상은 4년 후 그가 사망할 무렵에는 말과 글 모두에서 완전한 실어증으로 발전했다. 부검을 하자 두 군데에서 병변이 발견되었다. (시각을 담당하는) 후두엽에 있는 오래된 병변과 아마도 언어 중추 근처로 생각되는 곳에 새로운 병변이 있었다.

뇌의 구조가 관료화되어 있다는 것을 보여주는 놀라운 증거가 여기에 있다. 비유적으로 말하자면 뇌의 각기 다른 기능들은 각기 다른 방에서 수행된다. 이 방은 말로 들은 문자를 처리하고 저 방은 눈으로 읽은 문자를 처리하는 식이다. 어떤 문자를 말하기 위해서는 또 다른 방을 적용해야 한다. 숫자는 또 아예 다른 건물에 있는 완전히 다른 부서에서 처리된다. 그리고 만일 욕을 하고 싶다면, 〈몬티 파이튼의 비행 서커스〉의 유명한 대사처럼, 복도 구석으로 걸어 내려가야 한다. **몬티 파이튼은 풍자적이고 초현실적이며 독창적인 코미디로 유명한 영국의 코미디 팀으로, 1969년부터 1975년까지 BBC를 통해 시리즈를 방영했는데 〈비행 서커스〉도 그 중 한 편이다.—옮긴이**

초기의 뇌 연구가 중 한 사람인 존 휴링스-잭슨은 평생 말을 전혀 하지 못했던 한 여성에 대한 사례를 보고했다. 어느 날 그녀가 머무르던 병동에서 보이는 길 건너의 쓰레기장에서 불길이 번졌다. 그것을 본 그녀는 평생 처음으로 단 한마디를 뱉어냈다. "불이야fire!"

휴링스-잭슨은 믿기 어렵다는 어투로 물었다. 어떻게 그녀 뇌의 언어 담당 부서는 오직 '불이야'라는 어구만을 기억하는 것일까? 뇌에는 '불'이라는 단어만을 저장하는 방이 따로 존재하는 것일까?

연구자들이 뇌에 대해 좀 더 탐색해나가면서 마음의 수수께끼도 조금씩 풀렸고, 우리의 마음은 각각의 업무에 특화되어 있는 것으로 드러났다. 기억에 관한 논문 중에, 구체적인 명사를 식별하는 데에는 아무런 문제가 없지만 추상적인 명사는 식별하지 못하는 사람들에 대한 이야기가 있다. 예컨대 '팔꿈치'라고 말하면 제대로 팔꿈치를 가리키지만 '자유'나 '태도'와 같은 단어를 말하면 멍한 표정으로 어깨를 으쓱하는 식이다. 한편 그와 반대로 모든 면에서 멀쩡한 사람들이 추상 명사는 이해하면서 구체적 명사는 기억하지 못하는 경우도 있다.

이즈라엘 로젠펠트Israel Rosenfield는 그의 훌륭한, 그러나 많이 알려지지 않은 저서《기억의 발명》에서 이렇게 말하고 있다.

> 한 환자에게 밀집이 뭔지 말해보라고 하자 "잊어버렸어요."라고 대답했다. 그리고 포스터가 뭔지 말해보라고 하자 "모르겠는데요."라고 말했다. 하지만 '탄원supplication'이라는 단어를 제시하자 "간절히 도움을 청하는 것"이라고 대답했고, '조약pact'이 뭐냐고 물으니 "우호적인 합의"라고 말했다.

고대의 철학자들은 기억을 각 방마다 개념이 하나씩 들어 있는 거대한 궁전이라고 말했다. 그러나 새로운 형태의 특이한 기억 상실에 대한 임상 사례가 계속 발견되어 기억의 방의 수는 폭발할 지경으로 늘어나게 되었다. 가도 가도 끝이 없는 상황이다. 기억의 구조가 이미 성의 각 방으로 나누어져 있다면, 또 그 방 안에도 작은 벽장들이 끝도 없이 들어차 있는 셈이다.

생명이 없는 대상(예컨대 우산, 타월)은 구분할 수 있지만 음식을 포함해서 살아 있는 것에 이르면 마구 헷갈리는 4명의 환자를 보고한 연구도 있다. 그 환자 중 한 사람은 무생물 대상에 대해 이야기할 때는 전혀 이상해보이지 않다가, 거미가 뭐냐고 물으면 "뭔가를 찾는 사람을 말합니다. 그런 사람을 나라의 거미라고 하죠."라고 대답했다. 또한 과거 시제에 대해 이야기하는 데 어려움을 보이는 실어증 유형도 여러 건 보고되었다. 또 내가 들은 다른 사례(확인할 수는 없지만 의심의 여지 없는 사례)에서 모든 음식을 구별할 수 있지만 채소만 구별하지 못하는 환자도 있었다.

이와 같은 기억 시스템의 터무니없이 변덕스러운 면을 가장 잘 나타내는 비유는 남아메리카의 문학 거장인 호르헤 루이스 보르헤스Jorge Luis Borges가 해석한 고대 중국의 백과사전인 《양지천장良知天藏, Celestial Emporium of Benevolent Knowledge》의 분류 체계에 잘 나타나 있다. 이 문헌의 진위 여부는 명확하지 않다. 보르헤스는 자신의 소설에 실제 문헌과 더불어 수많은 가상의 문헌을 등장시켰다. 보르헤스는 이것을 독일의 법률가이자 중국 저서를 많이 번역한 프란츠 쿤의 번역물에서 인용한 것이라고 소개하지만 실제로 이 책이 발견된 일은 없다. – 옮긴이, 위키피디아 참조

> 이 책의 어느 부분에서는 동물을 다음과 같이 분류하고 있다. (a) 황제에게 속한 동물들, (b) 방부 처리를 한 동물들, (c) 훈련된 동물들, (d) 젖을 떼지 않은 새끼 돼지들, (e) 인어들, (f) 아주 멋진 동물들, (g) 떠돌이 개들, (h) 이 분류 체계에 포함되는 동물들, (i) 미친 것처럼 부들부들 떠는 동물들, (j) 셀 수 없는 동물들, (k) 매우 가느다란 낙타털 붓으로 그려진 동물들, (l) 그 외의 다른 동물들, (m) 방금 꽃병을 깨뜨린 동물들, (n) 멀리서 볼 때 파리와 닮은 동물들.

《양지천장》의 억지스러운 분류 체계와 같이 어떤 종류의 분류 체계이든 그 자체의 논리적 문제점을 갖게 마련이다. 모든 기억들을 제각기 다른 장소에 따로따로 저장하지 않는 한 언제나 혼란스러운 중복이 뒤따르게 마련이다. 예를 들어서 '말하는 장난꾸러기 돼지'라고 한다면 위의 분류 체계에서 세 가지 범주에 모두 넣을 수 있다. 하나의 개념을 3개의 각기 다른 칸에 저장하는 것은, 가능하기야 하겠지만 매우 비효율적인 방법이다.

지식이 우리의 뇌에 어떻게 분류되고 저장되는가 하는 문제는 컴퓨터 과학자들이 인공 지능을 만들려고 노력하면서 이제 단순한 학문적 호기심의 영역을 벗어나게 되었다. 그렇다면 벌떼 마음의 기억

구조는 어떻게 되어 있을까?

과거에 대부분의 연구자들은 도서관의 문헌 저장 체계와 같이 사람들이 직관적으로 만들어낸 인공적 기억 저장 체계에 의존했다. 그러니까 각각의 저장할 항목을 하나씩 고유의 위치에 집어넣고 항목들을 상호 참조할 수 있도록 저장하는 방식이다. 이처럼 각각의 기억이 뇌에서 하나씩 장소를 차지하고 있다는 생각은 1930년대에 활동한 캐나다의 신경외과의 와일더 펜필드가 수행한 일련의 완벽한 실험에 의해 더욱 강화되었다. 살아 있는 환자의 두개골을 여는 대담한 수술을 통해 펜필드는 의식이 있는 환자의 대뇌에 탐침으로 전기 자극을 주면서 환자에게 경험한 것을 말해보라고 시켰다. 환자들은 놀랄 정도로 생생한 기억을 보고했다. 탐침의 위치를 조금 바꾸자 완전히 다른 생각이 떠올랐다. 펜필드는 환자의 뇌 표면을 탐침으로 훑으면서 각각의 기억이 뇌에서 차지하는 위치를 지도로 표시했다.

가장 먼저 그를 놀라게 한 것은 기억이 재현된다는 사실이었다. 그것은 그 이후 출현한 녹음기의 모델이 될 만했다. '재생' 버튼을 누르면 기억이 그대로 재생되는 것이다. 펜필드는 26세 여성의 간질 후 환각에 대하여 보고하면서 '플래시백회상'이라는 용어를 사용했다. "그녀는 동일한 플래시백을 여러 차례 경험했다. 회상 내용은 사촌의 집이나 그곳을 방문했을 때의 일과 관련되어 있었다. 환자가 어릴 때는 자주 방문했지만 마지막으로 가본 지 10년에서 15년 정도 되는 곳이었다."

미지의 세계였던 살아 있는 뇌에 대한 펜필드의 탐험 결과는 2개의 대뇌 반구가 당시 대중화되었던 축음기phonograph와 자웅을 겨룰 만큼 성능 좋은 녹음 장치와 비슷하다는 이미지를 심어놓았고 그 이미지는 끈질기게 지속된다. 우리의 신중한 뇌가 기억의 조각 하나 하나를 고유의 원반에 새기고 범주화하여 충돌을 일으키지 않도록 조심스럽게 정리 보관했다가, 해당 버튼을 누르면 노래를 들려주는 주크박스처럼 나중에 재생할 수 있다는 식이다.

그러나 펜필드의 탐침 실험의 초고를 면밀히 조사한 결과 기억은 그렇게 기계적인 절차만은 아닌 것으로 드러났다. 그 사례로서 펜필드가 29세 여성 환자의 좌측 측두엽을 자극했을 때 보인 반응은 다음과 같다. "어디에서 뭔가가 저에게 다가오고 있어요. 꿈 같아요." 그로부터 4분 후 정확히 같은 곳을 탐침으로 자극하자 "조금 전에 보였던 것과 다른 광경이 나타났어요."라고 말했다. 바로 그 주변을 찌르자 "잠깐만요. 뭔가가 제 눈앞에 확 펼쳐지는 것 같아요. 조금 전에 꾼 꿈과 같아요." 이번에는 뇌의 좀 더 깊은 안쪽에 있는 또 다른 위치를 자극했다. 그랬더니 "계속해서 꿈을 꾸고 있어요."라고 말했다. 같은 위치를 반복해서 자극했다. "계속해서 뭔가가 제 눈앞에 펼쳐지고 있어요. 계속해서 어떤 꿈을 꾸고 있어요."

이 원고가 보여주는 것은 우리 마음의 문서 저장소 맨 아래쪽 서랍에서 끄집어낸 어지러운 기억의 단편들이라기보다는 마치 꿈 속의 장면들과 같다. 이 경험을 한 사람은 그 장면에 나온 것들이 단편적이고 불완전한 기억들임을 알아챌 수 있었다. 그 기억들은 꿈을 형성하는 기묘하게 '조립된assembled' 분위기와 더불어 횡설수설한 이야기를 펼쳐나간다. 과거의 조각과 파편들을 그러모아 만들어진 산만한 이야기가 한 편의 꿈이라는 콜라주로 탄생하는 것이다. 기시감deja vu과 같은 정서적 반응은 나타나지 않는다. '예전에 일어났던 있는 그대로의 과거'가 현실에서 재현되고 있다는 강렬한 느낌도 없었다. 아무도 이것을 진짜 기억의 있는 그대로의 재생이라고 믿지 않을 것이다.

인간의 기억은 실제로 무너져 간다. 기억이 붕괴되는 방식도 가지

각색이다. 식료품점에서 구입할 목록 중에서 채소를 잊어버리는 식으로 기억이 소실되는가 하면, 일반적인 채소 자체가 무엇인지 기억하지 못하게 되는 수도 있다. 많은 경우에 기억의 손상은 뇌의 물리적 손상과 함께 일어난다. 따라서 기억의 일부는 어느 정도 시간과 공간에 결부되어 있을 것이라고 예상할 수 있다. 시간과 공간에 결부되어 있다는 것이야말로 실존being real의 정의 가운데 하나이니 말이다.

그러나 오늘날 인지과학의 관점은 새로운 이미지에 좀 더 기대고 있다. 기억이란 뇌에 저장되어 있는 기억 같지 않은 수많은 개별적인 작은 조각들을 그러모아 거기에서 창발되는 사건과 같다는 관점이다. 이 반半생각half-thought의 조각들은 따로 정해진 장소에 머무는 것이 아니다. 이 조각들은 뇌 전체에 걸쳐 존재한다. 이들이 저장되는 방식은 생각의 종류에 따라 크게 다르다. 카드 섞는 법을 배운 것과 볼리비아의 수도가 어딘지 외운 것은 완전히 다른 방식으로 저장된다. 또한 저장 방식은 사람에 따라서, 그리고 시간에 따라서 조금씩 달라진다.

존재 가능한 생각과 경험의 수는 뇌에 있는 신경세포를 조합하는 방법의 수보다 훨씬 더 많다. 따라서 기억이 저장되는 방식은 저장할 방보다 개수가 더 많은 잠재적인 생각을 수용할 수 있어야 한다. 과거의 모든 생각을 저장하는 선반이나 미래의 모든 잠재적 생각을 담기 위해 비워놓은 공간 따위는 존재할 수가 없다.

나는 20년 전 대만에서 보냈던 밤을 기억한다. 그때 나는 트럭의 짐칸에 앉아 포장되지 않은 산길을 올라가고 있었다. 나는 재킷을 입고 있었다. 산 속의 공기는 차가웠다. 새벽까지 산봉우리에 도착하기 위해 지나가던 트럭을 얻어 타고 가던 참이었다. 트럭이 가파르고 어두운 밤길을 덜컹거리며 올라가는 동안 나는 차가운 산 속의 공기 위로 하늘의 별을 바라보았다. 공기가 하도 맑아서 지평선 근처의 작은 별들까지 다 보였다. 그때 갑자기 유성 하나가 낮게 날아갔다. 그리고 마침 산 속에 있던 덕분에 유성이 공기를 가르며 톡톡 튀어가는 것을 볼 수 있었다. 마치 물수제비를 뜨는 것처럼 튀어가는 것을 말이다.

지금 내가 톡톡 튀는 유성의 모습을 너무나도 생생하게 기억하고 있지만, 이것은 기억의 테이프를 재생시킨 것은 아니다. 튀는 유성의 이미지가 나의 마음 어딘가에 존재하고 있는 것이 아니라, 내가 나의 경험을 재구성할 때 그것을 새롭게 조합해내는 것이다. 그 장면을 기억할 때마다 매번 각 부분을 다시 조합한다. 각 부분은 나의 뇌라는 벌집의 여기저기에 드문드문 흩어져 있는 작은 증거의 조각들이다. 추워서 몸을 떨던 기억, 어디론가 덜컹거리며 달려가던 트럭, 머리 위로 보이던 수많은 별들, 차를 얻어 타던 기억 등. 사실상 저장된 것은 그보다도 더 미세한 조각들이다. 추위, 덜컹거림, 빛의 방향, 기다림 등. 그 조각들은 우리가 현재의 지각을 조립하는 재료인, 우리의 마음이 감각으로부터 받아들이는 날것 그대로의 인상이다.

의식은 마음에 흩어져 있는 분산된 단서로 현재를 조립한다. 과거 역시 그런 방식으로 조립한다. 미술관에서 어떤 그림을 보고 나는 그림 속 물체를 '의자'라는 개념과 곧바로 연결 짓는다. 설사 의자의 다리 하나가 가려져 3개만 보이더라도 말이다. 나의 마음은 과거에 그와 같은 의자를 결코 본 일이 없지만 모든 연관성—직립성, 편평한 윗부분, 안정감, 다리 등—을 그러모아 시각적 이미지를 창조해낸다. 그것도 매우 빠른 속도로. 실제로 나는 어떤 의자를 보면 그것의 독특한 세부 사항을 지각하기도 전에 일반적인 '의자라는 속성 chairness'을 알아본다.

우리의 기억(그리고 우리의 벌떼 마음)은 그와 마찬가지로 흐릿흐릿하고 무계획적이며 되는 대로 식으로 창조되었다. 통통 튀는 유성을 찾기 위해 나의 의식은 빛의 줄기라는 하나의 실마리와 별들, 추위, 덜컹거림과 연관된 한 무리의 느낌들을 그러모았다. 내가 창조한 결과물은 최근에 내가 나의 마음속에 던져넣었던 다른 것들에 의존한다. 거기에는 내가 마지막으로 튀는 유성 기억을 조립하려고 할 때 뭘 했는지, 어떤 느낌이었는지도 포함된다. 내가 유성 기억을 떠올릴 때마다 조금씩 이야기가 달라지는 이유가 바로 그것 때문이다. 다시 말해서, 내가 그 사건을 기억할 때마다 실제로는 매번 완전히 서로 다른 경험을 하는 셈이다. 뭔가를 지각하는 행위와 뭔가를 기억하는 행위는 사실은 같은 것이다. 둘 다 수많은 분산된 조각들로부터 창발하는 전체를 조립하는 행위인 것이다.

인지과학자인 더글러스 호프스태터Douglas Hofstadter는 "기억은 복원성이 매우 높다."라고 말했다. "기억을 끄집어내는 것은 방대한 사물의 영역에서 무엇이 중요한 것이고 무엇이 중요하지 않은 것인지를 선택하는 것과 관련되어 있습니다. 중요한 것을 강조하고 중요하지 않은 것은 무시하는 것이지요." 이 선택 절차가 바로 지각이다. 호프스태터는 나에게 "인지의 핵심 절차는 지각과 아주 긴밀하게 연관되어 있다고 믿는다."라고 말했다.

지난 20년 동안 일부 인지과학자들이 분산 기억을 창조하는 방법에 대해 숙고해왔다. 심리학자인 데이비드 마르David Marr는 1970년대 초에 인간의 대뇌에 기억이 저장되는 방식의 새로운 모형을 제시했다. 기억이 신경세포의 망 전체에 걸쳐서 무작위로 저장된다는 것이다. 1974년 컴퓨터 과학자인 펜티 캐너바Pentti Kanerva는 긴 문자열로 이루어진 데이터를 컴퓨터 저장 장치에 무작위로 저장할 수 있음을 보여주는 수학 모형을 연구했다. 캐너바의 알고리듬은 방대한 크기의 잠재적 저장 공간에 한정된 수의 데이터 포인트data point를 저장하는 깔끔하고 명쾌한 방법이었다. 다시 말해 캐너바는 우리의 마음에 있는 어떤 지각이든 한정된 기억 장치 안에 집어넣을 수 있는 방법을 제시한 셈이었다. 우주에는 원자의 수보다도 더 많은 수의 생각이 존재할 수 있기 때문에, 실제로 우리의 마음이 갖는 생각이나 지각의 수는 잠재적인 생각에 비해 매우 희박하게 존재한다. 그리하여 캐너바는 그가 고안한 방법을 '축약 분산 기억sparse distributed memory' 알고리듬이라고 부른다.

축약 분산 네트워크에서 기억은 일종의 지각이다. 기억하는 행위와 지각하는 행위는 둘 다 엄청나게 방대한 양의 존재 가능한 패턴 가운데 한 패턴을 검출해내는 것이다. 우리가 뭔가를 기억할 때, 우리는 처음의 지각 행위를 다시 창조해낸다. 다시 말해서 우리가 원래의 패턴을 지각하는 데 사용했던 것과 비슷한 절차를 통해 패턴을 재구성하는 것이다.

캐너바의 알고리듬은 수학적으로 매우 깔끔하고 명확했다. 그래서 어느 해커가 오후 몇 시간을 투자해 그 알고리듬을 컴퓨터 프로그램에 적용할 수 있었다. 1980년대 중반에 NASA 에임즈연구센터에서 캐너바와 동료들은 축약 분산 기억의 원리를 미세 조정하여 확고한 컴퓨터 프로그램을 만들었다. 캐너바의 기억 알고리듬이 수행한 몇 가지 기능은 인간의 마음이 수행하는 것에 비견할 정도의 성능을 보였다. 연구자들은 가로세로 20칸의 격자에 그려진, 모양이 살짝 일그러지거나 깨진 1에서 9까지의 숫자 일부를 분산 기억 장치에 제시했다. 기억 장치는 이 그림을 저장했다. 그런 다음 연구자들은 그보다 더 심하게 훼손된 숫자들을 기억 장치에 제시한 다음 처음에 입력한 샘플 중 어떤 숫자인지 '기억'할 수 있는지 시험했다. 분산 기억 장치는 기억해냈다. 이 장치는 훼손되거나 흐려진 숫자들이면에 있는 숫자의 원형에 바로 다가갔던 것이다. 사실상 이 장치는 한 번도 본 적 없는 모양을 기억해낸 셈이다.

여기에서 획기적인 측면은 단순히 과거에 경험한 뭔가를 찾아내거나 재생할 수 있다는 점이 아니라, 애매모호한 단서만 주었을 때 방대한 가능성의 집단 가운데에서 적절한 뭔가를 찾아냈다는 사실이다. 단순히 할머니의 얼굴을 떠올리는 것만으로는 충분하지 않다. 기억은 할머니의 옆모습을 완전히 다른 각도에서 완전히 다른 조명을 비추었을 때에도 식별할 수 있어야만 한다.

벌떼 마음은 지각과 기억을 모두 수행하는 분산 기억 장치이다. 인간의 마음은 이처럼 상당 부분 분산되어 있을 가능성이 있다. 하지만 분산된 마음이 확실하게 승리를 거둘 수 있는 곳은 바로 인공 마음이다. 컴퓨터 과학자들은 곰곰이 생각할수록 분산 문제를 벌떼 마음에 적용하는 것이 합리적인 방안이라고 느꼈다. 그들은 대부분의 개인용 컴퓨터의 경우 켜져 있는 시간의 대부분을 기능하지 않는 채로 보낸다는 사실에 착안했다. 우리가 컴퓨터에 문장을 한 줄 쳐 넣는 것은 가만히 쉬고 있던 컴퓨터를 잠깐 동안 방해하는 셈이고, 우리가 그 다음 문장을 머릿속으로 생각하는 동안 컴퓨터는 다시 원래의 휴식 상태로 되돌아간다. 사무실에 있는 컴퓨터 전체를 고려해 볼 때 켜져 있는 컴퓨터들 가운데 상당 부분이 빈둥거리면서 시간을 보내고 있다. 또한 대기업의 정보 시스템 관리자의 입장에서 볼 때 엄청난 액수를 투자한 개인용 컴퓨터 장비가 밤이면 직원들의 책상 위에서 잠만 자고 있는 것이 아깝게 느껴질 수도 있다. 그 방대한 양의 계산 능력을 활용할 수는 없을까? 그렇게 하기 위해 필요한 것은 분산된 시스템을 통해 작업과 기억을 조율하는 방법이다.

하지만 분산 컴퓨팅의 가치는 단순히 썩히기 아까운 컴퓨터의 능력을 활용하는 것에 그치지 않는다. 분산된 존재와 벌떼 마음은 그 자체로서 커다란 장점을 가지고 있다. 예를 들어서 벌떼 마음, 즉 분산 시스템은 방해나 손상에 더 큰 면역력을 보인다. 캘리포니아주의 팰로앨토 소재 디지털이큅먼트코퍼레이션의 연구소에서 한 엔지니어가 분산 컴퓨팅의 이와 같은 장점을 시연했다. 그가 회사의 컴퓨터 네트워크 장비가 들어 있는 벽장문을 열더니 복잡하게 얽힌 케이블 가운데 선 하나를 확 잡아챘다. 그러자 네트워크는 즉각 손상된 부분을 우회해서 돌아갔고 전체 시스템은 조금도 흔들림 없이 작동했다.

물론 벌떼 마음도 고장이 날 수 있다. 그러나 네트워크의 비선형적인 본질 때문에 고장이 나더라도, 예컨대 모든 음식을 기억하면서 오직 채소만 기억하지 못하는 식으로 손상될 것이라고 예상할 수 있다. 네트워크 일부가 손상되어 원주율을 소수점 이하 10억 자리까지 계산할 수 있지만 새로운 계정으로 이메일을 보내는 일은 수행하지 못할 수도 있다. 이 시스템은 아프리카의 얼룩말의 변종을 분류하는 절차와 같이 엄청나게 난해한 문서를 검색할 수 있지만 동물 전체의 분류 체계와 같은 상식적인 답을 찾아내지 못할 수도 있다. 그렇다면 채소 전체를 기억하지 못하는 것은 기억 저장 장소의 좁은 영역에 일어난 지엽적인 고장이라기보다는 그 증상이 말해주듯 특정 종류의 채소를 연합하는 기능의 고장일 가능성이 높다. 마치 여러분의 컴퓨터의 하드 디스크에 있는 2개의 프로그램이 서로 충돌을 일으켜 '버그'를 발생시켜서 이탤릭체로 문자를 출력하는 것을 못하게 만드는 것과 비슷한 상황이다. 이 경우에 이탤릭체가 저장된 장소가 파손된 것이 아니라 시스템이 문자를 이탤릭체로 표현하는 절차에 문제가 생긴 것이다.

분산 컴퓨터 마음을 만드는 길에 도사리고 있는 일부 장애물을 극복하는 방법으로서 컴퓨터의 네트워크를 하나의 상자 안에 담는 방

안이 제시되고 있다. 이 의도적으로 압축된 분산 컴퓨팅을 병렬 컴퓨팅parallel computing이라고 부른다. 왜냐하면 수천 개의 컴퓨터가 슈퍼컴퓨터 안에서 병렬로 작업을 수행하기 때문이다. 병렬 슈퍼컴퓨터는 책상 위에서 놀고 있는 컴퓨터의 연산 능력을 어떻게 활용할 것인가와 같은 문제는 해결하지 못한다. 또한 광범위하게 펼쳐져 있는 연산 능력을 하나로 집약시키는 것도 아니다. 하지만 병렬로 작업을 수행하는 것은 그 자체로서 이점을 가지고 있으므로 이와 같은 독자적인 장비를 만드는 데 수백만 달러를 투자할 만한 것이다.

병렬 분산 컴퓨팅은 지각과 시각화와 시뮬레이션에서 뛰어난 기능을 발휘한다. 믿을 수 없을 만큼 빠른 속도로 직렬 연산을 수행하는 거대한 컴퓨터 한 대로 이루어진 전통적인 슈퍼컴퓨터에 비해, 병렬성parallelism은 복잡성의 문제를 훨씬 잘 다룬다. 그러나 축약 분산 기억 장치를 가진 병렬 슈퍼컴퓨터에서는 기억과 처리의 경계가 희미해진다. 기억은 지각의 재현이 되고 애초의 학습 행위와 구별하기 어렵다. 기억과 학습 모두 뒤죽박죽 복잡하게 상호 연결된 부분에서 창발하는 패턴일 뿐이다.

욕조에 물이 가득 차 있다. 이때 배수구의 마개를 잡아당겨 뽑아 보자. 물이 빙빙 돌며 내려갈 것이다. 배수구 주변에는 확실하게 소용돌이 모양이 자리를 잡기 시작한다. 작은 소용돌이는 마치 생명을 가진 생물인 양 점점 자라난다. 얼마 되지 않아 소용돌이는 배수구에서 물의 표면까지 쭉 연결된 거대한 회오리바람이 되어 물 전체를 휘젓는다. 쉼 없이 움직이는 물 분자의 흐름이 토네이도 주변을 회전함에 따라 소용돌이의 존재는 매순간 변화하고 있다. 그러나 소용돌이는 계속해서 존재한다. 붕괴의 가장자리에서 아슬아슬 줄을 타면서 끈질기게, 근본적으로는 변화하지 않고 계속 존재한다. "우리는 지금 여기 있는 물질이 아니라 스스로를 영속하게 하는 패턴이다."라고 노버트 위너Nobert Wiener는 말했다.

욕조를 채우고 있던 물이 모두 나선형의 소용돌이를 통과해 내려가고, 마침내 욕조 안에 있던 물이 모두 배수구를 통해 내려가버린다. 그렇다면 소용돌이의 형태는 어디로 가버린 것일까? 그렇게 따지자면, 그 소용돌이는 애초에 어디에서 온 것일까?

소용돌이는 우리가 욕조의 마개를 뺄 때마다 항상 나타난다. 소용돌이는 창발적 현상이다. 마치 날아가는 새떼의 모양처럼 소용돌이의 힘과 구조는 하나의 물 분자의 힘과 구조에 포함되어 있지 않다. H_2O 분자의 화학적 특성에 대하여 아무리 자세히 파헤치고 알아보아도 그것으로부터 소용돌이의 특성을 예측할 수는 없다. 모든 창발적 존재와 마찬가지로 소용돌이의 본질은 되는 대로 지저분하게 모여 있는 다른 존재들 — 이 경우 물 분자들 — 의 집합으로부터 발생한다. 한 움큼의 모래가 산사태를 만들지 못하듯이, 한 방울의 물은 소용돌이를 만들기에 충분하지 않다. 창발은 개체들의 집단, 다수, 집합, 군중, 무리를 필요로 한다.

많아지면 달라진다. 티끌 하나가 산사태를 일으키지는 못한다. 그러나 티끌이 모여 언덕을 이루고 산을 이루면 산사태가 일어날 수 있다. 온도와 같은 특정 물리적 속성은 집단적 행동에 의존한다. 우주에 떠다니는 분자 하나는 사실상 온도라는 속성을 갖고 있지 않다. 온도는 분자들의 집단이 갖고 있는 집단적 특성이라고 볼 수 있다. 비록 온도는 창발적 속성이지만 정확하게 측정할 수 있으며 신뢰할 수 있고 예측할 수 있는 특성이다. 다시 말해 실제이다.

다수가 소수와 다르게 행동한다는 사실을 과학은 오래 전에 이해했다. 군중은 창발 현상을 위한 복잡성의 필요 수단을 낳는다. 구성원의 수가 늘어나게 되면 둘이나 그 이상의 구성원 사이에서 일어날 수 있는 상호작용 수의 총합이 지수적으로 늘어난다. 연결의 수준이 높아지고 구성원의 수가 많아지게 되면 군중의 동력이 힘을 얻는다. 많아지면 달라진다.

'다수moreness'를 구성하는 방법에는 두 가지 극단이 있다. 한쪽 극단에는 순차적인 작업들이 줄지어 연결된 길고 긴 시스템을 구성하는 방법이 있다. 이리저리 구불구불 이어지는 공장의 조립 라인이 그 예이다. 복잡한 단계적 움직임을 통해 시간을 측정하는 시계의 내부 논리가 이와 같은 순차적 시스템의 전형이다. 기계 시스템은 대개 이런 시계 논리를 따른다.

다른 쪽 극단에 있는 방법은 병렬로 놓여 있는 작업들을 이리저리 짜깁기하여 시스템을 구성하는 것이다. 우리 뇌의 신경망이나 개미의 군집이 바로 이런 식으로 구성되어 있다. 이런 시스템이 작동하는 방식은 상호 의존적인 사건들이 복잡한 폭포수처럼 쏟아지는 것과 같다. 시계를 작동시키는 명확하게 딱 떨어지는 인과 관계 대신 수천 개의 시계 스프링이 동시에 병렬 시스템을 작동한다. 여기에는 명령 계통이 없기 때문에 어느 한 스프링의 활동이 전체에 확산된다. 그렇기 때문에 전체의 총합이 일부를 압도하기 쉽다. 집단에서 창발하는 것은 일련의 중요한 개별적 행위가 아니라 동시에 일어나는 다수의 행위로, 그것의 집단적 패턴이 훨씬 더 중요하다. 이것이 바로 '스웜swarm' 모형이다.

다수 구조의 이 두 가지 극단은 이론적으로만 존재한다. 왜냐하면 현실 속의 모든 시스템은 두 극단이 어느 정도 뒤섞인 것이기 때문이다. 대규모의 시스템 중 일부는 순차적 모형에 더 의존하고(공장), 또 다른 시스템은 복잡하게 얽히고설킨 그물망 모형에 더 가깝다. (전화망 시스템)

우리가 우주에서 찾아볼 수 있는 흥미로운 것들은 모두 두 극단 중 그물망 모형 가까이에 자리잡고 있는 듯하다. 생명의 그물망, 얽히고설킨 경제 활동, 사회의 군중들, 우리 마음의 정글 등이 모두 여기에 속한다. 이 모든 사례들은 역동적인 전체로서 독특한 특성들을 공유하고 있다. 그리고 특별한 생명력이 그 특성 중 하나이다.

우리는 병렬로 작동하는 이 전체에 다양한 이름이 있다는 것을 알고 있다. 벌떼라든지, 서로 연결된 모뎀, 뇌의 신경세포 네트워크, 동식물의 먹이그물, 행위자들의 집단 등이 그것이다. 이들이 속한 시스템의 범주도 다양한 이름을 가지고 있다. 네트워크, 복잡 적응계, 스웜 시스템, 비비시스템, 집단 시스템 등등…. 나는 이 책에서 이 용어들을 모두 사용하고 있다.

구성 측면에서 볼 때 이와 같은 각각의 시스템은 모두 수많은 자율적 구성원들의 집합으로 이루어져 있다. '자율적autonomous'이라는 말은 각 구성원들이 고유의 내부 규칙에 따라 구성원을 둘러싼 지엽적 환경에 독자적으로 반응한다는 뜻이다. 그것은 중앙에서 내려진 명령에 그대로 복종하거나 전체적인 환경에 시계처럼 정확하게 반응하는 것과 정반대이다.

이 자율적인 구성원들은 서로 아주 긴밀하게 연결되어 있지만 중심 또는 중추에 해당되는 것과 연결되어 있지는 않다. 따라서 이들은 동등한 개체들의 네트워크를 형성한다. 그리고 통제의 중심이 없기 때문에 관리나 시스템의 핵심부가 시스템 전체에 걸쳐 분산되어 있다. 마치 벌집이 운영되는 방식처럼 말이다.

비비시스템에 고유의 특성을 부여하는, 분산된 존재만의 네 가지 뚜렷한 특징이 있다.

- 중심적 통제가 존재하지 않는다.
- 각 하부 단위subunit가 자율성을 띠고 있다.
- 하부 단위들이 고도로 연결되어 있다.
- 동등한 구성원들이 비선형적 인과 관계의 그물 속에서 서로 영향을 주고받는다.

이 각 요소들의 상대적 장점이나 영향력에 대해서는 아직 체계적인 조사가 이루어지지 않았다.

병렬 컴퓨팅, 실리콘 신경망 칩, 인터넷이라는 거대한 온라인 네트워크 등 분산된 인공 비비시스템들은 우리에게 생물의 이점을 주지만 한편으로 생물의 단점도 가지고 있다는 것이 이 책의 주제 중 하나이다. 분산 시스템의 장점과 단점을 다음과 같이 요약해 본다.

스웜 시스템의 이점

적응할 수 있다: (지금까지의 기술로) 미리 결정된 자극에 대하여 스스로를 조정하는 시계 장치와 같은 시스템을 만드는 것은 가능하다. 그러나 결정되지 않은 새로운 자극에 대응하여 스스로 조정하거나 좁은 범위를 벗어나서 변화할 수 있는 시스템을 만들기 위해서는 스웜, 즉 벌떼 마음이 필요하다. 오직 전체가 수많은 부분들을 포함하고 있을 때, 각 부분이 죽어 없어지거나 새로운 자극에 맞추어 변화하더라도 전체가 소실되지 않고 지속된다.

진화할 수 있다: 시간의 흐름에 따라 적응의 핵심부locus를 시스템의 한 부분에서 다른 부분으로(예컨대 개체의 몸에서 유전자로, 또는 한 개체에서 전체 개체군으로) 옮기기 위해서는 스웜을 바탕으로 하는 시스템이어야 한다. 집단적이지 않은 시스템은 (생물학적 의미에서) 진화할 수 없다.

회복력이 있다: 집단적 시스템은 병렬로 존재하는 다수의 구성원을 기반으로 만들어지기 때문에 중복적이다. 구성원 개체는 중요하지 않다. 작은 고장이나 실패는 왁자지껄한 소란에 묻혀서 눈에 띄지 않고 지나간다. 커다란 고장이나 실패는 전체의 계층 중 그 위 단계의 수준에서는 작은 고장이 되므로 바로 그 수준에서 억제할 수 있다.

무한히 펼쳐진다: 기존의 선형 시스템에서도 양성 되먹임 현상이 일어난다. 확성기의 끽끽거리는 무질서한 소음이 그 예이다. **스피커에서 증폭된 소리가 마이크에 재입력되어 증폭 과정이 되풀이되는 현상이다.–옮긴이** 그러나 스웜 시스템의 경우 양성 되먹임이 질서를 증가시키는 쪽으로 작용한다. 스웜은 새로운 구조를 원래의 경계를 넘어 계속 확장해나감으로써 추가적인 구조를 쌓아올릴 토대를 만든다. 자발적으로 형성되는 질서는 더 높은 수준의 질서 창조를 돕는다. 생명이 생명을 낳고, 부가 부를 창조하며, 정보가 정보를 생성한다. 그리고 이 모든 것들이 요람을 터뜨리고 나와 무한히 성장한다. 그 성장에서는 어떤 경계도 찾아볼 수가 없다.

새롭다: 스웜 시스템은 다음 세 가지 이유로 새로움을 창조한다. (1) 스웜 시스템은 '초기 조건에 민감'하다. 다시 말해서 결과의 규모가 원인의 규모에 반드시 비례하지 않는다. 그렇기 때문에 두더지가 파놓은 작은 흙더미에서 커다란 산이 나타날 수도 있다. (2) 지수적으로 증가하는, 상호 연결된 다수의 개체들의 조합에는 수많은 새

로운 가능성이 감추어져 있다. (3) 스웜 시스템은 구성원 개체를 고려하지 않기 때문에 개체 수준의 변이나 불완전성을 허용할 수 있다. 특성을 후대에 물려줄 수 있는 스웜 시스템에서 개체의 변이와 불완전성은 지속적인 새로움, 또는 우리가 '진화'라고 부르는 것을 이끌어낸다.

스웜 시스템의 명백한 단점

최적화되어 있지 않다: 스웜 시스템은 중복되어 있고 중앙의 통제를 받지 않기 때문에 비효율적이다. 뒤죽박죽 엉망으로 자원이 할당되고 같은 노력이 중복되는 경우도 허다하다. 개구리가 단 두어 마리의 새끼를 키우기 위해 수천 개의 알을 낳는 것은 얼마나 큰 낭비인가! 자유 시장 경제—진정한 자유 시장 경제가 존재한다면 그것이 바로 스웜 시스템이다—에서 가격이 결정되는 것처럼 자연스러운 통제가 출현하여 비효율성을 완화시키기는 하지만, 선형 시스템만큼 깔끔하게 비효율성을 제거할 수는 없다.

통제할 수 없다: 권위를 가진 주체가 없다. 스웜 시스템을 어느 방향으로 이끌어가는 것은 목동이 양떼를 몰고 가는 식으로 이루어질 수밖에 없다. 영향력을 행사할 결정적인 단계에 힘을 가하여 시스템의 자연스러운 경향을 새로운 방향으로 향하게 하는 방식으로 이끈다 (늑대를 무서워하는 양의 특성에 따라 개를 이용해 양을 몰아가는 것처럼). 경제는 외부에서 통제할 수 없다. 단지 내부에서 살짝 비틀고 변화를 줄 수 있을 뿐이다. 마음이 꿈을 꾸지 못하게 할 수는 없다. 우리는 단지 꿈의 결실을 맛볼 수 있을 뿐이다. '창발'이라는 단어가 나타날 때마다 인간의 통제는 사라져버리고 만다.

예측할 수 없다: 스웜 시스템의 복잡성은 시스템을 예측할 수 없는

방향으로 향하게 한다. "생물학의 역사는 예기치 못한 사건들의 역사이다."라고 수학적 스웜 모형을 개발하고 있는 연구자 크리스토퍼 랭턴Christopher Langton은 말했다. 창발이라는 용어는 어두운 측면을 가지고 있다. 비디오 게임에서 나타나는 창발적 새로움은 엄청난 재미를 준다. 하지만 공항 관제 시스템에 나타나는 창발적 새로움은 국가 수준의 재난이다.

이해할 수 없다: 우리가 알고 있는 인과 관계는 시계 장치와 비슷하다. 우리는 순차적인 시계 태엽 장치를 이해할 수 있다. 그러나 비선형 망 시스템은 순수한 미스터리이다. 비선형 망 시스템은 역설적 논리에 매몰되어 있다. A가 B의 원인이 되고, B는 A의 원인이 된다. 스웜 시스템은 서로 엇갈리는 논리들로 가득한 바다이다. A가 간접적으로 다른 모든 것의 원인이 되고 다른 모든 것들은 또한 간접적으로 A의 원인이 된다. 나는 이것을 횡적 인과 관계 또는 수평적 인과 관계라고 부른다. 진짜 원인(또는 정확히 말하자면 원인들의 진짜 비율)이 무엇인가 하는 문제는 망 전체에 걸쳐서 수평적으로 확산되어 결국 특정 사건을 촉발한 원인이 무엇인지 근본적으로 알 수 없게 되어버린다. 사건들은 그저 발생한다. 우리가 토마토를 재배하거나 먹거나 심지어 품종 개량을 하기 위해서 꼭 토마토의 세포가 어떻게 작동하는지 정확하게 알아야 하는 것은 아니다. 우리는 거대한 집단적 시스템인 연산 장치가 정확히 어떻게 작동하는지 모르고서도 그것을 만들고, 사용하고, 개선할 수 있다. 그러나 우리가 어떤 시스템을 이해하든지 못하든지, 어쨌든 우리는 그와 같은 시스템에 책임을 갖고 있는 만큼 그것을 이해하는 것은 확실히 도움이 될 것이다.

즉각적이지 않다: 불을 붙이거나 증기를 채우거나 스위치를 누르면 선형 시스템은 곧바로 깨어난다. 선형 시스템은 언제든 작동될 수 있는 대기 상태에 놓여 있다. 멈추면 다시 시작하면 된다. 단순한 집

단 시스템은 간단하게 작동시킬 수 있다. 그러나 다양한 층위로 이루어진 복잡한 스웜 시스템은 작동하는 데 시간이 걸린다. 시스템이 복잡하면 복잡할수록 발동을 거는 데 드는 시간이 더 길어진다. 각각의 계층이 안정된 상태에 돌입해야 하기 때문이다. 그런데 횡적 인과 관계의 작용이 소란스럽게 확산되어나간 후에야 안정된 상태가 자리를 잡는다. 수백만 자율적 행위자들이 스스로 (새로운 상황을) 알아차려야 한다. 생물과 같은 복잡성은 생물의 역사에 맞먹는 시간을 필요로 한다는 것, 이것이야말로 인간이 가장 받아들이기 힘든 교훈이라고 나는 생각한다.

스웜 논리의 장점과 단점 사이의 균형은 생물학적 비비시스템을 만들고자 할 때 고려해야 할 비용-이익 분석과 비슷하다. 그런데 우리 자신은 생물학적 시스템 속에서 자라왔고 그 밖에 다른 대안이 없으므로 비용-이익에 대한 평가 없이 비용을 감수해왔다.

어떤 도구가 지속성 면에서 탁월한 장점을 갖고 있다면 예기치 못할 작은 결함은 눈감아줄 수 있을 것이다. 인터넷상의 1700만 개의 컴퓨터 연결점으로 이루어진 스웜 시스템은 고약한 컴퓨터 버그가 출몰하거나 알 수 없는 이유로 국지적으로 불능 상태에 빠지기도 하지만, 시스템 전체가 붕괴하지는 않으므로 계속해서 유지된다. 우리는 인터넷의 뛰어난 유연성을 누리는 대가로 메시지가 다수의 경로로 전송되는 방식의 비효율성을 기꺼이 감수한다. 그러나 한편으로 자율적인 로봇을 만들고자 할 때는 로봇이 우리의 완전한 통제를 벗어나 제멋대로 날뛰는 것을 막기 위해서 로봇의 잠재적 적응성의 일부를 포기해야 한다고 나는 생각한다.

우리의 발명품이 선형적이고, 예측 가능하며, 인과적인 기계 모터로부터 복잡하게 얽히고설키고, 예측 불가능하며, 애매모호한 생명

시스템으로 옮겨감에 따라서 우리가 기계에게 무엇을 기대해야 할지에 대한 생각 역시 바꿀 필요가 있다. 다음과 같은 간단한 법칙이 도움이 될 것이다.

- 높은 통제력이 필요한 작업에서는 믿을 만한 기존의 시계 장치와 같은 방법을 택한다.
- 높은 적응성이 필요한 작업에서는 통제되지 않는 스웜웨어swarmware가 정답이다.

우리가 만드는 기계를 집단적 특성을 향해 한 걸음씩 밀어 붙일 때마다 기계는 점점 더 생명체에 가까운 쪽으로 다가간다. 또한 시계 장치로부터 한 걸음씩 멀어질 때마다 우리의 발명품은 기계 특유의 차갑고 신속한 최적의 효율성을 잃어버린다. 대부분의 작업은 어느 정도의 통제와 어느 정도의 적응성이 적절한 비율로 섞인 상태를 요구한다. 따라서 작업을 가장 잘 수행할 수 있는 장치는 부분적으로는 시계 장치와 같고 부분적으로는 스웜과 같은 사이보그적 잡종의 형태를 띠게 될 것이다. 또한 일반적인 스웜 절차의 수학적 특성을 최대한 발견해내면 인공적 복잡성과 생물학적 복잡성 양쪽에 대한 우리의 이해가 깊어지게 될 것이다.

스웜은 진짜 사물의 복잡한 측면을 부각시킨다. 스웜은 규칙에서 벗어난다. 스웜 컴퓨팅의 특성은 불규칙적인 변이를 겪어나가는 불규칙적인 동물과 식물 개체군에 대한 다윈의 혁명적 연구의 연장선 위에 있다. 스웜 논리는 변칙을 이해하고, 불규칙을 측정하며, 예측 불가능한 것을 예측하려고 시도한다. 그것은 제임스 글릭의 표현을 빌리자면 "형태가 없는 것들에 대한 형태학the morphology of the amorphous", 즉 본질적으로 형태가 없는 사물에 형태를 부여하는 일이다. 과학은 지금까지 쉬운 일, 즉 명확하고 단순한 신호들은 모두 다 처리했다. 이제 과학이 마주해야 할 것은 잡음이다. 이제 과학은 눈을 크게 뜨고 생명의 뒤죽박죽의 혼란스러움을 응시해야 한다.

선승禪師들은 참선에 입문하는 제자에게 편견 없는 '초심'을 가지고 명상에 임하라고 가르쳤다. 다시 말해 '모든 선입관을 버리라고' 한다. 복잡한 사물의 스웜적 본질을 이해하는 데 필요한 참된 깨달음이 바로 벌떼 마음이다. 스웜 세계의 스승은 이렇게 가르칠 것이다. "확실성과 확신에 대한 모든 애착을 버려라."

한 가지 숙고해볼 만한 스웜적 사고의 결론인 원자는 20세기 과학의 상징물이다.

대중에 뿌리박힌 원자에 대한 상징은 명확하다. 검정색 점을 가운데에 두고 가느다란 선으로 표시된 여러 개의 궤도가 그 주위를 감싸고 있으며 또 다른 점들이 궤도 위를 돌고 있다. 고고히 홀로 회전하는 원자는 단일성의 전형이자 개체성의 상징이다. 또한 원자는 더 이상 환원할 수 없는 힘의 근거이다. 원자는 힘과 지식과 확실성을 대변한다. 원자는 둥근 원처럼 신뢰할 수 있고 규칙적인 것으로 여겨진다.

행성계와 비슷하게 생긴 원자의 이미지는 장난감이나 야구 모자에서 흔히 볼 수 있다. 회전하는 원자의 그림은 기업의 로고나 정부의 인장에서도 종종 모습을 드러낸다. 그뿐만 아니라 시리얼 박스, 교과서, 텔레비전 광고에도 등장한다.

원자 내부의 원들은 우주를 반영한다. 일정한 법칙을 지키는 에너지의 핵심이자 은하 안에서 동심원을 그리며 회전하는 천체들의 모습을 보여준다. 중심에는 모든 것을 적절한 회전 궤도 위에 붙잡아놓는 '의지animus', 핵심, 생명력이 존재한다. 상징적인 원자의 확실한 궤도와 명확한 공간 간격은 우주에 대한 이해 가능성을 나타낸다. 다시 말해 원자는 단순성의 순수한 힘을 표상한다.

또 한 가지 선불교적 사고의 결론. 원자는 과거에 속한다. 다음 세기의 과학의 상징물은 역동적인 망Net이다.

망이라는 상징은 중심이 없다. 서로 연결되어 있는 여러 개의 점으로 이루어져 있다. 둥지 안의 뱀처럼 서로 얽히고설켜 꿈틀거리고, 거미줄처럼 사방으로 뻗어나가다가 경계가 불분명한 가장자리에서 차츰차츰 희미해지는 거대한 그물망의 모양을 하고 있다. 망은 모든 회로, 모든 지능, 모든 상호 의존성, 모든 경제, 모든 사회, 모든 생태계, 모든 의사소통, 모든 민주주의, 모든 집단, 모든 대규모 시스템을 나타내는 전형 — 언제나 같은 모습 — 이다. 이 상징은 포착하기 어렵다. 시작도 없고 끝도 없고 중심도 없다. 또는 모든 것이 시작이고 끝이고 중심이기도 하다. 이 역설은 우리를 함정에 빠뜨린다. 이것은 매듭과 관련이 있다. 겉으로 보이는 무질서 속에 점점 펼쳐지는 진실이 숨겨져 있다. 그 진실의 매듭을 풀어내는 데에는 영웅적 노력이 필요하다.

다윈이 고심 끝에 찾아낸, 그의 저서 《종의 기원On the Origin of Species》 — 수많은 개체들 사이의 서로 연결된 이익의 충돌 속에서 어떻게 종이 출현하게 되었는지가 이 책이 길게 주장하는 단 하나의 주제이다 — 의 마지막을 마무리한 이미지는 바로 얽히고설킨 망이었다. 그 얽히고설킨 망은 "새들이 덤불 속에서 노래하고, 다양한 곤충이 이리저리 돌아다니고, 벌레들이 축축한 땅 위를 꿈틀대며 기어다니고… 너무나도 복잡한 방식으로 서로 의존하고 있는 뒤얽힌 저장고"를 형성한다고 그는 묘사했다.

망은 다수를 표상한다. 여기에서 스웜이라는 분산된 존재가 나타난다. 자아를 전체 망으로 확산시켜서 어느 한 부분도 '내'가 '나'라고 말할 수 없도록 한다. 그것은 완전히 사회적이고 명백하게 다수의 마음으로 이루어진 것이다. 그리고 이것은 컴퓨터와 자연의 논리를 대변하고, 우리의 이해를 넘어서는 힘을 함축한다.

망 속에 감춰져 있는 것은 '보이지 않는 손', 즉 권위 없는 통제의 신비이다. 원자가 깔끔한 단순성을 표상하는 반면 망은 복잡성의 지저분한 힘을 이끌어낸다.

망을 삶의 가치로 내걸고 살아가는 것은 녹록치 않다. 망은 통제 불능을 의미한다. 망이 생겨나는 곳에서는 어디든 인간의 통제에 저항하려는 움직임이 함께 생겨난다. 네트워크의 상징은 인간 정신의 수렁과 뒤얽힌 생명의 실타래, 개성을 실현하기 위한 집단적 힘을 강조한다.

네트워크의 비효율성 — 중복되고 어지럽게 이리저리 돌아가는 화살표들 — 은 불완전성을 던져버리기보다는 감싸 안는다. 네트워크는 작은 결함들을 조장함으로써 커다란 결함이 자주 일어나는 것을 막는다. 오류를 피해가기보다는 감싸 안는 네트워크의 능력은 분산된 존재가 학습, 적응, 진화의 비옥한 토양이 되는 비결이다.

편견 없는 성장, 안내 없는 학습이 가능한 유일한 조직이 바로 네트워크이다. 다른 모든 형태의 조직은 발생할 수 있는 사건에 한계를 긋는다.

네트워크 스웜은 모든 부분이 가장자리이고 따라서 어느 쪽에서든 접근할 수 있도록 열려 있다. 실제로 네트워크는 구조를 지녔다고 할 만한 조직 가운데 최소한의 구조를 가진 조직이다. 네트워크는 무한히 재배열될 수 있고 사물의 기본 형태를 변화시키지 않은 채 어느 방향으로든 성장할 수 있다. 사실상 외면적 형태 자체가 존재하지 않기 때문이다. 동물의 무리를 컴퓨터 그래픽으로 합성해낸

크레이그 레이놀즈는 기존의 것을 어지럽히지 않으면서 새로운 것을 흡수하는 네트워크의 놀라운 능력을 지적했다. "자연 속의 동물들의 무리 짓기의 복잡성에 어떤 면에서든 한계가 있을 것이라는 증거는 없습니다. 무리 지어 날아가는 새떼에 어떤 양적 한계가 있다거나, 새로운 새들이 추가되어 과부하에 걸리는 일은 없습니다. 청어떼가 산란 장소로 이동할 때 길이가 길게는 27km에 이르고 청어의 수가 수백만 마리에 이르는 거대한 무리를 만들기도 합니다." 우리는 얼마나 큰 전화망을 만들 수 있을까? 하다못해 이론적으로나마 네트워크가 정상적으로 작동하는 범위 내에서 최대한 얼마나 많은 접속점을 추가할 수 있을까? 이와 같은 질문은 지금까지 거의 제기된 적이 없었다.

스웜은 다양한 위상기하학적 형태를 가질 수 있다. 그러나 진정으로 다수의 형태를 수용할 수 있는 유일한 조직은 거대한 망뿐이다. 실제로 다수의 발산하는 요소들을 유지할 수 있는 형태는 네트워크이다. 사슬, 피라미드, 나무, 원, 중심을 가진 구조 등 다른 배열들은 전체에 작용하는 진정한 다양성을 억누른다. 네트워크가 민주주의나 시장과 동의어처럼 쓰이는 이유가 바로 이것이다.

역동적인 네트워크는 시간이라는 차원을 포함하는 극소수의 구조 가운데 하나이다. 이 구조는 내부의 변화를 존중한다. 우리는 불규칙적 변화가 끊임없이 일어나는 곳에서는 네트워크가 존재할 것이라고 예상하고 실제로 그러하다.

중심 없이 분산된 네트워크는 사물이라기보다는 하나의 절차이다. 망의 논리 안에서는 중심축이 명사에서 동사로 이동한다. 경제학자들은 이제 상품을 서비스처럼 다루는 것이 가장 효과적인 방법이라고 이야기한다. 고객에게 무엇을 파는지가 중요한 것이 아니라 고객에게 무엇을 해주는지가 중요하다. 그것이 무엇인지가 중요한 것이 아니라 그것이 어디에 연결되어 있으며 무엇을 하는지가 중요하다. 흐름이 자원보다 더 중요해지고 있다. 중요한 것은 행위이다.

네트워크 논리는 반직관적이다. 몇몇 도시를 연결하는 전화선을 가설해야 하는 상황이라고 가정해보자. 예를 들어 그 세 도시가 캔자스시티와 샌디에이고와 시애틀이라고 하자. 이 세 도시를 연결하는 전화선의 총 길이는 약 4800km이다. 만일 이 전화망에 네 번째 도시를 추가한다면 필요한 전화선의 길이는 늘어난다는 것이 상식이다. 그런데 네트워크 논리에 따르면 그렇지 않다. 네 번째 도시를 중심 도시로 삼고(예를 들어 솔트레이크시티라고 하자.) 전화선을 세 도시에서 솔트레이크시티를 거쳐서 서로 연결하면 케이블의 길이를 4560km로 줄일 수 있다. 원래 세 도시를 연결하는 데 필요한 4800km보다 약 5% 줄어든 셈이다. 따라서 네트워크를 구성하는 선을 쫙 펼쳤을 때의 길이는 접속점을 추가할 때 오히려 줄어들 수도 있다! 그러나 이와 같은 효과에는 한계가 있다. 1990년 벨연구소에서 일하던 프랭크 황Frank Hwang과 딩 주 두Ding Zhu Du는 네트워크에 새로운 접속점을 추가함으로써 얻어지는 절약 효과가 13%에서 절정을 이룬다는 것을 입증했다. 양적 증가는 질적 변화를 만든다.

반면 1968년 독일의 오퍼레이션즈 리서치operations research, 수학적 분석 방법을 이용하여 경영 관리, 군사 작전, 정책 등의 효과적 실행 방법을 분석, 연구하는 분야–옮긴이 전문가인 디트리히 브라스Dietrich Braess는 이미 밀집한 네트워크에 새로운 경로를 추가할 경우 속도가 더 느려질 뿐이라는 사실을 발견했다. 오늘날 브라스의 역설이라고 불리는, 밀집한 네트워크에 용량을 추가할 경우 전반적인 생산성이 감소하는 현상을 많은 과학자들이 재확인했다. 1960년대 후반 슈투트가르트 도시 계획자들은 붐비는 도심의 교통 상황을 완화하기 위해 도로를 추가로 건설하려고 했다. 그런데 도로가 추가되자 교통 상황은 한층 악화되었다. 결국 그 도로를 차단해버리자 교통 상황이 나아졌다. 1992년 뉴욕시가 지구의 날을 맞아 항상 붐비는 42번가를 폐쇄했다. 최악의 교통 상황이 벌어질 것을 우려했지만 그날 사실상 교통 상황은 오히려 더 좋아졌다.

1990년 뇌의 신경세포 네트워크를 연구하던 세 명의 과학자들은 각각의 신경세포의 이득gain—반응성—의 증가가 개별적인 신호 검출 성능을 증가시키지는 않지만 전체 네트워크의 신호 검출 성능을 증가시킨다고 보고했다.

망은 그 자체의 논리를 가지고 있으며 우리의 예측을 벗어난다. 그리고 이 논리는 네트워크로 이루어진 세상에 살고 있는 사람들의 문화를 신속하게 형성해나갈 것이다. 강력한 커뮤니케이션 네트워크와 병렬 컴퓨팅의 네트워크, 분산된 전자 기기의 네트워크와 분산된 존재로부터 우리가 얻는 것이 바로 네트워크 문화이다.

개인용 컴퓨터의 발명에 크게 기여한 선구자인 앨런 케이Alan Kay는 개인이 소장한 책이 르네상스 시대에 개인이라는 개념을 형성하는 데 주된 역할을 했다면, 광범위한 네트워크로 연결된 컴퓨터는 미래의 인간을 형성하는 주된 요인이 될 것이라고 말했다. 시대에 뒤떨어지는 것은 개인 소장의 책만이 아니다. 일주일에 7일, 하루 24시간 실시간으로 이루어지는 전 세계적 여론 형성, 도처에 존재하는 전화기, 비동시적 소통 매체인 이메일, 500여 개의 텔레비전 채널, 주문형 비디오…. 이 모든 것들이 한데 합쳐져 영광스러운 네트워크 문화, 벌떼와 같은 놀라운 존재를 형성한다.

나의 벌집에 살고 있는 작은 벌들은 그들의 군집에 대해 잘 알지 못한다. 그들의 집단적인 벌떼 마음은, 그 정의에 있어서 작은 벌의 마음을 초월하는 것이다. 우리가 우리 자신을 벌집과 같은 네트워크로 연결하면, 그 네트워크 안의 개개의 신경세포에 지나지 않는 우리 자신으로서는 예상할 수도 없고, 이해할 수도 없으며, 통제할 수도 없고, 심지어 지각할 수도 없는 수많은 일들이 창발할 것이다. 그것이 바로 창발적 벌떼 마음이 치러야 할 대가이다.

3

반항적 태도를 가진 기계

마크 폴린Mark Paulin이 당신에게 손을 내밀어 악수를 나눌 때, 당신은 사실 그의 발가락을 잡고 흔든 셈이다. 몇 년 전 폴린은 집에서 제조한 로켓을 다루다가 손가락을 날려버렸다. 외과의가 재건 수술을 통해 그의 발의 일부를 가지고 손 비슷한 것을 만들어 주었지만 손에 일어난 사고는 전반적으로 그의 활동을 둔하게 만들었다.

폴린은 다른 기계를 물어뜯고 찢어발기는 기계들을 만든다. 그가 만든 기계들은 대개 복잡하고 커다랗다. 그의 로봇 중 가장 작은 것이 사람보다 더 크다. 가장 큰 로봇의 경우 목을 쫙 펴면 2층 건물보다 더 크다. 피스톤으로 작동하는 턱과 증기 굴착기 팔을 장착한 폴린의 기계들은 생물 같은 분위기를 풍긴다.

불구가 된 폴린의 손은 그의 괴물들을 이어붙이기 위해 너트와 볼트를 조이는 일을 어렵게 만든다. 그는 수리 작업을 신속하게 하기 위해서 침실 문 밖에 최고 수준의 공업용 선반을 설치하고 부엌 주변을 용접 장비로 가득 채웠다. 철제 괴물의 부러진 공압 작동식 팔

다리를 납땜해서 고치는 데에는 고작 1~2분밖에 걸리지 않는다. 그러나 그 자신의 손은 골칫거리이다. 그는 자신의 손을 로봇의 손으로 갈아 끼울 수 있기를 바란다.

샌프란시스코 한 도로의 막다른 끝, 고가도로 아래에 있는 창고가 그의 집이다. '자동차 수리' 간판이 달린, 아연 도금된 철판으로 지은 구질구질한 임시 건물들이 그의 보금자리 주변을 둘러싸고 있다. 폴린의 창고 바깥에 있는 고물 하치장에는 버려진 기계들의 녹슨 뼈대들이 철망으로 된 담장 높이만큼 쌓여 있다. 커다란 덩어리 하나는 제트기의 엔진이다. 마당은 평소에는 기괴한 분위기를 풍기며 텅 비어 있다.

폴린 스스로의 묘사에 따르면 그는 비행 청소년으로 출발해서 "창조적 파괴 행위"를 일삼는 청년기를 보냈다. 마크 폴린의 장난질이 보통을 넘어선다는 사실에는 모두 동의한다. 심지어 개인주의자들의 천국인 샌프란시스코와 같은 곳에서도 말이다. 열 살 때 폴린은 훔친 아세틸렌 토치아세틸렌 가스를 연소시켜 높은 온도의 불꽃을 만드는 용접용 연소 장치-옮긴이를 이용해서 동전을 넣으면 사탕이 나오는 기계를 절단한 전적이 있다. 청소년기에는 야외 간판을 '용도 변경repurposing'해 버린 적도 있다. 깊은 밤에 스프레이 페인트를 가지고 간판의 글자들을 정치적 선전 문구로 바꿔 써넣은 것이다. 최근에는 헤어진 애인이 그를 경찰에 고발했다. 그녀가 주말에 집을 비운 사이에 그녀의 차에 온통 에폭시수지를 바르고 깃털을 빽빽이 붙여놓았다는 것이다. 창문까지 포함해서 모든 부분을 빠짐없이 말이다.

폴린이 만드는 장치들은 가장 기계적인 동시에 가장 생물학적이다. 로터리 마우스 머신을 예로 들어보자. 이 괴물은 상어 이빨처럼 삐죽삐죽한 날이 달린 2개의 둥근 고리가 서로 마주보는 각도로 자리잡고 맞물려 회전한다. 2개의 고리가 계속 돌아가면서 뭔가를 '물어뜯게' 되어 있다. 이 회전하는 턱은 단면이 5cm×10cm인 목재를 1초 안에 조각조각 절단내버린다. 이 기계는 주로 다른 기계에 대롱대롱 달려 있는 팔을 물어뜯는다. 아니면 자벌레Inchworm라는 이름의 기계를 살펴보자. 농기계를 개조한 이 기계는 한쪽 끝에 자동차 엔진이 달려 있고, 이 엔진이 여섯 쌍의 커다란 가지 비슷하게 생긴 부속물을 움직여 앞으로 이동하게 한다. 이 기계는 가장 비효율적이지만 생물학적인 방법으로 기어간다. 워크앤펙Walk-and-Peck이라는 기계도 있다. 이 기계에는 공압을 이용하기 위해 고압 이산화탄소 통이 장착되어 있다. 워크앤펙은 강철로 된 머리 부분으로 망치처럼 땅을 두드리며 아스팔트를 부수며 다닌다. 녀석은 마치 체중 230kg의 미친 '딱따구리'처럼 보인다. "내가 만든 기계 대부분은 지구상에 딱 하나밖에 없는 것들입니다. 제정신이 박힌 사람이라면 아무도 이런 걸 만들려고 들지 않거든요. 사람들이 이런 기계를 만들 실용적인 이유가 전혀 없으니까요." 폴린은 전혀 웃지 않으면서 말한다.

폴린은 1년에 두어 번 정도 그의 기계들을 무대에 올려 공연을 펼친다. 1979년 데뷔 무대의 제목은 〈기계 섹스〉였다. 공연 도중 그의 기이한 기계들이 서로에게 덤벼들어 상대방을 잡아먹듯 부수고 태워버렸고, 기계들은 산산조각으로 녹아 내렸다. 몇 년 후에 그는 〈쓸모없는 기계 활동〉이라는 제목의 공연을 선보이면서 기계들을 그들만의 세계로 해방시키는 작업을 계속했다. 그 이후로 그는 약 40번에 걸쳐 공연을 진행했다. 그의 공연은 주로 유럽에서 벌어졌는데 이유는 "거기에서는 고소당하지 않기 때문"이라고 설명했다. 하지만 유럽의 국가 차원에서의 예술 장려 활동(폴린은 그것을 예술 마피아라고 불렀다.)이 이 노골적인 공연을 지원해주었기 때문이기도 하다.

1991년 폴린은 샌프란시스코 도심에서 기계 서커스를 벌였다. 그날 밤 수천 명의 팬이 펑크 스타일의 검정색 가죽 옷을 차려 입은 채

고가 도로 아래의 버려진 주차장에 모여들었다. 순전히 입에서 입으로 전해진 소문을 듣고 모인 사람들이었다. 임시변통의 공연장에서 산업용 조명을 받으며 10개 남짓한 기계 동물과 자율적으로 움직이는 강철 전사들이 불꽃과 난폭한 완력으로 서로를 파괴하려고 대기하고 있었다.

공연장에 등장한 강철 피조물들의 크기와 분위기가 사람들에게 불러일으킨 단 하나의 뚜렷한 이미지는 바로 피부가 없는 기계 공룡이었다. 유압 호스, 체인벨트로 연결된 기어, 전선으로 연결된 레버 등으로 이루어진 골격에서 나오는 힘으로 무장한 공룡들. 폴린은 이 녀석들을 '유기체 기계'라고 불렀다.

이 공룡들은 박물관에 잠자코 숨죽인 채 앉아 있지 않는다. 폴린은 이 기계 저 기계에서 빌려오고 훔쳐온 부품들과 자동차에서 가져온 동력으로 녀석들을 창조했다. 그리고 그들에게 뜨거운 오존의 악취를 풍기는 탐조등searchlight 불빛 아래에서 활짝 피었다 스러지는 정도의 생명을 부여했다. 그들은 굉음을 내고, 분연히 일어나고, 펄쩍 뛰고, 충돌하고, 살아 움직였다!

자리도 없이 서서 구경하는 관중들은 티타늄 섬광 속에서 이리 저리 휩쓸리며 움직였다. 일부러 찍찍거리는 것으로 고른 확성기에서는 녹음해둔 산업 소음이 끊임없이 흘러나왔다. 귀에 거슬리는 소음 중간 중간에 라디오의 시청자 참여 프로그램이나 그 밖에 전자 문명의 배경 음향이 곁들여졌다. 그러다가 갑자기 사이렌의 새된 소리가 무대를 채웠다. 공연이 시작된다는 신호음이었다. 기계들이 움직이기 시작했다.

그 다음에 펼쳐진 것은 대혼란의 아수라장이었다. 60cm 정도 되는 드릴이 브론토사우루스처럼 생긴 피조물의 기다란 목 끝에 달려 있다. 치과의 악몽을 떠올리게 하는 이 드릴은 마치 벌의 침처럼 끝이 점점 가늘어지는 형태이다. 이 괴물은 곧 광란 상태에 빠져 무자비하게 다른 로봇들에 구멍을 내기 시작했다. 윙윙윙윙윙윙…. 그 소리를 들으니 없던 치통마저 저절로 생기는 느낌이었다. 또 다른 미치광이 로봇인 스크루 투석 로봇Screw Throwbot은 우스꽝스러운 동작으로 활기차게 돌아다니다가 큰 소리를 내며 도로의 포장을 뜯어냈다. 이 녀석은 길이가 3m에 무게가 1톤에 이르는 강철 썰매이다. 썰매의 날은 마치 코르크 마개를 뽑는 강철 나사같이 생겼다. 썰매가 다양한 방향으로 시속 약 50km의 속도로 경쾌하게 돌아다니는 동안 지름이 약 45cm인 2개의 나사가 미친 듯이 회전하면서 아스팔트를 후벼 팠다. 이 녀석은 실제로 보면 귀여운 느낌마저 든다. 썰매 위에는 기계 투석기가 올라앉아 있다. 이 투석기는 약 23kg의 폭발성 소이탄燒夷彈, 불이 잘 붙는 물질을 써서 목표물을 불살라 없애는 데 쓰는 포탄이나 폭탄-옮긴이을 던질 수 있다. 그리하여 드릴이 스크루를 침으로 찌르는 동안 스크루는 겹겹이 쌓아올린 피아노 더미에 폭발물을 던졌다.

"이게 바로 통제가 될까 말까 하는 무정부 상태이지." 공연 도중 폴린이 모두 자원봉사식으로 참가한 그의 보조 진행자들에게 말했다. 폴린은 자신의 '회사'를 서바이벌리서치랩SRL이라고 불렀다. 회사 이름처럼 들리도록 교묘하게 지은 이름이었다. SRL은 공식적으로 허가를 받지 않고 공연하기를 좋아한다. 그러니까 도시의 소방서에 신고하지 않고, 보험도 들지 않고, 미리 홍보하지도 않고 공연을 강행하는 식이다.

관객들이 무대에 너무 가까이 앉아 있었다. 얼핏 보기에도 위험해 보였고 실제로 위험했다.

개조한 상업용 스프링클러-보통의 경우라면 주변의 잔디밭에 생명의 축복을 흩뿌리는, 그러니까 휘휘 돌아가며 잔디밭에 물을 주는 장치-가 악마처럼 사방에 화염의 소나기를 흩뿌렸다. 스프링클러의 회전하는 팔이 거대한 원을 그리며 주황색 구름에 싸인 불붙은 등유를 뿜어냈다. 불완전 연소된 연기의 매캐한 냄새가 머리 위를 가로지른 고가도로 구조물에 갇혀서 관객들은 숨쉬기도 힘들었다. 그런데 스크루가 우연히 연료통을 쳐 기울어뜨려서 지옥에서 온 스프링클러가 물러나게 되었다. 그러자 초대형 화염 방사기 Flamethrower가 작동을 개시하며 고삐를 넘겨받았다. 특수 제작된 화염 방사기는 조종 가능한 거대한 송풍기이다. 도심의 고층 건물에서 공기 조절을 담당하던 것으로 보이는 송풍기에 맥 트럭Mack truck, 대형 트레일러, 산업용 트럭 등을 주로 제조하는 브랜드-옮긴이 엔진을 연결했다. 트럭의 모터가 거대한 송풍기를 돌리는 한편 200L 들이 드럼통에 담긴 디젤 연료를 끌어올려 송풍기 앞으로 뿜어냈다. 탄소 아크2개의 전극 간에 생기는 호 모양의 전광-옮긴이의 불꽃이 이 공기와 연료의 혼합물에 불을 붙이자 15m 길이의 사나운 불길이 혀처럼 널름거리면서 20개의 피아노 더미를 그슬었다.

폴린은 모형 항공기에서 가져온 무선조종 조이스틱으로 이 괴물을 조종했다. 그가 화염 방사기의 주둥이를 관중을 향하자 사람들은 반사적으로 고개를 숙이고 엎드렸다. 불길에서 15m 정도 떨어진 상태였지만 뜨거운 화기가 피부를 철썩 때리는 것 같았다. "보신 그대로입니다." 나중에 폴린이 말했다. "포식자가 없는 생태계는 불안정해집니다. 여기에 모인 관객들은 자신의 삶 속에서 포식자를 만날 일이 없지요. 그래서 이 기계들이 그 역할을 수행하는 것입니다. 그것이 이 녀석들의 역할인거죠. 문명사회에 포식자를 던져주는 것 말입니다."

SLR의 기계들은 상당히 정교하다. 그리고 점점 더 복잡해지고 있다. 폴린은 서커스의 생태계가 계속해서 진화하도록 새로운 기계들을 창조하느라 항상 분주하다. 그는 종종 새로운 부속물을 덧붙여 예전 모델을 업그레이드한다. 스크루 기계에서 둥근톱을 떼어내고 가재처럼 집게발을 달아주거나 8m 높이의 거대한 토템 기둥의 한쪽 팔에 화염 방사기를 용접해 붙이는 식이다. 이따금씩 그는 창조물 2개의 일부분을 서로 교환함으로써 교차 수정cross-fertilize을 시도한다. 때로는 완전히 새로운 존재를 탄생시키기도 한다. 최근의 공연에서 그는 새로운 애완동물을 네 마리 선보였다. 옆에 있는 기계에게 지지직거리는 3m 길이의 번개를 뱉어내는 휴대용 번개 기계, 제트기 엔진으로 가동되어 120데시벨의 음량을 자랑하는 호루라기, 자기 추진력을 이용해 불타는 유성 같은 녹은 쇳덩어리를 시속 320km의 속도로 발사하고, 그 발사된 덩어리를 다시 미세한 불타는 방울들로 흩어지도록 하는 레일건rail gun, 미사일 방위 시스템의 하나로 두 도전용導電用 레일 사이에서 가속하여 포탄을 발사하는 포—옮긴이, 고글을 쓴 조종사가 고개를 돌려 목표물을 응시하면 자동적으로 기계가 그 방향을 겨냥하도록 만든 인간과 기계의 공생 장치인 고성능 원격 대포가 그것이다. 이 대포는 콘크리트로 속을 채운 맥주 캔이나 다이너마이트 뇌관을 발사할 수 있다.

그의 공연은 '예술'이다. 따라서 예술답게 언제나 자금 부족에 시달리고 있다. 관객의 입장료는 공연의 잡다한 비용—연료, 직원들의 식사, 예비 부품 등의 비용—을 간신히 충당할 정도이다. 폴린은 이 괴물들을 탄생시키기 위해 희생시킨 조상뻘 되는 기계의 일부는 훔쳐온 것임을 솔직하게 시인했다. SRL 팀원 중 한 사람은 그들이 유럽에서 공연하기를 즐기는 이유 중 하나가 그곳에는 '어브테이니엄Obtainium'이 많기 때문이라고 말했다. 어브테이니엄이란 무엇일까? '쉽게 얻을 수 있는 것, 쉽게 해방시킬 수 있는 것, 또는 공짜로 얻을 수 있는 것'을 말한다. -ium은 라틴어에서 명사형 어미이다. '얻다', '구하다'라는 의미의 영어 단어 obtain에 -ium을 붙여 그럴듯하게 들리도록 만든 재치 있는 조어—옮긴이 어브

테이니엄이 아닌 재료들은 마침 근처에 규모를 줄이는 군대 기지가 있었는데 그곳에서 쓰고 남은 기계류를 트럭 가득 사들인 것이다. 1파운드(0.453kg)당 65달러에 사들였다. 그는 또한 군부대에서 전동 공구, 잠수함의 부품, 고급 모터, 진귀한 전자 장비, 10만 달러어치의 예비 부품, 원철강 등을 얻어냈다. "이런 물건들은 10년 전에는 국가 안보에 중요한 역할을 하는 값진 자산이었죠. 그런데 갑자기 쓸모없는 쓰레기가 되어버렸습니다. 이제 내가 이 기계들을 개조하고 성능을 개선합니다. 그래서 한때 '유용한' 파괴에 사용되던 것들을 이제 '쓸모없는' 파괴에 사용될 수 있도록 만드는 것이죠."

몇 년 전 폴린은 바닥을 이리저리 기어다니는 게와 비슷하게 생긴 로봇을 만들었다. 그리고 작은 스위치들이 설치된 조종실에 갇혀 흥분해 날뛰는 기니피그가 이 로봇을 조종했다. 이 로봇은 잔인한 행위를 하도록 하려고 의도한 것은 아니었다. 오히려 애초의 의도는 생물과 기계의 융합 가능성을 탐구하는 것이었다. 고속으로 움직이는 묵직한 금속에 부드러운 생물학적 구성을 결합시키는 경향은 SRL의 발명에서 흔히 나타난다. 전원을 켜자 기니피그는 혼돈의 가장자리에 위태위태하게 서게 되었다. 공연의 통제된 무정부 상태 속에서 기니피그는 특별히 눈에 띄지는 않았다. 폴린은 말했다. "이 기계들은 아주 간신히, 기계가 제 구실을 하기 위해 필요한 최소한의 통제력을 갖고 있을 뿐입니다. 하지만 우리에게 필요한 통제력은 그게 전부예요."

새로 건립된 샌프란시스코현대미술관SFMOMA의 획기적인 개관 기념 행사에 초대받은 폴린은 그의 기계들을 도심의 공터에 모아 놓았다. '백주대낮에 몇 분 동안 환각 상태를 만들어내기 위해서'였다. 그의 충격파 대포Shockwave Cannon가 빙 돌더니 맨 공기를 폭발하듯 분출했다. 사람들은 기계의 주둥이 부분에서 실제로 충격파가 뿜어져나오는 것을 볼 수 있었다. 대포는 혼잡한 교통을 일순간 마비시켰다. 몇 블록 떨어진 곳까지 모든 자동차와 고층 건물의 유리창이 덜컹거리며 흔들렸다. 그 다음 폴린은 스워머Swarmers를 선보였다. 사람 허리 정도의 키에 원통형으로 생긴 움직이는 로봇들이 떼를 지어서 돌아다녔다. 로봇의 무리가 어디로 갈지는 아무도 알 수 없었다. 어떤 로봇도 다른 로봇에게 어디로 가라고 지시하지 않는다. 아무도 그들을 조종하지 않았다. 하드웨어의 천국, 통제를 벗어난 로봇의 세계였다.

SRL의 궁극적 목적은 자율적인 로봇을 만드는 것이다. "하지만 어느 정도나마 자율적인 행동을 하도록 만드는 것은 진짜 어려운 일입니다."라고 폴린은 나에게 말했다. 그러나 통제력을 인간에서 기계로 옮기려는 시도에 있어서 그는 엄청난 연구 기금을 받는 대학 실험실보다 앞서나가고 있다. 그가 몇백 달러를 들여서 만든, 재활용 적외선 센서와 버려진 스텝 모터를 장착한 무리 짓는 로봇들은, 최초의 자율성을 지닌 무리 짓는 로봇 창조를 목표로 하는 비공식 대회에서 MIT의 로봇 연구실을 이겼다.

자연적으로 태어난 것과 기계적으로 만들어진 것 사이의 충돌에서 마크 폴린은 만들어진 것의 편에 선다. 그는 말한다. "기계들도 할 말이 많습니다. SRL 공연을 기획할 때 저는 저 자신에게 묻습니다. 이 기계들은 뭘 하고 싶어 할까? 예를 들어서 여기 오래된 굴착기가 있습니다. 아마도 어떤 농사꾼이 매일매일 끌고 다녔거나, 아니면 땡볕 아래서 하루 종일 전화선을 매설하기 위해 땅을 파던 녀석일지도 모르죠. 이 굴착기는 지루하고 지쳤을 겁니다. 병들고 더러워졌구요. 그 녀석에게 우리가 다가가서 뭘 하고 싶은지 물어봅니다. 어쩌면 녀석은 우리 쇼의 무대에 서고 싶어 할 것입니다. 이런 식으로 우리는 돌아다니면서 버려진 기계들, 어떤 경우에는 일부가 잘러나간 불쌍한 녀석들을 구원합니다. 따라서 우리는 스스로에게 물어봐야 합니다. 이 기계들이 진짜로 하고 싶은 일은 무엇일까? 녀석들은 어떤 옷을 입고 싶을까? 그래서 우리는 색의 조화나 조명 같은 것을 고려합니다. 우리의 쇼는 인간을 위한 것이 아닙니다. 기계를 위한 것입니다. 우리는 기계들이 어떻게 우리를 즐겁게 해줄 것인지 묻지 않습니다. 우리가 어떻게 기계들을 즐겁게 해줄지 묻습니다. 그것이 우리 쇼의 목적입니다. 기계들을 즐겁게 해주는 것이 말이죠."

기계들은 즐거움을 누릴 자격이 있다. 기계들은 그들 고유의 복잡성을 갖고 있고 그들 고유의 이해利害를 갖고 있다. 인간이 더욱 복잡한 기계를 만들어감에 따라 기계들에게 점점 자율적인 행위를 부여하게 되고, 그 결과 기계가 자신의 의도를 갖게 되는 일을 피할 수 없다. "이 기계들은 우리가 그들을 위해 건설한 세계 속에서 완전히 편안함을 느낍니다." 폴린이 말했다. "기계들은 완전히 자연스럽게 행동합니다."

나는 폴린에게 물었다. "만약에 기계들이 자연스럽다면 그들은 자연권을 갖고 있을까요?" 폴린은 대답했다. "커다란 기계들은 많은 권리를 갖고 있습니다. 저는 그들을 존중하는 법을 배웠어요. 녀석들 중 하나가 당신에게 다가오고 있다고 합시다. 녀석은 계속해서 제 갈 길을 갈 겁니다. 당신이 길을 비켜야지요. 그게 바로 제가 기계들을 존중하는 방식입니다."

오늘날 로봇이 처한 문제는 사람들이 그들을 전혀 존중하지 않는다는 사실이다. 로봇들은 창문도 없는 공장에 처박혀 사람이 하기 싫어하는 작업을 수행한다. 우리는 기계를 노예로 삼고 있다. 하지만 그들은 노예가 아니다. 그것이 바로 수학자이자 인공 지능 분야의 개척자인 마빈 민스키Marvin Minsky가 기회만 있으면 사람들에게 하는 말이다. 민스키는 거기에서 더 나아가 인간의 지능을 컴퓨터에 업로드하는 것을 지지하고 있다. 한편 워드프로세서, 마우스, 하이퍼미디어**텍스트를 동영상, 음성 파일과 연결시키는 시스템 – 옮긴이** 등을 발명한 전설적 인물인 더글러스 엥겔바트**Douglas Engelbart**는 컴퓨터가 인간을 위해 존재해야 한다는 생각의 지지자이다. 두 권위자가 1950년대에 MIT에서 만났을 때 다음과 같은 대화를 나눴다고 한다.

> 민스키: 우리는 지능을 가진 기계를 만들 것입니다. 기계가 의식을 갖도록 만들 거예요.
>
> 엥겔바트: 그 모든 일들을 기계를 위해서 할 거라구요? 그럼 인간을 위해서는 뭘 하실 거죠?

주로 컴퓨터를 사용자에게 좀 더 친화적이고 인간적이고 인간 중심적으로 만들려는 엔지니어들이 엥겔바트와 같은 이야기를 꺼낸다. 그러나 나는 명백하게 민스키의 편, 그러니까 만들어진 존재들의 편이다. 사람들은 생존할 것이다. 우리는 기계들로 하여금 인간의 시중을 들도록 훈련할 것이다. 그러나 우리는 기계를 위해 무엇을 해 줄 것인가?

산업용 로봇 전체의 수는 오늘날 약 100만에 이른다. 그러나 샌프란시스코에 있는 한 미치광이 불한당을 제외하고는 로봇이 뭘 원하는지 묻는 사람은 아무도 없다. 그런 질문은 우스꽝스럽고, 시대착오적이고, 심지어 신성 모독적인 질문이라고 여겨진다.

100만 개에 이르는 '로봇'의 99%는 사실 그저 조금 미화된 기계 팔에 지나지 않는 형편이다. 팔 치고는 영리한 팔이다. 지칠 줄 모르는 팔이기도 하고. 그러나 우리가 원하는 로봇에 견주어 볼 때 그들은 눈도 뜨지 못하고, 아직도 벽에 붙은 전원 플러그라는 젖을 떼지 못한 멍청한 존재에 불과하다.

마크 폴린이 만든 통제 불가능한 로봇 몇 개를 제외하고 오늘날 대부분의 뻣뻣한 로봇들은 외부에서 나눠주는 전기와 뇌의 힘에 의존하는, 실업수당으로 연명하는, 아둔한 뚱보 백수 같은 존재들이다. 그들로부터 어딘가 흥미로운 구석이 있는 후손이 태어날 것을 상상하기란 결코 쉽지 않다. 그들에게 팔이나 다리, 아니면 머리를 한두 개쯤 덧붙인다고 해도 그저 꾸벅꾸벅 졸고 있는 거대한 괴물이 탄생할 뿐이다.

우리가 원하는 것은 바로 공상 과학 이야기에 등장하는 로봇의 전형인 '로비 더 로봇Robbie the Robot, 1950년대 미국 영화 〈금지된 행성Forbidden Planet〉에 등장한 인간형 로봇으로 당시 큰 반향을 일으켰다. 보통 줄여서 '로비 로봇'이라고 부르기도 한다.—옮긴이'이다. 자유롭게 활보하고 스스로 방향을 찾으며 자력으로 전원을 공급하는 로봇 말이다.

최근 몇몇 연구소의 연구자들은 로비 더 로봇에 이르는 가장 원활한 길은 로봇의 전기 플러그를 빼는 것이라고 말한다. '모봇', 그러니까 움직이는 로봇mobile robot을 만들어야 한다는 것이다. '스테이봇Staybot', 즉 정지한 상태의 로봇도 괜찮다. 전원 공급 장치와 두뇌가 완전히 로봇 자체에 장착되어 있기만 하다면 말이다. 어떤 로봇이든 다음 두 가지 규칙만 따른다면 성능이 훨씬 더 개선될 수 있다. 첫째, 스스로 움직여라. 둘째, 스스로 생존하라. 비록 폴린은 불량스러운 태도와 예술적 감수성으로 더 부각되지만 그는 종종 세계 최고의 대학에서 만든 로봇보다 성능 면에서 더 뛰어난 로봇을 만들어낸다. 폴린은 그가 코를 납작하게 누른 바로 그 대학들이 쓰다 버린 장비들을 가져다가 재활용한다. 금속의 한계와 자유에 대한 그의 깊은 친밀함이 짧은 가방끈을 벌충해준다. 그는 유기적인 기계들을 만들 때 설계도를 사용하지 않는다. 한번은 집요한 기자의 요청에 못 이겨 당시 그가 제작하고 있던 달리는 기계의 '설계도'를 찾기 위해 자신의 작업실을 샅샅이 뒤졌다. "음, 지난 달까지만 해도 여기에 있었는데…."라고 중얼거리면서 한 20분쯤 이리저리 뒤지더니, 결국 찌그러진 금속 책상에 달린 맨 아래 서랍 속, 1984년 전화번호부 아래에 들어 있는 종잇조각을 끄집어냈다. 그것은 아무런 기술적 명세 사항 없이 그저 기계의 모습을 연필로 스케치한 것이었다.

"모든 것이 내 머릿속에 있습니다. 그래서 바로 금속 덩어리 위에 선을 긋고 자르기 시작하죠." 폴린이 대략 티라노사우루스의 팔뼈처럼 생긴, 두께 약 5cm의 기계로 정교하게 절단한 알루미늄 조각을 들고 나에게 말했다. 그 금속 조각과 똑같이 생긴 조각이 2개 더 선반 위에 놓여 있었고 이제 네 번째 조각을 만들 참이었다. 이 조각들은 크기가 대략 노새만 한 달리는 기계의 4개의 다리가 될 터였다.

폴린이 완성한 달리는 기계가 실제로 달리는 것은 아니다. 하지만 꽤 빠르게 걸을 수 있고 이따금씩 놀라운 속도로 앞으로 확 기울어지기도 한다. 지금까지 아무도 달리는 기계를 만들지 못했다. **최초의 달리는 로봇은 일반적으로 2004년 일본 혼다에서 개발한 아시모로 알려져 있다.– 옮긴이** 몇 년 전 폴린은 다리가 4개인 복잡하고 덩치 큰 달리는 기계를 만들었다. 높이 약 3.6m에 정사각형 모양의 이 기계는 그다지 영리하거나 잽싸지는 않았지만 천천히, 발을 이리저리 제법 잘 움직이며 이동했다. 몸체에 나무줄기만큼 굵은 사각형 단면의 기둥 4개가 달려 있는데, 거대한 변속기로 작동하는 한 뭉텅이의 유압 전선으로 에너지가 공급되면 이 기둥들이 다리로 변신했다.

다른 SRL의 발명품과 마찬가지로 이 못생긴 괴물은 모형 자동차에 사용되던 무선 조종 장치로 조종할 수 있었다. 다시 말해서 이 괴물은 거의 1톤에 달하는 몸뚱이에 완두콩만 한 뇌를 가진 공룡인 셈이다.

수백만 달러의 연구 기금을 들이부었지만 지금까지 아무도 자체의 지능으로 방을 가로질러 걸어갈 수 있는 기계를 만들지 못했다. 이 책이 발표된 것은 1994년. 혼다에서 1980년대 후반에 이미 자율적 보행이 가능한 모델 E시리즈를 개발했으나 1996년 아시모의 전신인 P2를 발표하기 전까지 외부에 공개하지 않은 연구용 원형이었기 때문에 저자가 글을 쓸 당시 알지 못했을 것이다.－옮긴이 몇몇 로봇들은 비현실적으로 오랜 시간 끝에 방의 끝까지 걸어갔고, 또 어떤 로봇들은 가구에 부딪혔으며, 또 어떤 로봇들은 4분의 3쯤 가더니 멈춰 서버렸다. 1990년 12월 카네기멜론 대학의 필드로보틱스센터의 대학원생들이 10년에 걸친 연구 끝에 앞마당을 가로질러 한쪽 끝에서 다른 쪽 끝까지 걸어가는 로봇을 선보였다. 전체 거리는 30m 정도 되었을 것이다. 그들은 그 로봇에 앰블러라는 이름을 붙였다.

앰블러는 폴린의 어기적거리는 거인보다도 몸집이 더 컸으며 멀리 떨어진 행성을 탐사한다는 목적으로 정부에서 연구 기금을 받아 제작한 로봇이다. 카네기멜론의 거대한 로봇 원형을 만드는 데 수백만 달러가 든데 반해서 폴린의 기계는 고작 수백 달러가 들었을 뿐이다. 그나마 그 돈의 3분의 2는 맥주와 피자를 사는 데 들어갔다. 약 6m 높이의 쇳덩어리인 앰블러는 무게가 약 2톤에 달한다. 그나마 너무 무거워서 몸체에 장착하지 못하고 바닥에 따로 설치한 이 로봇의 뇌에 해당되는 부분은 빼고도 그 정도이다. 이 거대한 기계는 한 걸음 한 걸음을 계산해서 발을 떼어 놓으며 앞마당을 걸었다. 앰블러는 걷는 것말고는 다른 일은 전혀 할 줄 모른다. 그 오랜 시간 끝에 보여준 재간이 단지 넘어지지 않고 걷는 것이 다였지만 그것만으로 충분한 듯했다. 앰블러의 부모들은 거대한 자식의 걸음마에 환호를 보내며 기뻐했다.

게 다리 같이 생긴 여섯 개의 다리를 움직이는 것은 앰블러에게 가장 쉬운 일에 속했다. 이 거대한 녀석에게는 자신이 지금 어디에 있는지 알아내는 일이 훨씬 더 어려웠다. 단순히 지형을 표상해서 그 위를 어떻게 지나갈지를 계산하는 일이 녀석에게는 고역인 것으로 드러났다. 앰블러는 대부분의 시간을 걷는 데 쓰는 것이 아니라 자신이 마당의 배치를 제대로 인지하고 있는지 걱정하면서 보낸다. "이것은 마당이 틀림없어."라고 앰블러가 스스로에게 말한다. "여기 내가 택할 수 있는 경로들이 있다. 이 경로들을 머릿속에 저장되어 있는 앞마당의 지도와 비교해본 다음 최선의 것만 남기고 나머지는 던져버릴 거야." 앰블러는 자신의 머릿속에 창조한, 자신을 둘러싼 환경의 표상에서 출발해서 그 상징적 지도 안에서 길을 찾는다. 그리고 그 지도는 한 걸음 옮길 때마다 계속해서 새롭게 업데이트된다. 중앙 컴퓨터에 있는 수천 줄의 소프트웨어 프로그램이 앰블러의 시각, 센서, 공압으로 가동되는 다리, 기어, 모터 따위를 제어한다. 2층 건물 높이의 키에 2톤 무게의 몸집을 자랑하는 앰블러는 사실은 자신의 머릿속에서 살고 있는 셈이다. 긴 케이블을 통해 몸통과 연결되어 있는 머릿속에서 말이다.

그 상황을 앰블러의 커다랗고 푹신한 발아래에 있는 살아 있는 개미와 비교해보자. 앰블러가 마당을 한 번 지나갈 때 그 작은 개미는 왕복을 할 수 있다. 개미의 체중은 뇌와 몸을 다 합쳐서 100분의 1g에 지나지 않는다. 그저 하나의 작은 점이나 마찬가지이다. 개미에게는 마당의 이미지도, 자신이 어디 있는가 하는 개념도 거의 없다. 그러나 개미는 개념이니 사고 따위는 전혀 없이도 마당을 가로질러 잘만 돌아다닌다.

앰블러는 화성의 극도로 춥고 모래가 많은 환경을 견디기 위해 크고 튼튼하게 만들어졌다. 화성에서는 앰블러의 무게가 그리 많이 나가지 않는다. 그러나 역설적으로 앰블러는 그 거대한 몸집 때문에 결코 화성에 가볼 수 없을 것이다. 그에 반해 개미 비슷하게 만들어진 로봇들은 화성에 발을 딛을 가능성이 크다.

'개미와 비슷한 모봇'이라는 아이디어를 내놓은 사람이 바로 로드니 브룩스Rodney Brooks이다. MIT의 교수인 브룩스는 옴짝달싹도 못하는 무능력한 천재 하나를 만드는 데 시간을 낭비하는 대신 유용한 바보들을 떼로 만들고 싶어 했다. 그는 지능을 가진 척하는 한 마리의 육중한 공룡을 다른 행성에 보낸다는 희박한 가능성에 의존하는 대신, 한 무리의 단순하고 무식한 기계적 바퀴벌레 떼거리를 보내는 경우에 우리가 더 많은 것을 배울 수 있을 것이라고 생각했다.

〈빠르고, 값싸고, 제어되지 않는: 로봇의 태양계 침입Fast, Cheap and Out of Control: A Robot Invasion of the Solar System〉이라는 제목의 널리 인용되는 1989년의 논문에서 브룩스는 "몇 년 안에 터무니없이 비싸지 않은 비용으로 수백만 개의 작은 로봇들이 어느 행성을 침입하는 것이 가능해질 것"이라고 주장했다. 그는 태양열로 가동되는 신발 상자 크기의 작은 불도저들을 1회용 로켓에 실어다가 달에 풀어놓자고 제안했다. 특정 작업에 맞추어진 제한된 행동 범위를 갖는 다수의 일회용 기계들을 풀어놓는 것이다. 일부는 금방 망가져버리겠지만 대부분은 기능을 수행할 것이고, 그 결과 뭔가가 이루어질 것이다. 모봇들은 기성 부품을 가지고 2년 안에 만들 수 있고, 완전 조립된 상태로 가장 비용이 덜 드는 일회용 달 궤도 로켓에 실어 보낼 수 있다. 거대하고 멍청한 로봇 하나를 놓고 이러쿵저러쿵하는 사이에 브룩스는 행성을 침공할 로봇 군단을 만들어서 보낼 수 있다.

NASA 사람들이 브룩스의 대담한 아이디어에 귀를 기울일 만한 충분한 이유가 있다. 멀리 떨어진 지구에서 로봇을 통제하는 것은 쉽지 않다. 지구의 통제소와 멀리 떨어진 로봇 사이에 오가는 신호에 몇 분의 시차가 있을 경우 절벽 끝을 걸어가는 로봇에게는 치명적이다. 로봇 스스로 판단하고 행동할 필요가 있다. 앰블러처럼 머리를 멀리 떼어놓고 다닐 수는 없다. 로봇은 지구와의 의사소통을 많이 필요로 하지 않는, 전적으로 내부의 논리와 지침에 따라 작동되는, 몸에 장착된 머리를 갖고 있어야 한다. 그러나 그 두뇌는 아주 영리할 필요는 없다. 예를 들어 화성의 표면에 착륙장을 건설하고자 한다면 작은 로봇 군단이 하루에 열두 시간씩 흙을 퍼서 치워 버리면 된다. 납작하고 평평해질 때까지 밀고, 다지고, 밀고, 다지고…. 그 중 한 녀석이 제대로 일을 못할 수도 있다. 하지만 100개의 로봇이 집단적으로 일을 한다면 결국 착륙장은 완공될 것이다. 나중에 인간 우주인이 화성을 방문할 때까지 살아 있는 모봇이 있다면 녀석의 전원을 끄고 수고했다고 등을 두드려주면 그만이다.

그러나 대부분의 모봇들은 죽어버릴 것이다. 착륙하고 나서 몇 달 지나면 하루 하루 반복되는 얼어붙을 정도의 추위와 오븐 내부와 같은 열기 때문에 로봇 두뇌의 칩에 무리가 가서 고장이 나고 만다. 하지만 하나하나의 모봇은 개미와 마찬가지로 폐기되어도 별 문제가 없는 존재이다. 모봇 하나를 우주에 보내는 비용은 앰블러의 1000분의 1 정도이다. 이런 로봇을 100개 보내는 데 드는 비용이 하나의 거대한 로봇을 보내는 비용보다 훨씬 적게 먹힌다는 뜻이다.

브룩스의 독창적이고 별난 아이디어는 이제 NASA의 공식 프로그램으로 진화했다. 제트추진연구실의 엔지니어들은 마이크로로버 microrover를 개발하고 있다. 마이크로로버는 원래는 '진짜' 행성 로버의 축소형 모델로 개발한 것이었다. 그런데 모든 연구원들이 점점 소규모의 분산된 활동의 장점에 눈을 뜨게 되었고, 그 결과 마이크로로버 자체를 행성으로 파견하기로 계획을 바꾸었다. 이 작은 NASA 로봇의 원형은 모래 위를 달리는 호화로운 소형 무선 자동차 장난감 같이 생겼다. 생긴 것뿐만 아니라 실제로도 무선 자동차 장난감에 지나지 않는다. 그러나 녀석은 태양열로 가동되고 외부의 조종 없이 자신의 내부 지침에 따라 움직인다. 이 마이크로로버 군단은 아마도 1997년으로 예정된 화성 환경 조사 계획의 주역이 될 것으로 보인다. 1996년 12월 4일 발사되어 1997년 7월 4일 화성에 도달한 화성 패스파인더호에 실린 소저너 로버Sojourner Rover를 말한다.– 옮긴이

마이크로봇은 기성 부품을 가지고 빨리 만들 수 있다. 우주로 보내는 비용이 적게 든다. 그리고 일단 떼로 풀어놓으면 통제가 되지 않으며 계속적인 감시가 필요 없다. (계속적 감시는 쉽게 잘못되게 마련이다.) 이 간단하지만 쓸 만한 추론은 대부분의 엔지니어들이 복잡한 기계를 만들 때 사용하는, 느리고 철저하며 완전한 통제를 전제로 하는 접근법과는 정반대이다. 이와 같은 급진적인 엔지니어링 철학은 '빠르고, 값싸고, 통제되지 않는'이라는 슬로건으로 압축된다. 엔지니어들은 빠르고 값싸고 통제되지 않는 로봇들이 (1) 행성 탐사, (2) 수거, 채굴, 수확, (3) 원격 건설 등의 분야에 이상적일 것이라고 내다본다.

'빠르고, 값싸고, 통제되지 않는'이라는 문구는 학회에 참석한 엔지니어들의 배지에 나타나기 시작하더니 결국 로드니 브룩스의 도발적인 논문의 제목으로 자리매김했다. 이 새로운 논리는 기계에 대한 완전히 새로운 관점을 제시했다. 모봇들에게는 중앙 집중적인 통제의 주체가 존재하지 않는다. 모봇들의 정체성은 시간과 공간을 통해 확장되어 나간다. 마치 한 국가가 역사와 영토를 확장시켜 나가듯. 모봇들을 대량으로 만들어라. 그리고 모봇 하나하나를 너무 소중하게 다루지 말라.

로드니 브룩스는 오스트레일리아 출신이다. 그는 세상 모든 곳의 다른 수많은 소년들과 마찬가지로 공상 과학 소설을 읽고 장난감 로봇을 만들며 자라났다. 그는 사물에 대한 다운언더Downunder, 지구의 반대편 아래쪽에 있다는 의미에서 오스트레일리아와 뉴질랜드를 가리키는 단어인데 로드니 브

룩스가 학문적, 문화적 변두리인 오스트레일리아 출신이라는 의미와 로봇 개발 분야에서 그의 접근법이 기존의 방식과 정반대로 아래에서 위로, 단순한 것에서 복잡한 것으로, 몸에서 머리로 향한다는 의미를 함축하는 표현으로 보인다.-옮긴이 관점을 발달시켰고 사람들의 머릿속의 관점을 뒤엎고자 했다. 브룩스는 로봇의 꿈을 좇아서 미국의 중요한 로봇 실험실 이곳저곳을 돌아다니다가 결국 MIT의 모바일로봇연구소의 소장으로 자리잡았다. 그는 이곳에서 대학원생들과 함께 공룡보다는 곤충에 가까운 로봇을 제작하려는 야심찬 프로그램을 시작했다. '앨런'은 브룩스가 만든 최초의 로봇이었다. 앨런의 두뇌는 근처에 있는 책상 위에 놓여 있었다. 왜냐하면 뇌라고 할 만한 머리가 있다면 그런 식으로 외부에 따로 떼어놓는 것이 그 당시 로봇 제작자들의 관행이었기 때문이다. 브레인박스brain box와 앨런의 몸체에 있는 시각, 청각, 촉각 센서를 연결하는 여러 개의 전선은 브룩스와 팀원들에게 해결하지 못할 골칫거리였다. 전선에서 발생되는 전자적 배경 간섭 때문이었다. 브룩스가 공대 학부생들에게 이 문제를 해결하도록 맡겼으나 줄줄이 고배를 마셨다. 학부생들은 햄 무선통신, 경찰의 워키토키, 셀룰러폰 등 당시 알려진 모든 통신 매체들을 대안으로 검토해보았다. 그러나 그 모든 방안들은 엄청나게 다양한 신호들을 정전기적 간섭 없이 연결하는 데 실패했다. 결국 브룩스와 학부생들은 다음 프로젝트에서는 뇌의 크기를 얼마나 줄이든지 간에 반드시 로봇의 몸체 안에 집어넣고 말겠다고 다짐했다. 그렇게 할 경우 배선이 크게 문제가 되지 않게 된다.

따라서 그들은 그 다음에 만든 2개의 로봇 '톰'과 '제리'에게는 매우 원시적인 수준의 논리 단계와 매우 짧고 원시적인 배선을 사용할 수밖에 없었다. 그런데 놀랍게도 그들은 로봇에 탑재된 신경 회로의 단순 무식한 구성이 간단한 작업을 수행하는 데에는 오히려 뇌보다 더 낫다는 사실을 발견했다. 이 단순 무식한 신경 회로가 가져온 어느 정도의 성공에 비추어 앨런을 다시 조사해보았을 때 브룩스는 "앨런의 뇌에서 이루어지는 것이 사실상 별로 없는 것을 알게 되었다."라고 회상했다.

다운사이징이 가져다준 뜻밖의 이익에 고무된 브룩스는 최대한 멍청하면서도 어느 정도 유용한 일을 할 수 있는 로봇을 만드는 방안을 탐색하기 시작했다. 그래서 결국 그는 일종의 반사에 기초한 지능, 그리고 '개미만큼이나 멍청하지만 개미처럼 흥미로운 로봇'이라는 아이디어에 도달했다.

브룩스의 아이디어는 풋볼 공 크기에 바퀴벌레 비슷하게 생긴 '징기스'라는 이름의 로봇으로 구체화되었다. 브룩스는 그의 축소와 단순화 미학을 극단까지 밀어붙였다. 징기스는 6개의 다리를 가졌지만 뇌는 아예 없다. 징기스의 모터 12개와 센서 21개는 중앙의 제어장치 없이 분해 가능한 네트워크 전체에 걸쳐 골고루 분포되어 있다. 그런데 이 12개의 근육과 21개의 감각 기관 사이의 상호작용이 놀라울 만큼 복잡한, 생물과 같은 행동을 낳았다.

징기스의 6개의 작은 다리들은 다른 다리들과 상관없이 각자 스스로 작동한다. 각각의 다리마다 행동을 통제하는 개별적인 신경절—작은 마이크로프로세서—을 가지고 있다. 그러니까 각각의 다리가 자신의 행위를 스스로 생각하는 것이다! 징기스에게 있어서 걷기란 적어도 6개의, 제각기 작동하는, 작은 마음들이 관여하는 집단 프로젝트인 셈이다. 징기스의 몸 안에 있는 다른 작은 부분 마음semimind들은 다리들 사이의 의사소통을 조율한다. 곤충학자들에 따르면 그것이 바로 개미나 진짜 바퀴벌레들이 걷는 방식이라고 한다. 곤충들의 경우 다리에 있는 신경세포가 다리의 사고를 한다.

모봇 징기스의 경우 모터 12개의 집단적 행동으로부터 걷기라는 행위가 창발한다. 각 다리에 있는 2개의 모터가 주변의 다른 다리들이 뭘 하고 있는지에 따라 해당 다리를 들어올리거나 그냥 둔다. 다리들이 올바른 순서대로 활성화되면—구령을 붙이자! 하나, 셋, 여섯, 둘, 다섯, 넷!—'걷기'가 이루어진다.

이 발명품에서 걷기를 관장하는 부분은 따로 없다. 지능적인 중앙의 제어 장치 없이, 통제는 맨 바닥에서 시작되어 위로 올라온다. 브룩스는 그것을 '상향식bottom-up 제어'라고 불렀다. 이것은 또한 '상향식 걷기'이자 '상향식 지능'이다. 만일 여러분이 바퀴벌레에서 다리 하나를 떼어낸다면 녀석은 금방 5개의 다리로 활보하는 데 적응할 것이다. 이와 같은 적응은 학습의 결과물이 아니다. 스스로, 그리고 즉각적으로 재구성이 일어난 것이다. 만일 징기스의 다리 하나를 망가뜨려도 역시 다른 다리들이 5개만으로 걷는 방식을 구성해낼 것이다. 징기스는 바퀴벌레와 마찬가지로 순식간에 새로운 보행법을 찾아낼 것이다.

로드니 브룩스는 한 논문에서 자신이 어떻게 걷는지 모르면서도 어쨌든 걸을 수 있는 창조물을 만들어내는 지침을 설명했다.

> 몸통에게 각 다리를 어느 쪽으로 내밀지, 또는 장애물이 앞에 있을 때 다리를 얼마나 높이 들어야 할지를 말해주는 중앙 제어 장치가 따로 존재하지 않는다. 대신 각 다리에게 몇 가지 단순한 행동 지침을 부여함으로써 다리가 독자적으로 다양한 상황 속에서 무엇을 해야 할지 알도록 만든다. 예를 들어 두 가지 기본적인 행동으로서 '만일 내가 다리이고 위로 들려져 있다면 나 자신을 아래로 내려라'와 '내가 다리이고 앞으로 향하고 있다면 다른 5개의 다리를 살짝 뒤로 밀어라'가 있다. 독립적으로 존재하는 이 절차들은 항상 작동 상태로 대기하고 있다가 감각의 전제 조건이 맞아떨어질 때 바로 행동에 돌입한다. 걷기 위해서는 그저 들어올리는 다리의 순서만 정하면 된

다. (이것이 중앙 제어 장치가 필요한 유일한 절차이다.) 다리가 위로 치켜올라가 있으면 그것은 자동으로 스스로를 앞으로 휘둘러 내민 다음 아래로 내린다. 그런데 이렇게 앞으로 나가는 행위는 다른 다리들을 뒤로 살짝 물러나게 한다. 이 다리들이 바닥을 스치면서 몸은 앞으로 나간다.

녀석이 편평한 표면 위를 넘어지지 않고 걸을 수 있게 되면 그 위에 다른 행동들을 덧붙임으로써 걷기의 성능을 개선할 수 있다. 징기스로 하여금 바닥에 놓인 전화번호부 더미를 넘어가게 하기 위해서는 바닥으로부터 첫 번째 세트의 다리들에 정보를 전달하는 감각 더듬이 한 쌍을 달아주면 되었다. 더듬이에서 전달되는 신호는 모터의 행동을 억제한다. 아마도 "(더듬이가) 뭔가를 감지하면 나는 멈출 것이다. 아무것도 감지하지 않으면 계속 갈 것이다"라는 규칙이 덧붙여졌을 것이다.

징기스가 장애물을 기어 올라가는 법을 배우는 동안에도 근본적인 걷기 동작에는 결코 손을 대지 않았다. 이것은 브룩스가 입증하는 데 기여한 보편적인 생물학 법칙—신의 법칙—이다. '뭔가가 제대로 작동하면 거기에 손대지 말라. 그리고 그 위에 뭔가를 덧붙여라.' 자연계에서 개선은 오류가 제거된 기존의 시스템 위에 '덧칠'된다. 원래 존재하던 층은 그 위에 새로운 층이 덧입혀진 사실을 알지도 못하고(또는 알 필요도 없이) 그저 예전과 같이 그대로 작동한다.

친구가 당신에게 자기 집으로 찾아오는 길을 설명할 때 "차에 부딪히지 않게 조심해."와 같은 충고는 따로 하지 않는다. 하지만 당신은 당연히 그 지침을 따를 것이다. 이처럼 우리는 더 낮은 작업 수준의 목표에 대해 일일이 소통할 필요가 없다. 왜냐하면 그 수준의 작업은 충분히 숙련된 조종 기술에 의해 원활하게 수행되기 때문이다.

친구의 집을 찾아가는 방법을 알려줄 때는 어느 거리를 따라 가야 한다든지 등과 같은 높은 수준의 행위만을 언급한다.

동물도 (진화적 시간을 거쳐) 이와 비슷한 방식으로 학습해왔다. 브룩스의 모봇들도 마찬가지이다. 브룩스의 기계들은 대략 다음과 같은 행동의 단계를 수립함으로써 복잡한 세계 속에서 이리저리 제 길을 찾아갔다.

다른 물체와의 접촉을 피하라.

뚜렷한 목적 없이 이리저리 배회하라.

세계를 탐험하라.

내부 지도를 작성하라.

환경의 변화를 탐지하라.

여행 계획을 수립하라.

앞을 예측하고 그에 따라 계획을 변경하라.

'이리저리 배회하기'를 담당한 부서는 장애물에 대해 전혀 신경 쓰지 않는다. 왜냐하면 '접촉을 피하기' 부서가 그 일을 잘 알아서 처리하기 때문이다.

브룩스의 모봇 연구실의 대학원생들이 재미삼아 '고물 장수 로봇'이라고 부르는 기계를 만들었다. 이 모봇은 밤에 실험실을 돌아다니며 빈 음료수 캔을 수거한다. 이 고물 장수 로봇의 '이리저리 배회하기' 부서는 모봇을 마치 술 취한 사람처럼 이 방, 저 방, 뚜렷한 목적 없이 돌아다니도록 한다. '회피' 부서는 모봇이 배회하는 동안 가구 등과 부딪치는 것을 막는다.

고물 장수 로봇은 제 몸에 장착된 비디오 카메라가 책상 위에 놓인 음료수 캔 모양을 감지할 때까지 밤새 돌아다닌다. 일단 음료수 캔 모양을 감지하면 모봇의 바퀴에 신호를 보내 캔 바로 앞으로 이동하도록 한다. 그런 다음 모봇의 팔은 중앙의 뇌에서 전달되는 메시지를 기다리는 대신 (사실 이 모봇에게는 뇌라는 것이 아예 없다!) 환경을 통해 자신의 위치를 스스로 '학습'한다. 다시 말해 로봇의 팔은 바퀴를 '바라보도록' 배선되어 있다. 바퀴를 바라보다가 '어? 바퀴가 돌아가지 않네!'라는 신호를 받으면 '아, 그럼 내가 지금 음료수 캔 앞에 있구나.'라는 결론에 도달한다. 그러면 팔이 앞으로 나가서 음료수 캔을 집어 올리는 것이다. 이때 음료수 캔이 빈 캔보다 무거우면 다시 책상 위에 내려놓는다. 만일 가벼우면 그대로 들고서 다시 목적 없이 배회하기 시작한다. ('회피' 부서 덕분에 가구나 벽 따위에 부딪히지 않고서 말이다.) 그러다가 재활용품 쓰레기통을 발견하게 되면 그 앞에 가 서고 바퀴가 멈춘다. 멍청한 팔은 자신의 손이 캔을 쥐고 있는지 '바라본다.' 손에 캔이 있으면 쓰레기통 안에 떨어뜨리고 손에 캔이 없으면 다시 다른 캔을 찾아낼 때까지 실험실 여기저기를 배회한다.

무작위적인 기회에 바탕을 둔, '찾으면 좋고 아니면 말고'식의 되는 대로 굴러가는 이 시스템은 엄청나게 비효율적인 재활용 프로그램이다. 그러나 다른 노력을 기울이지 않는 채로 이 모봇을 매일 밤 가동시키며 여러 날이 지나자 이 엄청나게 멍청하지만 우직한 시스템이 상당한 양의 알루미늄 캔을 수거해냈다.

브룩스의 연구자들은 원조 '고물 장수 로봇'에 새로운 행동을 덧붙임으로써 좀 더 복잡한 기계를 만들어낼 수 있었다. 이 경우에도 기초적인 수준의 개조가 아니라 점진적인 덧붙임에 의해 복잡성이 증대되었다. 가장 낮은 수준의 행동은 변경되지 않았다. 일단 '이리저리 배회하기' 모듈이 만들어지고 모든 오류가 정정되어 흠 없이 작동하게 되면 그 이후에는 이 모듈은 결코 변경되지 않는다. 설사

이 모듈이 새로운 높은 수준의 행동에 방해가 되더라도 앞서 입증된 규칙은 억제할 수는 있어도 제거하지는 않는다. 코드를 결코 변경하지는 않는다. 다만 무시하고 돌아갈 뿐이다. 아, 이 얼마나 관료적인가! 또한 얼마나 생물학적인가!

뿐만 아니라 모든 부분(각 기능 담당 부서, 행위자, 규칙, 행동)은 전체로서 뿐만 아니라 각 부분별로 흠 없이 작동한다. '회피' 부서는 '팔을 뻗어 캔 집기' 부서가 작동하든 말든 괘념치 않고 항상 작동한다. '팔을 뻗어 캔 집기' 부서는 또한 '회피' 부서가 작동하든 말든 상관없이 제 할 일을 했다. 마치 개구리 머리를 절단해 뇌로 이어지는 배선이 제거된 후에도 개구리의 다리가 펄쩍 뛰어오르는 것처럼 말이다.

브룩스가 고안해낸 로봇들을 위한 분산 제어 구조를 '포섭 구조Subsumption Architecture'라고 부른다. 왜냐하면 상위 수준의 행동이 통제권을 행사하고자 할 때 하위 수준 행동의 역할을 포섭하기 때문이다.

만일 국가가 기계라면 포섭 구조를 가지고 다음과 같은 국가를 건설할 수 있을 것이다.

일단 타운을 만든다. 그러려면 도로와 배관, 조명, 법률과 같은 기초적인 타운의 뼈대를 잡아야 한다. 이런 식으로 제대로 운영되는 타운을 여러 개 만든 다음에는 카운티를 만든다. 여러 개의 타운에 걸쳐 법원, 감옥, 학교 등을 관장하는 새로운 복잡성의 층을 덧붙이는 동안 이미 건설된 타운은 이전대로 굴러가도록 한다. 설사 카운티를 구성하는 장치들이 사라진다고 하더라도 마을들은 그대로 유지될 것이다. 이번에는 여러 개의 카운티가 모이면 주州라는 층을 덧붙인다. 주는 세금을 걷고 카운티로부터 통치 책임의 상당 부분을 포섭할 것이다. 그러나 주가 없더라도 각 타운들은 그대로 굴러갈 것이다. 물론 효율성이나 복잡성에는 한계가 있겠지만 말이다.

그 다음 여러 개의 주가 모이면 연방 정부를 덧붙일 수 있다. 연방이라는 층은 주 활동의 일부를 제한하고 주 수준 이상의 통치 기능을 구성함으로써 주의 기능을 포섭한다. 그런데 이 연방 정부라는 층이 사라진다고 하더라도 수천 개의 각 타운들은 여전히 각자의 할 일, 예컨대 도로와 배관과 조명 등을 돌보는 일 따위를 할 것이다. 그러나 주에 의해, 그리고 궁극적으로 국가에 의해 포섭된 타운의 운영 내지는 통치 기능은 더욱 강력해진다. 다시 말해서 포섭 구조에 의해 구성된 타운은 개별적으로 존재하는 타운보다 기반 시설 건설, 교육, 법률, 경제 활동 등에 있어서 훨씬 번영을 누린다. 이처럼 미국의 연방 정부 구조는 일종의 포섭 구조라고 할 수 있다.

뇌와 신체도 같은 방식으로 만들어졌다. 그러니까 낮은 것에서 높은 것으로, 상향식으로 만들어졌다는 말이다. 이 경우 타운에서 시작하는 대신 본능이나 반사와 같은 단순한 행동에서 시작한다. 단순한 행동을 관장하는 아주 작은 신경 회로가 만들어진다. 그리고 그런 작은 회로들이 많이 축적된다. 이런 수많은 반사 작용으로부터 그 다음으로 복잡한 행동의 층이 창발하게 된다. 이 이차적인 층이 제대로 작동하든 안하든 원래의 층은 원래대로 작동한다. 그러나 이차적으로 만들어진 층이 어떤 식으로든 좀 더 복잡한 행동을 만들어낼 수 있게 되면 그 아래층의 활동을 포섭한다.

다음은 브룩스의 모봇 연구실에서 개발한 분산 제어 시스템에 대한 포괄적 지침이다.

(1) 단순한 작업을 먼저 하라.

(2) 그 작업을 완벽하게 해내도록 학습하라.

(3) 단순한 작업의 결과물 위에 새로운 활동의 층을 덧붙여라.

(4) 단순한 작업을 변경하지 말라.

(5) 새로운 층 역시 그 아래의 단순한 층과 같이 완벽하게 작동하도록 하라.

(6) 이 과정을 무한히 반복하라.

이 지침은 어떤 종류의 복잡성을 관리하는 데에도 효과적으로 사용될 수 있다. 왜냐하면 그것이 복잡성의 본질이기 때문이다.

우리가 피해야 할 길이 바로 중앙 집중적인 두뇌를 중심으로 국가를 구성하는 것이다. 만약 집 앞의 하수도관이 터졌는데 복구 공사를 예약하기 위해 워싱턴 DC에 있는 연방하수관수선관리부로 전화해야 하는 악몽 같은 상황을 상상해보라!

우리가 언뜻 생각하기에 1억 명의 국민을 통치하거나, 가느다란 두 다리로 걷는 것처럼 복잡한 작업을 수행하는 가장 명확한 방법은 수행해야 할 모든 작업들의 목록을 작성하고, 각 작업을 수행할 순서를 정하고, 중앙의 지침 또는 뇌의 명령을 통해 그 작업을 수행하도록 만드는 것이다. 구소련의 경제가 바로 이 논리적이지만 엄청나게 비현실적인 방법으로 배선되어 있었다. 이 구조에 내재되어 있는 불안정성은 시스템이 붕괴되기 훨씬 전부터 분명하게 드러났다.

중앙 통제식 신체는 중앙 통제식 경제보다 나을 것이 없다. 그러나 중앙 통제식 설계도는 로봇이나 인공 생명체나 인공 지능을 만드는 연구에서 중심적인 접근 방법으로 자리잡아왔다. 뇌에 중점을 둔 연구자들이 지금까지 붕괴라도 할 만큼의 복잡성을 지닌 피조물도 만들지 못했다는 사실은 브룩스가 보기에는 전혀 놀라운 일이 아니다.

브룩스는 중앙 집중적인 뇌 없이도 어느 정도의 복잡성을 지닌 시스템을 만들기 위해 노력해왔다. 어느 논문에서 그는 이와 같은 중심 없는 지능 시스템을 '추론(이유) 없는 지능intelligence without reason'

이라고 불렀다. 재치 있고 한편으로 교묘한 표현이다. 왜냐하면 이러한 종류의 지능 ─ 맨 바닥부터 한 층, 한 층씩 상향식으로 구성된 지능 ─ 은 '추론'을 위한 구조를 갖고 있지 않으며 또한 이와 같은 지능은 어떤 뚜렷한 '이유'도 없이 창발하기 때문이다.

구소련이 붕괴한 것은 중앙 통제식 모델에 의해 그들의 경제가 질식 상태에 이르렀기 때문이 아니다. 오히려 중앙 통제식 복잡성은 어떤 것이든 본질적으로 불안정하고 융통성이 없기 때문이다. 어떤 기관이든 기업이든 공장이든 생물이든 경제든 로봇이든 중앙 통제식으로 설계될 경우 번영하기 힘들다.

자, 이제 독자 여러분은 아마도 이런 질문을 제기할 것이다. 인간인 나는 중앙 통제식의 뇌를 가지고 있지 않은가?

인간은 뇌를 가지고 있다. 하지만 인간의 뇌는 중앙 통제식도 아니고 어떤 중심을 갖고 있지도 않다. "인간의 뇌에 어떤 중심이 있다는 생각은 잘못된 생각입니다. 그냥 잘못된 정도가 아니라 완전히, 철저히 잘못된 생각이지요."라고 대니얼 데닛Daniel Dennett은 주장한다. 데닛은 터프츠Tufts 대학의 철학 교수로 오래 전부터 마음에 대한 '기능적' 관점을 지지해왔다. 그의 주장에 따르면 마음의 기능, 예컨대 사고 기능은 사고하지 않는 부분들에서 나온다는 것이다. 곤충과 비슷한 모봇의 부분 마음은 동물과 인간의 마음의 좋은 예이다. 데닛에 따르면 (우리 몸에) 행동을 통제하는 장소, '걷기'를 일으키는 장소, 영혼이 머무는 장소가 따로 존재하지 않는다. "뇌에 대해 이야기해볼까요? 만일 여러분이 자신의 뇌를 들여다본다면 그 안에 아무도 없다는 사실을 발견하게 될 것입니다."라고 데닛은 말한다.

의식이란 미약하고 의식이 없는 수많은 회로의 분산된 네트워크에서 생겨난 창발적 현상이라고 데닛은 오랜 시간에 걸쳐 심리학자들을 설득해왔다. 그는 나에게 이렇게 말했다. "마음에 대한 오래된 모형은 뇌의 어딘가에 의식이 빚어지는 중심적인 자리 내지는 가장 심원한 성소聖所, 또는 극장과 같은 장소가 존재한다는 것이지요. 다시 말해서 우리의 뇌가 의식을 갖기 위해서는 모든 것이 특권을 가진 표상에 공급되어야 합니다. 우리가 의식적인 의사 결정을 내릴 때 그것은 우리 뇌의 최정상에서 이루어진다는 것이지요. 그리고 반사는 의식이 자리잡은 정상이 아니라 산 밑의 터널을 지나갈 뿐이고요."

(현재 뇌과학의 정론이라고 할 수 있는) 이 논리에 따르면 "우리가 말을 할 때 우리 뇌에 있는 언어 출력 상자에서 말이 만들어져 나오게 됩니다. 언어 제조 부서들이 단어들을 조합해서 그 상자에 집어넣지요. 이 언어 제조 부서는 '개념화 부서'라는 하위 시스템에서 지침을 받습니다. 개념화 부서가 언어 제조 부서에 언어 이전 상태의 메시지를 전달하지요. 물론 개념화 부서는 그 메시지를 또 다른 출처에서 전달받구요. 이런 식으로 통제의 주체를 놓고 무한 회귀가 일어나게 됩니다."라고 데닛은 말한다.

데닛은 이와 같은 관점을 '중심적 의미자Central Meaner'라고 부른다. 의미가 뇌의 어떤 중심적인 권위자로부터 아래로 전달된다는 것이다. 그는 이 관점을 언어에 적용한 경우를 이렇게 묘사했다. "그러니까 별을 4개쯤 단 장군이 부하들에게 명령을 내리는 것이죠. '좋다. 제군들이 수행할 임무가 여기 있다. 나는 지금 이 자에게 욕을 해주고 싶다. 이 상황에 적절한 영어로 된 욕설을 만들어내고 입 밖으로 내도록!' 이건 우리가 어떻게 말을 하는지에 대한 끔찍하게 형편없는 관점 아닙니까?"

데닛은 그보다는 '의미는 분산되어 있는 수많은 작은 것들, 그 자체로서는 아무런 의미가 없는 그런 존재들로부터 창발하는 것'일 가능성이 높다고 본다. 중심 없이 분산되어 있는 수많은 모듈은 거칠고, 종종 모순된 부분들을 만들어낸다. 여기에 가능한 단어가 있고 저기에도 그럴 듯한 단어가 있는 식이다. "그러나 완전히 조율되지 않고, 사실상 각 부분들이 마구 경쟁을 벌이는 혼란 속에서 창발하는 것이 바로 '말'이라는 행위입니다."

우리는 '말'이라는 것을 우리 마음속의 뉴스 데스크에서 전파를 타고 밖으로 흘러나오는 의식의 흐름 같은 것이라고 생각한다. 그러나 데닛은 말한다. "한 줄기로 도도하게 흐르는 의식의 흐름 같은 것은 없습니다. 의식의 초안은 여러 개입니다. 여러 줄기의 흐름이 있어서 그 중 어느 하나를 딱 꼬집어 의식의 중심 줄기라고 볼 수 없습니다." 1874년 심리학의 선구자 윌리엄 제임스는 이렇게 썼다. "… 마음은 모든 단계에서 동시에 상존하는 가능성들의 무대와 같다. 그 가능성들을 서로 비교하고 그 중 일부를 선택하고 나머지를 억제하는 과정에 의식이 존재한다. …"

선택 가능한 여러 가지 생각들의 불협화음 속에서 우리가 생각하는 통합된 지능이 형성된다는 개념에 마빈 민스키는 '마음의 사회'라는 이름을 붙였다. 민스키는 그 개념을 다음과 같이 간단하게 요약했다. "우리는 그 자체로서는 마음이 없는 작은 부분들로부터 마음을 만들어낼 수 있다." 그리고 민스키는 각각 먹을 것, 마실 것, 쉴 곳, 몸을 보호할 수단을 확보하려는 각각의 중요한 목표(또는 본능)에 전념하는, 개별적이고 전문적인 부분들로 이루어진 단순한 뇌를 상상해보라고 제안했다. 각 부분들은 그 자체로는 바보 천치이다. 그러나 그들이 한데 모여서 얽히고설킨 제어의 위계질서 안에서 다양한 방식의 배열로 조직될 때 그들은 생각을 창조해낼 수 있다. 민스키는 다음과 같이 힘주어 주장했다. "마음의 사회 없이는 지능이 생겨날 수 없다. 우리는 오직 멍청한 것으로부터만 영리한 것을 얻을 수 있다."

마음의 사회는 마음의 관료 체계라는 개념과 크게 다르지 않은 듯 보인다. 실제로 진화와 학습의 압력이 없다면 뇌 안의 마음의 사회는 관료 체계와 비슷하게 바뀌었을 것이다. 그러나 데닛과 민스키와 브룩스가 바라보는 관점에 따르면, 복잡한 조직 안에 있는 멍청한 행위자agent들은 언제나 한정된 자원과 인식recognition을 놓고 경쟁하고 동시에 협력한다. 각 부분들이 벌이는 치열한 경쟁은 매우 느슨하게 조율될 뿐이다. 민스키는 '제각기 독립적인 목표를 가진, 거의 분리된 개별적 행위자들이 느슨하게 묶인 연합'으로부터 지능이 출현한다고 보았다. 성공을 거둔 행위자는 보존될 것이고 실패한 행위자는 시간이 흐르면서 사라질 것이다. 그런 면에서 볼 때 뇌는 독점적 지배권이 통하는 곳이 아니라 가차 없이 혹독한 생태계라고 볼 수 있다. 이 생태계에서는 무자비한 경쟁이 때로는 협력을 낳기도 한다.

이처럼 조금은 혼란스럽게 느껴지는 마음의 성격은 더 자세히 들여다보면 불편하게 느껴질 정도이다. 아마도 우리의 지능은 아주 작은 부분까지 파고들어보면 평균의 법칙을 따르는 확률적이고 통계적인 현상일 가능성이 높다. 지능의 토대를 형성하는 충동들이 종잡을 수 없이 이리 튀고 저리 튀며 널리 분산되어 있기 때문에 특정 시작점에 대한 결정론적인 결과가 나타날 수 없다. 즉 어떤 결과는 재현 가능한 것이 아니라 단순히 확률적이라는 것이다. 따라서 어떤 특정 생각에 이르게 된 것은 어느 정도 우연의 소산이라고 할 수 있다.

데닛은 나에게 이렇게 말했다. "마음의 사회 이론이 마음에 드는 점은, 처음에 사람들에게 이런 이야기를 하면 사람들은 그저 웃습니다. 하지만 이 이론에 대해 생각해보면 사람들은 어쩌면 이게 옳을지도 모른다는 결론에 이르게 됩니다. 그런 다음 조금 더 생각해보면 그들은 어쩌면 옳을지 모르는 것이 아니라 옳을 수밖에 없음을 깨닫게 되지요."

데닛과 다른 사람들이 지적한 바와 같이 인간의 다중인격증후군 Multiple Personality Syndrome, MPS은 어느 정도는 중심 없이 분산되어 있는 인간 마음의 구조에 기인하고 있다. (같은 사람의) 각기 다른 인격—예컨대 빌리의 인격 대 샐리의 인격—은 동일한 인격 행위자의 풀pool 내지는 동일한 연기자와 행동 모듈의 공동체를 공동으로 사용하면서 제각기 다른 페르소나persona, '인격' '위격位格' 등의 뜻으로 쓰이는 라틴어로 원래 연극배우가 쓰는 가면을 지칭하는 말이었으나 지금은 일반적으로 개인의 사회적 역할, 또는 배우의 역할 등을 지칭한다.-옮긴이를 만들어낸다. 다중인격증후군을 가진 사람들은 그들의 전체 인격 중 부분적인 측면(행위자들의 특정 조합)만을 보여준다. 다른 사람들은 자신이 누구와 대화를 나누고 있는지 결코 알 길이 없다. 다중인격증후군 환자는 마치 '나'가 결여되어 있는 것처럼 보인다.

그러나 따지고 보면 우리 모두 그렇지 않을까? 우리 인생의 각기 다른 시간에, 각기 다른 기분일 때 우리 역시 이 성격에서 저 성격으로 갈아타고는 한다. 내가 마음의 사회의 다른 일면을 보여주어서 상처를 입은 상대방은 "당신은 내가 알던 그 사람이 아니에요!"라고 항변한다. '나'는 사실상 우리 자신과 타인이 (나라는 존재를) 식별하는 데 사용하는 추정물extrapolation의 총합이다. 만일 사람들에게 '나'가 없다면 각자 재빨리 만들어내면 된다. 그리고 그것이 바로 우리 모두가 하는 일이라고 민스키는 말한다. '나'는 사실 존재하지 않기 때문에 우리들 각자가 하나씩 만들어낸다는 것이다.

사람에도, 벌떼에도, 기업에도, 동물에도, 국가에도, 어떤 살아 있는 것에도 '나'란 존재하지 않는다. 비비시스템의 '나'는 유령이자 덧없는 장막과 같은 것이다. 마치 수백만 개의 빙빙 돌아가는 물 분자에 의해 수직으로 형성된 소용돌이처럼 일시적으로 나타나는 형태에 지나지 않는다. 손끝만 갖다 대도 흐트러져버릴 것이다.

그러나 잠시 후에 그 덧없는 장막은 또다시 나타난다. 분산된 군중들의 휘몰아치는 움직임에 의해 또다시 소용돌이가 형성된다. 이 새롭게 만들어진 회오리는 조금 전 있었던 것과 다른 형태일까? 같은 형태일까? 당신은 사경을 헤매는 경험을 겪고 나서 예전과 완전히 다른 사람이 되었을까? 아니면 그저 조금 더 성숙했을 뿐일까? 만일 이 책의 각 장들이 다른 순서로 구성된다면 그것은 원래와 같은 책일까? 다른 책일까? 만일 여러분이 이러한 질문에 대답할 수 없다면, 여러분은 지금 분산 시스템에 대해 이야기하고 있음을 알아차리면 된다.

모든 살아 있는 생물 안에는 생명이 없는 부분들의 무리가 들어 있다. 언젠가 기계 안에도 기계가 아닌 부분들의 무리가 들어 있게 될 것이다. 이 두 경우 모두 부분들의 무리로부터 창발적 존재가 생겨나며 각 부분들은 제각기 자신만의 용건을 갖고 있다.

브룩스는 "근본적으로 포섭 구조는 로봇에서 센서를 작동 장치에 연결시키는 병렬적이고 분산된 연산 절차를 말한다."라고 설명한다. 이 조직의 중요한 측면은 복잡성이 모듈 단위로 함축되어 계층적 체계로 배열되어 있다는 점이다. 통제 중심이 없이 분산되어 있다는 사회적 아이디어에 환호를 보냈던 사람들은, 이 새로운 구조에서 계층이 중요하고 필수적인 요소라는 사실에 분노를 느낄지도 모른다. 분산 제어가 계층(위계제)의 종말을 가져오는 것이 아니란 말인가?

단테는 천국의 위계를 따라 위로 올라갈 때 계급의 계단을 밟고 올라갔다. 계급적 위계제에서 정보와 권위는 한 방향으로만, 즉 위에서 아래로 즉 하향식으로만 흐른다. 그런데 포섭 구조나 망 구조의 위계에서는 정보나 권위가 아래에서 위로, 그리고 옆에서 옆으로 흐른다. 행위자 또는 모듈이 어느 수준에서 작용하든, 브룩스가 지적한 바와 같이 "모든 모듈은 동등하게 만들어졌다. … 각각의 모듈은 단지 최선을 다해 자신의 일을 할 뿐이다."

인간이 관리하는 분산 제어 시스템에서 특정 종류의 계층은 사라지지 않고 오히려 더욱 널리 퍼진다. 인간을 연결점으로 삼는 분산 시스템-예를 들어 거대한 세계적 컴퓨터 네트워크-의 경우 특히 그렇다. 수많은 컴퓨터 전문가들은 엄격한 가부장적 네트워크는 물러나고 컴퓨터 중심의 동등 계층peer-to-peer, 피어투피어, 네트워크 상에 대등한 기능을 갖는 복수의 컴퓨터를 연계시키는 방식-옮긴이 네트워크를 기반으로 하는 네트워크 경제의 시대가 올 것이라고 예언한다. 그들의 주장은 반쯤 옳고 반쯤 틀리다. 권위적인 '하향식top-down' 위계는 물러날 것이다. 그러나 분산 시스템이라고 하더라도 횡적인 '상향식bottom-up' 통제가 이루어지는 포섭적 위계 구조를 갖지 못할 경우 궁극적으로 살아남지 못한다. 이 포섭적 위계 구조에서는 영향력이 동등한 구성원들 사이에서 흘러다니다가 하나의 덩어리 내지는 소기관organelle으로 뭉쳐서, 천천히 움직이는 거대한 네트워크 밑바닥의 구성 단위가 된다. 시간이 흐르면 점점 위쪽으로 스며들어가는 통제력을 둘러싸고 다층의 구조를 지닌, 아래쪽에서는 빠르게 그리고 위쪽에서는 느리게 돌아가는 조직이 형성된다.

이러한 포괄적 분산 제어 시스템에서 두 번째로 중요한 측면은 통제의 흐름이 가장 아래에서부터 점진적으로 이루어진다는 사실이다. 어떤 복잡한 문제를 풀려고 할 때 얽히고설킨 덩어리를 논리적으로 상호작용하는 작은 조각들로 쪼개는 것은 불가능하다. 좋은 의도를 가지고 시작하더라도 결국에는 실패로 끝나고 만다. 예를 들어서 조인트벤처 같은 거대한 기업을 순식간에 급조한 경우 쉽게 무너져버리는 경향이 있다. 또는 다른 부서의 문제를 해결하기 위해 급조한 부서는 그 자체가 문젯거리가 되는 경우가 많다.

위에서 아래로 통제력이 작용하는 것이 효과적이지 못한 이유는 수학에서 곱셈이 나눗셈보다 쉬운 것과 같은 이치이다. 여러 개의 소수를 곱해서 큰 수로 만드는 것은 매우 쉽다. 초등학생에게도 식은 죽 먹기이다. 그러나 큰 수를 단순한 소수의 곱으로 나누는 일은 때로는 세계 최고의 슈퍼컴퓨터도 끙끙댈 정도로 어렵다. 하향식 통제는 바로 이렇게 큰 숫자를 단순한 구성 요소로 분해하는 것에 비견되는 어려운 작업이다. 반면 단순한 구성 요소를 그러모아 큰 결과물을 만드는 것은 매우 쉬운 일이다.

이 간단한 법칙은 다음과 같다. 분산 제어는 단순하고 국지적인 제어에서 시작해서 점차 확산되어나가야 한다. 복잡성은 이미 제대로 돌아가고 있는 단순한 시스템에서 비롯되어 점차 커져가야 한다.

로체스터 대학의 대학원생 브라이언 야마우치Brian Yamauchi는 상향식 분산 제어 시스템의 시험대로서 눈을 가진 저글링 하는 로봇팔을 만들어냈다. 로봇팔의 임무는 탁구채 같은 것을 가지고 풍선을 계속해서 튕겨내는 것이다. 야마우치는 풍선이 어디 있는지 확인하고 풍선 바로 아래에 탁구채를 가져다놓은 후 적당한 힘으로 풍선을 쳐내도록 명령하는 하나의 커다란 뇌를 장착하는 대신, 물리적 위치에서나 통제에서 각 과정의 수행을 분산화시켜 버렸다. 궁극적으로 풍선을 받아치는 행위는 여러 개의 멍청한 '행위자'들의 협력으로 수행되었다.

예를 들어 '풍선은 어디에 있나?'와 같이 극도로 복잡한 질문을 몇 개의 개별적인 질문으로 쪼개서 여러 개의 작은 논리 회로에 분산시켰다. 하나의 행위자는 그저 단순한 질문 하나, 즉 '내 영역 안에 풍선이 있는가?'에만 집중한다. 이것은 '풍선이 어디에?'라는 질문보다 훨씬 다루기 쉬운 질문이다. 이 질문을 도맡은 행위자는 언제 풍선을 쳐야 할지 또는 풍선이 어디 있는지와 같은 문제에는 전혀 신경쓰지 않는다. 이 행위자가 맡은 단 한 가지 임무는 카메라의 시각 영역 안에 풍선이 없으면 팔을 뒤로 접은 채로 영역 안에 풍선이 들어올 때까지 계속 움직이라고 말하는 것뿐이다. 이처럼 매우 단순한 의사 결정 중추를 가진 네트워크나 사회는 놀랄 만큼 기민하고 적응성 있는 유기체를 형성한다.

야마우치는 말한다. "행위자들 사이에는 명확한 의사소통이 없습니다. 모든 의사소통은 어느 한 행위자의 행동이 바깥 세계에 일으킨 결과를 다른 행위자가 관찰함으로써 일어납니다." 이처럼 국지적이고 직접적으로 관리하는 방식을 채택할 경우에 사회는 고정된 의사소통 절차에 따르는 복잡성의 폭발적 증대라는 부담 없이 새로운 행동을 진화시킬 수 있다. 흔히 알려진 경영 기법 가운데 '모든 구성원이 모든 것을 알게 하라'는 조언이 있지만 지능의 출현은 이런 식으로 이루어지지 않는다.

"우리는 이 아이디어를 더 멀리 밀고 나갔습니다." 브룩스가 말했다. "많은 경우에 우리는 이 세계 자체를 분산되어 있는 각 부분들 사이의 의사소통 매체로 사용했습니다." 그러니까 앞으로 어떤 일이 일어날지에 대해 장치 내의 다른 모듈로부터 지침을 받기보다 반사 모듈이 바깥 세계에서 어떤 일이 일어났는지를 직접 감지한다. 그런 다음 그 모듈은 자극에 대해 바로 행동을 취함으로써 장치의 다른 부분들에 메시지를 보낸다. "물론 메시지가 전달되지 않을 수도 있습니다. 실제로 그런 일이 상당히 빈번히 일어나지요. 하지만 별로 상관없습니다. 왜냐하면 어차피 행위자가 거듭해서 메시지를 보낼 테니까요. 그러니까 눈에 해당되는 부분은 '뭐가 보인다', '보인다', '보인다'라는 메시지를 팔이 알아듣고 바깥 세계에 어떤 일을 함으로써 '눈' 행위자를 억제할 때까지 계속해서 보내는 식입니다."

중앙 집중적 뇌를 가진 시스템의 문제는 중앙 집중적 의사소통만이 아니다. 중앙 집중적 기억을 유지하는 것 역시 똑같이 진을 빼는 문젯거리이다. 전체가 공유하는 기억은 계속해서 엄격하게, 즉각적으로, 정확하게 업데이트되어야 한다. 이것은 많은 대기업들이 골머리를 앓고 있는 문젯거리이기도 하다. 로봇의 경우 '세계 모형', 그러니까 로봇이 지각하는 세계에 대한 이론 내지는 표상—벽이 어디에 있는지, 문이 얼마나 멀리 떨어져 있는지, 아, 그리고 저쪽에 있는 계단도 조심할 것!—을 끊임없이 입력하고 업데이트하는 일이 중앙 집중적 명령 체계의 가장 큰 도전이다.

중앙 집중적 뇌는 수많은 센서로부터 전달되는 모순된 정보를 어떻게 처리할까? 눈은 뭔가가 다가오고 있다고 말하는데 귀는 그것이 멀어져가고 있다고 말한다면 뇌는 어느 쪽을 믿어야 할까? 논리적인 답은 문제를 분석해서 해결하는 것이다. 중앙 집중적 체계는 신호들이 동시성을 띠도록 재조정하고 모순된 주장들을 조정한다. 포섭 구조 이전의 로봇들은 거대한 중앙 집중적 뇌가 가진 연산 자원의 대부분을, 여러 개의 시각 센서로부터 들어오는 신호를 가지고 이치에 맞는 바깥 세계의 지도를 만드는 데 썼다. 시스템의 각기 다른 부분들은 카메라와 적외선 센서에서 쏟아져 들어오는 엄청난 양의 데이터에 대하여 제각기 다르게 해석된 수치에서 비롯된 모순된 세계를 믿을 수밖에 없었다. 이런 상황에서는 중앙의 뇌가 결코 모든 것을 제대로 조화시킬 수 없기 때문에 결코 아무것도 해낼 수 없었다.

브룩스는 세계를 바라보는 중심적인 관점을 조정하는 것이 너무나 어렵기 때문에 진짜 세계 자체를 모형으로 삼는 편이 차라리 쉽다는 사실을 발견했다. "진짜 세계 자체가 훌륭한 모형이 될 수 있다는 것은 매우 좋은 아이디어입니다." 중심적으로 부과된 모형이 없기 때문에 상충하는 정보를 조정하고 조화시킬 필요가 없어진다. 사실 그 정보들은 조화를 이룰 수가 없다. 대신 다양한 신호들이 제각기 다양한 행동을 일으킨다. 각 행동들은 포섭된 통제 구조의 위계 망 안에서 분류되거나 억제되거나 지연되거나 활성화된다.

사실상 로봇이 세계를 바라볼 때 세계에 대한 지도 따위는 존재하지 않는다. (곤충이 세계를 바라볼 때도 마찬가지일 것이라고 브룩스는 주장할 것이다.) 여기에는 중심적 기억도, 중심적 명령도, 중심적 존재도 없다. 모든 것이 분산되어 있다. "바깥 세계를 통해 의사소통하는 방법으로 시각계에서 오는 데이터와 팔에서 오는 데이터를 조정하는 문제를 해결할 수 있다."라고 브룩스는 지적한다. 실제 세계 자체가 '중앙' 제어 장치가 되고, 지도화되지 않은 환경 그 자체가 지도가 되는 것이다. 이렇게 함으로써 어마어마한 양의 연산을 절약할 수 있다. "이런 종류의 조직에서 지적 행동을 창출하기 위해서는 아주 적은 양의 연산만이 필요하다."라고 브룩스는 말한다.

중앙 집중적 조직이 없는 상태에서 다양한 행위자들은 제 기능을 수행하거나 죽어버리거나 둘 중 하나를 택할 수밖에 없다. 브룩스의 조직은 "하나의 뇌 안에 들어 있는 다수의 행위자들이 바깥 세계를 통해 의사소통을 하며 로봇 몸의 자원을 두고 경쟁을 벌인다."라고 할 수 있다. 경쟁에서 살아남은 행위자들만이 다른 행위자들의 주의를 끌 수 있다.

기민한 관찰자들이라면 브룩스의 방식이 바로 시장 경제에 대한 묘사와 정확히 일치한다는 사실을 눈치 챘을 것이다. 행위자들은 자신의 행위가 바깥 세계에서 다른 행위자들에게 미친 효과(행위 그 자체가 아니고)를 관찰하는 것 이외에 서로 의사소통을 하지 않는다. 달걀의 가격은 내가 만나본 일 없는 수십, 수백만 명의 행위자들에 의해 나에게 전달된 메시지이다. 예컨대 이런 메시지이다. "달걀 한 줄은 운동화 한 켤레보다는 싸지만 2분 동안의 장거리 전화 통화보다는 높은 가치를 갖고 있다." 이와 같은 가격 정보는 다른 가격 정보와 더불어 수천, 수만의 양계업자, 운동화 제조업자, 투자 은행가 등에게 그들의 돈과 노력을 어디에 써야 할지를 말해준다.

브룩스의 모델은 비록 인공 지능 분야에서 급진적인 아이디어로 받아들여지고 있지만 실제로 모든 종류의 복잡한 유기체가 작동하는 방식에 대한 정확한 모형이다. 우리는 모든 종류의 비비시스템에서 포섭 구조와 망 위계를 찾아볼 수 있다. 브룩스는 모봇을 만들면서 얻은 다섯 가지 교훈을 다음과 같이 정리했다.

- 점진적 구성 – 복잡성을 장착하려고 하지 말고 길러내라.
- 센서와 작동기의 긴밀한 연결 – 사고를 거치지 않고 반사적으로 행동하게 하라.
- 독립적 모듈로 이루어진 층 – 시스템은 독자적으로 실행 가능한 하부 단위로 해체될 수 있다.
- 분산 제어 – 중심 계획이 없다.
- 희박한 의사소통 – 내부의 배선이 아닌 바깥 세계에 미친 결과를 관찰하라.

브룩스가 거대하고 완고한 괴물을 작고 깃털처럼 가벼운 벌레로 변신시켰을 때, 그는 이와 같은 소형화 노력에는 무언가 또 다른 측면이 함축되어 있음을 발견했다. 이전에는 '더 영리한 로봇'은 더 많은 컴퓨터 부품이 필요했고 더 무거워야 했다. 그리고 로봇이 무거워질수록 그 로봇을 움직이기 위해 더욱 거대한 모터를 장착해야 했다. 또한 모터가 커질수록 그 모터를 돌리기 위해 더 큰 배터리가 필요했다. 배터리가 무거워질수록 그 배터리를 지탱하기 위해 로봇의 몸집은 한층 더 커져야 했다. 이런 식으로 상승하는 나선형 고리의 악순환을 밟으며 로봇은 점차로 거대해져 갔고 로봇에서 사고를 담당한 부분과 몸체의 비율은 점점 더 몸체 쪽이 커지는 쪽으로 나아가게 되었다.

그런데 나선형 고리는 좋은 쪽으로도 향할 수 있다. 컴퓨터가 작아지면 모터도 더 가벼워지고, 배터리도 더 작아지며, 로봇 전체 구조도 더 작아지고, 그 결과 크기에 비해 단단한 골격을 부여할 수 있게 된다. 그에 따라 모봇의 경우 비록 뇌의 크기 자체는 작지만 전체 무게 대비 뇌 무게의 비율을 따지면 오히려 더 커지게 된다. 브룩스의 모봇은 대부분 5kg을 넘지 않는다. 모형 자동차 부품을 이용해 조립한 징기스의 경우 전체 무게가 고작 1.6kg에 지나지 않는다. 브룩스는 3년 안에 1mm 길이의(연필심만 한) 로봇을 만들고 싶다고 말한다. 그는 이 초소형 로봇을 '벼룩봇Feebot'이라고 부를 예정이다.

브룩스는 로봇이 화성뿐만 아니라 지구 전역에 침입해 들어가기를 원한다. 그는 생명체의 삶을 인공물의 삶 속에 끌어들이기보다는 인공물의 삶을 우리의 실제 삶에 끌어들이려고 노력한다. 그는 이 세계(그리고 그 경계를 넘어선 곳)를 값싸고, 크기가 작고, 도처에 존재하는, 반쯤 생각할 줄 아는 사물로 가득 채우고 싶어 한다. 그 예로서 그는 스마트 도어에 대해 설명했다. 대략 10달러 정도 돈을 더 들이면 여러분은 문마다 칩 형태의 작은 뇌를 부착해서 여러분이 나가려고 할 때 문이 알아서 열리고 밖에서 들어올 때 다른 스마트 도어의 메시지를 받아 저절로 열리게 할 수 있다. 또한 스마트 도어가 여러분이 집 밖으로 나갔다는 사실을 조명 장치에 알려줄 수도 있다. 더 나아가 건물 전체에 이런 스마트 도어를 설치한다면 사람들의 출입뿐만 아니라 건물 내의 대기 상태도 조절할 수 있다. 더 나아가 그 아이디어를 확장해서 현재 비활성화되어 있는 모든 종류의 다른 장치에 이처럼 빠르고, 값싸고, 통제할 수 없는 지능을 설치한다면, 우리에게 봉사하는, 그리고 점점 더 잘 봉사하도록 스스로 학습을 계속하는 지각 있는 존재들의 군집이 우리 주위를 둘러싸게 될 것이다.

브룩스에게 그가 그리는 미래의 모습을 이야기해달라고 재촉하자, 그는 미래에는 우리와 상호 의존적 관계 속에서 살아가는 인공 존재들이 가득하게 될 것이라고 예측했다. 새로운 개념의 공생이다. 이 대부분의 존재들은 우리의 감각이 닿지 않는 곳에 숨겨져 있으며, 우리는 그들의 존재를 당연하게 여길 것이다. 또한 그들은 곤충과 같은 접근 방식을 통해 문제를 해결해나간다. 곤충과 같은 접근 방식이란 무엇일까? 각 부분이 작은 임무를 수행하고, 수많은 부분들이 끊임없이 작은 임무를 수행하다보면 커다란 임무가 달성되며, 각각의 부분들은 대체 가능한 것이 바로 곤충과 같은 접근 방식이다. 결국 인공 존재들의 수는 우리 인간의 수를 넘어서게 될 것이다. 마치 곤충의 수가 인간의 수를 넘어서듯. 사실 브룩스가 생각하는 로봇의 모습은 우리에게 맥주를 따라주는 R2D2와 비슷한 것이 아니라 눈에 보이지 않는 이름 없는 존재들로 이루어진 생태계에 가깝다.

모봇 연구실의 학생 중 하나가 토끼만 한 크기의 저렴한 로봇을 하나 만들었다. 이 로봇이 하는 일은 주인이 방 안에 어디에 있는지 지켜보면서 주인의 위치에 따라 스테레오를 조정해서 여러분이 어디에 있든 완벽한 사운드를 즐길 수 있게 해 주는 것이다. 브룩스가 마음에 두고 있는 또 다른 로봇은 방구석이나 소파 아래에 살다가 여러분이 외출하면 앞에서 소개한 고물 장수 로봇처럼 방 안을 이리저리 돌아다니면서 먼지를 빨아들인다. 오직 바닥이 깨끗하다는 사실만이 이 로봇이 존재한다는 증거가 될 것이다. **실제로 로드니 브룩스는 그가 설립한 아이로봇iRobot사를 통해 2000년 룸바라는 진공 청소 로봇을 출시해 대대적인 상업적 성공을 거두었다. – 옮긴이** 그리고 이와 비슷하지만 아주 크기가 작은 곤충과 같은 로봇이 텔레비전 스크린 구석에 살면서 텔레비전이 꺼져 있을 때마다 스크린을 돌아다니며 먼지를 먹어치운다는 아이디어도 있다.

모든 사람들이 프로그램화할 수 있는 동물을 반길 것이다. "말과 자동차의 차이는, 말은 매일 보살필 필요가 있지만 자동차는 그렇지 않다는 것입니다. 나는 전원을 켰다가 껐다가 할 수 있는 동물에 대한 수요가 생길 것이라고 믿습니다." 유명한 기술주의의 전도사인 키스 헨센의 말이다.

"우리는 인공 존재를 만드는 데 관심이 있다."라고 브룩스는 1985년의 선언문에서 밝히고 있다. 그는 인공 존재를 '유용한 일을 하면서 실제 환경에서 인간의 도움 없이 몇 주에서 몇 달 동안 혼자 생존할 수 있는 창조물'이라고 정의한다. "우리의 모봇은 전원을 공급받으면 진짜 세계 안에서 존재하며 세계와 상호작용을 하면서 여러 가지 목표를 추구해나간다는 점에서 그와 같은 존재에 부합한다. 이것은 특정 임무를 수행하기 위하여 프로그램이나 계획을 외부에서 주입받는 다른 종류의 움직이는 로봇들과 다른 점이다." 브룩스는 자신이 창조한 존재들에게 다른 대부분의 로봇 개발자들이 해왔듯 그들만을 위한 특별한 장난감 환경(쉽고 단순한 환경)을 조성해주지 않으려고 한다는 점에서 매우 용감하다. "우리는 진짜 세계에 존재하는 완전한 시스템을 만들고자 합니다. 그렇게 함으로써 어려운 문제를 회피하면서 스스로를 기만하는 일을 피하려는 것이죠."

지금까지 과학이 회피해온 한 가지 어려운 문제는 바로 순수한 마음을 독자적으로 창조하는 것이다. 만일 브룩스의 생각이 옳다면 그것은 불가능한 일이 될 것이다. 대신 우리는 멍청한 몸에서 마음을 길러내야 할 것이다. 모봇 연구실에서 얻은 모든 경험은 가혹한 진짜 세계에서 몸 없는 마음은 존재할 수 없다고 말해준다. "생각하는 것은 행동하는 것이고 행동하는 것은 생각하는 것이다."라고 1950년대 사이버네틱스'사이버네틱스'라는 용어의 사전적 의미는 '뇌와 신경계나 기계-전자 통신 시스템과 같은 자동 제어 시스템들에 대한 비교 연구에 초점을 맞춘 이론에 대한 과학'으로 나와 있다.-옮긴이 운동의 시끄러운 나팔수 하인츠 폰 푀르스터Heinz von Foerster는 말했다. "움직임 없이는 생명도 없다."

앰블러의 공룡처럼 거대한 문제점이 시작된 이유는 마음을 가진 우리 인간이 자신을 개미보다는 앰블러에 더 가깝다고 생각하는 경향이 있기 때문이다. 의사들이 뇌의 생리학적 역할을 분명하게 알아낸 이후로 예전에는 심장에 있다고 생각되었던 우리 존재의 중심이 새롭게 각광받는 마음으로 옮겨갔다.

20세기의 인간은 전적으로 자신의 머릿속에서 살아간다. 따라서 우리는 역시 머릿속에서 살아가는 로봇을 만들었다. 과학자들은—다른 사람들도 마찬가지이지만—자기 자신을 이마의 안, 눈알의 뒤쪽에 있는 존재라고 생각한다. 우리는 바로 그곳에 존재한다는 것이다. 실제로 1968년 뇌사 상태가 인간의 생사 여부를 결정짓는 중대한 문턱이 되었다. 마음 없이는 생명도 없다.

강력한 성능의 컴퓨터들은 육체에서 분리된 순수한 지능이라는 환상을 탄생시켰다. 통 속에 담긴 뇌에 들어 있는 마음이라는 이미지는 우리 모두에게 친숙하다. 이 시대를 살아가는 사람들은, 만일 과학의 도움을 받는다면, 나는 몸 없는 뇌 상태로도 살 수 있을 것이라고 믿는다. 그리고 컴퓨터는 커다란 뇌와 같은 것이기 때문에 나는 컴퓨터 안에서 살 수 있으리라! 같은 이치로 컴퓨터 마음은 나의 진짜 마음과 마찬가지로 나의 몸을 쉽게 이용할 수 있을 것이다!

미국 대중문화의 교의 중 하나로 마음을 이식할 수 있다는 믿음이 널리 퍼져 있다. 사람들은 마음의 이식이 멋진 생각이라거나 끔찍한 생각이라고 말할 뿐 그것이 잘못된 생각이라고 말하지 않는다. 현대적인 대중 신화 속에서 마음은 이 그릇에서 저 그릇으로 옮길 수 있는 액체와 같이 여겨진다. 그런 믿음이 〈터미네이터2〉나 《프랑켄슈타인》을 비롯한 수많은 공상 과학 작품을 낳았다.

그런데 좋든 싫든 현실은 우리가 머릿속에 중심을 잡고 존재하고 있지 않다는 것이다. 우리 존재의 중심은 마음에 있지 않다. 아니, 설사 그렇다고 하더라도 우리 마음에는 중심 또는 '나'라는 것이 없다. 우리의 몸에도 중심이 없는 것은 마찬가지이다. 몸과 마음은 우리가 생각하는 경계를 넘어 서로 분리할 수 없이 얽혀 있다. 몸과 마음은 서로 그다지 다르지 않다. 몸과 마음 모두 하위 수준에 존재하는 것들의 무리로 이루어져 있다.

우리는 눈이 카메라보다는 뇌와 비슷하다는 사실을 알고 있다. 안구 하나는 슈퍼컴퓨터에 맞먹는 연산 능력을 갖고 있다. 우리의 시각적 지각의 대부분은 뇌가 장면을 미처 고려하기 전인, 빛이 처음으로 도달하는 얇은 망막에서 이루어진다. 우리의 척수는 단순히 뇌에서 나오는 메시지를 전달하는 전화선이 아니다. 척수 역시 생각을 한다. 우리 행동의 중심이 어디냐고 묻는다면 머리보다는 심장이 있는 가슴을 가리키는 것이 훨씬 진실에 가깝다. 우리의 정서는 우리 몸 전체에 퍼져나가는 호르몬과 펩타이드의 수프 안에서 헤엄치고 있다. 옥시토신은 우리의 내분비계에서 사랑에 대한 생각(또는 사랑스러운 생각)을 방출한다. 이러한 호르몬들 역시 정보를 처리한다. 과학자들은 우리의 면역계 역시 수백만 개의 서로 다른 분자들을 인식하고 기억할 수 있는 놀라운 성능의, 병렬 분산 지각 기계라고 설명한다.

브룩스에게 몸은 모든 것을 명확히 하고 단순화한다. 몸 없는 지능이나 형태 없는 존재는 우리를 오도할 수밖에 없는 유령에 지나지 않는다. 진짜 세계 안에서 진짜 존재를 만드는 일이 궁극적으로 마음이나 생명과 같은 복잡한 시스템을 만들어내는 길이다. 진짜 몸 안에서 하루하루 자신의 힘으로 생존하는 로봇을 만들어내는 것이 인공 지능 내지는 진짜 지능을 만드는 유일한 길이다. 마음이 창발하는 것을 원하지 않는다면, 마음을 몸에서 분리시켜라!

지루함은 마음을 육체로부터 이탈시킬 수 있다.

40년 전 캐나다의 심리학자 도널드 헵Donald. O. Hebb은 극도로 지루한 상태에 놓인 사람들이 보고하는 기괴한 망상에 흥미를 느꼈다. 레이더 감시병이나 장거리 트럭 운전사들은 종종 실제로 나타나지 않은 레이더 신호를 봤다고 보고하거나, 사실은 존재하지 않는 히치하이커를 보고 차를 세우고는 한다는 것이다. 한국 전쟁 동안 헵은 캐나다국방연구위원회로부터 단조로움과 지루함이 낳는 또 하나의 골칫거리, 즉 자백과의 상관관계에 대해 조사해달라는 의뢰를 받는다. 당시 포로가 된 UN군 장병들이 공산주의자들에게 세뇌(당시 새롭게 출현한 용어였다.)되어 서방과의 단절을 선언하고는 했던 것이다. 그리고 세뇌의 도구로 고립된 방 등이 사용되었다고 한다.

그리하여 1954년 헵은 몬트리올의 맥길 대학에 방음 장치가 된 어둡고 작은 방을 만들었다. 실험의 자원자들은 비좁은 방에 들어가 반투명 고글을 쓰고 팔을 종이 상자에 끼우고 손에는 면으로 만든 벙어리장갑을 끼고 귀에는 낮은 음조의 소음을 들려주는 이어폰을 낀 채 침대에 들어가 2~3일간 꼼짝 않고 누워 있었다. 피험자들은 지속적인 허밍 같은 소음을 들었는데 이것은 곧 지속적인 침묵으로 느껴졌다. 그들은 등허리의 묵직한 통증 외에 아무것도 느낄 수 없었다. 침침한 회색빛, 아니면 칠흑 같은 어둠 외에는 아무것도 볼 수 없었다. 세상에 태어난 이후로 그들의 뇌를 포위하고 있던 끊임없는 색깔, 신호, 긴급한 메시지 따위가 갑자기 증발해버렸다. 천천히 그들의 마음은 그들을 몸에 단단히 묶어두었던 닻에서 풀려나 제 혼자 빙빙 돌아가기 시작했다.

피험자 중 절반이 시각적 감각을 보고했다. 일부 피험자는 1시간이 채 지나기 전에 "독일군 헬멧을 쓴 작은 사람들이 줄지어 지나갑니다.… 만화 속의 장면 같이 보여요."라고 보고했다. 순진무구하던 1954년 캐나다의 과학자들은 다음과 같이 보고했다. "초기의 피험자 몇몇에게서 '깨어 있는 상태로 꿈을 꾼다'는 당혹스러운 보고가 있었다. 그래서 우리 연구자 중 한 사람이 직접 피험자가 되어 실험에 참여한 결과 그 현상의 특이함과 강도를 직접 체험할 수 있었다." 실험 이틀째에 접어들면 피험자들은 '현실감을 잃어버리고 신체 이미지가 바뀌며 언어 장애가 나타나고 과거의 회상과 생생한 기억이 떠오르고 성적인 생각에 사로잡히며 생각을 효율적으로 할 수 없고 복잡한 꿈을 꾸며 걱정과 공포가 자주 나타나는 상태'를 보였다. 연구자들은 그 현상을 '환각hallucination'이라고 묘사하지는 않았다. 당시 만해도 환각이라는 용어가 사용되기 전이었기 때문이었다.

그로부터 몇 년 후 잭 버논이 헵의 실험을 이어받아 프린스턴 대학 심리학과 건물 지하실에 '암흑의 방'을 만들었다. 그는 나흘 정도 어두운 방 안에 틀어박혀 '생각에 잠길' 대학원생들을 모집했다. 암흑의 방에 머물렀던 초기의 학생 중 한 명이 나중에 연구자에게 이렇게 말했다. "아마 제가 방에 들어가고 하루 정도가 지난 후에 당신이 관찰 창문을 열었던 것 같아요. 왜 그렇게 한참 있다가 관찰을 시작했는지 궁금했어요." 물론 그 방에는 관찰 창문 따위는 없었다.

고요한 유체 이탈의 관 속에서 이틀을 보낸 후 무언가 특정 주제에 대해 생각할 수 있는 학생은 아무도 없었다. 집중력은 산산조각이 났다. 정신 사나운 백일몽이 그 자리를 채웠다. 활동적인 마음이 비활동적인 고리에 갇힌 경우 상황은 더욱 나빴다. "한 피험자는 알파벳 순서대로 목록을 만드는 게임을 고안했다. 각 알파벳마다 발견자의 이름을 딴 화학식을 생각해내는 것이었다. 그런데 n에 이르자 그와 같은 사례를 찾을 수가 없었다. 그는 n을 건너뛰고 넘어가려고 했으나 n자로 시작하는 화학식이 뭐냐는 질문이 집요하게 그에게 달라붙어 답을 요구하며 그를 괴롭혔다. 짜증이 날 정도가 되자 그는 게임 자체를 그만두려고 했으나 도저히 그만둘 수가 없었다. 그는 한동안 집요하게 그를 추궁하는 질문을 참아내려고 했으나 결국 도저히 스스로 자신의 생각을 통제할 수 없음을 깨닫고 패닉 버튼을 눌렀다."

몸은 마음과 생명의 닻이다. 몸은 마음이 스스로 만들어낸 바람에 날라가버리는 것을 막아주는 기계이다. 신경 회로는 자기 자신과 스스로 게임을 벌이려는 경향을 갖고 있다. 따라서 '외부'와의 직접적인 연결 없이 가만히 놔두면 뇌의 네트워크는 자신의 교묘한 책략을 현실로 받아들인다. 마음은 자신이 측정하거나 계산하는 것 이상을 고려할 수 없다. 몸이 없다면 마음은 그저 자기 자신에 대해서만 생각할 뿐이다. 마음의 타고난 호기심을 고려할 때 가장 단순한 마음조차도 자신이 직면한 도전을 해결할 궁리를 하느라 스스로를 소진시켜버릴 것이다. 그런데 만일 마주하는 것이 오직 자신의 내부 회로와 내부의 논리뿐이라면 마음은 그저 최근의 환상을 이리저리 만지작거리는 데 몇날며칠을 소모할 것이다.

몸, 그러니까 감각기와 작동기의 묶음 내지 덩어리는 자연 상태에서 스스로에게 몰두하고 있는 마음에게 당장 고려해야 할 긴급한 문제들을 마구 들이밀어, 마음이 스스로에게 몰두하는 것을 방해한다. '이건 죽기 아니면 살기의 문제야!', '앗, 지금 당장 고개를 숙여 피해야 할까?' 마음은 이제 더 이상 현실을 창조할 필요가 없다. 현실이 면전으로 곧바로 다가오고 있으니 말이다. '피해랏!' 마음은 과거에는 한 번도 시도해본 일 없고 시도해보리라 생각조차 해본 일 없는 완전히 새롭고 독창적인 직관에 따라 결정을 내린다.

감각이 없다면 마음은 심적 수음에 빠져들다가 결국 심적 맹목 상태에 이르게 된다. 눈과 귀와 혀와 코와 손가락의 끊임없는 자극과 일깨움이 없다면 마음은 몸을 둥글게 말고 한구석에 처박혀 제 배꼽이나 후벼 파고 있을 것이다. 눈이 무엇보다 중요하다. 그 자체로써 반쯤은 뇌와 같은(신경세포와 생물학적 칩으로 빽빽이 들어찬) 눈은, 반쯤 소화된 데이터, 중대한 의사 결정, 미래에 대한 암시, 숨겨진 사물에 대한 단서, 뭔가를 환기시키는 움직임, 아름다움 따위를 어마어마하게 방대한 양으로 마음에 쏟아붓는다. 마음은 이 자극의 과부하에 깔려 헉헉대면서 행동을 낳는다. 만일 마음을 갑자기 눈으로부터 단절시키면 마음은 비틀거리며 뒤로 물러서서 제멋대로 돌아다닐 것이다.

노인들의 시력을 점차로 빼앗는 질병인 백내장은 수술로 제거할 수 있지만, 이 과정에서 환자들은 백내장 상태보다 훨씬 더 캄캄한 눈 먼 상태를 잠깐 겪어야 한다. 의사들이 지나치게 자라난 수정체의 일부를 제거한 다음 환자의 눈을 검정색 패치로 덮어 빛이 들어오는 것과 안구를 움직이는 것을 막기 때문이다. 사람이 사물을 보면 무의식적으로 안구를 움직이기 때문에 아예 보지 못하도록 하는 것이다. 또한 양쪽 안구가 항상 동시에 같은 방향으로 움직이기 때문에 양쪽 눈을 모두 안대로 덮는다. 안구를 움직이는 것을 더 막기 위해서 환자들은 침대에 누워 조용한 상태로 일주일 정도 안정을 취해야 한다. 밤이 되어 병원의 분주한 움직임이 잦아들면 눈을 가려 캄캄한 상태와 더불어 완전한 고요가 찾아온다. 백내장 수술이 일반화되기 시작했던 1900년대 초에는 병원에 기계도, 텔레비전도, 라디오도 없었고 야간 당직 의료진도 거의 없었으며 병실의 조명도 꺼두었다. 백내장 병동에서 붕대로 눈 주위를 감은 환자들에게 세상은 그 어느 때보다 조용하고 캄캄해졌다.

수술 후 첫 날은 어둑한 상태지만 충분히 휴식을 취할 만했다. 둘째 날은 사방이 더욱 어두워지고 몸이 마비되는 듯하고 조바심이 났다. 셋째 날은 견디기 힘들 정도로 깜깜하고 고요한 와중에 갑자기 붉은색 벌레들이 벽을 타고 기어오르는 것 같은 느낌이 든다.

"백내장 수술 후 셋째 날이 되자 (60세의 여성 환자가) 자신의 머리카락과 침대 시트를 쥐어뜯으며, 누군가가 자신을 잡으러 온다든지, 건물에 불이 났다든지 하는 이야기를 하며 침대에서 빠져나가려고 했다. 수술하지 않은 쪽 눈의 붕대를 풀어주자 환자는 안정을 되찾았다." 1923년 병원의 기록이다.

1950년대 초 뉴욕시의 마운트시나이병원의 의사들은 백내장 병동에 연속으로 입원한 환자 21명을 대상으로 연구를 진행했다. "아홉 명의 환자는 점점 초조와 불안을 보였다. 그들은 붕대를 풀어버리고 침대의 안전 난간을 넘어가려고 했다. 여섯 명은 편집적 망상에 시달렸으며 네 명은 신체 이상을 호소했고 네 명은 의기양양해졌고(!), 세 명은 시각적 환각에 빠졌고, 두 명은 환청을 보고했다."

'검은 패치 정신 이상Black patch psychosis'은 이제 안과 의사들이 백내장 병동에서 주의하는 증상 중 하나가 되었다. 나는 대학들 역시 이 증상에 주목해야 한다고 생각한다. 모든 철학과 건물마다 소화기를 넣어두는 붉은색 유리 상자 안에 검정색 안대를 하나씩 넣어두고 이렇게 써 붙여두면 좋을 듯하다. "심신 문제에 대한 논쟁이 불거지면 즉각 유리를 깨고 안대를 꺼내서 착용하시오." 위의 헵과 버논의 실험, 백내장 환자들의 경험은 결국 몸과 마음이 따로 떼어낼 수 없는 하나의 실체임을 보여주는 증거라는 이야기. 심신이원론자들의 주장이 관념론적이고 현실과 맞지 않는 이론이라는 저자의 입장을 나타낸다.–옮긴이

모든 것이 가상의 현실이 될 수 있는 시대에 몸의 중요성은 아무리 강조해도 지나치지 않다. 마크 폴린과 로드니 브룩스는 기계에 인격을 부여하는 데 있어서 그 누구보다 앞서나갔는데 그것은 그들의 창조물이 완전히 '체화'되어 있기 때문이다. 그들은 또한 그들이 만든 로봇들이 실제 환경 안에서 살아갈 것을 고집했다.

폴린의 로봇들은 긴 수명을 누리지는 못한다. 그의 공연이 끝날 무렵에는 고작 몇 마리의 강철 괴물들만이 살아 움직이고 있을 뿐이다. 그러나 공정하게 보자면 대학에서 만든 다른 로봇들 역시 폴린의 로봇보다 그리 오래 사는 것도 아니다. 활동하는 시간만을 따진 수명이 몇십 시간 이상 되는 움직이는 로봇은 매우 드물다. 대부분의 경우 로봇들은 전원이 꺼진 상태에서 개선된다. 그러니까 로봇 개발자들은 로봇이 죽은 상태에서 그들을 진화시키려고 한다. 일부 연구자들이 이 기묘한 상황을 놓치지 않고 지적했다. "저는 하루 24시간, 몇 주에 걸쳐 활동할 수 있는 로봇을 만들고 싶습니다. 그런 상황 속에서만 로봇이 스스로 학습할 수 있으니까요." MIT 소속 브룩스 연구실의 로봇 개발자 마자 마타릭Maja Mataric은 말한다.

내가 MIT의 모봇 연구실을 방문했을 때 징기스는 실험실 탁자 위에 다리를 쫙 벌리고 분해된 채로 널브러져 있었다. 그 옆에는 새로운 부품이 놓여 있었다. "징기스가 새로운 것을 배우는 중이지요."라고 브룩스가 재치 있게 설명했다.

징기스는 새로운 것을 배우기는 하지만 완전히 쓸모 있는 방식으로 학습하는 것은 아니다. 징기스의 학습은 브룩스와 대학원생들의 바쁜 스케줄에 의존해야 했다. 징기스가 살아 있는 상태로 뭔가를 배울 수 있다면 얼마나 좋을까? 그것이 바로 기계들이 새롭게 성취해야 할 다음 행보이다. 시간이 흐르면서 스스로 경험으로부터 배우기. 단순히 적응하는 데 그치지 않고 진화하기.

진화는 단계별로 이루어진다. 징기스는 진화 단계에서 대략 곤충 정도에 해당된다. 하지만 언젠가 징기스의 후손 중에 설치류에 해당하는 존재가 나올 것이고 시간이 더 흐르면 원숭이만큼 영리하고 기민한 존재도 출현할 것이다.

그러나 기계의 진화를 우리는 참을성을 가지고 바라볼 필요가 있다고 브룩스는 지적한다. 지구가 탄생한 시점으로부터 수십억 년이 지나서야 지구상의 생명이 식물 단계에 이르렀고 또 그로부터 15억 년 쯤 지난 후에야 물고기가 나타났다. **저자의 의도는 최초의 광합성을 하는 단세포가 출현한 시기—약 25억 년 전—를 식물 단계라고 지칭한 듯하다.–옮긴이** 그로부터 수백만 년 후 드디어 곤충이 모습을 드러냈다. "그 후로는 모든 것이 한층 빠르게 진행되었죠."라고 브룩스는 말한다. 그 후 1억 년 동안 파충류와 공룡과 포유류 등이 꼬리에 꼬리를 물고 나타났다. 그리고 최근 2000만 년 동안 인간을 포함한 체격이 크고 두뇌가 발달한 유인원이 출현했다.

지질학적 규모의 지구 역사에서 최근의 비교적 짧은 시간 동안 이루어진 복잡화 경향은 "문제 해결 행동, 언어, 전문적 지식, 추론 등은 존재와 반응의 본질이 달성된 후에는 비교적 간단하게 달성되는 것으로 보인다."라고 브룩스는 말한다. 생명의 진화에서 단세포에서 곤충에 이르기까지 30억 년이 걸렸으나 곤충에서 인간에 이르기까지는 고작 5억 년 정도밖에 걸리지 않았다. "이것은 곤충 수준의 지능이 결코 사소하지 않음을 암시한다."라고 브룩스는 지적한다.

그러니까 곤충 수준의 생명, 즉 브룩스가 매달리고 있는 문제야말로 진정 어려운 문제인 셈이다. 일단 인공 곤충을 성공적으로 만들어내면 인공 원숭이도 곧 뒤따르게 될 것이다. 이것은 빠르고, 값싸고, 통제할 수 없는 모봇의 장점을 다시 한 번 부각시킨다. 진화를 위해서는 많은 수의 개체가 필요하기 때문이다. 징기스 혼자만으로도 학습을 할 수는 있다. 그러나 어떤 목적을 수행하기 위해 우글우글거리는 여러 마리의 징기스가 있을 때 비로소 진화가 일어난다.

기계가 진화하기 위해서는 아주 많은 수의 개체가 필요하다. 각다귀봇Gnatbot과 같은 것이라면 완벽할 것이다. 브룩스는 궁극적으로 학습할 수 있고(다양한 환경에 적응할 수 있고) 진화할 수 있는('무수한 시도'를 시험해볼 수 있는 충분히 큰 규모의 개체군) 기계들로 가득한 비비시스템 조성을 꿈꾼다.

사람들에게(그리고 사람들에 의해) 민주주의가 처음 제안되었을 때 많은 이성적인 사람들이 이 제도가 무정부주의보다도 더 끔찍한 것일 수도 있다고 두려워했다. 그 두려움은 정당화될 만하고 그들의 주장에 일리가 있었다. 자율적이고 진화하는 기계들의 민주주의 역시 혼란과 무질서로 얼룩진 극도의 무정부상태를 낳을 것이라는 두려움을 불러일으킨다. 이 두려움 역시 일리가 있다. 자율적 기계 생명체를 지지하는 크리스토퍼 랭턴이 언젠가 마크 폴린에게 이런 질문을 던졌다. "기계의 지능이 인간을 뛰어넘고, 인간보다 효율적이 된다면 생태계에서 인간의 자리는 어떻게 되겠습니까? 그러니까 우리는 기계를 원하는 겁니까? 우리 자신을 원하는 겁니까?"

이 질문에 대한 폴린의 대답은 이 책 전체에 걸쳐 메아리치는 중요한 메시지이다. "인간은 점차 인공적이고 기계적인 능력을 축적해나가고 기계는 생물학적 지능을 축적해나갈 것이라고 봅니다. 그렇게 되면 인간 대 기계라는 대결 국면이 지금보다 덜 중요해지고 도덕적으로도 덜 명확해질 것입니다."

경계가 애매해지다 못해 대결이 결탁 비슷하게 변모해갈지도 모른다. 생각하는 로봇, 실리콘칩 안에 사는 바이러스, 텔레비전 같은 전자기기에 전선으로 연결된 인간, 유전자 수준에서 원하는 형질을 조작해낸 생물, 인간-기계 마음으로 엮인 전 세계…. 이 모든 것이 실현된다면 우리는 인간의 발명품이 인간에게 생명과 창조력을 부여하고 한편 인간이 발명품에 생명과 창조력을 부여하는 세상을 살게 될 것이다.

1984년 〈IEEE 전기전자기술자협회 스펙트럼〉지에 실린 편지 하나를 살펴보자.

하먼 블리스 씨 귀하

탑노치 프로페셔널 사

7777 튜링 블러바드

펠로앨토, 캘리포니아 94301

2034년 6월 1일

블리스 씨께,

귀사의 업무에 인간을 고용하는 것에 대한 귀하의 고려를 진심으로 지지하는 바입니다. 귀하께서도 아시다시피, 인간은 역사적으로 기업이 선택할 만한 훌륭한 인재들을 채용해왔습니다. 오늘날에도 인간을 강력하게 추천하는 데에는 여러 가지 이유가 있습니다.

먼저 인간은 그 이름이 암시하듯 인간적인 면이 있습니다. 인간 직원은 고객에게 진심 어린 관심의 느낌을 전달할 수 있고 그 결과 고객과 더욱 돈독하고 생산적인 관계를 맺을 수 있습니다.

인간 개개인은 유일하고 독특한 존재입니다. 다수의 관점이 도움이 되는 상황이 많이 있는데 그럴 때 여러 명의 인간 개인으로 이루어진 팀은 바로 이 다양한 관점을 제공할 수 있습니다.

인간은 직관적입니다. 인간은 그 이유를 정당화할 수 없는 상황에서도 직관에 따라서 의사 결정을 내릴 수 있습니다.

인간은 융통성을 발휘합니다. 고객들은 많은 경우에 귀사의 직원들에게 매우 다양하고 예측할 수 없는 요구를 내놓기 때문에 융통성은 아주 중요한 덕목이 될 것입니다.

결론적으로 인간은 도움이 되는 많은 이로운 자질을 가지고 있습니다. 물론 인간이 만병통치약은 아닙니다. 그러나 귀사의 중요하고 도전적인 고용 문제에서 인간은 훌륭한 해결책이 될 수 있습니다. 인간에 대해 진지하게 고려해보시기 바랍니다.

프레드릭 헤이스로스 드림

다윈주의적 진화가 사회에 미친 가장 큰 파장은 인간 존재가 완벽하지도 않고 계획된 것도 아닌, 원숭이의 우연한 후손에 지나지 않는다는 사실을 마지못해 받아들여야 한다는 사실이었다. 신생물학적 문명이 사회에 미칠 가장 큰 파장은 인간이 기계의 우연한 조상이며 궁극적으로 기계인 우리 자신은 스스로를 조작할 수 있다는 사실을 마지못해 받아들여야 한다는 사실일 것이다.

나는 거기서 한 걸음 더 나가고자 한다. 자연의 진화는 우리가 원숭이라고 말한다. 인공 진화는 우리가 반항적 태도를 지닌 기계라고 말한다.

나는 인간이 원숭이와 기계의 조합 이상의 존재라고 믿는다. (우리는 스스로에게 이로운 자질을 풍부하게 갖고 있다!) 그러나 한편으로 우리는 우리가 생각하는 것보다 훨씬 더 원숭이나 기계에 가깝다고 생각한다. 이 상황은 정확히 측정할 수는 없지만 분명히 구별할 수 있는 인간만의 고유성의 여지를 남긴다. 그리고 그 여지는 위대한 문학, 예술, 우리의 삶 전체에 영감을 준다. 나 역시 그런 느낌을 이해하고 공감한다. 하지만 나는 기계적이라고 할 만한 진화의 절차 속에서, 생명 시스템의 근간이 되는 복잡하지만 감지할 수 있는 상호연결 속에서, 신뢰할 만한 로봇의 행동을 개발하는 과정에서 나타나는 재현 가능한 진보에서, 단순한 생명체, 기계, 복잡한 시스템, 그리고 우리 인간 사이의 단일한 통일성을 마주한다. 이 통일성은 우리가 과거에 경험했던 어떤 열정 못지않은 드높은 영감을 불러일으킨다.

오늘날 기계는 모욕과 같은 어휘이다. 그 이유는 우리가 기계에서 생명의 정기를 모두 앗아버렸기 때문이다. 그러나 이제 우리는 기계들을 새로운 모습으로 다시 창조하려 하고 있고 언젠가는 기계 같다는 말이 찬사가 될 것이다.

인간으로서 우리는 지구라는 푸른 별 위에서 뻗어나가는 생명의 나무의 한 가지라는 사실에서 영적 위안을 찾는다. 어쩌면 언젠가 우리는 우리 자신이 초록색 생명과 그 위를 뒤덮은 복잡한 기계라는 층 사이의 연결 고리라는 사실에서 영적 충만감을 느끼게 될지도 모른다. 어쩌면 우리는 오래된 생명 위를 뒤덮은 새로운 생명의 광대한 네트워크에서 화려하게 장식된 연결점 역할을 맡게 된 사실을 찬양하게 될지도 모른다.

폴린의 괴물들이 서로를 파괴할 때 그곳에서 내가 본 것은 쓸모없는 파괴가 아니라 얼룩말을 공격해 야생의 세계에 균형을 잡는 사자의 모습이었다. 브룩스가 만든 6개의 다리를 가진 징기스가 강철 발을 내밀어 딛을 곳을 찾을 때 나는 로봇에게 일자리를 뺏기는 노동자의 모습이 아니라 새로운 생명체 아기의 행복한 꿈틀거림을 보았다. 궁극적으로 우리는 모두 하나의 자연이다. 언젠가 기계가 우리에게 말을 걸어올 때 성스러운 경외가 느껴지지 않을까?

4

복잡성의 조립

회색빛이 내려앉은 어느 가을날 나는 미국 땅에 마지막으로 남은 들꽃으로 덮인 프레리 초원prairie, 길이가 긴 풀이 자라는 온대 지역의 초원으로 미국 중서부 대초원 지대의 초원 형태이다.–옮긴이의 한가운데에 서 있다. 갈색 풀잎이 부드러운 바람에 바스락거린다. 나는 눈을 감고서 부활과 거듭남의 신 예수 그리스도에게 기도를 올렸다. 그런 다음 허리를 굽히고 성냥을 그어 마지막 남은 한 조각의 초원에 불을 붙인다. 곧 지옥의 불가마처럼 불길이 타올랐다.

"오늘 살아 있다가 내일 아궁이로 던져지는 들풀"이라고 부활의 그리스도는 말했다. 2~3m 높이로 치솟는 거센 주황색 불길의 파도가 타닥거리는 소리를 내며 통제할 수 없이 번져가는 장면을 보면서 떠오른 구절이다. 누가복음 12장 28절–옮긴이 죽은 초목의 줄기에서 뿜어나오는 열기는 끔찍하다. 나는 끝에 펄럭이는 고무 매트가 달린 막대를 가지고 누런 들판을 퍼져나가는 불길의 끝자락을 막고 서 있다. 또 다른 구절이 내 머릿속에 떠오른다. "낡은 것이 가고 새 것이 올지니….”

초원이 불타는 동안 나는 기계에 대해 생각했다. 낡은 방식의 기계는 가고 새로운 기계의 본질이 부활할 것이다. 그리고 그 새로운 기계의 본질은 죽은 것보다는 산 것에 가까울 것이다.

내가 불에 그슬린 초원의 한 조각을 찾은 이유는 이 들풀 무성한 들판이 또 다른 형태의 인간의 창조물이기 때문이다. 불탄 들판은, 마치 사람 손으로 만든 것이 생명을 갖게 될 수 있듯이 생명 역시 사람 손으로 만들어질 수 있음을 대변한다. 또한 양쪽 모두 점점 놀랍고 기묘하게 변해가고 있음을 보여준다.

우리 발밑의 뒤엉킨 잡초 위에 기계의 미래가 놓여 있다. 기계는 꾸준히 들꽃 프레리 초원을 갈고 뒤엎어서 지금 내가 서 있는 얼마 안 되는 땅덩어리를 제외하고 거의 모든 초원을 잠식해 들어왔다. 그러나 엄청나게 역설적인 이야기지만, 바로 이 작은 땅덩어리가 기계의 운명을 손에 쥐고 있다. 왜냐하면 기계의 미래는 생물학이기 때문이다.

초원 위에 펼쳐진 단테의 《지옥》편 여행으로 나를 안내할 가이드는 열성적인 30대 중반의 스티브 패커드Steve Packard이다. 함께 작은 프레리 초원을 걸어다니는 동안 나는 그가 이 메마른 들풀들을 얼마나 사랑하는지, 작은 풀들의 라틴어 학명에 얼마나 친숙한지 엿볼 수 있다. 거의 20년 전 패커드는 어떤 꿈에 사로잡혔고 이후로 그 꿈을 떨쳐버릴 수 없었다. 그 꿈은 바로 쓰레기나 내다버리는 교외의 황무지를 원래의 대초원으로 되돌리는 것이었다. 온갖 다채로운 빛깔을 꽃피우는 생명의 오아시스는 도시 생활에 지친 사람들의 영혼에 안식을 줄 것이라고 생각했다. 그가 후원자들에게 즐겨 사용한 표현대로 초원은 ‘삶의 질이라는 화폐로 환산했을 때 그 자체만으로도 모든 비용을 모두 상쇄할 수 있는’ 선물이라고 믿었다. 1974년 패커드는 자신의 꿈을 실현하기 위한 작업에 착수했다. 그는 회의적 반응을 보이는 환경보존협회 등의 미온한 도움을 받아 시카고 교외에서 그리 멀지 않은 곳에 진짜 초원을 재창조하는 일을 시작했다.

패커드는 생태학의 대부인 앨도 레오폴드Aldo Leopold가 1934년 성공적으로 초원을 되살려냈다는 사실을 알고 있었다. 레오폴드가 근무했던 위스콘신 대학은 커티스 플레이스라고 불리던 낡은 농장을 사들여 수목원을 조성하기로 했다. 레오폴드가 이 농장을 초원으로 탈바꿈시키자고 대학 당국을 설득했던 것이다. 레오폴드의 팀은 버려진 농장을 마지막으로 한 번 더 갈아엎은 후 점차 사라져가는 이름 모를 초원의 씨앗들을 뿌리고 그대로 내버려두었다.

이 간단한 실험은 단순히 시간을 되돌리는 것이 아니었다. 문명을 거꾸로 되돌리는 것이었다.

레오폴드의 이 순수한 행위 이전에 문명의 모든 발걸음은 자연을 지배하고 억제하는 쪽으로 걸어갔다. 사람들이 사는 주택은 자연의 극단적인 추위와 더위를 막도록 설계되었다. 농장은 식물의 성장의 힘을 사람들에게 유리하게 길들여진 작물을 재배하는 쪽으로 돌렸다. 지하에서 철을 캐내고 그것으로 나무를 베어 목재로 사용했다.

이와 같이 진보의 행진을 멈추거나 되돌리는 예는 흔치 않았다. 중세의 영주가 야생 동물 사냥을 즐기기 위해 숲의 일부를 파괴하지 않고 보존하는 경우가 있기는 했다. 이 야생의 성소에서 사냥터 관리인이 영주가 좋아하는 사냥감을 유인하기 위해 그 동물이 좋아하는 야생 식물의 씨앗을 일부러 심는 경우도 있었다. 그러나 레오폴드의 이 황당한 시도가 있기 전에는 야생 식물의 씨를 일부러 뿌리는 사람은 없었다. 심지어 커티스 프로젝트를 관장하면서 레오폴드 자신도 과연 사람이 야생 식물을 복원해낼 수 있을지 의심스러웠다. 자연 연구가로서 그는 그 땅에 야생이 뿌리내리도록 하는 것은 결국 자연의 몫이라고 생각했다. 다만 자연이 어떤 몸짓을 취하든 그것을 보호하는 것이 그의 몫이라고 생각했다. 동료 연구자들과 대공황 시기에 시민국토보전단Civilian Conservation Corps, 루스벨트 대통령의 뉴딜 정책의 일환으로 1933년부터 1942년까지 가난한 청년들의 일자리를 창출해 자연보호, 국토 관리 사업 등에 활용한 정책 – 옮긴이에서 고용한 한 무리의 농장 소년들과 함께 레오폴드는 5년에 걸쳐서 양동이로 물을 실어다가 뿌려주고 경쟁 식물들을 솎아내는 식으로 300에이커1.2km²의 땅에 돋아난 어린 프레리 초원 식물들을 돌보았다.

프레리 초원 식물들은 잘 자라났다. 그러나 프레리 식물이 아닌 잡초들 역시 잘 자라났다. 땅을 뒤덮은 식물들은 원래 프레리 초원에 살던 식물들이 아니었다. 나무 씨앗, 유럽에서 들어온 외래종 식물, 농장의 잡초 등이 프레리 초원에 살던 식물 종과 더불어 무성하게 자라났다. 마지막으로 땅을 갈아준 지 10년이 지난 시점에서 레오폴드가 보기에 그가 재창조하려 했던 커티스 프레리 초원은 단지 혼혈의 야생 초원에 지나지 않는다는 사실이 분명해졌다. 설상가상으로 시간이 흐르면 흐를수록 오히려 원하지 않았던 잡초들이 기승을 부리며 세를 확장해나갔다. 뭔가가 빠진 것이 분명했다.

예컨대 핵심이 되는 어떤 종이 빠진 것이 분명했다. 그 빠뜨린 종을 다시 심으면 이 식물 공동체의 생태계는 다시 질서를 회복할 것이다. 1940년대 중반에 빠진 종이 무엇인지 밝혀졌다. 그것은 한때 장초형tall grass 초원 어디에나 자주 출몰하면서 그 땅 위에 서식하는 모든 식물, 곤충, 새 등에 영향을 주었던 교활한 동물이었다. 그 동물은 다름 아닌 불이었다.

들불은 프레리 초원이 정상적으로 자라나도록 만든다. 들불은 불에 의해 비로소 싹이 트는 특정 씨앗들을 싹틔우고, 침범해 들어오는 어린 나무들을 제거하며, 도시에서 건너온 불길에 약한 외래종들을 제압한다. 장초형 프레리 초원 생태계에서 들불이 담당한 결정적으로 중요한 역할의 재발견은 북미 지역 다른 모든 생태계에서 들불이 담당한 중요한 역할의 재발견과 일치한다. 이것을 재발견이라고 부르는 이유는, 이 땅에 살았던 토착민 연구자들은 이미 들불이 자연에 미치는 영향을 잘 알고 이용해왔기 때문이다. 백인이 건너오기 전 인디언들이 곳곳에서 일부러 들판에 불을 내던 관행을 초기의 정착민들의 기록에서 찾아볼 수 있다.

비록 지금 우리에게는 당연한 사실로 받아들여지고 있지만 당시의 생태학자들은 불이 초원의 생장에 핵심 요소라는 생각에 그리 확신을 느끼지 못했다. 당시의 자연보호 운동가, 또는 요즘 식으로 부르자면 환경 운동가들은 더욱더 의심을 품었다. 역설적으로 위대한 미국의 생태학자인 앨도 레오폴드가 누구보다 소리 높여 야생의 들판에 들불을 놓는 것에 반대했다. 그는 1920년 "이러한 (들판에 살짝 불을 내는) 관행은 심각한 들불을 예방하는 효과도 미약할뿐더러 궁극적으로 서구의 산업 활동에 목재를 공급하는 숲의 생산력을 파괴할 것이다."라고 썼다. 그는 들불이 왜 나쁜지 다섯 가지 이유를 열거했지만 그 중 어떤 것도 맞지 않는 것으로 드러났다. 레오폴드는 '인위적 들불light-burning' 주창자들을 공격하면서 "일부러 들불을 내는 관행이 앞으로 50년 정도 계속된다면 현존하는 숲의 면적이 상당한 정도로 줄어들게 될 것이라고 분명히 예측할 수 있다."라고 주장했다.

그러나 그로부터 10년 후 자연의 상호 의존성에 대하여 더욱 많은 사실들이 알려지게 되자 레오폴드는 마침내 자연스러운 들불의 필수적인 역할을 인정하게 되었다. 그가 위스콘신주에 조성한 인공적 들풀 수목원에 불을 낸 후 초원은 수세기 만에 다시 번성하게 되었고 한때 드문드문 적은 수로 존재하던 종들이 땅을 뒤덮기 시작했다.

그러나 50년에 걸쳐 들불과 햇빛과 겨울이면 눈이 주어졌음에도 커티스 초원은 오늘날 구성 식물의 다양성에 있어서 원래의 프레리 초원에 미치지 못하고 있다. 특히 자연 상태의 초원의 경우 생태학적 다양성이 가장 크게 두드러지는 가장자리 부분에서 이 인공 초원은 독점적인 잡초—버려진 땅을 뒤덮는 소수의 잡초들—의 침입으로 곤란을 겪고 있다.

위스콘신주의 실험은 사람이 원래의 초원과 어느 정도 비슷한 것을 만들 수 있음을 보여주었다. 그렇다면 진짜 초원, 모든 면에서 원래 자연 상태와 똑같은 순수한 초원을 재창조하기 위해서는 대체 무엇이 필요한 것일까? 우리가 과연 맨땅 위에 원래 상태와 같은 진짜 초원을 길러낼 수 있을까? 지속 가능한 야생 상태를 인공적으로 제조할 방법이 있을까?

1991년 가을, 나는 스티브 패커드와 함께 그의 보물 중 하나인 시카고 교외의 숲 가장자리에 서 있었다. 패커드는 이 숲을 다락방에서 우연히 발견한 렘브란트의 원화와 같은 것이라고 불렀다. 우리는 곧 이 초원을 불태울 예정이었다. 수제곱킬로미터에 걸쳐서 드문드문 서 있는 오크나무 아래에 우리의 발을 충분히 덮을 만한 높이의 들풀이 바람에 살랑거렸다. 우리는 레오폴드가 보았던 것보다 훨씬 더 풍부하고, 훨씬 더 완전하며, 훨씬 더 진짜에 가까운 들판 위를 걸어다녔다. 이 갈색의 풀숲 사이사이에 수백 가지의 희귀종이 함께 어우러져 살아가고 있었다. "초원을 구성하는 식물 대부분은 풀입니다." 바람 소리 때문에 패커드는 고함치듯 큰 소리로 나에게 말했다. "하지만 사람들이 주목하는 것은 꽃이죠. 사람들을 끌어당기는 것 역시 꽃이구요." 내가 방문했을 때 꽃들은 이미 져버린 후였고 평범한 생김새의 풀과 나무들은 약간 지루하게 느껴졌다. 그런데 이 '황량함barrenness'이 사라진 생태계 전체를 복구하는 데 핵심적인 단서 중 하나인 것으로 드러났다.

이 순간에 이르기까지 패커드는 1980년대 초반을 내내 울창한 일리노이주의 숲 사이에 작은 꽃이 만발한 빈터를 찾는 데 보냈다. 그런 다음 그곳에 초원의 들꽃 씨앗을 뿌렸다. 그는 가장자리의 덤불을 제거해 빈터의 영역을 넓혀갔다. 또한 외래종 잡초를 억제하기 위해 풀을 태우기도 했다. 처음에 그는 불길이 자연적으로 그의 덤불 제거 작업을 돕기를 바랐다. 빈터의 풀밭에서 빽빽한 관목 덤불로 불이 옮겨붙어 키 작은 관목들을 불태울 것이다. 그런 다음 숲에 이르면 태울 연료가 부족해 자연스럽게 불길이 잦아들 것이다. "우리는 불길이 관목 숲에서 갈 수 있는 데까지 가도록 두었습니다. '어디까지 갈지는 불이 결정하게 하자'가 우리의 모토였지요."

그러나 덤불은 그가 바랐던 것처럼 잘 타지 않았다. 그래서 패커드와 그의 팀원들은 도끼를 들고 관목들을 직접 잘라내야 했다. 2년 안에 그들은 만족스러운 결과를 얻을 수 있었다. 새롭게 확장한 영역에서 야생 호밀의 두꺼운 줄기 사이사이로 노란 빛깔의 들국화가 만발했다. 패커드의 팀은 새로운 계절이 올 때마다 직접 손으로 관목을 잘라내고 그동안 모아둔 최고의 들꽃 씨앗을 그 자리에 뿌렸다.

그러나 3년째에 접어들자 뭔가 잘못되어가는 것이 분명히 느껴졌다. 음지에서는 식물이 잘 자라지 않아 불조차 잘 붙지 않을 지경이었다. 울창하게 잘 자라는 풀들은 토종 초원 식물이 아니었다. 패커드가 예전에 본 일도 없는 식물들이었다. 그가 가꾼 초원은 차츰차츰 잡목림으로 변해갔다.

패커드는 드러낼 만한 뚜렷한 결과도 없이 수십 년 동안 빈터에 불을 내는 사람이 세상에 어디 있을까 생각하기 시작했다. 그리고 한편으로 초원의 생물계를 단 한번에 불러 모을 어떤 결정적인 요소가 빠져 있을 것이라는 느낌이 들기 시작했다. 그는 그 지역 식물의 역사에 대한 문헌을 찾아 읽으며 특이한 식물 종을 연구하기 시작했다.

새로운 오크나무 경계의 땅에 번성하는 이름 모를 종의 식물을 발견했을 때 패커드는 이 식물들이 프레리 초원에 포함되는 것이 아니라, 사바나 초원 – 나무가 있는 초원 – 의 생태계에 속하는 것임을 깨달았다. 패커드는 곧 그가 조성한 초원 가장자리에 자리잡고 있는 다른 관련 종의 목록을 만들었다. 엉겅퀴, 흰용담, 노란별봄맞이꽃 등이 포함되었다. 패커드는 몇 년 전에 심지어 리아트리스속의 불꽃별풀blazing star도 보았다. 그는 이 꽃식물을 대학에 있는 전문가에게 가지고 갔다. 왜냐하면 불꽃별풀의 다양한 변종은 전문가가 아니고서는 식별하기 어렵기 때문이었다. "대체 이건 무슨 꽃입니까?" 패커드가 식물학자에게 물었다. "이 책에도 안 나와 있고 주의 식물 종 목록에도 나와 있지 않습니다. 이 녀석은 뭔가요, 대체?" 식물학자가 대답했다. "음, 저도 잘 모르겠군요. 어쩌면 사바나에 서식하는 불꽃별풀 종일 수도 있는데, 여기에는 사바나 초원이 없지 않습니까? 그러니 사바나에 사는 종은 아닐 것 같고. 글쎄요, 저도 잘 모르겠군요." 내가 찾는 것이 아니면 있어도 눈에 잘 보이지 않는 법이다. 심지어 패커드조차도 이 특이한 들꽃이 이유를 알 수 없는 우연의 산물이거나 아예 착오일 것이라고 생각했다. "사바나에 서식하는 종은 처음에 내가 찾던 것이 아니었습니다. 그러다보니 있었더라도 그냥 흘려보내고 말았죠."

그러나 그는 계속해서 사바나 종의 식물을 마주했다. 그의 땅에서 불꽃별풀을 더 발견하게 되었다. 그는 곧 이러한 예외적인 종이야말로 빈터의 진짜 주인공이라는 사실을 깨달았다. 그러자 그가 예전에는 알아차리지 못했던 사바나 지역에 주로 서식하는 종들을 꽤 많이 발견하게 되었다. 그는 곧 오래된 묘지 구석이나 기차 철로 주변, 말이 달리던 오래된 길 등과 같이 예전 생태계의 흔적이 남아 있을 만한 장소로 사바나 서식 종을 찾아다니기 시작했다. 그리고 그와 같은 종을 발견할 때마다 그 식물의 씨를 받아두었다.

어느 날 차고에 모아둔 씨앗들을 둘러보던 그에게 일종의 계시와 비슷한 깨달음이 불쑥 찾아왔다. 프레리 씨앗들은 메마르고 푸석푸석한 풀씨들이었다. 반면 그가 최근 모아들인 사바나 씨앗들은 '다채로운 색의 축축하고 끈적끈적한 덩어리' 형태였다. 대개 마른 열매와 과육질의 씨앗 상태로 숙성된 것이다. 이런 종류의 씨앗은 바람에 의해서가 아니라 동물이나 새를 통해서 퍼져나간다. 그가 재구성하려고 노력했던 것—서로 밀접하게 얽히고설켜 공진화해온 생물 시스템—은 단순한 프레리 초원이 아니라 나무가 있는 프레리 초원, 즉 사바나였다.

미국의 중서부 지역의 개척자들은 중서부 초원 지역을 '황무지 barren'라고 불렀다. 황무지는 메마른 덤불과 키 큰 풀로 뒤덮인 들판에 드문드문 나무가 서 있었다. 풀밭이라고 하기도 어렵고 숲이라고 보기도 어려웠다. 그래서 초기의 정착민들은 이 땅을 '황무지'라고 불렀다. 이곳에서는 완전히 다른 일련의 종들이 프레리와 뚜렷이 구분되는 생물 군계biome(생물지리학적 동식물의 서식지)를 형성한다. 사바나 황무지는 특히 들불에 많이 의존한다. 프레리 초원보다 들불에 더 많이 의존하는 사바나 황무지는 유럽에서 농부들이 건너와 들불을 막자 금세 덤불 숲으로 변해버렸다. 20세기가 시작될 무렵 황무지는 거의 사라지고 황무지를 구성하던 생물 종은 거의 찾아볼 수 없었다. 그러나 패커드가 일단 찾고자 하는 사바나의 이미지를 그의 마음속에 그리고 나자 그는 어디에서든 사바나 황무지의 흔적을 발견할 수 있었다.

패커드는 물컹물컹한 사바나 식물종의 씨앗을 그의 초원에 뿌렸고 그로부터 2년 안에 메역취, 별장구채, 넓은잎과꽃과 같은 잊혀져가던 희귀한 들꽃들이 들불처럼 번져나가며 들판을 뒤덮었다. 1988년 가뭄이 들어 외래종의 잡초가 말라 죽어가자 새로 심은 토종 식물들이 오히려 번성하며 세를 늘려갔다. 1989년, 이 카운티에서 수십 년 동안 볼 수 없었던 동부파랑지빠귀 한 쌍이 친숙한 서식지를 찾아와 정착했다. 패커드는 이것을 '자연의 인증'을 받은 사건이라고 불렀다. 대학의 식물학자들도 다시 그를 찾았다. 아마도 일리노이주의 초기 기록에 불꽃별풀이 나타나 있었던 모양이다. 식물학자들은 이 식물을 멸종위기 종으로 지정했다. 한편 패커드의 재건된 황무지에 일리노이주의 다른 어떤 곳에서도 찾아볼 수 없는 둥근잎밀크위드가 다시 나타났다. 흰테두리난초나 흰연리초와 같은 멸종 위기의 희귀종 식물들이 갑자기 저절로 싹을 틔우기 시작했다. 씨앗이 오랫동안 휴면기에 있다가 들불이나 그 밖에 다른 요소들로 인하여 싹이 트기에 적절한 환경이 되었다고 느꼈는지도 모른다. 아니면 먼 곳에서 찾아온 지빠귀와 같은 새들에 딸려왔을지도 모른다. 또 다른 기적적인 사례로서 10년 동안 일리노이주 어느 곳에서도 눈에 띈 일이 없는 실버블루나비가 좋아하는 먹이인 연리초가 자라나는, 시카고 교외의 새로 조성된 사바나를 찾았다.

곤충학 전문가가 말했다. "전형적인 사바나 지역의 나비는 에드워즈암고운부전나비였습니다. 그런데 요즘은 더 이상 찾아볼 수가 없죠. 여기가 사바나 지역이 확실합니까?" 그러나 조성되고 나서 5년쯤 지나자 에드워즈암고운부전나비는 이곳 어디에서나 볼 수 있게 되었다.

"일단 지으면 그들이 찾아올 것이다." 이것은 영화 〈꿈의 구장Field of Dreams〉에 나온 말이다. 1991년 개봉된 캐빈 코스트너 주연의 감동적 판타지 영화. 아이오와주의 평범한 농부인 주인공에게 '네가 지으면 그가 올 거야.'라는 환청이 들리고 야구장의 환영이 보이고 그에 따라 그는 옥수수 밭을 갈아엎어 야구장을 짓는다. 거기에 죽은 아버지의 우상이었던 야구 선수들이 찾아오고 마침내 아버지의 환영이 찾아와 재회하는 이야기이다.– 옮긴이 그리고 그것은 사실이다. 더 많이 조성하면 할수록 더 많이 찾아올 것이다. 이것이 바로 경제학자들이 '수확 체증의 법칙'이라고 부르는 것으로 눈덩이처럼 점점 불어나는 선순환의 효과이다. 상호 의존의 망이 더욱 단단하게 구성되고 새로운 조각을 덧붙이기는 더욱 쉬워진다.

그러나 여기에도 기술이 필요하다. 패커드는 그물을 짜나가면서 조각을 덧붙이는 순서가 중요하다는 사실을 깨달았다. 그리고 그 무렵 다른 생태학자들도 그 사실을 알아차렸다. 레오폴드의 동료 중 한 사람은 프레리 초원 식물의 씨앗을 새로 갈아엎은 흙에 뿌리는 것보다 풀이 나 있는 들판에 뿌리는 편이 진짜 초원과 비슷한 상태를 얻는 데 더욱 효과적이라는 사실을 발견했다. 반면 레오폴드는 원래 있던 공격적인 풀들이 새로 돋아나는 들꽃을 질식시켜버릴 것이라고 우려했다. 그러나 사실 풀이 나 있는 들판은 새로 쟁기질한 흙보다 훨씬 더 원래의 프레리 초원에 가까운 상태이다. 이 풀들이 씨앗을 뿌리기 전 이미 자리잡고 있을 경우 프레리 시스템이 재구성을 훨씬 빠르게 할 수 있다. 새로 갈아놓은 땅에 금세 돋아나는 풀들은 매우 공격적이다. 그래서 나중에 돋아나는 풀들이 여기에 섞여들기에는 때가 너무 늦어버린다는 것이다. 이것은 마치 집을 지을 때 콘크리트의 보강 철근이 도착하기 전에 바닥에 시멘트를 부어버린 꼴이다. 순서가 중요하다.

테네시 대학의 생태학자인 스튜어트 핌Stuart Pimm은 들불, 잡초, 소나무, 활엽수의 연쇄적 경로를 '이미 연기자들이 여러 차례 공연한 적 있는' 충분히 연습된 공연에 비유했다. '진화론적 의미에서 참가자들은 공연의 순서를 알고 있다'는 것이다. 진화는 제 기능을 하는 공동체를 진화시킬 뿐만 아니라 그와 같은 공동체가 제대로 자리잡기까지 참가자들이 모여들어 하나로 조립되어가는 절차를 미세하게 조정한다. 따라서 생태계 공동체를 재건하려는 노력은 잘못된 접근 방식이다. "우리가 프레리 초원이나 습지를 재건하려고 할 때 우리는 생태 공동체가 한 번도 연습해본 일이 없는 경로를 따라 생태계를 조립하려고 하는 셈입니다."라고 핌이 말한다. 우리는 낡은 농장에서 출발했다. 그러나 자연은 어쩌면 약 1만 년 전 빙퇴석氷堆石, 빙하에 의하여 운반되어 하류에 쌓인 돌무더기 – 옮긴이에서 출발했을지도 모른다. 핌은 이렇게 자문했다. 과연 우리가 각 부분을 무작위적으로 집어넣음으로써 안정적인 생태계를 조합할 수 있을까? 왜냐하면 생태계를 재건하려는 인간의 시도는 지금까지 모두 무작위적이었기 때문이다.

테네시 대학의 실험실에서 생태학자인 핌과 짐 드레이크Jim Drake는 순서의 중요성을 가늠하기 위해서 미소 생태계microecosystem의 구성 성분들을 제각기 다른 무작위적 순서에 따라 조합해 보았다. 이 작은 세계는 소우주였다. 이 소우주는 처음에는 15~40가지의 서로 다른 순수한 계통의 조류와 미세한 크기의 동물들로 시작되었다. 그들은 이 재료들을 다양한 조합으로, 다양한 순서에 따라 커다란 플라스크에 집어넣었다. 모든 것이 순조로우면 10일에서 15일 정도 지나서 안정적이고 스스로 복제하는 끈적끈적한 수중 생태계—서로에게 의존하여 생존하는 독특한 혼합물—를 형성하게 된다. 그에 더하여 드레이크는 인공적 강물 생태계를 조성하기 위해 여러 개의 수족관과 흐르는 물로 실험을 실시했다. 그는 일단 구성 성분을 혼합한 다음 안정적인 상태가 될 때까지 기다렸다. "이 혼합물들이 제각기 다르다는 사실은 천재가 아니어도 금방 알 수 있을 겁니다." 핌이 말했다. "어떤 것은 초록색이고 어떤 것은 갈색이고 또 어떤 것은 흰색이죠. 그런데 흥미로운 사실은 특정 종의 조합이 어떤 결과를 만들어낼지 미리 예측할 수 없다는 것입니다. 대부분의 복잡한 계와 마찬가지로 초기 조건을 조성해준 다음에는 스스로 진행되도록 기다리는 수밖에 없습니다."

안정적인 시스템을 쉽게 발견하게 될지 역시 처음에는 예측하기 어려웠다. 무작위적으로 만들어진 생태계는 '지속적인 상태에 도달하지 못하고 그저 이 상태에서 저 상태로, 그런 다음 다시 먼저 상태로 끊임없이 이리저리 방황할 것'이라고 핌은 생각했다. 그러나 인공 생태계는 이리저리 방황하지 않았다. "온갖 종류의 놀라운 일이 일어났습니다. 예를 들어 이 임의적 생태계는 아무 문제없이 안정화되었습니다. 시스템이 모두 지속적인 상태에 도달한다는 것이 가장 뚜렷한 특징이었습니다. 그리고 대부분의 경우 그 지속적 상태는 시스템당 하나씩 나타났습니다."라고 핌은 설명했다.

지속적인 상태가 어떤 상태인지 개의치 않는다면 안정적인 생태계에 도달하는 것은 어렵지 않았다. 그것은 놀라운 일이었다. 핌은 말한다. "카오스 이론에 따르면 결정론적 시스템들은 대개 초기 조건에 매우 민감한 것으로 알려져 있습니다. 그러니까 아주 작은 차이 하나가 시스템을 혼란에 빠트릴 수 있다는 것이지요. 그런데 우리가 얻은 안정성은 그와 정반대를 가리킵니다. 완전히 무작위적으로 시작하더라도 나중에는 예상했던 것보다 훨씬 더 제대로 된 구조를 이룬 상태에 도달했던 것이지요. 그러한 결과가 나타나리라고 예상할 아무런 근거가 없는데도 말입니다. 이것은 반카오스anti-chaos

적이라고 할 수 있습니다."

시험관을 가지고 수행한in vitro 연구를 보충하기 위해 핌은 컴퓨터 프로그램으로 가상의in silico 생태계 모델을 만들어냈다. 컴퓨터 프로그램으로 이루어진 인공의 '종'은 다른 특정 종이 존재할 때 생존할 수 있다. 또한 가상의 종들에게 '쪼기 순서pecking order, 닭이 모이를 쪼아 먹는 순서에서 온 표현으로 일반적으로 어떤 집단에서든 자연스럽게 서열이 나타난다는 이론이며 그 서열을 지칭한다.–옮긴이'를 부여해서 B라는 종의 개체수가 어느 수준에 이르면 A라는 종을 쫓아낼 수 있도록 프로그램했다. (핌의 임의적 생태계 모델은 스튜어트 카우프만의 임의적 유전자 네트워크와 비슷한 면이 있다. 20장 참조.) 일종의 방대한 분산 네트워크 안에서 각각의 종은 다른 종들과 느슨하게 연결되어 있다. 핌은 같은 목록에 있는 종들의 수천 가지 임의적 조합을 선택해 프로그램을 돌려본 후 시스템이 안정적 상태에 이르는 경우가 얼마나 빈번한지를 지도로 작성했다. 안정적인 상태란 몇몇 종을 새로 도입하거나 제거하는 것과 같은, 사소한 혼란이 일어나도 전체 시스템이 불안해지지 않는 상태를 말한다. 이 가상의 실험 결과는 시험관 속의 살아 있는 소우주 실험과 일치했다.

핌에 따르면 컴퓨터 모델은 "10~20가지 구성 요소를 가지고 시작할 경우 피크(또는 안정적 상태)의 수가 10여 개, 20여 개, 심지어 100개가 넘는 경우도 있었다. 그리고 생명의 테이프를 뒤로 감아 다시 돌리는 경우 또 다른 피크를 보였다."고 한다. 다시 말해서 같은 종으로 시험을 수행할 때 약 10여 가지의 최종 상태가 나타날 수 있는데 도입할 때 단 한 가지 종만 순서가 바뀌어도 최종 상태가 달라질 수 있다는 것이다. 그의 시스템은 초기 상태에 민감했고, 특히 순서에 많은 영향을 받았던 것이다.

핌은 일리노이주의 프레리-사바나 초원을 재건하려는 패커드의 실험 역시 자신의 발견을 입증하는 증거라고 생각했다. "패커드가 처음에 생태 공동체를 구성하려고 할 때 잘 되지 않았습니다. 붙잡아놓고 싶은 종을 붙잡아놓을 수 없었고 원하지 않는 종을 몰아내는 것 역시 엄청나게 힘들었죠. 그런데 일단 예상하지 못했던, 그러나 딱 적절한 어떤 종을 도입하자 전체 생태계가 지속적인 상태에 가까운 어떤 상태에 쉽게 도달하고 그 상태가 계속 유지되었지요."

핌과 드레이크는 환경에 관심이 있는 사람들, 또는 복잡계를 구성하고자 하는 사람들 누구에게나 커다란 교훈이 될 만한 원리를 발견했다. "습지를 만들고자 할 때, 그저 땅을 물에 잠기게 한 후 모든 것이 저절로 잘 되기를 바라는 것으로는 충분하지 않습니다."라고 핌이 내게 말했다. "우리가 만들고자 하는 것은 수백, 수천 년, 어쩌면 수백만 년에 걸쳐 이루어진 시스템입니다. 그뿐만 아니라 생물 다양성의 관점에서 습지에 무엇이 있는지 모조리 조사해서 목록을 만드는 것만으로도 충분하지 않습니다. 각 성분을 도입하는 순서와 방법 역시 중요하기 때문이죠."

스티브 패커드는 진짜 프레리 초원 서식지를 확장하려고 결심했다. 그리고 그 과정에서 그는 사라졌던 생태계를 부활시켰고, 한편으로 사바나 초원을 재구성하는 방법까지도 알아냈다. 한편 버뮤다의 데이비드 윈게이트David Wingate는 30년 전 초원 대신 바다 한가운데에서 바닷가에 사는 희귀종 새를 멸종 직전에서 구해내기로 결심했다. 그리고 그 과정에서 그는 아열대 섬의 생태계 전체를 재창조해냈고, 제대로 기능하는 대규모의 시스템을 구성하는 원리를 한층 더 발전시켰다.

버뮤다 이야기는 임시로 조성된 병적 상태의 인공 생태계로 인해 고통을 겪고 있는 한 섬에 대한 이야기이다. 제2차 세계 대전이 끝날 무렵 버뮤다는 주택 개발업자와 외래종 해충의 침입으로 엉망이 되었고 외부에서 유입된 식물 종이 토종 식물상을 밀어내버렸다. 그리하여 1951년 버뮤다 제도 외곽의 절벽에서 버뮤다제비슴새 cahow—갈매기 크기의 바닷새—가 다시 발견되었다고 발표됐을 때 버뮤다 섬의 주민들과 전 세계 과학계는 깜짝 놀랐다. 버뮤다제비슴새는 수백 년 전에 멸종된 것으로 알려진 새이다. 사람들이 버뮤다제비슴새를 마지막으로 본 것은 1600년대로 도도새가 멸종될 무렵이었다. 그런데 작은 기적에 의해 몇 쌍의 버뮤다제비슴새들이 버뮤다 제도의 외딴 바다 절벽에서 근근이 세대를 이어오고 있었던 것이다. 이 새들은 생애 대부분을 바다에서 보내다가 땅 밑에 둥지를 지을 때만 육지로 돌아온다. 그래서 몇 마리의 새들이 무려 4세기 동안 사람들의 눈에 띄지 않은 채 살아올 수 있었던 것이다.

새에 엄청난 열정과 관심을 가진 학생이었던 데이비드 윈게이트는 1951년 버뮤다의 동식물 연구가가 땅의 깊은 틈새에 있는 둥지에서 밖으로 나오는 버뮤다제비슴새 한 마리를 처음으로 성공적으로 포착하는 자리에 함께 있었다. 훗날 윈게이트는 버뮤다 근처의 넌서치Nonsuch라는 작은 무인도에서 이 새를 다시 서식시키려는 노력에 관여하게 되었다. 그는 이 작업에 너무나 깊이 몰두한 나머지 갓 결혼한 상태로 바깥 세계와 단절하고 외딴 무인도의 버려진 건물로 아예 이주했다.

얼마 되지 않아 윈게이트는 버뮤다제비슴새를 포함하는 생태계 전체를 복구하지 않고서는 이 새도 결코 서식할 수 없으리라는 사실을 분명히 깨달았다. 넌서치섬, 그리고 버뮤다섬 자체가 예전에는 울창한 삼나무 숲으로 뒤덮여 있었다. 그러나 외부에서 유입된 해충 때문에 삼나무들이 1948년에서 1952년까지 단 4년 동안 모조리 죽어버렸다. 이제는 죽은 나무들의 허연 뼈대만이 남아 있을 뿐이다. 그리고 그 자리에는 외래종의 식물들이 들어섰다. 버뮤다 섬에는 키가 큰 장식용 나무들을 심어놓았는데 윈게이트는 50년에 한 번씩 몰아닥치는 허리케인을 그 나무들이 견디지 못할 것이라고 장담한다.

윈게이트가 직면한 문제는 바로 전체 시스템을 복구하고자 하는 모든 사람들이 끊임없이 마주하는 문제였다. 대체 어디에서 시작해야 할까? 각각의 구성 요소들이 자리잡기 위해서는 다른 모든 요소들이 필요하다. 그러나 우리는 전체를 한꺼번에 시작할 수는 없다. 일단 먼저 뭔가를, 그리고 올바른 순서로 시작해야 하는 것이다.

버뮤다제비슴새를 연구하면서 윈게이트는 도시가 점차로 확대됨에 따라 이 새가 땅 밑에 둥지를 틀 장소가 줄어들었고 그나마 얼마 남지 않은 적당한 장소를 두고서 흰꼬리열대새white-tailed tropicbird, Phaethon lepturus와 치열한 경쟁을 벌여야 했음을 깨달았다. 공격적인 흰꼬리열대새가 버뮤다제비슴새의 새끼를 부리로 쪼아 죽인 다음 둥지를 빼앗고는 했던 것이다. 극적인 상황에는 극적인 조치를 취할 수밖에 없다. 윈게이트는 버뮤다제비슴새를 위한 '정부 주택 공급 조치'를 단행했다. 그는 둥지 틀 장소를 인공적으로 조성했다. 일종의 지하 새 집이었다. 넌서치섬에 삼나무 숲이 조성되고 허리케인에 의해 나무가 기울면서 뿌리가 살짝 들려 딱 적당한 ─ 열대새가 들어가기에는 너무 작으면서 버뮤다제비슴새가 들어가기에는 충분히 큰 ─ 크기의 틈새가 벌어지기를 앉아서 기다릴 수만은 없었던 것이다. 그는 퍼즐 한 조각을 맞추기 위해 임시 지지대를 만들었다.

숲을 조성해야 했기 때문에 그는 일단 8000그루의 삼나무를 심었다. 그 중 일부나마 병충해에 내성을 갖게 되어 살아남는 나무가 있기를 희망하면서. 그리고 실제로 일부는 살아남았다. 그러나 거센 바람이 살아남은 나무들의 숨통을 조였다. 그리하여 윈게이트는 버팀목이 될 만한 종으로 빨리 자라나는 외래종 사철나무인 카수아리나속의 관목casuarina을 섬 둘레에 심어서 바람막이 역할을 하도록 했다. 카수아리나는 빠르게 자라고 삼나무는 느리게 자랐다. 그러나 수년이 지나자 잘 적응한 삼나무가 카수아리나를 밀어내고 그 자리를 채웠다. 이렇게 새로 조성된 숲은 해오라기에게 완벽한 서식지가 되었다. 그리하여 100년 동안 버뮤다에서 한 번도 볼 수 없었던 해오라기가 다시 찾아왔다. 그리고 해오라기는 섬의 골칫거리였던 참게를 먹어치웠다. 그 전에는 즙이 많은 습지 초목의 싹을 먹고 사는 참게의 개체수가 폭발 지경에 이르면서 섬을 황폐화시켰던 것이다. 참게의 수가 줄어들자 희귀한 버뮤다산 사초가 자라났고 최근에 이르러서는 스스로 번식하며 자생하게 되었다. 이것은 마치 '못 하나가 없어서 왕국이 무너진' 우화 "못 하나가 없어서 편자를 못 박았네. 편자가 없어서 말이 못 달리네. 말이 못 달려서 기사가 못 싸우네. 기사가 못 싸워서 전투에서 지고 말았네. 전투에서 져서 왕국이 무너졌네. 이 모든 것이 편자의 못 하나가 없어서 일어난 일이라네."라는 중세부터 전해지는 노래 – 옮긴이 와 같은 이야기이다. 그러나 이 경우 순서는 반대이다. 못 하나를 찾아서 왕국을 다시 세운 셈이다. 한 조각, 한 조각씩 윈게이트는 잃어버린 생태계를 다시 조립했다.

생태계나 제국과 같이 제대로 기능하는 시스템은 만드는 데에는 시간이 많이 걸리지만 파괴되는 것은 순식간이다. 숲이나 습지가 조성되는 데에는 자연적 시간이 걸린다. 자연이라고 하더라도 모든 것을 한 번에 할 수 없기 때문이다. 따라서 윈게이트의 노력과 같은 외부적 도움은 비자연적인 것이 아니다. 자연이 이룬 성취 가운데 상당수는 임시적 버팀목을 이용해서 만들어진 것이다. 인공 지능 전문가인 대니 힐리스Danny Hillis는 인간 지능의 받침대 역할을 했던 인간의 엄지손가락에서 그와 비슷한 사례를 발견했다. 엄지와 검지가 마주보며 물건을 잡을 수 있는 다재다능한 인간의 손 덕분에 높은 지능을 가진 사람이 이익을 얻을 수 있었다. (도구를 만들 수 있기 때문이다.) 그러나 일단 지능이 발달하고 나자 손의 모양은 예전만큼 중요하지 않게 되었다. 힐리스는 실제로 대규모 시스템에서 정작 그 시스템이 작동하기 시작하면 더 이상 필요하지 않은 많은 단계들이 시스템 구성 과정에서는 꼭 필요한 경우가 많다고 주장했다. "지능을 창조하고 진화시키는 데에는 단순히 지능을 유지하는 것보다 훨씬 많은 기구들이 필요하다."라고 힐리스는 지적했다. "손가락 없이도 생각할 수 있음을 아무도 의심하지 않지만 한편으로 우리는 모두 다른 손가락들과 마주보는 엄지손가락이 지능의 발전에 꼭 필요했다고 믿는다."

높은 산꼭대기 부근의 초원에 등을 대고 누워 있거나 질척질척한 갯벌 위를 발을 푹푹 빠뜨리며 걸어갈 때 우리는 '손가락 없이도 생각하는' 자연의 단계를 마주하는 셈이다. 원시 초원을 철철이 꽃을 피우는 지금의 초원으로 탈바꿈시키는 데 필요했던 중간 단계의 수많은 종들은 이제 사라져버렸다. 이제 우리 곁에 있는 것은 꽃이라는 '생각'뿐이고 이 꽃들이 존재하도록 길잡이 역할을 했던 유용한 '엄지손가락'은 과거 속으로 사라진 것이다.

여러분은 어쩌면 '나무를 심어 행복을 키워낸 사람'에 대한 마음 훈훈한 이야기를 들어본 일이 있을지도 모른다. 아무것도 없는 무無의 상태로부터 숲과 행복을 창조해낸 이야기 말이다. 이 이야기를 전한 사람은 1910년 알프스의 외딴 지역을 여행했던 한 젊은 남자였다.

젊은이는 알프스 지역을 이리저리 돌아다니다가 우연히 바람이 많이 불고 나무가 없는 거칠고 황량한 곳에 발을 들여놓게 되었다. 적은 수의 가난하고 불만으로 가득 찬 숯 굽는 사람들이 다 쓰러져 가는 두어 개의 마을에 옹송그리며 모여 살고 있었다. 여행자가 만난 그곳 사람 중에서 진정으로 행복한 사람은 양을 치며 홀로 사는 은자 한 사람뿐이었다. 이 은자가 아무 말도 없이 바보처럼 묵묵히 하루 종일 황량하고 척박한 땅에 구멍을 파고 도토리를 한 알씩 심는 모습을 젊은 여행자는 놀라움에 가득 찬 눈으로 바라보았다. 말 없는 은자는 매일 100개의 도토리를 심었다. 여행자는 곧 적막하고 쓸쓸한 땅을 떠났다. 그리고 제1차 세계 대전이 벌어지고 여러 해가 지난 후에 우연히 그곳을 다시 찾게 되었다. 그런데 이번에 그가 마주한 마을은 거의 알아볼 수 없을 만큼 변해 있었다. 언덕은 초록빛 나무와 풀로 울창하고 시냇물이 졸졸 흘러넘쳤으며 야생 동물과 행복한 마을 사람들로 가득했다. 30여 년에 걸쳐서 은자는 230km²의 땅에 참나무, 너도밤나무, 자작나무를 빽빽이 심었던 것이다. 그가 묵묵히 혼자 해낸 일—자연의 세계에 살짝 자극을 준 일—이 한 지역의 기후를 바꾸고 수천 명의 사람들에게 희망을 심어준 것이다.

이 이야기에서 단 한 가지 씁쓸한 면이 있다면 그것은 이 이야기가 사실이 아니라는 점이다. 이 이야기는 전 세계에 실화로 알려지고 인용되었지만 실제로는 한 프랑스인이 〈보그〉에 기고한 허구의 이야기이다. 그러나 수천 그루의 나무를 심어서 숲의 환경을 재건한 이상주의자들의 진짜 이야기들도 분명히 존재한다. 그리고 그들이 이룩한 결과는 넓은 땅에 걸쳐 어린 나무들을 심고 기르면 그 지역의 생태계가 선순환에 접어들어 점점 좋은 쪽으로 변해나갈 수 있다는 프랑스인의 직관을 재확인시켜준다.

진짜 사례 중 하나는 1960년대 초의 괴짜 영국 여인 웬디 캠벨-

퍼디의 이야기이다. 모래 언덕이 점점 주변 땅을 잠식해들어가는 현상과 싸우기 위해 그녀는 북아프리카로 갔다. 그녀는 모로코 티즈닛의 18만 m^2의 땅에 2000그루의 나무를 심어 '녹색 성벽'을 쌓았다. 6년이 지나고 나무들이 기대했던 역할을 너무나 잘 해내자 그녀는 알제리의 부사다Bou Saada 사막의 황무지 쓰레기장 약 100만 m^2에 13만 그루의 나무를 심는 데 필요한 기금을 조성하기 위해 재단을 설립했다. 이 프로젝트 역시 계획대로 추진되어 버려졌던 땅에 사람들이 감귤나무, 채소, 곡물 등을 재배할 수 있는 새로운 경작지가 조성되었다.

약한 받침대라도 주어지기만 하면 서로 연결된 초록색 생명의 놀라운 잠재력이 '부익부'라는 수확 체증의 법칙을 발현시킬 수 있다. 생명은 생명을 북돋우는 환경을 더욱 북돋워준다. 윈게이트의 섬에서 해오라기의 존재는 사초를 존재하게 했다. 패커드의 초원에서 들불이라는 발판은 들꽃들을 불러왔고 들꽃들은 사라져가던 나비들을 불러 모았다. 알제리의 부사다에서 초기의 나무들이 제단이 되어 기후와 토양을 더 많은 나무들이 자라기 적합하게 변모시켰다. 나무가 늘어나자 동물과 곤충과 새를 위한 공간이 생겼고, 그로 인하여 나무가 자라기에 적합한 장소가 더욱 늘어났다. 도토리 한 알 한 알에서 자연은 사람과 동물과 식물들이 살아갈 호화로운 집을 제공해주는 기계를 만들어냈다.

넌서치섬을 비롯하여 수확 체증의 법칙을 증명해주는 숲의 사례들은 스튜어트 핌의 소우주와 겹쳐져서 핌이 '험티 덤티험티 덤티는 영국의 전래 동요(너서리 라임)에 등장하는 달걀 모양의 인물이다. '험티 덤티 담장 위에 앉아 있네, 험티 덤티 툭 떨어졌네, 세상 모든 왕의 말과 세상 모든 왕의 부하들도 산산조각 난 험티를 다시 붙여놓을 수 없다네.'라는 가사 – 옮긴이 효과'라고 명명한 강력한 교훈을 전해준다. 우리는 사라진 생태계라는 산산조각 난 험티 덤티를 다시 원래대로 붙일 수 있을까? 그렇다. 만일 우리가 모든 조각들을 다 가지고만 있다면 말이다. 그러나 우리가 과연 모든 조각을 다 가지고 있는지는 결코 알 수가 없다. 어쩌면 생태계가 만들어지던 초기 과정에 촉매 역할을 하고서는 뒤로 물러나버려 더 이상은 찾아볼 수 없는 — 인간의 지능 발달의 디딤돌이 되었던 엄지손가락과 같은 — 길잡이 종이 있었는지도 모른다. 어쩌면, 진짜 비극적인 일이지만, 핵심적인 디딤돌 종이 전 세계에서 멸종되었을지도 모른다. 어쩌면 이론적으로 프레리 초원의 모체를 이루는 데 필수인 작고 번성하는 들풀의 종이 마지막 빙하기를 겪으며 모두 사라져버렸을 수도 있다. 그와 같은 필수 요소가 사라졌다면 우리는 험티 덤티를 다시 붙일 수 없다. "우리가 항상 지금 여기에서 출발해서 거기에 도달할 수는 없다는 사실을 명심해야 합니다."라고 핌은 말한다.

패커드는 이 슬픈 생각에 대해 숙고했다. "프레리 초원을 완전히 복구할 수 없는 이유 중 하나는 아마도 일부 요소가 완전히 사라져버렸기 때문일 것입니다. 어쩌면 오래 전에 존재했던 매스토돈이나 얼마 전까지 풍부하게 존재했던 들소와 같은 거대 초식 동물들 없이는 프레리 초원이 제 모습으로 돌아오지 못할지도 모릅니다." 그보다 더 무서운 사실은 핌과 드레이크의 연구에서 도달한 또 다른 결론이다. 어쩌면 적절한 종이 적절한 순서로 존재해야 하는 것 이상으로 특정 종이 특정 시기에 존재하지 말아야 하는 것 역시 중요한 요소일지도 모른다. 성숙기에 접어든 생태계는 X라는 종의 존재를 쉽게 견뎌낼 수 있을지 모른다. 그러나 생태계가 형성되어 가는 단계에서는 X라는 종의 존재가 전체 시스템을 완전히 다른 경로로 이끌어 완전히 다른 생태계로 탈바꿈시킬 수도 있다. "어쩌면 생태계가 만들어지는 데 100만 년가량이 걸리는 것도 바로 그 이유 때문일지도 모릅니다." 패커드가 한숨을 쉬며 말했다. 그렇다면 넌서치섬이나 시카고 교외의 초원에 자리잡고 있는 종 중 어떤 것이 새로 나타나는 사바나 생태계를 원래의 경로로부터 이탈시키고 있는 것일까?

기계를 위한 법칙은 반직관적이지만 명확하다. 복잡한 기계들은 점진적으로, 많은 경우에 간접적인 방식으로 만들어져야 한다. 특정 기능을 가진 기계 시스템을 영광스러운 위업을 통해 단 한 번에 조립하려는 야심을 버려라. 일단 최종적으로 만들고자 하는 시스템의 토대 역할을 할 작업 시스템을 구축해야 한다. 기계 마음과 비슷한 것을 만들고자 한다면 우리는 일단 인간의 엄지손가락에 해당하는 기계적 대응물을 만들어야 할 것이다. 이것은 사람들이 거의 이해하지 못하는 횡적 접근 방법이다. 복잡성을 조립하는 데 있어서 수확 체증이라는 보상은 오랜 시간에 걸친 여러 차례의 시도에 주어진다. 누구나 그것을 '성장'이라고 부를 것이다.

생태계와 생물은 언제나 성장해왔다. 오늘날 컴퓨터 네트워크와 정교한 실리콘 칩 역시 성장하고 있다. 우리는 현재의 전화 시스템의 청사진을 가지고 있다. 그러나 청사진이 있음에도 불구하고 정작 이토록 거대하고 신뢰할 수 있는 시스템을 만들어내기 위해서 우리는 수많은 작은 네트워크가 지구 전체 규모로 성장해온 과정을 개략적으로 반복해야만 할지도 모른다.

미래에 로봇이나 소프트웨어와 같은 극도로 정교한 기계를 만들어내는 일은 프레리 초원이나 열대의 섬을 복원하는 작업과 비슷할 것이다. 이와 같은 복잡한 구조물은 긴 시간에 걸쳐 구성되어야만 한다. 왜냐하면 오직 그것만이 그 구조물이 하향식으로 작동하는 것을 보장할 수 있는 유일한 방법이기 때문이다. 미래에는 기계가 완전히 성숙되고 다양성이 완전히 통합되기 전에 설익은 기계를 내놓는 것이 소비자의 흔한 불만 사항이 될 것이다. 얼마 되지 않아 '우리 회사는 기계가 다 숙성하기 전에는 출고하지 않습니다'라는 문구가 낯설게 들리지 않게 될 것이다.

공진화

카멜레온이 거울에 비추는 색은 무슨 색일까?

스튜어트 브랜드Stuwart Brand가 1970년대 초에 그레고리 베이트슨Gregory Bateson에게 수수께끼를 하나 냈다. 베이트슨은 노버트 위너와 더불어 현대의 사이버네틱스 운동의 창시자로 추앙받는 인물이다. 베이트슨은 가장 정통적인 영국식 교육을 받았으나 저명한 유전학자의 아들로 태어나 유서 깊은 보딩스쿨인 차터하우스 스쿨을 다녔고 케임브리지 대학에서 생물학을 전공했다. – 옮긴이 정통과 가장 거리가 먼 인생 경로를 걸었다. 그는 인도네시아에서 발리의 전통춤을 필름에 담았고 돌고래를 연구했으며 정신 분열증에 대한 유용한 이론을 발전시켰다. 그는 60대에 이르러 캘리포니아의 대학에서 학생들을 가르쳤는데 정신 건강과 진화 체계에 대한 그의 기발하고 특이한 관점이 그곳에서 전체론적 성향을 가진 히피들의 주목을 받았다.

스튜어트 브랜드는 베이트슨의 제자로 그 역시 사이버네틱스 전체론holism의 주창자였다. 브랜드는 1974년 그의 〈홀 어스 카탈로

그Whole Earth Catalog〉에 카멜레온 선문답을 발표했다. "그레고리 베이트슨과 대담을 나누다가 의식 — 특히 자기 의식self-consciousness — 의 기능에 대한 대화에 깊이 빠져들어 길을 잃은 순간 그에게 이런 질문을 던졌다. 생물학자인 우리 두 사람은 궤도에서 이탈하여 잡히지 않는 카멜레온을 뒤쫓는 데 골몰하게 되었다. 그레고리는 카멜레온 녀석이 색의 범위 중 중간 단계의 색에 정착하게 될 것이라고 단언했다. 나는 자신의 우주 안에서 모습을 감추려고 애쓰는 이 불쌍한 짐승이 일련의 다양한 보호색의 주기 속에서 끊임없이 색을 바꿀 것이라고 주장했다."

거울은 정보 회로에 대한 멋진 은유이다. 보통의 거울 2개를 서로 마주보도록 세워놓으면 서로 상像을 주고받으며 반사하기를 끊임없이 반복하면서 요지경을 연출한다. 서로 마주 선 2개의 거울 사이에 풀어놓은 메시지는 그 형태가 변경되지 않은 채 끊임없이 되튀어 반사된다. 그런데 만일 2개의 거울 중 한쪽이 마치 카멜레온처럼 부분적으로는 외부의 이미지를 반사하고 부분적으로는 스스로 이미지를 창조하는, 반응성 있는 거울이라면 어떨까? 자신을 스스로의 반사된 이미지에 맞추려는 행위가 자신을 새롭게 교란시킬 것이다. 이런 시스템이 뭐라고 규정할 만큼 충분히 지속성 있는 패턴을 만들어낼 수 있을까?

베이트슨은 이 시스템 — 아마도 자기 의식과 같은 것 — 이 카멜레온의 다양한 색깔의 영향이 균형을 이루는 상태에 즉각적으로 자리를 잡게 될 것이라고 보았다. 서로 충돌하는 색깔들(마음의 사회에서는 상충하는 관점들)이 조금씩 양보해서 '중간값'에 이르게 된다는 것이다. 마치 민주주의 사회에서 투표를 통해 합의에 이르는 것처럼 말이다. 반면 브랜드는 그런 평형 상태란 거의 불가능하다고 주장했다. 대신 그는 적응적 시스템은 방향도 없고 끝도 없이 계속해서 왔다 갔다 하기를 반복할 것이라고 보았다. 그는 다양한 색깔들이 혼란스럽게 변화하며 무작위적이고 환각적인 무늬를 만들어내는 광경을 상상했다.

스스로 변화하는 자신의 이미지에 다시 반응하는 카멜레온은 인간 사회의 유행이라는 현상에 대한 기발한 유추이다. 유행이라는 것이 따지고 보면 집단 마음이 자신의 이미지에 반영되어 반응하는 것이 아니고 무엇이겠는가?

즉각적으로 반응하는 네트워크로 연결된 21세기 사회에서 마케팅이 바로 거울이고 소비자 집단이 바로 카멜레온이다. 소비자를 시장에 데려다놓으면 그들은 어떤 색깔을 띠게 될까? 다양한 색깔의 공통분모 또는 중간쯤 되는 평균값에 안착할까? 아니면 변화무쌍한 자신의 반사된 이미지를 따라잡기 위해 끊임없이 이 색에서 저 색으로 왔다 갔다 할까?

카멜레온 수수께끼의 심오함에 매료된 베이트슨은 다른 학생들에게도 이 문제를 내보았다. 그 중 한 사람인 제럴드 홀Gerald Hall은 거울에 비친 최종 색깔에 대한 세 번째 가설을 내놓았다. "카멜레온이 거울 영역에 들어선 순간 띠고 있던 색깔, 그 색이 무엇이든 간에 바로 그 색깔에 계속해서 머무르게 될 것입니다."

내가 보기에는 이것이 가장 논리적인 대답이다. 거울과 카멜레온 사이의 연결은 아마도 너무나 밀접하고 동시적이어서 적응이라는 것이 거의 일어날 수 없다. 사실상 일단 카멜레온이 거울 앞에 다가서게 되면 그 순간 이후로는 외부로부터 변화가 유입되거나 카멜레온의 색 형성 과정에 오류가 일어나기 전에는 옴짝달싹할 수 없을 수도 있다. 그런 일이 일어나지 않는다면 거울-카멜레온 시스템은 무엇이 되었든 초기의 값 그대로 단단히 굳어버리게 된다.

마케팅이라는 거울에 비친 세계에서 이 세 번째 대답은 소비자가 얼어붙는 상태를 의미한다. 즉 소비자가 처음 구매하기 시작한 브랜드에 평생 고착된다거나 아예 구매 자체를 중지하는 것을 말한다.

다른 대답들도 있을 수 있다. 이 책을 쓰면서 인터뷰한 과학자들에게 나는 이따금씩 카멜레온 수수께끼를 던져보았다. 그들은 이 질문이 적응성을 가진 되먹임 계에 대한 전형적 사례임을 이해했다. 그들은 광범위하고 다양한 대답을 들려주었다. 예를 들면 다음과 같다.

> 수학자 존 홀랜드John Holland: 끊임없이 이리저리 변화하는 만화경이 될 겁니다! 지연 시간이 있기 때문에 모든 곳에서 제각기 이 색 저 색으로 깜박이며 변화하겠지요. 카멜레온은 결코 균일한 색깔에 도달하지 못할 겁니다.
>
> 컴퓨터 과학자 마빈 민스키: 카멜레온이 몇 개의 고유값을 가질 수 있기 때문에 몇 개의 색깔에 도달할 수 있겠지요. 카멜레온이 초록색일 때 거울 앞에 가져다놓으면 초록색으로 머물 것이고 빨간색일 때 거울에 가져다놓으면 빨간색으로 머물겠지만 예컨대 갈색일 때 가져다 놓으면 초록색으로 변하는 경향을 갖는다든가 하는 식으로 말이지요.
>
> 동식물 연구가 피터 워셜Peter Warshall: 카멜레온은 공포에 대한 반응으로 몸의 색을 바꾸기 때문에 무엇보다 중요한 변수는 카멜레온의 정서 상태입니다. 어쩌면 맨 처음에 거울에 비친 자신의 모습을 보고 겁을 먹은 다음 나중에 그 모습에 '적응'한 후 색을 바꿀지도 모르지요.

카멜레온을 거울에 비추는 일은 글 쓰는 일을 업으로 삼는 사람도 수행할 만한 쉬운 실험으로 보였다. 그래서 나는 직접 실험을 해보았다. 나는 안쪽이 거울로 된 작은 상자를 만들었다. 그리고 몸의 색을 바꾸는 도마뱀을 사서 그 안에 집어넣었다. 브랜드의 수수께끼가 처음 제시된 지 20년이 지났지만 실제로 누군가 실험을 해본 것은 내가 아는 한 나의 이 시도가 처음이었다.

거울 상자 안에서 도마뱀은 녹색—새봄에 파릇파릇 돋아난 새싹 같은 연두색—이라는 한 가지 색으로 안정화되었다. 그리고 내가 실험을 수행할 때마다 바로 이 색으로 되돌아갔다. 하지만 녹색으로 되돌아가기 전에 갈색을 보이는 시기가 있었다. 그리고 거울 상자 안에서 보인 갈색은 상자 바깥에서 주로 보인 어두운 갈색과는 조금 달랐다.

실험을 하면서도 나는 그 결과에 별로 확신을 가질 수 없었다. 다음과 같은 중요한 이유들 때문이었다. 내가 사용한 도마뱀은 진짜 카멜레온이 아니라 아놀도마뱀일 뿐이었다. 아놀도마뱀은 진짜 카멜레온에 비해 색깔 변화의 범위에 제한이 있다. (그러나 진짜 카멜레온은 구입하는 데 몇백 달러가 들고, 값비싸고 관리가 번거로운 사육장까지 갖추어야 한다.) 그보다 중요한 이유는, 내가 읽은 문헌에 따르면, 아놀도마뱀은 배경색과 맞추려는 이유 말고도 다른 이유로 몸 색깔을 바꾼다. 워셜이 이야기한 대로 아놀도마뱀은 겁에 질리면 몸 색깔을 바꾼다. 그리고 녀석은 확실히 겁에 질렸다. 녀석은 거울로 된 상자에 들어가지 않으려고 발버둥쳤다. 상자 안에서 녀석이 보였던 녹색은 바로 공포를 느낄 때 보이는 색이다. 어쩌면 거울로 둘러싸인 방 안에 들어간 카멜레온은 증폭된 기묘한 자신의 모습으로 가득한 우주 속에서 단순히 겁에 질린 상태로 계속 머물지도 모른다. 나라도 거울로 된 방 안에 갇히면 돌아버릴 것 같은 기분이 들 것이다. 마지막으로 관찰자의 문제가 있다. 내가 도마뱀을 보려면 거울로 된 상자에 빼꼼히 내 얼굴을 갖다대고 들여다봐야 한다. 이처럼 아놀도마뱀의 우주에 파란 눈과 빨간 코를 집어넣는 행위를 피할 길이 없는 것이 문제이다.

어쩌면 진짜 카멜레온으로, 내가 했던 것보다 훨씬 더 통제된 환경에서 실험을 함으로써 더 정확한 수수께끼의 답을 얻을 수 있을지도 모른다. 하지만 나는 회의적이다. 진짜 카멜레온은 도마뱀과 마찬가지로 진짜 살아 있는 동물이고, 녀석이 몸 색깔을 바꾸는 이유는 적어도 한 가지는 넘는다. 따라서 거울로 둘러싸인 카멜레온의 수수께끼는 아마도 사고실험 속의 이상화된 형태로 놓아두는 편이 가장 낫다고 생각한다.

추상적 세계 속에서도 '진짜' 답은 카멜레온 색깔 세포의 반응 시간, 주위 색조의 변화에 대한 민감성, 그 밖에 신호에 영향을 주는 변수들과 같은 특정 요소에 따라 제각기 달라질 것이다. 이 모든 것들은 일반적인 되먹임 회로의 결정적인 변수들이다. 만일 우리가 진짜 카멜레온에서 이러한 변수들을 바꿀 수 있다면 위에서 언급된 각각의 '거울 속의 카멜레온' 시나리오를 모두 만들 수 있다. 그리고 이것이야말로 오늘날 엔지니어들이 우주선의 항로를 통제하거나 로봇 팔을 조종하는 전자 제어 회로를 고안할 때 하는 일들이다. 지연 시간, 신호에 대한 민감성, 감쇠값 등을 조절함으로써 엔지니어들은 시스템이 넓은 범위의 평형 상태를 추구하도록 하거나(예컨대 온도를 68~70°C에서 유지하기), 끊임없이 변화하도록 하거나, 두 상태 사이의 어딘가에서 항상성을 이루는 지점을 찾도록 만들 수 있다.

우리는 네트워크로 이루어진 시장에서도 이런 현상을 발견한다. 스웨터 제조업자는 되도록 많은 스타일의 스웨터를 팔기 위해 이 스타일에서 저 스타일로 큰 폭으로 왔다 갔다 하는 문화적 거울을 만들려고 노력할 것이다. 반면 식기 세척기 제조업자는 적은 수의 모델에 제한된, 소비자 취향의 최소한의 공통분모에 초점을 맞추려고 노력할 것이다. 왜냐하면 다양한 스타일의 스웨터를 만드는 편이 다양한 모델의 식기 세척기를 만드는 것보다 훨씬 비용이 덜 들기 때문이다. 시장의 종류는 되먹임 신호의 양과 속도에 따라 결정된다.

거울 속의 카멜레온 수수께끼의 중요성은 여기에서 이 카멜레온과 거울이 하나의 시스템이 된다는 사실이다. '카멜레온다움'과 '거울다움'이 하나로 묶여서 그보다 더 큰 본질, '카멜레온-거울'이 되는데 그것은 카멜레온과도 다르고 거울과도 다르게 행동한다.

중세 시대 사람들의 삶은 자기 도취와 거리가 멀었다. 평범한 사람들은 대개 자신의 이미지에 대해 아주 어렴풋한 개념만을 갖고 있었다. 사람들은 자신의 반사된 모습을 통해서보다는 의식이나 전통에 참여함으로써 자신의 개인적, 사회적 정체성을 확인했다. 반면 현대 세계는 사방이 거울로 도배되어 있다. 어디에서나 텔레비전 카메라가 우리를 비춘다. 또한 이틀이 멀다 하고 이루어지는 투표나 여론 조사가 우리의 집단적 행위의 사소한 측면까지도('우리 중 63%가 이혼을 한다'든지) 모두 다시 반사해 비춰준다. 쉴 틈 없이 전달되는 각종 고지서, 성적표, 급여 명세서, 카탈로그 따위가 우리의 개인적 정체성을 형성하는 데 도움을 준다. 디지털화가 한층 더 만연해질 미래는 우리에게 더욱 명확하고, 신속하고, 어디에나 널리 존재하는 거울들을 약속한다. 우리가 물건을 하나 살 때면 그 행위로 인하여 우리는 동시에 반영하는 것과 반영되는 것, 원인과 결과가 된다.

그리스의 철학자들은 인과 관계의 사슬에 매혹되었다. 어떤 결과에 대한 원인을 거슬러 올라가 궁극적인 '근원Prime Cause'을 찾고자 시도했다. 이와 같은 후향적 경로가 바로 서구의 선형적 사고의 토대이다. 그런데 도마뱀-거울 시스템은 완전히 다른 종류의 논리, 바로 망에 기초한 순환적 인과 관계를 보여준다. 반사가 끊임없이 반복되는 영역에서 어떤 사건은 존재의 사슬에 의해 촉발되는 것이 아니라, 마치 요술의 집의 거울들처럼 서로 반사하고, 구부러지고, 되튀어 오르는 원인들의 장field에 의해 촉발된다. 원인과 제어 요소가 그 기원으로부터 일렬로 쭉 늘어서 있기보다는 서서히 차오르는 조수처럼 수평적으로 퍼져나가며 주변에 영향을 주고 경로들을 확산시킨다. 작은 신호 하나가 커다란 반향을 일으킬 수 있고 커다란 신호가 아무런 반응도 이끌어내지 못하는 경우도 있다. 마치 모든 것이 모든 것과 연결되어 있는 복잡한 망 구조에 의해 거리와 시간이라는 필터가 전복되어 있는 듯하다.

컴퓨터과학자인 대니 힐리스는 컴퓨터 연산, 특히 네트워크상의 연산은 비선형적 인과 관계의 장을 보여준다고 지적했다. 그는 다음과 같이 주장했다.

> 물리적 우주에서 어떤 사건이 다른 사건에 미치는 영향은 둘 사이의 시간과 공간의 거리가 멀어짐에 따라 줄어드는 경향이 있다. 목성 위성의 운동을 연구할 때 수성의 운동을 고려하지 않아도 되는 이유가 바로 그 때문이다. 이것은 물체와 행위라는 한 쌍의 개념의 근본적인 토대이다. 행위의 국지성은 유한한 빛의 속도 안에서, 장field의 역제곱 법칙 안에서, 거시적 통계 효과 안에서 그 모습을 드러낸다. 반응속도나 소리의 속도 등이 그 예이다.
>
> 그런데 연산computation, 아니면 적어도 우리가 알고 있는 구식의 연산 모델에서는 비교적 작은 사건이 비교적 커다란 효과를 불러일으킬 수 있다. 작은 프로그램 하나가 메모리 전체를 삭제해버릴 수 있다. 명령 하나가 기계 전체를 멈추게 할 수도 있다. 연산의 세계에는 거리와 같은 것이 없다. 어떤 기억 장소 하나는 다른 기억 장소와 똑같이 영향을 받을 수 있다.

자연의 생태계 속에서도 통제의 방향이 인과 관계의 지평 속으로 퍼져나간다. 통제는 공간 속에서 확산될 뿐만 아니라 시간 속에서도 경계가 흐려진다. 카멜레온이 거울의 방에 들어설 때 그의 색깔이 초래하는 원인은 다시 그 스스로에게 영향을 미치는 결과의 장 속으로 퍼져 들어간다. 사물의 원인은 화살처럼 똑바로 날아가는 것이 아니라 마치 바람처럼 옆으로 퍼져나간다.

스튜어트 브랜드는 스탠퍼드 대학에서 생물학을 전공했는데 이때 그의 스승이 바로 집단생물학자 폴 에를리히Paul Ehrlich였다. 에를리히 역시 끈질긴 거울 속의 카멜레온 역설에 매혹되었다. 그는 나비와 숙주 역할을 하는 식물 사이에서 이 역설의 가장 생생한 실례를 찾아냈다. 오래 전부터 나비 수집광들은 애벌레 상태의 나비를 잡아서 그 애벌레가 먹고 사는 식물과 함께 상자에 넣은 뒤 변태를 겪기를 기다리는 것이 완벽한 표본을 얻는 최선의 방법이라는 사실을 알아냈다. 변태를 겪은 후 나비는 한 번도 사용하지 않은 흠 없는 날개를 펼친다. 그러면 나비 수집가는 바로 그 상태에서 나비를 죽여 표본으로 만든다.

이 방법을 사용하기 위해서 나비 수집가들은 각각의 나비들이 어떤 종류의 식물을 먹는지 알아내야만 했다. 완벽한 표본을 얻기 위한 욕심에 수집가들은 조사에 나섰다. 그 결과 식물-나비 공동체에 대한 풍부한 문헌이 만들어졌으며 많은 종의 나비들이 애벌레 단계에서 오직 한 종류의 특정 식물만을 먹고 산다는 사실이 밝혀졌다. 예를 들어 제왕나비의 애벌레는 오직 밀크위드milkweed만을 먹고 산다. 그리고 밀크위드는 오직 제왕나비만을 초대해서 자신의 잎을 먹도록 하는 것처럼 보인다.

에를리히는 이 경우에 식물이 나비를 반영하고 나비가 식물을 반영한다는 사실을 알아챘다. 밀크위드가 제왕나비의 유충이 지나치게 번성해 자신을 완전히 먹어치우지 못하도록 하기 위해 방어 수단을 펼친 모든 단계에서, 제왕나비는 '색 바꾸기'를 포함해서 식물의 방어 수단을 피해 돌아갈 새로운 방편들을 고안해냈다. 식물과 나비가 서로를 반영하는 것은 마치 두 마리의 카멜레온이 배와 배를 맞대고 춤을 추는 것과 같다. 제왕나비로부터 자신을 철저히 방어하는 과정에서 밀크위드는 나비와 떼려 해도 뗄 수 없는 관계를 형성하게 되었고 그것은 나비 입장에서도 마찬가지였다. 서로 적대적인 관계가 장기적으로 지속될 경우 그것은 필연적으로 이와 유사한 상호 의존성을 낳게 된다. 1952년 기계가 어떻게 학습할 수 있을지에 관심을 갖고 있던 사이버네틱스 연구자인 로스 애슈비W. Ross Ashby는 이렇게 말했다. "(생물의 유전자 패턴은) 새끼 고양이가 어떻게 생쥐를 잡는지 구체적으로 명시하고 있지 않다. 다만 학습 메커니즘과 유희를 좋아하는 경향을 함축하고 있을 뿐이다. 따라서 새끼 고양이에게 생쥐를 잡는 방법의 미세한 세부 사항을 가르쳐주는 것은 다름 아닌 생쥐이다."

에를리히는 1958년 〈진화Evolution〉라는 저널에 발표된 모드C. J. Mode의 논문에서 이처럼 밀접하게 연결된 한 쌍의 춤을 묘사할 단어를 찾아냈다. 그것이 바로 '공진화coevolution'이다. 〈편성 기생충obligatory parasite과 숙주의 공진화에 대한 수학적 모델〉이라는 제목에 나타난 '공진화'라는 단어였다. 대부분의 생물학의 주장이 그렇듯 공진화라는 개념 역시 완전히 새로운 것이 아니었다. 위대한 다윈도 1859년의 걸작 《종의 기원》에서 "생물들이 서로에게 공적응co-adaption해나가는 …"이라는 구절을 언급했다.

공진화라는 개념의 공식적인 정의는 대략 다음과 같다. "공진화는 상호작용하는 종들 사이에 일어나는 호혜적인 진화적 변화를 말한다."라고 존 톰프슨John Thompson이 《상호작용과 공진화Interaction and Coevolution》에서 명시하고 있다. 그러나 실제로 일어나는 현상은 마치 댄서들이 탱고를 추는 것과 같다. 밀크위드와 제왕나비는 어깨와 어깨를 맞대고 하나의 시스템으로 맞물려 돌아간다. 서로가 함께하는, 서로를 향한 진화가 일어나는 것이다. 공진화의 진보 과정에서 한 단계, 한 단계는 두 적수를 더욱더 떼어놓을 수 없이 밀접하게 얽혀들게 해서 궁극적으로 양쪽 모두 상대편의 적대적 변화에 전적으로 의존할 수밖에 없는 상황에 이르게 된다. 둘이 하나가 되는 것이다. 생화학자인 제임스 러브록James Lovelock은 이와 같은 적과의 동침 상황을 다음과 같이 묘사한다. "종의 진화는 그 종을 둘러싼 환경의 진화로부터 분리할 수 없다. 그 두 진화 과정이 밀접하게 서로 맞물려 분리할 수 없는 하나의 과정이 된다."

브랜드는 공진화라는 용어에 착안하여 〈계간 공진화CoEvolution Quarterly〉라는 저널을 창간한다. 이 저널은 서로에게 적응하고, 서로를 창조하며, 동시에 하나의 시스템으로 결합되어 나가는 모든 것—생물학, 사회학, 기술 등—을 아우르는 더욱 광범위한 개념을 지향했다. 브랜드는 소개의 글에 다음과 같이 적었다. "진화는 생물이 자신의 요구를 충족하도록 적응해나가는 것을 말한다. 공진화는, 좀 더 넓은 관점에서, 생물들이 서로의 요구를 충족하도록 적응해나가는 것이다."

공진화의 '공共, co-'이야말로 미래의 상징이다. 급변하는 사회에서 사람들 사이의 관계가 무너져간다고 많은 사람들이 불평하지만 현대인의 삶은 과거 그 어느 때보다 상호 의존적이다. 오늘날의 모든 정치는 국제 정치를 의미하고 국제 정치란 다름 아닌 공共정치copolitics이다. 커뮤니케이션 네트워크 공간 사이에 건설되는 새로운 온라인 공동체는 바로 공共세계coworld이다. 마셜 맥루한 지구촌이라는 용어를 처음 만든 사람－옮긴이의 지적이 완전히 옳다고 보기는 어렵다. 우리가 지어나가는 것은 안락한 지구촌이 아니다. 우리는 혼잡하고 웅성대는 지구 전체를 아우르는 벌집, 사회성의 최대치와 거울 같은 호혜주의로 얽히고설킨 공동의 세계, 바로 공세계를 건설하고 있다. 이러한 환경에서 인공물의 진화를 포함한 모든 종류의 진화는 공진화이다. 모든 변화는 역시 시시각각 변화하는 이웃들에게 더욱 가까이 다가서는 변화와 더불어 진행된다.

자연은 공진화의 사례로 가득하다. 초록빛 세계 구석구석에 기생 생물, 공생 생물, 하나로 얽혀 공진화의 춤을 추는 쌍으로 가득하다. 생물학자인 프라이스P. W. Price는 현존하는 종의 50% 이상이 기생 생물이라고 추정했다. (이 숫자는 태고의 과거로부터 쭉 상승해왔으며 현재에도 계속 상승하고 있다고 한다.) 자, 이것이야말로 뉴스거리가 아닐 수 없다. 생명의 세계에서 절반 정도의 생물이 상호 의존적이란다! 비즈니스 컨설턴트들은 종종 고객 기업에 단 하나의 구매업체나 단 하나의 공급업체에만 의존하는 공생적 기업이 되어서는 안 된다고 조언한다. 그러나 실제로는 그런 기업이 상당히 많이 존재하는 것이 현실이다. 그리고 내가 보기에 그 기업들은 괜찮은 수익을 내며 잘 운영되고 있고 다른 기업에 비해 수명이 더 짧은 것도 아니다. 1990년대 들불처럼 번진 대기업 간의 연합－특히 정보통신 분야의 기업들 사이에서 이루어진 연합－은 공진화적 경제 세계의 또 하나의 단면이다. 경쟁업체와 죽기 아니면 살기 식으로 아귀다툼을 벌이는 대신 두 업체가 연합하여 공생의 길을 찾는 것이다.

공생 관계에 참여하는 양 편이 항상 대칭을 이루거나 서로 동등할 필요는 없다. 사실 생물학자들은 자연에서 나타나는 거의 모든 공생 관계에서 어느 한쪽에 이익이 편중되는, 그러니까 결과적으로 어느 정도의 기생 상태에 가까운 관계를 주고받는다는 사실을 발견했다.

그러나 비록 한쪽이 다른 쪽의 희생을 통해 더 많은 이득을 취한다고 하더라도 결과적으로는 양쪽 모두 관계를 통해 얻는 것이 더 많고 그렇기 때문에 계약이 유지되는 것이다.

브랜드는 그가 창간한 저널 〈계간 공진화〉를 통해 공진화적 게임의 사례를 수집하기 시작했다. 다음은 자연에서 나타나는 연합과 동맹 관계를 가장 생생하게 보여주는 사례 중 하나이다.

> 멕시코 동부에는 다양한 종류의 아카시아 관목과 약탈 개미들이 살고 있다. 대부분의 아카시아는 가시와 쓴 맛이 나는 잎 등 자신을 먹이로 취하려는 세상에 대항하기 위한 보호 수단을 갖추고 있다. 그런데 그 중 한 종류인 '쇠뿔아카시아'는 한 종의 개미들에게 자신을 독점적 먹이로 내주면서 대신 그 개미로 하여금 다른 모든 포식자들을 잡아 죽이거나 내쫓도록 하는 방법을 발견하게 되었다. 개미를 유혹하기 위해서 물이 새지 않는 속이 빈 부풀어오른 가시를 만들어 개미들의 보금자리로 내주고 마음껏 마실 수 있는 수액을 공급해주는 샘과 잎의 끝에는 특별히 진화된 개미 먹이용 싹을 개발해냈다. 이에 따라 아카시아와 이해 관계가 점차 맞아떨어지게 된 개미는 가시 안에 살면서 밤낮으로 나무 곳곳을 순찰하며 아카시아를 먹으려고 드는 생물들을 공격한다. 그뿐만 아니라 심지어 어머니 아카시아 주변에서 침입해 들어오는 덩굴 식물이나 나중에 자라나 그늘을 만들지 모르는 다른 나무의 작은 싹들마저 모조리 제거해버린다. 아카시아는 쓴맛이 나는 잎, 날카로운 가시, 기타 다른 보호 수단을 모두 포기했고 그렇기 때문에 이제 생존을 위해서 개미와의 공생이 절실히 필요하다. 개미 입장에서도 아카시아 없이는 개미 군집이 유지될 수 없게 되었다. 그러나 둘이 힘을 합치면 두려울 것이 없는 무적의 팀이 된다.

진화의 역사에서 생물의 사회성이 증가함에 따라 공진화의 사례 역시 증가해왔다. 생물의 사회적 행동이 풍부하면 할수록 그 생물은 서로에게 이익이 되는 상호작용에 빠지게 되는 경향을 보였다. 우리 또한 경제적, 물질적 세계를 서로 밀접하게 반응하는 형태로 건설해 나감에 따라 더욱 많은 공진화적 게임을 보게 될 것이다.

기생적 행위 그 자체가 생물에게는 새로 개척한 삶의 영역이다. 그렇기 때문에 우리는 점점 더 많은 기생 생물을 보게 된다. 생태학자인 존 톰프슨은 "풍부한 사회적 행동이 다른 종과의 상리 공생 mutualism을 증가시키듯 일부 상리 공생은 새로운 형태의 사회적 행동의 진화를 불러일으킬 수 있다."라고 지적했다. 진정한 공진화의 방식에 따르면, 공진화는 공진화를 낳는다.

지금으로부터 10억 년이 지난 후 지구상의 생명은 기생과 공생으로 가득한 고도로 사회적인 형태로 변모할지도 모른다. 또한 연합과 동맹의 네트워크가 세계 경제의 주된 형태를 이루게 될지도 모른다. 그렇다면 공진화가 지구 전체를 채우게 되면 어떤 일이 일어날까? 서로 반사하고, 반응하고, 공적응하고, 거듭해서 스스로에게 회귀하는 생명들로 가득한 행성은 어떤 모습이 될까?

제왕나비와 밀크위드는 끊임없이 상대방 주위를 춤추며 맴돈다. 그리고 이 억제할 수 없는 광기 어린 춤사위의 결과로 둘은 서로 평화로운 관계였다면 도달하게 되었을 법한 형태로부터 아주 멀리 떠나오게 되었다. 거울 속에 들어가 쉬지 않고 계속해서 색깔을 바꾸는 카멜레온은 제정신과는 거리가 먼 일종의 착란 상태에 빠진다. 이와 같은 자기 반사self-reflection, 일반적으로 self-reflection은 자기 반성을 의미하지만 여기에서는 거울에 자신의 모습을 비추는 카멜레온의 상태를 묘사하는 단어라 자기 반사로 번역했다.– 옮긴이를 추구하는 행동에는 일종의 광기가 엿보인다. 마치 우리가 제2차 세계 대전 이후 벌어졌던 군비 경쟁에서 감지했던 광기와 비슷한 상태이다. 공진화는 사물을 부조리한 상태로 내몬다. 제왕나비와 밀크위드는 비록 서로 적대적이지만 서로를 떠나서 살지 못한다. 폴 에를리히는 공진화가 두 적대자를 '불가피한 협동' 상태로 몰아넣는다고 보았다. 그는 "포식자나 먹잇감이 되는 생물 모두에게 적을 완전히 제거하는 것은 자신의 이익에 반한다."라고 주장했다. 이것은 분명 불합리해 보인다. 그러나 이것이야말로 분명히 자연을 가동하는 힘이다.

인간의 마음이 자신의 내부 깊숙이 침잠하여 거울을 바라보는 자신의 모습을 바라보는 무한히 반복되는 소용돌이에 사로잡히거나, 적에 대한 의존성이 커지고 커지다 못해 적을 흉내내는 지경에 이르게 될 때 우리는 그 상태를 정상이 아니라고 할 것이다. 실제로 지능이나 의식에는 약간의 광증 — 균형을 벗어난 일탈 — 이 깃들어 있다. 마음은, 아주 원시적인 마음이라고 하더라도, 어느 정도까지는 자기 자신을 바라보아야 한다. 모든 의식은 자기 자신의 배꼽을 쳐다보아야만 하는 것일까?

그것이 바로 스튜어트 브랜드가 그레고리 베이트슨에게 거울 속의 카멜레온 수수께끼를 던졌을 때 염두에 두었던 측면이다. 그런데 두 생물학자는 살짝 요지에서 벗어났다. 그들의 탐구 결론은 다른 모든 것들의 정지점resting point을 감안할 때 의식, 생명, 지능, 공진화 등은 모두 약간 균형을 잃은 예기치 못했던, 심지어는 비합리적인 것임을 보여주었다. 지능이나 생명의 어떤 측면은 우리에게 으스스한 기분을 일으킨다. 왜냐하면 이들은 평형 상태와 거리가 먼 위태로운 상태를 유지하고 있기 때문이다. 우주의 다른 모든 것들과 비교해볼 때 지능과 의식과 생명은 안정적인 불안정 상태에 있다고 말할 수 있다.

그들은 반복되는 공진화의 동력에 의해 마치 연필심을 아래로 해

수직으로 세워놓은 연필과 같이 아슬아슬하게 자신의 존재를 유지하고 있다. 제왕나비가 밀크위드를 밀고 밀크위드가 제왕나비를 밀어젖힌다. 그리고 그들이 상대를 더 세게 밀면 밀수록 둘은 서로 떼려야 뗄 수 없는 사이가 된다. 그 결과 어느덧 나비—밀크위드라는 하나의 실체, 즉 스스로의 동력으로 추진되는 살아 있는 곤충—식물 시스템이 출현한다.

격렬한 상리 공생 현상은 반드시 한 쌍 사이에서만 일어나는 것이 아니다. 세 개체가 하나의 창발적이고 공진화적으로 배선된 공생 관계를 이룰 수도 있다. 전체 공동체가 공진화하기도 한다. 사실 주변의 다른 생물에 적응해온 모든 생물들은 어느 정도 간접적인 공진화 행위자라고 볼 수 있다. 모든 생물들이 환경에 적응하므로 생태계 안의 모든 생물들이 직접적 공생에서 간접적 상호 영향에 이르기까지 폭넓은 공진화의 연속선상 중 어느 한 부분을 차지하고 있다고 말할 수 있다. 공진화의 힘은 어느 한 생물로부터 가장 가까운 이웃으로 흐른다. 그러면서 작은 파동을 주위로 퍼뜨려 결국 간접적으로 모든 살아 있는 생물들에게 닿게 된다. 그렇게 보자면 우리가 사는 이 행성 위에서 느슨한 네트워크를 이루고 있는 수십억 가지에 이르는 종들이 한데 엮여서 공진화라는 직물을 만들어내는 셈이다. 그 직물을 그것을 이루는 가닥 가닥의 실로 풀어헤치는 것은 불가능하며 각 부분이 하나로 합쳐져 신비로운, 안정적인 불안정성을 만들어낸다.

지구상의 생명 네트워크는 다른 모든 분산된 존재와 마찬가지로 그것을 구성하는 각 요소들의 생명의 총합을 넘어선다. 그리하여 그 생명은 더 깊은 곳까지 스며들어가 전 행성을 자신의 네트워크 안에 엮어 넣으면서 암석과 기체와 같은 무생물의 세계까지도 터무니없는 공진화 과정에 옭아매버린다.

30년 전 생물학자들이 외계 생명체가 존재할 가능성이 가장 높은 두 행성인 화성과 금성에 각각 무인 탐사선을 보내, 그 행성의 토양에 탐침을 꽂아 생명의 징후를 찾아달라고 요청했다.

NASA가 고안한 생명 탐사 기계는 복잡하고 정교하면서 또한 매우 비싼 장치였다. 이 장치는 행성에 착륙한 다음 토양을 자신의 표면에 묻혀 박테리아 존재 증거를 확인하도록 설계되었다. 당시 나사가 고용한 컨설턴트 중 한 사람이 바로 부드러운 말씨의 영국인 생화학자, 제임스 러브록이다. 그는 행성에 생명이 존재하는지 확인할 더 나은 방법을 알고 있다고 말했다. 그리고 그 방법은 수백만 달러가 드는 장비는 고사하고 아예 로켓 발사조차 필요하지 않았다.

러브록은 현대 과학계에서 매우 찾아보기 힘든 유형의 과학자이다. 그는 영국 콘월 시골의 산울타리로 둘러싸인 돌로 지은 헛간에서 그만의 독립적인 방식으로 과학을 연구해왔다. 그는 과학자로서 흠 없는 명성을 유지해왔지만 어떤 공식 학회나 단체에도 소속되지 않았다. 연구 기금에 크게 의존하는 과학계에서 그것은 매우 드문 일이다. 그런 그의 완전한 독립성은 자유로운 사고를 형성했고, 또한 자유로운 사고를 필요로 했다. 1960년대 초 러브록의 급진적인 제안은 NASA의 우주 생명 탐사 팀의 다른 구성원들의 화를 돋우었다. 그들은 진정으로 다른 행성에 탐사선을 착륙시키고 싶었다. 그런데 갑자기 러브록이 나서서 그런 수고를 들일 필요가 없다고 하는 것이었다.

러브록은 망원경으로 행성에 생명이 존재하는지의 여부를 확인할 수 있다고 말했다. 행성 대기의 스펙트럼을 측정한 다음 그것으로 대기 조성을 알아내면 된다는 것이다. 그러면 행성을 둘러싼 기체의 조성은 그곳에 생명체가 살고 있는지의 비밀을 말해줄 것이다. 그러니 값비싼 장비를 태양계를 가로질러 던져보낼 필요가 전혀 없다는 것이다. 이미 그는 그 답을 알고 있다고 했다.

1967년, 러브록은 화성의 대기를 분석한 결과를 통해 화성에는 생명체가 살고 있지 않을 것이라는 예측을 내놓았다. 1960년대 말 화성 주위를 돌던 궤도 선회 우주선과 1970년대 화성에 연착륙한 탐사선이 러브록의 예언대로 화성은 생명이 없는 죽음의 별임을 모두에게 확실하게 보여주었다. 금성 탐사선 역시 같은 소식을 보내왔다. 지구 바깥의 태양계는 생명이 없는 불모지대이다.

러브록은 그 사실을 어떻게 알아냈을까?

화학과 공진화가 비밀의 열쇠였다. 화성 대기와 토양의 화합물은 태양 광선으로부터 에너지를 얻고 행성 내부의 열로 데워지며 또한 화성의 중력에 붙잡혀서 수백만 년에 걸쳐 역동적 평형 상태를 이루게 된다. 행성이 마치 거대한 물질의 플라스크라고 생각하면 과학자는 화학 법칙으로 그 안에서 일어나는 반응을 계산할 수 있다. 화학자가 화성, 금성 그리고 다른 행성들에 대한 근사적 공식을 도출해내면 공식은 대체로 균형을 이룬다. 에너지와 화합물이 주어지면, 에너지와 화합물이 생성된다. 망원경으로 측정한 값과 나중에 탐사선이 가져온 정보는 이 공식으로 예상한 결과와 맞아떨어졌다.

그런데 그것이 지구에서는 통하지 않는다. 지구 대기의 기체 혼합물은 정도를 한참 벗어났다. 그리고 러브록은 그 이유를 신비로운 공진화의 축적에서 찾았다.

특히 21%를 차지하고 있는 산소는 지구의 대기를 불안정하게 만든다. 산소는 매우 반응성이 높은 기체이다. 산소는 다른 많은 원소들과 강렬하고 폭발적으로 결합하여 우리가 연소라고 부르는 현상을 만들어낸다. 열역학적 관점에서 볼 때 지구 대기의 높은 산소 농도는 산소 기체가 지구 표면의 고체들을 산화시킴에 따라서 급격히 떨어져야 정상이다. 아산화질소나 아이오딘화메틸과 같은 반응성 높은 미량 기체들 역시 지구 대기 속에서 비정상적으로 높은 농도를 차지하고 있다. 또한 대기 속에 산소와 메탄이 공존하는데 이 두 기체는 사실상 같이 존재할 수 없는 성질을 가지고 있다. 아니면 너무 친해서 만나자마자 서로를 불태워버린다고 표현할 수도 있겠다. 한편 이산화탄소는 다른 행성들처럼 대기 중에 상당한 양이 존재해야 함에도 불구하고 사실상 미량 기체 정도만 존재하고 있다. 대기 조성뿐만 아니라 지구 표면의 온도나 알칼리도 역시 매우 이상한 값을 보인다. 마치 지구 표면 전체가 광범위하게 불안정한 화학적 비정상 상태를 나타내는 듯하다.

러브록에게 그것은 마치 눈에 보이지 않는 힘 또는 눈에 보이지 않는 손이 상호작용하는 화학 반응을 어느 한쪽으로 밀어올린 것처럼 보였다. 그리고 그것은 어느 순간이든 원래의 균형 잡힌 평형 상태로 되돌아가야 옳을 듯했다. 화성과 금성의 화학은 마치 주기율표와 같이 균형 잡혀 있고 또한 죽은 상태이다. 반면 지구의 화학은 정상에서 이탈하여 주기율표상으로 불균형 상태이지만 한편으로 살아 있는 상태이다. 러브록은 이 사실을 가지고 어떤 행성이든 생명이 살고 있다면 그 행성은 화학적 상태가 기묘한 불균형 상태에 있을 것이라는 결론을 내렸다. 반드시 산소가 풍부한 대기만이 생명에 이로운 것은 아닐 수도 있다. 하지만 중요한 것은 생명체를 길러내는 대기는 교과서적 평형 상태에서 벗어나 있어야만 한다.

그 눈에 보이지 않는 손이 바로 공진화하는 생명이다.

진화하는 생명은 안정적 불안정성을 생성하고, 지구 대기의 화학적 흐름을 러브록이 '지속적 불균형 상태'라고 부르는 상태로 전환시키는 기막힌 재주를 가지고 있다. 대기는 어느 순간이든 그 상태로부터 곧 이탈할 것처럼 보인다. 그러나 수백만 년 동안 그 상태가 유지되어 왔다. 높은 농도의 산소는 거의 모든 미생물의 생장에 필요한 조건이고 수십억 년 전의 미생물 화석이 존재하는 만큼 이 기묘한 부조화의 조화 상태는 상당히 고집스럽고도 안정적으로 오랜 세월 동안 지속되어왔음을 알 수 있다.

지구의 대기는 마치 자동 온도 조절 장치가 항상 일정한 온도를 유지하기 위해 노력하듯 산소 농도를 항상 일정하게 유지하려고 한다. 산소 농도 20%라는 수치는 어느 과학자의 표현을 빌리자면 "운 좋은 우연"의 결과이다. 만일 산소 농도가 그보다 더 낮았다면 산소 결핍 상태에 빠질 수 있고 그보다 더 높았다면 너무 불이 잘 붙는 상태가 되었을 것이다. 토론토 대학의 조지 윌리엄스George R. Williams는 이렇게 주장했다. "산소 농도 20%는 바닷물이 거의 완전히 산소 결핍 상태가 되는 것과 지나친 독성 내지는 유기 물질에 쉽게 불이 붙는 위험 사이에서 절묘한 균형을 이루고 있다." 그런데 대체 이런 상태를 유지하는 데 필요한 센서나 자동 조절 장치는 어디에 있는 것일까? 그렇게 따지고 보자면 보일러는 또 어디에 있는가?

생명이 없는 행성은 지질학적 흐름에 따라 평형 상태를 찾는다. 이산화탄소와 같은 기체가 액체에 녹았다가 고체로 침전된다. 다만 자연적 포화 상태에 이르기 전까지만 기체가 녹아들어갈 것이다. 고체는 화산 활동에 의해 열과 압력을 받으면 또다시 대기로 기체를 내놓는다. 침전, 풍화, 융기 등의 장엄한 지질학적 힘들이 강력한 화학적 매개체로 작용해 물질 사이의 결합을 형성하기도 하고 깨뜨리기도 한다. 열역학적 엔트로피는 모든 화학 반응을 최소 에너지 수준으로 끌어내린다. 생명이 없는 행성에서 보일러라는 은유는 산산조각 난다. 생명이 없는 행성의 평형 상태는 자동 온도 조절 장치보다는 그릇에 담긴 균일한 물의 상태 같다. 그저 더 흘러 내려갈 곳이 없으면 잔잔한 수평 상태를 유지할 뿐이다.

그러나 지구는 그 자체가 온도 조절 장치이다. 공진화적 생명의 실타래에서 공급되는 자발적 회로는 지구상의 화학 물질들의 포텐셜을 상승시킨다. 만일 지구상의 모든 생명이 사라져버린다면 지구의 대기는 금성이나 화성처럼 지루할 만큼 예측 가능한 지속적인 평형 상태에 접어들 것이다. 그러나 생명의 분배 작용이 존재하는 한 지구상의 화학 물질들은 정상에서 벗어난 상태에 머무른다.

그러나 불균형 상태 자체가 균형을 추구한다. 공진화적 생명의 세계가 만드는, 그리고 러브록이 공진화의 존재에 대한 시금석으로 삼았던 지속적인 불균형 상태는 그 자체로서 안정적이다. 우리가 아는 한 지구 대기는 산소가 약 20%인 상태를 수백만 년 동안 유지해왔다. 대기는 단순히 줄 위에서 기우뚱거리고 있는 곡예사가 아니라 기우뚱한 상태와 떨어지는 상태 사이에서 간신히 균형을 잡고 있는 곡예사에 가깝다. 그럼에도 그 곡예사는 결코 떨어지지는 않는다. 하지만 한편으로 결코 떨어질 듯 말 듯한 그 상태를 벗어나지도 못한다. 떨어지기 일보 직전의 상태가 영원히 유지되는 것이다.

러브록은 이 아슬아슬한 떨어지기 일보 직전의 상태야말로 생명의 명확한 특질이라고 보았다. 최근 복잡계 연구가들은 이 지속적으로 유지되는 아슬아슬한 떨어지기 일보 직전의 상태는 경제, 자연 생태계, 심오한 컴퓨터 시뮬레이션, 면역계, 진화하는 시스템 등 모든 종류의 비비시스템의 특질임을 깨닫고 있다. 이 모든 시스템은 공통적으로 마치 계속해서 계단을 내려가는데도 위치는 더 낮아지지 않는 신비한 마우리츠 코르넬리우스 에셔Maurits Cornelius Escher의 그림과 같은 상태에서 최적으로 운영된다는 역설적인 특징을 갖고 있다. 이 시스템들은 붕괴라는 행위 속에서 균형을 잡고 있다.

데이비드 레이저David Layzer는 《우주의 기원Cosmogenesis》에서 "생명의 중심적 특질은 불변성의 복제가 아니라 불안정성의 복제이다."라고 주장했다. 생명의 열쇠는 있는 그대로 정확하게 복제해내는 능력이 아니라 살짝 정도를 벗어나도록 복제하는 능력에 있다는 것이다. 혼돈의 심연으로 떨어지기 일보 직전의 아슬아슬한 상태가 생명을 풍부하게 만든다.

그와 같은 비비시스템의 잘 알려져 있지 않지만 중심적인 특성 중 하나는, 이 역설적인 특질이 전염성을 갖고 있다는 점이다. 비비시스템은 주위의 손닿는 모든 곳에 균형 잡힌 불균형이라는 자신의 특질을 전파시킨다. 지구에서 생명은 고체, 액체, 기체로 뻗어나간다. 우리가 아는 한, 과거 어느 시점에 생명의 손길이 닿지 않았던 암석은 존재하지 않는다. 바다 속 미세한 미생물들이 바닷물에 녹아 있는 탄소나 산소 기체를 고체화해 염을 형성하고 그것이 해저에 가라앉는다. 침전된 입자들은 세월이 흐름에 따라 퇴적물의 무게에 의해 압력을 받아 돌로 변한다. 작은 식물성 미생물들이 공기 중의 탄소를 고정하여 토양으로 운반하고 그것을 다시 해저로 흘려보내며 그것이 물 속에서 기름 상태로 화석화된다. 생명체들이 메탄, 암모니아, 산소, 수소, 이산화탄소, 그 밖에 다양한 기체를 만들어낸다. 철이나 금속을 농축하는 박테리아가 금속의 원석을 만들어낸다. (생명이 없는 물질의 상징과도 같이 여겨지는 쇳덩어리가 생명에 의해 탄생했다니!) 지질학자들은 면밀한 검토 끝에 지표면에 존재하는 모든 암석은 (아마도 화산의 용암을 제외하고) 재활용된 침전물이라고 결론내렸다. 따라서 모든 암석은 본질적으로 생물 기원이라고 할 수 있다. 다시 말해 어떤 방식으로든 생명의 영향을 받은 것이다. 공진화하는 생명의, 가차 없이 밀고 당기는 작용은 우주의 무생물 물질까지도 자신의 게임에 끌어들였다. 심지어 돌덩어리마저도 자신의 춤추는 거울의 일부에 편입시킨 것이다.

생명이 지구의 물리적 토대의 모양까지 만든다는 초월적 관점을 처음 제시한 사람 중 하나가 러시아의 지질학자 블라디미르 베르나드스키Vladimir Vernadsky이다. 그는 1926년 발표한 저서에서 지구상의 수십억 가지 생물들을 모두 계산에 넣어 이 총체적 생물이 지구의 물질 자원에 미친 집단적 영향에 대해 숙고했다. 그는 이 거대한 자원의 시스템을 '생물권biosphere'이라고 불렀다(비록 이 용어는 그로부터 몇 년 전 에두아르트 쥐스Eduard Suess가 처음으로 만들어낸 것이지만). 그리고 그의 책《생물권The Biosphere》에서 생물권을 정량적으로 측정하려고 시도했다. (이 책은 최근에야 영어로 번역되었다.)

생명을 울퉁불퉁한 거울의 방 안에 있는 카멜레온과 같은 것으로 생각한 베르나드스키는 두 가지 면에서 이단의 죄를 범했다. 그는 생물권을 거대한 화학 공장으로 묘사해서 생물학자들을 격분시켰다. 식물과 동물은 단순히 세계를 둘러싼 거대한 무기물 (광물)의 흐름을 위한 일시적 화학 저장소라는 것이다. "생명이 있는 물질은 특별한 종류의 암석이다. … 매우 오래되었지만 동시에 영원한 젊음을 지닌 암석이다."라고 베르나드스키는 그의 저서에서 주장한다. 살아 있는 생물들은 이 광물들을 유지하기 위한 섬세한 껍데기라는 것이다. 그는 동물의 움직임을 일컬어 "동물의 목적은 바람, 파도와 함께 부글부글 끓어오르는 생물권을 휘젓는 데 일조하는 것이다."라고 말했다.

한편 베르나드스키는 암석을 반쯤 살아 있는 존재로 여김으로써 지질학자들의 화를 돋우었다. 모든 암석들은 생명에서 비롯되었기 때문에 암석이 살아 있는 생물들과 점진적인 상호작용을 갖는다는 사실은 암석 그 자체도 가장 천천히 움직이는 생명의 일부임을 의미한다는 것이다. 산이나 바닷물이나 하늘의 기체는 가장 느린 형태의 생명이다. 지질학자들은 당연히 이 명백한 신비주의에 맹비난을 퍼부었다.

이 두 가지 이단은 아름다운 대칭을 이루며 하나로 합쳐진다. 생물은 계속해서 새롭게 변모하는 광물이고, 광물은 매우 천천히 움직이는 생물이다. 그 둘은 동전의 양면이라고 할 수 있다. 이 공식의 양변은 수학적으로 풀어낼 수 없다. 둘은 하나의 계이다. 카멜레온과 거울, 식물과 곤충, 암석과 생물, 그리고 오늘날에 이르러 인간과 기계. 생물이 환경처럼 행동하고 환경이 생물처럼 행동한다.

이것은 과학의 변경 지대에서 오랫동안, 적어도 수백 년 동안 존경받아온 개념이기도 하다. 헉슬리T. H. Huxley, 허버트 스펜서Herbert Spencer, 그리고 다윈까지 포함하는 19세기의 수많은 진화생물학자들은 직관적으로 이 개념을, 즉 물리적 환경이 생물을 형성하고 생물이 물리적 환경을 형성한다는 사실을 이해했다. 초기의 이론생물학자인 앨프레드 로트카Alfred Lotka는 1925년 "진화하는 주체는 생물 또는 개별적 종이라기보다는 계 전체, 즉 종과 환경이 함께 진화한다."라고 말했다. 진화하는 생물과 지구의 전체 시스템이 바로 공진화이고 거울 속 카멜레온의 춤인 것이다.

베르나드스키는 만일 지구에서 생명이 사라진다면 단순히 행성이 평형 상태의 '화학적 고요 상태'로 가라앉아버릴 뿐만 아니라 진흙 퇴적물, 석회암 동굴, 광산의 원석, 그리고 우리가 지구의 풍경이라고 여기는 모든 것들의 구조가 무너져버릴 것임을 깨달았다. "생명은 지구의 외부에 우연히 생겨난 무엇이 아니다. 오히려 생명은 지각의 형성과 밀접한 관계를 맺고 있다고 보아야 한다."라고 1929년에 베르나드스키는 주장했다. "생명이 없다면 지구의 외면은 마치 달의 표면처럼 움직임도 없고 활기도 없는 곳이 될 것이다."

그로부터 30년 후 자유사상가인 제임스 러브록이 다른 행성들에 대한 망원경 관찰 결과를 분석한 후 똑같은 결론에 도달했다. "생물은 물리학이나 화학만으로 결정된 죽은 세계에 단순히 '적응'할 수는 없다. 생물은 조상의 뼈와 숨결로 이루어졌으며 이제는 그 자신이 떠받치고 있는 세계 속에서 살아간다." 러브록은 초기 지구의 상태에 대하여 베르나드스키의 시대에 접근할 수 있었던 것보다 훨씬 더 완전한 지식을 가지고 있었으며, 지구상의 기체와 광물 흐름의 전역적 패턴에 대해서도 약간 더 나은 지식을 갖고 있었다. 그와 같은 조건에서 러브록은 완전하고도 진지하게 "우리가 숨 쉬는 공기와 바다와 암석은 모두 생물의 직접적 생산물이거나 생물의 존재에 의해 크게 변형된 것들이다."라고 말할 수 있었다.

이 놀라운 결론은 1800년대에 지구의 동력에 대해 베르나드스키보다도 더 적은 정보를 가지고 있던 프랑스의 자연철학자 장 바티스트 라마르크Jean Baptiste Lamarck가 이미 예시했던 것이다. 생물학자로서 라마르크는 다윈에 비견될 만하다. 사실 다윈이 아니라 라마르크야말로 진정한 진화론의 발견자이다. 그러나 라마르크는 패배자라는 부당한 오명을 뒤집어쓰고 있다. 그 이유는 부분적으로 그가 세부적 사실이라는 현대적 개념보다 직관에 조금 지나칠 정도로 많이 의지했기 때문이다. 라마르크는 생물권에 대해서도 직관적 추측을 내놓았고 이 역시 그의 선견지명을 보여준 사례이다. 그러나 당시에는 그의 주장을 뒷받침해줄 만한 어떤 과학적 증거도 없었기 때문에 그의 주장은 아무런 영향력도 얻지 못했다. 그는 1802년 "축적물이나 원석이나 평행한 지층 등의 형태로 저지대나 언덕이나 계곡이나 산 등을 이루고 있는, 지구의 표면을 형성하는 모든 종류의 복잡한 광물질은 모두 지구 표면의 해당 지역에 살던 동식물의 산물이다."라고 말했다.

라마르크, 베르나드스키, 러브록의 대담한 주장들은 처음에는 말도 안 되는 소리처럼 여겨졌다. 그러나 횡적 인과 관계의 논리에서 그것은 말이 되는 이야기이다. 눈 쌓인 히말라야, 동쪽과 서쪽의 깊은 대양, 굽이치며 끝없이 펼쳐진 산맥들, 온갖 색으로 물든 사막의 협곡, 동물이 뛰어노는 계곡 등 우리 주위에 보이는 모든 것들은 벌집만큼이나 생물이 만들어낸 작품이다.

러브록은 계속해서 거울 안을 들여다보았고 그 깊이를 헤아릴 수 없음을 깨달았다. 그 후 그는 생물권을 더 자세히 조사하여 생물이 만들어낸 더욱 복잡한 현상들을 목록에 추가할 수 있었다. 예를 들면 바다 속의 플랑크톤이 만들어내는 기체(황화디메틸, DMS)가 산화되어 미세한 황산염 입자를 만드는데, 이것이 구름을 형성하는 작은 물방울들을 응집하게 해주는 핵의 역할을 한다. 이처럼 심지어 구름과 비마저도 생물에 의해 만들어진다고 말할 수 있다. 여름철 폭우는 생명 위에 쏟아지는 생명인 셈이다. 또 어떤 연구에 따르면 눈을 형성하는 핵 역시 대부분 분해된 식물체, 세균, 곰팡이 포자 등이라고 한다. 따라서 눈 역시 생물의 산물이라고 말할 수 있다. 생명의 자국을 피해갈 수 있는 것은 별로 없다. "우리가 사는 행성의 중심부는 생명에 의해 변화되지 않았을지 모릅니다. 그러나 그 역시 쉽게 단정 짓지 않는 편이 현명할 것입니다."라고 러브록은 말한다.

"살아 있는 생명체는 무엇보다 강력한 지질학적 힘이다."라고 베르나드스키는 주장했다. "그리고 그 힘은 시간이 흐를수록 더욱 커진다." 생명이 많으면 많을수록 물질의 힘도 커진다. 인간은 생명을 한층 더 강화시켰다. 우리는 화석 에너지를 길들이고 기계에 생명의 숨결을 불어넣었다. 우리 몸의 확장된 형태로서 우리가 제조한 모든 하부 구조들은 더욱 광범위한 지구적 규모의 생명의 일부가 되었다. 산업 시설에서 뿜어져나오는 이산화탄소 기체가 하늘로 올라가 지구 전체의 공기 조성을 바꾸듯이 인공적 기계의 영역 역시 지구 전체의 삶의 일부가 되었다. 조너선 와이너Jonathan Weiner는 《앞으로

100년The Next One Hundred Years》에서 "산업 혁명은 놀라운 지질학적 사건이다."라는 통찰력 넘치는 주장을 펴고 있다. 만일 암석이 느린 형태의 생물이라면 우리의 기계들은 느린 생명체 중에서 빠른 것이라고 할 수 있다.

지구를 어머니로 여기는 것은 우리에게 위안을 주는 아주 오래된 개념이다. 그러나 지구를 기계적 도구로 보는 개념은 좀 더 받아들이기 어렵다. 베르나드스키는 지구 생물권이 단순한 화학적 평형 이상의 조절과 통제 역할을 한다는 러브록의 깨달음에 매우 가까이 다가섰다. 베르나드스키는 "생물들은 일종의 자치self-government 기능을 보인다."는 점을 지적하며 생물권 역시 자치적 특성을 갖고 있는 듯하다고 말했다. 그러나 베르나드스키는 거기에서 더 나아가지는 못했다. 왜냐하면 당시에는 자치의 핵심 개념이 순수하게 기계적인 절차라는 사실이 밝혀지지 않았기 때문이다. 어떻게 단순한 기계가 스스로를 조절할 수 있을까?

이제 우리는 자기 조절이나 자기 제어와 같은 기능이 오직 생명체에서만 발견되는 신비로운 생명력에 속하는 것이 아님을 알고 있다. 그와 같은 속성을 지닌 기계들을 만들어왔기 때문이다. 오히려 조절이나 목적 등은 순수한 논리적 절차로서, 쇠로 만든 기어나 지렛대, 심지어 복잡한 화학적 반응 경로까지 포함해서 충분히 복잡한 매체라면 어느 것에서든지 출현할 수 있는 속성임을 알고 있다. 증기 기관의 온도 조절 장치가 자기 조절 능력을 가질 수 있다면, 우리가 사는 행성이 그와 같은 완벽한 되먹임 회로를 갖도록 진화할 수 있다는 생각이 그토록 터무니없는 이야기라고만은 할 수 없지 않을까?

러브록은 엔지니어의 분별력을 가지고 어머니 지구를 분석했다. 그는 땜장이이자 발명가이자 특허 소유자이며 역사상 최대 규모의 엔지니어링 회사인 NASA에서 일했다. 1972년 러브록은 지구의 자기 조절 기능의 근원이 어디에 있는지에 대한 가설을 내놓았다. 그는 "고래에서 바이러스, 참나무에서 조류에 이르기까지 지구상의 모든 생명체는 하나의 살아 있는 실체를 구성하는 요소로 볼 수 있다. 그 하나의 실체는 지구의 대기를 자신의 전반적인 요구에 맞도록 조절할 수 있고 자신을 구성하는 각 요소들을 넘어서는 능력과 재간을 지니고 있다."라고 설명했다. 러브록은 그 하나의 실체를 '가이아Gaia'라고 불렀다. 그는 1972년 미생물학자인 린 마굴리스Lynn Margulis와 함께 이와 같은 관점을 세상에 내놓아 과학적 비판을 마주했다. "가이아 이론은 공진화보다 약간 더 강한 개념이다."라고 러브록은 말했다. 적어도 생물학자들이 사용하는 용어로서의 공진화보다는 더 나아간 것이 확실하다.

점진적으로 고조되는 군비 경쟁을 벌이며 공진화에 참여한 한 쌍의 생물은 마치 통제 불능의 질주에 접어든 것처럼 보인다. 마찬가지로 안락한 공진화적 공생 관계에 안착한 한 쌍의 생물들 역시 정체된 유아론唯我論으로 빠져드는 것처럼 보인다. 그러나 러브록은 공진화적 충동의 광대한 네트워크가 형성되면 어떤 생물도 자신만의 물질을 만들어내 이 그물망에서 빠져나갈 수 없고, 어떤 물질도 오롯이 자신만의 생물하고만 관계를 맺을 수 없다고 보았다. 공진화의 망이 모든 생명을 둘러싸면서 궁극적으로 자기 제조와 자기 조절의 회로를 완성한다. 에를리히의 공진화 개념에서의 '강제된 협력obligate cooperation'에 의해—그것이 적 사이의 협력이든 동지 사이의 협력이든—각 부분 사이에 응집력이 생길 뿐만 아니라, 이 응집력은 시스템이 극단으로 치닫는 것을 적극적으로 완화시키고 그럼으로써 시스템의 생존을 도모한다. 지구 전체의 차원에서 생명체들이 공진화하는 환경과 서로를 반영하는 것을 러브록은 가이아라고 불렀다.

폴 에를리히를 포함하여 많은 생물학자들이 가이아 개념을 불편하게 생각했다. 왜냐하면 러브록이 그들의 허락을 구하지 않고 마음대로 생명의 정의를 확장시켰기 때문이다. 러브록은 두드러지게 기계적인 특질을 보이는 조직체까지 포함하도록 생명의 범위를 일방적으로 넓혔다. 쉽게 말해서 단단한 이 행성은 우리가 알고 있는 '가장 커다란 생명의 구현물'이 된 것이다. 지구는 기이한 괴물이다. 99.9%의 암석과 다량의 물, 약간의 공기로 이루어지고, 이루 말할 수 없이 얇은 초록색 필름이 괴물의 표면을 뒤덮고 있다.

그런데 만일 지구를 박테리아의 크기만큼 축소시킨 다음 강력한 성능을 지닌 현미경의 도움을 받아 분석해보면 어떨까? 그 경우에도 지구는 바이러스보다 더욱 기묘하게 보일까? 바로 여기에 가이아 개념이 있다. 강력한 조명에 비춰진 푸른 구슬. 에너지를 빨아들이고, 내부 상태를 조절하며, 외부의 교란으로부터 스스로를 보호하고, 점점 더 복잡해지고, 기회가 주어진다면 다른 행성을 변형시킬 준비를 갖추고 있는 푸른색 구슬!

가이아가 진짜 생물이라고 주장하며 마치 그렇게 믿는 듯 행동하던 러브록은 지금은 그로부터 한 발 뒤로 물러났다. 그러나 그는 여전히 지구가 생명의 속성을 가진 시스템이라고 생각한다. 그것이 바로 비비시스템이다. 생물이 되기 위해 필요한 모든 속성을 갖추었든 그렇지 못하든지 간에 이것은 살아 있는 시스템이다.

가이아의 많은 부분이 순수하게 기계적인 회로로 이루어졌다고 해서 여기에 생명의 표지를 붙이지 말라는 법은 없다. 사실상 세포들 역시 대부분은 화학적 회로로 이루어져 있다. 바다에 사는 일부 규조류는 대부분 비활성의 결정화된 칼슘 덩어리이다. 나무 역시 죽은 펄프가 대부분을 차지한다. 그러나 이들은 모두 살아 있는 생물로 여겨진다.

가이아는 경계로 둘러싸인 전체이다. 살아 있는 계로서 그 안에 포함된 비활성의 기계적인 요소들 역시 생명의 일부이다. 러브록은 이렇게 말한다. "지구의 표면 위 어느 곳에서도 생명이 있는 물질과 생명이 없는 물질 사이에 명확한 경계를 그을 수 없다. 단지 암석이나 대기와 같은 환경에서부터 살아 있는 세포에 이르기까지 각기 다른 (생명의) 강도의 계층이 있을 뿐이다." 성층권의 희박해진 대기에서든 지구 내부 깊은 곳에 녹아 있는 암석에서든, 가이아의 경계 어딘가에서 생명의 효과는 점점 희미해진다. 그러나 경계가 있다고 하더라도 그 경계가 어디에 있는지는 아무도 알 수 없다.

가이아 이론에 비판적인 사람들에게 이 이론의 문제점은 죽은 행성을 '지능을 가진smart' 기계로 만든다는 사실이다. 우리는 이미 비활성의 컴퓨터로부터 인공의 학습 기계를 설계하려는 시도에서도 걸림돌을 만났다. 따라서 인공적인 학습이 행성 규모에서 자발적으로 진화될 수 있다는 생각은 터무니없게 여겨진다.

그러나 학습이 진화하기 어려운 것으로 과대평가된 면이 없지 않다. 그것은 어쩌면 학습이 인간만의 전유물이라는 인간 중심적인 사고 방식과 관련이 있을지도 모른다. 내가 이 책을 통해 입증하고자 하는 것 중 하나는 진화 그 자체가 일종의 학습이라는 개념이다. 따라서 진화가 일어나는 곳이라면 어디에서든 학습이 일어난다. 심지어 인공적인 방식으로도 일어날 수 있다.

학습을 특별한 지위에서 끌어내리는 것은 지금 우리가 건너가려고 하는 가장 흥미진진한 지적 변경 지대 중 하나이다. 가상의 사이클로트론 안에서 학습은 기초가 되는 요소들로 조각조각 분해된다. 과학자들은 적응, 유도, 지능, 진화, 공진화 등의 기본적 구성 요소들을 분류하여 생명의 주기율표를 만들고 있다. 학습을 구성하는 입자들은 비활성 매체 어디에든 존재하며 언젠가 한데 뭉쳐서(많은 경우에 자기 조립을 통해) 솟구치고 전율하는 무엇인가로 모습을 드러낼 준비를 하고 있다.

공진화는 다양한 종류의 학습이다. 스튜어트 브랜드는 〈계간 공진화〉에서 이렇게 주장했다. "생태계는 전체 시스템이다. 그런데 공진화는 시간 축 위에 놓인 전체 시스템이다. 끊임없이 불완전성을 집어삼키며 앞으로 나아가는 자기 교육이 공진화의 핵심이다. 생태계는 유지하고 공진화는 학습한다."

함께 배우기Colearning야말로 공진화하는 생물들이 하는 일을 제대로 묘사하는 용어이다. 함께 가르치기Coteaching라는 표현 역시 어울린다. 왜냐하면 공진화에 참여하는 생물들은 서로 배우면서 동시에 서로 가르치기 때문이다. (이처럼 동시에 배우면서 가르치는 행위를 가리키는 단어는 아예 존재하지 않는다. 만일 그랬다면 우리의 학교는 훨씬 더 효율적인 곳이 되었을 것이다.)

많은 과학자들이 이와 같은 공진화적 관계의 주고받기, 즉 가르치며 동시에 배우기에서 게임을 연상한다. '어느 손에 동전이 있을까?'를 알아맞히는 게임 역시 거울의 방에 들어간 카멜레온처럼 계속해서 반복되는 논리의 고리에 빠져들게 된다. 왜냐하면 동전을 숨기는 사람이 다음과 같이 무한히 반복되는 추론에 접어들기 때문이다. "맨 처음 동전을 오른손에 숨겼으니까 아마 상대방은 이것이 왼쪽으로 옮기리라고 생각할 거야. 그러니까 다시 오른손으로 옮기자. 하지만 상대방은 내가 이런 생각을 할 것이라고 이미 예측할지도 몰라. 그러니 그냥 왼손에 숨기는 편이 낫겠어."

알아맞히는 쪽 역시 이와 비슷한 사고 절차를 밟아가기 때문에 게임을 하는 양쪽 모두 상대방의 예측을 미리 예측하는 상황을 만들게 된다. "어느 손에 동전이 있을까?"라는 수수께끼는 "거울 속의 카멜레온은 무슨 색깔일까?"라는 수수께끼와 관계가 있다. 이처럼 단순한 규칙으로부터 깊이를 가늠할 수 없는 복잡성이 출현한다는 사실이 존 폰 노이만John Von Neumann의 흥미를 끌었다. 그는 1940년대 초에 컴퓨터 프로그램의 논리를 개발했으며 노버트 위너, 베이트슨과 함께 사이버네틱스라는 분야를 창시한 수학자이다.

폰 노이만은 게임에 대한 수학 이론을 발명했다. 그는 게임이란 참가자들이 상대방의 행위를 예측하여 내놓는 선택의 축적에 의해 이해 관계의 충돌을 해결하는 것이라고 정의했다. 그는 1944년 (경제학자인 오스카 모르겐슈테른Oskar Morgenstern과 공저로) 내놓은 그의 저서에 《게임과 경제적 행동의 이론Theory of Games and Economic Behavior》이라는 제목을 붙였다. 경제가 상당한 정도로 공진화와 게임 비슷한 속성을 가지고 있다는 사실을 알아차린 그가 간단한 게임의 역학을 통해 그 속성들을 밝혀내고자 했음을 알 수 있는 대목이다. 예를 들어 달걀의 가격은 판매자와 구매자 사이의 상호 예측에 따라 결정된다. 얼마면 상대방이 받아들일까? 상대방은 내가 얼마를 부를 것이라고 생각할까? 내가 지불하려고 생각하는 가격보다 얼마나 낮은 정도의 가격을 제시해야 할까? 폰 노이만이 놀랍다고 생각한 측면은 무한히 회귀하는 양쪽의 허세, 속임수, 모방, 수읽기와 같은 '게임 활동'이 나선형의 고리를 타고 영원히 빙빙 도는 대신 어느 순간 유한한 가격으로 안착한다는 사실이었다. 상대의 수를 예측하고자 하는 수천, 수만의 행위자들이 참여하는 주식 시장에서도 상충하는 이해 속에서 특정 가격이 상당히 안정적으로 자리잡는다.

폰 노이만은 이와 같은 게임에서 최적의 전략을 개발할 수 있을지에 특히 관심을 가졌다. 언뜻 보아서는 이론적으로 접근할 수 없는 문제처럼 보였기 때문이다. 그러나 그는 결국 답을 찾아냈고 그것이 바로 게임 이론이다. 캘리포니아주 산타모니카에 자리잡은 미국 정부의 기금으로 운영되는 랜드 코퍼레이션RAND Corporation의 연구원들이 노이만의 초기 연구를 확장해서 궁극적으로 네 가지 종류의 상호 추측 게임을 분류해냈다. 이 네 종류의 게임들은 이기거나 지거나 비기는 결과에 대하여 제각기 다른 구조를 가지고 있다. 이 네 가지 단순한 게임들은 전문적 문헌에서 '사회적 딜레마'라고 불리는데 사실상 복잡한 공진화 게임을 구성하는 네 가지 기본 구성 단위라고 할 수 있다. 치킨 게임, 수사슴 사냥, 교착 상태deadlock, 죄수의 딜레마가 그 네 가지이다.

치킨 게임은 겁 없고 무모한 10대 청소년들이 벌이는 게임이다. 양 편이 제각기 자동차를 몰아 절벽을 향해 질주하다가 더 늦게 차에서 뛰어내리는 쪽이 이기는 게임이다. 수사슴 사냥은 수사슴을 잡기 위해 여러 명의 사냥꾼들이 협력해야 한다. 그런데 만일 협력이 잘 이루어지지 않는 경우라면 차라리 나 혼자 살짝 빠져나가 토끼를 잡는 편이 개인에게 이익이 되는 상황이다. 사냥꾼은 협력(큰 보상)에 걸 것인가, 아니면 배신(작지만 확실한 보상)에 걸 것인가? 교착 상태는 상호 배신이 가장 큰 보상을 가져다주는 지루한 게임이다. 마지막으로 죄수의 딜레마는 게임 이론을 가장 이해하기 쉽게 설명해주는 게임으로 1960년대 말 이 모형에 기초한 사회심리학 실험이 200편도 넘게 발표될 정도로 커다란 반향을 일으켰다.

1950년 랜드연구소의 메릴 플러드Merrill Flood가 개발한 죄수의 딜레마 게임은 격리 수감된 두 명의 죄수가 제각기 범죄 행위를 부인할지 자백할지를 결정하는 게임이다. 만일 두 사람이 모두 자백한다면 두 사람 모두 벌을 받게 된다. 두 사람 모두 자백하지 않으면 둘은 무죄로 풀려난다. 그러나 한 사람만 자백할 경우 자백한 자는 보상을 받지만 다른 한 사람은 벌을 받게 된다. 제대로 게임을 할 경우 협력이 보상을 받지만 배신 역시 보상을 받는다. 여러분이라면 어느 쪽을 택하겠는가?

만일 이 게임을 단 한 번만 한다면 배신 쪽이 가장 이익이 되는 선택으로 보인다. 그러나 두 사람의 '죄수'가 이 게임을 반복해서 수행하며 상대방의 선택을 알 수 있게 되면 — 이것을 반복되는 죄수의 딜레마 게임이라고 한다 — 상황은 달라진다. 상대방을 쉽게 저버릴 수가 없다. 상대방은 계속해서 피할 수 없는 적이거나 피할 수 없는 협력자로 게임에서 만나게 된다. 이 단단하게 결부된 서로의 운명은 정적이나 사업상의 경쟁자, 생물학적 공생자들 사이의 공진화적 관계와 흡사하다. 이 단순한 게임에 대한 연구가 진행됨에 따라서 더욱 커다란 질문이 떠올랐다. 죄수의 딜레마 게임을 반복해서 진행할 때 장기적으로 가장 높은 점수를 딸 수 있는 최선의 전략은 무엇인가? 그리고 냉혹한 상대에서부터 친절한 상대에 이르기까지 다양한 종류의 참가자들을 대상으로 게임을 벌일 때 모두 성공할 수 있는 전략은 무엇일까?

1980년 미시간 대학의 정치과학 교수인 로버트 액설로드Robert Axelrod는 죄수의 딜레마 게임에 대해 제안된 14가지의 전략으로 리그전 방식의 시합을 벌여, 어떤 전략이 우승을 거두는지 알아보았다. 우승한 전략은 심리학자 아나톨 래포포트Anatol Rapoport가 제안한 매우 단순한 팃포탯Tit-For-Tat 전략이었다. 팃포탯 전략은 상대가 협력하면 나도 협력하고, 상대가 배신하면 나도 배신한다는 전략으로 게임이 진행됨에 따라 협력을 낳는 경향을 보였다. 액설로드는 이 전략에서 현재의 게임에 '미래의 그림자'가 드리워진다는 사실을 발견했다. 즉 게임을 단 한 번만 하는 것이 아니라 반복해서 할 경우 나중에 상대방이 협력할 것을 확실히 해두기 위해 지금 상대에게 협력하는 것이 이치에 맞는 행동이 된다. 이와 같은 협력의 싹을 일별한 액설로드는 '과연 어떤 조건이 이기주의자들의 세계에서 중앙 권력 기구의 존재 없이 협력을 탄생하게 할까?'라는 질문에 천착하게 되었다.

수세기에 걸쳐서 이에 대한 답은 1651년 토머스 홉스Thomas Hobbes가 천명한 정치적 추론이 정석으로 여겨져 왔다. 오직 온화한 중앙 권력 기구의 도움에 의해서만 협력이 생겨날 수 있다는 것이다. 이와 같은 하향식 통제를 하는 정부 없이는 오직 집단적 이기주의만 존재할 것이라고 홉스는 주장했다. 따라서 어떤 경제 체제이든 강력한 손이 정치적 이타주의를 실현해야 한다고 그는 생각했다. 그러나 미국과 프랑스의 혁명으로 촉발된 서양의 민주주의는, 원활한 의사소통이 가능한 사회는 강력한 중앙의 통제 없이도 협력하는 사회 구조를 만들어나갈 수 있음을 보여주었다. 협력은 이기주의에서도 출현할 수 있다. 오늘날 후기 산업 사회의 경제 어디에서나 자발적 협력이 일어나고 있다. 업계 스스로 만들어낸 널리 퍼진 표준(예컨대 110볼트의 전압이라든지 ASCII와 같은 제품의 품질이나 규격)이나 세계적으로 가장 큰 규모의 제대로 작동하는 무정부주의적 기구인 인터넷 등은 공진화적 협력을 낳는 데 필요한 조건을 강화시켜왔다.

이와 같은 협력은 뉴에이지 영성주의spiritualism가 아니다. 오히려 이것은 액설로드가 '우정도 선견지명도 없는 협력'이라고 부르는 것에 가깝다. 즉 자기 조직적 구조를 낳기까지의 수많은 단계에 작용하는 냉혹한 자연의 원리라고 할 수 있다. 이것은 우리가 원하든 원치 않든 어쩔 수 없이 할 수밖에 없는 협력이다.

인간뿐만 아니라 모든 종류의 적응적 행위자들이 죄수의 딜레마와 같은 게임을 벌일 수 있다. 박테리아, 아르마딜로, 심지어 컴퓨터의 트랜지스터도 다양한 보상 구조에 따라 선택을 할 수 있다. 즉시 얻을 수 있는 확실한 이익과 미래에 얻게 될, 훨씬 더 크지만 위험이 따르는 보상 중 어느 한쪽을 선택하는 것이다. 만일 같은 파트너와 반복해서 게임을 벌이게 되면 결과는 일종의 공진화와 비슷한 것이 된다.

환경에 적응해나가는 모든 복잡한 조직은 근본적인 선택 상황에 직면한다. 예컨대 생물은 이미 가지고 있는 특성이나 재주를 더 향상시키든지(더 빨리 달릴 수 있도록 다리를 발달시키기) 아니면 새로운 특성(날개)을 실험해 보든지 둘 중 한쪽을 선택해야 한다. 두 마리 토끼를 다 잡는 것은 불가능하다. 이와 같이 매일 마주하는 딜레마를 탐험exploration과 이용exploitation 사이의 선택 문제라고 부른다. 액설로드는 이것을 병원이 처한 상황에 비유했다. "평균적으로 볼 때 신약을 처방하는 것이 기존의 약을 이용하는 것보다 효과는 더 낮을 것이라고 예측할 수 있다. 그러나 만일 병원이 모든 환자들에게 기존의 약 중에 가장 좋은 약만을 준다면 새로운 약은 결코 개발될 수 없다. 개인의 입장에서 볼 때는 결코 탐험 쪽을 선택해서는 안 된다. 그러나 개인들이 이루고 있는 사회의 관점에서 볼 때는 어느 정도의 실험을 시도해보아야 한다." 얼마나 탐험을 하고(미래의 이익) 얼마나 이용을 할지(현재 최상의 선택)가 바로 병원이 수행해야 할 게임이다. 생물 역시 변화하는 환경에 발맞추어 나가기 위해 어느 정도의 돌연변이와 새로운 개선을 시도해야 하는가 하는 그와 비슷한 선택 문제를 가지고 있다. 각 생물들이 그와 비슷한 선택을 하는 다른 수많은 생물들에 대항하여 게임을 펼쳐 나가는 것, 그것이 바로 공진화 게임이다.

액설로드의 14팀의 참가자로 이루어진 죄수의 딜레마 리그전은 컴퓨터를 통해 이루어졌다. 1987년 액설로드는 게임 시스템을 확장해서 한 무리의 프로그램들이 임의적으로 게임을 펼치면서 죄수의 딜레마 전략을 탄생시키도록 했다. 각각의 임의적 전략들은 다른 모든 전략들에 대항하여 게임을 한 판 펼치고, 그런 뒤 점수가 매겨진다. 가장 높은 점수를 얻은 전략이 가장 많은 수로 복제되도록 한 후 다음 세대의 게임을 다시 벌인다. 이런 식으로 가장 성공적인 전략은 점점 퍼져나간다. 그런데 많은 전략들이 다른 전략을 '잡아먹어야'만 성공을 거둘 수 있기 때문에 먹이가 되는 전략이 살아남아야만 성공적 전략도 번성할 수가 있다. 그 결과 야생의 자연 어디에서든 발견할 수 있는, 이쪽에서 저쪽으로 왔다 갔다 하는 진동이 나타나게 된다. 그것은 공진화적 순환 속에서 수년에 걸쳐 토끼와 여우의 개체수가 왔다 갔다 하는 양상과 비슷하다. 토끼의 수가 늘어나면 여우의 수도 따라서 늘어난다. 그런데 여우의 개체수가 갑자기 늘어나면 토끼들이 대량으로 죽어 수가 줄어든다. 그래서 토끼의 씨가 마를 지경이 되면 여우도 굶어 죽어간다. 그리하여 여우 수가 줄어들면 다시 토끼의 개체수가 늘어난다. 이렇게 토끼가 늘어나면 뒤따라 여우도 늘어난다. 이런 식의 순환이 끝없이 이루어지는 것이다.

1990년 코펜하겐의 닐스보어연구소에서 일하는 크리스티안 린드그렌Kristian Lindgren은 이 공진화적 실험을 크게 확장했다. 참가자의 수가 1000에 이르고, 무작위적인 소음 효과를 게임에 도입했으며 최대한 3만 세대에 걸쳐 이 인공적 공진화가 일어나도록 했다. 린드그렌은 죄수의 딜레마에 참여하는 다수의 멍청한 행위자들이 여우와 토끼의 생태학적 진동을 재연할 뿐만 아니라 기생 행위, 공생의 자발적 출현, 여러 종들의 장기적이고 안정적인 공존 등과 같이 자연적으로 나타나는 수많은 현상을 창조해내는 것을 발견했다. 마치 컴퓨터 시스템이 하나의 생태계처럼 보였다. 일부 생물학자들은 린드그렌의 연구 결과를 보고 흥분했다. 왜냐하면 그의 여러 세대에 걸친 연구에서 제각기 다른 전략의 '종'들이 장기간에 걸쳐 매우 안정적으로 뒤섞여 있는 양상이 나타났기 때문이다. 이 안정된 시기는 매우 급작스럽고, 단기적인 불안정한 기간에 의해 중단된다. 이 짧은 불안정기 동안 오래된 종들이 멸종하고 새로운 종들이 자리를 잡는다. 그러면 곧 새로운 전략의 종들에 의해 새롭고 안정적인 배열이 이루어지며 그 상태가 또 수천 세대 동안 지속된다. 이와 같은 모티프는 화석에서 나타나는 진화의 일반적 패턴, 즉 진화론의 전문 용어로 단속 평형punctuated equilibrium, 줄여서 '펑크이크punk eek'와 일치한다. **단속 평형설은 1972년 스티븐 제이 굴드와 닐스 엘드리지가 발표한 진화 이론으로, 생물이 상당 기간 안정적으로 종을 유지하다 특정한 시기에 종 분화가 집중된다는 주장으로 기존에 널리 받아들여지고 있던 계통 점진 이론과 대립하는 이론이다. – 옮긴이**

이 실험의 놀라운 결과 중 하나는 공진화적 힘을 통제하고자 하는 모든 사람들에게 생각거리를 던져준다. 이것은 또 다른 신의 법칙이다. 아무리 기가 막히게 현명한 전략을 고안해내서 그런 전략이 진화하더라도, 거울 속 카멜레온의 순환적 세계 속에서 그 전략을 절대적으로 복종해야 할 완벽하게 순수한 규칙으로 적용하면, 다른 경쟁하는 법칙에 대해 진화적 회복력을 가질 수가 없다. 다시 말해서 경쟁하는 전략들이 장기적으로 그 법칙을 어떻게 이용해야 할지를 알아내게 된다는 말이다. 그런데 한편으로 약간의 무작위적 손길(실수, 불완전성)이 닿으면 일부 전략은 공진화하는 세계에서 오랫동안 우위를 점하며 경쟁 전략에 의해 모방되지 않고서 장기적인 안정성을 누릴 수 있게 된다. 소음 – 전혀 예측할 수 없고 조화를 이루지 못하는 선택 – 없이는 점점 상승하는 진화의 에스컬레이터에 올라탈 수 없다. 왜냐하면 시스템이 유지되기에 충분할 만큼 안정적인 기간이 확보되지 못하기 때문이다. 실수는 공진화적 관계가 서로 너무 밀접하게 꽉 달라붙어 죽음의 나선으로 빠져버리는 것을 막아준다. 즉 실수는 공진화적 시스템이 수면 위에 떠서 앞으로 나아갈 수 있게 해주는 셈이다. 실수에게 영광을!

컴퓨터로 공진화 게임을 수행해본 결과 다른 교훈도 얻을 수 있었다. 대중문화 속을 파고들어온 게임 이론의 개념 중 하나는 제로섬 게임과 넌제로섬 게임의 차이일 것이다. 체스, 선거, 운동 시합, 포커 등은 제로섬 게임이다. 승자의 이익은 패자의 손실에 기인한다. 한편 야생의 자연, 경제, 마음, 네트워크 등은 넌제로섬 게임이다. 곰이 산다고 해서 울버린북미산 족제빗과에 속하는 오소리로 곰과 비슷하게 생겼다.—옮긴이 이 꼭 손해를 보는 것은 아니다. 고도로 연결된 공진화적 충돌의 고리는 전체 구성원에게 이익이 될 수 있음을 의미한다. (물론 이따금씩 커다란 손실을 줄 수도 있다.) 액설로드는 나에게 이렇게 말했다. "게임 이론에서 가장 오래되고 또 가장 중요한 통찰 중 하나는 넌제로섬 게임이 제로섬 게임과 완전히 다른 전략적 영향을 갖고 있다는 사실입니다. 제로섬 게임에서는 뭐든지 상대방에게 해가 되는 것은 나에게 득이 됩니다. 반면 넌제로섬 게임에서는 나와 상대방 모두에게 득이 되거나 둘 다에게 해가 되는 경우가 많이 있습니다. 사람들이 그럴 필요가 없는데도 제로섬 관점으로 세상을 바라보는 경우가 많이 있다고 나는 생각합니다. 사람들은 종종 이렇게 말하죠. '자, 나는 저 사람보다 잘 되고 있어. 그러니 나는 지금 잘 되고 있을 거야.' 그러나 넌제로섬 게임에서 우리는 상대방보다 잘 되지만 궁극적으로 둘 다에게 아주 안 좋은 결과를 얻을 수도 있습니다."

액설로드는 팃포탯 전략의 우승자가 항상 상대방의 전략을 이용하여 승리하는 것이 아니라 단순히 상대방의 행위를 거울처럼 따라함으로써 승리를 거둔다는 사실에 주목했다. 1대 1로 겨룰 경우에 팃포탯은 상대방의 전략을 결코 이길 수 없다. 그러나 넌제로섬 게임에서 팃포탯 전략은 결국 토너먼트 끝까지 갔을 때 승자로 남는다. 왜냐하면 다양한 규칙들을 상대로 게임을 펼쳤을 때 가장 높은 누적 점수를 얻는 쪽이 바로 팃포탯이기 때문이다. 액설로드가

《죄수의 딜레마Prisoner's Dilemma》의 저자 윌리엄 파운드스톤William Poundstone에게 이렇게 말했다. "그것은 참으로 기묘한 현상입니다. 예컨대 체스 게임에서 매번 상대를 이기지 못하고 토너먼트에서 우승을 거둔다는 것은 있을 수 없는 일이죠." 그러나 공진화, 즉 변화하는 자신에 대응하여 일어나는 변화에서는 상대방을 이기지 않고서도 우승을 거둘 수 있다. 기업 세계의 거만한 최고 경영자들도 이제 네트워크와 연합의 시대에는 기업이 상대를 밟지 않고서도 큰 이익을 얻을 수 있다는 사실을 깨닫기 시작하고 있다. 그것이 이른바 양쪽 다 이기는 윈윈 상황이다.

윈윈이란 공진화 세계에서 삶의 이야기이다.

책으로 둘러싸인 자신의 서재에서 로버트 액설로드는 공진화의 이해에 대한 결과에 대해 깊이 생각하더니 이렇게 덧붙였다. "협력의 진화에 대한 나의 연구가 이 세계가 충돌을 피해나가는 데 도움이 되기를 바랍니다." 그는 벽에 걸린 상패를 가리켰다. "사람들은 (나의 연구가) 핵전쟁을 피하는 데 도움이 되었다고 말합니다." 비록 폰 노이만은 원자 폭탄 개발의 주역이었지만 그는 핵무기 개발 경쟁을 둘러싼 게임과 같은 정치에 자신의 이론을 공식적으로 적용하지는 않았다. 그러나 1957년 폰 노이만이 죽은 후 군사 분야의 싱크탱크 전략가들은 그의 게임 이론을 이용해 냉전 상황을 분석하기 시작했다. 그 결과 두 초강대국이 마치 공진화적 '강제된 협력'과 비슷한 상황으로 얽혀 있음이 드러났다. 고르바초프는 근본적인 공진화적 통찰을 가지고 있었다고 액설로드는 말한다. "소련은 탱크 수를 늘리는 것보다 줄이는 쪽이 안보에 더 도움이 된다고 판단했습니다. 고르비는 일방적으로 탱크를 1만 대 폐기했죠. 그러자 미국과 유럽 입장에서도 국방 예산을 크게 잡을 명분이 없어졌죠. 그리하여 궁극적으로 냉전을 종식시키게 된 일련의 절차들이 시작되었습니다."

신의 역할을 하고 싶어하는 사람들에게 가장 유용한 교훈은 공진화하는 세계에서 통제와 비밀은 오히려 역효과를 낸다는 사실이다. 사실상 통제는 불가능하고 숨기는 것보다는 드러내는 쪽이 더 나은 결과를 가져온다. "제로섬 게임에서는 참가자들이 항상 자신의 전략을 숨기려고 합니다."라고 액설로드는 말한다. "그러나 넌제로섬 게임에서는 공개적으로 자신의 전략을 드러내서 상대방이 그것에 적응하도록 하는 편이 나을 수 있습니다." 고르바초프의 전략이 효과를 가져온 것은 그가 공개적으로 했기 때문이다. 일방적으로 군비를 축소하는 것을 비밀리에 시행했다면 아무 효과가 없었을 것이다.

거울 속의 카멜레온은 완전히 개방된 시스템이다. 카멜레온도 거울도 서로 아무런 비밀이 없다. 가이아의 거대한 닫힌계가 계속해서 순환하는 것은 끊임없는 공진화적 의사소통 속에서 그 하부 회로들이 서로 정보를 주고받기 때문이다. 소련의 명령 경제의 붕괴를 통해서 우리는 정보의 개방이 경제를 안정화하고 성장시킨다는 사실을 알게 되었다.

공진화는 양측이 허위 선전으로 상대편을 덫에 끌어들이려고 하는 상황으로 볼 수 있다. 기생 관계에서 동맹에 이르기까지 공진화적 관계의 근본은 정보에 기반을 두고 있다. 지속적인 정보 교환이 그들을 하나의 시스템으로 옭아넣는다. 동시에 정보의 교환은, 그것이 모욕이든, 도움이든, 단순한 뉴스이든 간에 협력, 자기 조직, 궁극적 윈윈의 승부를 낳을 수 있는 공동의 기반을 만들어낸다.

우리가 지금 막 발을 디딘 네트워크의 시대에 왕성한 의사소통은 창발적 공진화, 자발적 자기 조직, 상승하는 협력이 무성하게 자라나는 인공의 세계를 창조한다. 이 시대에는 솔직함이 승리하고 중앙 통제는 패배한다. 또한 끊임없는 실수와 오류가 만들어내는 떨어지기 일보 직전의 상태가 역설적으로 안정성을 만들어낸다.

자연의 격동

오늘 밤 중국의 중추절 기념 행사가 열리고 있다. 샌프란시스코 차이나타운의 다운타운에서 중국인 이민자들이 월병을 나누어 먹고 하늘로 올라가 신선이 된 여인에 대한 전설 중추절의 기원이 된 전설 – 옮긴이 을 이야기한다. 그로부터 20km 정도 떨어진 우리 동네에서 나는 구름 속을 걸어다니고 있다. 금문교의 안개가 우리 집 뒤편의 가파른 강둑을 따라 두텁게 쌓여서 주변을 온통 수증기로 뒤덮고 있다. 고고한 달빛 아래에서 나는 한밤중 산책을 즐기고 있다.

나는 바람에 일렁이며 바스락거리는, 가슴 높이까지 올라오는 허연 호밀 풀 사이를 걸으며 캘리포니아의 거친 해안을 내려다보았다. 이곳은 황량한 땅이다. 모든 면에서 이 땅은 산악-사막 지대로, 광대한 바다와 접하고 있지만 그 바다는 이 땅에 비를 내려주지 못한다. 대신 바다는 밤마다 두터운 안개의 이불로 이 땅을 뒤덮어 생명의 물을 공급해준다. 아침이 되면 안개가 응축하여 나뭇가지와 이파리에 이슬로 맺혔다가 땅 위로 떨어진다. 다른 곳에서는 대개 먹구름이 독점하고 있는 일이지만 이곳에서는 여름 동안 상당한 양의 물이 이런 방식으로 육지로 전달된다. 이 인색한 비의 대용물이 생물 세계의 거대한 괴물인 미국삼나무redwood를 무성하게 길러낸다.

비의 장점은 방대한 양의 물을 무차별적으로 뿌려준다는 것이다. 비는 넓고 다양한 땅을 적셔준다. 반면 안개는 국소적으로 물을 전달한다. 안개는 대류 작용의 약한 동력에 의존하며 어디든 흘러가기 쉬운 곳으로 흘러가서 막다른 언덕에 의해 부드럽게 가로막힌 곳에 갇혀 머무른다. 이런 경우에 땅의 모양이 물, 그리고 간접적으로 생명의 방향을 결정한다. 적절한 모양의 언덕은 안개를 가두어놓거나 계곡으로 끌어들일 수 있다. 한편 해가 드는 남쪽을 향해 있는 언덕은 그늘진 북쪽 기슭에 비해 증발로 인해 귀중한 수분을 금방 잃어버린다. 또한 토양 노출부의 특성에 따라 어떤 땅은 다른 땅보다 물을 보유하는 능력이 뛰어나다. 이러한 다양한 변수들의 상호작용에 의해 한 조각의 서식지가 결정된다. 사막 지대에서는 물이 생명을 결정한다. 그리고 물이 공평하게 민주적으로 분배되는 것이 아니라 국소적으로 변덕스럽게 전달되는 사막 지대에서는 땅 자체가 생명을 결정한다.

그 결과 조각조각 모자이크와 같은 경관이 만들어진다. 나의 집 뒤편에 있는 언덕은 세 가지 천 조각을 이어붙인 퀼트 작품처럼 보인다. 한쪽 기슭에는 생쥐와 올빼미와 엉겅퀴와 양귀비가 사는 낮게 자리잡은 풀밭이 바다까지 쭉 펼쳐져 있다. 언덕 꼭대기 근처에는 노간주나무와 사이프러스 나무가 사슴, 여우, 이끼의 독립적 사회를 관장한다. 그리고 반대쪽 기슭에는 끝없이 빽빽하게 펼쳐진 옻나무와 코요테덤불coyote brush, 미국 서부의 건조한 구릉 및 모래 언덕 지대에 자생하는 국화과科의 상록 관목 – 옮긴이이 메추라기를 비롯한 작은 동물들을 숨겨준다.

이 다채로운 연방 국가의 균형은 동적이다. 각 조각 땅들이 스스로를 지탱하고 있는 자세는 줄에서 떨어지기 일보 직전인 광대의 상태와 흡사하다. 마치 봄날 졸졸 흐르는 개울물에 나타나는 정상파와도 같이 아슬아슬한 상태를 유지하고 있다. 공진화적 결합 안에서 자연의 피조물들이 집단적으로 팽팽하게 서로 밀쳐내고자 할 경우 지형과 기후의 울퉁불퉁한 경계 영역의 일부에서 이질적 생물들의 상호 의존적인 공동 거주지가 생겨나고, 시간이 흐름에 따라 이 영역이 점차로 퍼져나가기도 한다.

바람과 봄철의 홍수가 토양을 침식해 들어가면서 그 아래 놓인 층을 노출시키고 그 결과 새로운 조성의 광물질과 부엽토를 무대에 올린다. 토양의 조성이 물갈이를 하게 되면 토양과 밀접하게 결부된 식물과 동물의 조성도 물갈이된다.

선인장이 빽빽하게 들어선 사구아로Saguaro 같은 숲이 100년이라는 짧은 시간 안에 미국 서남부 사막의 땅 한 곳에서 다른 곳으로 이동하는 일이 벌어지기도 한다. 저속 촬영한 필름에서 사구아로 숲은 마치 천천히 이리저리 흘러다니는 수은 덩어리처럼 보인다. 이리저리 흘러다니는 것은 선인장만이 아니다. 역시 저속 촬영한 필름에서 중부 지방의 들꽃이 만발한 프레리 사바나 초원 역시 오크나무 숲을 둘러싸고 마치 조류처럼 차올랐다가 빠지고는 한다. 오크나무 숲을 향해 밀물처럼 차올랐다가 이따금씩, 예를 들어 들불이 났다가 스러진 다음에는 확장되어가는 오크나무 숲 주변에서 썰물처럼 밖으로 물러난다. 생태학자 댄 보트킨은 숲이 "변화하는 기후의 박동에 맞추어 경관을 가로질러 행군한다."고 묘사했다.

"변화가 없다면 사막은 황폐해집니다." 토니 버지스Tony Burgess는 말한다. 그는 붉은 턱수염을 덥수룩하게 기른 건장한 생태학자이다. 버지스는 진심으로 사막을 사랑한다. 깨어 있는 매순간 그는 사막의 이야기와 데이터를 흡수한다. 애리조나주 투손 근처의 강렬한 햇빛 아래에서 그는 몇 세대의 과학자들이 80년에 걸쳐 계속해서 측정하고 사진으로 기록해온 사막의 땅 한 조각을 관찰한다. 이 땅의 관찰은 지금까지 이루어진 생태학적 관찰 중에서 중단 없이 가장 긴 시간 동안 지속된 관찰이다. 80년간 이루어진 사막의 변화 데이터를 연구한 결과 버지스는 '변덕스러운 강우 현상이 사막 생태를 유지하는 핵심적 요소'라고 결론내렸다. "해마다 약간씩 다른 형태로 비가 내려 모든 종들을 균형 상태에서 약간 벗어나도록 해야만 합니다. 강우에 변화가 있으면 혼합된 종의 수가 몇백, 몇천 배로 증가합니다. 반면 연간 온도 주기에 따라 일정한 때에 일정하게 비가 내리면 아름다운 사막 생태계는 거의 항상 더 단순하고 지루한 상태로 곤두박질치게 됩니다."

"평형equilibrium이란 곧 죽음입니다." 버지스는 당연하다는 듯 말했다. 그러나 생태학계에서 이런 의견이 자리잡은 지는 얼마 되지 않는다. "1970년대 중반만 해도 모든 생태계는 불변하는 평형이라는 정점을 향해 나아가는 길목에 있다는 유산의 영향을 받았습니다. 그러나 이제 우리는 실제로 자연에 풍부함을 부여하는 것은 격변과 변이라는 사실을 알고 있습니다."

생태학자들은 경제학자들이 경제에서 평형 상태의 종말점을 선호했던 것과 정확히 같은 이유로 자연에서 평형을 이루는 종말점을 선호했다. 평형 상태에 대해서는 수학적 계산이 가능했기 때문이다. 실제로 방정식을 세우고 답을 구할 수 있었다. 그러나 어떤 계가 지속적인 불균형 상태에 있다면 우리는 그 계를 수학적으로 풀 수 없다. 이 경우 계는 탐험할 수 없는 모형을 따른다고 말할 수 있다. 그럴 경우 그 계에 대해서는 이야기할 것이 거의 없었다. 따라서 생태학(그리고 경제학)을 이해하는 데에 중대한 변화가 일어난 시점이, 저

럼한 개인용 컴퓨터가 보급되면서 불균형과 비선형 방정식을 프로그램하기 쉬워진 시대와 일치하는 것은 결코 우연이 아니다. 이제 혼돈과 공진화에 기초한 생태계를 개인용 컴퓨터를 이용해 모형화하고 그 모형이 이리저리 배회하는 사구아로 숲이나 프레리 사바나와 흡사하게 행동하는 것을 보는 것이 가능해진 것이다.

최근 몇 년 동안 수천 가지의 불균형 모형들이 만개했다. 실제로 카오스 수학, 비선형적 수학, 미분방정식, 복잡성 이론에 주력하는 소규모 산업들이 있다. 이러한 활동들은 자연이나 경제가 안정적인 균형을 찾는다는 개념을 뒤엎는 데 일조한다. 끊임없는 변화와 요동 상태가 정상이라는 이 새로운 관점은 과거의 데이터를 재해석할 길을 열어주었다. 버지스는 몇십 년 정도의 비교적 짧은 기간 동안 사구아로 숲이 투손의 분지 지대를 이리저리 옮겨다니는 것을 담은 사진을 보여주었다. "이 사막의 땅 조각에서 우리가 발견할 수 있는 사실은 각 구획의 땅들이 발달 단계에서 동시성을 보여주지 않는다는 사실입니다. 그리고 동시에 발달하지 않았다는 점이 사막 전체를 더욱 풍요롭게 합니다. 왜냐하면 어떤 자연 재해가 땅의 일부를 쓸어버리더라도 자연 역사의 다른 단계에 있는 다른 구획의 땅으로부터 생물과 종자들을 받아들일 수 있기 때문이지요. 심지어 열대우림처럼 강우 패턴의 변화가 거의 없는 생태계도 주기적인 폭풍이나 쓰러진 나무 등에 의해 각 구획마다 다양한 발달 단계를 보입니다."

"평형 상태는 죽은 상태일 뿐만 아니라 죽음 그 자체입니다."라고 버지스는 강조한다. "어떤 계를 풍요롭게 만들기 위해서는 시간과 공간상의 변이가 필요합니다. 그러나 너무 큰 변화는 계를 죽일 수 있지요. 생태 경사ecocline, 생태 조건의 경도적 변화에 따라 종의 형질, 군락 속성 등이 연속적으로 변화하는 것을 나타내는 현상 – 옮긴이 에서 이행대ecotone, 2개의 생물 군집이 접하는 부분 – 옮긴이 로 가는 식이죠."

버지스는 자연이 혼돈과 변이에 기대는 현상에서 실용적인 쓰임을 발견했다. "자연에서는 해마다 불규칙한 생산물(식물, 종자, 고기 등)을 얻는 것이 아무런 문제가 되지 않습니다. 자연은 사실상 이와 같은 변이를 통해 풍요로움을 증대시키니까요. 하지만 사람들이 사막과 같이 변이에 의존하는 생태계로부터 스스로를 부양하려고 한다면 그 계를 단순화하지 않고서는 불가능합니다. 우리가 농업이라고 부르는 상태로 말이죠. 변동이 심한 환경 속에서 일정한 생산품을 내놓도록 만드는 것이지요." 버지스는 사막의 격동이 우리에게 가변적인 환경 속에서 그것을 단순화하지 않으면서 살아가는 법을 가르쳐주기를 희망한다. 어쩌면 그것은 완전히 바보 같은 꿈만은 아닐지도 모른다. 정보에 의해 주도되는 경제가 우리에게 제공해주는 것 중 일부는 불규칙적인 생산을 가능하게 하는 적응 가능한 하부구조이다. 이것이 바로 유연한 '적기 공급just-in-time' 제조 방식이다. 정보 네트워크를 이용해서, 식품과 유기적 자원을 제공하는 풍요롭고 격동하는 생태계에 대한 투자와 불규칙적인 산출을 조율하는 것은 이론적으로는 가능하다. 그러나 버지스가 인정하듯 '지금 현재 변이에 기초한 산업적, 경제적 모델이라고는 도박을 빼고는 전무한 실정'이다.

자연이 본질적으로 끊임없는 격동 상태에 있다는 것이 사실이라면 불안정성이 자연 속 생명의 형태를 풍요롭게 하는 것일 수도 있다. 그러나 불안정성 요소들이 다양성의 뿌리라는 생각은 '안정성이 다양성을 낳고 다양성이 안정성을 낳는다'는 환경결정론environmentalism의 가장 낡은 격언과 정면으로 배치된다. 만일 자연의 계가 깔끔한 균형을 찾아가지 않는다면 우리는 불안정성을 친구로 삼아야 할 것이다.

생물학자들은 1960년대 말이 되어서야 드디어 컴퓨터에 손을 대서 역동적인 생태계와 먹이그물을 실리콘 네트워크상에 모델화하기 시작했다. 그들이 가장 먼저 답을 찾고자 했던 질문 중 하나는 '안정성이 어디에서 비롯되는가?' 하는 문제였다. 포식자와 먹이의 관계를 컴퓨터에 모형화할 경우 가상의 생물들이 장기적인 공진화적 쌍을 이루며 공존하도록 하는 조건은 무엇이고, 이들을 파국으로 치닫도록 만드는 조건은 무엇일까?

안정성의 시뮬레이션에 대한 초기 연구 중 하나는 1970년에 발표된 가드너Gardner와 애슈비의 논문이다. 애슈비는 비선형적 제어 회로와 양성 되먹임 고리의 장점에 관심을 갖고 있는 엔지니어였다. 애슈비와 가드너는 단순한 네트워크 회로를 프로그램한 다음 연결점의 수와 연결점 사이의 연결 강도를 조절함으로써 수백 가지 변이를 만들어냈다. 그들은 놀라운 결과를 마주했다. 특정 문턱값threshold 이상에서는 연결 강도가 증가되면 오히려 시스템이 재해나 교란으로부터 회복되는 능력이 감소했던 것이다. 다시 말해서 복잡한 시스템이 단순한 시스템보다 안정적이지 못하다는 의미이다.

이듬해에 이론생물학자 로버트 메이Robert May가 이와 비슷한 결론을 발표했다. 그는 상호작용하는 종의 수가 아주 많은 생태계 모델과 종의 수가 적은 가상 생태계 모델을 컴퓨터에 프로그램했다. 그의 결론은 안정성과 다양성에 대한 기존의 상식을 뒤엎는 것이었고, 그는 종의 혼합물에서 복잡성이 증가한 결과로 안정성이 얻어진다는 '단순한 믿음'을 재고해야 한다고 경고했다. 메이의 생태계 시뮬레이션은 오히려 단순성도 복잡성도 종의 상호작용 패턴만큼 안정성에 많은 영향을 주지 못함을 암시했다.

"처음에 생태학자들은 단순한 수학적 모델과 단순한 실험실의 소우주를 설계했습니다. 그러나 그 결과는 모두 엉망이었지요. 종들이 엄청나게 죽어나갔습니다." 스튜어트 핌이 나에게 말했다. "나중에 생태학자들은 컴퓨터상에서든 수조 안에서든 좀 더 복잡한 시스템을 만들어냈습니다. 복잡한 시스템은 잘 굴러갈 것이라고 생각했던 것이지요. 그러나 틀렸습니다. 이 시스템들은 더 큰 재난이었습니다. 복잡성은 단지 일을 한층 어렵게 만들 뿐이었습니다. 각 매개변수들이 딱 맞아야만 했습니다. 따라서 임의로 어떤 모델을 만들 경우, 진짜 단순한 경우(예컨대 먹이도 딱 하나, 필요한 자원도 딱 하나인 모델)가 아니고서는 제대로 굴러가지 않았던 거죠. 여기에 다양성과 상호작용을 더하거나 먹이사슬의 길이를 증가시키다보면 곧 모든 것이 산산조각 나는 지점에 도달하게 됩니다. 그것이 바로 가드너, 애슈비, 메이, 그리고 저의 먹이그물에 대한 초기 연구의 요지입니다. 그러나 계속해서 종을 추가하고, 계속해서 망치다보면 놀랍게도 결국 어느 순간 더 이상 무너지지 않는 혼합물에 이르게 됩니다. 어느 순간 공짜로 질서를 얻게 되는 거죠. 단지 이 제대로 된 상태에 도달하기 위해 수많은 반복된 실패가 필요할 뿐입니다. 지금껏 안정적이고 지속적인 복잡한 시스템에 이르는 유일한 길은 반복해서 될 때까지 그 시스템을 조합하는 길뿐이었습니다. 그리고 제가 아는 한 그 최종적 상태가 어떻게 성공에 이르게 되었는지 이해하는 사람은 아무도 없습니다."

1991년 스튜어트 핌은 동료인 존 로턴John Lawton, 조엘 코헨Joel Cohen과 함께 야생 상태의 먹이그물에 대한 현장 연구 결과를 모두 검토하고 수학적으로 분석한 끝에 "개체군이 재해로부터 회복되는 속도는… 먹이사슬의 길이에 의존한다."라고 결론내렸다. 그뿐만 아니라 해당 종의 먹이가 되는 종수와 포식자 종수에도 의존한다. 나뭇잎을 먹는 곤충이 사슬 하나를 구성한다. 나뭇잎을 먹는 곤충을 먹는 거북이는 두 번째 사슬이다. 늑대는 나뭇잎으로부터 여러 개의 사슬만큼 떨어져 있을 것이다. 일반적으로 사슬이 길면 길수록 상호작용하는 종의 그물은 환경 재난에 대하여 덜 안정적이다.

메이의 시뮬레이션으로부터 이끌어낼 또 다른 중요한 측면은 에스파냐의 생태학자 라몬 마르갈레프Ramon Margalef가 그보다 몇 년 앞서 내놓은 주장에 잘 나타나 있다. 마르갈레프는 메이와 마찬가지로 많은 수의 구성 요소로 이루어진 시스템은 구성 요소들이 서로 약한 관계를 맺고, 적은 수의 구성 요소로 이루어진 시스템은 구성 요소들이 서로 매우 강한 관계를 맺고 있다는 사실을 깨달았다. 마르갈레프는 그것을 이렇게 표현했다. "실험적 증거에 따르면, 자유롭게 다른 종들과 상호작용하는 종은 다수의 종들과 그런 관계를 맺는 반면 강한 상호작용을 하는 종의 경우 적은 수의 종들과만 그런 관계를 주고받는 경향이 있다." 많은 수의 느슨하게 맺어진 구성원이냐 적은 수의 강하게 결합된 구성원이냐 하는, 생태계가 직면한 선택의 문제는 생물이 직면하는 번식 전략의 선택 문제와 유사하다. 그러니까 적은 수의 자손을 낳아 잘 보호하며 키우느냐, 엄청난 수의 자손을 낳아 방치하느냐 하는 문제 말이다.

생물학의 관찰 결과는 시스템이 네트워크의 연결점당 연결 개수뿐만 아니라 네트워크상의 각 연결점 사이의 연관성connectance, 연결의 강도까지 조절하는 경향이 있음을 보여준다. 자연은 연관성을 보존하는 것처럼 보인다. 따라서 우리는 문화, 경제, 기계 시스템에서도 이와 유사한 연관성 보존의 법칙이 적용될 것이라고 예측할 수 있다. 그러나 지금까지 그 사실을 확인하고자 하는 연구는 보지 못했다. 만일 모든 비비시스템에 그와 같은 법칙이 존재한다면 한편으로 연관성이 계속해서 조정되고 끊임없이 요동치는 상태일 것이라 예측할 수 있다.

"생태계는 살아 있는 생물들의 네트워크입니다." 버지스가 말한다. 생물들은 먹이그물이나 냄새나 시각 등에 따라 다양한 정도의 연관성으로 서로 연결되어 있다. 모든 생태계는 항상 요동치고 항상 스스로의 모습을 바꾸는 동적인 그물망이다. "불변성을 찾으려고 할 때마다 우리는 변화를 발견하게 된다."라고 보트킨은 말했다.

옐로스톤국립공원이나 캘리포니아의 미국삼나무 숲이나 플로리다의 에버글레이즈를 찾을 때면 우리는 딱 그 장소에 어울리는 자연의 혼합물에 경외감을 느끼게 된다. 곰은 딱 로키마운틴강이 흐르는 계곡의 일부인 것처럼 느껴지고, 미국삼나무는 원래부터 딱 그 해안의 언덕에 속하는 것이고, 악어들 역시 원래부터 플로리다의 평야에 속하는 것처럼 느껴진다. 그리하여 우리의 마음은 이들을 지금 그 모습대로 보호하고 보존해야 한다는 충동을 느낀다. 그러나 장기적인 관점에서 볼 때 이들은 그 장소에 그리 오래 전부터 존재해온 것도 아니고 앞으로도 천년만년 그곳에 존재하리란 법도 없는 자연의 불법 점유자에 지나지 않는다. 보트킨은 이렇게 주장한다. "방해받지 않은 자연은 형태나 구조나 비율에 있어서 항상 일정한 모습이 아니라 시간과 공간의 모든 국면에서 끊임없이 변화한다."

아프리카의 호수 바닥 깊숙이 파고들어간 구멍에서 나온 꽃가루에 대한 연구는 아프리카의 경관이 지난 수백만 년 동안 계속해서 격동하는 상태에 있었음을 보여준다. 언제 들여다보느냐에 따라서 아프리카의 경관은 지금과 엄청나게 커다란 차이를 보인다. 지질학적 역사에서 비교적 최근에 속하는 과거만 해도 아프리카 북부의 광대한 영역에 걸쳐 있는 사하라 사막은 열대우림 지역이었다. 그때와 지금 사이에 수많은 종류의 생태계가 나타났다 사라졌다. 우리는 야생의 세계를 영원한 것으로 생각하는 경향이 있다. 그러나 실제로 자연은 강요된 격동 속에 있다.

기계나 실리콘칩과 같은 인공 매체에 부여된 복잡성은 더욱더 큰 폭으로 요동친다. 또한 우리는 인간의 제도—인간의 고난과 꿈의 생태계—역시 끊임없는 격동과 재발견 속에 있음을 목격한다. 그러나 우리는 한편으로 변화가 시작될 때마다 항상 놀라움과 저항을 보인다. (시대에 앞서가는 포스트모던한 미국인에게 헌법이라는 이름의 200년 된 법전을 바꾸고 싶으냐고 묻는다면 그는 상당히 중세적인 반응을 보일 것이다.)

영원한 것은 삼나무 숲도 아니고 의회도 아니고 변화 그 자체이다. 그렇다면 이런 질문이 떠오를 것이다. 변화를 통제하는 것은 무엇인가? 우리는 어떻게 변화를 이끌 수 있을까? 정부나 경제 또는 생태계와 같이 느슨하게 연결된 분산된 존재는 어떤 의미 있는 방식으로 통제할 수 있을까? 변화가 가져올 미래의 상태를 예측할 수는 있을까?

미시간주에 약 40만 m²의 낡은 농장을 사들였다고 가정해보자. 이 땅에 울타리를 쳐서 소와 사람들이 들어가지 못하게 한다. 그런 다음 그냥 내버려두고 수십 년 동안 관찰하는 것이다. 첫 번째 여름이 되면 잡초들이 가득 들어설 것이다. 그 후로는 해마다 새로운 종들이 울타리 밖에서 날아들어 그 땅에 뿌리를 내릴 것이다. 그리고 새로 들어온 종 가운데 일부는 더 나중에 들어온 종에 밀려 사라질 것이다. 생태학적 혼합물은 땅 위에서 스스로를 조직해나간다. 혼합물은 수년에 걸쳐 변동을 보인다. 풍부한 지식을 지닌 생태학자가 이 울타리를 친 농장을 보고서 100년 후에 어떤 야생 종 식물이 이 땅에서 번성하게 될지 예측할 수 있을까?

"네. 당연히 할 수 있습니다." 스튜어트 핌이 말한다. "그러나 예측 결과는 사람들이 생각하는 것처럼 흥미롭지는 않을 것입니다."

미시간주 농장의 최종 상태는 대학의 모든 표준적인 생태학 교과서의 생태 천이succession 개념에 대한 장에서 발견할 수 있다. 첫 번째 해에 미시간주의 땅에 돋아나는 잡초들은 일년생 꽃식물이다. 그 다음 바랭이나 돼지풀처럼 좀 더 끈질긴 생명력을 지닌 다년생 잡초들이 그 자리를 채운다. 그런 후에는 좀 더 나무에 가까운 관목들이 자리잡아 들꽃에 그늘을 드리워 들꽃의 생장을 억제한다. 그 후에 소나무가 들어서면서 관목들을 억누른다. 소나무는 그늘을 드리워 너도밤나무나 단풍나무 같은 활엽수의 종자들이 자라나는 것을 막는다. 그러나 시간이 흐르면서 활엽수들이 소나무를 밀어내는 양상이 나타난다. 그리하여 100년 후 이 땅에는 전형적인 북부의 활엽수림이 자리잡게 될 것이다.

갈색의 땅 자체가 마치 씨앗과 같다. 첫 해에 마치 한 올 한 올 새로 난 털과 같은 잡초가 돋아난다. 몇 년 지나면 턱수염 같은 관목이 자라난다. 그리고 한참 후에는 덥수룩한 숲이 자리잡는다. 이 땅은 마치 개구리 알에서 깨어난 올챙이가 성장하듯 예측 가능한 단계를 밟으며 성장한다.

그리고 이와 같은 발달에서 흥미로운 점은 위의 농장 대신 40만 m^2의 축축한 습지나 아니면 같은 면적의 미시간주의 모래 언덕에서 같은 실험을 하더라도, 천이 과정의 처음 종은 다르더라도 (습지의 경우 사초sedge, 모래 언덕의 경우 산딸기) 종의 혼합물은 궁극적으로 활엽수림이라는 동일한 종말점에서 만나게 된다는 사실이다. 세 가지 씨앗 모두 동일한 성체를 길러낸다. 이와 같은 수렴 현상은 생태학자들로 하여금 오메가 포인트20세기 초의 프랑스 신학자 테야르 드 샤르댕이 제안한 개념으로 복잡성과 의식의 궁극적 최고 수준을 일컫는 말이다.–옮긴이 내지는 정점 생태계라는 개념을 떠올리게 했다. 특정 지역에서 모든 생태학적 혼합물은 성숙하고 안정된 조화 상태에 이를 때까지 계속해서 변화하는 경향이 있다는 것이다.

온화한 미국 북부 지대에서 땅이 '원하는' 것은 활엽수림이다. 충분한 시간만 주어진다면 말라가는 호수나 바람 부는 모래 지대나 결국 활엽수림을 조성할 것이다. 조금 더 따뜻해지기만 한다면 알프스의 고산 지대도 역시 활엽수림을 향해 나아갈 것이다. 마치 먹고 먹히는 복잡한 그물망이 끊임없는 투쟁을 통해 그 지역에 살고 있는 뒤섞인 종들을 활엽수림이라는 정점(또는 다른 기후 지대에서는 그곳 특유의 정점)에 이르도록 부추기고 뒤흔들다가 결국 정점에 도착한 후에야 평화를 허락하는 듯하다. 땅은 그 정점의 조성에 이른 후에야 비로소 휴식을 찾는다.

정점의 조성 안에서는 다양한 종들의 상호 필요성이 딱 맞아떨어지기 때문에 이 상태에서는 전체를 뒤흔들기가 어렵다. 북미 지역의 밤나무 처녀림에서 30년에 걸쳐서 한때 숲의 상당 부분을 차지했던 어느 한 종의 커다란 밤나무가 완전히 사라졌다. 그러나 숲의 나머지 부분에는 별다른 커다란 재난이 일어나지 않았다. 숲은 여전히 유지되었다. 이와 같은 특정 종의 조성 또는 생태계의 끈질긴 안정성은 생물 특유의 일체성coherence과 유사한 효율의 최적점이 존재함을 암시한다. 각 부분들의 밀접한 상호 지지 관계에는 뭔가 전체적이고 뭔가 생명과 비슷한 것이 엿보인다. 어쩌면 단풍나무 숲은 개별적인 생물들로 이루어진 그 자체로서 하나의 거대한 생물이 아닐까?

한편 앨도 레오폴드는 이렇게 말한다. "기존의 물리학적 관점으로 볼 때 뇌조grouse는 1에이커4046m² 면적의 숲의 질량이나 에너지의 100만분의 1 정도에 지나지 않는다. 하지만 뇌조가 사라진다면 그것을 포함한 전체도 생명을 잃는다."

1916년 생태학의 창시자 중 한 사람인 프레더릭 클레멘츠Frederic Clements는 너도밤나무 활엽수림과 같은 생물의 공동체를 창발적 초개체superorganism라고 불렀다. 그는 정점에 이른 생태계는 '탄생하고, 성장하고, 성숙하고, 죽는… 식물 각각의 생명의 역사에서 나타나는 주요 특징과 비교되는 특징을 가진' 초개체라고 말했다. 그뿐만 아니라 숲은 버려진 미시간주의 농장 같은 곳에 새로 씨를 뿌릴 수 있다. 클레멘츠는 그것을 일종의 번식 행위로 보고 역시 생물과 같은 특징의 하나로 꼽았다. 명민한 관찰자라면 너도밤나무 숲이나 단풍나무 숲이 예컨대 까마귀라는 생물만큼이나 특유의 정체성과 온전함을 보인다는 점을 간파했을 것이다. 공터나 버려진 모래밭에 자기 자신을 똑같이 복제하는 능력을 가진 것이라면 그것이 생물 또는 초개체가 아니고 무엇이겠는가?

초개체라는 용어는 1920년대 생물학자들 사이에서 일종의 유행어였다. 행위자들의 집단이 조화롭게 행동해서 집단적으로 조절되는 현상을 만들어낸다는, 당시로서 새로운 개념을 묘사하는 데 이 용어를 사용했다. 작은 곰팡이와 같은 단세포들이 모여 움직이는 덩어리를 형성하는 점균류처럼 생태계는 각 요소들이 합쳐져 안정적인 초개체—예컨대 벌떼나 숲—를 형성한다는 것이다. 조지아주의 소나무 숲은 소나무처럼 행동하지 않는다. 텍사스주의 산쑥 지대도 산쑥처럼 행동하지 않는다. 마치 새떼가 거대한 한 마리의 새가 아니듯이. 이들은 자신을 구성하는 개체들과 다른 무엇이다. 동물들과 식물들이 느슨한 연방을 구성하여 고유의 행동 양식을 보이는 초개체를 창발시킨다.

그런데 클레멘츠의 라이벌이자 역시 현대 생태학의 아버지 중 하나인 글리슨H. A. Gleason은 초개체가 너무 느슨한 개념이며, 단지 모든 것에서 패턴을 찾고자 하는 인간의 정신이 만들어낸 개념일 뿐이라고 주장했다. 클레멘츠와 반대로 글리슨은 정점에 이른 생물 공동체는 수없이 나타났다가 사라져가는 생물들이 단지 기후와 지질학적 조건에 운 좋게 맞아떨어지는 조성을 이룬 것뿐이라고 주장했다. 그는 생태계를 지속적인 공동체라기보다 무한하고, 다원적이며,

내성이 있고, 끊임없이 격동하는 일종의 협의체에 가까운 것이라고 보았다.

야생의 자연은 두 관점 모두에 증거를 제공한다. 어떤 곳에서는 각 공동체 사이의 경계가 명확하여 마치 생태계가 초개체인 것처럼 보인다. 예를 들어 태평양 연안 북서부의 바위로 이루어진 해안에는 만조 때 해초로 이루어진 공동체와 물가의 가문비나무 숲 사이에는 아무도 살지 않는 모래밭이라는 경계가 있다. 폭이 1m 남짓한 이 소금기 어린 사막에 서 있으면 그 양 편에 뚜렷이 구분되는 초개체가 제각기 고유의 삶을 살아가고 있음을 느낄 수 있을 것이다. 또한 중서부의 낙엽수림과 들꽃이 만발한 프레리 초원 사이에도 침투할 수 없는 뚜렷한 경계가 존재한다.

이 생태학적 초개체 수수께끼의 답을 구하기 위해 생물학자인 윌리엄 해밀턴William Hamilton이 1970년대에 컴퓨터상에 생태계를 모델화하기 시작했다. 그는 그의 모델에서(또한 실제 생명의 세계에서) 자기 조직을 통해 지속적인 일체 상태에 도달하는 시스템은 극소수임을 발견했다. 위에서 내가 언급한 사례들은 야생 세계에서 나타나는 몇 가지 예외에 속하는 것이다. 해밀턴도 몇 가지 다른 사례들을 찾아냈다. 예를 들어 물이끼 토탄 습지의 경우 수천 년 동안 소나무의 침입을 막아냈다. 툰드라 스텝 지대도 마찬가지였다. 그러나 대부분의 생태계는 자신의 집단이 유지되도록 보호하는 기능이 없는 여러 종들이 이리저리 뒤섞인 잡종 상태로 빠지고는 한다. 시뮬레이션에 등장한 것이든 진짜로 존재하는 것이든 대부분의 생태계는 장기적으로 볼 때 외부의 침입에 쉽게 허물어진다.

글리슨이 옳았다. 생태계 안 구성원들 사이의 결합은 생물 유기체를 이루는 구성원들 사이의 결합에 비해 훨씬 유연하고 임시적이다. 예를 들어 올챙이와 같은 생물과 소택지와 같은 생태계 사이의 사이버네틱스 측면의 차이점은 구성점 사이의 긴밀한 통신과 의사소통, 제어와 피드백(되먹임) 측면에서 – 옮긴이 생물은 매우 단단하게 한데 묶여 있고 엄격하게 제어되는 반면 생태계는 헐겁게 묶여 있고 느슨하다는 것이다.

장기적 관점에서 볼 때 생태계는 임시적인 네트워크이다. 비록 연결 중 일부는 단단하게 고정되어 거의 공생 관계와 같은 관계로 발달하지만 대부분의 종들은 진화적 시간 단위에서 볼 때 주변의 다른 종들과 난잡하게 관계를 주고받는다. 관계를 맺었던 파트너가 진화하면서 변해감에 따라 종들은 다른 파트너들과 관계를 맺게 된다.

이처럼 진화적 시간 단위에서 볼 때 생태계는 일종의 예행 연습과 같은 것으로 볼 수 있다. 또는 생태계는 생물학적 형태의 정체성을 만들어내는 작업장이라고 볼 수 있다. 각각의 종들은 서로 제각기 다른 역할들을 시험해보고 새로운 파트너 관계를 모색한다. 시간이 흐르면서 역할과 행동은 생물의 유전자에 동화된다. 시적 언어로 말하자면 유전자는 이웃 종의 방식에 직접적으로 영향을 받는 상호작용이나 기능 등을 자신의 암호에 포함시키는 것을 꺼린다. 왜냐하면 진화의 역사 굽이굽이에서 이웃은 언제든 바뀔 수 있기 때문이다. 따라서 융통성 있고 유연하며 걸릴 것 없고 자유로운 상태로 남아 있는 편이 유리하다.

하지만 동시에 클레멘츠 역시 옳다. 모든 조건이 동일하다면 효율의 최적점이 부분들의 특정 조합을 안정적인 조화 상태로 가져갈 것이다. 비유하자면 계곡 바닥까지 흘러내려가는 돌멩이에 대해 생각해보자. 모든 돌멩이들이 계곡 바닥에 도달하지는 않는다. 어떤 돌멩이는 언덕 어딘가에 박혀서 그곳에 안착할 것이다. 그와 마찬가지로 자연의 풍경 속에서 정점의 조성이 아니지만 충분히 안정적인 중간 단계의 종의 혼합물이 존재할 수 있다. 수백 년이나 수천 년이라는 극히 짧은 지질학적 시간 동안 생태계는 더할 것도 뺄 것도 없는 친밀한 구성원들의 결합을 형성할 수 있다. 이와 같은 결합은 대개 100만 년 단위인 종의 수명보다, 개중 특히 짧은 종의 수명보다도 훨씬 더 짧다.

진화의 위력을 보여주기 위해서는 진화에 참여하는 개체들 사이의 특정 연관성이 필요하다. 따라서 밀접하게 연결된 시스템에서 진화의 동력이 가장 강력하게 나타난다. 생태계라든지 경제 시스템, 문화 시스템처럼 느슨하게 연결된 시스템에서는 적응이 덜 체계적으로 이루어진다. 느슨하게 연결된 시스템의 일반적인 역동 상태에 대해서 우리는 아는 것이 별로 없다. 왜냐하면 이러한 시스템에서 일어나는 분산된 변화는 매우 지저분하고 무한히 간접적이기 때문이다. 초기의 사이버네틱스 학자인 하워드 패티Howard Pattee는 위계화된 구조를 연관성의 범위로 보았다. 그는 이렇게 말했다. "플라톤적 관점에서 볼 때는 세계의 모든 것들이 다른 모든 것들과 연결되어 있다. 그리고 아마도 그것은 사실일 것이다. 모든 것은 서로 연결되어 있다. 다만 어떤 것들은 다른 것들보다 더욱 밀접하게 연결되어 있을 뿐이다." 패티에게 위계hierarchy란 어떤 시스템 안에서 연결의 강도가 차등적으로 존재하기 때문에 생겨난 결과물이다. 너무나 헐겁게 연결되어 이른바 '불활성인flat' 구성원들은, 구성원들이 강하게 연결된 영역과 뚜렷이 구분되는 별개의 조직적 차원을 구성한다. 연관성의 범위가 위계를 만들어내는 것이다.

가장 보편적인 용어로 표현하자면 진화는 단단하게 연결된 그물망이고 생태계는 느슨하게 연결된 그물망이다. 진화적 변화는 강하게 묶인 절차로 수학 계산이나 사고 과정과 비슷하다. 그런 면에서 진화는 뇌에서 일어나는 절차에 가깝다. 반면 생태학적 변화는 정신적 측면보다는 우리 몸의 순환계와 같이 (우유부단하고 순환적인 절차로) 몸 구석구석에 자리잡고서 바람, 물, 중력, 햇빛, 암석과 직접 부대끼는 절차와 비슷하다. "공동체(생태계)의 속성은 진화의 역사 산물이라기보다 환경의 산물에 가깝다."라고 생태학자인 로버트 리클레프스Robert Ricklefs는 말한다. 진화가 유전자나 컴퓨터 칩에서 나오는 상징적 정보의 직접적 흐름에 의해 조절되는 반면, 생태학은 그보다 훨씬 덜 추상적이고 더 어수선한, 신체에 구현된 복잡성에 의해 통제된다.

이처럼 진화는 상징적 속성이 강한 절차이기 때문에 우리는 인공적으로 진화를 창조하고 제어하려고 시도한다. 그러나 생태학적 변화는 너무나 몸에 얽매여 있기 때문에 몸이나 풍부한 인공적 환경의 시뮬레이션이 가능해질 때까지 우리는 생태계를 합성해낼 수 없을 것이다.

다양성은 어디에서 오는 것일까? 1983년 미생물학자인 줄리언 애덤스Julian Adams가 복제된 대장균의 혼합물을 배양하는 과정에서 그 답에 대한 단서를 발견했다. 그는 배양액을 거듭해서 정화한 끝에 완전히 균질화된 동일한 대장균의 혼합물을 얻었다. 그러고 나서 그는 이 복제된 대장균 혼합 용액을 일정한 환경을 유지해주는 물질 환경 조절 장치chemostat에 넣어 용액 속의 대장균 한 마리 한 마리에게 동일한 온도와 영양분을 제공했다. 그런 상태에서 동일한 균들이 자유롭게 복제하고 발효되도록 두었다. 400세대가 지난 후 대장균은 약간 다른 유전자 조성을 가진 새로운 계통을 탄생시켰다. 아무런 특징 없는 일정한 환경의 출발점으로부터 생명은 자발적으로 다양성을 발달시켰다.

깜짝 놀란 애덤스는 무슨 일이 일어났는지 밝히기 위해 변종(새로운 종은 아니다.) 대장균의 유전자를 분석해보았다. 원래 대장균 중 하나가 돌연변이를 겪어 아세테이트라는 유기 물질을 분비하는 성질을 갖게 되었다. 그 후 두 번째 대장균이 새로운 돌연변이를 겪어 그 분비된 아세테이트를 이용하는 능력을 얻었다. 획일적인 균질성으로부터 갑자기 아세테이트 생산자와 아세테이트 소비자 사이의 공생적 상호 의존성이 출현했고 전체 대장균 용액은 생태계로 발전해 나갔다.

균질성이 다양성을 낳을 수도 있지만 변이는 더 큰 다양성을 낳는다. 만일 지구가 반질반질한 볼베어링과 같다면, 그러니까 균일한 기후와 균질한 토양이 고르게 펼쳐진 완벽한 구형의 물질 환경 조절 장치라면 생태계의 다양성은 지금보다 훨씬 줄어들었을 것이다. 일정한 환경에서는 모든 변이와 모든 다양성은 내부의 힘에 의해서만 추진된다. 그럴 경우 생물에게는 오직 공진화적 관계에 있는 다른 생물만이 제약 조건이 될 것이다.

만일 진화가 지구의 지리적, 지질학적 동력의 영향을 받지 않고—'몸'의 제약 없이—자기만의 고유의 길을 걷는다면 마음과 비슷한 속성을 가진 진화는 스스로를 먹이로 삼으며 상당한 정도로 반복적인 관계들을 낳을 것이다. 산도 없고, 폭풍도 일어나지 않고, 예기치 못한 가뭄 따위도 존재하지 않는 땅에서라면 진화는 생명체들을 점점 더 밀접하고 단단하게 엮인 공진화의 그물망 속으로 몰아넣을 것이다. 그리하여 기생 생물과 그 기생 생물에 기생하여 살아가는 생물 중기생체, hyperparasite, 의태mimicry, 공생 생물 등 점점 가속화되는 상호 의존성에 사로잡힌 생물들로 가득한 매끈하고 단조로운 세계가 되어갈 것이다. 각 종들은 다른 종들과 너무나 단단히 결합되어 한 종의 정체성이 어디에서 끝나고 다른 종의 정체성이 어디에서 시작되는지 경계를 구분하기 어려워질 것이다. 결국 볼베어링 행성의 진화는 모든 것을 하나의 거대하고 완전히 분산된 행성 규모의 초개체로 만들어나갈 것이다.

극지방의 혹독한 기후와 거친 환경에서 태어난 생물들은 자연이 그들에게 던지는 예상할 수 없는 변이들을 다룰 수 있어야 한다. 얼어붙을 듯 추운 밤과 오븐처럼 뜨거운 낮, 봄에 얼음이 녹는가 싶을 때 찾아오는 눈 폭풍. 이런 환경은 생물에게 불규칙한 서식지를 제공한다. 반면 열대 지역이나 깊은 바다 속은 상대적으로 균일하고 매끈한 환경이라고 할 수 있다. 온도도, 강우량도, 일조량도, 영양분도 일정한 상태이기 때문이다. 따라서 열대나 해저 환경의 균일함은 그곳에 사는 생물들로 하여금 생리적 방법으로 적응할 필요를 버리고 순수하게 생물학적 방법으로 적응할 여지를 준다. 우리는 이와 같은 환경이 일정한 서식지에서는 기이한 공생 관계 및 기생 관계―기생 생물에 기생하여 살아가는 생물, 암컷의 몸 안에서 살아가는 수컷, 다른 생물을 흉내내고 그대로 따라하는 생물들―를 볼 수 있을 것이라고 예상하고 실제로 그와 같은 관계들을 발견한다.

거친 환경이 없다면 생물은 그저 자기 자신을 가지고 장난을 칠 수밖에 없다. 이 경우에도 생물은 변이와 새로움을 창조해낸다. 그러나 자연의 세계에서든 인공의 세계에서든 피조물을 거칠고 커다란 변이를 보이는 환경에 가져다놓을 때 훨씬 더 큰 다양성을 얻을 수 있다.

컴퓨터의 세계에서 생명체와 같은 행동을 창조하려는, 신이 되고자 하는 사람들은 이 점을 놓치지 않았다. 스스로를 복제하고 스스로 돌연변이를 일으키는 컴퓨터 바이러스를 연산 처리 자원이 균질하게 분산된 컴퓨터 메모리에 풀어놓으면, 바이러스는 기생체, 중기생체hyperparasite, 중-중기생체hyper-hyperparasite 등을 포함하는 반복적이고 재귀적인 일련의 변종으로 진화한다. 가상 생명 연구가인 데이비드 애클리David Ackley는 나에게 이렇게 말했다. "마침내 놀라울 정도로 진짜 생물과 비슷하게 행동하는 가상 생물을 만드는 방법을 찾았습니다. 진짜로 복잡한 피조물을 만들려고 노력하는 대신 단순한 피조물을 놀라울 정도로 풍부한 환경 속에 집어넣는 것이지요."

한밤중에 산책을 하던 날로부터 6개월 후, 바람이 거센 오후 2시에 나는 다시 집 뒤편의 언덕을 올라갔다. 바람을 맞고 있는 풀들은 겨울철 내린 비로 푸르러져 있었다. 산등성이 근처에서 사슴이 부드러운 풀을 납작하게 눌러서 둥근 쿠션처럼 만들어놓은 곳을 발견했다. 뭉개진 풀의 줄기가 엷은 보라색으로 변색되었다. 마치 사슴의 배에서 그 색이 묻어나기라도 한 것처럼. 나는 그 자리에 앉아서 잠시 쉬었다. 머리 위로 바람이 지나갔다.

바람이 풀잎을 흔들고 그 사이로 웅크리고 자리잡은 들꽃들이 보였다. 어떤 이유에서인지 층층이부채, 사막붓꽃, 엉겅퀴, 용담 등 모든 꽃들이 푸른빛 도는 보라색을 띠고 있다. 불어오는 바람에 허리를 굽힌 풀들과 바다 사이에는 관목들이 자리잡고 있다. 은색이 도는 올리브색 잎을 달고 있는 땅딸막한 나무들, 전형적인 사막 식물이다.

여기에 야생 당근의 줄기가 있다. 톱니바퀴처럼 오톨도톨한 요철로 이루어진 잎은 자세히 들여다보면 이해할 수 없을 정도로 복잡하고 정교한 모양을 하고 있다. 각각의 잎마다 약 24개의 작은 잎이 빙 둘러서 배열되어 있다. 그리고 그 작은 잎은 또 12개의 더 작은 잎으로 이루어져 있다. 이처럼 재귀적인 모양은 틀림없이 어떤 강박적인 절차에 의해 만들어진 것처럼 보인다. 꽃의 모양 역시 작은 꽃이 다발로 모여 하나의 꽃을 이루는 두상화이다. 30개의 작은 크림색 꽃송이들이 중심에 있는 작은 보라색 꽃송이 하나를 둘러싸고 있는 모습 역시 경이롭다. 내가 앉아 휴식을 취하고 있는 기슭만 해도 생명 형태의 다양성은 그 세부 사항과 의외성에서 경탄할 만하다.

과연 경탄할 만하다. 그런데 한편으로 수백만 포기의 풀과 수천 그루의 노간주나무 관목 사이에 앉아 있는 나에게 문득 지구상의 생물이 얼마나 서로 비슷한가 하는 생각이 떠올랐다. 어떻게 보면 지금까지 생명이 취할 수 있는 가능한 모든 모양과 행동 중에서 오직 적은 수만이 시도되었다. 비록 광범위한 변이를 수반하지만 말이다. 생명은 나를 속일 수 없다. 사실은 모두가 똑같은 것이다. 슈퍼마켓에 쭉 늘어선, 상표만 조금씩 다르지 사실은 모두 같은 거대 식품 회사에서 생산된 통조림처럼 생명은 모두 대동소이하다. 지구상의 생명이 상품이라면 이들은 분명히 단일한 초국적 대기업에서 생산된 것이 분명하다.

풀잎들이 나의 엉덩이 가장자리를 밀고 올라오고 덥수룩한 엉겅퀴 줄기가 나의 셔츠를 문지른다. 갈색 가슴을 가진 제비가 언덕 아래로 급강하한다. 이들은 모두 하나의 실체가 여러 방향으로 뻗어 나온 것이다. 나는 그것을 알아볼 수 있다. 왜냐하면 나 역시 그 하나의 실체와 연결되어 있으므로.

생명은 네트워크로 이루어져 있으며 분산되어 있는 존재이다. 생명은 드넓은 시공간으로 확장되어 있는 하나의 유기체이다. 개별적인 생명이란 존재하지 않는다. 홀로 떨어져서 살아가는 단일한 생물이란 어디에서도 찾아볼 수 없다. 생명은 근본적으로 복수 형태를 취한다. (그리고 복수 형태를 취하게 되기 전까지는, 다시 말해 스스로를 복제하기 전까지는 생명을 생명이라고 볼 수 없다.) 생명은 상호 연결, 유대, 공통점을 지닌 다수와 같은 특질을 수반한다. "그대와 나, 우리에게는 같은 피가 흐르고 있다오." 시인인 무글리Mowgli가 다정하게 읊조렸다. 그렇다. 개미여, 그대와 나, 우리에게는 같은 피가 흐르고 있다오. 티라노사우루스여, 그대와 나, 우리에게는 같은 피가 흐르고 있다오. 에이즈 바이러스여, 그대와 나, 우리에게는 같은 피가 흐르고 있다오.

생명이 이리저리 흩어져서 형성된 명확한 각각의 개체라는 개념은 환상에 지나지 않는다. "생명은 (근본적으로) 생태계의 소유물이며 각 개체에 속하는 순간은 덧없는 찰나에 지나지 않는다."라고 유리병 안에 초개체를 창조하는 데 골몰했던 미생물학자 클레어 폴섬Clair Folsome이 말했다. 우리는 모두 하나의 삶을 살며, 분산되어 있는 하나의 생명체의 일부이다. 생명은 담는 그릇에 따라 형체를 바꾸는 흘러넘치는 액체로, 하나의 빈 병을 채우고서는 그로부터 흘러넘쳐 또 다른 병들을 채워나간다. 액체에 잠긴 병들의 모양이 어떠한지, 개수가 몇 개인지는 전혀 중요하지 않다.

생명은 중용을 모르는 극단주의자, 광신도처럼 행동한다. 생명은 어느 곳이든 침투하고 흘러들어간다. 대기를 포화시키고, 지구의 표면을 뒤덮으며, 기반암의 틈새를 비집고 들어간다. 그 무엇도 생명의 힘을 거부하지 못한다. 러브록이 지적하듯, 오래된 암석을 파낼 때마다 그 암석에 보존되어 있는 고대 생명의 흔적을 만나게 된다. 생명을 수학적으로 생각했던 요한 폰 노이만은 이렇게 말했다. "살아 있는 생물은… 어떤 합리적인 확률 이론이나 열역학 이론에 비추어보아도 정말로 일어나기 어려운 현상이다. … (그러나) 일단 어떤 특이한 우연에 의해 생명이 하나 생겨나면 그때부터는 확률의 법칙이 적용되지 않으며 수많은 생명들이 생겨나게 될 것이다." 일단 생명이 만들어지면 즉각 지구 전체를 채워나간다. 그 과정에서 지구 모든 영역의 물질들—기체, 액체, 고체—을 징발하여 자신의 목적에 맞게 사용한다. "생명은 행성 규모의 현상이다."라고 제임스 러브록은 말했다. "어떤 행성에 생명이 희박하게 드문드문 떨어져서 존재할 수는 없다. 왜냐하면 그것은 마치 동물 반 마리만큼이나 불안정한 상태이기 때문이다."

이제 생명 전체를 아우르는 얇은 막이 지구 전체를 뒤덮고 있다. 우리는 이 외투를 벗겨낼 수 없다. 어느 한쪽 솔기를 뜯어내면 외투는 스스로 뜯어진 부분을 덧대 기워 붙일 것이다. 함부로 막 굴려보아도 외투는 또 그 가혹한 조건에 맞게 스스로 변신할 것이다. 지구라는 행성의 몸을 감싸고 있는 이 코트는 단순히 빈약한 초록색이 아니라 풍부하고 다채로운 오색 빛깔을 띠고 있다.

그리고 이 코트는 사실상 영구히 지속된다. 생명이 우리에게 말해주지 않은 거대한 비밀은 일단 생명이 태어나면 불멸성을 띈다는 사실이다. 일단 발을 들여놓으면 절대로 뿌리 뽑을 수 없다.

급진적 환경론자들의 경고와 달리 지구상에서 생명을 모조리 쓸어버리는 것은 인간의 능력을 벗어나는 일이다. 핵폭탄 정도는 생명 전반의 삶을 중지시키는 데 아무 위력도 나타내지 못할 것이고 오히려 인간을 제외한 생명의 범위를 확장시킬 것이다.

아마도 수십억 년 전에 생명이 되돌아갈 수 없는 문턱을 넘은 지점이 존재할 것이다. 그 지점을 돌이킬 수 없으며Irreversible 불멸성을 획득했다는Immortal 의미로 I-포인트라고 부르자. 이 I-포인트 이전에 생명은 희박하고 연약한 상태였다. 실제로 생명이 나아가는 길목에는 오르기 힘든 가파른 절벽이 가로막고 있었다. 40억 년 전 지구는 유성이 빈번하게 떨어져 충격을 주었고, 강력한 방사능에 노출되어 있었으며, 가혹할 정도로 온도 변화의 폭이 매우 커서, 반쯤 형성된, 막 스스로를 복제하려고 하는 복잡성이 유지되기에 적대적인 환경이었다. 그런데 그 무렵 러브록의 표현을 빌리자면 "지구 역사의 아주 초기에 기후 조건이 잠깐 동안 생명에 적당한 기회의 창문을 열어주었다. 생명이 정착할 수 있는 짧은 기간이 있었던 것이다. 만일 그 기회를 놓쳤더라면 미래의 생명으로 발전해나간 전체 시스템은 실패했을 것이다."

그러나 일단 지구 위에 정착하고 I-포인트를 넘어서자, 생명은 이제 더 이상 나약하지도 무르지도 않았다. 오히려 강건하고 활력이 넘치는 모습을 보여주었다. 단세포 박테리아는 불굴의 생명력으로 유명하다. 박테리아는 강한 방사능이 쏟아지는 서식지를 포함하여 우리가 상상할 수 있는 모든 적대적인 환경 속에서도 살아간다. 병원 관계자들은 잘 알겠지만 고작 몇 개의 방도 완전한 무균 상태로 유지하는 것이 지극히 어렵다. 하물며 지구에서 박테리아를 몰아낸다고? 그게 과연 가능할까?

우리는 생명의 저지할 수 없는 힘에 주의를 기울여야 한다. 왜냐하면 이것은 비비시스템의 복잡성과 관련되어 있기 때문이다. 우리는 이제 막 메뚜기 정도의 복잡성을 지닌 기계를 만들기 시작했고 이 기계들을 세상에 풀어놓으려는 참이다. 일단 태어나면 이들은 여간해서 사라지지 않는다. 컴퓨터 바이러스와 싸우는 개발자들이 지금까지 발견한 수천 가지의 바이러스 중에서 단 한 종도 멸종되지 않았다. 백신 소프트웨어를 개발하는 회사들에 따르면 매주 수십 개의 새로운 컴퓨터 바이러스가 만들어지고 있다고 한다. 컴퓨터가 존재하는 한 이 바이러스들도 존재할 것이다.

생명을 멈출 수 없는 이유는 생명 동력의 복잡성이 지금까지 알려진 파괴력의 복잡성보다 더 크기 때문이다. 생물은 무생물보다 훨씬 복잡하다. 물론 먹이 동물을 잡아먹는 포식자와 같이 생명이 죽음의 유발자가 되기도 한다. 그러나 하나의 생명 형태를 다른 생물이 소비해버리는 행위가 일반적으로 전체 계의 복잡성을 감소시키지는 않는다. 오히려 증가시킬 수도 있다.

이 세계의 모든 질병과 사고는 인간 한 사람을 죽이기 위해 하루 24시간, 주 7일, 휴일도 휴가도 없이 평균적으로 62만 1960시간70년을 작용한다. 현대 의학의 개입이 없다면 (현대 의학이 죽음을 가속화시키는지 저지하는지는 보는 사람의 관점에 따라 다르겠지만) 인간의 생명의 성벽을 무너뜨리고자 70여 년 동안 전면적 공격을 벌이는 셈이다. 이러한 공격을 견뎌내는 생명의 끈질김은 인간 몸의 복잡성에 기인한다.

반면 수명이 약 30만 km인 자동차는 약 5000시간을 달린 셈이다. 제트 엔진은 4만 시간 정도 사용하고서 교체해야 한다. 동력 장치가 없는 단순한 전구는 2000시간 정도 사용할 수 있다. 생명이 없는 복잡한 시스템의 수명은 생명의 끈질긴 지속성에 필적하지 못한다.

하버드 의과 대학에 있는 박물관에는 '쇠 지렛대 해골'이 전시되어 있다. 이 두개골에는 날아오는 쇠막대가 관통한 구멍이 나 있다. 두개골의 주인 피니어스 게이지는 19세기 채석장의 감독관이었다. 그가 구멍에 쇠막대기로 화약 가루를 꾹꾹 눌러 넣고 있을 때 그만 화약이 폭발했다. 그리고 쇠막대기가 그의 머리를 관통했다. 그의 동료들이 머리 밖으로 돌출된 쇠막대기를 톱으로 잘라낸 후 제대로 장비가 갖춰지지 않은 병원으로 그를 데리고 갔다. 그를 알던 사람들이 전하는 말에 따르면 게이지는 사고 후에도 13년을 더 살았다고 한다. 사고 이후로 성미가 급하고 화를 잘 내는 성격을 갖게 되었다는 것—이해할 만한 일이다—을 제외하고 그는 제 기능을 했다고 한다. 기계는 계속 돌아갔던 것이다.

췌장이 없는 사람, 신장이 하나밖에 없는 사람, 소장을 절제한 사람들도 비록 마라톤 경기에서 뛸 수는 없겠지만 꿋꿋이 살아간다. 물론 신체의 수많은 작은 구성 요소들—특히 샘gland—의 기능 저

하가 죽음으로 이어질 수도 있지만 그와 같은 장기는 잘 손상되지 않도록 세심한 방식으로 보호받는다. 실제로 스스로 붕괴되지 않도록 막는 기능은 복잡한 시스템의 가장 중요한 속성이다.

야생의 동물과 식물 중 많은 수가 극단적인 폭력과 상해로부터 살아남는다. 이것과 관련된 내가 알고 있는 유일한 한 연구에서, 브라질의 도마뱀 가운데 상해를 입은 도마뱀의 비율을 측정하고자 했다. 그 결과 약 12%의 도마뱀이 적어도 발가락 하나라도 잘려나간 상태였다. 총상을 입고도 살아난 엘크북유럽이나 아시아에 사는 큰 사슴 – 옮긴이, 상어에게 물린 후에 치유된 바다표범, 잘려나간 줄기에서 다시 싹이 트는 참나무…. 한 연구에서는 연구자들이 복족류의 껍데기를 일부러 부서뜨린 다음 야생에 풀어놓았더니 껍데기가 부서지지 않은 대조군과 거의 비슷한 수명을 누린 것으로 나타났다. 자연의 영웅적 성취는 작은 바다 동물이 살아남았다는 사실이 아니라 태고 이래로 존재해온 죽음이 결코 시스템을 부서뜨리지 못한다는 사실이다.

네트워크화된 복잡성은 사물의 신뢰도를 완전히 바꾸어 놓는다. 예를 들어 현대의 카메라 스위치 부품들은 각각 약 90%의 신뢰도를 가지고 있다. 만약 부품들이 분산된 방식이 아니라 직렬로 대충 연결되어 있다면 수백 개의 스위치들이 하나의 집단으로서 크게 낮은 신뢰도를 보일 것이다. 그 경우의 신뢰도를 75%라고 하자. 반면 보이는 대로 찍을 수 있는 발달된 기술의 자동카메라 경우처럼 제대로 연결되었을 경우 – 각 부분이 다른 부분에게 정보를 전달하도록 – 카메라 카운터의 신뢰도는 전체적으로 99%까지 올라간다. 부품 각각의 신뢰도(90%)를 넘어서는 것이다.

그러나 오늘날의 카메라는 부품 안에 또 부품의 부품처럼 행동하는 하위 집단이 있다. 가상의 부품이 더 많아진다는 이야기는 부품 수준에서 예측할 수 없는 행동의 가능성이 더 증가한다는 의미이다.

따라서 카메라 전체로서는 분명히 더 신뢰도가 크다고 하더라도 뭔가 잘못될 경우 매우 놀라운 방식으로 잘못될 수 있다. 옛날 카메라는 고장이 잘 났지만 고치기도 쉬웠다. 하지만 새로운 카메라는 매우 창의적인 방식으로 고장이 난다.

창의적으로 고장이 나는 것이 바로 비비시스템의 특질이다. 죽기는 어렵지만 죽을 수 있는 방법이 수천 가지가 넘게 있는 것이다. 1990년, 반쯤 살아 있는 시스템이라고 할 수 있는 미국 전화 교환 시스템이 반복해서 고장을 일으키자 그 원인을 밝히기 위해 높은 임금을 받는 엔지니어 200명이 2주에 걸쳐서 비상 근무를 해야 했다. 그 엔지니어들은 바로 그 전화 교환 시스템을 설계한 사람들이었다. 과거에는 그런 방식으로 고장난 일이 전혀 없었고 아마 미래에도 없을 것이다.

모든 인간들은 거의 동일한 방식으로 태어나지만 죽는 방식은 제각기 다르다. 만일 검시관의 사인 증명서가 아주 정확하다면 모든 사인은 제각기 독특할 것이다. 의학이 죽음의 원인을 뭉뚱그려서 일반적 범주로 묶어 분류하기 때문에 죽음 각각의 고유 본질이 기록되지 않을 뿐이다.

복잡한 시스템은 단순하게 죽을 수가 없다. 시스템을 이루는 구성원들은 전체와 흥정을 벌인다. 각 부분이 이렇게 말할 것이다. "우리는 기꺼이 전체를 위해 희생할 용의가 있다. 왜냐하면 우리가 하나로 뭉치면 우리 각각의 합보다 더 큰 무엇이 되기 때문이다." 복잡성은 생명을 가두어 잠근다. 각 부분은 죽지만 전체는 살아남는다. 시스템이 더 큰 복잡성을 향해 스스로를 조직해나가면 그와 더불어 생명 역시 증가시킨다. 생명의 길이를 연장시키는 것이 아니고 생명 자체를 크게 만든다. 시스템은 더 많은 생명을 갖게 된다.

우리는 삶과 죽음을 이분법적으로 생각하는 경향이 있다. 어떤 존재는 살아 있거나 죽어 있거나 둘 중 하나라는 것이다. 그러나 어떤 유기체 안에서 자기 조직을 이루고 있는 하부 시스템을 살펴보면 어떤 것은 다른 것보다 더 많이 살아 있다고 말할 수 있다. 생물학자인 린 마굴리스와 일부 동료들은 심지어 세포조차도 다수의 생명을 포함하고 있다고 주장했다. 왜냐하면 각 세포들은 적어도 세 가지 이상의 박테리아가 결합하여 생성된 것으로 추론할 근거가 되는 흔적 소기관을 세포 안에 보유하고 있다.

"나는 세상의 모든 살아 있는 것들 가운데 가장 두드러지게 살아 있다!"라고 러시아의 시인 타르코프스키A. Tarkovsky, 영화 감독 타르코프스키의 아버지가 환희에 찬 어조로 노래했다. 그것은(무엇이 무엇보다 더 살아 있다는 것은) 정치적으로 올바른 표현은 아니겠지만 아마도 사실일 것이다. 참새의 살아 있는 정도와 말의 살아 있는 정도에서는 아마도 진짜 차이를 찾을 수 없을 것이다. 그러나 말과 버드나무 사이에는, 또는 바이러스와 귀뚜라미 사이에는 차이가 있다고도 말할 수 있을 것이다. 어떤 비비시스템의 복잡도가 클수록 더 많은 생명을 그 안에 담을 수 있다. 적어도 우주가 점점 식어가는 동안에는 생명은 더욱더 흥미로운 변이를 만들어나갈 것이고 더욱더 정교한 네트워크를 쌓아나갈 것이다.

다시 한 번 나는 집 뒤의 언덕에 올랐다. 그리고 유칼립투스 나무들로 이루어진 작은 숲을 거닐었다. 지역의 4H 클럽농업 기술의 향상과 공민 교육에 역점을 둔 활동 – 옮긴이이 이곳에 벌집을 놓고 벌을 쳤다. 숲은 이른 아침의 촉촉한 그늘 속에서 늦잠을 자고 있는 듯 보였다. 숲이 따뜻한 아침 햇살을 등지고 서 있는 언덕의 서쪽 기슭에 자리잡고 있기 때문이었다.

나는 역사가 시작될 무렵, 이 계곡이 온통 바위투성이에 풀 한 포기 나지 않는 황량한 모습이었을 때를 상상해보았다. 오직 플린트쇠에 대고 치면 불꽃이 생기는 아주 단단한 회색 돌 – 옮긴이와 장석長石, 지각을 구성하는 암석 중 가장 많은 양을 차지하는 암석 – 옮긴이으로 뒤덮인 차갑게 빛나는 땅. 그로부터 10억 년이 흘러갔다. 그러자 돌투성이의 땅은 촘촘한 풀밭으로 뒤덮였다. 또한 생명은 나의 키보다 훨씬 더 높은 곳까지 뻗어오른 나무들로 이 숲의 공간을 채웠다. 생명은 계곡 전체를 채우려고 한다. 앞으로 또 10억 년이 흐르면 생명은 자꾸만 새로운 형태들을 시험하며 어떤 빈틈이나 빈 공간도 채우려 할 것이다.

생명이 생겨나기 전, 우주에는 복잡한 물질이라고는 아무것도 없었다. 우주 전체가 완전히 단순했다. 소금, 물, 원소들. 지루하기 짝이 없었다. 생명이 나타난 이후로 훨씬 복잡한 물질들이 생겨났다. 우주화학자들의 말에 따르면 우주 공간 중 생명이 없는 곳에서는 복잡한 분자들을 발견할 수 없다고 한다. 생명은 자신이 접촉하는 모든 물질을 낚아채서 그것을 복잡하게 만든다. 기묘한 산수에 의해 이 공간에 생명이 스스로를 더 많이 채워넣을수록 앞으로 생명을 채워나갈 공간이 더 많이 생겨나게 된다. 결국에는 캘리포니아의 북쪽 해안에 있는 이 작은 계곡은 생명으로 가득찬 단단한 덩어리가 될 것이다. 표류하는 생명의 진로를 나아가는 대로 그대로 놓아둔다면 결국 생명은 모든 물질 속으로 스며들어가게 될 것이다.

그렇다면 왜 지구는 우주 공간 안의 단단한 초록색 덩어리가 아닌 것일까? 왜 생명은 모든 바다를 뒤덮고 공기를 채우지 않은 것일까? 만일 그대로 둔다면 언젠가 생명은 지구 전체를 채워 지구를 하나의 초록색 덩어리로 만들어버릴 것이라는 예측이 나의 대답이다. 생명체가 대기를 정복한 것은 비교적 가까운 과거의 일이며 아직 완전히 정복하지 못한 상태이다. 바다가 완전히 생명으로 포화되는 시점은 거센 파도마저 견뎌낼 수 있는 질긴 해초가 진화할 때까지 기다려야 할 것이다. 그러나 결국 생명은 모든 것을 장악할 것이다. 바다는 초록색 생명체가 될 것이다.

언젠가 은하계 전체도 초록색이 될 것이다. 지금은 생명체가 살아가기에 혹독한 환경을 가진 멀리 떨어진 행성들도 언제나 그런 상태로 남아 있지는 않을 것이다. 생명은 지금은 적대적으로 느껴지는 환경 속에서도 번성할 수 있는 자신의 분신을 진화시킬 것이다. 그러나 그보다 더 중요한 사실은 일단 생명의 한 종류가 어느 장소에 발을 딛게 되면 생명에 내재되어 있는 변형의 본질이 주변의 환경을 변화시켜 다른 종의 생명에게도 적합하도록 만든다.

1950년대에 물리학자 에어빈 슈뢰딩거Erwin Schrödinger는 생명의 힘이 열역학적 붕괴의 압력과 반대 방향으로 작용한다는 점에 착안하여 그것을 '네겐트로피negentropy'라고 불렀다. 1990년대에 미국에서 번성했던 기술 광신도 가운데 새로 출현한 하위 문화에서는 생명의 힘을 '엑스트로피extropy'라고 부르기도 했다.

엑스트로피라는 개념을 널리 퍼뜨리고자 하는 '엑스트로피주의자extropian'들은 엑스트로피의 생기론vitalism에 기초한 생활양식에 대한 일곱 항목의 선언서를 발표했다. 그 중 제 3번은 '무한한 확장', 즉 생명이 온 우주를 다 채울 때까지 확장해나갈 것이라는 신념을 그리고 있다. 그리고 이 명제를 믿지 않는 사람들을 '죽음의 신봉자deathist'라고 불렀다. 그들의 선전 문구 속에서 이 신념은 단순히 '우리는 뭐든지 할 수 있다'는 식의 지나친 낙관주의에 기초한 자아도취처럼 느껴진다.

그러나 약간은 삐딱한 의미에서 나는 '생명이 우주를 채울 것'이라는 그들의 허풍을 과학적 명제로 받아들이고자 한다. 생명이 물질을 감염시키는 데에 어떤 이론적 한계가 있을지 아무도 알지 못한다. 또한 우리의 태양이 생명에 의해 강화된 물질을 최대한 얼마 동안 지지해줄지도 아무도 알지 못한다.

1930년대에 러시아의 지구화학자이자 생물학자인 베르나드스키는 이렇게 말했다. "마치 열이 뜨거운 곳에서 차가운 곳으로 퍼져나가듯, 용질이 용액에 녹아 확산되듯, 기체가 공기 중에 흩어지듯, 모든 살아 있는 물질에는 최대한 팽창해나가려는 성질이 내재되어 있다." 베르나드스키는 이것을 '생명의 압력'이라고 불렀고 이 팽창을 속도로 측정했다. 그는 생명의 확장 속도를 거대한 먼지버섯으로 나타냈다. 만일 물질들이 충분히 빠르게 공급되기만 하면 이 버섯이 포자를 생산하는 속도는 단 세 세대만에 버섯들의 부피가 지구의 부피를 넘어설 정도가 된다. 그는 어딘가 알쏭달쏭한 방법으로 박테리아에서 보이는 생명의 힘의 '전달 속도'가 시간당 1000km라고 계산해냈다. 그 속도로는 우주를 다 채우려면 한참 걸릴 것이다.

생명을 그 본질로 환원시키면 연산 기능과 매우 흡사해진다. 한때 MIT에 몸담았던 독립적 사상가 에드 프레드킨Ed Fredkin은 수년에 걸쳐서 우주가 컴퓨터라는 이단적인 이론을 전개해왔다. 비유적으로 컴퓨터 같다는 말이 아니라, 우주의 물질과 에너지가 마치 매킨토시 안에서 이루어지는 정보 처리 종류와 같은 일반 범주에 속하는 정보 처리 형태라는 것이다. 프레드킨은 원자의 확실성을 믿지 않았다. 그리고 "세상에서 가장 확실한 것은 정보이다."라고 단호하게 주장했다. 다양한 컴퓨터 알고리듬을 선구적으로 개발한 천재적 수학자 스티븐 울프램Steven Wolfram도 여기에 동의한다. 그는 물리적 시스템을 연산 절차로 바라보기 시작한 사람 중 하나로, 이러한 관점은 현재 한 무리의 물리학자들과 철학자들 사이에서 인기를 얻고 있다. 이러한 관점에서 볼 때 생명이 이룩한 최소 작업minimal work은 컴퓨터에서 수행된 물리학과 열역학의 최소 작업과 비슷하다. 프레드킨과 동료들은 우주에서 수행될 수 있는 연산의 최대치(우주의 모든 물질을 컴퓨터라고 볼 때)를 알면 우주에 분포된 물질과 에너지를 통해 생명이 우주를 다 채울 것인지의 여부를 알 수 있다고 말한다. 누군가가 그것을 실제로 계산해봤는지는 알 수 없다.

생명의 궁극적 운명에 대해 진지하게 심사숙고한 극소수의 과학자 중 한 사람이 이론물리학자 프리먼 다이슨Freeman Dyson이다. 다이슨은 우주의 궁극적 종말의 순간까지 생명과 지능이 살아남을 수 있을지를 대략적으로 계산해보았다. 그는 그것이 가능하다고 결론 내리면서 이렇게 설명했다. "나의 계산 결과 영구적인 생존과 의사소통에 필요한 에너지가 뜻밖에 그리 크지 않은 값으로 나타났다.… 그것은 생명의 잠재력에 대한 낙관적 관점을 지지하는 결과이다. 아무리 먼 미래를 내다보아도 그 미래 역시 새로운 일이 일어날 것이고, 새로운 정보가 들어오고, 새로운 세계를 탐험하게 될 것이고, 생명과 의식과 기억의 영역은 계속해서 확장되어나갈 것이다."

다이슨은 내가 감히 생각하는 것보다 더 멀리 나아갔다. 나는 단순히 생명의 동력에 대해서, 그리고 그것이 어떻게 물질로 스며들어 가는지에 관심을 가졌고, 우리가 아는 한 아무것도 그것을 멈출 수 없다고 생각했을 뿐이다. 그러나 생명이 가차 없이 물질을 정복해나가듯, 생명과 비슷하지만 더 높은 차원의 연산이라고 할 수 있는 마음은 돌이킬 수 없는 방식으로 생명과 다른 모든 물질을 정복해나가고 있다. 다이슨은 시적이고 형이상학적인 그의 저서《무한한 다양성을 위하여Infinite in All Directions》에서 다음과 같이 이야기했다.

> 마음이 물질에 스며들어가 물질을 통제하는 경향이 바로 자연의 법칙이라는 생각이 떠올랐다.… 마음이 우주 구석구석으로 침투하는

과정은 내가 상상할 수 있는 어떤 재앙이나 장벽으로도 영구히 중단될 수 없을 것이다. 설사 우리 인간이라는 종이 그 길을 선도해나가지 못하게 되더라도 다른 종이 그 자리를 대신할 것이며 어쩌면 이미 앞서나가 있을 수도 있다. 만일 인간이 멸종된다면 다른 종이 더 현명해지고 더 행운을 누리게 될 것이다. 마음은 참을성이 많다. 마음은 이 행성에서 최초의 현악 사중주를 작곡하기까지 이미 30억 년을 기다려왔다. 마음이 은하계 전체로 퍼져나가는 데에는 또 새로운 30억 년이 걸릴지도 모른다. 그렇게까지 오래 걸릴 것이라고 나는 생각하지 않지만. 그러나 필요하다면 마음은 얼마든지 기다릴 수 있다. 우주는 우리 주위에 드넓게 펼쳐진 비옥한 토양과 같다. 마음의 씨앗이 뿌려지면 싹이 터서 자라날 것이다. 궁극적으로 마음은 언젠가 그 유산을 남기게 될 것이다. 마음이 우주에 정보를 주고 우주를 통제하게 될 때 마음은 어떤 일을 할 것인가? 그것이야말로 우리가 답할 수 없는 질문일 것이다.

약 1세기 전, 생명이란 모든 살아 있는 생명에 스며들어 있는 신비로운 액체라는 전통적인 믿음이 좀 더 세련되게 다듬어져서 생기론이라는 현대 철학으로 탄생했다. 생기론에서 주장하는 생명은 "그 사람이 생명을 잃었다"라는 표현에 담긴 의미와 큰 차이가 없다. 생명을 잃었다고 할 때 우리는 모두 보이지 않는 어떤 물질이 그 사람의 몸에서 빠져나가는 것을 상상한다. 생기론자들은 그와 같은 일상 용어의 의미를 진지하게 받아들인다. 그들의 주장에 따르면 생물 안에서 그 존재를 움직이는 근본적인 기氣는 그 자체로 살아 있는 것은 아니지만 그렇다고 해서 완전히 죽어 있는 물질이나 메커니즘도 아니다. 그것은 그것이 움직이는 생물과 별개로 존재하는 생명의 충동이다.

내가 설명한 생명의 공격적인 속성은 포스트모던 생기론과 관계가 없다. 생명을 '죽어 있는 부분들이 조직화됨에 따라 창발되는 속성이지만 한편으로 그 죽어 있는 부분들로 환원될 수 없는 것'으로 정의하는 것(현재의 과학이 할 수 있는 최선이다.)이 형이상학적 교의처럼 들리는 것은 사실이다. 그러나 이 명제는 시험을 거칠 수 있다.

나는 생명이 영적인 것이 아니라 물질의 네트워크와 같은 배열에서 창발할 수 있는, 거의 수학적인 속성을 지닌 것이라는 관점에 동의한다. 그것은 일종의 확률 법칙과 같다. 충분한 수의 부분들을 한데 그러모으면 시스템은 이렇게 행동할 것이다. 평균의 법칙이 그렇게 만들기 때문이다. 무엇이든 이 법칙에 따라 배열되면 그 결과로 생명이 출현한다. 그리고 그 법칙은 이제야 막 발견되고 있다. 이 법칙은 빛에 적용되는 물리학의 법칙만큼이나 엄격하게 적용된다.

이처럼 엄격한 법에 따라 이루어지는 절차임에도 생명은 우연히도 영적인 느낌의 가면을 쓰고 있다. 그 이유는 첫째, 이 생명 조직이 바로 그 법칙에 의해서 예측할 수 없는 것과 새로운 것을 생산해내는 속성을 지니고 있기 때문이다. 둘째, 생명 조직의 결과물은 가능한 모든 기회마다 스스로를 복제해야 하는데 그 때문에 마치 급박하고 절실한 욕망을 가진 듯한 느낌을 불러일으킨다. 셋째, 그 결과물은 많은 경우 빙 둘러 다시 제 자리로 돌아와 자신의 존재를 보호할 수 있고 그 결과 창발적 속성을 얻게 된다.

이 모든 속성들을 생명의 '창발적' 원칙이라고 부를 수 있을 것이다. 이 원칙들은 생명의 법칙의 의미를 다시 쓴다는 점에서 급진적이라고 할 수 있다. 새로운 생명의 법칙은 불규칙성, 순환 논리, 반복, 놀라움을 특징으로 한다.

다른 많은 잘못된 개념들과 마찬가지로 생기론 역시 유용한 진실의 조각을 갖고 있다. 20세기 생기론의 수장이라 할 수 있는 한스 드리슈Hans Driesch는 1914년 생기론을 '생명 절차의 자율성에 대한 이론'이라고 옹호했다. 어떤 면에서 그의 주장은 옳다. 당시 새롭게 싹트던 생명에 대한 관점은 생명을 살아 있는 몸이나 기계적 기반에서 분리시켜 매우 섬세하고 정교한 정보의 구조(영혼 또는 유전자?)로 보았다. 그리고 이 정보의 구조는 새로운 죽어 있는 몸—그것이 유기물이든 기계이든—에 이식될 수 있다.

사상의 역사를 통해 우리는 인간의 역할에 대한 개념에서 점차적으로 불연속성을 제거해왔다. 과학사학자인 데이비드 채널David Channell은 그의 저서《살아 있는 기계: 기술과 유기적 생명에 대한 연구》에서 그 진보 과정을 설명했다.

> 먼저 코페르니쿠스가 지상의 세계와 나머지 물리적 우주 사이의 불연속성을 제거했다. 그 다음 다윈이 인간 존재와 나머지 생물 세계 사이의 불연속성을 제거했다. 그리고 가장 최근에는 프로이트가 자아의 합리적 세계와 비합리적 무의식 세계 사이의 불연속성을 제거했다. 그러나 (역사학자이자 심리학자인 브루스) 마즈리쉬는 여전히 우리 앞에 하나의 불연속성이 더 남아 있다고 주장했다. 이 '네 번째 불연속성'은 바로 인간과 기계 사이에 존재한다.

이제 우리는 이 네 번째 불연속성을 건너고 있다. 이제 우리는 더 이상 살아 있는 존재와 기계 사이에서 선택해야 할 필요가 없다. 왜냐하면 그 구분 자체가 이제 더 이상 의미가 없기 때문이다. 실제로 다가오는 새로운 세기2000년대를 말함.-옮긴이에 가장 의미 있는 발견들은 기술과 생명의 연합된 속성을 기념하고, 탐험하고, 이용하는 데 바탕을 두고 있을 것이다.

태어난 존재와 만들어진 존재 사이를 가로질러 연결하는 다리는 끊임없이 계속되는 근본적 불균형 상태, 바로 생명이라고 불리는 법칙이다. 미래에 살아 있는 생명체와 기계가 공통으로 가지게 될 본질, 이들을 우주의 다른 모든 물질들과 구별해줄 속성은 둘 다 역동적으로 자기 조직적 변화를 이루어나간다는 특징일 것이다.

이제 우리는 생명이란 우리 인간이 발견하고 인식할 수는 있지만 완전히 이해할 수는 없는 법칙들을 따르는, 끊임없는 요동 상태에 놓여 있는 어떤 것이라는 전제를 받아들일 수 있다. 이 책에서 기계와 생물 사이의 공통점을 발견하기 위한 방법으로 나는 '생명이 원하는 것이 무엇인가?'라는 질문을 던지는 것이 유용하다는 것을 발견했다. 나는 또한 진화에 대해서도 곰곰이 생각했다. 진화가 원하는 것은 무엇인가? 아니면 좀 더 정확히 말해서 생명과 진화의 관점에서 볼 때 세계는 어떤 모습을 하고 있을까? 만일 우리가 생명과 진화를 '자율적 절차'라고 본다면 생명과 진화의 이기적 목표는 무엇일까? 그들은 어디를 향해 나아가는 것일까? 그들은 무엇이 되고자 하는 것일까?

그레텔 에를리히Gretel Ehrlich는 시적인 저서 《몬태나 스페이스Montana Spaces》에서 이렇게 노래했다. "야생의 모든 조건과 경로와 목표와 원천은 즉각 그 자신 이상의 무엇인가를 생성해내고는 그것을 놓아준다. 항상 변화하고 생성한다. 엑스선 단층 촬영이나 망원경으로도 야생 세계의 복잡성의 핵심을 꿰뚫어볼 수 없다. 야생은 울퉁불퉁하고 들쑥날쑥한 진실이자 예측할 수 없는 무례함이며, 나의 발밑에 깔린 주홍색 풀꽃 사이로 알알이 달린 산딸기처럼 갑작스럽게 모습을 드러내는 본질이다. 야생은 원천이자 동시에 그 열매이다. 마치 돌고 돌아 다시 그 자리를 흐르는 강물처럼, 입으로 꼬리를 삼키는 뱀처럼….”

야생의 자연은 그 자신 이외에 어떤 목적도 없다. ‘원천이자 열매’이며 순환적 논리 속에서 원인과 결과가 뒤섞여 있다. 에를리히가 야생이라고 부른 것을 나는 생명의 네트워크라고 부르고자 한다. 그것은 오직 그 자신을 점점 더 확장시키고, 자신의 불균형 상태를 모든 물질을 향해 밀어붙이며 생물과 기계에서 모두 그 모습을 드러내는 거의 기계적이라고 할 수 있는 밖으로 분출하는 힘이다.

야생-생명은 언제나 생성 중에 있다고 에를리히는 말한다. 무엇을 생성하는가? 생성 그 자체를 생성한다. 생명은 더욱 심화된 복잡성, 심원함, 신비, 생성과 변화의 절차를 향해 걸어가고 있다. 생명은 생성의 순환 고리이자 자기 촉매로서 자체의 불꽃을 가지고 스스로를 불태우며 스스로에게 더욱 많은 생명, 더욱 많은 야성, 더욱 많은 ‘생성’의 씨앗을 뿌린다. 생명은 모든 조건에서, 매 순간 생명 그 자체를 뛰어넘는 무언가를 생성하고 있다.

에를리히가 암시하듯, 생명은 자신의 꼬리를 입에 물고 스스로를 잡아먹는 우로보로스Uroborus, 이집트, 그리스, 인도 등 고대 문명에서 나타난, 자신의 꼬리를 먹는 뱀 또는 용을 상징-옮긴이의 기묘한 고리를 닮았다. 그러나 사실 생명은 스스로의 속박으로부터 스스로를 풀어놓는 훨씬 더 기묘한 고리 모양을 한 뱀이다. 뱀의 입에서 나오는 꼬리가 점점 더 굵어지고, 그 꼬리가 나오는 입 역시 점점 더 커지면서 더욱더 큰 꼬리를 뱉어내어 온 우주를 그 기묘함으로 채워나간다.

7

통제의 출현

자동 제어의 발명은 다른 대부분의 발명과 마찬가지로 고대 중국에 뿌리를 두고 있다. 고대의 중국, 먼지바람 가득한 들판에 나무로 만든 예복을 차려 입은 작은 사람 조각이 짧은 막대 위에 불안정한 모습으로 서 있다. 막대는 한 쌍의 수레바퀴 사이에 고정되어 있고 청동 갑옷을 입은 붉은 말 두 마리가 수레바퀴를 끌고 나간다.

치렁치렁한 9세기 중국 복장을 입은 모습으로 조각된 이 남자는 팔을 앞으로 뻗어 먼 곳을 가리키고 있다. 2개의 나무 바퀴를 연결하는 시끄러운 기어들의 마술에 의해 수레가 초원을 가로질러나가는 동안 막대 위에 선 남자는 계속해서 변함없이, 그리고 어김없이 남쪽을 가리킨다. 수레가 왼쪽이나 오른쪽을 향하면 기어 장치가 된 바퀴가 그 변화를 계산해서 나무로 만든 사람(아니면 신?)의 팔을 딱 그만큼 반대 방향으로 향하게 한다. 그렇게 함으로써 수레가 방향을 돌린 것이 상쇄되고 나무 조각상은 변함없이 남쪽을 가리키는 것이다. 나무 조각상은 확고한 의지를 가지고 스스로 남쪽을 향한다. 남쪽을 가리키는 이 수레는 위풍당당한 행렬의 맨 선두에 서서 황량한 고대 중국의 변방에서 일행이 방향을 잃어버리는 것을 막는다.

중세 중국인들의 창의적 마음은 여러 가지로 바쁘게 돌아갔던 것으로 보인다. 중국 남서부 후미진 마을의 농부들은 불가에 둘러앉아 건배 후에 들이키는 술의 양을 조절하고 싶었던 모양이다. 그들은 음주량을 자체적으로 조절할 수 있는 작은 장치를 고안해냈다. 당시 계동溪峒 출신의 여행자인 주거비周去非, 남송대 지리학자, 여행가 – 옮긴이는 음주량을 조절할 수 있는 약 60cm 길이의 대나무 빨대가 이 나라의 음주 문화를 완벽하게 개선했다고 보고했다. '은으로 만든 작은 물고기'가 빨대 안에 떠 있다. 자체의 무게 때문에 아래로 내려가려고 하는 이 금속 조각은 (아마도 이미 술에 곤드레만드레 취해서) 빨대를 너무 살살 빠는 사람에게는 이제 이날 밤의 즐거운 향연을 끝낼 때임을 알려준다. 한편 빨대를 너무 세게 빨 경우에도 금속 조각이 위로 올라가 구멍을 막기 때문에 술이 나오지 않는다. 오직 적당한 강도로 지속적으로 액체를 빨아올릴 때만 술을 맛볼 수 있다.

엄밀히 따지자면 남쪽을 가리키는 수레나 적당한 양의 술을 빨아올리는 빨대나 현대적 의미에서 진정으로 자동 조종 장치라고는 볼 수 없다. 두 장치 모두 단순히 인간인 주인에게 지금의 행위를 지속적으로 유지하기 위해서는 수정이 불가피하다는 사실을 미묘하고 무의식적인 방식으로 알려줄 뿐이고, 가는 길의 방향을 바꾸거나 빨아들이는 힘을 조절하는 일은 결국 사람의 몫으로 남는다. 현대적 개념의 용어로 말하자면 인간 역시 되먹임 고리의 일부인 셈이다. 완전히 자동화되었다고 말하려면 남쪽을 가리키는 조각상은 제 스스로 수레를 돌려서 항상 남쪽을 향해 나갈 수 있어야 한다. 남쪽을 가리킨 손가락 끝에 당근이라도 하나 매달아놓아 말이 그걸 쫓아가도록 하면 어떨까? 마찬가지로 음주량을 조절하는 빨대 역시 얼마나 세게 빨든지 간에 일정한 양의 술이 올라오도록 조절할 수 있어야 한다. 비록 자동화되지는 않았지만 남쪽을 가리키는 수레는 오늘날 자동차 자동 변속 장치의 1000년 전 조상뻘 되는 차동 장치에 기초하고 있으며, 오늘날 탱크에서 나침반이 작동되지 않는 내부에 있는 운전자를 도와 스스로 방향을 조정할 수 있는 총구의 오래된 원형이라고 할 수 있다. 따라서 이 기발한 장치들은 자동화의 계통에서 나타났다 사라진 기묘한 사산아라고 할 수 있다. 그런데 최초의 진정한 자동 장치라고 할 수 있는 물건은 그로부터 아주 오래 전인 1000년 전에 이미 만들어졌다.

크테시비오스Ktesibios는 기원전 3세기 전반에 알렉산드리아에 살았던 이발사이다. 그는 기계 장치에 매혹되었으며 그것을 만드는 데 천재성을 보였다. 그는 결국 프톨레마이오스 2세의 정식 기계 기사—인공물을 만드는 사람—가 되었다. 그는 펌프, 물로 작동하는 오르간, 몇 종류의 투석기, 그리고 전설적 물시계의 발명가로 이름을 남겼다. 당시 크테시비오스의 발명가로서의 명성은 전설적 엔지니어인 아르키메데스와 맞먹을 정도였다. 오늘날 크테시비오스는 최초의 진짜배기 자동 장치를 발명한 사람으로 추앙받는다.

크테시비오스의 시계는 당시의 기준으로 빼어나게 시간이 잘 맞았다. 그 이유는 스스로 물의 공급을 조절할 수 있었기 때문이다. 그때까지 대부분의 물시계는 시계를 돌리는 물을 저장하는 통이 비어갈수록 수위가 낮아지면서 수압이 낮아져 물 떨어지는 속도가 점차 줄어들고, 그 결과 시계도 점점 늦게 돌아간다는 단점을 가지고 있었다. 크테시비오스는 이 고질적인 문제를 해결하기 위해 '레귤라Regula'라는 조절 밸브를 고안해냈다. 이 밸브는 깔때기를 거꾸로 뒤집어놓은 형태에 깔때기의 오목한 부분과 딱 맞는 크기의, 물에 둥둥 뜨는 원뿔로 이루어져 있다. 깔때기의 윗부분으로 물이 흘러들어가 원뿔 위로 흘러내려 수조를 채운다. 수조의 물이 차오르면 원뿔이 위로 떠올라 깔때기의 오목한 부분을 틀어막아 물의 흐름을 중지시킨다. 물이 줄어들면 원뿔 역시 수면과 함께 아래로 내려가고 그 결과 깔때기 입구가 열려서 물이 다시 흘러들어간다. 이 조절 장치는 스스로 흐르는 물의 양을 항상 '딱 적당한' 상태로 만드는 미터링 밸브 통미터링 밸브metering valve는 자동차 앞바퀴의 유압을 조절하는 밸브로 여기에서는 깔때기와 원뿔이 물의 흐름을 조절하는 밸브 역할을 한다는 의미로 비유적으로 쓰였다.— 옮긴이의 위치를 찾는다.

크테시비오스의 조절 장치는 자기 조절, 자기 통치, 자기 제어가 가능한 최초의 생명이 없는 물체였다. 따라서 이 장치는 생물학의 영역 밖에서 탄생한 최초의 자아自我, self라고도 볼 수 있다. 그것은 진정한 자동 장치, 즉 자신의 내부로부터 지시를 받아 움직이는 장치였다. 우리가 이 발명품을 원시적 자동 장치로 간주하는 이유는 기계에 최초로 생명과 유사한 기운을 불어넣은 것이었기 때문이다.

이 장치를 어떻게 자아라고 부를 수 있는지는 이것이 대체한 것이 무엇이었는지를 생각해보면 자명하다. 물의 흐름을 일정하게 스스로 조절한다는 것은 시계가 자신의 움직임을 일정하게 스스로 조절한다는 의미이고, 그 결과 왕은 물시계의 수조를 관리할 하인들을 따로 둘 필요가 없어졌다. 이런 방식으로 '자동-자아auto-self'는 인간 자아를 밀어내버린다. 이 최초의 사례부터 자동화 기술은 인간의 노동력을 대체해왔다.

크테시비오스의 발명품은 20세기 미국 생활양식의 일부인 물을 내리는 변기의 사촌뻘이다. 독자 여러분은 크테시비오스의 둥둥 뜨는 밸브가 변기의 뒷부분에 있는 수조 안의 플로트볼의 조상이라는 사실을 눈치 챘을 것이다. 변기의 물을 내리면 수조의 수위가 낮아지고 그에 따라 플로트볼 역시 아래로 내려가면서 금속 막대를 당겨 물이 들어오는 급수구의 뚜껑을 연다. 물이 흘러들어와 수조가 다시 차오르면 플로트볼 역시 의기양양하게 수조 위로 떠오르고 수위가 정확히 '만수'에 이르면 플로트볼에 연결된 금속 막대가 급수구의 뚜껑을 막아버린다. 중세의 시각으로 보자면 변기가 이런 자동 배관 장치를 이용해 항상 물이 가득 차 있는 상태를 유지하기를 열망하는 것처럼 보일 것이다. 변기의 수조에서 우리는 모든 자율성을 지닌 기계 존재의 전형을 볼 수 있다.

크테시비오스의 시대로부터 1세기 후, 역시 알렉산드리아에서 헤론Heron이라는 사람이 다양한 종류의 자동 부유浮游 장치를 고안해 냈다. 그가 만든 장치는 오늘날 우리의 눈으로 볼 때는 대단히 복잡한 방식으로 변형된 변기 수조 장치처럼 보인다. 그런데 사실 이 장치들은 정교한 와인 공급기이다. 예컨대 '마르지 않는 술잔'은 술잔 바닥에 연결된 파이프를 통해 술잔의 술이 항상 일정한 수위를 유지하도록 한다. 헤론은 방대한 분량의 백과사전인 《뉴마티카 Pneumatica》를 썼는데 (오늘날의 기준으로도) 믿기 어려울 정도로 기기묘묘한 발명품들이 이 책을 가득 채우고 있다. 이 책은 고대 세계에서 여러 언어로 번역되어 널리 퍼졌으며 헤아릴 수 없는 영향을 미쳤다. 사실상 그로부터 2000년 동안 (18세기 기계의 시대가 열리기 전까지) 헤론이 생각하지 못했던 새로운 되먹임 시스템이 발명된 일은 없었다.

한 가지 예외가 있다면 그것은 17세기 네덜란드의 연금술사이자, 렌즈 제작자이자, 방화광이자, 선구적 잠수함 승무원이던 코르넬리스 드레벨Cornelis Drebbel이다. (드레벨은 1600년 무렵에 한 번 이상 성공적으로 잠수함을 타고 바다 속을 탐험했다.) 금을 만드는 방법을 찾던 드레벨은 또 하나의 널리 사용되는 되먹임 시스템의 사례인 온도 조절 장치를 발명했다. 연금술사인 드레벨은 실험실에서 납을 금으로 탈바꿈시킬 수 없는 이유가 원소들을 가열하는 온도가 들쑥날쑥하기 때문이 아닐까 의심했다. 1620년대 그는 금을 만드는 재료들을 매우 긴 시간 동안 은근하고 일정한 온도로 가열할 수 있는 작은 용광로를 만들었다. 자연에서 금을 함유한 암석이 만들어지는 지하 깊은 곳도 그렇게 일정한 온도로 오랫동안 열을 가하는 환경일 것이라 생각했던 것이다. 그는 소형 난로의 한쪽 끝에 연필 크기의 유리관을 달고 그 안에 알코올을 채웠다. 가열되면 액체 상태의 알코올이 팽창해서 그 다음에 연결된 유리관의 수은을 밀어낸다. 그러면 이번에는 수은이 연결된 막대를 밀어서 난로에 공기를 공급하는 통풍구를 막아버린다. 용광로가 뜨거우면 뜨거울수록 통풍구는 더욱더 많이 닫히고 (산소 공급이 줄어들면) 그 결과 불길은 잦아든다. 그러면 온도가 내려가 막대가 다시 안으로 들어가면서 통풍구를 열어주고 다시 불길이 세게 타오른다. 오늘날 일반적인 교외 주택의 온도 조절 장치 역시 개념적으로는 드레벨의 장치와 똑같다. 둘 다 일정한 온도를 추구한다. 불행히도 드레벨의 자동 온도 조절 난로는 금을 만들지도 못했고, 드레벨도 자신이 설계한 장치를 발표하지 않았다. 그 결과 그가 발명한 자동 장치는 세상에 별 영향을 주지 못하고 사라졌다. 그래서 그의 설계는 100년이 지난 후 프랑스의 한 농부이자 신사가 달걀을 부화시키기 위해 다시 발명해야만 했다.

증기 기관의 발명자로 이름 높은 제임스 와트James Watt는 사실상 증기 기관을 발명한 것은 아니었다. 와트가 증기 기관을 처음 구경했을 때 이미 이 장치가 사용된 지 10년은 지난 때였다. 젊은 엔지니어였던 와트는 작동은 하지만 비효율적이었던 뉴커먼 증기 기관의 작은 모델을 수리해달라는 요청을 받았다. 이 장치의 엉성함에 좌절감을 느낀 와트는 성능을 개선해보기로 했다. 미국의 독립 혁명이 일어날 무렵 그는 기존의 엔진에 두 가지 성능을 덧붙였다. 그 중 하나는 진화적evolutionary이었고 다른 하나는 혁명적revolutionary이었다. 그가 이룩한 진화적 혁신은 가열실과 냉각실을 분리하는 것이었다. 그 결과 엔진은 엄청나게 강력해졌다. 너무 강력해진 나머지 와트는 이 새롭게 고삐 풀린 기계의 힘을 완화하기 위해 속도 조절 장치, 즉 조속기를 달아야만 했다. 항상 그렇듯 와트는 기존의 장치에서 힌트를 얻었다. 기계 설계자이자 방앗간 주인인 토머스 미드가 조악한 수준의 원심 조속기를 발명한 일이 있었다. 풍차 방앗간에서 회전 속도가 충분한 수준에 이를 때만 곡물이 있는 곳으로 멧돌이 내려오도록 하는 장치였다. 이 장치는 생산량을 조절할 뿐 맷돌의 동력을 조절한 것은 아니었다.

와트는 비약적인 향상을 이루어냈다. 그는 미드가 발명한 방앗간의 조절 장치에서 아이디어를 빌려와서 그로부터 순수한 제어 회로를 만들었다. 그의 새로운 조절 장치 덕분에 증기 기관은 자신의 힘을 제어할 고삐를 잡게 되었다. 그의 완전히 현대적인 조절 장치는 자동적으로 그의 광폭한 모터를 원하는 수준의 일정한 속도로 안정화시켰다. 조속기를 조절함으로써 와트는 증기 기관을 원하는 어떤 속도로든 가동할 수 있게 되었다. 이것은 혁명적인 일이었다.

헤론의 자동 유량 조절 장치나 드레벨의 자동 온도 조절 장치와 마찬가지로 와트의 원심 조속기는 한눈에 이해할 수 있는 명료한 되먹임 메커니즘을 보여준다. 중심이 되는 축에 마주보는 막대 팔이 달려 있고 그 끝에 2개의 묵직한 공이 달려 있는 진자가 있다. 축을 회전시키면 공은 (회전 그네처럼) 원심력에 의해 밖으로 뻗어나가면서 위로 올라간다. 축이 빠르게 돌아가면 갈수록 공은 더 높이 위로 떠오른다. 가위처럼 생긴 연결 장치가 회전하는 진자의 추가 위로 올라가면 축 막대에 씌워진 보호관을 밀어올리고 여기에 연결된 레버가 밸브를 닫아 증기의 양을 조절함으로써 회전 속도를 제어한다. 공이 빠르게 돌며 위로 올라갈수록 연결 장치는 밸브를 더 많이 닫아서 증기 기관의 속도를 줄이고, 일정한 회전 속도(일정한 공의 높이)라는 평형점에 이를 때까지 이 과정이 계속된다. 이 장치에서 제어는 신뢰할 만한 물리 법칙에 속한다.

회전력은 자연계에서는 이질적인 힘이다. 그러나 기계의 세계에서는 피와 같은 것이다. 생물학에서 알려진 회전력은 정자가 편모를 회전시켜 움직이는 정도이다. 이 극소형 모터를 제외하고 축과 바퀴는 유전자를 가진 생물체에게는 알려지지 않은 메커니즘이다. 유전자가 없는 기계에게 빙빙 돌아가는 굴대와 바퀴는 바로 그들의 존재 이유이다. 와트는 기계들에게 그들 자신의 혁명을 제어할 수 있는 비밀을 선물해주었다. 그리고 그것은 와트 자신의 혁명이기도 하다. 그의 혁신은 널리, 그리고 빠르게 확산되었다. 산업 시대의 바퀴는 증기에 의해 돌아갔고 엔진은 보편적 자기 통제의 상징, 바로 와트의 원심 조속기로 스스로를 조절했다. 스스로 추진되는 증기가 기계 방아mill를 낳았고 기계 방아는 다시 새로운 종류의 엔진을 낳고 이 엔진은 또 새로운 기계 도구들을 낳았다. 그리고 그 모든 것에는 자기 조절 장치가 들어 있어서 눈덩이처럼 불어나는 혁신의 원리에 연료를 공급해주었다. 공장에서 근무하는 작업자 수의 수천 배에 이르는 조속기와 자기 제어 장치가 눈에 보이지 않는 채로 일하고 있다. 오늘날 현대적인 공장에서는 수백, 수천 개의 제어 장치가 동시에 작동하고 있을 것이다. 인간은 그들의 동료이다.

와트는 분출하는 화산의 용암처럼 팽창하는 증기를 붙잡아서 정보를 이용해 그것을 길들였다. 그의 원심 조속기는 순수하게 정보에 기초한 제어 장치이자 최초의 비생물학적 회로 중 하나이다. 자동차와 폭발하는 휘발유통의 차이는 자동차가 가진 정보, 즉 자동차의 설계가 휘발유의 야수와 같은 에너지를 길들인다는 사실에 있다.

폭동 현장에서 사람들이 자동차를 불태울 때나 인디 500 인디애나폴리스 500마일 자동차 경주 – 옮긴이 에서 스포츠카가 트랙 한 바퀴를 돌 때나 같은 에너지와 물질이 소모된다. 그러나 후자의 경우 결정적인 양의 정보가 시스템을 지배하며 불이라는 용을 길들인다. 소량의 자기 지각 self-perception 기능이 불길의 뜨거운 열기를 다스린다. 야생의 광적인 에너지를 앞마당에서, 지하실에서, 부엌에서, 그리고 거실에서 사용할 수 있도록 훈련하고 교육시킨다.

증기 기관은 회전하는 조속기 없이는 생각할 수 없는 발명품이다. 이 작은 '자아'의 심장이 없다면 증기 기관은 발명자의 눈앞에서 폭발해버렸을 것이다. 노예의 노동력을 대신해주는 이 거대한 힘이 산업 혁명을 무대 위로 이끌었다. 그러나 두 번째, 더욱 중요한 혁명이 눈에 띄지 않은 채 살짝 얹혀 들어왔다. 이 (숨어 있는) 정보 혁명이 없었다면 산업 혁명 역시 이루어질 수 없었을 것이다. 그리고 자동 되먹임 시스템의 광범위한 확산이 이 정보 혁명의 시발점이 되었다. 만일 와트의 증기 기관과 같이 불을 먹는 기계들에 자기 제어 능력이 결여되어 있다면, 그들의 에너지를 돌보고 관리하는 데 이 기계들이 대치하고자 했던 인간의 노동력이 그대로 소모되었을 것이다. 따라서 기계의 힘을 유용하고 바람직하게 만들어주는 것은 연료가 아니라 바로 정보이다.

그렇다면 산업 혁명은 보다 정교한 정보 혁명을 부화시키기 위한 원시적인 준비 단계가 아니라 오히려 그 자체로서 지식 혁명의 첫 단계라고 볼 수 있다. 세계를 정보 시대로 이끈 것은 정교한 칩이 아니라 거친 증기 기관이었다.

헤론의 수위 조절 장치나 드레벨의 온도 조절 장치나 와트의 조속기는 모두 그들이 고안한 장치에 작으나마 자기 제어 능력과 감각적 지각 능력을 부여했고 그 결과 미래의 상태를 예측하는 길을 열었다. 이와 같은 조절 시스템은 자신의 속성을 감지하고 현재 상태가 과거에 마지막으로 감지했을 때의 상태와 비교해 변화가 있는지를 점검한다. 그러고 나서 현재 상태를 자신의 목표에 맞게 수정해나간다. 온도 조절 장치의 예를 살펴보면, 알코올이 시스템의 온도를 감지하고서 그에 따라 특정 온도라는 고정된 목표에 맞추어 행동을 취하든지 가만히 있든지를 결정한다. 철학적 의미에서 볼 때 이 시스템은 목적을 가지고 있다.

오늘날 우리의 눈에는 너무 당연하게 느껴지지만 세계 최고 수준의 발명가들이 되먹임 고리와 같이 가장 단순한 자동 회로를 전자 제품의 영역으로 이동시키는 데에는 상당히 긴 시간이 걸렸다. 그것이 그토록 오래 걸린 이유는 전기는 발견된 순간부터 근본적으로 힘의 원천, 즉 '전력'이라는 측면이 부각되었을 뿐 의사소통의 도구라는 측면은 간과되었기 때문이었다. 전기의 뚜렷이 구별되는 두 가지 측면을 자각하기 시작한 것은 19세기 독일의 선구적 전기공학자들이 강한 전류의 기술과 약한 전류의 기술 사이의 차이를 인식하면서부터였다. 신호를 보내는 데 필요한 에너지의 양은 너무나 작아서 여기에 적용되는 전기는 '전력'으로서의 전기와 완전히 다른 것으로 여겨야 할 정도였다. 몽상적인 독일의 신호주자들에게 전기는 말하는 입이나 글씨를 쓰는 손과 비슷한 것이었다. 약한 전류 기술의 발명가들은(오늘날 우리는 그들을 해커라고 불러도 좋을 것이다.) 전 시대를 통틀어 전례를 찾아보기 힘든 발명품을 세상에 내놓았다. 그것이 바로 전신술이다. 이 기술 덕분에 사람들 사이의 통신이 보이지 않는 번개 입자를 타고 날아다니게 되었다. 이 놀라운 기적의 산물 덕분에 인류 사회 전체가 새로운 상상의 대상이 되었다.

전신 기사들은 약한 전기 모델을 확고하게 마음에 품고 있었다. 그러나 그들의 멋진 혁신들이 누적되어 왔음에도 불구하고 1929년 8월이 되어서야 전화 회사인 벨연구소의 엔지니어였던 블랙H. S. Black이 전기적 되먹임 고리를 길들였다. 블랙은 내구성 있는 장거리 통화용 증폭 계전기를 만드는 방법을 궁리했다. 초기의 증폭기들은 조악한 재료로 만들어져 반복해서 사용하다보면 닳고 낡아 증폭기가 '제멋대로' 굴게 된다. 낡은 계전기는 전화 신호를 증폭할 뿐만 아니라 범위를 벗어나는 작은 오류도 증폭시켜 상태를 악화시킨다. 이런 식으로 오류가 누적되고 증폭되어 결국 시스템을 꽉 채워 제 기능을 못하도록 만든다. 블랙에게 필요한 것은 헤론의 조절 장치와 같은 것이었다. 다시 말해 원래 신호를 상쇄시켜줄 수 있는 신호, 누적되는 신호의 재생 효과 초기의 전자관은 증폭률이 낮았기 때문에 출력의 일부를 입력으로 되돌아가게 함으로써 전체의 증폭률을 높이는 방법, 즉 양성 되먹임 기술이 사용되었다. 이것을 신호의 재생recycling이라고 불렀다. – 옮긴이를 억제시킬 수 있는 어떤 것이었다. 블랙은 음성 되먹임 고리라는 개념에 착안했다. 눈처럼 쌓여가는 증폭기의 양성 되먹임 고리와 반대되는 음성 되먹임을 생각해낸 것이었다. 개념적으로 볼 때 전기적 음성 되먹임 고리는 변기의 플로트볼이나 자동 온도 조절 장치와 다를 것이 없다. 이 제동 회로는 마치 온도 조절 장치가 항상 일정한 온도를 추구하듯 증폭기로 하여금 항상 일정하게 신호를 증폭시키도록 만든다. 그러나 이 경우 장치가 스스로에게 일정한 수준을 유지하도록 이야기해주는 데 사용하는 매개물이 금속 막대가 아니라 전자의 약한 흐름이라는 차이가 있을 뿐이다. 이렇게 해서 전화 교환 네트워크라는 샛길에서 최초의 전기적 자아가 탄생했다.

제1차 세계 대전 이래로 포탄 발사 장치가 점점 복잡해지고, 포탄이 맞혀야 하는 움직이는 목표물 역시 무척이나 정교해진 나머지 탄도를 계산하는 일이 엄청난 부담이 되었다. 전투와 전투 사이에 '컴퓨터'라고 불리던 인간 계산원들이 다양한 풍향과 풍속, 날씨와 고도 등의 조건에 따라 거대한 대포의 세팅을 계산했다. 계산 결과는 경우에 따라서 전방의 포병들이 주머니에 넣을 수 있는 크기의 작은 표로 인쇄되기도 하고, 시간이 충분하거나 로켓포가 흔히 사용되는 경우에는 계산 값의 표는 오토마톤인간을 흉내내는 자동 장치–옮긴이이라고 불리던, 발사 장치에 장착된 장치에 부호화되어 입력되었다. 미국에서는 메릴랜드에 있는 해군의 애버딘성능시험장Aberdeen Proving Ground 내의 연구소에서 포탄 발사를 위한 계산을 수행하고 그 결과를 취합했다. 방에 빽빽이 들어찬 인간 계산원(거의 모두 여성)들이 수동식 계산기를 이용해 표를 작성했다.

제2차 세계 대전 무렵이 되자 로켓포의 타격 목표인 독일군의 전투기는 로켓만큼이나 빨리 날아다니게 되었다. 따라서 계산이 현장에서 더욱 신속하게 이루어져야 했다. 당시 새롭게 발명된 레이더 스캐너로 적군 전투기의 비행 위치를 측정하자마자 즉각 계산이 이루어지는 것이 이상적이었다. 그뿐만 아니라 해군의 포병들은 또 하나의 큰 문제를 안고 있었다. 새로운 계산 값의 정확성에 부응하여 어떻게 이 괴물들을 향해 재빨리 움직이고 조준할 수 있느냐 하는 것이 그 문제였다. 그 해결책은 군함의 고물만큼이나 그들 가까이에 놓여 있었다. 거대한 배는 서보 기구servomechanism, 오차를 감지하여 되먹임함으로써 기계의 작동을 보정하는 데 사용하는 자동 기구–옮긴이라고 불리는 특별한 종류의 자동 되먹임 고리로 배의 키를 조종하고 있었던 것이다.

서보 기구는 1860년 무렵에 대서양을 사이에 둔 두 대륙에서 미국인과 프랑스인에 의해 제각기 독립적으로, 그러나 거의 동시에 발명되었다. 이 장치에 딱 들어맞는 이름, 'moteur asservi', 즉 서보-모터servo-motor라는 이름을 붙여준 쪽은 프랑스의 엔지니어 레옹 파르소Leon Farcot였다. 배의 크기가 점차로 커지고 운항 속도가 빨라지면서, 사람의 힘으로 키 손잡이tiller를 움직여 배 아래쪽의 키rudder가 물살의 저항을 헤치고 배의 방향을 바꾸게 하기가 점점 어려워졌다. 해군의 기술자들은 키 손잡이에 가해지는 힘을 증폭시킬 수 있는 다양한 유압 시스템을 궁리해냈다. 선장이 작은 키 손잡이를 살짝 부드럽게 밀어도 거대한 키를 움직일 수 있도록 하려는 것이었다. 작은 키 손잡이의 반복적인 움직임은 배의 속도, 흘수선, 그 밖에 다양한 요소에 따라서 제각기 다른 값으로 나타난다. 파르소는 물 속에 있는 둔중한 키의 위치를 이리저리 손쉽게 움직일 수 있는 작은 키 손잡이의 위치와 연결시키는 장치를 발명해냈다. 이것이 바로 자동 되먹임 고리이다! 이 경우 키 손잡이가 키의 진짜 위치를 표시하고 키손잡이를 움직이면 되먹임 고리를 통해 실제로 키가 움직이게 된다. 오늘날 컴퓨터 분야의 전문 용어를 빌어 표현하자면 위지윅WYSIWYG, what you see is what you get, 컴퓨터에서 편집 중에 화면에 나타난 내용의 형태가 출력물과 완전히 비슷하게 만들어주는 시스템을 말한다.–옮긴이 이 실현되었다고 말할 수 있다.

제2차 세계 대전에서 사용된 거대한 포신들을 움직이는 데에도 같은 원리가 이용되었다. 압축 오일이 들어 있는 유압 호스가 축을 중심으로 회전하는 작은 손잡이(키 손잡이)를 포신의 방향을 회전시키는 피스톤에 연결한다. 포병의 손이 손잡이를 원하는 위치로 돌리면 그 작은 회전 동작이 작은 피스톤을 압박하고 그것이 밸브를 열어 압축 오일을 내보낸다. 그러면 이 오일이 육중한 포신을 움직이는 커다란 피스톤을 움직이는 것이다. 그런데 포신이 회전하면서 작은 피스톤을 밀고 그것이 이번에는 포병이 잡고 있는 손잡이를 회전시킨다. 선원이 키 손잡이를 돌릴 때 그는 약간의 저항을 느끼게 된다. 그것은 그가 움직이고자 하는 키에서 생성된 되먹임 힘이다.

빌 파워스Bill Powers는 10대에 전자 기술 담당 항해사로 미 해군에서 자동 함포를 다루었고 나중에 생명 현상을 설명하기 위해 제어 시스템을 연구했다. 그는 사람들이 서보 기구 되먹임 고리에 대한 문헌을 읽으면서 흔히 잘못 받아들이는 인상에 대해 묘사했다.

> 말을 하거나 글을 쓰는 행위의 역학 자체가 (묘사하고자 하는) 행위를 잡아 늘이기 때문에, 제각기 구분되는 사건들이 마치 일련의 순서에 따라 차례로 일어나는 것처럼 느껴진다. 만일 글로 포신의 방향을 조종하는 서보 기구에 대해 묘사하고자 한다면 이렇게 시작할 것이다. "내가 위치 오류를 발생시키기 위해 포신을 아래로 누른다고 가정해 보자. 위치의 오류는 서보모터로 하여금 미는 방향과 반대의 힘을 발생하도록 하고 내가 더 세게 누를수록 그 힘은 더욱더 커진다." 이런 묘사는 명확하게 느껴지지만 사실은 거짓말이다. 만일 여러분이 정말로 포신을 눌러본다면 이렇게 말하게 될 것이다. "내가 위치 오류를 발생시키기 위해 포신을 아래로 누른다면? 아, 잠깐! 이거 뭔가 걸린 것처럼 꿈쩍도 않는 걸?"
>
> 아니, 뭔가가 걸려서 꿈쩍도 안하는 것이 아니다. 그저 훌륭한 제어 시스템이 작용했을 뿐이다. 누군가가 포신을 아래로 누르기 시작하면 감지된 포신 위치의 작은 이탈이 모터로 하여금 포신을 누르는 방향에 대항하여 살짝 위로 움직이도록 한다. 대항하는 힘을 사람이 미는 힘과 같도록 하는 데 필요한 위치의 이탈 정도가 너무 작기 때문에 우리는 그것을 눈으로 보지도 못하고 손으로 느끼지도 못한다. 그 결과

포신은 마치 콘크리트를 굳힌 듯 단단하게 느껴지는 것이다. 그것은 무게가 200톤쯤 나가기 때문이 여간해서 꿈쩍도 하지 않는 재래식 기계를 연상시킨다. 그러나 만일 포신에 공급되는 전원을 꺼버리면 작은 힘으로도 포신을 갑판 바닥으로 고꾸라뜨릴 수 있다.

서보 기구가 기계의 조종을 돕는 데 그토록 놀라운 능력을 가지고 있기 때문에 오늘날에도 선박의 운항이나 비행기의 날개 조종, 독성 물질이나 핵폐기물 등을 처리하는 데 사용되는 무선 조종 기계 손 등에 여전히 (더욱 발전한 기술을 바탕으로) 서보 기구를 사용하고 있다.

헤론의 조절 밸브나 와트의 조속기나 드레벨의 온도 조절 장치 등이 순수하게 기계적인 자아라고 한다면 파르소의 서보 기구는 인간과 기계의 공생, 즉 두 세계의 결합 가능성을 암시했다. 비행기의 조종사는 서보 기구와 일체를 이루게 된다. 조종사는 힘을 얻고 기계는 존재existence를 얻는다. 그 둘이 하나로 합쳐져 기계를 조종한다. 현대 과학의 흥미로운 인물 중 하나가 이 서보 기구의 두 가지 측면—조종과 공생—에서 이 제어 고리를 연결하는 패턴을 간파했다.

제1차 세계 대전 중 애버딘성능시험장연구소의 인간 계산원실에서 좀 더 정확한 발사표를 만들기 위해 고용된 수학자들 가운데 노버트 위너 이등병만큼 필요 이상의 자격을 갖춘 사람은 찾아보기 힘들었다. 그는 특이한 천재성의 혈통을 물려받은 수학 신동이었다.

전통적으로 사람들은 천재란 만들어지는 것이 아니라 타고나는 것이라고 생각했다. 그러나 20세기가 시작될 무렵의 미국은 사람들이 과거로부터 이어온 모든 지혜에 도전하고 때로는 성공적으로 그것을 뒤집어엎는 일이 종종 발생하는 곳이었다. 노버트의 아버지 레오 위너는 채식주의자 공동체를 시작하기 위해 미국으로 건너왔다. 그러나 그는 다른 비전통적인 도전에도 마음을 빼앗기고는 했는데, 천재를 만드는 신의 고유 영역에 도전하는 것이 그 중 하나였다. 1895년 하버드 대학의 슬라브어 교수였던 레오 위너는 그의 장남을 천재로 키우기로 결심했다. 타고난 천재가 아니라 만들어진 천재말이다.

그리하여 노버트 위너는 높은 기대치 속에서 태어났다. 세 살이 되던 해에 글을 깨쳤고, 18세에 하버드에서 박사 학위를 받았다. 19세에는 버트런드 러셀과 함께 수학을 연구했다. 30세의 위너는 MIT의 수학 교수이자 완전 괴짜였다. 땅딸막하고, 통통하고, 밭장다리에 염소수염을 기르고 주로 시가를 물고다녔던 위너는 작은 오리처럼 뒤뚱거리며 돌아다니고는 했다. 그는 졸면서 배우는 전설적 능력을 가지고 있었다. 학회 중에 쿨쿨 잠이 들었던 위너가 이름을 부르는 소리에 갑자기 깨어나 그동안의 대화 내용에 대해 제대로 언급하고, 대개의 경우 비범한 통찰력 넘치는 의견을 덧붙여 사람들의 말문을 막히게 하는 것을 목격한 사람들이 여럿이다.

1948년 위너는 학습하는 기계의 가능성과 철학에 대하여 비전문가들을 위한 책을 한 권 썼다. 이 책은 처음에는 (우회적인 이유로) 프랑스 출판사에서 출판되었으나 미국에서 초판이 나오고 6개월 안에 4쇄를 찍었으며 10년 동안 2만 1000부를 팔았다. 이 정도의 판매량은 당시로서는 베스트셀러에 해당되는 수치로 같은 해에 발간된 인간의 성적 행동에 대한 《킨제이 보고서Kinsey Report》의 성공과 어깨를 겨루는 정도였다. 1949년 〈비지니스 위크Business Week〉의 어떤 기자는 "책의 내용만큼이나 책에 대한 대중의 반응이 의미심장하다는 점에서 위너의 책은《킨제이 보고서》와 닮았다."라고 주장했다.

위너의 책을 이해할 수 있는 사람의 수는 극히 적었지만 그의 놀라운 아이디어는 대중의 마음을 파고들었다. 그것은 그가 자신의 아이디어와 자신의 저서에 붙인 기발하고 흥미로운 이름 덕분이기도 했다. 그 이름이 바로 사이버네틱스Cybernetics이다. 많은 저자들이 지적했듯 사이버네틱스는 '배를 조종하는 사람'라는 의미의 그리스어 키잡이steersman에서 유래했다. 제2차 세계 대전 동안 서보 기구를 다루었던 위너는 모든 종류의 장치를 조종하는 데 도움을 주는 서보 기구의 신기한 능력에 깊은 인상을 받았던 것이다. 사람들이 간과하는 측면은 사이버네틱스가 고대 그리스에서 국가를 관장하는 통치자를 가리키는 단어로도 사용되었다는 점이다. 플라톤이 소크라테스를 인용하여 "사이버네틱스는 인간의 영혼과 신체와 물질적 재산을 가장 심각한 위험들로부터 보호해준다."라고 말했다. 이것은 사이버네틱스라는 단어의 두 가지 의미를 모두 아우른다. 정부(그리스인들에게 정부는 자치적 정부였다.)는 혼돈 상태를 막아 질서를 가져온다. 또한 배가 침몰하는 것을 막기 위해서는 적극적으로 키를 돌려 배를 조종해야 한다. 라틴어의 변형된 형태인 'kubernetes'는 통치자governor의 어원이다. 이 단어는 나중에 제임스 와트가 자신이 발명한 회전하는 공으로 이루어진 사이버네틱스 장치에 붙인 이름—조속기governor—이기도 하다.

이 단어가 가진 통치적 성격에 주목한 선례는 프랑스에서 찾아볼 수 있다. 위너는 알지 못했지만 이 단어를 다시 활성화시킨 최초의 현대적 과학자는 위너 자신이 아니었다. 1830년 무렵 프랑스의 물리학자 앙페르Ampere(전기 용어인 '암페어'가 이 사람의 이름을 딴 것이다.)가 프랑스 대과학자들의 전통에 따라 인간 지식의 정교한 분류 체계를 고안해냈다. 앙페르는 분류 체계의 한 가지를 '사유과학

Noological Science'이라고 명명하고 그 하위 분야에 정치학을 포함시켰다. 정치학 안에서는 외교학의 하위-하위 범주에 '사이버네틱스'라는 과학 분야를 집어넣었다. 앙페르의 사이버네틱스는 통치 과학을 의미했다.

위너는 좀 더 명확한 정의를 생각하고 있었으며 그것을 《사이버네틱스: 또는 동물과 기계의 통제와 의사소통Cybernetics: or control and communication in the animal and the machine》이라는 그의 저서 제목에 대담하게 나타냈다. 위너의 개략적 아이디어가 나중에 컴퓨터에 의해 구체화되고 다른 이론가들에 의해 살이 붙게 되자 사이버네틱스에는 점차로 앙페르의 통치, 그러나 정치를 배제한 통치의 느낌이 덧붙여져갔다.

위너의 저서 영향으로 되먹임이라는 개념이 거의 모든 기술 문화의 측면에 스며들어갔다. 그 중심 개념은 특수한 상황과 분야에서 이미 오래되었고 흔히 사용되는 것이었지만 위너는 그 영향을 보편적 원리로 일반화시킴으로써 그 개념에 다리를 달아주었다. 생명체에서 볼 수 있는 자기 제어가 단순한 엔지니어링 활동이다. 되먹임 제어의 개념이 전자 회로의 유연성으로 포장되자 누구나 사용할 수 있는 유용한 도구로 변신했다. 《사이버네틱스》가 출간되고 1~2년 안에 전자 제어 회로가 산업계에 혁명을 가져왔다.

상품 생산에 자동 제어 기술을 적용하는 것이 가져온 눈사태와 같은 엄청난 효과는 명확하게 눈에 들어오지 않았다. 생산 현장에서 자동 제어 기술은 앞서 언급한 것과 같이 고용량 에너지 원천을 길들이는 예상된 미덕을 발휘한다. 또한 자동 제어의 연속적 속성 때문에 전반적인 생산 속도도 향상된다. 그러나 그와 같은 측면은 자기 제어 회로의 전적으로 예상치 못했던 기적에 비하면 사소한 이점에 지나지 않는다. 그 기적은 바로 조악함으로부터 정교함을 이끌어내는 능력이었다.

어떻게 기본적인 되먹임 고리가 부정확한 부분들로부터 정확성을 이끌어내는지를 보여주는 실화로서 나는 프랑스 저자인 피에르 드 라티Pierre de Latil가 1956년 펴낸 저서《기계로 생각하기Thinking by Machine》에 소개된 사례를 빌려오고자 한다. 1948년 이전 철강업계에 종사하던 기술자들은 여러 세대에 걸쳐서 균일한 두께의 철강판을 만들기 위해 각고의 노력을 기울였으나 모두 성공을 거두지 못했다. 그들은 압연기에서 빠져나온 철강 판의 두께에 영향을 미치는 대여섯 가지의 요소를 발견했다. 압연기(롤러)의 회전 속도, 금속의 온도, 철강 판을 끌어당기는 힘 등이 모두 영향을 미쳤다. 그리고 수년에 걸쳐 각각의 요소들을 완벽하게 조절하기 위해서 많은 노력을 기울였고, 그 다음 각 요소들을 동시화하는 데 더 많은 시간을 투자했다. 그러나 모두 헛수고였다. 한 가지 요소를 통제하면 의도와 달리 다른 요소들을 모두 어지럽히는 꼴이 되었다. 속도를 늦추면 금속의 온도가 올라가고, 온도를 낮추면 철강 판의 견인이 증가하고, 견인이 증가하면 속도가 낮아지는 식이었다. 모든 요소들이 다른 모든 요소에 영향을 주었다. 통제라는 행위가 꼼짝달싹 할 수 없이 상호 의존적인 그물망에 휩싸여 있는 듯 보였다. 생산된 철강판이 너무 두껍거나 너무 얇을 때마다 여섯 가지의 상호 연결된 용의자 가운데 범인을 찾아내는 일은 거의 불가능했다. 사이버네틱스를 통해 위너의 놀라운 일반화가 발표되기 전까지 상황은 거기에서 더 진전되지 않았다. 세계 전역의 엔지니어들은 위너의 개념의 핵심을 즉각 이해했고 그로부터 1~2년 안에 압연기에 전자 되먹임 장치가 설치되었다.

필러 게이지feeler gauge, 기계의 틈의 너비를 측정하는 계기—옮긴이가 압연기를 갓 빠져나온 철강 판의 두께를 측정한 다음 그 신호를 판의 견인 장치라는 하나의 변수를 통제하는 서보모터로 전달한다. 이 변수는 철강 판이 압연기를 지나가기 직전에 마지막으로 금속에 영향을 주는 변수이다. 이 단순한 하나의 되먹임 고리에 의해 전체 변수들의 무리가 통제된다. 모든 요소들이 서로 연결되어 있기 때문에 만일 최종 두께에 직접 연결되어 있는 한 가지 요소만 통제할 수 있다면 간접적으로 다른 모든 요소들도 통제하는 셈이다. 최종 두께를 목표한 값에서 이탈하게 하는 것이 원재료의 불균일함 때문인지, 낡은 롤러 때문인지, 실수로 온도가 올라가서인지 등의 이유는 중요하지 않다. 중요한 것은 자동화 고리가 마지막 변수로 하여금 다른 변수들의 영향을 상쇄하도록 만든다는 점이다. 만일 철강 판을 (압연기로) 이동시키는 과정을 이리저리 조절해볼 여유가 있어서(실제로 여유가 있다.) 원재료 금속이 지나치게 두껍다든지, 충분히 달구어지지 않았다든지, 롤러가 찌꺼기로 오염되었다거나 하는 요소들을 상쇄할 수만 있다면 최종 산출물은 항상 일정한 두께를 유지할 수 있다. 비록 각각의 요소들이 다른 요소들에 영향을 주고 방해하지만 바로 인접하여, 그리고 거의 즉각적으로 작용하는 되먹임 고리의 특성이 각 요소들 사이의 불가해한 관계의 네트워크를 일정한 두께라는 지속적인 목표를 향해 나아가도록 조종할 수 있다.

엔지니어들이 발견한 사이버네틱스 원리는 보편적인 것이다. 만일 모든 변수들이 밀접하게 서로 연결되어 있다면, 그리고 그 중 한 변수를 자유자재로 조작할 수 있다면, 다른 모든 변수들도 간접적으로 통제할 수 있다는 것이 그 원리이다. 이 원리는 시스템의 전체론적 속성을 이용하는 것이다. 라티가 주장하듯 "조절 장치는 원인에 관심을 갖지 않는다. 편차를 감지하고 그것을 수정할 뿐이다. 그 오류가 지금까지 그 영향력이 제대로 가늠되지 않은 요인으로부터 발생한 것이거나 심지어 그 존재를 의심조차 하지 못하는 요인 때문에 일어난 것일 수도 있다." 시스템이 어떤 순간에 어떻게 합의점을 찾느냐 하는 것은 인간이 알 수 있는 영역을 벗어나는 것이고, 그렇지 않다고 해도, 굳이 알 가치도 없다.

라티가 주장하는 이 획기적인 혁신의 아이러니는 이러한 되먹임 고리가 기술적으로 너무나 단순하기 때문에 '문제에 대하여 조금만 더 열린 마음으로 접근했더라면 15년이나 20년쯤 전에 도입될 수 있었던 것'이라는 점이다. 그보다 더 큰 아이러니는 20년쯤 전에 이러한 관점에 대한 열린 마음이 경제학 분야에서는 이미 상당한 성취를 이뤄냈다는 사실이다. 프리드리히 하이에크Frederich Hayek와 영향력 있는 오스트리아 학파 경제학자들은 복잡한 네트워크에서 되먹임 경로를 추적하려는 시도들을 분석한 후 그와 같은 노력이 소용 없는 것이라고 선언했다. 그들의 주장은 '경제 계산 불가능론'이라고 불린다. 당시 레닌이 러시아에 도입했던 것과 같은 하향식 계획 경제에서는 계산, 교환, 통제된 의사소통에 따라 자원을 할당한다. 그런데 철강 제련소에서 엔지니어들이 서로 복잡하게 연결된 요소들을 추적하는 것이 불가능한 것처럼, 경제 시스템 안의 분산된 연결점들 사이의 다중 되먹임 요소들을 통제하려는 시도는 고사하고 계산하는 것조차도 성공을 거두기 어렵다. 계속해서 이리저리 흔들리는 경제에서 자원 할당을 계산하는 것은 불가능하다. 그 대신 1920년대에 하이에크와 다른 오스트리아 학파의 경제학자들은 가격이라는 단일 변수를 가지고서 자원 할당에 관여하는 다른 모든 변수들을 조절할 것을 주장했다. 그 경우 우리는 국민 한 사람당 비누가 몇 개 필요한지, 또는 나무를 베어서 집 짓는 데 사용해야 할지 아니면 책 만드는 데 사용해야 할지와 같은 문제를 놓고 고민할 필요가 없다. 이와 같은 계산들은 맨 바닥부터 상향식으로, 사람의 통제 없이, 상호 연결된 네트워크 그 자체로부터 실시간으로, 그리고 병렬식으로 이루어진다.

이 자동 제어(또는 인간의 통제를 벗어난 통제)의 결과 엔지니어들은 완벽하게 균일한 원자재, 완벽하게 조절된 절차에 대한 끊임없는 긴장으로부터 해방될 수 있다. 이제 그들은 불완전한 재료, 부정확한 절차로도 공정을 시작할 수 있다. 그렇게 시작하더라도 자동화 기술의 자기 교정 속성을 이용해 오직 최상의 생산품만 공정을 빠져나가도록 할 수 있을 것이다. 아니면 같은 품질의 재료를 가지고 시작하더라도 되먹임 고리를 이용할 경우 훨씬 높은 품질 기준을 설정할 수 있으므로 다음 공정에 더 큰 정확성을 부여할 수 있다. 그뿐만 아니라 제조 공정의 전 단계로 거슬러올라가 원재료의 공급자들에게도 동일한 아이디어를 적용하도록 함으로써 그들 역시 자동 되먹임 고리를 적용해 더욱 높은 품질의 제품을 생산할 수 있다. 연속적으로 이어진 상품의 제조 단계의 양 방향으로 이와 같은 아이디어가 퍼져나감에 따라, 자동화된 자아는 인간이 물질로부터 쥐어짜내는 정확성을 한층 더 개선하는 고품질 기계가 되었다.

엘리 위트니Eli Whitney가 도입한 교환 가능한 부품 개념이나 포드가 창안한 조립 라인의 아이디어는 제품 생산 방법에 급진적 변화를 가져왔다. 그러나 이런 개념들을 적용하기 위해서는 생산 설비를 대규모로 교체하고 상당한 자본을 투입해야만 한다. 그뿐만 아니라 어디에나 보편적으로 적용할 수도 없었다. 반면 수상할 정도로 값싼 부속물에 지나지 않는 소박한 자동화 회로는 기존에 사용하던 거의 모든 기계에 덧붙여 설치할 수 있었다. 그 결과 인쇄기와 같은 미운 오리 새끼를 하룻밤 사이에 말 잘 듣는, 황금알을 낳는 거위로 탈바꿈시킬 수 있었다.

그러나 모든 자동화 회로가 빌 파워즈의 포신처럼 한 치의 오차도 없이 즉각적으로 작동하는 것은 아니었다. 줄줄이 서로 연결되어 있는 되먹임 고리의 개수가 많아질수록, 더 큰 되먹임 고리를 돌아가는 메시지가 입력 위치에 도달했을 때 이미 모든 것이 상당히 변화한 상태일 가능성이 크다. 특히 빠르게 움직이는 환경 속에 있는 방대한 크기의 네트워크 경우 신호가 회로를 도는 데 걸리는 짧은 시간이 상황이 변화하는 데 걸리는 시간보다 더 오래 걸리기도 한다. 그에 대한 반응으로서 마지막 연결점은 변화를 상쇄하기 위해 큰 폭의 교정을 명령하는 경향이 있다. 그러나 이것 역시 여러 개의 연결점을 가로지르는 긴 여정 동안 지체되고 그 결과 움직이는 표적을 놓쳐서 또 한 번 불필요한 수정을 하게 된다. 그것은 마치 초보 운전자가 도로에서 지그재그로 차를 모는 것과 비슷한 상황이다. 매번 방향을 수정하기 위해 운전대를 크게 돌리고 그 결과 그 방향으로 너무 많이 향하게 되면 그에 대한 과잉 반응으로 그 반대 방향으로 운전대를 또다시 크게 돌리기 때문에 지그재그 운전이 일어나게 된다. 초보 운전자가 조금씩 더 신속하게 차의 방향을 수정할 수 있도록 되먹임 고리를 조절할 수 있게 될 때까지 그는 중간점을 찾아 계속해서 방향을 이리저리 왔다 갔다 할 수밖에 없다. 이것은 당시 단순한 자동화 회로의 골칫거리였다. 많은 자동화 회로들이 한 과잉 반응에서 다른 과잉 반응으로 불안하게 왔다 갔다 하면서 '펄럭'거리거나 '삐걱'거리는 경향을 보였다. 이와 같은 과잉 보상에 맞서기 위한 해결책은 수천 가지가 있다. 지금까지 발명된 각각의 진보된 회로마다 해결책이 하나씩 존재한다고 보면 된다. 지난 40년 간 제어 이론으로 학위를 받은 엔지니어들은 이리저리 흔들리는 되먹임 회로와 관련된 최신 문제점에 대한 해결책에 대하여 책 선반이 미어터질 정도의 논문을 쏟아냈다. 다행히도 우리는 되먹임 고리들을 유용한 배열을 이루도록 결합할 수 있다.

사이버네틱스 사례의 원형이라고 할 수 있는 변기로 돌아가보자.

현대식 변기의 수조에는 수위를 조절할 수 있는 장치가 달려 있다. 이 장치로 원하는 수위를 맞춰놓으면 수조 안의 자기 조절 메커니즘이 알아서 우리가 맞춰놓은 수위를 유지한다. 장치를 돌려 잠그면 낮은 수위에 만족하고 반대 방향으로 돌려놓으면 더 높은 수위를 추구한다. 이제 여기에서 한 층 더 들어가, 수위 조절 장치를 돌려서 수위를 조절하는 일에도 자기 조절 고리를 추가해 손으로 돌리는 수위 조절 장치의 필요성마저 제거해버리면 어떨까? 이 두 번째 되먹임 고리의 역할은 첫 번째 되먹임 고리의 목표를 찾는 것이다. 예를 들어 이 두 번째 메커니즘이 급수관의 수압을 감지해 수위 조절 장치를 돌린다면 어떨까? 급수관의 수압이 높은 경우에는 수위를 높게 유지하고, 수압이 낮은 경우에는 수위를 낮게 한다면?

첫 번째 회로는 물을 제어하고 두 번째 회로는 첫 번째 회로의 활동 범위를 제어한다. 추상적 의미에서 두 번째 회로는 이차적 제어, 제어의 제어 또는 '메타제어'를 낳는다고도 볼 수 있다. 최신식의 이차적 제어 기능을 갖춘 변기는 이제 '목적을 가지고' 행동한다. 변화하는 목표에 맞추어 적응할 줄 알게 되었다. 비록 첫 번째 회로의 목표를 설정하는 두 번째 회로의 방식 역시 기계적인 모습을 하고 있지만 전체 시스템이 그 자신의 목표를 선택한다는 사실은 메타회로 metacircuit에 어느 정도 생물과 같은 속성을 부여한다.

하나의 되먹임 고리는 단순하기 이를 데 없지만, 고리들을 무한한 조합으로 한데 이어 붙이고 층층이 포개서 상상할 수도 없을 정도로 복잡하고 흥미로운 하위 목표들의 탑을 쌓아 올릴 수 있다. 이 되먹임 고리들의 탑은 우리에게 흥미와 놀라움을 선사한다. 왜냐하면 그 탑 안을 돌아다니는 메시지는 불가피하게 자신의 경로를 다시 만날 수밖에 없기 때문이다. A가 B를 촉발하고 B가 C를 촉발하고 C가 A를 촉발하는 식이다. 이 명백한 역설 속에서 A는 동시에 원인이자 결과이다. 사이버네틱스 전문가인 하인즈 폰 푀르스터는 이 포착하기 어려운 회로를 '순환적 인과성circular causality'이라고 불렀다. 초기의 인공 지능 전문가인 워런 매컬로크Warren McCulloch는 이것을 '비이행적 선호intransitive preference, 이행성transivity이란 A가 B를 이기고 B가 C를 이기면 A가 C를 이겨야 한다는 원칙이다. 비이행성 또는 비이행적 선호는 이행성 원칙이 성립되지 않는 경우를 말한다.–옮긴이'라고 불렀다. 그것은 선호의 계급이 어린아이들의 가위바위보 놀이와 같이 자기 지시적으로 교차하는 측면을 가리키는 것이다. 보가 바위를 감싸고, 바위가 가위를 깨뜨리고, 가위는 보를 자르는 식으로 승부가 꼬리에 꼬리를 물고 돌고 도는 것이다. 해커들은 이것을 회귀적 회로라고 부른다. 그 명칭이 무엇이든 간에 이 개념은 3000년 된, 논리에 바탕을 둔 철학과 정면으로 맞선다. 모든 고전을 뿌리째 흔드는 것이다. 만약 뭔가가 동시에 그 원인이자 결과라고 한다면 합리성을 아무데나 가져다 붙일 수 있게 된다.

겹겹이 포개져 있는, 자기 자신에게로 되돌아가는 고리들의 복합적 논리는 복잡한 회로의, 직관에 반하는, 특이한 행동의 원천이다. 제대로 만들어진 회로들은 신뢰할 수 있고 합리적으로 작동하지만 갑자기 예고 없이 돌출 행동을 보일 때가 있다. 전기공학자들은 모든 회로에 내재된 횡적 인과 관계를 한 발 앞서 통제하는 일로 두둑한 보수를 받는다. 그러나 로봇에 필요한 수준으로 회로의 밀도가 높아지게 되면 회로의·기이한 행동은 피할 수 없어진다. 가장 단순한 형태인 하나의 되먹임 회로로 환원시킬 경우에도 순환적 인과성은 풍부한 역설 그 자체이다.

자아는 어디에서 생겨날까? 이에 대하여 사이버네틱스가 내놓은 당혹스러운 대답은 이것이다. 자아는 그 자신으로부터 출현한다. 그 밖에 다른 방법으로는 생겨날 수가 없다. 진화생물학자인 브라이언 굿윈Brian Goodwin은 기자인 로저 르윈Roger Lewin에게 이렇게 말했다.

"생물은 그 자신의 원인이자 결과이며 내재된 질서intrinsic order이자 조직입니다. 자연 선택이 생물의 원인이 아닙니다. 유전자가 생물을 발생시키는 것도 아닙니다. 생물을 출현시킨 원인이라는 것은 따로 존재하지 않습니다. 생물은 스스로를 야기하는 행위자입니다." 따라서 자아는 스스로 꾸며낸 형태이다. 자아는 일단 출현하고 나면 그 자신을 초월한다. 마치 자신의 꼬리를 삼키는 긴 뱀이 신화 속의 상징적 고리인 우로보로스가 되는 것처럼.

카를 구스타프 융에 따르면 우로보로스는 시간을 초월하여 거듭해서 나타나는 인간 영혼의 투사물이다. 자신의 꼬리를 먹는 고리 모양의 뱀이 처음 예술의 형태로 모습을 드러낸 것은 이집트의 조각상에서였다. 융은 혼돈 상태와도 같은 다양한 꿈의 이미지들이 핵심적이고 보편적인 이미지를 형성하는 안정적인 마디node로 이끌려가는 경향이 있다는 이론을 내놓았다. 현대적 전문 용어로 말하자면 상호 연결된 복잡한 시스템들이 '끌개attractor'에 귀착되는 것과 비슷하다. 이처럼 끌어당기는 힘을 가진 기묘한 많은 수의 마디들이 예술, 문학, 심리 치료 등의 시각적 어휘 목록의 역할을 해왔다. 그리고 아주 오랜 옛날에 명명된 패턴이자 전 시대에 걸쳐 지속적으로 존재해온 끌개 이미지 중 하나가 바로 '자신의 꼬리를 먹는 존재'이다. 많은 경우에 둥그런 원을 그리며 자신의 꼬리를 먹고 있는 뱀이나 용과 같은 동물로 단순화된 형태로 표현된다.

우로보로스의 고리는 너무나 명백한 되먹임 회로의 상징이라 사이버네틱스의 맥락에서 이 상징을 처음 사용한 사람이 누구인지조차 확실히 말하기 어렵다. 진정한 전형이 흔히 그렇듯 아마도 제각기 독립적으로 여러 차례 발견되었을 것이다. 프로그래머들이 'GOTO START' 고리를 마주할 때마다 자신의 꼬리를 먹는 뱀의 단순한 이미지가 떠오를 것이라는 데에는 의심의 여지가 없다.

뱀은 선형이다. 그러나 빙 둘러 스스로에게 먹히는 뱀은 비선형적 존재의 상징이 된다. 고전적 융 학파의 이론적 토대에서 꼬리를 먹는 우로보로스는 자아의 상징적 표현이다. 뱀이 둥그런 원을 완성하는 것은 동시에 한 존재, 그리고 그 존재와 경쟁하는 부분들을 아우르는 자아의 자기 충족성self-containment을 상징한다. 그렇다면 가장 단순한 되먹임 고리의 구현물인 변기는 신화적 괴물, 바로 자아라는 괴물이라고 할 수 있다.

융 학파는 자아를 '에고의 의식이 탄생하기 전의 근원적인 마음 상태'라고 했다. 즉 "시초의 전체성의 만달라불교 등에서 우주 법계의 온갖 덕을 나타내는 둥근 그림-옮긴이 상태로 이로부터 개별적인 에고가 탄생한다."라고 주장했다. 그러니까 자동 온도 조절 장치가 설치된 용광로가 자아라고 해서 그것이 에고를 가지고 있다는 것은 아니다. 자아란 단순히 바탕이 되는 상태이자 스스로 꾸며낸 형태로, 그로부터 나중에, 충분한 수준의 복잡성에 도달할 경우, 더욱 복잡한 에고가 출현한다.

모든 자아는 동어 반복tautology이다. 자명한self-evident, 자기 지시적인self-referential, 자기 중심적인self-centered, 자기 창조의self-created …. 그레고리 베이트슨은 비비시스템이 '천천히 스스로를 치유하는 동어 반복'이라고 말했다. 그가 의미한 바는 자아가 방해를 받거나 어지럽혀지더라도 '동어 반복을 향해 자리를 잡아가는 경향'을 보인다는 것이다. 즉 자아는 자신의 근본적인 자기 지시적인 상태, '불가피한 역설'로 이끌린다는 것이다.

모든 자아는 자신의 정체성을 입증하려는 다툼이다. 자동 온도 조절 장치의 자아에서는 용광로의 온도를 더 높여야 할지 낮추어야 할지를 놓고 끊임없이 내부적 다툼이 일어나고 있다. 헤론의 밸브 시스템은 자신이 취할 수 있는 단 하나의 행위, 즉 플로트를 움직여야 할지 말지를 놓고 끊임없이 갈등하는 상태이다.

시스템은 자신에게 말을 건다. 모든 살아 있는 시스템과 생물들은 궁극적으로 수많은 조절 장치들, 즉 화학 경로들과 신경 회로들이 끊임없이 "나는 이것을 할래, 할래, 할래." "아니 그건 안 돼, 안 돼, 안 돼."와 같이 단순 무식한 대화를 나누는 상태라고 볼 수 있다.

우리가 만들어낸 세계에 자아의 씨를 뿌림으로써 제어 메커니즘이 조금씩 똑똑 떨어져 수조를 채우고 쏟아지고 분출하여 흘러넘칠 수 있는 토대를 제공해주었다. 자동 제어 기술은 세 단계를 거쳐서 도래하였고 인류의 문화에 세 가지의 거의 형이상학적 변화를 일으켰다. 그리고 각 단계는 점점 더 심원해지는 되먹임 고리와 정보의 흐름에 의해 활성화되었다.

증기 기관이 가져온 에너지의 제어가 바로 그 첫 번째 단계이다. 일단 우리가 에너지를 통제할 수 있게 되자 에너지는 '자유'를 얻었다. 우리가 얼마나 더 많은 에너지를 방출하든지 그것은 우리의 삶에 근본적인 변화를 가져오지 않을 것이다. 뭔가를 성취하는 데 필요한 열량(에너지)의 양은 점차로 줄어들고 있다. 따라서 우리의 최대 기술적 성취가 강력한 에너지 원천을 길들이는 데에만 의존하지는 않게 되었다.

대신 기술적 성취는 물질의 정확한 제어를 확대하는 데에서 온다. 이것이 바로 제어의 두 번째 영역이다. 컴퓨터 칩의 경우처럼 높은 정도의 되먹임 메커니즘을 부여하여 물질을 정보화하는 것은 물질에 힘을 부여하는 것이다. 그 결과 많은 양의 정보화되지 않은 물질을 가지고 하던 일을 점점 더 적은 양의 정보화된 물질로 대치할 수 있다. 티끌만 한 크기의 모터가 등장함에 따라(1991년 성공적으로 그 원형이 개발되었다.) 이제 우리는 원하는 무엇이든 원하는 크기로 만들 수 있게 되었다. 분자 크기의 카메라? 안 될게 무엇이랴. 집채만 한 크기의 결정? 원한다면 무엇이든! 물질은 정보의 손바닥 위에 놓여 있다. 현재 에너지가 정보의 손바닥 위에 있듯이. 그저 다이얼만 돌리면 된다. "20세기의 중심적 사건은 (인간에 의한) 물질의 전복顚覆이다."라고 기술 분석가인 조지 길더George Gilder가 말했다. 이것이 제어의 역사 속에서 우리가 지금 머물고 있는 현주소이다. 근본적으로 물질은, 우리가 생각하는 어떤 형태이든, 이제 더 이상 장벽이 되지 못한다. 물질은 거의 '자유'를 얻게 되었다.

2세기 전 석탄 증기 기관에 정보를 적용함으로써 처음 그 씨앗이 뿌려진 제어 혁명의 세 번째 영역은 바로 정보 그 자체에 대한 제어이다. 이곳저곳을 빙빙 돌며 에너지와 물질을 제어하는 엄청난 길이의 정보와 회로로 인해 우리의 환경은 메시지와 비트와 바이트로 넘쳐난다. 이 통제되지 않은 데이터의 밀물은 거의 유해한 수준에 이르고 있다. 우리는 통제할 수 있는 수준 이상의 정보를 만들어내고 있다. 더 많은 정보의 창조라는 약속은 실현되었다. 그러나 단순히 정보의 양이 증가하는 것은 마치 다량의 증기가 증기 기관을 폭파시키는 것과 마찬가지이다. 자아에 의해 길들여지지 않을 경우 아무런 쓸모가 없다. 길더의 격언을 살짝 변형시키자면 '21세기의 중심적 사건은 정보의 전복이 될 것'이다.

유전공학(DNA의 정보를 통제하는 정보)이나 전자 도서관의 기술적 도구(책의 정보를 관리하는 정보) 등이 정보를 지배하는 사례의 전조이다. 정보를 길들인 효과는, 에너지와 물질의 제어가 그러했듯, 산업과 비즈니스 분야에서 가장 먼저 느끼게 될 것이고 그 다음 천천히 개인의 영역으로 스며들어갈 것이다.

에너지의 제어는 자연을 정복했고 (그럼으로써 우리를 살찌웠고) 물질의 제어는 물질적 부를 우리의 손 미치는 곳까지 끌어다 놓았다. (그럼으로써 우리를 탐욕스럽게 만들었다.) 활짝 만개한 정보의 제어는 우리에게 어떤 종류의 풍요의 뿔을 가져다줄까? 혼란? 명석함? 조바심?

자아 없이는 거의 아무것도 일어나지 않는다. 자아를 부여받은 엄청난 수의 모터들이 오늘날 공장을 작동하고 있다. 자아를 부여받은 엄청난 수의 실리콘 칩들이 스스로를 더 작고 더 빠르게 재설계하고 모터를 지배한다. 그리고 곧이어 자아를 부여받은 엄청난 수의 네트워크들이 실리콘 칩들을 재규정할 것이고 우리가 허락하는 모든 것을 지배할 것이다. 만일 우리가 에너지, 물질, 정보의 보물들을 이용하기 위해 이들을 모두 통제하고자 한다면 그것은 오히려 손실을 일으킬 것이다.

우리는 삶이 허락하는 한 최대한 빠르게 우리의 세계에 자기 통치, 자기 번식, 자기 의식, 그리고 돌이킬 수 없는 자아를 부여하려고 한다. 자동화의 이야기는 인간에 의한 통제가 자동화된 통제로 이동해가는 이야기이다. 우리 자신으로부터 제2의 자아로 돌이킬 수 없이 이동해가는 것 역시 그 결실이다.

이 제2의 자아는 우리의 통제를 벗어난다. 르네상스 시대의 가장 명석한 과학자들이 고대의 헤론이 발명한 단순한 장치 이상의 자기 조절 장치를 발명하지 않은 핵심 이유가 바로 이것이라고 나는 생각한다. 위대한 레오나르도 다빈치는 통제 불능의 기계가 아니라 통제할 수 있는 기계를 만들었다. 독일의 기술사학자인 오토 마이어 Otto Mayr는 계몽 시대의 뛰어난 엔지니어들이 당시 그들이 이용할 수 있었던 기술로, 조절할 수 있는 증기 기관 장치와 비슷한 것을 충분히 만들어낼 수 있었다고 주장한다. 그러나 그들은 그 창조물을 감당할 능력이 없었기 때문에 만들지 않았다는 것이다.

한편 고대의 중국인들은 비록 남쪽을 가리키는 수레에서 한 발자국도 더 나아가지는 못했지만 통제에 대하여 적절한 무심의 경지를 보였다. 2600년 전에 신비에 싸인 현인 노자가 《도덕경》에 쓴 너무나 현대적인 진리에 귀 기울여보자.

> 진실로 현명한 통제는 통제가 없거나 자유로운 상태로 보인다.
> 바로 그 이유 때문에 그것이 현명한 통제인 것이다.
> 현명하지 못한 통제는 겉보기에 지배하는 것처럼 보인다.
> 바로 그 이유 때문에 그것은 현명하지 못한 통제이다.
> 현명한 통제는 겉으로 드러나지 않으면서 영향력을 행사한다.
> 현명하지 못한 통제는 힘의 과시를 통해 영향력을 행사하려고 한다.

노자의 지혜는 21세기 실리콘밸리 열성 당원들의 모토로 쓰여도 손색이 없을 듯하다. 스마트와 초지능의 시대에 가장 현명한 통제 방법이란 겉보기에 통제가 없는 것처럼 보이는 통제이다. 기계에 인간의 관리, 감독 없이 스스로 적응해나가고 스스로 원하는 방향으로 진화해나갈 수 있는 능력을 부여하는 것이 기술의 새로운 위대한 진보이다. 기계에 자유를 부여하는 것, 그것은 우리가 기계를 현명하게 통제할 유일한 방법이다.

얼마 남지 않은 20세기는 21세기에 우리가 맞이하게 될 주된 심리적 도전을 연습해볼 시간으로 삼아야 할 것이다. 그 도전이란 바로 위엄을 가지고 꽉 잡고 있던 것을 놔주는 것이다.

8

닫힌계

샌프란시스코의 슈타인하트수족관의 길게 늘어선 수조 한쪽 끝에는 환한 빛 아래 산호초가 빽빽하게 자리잡고 있다. 남태평양 바다에서 길이가 1.6km에 이르는 분산된 생명체인 수중 산호초는 뚝 떨어져 옮겨진 수족관 안에서는 몇 m의 길이로 압축되었다.

압축된 산호초의 특이한 색조와 생소한 형태에서는 신비주의적 뉴에이지 분위기마저 풍긴다. 이 거대한 직사각형의 유리병 앞에 서는 것은 마치 거대한 현의 배음을 일으키는 마디에 서 있는 것과 같다. 이 수조는 지구상의 모든 장소 중에서 단위 면적당 가장 다양한 생명체를 한데 모아놓은 곳이라고 할 수 있다. 생명의 밀도는 여기에서 최고치에 이르렀다. 산호초는 천연의 상태에서도 놀라울 만큼 풍부함을 보이는데 이 인공의 산호초는 그보다도 한층 더 풍부한 생명의 밀도를 보여준다.

수조에 난 2개의 넓은 유리창을 통해서 나는 기이한 바다 생물들로 가득 찬 동화 속의 '이상한 나라'를 엿본다. 주황색과 흰색 줄무늬의 흰동가리나 보는 각도에 따라 색깔이 변하는 청록색의 자리돔 등 화려한 색깔의 물고기들이 나의 시선을 되받는다. 밤색 연산호의 깃털 같은 가지 사이로, 또는 천천히 움직이는 거대한 대합의 커다란 입술 사이로 현란한 동물들이 휙휙 지나다닌다.

이것은 단순히 작은 어항이 아니라 이 수많은 생물들의 보금자리이다. 이 안에서 생물들은 먹고, 자고, 싸우고, 짝짓기를 한다. 할 수만 있다면 영원히. 충분한 시간이 주어진다면 이들은 공동 운명체로 공진화해나갈 것이다. 이 수조는 진정 살아 있는 공동체이다.

산호초 수조 뒤에서는 덜컥거리며 돌아가는 펌프, 파이프, 그 밖에 각종 장치들이 전기 에너지를 먹고서 이 작은 장난감 산호초의 엄청난 다양성을 유지하는 작업을 수행한다. 관람객 중 한 사람이 어두운 관람실에서 펌프 쪽으로 걸어가서 아무 표시가 되어 있지 않은 문을 열었다. 살짝 문을 열자마자 그 틈으로 눈을 뜨기 어려울 만큼 환한 빛이 쏟아져나온다. 문 안쪽에는 흰색으로 칠해진 방이 있는데 뜨듯한 습기와 환한 빛으로 가득하다. 천장에 줄지어 늘어선 뜨거운 금속 할로겐 전등이 하루에 15시간씩 열대의 태양빛에 맞먹는 빛을 쏟아낸다. 거대한 4톤들이 콘크리트 통의 바닥에는 젖은 모래가 깔려 있고 그 위에는 세정 작용을 하는 박테리아가 뒤덮여 있으며 소금물이 바닥을 통해 올라온다. 인공 햇빛 아래에는 길고 얕은 플라스틱 쟁반이 설치되어 있고 쟁반 위에는 산호초 환경에서 생기는 천연 독소들을 걸러줄 녹조류가 담겨 있다.

산업용 배관 시설은 산호초에게 진짜 태평양 바다의 대용물이다. 남태평양의 조류와 모래밭이 야생의 산호초에게 제공하는 여과 기능, 해류, 산소, 완충 작용 등을 똑같이 제공하기 위하여 성분을 재조정한 6만 L 가량의 해수가 특별히 고안된 생체공학 시스템을 거쳐 공급된다. 잘 구성된 이 볼거리는 매일매일 에너지와 주의를 기울여야 하는 힘들게 얻은 정교한 균형이다. 한 번 삐끗하면 산호초는 순식간에 붕괴될 수 있다.

태고 이래로 사람들이 말하듯, 무너지는 것은 순식간이지만 그것을 건설하는 데에는 수십, 수백 년이 걸린다. 슈타인하트 수조의 산호초 생태계가 자리잡기 전까지 과연 산호초 공동체를 인공적으로 조합할 수 있을지, 설사 가능하더라도 과연 얼마나 걸릴지 아무도 알지 못했다. 해양과학자들은 산호초 숲이 다른 모든 복잡한 생태계와 마찬가지로 정확한 순서로 조립되어야 한다는 사실을 알고 있었다. 그러나 그 정확한 순서가 무엇인지는 아무도 알지 못했다. 해양과학자인 로이드 고메즈Lloyd Gomez가 처음 캘리포니아과학아카데미California Academy of Science, 슈타인하트 수족관이 있는 샌프란시스코 소재의 과학관 — 옮긴이 수족관 건물의 눅눅한 지하실을 배회하기 시작했을 때 그 역시 당연히 알지 못했다. 고메즈는 양동이에 들어 있는 다양한 미생물들을 커다란 플라스틱 쟁반 위에서 섞었다. 그는 각기 다른 순서로 새로운 종들을 추가하면서 안정적인 공동체가 형성되는지 살펴보았다. 그러나 대부분의 경우 실패로 돌아갔다.

그는 매번 정체되어 썩어가는 연못 찌꺼기와 같은 진한 초록색 조류의 수프를 정오의 태양광 조명 아래에서 배양했다. 그런 다음 혼합물이 산호초의 생장에 필요한 조건에 어긋나기 시작하면 플라스틱 쟁반의 내용물을 폐기해버렸다. 그런 노력을 시작하고 1년이 조금 안 되어 결국 옳은 방향으로 나가는 산호초 수프의 원형을 얻을 수 있었다.

자연을 만드는 데에는 시간이 걸린다. 고메즈가 산호초 숲을 출범한 지 5년이 지난 지금에야 이 생태계는 자급자족이 가능한 수준으로 자신을 성장시켰다. 최근까지만 해도 고메즈는 인공 산호초 안에 사는 물고기와 무척추동물들에게 따로 영양을 보충할 먹이를 주었다. 그러나 이제 산호초가 충분히 성숙한 상태에 접어들었다고 고메즈는 생각한다. "5년 동안 아이처럼 돌본 끝에 이제 비로소 수조 안에 완전한 먹이그물이 형성되어서 더 이상 어떤 먹이도 주지 않아도 되는 상태가 되었습니다." 현재는 오직 할로겐 램프를 통해 공급받는 햇빛 말고는 어떤 양분도 공급되지 않는다. 햇빛이 조류의 먹이가 되고 조류는 동물의 먹이가 되고 그것은 또다시 산호, 해면, 조개, 물고기 따위의 먹이가 된다. 결국 이 산호초 생태계는 전기로 돌아가는 장치라 해도 과언이 아니다.

고메즈는 산호초 공동체가 자립의 기반을 닦은 지금, 그것을 발판으로 해서 새로운 변화가 일어날 것이라고 예측한다. "저는 10년 정도 지나면 또 다른 중대한 변화가 일어날 것으로 내다봅니다. 산호초의 융합이 일어날 것입니다. 맨 바닥에 자리잡은 산호들이 느슨한 암석을 파고 들어가 스스로를 고정하고 지하의 해면동물들이 아래로 굴을 파고들 것입니다. 그리하여 이 모든 것들이 결합되어 하나의 동물과 같은 거대한 생명체의 덩어리를 이룰 것입니다." 그것은 약간의 생물 씨앗에서 자라난 살아 있는 바위이다.

깜짝 놀랄 만한 사실은 이 인공 산호초 생태계의 융합을 이루는 생물의 90%가 맨 처음의 수프에는 존재하지 않았던 밀항자들이라는 사실이다. 희박하고 눈에 전혀 보이지 않는 이 미생물들의 군집은 처음부터 존재했으나, 5년이 흘러 산호초가 융합될 준비가 되었을 때 비로소 만개하기에 적당한 조건이 되었다. 그리고 그때까지 이들은 참을성 있게 기다려왔던 것이다.

한편 같은 기간 동안 처음의 산호초 생태계에서 지배적 위치를 점유하던 종들이 사라져갔다. 고메즈는 이렇게 말한다. "전혀 예상치 못했던 일이고 깜짝 놀랐습니다. 생물들이 죽어나가는 거예요. 내가 뭘 잘못했나 하고 저 자신에게 묻고 또 물었습니다. 그런데 결국 제

잘못이 아닌 것으로 드러났지요. 그것은 그저 생태계의 주기였던 것입니다. 처음에는 다량의 미세 조류가 존재해야 합니다. 그런 다음 10개월쯤 지나면 미세 조류들은 사라져버립니다. 또한 처음에 풍부하게 존재하던 해면동물도 나중에는 다 사라져버리죠. 대신 다른 종류가 나타납니다. 아주 최근에는 검정해변해면black sponge이 산호초를 정복했습니다. 도대체 어디에서 나타났는지 알 수가 없어요." 패커드의 초원이나 윈게이트의 넌서치섬 생태계 재건 사례와 마찬가지로 산호초 생태계를 조합할 때도 길잡이 종들이 필요하지만 일단 만들어진 생태계를 유지하는 데에는 이들 종이 필요하지 않았던 것이다. 산호초 세계의 일부 종들은 인간 지능 진화의 역사에서 '엄지손가락'과 같은 존재이다.

로이드 고메즈의 산호초 기르기 기술은 야간 학교 수업으로 큰 수요를 보이고 있다. 광적으로 취미 생활에 몰두하는 사람들에게 산호초가 최신 도전거리로 부각된 것이다. 많은 사람들이 380L 들이의 축소판 바다의 기념물 만들기를 배우기 위해 수강 신청을 한다. 미니어처 해수 시스템은 수 km에 이르는 생명의 세계를 큼직한 수조와 몇 가지 장치로 축소시킨다. 그래서 사람들은 정량 펌프, 할로겐 전등, 오존 반응기, 분자 흡수 필터 등의 장치를 갖춘 거실용 수조를 1만 5000달러에 구입할 수 있다. 비싼 장비들이 산호초가 사는 물을 청소하고 여과함으로써 훨씬 더 넓은 바다와 같은 환경을 제공해준다. 산호는 물에 용해된 기체, 미량 화학 물질, 산성도, 미생물, 빛, 파도, 온도 등의 섬세한 균형을 필요로 한다. 그리고 상호 연결된 기계 장치와 생물학적 물질이 이 모든 것들을 수족관에 제공한다. 고메즈에 따르면, 흔히 벌어지는 실패는 시스템이 지탱할 수 있는 수준 이상으로 너무 많은 생물 종들을 서식지에 밀어넣으려고 하는 경우이거나, 핌과 드레이크가 발견한 것과 마찬가지로 생물 종들을 올바른 순서에 따라 집어넣지 않는 경우라고 한다. 유입 순서가 얼마나 중요할까? 고메즈는 대답한다. "죽고 사는 문제라고 할 수 있지요."

산호초 생태계를 안정화시키는 데에는 맨 처음에 미생물을 올바르게 혼합하는 것이 핵심 열쇠인 것으로 보인다. 하와이 대학의 미생물학자인 클레어 폴섬은 다양한 미생물 수프를 넣은 유리병을 가지고 수행한 자신의 연구를 통해서 "모든 종류의 안정적으로 닫힌 생태계를 이루기 위한 기초는 근본적으로 미생물에 있다."라고 결론내렸다. 그는 생태계에서 '생물의 기본적 요소의 순환 고리, 즉 대기와 영양분의 흐름을 궁극적으로 연결하는' 역할을 하는 것이 바로 미생물이라고 생각한다. 그는 펌과 드레이크의 실험과 비슷하게 미생물을 임의로 혼합하여 배양했다. 다만 폴섬의 경우 유리병의 뚜껑을 완전히 밀봉했다는 점이 달랐다. 지구상에 있는 생명의 얇은 조각을 잘라내 모델화하는 대신 자급자족하고 스스로 재생하는 지구 전체를 모델화한 셈이다. 지구상의 모든 물질들은 재생된다(외부로 달아나는 미량의 가벼운 기체와 외부에서 유입되는 극소량의 운석을 제외하고). 시스템과학의 용어로 말하자면 지구는 물질적으로 닫혀 있다. 또한 지구는 에너지 측면이나 정보 측면에서는 열려 있다. 햇빛이 쏟아져 들어오고 정보도 들락날락한다. 지구와 마찬가지로 폴섬의 유리병들은 물질 측면에서는 닫혀 있고 에너지 측면에서는 열려 있다. 그는 하와이섬의 만에서 거무튀튀한 미생물 표본을 떠다가 1~2L들이의 실험실용 유리 플라스크에 흘려넣었다. 그런 다음 공기가 통하지 않도록 플라스크를 밀봉하고 채취구를 통해 미소량의 샘플만을 채취해 플라스크 안의 액체가 안정화될 때까지 미생물 종의 비율과 에너지의 흐름을 측정했다.

임의로 섞어놓은 혼합물이 얼마 지나지 않아 스스로 자기 조직화하는 생태계로 자리잡는 것을 보고 핌이 놀랐듯, 플라스크를 밀봉함으로써 영양분을 스스로 재생해야 하는 닫힌계라는 추가적인 도전이 존재함에도 불구하고 단순한 미생물 공동체가 평형을 이루어내는 것을 보고 폴섬 역시 놀랐다. 폴섬과 또 다른 연구자 조 핸슨Joe Hanson은 1983년 가을, 닫힌 생태계가 "거의 실패하는 일 없이 자리를 잡았고 심지어 어느 정도 종의 다양성마저 보여주었다."라고 보고했다. 그 무렵 폴섬의 최초 실험에서 만들어진 플라스크들은 이미 15년이나 되었다. 그리고 지금 가장 오래된, 그러니까 1968년에 유리병 속에 미생물 혼합물을 담은 후 밀봉시킨 플라스크들은 25세가 된 셈이다. 저자가 이 글을 쓰던 1993년 기준. 원서는 1994년 출간되었다.-옮긴이 공기도, 음식도, 영양분도 전혀 따로 공급되지 않았다. 그러나 이 플라스크를 비롯하여 폴섬의 모든 유리병 공동체들은 방 안의 형광등 불빛 아래에서 수년 동안 번성하며 잘 살아오고 있다.

이 병 속의 시스템이 얼마나 오래 생존해왔든지 간에 이들 모두 처음에는 발판에 해당되는 정착 기간이 필요하다. 그것은 대략 60일에서 100일 사이의, 내용물의 조성이 요동치는 위험한 불안정기이다. 이때는 어떤 일이든 일어날 수 있다. 고메즈 역시 그의 산호초 생태계의 미생물에서 이와 같은 시기를 관찰했다. 복잡성의 씨앗은 혼돈 속에서 뿌리를 내리는 셈이다. 그러나 복잡한 시스템이 이 들쑥날쑥한 초기의 상태를 지나 균형을 찾게 되면 그때부터는 탈선할 가능성이 매우 적다.

그와 같은 닫힌 복잡성이 얼마나 오랫동안 운영될 수 있을까? 폴섬은 파리국립박물관에 전시되어 있는, 1895년에 밀봉한 유리병 안에서 아직도 살아가고 있는 전설적인 선인장을 보고서 물질적으로 닫힌 세계를 만드는 데 처음으로 흥미를 갖게 되었다고 한다. 그 존재를 증명할 길은 없지만 사람들의 말에 따르면 거듭해서 피었다지는 조류와 이끼를 유리병 안에 같이 넣고 밀봉했다고 하며 지난 세기 동안 유리병 안의 색은 초록색에서 노란 색조로 주기적 색의 변화가 일어났다고 한다. 빛과 일정한 온도만 유지된다면 이론적으로 밀봉된 유리병 안의 이끼가 태양이 다 타버릴 때까지 살지 못할 이유가 없다.

폴섬의 밀봉된 미생물의 미니어처 세계는 그들 고유의 살아 있는 리듬을 가지고 있고 그 리듬은 우리가 사는 행성을 거울처럼 비춘다. 이 세계는 이산화탄소에서 유기 물질로, 또다시 유기 물질에서 이산화탄소로 약 2년에 걸쳐서 탄소를 재활용한다. 그리고 바깥의 생태계와 거의 비슷한 생물학적 생산성을 보이고 있으며 또한 바깥의 지구보다 살짝 높은 정도의 산소 농도를 안정적으로 유지하고 있다. 이들은 더 큰 생태계와 비슷한 에너지 효율성을 보인다. 또한 생물 개체수를 일정한 정도로 계속해서 유지한다.

플라스크 세계의 경험을 통해서 폴섬은 호흡에서 가장 큰 몫을 하는 것은 거대한 삼나무도 아니고 귀뚜라미도 아니고 오랑우탄도 아닌 작은 세포 조각들인 미생물이라고 결론내렸다. 이들의 호흡이 지구의 대기를 형성하고 궁극적으로 다른 눈에 띄는 생물들의 삶을 지탱한다. 보이지 않는 미생물의 삶의 기질이 생명의 세계 전체가 나아갈 길을 안내하고 제각기 다른 영양분의 순환 고리를 하나로 이어 붙인다. 폴섬에 따르면 대기의 형성 측면에서 보자면 우리의 눈을 사로잡고 주의를 끄는 생물들은 단순히 아무 역할 없는 장식물에 지나지 않는다. 우리의 행성을 비롯한 닫힌계에서 포유동물이나 나무 등을 가치 있게 만드는 것은 바로 포유동물의 내장에 살고 있는 미생물, 또는 나무의 뿌리에 달라붙어 있는 미생물이다.

나는 예전에 책상 위에 살아 있는 작은 행성 하나를 놓아두었다. 이 행성에는 고유번호까지 붙어 있다. 58262번. 이 행성의 생명체들을 행복하게 유지하기 위해 내가 할 일은 그리 많지 않다. 그저 가끔 쳐다봐주는 것이 전부이다.

58262번 세계는 1989년 10월 17일 오후 5시 4분 산산조각으로 박살났다. 샌프란시스코 지역에 갑작스럽게 발발한 지진 때문이었다. 서재의 책장이 진동에 흔들려 선반 위에 있던 물건들이 모두 책상 위로 쏟아져내렸다. 눈 깜짝 할 사이에 생태계에 대한 두꺼운 책 한 권이 나의 살아 있는 작은 행성의 유리 막을 깨뜨려버렸고, 그 안의 액체 상태의 내장을 돌이킬 수 없이 험티 덤티와 같은 꼴로 흐트러뜨리고 말았다.

58262번 세계는 인간이 만든 생물권biosphere이다. 영원히 살 수 있도록 세심한 균형을 이루고 있는 이 세계는 바로 폴섬과 핸슨의 미생물 유리병의 후손뻘이다. 캘리포니아 공과 대학(칼텍)의 제트추진연구소에서 NASA의 첨단 생명 지원Advance Life-support 프로그램에 참여했던 조 핸슨은 폴섬의 미생물보다 좀 더 다채로운 세계를 고안해냈다. 핸슨은 자급자족하는 생물들의 단순한 조합에 최초로 동물을 포함시킨 사람이다. 그는 영원히 지속되는 우주 안에 해수에 사는 작은 새우와 조류를 집어넣었다.

그리고 그가 만들어낸 닫힌 세계의 상업적 모델이 '에코스피어Ecosphere'라는 상표를 달고 시판되었다. 에코스피어는 커다란 자몽 크기의 유리 구슬로 나의 58262번 세계도 그 중 하나였다. 완전하게 밀봉된 투명한 공 안에는 깃털 같이 푸슬푸슬한 녹색의 조류 덩어리가 산호 가지에 드리워져 있고 새우 네 마리가 헤엄치고 있다. 바닥에는 약간의 모래가 깔려 있다. 공기든 물이든 그 어떤 물질도 이 유리 구슬 안팎으로 드나들 수 없다. 이 세계는 단지 햇빛만 먹을 수 있다.

핸슨이 창조한 세계 중 지금까지 가장 오래된 것은 10년이 되었다. 제조 이후로 지금까지 살아 있는 것들이다. 놀라운 것은 구슬 안에서 헤엄치고 있는 새우들의 평균 수명이 약 5년에 불과하다는 것이다. 닫힌 세계 안에서 새우들이 번식하는 것은 문제가 될 수 있다. 그렇다고 해서 영원히 번식하며 자자손손 영원히 살지 못할 이유도 없으리라는 것이 연구자들의 생각이다. 개별적인 새우나 조류의 세포들은 물론 죽는다. '영원히 살아가는' 것은 집단적 의미의 생명, 공동체의 생명의 집합이다.

이 에코스피어는 우편 주문을 통해 구입할 수 있다. 에코스피어를 사는 것은 마치 가이아나 창발적 생명의 실험 세트를 사는 것과 같다. 제품 주변의 두꺼운 단열 포장재를 펼치고 유리 구슬을 꺼낸다. 새우들은 운송 중 거센 폭풍우처럼 요동치는 환경에도 별 피해를 입지 않은 것처럼 보인다. 대포알만 한 구슬을 한 손으로 잡고 빛이 비치는 쪽으로 들어올려본다. 유리 구슬은 마치 보석처럼 반짝거린다. 여기에 바로 병에 불어넣어진 세계가 있다. 생명을 불어넣고서 깨끗하게 입구를 밀봉해버린 세계가.

에코스피어는 그 자리에 가만히 앉아서 아슬아슬한 불멸의 삶을 영위해나갔다. 자연주의자인 피터 워셜도 처음 나온 에코스피어 중 하나를 구입해서 책장 선반에 올려놓았다. 워셜은 잘 알려져 있지 않은 죽은 시인들의 시와 프랑스어로 쓴 프랑스 철학자들의 글과 다람쥐의 분류 체계에 대한 논문 따위를 읽었다. 그에게 자연은 일종의 시였다. 그리고 에코스피어는 진짜 자연을 암시하는 책 표지와 같은 것이었다. 워셜의 에코스피어는 주인의 온화한 방치 속에서 살아갔다. 워셜에게 그것은 손이 가지 않는 애완동물과 같은 것이었다. 그는 에코스피어가 가져다준, 취미라고 할 수 없는 취미 생활에 대하여 글을 썼다. "새우에게 먹이를 줄 수도 없다. 썩어가는 보기 싫은 갈색 덩어리를 치워버릴 수도 없다. 존재하지 않는 필터니 공기 발생기니 펌프 따위를 조작할 수도 없다. 뚜껑을 열고 손을 넣어 물의 온도를 손끝으로 확인해볼 수도 없다. 할 수 있는 일이라고는 그저 바라보며 생각하는 것뿐이다."

에코스피어는 일종의 토템이다. 모든 폐쇄된 살아 있는 시스템을 상징하는 토템. 원주민들은 토템을 영혼의 세계와 꿈의 세계로 안내하는 다리라고 생각했다. 에코스피어의 투명한 유리 안에 갇힌 세계는 단순히 그 존재 자체로서 우리를 '시스템', '닫힌계', 심지어 '삶'이나 '생명'과 같이 이해하기 어려운 토템적 개념에 대해 명상하도록 유도한다.

'닫힌'이라는 의미는 흐름으로부터 단절되었다는 의미이다. 숲 가장자리에 자리잡은 깔끔하게 손질된 꽃밭은 주변의 자연적으로 형성된 야생성과 동떨어진 것처럼 보일지 모른다. 그러나 이 인위적으로 조성된 우주는 단지 부분적으로만 분리되어 있을 뿐이다. 실질적으로 분리되어 있기보다는 마음의 구분에서 분리되어 있는 것이라고 볼 수 있다. 사람이 가꾼 모든 정원은 사실상 우리 모두를 포함하고 있는 더 큰 생물권의 작은 조각일 뿐이다. 수분과 영양분이 지하를 통해 안팎으로 흐르고 종자와 산소가 외부로 나온다. 만일 정원 주변에 생물권이 존재하지 않는다면 정원 역시 점점 시들어갈 것이다. 진짜 닫혀 있는 시스템은 외부 원소의 순환에 참여하지 않는다. 모든 순환이 독립적으로 일어난다.

'시스템'이란 서로 연결되어 있음을 의미한다. 시스템 안의 사물들은 서로 얽히고설켜 직접적으로든 간접적으로든 공동 운명체로 연결되어 있다. 에코스피어의 세계에서 새우는 조류를 먹고 조류는 햇빛을 먹고 미생물은 이 둘의 '배설물'을 먹으며 살아간다. 만일 온도가 너무 높이(32°C 이상) 올라가면 새우는 먹는 것보다 더 빨리 탈피를 진행하게 되고 그 결과 몸에 있는 양분을 지나치게 소모하게 된다. 반면 빛이 부족하면 조류가 새우의 식성을 충족시켜줄 만큼 충분히 빨리 자라지 않는다. 새우가 꼬리를 가볍게 휙휙 움직이는 동작이 물을 휘저어 미생물들이 골고루 햇빛을 쬘 수 있게 해준다. 이처럼 유리 구슬 안의 생물들은 각자의 생명 외에 전체의 생명을 공유한다.

'생명'이란 놀라움을 의미한다. 논리적 예상과 달리 보통의 에코스피어 하나는 완전한 어둠 속에서 약 6개월을 생존했다. 한편 2년 동안 사무실의 일정한 온도와 빛 속에서 평화롭게 살아가던 어떤 에코스피어가 어느 날 30마리의 작은 새끼 새우들이 태어나는 바람에 터져버린 일도 있었다.

그러나 에코스피어에 자리잡고 있는 것은 정체이다. 어느 순간 워셜은 자신의 유리 구슬에 대해 이렇게 묘사했다. "에코스피어에 감당할 수 없을 정도로 풍부한 평화의 느낌이 흘러넘쳤다. 그것은 우리의 정신없는 하루하루와 너무나 대조적이었다. 나는 생명이 없는 신의 역할을 하고 싶은 충동을 느꼈다. 작은 공을 들어올려 마구 흔들어대면 어떨까? 자, 지진의 맛이 어떠냐, 작은 새우 녀석들아?"

아마도 그것은 사실상 에코스피어 세계에 좋은 일이었을지도 모른다. 일시적 혼란 상태가 시민들에게 좋은 효과를 가져다주듯이. 세계는 혼동 속에서 보존된다. 숲이 오래된 생명을 정리하고 새로운 생명을 위한 터를 마련하기 위해서는 허리케인의 심각한 파괴가 필요하다. 초원의 거센 들불은 단단하게 결합된 물질들을 느슨하게 풀어놓는다. 번개나 화재가 없는 세상은 굳게 고정되어버린다. 심지어 바다에도 해저 열수 분출공에서 짧은 시간 동안 불이 나기도 하고, 압력을 받은 해저나 대륙판에서 장기간에 걸쳐 불이 나기도 한다. 번쩍이는 불길과 열기, 화산, 번개, 바람, 파도 등은 모두 물질적 세계를 새롭게 한다.

에코스피어에서는 불도 나지 않고, 섬광도 없고, 산소 농도가 높이 올라가는 법도 없고, 심각한 마찰도 일어나지 않는다. 심지어 가장 긴 주기에 걸쳐서도 그런 일들은 일어나지 않는다. 몇 년이 지나면 이 작은 우주에서는 살아 있는 세포에게 꼭 필요한 원소인 인이 다른 원소들과 강하게 결합된 상태로 변한다. 어떤 의미에서 인은 에코스피어 내부의 순환에서 이탈된다고 말할 수 있다. 그렇게 됨으로써 생명의 가능성이 줄어든다. 오직 짙은 남조류 덩어리만이 인이 부족한 환경에서도 잘 살 수 있다. 따라서 시간이 흐르면서 이 종이 전체 시스템을 장악한다.

인이 가라앉아버리고 남조류가 환경을 지배하는 상황은 유리 구슬에 번개를 발생하는 장치를 달면 다시 되돌릴 수도 있다. 1년에 몇 번 몇 시간에 걸쳐 재난이 일어나고 새우와 조류의 조용한 세계가 뒤흔들리고 쉭쉭거리고 부글거린다. 그것은 새우들의 한가로운 휴가를 망쳐버리겠지만 그들의 세계에 젊음을 불어넣는다.

피터 워셜의 에코스피어(그의 충동은 실현되지 않았고 몇 년 째 방해받지 않고 조용히 머물렀다.)에서 광물질이 고체 결정 물질의 층으로 침전되어 유리 구슬 내부 표면에 달라붙었다. 가이아적 시각에서 보자면 에코스피어가 땅을 만들어낸 셈이다. 규산염, 탄산염, 금속염 등으로 이루어진 '땅'은 전하를 띠고 있기 때문에 유리 표면에 침전된다. 일종의 자연적 전기 도금이라고도 할 수 있다. 에코스피어를 만드는 작은 회사의 우두머리인 돈 하모니Don Harmony는 작은 유리 가이아의 이런 경향에 대해 잘 알고 있었다. 그는 반쯤 농담 삼아 전기 접지선을 유리 구슬 안에 심어놓으면 침전물이 형성되는 것을 막을 수 있을 것이라고 제안했다.

결국 염 결정의 침전물이 두텁게 쌓이다보면 그 무게 때문에 구의 위쪽 표면에서 떨어져나와 바닥에 쌓인다. 지질학적 주기에서 보면 지구에서 바다 밑에 퇴적암이 형성되는 것과 같은 과정이다. 탄소와 무기물은 공기, 물, 땅, 암석을 통해 순환하고 다시 생명으로 되돌아간다. 에코스피어에서도 똑같은 일이 일어난다. 에코스피어가 품고 있는 원소들은 대기와 물과 생물권이 순환하는 조성의 역동적 평형 상태 속에 있다.

대부분의 현장 생태학자들은 그토록 단순한 자급자족하는 닫힌 세계가 존재할 수 있다는 사실에 크게 놀란다. 이 장난감 생물권이 출현함에 따라 지속 가능한 자급자족 상태를 창조하는 것이 상당히 쉬운 일처럼 보이게 되었다. 특히 지속시키고자 하는 생명체가 어떤 종류인지 따지지 않는 경우라면 말할 것도 없다. 에코스피어는 '자급자족이 가능한 시스템이 스스로 출현하고 싶어 한다.'는 주장에 대한 우편 주문형 증거인 셈이다.

만일 단순한 작은 시스템을 쉽게 만들어낼 수 있다면, 에너지를 제외한 모든 것에 대하여 닫혀 있으면서 여전히 지속 가능한, 조화를 이루는 시스템을 어느 정도까지 확장할 수 있을까?

에코스피어의 규모를 확장하는 것은 그리 어렵지 않은 것으로 드러났다. 시판되는 에코스피어 가운데 큰 것은 200L 용량인 것도 있다. 대략 커다란 쓰레기통 크기의 제품이다. 너무 커서 양팔을 둘러껴안아도 손이 서로 닿지 않는다. 지름 76cm에 이르는 커다란 유리 구슬 안에서 새우들이 조류의 엽상체 사이를 첨벙거리며 돌아다니고 있다. 이 거대한 에코스피어에는 작은 유리 구슬의 경우처럼 서너 마리의 새우가 아니라 3000마리의 새우가 헤엄치고 있다. 이것은 자체의 거주자를 가진 하나의 완전한 작은 위성이나 마찬가지이다. 여기에서도 '대수大數의 법칙law of large numbers, 수가 많아지면 예외적 사건이나 불안정성을 극복하고 안정적인 상태를 보인다는 의미 – 옮긴이'이 적용된다. 양적 차이는 질적 차이를 가져온다. 생명체의 개체수가 많아지면 생태계는 회복력이 더 커진다. 에코스피어가 커지면 커질수록 안정화되는 데 시간이 더 걸리고 파괴되기도 더 힘들어진다. 일단 발동이 걸리면 비비시스템의 집단적 주고받는 순환 작용이 뿌리를 내리며 지속된다.

다음 질문은 자명하다. 안에서 인간이 살아갈 수 있으려면, 외부의 흐름으로부터 차단된 유리병은 얼마나 커야 하고, 어떤 종류의 생물들로 채워야 할까?

무모한 도전을 즐기는 사람들이 폭신한 지구 대기라는 용기로 둘러싸인 병의 바깥 세계를 꿈꾸기 시작하자 한때 학문적 차원에 머물렀던 질문이 실용적 의미를 띠게 되었다. 우주 공간에서, 마치 에코스피어 안 새우의 경우처럼, 살아 있는 식물을 함께 둠으로써 사람의 생명을 유지할 수 있을까? 햇빛이 비추는 병 안에 사람과 충분한 수의 생물을 함께 넣고 밀봉하여 서로의 호흡이 평형을 이루도록 하는 것이 가능할까? 이러한 질문들은 실험해볼 만한 가치가 있다.

동물은 식물이 만들어낸 산소와 영양분을 소비하고 식물은 동물이 내놓는 이산화탄소와 영양분을 소비한다는 사실은 초등학생들도 잘 알고 있다. 이것은 거울상처럼 멋진 대칭성이다. 한쪽이 필요로 하는 것을 다른 쪽이 만들어낸다. 새우와 조류의 쌍이 그랬던 것처럼. 대칭적인 요구를 갖고 있는 동물과 식물을 적절히 섞어놓으면 양쪽이 서로를 지탱해줄 수 있지 않을까? 어쩌면 인간은 밀봉된 병 속에서 함께 살아갈 수 있는 적절한 도플갱어를 찾을 수 있을지도 모른다.

이런 개념을 처음으로 실험해볼 만큼 충분히 정신 나간 사람은 모스크바생물의학연구소 소속의 러시아인 연구자였다. 1961년, 흥분이 들끓던 우주 연구의 초창기에 예브게니 셰펠레프Evgenii Shepelev는 약 30L의 녹조와 자신이 들어갈 수 있는 크기의 강철 상자를 만들었다. 셰펠레프의 주의 깊은 계산 결과 30L 분량의 클로렐라 녹조는 나트륨 램프의 불빛 아래에서 한 사람이 소비하기에 충분한 산소를 생산할 수 있고, 사람 한 명은 클로렐라 30L에게 필요한 이산화탄소를 방출할 수 있는 것으로 나타났기 때문이었다. 방정식의 양변이 서로 상쇄되어 하나로 통합될 수 있다. 이론적으로 이것은 가능했다. 종이 위에서는 척척 균형이 맞았고 칠판 위에서는 완전히 이치에 맞았다.

그러나 철로 만든 캡슐 안의 상황은 달랐다. 인간은 이론을 먹고 살 수는 없다. 조류가 불안정해지면 똑똑한 셰펠레프도 불안정해진다. 마찬가지로 셰펠레프가 쓰러지면 조류도 살 수 없다. 상자 안에서 두 종은 서로에게 완전히 의존적인 거의 공생적인 연합 관계를 맺는다. 이제 그들은 더 이상 지구 전체를 아우르는 외부 세계의 방대한 지지의 그물망—바다와 공기와 크고 작은 생물들—에 의존할 수 없게 되었다. 밀봉된 캡슐 안에 갇힌 사람과 조류는 다른 모든 생명으로 짠 그물망으로부터 스스로를 단절시킨 셈이다. 그들은 분리되고 폐쇄된 시스템이다. 오로지 과학에 대한 믿음이 건강하고 깔끔한 셰펠레프를 강철의 관 속으로 기어들어가 뚜껑을 밀봉하도록 만들었다.

조류와 사람은 만 하루를 버텼다. 24시간 동안 사람은 조류에게, 조류는 사람에게 숨을 불어넣었다. 그러다 결국 참을 수 없을 정도로 답답해진 셰펠레프가 밖으로 뛰쳐나왔다. 초기에 조류에 의해 유지되던 산소 농도는 하루가 지날 무렵 급격히 곤두박질했다. 셰펠레프가 밀봉된 문을 밀어 열고 기어나온 순간 동료들은 악취에 쓰러졌다. 이산화탄소와 산소는 조화롭게 교환되었지만 조류와 셰펠레프 자신에게서 방출된 메탄, 황화수소, 암모니아 등의 기체가 점점 공기를 오염시켰던 것이다. 천천히 데워지는 물 속에서 뜨거운 줄 모르고 죽어가는 개구리처럼 셰펠레프 자신은 심한 악취를 깨닫지 못했다.

멀리 떨어진 시베리아 북부의 비밀 연구소에 근무하던 다른 소련의 연구자들이 셰펠레프의 모험적 연구를 진지하게 검토했다. 셰펠레프의 연구 팀 역시 개와 쥐를 조류 시스템 안에 넣은 채 7일까지 생존을 유지할 수 있었다. 한편, 그들은 모르고 있었지만, 그들과 비슷한 시기에 미국 공군항공우주의학교Air Force School of Aviation Medicine는 조류가 생산하는 대기 속에서 원숭이가 50시간 동안 생존할 수 있음을 보여주었다. 나중에 셰펠레프 연구 팀은 좀 더 넓은 밀봉된 방에 클로렐라를 담은 30L들이 통을 설치하고 조류의 영양분을 살짝 조정하고 빛의 강도에 변화를 주었다. 그 결과 이 방 안에서 사람이 30일 동안 생존할 수 있음이 드러났다. 그리고 이처럼 극단적으로 긴 기간 동안에는 사람과 조류의 호흡이 딱 맞아떨어지지 않는 것을 발견했다. 대기의 균형을 맞추기 위해 지나치게 생성된 이산화탄소를 화학 필터로 걸러줄 필요가 있었다. 그러나 한편으로 고약한 냄새가 나는 메탄의 농도는 12일 이후부터 차츰 안정화된다는 사실이 연구자들을 기쁘게 했다.

그로부터 10년 이상이 지난 1972년 조세프 기텔손Josepf Gitelson이 이끄는 소련의 연구 팀은 인간의 생명을 지속시킬 수 있는 생물학적 기반의 서식지 세 번째 버전을 만들었다. 러시아 연구자들은 이 서식지를 바이오스Bios 3이라고 불렀다. 사람을 최대한 세 명까지 수용할 수 있는 이 공간의 내부는 여러 가지 것들로 빽빽하게 들어차 있다. 밀봉된 4개의 방이 수경 재배 식물을 둘러싸고 있다. 식물들 위로는 크세논 램프가 빛을 비춘다. 상자 속의 사람들은 러시아에서 흔히 재배하는 식물들—감자, 밀, 비트, 당근, 케일, 무, 양파, 딜—을 심고 수확했다. 곡물로 만든 빵을 포함해서 그들이 먹는 음식의 절반 정도를 이렇게 수확한 채소를 가지고 충당했다. 이 비좁고 답답한 밀봉된 비닐하우스 안에서 사람과 식물들은 서로에 기대어 6개월까지 살 수 있었다.

이 상자는 완전히 닫힌계는 아니었다. 비록 외부와의 공기 교환이 없도록 대기는 완벽하게 밀봉되었지만 물은 95%만 재생되었다. 소련의 연구자들은 그들이 먹을 음식의 절반(주로 고기와 단백질 식품)을 미리 비축해두었다. 게다가 바이오스 3 시스템은 인간의 대변과 음식물 쓰레기는 재활용하지 않았다. 바이오스 거주자들은 배설물과 음식물 쓰레기를 컨테이너 밖으로 배출했다. 그렇게 함으로써 미량 원소와 탄소 역시 외부로 배출한 셈이다.

순환하는 탄소를 모두 잃어버리지 않기 위해 바이오스 거주자들은 죽은 식물 중 먹을 수 없는 부분을 불태워 이산화탄소와 재로 변환시켰다. 몇 주가 지나자 방에는 다양한 원천에서 생성된 미량 기체들이 쌓여갔다. 식물, 방 안의 물질들, 그리고 사람 자체에서도 미량 기체가 나왔다. 이 기체 중 일부는 독성을 갖고 있었고 당시로서는 그와 같은 기체를 재활용할 방법을 알지 못했다. 따라서 사람들은 단순히 촉매 용광로에서 공기를 태움으로써 미량 기체들을 태워 없앴다.

NASA 역시 인간을 우주에서 먹고 살 수 있게 하는 일에 관심을 갖고 있었다. 1977년 NASA는 이 글을 쓰고 있는 지금까지도 계속되고 있는 통제된 생태학적 생명 지원 시스템Controlled Ecological Life

Support Systems, CELSS 프로그램을 개시했다. 나사는 환원주의적 접근 방식을 택했다. 사람에게 필요한 산소, 단백질, 비타민을 생산할 수 있는 가장 단순한 생명 단위를 찾아라! 그것은 NASA 소속의 조 핸슨이 우연히 발견했던, 흥미롭기는 하지만 NASA의 관점에서 볼 때 그다지 유용하지 못한 새우-조류 조합과 같은 기본적 시스템을 토대로 한 접근 방법이었다.

1986년 NASA는 브레드보드 프로젝트BreadBoard Project를 도입했다. 이 프로그램의 목적은 실험대 위에서 얻은 실험 결과를 좀 더 큰 규모로 확장해 수행하는 것이었다. 프로젝트의 관리자들은 머큐리 호 발사 프로젝트에서 쓰고 남은 버려진 원통을 발견했다. 이 거대한 튜브형 용기는 머큐리 로켓 맨 앞쪽에 자리잡은, 우주인이 타는 작은 캡슐의 압력 시험을 하는 용기였다. NASA 연구원들은 이 2층 건물 높이의 원통 외부에 배관 시설을 부착하고 내부에는 조명과 식물과 영양분 순환을 위한 장치를 장착해서 사람이 거주하는 유리병으로 탈바꿈시켰다.

소련의 바이오스 3 실험과 마찬가지로 브레드보드 프로젝트 역시 대기의 균형을 맞추고 음식을 공급하는 데 좀 더 고등한 식물을 이용했다. 그래도 사람들은 조류만 실컷 먹을 수 있을 뿐이다. 만약 조류만 먹는다면 클로렐라로 얻을 수 있는 영양분은 하루 필요량의 10%에 지나지 않는다. 그렇기 때문에 NASA의 연구자들은 조류에 기초한 시스템에서 벗어나 깨끗한 공기뿐만 아니라 먹을 음식까지 제공해주는 식물로 눈을 돌렸다.

모든 사람들이 떠올린 대안은 바로 극도로 집약적인 농법이었다. 농사를 지을 경우 진짜 먹을 수 있는 것, 이를테면 밀과 같은 곡물을 생산해낼 수 있다. 가장 실행해볼 만한 방법은 다양한 종류의 수경 재배 장치였다. 물에 용해된 영양분을 분무, 거품, 또는 양상추나 그 밖의 푸른 채소를 심은 플라스틱 선반 위로 똑똑 떨어뜨리는 방식으로 식물에 전달한다. 이처럼 주의 깊게 설계된 배관 시스템은 좁은 공간에서 집약적으로 식물을 기르는 것을 가능하게 해준다. 유타 대학의 프랭크 솔즈버리Frank Salisbury는 빛, 습도, 온도, 이산화탄소 농도, 영양분 등을 생장에 가장 적절한 수준으로 조절함으로써 일반적인 경작 방식보다 100배 정도 더 높은 밀도로 봄밀을 재배할 수 있는 방법을 발견했다. 솔즈버리는 자신의 실험 결과를 바탕으로 극도로 조밀하게 밀을 재배할 경우 1m²의 경작지에서 얻을 수 있는 최대 열량을 계산해냈다. 달의 기지처럼 외부와 격리된 곳에 적용할 것을 염두에 둔 것이었다. 그는 "달에 미식축구 경기장만 한 크기의 농장을 만들 경우 달 시민 100명을 먹여 살릴 수 있다."라고 결론내렸다.

미식축구 경기장 크기의 채소 농장이라! 참으로 제퍼슨적인 발상이다. 미국의 3대 대통령인 제퍼슨은 루이지애나주를 프랑스로부터 사들이고 루이스와 클락을 보내 서부를 탐험하여 영토 확장을 꾀했다.—옮긴이 우리는 가까운 행성에 각각 음식, 물, 공기, 사람, 문화 따위를 생산하는 슈퍼돔들의 네트워크로 이루어진 식민지를 건설하는 미래를 꿈꿔볼 수 있다.

그러나 폐쇄된 생명 시스템을 발명하는 데 있어서 NASA의 접근법은 많은 사람들이 보기에 지나치게 조심스럽고, 답답할 정도로 느리고, 참을 수 없을 만큼 환원주의적으로 보였다. NASA의 통제된 생태학적 생명 지원 시스템에서 가장 중요한 단어는 바로 '통제'였다.

그러나 정작 필요한 것은 약간의 '통제를 벗어난' 접근 방법이었다.

적절한 정도로 '통제를 벗어난' 접근 방법은 뉴멕시코주 산타페

근처의 다 쓰러져가는 목장에서 시작되었다. 히피처럼 뜻이 맞는 사람들이 공동체를 결성해 함께 사는 것이 크게 유행하던 1970년대 초, 목장들은 전형적인 사회 부적응자나 이탈자들을 끌어들였다. 당시 대부분의 공동체들은 자유분방한 삶을 추구했다. 그러나 '시너지아랜치Synergia Ranch'라는 이름의 이 공동체는 달랐다. 이 공동체는 구성원들에게 규율과 근면한 노력을 요구했다. 드러누워 불평만 하면서 세상의 종말이 다가오기를 기다리는 대신, 이 뉴멕시코주의 공동체는 사회의 병폐를 극복해낼 무언가를 건설할 방법을 모색했다. 그들은 몇 가지 거대한 노아의 방주 모델을 설계했다. 허무맹랑한 방주에 대한 희망이 점점 거창해질수록 그들은 이 아이디어에 더욱 더 흥미를 느끼게 되었다.

공동체의 설계자인 필 호스Phil Hawes가 깜짝 놀랄 만한 아이디어를 생각해냈다. 1982년 프랑스에서 열린 학회에서 호스는 구형인 투명한 우주선의 실물 크기 모형을 선보였다. 유리 구 안에는 정원과 아파트와 폭포수가 떨어지는 연못까지 들어 있었다. "우주 생명지지 연구를 단순한 우주 여행이 아니라 우주에서의 삶이라는 관점으로 접근하는 것은 어떨까?"라고 호스는 물었다. "우리가 여행할 때 타고 다니는 것과 같은 우주선을 만드는 것은 어떨까?" 그러니까 죽어 있는 우주 정거장을 만드는 대신 살아 있는 인공위성을 만들자는 것이었다. 지구 자체의 전체론적 본질을 복제한 작고 투명한 구를 타고 우주를 항해하는 것이다. "이것이 실현될 수 있다는 사실을 우리는 알았습니다." 카리스마 넘치는 목장 공동체의 지도자, 존 앨런John Allen이 말한다. "왜냐하면 그것이 바로 생물권이 하는 일이니까요. 우리가 할 일은 그저 적당한 크기가 어느 정도인지를 알아내는 것이었죠."

시너지아 공동체 사람들은 나중에 공동체를 떠난 후에도 제각기 살아 있는 방주에 대한 전망을 키워나갔다. 1983년 시너지아 구성원 중 한 사람이었던 텍사스 출신의 에드 바스Ed Bass가 집안 대대로 물려받은 석유 사업에서 얻은 부의 일부를, 그 개념을 입증할 수 있는 원형을 만드는 작업에 투자했다.

NASA와 달리 시너지아 사람들은 해법을 기술에서만 찾지 않았다. 그들의 아이디어는 밀봉된 유리 돔 안의 생물학적 시스템에 식물, 동물, 곤충, 물고기, 미생물 등 최대한 많은 것들을 꽉꽉 밀어넣고 창발적 시스템이 스스로 안정화에 도달하여 생물권의 대기를 스스로 형성하는 경향에 의존하자는 것이었다. 생명은 스스로에게 적합한 환경을 만들어가는 경향이 있다. 한 다발의 생명을 모아놓은 다음 이 생명들이 스스로 번성하는 데 필요한 조건을 만들기에 충분한 자유를 주면, 생명은 영원히 유지될 것이며 그 과정이 정확히 어떻게 이루어졌는지는 굳이 알 필요가 없다는 것이다.

실제로 시너지아 사람들이나 생물학자들이나 어느 식물 하나가 어떻게 살아가는지에 대한 진짜 지식—식물에게 필요한 것이 정확히 무엇이며 식물이 만들어내는 것이 정확히 무엇인지—은 갖고 있지 않으며 오두막 크기의 밀봉된 공간 안에서 분산된 미니 생태계가 어떻게 운영될지에 대해서도 전혀 몰랐다. 따라서 그들은 분산되고 통제되지 않은 생명의 속성에 의존해 생명 스스로가 정리하고 스스로의 존재를 강화하는 조화에 도달하도록 하려고 생각했다.

그때까지 그토록 커다란 생명 시스템은 아무도 만들어내지 못했다. 심지어 고메즈의 산호초 시스템도 아직 만들어지기 전이었다. 시너지아 사람들은 클레어 폴섬의 에코스피어에 대한 어렴풋한 개념만 가지고 있었고 러시아의 바이오스 3 실험에 대한 더욱더 막연한 지식만을 접했을 뿐이었다.

오늘날 스페이스바이오스피어벤처Space Biosphere Ventures, SBV라고 자신을 지칭하는 이 집단은 에드 바스로부터 수천만 달러의 재정 지원을 받아 1980년대 중반에 작은 집 크기의 실험 장치를 설계했다. 이 오두막은 온실 재배용 식물, 물을 재활용하기 위한 정교한 배관 시설, 환경 조건을 민감하게 감시하는 블랙박스, 작은 부엌 설비와 욕실, 다량의 유리 등으로 이루어졌다.

1988년 9월, 이 장비의 최초 시운전으로 존 앨런이 밀봉된 시스템 안에 들어가 3일간 생활했다. 예브게니 셰펠레프의 대담한 시도와 마찬가지로 이것은 신념에 따른 행동이었다. 합리적인 추측에 따라 식물들을 선정하기는 했지만 이들이 하나의 시스템으로 작용하는 방식은 전혀 제어하지 않았다. 고메즈의 경우 힘든 노력 끝에 시스템에 생물을 도입하는 순서에 대한 지식을 얻어냈지만 SBV 연구자들은 모든 것을 한 번에 던져 넣었다. 밀봉된 집의 경우 적어도 식물 중 일부는 사람의 폐가 내보내고 들이마시는 공기에 부응할 것이라는 예측에 의존했다.

실험 결과는 매우 고무적이었다. 앨런은 9월 12일자 일지에 이렇게 적었다. "거의 평형 상태에 도달해가는 것처럼 느껴진다. 식물과 흙과 물과 태양과 밤, 그리고 내가 말이다." 100% 재활용되는 폐쇄된 대기 안에서 '모두 인간에 의해 발생한 것으로 여겨지는' 47가지 미량 기체들은 내부 공기가 식물이 심어진 토양을 통해 걸러짐에 따라 점차 극소량으로 안정화되어갔다. 이것은 SBV가 현대식으로 개선한 오래된 공기 정화 방법이었다. 셰펠레프의 경우와 달리 앨런이 걸어나올 때 내부의 공기는 신선하게 느껴졌다. 얼마든지 더욱더 인간의 생명을 유지해줄 수 있을 듯했다. 밖에 있던 사람들에게 안에서 흘러나온 공기는 놀라울 만큼 축축하고 진하고 '녹색'으로 가득한 것처럼 느껴졌다.

앨런의 시도로 얻은 데이터는 사람이 그 오두막 안에서 한동안 살아갈 수 있을 것임을 암시했다. 훗날 생물학자 린다 레이Leinda Leigh는 이 작은 유리 오두막 안에서 3주를 보냈다. 21일간의 단독 시운전 끝에 레이는 나에게 이렇게 말했다. "처음에 나는 그 안에서 숨을 제대로 쉴 수 있을지 걱정했습니다. 그러나 2주가 지난 후에는 엄청나게 습도가 높은 상태를 거의 알아차리지 못했어요. 실제로 저는 더 힘이 나고, 더 편안하고, 더 건강해진 느낌이 들었답니다. 아마도 폐쇄된 공간 안에 있는 식물의 공기 정화와 산소 발생 작용 때문이 아닌가 싶습니다. 그 작은 공간 안에서도 대기는 안정적 상태를 유지했습니다. 3주가 아니라 2년이 지나도 적절한 대기 상태를 유지할 수 있을 거라는 느낌이 들더군요."

3주간의 실험 동안 정교한 내부의 대기 감시 장치는 건축 자재나 생물 원천으로부터 흘러나온 어떤 기체도 누적되지 않음을 보여주었다. 대기는 전반적으로는 안정적이었지만 작은 충격에도 민감하게 반응하며 쉽게 요동쳤다. 레이가 오두막 안의 화단에서 고구마를 캐려고 땅을 팠는데 그 행동이 이산화탄소를 생성하는 흙 속의 미생물들에게 충격을 주었다. 뒤흔들린 미생물들이 일시적으로 오두막 안의 이산화탄소 농도를 변화시킨다. 이것이 바로 복잡계에서 초기 조건의 작은 변화도 크게 증폭되어 시스템 안의 나머지 부분에 광범위한 효과를 미칠 수 있다는 나비 효과의 실례이다. 북경에서 나비가 날개짓을 한 것이 플로리다에 허리케인이 불어닥치도록 만든다는 것이 이 원리를 상징하는 예로 흔히 사용된다. 이 SBV의 밀봉된 유리집 안에서는 미니어처 나비 효과가 나타난다. 레이가 화단에서 손가락을 꼼지락거린 것이 오두막 안의 대기 조성을 바꾸어놓은 것이다!

존 앨런과 또 다른 시너지아 회원인 마크 넬슨Mark Nelson은 가까운 미래에 화성 기지에 커다란 폐쇄된 유리병을 건설할 것을 꿈꾸었다. 앨런과 넬슨은 기계와 생물의 융합으로 미래의 인간 거주지를 건설한다는, 에코테크닉ecotechnics이라고 불리는 하이브리드 기술을 구상해나갔다.

화성에 진출한다는 그들의 계획은 철두철미하게 진지한 것이었고 곧 세부 사항으로 들어가기 시작했다. 화성이나 더 먼 우주로 여행하려면 일단 승무원이 필요하다. 몇 명이 적당할까? 군사 전문가, 탐험 원정대의 지도자, 신규 프로젝트 관리자, 위기 관리 전문가 등은 오래 전부터 모든 종류의 복잡하고 위험한 프로젝트를 진행하는 데에는 여덟 명으로 구성된 팀이 가장 적당하다는 사실을 인식해왔다. 여덟 명을 넘을 경우 의사 결정이 느려지고 산만해진다. 여덟 명보다 적을 경우 뜻밖의 사고나 무지가 커다란 장애 요소가 될 수 있다. 앨런과 넬슨은 승무원의 수를 여덟 명으로 정했다.

다음 단계는 여덟 명의 승무원이 정해지지 않은 기간 동안 먹고, 마시고, 자고, 숨쉬고, 생활할 수 있으려면 폐쇄된 유리병 세계의 크기가 어느 정도 되어야 하느냐는 문제였다.

인간 생존에 필요한 각 요소의 요구량에 대해서는 이미 데이터가 잘 정립되어 있다. 성인에게는 매일 약 500g의 음식과 1kg의 산소와 1.8kg의 식수와 FDA 권장량의 비타민과 8L 정도의 몸을 씻을 물이 필요하다. 클레어 폴섬은 자신의 작은 에코스피어의 결과를 토대로 추정하여 한 사람이 지속적으로 살아가며 호흡하는 데 필요한 산소를 생산하기 위해서는, 공간의 절반은 공기, 절반은 미생물 수프가 차지한다고 가정할 때, 대략 반지름 58m의 공간이 필요하다는 계산을 내놓았다. 앨런과 넬슨은 러시아의 바이오스 3 실험의 데이터를 검토하고 더불어 폴섬, 솔즈베리 그리고 다른 집약적 농법의 결과들을 하나로 취합했다. 그리고 바로 그 시점에, 그러니까 1980년대의 지식과 기술로, 3에이커(약 1만 2140m²)의 땅으로 여덟 명의 성인을 먹여 살릴 수 있다고 추정했다.

3에이커! 투명한 유리 컨테이너의 크기가 아스트로돔Astrodome, 텍사스주 휴스턴에 있는 돔형 야구장. 표준 야구장 넓이가 1만 m²이다.-옮긴이 정도는 되어야 된다는 이야기이다. 그리고 그 정도의 면적이라면 천장 높이가 적어도 15m는 되어야 한다. 외관을 유리로 만든 이 구조물은 엄청난 장관을 연출할 것으로 예상되었다. 또한 엄청난 돈을 잡아먹을 것이 분명했다.

그러나 그것은 참으로 아름다울 것이다. 그들은 그것을 반드시 짓고 말리라 결심했다. 그리고 그들은 진짜로 그것을 지었다. 에드 바스의 1억 달러에 이르는 후원에 힘입어 장려한 꿈을 이루어낸 것이다. 8인용 노아의 방주 건설은 1988년 착공되었다. 시너지아 회원들은 이 거대한 프로젝트를 바이오스피어 2Biosphere 2, 줄여서 바이오 2 Bio2라고 불렀다. 바이오스피어 1은 생물권을 의미-옮긴이 우리 지구의 축소판이라는 의미이다. 바이오 2는 완공에 3년이 걸렸다.

지구에 비해서는 작지만 완성된 자립형 테라리움식물을 기르거나 뱀, 거북 등을 넣어 기르는 데 쓰는 유리 용기-옮긴이은 인간의 규모로 볼 때 엄청나게 느껴졌다. 바이오스피어 2는 비행기 격납고만 한 크기의 거대한 유리 방주였다. 투명한 선체를 가진 대양의 정기선급 배를 뒤집어놓은 모습을 상상해보라. 이 거대한 유리 온실은 공기를 완전히 차단하는 구조로 지어졌으며 지하에서 공기가 들어오는 것을 막기 위해 완전 밀폐된 스테인리스 바닥이 7.5m 깊이로 지하에 묻혀 있다. 기체도 물도 물질도 이 방주 안으로 들어가거나 방주 밖으로 나갈 수 없었다. 이것은 거대한 크기의, 물질적으로는 닫혀 있고 에너지 측면에서는 열려 있는 계라는 면에서 야구장 크기의 에코스피어라고 할 수 있지만 한편으로 에코스피어보다 훨씬 더 복잡했다. 바이오스피어 2는 바이오 1(지구) 다음으로 규모가 큰, 폐쇄된 비비시스템이다.

크기가 얼마나 크든 살아 있는 생명 시스템을 만드는 것은 어려운 일이다. 하물며 바이오스피어 2 규모의 살아 있는 경이를 창조해내는 것은 계속되는 혼동과 혼란의 실험이라고밖에 묘사할 수 없다. 이 프로젝트의 도전에 포함된 것은 다음과 같다. 먼저 수십조 가지 가능성 가운데 약 2000가지를 추려내 이들을 서로 부족한 부분을 제공하고 보충하도록 배열하여 전체 혼합물이 긴 시간 동안 자급자족할 수 있도록 한다. 또한 어느 한 생물이 다른 생물을 몰아내 전체를 장악하지 않도록 한다. 그럼으로써 전체 집합의 모든 구성원들이 어느 하나도 격리되지 않으며 일정하게 움직이도록 유지한다. 그러면서 동시에 구성원들의 활동과 대기의 조성이 지속적으로 무너질까말까 한 상태를 유지하도록 한다. 아, 그리고 또한 인간들이 그 속에서 먹고, 마시고, 살아갈 수 있어야 한다.

SBV는 극도의 다양성을 지닌 생물을 뒤범벅으로 섞어놓을 경우 스스로 통합된 안정성을 이루게 될 것이라는 믿음에 바이오스피어 2의 생존을 걸었다. 그 밖에 다른 아무것도 입증되지 않는다고 하더라도 이 실험은 지난 20년간 보편적으로 지배했던, 다양성이 안정성을 보장해준다는 믿음을 확인할 수 있는 통찰을 줄 수 있을 것이다. 또한 특정 수준의 복잡성이 자급자족이 가능한 자립 상태를 낳을 수 있는지의 여부도 확인해줄 것이다.

최대한의 다양성을 추구한 바이오스피어 2의 최종 평면도에는 7개의 생물 군계가 포함되었다. 유리 천장의 가장 높은 부분 아래에는 암석으로 표면을 꾸민 콘크리트 산이 불룩 솟아 있다. 열대 지방에서 가져다 심은 나무들과 안개 시스템으로 이 인공의 언덕은 높은 고도에 자리잡은 열대우림인 운무림cloud forest으로 변신했다. 운무림의 물이 빠지면서 널찍한 테라스 정도의 넓이에 허리까지 오는 야생 풀로 빽빽한 고지대의 열대 초원이 펼쳐진다. 한편 열대우림의 한쪽 끝은 바위 절벽으로 이루어져 있는데 절벽 아래에는 산호, 갖가지 빛깔의 물고기, 바다가재 등이 헤엄치는 염수 석호lagoon, 사취, 사주 따위가 만의 입구를 막아 바다와 분리되어 생긴 호수 – 옮긴이가 자리잡고 있다. 고지대 초원은 고도가 낮아지면서 좀 더 건조한, 가시덩굴과 얽히고설킨 덤불로 이루어진 짙은 색 초원으로 변한다. 이것은 가시관목 지대라고 불리는 생물 군계로 지구상의 서식지 가운데 가장 흔한 생물 군계이다. 실제 세계에서 가시관목 지대는 사람이 거의 헤치고 들어갈 수가 없어서 무시되어 왔지만 바이오스피어 2에서 이 지대는 야생 세계와 인간을 연결하는 작은 은신처 같은 역할을 한다. 이 덤불숲은 다섯 번째 생물 군계인 축축한 작은 습지대로 이어지고 이것은 마지막으로 석호에 연결된다. 바이오스피어 2의 가장 아랫부분에는 실내 체육관 크기의 사막이 있다. 바이오스피어 2 내부가 상당히 습하기 때문에 이 사막에는 바하 캘리포니아Baja California, 미국의 캘리포니아주 아랫부분에 연결되는 멕시코의 주 – 옮긴이나 남아메리카 등지의 안개 사막fog desert, 비는 거의 오지 않지만 동식물이 삶을 유지할 수 있을 정도로 습도가 높은 사막 지대 – 옮긴이 식물들을 옮겨다 심었다. 한쪽 옆에 일곱 번째 생물 군계가 있으니, 바로 집약적 농업과 도시 지역이다. 이곳에서 여덟 명의 호모 사피엔스들이 먹을 음식을 재배한다. 노아의 방주처럼 동물들도 승선했다. 잡아먹기 위한 동물, 애완용 동물, 그리고 그냥 각 서식지에 풀어놓을 동물들. 도마뱀과 물고기와 새들이 꾸며진 야생의 자연 속에서 돌아다닌다. 꿀벌도 있고 파파야도 있고 해변도 있고 케이블 텔레비전과 서재와 체육관과 세탁실까지 있다. 한마디로 유토피아이다!

바이오스피어 2의 규모는 어마어마하다. 내가 바이오스피어 2의 건설 현장을 방문했을 때 바퀴가 18개 달린 대형 화물 트럭이 바이오스피어 2 사무실 근처에 차를 대고 있었다. 트럭 운전사가 창 밖으로 몸을 기울이더니 바다가 어디냐고 물었다. 그는 대형 트럭 가득 바닷물을 만드는 데 쓸 소금을 싣고 와서 어두워지기 전에 내려놓으려는 것이었다. 사무실 직원이 공사장 가운데의 커다란 구멍을 손으로 가리켰다. 그곳이 바로 스미스소니언 박물관에서 파견된 월터 애디Walter Adey가 약 400만 L들이 바다와 산호초와 석호를 만들려는 곳이었다. 이 가르강튀아적인gargantuan, 가르강튀아는 르네상스 시대 프랑스의 작가 라블레의 우화 《가르강튀아와 판타그뤼엘 이야기》에 나오는 거인 왕. 거대하고 터무니없는 것을 일컫는 형용사로 쓰인다.-옮긴이 수족관에는 온갖 종류의 경이가 창발할 여지가 가득하다.

바다를 만드는 일은 누워서 떡먹기가 아니다. 고메즈나 그 밖의 취미로 해수 수족관을 꾸미는 사람들에게 한 번 물어보라. 애디는 스미스소니언 박물관에서 스스로 생존, 번식하는 산호초를 예전에도 길러본 적이 있다. 그러나 이 바이오스피어 2의 바다는 규모가 훨씬 컸다. 여기에는 심지어 모래사장마저 있다. 한쪽 끝에는 값비싼 파도 발생 펌프가 달려 있어서 산호가 좋아하는 난류暖流를 제공해주었다. 이 기계는 또한 달의 주기에 맞추어 50cm 폭의 조수 간만 현상도 만들었다.

트럭에서 바다를 내렸다. 약 23kg의, 열대 수족관 기념품관에서 판매하는 것과 똑같은 인스턴트-오션Instant-Ocean 제품이다. 나중에 온갖 종류의 작은 동물과 미생물(반죽에서 이스트와 같은 역할을 하는)이 들어 있는 스타터 용액이 태평양으로부터 또 다른 트럭에 실려서 도착했다. 이들을 잘 휘저어 섞은 다음 부었다.

바이오스피어 2의 야생 지역을 건설하는 생태학자들은 '흙+벌레들(미생물을 의미함)=생태계'라는 공식을 신봉하는 학파였다. 만일 당신이 특정 열대우림을 원한다면 원하는 바로 그 지역의 흙이 있어야 한다. 그리고 그 열대우림을 애리조나주에 조성하려면 같은 토양을 만들기 위해 맨 처음부터 시작해야 한다. 불도저 두어 삽 분량의 현무암 조각과 또 몇 삽 분량의 모래, 그리고 몇 삽 분량의 점토를 가져다 붓는다. 그리고 여기에 적절한 조성의 미생물을 뿌려주고 그 자리에서 섞는다. 바이오스피어 2의 6개 야생 생물 군계를 떠받치는 각기 다른 조성의 토양은 이렇게 공들여 만들어졌다. "처음에 우리가 알아채지 못했던 것은 흙이 살아 있다는 사실이었습니다." 토니 버지스가 말했다. "흙은 사람만큼이나 빠른 속도로 숨을 쉽니다. 우리는 흙을 살아 있는 생물처럼 다루어야 합니다. 궁극적으로 흙이 생물상相을 통제합니다."

일단 흙이 있으면 이제 노아의 방주 놀이를 시작할 수 있다. 노아는 세상에 돌아다니는 모든 동물들을 모아서 그의 방주에 태웠다. 그러나 물론 여기에서는 그것이 불가능했다. 닫힌계인 바이오스피어 2의 설계자들은 계속해서 무엇보다 짜증스럽지만 한편으로 흥분이 되는 질문으로 되돌아왔다. 바이오스피어 2에 어떤 종의 생물을 포함시켜야 할까? 이제 이 질문은 더 이상 '어떤 생물이 인간 여덟 명의 호흡과 거울처럼 대칭을 이룰 것인가?'의 문제가 아니었다. 풀어야 할 진짜 어려운 문제는 '어떤 생물이 가이아를 거울처럼 비추어낼 것인가? 어떤 종들의 조합이 숨 쉴 산소와 사람이 먹을 식물과 사람이 잡아먹을 동물의 먹이가 될 식물과 식용 식물의 생장을 지원해줄 수 있을까? 무작위로 모아놓은 생물들로부터 우리는 어떻게 자급자족하는 네트워크를 짜낼 수 있을까? 우리는 어떻게 공진화적 회로를 창조해낼 수 있을까?' 등이었다.

아무 종이든 예로 들어보자. 과일이 열리는 식물은 대부분 꽃가루받이를 해줄 곤충이 필요하다. 따라서 만일 우리가 바이오스피어 2에서 블루베리 열매를 얻고 싶다면 꿀벌을 같이 넣어야 한다. 그러나 블루베리가 꽃가루받이를 할 무렵까지 꿀벌이 살도록 하기 위해서는 나머지 계절 동안에도 계속해서 꽃이 피도록 해주어야 한다. 그러나 꿀벌이 먹고 살 수 있도록 매 계절마다 돌아가며 꽃이 피도록 식물을 심다보면 다른 종류의 식물을 위한 공간이 부족해진다. 그렇다면 다른 종의 벌로 하여금 꽃가루받이를 하도록 하면 되지 않을까?

밀짚벌straw bee이라면 적은 양의 꽃으로도 살아갈 수 있을 것이다. 그러나 이 벌은 블루베리 꽃을 비롯해 몇몇 종류의 과일나무에서는 꽃가루받이를 하지 않는다. 그렇다면 나방은 어떨까? 이런 식으로 하나하나 생명체의 목록을 훑어나간다. 흰개미는 오래된 목질의 초목을 분해하는 데 필요하다. 그러나 한편으로 이 녀석들은 유리창 주변의 밀폐제sealant를 먹어치운다. 다른 구성원들에게 피해를 주지 않으면서 잘 어울릴 수 있는, 흰개미를 대체할 동물은 무엇일까?

"매우 까다로운 문제입니다." 이 프로젝트의 컨설팅을 맡은 생태학자 피터 워셜이 말했다. "딱 100가지의 생물을 골라서 이들을 한데 모아넣고 '야생'의 세계를 만든다는 것은 거의 불가능할 만큼 어려운 일입니다. 심지어 같은 장소에서 고르라고 해도 말이죠. 그런데 지금 우리는 세계 곳곳에서 생물들을 선택해 한 곳에 몰아넣고 있습니다. 이 안에 여러 개의 생물 군계가 존재하기 때문이지요."

인공 생물 군계들을 두들겨 맞추기 위해 여섯 명의 바이오스피어 2 생태학자들이 테이블 앞에 모여앉아 이 최고난도 직소 퍼즐을 함께 맞추어나갔다. 과학자들은 각각 포유동물, 곤충, 새, 식물 등의 전문가이다. 그러나 그들이 사초나 개구리 하나하나에 대해서는 상당한 지식을 갖고 있다 하더라도, 그들의 지식 중 체계적으로 접근할 수 있는 부분은 얼마 되지 않았다. 워셜은 한숨을 쉬면서 말했다. "알려진 모든 종들에 대하여 먹이나 에너지 요구량, 서식처, 배설물, 함께 살아가는 종, 번식에 필요한 조건 등을 명시한 목록이 있다면 얼마나 좋을까요? 그러나 그 비슷한 것조차 존재하지 않습니다. 가장 흔히 볼 수 있는 종에 대해서도 그와 같은 측면은 별로 아는 것이 없어요. 사실상 이 프로젝트는 우리가 어떤 종에 대해서 얼마나 무지한가 하는 사실을 우리에게 보여주었습니다."

생물 군계를 설계하는 데 있어서 그 여름 가장 뜨거운 공방을 불러일으킨 질문들은 이를테면 '자, 박쥐가 살아가는 데 실제로 하루에 몇 마리의 나방이 필요할까?'와 같은 것이었다. 결국 1000여 가지의 고등 동식물 종을 선발해내는 일은 지식에 기초한 추측과 생물외교학의 영역으로 귀결되었다. 각 생태학자들은 가장 쓸모 있고 융통성 있는 생물이라고 생각하는 특별히 아끼는 종들을 포함해서 바이오스피어 2에 승선 가능한 후보들의 목록을 작성했다. 그들의 머릿속에는 서로 충돌하는 여러 가지 요인들이 가득했다. 이걸 더하고 저걸 빼고, 이 녀석과는 함께 있기를 좋아하지만 저 녀석과는 상극이고 등등…. 생태학자들은 경쟁하는 생물들 사이의 경쟁력을 제각기 내세우고 견주었다. 물이나 햇빛을 받을 권리를 놓고 말다툼을 벌였다. 마치 생태학자들은 자신이 옹호하는 생물 종의 영역이 침범당하지 않도록 보호하는 데 열을 올리는 외교관 같았다.

"나무에서 떨어지는 과일의 양이 되도록 많았으면 합니다. 내 거북이 먹을 과일 말입니다." 바이오스피어 2 사막 담당 생태학자 토니 버지스가 말했다. "이봐요. 거북이 과일을 다 먹어치우면 초파리가 번식할 수가 없어요. 그렇게 되면 워셜의 벌새가 굶어죽게 됩니다. 그렇다면 과일을 넉넉하게 얻기 위해 나무를 더 심어야 할까요? 아니면 그 공간을 박쥐의 서식처로 남겨둬야 할까요?"

그러면 이제 협상이 시작된다. 내 새가 살아갈 수 있도록 이 꽃을 재배하게 해준다면 당신이 박쥐를 포함시키는 데 동의하겠다는 식으로. 이따금씩 예의 바른 외교 관계가 전면적 싸움으로 번질 때도 있다. 늪지 담당 생태학자가 참억새류의 풀을 심고 싶어 하는데 워셜은 그 식물이 영 마땅치 않다. 왜냐하면 그 종이 너무 공격적이어서 자신이 담당하고 있는 건조 지대 생물권계로 침범해 들어올 것이 예상되었기 때문이다. 결국 워셜은 늪 지대 담당자의 선택에 굴복했다. 그러나 농담 반 진담 반으로 이렇게 덧붙였다. "뭐 심어도 소용없을 겁니다. 왜냐하면 바로 그 옆에 내가 부들을 심어놓을 거니까요. 부들의 그늘 때문에 참억새풀이 잘 자라지 못할걸요?" 그러자 늪 지대 담당자는 두 풀보다 더 키가 큰 소나무를 심을 것이라고 맞받아친다. 워셜은 호탕하게 웃으면서 경계에 구아바를 심을 것이라고 호언장담한다. 구아바는 소나무보다 더 높이 자라지는 않지만 훨씬 빨리 자라라 틈새를 먼저 장악해버리기 때문이다.

모든 것이 모든 것에 연결되어 있다. 때문에 계획이라는 작업이 악몽이 되고 만다. 생태학자들이 좋아하는 한 가지 접근 방법은 먹이그물에 중복되는 경로를 두는 것이다. 그물 구석구석까지 모두 다중의 먹이사슬이 존재하도록 하는 것이다. 예컨대 응애sand fly가 다 죽어버린다고 해도 도마뱀이 잡아먹을 다른 동물이 있으면 된다. 빽빽하게 얽히고설킨 상호 관계와 싸우기보다는 그것을 이용하는 것이다. 핵심은 되도록 많은 역할을 할 수 있는 생물을 찾는 것이다. 그런 생물들은 어느 한 가지 역할이 소용없어지더라도 다른 역할들을 수행해낼 수 있다.

"생물 군계를 설계하는 일은 신의 입장에서 생각해볼 기회였습니다."라고 워셜은 회상한다. 신이 되어 무에서 유를 창조하는 것이다. 그들은 뭔가를, 놀라운 인공의 생기 넘치는 생태계를 창조해낼 수는 있지만 거기에서 정확히 무엇이 창발할지는 통제할 수 없다. 할 수 있는 일은 단지 모든 부분들을 모아놓고 그 부분들이 스스로 자신들을 하나로 조직해 기능하는 무언가로 성장하기를 기대하는 것뿐이다. 월터 에디는 이렇게 말했다. "야생의 생태계는 여러 개의 조각들로 이루어져 있습니다. 그러니까 되도록 많은 종들을 시스템 안에 집어넣고 어떤 종들로 이루어진 조각이 살아남게 될지 스스로 결정하도록 하는 것이지요." 통제권을 넘겨주는 것은 '인공 생태계의 기본 원리' 중 하나라고 애디는 말한다. "생태계 안에 들어 있는 정보의 양이 우리 머릿속에 들어 있는 정보의 양을 훨씬 넘어선다는 사실을 우리는 받아들여야 합니다. 우리가 알고 통제할 수 있는 것들만 시도하려고 들면 실패하게 되어 있습니다." 그는 창발하는 바이오스피어 2 생태계의 정확한 세부 사항은 예측할 수 있는 범위를 넘어선다고 경고했다.

그러나 세부 사항은 중요하다. 사람 여덟 명의 목숨은 전체를 이루는 세부 사항에 달려 있다. 바이오스피어 2 세계의 신들 중 하나인 토니 버지스는 사막 생물 군계를 만드는 데 사구砂丘에서 직접 채취한 모래를 주문했다. 왜냐하면 바이오스피어 2 현장에서 즉각 조달할 수 있는 건설용 모래는 너무 날카로워서 육지 거북의 발이 베일 수 있기 때문이었다. "우리는 거북들을 돌봐주어야 합니다. 그래야 거북들도 우리를 돌봅니다." 설교하는 듯한 목소리로 그는 말했다.

바이오스피어 2 시스템에 기여하는, 자유롭게 돌아다니는 동물들의 수는 처음 2년 동안은 매우 적다. 왜냐하면 많은 수의 동물들을 먹여 살리기에 음식의 양이 부족하기 때문이다. 워셜은 아프리카산 원숭이와 비슷하게 생긴 동물 갈라고를 포함시키는 것을 거의 포기할 뻔했다. 왜냐하면 어린 아카시아가 갈라고들이 먹기에 충분한 양의 나무진을 생산하지 못할 것이라고 우려했기 때문이다. 결국 그는 갈라고 네 마리를 바이오스피어 2에 풀어놓고 만일의 경우에 대비해 원숭이가 씹을 수 있는 물질을 100kg 정도 방주의 지하에 같이 실었다. 그 밖에 바이오스피어 2에 승선한 야생 동물에는 표범거북,

푸른혀도마뱀, 다양한 도마뱀들, 작은 돼새류, 부분적으로 꽃가루받이를 담당하는 난장이초록벌새 등이 포함되었다. "대부분의 종들은 피그미(난장이)입니다." 워셜이 바이오스피어 2의 승선이 마무리되기 전 〈디스커버Discover〉의 기자에게 한 말이다. "정말이지 공간이 부족하기 때문이지요. 사실 사람도 소인족 사람을 선발한다면 이상적이었을 겁니다."

동물들은 암수 한 쌍씩 짝지어 집어넣지 않았다. "최적의 번식을 보장하기 위해서는 수컷에 비해 암컷의 비율이 높아야 합니다." 워셜이 나에게 설명했다. "이상적인 비율은 수컷 세 마리당 최소한 암컷 다섯 마리를 넣는 것입니다. 인간의 경우 여덟 명, 그러니까 남자 넷, 여자 넷이 외딴 행성에 인간의 식민지 건설을 시작하고 후손을 번식할 수 있는 최소한의 규모라고 존 앨런 소장이 말했지요. 그러나 정치적으로는 올바르지 않지만 생태학적 관점에서 올바른 판단을 따르자면, 바이오스피어 2의 승무원은 여자 다섯 명과 남자 세 명이 이상적입니다."

생물학자들은 생물권을 창조하는 난문제 앞에서 처음으로 엔지니어처럼 사고해야 할 필요성에 직면했다. "여기 우리가 필요한 것이 있다. 어떤 재료가 그 기능을 수행할 것인가?" 한편 엔지니어들은 이 프로젝트에 임하면서 처음으로 생물학자처럼 생각해야 하는 상황에 부딪혔다. "이것은 단순한 흙이 아니다. 살아 있는 생물이다!"

바이오스피어 2를 설계하는 데 있어서 끈질기게 연구자들을 괴롭힌 문제는 열대우림 생물 군계를 위해 비를 만들어내는 일이었다. 애초의 낙관적인 계획은 지상 26m에 달하는, 유리 천장에서 가장 높은 부분인 열대우림 윗부분에 냉각 코일을 설치하는 것이었다. 그러면 냉각 코일이 정글의 축축한 공기 속 수분을 응결시켜 부드러운 빗방울로 다시 지상으로 떨어뜨려줄 것이라고 믿었던 것이다.

순수한 진짜 인공 비가 될 것이다. 그러나 초기의 시험 결과 물방울은 너무 드문드문 떨어졌고, 또한 너무 커서 지상에 떨어질 때에는 식물이 원하는 일정하고 부드러운 촉촉한 안개비가 아니라 파괴적인 물 폭탄이 되는 것이 문제였다. 두 번째 계획은 천장의 건축물 골격 부분에 스프링클러를 설치하고 물을 펌프로 끌어올려 비를 뿌려주는 것이었다. 그러나 이 경우 유지 보수가 끔찍한 일이었다. 2년이라는 기간 동안 스프링클러의 미세한 구멍들이 점점 막히기 때문에 그것을 뚫어주거나 교체해야 하기 때문이다. 결국 언덕 여기저기에 설치한 파이프 끝에 장착된 분무 장치를 통해 '비'를 뿌려주는 것으로 결정되었다.

물질적으로 폐쇄된 작은 시스템 안에서 살아가는 일의 예기치 못했던 결과 중 하나는 물이 귀해지기보다는 사실상 풍부하다는 사실이었다. 일주일 정도 지나자 물은 100% 재활용되었다. 습지의 폐수 정화 지역에서 미생물의 활동으로 깨끗하게 재생되었다. 물을 많이 쓰면 그저 이 회로를 조금 더 빨리 돌리는 것이 될 뿐이었다.

모든 삶의 영역에는 셀 수 없이 많은 별개의 회로들이 이리저리 엮여 있다. 생명의 회로들, 즉 물질, 기능, 에너지가 흐르는 경로들은 서로 겹쳐지기도 하고 교차하기도 하면서 촘촘하게 하나로 엮여서 나중에는 실 한 올 한 올을 따로 구분할 수가 없어진다. 단지 직조된 옷감 위에 모습을 드러내는 더 큰 패턴만을 우리는 인식할 수 있을 뿐이다. 각각의 회로는 다른 회로들을 더욱 강화시켜 전체는 가닥가닥 풀 수 없는 단단히 엮인 하나가 된다.

그렇다고 해서 이렇게 밀접하게 하나로 엮인 생태계 안에서 멸종이 일어나지 않는다는 이야기는 아니다. 특정 수준의 멸종은 진화의 필수 요건이다. 월터 애디는 그가 전에 실험한 부분적으로 폐쇄된 산호초 생태계에서 1%의 감손율attrition rate을 경험했다. 그는 바이오스피어 2의 경우 2년의 시험 기간 후에 30~40%의 종이 사라질 것이라고 예측했다. (현재 바이오스피어 2가 다시 문을 연 후 예일 대학의 생물학자들이 종의 수를 세고 있는데 지금 이 글을 쓰는 시점에는 그들이 연구를 다 마치지 못했다.)

그러나 애디는 이미 생물 다양성을 확대하는 방법을 알고 있다. "우리가 쓰는 방법은 생존할 것으로 예상되는 종보다 더 많은 종들을 집어넣는 것입니다. 시간이 흐르면서 수가 줄어들겠지요. 특히 곤충과 하등 동물이 많이 줄어듭니다. 그러면 다음번 실험을 시작할 때 또다시 더 많은 종을 투입합니다. 이번에는 이전과 살짝 다른 종들, 두 번째 추측을 실험하는 것이죠. 이 경우에도 역시 대규모의 손실이 일어날 것입니다. 약 4분의 1은 죽어나갈 거예요. 하지만 또 다음번에 보충합니다. 이런 식으로 반복하다보면 종의 수는 조금씩 더 높은 수준에서 안정화되어 나갑니다. 시스템이 복잡하면 할수록 더 많은 종들을 보유할 수 있습니다. 이런 식으로 반복해나가면서 다양성을 축적하는 것이지요. 만일 바이오스피어 2의 첫 번째 시도에서 살아남은 종들만 두 번째에 집어넣을 경우 시작부터 붕괴될 것입니다." 거대한 유리병은 복잡성을 키워나가는 다양성의 펌프인 셈이다.

바이오스피어 2 생태학자들은 점점 성장해나갈 최초의 다양성을 어떻게 형성하느냐 하는 거대한 질문에 봉착했다. 그것은 그 모든 동물들을 어떻게 방주에 태우느냐 하는 실질적인 문제와 깊이 관련된 문제였다. 상호 의존적인 3000가지의 생물들을 어떻게 한 우리에 산 채로 넣을 것인가? 애디는 책의 요약본을 만드는 식으로 자연의 생물 군계 전체를 바이오스피어 2의 상대적으로 좁은 공간으로 압축해낼 것을 제안했다. 여기저기에서 가장 중요한 부분들을 골라내고 이들을 이어 붙여 샘플 모음집으로 만드는 것이다.

애디는 약 50km 길이로 펼쳐진 플로리다 에버글레이즈Florida

Ever-glade, 미국 플로리다주 남부의 큰 소택지 국립 공원 – 옮긴이의 맹그로브mangrove를 선택해서 격자형으로 측량했다. 그리고 염분의 차이에 따라 약 0.8km마다 맹그로브의 뿌리를 포함하여 작은 정육면체(가로, 세로, 깊이 모두 1.2m 정도) 형태로 늪지의 흙을 퍼냈다. 잎이 달린 나뭇가지, 뿌리, 진흙, 따개비 등이 상자에 담겨 물가로 운반되었다. 약간씩 염분 농도가 다르고 그에 따라 미생물 조성도 다른 늪의 부분을 담은 이 상자들은 ('맹그로브'를 '망고(맹고)'로 잘못 들은 농산물 검역관과의 오랜 실랑이 끝에) 애리조나로 운송되었다.

에버글레이즈의 조각들이 바이오스피어 2의 늪 지대에 이식되기를 기다리는 동안 바이오스피어 2 건설 현장의 인부들은 방수 상자들을 파이프의 배관에 연결해 하나의 분산된 바닷물의 흐름이 되도록 만들었다. 나중에 30여 개의 정사각형 상자의 내용물들이 바이오스피어 2 안에서 다시 합쳐졌다. 합쳐진 늪 지대는 고작 27m×9m의 공간만을 차지할 뿐이었다. 그러나 이 배구 경기장 크기의 소택지 각 부분에는 점차적으로 증가되는 염분의 양에 따라 제각기 다른 미생물의 혼합물이 분포하고 있다. 그러니까 담수에서 염수로 이어지는 생명의 흐름이 양 끝에서 서로 대화를 나눌 수 있을 정도의 거리로 압축된 셈이다. 이런 아날로그적 방법의 문제점은 생태계에서 규모라는 차원이 중요하다는 사실이다. 미니어처 사바나 초원을 만들기 위해 각 부분들을 이리저리 재고 만지작거리면서 워셜은 머리를 흔들었다. "잘 해야 우리는 시스템이 가진 다양성의 겨우 10분의 1 정도를 바이오스피어 2에 쑤셔넣을 수 있습니다. 곤충 개체수를 놓고 보면 100분의 1에 가깝죠. 서아프리카 사바나 초원에는 약 35종의 벌레들이 살고 있습니다. 우리는 잘 해야 3종류 정도를 포함시킬 수 있죠. 그러니 이런 질문을 마주하게 됩니다. 지금 우리가 사바나 초원을 만드는 것일까? 아니면 잔디 정원을 만드는 것일까? 분명히 잔디 정원보다는 낫겠지요. 하지만 얼마나 더 나은지는 저도 잘 모르겠습니다."

자연의 부분들을 재조합해서 습지나 사바나 초원 등을 건설하는 것은 생물 군계를 창조하는 한 가지 방법일 뿐이다. 생태학자들은 이 방법을 '아날로그' 방법이라고 부른다. 이 방법은 제대로 작동하는 것처럼 보인다. 그러나 토니 버지스는 이렇게 지적한다. "(생물 군계를 만드는 데에는) 두 가지 경로가 있습니다. 자연 속 특정 환경의 유사점을 모방하는 방법(아날로그 방법)이 하나이고, 다양한 환경들을 한데 모아 합성 생태계를 만들 수도 있습니다." 바이오스피어 2는 궁극적으로는 애디의 소택지와 같은 수많은 아날로그 부분들이 한데 모여 있는 합성 생태계이다.

"바이오스피어 2는 합성 생태계입니다. 하지만 따지고 보면 오늘날의 캘리포니아도 마찬가지이죠." 버지스가 말했다. 워셜도 동의한다. "우리가 캘리포니아에서 볼 수 있는 것은 미래의 상징입니다. 상당한 정도의 인위적으로 합성된 생태계이지요. 캘리포니아에는 수백 가지 외래종 생물이 살고 있습니다. 오스트레일리아의 상당 부분도 이런 식으로 진행되고 있지요. 또한 미국삼나무와 유칼립투스 숲도 새로운 합성 생태계입니다." 우리가 제트기를 타고 이리저리 날아다니는 오늘날의 세계에서 생물 종 역시 자신의 고향을 떠나 제트기를 타고 돌아다니며 예전 같으면 결코 도달하지 못할 장소에 우발적으로, 또는 의도적으로 뻗어나간다. 워셜은 말한다. "월터 애디가 처음으로 합성 생태계라는 용어를 사용했습니다. 그런데 문득 이미 바이오스피어 1에도 수많은 합성 생태계가 존재한다는 생각이 들더군요. 그리고 바이오스피어 2를 통해 합성 생태계를 발명하는 것이 아니라 단지 이미 존재하는 것을 중복해서 만드는 것임을 깨달았습니다." 코넬 대학의 에드워드 밀스Edward Mills는 현재 미국 오대호에 유럽과 태평양과 그 밖에 세계 다른 곳에서 유래한 물고기 136종이 번성하고 있음을 확인했다. "아마도 오대호의 생물량biomass, 어느 지역 내에 생활하고 있는 생물의 현존량으로 중량, 에너지양으로 나타낸다.-옮긴이 대부분이 외래종일 것입니다."라고 밀스는 주장한다. "오대호는 이제 상당한 정도로 인공적인 시스템이라고 할 수 있습니다."

우리는 합성 생태계 창조에 대한 과학을 발전시켜나갈 필요가 있다. 왜냐하면 어찌되었든 간에 우리는 위태로운 방식으로 합성 생태계를 만들어나가고 있기 때문이다. 수많은 고고생태학자들은 사냥을 하고 가축을 먹이고 초원에 불을 놓고 약초나 필요한 식물을 채집하는 등 초기 인류의 거의 모든 영역 활동이 야생의 세계 위에 '인공' 생태계를 건설했을 것이라고 믿는다. 다시 말해서 생태계는 많은 부분 인간의 기술에 의해 그 형태가 만들어져왔다는 의미이다. 우리가 야생의 처녀지라고 생각하는 자연의 부분에도 사실 인공적인 것과 인간 활동의 흔적이 풍부하게 존재한다. "수많은 열대우림의 상당 부분은 사실 토착 원주민들이 관리해왔습니다."라고 버지스는 말한다. "그러나 서양인이 그곳에 도착해서 제일 먼저 한 일이 토착민들을 몰아내는 일이었습니다. 그 결과 토착민들이 숲을 관리해온 기술도 사라져버렸지요. 우리는 오래된 나무들의 성장이 자연 그대로의 모습이라고 생각합니다. 왜냐하면 우리가 아는 숲 관리 방법은 나무를 깡그리 베어내는 일밖에 없었으니까요. 나무를 몽땅 베어내지 않았으니 사람 손이 닿지 않았나보다 했던 것이지요." 버지스는 인간 활동의 흔적이 깊숙이까지 미치고 있기 때문에 쉽게 돌이킬 수 없다고 말한다. "일단 생태계에 손을 대면, 그리고 씨앗이 제대로 땅 위에 흩뿌려지고 적절한 기후가 주어지면, 생태계의 변형이 일어나고 그것은 되돌릴 수가 없습니다. 사람이 지켜서서 합성 생태계를 계속해서 돌볼 필요는 없습니다. 사람 손이 닿지 않아도 계속 제 갈 길을 갑니다. 캘리포니아주의 사람들이 모두 죽는다고 해도 현재의 합성 동물상과 식물상이 그대로 유지될 것입니다. 그것은 스스로를 강화하는 조건들이 그대로 남아 있는 한 언제까지나 유지될 새로운 차원의 안정 상태meta-stable state입니다."

"캘리포니아, 칠레, 오스트레일리아는 똑같은 합성 생태계로 매우 빠르게 수렴하고 있습니다." 버지스는 주장한다. "같은 사람들에 의해 같은 목표를 향해 이루어지고 있는 일이지요. 그 목표란 오랫동안 살아온 초식 동물들을 없애고 그 자리에 소를 키우는 것입니다. 물론 고기를 얻기 위해서이지요." 합성 생태계로서 바이오스피어 2는 미래에 다가올 생태계의 전조라고 할 수 있다. 인간은 자연에 영향력을 미치는 일에서 뒤로 물러나지는 않을 것이 분명하다. 어쩌면 바이오스피어 2라는 거대한 유리병은 유용하고 덜 파괴적인 합성 생태계를 진화시켜나가는 방법을 우리에게 가르쳐줄지도 모른다.

생태학자들이 최초의 의도적으로 합성된 생태계를 만들기 시작하면서 그들은 모든 종류의 살아 있는 폐쇄된 생물 시스템을 창조하는 데에 중요한 지침을 마련하고자 시도했다. 바이오스피어 2의 창조자들은 이것을 '생물권 창조 원리Principles of Biospherics'라고 부른다. 생물권을 만들고자 한다면 다음 사항을 기억하라.

- 미생물이 가장 중요한 역할을 한다.
- 흙은 생물이다. 살아 있고 숨을 쉰다.
- 먹이그물은 중복적으로 만들라.
- 다양성을 점차로 증가시켜라.
- 물리적 기능을 제공할 수 없다면 그와 비슷하게 시뮬레이트한다.
- 대기는 전체 시스템의 상태에 대한 정보를 알려주는 소통 수단이다.
- 시스템의 목소리에 귀를 기울여라. 시스템이 어디로 가고 싶어 하

는지를 살펴보라.

열대우림, 툰드라, 소택지 등은 그 자체로서는 자연적으로 닫혀 있는 시스템은 아니다. 이들은 서로에게 열려 있다. 우리가 알고 있는 자연적으로 닫혀 있는 유일한 시스템은 바로 지구 전체, 가이아이다. 결국 새로운 폐쇄된 시스템을 만드는 것에 대한 우리의 관심은 살아 있는 닫힌 시스템의 두 번째 실례를 창조해냄으로서 이와 같은 시스템의 행동을 일반화시키고 우리의 집인 지구라는 시스템을 이해하는 데 집중되고 있다.

닫힌 시스템은 특별히 두드러진 공진화의 예이다. 플라스크에 새우를 집어넣고 밀봉하는 것은 마치 내부가 거울로 만들어진 병 안에 카멜레온을 집어넣고 입구를 막는 것과 같다. 카멜레온은 자신이 만들어낸 이미지에 반응한다. 마치 새우가 자신이 만들어낸 대기에 반응하듯이. 입구가 막힌 병은 일단 내부의 회로들이 하나로 엮이고 단단하게 매듭지어지면 병 안의 변화와 진화를 가속화한다. 이러한 격리는, 마치 지구상의 진화에서의 격리 효과처럼, 다양성을 생성하고 차이를 만들어낸다.

그러나 궁극적으로 모든 닫힌계는 언젠가 열리거나 적어도 틈이 생긴다. 우리가 어떤 인공적 닫힌계를 만들든지 조만간 이것은 열릴 것이다. 바이오스피어 2는 1년에 한 번씩 열리고 닫힌다. 그리고 천계에서는 은하계 역사 단위의 시간에 걸쳐서 각 행성이라는 닫힌계가 일종의 교차 배종胚種, cross-panspermia, 판스페르미아panspermia 이론은 지구 생명의 기원이 우주의 다른 행성에서 유성을 통해 날아온 박테리아 포자에 의한 것이라는 주장으로 20세기 초 아레니우스가 주장했다. 그 이후 운석에서 아미노산이 발견되면서 가능성이 높아졌다.-옮긴이 내지는 행성 간의 종 교환에 의해 열린다. 우주의 생태학은 이런 형태이다. 격리된 시스템(행성)으로 이루어진 우주는 거울 상자에 갇힌 카멜레온처럼 미친 듯이 뭔가를 발명해낸다. 그리고 이따금씩 어느 닫힌 시스템에서 만들어진 경이로운 생산물이 충격과 함께 다른 시스템을 찾아간다.

가이아 위에 우리가 만들어낸, 잠깐 동안 닫혔던 미니어처 가이아는 많은 면에서 교육적 소임을 수행했다. 그것은 근본적으로 한 가지 질문에 대한 답을 얻기 위한 모델이었다. 우리가 지구상의 통합된 생물 시스템에 어떤 영향력을 미치고 있으며, 또한 어떤 영향력을 미칠 수 있을까? 우리가 도달할 수 있는 수준이 있을까? 아니면 가이아는 전적으로 우리의 통제를 벗어난 것일까?

9

생물권의 출현

"마치 먼 우주에 떨어져나온 것 같은 느낌입니다." 바이오스피어 2 거주자 중 한 사람인 로이 월퍼드Roy Walford가 말했다. 1991년 9월 26일부터 1993년 9월 26일까지, 격리된 방주 안에서 지낸 2년이라는 기간 초기에 비디오 장치를 통해 기자들에게 말했던 것이다. 그 기간 동안 바이오스피리언이라고 불리던 여덟 명은 지구의 다른 생명들, 그리고 삶을 안락하게 해주는 물질적 흐름과의 직접적인 접촉을 극적으로 끊어버리고 소형의 가이아 대용품 안에 꾸며놓은 작은 독립적 은신처에서 살아갔다.

월퍼드는 건강했지만 극도로 마르고 굶주린 상태였다. 2년 동안 모든 바이오스피리언들은 굶주림에 시달렸다. 그들의 손바닥만 한 농장은 곤충의 침입으로 곤경을 겪었다. 해충들에게 독성 물질을 살포할 수 없었기 때문에—그랬다가는 휘발된 독성 물질을 며칠 있다가 그대로 그들이 마셔야 할 테니까—그저 덜 먹는 수밖에 없었다. 한번은 바이오스피리언들이 감자밭에 들어가 무선 헤어드라이어로 감자 잎에 붙은 진드기들을 쫓아내려고 시도한 적도 있었으나 실패로 돌아갔다. 결국 그들은 다섯 가지 주된 식량 공급원 식물을 잃었다. 바이오스피리언 중 한 사람은 체중이 94kg에서 70kg으로 줄어들었다. 다행히 그는 이런 상황에 미리 대비했다. 처음부터 아예 몇 사이즈 작은 옷까지 싸들고 들어갔던 것이다.

일부 과학자들은 바이오스피어 2 프로젝트의 시작부터 사람들을 안에 넣는 것은 그다지 생산적인 방식이 아니라고 생각했다. 이 프로젝트의 컨설팅을 맡은 자연학자 피터 워셜이 말했다. "과학자의 견지에서 볼 때 나는 이 시스템에 처음에는 두세 가지 계kingdom, 그러니까 단세포 생물이나 그보다 하등한 생물만을 넣고서 완전히 폐쇄한 후 1년 정도 지켜보기를 원했습니다. 그러면 우리는 이 미생물의 우주가 대기를 얼마나 조절할 수 있는지 지켜볼 수 있겠지요. 그런 다음에 모든 것을 집어넣고 닫은 후 또 1년 정도 지켜보면서 대기의 변화를 살펴보는 것이지요." 몇몇 과학자들은 호모 사피엔스처럼 귀찮고 유지하기에 까다로운 종은 아예 바이오스피어 2 안에 들어가서는 안 된다고 생각했다. 인간은 단지 관심을 끄는 오락거리가 될 뿐이라는 것이었다. 그러나 많은 사람들은 인간을 지구에서 떨어진 곳에서 생존하도록 하는 기술을 개발한다는 실용적인 목표가 생태학적 연구보다 훨씬 더 중요한 의미를 갖는다고 보았다. 이와 같이 프로젝트 안에서 상충하는 과학적 의미와 현안에 대해 검토하기 위해 바이오스피어 2의 연구 기금을 지원한 에드 바스는 독립적인 '과학자문위원회'를 발족시켰다. 그들은 1992년 7월 이 실험의 이중적 본질을 인정하는 보고서를 발행했다. 보고서는 이렇게 말한다.

> 위원회는 바이오스피어 2가 크게 기여할 수 있는 과학의 영역이 적어도 두 가지 이상 존재한다는 사실을 인식했다. 하나는 닫힌계 안에

서의 생물지리화학적 순환을 이해하는 것이다. 이러한 관점에서 볼 때, 바이오스피어 2는 지금까지 연구된 것보다 훨씬 더 크고 더 복잡한 닫힌계를 대표한다. 이러한 연구를 위해서는 인간이 시스템 안에 존재하는 것은 관찰과 측정 기능을 제공하는 것 말고는 필수적인 요소가 아니다. 또한 실험 초기에는 이와 같은 관찰과 측정 기능이 그렇게 중요하게 여겨지지 않는다. 두 번째 영역은 폐쇄된 생태계 안의 평형 상태 속에서 인간을 유지하는 경험에 대한 지식을 얻는 것이다. 이 목적을 위해서는 인간이 시스템 안에 들어가는 것이 실험의 핵심적 요소이다.

두 번째 목적과 관련된 한 사례로, 닫힌계 안에서 살아가는 사람들이 처음 1년 안에 전혀 예기치 못했던 의학적 결과들을 보여주었다. 격리된 바이오스피리언들의 혈액 측정 결과 그들의 혈액 안에서 살충제와 제초제의 농도가 증가된 것으로 나타난 것이다. 바이오스피어 2 안 대기의 모든 부분이 지속적으로 정확하게 측정되고 있으므로—바이오스피어 2는 그 어느 환경보다 가장 치밀하게 감시되는 환경이다—과학자들은 바이오스피어 2 내부의 그 어디에도 살충제나 제초제 따위가 존재하지 않는다는 사실을 알고 있었다. 과거에 제3세계에 살았던 한 바이오스피리언의 혈액에서 미국에서 20년 전부터 금지되었던 살충제가 미량 검출되었다. 의료진의 추측에 따르면 소식으로 바이오스피리언들의 체중이 크게 감소하자 과거에 축적한 체내 지방을 태워 에너지로 사용하는 과정에서 수십 년 전에 (지방세포 안에) 축적했던 독성 물질들이 흘러나온 것으로 보였다. 바이오스피어 2가 건설될 때까지만 해도 승선할 사람들의 체내 독성 물질까지 정확하게 검사해야 할 과학적 이유는 없었다. 그들이 먹고, 마시고, 숨쉬고, 접촉하는 것을 철저하게 통제할 방법이 없었기 때문이다. 바이오스피어 2는 생태계 전체에 걸쳐 오염 물질의 흐름을 꼼꼼하게 추적한 결과를 실험실에 제공하듯, 인간 체내 오염 물질의 흐름 역시 꼼꼼하게 추적해 실험실에 제공한 셈이다.

인간의 몸 자체가 방대한 규모의 복잡계이다. 우리의 발달한 의학적 지식도 인간의 몸을 완전하게 분석해 지도화하지 못했다. 인간의 몸은 생명 세계의 더욱 큰 복잡성으로부터 격리시킨 다음에야 비로소 더 제대로 연구할 수 있다. 바이오스피어 2는 그것을 실현할 수 있는 멋진 기회였다. 그러나 과학 자문 위원회는 인간을 승선시켜야 할 또 하나의 이유를 놓쳤다. 이 이유는 어쩌면 우주로 나갈 채비를 갖추는 것만큼이나 중요한 이유일 것이다. 그것은 바로 통제와 발판 역할에 대한 이유이다. 인간은 '사고가 진화할 때 엄지손가락이 수행한 소임'에 해당되는 소임을 맡을 수 있다. 그러니까 처음 도입될 때는 존재하지만 그 시점을 지나서는 더 이상 필요하지 않은 길잡이 종 비슷한 임무 말이다. 닫힌 생태계가 일단 자리를 잡으면 사람은 더 이상 필요하지 않다. 그러나 그 자리를 잡는 과정에는 사람이 필요할지도 모른다.

예를 들어 시간이라는 실질적인 문제가 있다. 몇 년에 걸쳐 새롭게 형성한 생태계를 붕괴하려 할 때마다 그대로 붕괴하도록 놔두고 처음부터 다시 시작할 수는 없다. 그 안의 인간이 자신의 행동을 측정하고 기록한다면 사람들은 닫힌계가 붕괴의 나락으로 떨어지지 않도록 방향을 잡아주면서도 그 과정을 과학적으로 수행할 수 있다. 많은 부분에서 바이오스피어 2 인공 생태계는 스스로 자신의 경로를 개척해나갔다. 그러나 바이오스피어 2가 궤도를 이탈하거나 뭔가에 걸려 오도 가도 못하는 상태에 접어들려고 할 때면 바이오스피리언들은 시스템이 제대로 운항하도록 살짝 자극을 주었다. 그들은 새롭게 출현하는 시스템 그 자체와 통제력을 공유했던 것이다.

비유하자면 인간은 부조종사와 같은 존재였다.

바이오스피리언은 통제력을 공유하는 방법 가운데 하나로 최후의 생물학적 수단인 '핵심적 포식자' 역할을 수행했다. 고유의 생태학적 지위를 넘어서 번식하는 동물과 식물의 개체수는 인간의 '중재'에 의해 적당한 범위로 유지되었다. 라벤더 관목이 온 지역을 장악하기 시작하면 바이오스피리언들이 적당한 정도로 잘라내고 캐냈다. 사바나 초원의 풀들이 선인장을 밀어내려고 하면 바이오스피리언들이 열심히 풀을 뽑아냈다. 사실상 바이오스피리언들은 황무지 지역의 잡초를 뽑는 데 (먹을 곡식과 채소를 재배하는 밭의 김을 매는 것과 별개로) 하루에 몇 시간을 바쳤다.

애디는 말했다. "합성 생태계는 원하는 대로 얼마든지 작게 만들 수 있습니다. 그러나 작으면 작을수록 운영자인 사람의 손이 더 많이 필요합니다. 왜냐하면 생태계 공동체를 벗어난 자연의 더 큰 힘을 인간이 대신해주어야 하기 때문이지요. 우리는 자연으로부터 어마어마한 보조를 받고 있는 셈입니다."

자연이 우리에게 어마어마한 보조를 해주고 있다는 것, 이것이 바이오스피어 2를 조합해낸 자연사학자들이 거듭해서 강조하는 메시지이다. 바이오스피어 2가 자연으로부터 받을 수 없었던 가장 큰 보조 중 하나는 동요 내지는 격변이었다. 계절에 맞지 않는 갑작스러운 비, 바람, 번개, 갑자기 쓰러진 커다란 나무…. 바로 이런 예기치 못한 사건들이다. 소형의 에코스피어에서 볼 수 있었던 것처럼, 온화하면서 동시에 야성적인 자연은 변이를 필요로 한다. 격동적 사건은 영양분을 재활용하는 데에도 꼭 필요하다. 들불이나 산불의 폭발적 불균형 상태는 초원을 먹여 살리거나 새로운 삼림을 탄생시킨다. 피터 워셜은 말한다. "바이오스피어 2 안에서는 모든 것이 통제되고 있습니다. 그러나 자연은 야성을, 약간의 혼돈을 필요로 합니다. 그런데 격동은 인공적으로 발생시키기에 매우 값비싼 자원이지요. 한편으로 격동은 의사소통의 모드, 그러니까 각기 다른 종과 생태적 틈새가 서로에게 자신을 알리는 방법이기도 합니다. 또한 격동은, 예를 들어 격동하는 파도와 같은 것은, 생태적 틈새의 생산성을 극대화시키는 데 필요한 요소이기도 합니다. 그런데 바이오스피어 2에서는 그와 같은 격동이 일어나지 않지요."

바이오스피어 2 안의 인간들은 격동의 신이자 혼돈의 대리인이었다. 그들은 방주를 통제하는 권한을 공유하는 부조종사이자 역설적으로 일정 정도의 통제할 수 없는 상황을 빚어낼 책임을 가진 선동가 역할을 해야 했다.

워셜은 바이오스피어 2 안의 소형 사바나 초원을 창조하고 그 초원에 작은 격동을 일으킬 책임을 맡고 있었다. 워셜에 따르면 사바나 초원은 주기적으로 어지럽혀지는 조건 속에서 진화되어 왔으며 이따금씩 자연의 발길질을 필요로 한다. 모든 사바나 초원의 식물들은 들불이 나서 땅바닥까지 모조리 타들어간다든지 영양에 의해 뜯어먹히는 등의 충격을 필요로 한다. "사바나 초원은 너무나 교란에 적응이 되어서 교란 없이는 스스로를 지탱할 수가 없다."라고 워셜은 말한다. 그는 바이오스피어 2의 사바나 지역에 '저를 어지럽혀 주십시오'라는 푯말이라도 달아두는 것이 어떨까 싶다며 농담을 했다.

교란은 생태계에 꼭 필요한 촉매이다. 그러나 바이오스피어 2와 같은 인공 환경에서는 쉽고 값싸게 복제해내기 어려운 촉매이다. 얕은 석호에 물결을 일으키는 파도 생성 기계는 복잡하고 시끄럽고 비싸고 툭 하면 고장이 난다. 그리고 무엇보다도 이 기계는 단지 매우 규칙적인 작은 파도만을 만들어낼 뿐이다. 최소한의 교란이다. 바이오스피어 2의 지하에 설치된 거대한 송풍기가 공기를 뿜어내며 바람 비슷한 흉내를 내지만 꽃가루를 흩날리기에는 턱없이 부족하다. 꽃가루를 이동시킬 정도의 바람을 일으키는 기계는 너무 비싸서 설치하기가 불가능한 정도이다. 또한 바이오스피어 2 안에서 불을 낼 경우 밀폐된 공간에 갇힌 연기가 사람들을 질식시킬 것이다.

"제대로 하려면 개구리를 위해 번개도 일으켜야 할 겁니다. 개구리들은 빗방울이 철벅거리는 소리와 천둥소리에 자극을 받아 교미를 하거든요." 워셜이 말했다. "그러나 우리는 지금 지구를 모델링하는 것이 아닙니다. 노아의 방주를 모델링하는 것이죠. 사실상 우리가 답을 얻고자 하는 질문은 얼마나 많은 (자연과의) 연결을 끊어버리고도 특정 종이 생존할 수 있느냐 하는 것이죠."

"뭐 아직은 무너지지 않았습니다!" 월터 애디가 싱긋 웃으며 말했다. 그가 건설한 바이오스피어 2의 아날로그 산호초와 스미스소니언 박물관의 아날로그 늪 지대는 둘 다 외부 자연의 보조를 받지 못한다는 지속적인 충격에도 불구하고 번성하고 있다(박물관의 인공 늪 지대의 경우 가끔 누군가가 물을 뿜어내는 호스를 집어넣을 때마다 폭풍우 비슷한 것을 겪기는 하지만). "제대로 관리받을 경우, 아니 가끔씩 제대로 된 관리를 받지 못하더라도 이들은 여간해서 쉽게 죽지 않습니다." 애디가 말했다. "나의 학생 중 하나가 (스미스소니언 박물관의) 늪에서 밤에 플러그 하나를 뽑는 것을 잊어버렸습니다. 그 결과 주 전기 패널이 소금물에 잠겨버렸지요. 새벽 2시에 전체 시스템이 완전히 멎어버렸어요. 다음 날 오후에야 펌프가 다시 가동하기 시작했습니다. 하지만 늪 생태계는 살아남았습니다. 그러나 전기 공급이 끊긴 상태에서 우리가 얼마나 오랫동안 견뎌냈을지는 알 수 없습니다."

생명은 계속해서 자라난다. 바이오스피어 2 안에서도 생명은 거듭해서 자라났다. 바이오스피어 2는 비옥하고 생산성 넘치는 유리병이었다. 바이오스피어 2가 출범한 후 첫 2년 동안 태어난 새끼들 중에서 가장 눈에 띄는 존재는 초기에 태어난 갈라고 새끼였다. 아프리카피그미염소 두 마리는 새끼를 다섯 마리 낳았다. 오사보섬돼지는 새끼 돼지 일곱 마리를 낳았다. 체크무늬의 가터뱀은 열대우림의 가장자리에서 아기 뱀 세 마리를 낳았다. 그리고 도마뱀들은 사막의 바위 아래에 수많은 새끼들을 숨겨놓았다.

그러나 호박벌은 모조리 죽어버렸다. 벌새 네 마리도 마찬가지였다. 석호에 살던 (40종 가운데) 한 종의 산호도 '멸종'되었다. 하지만 처음부터 하나의 개체가 한 종을 대표하고 있었던 것이긴 했다. 코르동블뢰핀치 되새류의 일종 – 옮긴이 는 야외로 방출하기 전 임시 새장 안에 있던 상태에서 모두 죽어버렸다. 어쩌면 특별히 추웠던 그 해 애리조나주의 겨울 날씨 때문이었는지도 모른다. 바이오스피어 2에 승선했던 생물학자 린다 레이는 후회와 안타까움 속에서 만일 이 새들을 좀 더 일찍 우리에서 놔주었다면 그들 스스로 바이오스피어 2 내부의 좀 더 따듯한 곳을 찾아내지 않았을까 생각했다. 인간은 이처럼 회한으로 가득한 신이 되었다. 그뿐만 아니라 운명은 언제나 아이러니하다. 초대받지 않은 손님인 세 마리의 유럽참새는 바이오스피어 2가 문을 닫기 전에 몰래 숨어들어와 내내 즐겁게 번성했다. 되새들은 우아하고 평화롭고 아름다운 멜로디의 노래를 부르는 반면 참새들은 시끄럽고 야단스러우며 심지어 주제넘고 상스럽기까지 하다고 레이는 불평했다.

스튜어트 브랜드는 린다와의 통화에서 불난 집에 부채질했다. "아니 승자의 편을 들지 않다니 대체 당신들 어떻게 된 거요? 되새 따위는 잊어버리고 참새를 돌봐야지." 브랜드는 다윈주의의 원리를 강조한 것이었다. 제대로 작동하는 것이 무엇인지 찾아라. 그것을 번식하게 하라. 생물권이 어느 방향으로 나아가고 싶은지 스스로 말하게 하라. 레이는 고백했다. "처음에는 스튜어트의 말을 듣고 경악했습니다. 하지만 생각하면 할수록 그의 말이 옳다는 것을 깨닫게 되었어요." 문제는 단지 참새만이 아니라는 점이다. 인공의 사바나 초원에는 공격적인 시계풀과의 식물들passion vine이 번져나갔고 사막에는 사바나 초원의 풀이 무성했다. 또한 이곳저곳에 개미를 비롯한 초대받지 않은 생물들이 마구 번져나갔다.

도시화와 함께 주변부 종edge species, 서식처의 주변부에서 번성하는 동식물 종–옮긴이이 도래했다. 현대 세계의 뚜렷한 특징은 작은 조각들로 분열되어 간다는 사실이다. 남아 있는 황무지들은 여러 개의 섬들처럼 제각기 따로 떨어져 존재하고 있으며 가장 번성하는 종들은 그 조각 사이사이에서 잘 살아가는 종들이다. 바이오스피어 2는 그와 같은 주변부들을 밀집시켜놓은 곳이라고 해도 과언이 아니다. 바이오스피어 2는 지구상의 어느 다른 장소보다도 단위 면적당 더 많은 생태학적 주변부를 가지고 있다. 하지만 이곳에는 중심부도 없고 완전히 캄캄한 심연도 없다. 이것은 사실 대부분의 유럽과 아시아, 북아메리카 동부에서도 점점 진행되고 있는 현상이기도 하다. 주변부의 종들은 기회주의자들이다. 전 세계의 도시 주변에서 발견되는 까마귀, 비둘기, 쥐, 잡초들이 여기에 속한다.

거침없는 가이아 이론의 옹호자이자 공저자인 린 마굴리스는 바이오스피어 2가 문을 닫기 전에 그 안의 생태계가 어떻게 될 것으로 보이냐는 나의 질문에 "결국 도시의 잡초들로 가득 차게 될 겁니다."라고 예측했다. 도시의 잡초란 사람들이 만들어낸 조각 서식지의 주변부에서 번성하는, 전 세계적으로 널리 퍼져 있는 공격적인 식물과 동물 종을 말한다. 바이오스피어 2는 뛰어난 조각 황무지이다. 마굴리스의 가설에 따르면 실험이 끝나고 바이오스피어 2의 문을 열었을 때 우리는 민들레, 참새, 바퀴벌레, 너구리로 가득찬 생태계를 발견하게 될 것이다.

인간의 역할은 그와 같은 일이 일어나는 것을 막는 것이다. 레이는 말했다. "만일 우리가 개입하지 않는다면, 그러니까 사람들이 지나치게 성공적으로 번식하는 종을 솎아내지 않는다면, 바이오스피어 2가 린 마굴리스가 말하는 방향으로 나아가게 될 것이라는 예측에 저도 동의합니다. 우산잔디Bermuda grass와 청둥오리로 가득한 세계가 되겠죠. 그러나 우리가 선택적으로 (동식물을) 거두어들이고 있기 때문에 그런 일은 일어나지 않을 겁니다. 적어도 단기적으로 볼 때 말이죠."

나는 개인적으로 바이오스피리언들이 3800종으로 이루어진 창발적 생태계를 원하는 방향으로 조종할 수 있으리라는 예상에 의심을 품는다. 처음 2년 동안 안개 낀 사막은 안개 낀 잡목 숲으로 변했다. 처음에 예상했던 것보다 훨씬 습도가 높았고 그와 같은 기후 조건 속에서 풀들이 번성했다. 질긴 잡초에 속하는 나팔꽃 덩굴이 열대우림의 천장을 가득 채웠다. 3800가지의 종들은 '핵심적 포식자'인 바이오스피리언들을 회피하고, 한 수 위의 전략으로 따돌리고, 발 밑으로 굴을 파고, 끈질기게 맞서서 녹초로 만들었다. 전 세계에 퍼져 있는 동식물 종들은 끈질기다. 아주 기본적인 요소들로만 이루어져 있으며 돌처럼 굳은 의지로 그 자리에 뿌리내리려 한다.

굽은부리개똥지빠귀의 경우를 살펴보자. 어느 날 미국어류 및 야생동물관리국U. S. Fish and Wildlife Department 소속의 공무원이 바이오스피어 2의 창문 밖에 모습을 나타냈다. 되새의 죽음이 텔레비전 뉴스에 보도되자 동물 보호 운동가들이 그의 사무실을 방문했다고 한다. 동물 보호 운동가들은 바이오스피어 2 안 되새들의 죽음이, 천연 야생 지역에서 살던 것을 붙잡아와 죽게 한 것 아닌지 조사해달라고 요구했던 것이다. 바이오스피리언들은 죽은 되새들이 포획되고 사육되어 애완용으로 판매되는 새였음을 입증하는 영수증과 기타 서류들을 공무원에게 보여주었다. 그 경우 야생동물관리국에서 문제 삼을 일이 아니었다. "그런데 이 안에 또 어떤 새들이 있습니까?" 그가 물었다.

"지금 현재 유럽참새와 굽은부리개똥지빠귀 몇 마리가 전부입니다."

"당신들, 굽은부리개똥지빠귀를 키우는 것에 대해 허가를 받았습니까?"

"아니요. 받지 않았는데요?"

"아시다시피 철새 협정Migratory Bird Treaty에 따르면 굽은부리개똥지빠귀를 가둬놓는 것은 연방법을 위반하는 행위입니다. 만일 당신들이 고의로 그 새들을 붙잡아놓고 있는 것이라면 저는 여러분께 소환장을 발부해야 합니다."

"고의로 붙잡아놓는다구요? 이것 보세요. 모르는 소리 마십시오. 녀석은 밀항자입니다. 우리는 그 녀석들을 이곳에서 쫓아내려고 무진 애를 썼어요. 녀석을 잡으려고 생각할 수 있는 방법은 모두 시도해보았습니다. 우리는 예전에도 녀석을 여기에 두고 싶지 않았고 지금도 여기에 두고 싶지 않습니다. 녀석은 우리의 소중한 벌과 나비를 포함해 온갖 곤충을 눈에 띄는 대로 잡아먹어 버린다구요. 이제 몇 마리 남지도 않았지만요."

수렵 관리인과 바이오스피리언들은 두껍고 공기가 통하지 않는 유리창을 사이에 두고 서로 마주 서 있었다. 그들은 고작 몇 cm 간격으로 코를 맞대고 있었지만 워키토키를 통해 이야기를 나누었다. 이 초현실적인 대화는 계속되었다. "이보십시오." 바이오스피리언이 말했다. "설사 이제는 녀석을 잡더라도 밖으로 내보낼 수가 없어요. 우리는 앞으로 1년 반 동안 이곳에 완전히 밀봉된 채 갇혀 있다구요!"

"아, 그렇다면, 음… 알겠소." 수렵 관리인이 잠시 말을 멈추었다.

"좋소. 만일 당신들이 굽은부리개똥지빠귀를 고의로 가두어두고 있는 것이 아니라면 제가 허가증을 발부하지요. 그러면 나중에 이곳의 문을 열 때 녀석을 풀어주시오."

나는 녀석이 결코 이곳을 떠나지 않을 것이라는 데 한 표 던지겠다.

승자의 편을 들라. 약해빠진 되새와 달리 원기 왕성한 참새나 고집 센 개똥지빠귀는 바이오스피어 2를 좋아했다. 개똥지빠귀는 나름대로 호감 가는 구석이 있었다. 그의 아름다운 노랫소리는 아침마다 바이오스피어 2의 황무지 안에 울려퍼지면서 새벽녘의 일과를 수행하는 '핵심적 포식자'들을 즐겁게 해주었다.

바이오스피어 2 안에서 스스로를 엮어나갔던 복잡한 생명체들은 제 목소리를 내기 시작했다. 바이오스피어 2는 공진화하는 세계였다. 바이오스피리언들 역시 이들과 함께 공진화해야 했다. 바이오스피어 2는 폐쇄된 시스템이 어떻게 공진화하는지를 알아보기 위해 특별히 건설되었다. 공진화의 세계에서 동식물을 둘러싼 대기와 물질 환경은 동식물 자체만큼이나 적응적이고 생명력을 가진 것처럼 행동한다. 바이오스피어 2는 어떻게 환경이 그 안에 있는 생물들을 관장하고 또한 그 반대로 생물들이 그를 둘러싼 환경을 관장하는지를 알아보는 실험대였다. 대기는 무엇보다 중요한 환경 요소이다. 대기는 생명을 낳고 또한 생명이 대기를 낳는다. 바이오스피어 2라는 투명한 유리병은 대기와 생명의 대화를 지켜볼 수 있는 이상적인 관찰 장소인 것으로 드러났다.

공기가 전혀 통하지 못하도록 극도로 밀폐된—NASA의 어떤 우주 캡슐보다도 수백 배는 더 단단히 밀봉된—이 세계 안에서 대기는 완벽한 경이로움을 보여주었다. 일단 예상 밖에 공기는 매우 깨끗했다. 이전의 폐쇄된 거주지나 NASA의 우주 왕복선과 같은 하이테크 폐쇄 시스템에서 나타났던 끔찍한 문제점인 미량 기체의 축적은 황무지 지역의 집단적 호흡에 의해 해소되었다. 바이오스피어 2 내부의 공기는 알지 못하는 평형 메커니즘—아마도 거의 미생물에 의한 것으로 보인다—에 의해 세정되어 지금까지 어떤 우주선 내부보다 훨씬 깨끗하다. 마크 넬슨은 이렇게 말한다. "우주인 한 사람이 우주 공간에 거주하는 데 1년에 약 1억 달러가 든다고 추산합니다. 그러나 우주인들은 여러분이 상상할 수 있는 환경 가운데 최악의 환경 속에서 살아갑니다. 빈민가만도 못하지요." 마크가 아는 사람 가운데 귀환하는 우주 왕복선의 승무원들을 마중 나갈 영예를 얻은 사람이 있었다. 그녀는 카메라 앞에서 우주 왕복선의 문이 열리기를 초조하게 기다렸다. 승강구의 문이 열렸다. 그리고 내부의 공기가 확 쏟아져 나왔다. 그녀는 그만 구역질을 하고 말았다. 마크는 말한다. "우주인들은 진짜 영웅입니다. 왜냐하면 정말로 비참한 삶을 살고 있으니까요."

2년 동안 바이오스피어 2 내부의 이산화탄소 농도는 이리저리 오르내렸다. 일조량이 많지 않던 6일 동안 이산화탄소 농도는 3800ppm까지 치솟은 적이 있었다. 그 수치가 어느 정도인지 독자 여러분이 감을 잡을 수 있도록 덧붙여보자면 실외의 공기 중 이산화탄소 농도는 지속적으로 350ppm을 유지한다. 현대의 도심 지역의 사무용 건물 내부에서는 이산화탄소 농도가 2000ppm까지 올라갈 수 있다. 잠수함의 경우 이산화탄소 농도가 8000ppm을 넘지 않으면 '이산화탄소 제거 장치'를 틀지 않는다. NASA 우주 왕복선의 승무원들은 이산화탄소 농도가 5000ppm인 '정상' 대기 안에서 근무한다. 그와 같은 수치와 비교해볼 때 어느 봄날 바이오스피어 2 내부의 이산화탄소 농도는 매우 양호한 평균 1000ppm 정도를 유지했다. 변동이 있다 해도 그 폭은 일상적인 도시 생활의 범위를 벗어나지 않았고 인간이 거의 알아챌 수 없는 수준이었다.

그러나 대기 중 이산화탄소 농도의 널뛰기는 분명히 식물과 바다에 영향을 준다. 이산화탄소 농도가 치솟았던 긴장된 시기 동안 바이오스피리언들은 대기 중의 증가된 이산화탄소가 바닷물 속에 녹아들어 탄산(이산화탄소+물) 형성을 증가시켜 물의 pH를 낮추어서(산도를 높여서) 새로 심은 산호에 해를 주지 않을까 걱정했다. 이산화탄소의 증가가 일으키는 추가적인 생물학적 영향을 식별하는 것이 바이오스피어 2의 임무 중 하나였다.

사람들은 지구 대기의 조성에 주의를 기울인다. 왜냐하면 대기 조성이 변화하는 것으로 보이기 때문이다. 변화한다는 사실은 확실히 알고 있지만 그 밖에 대기의 행동에 대해서는 우리는 거의 아무것도 알지 못한다. 어느 정도 역사적 정확성을 가지고 측정된 대기의 요소는 단 한 가지뿐이다. 그것은 바로 이산화탄소이다. 지구 대기 중의 이산화탄소 농도에 대한 정보는 지난 30년간 이 수치가 가파르게 상승했음을 보여준다. 우리가 이 그래프를 볼 수 있게 된 것은 한 과학자의 집요한 노력 덕분이다. 그는 찰스 킬링Charles Keeling이다. 1955년 킬링은 시카먼 도시 건물의 지붕 꼭대기에서부터 사람 손이 닿지 않은 깊은 숲속에 이르기까지 모든 종류의 환경에서 이산화탄소의 농도를 잴 수 있는 기구를 고안해냈다. 킬링은 이산화탄소 농도의 변이를 발견할 수 있을 것이라고 생각되는 곳이라면 어디든, 마치 뭔가에 사로잡힌 사람처럼 그 농도를 측정했다. 그는 낮이고 밤이고, 아침이고 저녁이고 이산화탄소 농도를 측정했다. 하와이의 산꼭대기와 남극에서 지속적으로 이산화탄소 농도를 측정하기 시작했다. 킬링의 동료 중 한 사람이 기자에게 이렇게 말했다. "킬링의 뛰어난 면은 이산화탄소를 측정하려는 너무나 강렬한 욕구를 갖고 있다는 사실입니다. 아마 자기 뱃속의 이산화탄소 농도도 측정하고 싶어 할 겁니다. 공기 중에 있는 것이든 바다 속에 녹아 있는 것이든 모든 형태의 이산화탄소를 측정하고자 합니다. 그리고 그 짓을 그는 일평생 해왔지요." 킬링은 지금도 전 세계에서 이산화탄소 농도를 측정하고 있다.

킬링은 아주 오래 전에 이미 지구 대기 중의 이산화탄소 농도가 하루를 주기로 변화한다는 사실을 발견했다. 공기 중의 이산화탄소는 식물이 광합성을 중단하는 밤이면 뚜렷이 증가했다가 식물이 전력을 다해 이산화탄소를 채소의 일부로 변환시키는 화창한 날의 오후면 바닥을 친다. 몇 년 후 킬링은 두 번째 주기를 발견했다. 지구의 북반구와 남반구에 제각기 다르게 나타나는 계절적 주기였다. 이산화탄소 농도는 여름에 가장 낮고 겨울에 최고점에 이른다. 밤에 이산화탄소 농도가 가장 높아지는 것과 같은 이유이다. 즉 이산화탄소를 먹어치울 녹색 식물이 줄어들기 때문이다. 그런데 대기의 역동적 변화에 사람들이 주목하게 된 것은 바로 킬링이 발견한 세 번째 경향이다. 킬링은 이산화탄소 농도가 언제 어디서든 315ppm보다 더 낮아지는 일이 없음을 알아차렸다. 이 문턱값은 세계 전역에서 나타나는 기본적인 대기의 이산화탄소 농도이다. 그런데 킬링은 그 수치가 해마다 조금씩 높아지고 있다는 사실도 발견했다. 현재 그 값은 350ppm이다. 최근에 다른 연구자들이 킬링의 꼼꼼한 기록에서 네 번째 경향을 발견했다. 그것은 계절적 변화의 폭이 점점 증가하고 있다는 사실이다. 마치 식물이 1년을 주기로 호흡을 하고 있는데—여름에는 들이쉬고 겨울에는 내쉬고—그 호흡이 점점 더 깊어지는 것과 같다. 가이아가 숨을 헐떡거리고 있다거나 과호흡증에 시달리는 것일까?

바이오스피어 2는 미니어처 가이아이다. 바이오스피어 2는 그 작은 자급자족의 갇힌 세계 안에 살아 있는 생물로부터 유도된 자체 미니어처 대기를 가지고 있다. 바이오스피어 2는 대기와 생물권을 완전히 갖춘 최초의 실험실이다. 그렇기 때문에 이 시스템은 지구 대기의 작용에 대한 거대한 과학적 질문의 일부에 대한 답을 찾을 기회를 우리에게 제공하고 있다. 실험이 명백한 위기에 빠지거나 붕괴되어버리는 것을 막기 위해 사람들이 직접 시험관 안으로 들어갔다. 여덟 명을 제외한 우리는 비록 바이오스피어 2라는 시험관 밖에 있지만 한편으로는 지구라는 시험관 안에 들어 있는 셈이다. 우리는 지구 대기를 이리저리 만지작거리고 있지만 정작 어떻게 통제하는지, 또는 어디에 버튼이 있는지, 또는 시스템이 진짜로 정상 궤도를 벗어나 위기에 빠진 상태인지 따위에 대해서는 눈곱만큼도 알지 못한다. 바이오스피어 2 실험은 이 모든 질문에 대한 단서를 줄 수 있다.

바이오스피어 2의 대기는 어찌나 민감한지 유리 천장 위로 구름 한 점만 지나가도 이산화탄소 농도를 가리키는 눈금이 상승할 정도였다. 구름이 잠깐 해를 가림으로써 녹색 공장의 가동을 늦추고 그 결과 이산화탄소의 흡수가 줄어들고 그것은 이산화탄소 측정 계기에 작은 피크로 표시된다. 흐렸다 개었다 하는 날이면 바이오스피어 2의 이산화탄소 그래프는 딸꾹질이라도 하듯 변덕스럽게 흔들흔들하는 모습을 보인다.

지난 10년 동안 이산화탄소 농도가 사람들의 관심을 집중시켰지만, 그리고 농업 전문가들이 식물의 탄소 순환 주기에 커다란 주의를 기울였지만, 지구 대기 중 탄소의 운명은 여전히 오리무중이다. 일반적으로 기후학자들은 현대에 이르러 증가한 이산화탄소 농도가 대략 산업화에 따른 탄소의 연소 비율과 맞먹는다는 사실에 동의한다. 그러나 이 깔끔하게 들어맞는 사실을 좀 더 들춰보면 놀라운 요소가 하나 숨겨져 있다. 좀 더 정확히 측정해보면 지구상에서 연소된 탄소 중 오직 절반만이 증가된 이산화탄소라는 형태로 대기 중에 남아 있다. 나머지 반은 어디론가 사라진 것이다!

사라진 탄소에 대하여 다양한 이론들이 들끓는다. 그 중 우세한 이론은 다음 세 가지이다. (1) 바닷물에 녹아 탄소의 비 형태로 가라앉아 바다 밑에 침전되었다. (2) 미생물에 의해 토양에 축적되고 있다. (3) 가장 논쟁이 되는 이론으로, 사라진 이산화탄소는 전 세계의 사바나 초원 지대의 성장에 연료로 사용되었다. 알아차릴 수는 없지만 방대한 규모로—비록 정확한 규모는 아직 측정하지 못했지만—식물의 목재로 변환되었다는 것이다. 이산화탄소는 생물권의 제한적 자원으로 널리 받아들여지고 있다. 350ppm 농도의 이산화탄소는 대기 중에서 고작 0.03%라는 아주 적은 양으로 존재하는 셈이다. 그러니까 미량 가스 중 하나에 지나지 않는다. 해가 가득 내리쬐는 옥수수 밭에서 식물은 지상으로부터 90cm 높이에 있는 공기 중 미량의 이용 가능한 이산화탄소를 단 5분 안에 고갈시킨다. 이산화탄소 농도가 약간만 증가해도 생물량의 생산을 크게 촉진할 수 있다. 따라서 이 가설에 따르면, 우리가 나무를 베어내지 않은 모든 숲에서 나무들은 공기 중의 이산화탄소 '비료'가 15% 증가함에 따라 추가적으로 체중을 불려왔다는 것이다. 아마도 그 성장 속도는 다른 곳에서 나무들을 베어내는 속도보다도 클 것이다.

지금까지 얻은 증거들은 혼란스럽다. 그러나 1992년 4월, 〈사이언스Science〉에 발표된 두 가지 연구 결과는 바다와 생물권이 예상되는 양의 탄소를 실제로 축적하고 있음을 보여주었다. 한 논문은 유럽의 숲에서 산성비나 기타 오염 물질에 의한 부정적 영향이 있음에도 불구하고 1971년 이래로 나무의 부피가 25% 정도 더 증가했음을 보여주었다. 그러나 지금까지 누구도 지구상에 있는 탄소의 상세한 예산을 들여다보지 못했다. 지구 대기에 대한 전 지구적 규모의 무지는 바이오스피어 실험에 더욱 큰 기대를 갖게 한다. 비교적 제어된 조건의 밀봉 유리병 안에서 우리는 대기와 살아 있는 생물권 사이의 연결 고리를 탐험하고 기록할 수 있다.

바이오스피어 2의 문을 닫기 전에 연구자들은 대기, 토양, 식물, 바닷물 속의 탄소 함량을 주의 깊게 측정했다. 햇빛이 광합성을 촉진하기 때문에 탄소는 공기에서 살아 있는 생명으로 측정 가능한 정도로 이동했다. 바이오스피리언들은 식물의 일부를 수확할 때마다 많은 수고를 들여 무게를 측정하고 기록했다. 사람들이 시스템을 살짝 뒤흔들어놓고 변화하는 양상을 관찰하기도 했다. 예를 들어 린다 레이가 인공적으로 여름철의 폭우를 내리게 함으로써 '사바나 초원의 작동 버튼을 누르고', 동시에 바이오스피리언들이 모든 영역의 표토와 심토, 공기와 물에 들어 있는 탄소 함량을 측정했다. 그들은 2년이 끝나갈 무렵 모든 탄소들이 어디에 존재하는지를 보여주는 풍부한 도표를 하나로 종합했다. 떨어진 나뭇잎의 건조된 표본을 모으고 자연적으로 나타나는 탄소 동위 원소의 비율 변화를 확인함으로써 미니어처 세계에서의 탄소 경로를 추적했다.

탄소는 수많은 미스터리 중 하나일 뿐이었다. 또 다른 미스터리는 더 큰 문제였다. 바이오스피어 2 안에서 산소 농도는 바깥보다 더 낮았다. 산소 농도는 21%에서 15%로 떨어졌다. 산소 농도가 6% 떨어졌다는 것은 바이오스피어 2가 높은 고도로 올라가 대기 농도가 희박해진 것과 비슷한 상황이다. 티베트의 라사에 사는 사람들은 이와 비슷한 약간 낮은 산소 농도의 대기 속에서도 잘 살아간다. 그러나 바이오스피리언들은 두통과 불면증과 피로를 경험했다. 파국적인 상황은 아니었지만 산소 농도의 감소는 당혹스러운 일이었다. 밀폐된 유리병 안에서 사라진 산소는 대체 어디로 간 것일까?

사라진 탄소의 수수께끼와 달리 바이오스피어 2 안의 산소가 사라지는 불가사의한 현상은 전혀 예상하지 못했던 일이었다. 사람들은 바이오스피어 2 안의 산소가 새로 조성된 토양에 흡수되었을 것이라고, 아마도 미생물에 의해 탄산염 형태로 붙잡혀 있을 것이라고 추측했다. 아니면 새로운 콘크리트가 산소를 흡수했을 수도 있다. 바이오스피어 연구자들이 재빨리 과학 문헌을 검토해보았지만 지구 대기 중의 산소 농도에 대해서는 거의 데이터가 없었다. 유일하게 알려진 (그러나 별로 보고되지 않은) 사실은 지구 대기 중의 산소가 점점 사라져가는 것으로 보인다는 사실이었다! 왜 그런지, 심지어 얼마나 사라지고 있는지 아무도 알지 못한다. "우리가 얼마나 빨리 산소를 소진하고 있는지에 대해 전 세계의 대중이 소란을 떨지 않는다는 사실이 너무 놀랍게 느껴집니다." 이 문제를 제기한 몇 안 되는 과학자 중 한 사람이자 선견지명을 가진 물리학자인 프리먼 다이슨의 말이다.

왜 여기서 멈춰야 하나? 바이오스피어 2의 실험을 지켜보던 몇몇 전문가들은 다음에는 대기 중의 질소가 들어오고 나가는 것도 추적해보아야 한다고 제안했다. 질소는 대기의 대부분을 차지하는 기체이지만 대기의 거대한 순환 속에서 질소가 맡은 역할은 단지 포괄적으로만 알려져 있을 뿐이다. 탄소나 산소와 마찬가지로 질소에 대하여 알려져 있는 사실은 실험실에서 실시한 환원주의적 실험의 결과를 토대로 추정한 것이나 컴퓨터 모델링으로 얻은 것이 대부분이다. 또 다른 전문가들은 바이오스피리언들이 다음 실험에서는 나트륨과 인 원소를 추적할 것을 제안했다. 가이아와 대기에 대한 중대한 질문들을 제기한 것은 과학에 대한 바이오스피어 2의 가장 중요한 기여일 것이다.

바이오스피어 2 내부에서 이산화탄소 농도가 처음으로 치솟을 때 바이오스피리언들은 상승을 억제하기 위해 노력을 기울였다. 대기의 농도를 조절하는 주요 수단은 '고의적 계절 변화'를 일으키는 것이었다. 휴면 중에 있는 메마른 사바나 초원이나 사막이나 가시덩굴 숲의 온도를 올려 봄을 불러오자, 곧 무수히 많은 잎눈들이 부풀어올랐다. 그런 다음 비를 쏟아붓자, 짠! 나홀 안에 식물들은 폭발하듯 잎과 꽃을 피워냈다. 잠에서 깨어난 생물 군계들은 이산화탄소를 빨아들인다. 일단 생물 군계가 잠에서 깨어나면 오래된 생명을 솎아내고 이산화탄소를 빨아들이는 새로운 성장을 촉진함으로써 정상적 휴면기를 지나쳐 그 상태를 유지할 수 있다. 실험 첫 해의 늦가을에 레니는 이렇게 기록했다. "낮이 짧은 겨울이 다가옴에 따라 일조량의 감소에 대비해야 한다. 오늘 우리는 열대우림 지역의 북쪽 끝에 있는 갈색 지대의 가지치기를 시작했다. 이렇게 함으로써 빠른 성장을 촉진할 수 있다. 이것은 일상적인 대기 관리 작업이다."

인간은 '이산화탄소 밸브'를 잠갔다 풀었다 함으로써 대기를 관리했다. 어떤 경우에 그들은 이산화탄소를 비축했다. 공기에 이산화탄소를 공급하기 위해서 바이오스피리언들은 예전에 힘들게 거두어서 치워놓은 수톤 분량의 마른 잎을 다시 꺼내왔다. 마른 잎 더미를 퇴비처럼 흙 위에 쌓아놓고 물로 적셔준다. 박테리아가 젖은 잎을 분해시키면서 대기 중으로 이산화탄소를 방출한다.

레이는 이런 방식으로 그들이 대기 조성에 관여하는 것을 '분자 경제'라고 불렀다. '탄소를 우리의 계좌에 안전하게 보관해두었다가 다음 해 길고 긴 여름의 낮 시간 동안 식물이 쑥쑥 자라날 때 지출하는' 방식으로 대기를 조율하는 것이다. 잎과 가지 등을 말리는 지하의 공간은 탄소 은행과 같은 역할을 한다. 탄소가 필요할 때 마른 잎을 대출해주고 탄소를 발생시키도록 마중물을 붓는다. 바이오스피어 2의 물은 마치 미국의 연방 지출이 특정 지역의 경제를 촉진하는 데 사용되는 것처럼 한 지역에서 다른 지역으로 전용된다. 사막에 물을 끌어다 부으면 대기 중 이산화탄소의 양이 줄어든다. 마른 퇴비에 물을 가져다 부으면 이산화탄소의 양이 팽창한다. 지구에 있는 우리의 탄소 은행은 바로 아라비아 반도의 모래 아래에 있는 검은 기름이다.

그러나 우리는 지금까지 그저 이 계좌에서 빼서 쓰기만 해왔다.

바이오스피어 2는 지질학적 단위의 시간을 몇 년으로 압축시켰다. 바이오스피리언들은 탄소의 저장과 탄소 원소의 대량 인출이라는 '지질학적' 조절에 손을 댔다. 그들은 바다 역시 이리저리 주물렀다. 바다의 온도를 낮추고, 침출된 염수를 바다에 되돌려주는 양을 조절하고, 바닷물의 산도에 영향을 주고, 그 밖에 수천 가지 다른 변수들을 동시에 고려했다. "바이오스피어 2 시스템에 도전거리를 주고 논쟁거리를 불러일으키는 것이 바로 이 수천 가지 다른 변수들입니다." 레이가 말한다. "우리 대부분은 심지어 단 두 가지의 변수도 동시에 변화시키지 말라고 배웠습니다." 바이오스피리언들은 운이 좋다면 몇 가지 적절히 선택된 수단을 써서 초기의 대기와 바다의 심한 변동을 1년 안에 길들일 수 있기를 바랐다. 그들의 역할은 시스템이 한 해의 주기 동안 오직 태양과 계절과 식물과 동물과 같은 자연의 활동에만 의존하여 균형을 잡아갈 수 있는 상태에 이를 때까지 보조해주는 것이었다. 그 시점에 이르러 시스템이 비로소 스스로 걸음을 떼게 되는 것이다.

스스로 걸음을 떼게 되는 그 어느 순간을 '팝pop'이라고 하는데, 팝은 취미로 해수 수족관을 가꾸는 사람들이 새로 수족관을 조성했을 때 한참 동안 불안정한 시기를 거쳐 갑자기 딱 균형을 찾는 시점을 가리킬 때 쓰는 표현이다. 바이오스피어 2와 마찬가지로 해수 수족관 역시 섬세하고 무너지기 쉬운 닫힌 시스템으로, 동식물이 내놓는 배설물과 사체 등의 처리를 눈에 보이지 않는 미생물의 세계에 의존하고 있다. 고메즈와 폴섬과 핌이 각자의 소우주에서 발견한 사실처럼 미생물이 안정적인 공동체를 형성하는 데에는 길게는 약 60일 정도가 걸린다. 수족관에서는 다양한 박테리아가 먹이그물을 형성하고 새로 조성한 어항 바닥의 자갈에 자리잡기까지 몇 달이 걸리기도 한다. 이 새로 조성하는 수족관에 더 많은 생물 종들이 천천히 추가됨에 따라 물은 악순환에 극도로 예민해진다. 만일 어떤 성분이 정상 범위를 벗어나 탈선하게 되면 (예컨대 암모니아의 양이 지나치게 많아진다면) 그 때문에 몇몇 생물들이 죽을 수 있고 그 생물들이 죽어서 썩으면서 더 많은 암모니아를 방출해 급격하게 전체 공동체의 붕괴를 촉발한다. 이 격심한 불균형 상태에서 수족관을 안정화시키기 위해 사람들은 신중하게 물을 갈아주거나 화학 첨가물을 넣거나 정화 장치를 설치하거나 다른 성공적인 수족관에서 가져온 박테리아를 접종한다. 그런 다음 약 6주에 걸쳐서 미생물들이 물질 교환과 타협을 벌이다가—혼돈의 가장자리를 위태위태하게 넘어질 듯 걸어가다가—어느 날 갑자기 하룻밤 사이에 시스템이 '팝!'하고 암모니아가 없는 상태로 탈바꿈한다. 이제 시스템은 긴 여정에 나설 준비가 된 것이다. 일단 이 상태에 접어들면 시스템은 자급자족하는 자립 상태가 되고 스스로 안정화시키는 경향이 있으며 초기 상태와 같은 인공적 도움이라는 목발에 기대지 않고서도 걸을 수 있다.

닫힌계가 이토록 갑작스럽게 안정화를 이루는 현상에서 흥미로운 사실은 안정화가 이루어지기 직전이나 그 이후의 조건에 거의 아무런 변화가 없다는 사실이다. 안정화가 이루어지기까지 우리가 할 수 있는 일이라고는 약간 돌보아주며 그저 기다리는 것밖에는 없다. 시스템이 성숙하고, 무르익고, 성장하고, 발달하기를 기다리는 것이다. "서두르지 마세요." 취미로 해수 수족관을 가꾸는 한 사람의 말이었다. "시스템이 스스로를 조직하는 동안 서두르지 마세요. 당신이 줄 수 있는 가장 중요한 것은 바로 시간입니다."

2년이 지난 지금까지 푸르른 상태의 바이오스피어 2는 성숙하고 있다. 이 시스템은 '인공적' 수단으로 달래고 돌보아주어야 할 필요가 있는 거세게 동요하는 유아기를 겪고 있다. 아직 급격하게 '팝'

상태에 이르지 못한 것이다. 어쩌면 그 상태에 이르려면 수년이, 아니면 10년이 걸릴지도 모른다. 그 상태에 도달할지, 아니 도달할 수나 있을지도 불확실하다. 그것이 바로 실험이다.

아직 우리가 진짜로 살펴보지 못했지만 모든 복잡한 공진화하는 시스템은 '팝'의 상태를 거칠 필요가 있음을 발견하게 될지도 모른다. 프레리 초원의 패커드나 넌서치섬의 윙게이트와 같은 생태계 복구자들은 조금씩 점진적으로 복잡성을 쌓아올리는 방법으로 거대한 시스템을 조합할 수 있다는 사실을 발견한 듯하다. 그리고 일단 시스템이 안정화 수준에 이르면, 마치 새로운 복잡성이 응집력을 낳기라도 하듯, 여간해서는 시스템이 다시 각각의 조각으로 붕괴되지 않는 경향을 보인다. 어떤 팀이나 회사 같은 인간이 만든 기관도 같은 현상을 보인다. 적절한 관리자나 안성맞춤의 도구와 같은 약간의 도움은 능력 있고 열심히 일하는 개별적인 사람들을 하나의 승승장구하는 창의적인 조직으로 탈바꿈시킬 수 있다. 기계나 기계 시스템 역시 충분한 복잡성을 부여할 경우 같은 현상을 보일 수 있다.

사바나 초원과 숲의 자연과 농장과 바이오스피리언들이 사는 현대적인 아파트 밑에서 우리는 바이오스피어 2의 다른 얼굴을 찾아볼 수 있다. 그것은 바로 기계로 이루어진 '테크노스피어'이다. 이 테크노스피어는 바이오스피어 2가 안정화에 이르도록 돕기 위한 발판 같은 것이다. 자연 지대의 몇몇 장소에 아래로 내려가는 계단이 숨어 있다. 이 계단을 따라 내려가면 동굴 같이 휑뎅그렁한 지하실이 나타나고 그 안에는 지하 설비들이 들어차 있다. 길이가 80km에 이르는, 팔뚝만 한 굵기의 색색가지 배관들이 벽을 둘러싸고 있다.

영화 〈브라질〉 1985년 테리 길리엄 감독이 연출한 영국 영화로 관료주의적이고 비인간적인 미래 사회를 풍자한 SF 영화 – 옮긴이 에서 튀어나온 듯한 거대한 도관, 수 km에 달하는 전선, 각종 철물 공구들로 들어찬 작업실, 털털거리고 쿵쿵거리는 기계들로 가득한 복도, 부품 선반, 배전 상자, 다이얼, 진공 흡입기, 200개가 넘는 모터들, 100여 개의 펌프들, 60개의 송풍기 등이 지하에 자리잡고 있다. 마치 잠수함의 내부나 고층 빌딩의 이면과 같은 풍경이다. 삭막하고 지저분한 산업화의 그림자이다.

이 테크노스피어가 바이오스피어를 떠받치고 있다. 거대한 송풍기가 바이오스피어 2 내부의 공기 전체를 하루에 몇 번씩 순환시킨다. 거대한 펌프가 빗물을 뿌려준다. 파도를 일으키는 기계의 모터는 밤낮으로 가동된다. 기계들이 끊임없이 웅웅댄다. 이 뻔뻔스러운 인공 세계는 바이오스피어 2의 바깥에 있는 것이 아니라 바이오스피어 2의 조직 안에, 마치 뼈나 연골처럼 더 큰 생명체의 일부로서 자리잡고 있다.

예를 들어서 조류 세정기가 숨겨져 있는 지하의 정화실 없이는 바이오스피어 2의 산호초가 제대로 조성될 수 없다. 조류 세정기란 조류로 채워진 탁자 크기의 넓적하고 얄팍한 플라스틱 쟁반이다. 이 쟁반들을 설치한 방 전체에, 박물관의 인공 산호초에서와 같이 태양광을 모방한 할로겐 램프로 빛을 쬐어준다. 이 조류 세정기는 사실상 바이오스피어 2 산호초의 기계적 콩팥인 셈이다. 이 장치는 수영장의 필터와 같은 역할, 즉 물을 세정하는 역할을 한다. 조류는 강렬한 인공 태양광 속에서 산호가 내놓은 배설물을 먹고 지저분한 녹색 매트 같은 모습으로 자라난다. 초록색 줄기들이 곧 세정기를 막아버린다. 수영장이나 수족관 필터의 경우와 같이 세정기 역시 열흘에 한 번씩 찌꺼기를 긁어내야만 한다. 여덟 명의 사람들이 수행해야 할 과업 중 하나이다. 조류 세정기를 청소하는 일(거두어들인 조류는 퇴비로 쓴다.)은 바이오스피어 2 안에서 사람들이 수행하는 일 중 가장 지긋지긋한 작업이었다.

전체 시스템의 중추 신경은 바이오스피어 2 곳곳으로 뻗어나간 전선과 칩과 센서들이 모여서 이루는 인공 피질에 의해 운영되는 컴퓨터실이다. 바이오스피어 2의 하부 구조의 모든 밸브나 파이프나 모터들은 소프트웨어 네트워크에 의해 시뮬레이트되었다. 이 노아의 방주 안에서 이루어지는 활동은 자연 활동이든 인공 활동이든 분산된 컴퓨터의 감시를 벗어나기 어렵다. 바이오스피어 2는 마치 한 마리의 짐승처럼 반응한다. 시스템 전체에 걸쳐서 공기와 흙과 물 속에 존재하는 약 100가지 화학 물질의 양이 계속적으로 측정된다. SBV는 이 프로젝트로부터 파생될 수 있는 잠재적 이익 창출 기술을 정교한 환경 감시 기술이라고 내다보았다.

바이오스피어 2를 '생태학과 기술의 결혼'이라고 한 마크 넬슨의 묘사는 매우 적절한 것이었다. 에코테크, 자연과 기술이 공생하는 멋진 예가 바로 바이오스피어 2이다. 아직 우리는 펌프 없이 생물 군계를 발명하는 방법을 알지 못한다. 그러나 펌프를 발판삼아 시스템을 시험해보고 그 결과로부터 여러 가지를 배울 수 있다.

많은 부분에서 이것은 새로운 형태의 통제를 배우는 것과 관련 있다. 토니 버지스는 이렇게 말했다. "NASA는 자원 활용을 최적화하려는 노력을 기울이고 있습니다. 밀을 예로 들자면, 밀의 생산에 최적화된 환경을 만드는 방법을 연구하는 것이죠. 그러나 문제는 여러 종들을 모두 함께 고려할 경우 각각의 종에 맞는 최적의 환경을 만들어줄 수 없다는 것입니다. 전체에 최적화된 환경을 찾아내야 합니다. 그것을 이루기 위해서는 엔지니어링에 의한 관리에 의존할 수밖에 없습니다. SBV는 엔지니어링의 관리를 없애고 대신 그 자리에 생물학의 관리가 들어서게 되기를 바랍니다. 궁극적으로 그것이 더 비용을 절감하는 방법이 될 것이고요. 그 경우 생산성이 최적화되지는 못하겠지만 대신 기술에 대한 의존에서 벗어나 독립성을 획득할 수 있게 됩니다."

바이오스피어 2는 생태학 실험을 위한 거대한 플라스크로, 여기에서는 야생의 자연에서보다 환경에 대한 통제가 더 많이 필요하다. 각 생물 개체는 실험실에서 연구할 수 있다. 그러나 생태학적 생명이나 생물권 차원의 생명을 연구하기 위해서는 좀 더 기념비적인 새로운 차원의 연구실이 필요하다. 예를 들어서 바이오스피어 2 안에서는 어느 한 종을 도입하거나 제거할 때 다른 종들에게 변화를 주지 않을 것임을 확신할 수 있어야 한다. 이 모든 것들은 '생태학적인' 무언가가 일어나기에 충분히 넓은 공간을 필요로 한다. 존 앨런의 말을 빌리자면 "바이오스피어 2는 생명과학 분야의 사이클로트론이다."

또는 바이오스피어 2는 아마도 진짜로 더 나은 노아의 방주일지도 모른다. 하나의 커다란 우리 안에 담긴, 공상 과학적 미래의 동물원이다. 이 안에서는 모든 것이, 심지어 관찰자인 호모 사피엔스조차도 제멋대로 살아간다. 여러 종의 생물들은 자유롭게 자기 자신의 삶을 살고 다른 종과 함께 원하는 모습대로 공진화해나간다.

동시에 우주 카우보이들은 바이오스피어 2를 지구를 떠나 은하계로 나아가는 영적 여행의 실질적 한 걸음으로 바라본다. 우주 기술 분야에서 바이오스피어 2는 달 착륙 이래로 가장 스릴 넘치는 소식이 아닐 수 없다. 바이오스피어 2의 계획 단계에서부터 계속해서 콧방귀를 뀌어 왔고 전 시기에 걸쳐 도움을 주기를 거부해온 NASA는 이제 자존심을 꿀꺽 삼키고 여기에 뭔가 유용한 것이 있다는 사실을 시인해야 할 것이다. 통제되지 않은 생물학이 바로 그것이다.

세 가지 정신은 사실 도리언 세이건이 《바이오스피어Biosphere》에서 묘사한 것과 같은 변태 과정의 구현물이다.

바이오스피어 2(바이오 2)로 알려진 '사람이 만든' 생태계는 궁극적으로 '자연적'이다. 지구 전체 규모로 일어나는 생명의 우스꽝스러운 번식 행동의 일부 현상이다. … 우리는 행성 차원의 변태metamorphosis의 첫 번째 국면에 들어가고 있다. … 이것은 지금까지 생각조차 해보지 못한 규모의 개체성의 재출현으로, 번식하는 미생물이나 식물 또는 동물이 아니라 살아 있는 지구 전체가 그 주인공이다.

그렇다. 인간이 이 번식 과정에 관여하고 있다. 하지만 곤충 또한 수많은 꽃들의 번식에 관여하고 있지 않은가? 살아 있는 지구가 번식할 때 지금 인간과 인간의 엔지니어링 기술에 의존한다고 해서, 표면적으로는 인간을 위해 건설한 것처럼 보이는 바이오스피어가 지구 생물계의 번식을 대표한다는 명제가 거짓이 되지는 않는다.

무엇이 명백한 성공인가? 여덟 명의 사람이 그 안에서 2년 동안 버티는 것? 10년은 어떨까? 아니, 100년이면? 바이오스피어의 복제, 즉 인간이 살아가는 데 필요한 모든 것을 내부적으로 재활용할 수 있는 거주지를 건설하는 일은 그 끝을 알 수 없는 무언가의 시작점이다.

모든 것들이 순조롭게 돌아가고 여가 시간이 백일몽을 꿀 시간을 주었을 때 바이오스피리언들의 마음속에는 여러 질문이 떠오를 것이다. 우리는 어디를 향해 가고 있는 것일까? 이 프로젝트 다음에는 무엇이 올까? 남극에 바이오스피어 2 오아시스를 건설하기? 더 많은 벌레와 새와 딸기 따위를 포함하는 더 큰 바이오스피어 2 건설? 어쩌면 가장 흥미로운 질문은 얼마나 작은 바이오스피어 2를 건설할 수 있는가 하는 문제일 것이다. 미니어처 만들기의 대가인 일본인들은 바이오스피어 2 프로젝트에 열광했다. 일본에서 실시한 한 여론 조사에 따르면 50%가 넘는 일본인이 이 프로젝트에 대해 알고 있다고 한다. 비좁은 주택 시설과 고립된 섬이라는 환경에 익숙한 사람들에게 미니 생물권 바이오스피어 2는 무척이나 매력적으로 다가왔다. 사실상 일본 정부의 한 부서에서는 바이오스피어 J를 건설하려는 계획을 발표하기도 했다. J는 일본의 머리글자 J가 아니라 더 작다는 의미의 주니어Junior의 J라고 그들은 말한다. 공식적으로 내놓은 스케치에는 인공 조명 아래 작은 생물 시스템으로 들어차 있는 닭장처럼 비좁은 방들이 나타나 있다.

바이오스피어 2를 만든 생태기술자들은 기본적인 기술을 개발해냈다. 유리로 된 건물을 밀봉하는 방법, 매우 좁은 면적을 활용하는 자급자족형 작물 재배를 계획하는 일, 종이 없이 사는 법, 폐쇄된 내부에서 서로 잘 어울리기 등이 그 예가 될 것이다. 그것은 다양한 규모의 모든 바이오스피어들을 위한 훌륭한 출발점이다. 미래에는 다양한 조합의 종들을 수용하는 온갖 종류의 크고 작은 바이오스피어 2들이 탄생할 것이다. 마크 넬슨이 나에게 말했듯 '미래에는 바이오스피어의 틈새niche가 어마어마하게 증가할 것'이다. 실제로 그는 각기 다른 크기와 조성의 다양한 바이오스피어들을, 마치 영토를 놓고 경쟁을 벌이고 서로 합쳐져 유전자를 뒤섞고 생물처럼 잡종을 형성하는, 각기 다른 종의 바이오스피어로 바라본다. 바이오스피어는 각 행성에 정착할 것이고, 지구상의 모든 도시들도 실험용이나 교육용으로 바이오스피어를 하나씩 갖게 될 것이다.

1991년 어느 봄날 저녁, 운영자들의 관리 실수 덕분에 거의 완성되어가던 바이오스피어 2 내부에 안내인 없이 혼자 들어갈 수 있었다. 공사를 하던 인부들은 작업을 마치고 집으로 돌아갔고 SBV 직원들은 언덕 위의 조명을 껐다. 나는 가이아의 첫 번째 자손 안에 홀로 서 있었다. 기괴할 정도로 조용했다. 마치 거대한 대성당 내부에 서 있는 느낌이었다. 농업용 생물 군계 주변을 어슬렁거리는 나에게 멀찍이 떨어진 바다 생물 군계에서 12초마다 한 번씩 파도를 뿜어내는 기계의 웅웅거리는 소리가 아스라이 들려왔다. 바닷물을 빨아들여 파도로 내보내는 기계 곁으로 다가가니 그 소리는, 린다 레이가 묘사한 것처럼, 마치 귀신고래가 물을 내뿜는 것과 비슷하게 들린다. 다시 농장 근처로 돌아왔다. 이곳에서는 멀리 깊은 곳에 있는 배수관의 물 내려가는 소리가 마치 티베트의 승려들이 지하에서 불경을 읽는 것처럼 나지막하게 들려온다.

바깥은 어둠이 깔리기 시작한 갈색 사막이고, 안은 초록이 무성한 생명의 세계이다. 높이 자란 풀, 욕조에 둥둥 떠다니는 해초, 익어가는 파파야, 물 위로 첨벙 튀어오르는 물고기…. 숨을 들이쉬니 정글이나 늪 지대에서 날 법한 진한 풀냄새가 난다. 대기는 천천히 움직인다. 물이 순환한다. 입체 구조물의 골격이 밤이 되어 식으면서 삐걱댄다. 오아시스는 살아 있고 모든 것이 조용하다. 조용히 바쁘게 돌아간다. 사람이라고는 아무도 없다. 그러나 뭔가가 일어나고 있다. 모두 한데 합쳐져서 뭔가를 일으키고 있다. 나는 이곳에서 공진화의 '공co'을 느낄 수 있었다.

해가 거의 저물었다. 흰색의 대성당 위에 머무는 빛은 부드럽고 따듯했다. 나는 이곳에서 잠시 살 수도 있을 것 같았다. 보금자리와 같은, 동굴 같은 아늑함이 느껴졌다. 그러나 한편 이 장소는 밤하늘의 별을 향해 활짝 열려 있었다. 좋은 전망을 지닌, 자궁과 같은 방. 마크 넬슨이 말했다. "우리가 정말로 우주 공간에서 인간과 함께 살아가기를 원한다면 우리는 먼저 생물권바이오스피어을 만드는 법을 배워야 합니다." 그의 말에 따르면, 허튼짓이라고는 털끝만큼도 용납하지 않을 엄격한 구소련의 우주인들이 유인 우주 실험실에서 아침에 눈을 뜨면 제일 먼저 하는 일이 '실험' 중에 있던 작은 강낭콩 씨앗을 돌보는 일이었다고 한다. 그들은 강낭콩에 대한 유대감을 온몸으로 실감하지 않을 수 없었을 것이다. 우리는 다른 생명체를 필요로 한다.

화성에서라면 나는 인공 바이오스피어에서만 살 수도 있을 것이다. 지구에서 인공 바이오스피어에서 사는 것은 개척자들에게 어울리는 귀중한 경험이다. 아마도 마치 거대한 시험관 안에서 사는 것처럼 느껴질 것이다. 바이오스피어 2 안에서 지구와 우리 인간 자신과 우리가 의존하고 있는 셀 수 없이 다양한 다른 종의 생물들에 대해 많은 것을 배우게 될 것이다. 이곳에서 배운 것이 언젠가 화성이나 달 위에서 실현될 것이라고 나는 확신한다. 이 실험은 인간으로서 살아가는 것은 다른 생명체와 함께 살아가는 것을 의미한다는 사실을 외부자인 나에게 가르쳐주었다. 기계 기술이 모든 살아 있는 종을 대체하게 될 것이라는 구역질나는 공포감이 나의 마음속에서 차츰 진정되어 갔다. 우리는 다른 종들을 보존할 것이다. 왜냐하면 바이오스피어 2의 도움을 받아 입증되었듯 생명이 바로 기술이기 때문이다. 생명은 궁극적인 최고의 기술이다. 기계 기술은 단지 생명 기술을 보조하는 일시적 대용물일 뿐이다. 우리의 기계를 향상시켜나가는 과정에서 기계들은 더욱더 유기적이고, 생물학적이고 생명체와 비슷해질 것이다. 왜냐하면 생명이야말로 최고의 삶의 기술이기 때문이다. 언젠가 바이오스피어 2에서 상당한 자리를 차지하고 있는 테크노스피어는 기술의 도움으로 개량된 생명체와 생물 비슷한 시스템으로 대체될 것이다. 언젠가 기계와 생물 사이의 차이점은 거의 구별해내기 어려워질 것이다. 그러나 '순수한' 생명은 여전히 고유의 자리를 차지할 것이다. 오늘날 우리가 생명이라고 부르는 것은 여전히 궁극적인 기술로 남아 있게 될 것이다. 그것은 생명이 가진 자율성 때문이다. 생물은 스스로 살아가고, 더욱 중요한 사실로서, 스스로 학습한다. 어떤 종류가 되었든 궁극적 기술은 불가피하게 엔지니어, 기업가, 은행가, 미래 예측가, 선구자 등 한때 순수한 생명의 가장 큰 위협으로 여겨졌던 자들의 충성을 얻게 될 것이다.

사막에 서 있는 유리 우주선에 바이오스피어생물권라는 이름이 붙은 것은 이 우주선에 '생명'의 논리가 흐르고 있기 때문이다.

생물 논리는 생물과 기계를 하나로 결합시킨다. 생명공학 기업의 공장과 신경망 컴퓨터 칩 안에서 생물과 기계는 합쳐지고 있다. 그러나 살아 있는 것과 만들어진 것 사이의 결합이 그 어느 곳에서보다 명확하게 드러난 곳은 바로 바이오스피어 2일 것이다. 합성된 산호초와 박동치는 파도 기계 사이의 어디에 명확하게 그 경계를 그을 수 있을까? 오수를 정화하는 늪과 화장실의 하수도 배관 사이 어디에 명확하게 경계가 있을까? 대기를 조절하는 것은 송풍기인가? 토양 속의 미생물인가?

바이오스피어 2 내부의 여행에서 얻은 보물은 대부분 질문들이었다. 나는 고작 몇 시간을 그 안에서 돌아다니면서 몇 년 치의 생각거리를 가지고 나왔다. 그것으로 충분하다. 나는 조용한 바이오스피어 2의 육중한 밀폐문을 밀고 어둑어둑한 사막에 상륙했다. 그 안에서 2년을 보내고 나올 때에는 평생 고민할 질문거리를 안고 나오게 될 것이다.

10

산업 생태계

에스파냐의 바르셀로나는 불굴의 낙관주의자들의 도시이다. 바르셀로나 시민들은 상업과 산업, 미술과 오페라를 사랑할 뿐만 아니라 미래를 두 팔 벌려 얼싸안는다. 바르셀로나는 각각 1888년과 1929년, 두 번에 걸쳐서 만국 박람회Universal Exhibition를 개최했다. 만국 박람회는 오늘날의 세계 박람회World's Fair와 같은 것이다. 바르셀로나는 이 미래 지향적인 축제를 개최하기 위해 열렬하게 구애했다. 그 이유는, 어느 에스파냐 작가의 의견을 빌리자면, 이 도시는 "사실상 (미래를 자축할) 아무런 이유가 없기 때문에 끊임없이 거대한 전망을 만들어냄으로써 자신을 재발견해내야 하기 때문"이었다. 1992년 바르셀로나가 스스로 만들어낸 거대한 전망은 올림픽 개최였다. 역시 두 팔을 활짝 벌려 맞아들인 기회였다. 젊은 선수들, 대중문화, 신기술, 뭉칫돈…. 상식적인 디자인과 진지한 상업적 정신으로 가득한 반듯반듯한 구획의 이 도시에게 그것은 매혹적인 전망이었다.

이 실용적인 장소 한가운데에 전설적 건축가 안토니오 가우디Antonio Gaudí가 지구상 가장 기묘한 건축물 몇십 개를 지어놓았다. 그의 건축물들은 너무나 미래적이고 이상하게 보여서 바르셀로나 시민들은 물론이고 세계의 많은 사람들이 모두 최근까지지도 어떻게 받아들여야 할지 모르고 있다. 그의 가장 유명한 작품은 성가족 교회 또는 사그라다 파밀리아Sagrada Familia라고 불리는 미완성의 대성당이다. 1884년 짓기 시작한 대성당의 완성된 부분은 유기적 에너지로 끓어넘친다. 돌로 만든 표면은 마치 식물처럼 흐느적거리며 흘러내리고, 둥글게 호를 그리고, 활짝 피어난다. 4개의 높이 치솟은 첨탑에는 벌집 같은 구멍이 뚫려 있어서 앙상하게 뼈를 드러내고 있는 것처럼 보인다. 뒤쪽에 늘어선 두 번째 세트의 탑들 아래쪽 3분의 1 정도는 거대한 넓적다리뼈처럼 보이는 버팀대가 떠받치고 있다. 이 버팀대는 멀리서 보면 마치 오래 전에 죽은 동물의 하얗게 바랜 다리뼈처럼 보인다.

가우디의 모든 작품에는 꿈틀거리는 생명이 흘러넘친다. 그의 바르셀로나 아파트 지붕에서 솟아나온 환기용 굴뚝은 외계 행성에서 날아온 생명체의 집합처럼 보인다. 창문의 처마와 지붕의 홈통은 기계적인 직각이 아니라 유기적 효율성을 도모하는 곡선으로 이루어져 있다. 가우디는 네모진 구내 잔디밭을 가로지르는 생명 특유의 반응을 포착하여 우아한 곡선의 지름길을 찾아냈다. 그의 건물들은 지어진 것이라기보다는 자라난 것처럼 보인다.

도시 전체가 가우디의 건물로 가득하다면 어떨까? 나무를 심듯 생명체를 닮은 건물과 교회 따위로 조성한 숲이라면 어떨지 상상해보자. 만일 생명체를 흉내낸 가우디의 노력이 얇은 석재로 된 정적인 건물 표면에서 그치지 않고 오랜 시간에 걸쳐 그의 건축물에 생물과 같은 행동을 부여한다면 어떨까? 그의 건물들은 바람이 가장 많이 불어오는 쪽의 거죽을 스스로 두껍게 만들고 거주자들의 편의에 맞추어 내부 배열을 바꿀 것이다. 가우디의 도시가 단지 생물학적 설계에 의해 지어지는 것에 그치지 않고 진짜 살아 있는 생물처럼 적응하고, 변화하고, 진화하며 건축물의 생태계를 형성한다면 어떨까? 낙관주의자들의 도시 바르셀로나조차도 이런 미래 전망에는 준비가 되어 있지 않다. 그러나 이것은 적응적 기술, 분산 네트워크, 인공적 진화의 도래와 함께 우리에게 다가오고 있는 미래이다.

1960년대 무렵의 과학 잡지 〈파퓰러 사이언스Popular Science〉를 들추어보면 살아 있는 집에 대한 전망이 이미 수십 년 전부터 거론되어왔음을 알 수 있다. 공상 과학 소설들은 그보다 훨씬 일찍 그 가능성을 상상해왔다. 만화 속의 제트슨 가족은 바로 그런 집에서 살았다. 그들은 집이 마치 동물이나 사람이라도 되는 것처럼 집에게 말을 건다. 그 은유에도 약간의 진실이 담겨 있기는 하지만 완전히 옳지는 않아 보인다. 왜냐하면 미래의 적응적 주택은 단일 생물 개체라기보다는 여러 생물들이 어우러진 생태계에 가까울 것으로 보이기 때문이다. 그러니까 개 한 마리보다는 정글에 더 가까울 것이다.

생태학적 집을 이루는 요소들은 오늘날 보통의 집에도 존재한다. 이미 우리 집의 온도 조절 장치는 주중과 주말에 각기 다른 온도에 맞추어 자동으로 보일러를 가동시키도록 맞출 수 있다. 그러니까 보일러와 시계가 네트워크를 이루고 있는 셈이다. 우리 집의 비디오는 시간을 확인하고 정해둔 시간에 텔레비전을 가동할 수 있다. 컴퓨터들이 점점 작아져 모든 종류의 가전제품과 연결된 작은 점처럼 변모해감에 따라서, 세탁기, 스테레오, 화재 경보기 등이 집 안 전체의 네트워크를 통해 서로 의사소통을 할 수 있게 될 것이라고 예상할 수 있다. 얼마 지나지 않아 현관 앞에서 누군가가 벨을 누르면 초인종이 자동으로 진공청소기를 꺼서 벨 소리를 잘 들을 수 있게 해줄 것이다. 세탁기에서 빨래가 다 되면 텔레비전에 그 메시지가 나타나 세탁된 옷가지를 건조기에 넣을 수 있게 해줄 것이다. 가구들 역시 살아 있는 숲의 일부가 된다. 소파에 붙어 있는 마이크로칩이 앉은 사람의 존재를 감지해 자동으로 방의 난방을 켜는 식이다.

이와 같은 하우스 네트워크를 가능하게 하는 도구로서 현재 몇몇 연구소의 엔지니어들이 마음에 두고 있는 것은 집의 모든 방마다 설치되어 있는 콘센트이다. 모든 가전제품 따위를 이 콘센트에 연결한다. 그리고 전화, 컴퓨터, 초인종, 난방 기구, 진공청소기 등을 모두 같은 콘센트에 꽂아서 전기와 정보를 동시에 공급받도록 한다. 이 스마트 콘센트는 220v 원문에서는 110v지만 우리나라 상황에 맞추어 바꾸었음.–옮긴이 짜리 생명의 주스를 오직 '자격을 갖춘' 전기 기구에게만, 그리고 전기 기구가 요청할 때에만 내준다. 스마트 제품을 하우스 네트워크에 연결하면 제품에 설치된 전자 칩이 제품의 신원('저는 토스터입니다.')과 상태('저는 지금 켜져 있습니다.')와 요구 사항('220v 전기 10w만 주세요.')을 말해준다. 어린이가 무심코 찔러 넣은 젓가락이라든지 부러진 플러그 따위는 전기를 얻지 못한다.

이 스마트 콘센트는 끊임없이 정보를 주고받고 제품들이 필요로 할 때 전기를 공급한다. 무엇보다 중요한 것은 네트워크 콘센트는 수많은 전선들을 하나로 묶어서 어느 구멍에서든 지능, 에너지, 정보, 소통 등을 공급받을 수 있게 한다는 점이다. 초인종 버튼의 플러그를 현관 근처의 콘센트에 꽂는다. 그런 다음 초인종 차임(소리 나는 부분)의 플러그는 원하는 아무 방에나 꽂는다. 마찬가지로 스테레오의 플러그를 어느 한 방에 꽂아두지만 음악은 다른 방에서도 들을 수 있도록 한다. 시계도 마찬가지이다. 곧 보편적인 시간 신호가 모든 전원선 및 전화선을 통해 공급된다. 무언가가 어딘가에 연결된다면 그 제품은 적어도 자동적으로 날짜와 시간을 알게 될 것이고, 서

머 타임을 실시할 때에도 영국의 그리니치 천문대나 미국 해군 천문대의 표준시 지침에 따라 자동적으로 표준 시간을 재조정한다. 하우스 네트워크에 연결된 모든 정보는 공유된다. 보일러에 설치된 온도 조절기는 실내 온도를 알 필요가 있는 모든 가전제품, 예컨대 화재 경보기나 천장에 설치된 팬에 정보를 제공한다. 조명의 밝기, 사람의 움직임, 소음 정도 등 측정할 수 있는 모든 데이터는 홈 네트워크 전체에 널리 공유된다.

지능형 홈 네트워크 주택은 장애인이나 노인들에게는 생명을 구할 만큼 커다란 역할을 할 수 있다. 침대 근처의 스위치로 집안 곳곳의 조명, 텔레비전, 보안 장치를 조절한다. 생태학적 건물은 또한 에너지 효율마저도 약간 더 높다. 스마트 주택에 대한 기사를 쓴 저널리스트 이안 앨러비Ian Allaby는 이렇게 말한다. "값싼 심야 전기 요금을 이용하기 위해 새벽 2시에 일어나 식기 세척기를 돌릴 사람은 없을 것이다. 그러나 그 시간에 세척기가 켜지도록 미리 맞춰놓을 수 있다면 그것은 아주 멋진 일이다." 분산화된 효율성이라는 전망은 전기 공급 회사에게는 매우 매력적이다. 왜냐하면 효율성이 가져다주는 이익이 발전소를 하나 새로 짓는 것보다도 더 크기 때문이다.

아직까지는 실제로 스마트 주택에서 사는 사람들은 없다. 1984년 전자 회사, 건축 협회, 전화 회사 등이 '스마트 하우스 파트너십'이라는 기치 아래 한데 모여 지능형 주택을 위한 표준과 기술을 개발하기로 했다. 1992년 후반기에 그들은 언론의 관심과 투자를 끌어들이기 위해 12개의 견본 주택을 지었다. 그들은 이 첫 번째 작업에서 하나로 다양한 작업을 수행할 수 있는 표준화된 콘센트라는 1984년의 전망을 잠시 포기했다. 대신 과도기적 기술로서 이 스마트 주택에 각종 기능들을 세 가지 케이블과 세 가지 아울렛 박스(AC

전원, DC 전원, 통신)로 나누도록 배선했다. 그것은 '후향적 호환성 backward compatibility'을 가능하게 했다. 다시 말해 오래된 전기 기구와 가전제품들을 몽땅 버리지 않고 스마트 주택에 연결해서 사용할 수 있도록 한 것이다. 한편 미국, 일본, 유럽의 경쟁하는 단체들이 또 다른 아이디어와 다른 표준을 들고 나왔다. 작은 장치들을 연결하는 무선 적외선 네트워크를 사용하는 기술도 거기에 포함되었다. 이 경우 배터리로 전기를 공급하는 휴대용 기기나 전기를 사용하지 않는 제품들까지도 네트워크에 연결할 수 있다. 예를 들어 문에 작은 반지능형 칩을 달고 그 칩을 공기 중의 보이지 않는 신호를 통해 네트워크에 연결할 경우 집 안의 생태계에 문이 닫혀 있는지 열려 있는지 또는 방문객이 복도를 지나가는지 알려줄 수 있다.

1994년 현재 나는 스마트 주택에 앞서 스마트 오피스가 먼저 실현될 것이라고 예언한다. 그렇게 생각한 이유는 방대하고 집약적으로 정보에 의존하고 있는 기업 활동의 특성 때문이다. 다시 말해서 기업에게는 기계에 대한 의존성, 그리고 기계에 끊임없이 적응해야 하는 필요성이 더 크다. 가정 안에서는 미미한 효과를 발휘할 기술들이 사무실에서는 경제적 차이를 가져올 수 있다. 많은 경우에 집 안에서 보내는 시간은 여가로 여겨진다. 그렇기 때문에 지능형 네트워크를 통해 약간의 시간을 절약하는 것은 직장에서 그만큼의 시간을 절약하는 것만큼 가치 있는 것으로 받아들여지지 않는다. 네트워크로 연결된 컴퓨터와 전화기는 오늘날의 사무실에서 필수 조건이다. 네트워크에 연결된 조명과 가구가 그 뒤를 따르게 될 것이다.

캘리포니아주 팰로앨토에 있는 제록스 PARC Palo Alto Research

Center는 사용자 친화적 매킨토시 컴퓨터에 사용된 특징적 요소들을 가장 먼저 발명해냈지만 불행하게도 그 발명을 제대로 이용하지 못했다. 이 실수를 되풀이하지 않기 위해서 파크는 오늘날 이곳에서 무르익어가는 또 다른 급진적인 (그러나 잠재적으로 엄청난 이익을 창출할 수 있는) 개념을 완전히 이용하려 하고 있다. 젊고 쾌활한 마크 와이저Mark Weiser는 사무실을 상호 연결된 수많은 부분들로 이루어진 네트워크, 즉 초개체로 변모시키고자 하는 제록스 연구소의 프로젝트를 맡은 책임자이다.

유리를 많이 사용한 파크의 연구소 건물은 베이 에어리어Bay Area, 샌프란시스코, 팰로앨토, 실리콘밸리가 있는 새너제이 등을 포함한, 캘리포니아 북부의 만을 둘러싼 지역 – 옮긴이에 자리잡고 앉아 실리콘밸리를 내려다보고 있다. 내가 와이저를 방문했을 때 그는 야한 노란색 셔츠에 빨간색 멜빵을 차고 있었다. 그는 끊임없이 미소를 지었다. 마치 미래를 발명하는 것이 깜짝 놀랄 농담이고 그가 그 농담으로 나를 웃기고 있다는 듯이. 나는 소파에 걸터앉았다. 해커들의 소굴이라면 어느 곳이든, 심지어 제록스 연구소처럼 호화로운 소굴에도 소파가 빠짐없이 놓여 있다. 와이저는 너무 활기가 넘쳐서 가만히 앉아 있지를 못했다. 바닥부터 천장까지 벽을 가득 채운 화이트보드 앞에서 마커 펜을 한 손에 들고 끊임없이 팔을 흔들면서 설명했다. 이건 매우 복잡하니까 똑똑히 잘 봐두라고 그의 팔이 이야기하는 듯했다. 와이저가 화이트보드에 그리기 시작한 그림은 마치 로마 군대의 조직도처럼 보였다. 맨 아래쪽에는 100개의 작은 단위들이 있다. 그 위에는 10개의 중간 크기 단위가 있다. 그리고 맨 윗줄에는 하나의 커다란 단위가 자리잡고 있다. 와이저가 그린 군대는 바로 방 생물체들의 조직이었다.

와이저는 자신이 진짜로 원하는 것은 작은 스마트 제품들의 무리라고 말했다. 내 사무실 안 100개의 작은 물건들은 서로에 대해, 자기 자신에 대해, 그리고 나에 대해 일정하고 흐릿한 상태로 자각한다. 내 사무실은 약간의 지능을 가진 작은 개체들로 구성된 거대 군락supercolony이 되는 셈이다. 예컨대 책장에 있는 모든 책들마다 그 안에 칩을 장착한다. 그래서 책이 방 안 어디에 있는지, 언제 마지막으로 읽었는지, 몇 페이지까지 읽었는지 알 수 있게 한다. 그 칩에는 책의 색인 사본이 들어 있어서 처음 책을 사무실로 가지고 들어올 때 색인 내용을 컴퓨터의 데이터베이스와 연결시킬 수도 있다. 이제 그 책은 공동체의 일원이 된다. 책장에 책이나 비디오테이프 형태로 저장되어 있는 모든 정보에 값싼 칩을 이식해서 특정 정보가 어디에 있는지, 그리고 무엇에 대한 것인지를 서로 소통할 수 있도록 만든 것이다.

생태학적 사무실은 무리 짓는 존재들로 가득하다. 사무실은 내가 어디에 있는지 알고 있다. 내가 사무실에 없을 때는 당연히 스스로 알아서 불을 끈다. "조명 스위치를 방마다 달아두는 대신 모든 사람들이 각자 스위치를 가지고 다니는 것입니다. 어느 방이든 들어가서 불을 켜고 싶으면 주머니에서 스마트 스위치를 꺼내 불을 켜고 또 원하는 밝기로 조절하는 것이죠. 조명의 밝기를 조절하는 스위치가 방마다 달려 있지 않고 개인이 가지고 다니는 것입니다. 휴대용 조명 조절기인 셈이죠. 스테레오의 음량을 조절하는 것도 같은 방식으로 이루어집니다. 공연장이나 강당에서 모든 사람들이 제각기 음량 조절기를 가지고 있습니다. 간혹 스피커의 볼륨이 너무 크거나 너무 작을 때가 있습니다. 그러니까 모든 사람들이 휴대용 장치를 가지고 적당한 음량에 투표하는 것과 마찬가지죠. 사람들이 높이거나 낮춘 수준의 평균에서 음량이 정해지는 겁니다."

도처에 존재하는 스마트 기기들이 계층을 이루고 있는 것이 지능형 사무실에 대한 와이저의 전망이다. 맨 아래층에는 방 안의 배경 감각의 네트워크를 이루는 미생물 군단이 자리잡고 있다. 이들은 위치와 사용 정보를 직접 그 위층으로 전달한다. 이 최전방 병사들은 메모지, 책자, 우편물 등에 부착된 값싼 일회용 장치들이다. 이들이 하는 일은 기록이다. 우리는 이런 장치들을 공책이나 RAM 칩처럼 묶음으로 구입한다. 이들은 무리 지어 일할 때 가장 큰 효과를 발휘한다.

그 다음 층에는 약 10개의 중간 크기(구두 상자보다 약간 큰) 디스플레이 기기들이 있다. 이들은 가구나 가전제품의 일부로 좀 더 빈번하게, 그리고 직접적으로 사람과 상호작용한다. 스마트 사무실이라는 초개체에 연결된 나의 의자는 내가 앉을 때마다 주인인 나를 알아본다. 아침에 처음 자리에 앉으면 의자는 그 시간에 내가 주로 무엇을 하는지 기억하고 있다가 내가 주로 사용하는 가전제품들을 가동시키고 나의 스케줄을 준비하는 등 나의 일상을 보조해준다.

모든 방은 1m나 그 이상의 폭을 가진 전자 디스플레이 장치를 적어도 1개 이상 갖게 될 것이다. 이 기기는 창문이나 그림 또는 컴퓨터나 텔레비전 스크린의 형태로 존재한다. 와이저의 환경 컴퓨팅 세계에서 모든 방마다 달린 커다란 디스플레이 기기는 방 안에서 사람 다음으로 스마트한 존재이다. 사람들은 이 디스플레이 기기에게 말을 하고, 이 기기를 가리키고, 그 위에 글을 쓰고, 기기는 그것을 이해한다. 커다란 스크린을 통해 영화를 보고, 문서 작업과 그래픽 작업을 할 수 있다. 또한 이 디스플레이가 방 안의 다른 제품들과 연결되어 있다는 사실은 말할 필요도 없다. 이 기기는 다른 제품들이 어떤 상태인지 알고 있고 화면 위에 어느 정도 정확하게 표시한다. 따라서 나는 책과 두 가지 방식으로 상호작용할 수 있다. 책이라는 물건 자체를 다룰 수도 있고 스크린 위의 이미지를 다룰 수도 있는 것이다.

모든 방들이 컴퓨팅 환경이 된다. 뛰어난 적응성을 지닌 컴퓨터는 배경 속으로 물러나 눈에 거의 보이지 않으면서 어느 곳에나 존재한다. "가장 심오한 기술은 바로 사라지는 기술이죠." 와이저가 말한다. "(스마트 기기들이) 일상생활 속으로 녹아들어가 따로 구별할 수 없게 됩니다." '쓰기'라는 기술은 우리의 의식 속에서 엘리트 지위에서 점점 내려와 이제 과일에 찍힌 로고에서부터 영화 자막에 이르기까지 어디에든 휘갈겨진 문자를 보고도 특별하다는 생각이 들지 않는 상태가 되었다. 모터도 처음 나타났을 때는 거대하고 귀하디귀한 것이었다. 그러나 그 후로 줄곧 축소되어 지금은 거의 모든 기계장치에 녹아들어간 (그리고 잊혀진) 작은 부품으로 증발되어버렸다. 조지 길더는《소우주Microcosm》에서 이렇게 말했다. "컴퓨터 발전의 역사는 붕괴 과정이라고 볼 수 있다. 컴퓨터가 새롭게 진화되어감에 따라 한때 소우주의 표면 위에 떡 하니 자리잡고 있던 것이 눈에 보이지 않는 세계로 떨어져나가 이제 다시는 맨눈으로 명확하게 볼 수 없게 되었다." 컴퓨터가 우리에게 가져다준 적응적 기술은 처음에는 거대하고, 두드러지고, 중앙 집중적이었다. 그러나 전자 칩과 모터와 센서가 점점 줄어들어 눈에 보이지 않는 영역으로 물러남에 따라 컴퓨터도 융통성을 발휘해 분산된 환경이라는 형태로 모습을 바꾸어 남게 되었다. 물질은 휘발되어 사라지고 집단적인 행동만을 그 자리에 남겨놓는다. 우리는 그 집단적 행동, 즉 초개체 내지는 생태계와 상호작용한다. 그 결과 방 전체가 적응적 번데기 고치가 된다.

다시 길더를 인용해본다. "컴퓨터는 궁극적으로 깨알만 한 크기로 작아질 것이고 인간의 목소리에 반응할 것이다. 이런 형태로서, 인간의 지능을 어떤 종류의 도구나 가전제품을 포함하여 우리 환경의 어떤 부분으로든 전달할 수 있다. 따라서 컴퓨터의 승리는 세상을 비인간화하는 것이 아니라 우리의 환경을 보다 더 인간의 의지에 순응하도록 만드는 것이다." 우리가 창조하는 것은 기계들이 아니라 우리의 학습 감각이 곳곳에 스며들어가 있는 기계적 환경인 것이다. 우리는 우리의 생명을 주변으로 확장하고 있다.

"아시다시피 가상 현실의 전제는 우리 자신이 컴퓨터 세상으로 들어가는 것입니다." 마크 와이저가 말한다. "하지만 제가 하고 싶은 것은 그 반대입니다. 저는 컴퓨터 세계를 인간 주변에, 우리의 바깥 세상에 만들고 싶습니다. 미래에는 컴퓨터의 지능이 우리 주위를 둘러싸게 될 것입니다." 그것은 멋진 반전이다. 컴퓨터가 창조한 세계에 들어가기 위해 고글이니 특수하게 제작된 의복 따위를 착용할 필요 없이, 항시 지속되는 컴퓨터의 마술에 완전히 둘러싸이기 위해 해야 할 일이라고는 그저 문을 여는 것뿐이다.

일단 네트워크로 연결된 방에 들어서면 모든 스마트 룸들은 서로 의사소통을 한다. 벽에 걸린 커다란 그림은 나의 방 안으로 들어가는 대문portal이자 다른 사람의 방으로 연결되는 대문이기도 하다. 예를 들어 내가 어떤 책을 읽어야 한다고 하자. 그러면 나는 회사 건물 안에서 그 책에 대한 정보를 검색한다. 내 방의 스크린은 그 책이 랠프의 사무실에 있다는 사실을 알려준다. 구체적으로는 랠프의 책상 뒤의 회사에서 구입한 도서들로 들어찬 책장 안에 들어 있으며 지난 주에 사용한 기록이 남아 있다. 같은 책이 앨리스의 방에도 또 한 권 있다. 컴퓨터 매뉴얼 옆에 놓여 있으며 앨리스가 사적으로 구입한 책이지만 아직 읽지 않은 상태이다. 나는 앨리스로부터 책을 빌리기로 결정하고 네트워크를 통해 책을 빌려줄 수 있는지 물어본다. 앨리스가 허락한다. 내가 앨리스 사무실에 가서 책을 가져오자 디스플레이에 내 사무실의 다른 책들과 나란히, 내가 원하는 방식대로 나타나도록 (나는 내가 접어놓은 페이지가 가장 먼저 나타나도록 한다.) 재조정된다. 책의 새로운 위치는 책 내부의 기록에 저장되어 모든 사람들의 데이터뱅크에 나타난다. 대부분의 빌려준 책들이 다시 주인에게 되돌아가지 못하는 것이 보통이지만 이 책은 그런 운명을 밟게 될 가능성이 적다.

스마트 룸의 군집 속에서 만약 스테레오가 켜져 있다면 전화벨 소리는 평소보다 더 크게 울린다. 만일 당신이 전화를 받으면 스테레오의 음량은 저절로 줄어든다. 사무실 전화의 자동 응답 장치는 주차장에 당신의 자동차가 없다는 사실을 알고서 전화를 건 사람에게 아직 당신이 도착하지 않은 상태임을 알려준다. 당신이 책을 집어들면 평소 독서할 때 즐겨 앉는 의자 위의 램프가 자동으로 켜진다. 텔레비전은 지금 당신이 읽고 있는 책을 토대로 한 영화가 이번 주에 방영된다는 사실을 알려준다. 모든 것이 모든 것에 연결되어 있다. 시계는 날씨에 주의를 기울이고 냉장고는 시간을 읽고서 그에 맞추어 우유가 다 떨어지기 전에 알아서 주문을 넣는다. 그리고 책들은 자신이 있는 위치를 기억한다.

와이저의 글을 인용하자면 제록스의 실험용 사무실에서는 "특정 배지를 착용한 사람에게만 문이 열린다. 방들이 사람의 이름을 불러주며 인사를 건넨다. 사무실로 걸려온 전화는 직원이 어디에 있든지 자동으로 그가 있는 곳으로 전달된다. 응대 담당 직원은 직원들이 어디에 있는지 정확히 알 수 있다. 컴퓨터 단말기는 그 앞에 앉은 사람이 선호하는 것을 자동으로 검색해준다. 약속과 일정 다이어리는 스스로 기록된다." 그런데 만일 내가 지금 어디에 있는지 나의 부서 사람들에게 알리고 싶지 않다면 어떨까? 제록스 PARC의 유비쿼터스 컴퓨팅의 최초 시범 가동에 참가했던 직원들은 전화번호 데이터베이스 시스템을 피하기 위해 종종 사무실을 떠나 있고는 했다. 언제 어디에서나 그들을 찾을 수 있다는 사실이 마치 감옥에 갇혀 있는 것과 같은 느낌을 주었던 것이다. 네트워크 문화는 사생활 보호 기술 없이는 번성할 수 없다. 개인 정보 암호화와 위조할 수 없는 디지털 사인 기술 등이 빠르게 개발되고 있다. 또한 군중의 익명적 특성이 개인의 프라이버시를 강화하는 측면도 있다.

와이저의 건물은 기계들의 공진화적 생태계이다. 각각의 장치들은 자극에 반응하고 다른 개체들과 의사소통하는 생물이다. 협동은 보상을 받는다. 대부분의 전자 장치들은 홀로 떨어져서는 별 볼일 없고 사용되지 않아 도태되고 만다. 하지만 그들은 하나로 뭉칠 경우 기민하고 강건한 공동체를 형성한다. 그 자체로서는 깊이가 없는 각각의 소형 장치들이 공동의 네트워크를 이루어 건물 전체에 집단적 영향력을 행사하며 심지어 그 영향력은 인간에게까지 미친다.

지능과 생태학적 유연함으로 채워지는 것은 사무실과 복도만이 아니다. 거리 전체와 상점들, 마을 전체가 같은 속성을 띠게 된다. 와이저는 문자의 예를 들었다. 문자는 우리를 둘러싼 환경 어느 곳에나 편재하는 기술이다. 도시든 교외든 어디에나 문자들이 넘친다. 수동적으로 누군가가 읽어주기만을 기다리면서. 이제 컴퓨터의 연산과 접속 기능이 우리의 삶 어느 곳에나 그와 같은 정도로 흘러넘치게 되는 상황을 상상해보자. 거리의 도로 표지판이 자동차의 네비게이션 장치나 여러분의 손에 있는 지도와 소통한다. (거리 이름이 바뀌면 모든 지도들도 그에 맞추어 함께 바뀐다.) 여러분이 주차장을 가로질러 걸어갈 때 그에 맞추어 바로 근처에 있는 가로등에 불이 켜진다. 여러분이 광고판을 가리키면 광고판이 자신이 광고하고 있는 제품에 대한 더욱 자세한 정보를 여러분에게 전송해준다. 한편으로 광고

판은 거리의 어느 곳에서 사람들이 제품에 대한 정보를 가장 많이 찾는지를 광고주에게 알려준다. 우리의 환경은 생동감 넘치고 즉각적으로 반응하고 적응해가게 된다. 그것은 여러분뿐만 아니라 연결되어 있는 다른 모든 개체에게도 항상 반응한다.

공진화적 생태계에 대한 정의 중 하나는 한 무리의 생물들이 스스로 다른 생물들에게 환경의 역할을 한다는 것이다. 난초의 화려한 세계, 개미의 군집, 해초로 가득한 바다 속은 풍요로움과 신비로 넘친다. 왜냐하면 각 생물들이 주연으로 출연하고 있는 영화에는 다른 생물들이 조연과 엑스트라들이 등장하는데, 이들 역시 동시에 같은 무대에서 그들 자신을 주연으로 하는 영화를 찍고 있기 때문이다. 빌려온 무대 장치들은 모두 주연 배우와 마찬가지로 생생하게 살아 있다. 따라서 하루살이의 운명은 일차적으로 이웃의 개구리, 송어, 오리나무, 물거미, 그 밖에 강물에 사는 다른 동식물의 역사에 의해 결정된다. 이 생물들은 각자 다른 생물들의 환경이 된다. 그리고 곧 기계들 역시 공진화의 무대에서 그들의 배역을 연기할 것이다.

오늘날 여러분이 구입하는 냉장고는 콧대 높은 속물이다. 집에 가져다놓으면 자기가 이 집에 있는 유일한 가전제품인 줄 안다. 집 안의 다른 기계들로부터 뭔가를 배우려 들지도 않고 다른 기계들에게 뭔가를 말하는 법도 없다. 벽시계는 여러분에게 그저 시간만을 말해줄 뿐 다른 기계 장치들에 대해 아무것도 알려주지 못한다. 각각의 장치들은 매우 거만하게 주인에게 봉사할 뿐, 주변의 다른 장치들과 협력할 때 얼마나 더 나은 서비스를 제공할 수 있는지에 대해 고려하지 않는다.

그런데 기계들이 생태계를 이루게 되면 멍청한 기계들의 제한된 솜씨가 강화된다. 책이나 의자에 장착된 전자 칩은 단지 개미 정도의 지능을 갖고 있을 뿐이다. 그 장치들은 슈퍼컴퓨터가 아니다. 이들은 지금도 얼마든지 만들 수 있다. 그러나 분산된 존재의 신비한 힘에 의해 개미와 같은 수준의 개체들이 충분한 수로 모여서 서로 연결되어 일종의 집단 지능으로 발전해나갈 수 있다. 양적 차이가 질적 차이를 낳는다.

반면 협력에 의한 효율에도 치러야 할 대가가 따른다. 방의 생태계가 낳은 지능은 그 방에 처음 들어오는 사람에게는 일종의 형벌처럼 고통스럽게 느껴질 것이다. 마치 북극에 처음 가본 사람이 툰드라의 생태계에 금방 적응하지 못해 힘들어하는 것과 마찬가지이다. 생태계는 그 지역에 대한 지식을 요구한다. 숲속 어디에서 버섯이 자라는지를 아는 사람은 오직 그 지역의 토착민뿐이다. 오스트레일리아 오지에서 왈라비캥거루와 비슷하지만 몸집이 좀 더 작은 오스트레일리아 산 동물-옮긴이를 뒤쫓으려면 그 지역의 숲에 사는 사람을 안내인으로 고용해야만 한다.

생태계가 있는 곳에는 그 지역을 잘 아는 전문가들이 있다. 외부인도 낯선 야생의 세계를 어느 정도까지는 힘겹게 헤쳐나갈 수 있겠지만, 그 지역에서 편하게 잘 살고 위기에서 살아남기 위해서는 그 지역의 특징에 대한 지식을 갖출 필요가 있다. 때로는 학계의 전문가들이 재배할 수 없을 것이라고 예상한 식물을 정원사들이 길러내서 놀라움을 자아내는 경우가 있다. 그것이 가능한 이유는 정원사들이 그 지역의 전문가이기 때문에 특정 지역의 토양과 기후에 대한 정확한 지식을 토대로 식물에 맞는 환경을 제공할 수 있기 때문이다.

자연 환경을 관리하는 일에는 지역적 지식이 관여하지 않을 수 없다. 어떤 방이 서로의 성능을 개선해나가는 기계들로 채워져 있다면 이 경우에도 역시 지역적 지식이 필요하다. 오만하기 짝이 없는 옛날 방식의 냉장고가 주는 한 가지 이점은, 이 녀석은 주인이나 방문자나 가리지 않고 모든 사람들을 동등하게 똑같이 무시한다는 점이다. 그런데 집단 지능으로 생명을 얻은 방에서 방문객은 불리해진다. 모든 방들이 제각기 다르다. 모든 전화기도 서로 다르다. 왜냐하면 새로운 전화기는 사실상 온도 조절 장치, 자동차, 텔레비전, 컴퓨터, 의자, 건물 전체를 연결하는 훨씬 더 커다란 유기체의 접속점 중 하나이며, 전화기의 행동은 방 안에서 가동되고 있는 다른 모든 장치들의 전체론적 총합을 반영하기 때문이다. 각 장치의 행동은 가장 자주 사용하는 사용자가 어떻게 이용하는지에 특히 의존한다. 이러한 가늠할 수 없는 괴물과 같은 방은 방문객에게 제어를 벗어난 것처럼 보일 것이다.

적응성 있는 기술이란 특정 지역에 맞추어 적응해나가는 기술을 말한다. 네트워크의 논리는 지역주의와 지방적 편협성을 조장한다. 아니면, 조금 다르게 표현하자면, 전체적, 전방위적 행동이 국지적 변이를 가져온다고 말할 수도 있다. 우리는 이미 그 증거를 보고 있다. 여러분이 다른 사람의 '스마트' 폰을 사용하려 한다고 치자. 아마 그 폰은 지나치게 스마트하거나 아니면 충분히 스마트하지 못하거나 둘 중 하나일 것이다. 지금 이 모드에서 빠져나가려면 '9'번을 눌러야 하나? 통화를 하려면 어느 버튼을 눌러야 하나? 통화를 변환하려면? 오직 전화기의 주인만이 정확하게 알고 있다. 비디오 장치의 모든 기능을 완전하게 사용하기 위해 필요한 지역적 지식은 거의 전설적이다. 여러분의 비디오로 좋아하는 드라마의 재방송을 녹화할 수 있다고 해서 친구 집의 비디오도 똑같이 자유자재로 다룰 수 있다고 자신할 수는 없을 것이다.

방과 건물에서 조성되는 전자 생태계 역시 그 안의 전자 제품들이 서로 다르듯 제각기 다른 모습을 갖게 될 것이다. 왜냐하면 그것은 결국 분산된 작은 부분들의 총합이기 때문이다. 내 사무실의 독특한 기술적 특성을 나만큼 잘 아는 사람은 없다. 또한 나는 다른 사람의 사무실의 기술적 특성을 내 방의 특성만큼 잘 알 수 없다. 컴퓨터가 비서가 되어가듯, 토스터가 애완동물이 되어간다.

제대로 설계하자면, 참을성 없는 방문객이 커피 머신을 어떻게 작동하는지 몰라 쩔쩔매는 것을 감지하면 자동으로 '초보자 모드'로 전환되도록 만들어야 할 것이다. 미스터커피는 그들의 제품에 초등학생이라도 알 수 있는 딱 다섯 가지의 기본적이고 보편적인 기능만을 탑재함으로서 이 문제에 대처할 것이다.

새롭게 출현하고 있는 기계들의 생태계는 그 초기 단계에서도 이미 낯선 사람들을 기죽게 만들고 있는 듯하다. 컴퓨터는 모든 다른 장치들의 시발점이고 또한 모든 다른 장치들이 지향하고 있는 기원과 같은 존재이다. 그런데 오늘날 컴퓨터는 사람들에게 낯선 소외감을 안겨주는 복잡한 기계가 되어가고 있다. 여러분이 특정 브랜드의 컴퓨터에 아무리 친숙하다고 해도 마찬가지이다. 친구의 컴퓨터를 빌리는 것은 그의 칫솔을 빌리는 것과 비슷한 기분이 든다. 친구의 컴퓨터를 켜는 순간, 친숙한 부분들의 낯선 배열을 발견하게 되고 (이 친구는 왜 이걸 이렇게 사용하지?) 친숙하다고 생각했던 장소에서 방향 감각을 잃어버린 것과 같은 느낌이 든다. 분명히 알아볼 수는 있는데…. 나름대로 질서가 있긴 한데…. 아, 경악의 순간이 다가올 것이다. 여러분은 … 다른 사람의 마음을 들여다보고 있는 것이다!

침투는 양방향으로 진행된다. 사람들 각자의 컴퓨터 생태계의 지역주의적 지능은 너무나 개인적이고, 미묘하고, 미세하기 때문에 조금이나마 침해된 흔적이 있어도—조약돌 하나가 원래 자리에서 흩어져도, 풀잎 한 가닥이 구부러져도, 파일 하나가 옮겨져도—경계하게 된다. "앗, 누군가가 나의 컴퓨-룸compu-room에 들어왔던 것이 분명해!"

아마도 (미래의 방은) 온순한 방과 사나운 방으로 갈리게 될 것이다. 사나운 방은 침입자를 물어뜯는 개처럼 행동한다. 반면 온순한 방은 방문객을 해를 입지 않을 안전한 장소로 안내한다. 온순한 방은 방문객을 즐겁게 해주는 기능을 발휘할 수도 있다. 사람들은 자신의 컴퓨터를 얼마나 잘 훈련시켰는지, 컴퓨터 기반의 생태계가 얼마나 잘 가꾸어졌는지에 따라 평판을 얻게 될 것이다. 한편 낯선 사람에게 난폭하고 사납게 구는 기계의 소유자는 악평을 얻을 것이다. 큰 규모의 기업 사옥 어딘가에는 아무도 그곳에서 일하거나 방문하려고 들지 않는 방치된 구석이 생기게 될 것이다. 컴퓨터 기반의 하부 구조가 방치되어 무례하고, 제멋대로이고, 후줄근하며 (뛰어난 지능을 갖고 있음에도) 융통성이 없는 상태가 되었지만 아무도 그것을 길들이거나 유지하지 않아 버려진 공간 말이다.

물론 환경을 균일하게 만들고자 하는 강력한 반작용도 존재한다. 대니 힐리스는 이렇게 말한다. "우리가 자연 환경을 그대로 받아들이지 않고 인공 환경을 창조하는 이유는 우리의 환경이 일정하고 예상 가능하기를 바라기 때문입니다. 예전에 사람들에 따라 각기 다른 인터페이스를 제공하는 컴퓨터 에디터가 나온 일이 있었죠. 그때는 모두 각기 다른 인터페이스를 사용했습니다. 그런데 그것이 그리 좋은 아이디어가 아니라는 것을 깨닫게 되었어요. 서로 다른 사람의 단말기를 사용할 수 없었으니까요. 그래서 결국 공통의 인터페이스, 공통의 문화라는 예전 방식으로 돌아갔던 것입니다. 그것이 바로 우리 인간을 하나로 묶어주는 요소 중 하나입니다."

기계들은 결코 완전히 그들만의 방식대로 나아갈 수 없다. 그러나 기계들은 다른 기계들에 대해 점차 자각하게 될 것이다. 다원주의적 시장에서 살아남기 위해서는 제품 설계자들은 자신이 만드는 기계가 다른 기계들로 이루어진 환경 속에서 살아갈 것임을 인식해야 한다. 기계들은 과거의 역사를 하나로 모아 미래의 인공 생태계 안에서 각자의 지식을 공유할 것이다.

미국의 자동차 정비소 어느 곳에나 거대한 카탈로그 묶음이 하나씩 놓여 있다. 책상의 반대편에서 보더라도 수천, 수만 페이지의 카탈로그 가운데 정비공들이 자주 들춰보는 여남은 페이지를 쉽게 알아볼 수 있다. 기름기 묻은 손가락들로 인해 자주 보는 부분은 모서리가 검게 얼룩져 있기 때문이다. 닳은 자국은 사람들이 정보를 찾는 데 도움을 준다. 더러움이 묻은 벗겨진 부분은 가장 자주 들춰보아야 할 부분을 정확히 알려준다. 값싼 페이퍼백 책에서도 이와 비슷한 닳은 표시를 발견할 수 있다. 읽던 책을 침대 옆 협탁에 놓았다가 나중에 다시 집어들면 책등에서 마지막으로 읽었던 부분이 살짝 찌그러진 채 열려 있다. 이 저절로 생긴 북마크를 이용해 다음 날 저녁에 읽던 부분부터 계속해서 읽을 수 있다. 닳은 흔적은 유용한 정보를 나타낸다. 숲에서 오솔길이 두 갈래로 나뉠 때, 더 많이 닳은 길을 따라가는 쪽이 나을 것이다.

닳은 자국은 창발적이다. 그 자국은 무리의 행동에 의해 탄생한 것이다. 대부분의 창발적 현상과 마찬가지로 닳은 자국 역시 스스로를 강화시키는 속성을 가지고 있다. 환경 속에서 어딘가에 흠이 생기면 그 주변에 더 많은 흠이 생기는 경향이 있다. 또한 다른 대부분의 창발적 속성과 마찬가지로 닳은 흔적도 일종의 의사소통 수단이다. 실생활에서 "닳은 흔적은 물체 위에 직접 새겨지며 정보적 차이를 만들 수 있는 바로 그 자리에 나타난다."라고 전화 회사들의 합작 연구소 벨코어Bellcore의 연구원 윌 힐Will Hill은 말한다.

힐은 물리적으로 사용된 흔적에 의해 알려지는 환경 상태를 사무실 제품들의 생태계에 옮겨 심고 싶어 한다. 전자 문서를 예로 들자면, 다른 사람들이 그 문서와 상호작용한 기록이 덧붙여질 경우 한층 더 풍부한 정보를 제공할 수 있다고 힐은 설명했다. "예산을 수정하고 개선하기 위해 스프레드시트를 사용할 때 스프레드시트의 각 칸 별로 수정된 빈도에 따라 회색의 진한 정도를 각기 달리 표시합니다. 그렇게 하면 예산 중 어느 항목이 가장 많이 수정되고 또 어느 항목이 가장 적게 수정되었는지 한눈에 알 수 있습니다." 이것은 어느 부분이 혼란스러운지, 논란이 되고 있는지, 오류가 발생했는지를 보여준다. 또 다른 예를 들자면, 사용 흔적의 효율성을 비즈니스 문서에 적용할 경우 다양한 부서의 손을 거치면서 문서의 어떤 부분이 가장 많이 편집되고 수정되었는지를 추적할 수 있다. 프로그래머들은 그처럼 빈번한 변화가 일어나는 지점을 '천churn, 우유와 같은 액체를 휘젓는다는 의미의 동사에서 비롯되었으며 정보통신 마케팅 분야에서는 가입자의 이동을 가리키는 표현으로도 쓰인다. 빈번한 변화가 일어나고 손이 많이 탄다는 의미로 쓰인 전문 분야의 은어로 보인다.-옮긴이'이라고 부른다. 여러 사람이 쓴, 수백만 줄에 달하는 프로그램의 어느 부분에 천이 있는지 알아내는 것은 그들에게 매우 유용하다. 소프트웨어 개발 회사와 전자 기기 제조 회사들은 그들이 만드는 제품의 어떤 측면이 가장 빈번하게 사용되고 또 가장 덜 사용되는지에 대한 통합된 정보에 기꺼이 비용을 지불하려고 할 것이다. 그와 같은 명백한 되먹임은 제품을 개선하는 데 큰 도움이 되기 때문이다.

힐이 일하는 곳에서는, 그의 연구실을 거쳐가는 모든 문서들은 다른 사람 또는 기계들이 그 문서와 상호작용한 흔적을 고스란히 지니고 있다. 어떤 텍스트 파일을 읽기 위해 불러오면 화면 위의 얇은 그래프 위에 다른 사람들이 해당 부분을 몇 번 읽었는지를 조그마한 체크 표시로 알려준다. 한눈에도 다른 사람들이 여러 번 읽은 부분이 어디인지 알 수 있다. 그것은 핵심 부분일 수도 있고 아니면 내용이 중요해보이지만 조금 불명확한 부분일 수도 있다. 여러 사람이 사용한 흔적은 글자의 크기를 점차 크게 하는 방식으로 표시하기도 한다. 그 효과는 잡지 등의 기사에서 중요한 문구를 따로 떼어내 박스 안에 큰 글씨로 강조해서 인용하는 것과 비슷하다. 다만 힐의 시스템의 경우 강조된 '사용 흔적'이 통제되지 않는 집단적 평가에서 창발된 것이라는 점이 다를 뿐이다.

닳은 흔적은 연합에 대한 멋진 비유이다. 닳은 흔적 하나는 아무 쓸모가 없다. 그러나 여러 개가 모이고 서로 공유하게 되면 모두에게 값진 것이 된다. 더 많이 유통될수록 더욱더 가치가 높아진다. 인간은 프라이버시를 중요하게 여긴다. 그러나 사실 우리는 혼자 있기보다는 무리 짓고 싶어 하는 사회적 존재이다. 만일 우리가 (우리의 프라이버시를 고려하고도) 서로를 아는 것만큼 기계들이 서로를 알게 된다면 기계들의 생태계는 두려울 것이 없는 불굴의 존재가 될 것이다.

기계들의 공동체 또는 생태계에서 어떤 기계들은 특정 기계들과 더 많이 교류하는 경향이 있다. 그것은 붉은어깨검정새가 부들개지 늪에 둥지를 틀기 좋아하는 것과 같다. 펌프는 파이프와, 보일러는 에어컨과, 스위치는 전선과 연합한다.

기계들은 먹이그물을 형성한다. 추상적인 의미로 어떤 기계가 다른 기계를 '잡아먹는다'. 한 기계의 출력이 다른 기계의 입력이 된다. 철강 공장은 철광석 캐는 기계의 배설물을 먹고 산다. 그리고 철강 공장의 배설물은 자동차 제조 공장의 먹이가 되어 그곳에서 자동차로 배출된다. 자동차가 죽으면 고철 처리장의 압쇄기에게 먹힌다. 압쇄기가 뱉어낸 고물 철을 삼킨 재활용 공장은 지붕용 아연 도금 강판과 같은 형태로 배설한다.

만일 철 조각을 땅 속에서 캐낸 순간부터 산업 먹이사슬을 거쳐가는 과정을 추적해본다면 종횡으로 교차하는 회로들을 만나게 될 것이다. 철 조각이 맨 처음 거치는 경로는 어쩌면 쉐보레 자동차일지도 모른다. 두 번째 경로는 대만에서 만들어진 선박의 선체일지도 모른다. 세 번째 삶에서는 철도의 레일로 태어날지도 모른다. 네 번째, 또다시 선박의 삶을 살아간다. 모든 원재료들은 이런 네트워크 안에서 이리저리 왔다 갔다 한다. 설탕, 황산, 다이아몬드, 석유 등은 모두 제각기 다른 길을 걸어가며 각자 다양한 기계들과 만나고 어떤 경우에는 원래의 기초적 형태로 되돌아오기도 한다.

이 기계에서 저 기계로 향하는 제품 원료의 얽히고설킨 흐름은 네트워크를 이루는 공동체, 즉 산업적 생태계로 볼 수 있다. 모든 생명 시스템과 마찬가지로 이 상호 연결된 인공의 생태계는 점점 더 확장되고 장애물을 돌아나가고 역경을 겪으며 적응하는 속성을 보인다. 적절한 통찰력을 발휘하면 이 굳건한 산업 생태계는 생물권의 자연 생태계가 확장된 것임을 알 수 있다. 나무의 섬유질은 나무에서 목재로, 목재에서 신문으로, 종이에서 퇴비로, 퇴비에서 다시 나무로 되돌아가는 과정에서 더 큰 지구적 메가시스템 안에서 자연의 영역과 산업의 영역을 쉽게 오간다. 그러니까 물질은 자연물과 인공물의 생체공학적 생태계 안에서 생물권에서 기술권technosphere으로, 또는 그 반대로 돌고 돈다고 볼 수 있다.

그러나 인간이 만든 산업은 궁극적으로 자신을 떠받치고 있는 자연의 영역을 압도하고 축출하려는 잡초와 같은 속성을 보인다. 이런 속성은 자연보호주의자들과 인공물을 옹호하는 사람들 사이의 대립 관계를 촉발한다. 두 진영은 오직 한쪽만이 우세할 수 있다고 믿고 있다. 그러나 지난 몇 년 동안 '기계의 미래는 생물학'이라는 약간 낭만적인 관점이 과학계를 관통하면서 유용성의 세계에 약간의 시적 향취를 더해주었다. 이 새로운 관점은 자연과 산업이 함께 우세할 수 있다고 주장한다. 유기적 기계 시스템이라는 은유를 적용함으로써 산업주의자들과 환경주의자들이 (약간은 마지못해서) 머리를 맞대고 앉아서, 마치 생물계가 스스로 생성한 것을 스스로 처리하듯, 산업계가 지금까지 엉망진창으로 만들어놓은 것들을 스스로 고쳐나갈 방법을 모색할 수 있을 것이다. 예를 들면, 자연에서는 쓰레기 처리 문제를 찾아볼 수 없다. 아무것도 버려지지 않기 때문이다. 산업계가 이러한 특성이나 그 밖에 다른 유기체의 원리를 모방해 나간다면 자신을 둘러싼 유기적 영역과 더욱 잘 공존할 수 있을 것이다.

최근까지만 해도 '자연 따라하기'라는 과제는 고립되고 경직된 기계에게는 실행 불가능한 주문이었다. 그러나 우리가 점차로 적응적 행동, 공진화적 동력, 전역적 연결과 같은 속성을 지닌 기계와 공장을 발명해나감에 따라서, 우리는 산업 환경을 일종의 산업 생태계로 만들어나갈 수 있다. 그렇게 하는 것은 거시적으로 볼 때 산업이 자연을 정복하는 패러다임에서 산업이 자연과 협력하는 패러다임으로 변환하는 것이다.

영국의 산업 설계자 하딘 팁스Hardin Tibbs는 NASA의 우주 정거장 같은 대규모 엔지니어링 프로젝트의 설계 자문을 해주는 과정에서 기계를 전체 시스템으로 바라보는 관점을 채택했다. 먼 곳에 떨어져 있는 우주 정거장이나 그 밖에 대규모 시스템을 완전히 신뢰할 수 있는 상태로 건설하기 위해서는 상호작용하고 때로는 대립하는 모든 기계적 하부 시스템에 지속적인 주의를 기울여야 한다. 여러 기계의 서로 반대되는 요구 사이에 균형을 잡으면서 공동의 요구를 통합해 나가는 과정은 엔지니어 팁스에게 전체론적 태도를 불어넣어주었다. 열렬한 환경주의자로서 팁스는 왜 이 전체론적 기계 관점을 산업 전반에 적용하여, 산업이 일으킨 오염 문제를 해결하는 방법으로 사용하지 않는지 의아해한다. 팁스에 따르면 이 아이디어는 "자연 환경의 패턴을 환경 문제를 해결하는 모델로 삼는 것"이다. 그와 동료 엔지니어들은 이것을 '산업생태학'이라고 부른다.

'산업생태학'이라는 용어는 1989년 〈사이언티픽 아메리칸Scientific American〉에 실린 로버트 프로시Robert Frosch의 기사로 다시 부활되었다. 제너럴모터스 연구소의 책임자이자 예전에 NASA를 이끌었던 프로시는 이 신선한 관점을 다음과 같이 설명했다. "산업 생태계에서… 에너지와 물질의 소비는 최적화되고 폐기물의 생산은 최소화된다. 그리고 어느 과정에서 배출된 물질이 다른 과정의 원재료로 사용된다. 산업 생태계는 생물학적 생태계와 유사한 것으로 간주될 수 있다."

산업 생태계라는 용어는 1970년대 이래로 주로 작업장 건강과 환경 문제 등을 생각하는 데에, 예컨대 '공장의 먼지 입자에 진드기가 사는지의 여부'에 대한 논의 등에서 사용되었던 것이라고 팁스는 말한다. 프로시와 팁스는 산업 생태계라는 개념을 기계들의 그물망으로 이루어진 환경을 포함하도록 확장했다. 팁스에 따르면 그의 목표는 "자연 시스템의 체계적인 설계를 모델 삼아 산업의 체계적인 설계를 이루어내고" 그렇게 함으로써 "산업의 효율을 향상시킬 수 있을 뿐만 아니라 산업과 자연이 더욱 바람직한 모습으로 공존할 수 있는 방법을 찾을 수 있게 될 것"이라고 내다보았다. 한 대담한 시도에서 엔지니어들은 기계를 생물로 보는 오래된 은유를 빌려와 작업장에 시적 느낌을 불어넣었다.

제조업을 유기체적 관점에서 바라보려는 시도가 낳은 초기의 아이디어 중 하나는 '해체를 위한 설계'이다. 제품을 얼마나 조립하기 쉬운지의 여부는 제조업계에서 수십 년에 걸쳐서 중요한 요소로 자리잡아왔다. 조립하기 쉬울수록 만드는 데 더 적은 비용이 들기 때문이다. 하지만 수리하기 쉬운지, 또한 폐기하기 쉬운지의 여부는 거의 완전히 간과되어왔다. 그런데 생태학적 관점에서 볼 때는, 해체를 고려해서 설계된 제품은 조립의 효율성뿐만 아니라 폐기 또는 수리의 효율성이 가져다주는 이익까지 한데 합친 것이다. 따라서 가장 잘 설계된 자동차는 운전하기에 즐겁고 조립하는 데 비용이 덜 들 뿐만 아니라 폐차할 때 흔히 사용되는 구성 성분으로 쉽게 분해될 수 있는 차이다. 기술자들은 접착제나 잠금 장치보다 더 단단하게 연결하면서 또 나중에는 다시 원래대로 떼어낼 수 있는 장치, 그리고 케블러Kevlar, 고무 제품의 강도를 높이는 데 쓰이는 인조 물질–옮긴이나 성형된 폴리카보네이트만큼이나 단단하고 강하면서 쉽게 재활용할 수 있는 제품을 발명하려고 애쓰고 있다.

제품의 폐기 책임을 소비자가 아니라 제조업체가 지도록 하는 추세에 따라 그와 같은 제품 또는 물질을 발명하고자 하는 동기가 더욱더 커지고 있다. 폐기물 처리 부담을 위로 거슬러올려 생산자에게 지우는 것이다. 최근 독일은 자동차 제조업체로 하여금 자동차를 균일한 부품으로 쉽게 해체되도록 설계하는 것을 법제화했다. 이제 우리는 쉽게 해체되고 재활용 가능한 부품으로 만들어진 전기 주전자를 살 수 있다. 알루미늄 캔은 이미 재활용을 고려하여 설계되고 있다. 다른 모든 제품들도 이 추세를 따른다면 어떻게 될까? 이제 제품이 수명을 다한 후 그 사체가 어디로 갈 것인지를 책임지지 않고서는 라디오든 운동화든 소파든 아무것도 만들 수 없다. 그렇다면 제조업체들은 생태학적 협력자, 즉 내가 생산한 제품의 사체를 먹어치우는 업체와의 조율을 통해 누군가 내가 남기게 되는 폐기물을 처리할 것임을 확실히 해두어야 할 것이다. 모든 제품은 가공된 폐기물을 포함하게 될 것이다.

"어떤 폐기물이든 잠재적으로 또 다른 제품의 원료가 될 수 있다는 생각은 아주 폭넓게 확장될 수 있습니다." 팁스가 말한다. "그리고 어떤 물질이든 지금 당장 사용될 곳이 없다면 우리는 생산 흐름을 거슬러 올라가 아예 그 물질이 생산되지 않도록 할 수 있습니다. 원칙적으로는 우리는 이미 본질적으로 오염을 전혀 일으키지 않는 제품 생산 방법을 알고 있습니다. 그렇게 하지 않는 유일한 이유는 그렇게 하려고 결정하지 않았기 때문입니다. 기술의 문제가 아니라 의지의 문제인 것이죠."

모든 증거들은 생태학적 기술이 충격적일 만큼 이득을 가져다주지는 못하더라도 비용 면에서 더욱 효율적임을 보여주고 있다. 1975년 이래로 다국적 기업인 3M은 생산 단위당 오염을 50% 절감하면서 동시에 5억 달러의 비용을 절약했다. 3M은 제품의 성분을 재조정하거나, 제품 생산 절차를 수정하거나(예컨대 용매를 덜 쓴다든지) 아니면 단순히 '오염 물질'을 회수하는 방법을 통해 내부적 산업 생태계에 기술 혁신을 적용함으로써 이익을 얻었다.

팁스는 스스로 이익을 가져다준 내부적 생태계의 또 다른 사례에 대해 이야기해주었다. "매사추세츠 금속 표면 처리 공장은 수년 동안 지역의 하천에 중금속 오염 물질을 방출해왔습니다. 그런데 환경 관련자들이 해마다 폐수 방출 기준의 문턱을 올렸습니다. 급기야는 공장 문을 닫고 도금 공정을 통째로 다른 곳으로 옮기든지 아니면 매우 돈이 많이 드는 첨단 기술을 적용한 철저한 정수 처리 시설을 설치하지 않을 수 없게 되었습니다. 그런데 이 업체는 또 다른 새로운 대안을 찾아냈습니다. 제조 공정에서 나온 폐기물을 처리해서 재활용하는 시스템을 발명해낸 것이죠. 전기 도금 업체 가운데 그와 같은 시스템을 사용한 사례는 이전에는 아예 없었습니다."

닫힌 고리 시스템은 같은 물질을 계속해서 재활용하고 또 재활용한다. 마치 바이오스피어 2나 우주선에서 그렇게 하듯이. 실질적으로는 적은 양의 물질이 산업 시스템 안팎으로 들어가고 나오겠지만 전반적으로 볼 때 상당 부분의 물질은 '닫힌 고리' 안에서 순환한다. 매사추세츠 도금 회사는 엄청난 양의 물과 지저분한 공정에서 사용되는 유독한 용매를 모두 회수해 공장 울타리 안에서 재활용하는 방법을 고안해냈다. 이 혁신적 시스템은 외부로 방출되는 오염물질의 양을 0으로 감소시켰고 2년 안에 투자액을 상쇄하는 이익을 거두었다. 텁스는 이렇게 설명했다. "정수 처리 공장을 세우는 데에는 50만 달러가 들지만 그들의 혁신적인 폐기물 재활용 시스템을 건설하는 데에는 25만 달러가 들었을 뿐입니다. 또한 1주일에 거의 200만 L에 달하던 상수도 비용도 더 이상 들지 않게 되었지요. 폐기물에서 금속을 회수하기 때문에 화학 물질 인입 비용도 줄어들었습니다. 동시에 도금 제품의 품질마저 향상되었습니다. 왜냐하면 그들의 폐수 정화 기능이 너무나 뛰어나서 재활용된 폐수가 오히려 예전에 공급받던 지역 수도 회사의 물보다 더 깨끗했기 때문이지요."

'닫힌 고리' 기술은 자연 속 식물 공장의 닫힌 고리 시스템을 그대로 반영한다. 식물은 성장하지 않는 기간 동안 내부적으로 상당량의 물질을 순환시킨다. 도금 공장에서 사용한 오염 물질을 전혀 방출하지 않는 폐기물 재활용 기술의 원리는 산업 단지나 지역 전체에 맞추어 설계될 수 있다. 전 지구적 관점을 가미한다면 인간 활동의 세계적 네트워크 전체를 아우르는 규모로 확장할 수도 있다. 이 거대한 고리 안에서는 어떤 것도 그냥 던져버리는 법이 없다. 던져버릴

'외부'가 존재하지 않기 때문이다. 결국 모든 기계, 공장, 인간의 단체와 기관 따위는 생물학적 방법을 모방하는, 더 큰 지구적 규모의 생체공학적 시스템의 일원이 될 것이다.

팁스는 이미 진행되고 있는 원형을 가리켰다. 코펜하겐에서 서쪽으로 130km 정도 떨어진 곳에 자리잡은 덴마크의 지역적 산업체들이 발달 단계의 산업 생태계를 조직해나가고 있다. 약 12개의 기업들이 이웃 공장의 '폐기물'을 이용하면서 서로 협력한다. 이들은 지금은 열린 고리를 이루고 있지만, 기업들이 서로 상대방이 배출하는 것을 활용하는 방법을 배워나감에 따라서 그 고리는 점차로 '닫혀가고' 있다. 석탄을 때는 발전소가 증기 터빈에서 나오는 (과거에는 근처의 피오르 빙식곡이 침수하여 생긴 좁고 깊은 후미－옮긴이 로 방출하던) 폐열을 정유 공장에 공급한다. 정유회사는 정제 공정에서 방출된 가스에서 오염 물질인 황을 제거하고 발전소에서 나온 열로 가열함으로써 해마다 3만 톤의 석탄을 절약한다. 제거 과정에서 나온 황은 근처의 황산 제조 공장에 판매한다. 발전소는 또한 석탄 연기에서 나오는 오염 물질을 황화칼슘 형태로 침전시키는데 이것은 시트록sheetrock, 구운 석고에 톱밥 따위를 섞어 물로 반죽한 것을 두꺼운 종이에 끼운 판으로 건축 재료로 사용된다.－옮긴이 제조업체에서 석고 대용물로 사용된다. 같은 석탄 연기에서 나온 재는 시멘트 공장으로 간다. 발전소의 폐열의 나머지는 생명공학 및 제약 회사의 공장과 근처 3500가구 및 염수 송어 양식장의 난방에 사용된다. 양식장과 제약 공장의 발효통에서 나오는 영양분 많은 찌꺼기는 지역 농장의 퇴비로 사용되고 있는데, 발전소의 폐열을 이용하는 건설 예정의 원예작물 재배 온실에도 공급될 예정이다.

그러나 제조 공정의 순환 고리를 아무리 빠져나갈 틈 없이 설계한다고 하더라도 약간의 에너지나 재활용할 수 없는 물질이 생물권으로 버려지게 마련이다. 이 불가피한 엔트로피의 영향은 기계 시스템이 폐기물을 자연 시스템의 속도와 역량에 맞을 정도로 방출할 경우 생물 영역에서 흡수할 수 있다. 부레옥잠과 같은 살아 있는 생명이 물 속의 희석된 오염 물질을 경제적 가치가 있는 농도로 응축하기도 한다. 1990년대의 용어로 말하자면 산업계와 자연의 인터페이스가 잘 이루어진다면 생물들이 산업 생태계에서 만들어내는 최소한의 폐기물을 처리할 수 있다는 것이다.

이 낙관적 전망의 거시적 버전에서 두려운 점은 물질의 흐름에는 종종 매우 큰 변동이 있고, 회수할 수 있는 물질이 분산되고 희석된 농도로 존재한다는 점이다. 자연은 변이나 희석된 것을 다루는 데 인공물보다 뛰어난 능력을 보인다. 수백만 달러가 드는 종이 재생공장에는 어느 정도 균일한 품질의 폐지가 지속적으로 공급되어야 한다. 사람들이 다 읽은 신문을 묶어서 재활용통에 버리는 일에 싫증을 느껴 폐지 공급이 원활해지지 않아 하루 이틀씩 가동을 멈추어야 하는 일이 벌어진다면 이 공장은 도저히 운영할 수 없다. 이에 대한 일반적인 해결책은 재활용 자원을 모아놓는 거대한 보관 창고를 마련하는 것인데 이 역시 얼마 되지 않는 수익성을 깎아먹는다. 산업 생태계는 잘 구성된 네트워크를 통한 적기 공급 생산 방식을 이루어야 한다. 즉 국지적 과잉과 부족을 전체 시스템 안에서 주고받으며 해소할 수 있어 재고의 변이를 최소화할 수 있도록 역동적으로 물질의 흐름에 균형을 잡을 수 있어야 한다. 네트워크에 좀 더 기반을 둔 '유연한 생산 시설flex-factory'은 적응성 있는 기계 장치를 운영하거나 더 다양한 종류의 제품에 대해 더 적은 단위를 생산하는 식으로 자원의 변덕스러운 속성에 대처할 수 있다.

분산 지능이나 유연 근무제 회계flex-time accounting나 틈새 경제niche economics나 통제된 진화 같이 적응성을 지닌 기술은 모두 기계에 유기적 속성을 불어넣는다. 만들어진 것들의 세계는 하나의 거대한 고리로 연결되어 지속적으로 태어난 것들의 세계를 향해 나간다.

제조업이 '태어난 것들의 세계'를 모방하기 위해서 무엇이 필요한지를 연구한 팁스는 산업 활동이 점점 더 유기적이 되어갈수록 오늘날 흔히 사용하는 용어로 '지속 가능'해진다는 것을 확신하게 되었다. 오늘날의 기름때 찌든 무미건조한 산업 활동을 생물학적 활동의 속성을 향해 나가도록 하는 것을 상상해보라고 팁스는 제안한다. 대부분의 공장에서 사용하는 고압, 고온 공정 대신 생물학적 수치 이내에서 가동되는 공장을 설계해보자. "생물학적 대사는 일차적으로 태양 에너지를 연료로 써서 상온, 상압에서 이루어진다." 팁스가 획기적인 1991년의 논문 〈산업 생태계Industrial Ecology〉에 쓴 구절이다. "만일 산업의 대사에서도 그것이 가능해진다면 그것은 공장 운영의 안전성 측면에 커다란 이익을 가져다줄 것이다." 뜨거운 것은 빠르고 격렬하고 효율적이다. 차가운 것은 느리고 안전하고 유연하다. 생명은 차갑다. 제약 회사들은 약품을 제조할 때 독성이 강하고 용매를 많이 사용하는 화학적 방법 대신 생명공학 방법으로 처리된 효모세포를 이용하는 혁명을 일으키고 있다. 제약 회사 공장의 첨단 기술을 응용한 배관 시스템은 그대로 남아 있지만 유전자 접합 기술을 적용한 살아 있는 효모의 수프가 기계 엔진을 밀어내고 그 자리를 차지한다. 고된 노동과 환경 파괴적인 방법을 필요로 하던 작업인 광석에서 광물질을 추출하는 일에 박테리아를 사용하는 일 따위가 기계적 절차를 생물학적 절차로 대치한 사례들이다.

생명은 탄소를 중심으로 그 주변에 생성되었지만 탄소를 원료로 삼지는 않는다. 그러나 탄소는 산업 발달의 연료였고 동시에 대기에 엄청난 충격을 가했다. 이산화탄소와 다른 대기 오염 물질은 연료 속의 복잡한 탄화수소의 양에 비례하여 대기 중으로 방출되었다.

탄소가 많으면 많을수록 오염은 더욱 심했다. 그러나 연료에서 진짜 에너지를 내는 것은 탄화수소 가운데 탄소가 아니라 수소 부분이다.

과거에 최고의 연료는 나무였다. 수소에 대한 탄소의 비율로 나타내자면 연료로 쓰인 목재는 약 91%의 탄소를 가지고 있다. 산업 혁명의 정점 무렵에 가장 선호한 연료는 석탄이었다. 석탄은 약 50%가 탄소로 이루어져 있다. 현대 공장에서 사용하는 석유 연료는 약 33%의 탄소를 함유하고 있다. 반면 청정 연료로 각광받고 있는 천연 가스는 탄소 함유량이 약 20%이다. 텁스는 "산업 시스템이 진화함에 따라 (연료에는) 점점 더 수소가 풍부해졌다. 적어도 이론적으로 볼 때 순수한 수소야말로 이상적인 '청정 연료'라고 할 수 있다."

미래의 '수소 경제'에서는 태양 광선을 이용해 물 분자를 수소와 산소로 쪼개고 그런 다음 수소를 마치 천연 가스와 같이 공급해 필요한 곳에서 연소시켜 에너지를 내도록 한다. 그와 같은 환경적으로 온화한 무탄소 에너지 시스템은 광자에 기초한 식물세포의 전력원을 흉내낸 것이다.

산업 공정을 유기적 모델을 향해 밀어붙이는 과정에서 생체공학 엔지니어들은 다양한 생태계 타입을 창조해냈다. 한쪽 극단에는 알프스의 초원이나 맹그로브 습지와 같은 순수한 자연적 생태계가 있다. 이기적 관점에서 볼 때 이 시스템들은 생물량, 산소, 음식물, 그리고 우리가 수확하는 일부를 포함한 수천 가지 복잡한 유기적 화학 물질을 생산한다. 그 반대편 극단에는 자연에 존재하지 않거나 그토록 많은 양으로는 존재하지 않는 화합물을 합성하는 순수한 산업 시스템이 있다. 그리고 양 극단 사이에 다양한 잡종 생태계들이 자리잡고 있다. 습지의 하수 처리 공장(미생물로 하여금 오염 물질을 분해하도록 하는)이나 포도주 양조장(살아 있는 효모를 이용해 와인을 발효시키는) 그리고 유전자 접합 생물을 이용해 실크라든지 비타민이라든지 접착제 따위를 생산하는 생명공학 설비 등이 그 예이다.

유전공학이나 산업 생태계 모두 부분적으로 생물학적이고 부분적으로 기계적인 제3의 생체공학 시스템을 약속한다. 우리는 단지 우리가 원하는 물건을 창조해내는 다양한 생태기술 시스템을 상상하기 시작하면 된다.

산업은 불가피하게 생물학적 방법을 채택하게 될 것이다. 그 이유는 다음과 같다.

• 생물학적 방법은 같은 일을 하는 데 더 적은 물질을 들이고도 더 잘 해낸다. 오늘날의 자동차, 비행기, 주택, 컴퓨터 등은 20년 전에 비해 더 적은 물질을 소비하면서 훨씬 더 좋은 성능을 보인다. 미래에 우리에게 부를 창출해줄 대부분의 공정은 생물학적 규모와 해상도로 축소될 것이다. 설사 그 공정이 미국 삼나무만큼이나 커다란 제품을 생산해낸다고 하더라도 말이다. 제조업자들은 자연의 생물학적 절차를 경쟁력 있고 영감을 주는 것으로 받아들이게 되고 그 결과 제조 공정에서 생물학적 해법을 지향할 것이다.

• 인공물의 복잡성이 이제 생물학적 복잡성 수준에 이르고 있다. 복잡성의 최고 관리자인 자연은 어지럽고 반직관적인 그물망을 다루는 데 필요한 값진 지침을 제공해준다. 인공의 복잡한 시스템이 계속해서 운영되기 위해서는 의도적으로 유기적 원리와 통합되어야 한다.

• 자연은 움직이지 않을 것이다. 따라서 인간이 자연을 수용해야 한다. 인간보다 크고, 인간의 고안물보다 큰 존재인 자연은 산업 발전의 근본 속도를 결정한다. 따라서 인공의 세계는 장기적으로 자연에 순응해야 한다.

• 자연의 세계 자체, 즉 유전자와 생명 형태들이 마치 산업 시스

템과 같이 기술적으로 조작될 수 있고 그 결과 특허를 받을 수도 있다. 이 경향은 자연과 인공 산업 생태계라는 두 영역 사이의 틈을 좁히고 그 결과 산업이 생물학적 세계를 후원하고 이해하는 것을 쉽게 해준다.

우리의 세계가 점차로 인간이 만든 장치들로 포장되고 있다는 사실을 누구나 깨달을 수 있다. 그러나 우리 사회는 인공물을 향해 빠른 발걸음을 내딛는 한편으로 그와 똑같이 빠른 속도로 생물학을 향해 나아가고 있다. 전자 기기들이 우리의 마음을 사로잡지만 이들은 본질적으로 진짜 혁명, 바로 생물학적 혁명을 숙성시키기 위해 이 자리에 와 있는 것이다. 다음 세기가 우리를 안내할 곳은 모두가 떠들어대듯 실리콘의 시대는 아닐 것이다. 그것은 생물학, 즉 쥐, 바이러스, 유전자, 생태학, 진화, 생명의 시대일 것이다.

또는 그와 비슷한 것들의 시대일 것이다. 다음 세기가 우리를 진짜로 이끄는 곳은 바로 초생물학의 세계이다. 합성된 쥐, 컴퓨터 바이러스, 조작된 유전자, 산업 생태계, 통제된 진화. 인공 생명. (그러나 이들 모두는 사실상 하나이다.) 실리콘 연구는 생물학을 향해 우르르 몰려가고 있다. 여러 연구 팀들이 자연을 연구하는 데 도움을 주는 컴퓨터를 넘어서서 자연 그 자체가 되는 컴퓨터를 설계하기 위해 경쟁을 벌이고 있다.

최근 열린 기술 분야의 학회와 워크숍의 주제에서 생명의 향취를 느껴보자. 적응적 연산Adaptive Computation(1992년 4월, 산타페), 유기체적 유연성을 모델링하는 컴퓨터 프로그래밍. "자연의 진화는 항상 변화하는 환경에 적응하기 위한 연산 절차이다."라고 주장하는 생물 연산Biocomputation(1992년 6월, 몬터레이). 자연을 슈퍼컴퓨터로 간주하는 자연의 병렬식 문제 해결법(1992년 9월, 브뤼셀). 진화에서의 DNA의 힘을 모방하고자 하는 제5차 유전 알고리듬 국제 학회(1992년, 샌디에이고). 그 밖에 뇌의 신경세포의 독특한 구조를 모방하는 학습 모델에 초점을 맞춘 신경망 분야의 셀 수 없는 학회들.

지금으로부터 10년 후 여러분의 거실, 사무실, 차고의 가장 놀라운 제품은 이 선구적 학회에서 논의된 아이디어들에 기초하여 탄생할 것이다.

다음은 한 문단으로 요약한, 흥미 위주의 세계 역사이다. 아프리카의 사바나가 수렵 채집을 하는 인간을 낳았다(순수한 생물학적 과정). 수렵 채집을 하는 인간이 농업을 낳았다(자연 길들이기). 농사를 짓는 인간이 산업을 낳았다(기계 길들이기). 산업화된 인간이 지금 현재 출현하고 있는 탈산업화된 무엇인가를 낳고 있다. 그것이 무엇인지 우리는 아직 알아내려 하고 있을 뿐이다. 그러나 나는 그것이 태어난 것과 만들어진 것의 결합이라고 믿는다.

정확히 말하자면 다음 시대의 향취는 생체공학적이라기보다는 신생물학적이라고 할 수 있을 것이다. 왜냐하면 생물학과 기계는 처음에는 동등하게 시작할지 모르지만 어떤 방식으로 섞이든 항상 생물학 쪽이 우위를 점하게 되기 때문이다.

그 이유는 오히려 생명 현상이 신성한 위치에 있지 않기 때문이다. 생명은 어떤 신비한 수단을 통해 물려받은 신성한 지위가 아니다. 생명 현상은 모든 복잡성이 궁극적으로 도달하게 되는 필연성, 거의 수학적 확실성이다. 그것은 바로 오메가 포인트이다. 만들어진 것과 태어난 것이 서서히 뒤섞이면서 생물학적인 것이 우성, 기계적인 것이 열성 형질이 되었다. 결국 생물 논리가 항상 이긴다.

11

네트워크 경제

존 페리 발로John Perry Barlow의 일생일대의 과업이 무엇인지는 딱 꼬집어 정의하기 어렵다. 그는 와이오밍주 파인데일에 목장을 가지고 있고 예전에는 공화당 소속으로 와이오밍주 상원 의원에 출마한 적도 있다. 그는 종종 베이비부머 세대 사람들에게 자신을 그의 장수 언더그라운드 밴드 그레이트풀 데드Grateful Dead의 노래의 가사를 쓰는 객원 작사가라고 소개한다. 그것은 그의 모습 가운데 그가 가장 즐기는 모습이다. 사람들에게 불러일으키는 인지 부조화cognitive dissonance, 상호 모순되는 생각을 품을 때 발생하는 인지적 불균형 상태 – 옮긴이를 특히 즐거워하는 듯하다. 공화당원 데드헤드라고? 데드헤드는 히피 경향의 밴드 그레이트풀 데드의 팬들을 일컫는 말이다. – 옮긴이

그는 언젠가는 환경 운동가들이 귀신고래의 이동을 관찰하도록 하기 위해 스리랑카에서 포경선으로 쓰이던 배를 진수시켰고, 전기 공학자들의 학회에서 프라이버시의 미래와 언론 자유에 대해 연설하기도 했다. 홋카이도의 온천에 일본인 기업가들과 함께 몸을 담그

고 앉아 태평양 주변 지역을 통합할 방안에 대해 논의하는가 하면 마지막으로 남은 우주 개발론자들과 함께 찜질방sweat lodge에 모여 앉아 화성에 정착할 방안에 대해 이야기를 나누고는 한다. 나는 실험적인 온라인 가상 공동체 WELL에서 발로를 알게 되었다.

가상 공동체 WELL에서 활동하는 사람들은 몸이 없다. 그곳에서 그는 '히피 신비주의자'라는 배역을 연기했다.

발로와 나는 WELL에서 만나 수년 동안 함께 일한 후에야 드디어 피와 살을 가진 서로의 육신을 대면했다. 이것이 정보 시대에 우정을 맺는 흔한 방식이다. 발로는 약 10개의 전화번호를 가지고 있고, 그의 휴대폰을 예닐곱 군데의 장소에 두고 있으며, 전자 주소를 두 가지 이상 가지고 있다. 나는 그가 어디에 있는지 결코 알 수 없다. 하지만 거의 언제나 몇 분 안에 그와 접촉할 수 있다. 발로는 비행기를 타고 여행할 때 노트북을 기내 전화선에 연결한다. 그와 통화하기 위해 번호를 누르면 그가 세계 어느 곳에 있든지 거의 그에게 연결된다.

그의 이러한 육체 이탈적 속성은 나를 혼란스럽게 만들기도 한다. 내가 그에게 전화했을 때 최소한 내가 지금 지구 어느 구석으로 연결된 것인지조차 알 수 없다는 사실에 혼란을 느끼는 것이다. 그는 거처 없이 돌아다니는 것에 신경 쓰지 않을지 몰라도 나는 신경이 쓰인다. 그가 뉴욕에 있을 거라고 생각하면서 전화를 걸었을 때, 태평양 건너에 있다는 사실을 알게 되면 한 대 맞은 것 같은 기분이 든다.

"발로, 자네 지금 어디에 있나?" 상당히 아슬아슬하고 중대한 협상에 대해 의논하는 긴박한 통화 도중에 내가 그에게 물었다.

"음, 자네가 처음 전화를 걸었을 때는 주차장에 있었지. 하지만 지금은 여행 가방을 고치려고 가방 상점에 들어와 있다네."

"이런, 자네 차라리 수화기를 뇌 안에 이식시키는 수술을 받으면 어떻겠나? 그 편이 훨씬 편하겠구먼. 양 손을 자유롭게 쓸 수 있을 테니 말야."

"그거 좋은 생각이군." 그는 완전히 진지하게 대답했다.

발로는 텅 빈 와이오밍에서 빠져나와 지금은 더욱더 광대한 사이버스페이스에서 땅을 분양하고 있다. 바로 우리가 조금 전 나누었던 대화가 실질적으로 일어난 변경 지대이다. 작가인 윌리엄 깁슨이 맨 처음 꿈꾸었던 사이버스페이스는 산업화된 세계의 '하부에underneath' 보이지 않게 뻗어나가는 거대한 전자 네트워크 영역을 아우른다. 깁슨의 공상 과학 소설에 따르면 가까운 미래에 사이버스페이스의 탐험자들은 경계 없는 전자 데이터 은행들의 미로와 비디오 게임에 나오는 것과 같은 세계에 '접속jack in'한다. 사이버스페이스의 탐험자는 어두운 방 안에 앉아 모뎀을 직접 자신의 뇌에 꽂는다. 그리하여 접속이 이루어지면 그는 자신의 뇌 안에서 추상적 정보의 보이지 않는 세계를 여행한다. 마치 무한히 뻗어 있는 도서관 안을 질주하듯이. 모든 면에서 볼 때 이런 종류의 사이버스페이스는 이미 우리의 삶 속에 한 조각, 한 조각 그 모습을 드러내고 있다.

히피 신비주의자 발로는 사이버스페이스의 개념을 그보다 더 넓게 확장했다. 그의 사이버스페이스는 보이지 않는 데이터베이스의 망과 네트워크, 그리고 컴퓨터 스크린 고글을 쓰고 들어갈 수 있는 삼차원 게임 세계에 그치지 않고, 물리적, 신체적으로 존재하는 것이 아닌 모든 존재 양식과 모든 종류의 디지털 형태의 정보를 아우른다. 예컨대 여러분과 친구가 전화로 이야기를 나누고 있다면 두 사람 모두 사이버스페이스에 있는 것이라고 발로는 말한다.

"사이버스페이스에서 우리는 그 어느 곳에서보다 육체에서 분리된 상태로 존재하게 됩니다. 마치 모든 것을 절단한 것과 같지요." 발로가 언젠가 기자에게 한 말이다. 사이버스페이스는 네트워크 문화의 쇼핑몰이다. 또한 분산된 네트워크의 반직관적 논리가 인간 사회의 특이한 행동과 만나는 영역이다. 그리고 이 영역은 빠르게 확장되고 있다. 네트워크 경제의 속성 때문에 사이버스페이스는 사용하면 사용할수록 증가하는 자원이다. 그것은 "개발하면 할수록 늘어나는 이상한 종류의 부동산"이라고 발로는 재담을 늘어놓는다.

나는 당시 내가 운영하던 우편 주문 회사의 고객 데이터베이스를 만들기 위해 컴퓨터를 처음 구입했다. 그런데 최초로 구입한 애플 II 컴퓨터를 사용하기 시작하고서 몇 달 지난 시점에 컴퓨터를 전화선에 연결했을 때 나는 일종의 종교적인 체험을 하게 되었다.

전화선 저편에서 배아와 같은 상태의 웹이 생겨나고 있었다. 그것은 갓 태어난, 어린 네트워크였다. 새벽의 여명 속에서 나는 컴퓨터의 미래는 숫자가 아닌 연결에 있음을 깨달았다. 홀로 서 있는 귀중한 슈퍼컴퓨터 한 대보다는 서로 연결된 수백만 대의 애플II에 더 많은 전류가 흘러들어간다. 인터넷Net을 이리저리 방황하던 나는 우연히 네트워크의 정수를 눈앞에서 목격하게 되었고 머릿속이 꿀을 만난 벌떼처럼 온통 윙윙거리기 시작했다.

계산 기계로 사용되었던 컴퓨터는, 우리 모두가 예상하듯, 효율적인 새로운 세대의 세계를 창조한다. 그러나 일단 네트워크화된 컴퓨터가 의사소통 기계로 사용됨에 따라 향상된 세계를 이전과 완전히 다른 논리로 전복시킬 것이라는 사실은 아무도 예측하지 못했다. 그 논리는 바로 망의 논리이다.

개인주의의 시대Me-Decades, 1976년 소설가인 탐 울프가 〈뉴욕 매거진〉에 기고한 기사에서 처음 사용해서 유명해진 표현으로 1970년대를 가리킨다. – 옮긴이에 개인용 컴퓨터의 해방은 딱 적절한 것이었다. 개인용 컴퓨터는 개인의 노예이다. 개인용 컴퓨터는 충성스럽고 속박된 실리콘 뇌로 헐값에 고용되어 여러분의 모든 명령에 고분고분 순응한다. 여러분이 고작 열세 살이라고 하더라도 말이다. 개인용 컴퓨터와 뛰어난 성능을 가진 그 후손들이 우리가 명시하는 대로 세상을 재구성해나가게 될 것임은 명명백백해보였다. 개인용 신문, 주문형 비디오, 맞춤형 가전제품 등이 그 예이다. 이들 기술은 여러분 개개인에 초점이 맞추고 있다. 그러나 그와 같은 변덕 속에서 실리콘 칩의 진짜 힘은 숫자들을 이리저리 조작해 우리 대신 생각하도록 하는 놀라운 능력이 아니라, 조작된 스위치를 이용해 우리를 연결하는 신비스러운 능력이다. 우리는 사실 이 기계를 컴퓨터(연산 기계)라고 부를 것이 아니라 커넥터(연결 기계)라고 불러야 옳다.

1992년 무렵 컴퓨터 산업에서 가장 빠르게 성장하는 분야는 네트워크 기술이었다. 그것은 비즈니스의 모든 분야가 전자적으로 새롭게 형성되는 네트워크에 자신을 연결하려는 움직임이 빛의 속도로 확산되고 있음을 반영하는 것이었다. 1993년경에는 〈타임Time〉과 〈뉴스위크Newsweek〉 모두 텔레비전, 전화, 평범한 가정을 연결하는 데이터의 초고속도로superhighway에 대한 이야기를 커버스토리로 다루었다. 몇 년 지나면 언제, 어디서, 어느 누구에게든, 어느 누구로부터든 영화, 컬러 사진, 데이터베이스 전체, 음악 앨범, 세부 사항을 포함한 청사진, 여러 권의 책 등을 전송하거나 전송받을 수 있는 '비디오 다이얼톤video dial tone, VDT라고도 하며 구리 전화선을 통해 비디오를 전송하는 기술–옮긴이'을 실행하는 장치를 사용할 수 있게 될 것이다.

그와 같은 규모의 네트워킹은 모든 종류의 비즈니스에 진짜 혁명을 가져올 것이다. 그 혁명은 우리가

- 무엇을 만드는지
- 어떻게 만드는지
- 무엇을 만들지를 어떻게 결정하는지
- 그것을 만드는 경제 환경의 본질

등을 바꾸어놓을 것이다.

네트워크 논리의 도입에 의해 비즈니스의 모든 측면은 직간접적으로 전면적 점검과 조정을 받지 않을 수 없게 되었다. 단순히 컴퓨터만이 아니라 네트워크는 기업들로 하여금 새로운 종류의 혁신적 상품을 더 빠르고 더 유연한 방식으로, 또한 고객의 요구에 더욱 잘 부응할 수 있도록 해준다. 그리고 이 모든 일은 경쟁 기업들도 같은 방식으로 대응할 수 있는 빠르게 변화하는 환경 안에서 이루어진다. 이 거대한 변화에 발맞추어 법률과 금융 환경 역시 변화하고 있다. 전세계의 금융 기관이 네트워크를 통해 24시간 내내 돌아가는 상황이 경제에 미치는 엄청난 변화들은 말할 것도 없다. '월스트리트'가 이 웹을 장악하고 자신의 의도에 따라 전복해나감에 따라 점점 부풀어 오르는 뜨거운 문화적 움직임이 언젠가 폭발할 것처럼 보인다.

이미 네트워크 논리가 제품의 형태를 규정짓게 되었고 그것이 비즈니스의 형태를 규정하게 되었다. ATM 기계를 통해 즉각적으로 현금을 인출할 수 있는 것은 오직 네트워크를 통해서만 가능하다. 모든 종류의 신용 카드도 마찬가지이다. 당연히 팩스 기계도 그렇다. 우리 생활 속 어디에서나 볼 수 있는 컬러 프린터기 역시 네트워크의 산물이다. 오늘날의 고품질 저비용의 4색 프린터는 고속으로 각 색깔의 잉크를 뿜어내는 롤러들을 조율하는 네트워크 인쇄기 덕분에 가능해진 것이다. 생명공학 제약 회사들 역시 살아 있는 미생물의 수프가 이 통에서 저 통으로 흘러가는 과정을 관리하기 위해서 네트워크에 기초한 지능이 필요하다. 심지어 우리를 유혹하는 가공식품조차도 각 조리 과정을 담당하는 분산된 기계들을 네트워크를 통해 조율할 수 있기 때문에 가능해진 산물이다.

일반적인 제조업은 네트워크에 기초한 지능의 관리를 받음으로써 더욱 향상된다. 네트워크를 이룬 장비들은 불순물이 더 적은 강철과 유리를 생산해낼 뿐만 아니라 장비의 적응적 특성에 따라 같은 설비로도 더 다양한 제품을 생산해낸다. 제조 과정에서 제품 조성의 작은 변화를 관리할 수 있고, 그 결과 과거의 애매하고 불분명한 물질 대신 새로운 종류의 더욱 정밀하고 정확한 물질을 생산한다.

네트워킹은 제품 유지 보수에도 정보를 줄 수 있다. 이미 1993년 기준으로 일부 사무용 및 산업용 장비(피트니보우스 팩스 기계, 휼렛패커드의 소형 컴퓨터, 제너럴일렉트릭의 의료용 스캐너)는 원격으로 진단과 수리를 할 수 있는 상태이다. 기계에 전화선을 연결하여 접속함으로써 공장의 작업자가 기계의 내부를 들여다보고 제대로 작동하는지 살펴본 후 이상이 있을 경우 고치기도 한다. 원격 진단 기술을 개발한 것은 인공위성 제조업자들이다. 인공위성의 경우 원격으로 수리하는 것 말고는 달리 방법이 없다. 이제 그 방법은 수천 km 떨어진 곳에 있는 팩스를 고치고, 하드 디스크를 분석하고, 엑스레이 촬영기를 신속하게 수리하는 데 사용된다. 어떤 경우에는 문제 해결의 시발점으로 새로운 소프트웨어를 기계에 업로드하기도 한다. 수리기사가 방문하기 전에 어떤 부품을 가져가야 할지를 미리 확인하고 그렇게 함으로써 현장에서의 수리 시간을 단축할 수 있다. 근본적으로 이와 같이 네트워크를 이루고 있는 장치들은 더 큰 분산된 기계의 한 접속점이라고 볼 수 있다. 시간이 흐르면 모든 기계들이 네트워크에 접속되어 이상이 생기면 바로 수리 담당자에게 경고를 보내 업데이트된 지능을 내려받아 작업을 수행하는 동안 성능을 개선할 것이다.

일본인들은 숙련된 인간과 네트워크화된 컴퓨터 지능을 이음매 없이 매끈하게 결합하여 기업 전체를 아우르는 하나의 네트워크로 확장해 흠 없는 품질을 달성하는 기법을 완벽하게 발전시켰다. 일본의 제조업체들은 중대한 정보들을 집약적으로 조율해서 전 세계에 손바닥만 한 캠코더나 내구성 높은 자동차 등을 공급했다. 세계의 산업화된 국가들이 네트워크에 기초한 제조 시설을 건설하는 동안 일본인들은 네트워크 논리의 다음 변경 지대로 이동했다. 바로 유연 생산flexible manufacturing과 맞춤형 대량 생산mass customization이 그것이다. 예를 들어 일본 코쿠부의 내셔널자전거공업National Bicycle Industrial Company은 조립 라인에서 맞춤형 자전거를 생산한다. 고객은 이 회사의 1100만 종 모델 가운데 각자의 취향에 맞는 대로 주문할 수 있다. 그 경우 가격은 맞춤형이 아닌 대량 생산되는 모델에 비해 10% 정도 더 비쌀 뿐이다.

이 도전은 간단히 요약하면 다음과 같다. 기업이 시장에서 상호작용하는 모든 대상을 포함하도록 기업의 내부 네트워크를 외부로 확장하라. 직원, 공급자, 규제자, 고객 등을 모두 아우르는 거대한 망을 짜라. 그들은 모두 당신 회사의 집단적 존재의 일부가 될 것이다. 그들이 바로 회사이다.

확장되고 분산화된 기업 구조를 도입하는 일본과 미국의 기업 사례들은 그 구조가 발휘하는 거대한 힘을 입증해준다. 예를 들어서 전 세계의 고객들에게 청바지를 판매하는 리바이스는 자신의 존재의 상당 부분을 네트워크화했다. 리바이스의 기업 본부, 39개의 생산 공장, 수천 개에 이르는 소매점에서 나오는 데이터가 끊임없이 거대한 경제적 초개체로 흘러들어간다. 예를 들어 버팔로주의 한 쇼핑몰에서 스톤워시 청바지들이 판매되면 그 소식은 그날 밤 쇼핑몰의 금전 등록기로부터 리바이스의 네트워크로 흘러들어간다. 리바이스의 네트워크는 그 쇼핑몰의 거래 현황을 3500군데의 다른 소매점의 거래 현황과 맞춰본 후 몇 시간 이내에 벨기에의 공장에 스톤워시 청바지를 좀 더 생산하라거나 독일의 공장에 염색 양을 늘리라거나 미국 노스캐롤라이나주의 방적 공장에 데님을 더 생산하라는 주문을 넣는다.

같은 신호가 네트워크로 연결된 공장들을 일제히 가동시킨다. 방적 공장에서 나온 옷감들에는 바코드가 부착된다. 겹겹이 쌓인 옷감들이 바지로 만들어지는 동안 바코드에 입력된 제품의 정체성은, 손에 들고 사용하는 레이저 바코드리더를 통해 옷감 상태에서 운송과정을 거쳐 판매점의 선반 위에 오를 때까지 내내 추적된다. 판매현황을 보고한 쇼핑몰은 해당 제품의 재고가 준비되고 있다는 답변을 듣는다. 그리고 며칠 안으로 재고를 보충할 수 있다.

고객의 구매와 주문과 생산이 이토록 밀접하게 연결된 하나의 고리로 돌아가다 보니 또 다른 고도로 네트워크화된 의류 생산업체인 베네통은 그들이 생산하는 스웨터는 공장 문을 나서기 직전까지 염색하지 않는다고 자랑한다. 지역 소매점의 고객들이 청록색 점퍼를 많이 사기 시작하면 며칠 안에 베네통 네트워크는 더 많은 점퍼를 청록색으로 염색하기 시작한다. 따라서 패션 전문가가 아니라 매장의 금전 등록기가 해당 시즌의 인기 색조를 선택한다고 말할 수 있다. 이런 방법을 통해 베네통은 예측하기 어려운 변덕스러운 패션계의 폭풍 속에서 건재해왔다고 할 수 있다.

컴퓨터를 이용한 디자인 도구와 컴퓨터를 이용한 제조 공정을 연결하면 단순히 색깔뿐만 아니라 디자인 전체를 재빨리 조작할 수 있다. 새로운 의상을 신속하게 디자인해서 적은 양으로 만든 다음 각 매장에 유통시킨다. 그런 다음 재빨리 변화를 주거나 성공적인 상품을 대량으로 생산하는 것이다. 전체 주기가 며칠 단위로 돌아갈 수 있다. 최근까지만 해도 선택의 가짓수는 훨씬 더 적고 그 주기는 계절, 또는 1년 단위로 돌아갔다. 일본의 세제 및 욕실용품 제조 회사인 카오Kao는 소량의 주문도 24시간 안에 배송할 수 있는 정교한 네트워크를 갖춘 유통 시스템을 만들었다.

자동차나 플라스틱을 이런 방식으로 만들지 못할 이유가 있을까? 사실상 가능하다. 진정으로 적응성 있는 공장은 모듈화되어야 한다. 각기 다른 종류의 자동차와 다른 조성의 플라스틱을 제조할 수 있도록 도구와 작업의 흐름이 재빨리 수정되고 재조립될 수 있어야 한다. 어느 날은 조립 라인이 스테이션 웨건 또는 스티로폼을 생산하다가 다음 날은 지프나 플렉스글라스Plexiglas를 생산하는 식이다. 조립 라인은 필요한 제품에 맞추어 적응해나간다. 이것은 엄청난 잠재력을 가진, 각광 받는 연구 분야이다. 가동되고 있는 제조 공정을 멈추지 않고서 변경시킬 수 있다면 다양한 제품을 일괄로 만들어낼 수 있다.

그러나 이러한 유연성은 현재 바닥에 고정되어 있는 육중한 기계들에게 발 끝으로 살살 걷는 가벼운 민첩성을 요구하는 수준이다. 이 기계들을 춤추게 하려면 육중한 덩어리를 네트워크에 기초한 지능으로 대체할 필요가 있다. 유연 생산 방식이 제대로 작동하려면 유연성이 시스템의 깊은 내부까지 스며들어가야 한다. 기계 장비 자체가 조절 가능해야 하고 원료의 공급이 즉각 조절될 수 있어야 하고, 노동력은 하나의 단위로 조율될 수 있어야 하며 포장재의 공급 역시 유연해야 하고, 운송 경로도 적응성을 갖추어야 하며, 마케팅도 적시에 함께 호흡해야만 한다. 이 모든 것이 네트워크와 함께 이루어질 수 있다.

오늘 내 공장에 트레일러 21대와 아세테이트 수지 73톤과 2000kW

의 전력과 576맨아워man hour, 숙련자가 한 시간 동안 할 수 있는 작업 분량 – 옮긴이가 필요하다고 하자. 그런데 내일은 이 중 아무것도 필요 없어질 수도 있다. 따라서 만일 당신이 아세테이트를 생산하는 기업이거나 전기 회사라면 나와 함께 일하기 위해서는 나만큼 민첩해야만 한다. 당신과 나, 우리는 네트워크를 통해 서로 조정하고 정보와 관리를 공유하고 우리 둘 사이의 기능을 분산화할 것이다. 이따금씩 누가 누구를 위해 일하는지를 구분하기 어려울 것이다.

페데럴익스프레스는 IBM의 주요 부품의 운송을 대행해 주었다. 그런데 지금은 부품들의 보관까지도 맡고 있다. 페데럴익스프레스는 네트워크라는 수단을 통해 해외의 IBM 공급자가 갓 만들어낸 부품이 현재 어느 페덱스 창고에 도착했는지 금세 추적할 수 있다. 또한 여러분이 IBM의 카탈로그를 보고 어떤 제품을 주문하면 페덱스는 그들의 전 세계적 배송망을 통해 여러분에게 가져다준다. IBM의 직원은 어쩌면 그 제품에 손가락 하나 대지 않았을지도 모른다. 따라서 페데럴익스프레스 직원이 그 부품을 당신의 문 앞으로 가져올 때 그것을 보낸 회사는 IBM이라고 해야 하나? 페데럴익스프레스라고 해야 하나? 위성을 통해서 모든 트럭들을 실시간으로 완전히 네트워크화한 최초의 트럭 수송 회사 슈나이더내셔널의 주요 고객사 가운데에는, 주문을 직접 슈나이더의 발송 관리 컴퓨터로 보내고 같은 방법으로 요금이 청구되도록 하는 회사들도 있다. 그렇다면 누구에게 책임이 있는 것일까? 어디까지가 기업이고 어디부터가 공급자인가?

고객들 역시 분산화된 기업과 발맞추어 나간다. 고객들은 어디에나 존재하는 수신자 부담의 고객용 전화번호를 통해 직접 제조 공장으로 연결되어 조립 라인이 무엇을 어떻게 만들지를 결정한다.

우리는 미래의 기업의 형태를 잡아 늘이고 늘여서 순수한 네트워크가 될 때까지 확장된 모습으로 상상할 수 있다. 순수한 네트워크 형태의 기업은 분산되어 있고, 분권화되어 있고, 협력적이고, 적응적이라는 특징을 갖게 될 것이다.

분산 : 기업은 이제 어느 한 장소에 자리잡고 있지 않다. 여러 장소에 동시에 거주한다. 심지어 기업 본부조차 한 장소에 있지 않다. 예를 들어 애플 컴퓨터는 여러 개의 건물이 2개의 타운에 걸쳐 산재해 있다. 각 건물들은 회사의 각기 다른 기능의 '본부' 역할을 한다. 심지어 소규모 회사조차도 같은 장소 안에서 분산되어 존재할 수 있다. 일단 네트워크화되면 아래 위층으로 붙어 있든 도시 저편으로 떨어져 있든 거의 아무런 상관이 없다.

캘리포니아주 플리잔튼에 위치한 오픈비전은 비교적 평범한 소규모의 소프트웨어 회사인데 새로운 패턴에 따른 기업 구조를 가지고 있다. "우리 회사는 진짜로 분산된 방식으로 운영하고 있습니다." 이 회사의 최고 경영자인 마이클 필즈Michael Fields가 말한다. 오픈비전은 미국 대부분의 도시에 고객과 직원을 가지고 있으며 모두 컴퓨터 네트워크에 관련된 서비스를 제공하고 있다. 그러나 "그들 대부분은 플리잔튼이 어디에 붙어 있는지도 모릅니다."라고 필즈는 〈샌프란시스코 크로니클San Fransisco Chronicle〉과의 인터뷰에서 말했다.

그러나 궁극적 네트워크를 향해 잡아늘이고 또 늘인다고 해도 기업들이 제각기 홀로 일하는 개인들의 네트워크 수준으로 분해되지는 않을 것이다. 지금까지 수집된 데이터나 나의 경험에 비추어볼 때 순수하게 분산화된 기업은 대개 여덟 명에서 열두 명 정도의 인력이 한 공간에서 함께 일하는 단위로 형성되는 것이 자연스러운 해결책으로 보인다. 순수한 네트워크 형태의 다국적 대기업은 각각

12명 정도의 인원으로 이루어진 단위로 이룩된 시스템으로 볼 수 있다. 여기에는 열두 명 정도의 인력으로 운영되는 소규모 공장, 열두 명 정도의 인원으로 이루어진 기업 본부, 여덟 명 정도가 관리하는 이익 책임 단위profic center, 사업부 단위의 기업 조직에서 관리 회계상의 부문별 단위—옮긴이, 열 명 정도가 운영하는 공급 단위 등이 포함된다.

분권화: 어떻게 단지 여남은 명의 사람들이 어떤 대규모의 프로젝트를 수행할 수 있을까? 산업 혁명 이래로 대부분의 경우 모든 공정을 중앙 집중적 통제 아래에 둔 상태에서 어마어마한 부가 생성되었다. 크면 클수록 더욱더 효율적이었다. 과거의 '악덕 기업가robber barons, 록펠러, 모건, 카네기 등 19세기 후반에서 20세기 초에 독점과 담합 등으로 시장을 장악해 큰돈을 번 기업가들을 일컫는 표현—옮긴이'들은 자신의 산업의 모든 핵심적이고 부속적인 측면을 통제함으로써 어마어마한 부를 창출할 수 있음을 깨달았다. 강철 회사는 광물이 매장된 곳을 직접 소유하고, 직접 석탄을 캐고, 직접 철로를 놓고, 필요한 장비를 직접 만들고, 직원들이 거주할 집도 직접 짓는 등 거대한 기업의 경계 안에서 모든 것을 자급자족하기 위해 노력했다. 모든 것이 천천히 돌아가던 시절에 그와 같은 노력은 멋진 결과를 가져다주었다.

그런데 경제가 하루가 다르게 변화하고 있는 오늘날, 생산 과정 전체를 소유하는 것은 기업에게는 부담이 될 뿐이다. 그것은 관련성이 어느 정도 지속되는 동안에만 효율적이다. 힘의 시대가 물러가고 있는 지금, 통제는 속도나 민첩성과 맞바꿔버려야 할 유산이 되고 있다. 오늘날 기업들은 공장에 전력을 공급하는 것과 같이 부수적인 기능은 재빨리 다른 회사로 넘겨버리고 있다.

심지어 겉보기에 긴요하게 보이는 기능마저도 외부로 하청을 주고 있다. 예를 들어서 갤로Gallo 포도주 양조장은 갤로 포도주를 만드는 데 필요한 특별한 포도나무를 더 이상 직접 재배하지 않는다. 그 수고로운 일을 다른 이들에게 맡겨버리고 오직 양조와 마케팅에만 전념한다. 어떤 렌트카 회사는 그들이 보유한 자동차의 수리와 유지 보수를 하청업체에 맡기고 그들은 자동차 렌트에만 집중한다. 또 어떤 여객 수송 항공사는 미국 국내선 비행기의 화물 공간(매우 중요한 이익 책임 단위)을 다른 별개의 화물 운송 회사에 하청을 주어 운영했다. 이 화물 운송 회사가 화물 운송에 관하여는 자신보다 더 잘 관리할 것이라고 판단했기 때문이다.

디트로이트 소재의 자동차 제조업체들은 한때는 모든 것을 자급자족하는 것으로 유명했다. 그러나 지금 이들은 기능의 절반가량을 외부업체에 하청을 준다. 심지어 엔진을 만드는 것과 같이 상당히 중요한 기능마저 하청 계약을 통해 조달한다. 제너럴모터스는 심지어 자동차 판매와 직결되는 결정적으로 중요한 공정인 차체의 도장을 제너럴모터스 공장 안에 있는 PPG 인터스트리에 맡기기도 했다. 산업 잡지 등에서 점점 퍼져나가고 있는 하청 계약을 통한 분권화 움직임을 '아웃소싱outsourcing'이라고 부른다.

기술 정보 및 회계 정보가 전자적 방식을 통해 다량으로 교환됨에 따라서 대규모의 아웃소싱을 조율하는 비용은 점점 줄어들어왔다. 간단히 말해서 네트워크가 아웃소싱을 가능하고, 이익이 되고, 경쟁력 있게 만들어준다. 한 기업이 다른 기업에 넘겨준 작업은 또 여러 차례에 걸쳐 조각으로 나뉘고, 여러 손을 거쳐서 결국 주의를 기울여 효율적으로 작업을 완수할 수 있는 작고 긴밀하게 조직된 집단에 의해 수행된다. 그 집단은 하나의 별개의 회사이거나 어떤 기업의 자율적인 자회사일 가능성이 높다.

연구 결과에 따르면 어떤 작업을 완수할 때 같은 품질을 유지하면서 여러 회사들을 거쳐 확장되는 경우 한 회사 내부에서 처리하는 것보다 거래 비용이 더 높은 것으로 나타났다. 그러나 (1) 전자 데이터 송신EDI이나 비디오 화상 회의 등과 같은 네트워크 기술이 발달해나감에 따라서 그 비용은 매일 매일 낮아지고 있고, (2) 중앙 집중화된 기업에서는 누릴 수 없는 적응성에서의 이익, 즉 더 이상 필요하지 않은 작업을 관리하지 않아도 되고, 필요한 작업을 재빨리 시작할 수 있다는 점이 비용을 상쇄하고도 남을 만큼 충분히 크다.

아웃소싱의 범위를 확장하다보면 100% 네트워크화된 기업이란, 다른 독립적인 집단들과 네트워크 기술로 연결된 전문가들로 이루어진 단 하나의 사무실을 이용하는 기업이라는 논리적 결론에 이른다. 눈에 보이지 않는 수많은 수백만 달러 가치의 사업이 하나의 사무실에서 단지 직원 두어 명의 도움을 받아 이루어지고 있다. 그뿐만 아니라 어떤 회사는 아예 사무실 자체가 없다. 거대한 광고 회사인 샤이엇-데이Chiat-Day는 물리적 기업 본부를 해체하는 수순을 밟고 있다. 프로젝트 팀 구성원들은 그 프로젝트가 진행되는 동안 사무실 대신 호텔의 회의실을 빌리고 노트북과 전화 전달 기술을 이용해서 함께 일한다. 그리고 프로젝트가 끝나면 해산했다가 새로운 프로젝트가 시작하면 새로운 팀을 다시 꾸린다. 이 팀 중 일부는 기업이 '소유'한 것이고 또 다른 일부는 관리와 재정 지원이 별도로 이루어진다.

미래의 가상 실리콘밸리 자동차 제조업체인 업스타트자동차Upstart Car, Inc라는 회사를 가정해보자. 업스타트자동차는 일본의 거대한 자동차 제조업체와의 경쟁에 뛰어든다.

업스타트의 청사진은 다음과 같다. 열두 명 정도의 직원이 캘리포니아주 팰로앨토의 멋진 사무실에서 함께 일한다. 재정 담당자 몇 명과 엔지니어 네 명, 최고 경영자 한 명, 코디네이터 한 명, 변호사 한 명, 마케팅 담당자 한 명으로 이루어진 팀이다. 도시 저편에 있는, 예전에 창고로 사용되던 공장에서 작업자들이 고분자 복합 재료와 세라믹 엔진, 전자 부품 등을 사용하는 연비 약 50km/L의 무공해 자동차를 조립하고 있다. 재료로 사용되는 첨단 플라스틱 소재는 업스타트가 조인트벤처를 형성한 신생 기업에서 공급한다. 엔진은 싱가포르에서 구매한다. 다른 부품들은 멕시코, 유타, 디트로이트 등에서 바코드가 찍힌 채 다량으로 들어오고 있다. 운송 회사가 부품의 일시적 보관을 대행해준다. 그 결과 딱 그날 필요한 부품들만 공장에 나타난다. 각 고객의 요구에 맞춰 제작되는 자동차들은 고객 네트워크를 통해 주문되고 완성되자마자 고객에게 전달된다. 차체의 주형은 고객의 반응과 타겟 마케팅을 반영하는 설계에 따라 컴퓨터로 조작되는 레이저를 이용해 신속하게 성형된다. 로봇을 이용한 유연 생산 라인이 자동차를 조립한다.

로봇을 이용한 수리와 제품 개선 기능은 외부의 로봇 회사에 아웃소싱한다. 애크미 공장 유지 보수 서비스라는 회사가 공장의 관리를 대행해준다. 전화 응대는 샌마테오에 위치한 팀을 고용한다. 회사 모든 팀의 사무 작업은 일괄적으로 전국적 기관에 맡겨 처리한다. 컴퓨터 하드웨어 역시 마찬가지이다. 각각 외부에 용역을 주어 처리하고 있는 마케팅 업무와 법률 업무는 마케팅 담당자와 법률 담당자가 관장한다. 부기 작업은 거의 대부분 전산화시키고 꼭 필요한 회계 업무는 외부의 회계 법인에 컴퓨터를 통해 원격으로 요청한다. 그 결과 업스타트로부터 직접 급료를 받는 직원의 수는 약 100명에 지나지 않는다. 그리고 그들은 또다시 여러 개의 작은 집단으로 쪼개져 제각기 다른 임금 및 복리 후생 제도로 회사에 고용된다. 업스타트 자동차의 인기가 치솟음에 따라 이 회사가 점점 성장해나간다. 그리고 업스타트는 한편으로 공급업체들도 함께 성장하도록 돕는다. 협력 관계를 재조정하고 때로는 관계사에 직접 투자를 하기도 한다.

너무 허무맹랑한 이야기라고? 그리 허무맹랑한 이야기만은 아니다. 10년 전 창업한 진짜로 선구적인 실리콘밸리 기업의 사례를 소개하겠다. 제임스 브라이언 퀸James Brian Quinn이 〈하버드 비즈니스 리뷰Havard Business Review〉 1990년 3, 4월호에 실은 글이다.

> 애플은 마이크로프로세서는 시너텍Synertek에서, 다른 칩은 히타치Hitachi, 텍사스인스트루먼츠Texas Instruments, 모토롤라에서, 비디오 모니터는 히타치에서, 전원 공급기는 아스텍Astec에서, 프린터는 도쿄전기에서 공급받고 있다. 마찬가지로 응용 프로그램 소프트웨어의 개발은 마이크로소프트에, 홍보는 레지스맥케나Regis McKenna에, 제품 디자인은 프록디자인Frogdesign에, 유통은 ITT와 컴퓨터랜드에 맡겨 아웃소싱함으로써 사내 서비스 기능과 투자를 최소화하고 있다.

비즈니스 부문만이 네트워크에 따른 아웃소싱의 이익을 누리는 것은 아니다. 지방 자치 단체와 정부 기관 역시 이 흐름에 재빨리 동참하고 있다. 수많은 사례 중 하나로서 시카고 시정부는 로스 페로Ross Perot가 설립한 컴퓨터 용역 회사인 EDS를 고용해 공영 주차장 관리 업무를 맡겼다. EDS는 주차 위반 벌금 징수의 효율을 높이기 위해 그 자리에서 주차 위반 딱지를 출력하고 시카고시의 2만 5000개의 주차 미터기에 대한 데이터베이스에 접속할 수 있는 휴대용 컴퓨터 시스템을 고안했다. 그 결과 이 기능을 EDS에 외주를 준 이후 주차 위반 벌금 징수 비율은 10%에서 47%로 껑충 뛰어오르고 시의 수입을 6000만 달러 더 확보할 수 있게 되었다.

협력: 내부 작업을 네트워크화하는 일은 경제적으로 매우 이득이

된다. 따라서 심지어 기업의 결정적으로 중요한 기능마저도 상호 이익을 위해 경쟁업체에 맡기는 일이 종종 발생한다. 기업들은 한 가지 사업 부문에서는 서로 협력하지만 다른 사업 부문에서는 서로 경쟁하기도 한다.

수많은 미국 국내선 항공사들은 복잡한 예약 및 항공권 발권 업무를 그들의 경쟁사인 아메리칸 에어라인을 아웃소싱해서 해결한다. 마스터카드와 비자카드 역시 이따금씩 요금 청구나 신용 카드 거래의 처리 같은 매우 중요한 업무를 대경쟁자인 아메리칸 익스프레스에 맡긴다. '전략적 제휴Strategic Alliances'라는 용어는 이와 같은 1990년대의 협력 관계를 묘사하는 흔히 사용되는 경영 용어였다. 모든 이들이 공생적 협력자를, 아니면 공생적 경쟁자를 찾아 나서고 있다.

산업 간의 경계 또는 교통, 도매, 소매, 통신, 마케팅, 홍보, 제조, 물류 사이의 경계는 점점 흐려져 한계가 없는 그물망으로 변해간다. 항공 회사들이 여행사 업무에 뛰어들고, 우편 주문으로 잡다한 물건을 팔고, 호텔 예약을 관리한다. 한편 컴퓨터 회사는 정작 컴퓨터 하드웨어를 거의 건드리지도 않는다.

결국 완전히 자율적인 기업을 거의 찾아보기 힘든 상황에 이를 수도 있다. 과거에는 기업을 탄탄하게 조직되고 명확하게 경계 지어진 생물에 비유했으나 이제는 느슨하게 결합되고 느슨하게 경계 지어진 생태계에 비유하는 경향이 늘어간다. IBM을 하나의 생물로 비유하는 습관은 이제 전면적 재검토가 필요하다. IBM은 하나의 생태계이다.

적응성: 제품에서 서비스로 초점이 옮겨지는 것은 불가피하다. 왜냐하면 자동화가 물리적 재생산의 비용을 계속해서 낮추기 때문이

다. 소프트웨어 디스크 또는 음악 카세트 테이프를 복제하는 비용은 그 제품을 만드는 비용에서 아주 작은 부분만을 차지한다. 그리고 제품들이 점점 소형화되는 추세에 따라 더 적은 재료만 들어가고 그 결과 물리적 생산 비용은 점점 낮아진다. 약 한 알을 제조하는 비용은 그 약 값의 극히 적은 부분에 지나지 않는다.

그러나 제약 산업이나 컴퓨터 산업은 점차로 고기술 산업으로 변모하고 있으며 따라서 연구개발, 디자인, 특허 및 면허, 지적 재산권, 마케팅, 고객지원 등 서비스 부문의 비용은 점점 큰 비중을 차지하고 있다. 이 모든 활동은 정보와 지식 집약적인 활동들이다.

오늘날 어떤 기업이 장기적으로 건재하기 위해서는 훌륭한 제품을 생산하는 것만으로는 충분하지 않다. 상황이 너무나 빠르게 돌아가기 때문에 혁신적 대체(구리선을 광케이블로), 역설계reverse engineering, 클론, 제삼자 부가기능third party add-ons 등의 기술이 처음에 미약하던 제품을 갑자기 시장을 주도하는 제품으로 만들면서 재빨리 표준을 바꾸기도 한다. (소니는 베타 방식의 VCR로 많은 손실을 입었으나 8mm 테이프로 시장을 주도했다.) 이 모든 경우는 시장을 지배하는 일반적인 경로를 밟지 않고 우회해서 나가려는 방법이다. 새로운 시대에 돈을 벌기 위해서는 정보의 흐름을 따라가야 한다.

네트워크는 정보를 만들어내는 공장이다. 제품에 투자된 지식의 양에 따라 제품의 가치가 증가하고, 제품의 가치가 증가하면 그에 따라 지식을 낳는 네트워크의 가치 역시 증가한다. 과거에 공장에서 만든 제품은 설계에서부터 제조와 배송에 이르기까지 선형적인 경로를 따라갔다. 그러나 오늘날 유연한 생산 공정에 따라 제조되는 제품은 그 자체로 하나의 그물망이 되어 동시에 수많은 부서와 수많은 장소로 유통되며 공장 밖으로 쏟아져나가기 때문에 무엇이 먼저 일어났는지, 혹은 어디에서 일어났는지를 이야기하기 어렵다.

망 전체가 동시에 생겨난다. 성공적인 제품을 만들어내는 과정에 마케팅, 설계, 제조, 공급자, 구매자가 모두 관여한다. 어떤 제품을 설계할 때, 과거에 순차적으로 각 팀을 거쳐 갔던 것과 달리, 마케팅 팀, 법률 팀, 엔지니어링 팀이 동시에 함께 참여한다.

1970년대 UPC 바코드가 일반화된 이래로 소비자 제품(청량음료, 양말 등)은 금전 등록기에서 일어나는 상황을 회사의 사무실로 전달해왔다. 그러나 무르익은 네트워크 경제에서 나타난 새로운 아이디어는 제품에 약간의 의사소통 능력을 덧붙여줌으로써 스스로 고객과 기업의 고객 담당 부서와 소통할 수 있도록 하는 것이다. 작은 제품에 수동적인 바코드 대신 능동적인 마이크로칩을 부착한다면 달팽이 정도의 지능을 가진 수백 가지 제품을 수천 개씩 할인 매장 진열대에 풀어놓을 수 있다. 그 지능을 활성화하지 않을 이유가 무엇인가? 그것이 바로 스마트 포장이다. 이 제품들은 세일 폭에 맞추어 변경된 가격을 스스로 소비자에게 보여준다. 상점의 경영자가 제품을 특별한 가격에 판매하고 싶거나, 또는 고객이 쿠폰 또는 할인카드 따위를 소지하고 있을 경우 그에 맞추어 저절로 가격을 계산해서 제시할 수 있다. 그리고 만일 여러분이 세일 가격을 보고도 제품을 그냥 지나친다면 제품은 그 사실을 기억해둘 수 있다. 그것은 상점 주인이나 제조업체가 큰 관심을 가질 만한 정보이다. 제품의 광고 대행업체는 적어도 고객이 제품을 집어 들고 들여다보았다는 사실을 자랑할 것이다. 진열대 위의 제품들이 다른 제품과 자신에 대해 인지하고 자각할 수 있으며 고객과 상호작용할 수 있게 되면 완전히 새로운 경제가 막을 열게 될 것이다.

지금까지 네트워크 경제에 대하여 장밋빛 전망을 이야기했지만 우려스러운 측면도 많이 있다. 그것은 다른 대규모의 분권적이고 스스로 자신을 조직하는 시스템들에서 공통적으로 나타나는 우려 사항이다.

- 우리는 이 시스템을 완전히 이해할 수 없다.
- 우리의 통제력의 상당 부분을 잃어버린다.
- 이 시스템은 최적화되기 어렵다.

기업들이 존 페리 발로의 사이버스페이스 안으로 깊숙이 들어가면서 형체가 없어질수록 점점 소프트웨어와 비슷한 속성을 갖게 된다. 다시 말해서 깨끗하고, 비물질적이고, 빠르고, 유용하고, 가동성 있고, 흥미로워진다. 그러나 한편으로 복잡해지고 또한 아무도 찾아내지 못하는 버그로 가득해질 것이라고 예상할 수 있다.

만일 미래의 기업과 제품들이 오늘날의 소프트웨어와 비슷해진다면 그것은 우리에게 어떤 영향을 미칠까? 어느 날 갑자기 텔레비전이 고장 나기라도 한다는 걸까? 자동차가 갑자기 얼어붙듯 작동을 멈출까? 토스터가 폭발이라도 할까?

방대한 소프트웨어 프로그램들은 지금 현재 인간이 만들어낼 수 있는 가장 복잡한 것이다. 마이크로소프트의 새로운 운영 시스템은 400만 줄의 코드로 이루어져 있다. 빌 게이츠는 7만 곳에서 이루어진 베타테스트를 통해 점검을 거쳤기 때문에 당연히 버그가 없을 것이라고 장담한다.

우리가 극도로 복잡한 사물을 아무 결함 없이(아니면, 한 발 양보해서, 적은 수의 결함만을 갖도록) 만드는 것이 가능할까? 네트워크 경제가 우리에게 도움을 주는 것은 버그가 전혀 없는 복잡성을 창조하는 일일까, 아니면 버그를 지닌 복잡성을 만드는 일일까?

기업들이 점점 소프트웨어와 비슷해져 간다는 것이 사실이든 아니든 분명한 것은 기업의 활동이 점점 더 복잡한 소프트웨어에 의존하게 되어간다는 것이다. 따라서 결함 없는 복잡성을 창조하는 문제는 매우 중요하다.

그리고 시뮬레이션의 시대에 시뮬레이션의 신뢰성을 검증하는 문제는 방대한 복잡한 소프트웨어가 결함이 있는지의 여부를 확인하기 위해 테스트하는 것과 같은 종류의 문제이다.

캐나다의 컴퓨터과학자 데이비드 퍼내스David Parnas는 레이건 대통령의 '스타워즈전략 방위 구상Strategic Defense Initiatives, SDI 1983년 레이건 대통령이 발표한 계획. 핵무기를 탑재한 소련의 미사일을 비행 중에 요격하는 방법을 중심으로 하는 방어 계획이다.-옮긴이' 계획에 대하여 여덟 가지 항목의 비판문을 내놓았다. 그의 비판은 SDI 프로젝트의 본질인 극도로 복잡한 소프트웨어에 내재된 불안정성에 근거하고 있다. 퍼내스의 가장 흥미로운 통찰은 복잡한 시스템에는 두 가지 종류가 있는데 연속적인 것과 불연속적인 것으로 구분된다는 것이다.

제너럴모터스가 새로운 자동차를 트랙에서 테스트할 때 제각기 다른 속도, 예컨대 시속 50, 60, 70m에서 급커브를 달리는 식으로 진행한다. 우리는 모두 자동차의 성능이 속도에 따라 연속적으로 변화할 것이라고 예측한다. 따라서 제너럴모터스의 엔지니어는 시속 50, 60, 70m에서 테스트를 통과한 차라면 그 중간 단계의 속도, 예컨대 시속 55나 67m에서는 굳이 테스트를 해보지 않아도 역시 테스트를 통과할 것이라고 결론내린다.

시속 55m에서 갑자기 자동차에서 날개가 솟아난다거나 뒤로 달리기 시작하지는 않을까 하는 걱정은 아무도 하지 않는다. 시속 55m에서 자동차가 어떻게 행동할지의 문제는 시속 50m와 시속 60m에서의 데이터를 가지고 내삽법interpolation function, 주어진 데이터로 관측이나 실험을 통해서 얻어지지 않은 점을 추정하는 방법－옮긴이을 이용해서 구할 수 있다.

그런데 컴퓨터 소프트웨어, 분산 네트워크, 그리고 대부분의 비비 시스템들은 불연속적인 시스템이다. 그리고 이런 복잡 적응계의 경우 우리는 보간함수의 값을 논리적으로 신뢰할 수 없다. 어떤 소프트웨어가 수년 동안 아무 탈 없이 잘 돌아가다가 어느 날 갑자기, 어떤 특정 값에서(자동차로 치자면 예컨대 시속 63.25m에서) 우르르 쾅 하고 무너진다! 시스템이 폭발하거나 뭔가 새로운 것이 창발한다!

불연속성은 언제나 존재해왔다. 모든 이웃한 수치들은 테스트를 거쳤지만 바로 이 특정 상황은 테스트를 거치지 않았던 것이다. 일이 벌어진 후에 되돌아보면 왜 버그가 시스템을 무너지게 만들었는지, 심지어 왜 우리가 이 버그를 찾아야 했는지가 명확해 보인다. 그러나 천문학적 숫자의 가능성을 지닌 시스템에서 모든 상황을 다 테스트하는 것은 불가능하다. 더 나쁜 것은 시스템이 불연속적이기 때문에 부분적인 샘플링을 신뢰할 수 없다는 것이다. 테스트한 사람 입장에서도 극도로 복잡한 시스템에서 검사하지 않은 수치가 검사를 거친 수치와 연속적인 성능을 보일지 확신을 가질 수 없다. 이와 같은 걸림돌이 자리잡고 있지만 '무결함zero-defect' 소프트웨어 설계를 향한 운동이 일어나고 있다. 자연스럽게도 이 운동의 발원지는 바로 일본이다.

작은 프로그램에서 '제로'는 0.000을 의미한다. 그러나 엄청나게 방대한 프로그램에서 '제로'는 0.001이나 그 이하를 의미한다. 그것을 코드 1000줄당 결함의 개수KLOC라고 하는데 단지 품질을 측정하는 조야한 기준 중 하나일 뿐이다. 무결함 소프트웨어에 도달하는 방법들은 일본의 엔지니어 시게오 싱고新鄕重夫의 무결함 제조법에 대한 선구적 연구에 크게 의존한다. 물론 컴퓨터과학자들은 '소프트웨어는 다르다'라고 주장한다. 소프트웨어는 생산 과정에서 완벽하게 복제될 수 있으므로 유일한 문제는 첫 번째 판본을 만드는 데에만 있다.

네트워크 경제에서 새로운 제품 개발에 드는 비용의 대부분은 제품 설계보다도 제조 공정의 설계에 들어간다. 일본인들은 공정을 설계하고 개선하는 데 탁월한 능력을 보여왔다. 반면 미국인들은 제품을 설계하고 개선하는 데 뛰어나다. 그런데 일본인들은 소프트웨어를 제품이라기보다는 공정으로 본다. 한편 싹트고 있는 네트워크 문화에서 우리가 만드는 것 가운데 점점 더 많은 부분이, 그리고 우리가 창출하는 부의 점점 더 많은 부분이 기호 처리 과정과 뒤엉키고 있다. 그리고 그 기호 처리 과정은 다른 무엇보다 코드와 닮았다.

소프트웨어의 신뢰도 분야의 권위자인 조C. K. Cho는 소프트웨어 업계 종사자들에게 소프트웨어를 생산된 제품으로 생각하지 말고 휴대용 공장과 같은 것으로 생각하라고 조언한다. 그러니까 소프트웨어를 판매하는 것은 다른 사람에게 공장(프로그램 코드)을 판매하는, 또는 건네주는 셈이다. 그리고 고객은 그 공장을 이용해서 그들이 필요로 하는 해답을 제조해낸다. 따라서 소프트웨어 업계가 당면한 문제는 어떻게 무결함 해답을 생산하는 공장을 만들어내는가 하는 문제이다. 완벽하게 신뢰할 수 있는 제품을 생산해내는 공장을 만드는 방법은 완벽하게 신뢰할 수 있는 해답을 만들어내는 공장을 창조하는 데 적용할 수 있을 것이다.

보통의 경우에 소프트웨어는 세 가지의 중심 이정표에 따라 만들어진다. 먼저 큰 그림의 형태로 설계된 후 세부적 코드를 쓰고 마지막으로 프로젝트의 끝 무렵에 상호작용하는 전체로서 테스트를 거친다. 무결함 품질의 설계는 몇 개의 커다란 이정표milestone가 아니라 수천 개의 분산된 '소小이정표inchstone'에 따라 진행된다. 수백 개의 칸막이 안에서 프로그래머 한 사람, 한 사람이 매일매일 소프트웨어를 설계하고, 작성하고, 테스트한다.

무결함 전도사들은 네트워크 경제를 요약하는 슬로건을 만들었다. "기업 안의 모든 직원들은 제각기 자신의 고객을 갖고 있다." 대개 그 고객이란 여러분이 수행한 일을 넘겨주는 동료이다. 그리고 당신은 당신의 작업을 마치 외부의 고객에게 발송하듯, 작은 규모의 이정표 주기—구체화, 코드 작성, 테스트—를 완료한 후에야 동료에게 넘겨준다.

당신이 완수한 작업물을 당신의 고객(동료)에게 넘겨주면 그 고객(동료)은 즉각 작업물을 검사한 다음 당신이 어떻게 수행했는지를 알려준다. 또한 오류를 당신에게 알려주어 수정하게 한다. 소프트웨어는 본질적으로 로드니 브룩스의 포섭 구조와 비슷한 방식으로, 맨 아래에서부터 상향식으로 만들어진다. 각각의 소이정표는 확실하게 작동하는 코드의 작은 모듈이다. 그리고 그것으로부터 시작해서 그 위에 더욱 복잡한 층위들이 덧붙여지고 테스트된다.

소이정표를 세우는 것만으로 무결함 소프트웨어가 만들어지지는 않는다. 무결함을 목표로 삼는 것이 중요한 차이를 만든다. 결함이란 출고된 오류이다. 출고하기 전에 수정된 오류는 결함이 아니다. 싱고는 이렇게 주장한다. "우리가 절대로 막을 수 없는 것은 오류이다. 그러나 우리는 이 오류가 결함을 유발하는 것은 막을 수 있다." 따라서 무결함 설계의 직무는 오류를 미리 발견하고 고치는 일이라고 할 수 있다.

그러나 거기까지는 뻔한 이야기이다. 진짜 진보는 오류의 원인을 일찍 발견하고 그 원인을 일찌감치 제거하는 것이다. 만일 (생산 라인에서) 작업자가 엉뚱한 볼트를 끼워넣는다면 잘못된 볼트가 아예 끼워질 수 없는 시스템을 마련하라. 오류는 인간의 상사常事이고 오류를 관리하는 것이 시스템의 본성이다. **과오는 인간의 상사이고, 과오를 용서하는 것은 신의 본성이라는 표현을 살짝 바꾼 것 – 옮긴이**

일본의 고전적인 오류 방지 수단은 '포카요카poka-yoka' 시스템이다. 바보도 틀릴 수 없는 시스템을 만드는 것이다. 예를 들어 공장의 조립 라인에서 단순하지만 영리한 장치가 실수를 방지한다. 개수에 맞추어 작은 구멍들이 나 있고 그 구멍 안에 볼트가 하나씩 들어 있는 케이스가 예이다. 만일 작업 후에 볼트가 남아 있으면 작업자는 즉각 자신이 어딘가 볼트 끼우는 것을 빼먹었다는 사실을 깨닫게 된다. 소프트웨어 생산에서 포카요카에 해당되는 사례는 프로그래머로 하여금 맞춤법이 틀린 명령어를 쓰거나 심지어 잘못된(논리에 어긋난) 명령어를 입력하지 못하도록 하는 맞춤법 검사기이다. 소프트웨어 개발자들이 프로그램을 작성하는 과정에서 전형적으로 저지르는 오류를 막아주는, 엄청나게 정교한 '자동 프로그램 수정' 패키지가 속속 선보이며 선택의 폭을 넓히고 있다.

최첨단 개발 도구는 프로그램 논리에 대해 메타평가를 수행한다. 그런 다음 개발자에게 "이봐, 그 단계는 논리에 맞지 않아!"라고 말해주어 논리적 오류가 발생하는 것을 애초에 막는다. 소프트웨어 업계의 잡지가 최근 집계한 결과에 따르면 시판되고 있는 오류 검사 및 제거 도구는 거의 100가지에 이른다. 이 중 가장 완벽한 프로그램은 마치 맞춤법 검사 툴과 같이 개발자에게 오류를 수정할 수 있는 적절한 수단을 제공한다.

또 다른 중요한 포카요카 기법은 복잡한 소프트웨어를 모듈화하는 것이다. 1982년 〈IEEE 소프트웨어 공학 연구 현황IEEE Transactions on Software Engineering〉에 실린 한 연구 논문은 코드의 줄 수가 같은 경우라고 하더라도, 그리고 다른 모든 측면이 동일한 경우에도, 전체를 더 작은 하위 프로그램으로 쪼갤 경우 결함의 수가 줄어들 수 있음을 보여주었다. 전체가 1만 줄로 이루어진 프로그램에서는 317개의 결함이 나타났다. 그런데 이 프로그램을 3개의 하위 프로그램으로 나누었더니 똑같이 크기는 1만 줄인데도 결함 수가 265개로 줄어들었다. 하위 프로그램의 개수 대비 결함이 줄어드는 정도는 어느 정도 선형적인 함수를 나타낸다. 따라서 프로그램을 쪼개는 것이 모든 문제점을 해결하는 만병통치약은 아니더라도 상당히 신뢰할 만한 묘책인 것은 틀림없다.

그뿐만 아니라 특정 문턱값 아래에서는 완전히 결함이 없는 정도까지 하위 프로그램의 크기가 작아질 수 있다. IBM이 그들의 IMS(정보 관리 시스템) 시리즈를 위해 만든 코드는 모듈 단위로 작성되었는데 전체의 4분의 3은 완전히 결함이 없는 것으로 드러났다. 다시 말해서 425개의 모듈 중에서 300개의 모듈은 무결함이라는 이야기이다. 결함 가운데 절반 이상이 31개의 모듈에서 발견되었다. 따라서 모듈화된 소프트웨어를 지향하는 것은 신뢰성을 지향하는 것이라고 볼 수 있다.

소프트웨어 설계 분야에서 현재 가장 뜨거운 주목을 받고 있는 변경 지대는 객체 지향 소프트웨어이다. 객체 지향 프로그래밍OOP은 상대적으로 분산화되고 모듈화되어 있는 소프트웨어이다. 객체 지향 프로그래밍의 조각들은 독자적인 단위로서의 특성을 가지고 있다. 이 조각들은 다른 객체 지향 프로그래밍 조각들과 결합하여 분해할 수 있는 계층 구조를 이룰 수 있다. 하나의 '객체'는 버그가 일으킬 수 있는 손상의 범위를 그 자신으로 제한한다. 전체 프로그램을 망가뜨리는 대신 객체 지향 프로그래밍은 각 기능들을 관리 가능한 단위로 효과적으로 격리시켜서 손상된 객체가 전체 프로그램을 교란하지 못하게 한다. 손상된 객체는, 마치 자동차의 오래된 브레이크 패드를 새것으로 교환하듯, 새로운 객체로 교환할 수 있다. 사람들은 조립식 '객체'들을 시리즈로 사고 팔 수 있다. 따라서 다른 소프트웨어 개발자가 방대한 새로운 프로그램을 한 줄, 한 줄 써내려가는 대신 기존의 객체들을 사서 조립함으로써 크고 강력한 프로그램을 매우 빠르게 만들 수 있다. 방대한 객체 지향 프로그래밍을 업데이트해야 할 시점이 되면 업그레이드된 객체 또는 새로운 객체를 추가하기만 하면 된다.

객체 지향 프로그래밍의 객체들은 레고 블럭과 같다. 그러나 이들은 제각기 아주 적은 양의 지능을 지니고 있다. 하나의 객체는 컴퓨터 스크린의 폴더 아이콘과 비슷하다. 다만 자신이 폴더임을 알고 있고 내용물을 명시하라는 프로그램의 요구에 응답할 줄 아는 폴더이다. 객체 지향 프로그래밍 객체는 또한 세무 서류 양식이거나 기업의 데이터베이스 안의 한 직원이거나 이메일 메시지일 수도 있다. 객체는 자신이 어떤 작업을 할 수 있고 어떤 작업을 할 수 없는지 알고 있다. 그리고 객체는 다른 객체들과 횡적으로 의사소통을 한다.

객체 지향 프로그램들은 소프트웨어에 미약한 분산된 지능을 창조한다. 그리고 이들은 다른 분산된 존재와 마찬가지로 오류에 대한 회복력이 뛰어나다. 빠르게 회복되고(객체를 제거하기) 하부 단위를 조립함으로써 점진적으로 성장해나간다.

앞서 언급한 IBM의 코드에서 오류가 많이 발견된 31개의 모듈들은 시그마 정밀도 **sigma-precesion, 6시그마(6σ)는 기업에서 전략적으로 완벽에 가까운 제품이나 서비스를 개발하고 제공하려는 목적으로 정립된 품질 경영 기법 또는 철학으로서, 기업 또는 조직 내의 다양한 문제를 구체적으로 정의하고 현재 수준을 계량화하고 평가한 다음 개선하**

고 이를 유지 관리하는 경영 기법이다. – 옮긴이, 위키피디아 참조의 품질에 도달하는 데 사용될 수 있는 소프트웨어의 특성을 완벽하게 예시하고 있다. 오류는 서로 뭉치는 경향이 있다. 완벽한 소프트웨어를 만들려는 사람들에게 성서와 같은 저서인 《무결함 소프트웨어Zero Defect Software》에 이런 대목이 있다. "그 다음에 발견될 오류는 오류가 전혀 발견되지 않은 모듈보다는 이미 발견된 11개의 오류가 위치한 모듈에서 발견될 가능성이 아주 높다." 오류가 한 곳에 무리지어 존재하는 경향은 소프트웨어에서 매우 흔하게 나타나기 때문에 여기에 바퀴벌레의 법칙을 적용하기도 한다. 즉 오류 하나가 눈에 띄는 경우 그 주변에 보이지 않는 오류 23개가 숨어 있다는 것이다.

무결함 성서에서 제시하는 치료법은 다음과 같다. "결점이 많이 나타나는 코드에 돈을 쓰지 말라. 그냥 그 코드를 없애버려라. 오류가 많이 나타나는 모듈을 고치는 데에 드는 비용에 비하면 코드화 작업의 비용은 무시할 만한 수준이다. 만일 소프트웨어의 단위가 정해진 오류의 문턱값을 넘어선다면 그 단위를 그냥 던져버리고 다른 개발자에게 다시 코드를 쓰도록 하라. 작성하고 있는 프로그램이 자꾸 오류를 보인다면 그냥 중단해버려라. 왜냐하면 초기에 나타나는 오류는 나중에도 또 오류가 나타날 것을 약속하기 때문이다."

소프트웨어 프로그램이 점점 더 복잡해짐에 따라 최종적으로 프로그램의 모든 측면을 테스트해보는 것이 불가능해졌다. 프로그램은 불연속적인 시스템이기 때문에 만에 하나 나타날 수 있는 입력치의 조합에 의해 예기치 못한 특이하거나 치명적인 반응이 나타날 수 있다. 이런 숨겨진 가능성은 체계적 테스트나 샘플에 기초한 테스트에서는 발견되지 않고 지나칠 수 있다. 그뿐만 아니라 통계적 샘플링이 결함의 가능성을 말해주더라도 어디에 그 결함이 숨어 있는지 찾을 수 없는 경우도 있다.

신생물학적 접근은 기능적 부분들로부터 소프트웨어를 조립해내는 것으로 그 과정에서 계속해서 소프트웨어를 테스트하고 수정해 나간다. 버그 없는 부분들을 모아놓았을 때 예상치 못했던 '창발적 행동(버그)'이 나타나기도 한다. 그러나 적어도 새로운 창발적 수준만을 테스트해보면 될 경우 (그보다 아래 수준은 이미 검증되었으니) 새로 창발한 버그를 더 깊은 수준의 하위 버그와 함께 테스트해야 하는 상황보다 훨씬 앞서갈 수 있는 기회가 있다.

테드 캘러Ted Kaehler는 새로운 종류의 소프트웨어 언어를 발명하는 일을 직업으로 삼고 있다. 그는 객체 지향 언어를 개발한 초기의 선구자였고 스몰토크SmallTalk, 제록스 PARC의 연구자들이 개발한 객체 지향 프로그래밍 언어 – 옮긴이와 하이퍼카드HyperCard, 1987년 애플이 만든 응용 프로그램 – 옮긴이의 공동 개발자였다. 그는 이제 애플컴퓨터를 위한 '직접 조작direct manipulation' 언어를 개발하고 있다. 내가 애플에서 그에게 무결함 소프트웨어에 대해 물어보자 그는 손을 내저으며 말했다. "생산 소프트웨어에 결함이 전혀 없도록 하는 것이 가능하기야 하죠. 예컨대 또 다른 데이터베이스 프로그램을 쓴다거나 한다면 말입니다. 당신이 진짜로 잘 알고 있는 분야라면 결함 없이 해낼 수 있습니다."

테드는 일본의 소프트웨어 회사에서는 잘 어울리지 못할 것이다. 그는 말한다. "훌륭한 프로그래머란 무엇이든 자신이 잘 아는 것, 규칙적이고 정형적인 것을 가져다가 기지를 발휘해 그 크기를 줄입니다. 그런데 창조적 프로그래밍에서는 무엇이든 완벽하게 이해된 것은 모두 사라져버립니다. 따라서 결국 당신은 잘 모르는 뭔가를 쓰고 있는 셈이죠. … 그러니까, 네, 우리는 무결함 소프트웨어를 만들 수는 있습니다. 그러나 그 소프트웨어는 필요한 것보다 수천 줄은 더 길어지겠죠."

그것이 바로 자연이 택하는 방식이다. 자연은 신뢰성을 위해 우아함을 희생한다. 예컨대 자연에서 발견되는 신경의 경로는 끊임없이 과학자들을 놀라게 한다. 최적화와 너무나 거리가 멀기 때문이다. 가재의 꼬리에 있는 신경세포를 연구한 과학자들은 그 신경 회로가 어찌나 투박하고 조야한지를 놀라움과 함께 보고했다. 조금만 궁리를 해도 그보다 훨씬 더 경제적인 회로를 설계할 수 있다. 그러나 필요한 것보다 훨씬 중복이 많은 가재 꼬리의 신경 회로에는 결함이 없다.

무결함 소프트웨어가 치러야 할 대가는 과잉으로 설계되고, 과잉으로 구성되고, 지나치게 부풀어 있고, 또한 테드와 그의 친구들이 탐사하고 있는 미지의 경계 근처에 다가가지 못한다는 점이다. 이것은 생산의 효율성을 얻기 위해 실행의 효율성을 대가로 치루는 거래이다.

나는 노벨상 수상자인 허버트 사이먼Herbert Simon에게 그의 '적당히 만족하기satisficing, 만족시키다라는 의미의 satisfy와 충분하다는 의미의 suffice를 합친 합성어로 허버트 사이먼이 1956년 만들어낸 신조어이다.–옮긴이', 즉 최적화를 목표로 삼지 말고 적당히 좋은 상태를 목표로 하라는, 철학과 대치되는 무결함 철학에 대하여 어떻게 생각하는지 물어보았다. 그는 크게 웃더니 대답했다. "아, 물론 무결함 제품을 만들 수는 있지요. 그런데 문제는 과연 수익이 나겠느냐는 것이죠? 이윤에 관심이 있다면 무결함 목표의 달성에 '적당히 만족할' 필요가 있어요." 또다시 복잡성의 거래로 귀결된다.

네트워크 경제의 미래는 신뢰할 수 있는 제품을 만드는 것보다 신뢰할 수 있는 공정을 고안하는 데에 달려 있다. 동시에 반쯤은 살아있는 것과 같은 세계에서 목표는 '적당히 만족스러운' 수준에서, 그것도 잠시 동안만 달성될 수 있다. 하루만 지나도 주변의 상황이 모두 바뀌고 또 다른 새로운 플레이어가 등장해 판을 다시 짜버린다.

새로 떠오르는 네트워크 경제의 특성

지금까지 논의한 것처럼 가까운 미래의 경제에는 몇 가지 일반적인 체계적 패턴이 우세하게 될 것으로 보인다. 경제 관련 계획에 늘 따라붙게 마련인 개요Executive Summary를 독자 여러분에게 제공하고자 한다. 아래에 소개하는 목록은 네트워크에 기초한 경제가 보일 것으로 생각되는 몇 가지 특성이다.

분산된 중심: 기업의 경계가 점점 흐려져 애매모호해진다. 기업의 업무는, 심지어 핵심 업무로 여겨지는 회계나 제조와 같은 업무까지도 네트워크를 통해 외부 업체에 하청을 주어 처리하고 이 업체는 또다시 업무를 쪼개서 다른 업체에 재하청을 주는 식이다. 일인기업에서 포춘 500대 기업에 이르는 대기업까지 모두 소유권에 있어서나 지리적으로나 분산되어 있는 작업 센터들의 공동체가 되어가고 있다.

적응적 기술: 실시간으로 대응하지 못하면 살아남을 수 없다. 바코드, 레이저스캐너, 휴대폰, 700 번호미국에서 기업들이 사용하는 번호로 고객이 지역 번호 대신 700을 누르면 자동적으로 지정된 전화로 연결되는 번호. 1983년 도입되었으나 지금은 거의 사용되지 않는다.– 옮긴이, 위성 업링크 등이 자동적으로 금전 등록기, 여론 조사 장치, 배송 트럭에 연결되어 제품 생산의 방향을 결정한다. 항공권뿐만 아니라 양상추까지도 시시각각 변경되는 가격이 식품 매장의 진열대 위의 LED 전광판에 나타난다.

유연 생산: 더 작은 수의 제품을 더 짧은 기간 동안 더 작은 장비로 생산할 수 있다. 사진 필름의 현상과 인화는 예전에는 전국에서 2개 정도 되는 장소에서 몇 주에 걸쳐서 수행되었다. 그런데 이제 모든 골목마다 놓여 있는 작은 기계에서 한 시간 정도면 수행할 수 있다. 이 책이 1994년 쓰여진 책임을 감안하자. 1994년으로부터 몇십 년 전에는 미국에서 소비자들이 우

편으로 코닥과 같은 필름 회사로 찍은 필름을 보내 현상과 인화를 했다고 한다.—옮긴이 장비의 모듈화, 무재고 경영, 컴퓨터를 이용한 설계 등이 제품 개발 주기를 몇 년에서 몇 주 정도로 축소시키고 있다.

맞춤형 대량 생산: 각각의 맞춤형 제품들이 대량으로 생산된다. 자동차에는 고객이 사는 지역의 기후와 날씨에 맞는 장비가 부착된다. VCR은 각 고객의 습관에 따라 미리 프로그램화된다. 모든 제품들이 개인적 기호에 따라 제조되지만 가격은 대량 생산된 제품 수준이다.

산업 생태계: 닫힌 고리 시스템, 폐기물 없는 무공해 제조, 해체를 고려해서 설계된 제품, 생물학과 조화를 이루는 기술로의 점차적 이동 등이 그러한 경향이다. 생물학의 법칙을 거스르는 방식은 점점 설 자리를 잃게 될 것이다.

전 지구적 차원의 손익 계산: 심지어 작은 규모의 중소기업조차도 국제적인 전망을 가져야 한다. 개발되지 않고 이용되지 않은 경제적 '변경 지대'는 세계 지도에서 점점 찾아보기 힘들어지고 있다. 사업은 이기는 자가 있으면 누군가 잃는 자가 있게 마련인 제로섬 게임에서, 시스템을 통합된 전체로 운용하는 모든 이들에게 경제적 보상이 주어지는 포지티브섬positive-sum 게임으로 바뀌고 있다. 연합, 동업 관계, 협력 등은 설사 일시적이고 역설적인 형태라고 하더라도 점점 피해갈 수 없는 긴요한 것이자 표준적인 것이 되어가고 있다.

공진화하는 고객: 기업이 고객에게 훈련과 교육을 시키고 거꾸로 고객 역시 기업을 훈련시키고 교육시킨다. 네트워크 문화 속에서 제품은 고객의 사용에 따라 끊임없이 개선되고 업데이트되는, 고객과 공진화하는 일종의 프랜차이즈가 된다. 소프트웨어의 업데이트와 고객회원제를 생각해보자. 기업들은 공진화하는 고객들의 사용자 그룹이 된다. 고객을 가르치지 못하는 기업은 아무것도 배우지 못하는 기업이 된다.

지식 기반 : 네트워크에 기초한 데이터는 모든 작업을 더 빠르고, 더 낫고, 더 쉽게 만들어준다. 그러나 데이터는 값싸고, 네트워크 안에 대량으로 존재하고, 성가신 존재이기도 하다. 이제 중요한 것은 '어떻게 작업을 수행하느냐'에 있는 것이 아니라 '어떤 작업을 하느냐'에 있다. 데이터는 그 질문에 답할 수 없다. 그 답을 줄 수 있는 것은 지식이다. 데이터를 조율해 지식으로 통합하는 것은 값을 매길 수 없을 만큼 큰 가치를 갖게 될 것이다.

공짜 대역폭 : 연결은 공짜이되 스위칭switching은 비싸다. 우리는 언제나 누구에게, 무엇이든 보낼 수 있다. 그러나 누구에게 무엇을 언제 보낼지 또는 언제 무엇을 받을지를 결정하는 것이 관건이다. 무엇을 연결하지 않을지 선택하는 것이 핵심이다.

수확 체증Increasing Returns : 부익부. 즉 가진 자가 더 갖게 된다는 말이 있다. 그런데 (네트워크 경제에서는) 가진 것을 다른 이와 함께 나누는 자가 더 갖게 될 것이다. 일찍 시작하는 것이 중요하다. 회원 수가 증가할수록 네트워크의 가치는 그 이상의 속도로 증가한다. 네트워크에 기대지 않는 경제에서는 기업의 고객이 10% 증가하면 수익도 10% 증가한다. 그러나 전화 회사처럼 네트워크화된 기업에서는 고객이 10% 증가하면 수익은 20% 증가할 수 있다. 왜냐하면 기존 고객과 신규 고객을 포함하여 고객들 간의 통화가 기하급수적으로 늘어나기 때문이다.

디지털 화폐 : 일상 속에서 디지털 화폐가 불연속적 단위의 지폐를 대체하게 될 것이다. 모든 계좌는 실시간으로 운영된다.

지하 전자 경제Underwire Economies : 어두운 측면은 비공식적 경제가 흥하게 된다는 것이다. 창의적인 경계와 주변 지역이 확장되지만 그들은 이제 암호화된 네트워크를 통해 보이지 않게 연결된다. 기업 핵심 역량의 분산화와 전자 화폐 등의 수단이 경제 활동을 지하로 몰아갈 수 있다.

네트워크 경제에서 고객은 더 빠른 속도와 더 많은 선택을 기대할 수 있지만, 한편 고객으로서 더 큰 책임을 갖는다. 공급자는 모든 기능이 더욱 분산화되고 고객과의 공생적 관계가 더욱 확대되리라 기대할 수 있다. 무한한 의사소통의 혼란스러운 그물망 속에서 적절한 고객을 찾아내는 일이 새로운 게임이 될 것이다.

다가오는 시대의 중심 활동은 모든 것을 모든 것에 연결하는 것이다. 크고 작은 모든 일들이 서로 연결되어 많은 층위를 가진 거대한 네트워크로 연결된다. 이 거대한 망 없이는 생명도, 지능도, 진화도 존재하지 못한다. 네트워크 덕분에 이 모든 것들과 그 이상이 존재한다.

나의 친구 존 페리 발로, 아니면 적어도 그의 몸에서 이탈된 그의 목소리는 이미 모든 것을 모든 것에 연결했다. 그는 진정한 네트워크 경제 속에서 살고 일한다. 그는 많은 정보들을 공짜로 나눠주고 그 대가로 돈을 번다. 더 많이 나눠 줄수록 더 많은 돈을 벌어들인다. 그는 새로 출현하는 네트워크에 대하여 이메일로 나에게 한마디 들려주었다.

> 그 자체로 기발한 장치인 컴퓨터는 기술 광신도들의 관심사라기보다는 우리가 완전히 이해하지 못하는 좀 더 거창한 계획the Great Work과 더욱 깊은 관계가 있다네. 그것은 바로 집단적 의식을 배선해 전 지구적 규모의 마음을 창조하는 일이지. 테야르 드 샤르댕이 이미 오래 전에 이 계획에 대하여 예견한 바 있어. 그가 그 계획을 실현하는 데 사용될 도구의 평범하고 진부한 특성을 본다면 아마도 경악할 걸세. 그러나 그가 주창한 오메가 포인트에 이르는 사다리가 신비주의

자가 아닌 엔지니어의 손에 의해 만들어지고 있다는 데에서 나는 기분 좋은 아이러니를 느낀다네.

오늘날의 가장 대담한 과학자, 기술주의자, 경제학자, 철학자들이 모든 사물과 모든 사건을 방대하고 복잡한 망을 통해 서로 연결하는 길에 첫 번째 발걸음을 내딛고 있다. 이 거대한 망이 인공 세계를 관통해나감에 따라 우리는 그 망에서 무엇이 출현하고 있는지 일별할 수 있다. 그것은 바로 생명을 갖고 있고, 영리하며, 진화하는 기계이다. 그것이 바로 신생물학 문명이다.

또한 네트워크 문화에서 지구 전체에 걸친 집단적 마음global mind이 창발하고 있다는 생각이 퍼져나가고 있다. 이 집단적 마음은 컴퓨터와 자연, 예컨대 통신 기술과 인간 두뇌의 결합물이다. 이것은 또한 스스로의 보이지 않는 손에 의해 통치되는 무한한 형태의 거대한 복잡성이다. 인간은 전 지구적 집단 마음이 무엇을 생각하는지 의식하지 못할 것이다. 우리가 충분히 영리하지 못하기 때문이 아니라 마음의 설계 자체가 부분으로 하여금 전체를 이해할 수 없도록 되어 있기 때문이다. 전 지구적 집단 마음의 특정 생각, 그리고 그에 따른 행동은 통제할 수 없으며 우리의 이해 범위를 벗어날 것이다. 이리하여 네트워크 경제는 새로운 종류의 심령주의spiritualism를 낳게 될 것이다.

네트워크 문화의 집단 마음을 이해하기 위해 우리가 당면한 일차적인 어려움은 이 마음에는 중심적인 '나' 또는 자아가 존재하는 것처럼 보이지 않는다는 것이다. 중심 본부도 없고, 머리도 없다. 그것은 무엇보다 우리를 화나게 하고 또한 의기소침하게 만드는 일이다. 과거에는 모험심 가득한 사람들이 성배나 나일 강의 원천이나 프레스터 존 **중세에 아비시니아Abyssinia, 에티오피아의 별칭 또는 동방 나라에 그리스도교 국가를 건**

설했다는 전설상의 왕 – 옮긴이의 흔적 또는 피라미드의 비밀을 찾아 나섰다. 미래에는 전 지구적 집단 마음을 하나로 묶어주는 중심, 이 마음의 주인인 '나'를 찾는 것이 모험가들의 탐색의 주제가 될 것이다. 수많은 사람들이 이 여정에 자신의 모든 것을 바칠 것이다. 또한 이 집단 마음의 '나'가 어디에 숨어 있는지에 대하여 수많은 이론이 난무할 것이다. 그러나 과거 다른 불가능한 탐험들처럼 이 역시 결코 끝나지 않는 탐색이 될 것으로 보인다.

12

전자 화폐

팀 메이Tim May의 눈에는 이 작은 디지털 테이프가 어깨에 짊어진 스팅어 미사일만큼이나 강력하고 파괴적인 무기로 보인다. 턱수염을 짧게 깎은 40대의 전직 물리학자 메이는 9.95달러짜리 디지털 오디오 테이프DAT를 손으로 들어올렸다. 보통의 카세트 테이프보다 조금 더 두꺼운 이것에는 기존의 디지털 CD와 똑같은 음질의 모차르트의 곡이 담겨 있다. 디지털 오디오 테이프는 텍스트 역시 음악처럼 쉽게 저장할 수 있다. 데이터를 제대로 압축할 경우 K마트에서 구입한 디지털 오디오 테이프 한 장에 장서 약 1만 권 분량의 문서를 디지털 형태로 담을 수 있다.

뿐만 아니라 우리는 한 장의 디지털 오디오 테이프에 음악을 담고 그 사이사이에 상당한 양의 정보를 살짝 숨겨서 끼워넣을 수도 있다. 데이터는 디지털 테이프에 안전하게 암호화되어 저장될 뿐만 아니라 정보가 들어 있다는 사실조차 강력한 컴퓨터로도 확인할 수 없다. 메이가 설명하는 계획에 따르면 마이클 잭슨의 노래 〈스릴러〉

가 담긴 보통의 디지털 테이프에 컴퓨터의 하드 디스크 분량의 암호화된 정보를 숨길 수 있다고 한다.

숨기는 과정은 다음과 같이 이루어진다. 디지털 오디오 테이프는 음악을 16비트, 즉 16자리의 이진수 값으로 저장한다. 그러나 그 정확성은 우리가 감지할 수 있는 수준을 넘어선다. 따라서 신호의 16번째 자리의 수치를 바꾸더라도 그 차이가 너무나 작아 인간의 귀로 감지할 수 없다. 그렇기 때문에 엔지니어는 음악 신호의 16번째 자리에 원래의 값 대신 긴 메시지, 예를 들어 도표가 담긴 책 한 권 또는 스프레드시트 파일 등을 (암호화된 형태로) 집어넣을 수 있다. 테이프를 재생시키면 우리는 시판되는 음반과 똑같은 품질로 마이클 잭슨의 노래를 들을 수 있다. 컴퓨터로 테이프를 조사해도 그저 디지털 형태의 음악이 검출될 뿐이다. 오직 이 암호화된 테이프의 신호 패턴을 조작되지 않은 테이프와 하나하나 비교해볼 경우에만 그 차이를 발견할 수 있다. 설사 차이를 발견한다고 하더라도 무작위적으로 보이는 차이는 아날로그 CD 플레이어를 통해 디지털 테이프를 복사할 때 (일반적으로 복사하는 방식) 끼어든 잡음으로 보일 것이다. 마지막으로 이 '잡음'을 해독해내는 경우에만 그것이 단순한 잡음이 아님을 알 수 있지만 그렇게 될 가능성은 낮다.

"그것이 무슨 의미인가 하면…." 메이가 말한다. "이미 국경을 넘어 다니는 비트의 흐름을 멈추게 하는 것은 완전히 불가능하다는 것입니다. 왜냐하면 가게에서 파는 작은 음악 카세트 테이프 하나를 들고 다니는 사람이 디지털화된 스텔스 폭격기의 설계 파일 전체를 거기에 넣고 다녀도 완전히, 그리고 전적으로 알아챌 수 없기 때문입니다." 이 테이프에는 디스코 음악이 담겨 있지만 저 테이프에는 디스코 음악과 더불어 핵심 기술의 청사진이 담겨 있는 식이다.

정보를 숨기는 수단에는 음악만 있는 것이 아니다. "사진을 가지고도 시험해보았지요." 메이가 말한다. "인터넷에서 디지털 사진을 포토샵에 다운받은 다음 각 픽셀에서 가장 중요하지 않은 비트에 암호화된 메시지를 끼워넣었습니다. 그런 다음 그 사진을 다시 인터넷에 올렸는데 원래 사진과 전혀 구분할 수 없었습니다."

메이가 관심을 갖고 있는 또 다른 주제는 완전히 익명으로 이루어지는 거래이다. 군사 기관에서 개발 중에 있는 암호화 기법을 광범위한 전자 네트워크에 적용한다면 매우 강력한—그리고 매우 깨기 어려운—익명 거래 기술이 가능해질 것이다. 완전히 낯선 두 사람이 서로에게 정보를 청하고 공급하고 돈을 주고받으면서도 아무런 자취도 남기지 않을 수 있는 것이다. 전화나 우체국을 통해서는 그토록 안전하게 거래할 수 없다.

이 기술에 관심을 갖는 것은 스파이나 범죄 조직만은 아니다. 스마트 카드, 변조 방지 네트워크, 소형 암호화 칩 등의 효과적인 인증authentication과 검증verification 수단은 암호의 비용을 소비자 제품 수준으로 낮추고 있다. 암호는 이제 모든 사람이 사용할 수 있는 상품이 되었다.

팀은 이 모든 상황의 결과로 현재와 같은 형태의 기업은 점점 사라지고 좀 더 정교하고 세금을 내지 않는 블랙마켓이 성장할 것이라고 내다본다. 팀은 이러한 움직임을 '크립토아나키Crypto Anarchy, 암호에 기초한 무정부주의라는 의미–옮긴이'라고 부른다. "제가 볼 때, 가까운 미래에 두 세력 사이에 전쟁이 벌어질 것입니다." 팀 메이가 나에게 털어놓았다. "한쪽 세력은 완전한 공개를 원합니다. 비밀 거래 따위에 종지부를 찍자는 것이죠. 마약 거래자나 논쟁적인 게시판에 올라온 글을 추적하는 정부의 입장이 이쪽이죠. 또 다른 쪽은 프라이버시와 시민의 권리를 원합니다. 이 전쟁에서는 결국 암호화encryption가 승리합니다. 정부가 암호화를 금지하는 데 성공하지 못한다면,

암호화가 항상 승리하게 되어 있습니다. 그리고 아마도 정부는 암호화를 금지하지 못할 것입니다."

2년 전에 메이는 암호화의 광범위한 도래를 경고하는 성명을 내놓은 적이 있다. 인터넷에 올린 이 전자 벽서에서 그는 '크립토아나키의 망령'이 출몰하고 있다고 경고했다.

> … 국가는 물론 이 기술이 국가 안보에 위협이 된다든지, 마약 거래상이나 세금을 회피하려는 기업이 이 기술을 악용할 소지가 있다거나 사회가 해체될 두려움 등의 핑계를 대면서 이 기술이 퍼져나가는 것을 멈추거나 늦추려고 할 것이다. 이러한 우려 중 상당 부분은 실제이다. 크립토아나키는 국가 기밀의 자유로운 거래나 불법적 장물 거래 따위를 가능하게 할 것이다. 컴퓨터에 기반을 둔 익명의 시장은 살인 청부나 협박에 의한 강탈과 같은 혐오스러운 시장마저도 조성할 수 있다. 다양한 범죄인과 비정상적 외부 요소들이 크립토넷의 활발한 사용자가 될 것이다. 그러나 그와 같은 사실이 크립토아나키의 확산을 막지는 못할 것이다.
>
> 인쇄술이 중세 시대에 길드의 권력을 축소하고 사회의 권력 구조를 변화시켰던 것처럼 암호 기술 역시 경제적 거래에서 기업과 정부의 개입을 근본적으로 바꾸어놓을 것이다. 새롭게 출현하는 정보 시장과 맞물려 크립토아나키는 언어와 그림으로 나타낼 수 있는 모든 것들의 유동적인 시장을 창조하게 될 것이다. 대단치 않은 발명품인 가시철사가 방대한 목장과 농장에 울타리를 치는 것을 가능하게 함으로써 서부 변경 지대에서의 땅과 재산에 대한 권리의 개념을 영원히 바꾸어놓았듯, 수학의 신비로운 한 분야에 기초한, 역시 겉보기에는 대단치 않아 보이는 발견이 지적 재산권을 둘러싼 가시철망을 풀어헤칠 철사 가위 역할을 하게 될 것이다.

서명: 티모시 C. 메이

* 크립토아나키: 암호화, 디지털 화폐, 익명 네트워크, 디지털 가명, 무無지식zero ledge, 명성, 정보 시장, 블랙마켓, 정부의 붕괴

나는 전직 IBM 소속 물리학자였던 팀 메이에게 암호화 기술과 우리가 알고 있는 세계 모습의 붕괴 사이의 연관성에 대해 설명해달라고 부탁했다. 메이는 말했다. "중세에는 길드가 정보를 독점했습니다. 길드 바깥에서 누군가가 가죽이나 은 따위를 가공하려고 하면 왕의 군사들이 와서 다 때려부숴버렸죠. 왜냐하면 길드가 왕에게 특별 세금을 냈으니까요. 중세의 길드를 무너뜨린 것이 인쇄술입니다. 인쇄술이 도래하자 이제 누구든 가죽을 무두질하는 방법에 대한 논문을 출판할 수 있게 되었죠. 인쇄술의 시대에는 기업들이 특정 전문 지식을 독점하게 되었습니다. 총기 제조 방법이라든지 강철 제련 방법과 같은 지식 말입니다. 이제 암호화 기술이 전문적 지식에 대한 기업의 독점을 침식해 들어갈 것입니다. 기업들은 비밀을 간직하기 어렵게 될 것입니다. 인터넷에서 정보를 파는 일이 너무나 쉬워질 테니까요." 메이의 말에 따르면 크립토아나키가 아직 나타나지 않은 이유는 군대가 암호화의 핵심 지식을 독점하고 있기 때문이라고 한다. 마치 한때 교회가 인쇄술을 통제했던 것처럼 말이다. 몇 가지 예외를 빼고서 암호화 기술은 세계의 군사 조직을 위해서, 군사 조직에 의해서 발명되었다. 군대가 이 기술을 쉬쉬한다는 것은 그나마 절제한 표현이다. 다른 군사-산업 연합체에서 개발한 기술들은 민간 분야로 널리 파생된다. 그러나 비밀 시스템을 만드는 것이 지상 명령인 조직, 미국국가안보국National Security Agency, NSA에서 개발된 기술이 민간으로 흘러들어온 경우는 극히 드물다.

그런데 대체 암호화가 필요한 사람들은 누구인가? 아마도 뭔가 숨길 필요가 있는 사람들일 것이다. 스파이, 범죄인, 불평분자 등등…. 암호화에 관심을 갖는 사람들은 당연히, 효과적으로, 가차 없이 좌절의 벽에 부딪히게 될 것이다.

20년 전 정보 시대가 열렸을 때 지각 변동이 나타났고 기밀 정보 Intelligence는 기업 최고의 자산이 되었다. 기밀 정보는 이제 CIA만의 점유물이 아니라 기업 최고 경영자들의 회의에서 다루는 주제가 되었다. 이제 스파이는 산업 스파이를 의미한다. 이제 국가가 우려하는 반역적 정보 활동은 군사 기밀보다도 기업의 노하우를 불법 유출하는 것이다.

그뿐만 아니라 지난 10년 동안 컴퓨터는 더욱 빨라지고 더욱 저렴해졌다. 암호화는 이제 더 이상 슈퍼컴퓨터와 막대한 예산이 있어야만 할 수 있는 일이 아니다. 중고용품점에서 사들인 일반 브랜드 PC로도 상당한 수준의 암호화 책략에 필요한 방대한 연산을 수행할 수 있다. 사업 전체를 PC를 통해 운영하는 작은 회사의 경우 그들 PC의 하드 드라이브에 암호화 장치를 적용하고 싶을 것이다.

그리고 지금, 몇 년 전부터 무수히 난립하던 전자 네트워크들이 하나의 고도로 분산화된 네트워크로 꽃피어왔다. 네트워크는 통제의 중심이 없고 명확한 경계도 없는 분산된 시스템이다. 경계가 없는 것을 어떻게 안전하게 지킬 수 있을까? 그런데 특정 종류의 암호화 기술이 분산된 시스템의 보안을 확보하면서 동시에 시스템을 유연하게 유지할 수 있는 것으로 드러났다. 네트워크는 단단한 보안의 벽을 둘러쳐 문젯거리를 테두리 밖으로 내모는 대신 구성원 대부분이 피어투피어식의 암호화를 이용하도록 한다. 그 결과 네트워크는 온갖 종류의 쓰레기들을 수용할 수 있다.

갑자기 암호화 기술이 자신의 프라이버시 말고는 '아무것도 숨길 것이 없는' 보통 사람들에게도 엄청나게 유용한 것이 되기 시작했다. 피어투피어 암호화가 인터넷에 적용되고 전자 결제와 연결되며 일상적 사업 거래와 손잡으면서 팩스나 신용 카드와 같은 또 하나의 비즈니스 도구가 된 것이다.

역시 갑자기, 세금을 내는 국민들이, 그러니까 세금을 통해 군대가 소유한 암호화 기술을 연구하는 기금을 댄 국민들이 정부에게 이 기술을 내놓으라고 요구기 시작했다.

그러나 정부(적어도 미국 정부)는 수많은 낡아빠진 이유들을 대면서 암호화 기술을 국민의 손에 되돌려주지 않으려 들고 있다. 그래서 1992년 여름, 창의적 수학자 해커들, 시민 해방 운동가들, 자유시장주의자들, 천재 프로그래머들, 변절자 암호화 기술 연구자들, 그 밖에 잡다한 다른 변방의 운동가들이 인터넷에 연결할 암호화 기술을 창조, 조합, 내지는 유용하기 시작했다. 그들은 자신을 '사이퍼펑크cypherpunk, 1980년대에 사용되기 시작한, 체제에 순응하지 않는 개성과 신기술로 무장한 특수한 개인들의 성향을 가리키는 용어인 사이버펑크cyberpunk를 빗대어 만들어진 표현으로 보인다.–옮긴이'라고 불렀다.

1992년 가을 두 번의 토요일에 걸쳐 나는 팀 메이와 약 15명의 다른 암호 기술의 반항아crypto-rebel, rebel은 반역자, 반항아의 의미로 모두 사용될 수 있는데 암호 기술을 반대한다는 의미가 아니라 암호화 기술을 정부가 독점하는 데 반대하고 그 기술을 이용해 체제를 감시하고 체제에 반항하고자 하는 사람들이라는 의미로 사용되었다.–옮긴이들이 캘리포니아주 팰로앨토 근처에서 가진 사이퍼펑크 월례 모임에 참석했다. 이 모임은 첨단 기술 신생 기업들이 꽉 들어차 있는 건물의 아무 특징 없는 전형적인 사무실에서 열렸다. 실리콘밸리의 아무 회사나 골라도 그와 같은 모습일 것이다. 사무실에는 흔히 사용되는 회색 카펫이 깔려 있고 회의 탁자가 놓여 있다. 모임의 사회자인 에릭 휴스Eric Hughes는 자기 주장을 강하게 내세우는 시끌벅적

한 목소리들의 불협화음을 가라앉히려고 애썼다. 모래색 머리카락을 등허리까지 기른 휴스는 마커 펜을 들고 화이트보드에 안건을 휘갈겨 써내려갔다. 그가 써내려간 단어들은 팀 메이의 디지털 명함을 연상시켰다. 명성, PGP 암호화, 익명 전송 시스템의 업데이트, 디피-헬만Diffie-Hellmann 키 교환 방식 등….

약간의 가십을 주고받은 다음 모임의 이야기 주제는 비즈니스 현안으로 들어갔다. 구성원 중 한 사람인 딘 트리블Dean Tribble이 앞으로 나가서 디지털 평판reputation에 대한 그의 연구를 설명했다. 만일 여러분이 단지 이메일로 소개한 이름만 아는 누군가와 사업상의 거래를 하려고 한다면 그의 신원이 합법적인지 어떻게 확신할 수 있을까? 트리블은 '신용 에스크로어떤 조건이 성립될 때까지 제3자에게 보관해 두는 조건부 날인 증서-옮긴이'를 통해 상대방의 평판을 구매하는 방법을 제안했다. 이것은 부동산 권원보증 회사title company, 부동산 거래에서 발생하는 소유권 변동에 대해 소정의 수수료를 받고 권리 부문의 하자에 대해 보장해 주는 보험회사-옮긴이나 채권 보증 회사bond company, 채권 발행자에게 부도가 났을 때 채권에 대한 원금과 이자의 지급을 보증해주는 기관-옮긴이와 비슷한 것으로 누군가를 보증해주고 대신 수수료를 받는 것이다. 그는 죄수의 딜레마 같은 반복되는 협상 게임에 대한 게임 이론의 교훈을 설명했다. 이런 게임을 단 한 번 수행할 때와 여러 번에 걸쳐 반복해서 수행할 때 결말이 어떻게 달라지는지, 그리고 반복적인 관계에서 평판이 얼마나 중요한지에 대해 설명했다. 그들이 온라인으로 평판을 사고파는 행위의 잠재적 문제점에 대해 갑론을박하고 새로운 연구 방향에 대한 제안을 내놓은 후 트리블은 자리에 돌아가 앉고 구성원 중 다른 한 사람이 일어나서 짧게 이야기를 했다. 이런 식으로 탁자를 죽 돌아갔다.

징이 잔뜩 박힌 검정색 가죽 잠바를 입은 아서 에이브러햄Arthur Abraham이 암호화에 대한 최근 연구 논문들을 요약 발표했다. 에이브러햄은 오버헤드 프로젝터를 톡톡 두드리거나 공식을 잔뜩 적은 투명 필름들을 흔들거나 이리저리 사람들 사이를 걸어다니며 수학적 증명을 늘어놓았다. 자리에 모인 대부분의 사람들에게 수학은 쉽지만은 않은 것이 분명해보였다. 탁자 주위에 둘러앉은 사람들은 프로그래머(상당수는 독학으로 프로그래밍을 익힌), 엔지니어, 컨설턴트 등으로, 물론 그들 모두 매우 똑똑한 사람들이지만, 수학적 배경으로 무장한 사람은 그 중 단 한 명뿐이었다. "그게 무슨 뜻이죠?" 에이브러햄이 이야기하는 동안 조용히 앉아 있던 구성원이 질문을 던졌다. "알았다! 당신 지금 계수를 빼먹었군요." 또 다른 사람이 맞장구쳤다. "a가 x에 붙는 건가요? y에 붙는 건가요?" 아마추어 암호화의 해커들은 한마디 한마디를 따져들며 명확한 설명을 요구하고 모든 사람이 이해할 때까지 숙고했다. 이것이 바로 완벽한 최소의 상태가 될 때까지 줄이고 또 줄이고, 지름길을 찾아내고, 논문의 학문적 입장에 반박하고자 하는 프로그래머의 충동이자 해커의 마음이다. 복잡하게 휘갈겨 쓴 커다란 덩어리의 방정식을 가리키며 딘이 물었다. "이걸 아예 통째로 쓸어버리면 어때?" 그러자 뒤쪽에서 어떤 목소리가 대답했다. "좋은 질문이야. 하지만 그렇게 하면 왜 안 되는지를 알겠어." 그런 후 그 목소리가 설명을 이어나갔다. 딘이 고개를 끄덕였다. 아서는 주위를 둘러보며 모든 사람들이 이해했는지 확인했다. 그런 다음 논문의 다음 줄로 넘어갔다. 이해한 사람들이 이해하지 못한 사람들을 도왔다. 곧 방 안은 모든 사람들의 웅성거림으로 가득 찼다. "아, 그러니까 네트워크의 배열에 딱 맞아떨어지겠군! 정말 멋진데?" 그리하여 분산 컴퓨팅의 새로운 도구가 하나 탄생하게 되었다. 또 하나의 새로운 요소가 지금 막 군대의 비밀의 장막에서 빠져나와 인터넷의 열린 망으로 걸어 나왔다. 그리고 네트워크 문화의 토대 위에 또 하나의 벽돌 조각이 올라가는 순간이었다.

이 집단의 주요 활동은 사이퍼펑크의 전자 메일링 리스트를 통해서 가상 온라인 공간에서 주로 이루어진다. 암호화에 관심을 가진 세계 각국의 사람들이 매일 인터넷의 '메일링 리스트'를 통해 서로 소통하는데 그들의 수는 점점 늘어나고 있다. 돈을 덜 들이고 자신의 아이디어를 실행에 옮기려는 사람들이 작성 중의 코드를 나눠주거나 (디지털 서명과 같은 사례) 자신이 하는 일의 윤리적, 정치적 영향에 대해 논의하기도 했다. 그들 중 익명의 무리들이 정보해방전선 Information Liberation Front, ILF을 출범시켰다. ILF는 매우 비싼 (그리고 찾기 힘든) 저널에 실린 암호학에 대한 논문을 찾아낸 후 컴퓨터로 스캔해서 익명으로 인터넷에 게재함으로써 그 지식을 저작권의 제한으로부터 '해방'시켰다.

무엇이든 인터넷에 익명으로 게재하는 일은 쉽지 않다. 인터넷의 속성상 모든 것을 확실하게 추적할 수 있고 모든 것을 이리저리 쉽게 복제할 수 있다. 이론적으로 볼 때 어떤 메시지의 자취를 되짚어 나가기 위해 전달 경로의 접속점을 감시하는 것은 하찮을 정도로 간단한 일이다. 이와 같이 잠재적으로 전지全知적 존재가 가능한 환경에서 암호 기술의 반항아들은 진정한 익명성을 갈망한다.

나는 팀에게 익명성이 가져올 수 있는 잠재적 시장에 대한 나의 불안감을 털어놓았다. "유괴범이나 인질범의 몸값 요구, 강탈 요구, 뇌물, 협박, 내부거래, 테러리즘 등의 완벽한 도구가 되지 않을까요?" 팀이 대답했다. "글쎄요. 대마초 재배법이라든지 초보자를 위한 DIY 낙태법, 인체 냉동 보존술, 무면허 대체의학 광고 따위의 불법 정보의 매매는 어떨까요? 내부 고발자나 데이트 상대를 구하는 개인 광고 따위도 익명성을 원하겠지요."

암호 기술의 반항아들은 디지털 익명성이 필요하다고 생각한다. 왜냐하면 익명성은 거짓 없는 진짜의 신원 증명만큼이나 중요한 시민의 도구이기 때문이다. 예컨대 우체국에서도 상당한 정도의 익명성이 부여된다. 우리는 우편물에 발신자 주소를 꼭 적을 필요가 없고, 적는다고 하더라도 우체국에서는 진실 여부를 확인하지도 않는다. 전화(발신자 표시 기능이 없는 경우)나 전신 역시 어느 정도까지는 익명적이다. 또한 모든 사람들은 (대법원에 의해 보장된) 익명으로 전단지나 팸플릿 따위를 배포할 수 있는 권리를 갖고 있다. 누구보다 익명성을 열망하는 사람들은 하루에 몇 시간씩 네트워크에서 소통하는 사람들이다. 애플컴퓨터의 프로그래머인 테드 캘러는 "우리 사회는 프라이버시의 위기를 맞고 있습니다."라고 말한다. 그는 암호화를 마치 우체국과 같이 지극히 미국적인 제도의 확장이라고 본다. "우리는 언제나 우편물의 익명성에 가치를 두어왔습니다. 그런데 이제 우리는 사상 처음으로 (국가나 체제가 보장하는) 익명성을 신뢰할 필요가 없게 되었습니다. 우리 스스로 익명성을 확보실행할 수 있으니까요." 전자프런티어재단Electronic Frontier Foundation, 전자 네트워크 속에서 인권 보호와 학문 연구의 자유를 위해 활동하는 비영리 단체-옮긴이의 이사 중 한 사람인 암호 전문가 존 길모어John Gilmore는 말한다. "우리의 기본적인 소통 매체에 익명성을 확보해야한다는 사회적 요구가 존재합니다."

좋은 사회는 단순한 익명성 이상의 것을 필요로 한다. 온라인 문명은 온라인 익명성, 온라인 신원 증명, 온라인 인증, 온라인 평판, 온라인 신탁 소유자, 온라인 서명, 온라인 프라이버시, 온라인 접근을 필요로 한다. 이 모든 것들은 열린사회에 꼭 필요한 요소들이다. 사이퍼펑크의 목표는 사람들이 직접 대면하는 사회에서 쓰이는 사람들 사이의 관습적 도구에 해당되는 디지털 도구를 만들어 공짜로 사람들에게 나눠주는 것이다. 그리고 그들은 그것이 이루어질 무렵이면 온라인 익명성의 기회와 더불어 공짜 디지털 서명을 배포할 수 있게 되기를 희망하고 있다.

디지털 익명성을 창조하기 위해서 사이퍼펑크들은 익명의 메일 재전송 장치의 15가지 원형을 개발했다. 이 장치들이 완전히 실행되면 통신 경로를 철저하게 감시하는 경우에도 이메일의 출처를 밝힐 수 없다. 오늘날 재전송 장치의 한 단계가 실행되고 있다. 예를 들어 당신이 그 장치를 이용해 앨리스에게 메일을 보낸다고 하자. 앨리스는 발신인이 없는 메일을 받게 될 것이다. 메일이 어디에서 온 것인지를 밝혀내는 것은 전체 네트워크를 관찰할 수 있는 컴퓨터에게는 식은 죽 먹기이겠지만 아무나 할 수 있는 일이 아니다. 그러나 수학적으로 전혀 자취를 추적할 수 없게 하기 위해서 메일 재전송 장치는 적어도 둘 이상의(더 많을수록 더 좋지만) 중계 지점을 가져야 한다. 하나의 재전송 장치가 다른 재전송 장치로 메일을 보내면서 그 출처에 대한 정보를 희석해서 원래 출처를 알 수 없게 만드는 것이다.

발로는 디지털 가명의 한 가지 역할을 예견했다. 우리의 정체를 알고 있는 사람도 있지만 알지 못하는 사람도 있다. 그러므로 우리는 가명의 망토 뒤에 숨어서 '어떤 정보를 구매하는 집단에 동참함으로써 구매 비용을 대폭 감소시켜 사실상 거의 공짜로 만들 수' 있다. 이와 같은 디지털 조합co-op은 디지털 영화, 음반, 소프트웨어, 값비싼 소식지나 회보 따위를 집단으로 구매해서 사적인 온라인 지식 창고를 만든 다음 인터넷을 통해 서로에게 '대여'할 수 있다. 정보의 판매자는 자신의 상품을 한 사람에게 파는 것인지 500명에게 파는 것인지 도무지 알 방법이 없다. 휴스는 발달된 정보 사회에서 이와 같은 구매 형태가 흔히 나타나는 것을 '가난한 자들이 생존할 수 있는 주변부가 증가하는 것'이라고 보았다.

팀이 말한다. "한 가지 확실한 것은 장기적으로 이 시스템이 세금 징수에 핵폭탄급 파괴력을 발휘할 것이라는 점입니다." 설득력 없는 이야기처럼 들릴지 모르지만 어쩌면 이것이 바로 정부가 이 기술을 뒤로 감추고 내놓지 않는 주된 이유가 아닐까, 내가 팀에게 주장해보았다. 또한 디지털 국세청과의 고조되는 군비 경쟁 역시 진화할 것이며, 디지털 반체제 조직들이 거래를 감추기 위한 경로를 새롭게 발견해낼 때마다 디지털 국세청은 새로운 감시 기술로 대응하지 않겠느냐고 말했다. 그러자 팀은 나의 의견에 콧방귀를 뀌었다. "장담컨대 이건 아무도 깰 수 없어요. 암호화는 '언제나' 승리합니다."

그리고 이것은 무서운 일이다. 왜냐하면 암호화가 널리 퍼지게 되면 우리 사회의 추진력 중 하나인 경제 활동을 중앙 집중적 통제에서 완전히 벗어나게 하기 때문이다. 암호화는 통제 불능의 상황을 낳는다.

암호화가 언제나 승리하는 이유는 그것이 망의 논리를 따르기 때문이다. 주어진 공개키 암호는 슈퍼컴퓨터로 충분한 시간을 들이면 결국 해독할 수 있다. 자신의 암호를 아무도 깰 수 없기를 바라는 사람들은 키의 길이를 증가시킴으로써 슈퍼컴퓨터를 따돌리고자 한다. (키가 길면 길수록 깨기 어렵다.) 그러나 이런 안전 장치를 만드는 데에는 키가 더욱 다루기 어려워지고 느려진다는 대가를 치러야만 한다. 그러나 어쨌든 충분한 시간과 돈만 들인다면 어떤 암호든 해독할 수 있다. 에릭 휴스가 동료 사이퍼펑크들에게 종종 상기시키듯 "암호화는 경제성의 문제이다. 언제든 암호화는 가능하다. 다만 비싸다는 것이 문제이다." 아디 샤미르Adi Shamir가 분산된 스탠퍼드 대학 네트워크인 선SUN 워크스테이션을 남는 시간 동안 이용해 120자리의 키를 깨는 데 1년이 걸렸다. 우리는 어떤 슈퍼컴퓨터도 가까운 미래에 해독할 수 없을 정도로 길이가 긴 키를 만들 수도 있다. 그러나 이런 키는 일상생활에서 사용하기에 너무나 불편할 것이다. 오늘날에는 고속 슈퍼컴퓨터가 가득한 미국국가안보국 건물에서 하루면 140자리의 암호를 풀 수 있다. 그러나 고작 보잘것없는 키 하나를 깨자고 그 비싸고 빠르고 거대한 컴퓨터big iron를 하루 종일 돌려야 하다니!

사이퍼펑크들은 '팩스 효과'를 가지고 그들의 활동의 장을 중앙 집중적 컴퓨터 자원에 대항할 만큼 강력하게 만들려고 시도한다. 만일 당신이 팩스를 갖고 있는데 그것이 이 세상에 딱 한 대 있는 유일한 팩스라면 그 기계는 아무런 가치도 없을 것이다. 그러나 세상에 팩스가 한 대씩 늘어날 때마다 당신 팩스의 가치는 증가하게 된다. 사실 세상에 팩스가 늘어나면 날수록 각자의 팩스는 더욱더 가치 있는 것이 된다. 이것이 바로 망의 논리이다. 또한 수확 체증의 법칙이기도 하다. 이것은 동등한 교환에 기초한 부에 대한 고전적 경제 이론과 정면으로 배치된다. 고전 이론에서 우리는 무에서 유를 창조할 수 없다. 그러나 진실은 그것이 가능하다는 것이다. (오늘날 아주 적은 수의 급진적 경제학자들만이 이 개념을 공식적으로 받아들인다.) 해커, 사이퍼펑크, 그 밖에 수많은 하이테크 사업가들은 이미 이 사실을 알고 있다. 네트워크 경제에서는 '다다익선more brings more'이 통한다. 즉 더 많은 것이 더 많은 것을 불러온다. 그렇기 때문에 많은 경우에 사람들에게 뭔가를 나눠주는 것이 효력을 발휘한다. 사이퍼펑크들이 그들이 개발한 도구를 무료로 나눠주는 것도 그러한 이유에서이다. 이렇게 나누는 행위는 선행 동기보다는 네트워크 경제가 적은 것보다 많은 것에 보상할 것이라는 통찰에 기인한 것이다. 그리고 자신이 만든 도구를 나눠줌으로써 '다수'의 씨앗을 뿌릴 수 있다. (사이퍼펑크들은 암호화의 반대 측면, 즉 암호의 해독에도 망의 경제학을 이용하는 방안을 이야기한다. 사람들의 수백만 대의 매킨토시를 네트워크로 연결해 하나의 슈퍼컴퓨터를 조립해내는 것이다. 각각의 컴퓨터는 분산된 거대한 해독 프로그램의 작은 부분의 연산을 조율된 방식으로 수행한다. 이론적으로 그와 같은 분산된 병렬 컴퓨터는 전체로 볼 때 현재 우리가 상상할 수 있는 가장 강력한 컴퓨터로, 미국 국가안보국의 중앙 집중식 슈퍼컴퓨터보다 훨씬 강력한 성능을 갖고 있다.)

암호로 무장한 작은 메시지들의 홍수로 빅 브라더를 질식시킨다는 개념이 암호 기술의 반항아들의 상상력을 자극했고 결국 그들 중 한 사람이 높이 평가되는 공개키 암호 체계를 프리웨어 형태로 내놓았다. '프리티 굿 프라이버시PGP'라는 이름의 이 소프트웨어는 인터넷을 통해 무료로 배포되었고 디스크로도 구할 수 있다. 이제 우리는 일부 인터넷의 문서에서 메시지가 PGP로 암호화되었으며 발신인의 공개키를 요청하면 제공하겠다는 메모를 매우 흔하게 발견할 수 있게 되었다.

암호 프리웨어에는 PGP만 있는 것이 아니다. 사이퍼펑크들은 인터넷에서 이메일의 프라이버시를 강화시키는 애플리케이션 RIPEM을 사용할 수도 있다. PGP나 RIPEM은 모두 특허를 받은 암호화 알고리듬의 구현물인 '공개 키 암호 방식RSA'에 기반을 두고 있다. 그런데 RIPEM은 RSA 회사에서 공공 소프트웨어로 배포한 것인데 반해 PGP는 필립 짐머만Philip Zimmermann이라는 암호화의 반항아가 사적으로 만들어낸 소프트웨어이다. 그리고 PGP는 RSA가 특허를 가지고 있는 수학 알고리듬에 기초하고 있기 때문에 일종의 불법 소프트웨어인 셈이다.

RSA는 MIT에서 개발했다. 부분적으로 미국 연방 정부의 연구 기금을 받아 개발되었지만 나중에 개발한 연구원들에게 특허가 주어졌다. 연구원들은 그들이 발명한 암호 기법에 대한 특허를 신청하기 전에 미리 발표해버렸다. 혹시나 미국국가안보국에서 특허를 독점하고, 심지어 민간인들이 이 시스템을 이용하지 못하도록 하는 것이 아닌가 하는 우려 때문이었다. 미국에서는 발명자가 (논문에) 발표하고 나서 1년 안에 특허를 신청할 수 있다. 그러나 미국 이외의 다른 국가에서는 발표하기 전에 특허를 내야만 한다. 따라서 RSA는 오직 미국 특허에 의해서만 보호받을 수 있으며, 그에 따라 PGP가 특허받은 RSA의 수학 원리를 사용하는 것이 미국 바깥의 세계에서는 합법이다. 그러나 PGP는 인터넷의 딱히 어디라고 할 수 없는 애매모호한 공간에서 교환되고 있다. (사이버스페이스의 공간이 대체 어느 나라의 사법 관할인지를 어떻게 따지겠는가?) 인터넷 공간에서는 아직 지적재산권 법률이 어느 정도 모호하고 크립토아나키의 시작에 가까운 상태이다. PGP는 이런 법적 사각 지대를 이용해 미국인 사용자들에게 PGP의 기반이 되는 알고리듬에 대한 RSA의 특허권을 확보하는 것은 사용자의 책임이라는 경고 문구를 살짝 곁들이고 지나간다. (잘났다. 맞는 말이다.)

짐머만은 법적으로 애매모호한 PGP를 세상에 내놓은 것은 정부가 RSA를 포함한 모든 공개키 암호화 기술을 회수할지도 모른다는 우려 때문이었다고 주장한다. RSA 특허권자는 현재의 PGP가 유통되는 것을 막을 수 없다. 왜냐하면 일단 뭔가가 인터넷에 풀리면 그것은 다시 되돌아오지 않기 때문이다. 그러나 특허권자 입장에서도 손해를 입었다고 주장하기는 어렵다. 불법인 PGP와 공식적으로 인가된 RIPEM 둘 다 인터넷을 감염시켜 팩스 효과를 낳았기 때문이다. PGP는 소비자들에게 암호의 이용을 부추겼다. 더 많이 사용하면 할수록 관련된 모든 사람들이 더 많은 이익을 얻는다. PGP는 프리웨어이다. 대부분의 프리웨어처럼 사용자들은 언젠가 프리웨어 버전을 졸업하고 상업적 버전으로 옮겨가게 마련이다. 그리고 그때 사용권을 제공할 수 있는 것은 오직 RSA뿐이다. 경제적으로 볼 때 특허 소지자 입장에서 수백만의 사용자가 자기네 제품의 초기 버전을 사용하면서 (그것도 제3자가 훔쳐다가 유통시켜준 덕분에) 스스로 제품의 복잡성과 장점에 익숙해진 다음에 최신, 최고 버전을 사기 위해 스스로 와서 줄을 서준다면 그보다 좋은 일이 어디 있겠는가?

팩스 효과, 프리웨어 업그레이드 규칙, 분산된 지능의 힘. 이러한 것들은 모두 새롭게 출현하는 네트워크 경제의 한 부분이다. 네트워크 경제 안에서의 정치 역시 사이퍼펑크들이 가지고 노는 것과 같은 종류의 도구를 필요로 한다. 연례 해커스 콘퍼런스Hacker's Conference의 회장인 글렌 테니Glenn Tenney는 지난해 캘리포니아주의 공직에 출마했다. 컴퓨터 네트워크를 선거 운동에 이용한 그는 네트워크가 정치에 얼마나 큰 영향을 미칠 수 있는지 실감했다. 그는 전자 민주주의를 위해서는 신뢰를 구축할 수 있는 디지털 기술이 필요하다고 지적했다. 그가 온라인에 쓴 글을 인용해보면 "어느 상원의원이 이메일로 질문에 답변을 한다고 가정합시다. 그런데 누군가가 그 답변 내용을 변조해서 〈뉴욕 타임스Newyork Times〉에 투고한다면 어떨까요? 디지털 인증, 디지털 서명 등의 기술은 모든 사람들을 보호하는 데 꼭 필요한 기술입니다." 암호화와 디지털 서명은 신뢰의 동력을 새로운 영역으로 확장시키는 기술이다. 암호화는 '신뢰의 망'을 구축한다고 짐머만은 말한다. 신뢰의 망이야말로 모든 종류의 사회와 인간 네트워크의 정수이다. 사이퍼펑크들이 암호화에 그토록 몰두하는 이유를 간단하게 요약하자면 다음과 같다. '좋은 프라이버시pretty good privacy, PGP의 이름이기도 하다.–옮긴이는 좋은 사회를 의미한다.'

암호와 디지털 기술로 촉진되는 네트워크 경제가 가져온 영향 중 하나는 '좋은 프라이버시'라는 어구의 의미 전환이다. 네트워크는 프라이버시를 윤리의 영역에서 시장으로 가져왔다. 이제 프라이버시는 사고파는 상품이 되었다.

전화번호부가 가치를 갖는 것은 전화를 걸려는 사람이 특정 전화번호를 알아내는 데에 드는 에너지를 절약해주기 때문이다. 전화가 처음 나오고 얼마 되지 않았을 때에는 각자의 전화번호를 전화번호부에 등재하는 것이 그 번호를 가진 사람이나 다른 전화 사용자에게나 모두 가치 있는 일이었다. 그러나 어디에서든 사람들의 전화번호를 쉽게 입수할 수 있는 오늘날에는 전화번호부에 실리지 않은 번호가 번호 소유자에게나(돈을 더 낸다.) 전화 회사에게나(돈을 더 받는다.) 더 가치 있는 것이 되었다. 프라이버시는 값이 매겨지고 사고파는 상품인 것이다.

미래에는 대부분의 프라이버시 거래가 정부의 사무실이 아니라 시장에서 이루어질 것이다. 왜냐하면 분산된 열린 망의 네트워크에서는 중앙 집중적인 정부는 불리한 위치에 있으며 사물이 연결되어 있는지 연결되어 있지 않은지를 더 이상 보장할 수 없기 때문이다. 수백 개에 달하는 프라이버시 판매업체들이 시장 요율에 따라 프라이버시의 조각들을 팔 것이다. 예를 들어 당신이 스팸메일 발송업체나 온라인 판매업자 등에게 당신의 개인 정보를 판매하려고 할 때, 가장 높은 가격을 받고 그 정보가 인터넷을 통해 새나가지는 않는지 어떻게 사용되는지를 감시하기 위해 리틀 브라더라는 회사를 고용한다고 하자. 그러면 리틀 브라더는 당신을 대신해서 다른 프라이버시 판매자들과 협상을 벌여 개인적 암호화, 절대로 공개되지 않는 번호, 스팸 걸러내기(알려진 스팸 발송자의 메시지를 감추기), 낯선 ID 걸러내기(특정 전화번호만 수신하는 발신자 번호 확인 서비스와 비슷한 서비스), 주소를 추적하는 기계적 에이전트(소위 네트워크 '노봇knowbot')나 당신의 활동 자취를 지우는 반反노봇counter-knowbot 등의 서비스를 고용한다.

프라이버시는 정보의 극성polarity이 반대로 뒤집힌 것이다. 나는 프라이버시를 일종의 반反정보라고 상상해본다. 시스템에서 정보 한 조각을 제거하는 것은 그 조각에 해당되는 만큼의 반정보를 재생산하는 것으로 볼 수 있다. 정보로 넘쳐나고 그 정보들이 끊임없이 자신을 복제하여 퍼뜨리는 세계에서 사라지거나 없어지는 한 조각의 정보는 매우 값진 것이 된다. 그 사라진 상태가 유지될 수 있다면 특히 값어치가 있다. 모든 것이 모든 것에 연결된 세계, 연결과 정보와 지식이 싸구려가 된 세계에서 연결의 단절과 반정보, 부재하는 지식은 값비싼 것이 된다. 기가바이트에 달하는 정보가 24시간 내내 무더기로 교환되는 세계에서 원하지 않는 소통은 가장 힘든 일거리가 된다. 암호화 시스템이나 그와 유사한 것들은 단절의 기술이다. 이 기술들은 어떤 면에서 무차별적으로 연결하고 정보를 주고받는 네트워크의 타고난 경향을 길들인다고 말할 수 있다.

우리는 계량기를 이용해 가정에 공급되는 수돗물이나 전기의 단절을 관리한다. 그런데 이 계량기 시스템은 사실 당연한 것도 아니고 손쉬운 것도 아니다. 토머스 에디슨의 눈부신 전기 기구들은 모든 사람들이 공장과 가정에서 전기에 쉽게 접근할 수 있게 되기 전까지는 제대로 사용될 수 없었다. 따라서 그의 경력의 가장 높은 정점에서 에디슨은 전기 장치의 설계에서 주의를 돌려 전기 공급 네트워크 자체에 몰두했다. 처음에는 전기를 어떻게 발생시켜야 할지(교류? 직류?), 어떻게 전달해야 할지, 또 어떻게 사용 요금을 매겨야 할지 아무것도 정해진 것이 없었다. 요금 부과에 대해서는 에디슨 역시 오늘날 대부분의 정보 공급 업체들이 선호하는 방식, 정액제를 선호했다. 신문 독자들은 신문의 한 면을 읽든 전체를 읽든 똑같은 값을 지불한다. 케이블 텔레비전이나 책이나 컴퓨터 소프트웨어의 경우도 마찬가지이다. 당신이 얼마나 사용할지와 관계없이 똑같은 가격이 책정되어 있다.

에디슨은 전기의 사용에도 정액제를 밀어붙였다. 일단 전기 공급망에 연결되면 똑같은 사용요금을 내고 연결되지 않으면 한 푼도 내지 않는 식이다. 왜냐하면 각기 다른 사용량에 대한 요금을 계산하는 것이 전기 사용량의 차이가 빚어내는 비용보다 더 크다고 보았기 때문이다. 뉴욕 소재의 그의 제너럴일렉트릭조명회사General Electric Lighting Company는 처음 6개월 동안 고객들에게 정액을 부과했다. 그런데 실망스럽게도 그 정책은 경제적으로 효용이 없는 것으로 드러났다. 에디슨은 임시방편을 마련해야만 했다. 그가 내놓은 처방은 전기 계량기였다. 그런데 계량기는 성능이 변덕스럽고 실용적이지 못했다. 겨울에는 얼어붙었고 때로는 완전히 거꾸로 돌아갔고 고객들이 계량기를 읽을 수 없거나 회사의 계량기 검침원을 신뢰하지 못했다. 10년이 지난 후에야 지방 자치 단체 차원의 전기 망이 건설되고 다른 발명가가 신뢰할 만한 와트-시간 계량기를 만들어냈다. 이제 우리는 계량기를 통하지 않은 다른 방법으로 전기를 구매하는 것을 상상도 할 수 없다.

그로부터 100년이 지난 지금 정보업계는 여전히 정보 계량기를 갖지 못한 상태이다. 하이테크 세계의 성가신 투덜이 조지 길더가 문제를 제기했다. "목이 마를 때마다 저수지 전체에 대한 값을 치르는 대신 물 한 컵에 대한 값만 내도록 하자."

사실 한 모금만 마시면 되는데 정보의 바다를 살 이유가 없지 않은가? 정보 계량기만 있다면 전혀 그럴 이유가 없다. 사업가 피터 스프레이그Peter Sprague는 자신이 바로 그 계량기를 발명했다고 믿었다. "우리는 정보를 계량하는 데 암호화를 사용합니다."라고 스프레이그는 말한다. 정보의 흐름을 조절하는 마개는 바로 거대한 암호화된 데이터 무더기에서 작은 정보의 조각들을 나눠주는 마이크로칩이다. 스프레이그는 수백, 수천 페이지에 달하는 법률 문서를 담은 CD를 2000달러에 판매하는 대신, CD에 담긴 문서를 한 페이지당 1달러에 나눠주는 암호 장치를 발명해낸 것이다. 사용자는 단지 자신이 사용하는 부분만큼만 돈을 지불하고 또한 돈을 지불한 만큼만 사용한다.

정보를 페이지 단위로 판매하는 스프레이그의 방법은 다음과 같다. 암호를 해독하기 전까지는 일단 각 페이지를 읽을 수 없게 해놓는다. 사용자는 내용의 색인을 통해 읽고자 하는 정보의 범위를 선택한다. 그런 다음 아주 적은 돈만 내고 개요나 축약본을 읽는다. 그 후 전체 내용을 읽고 싶으면 자신이 갖고 있는 정보 디스펜서를 통해 해당 부분의 암호를 푼다. 이렇게 암호를 해독할 때마다 소정의 요금(예컨대 50센트)이 발생한다. 그리고 이 요금은 디스펜서에 장착된 계량 칩에 의해 계산되어 미리 충전한 금액(역시 칩에 내장되어 있다.)에서 공제된다. 마치 우편 요금 계기**postage meter, 우표 대신에 날짜와 우편 요금을 나타내는 도장을 찍는 기계 – 옮긴이**가 도장을 찍으면서 자동으로 액수를 공제하는 것처럼. 사용자가 CD를 구입할 때 충전한 금액을 다 써버리면 판매자의 사무실로 전화를 걸어 재충전한다. 회사는 모뎀선을 통해 사용자 컴퓨터에 내장된 계량 칩으로 암호화된 메시지를 보내 사용자의 계정을 충전한다. 사용자의 디스펜서에 300달러가 충전되어 있고 그녀는 판매자가 정보의 단위를 얼마나 세분하였는지에 따라 페이지당, 또는 문단당, 또는 통째로 정보 사용료를 지불하면 된다.

스프레이그의 암호화 계량기의 의의는 너무나 쉽게 복제되는 정보의 특성과 정보를 선택적으로 단절시키고자 하는 정보 소유자의 욕구를 분리시킨 것이었다. 암호화 계량기는 마치 도시 상수도처럼 정보를 자유롭게 흐르고 어디로든 퍼져나가게 하면서 동시에 사용 가능한 덩어리로 계량한다. 계량 시스템은 정보를 수도나 전기 같은 유틸리티로 전환시킨다.

이런 방법으로는 해커들이 공짜 정보를 뽑아내는 것을 막지 못할 것이라고 사이퍼펑크들은 경고한다. 그리고 그들의 경고는 맞는 말이다. 위성을 통해 송신되는 HBO의 드라마나 〈쇼타임〉 같은 텔레비전 프로그램을 무료로 보는 것을 막기 위해 사용된 비디오사이퍼 Videocipher 암호 시스템은 도입되고 나서 몇 주 만에 보안 벽이 뚫렸다. 암호화된 계기 칩이 해킹에 안전하다는 제조업체의 주장과 달리 이 암호를 깨서 큰돈을 버는 사기 행각이 이루어졌다. (사기꾼들은 인디언 보호 구역 안에 그들의 사업 기반을 설립했다. 물론 그것은 이것과 상관없는 이야기이지만.) 저작권 침해자들은, 예컨대 호텔 방과 같은 곳에서, 정식으로 서비스에 가입해서 디스크램블러descrambler, 도청 등을 방지하기 위해 무선 전파의 주파수를 변환하는 장치를 스크램블러, 변환된 신호를 다시 원래대로 복원하는 장치를 디스크램블러라고 한다.-옮긴이 상자를 구한다. 그런 다음 디스크램블러의 칩을 똑같이 다른 칩에 복제한다. 소비자가 사기꾼들의 아지트로 자신의 상자를 '수리개조를 의미-옮긴이'해달라고 보내면, 거기에 호텔의 디스크램블러 상자에 들어 있던 칩과 똑같이 복제한 칩을 장착해서 보내주는 식이다. 방송 시스템은 사용자의 복제 여부를 인식할 수가 없다. 간단히 말해서 이 경우 사기꾼들은 암호를 깨서 해킹을 하는 것이 아니라 암호가 부착된 장소를 시스템의 다른 부분으로 전이시킴으로써 해킹을 하는 셈이다.

어떤 시스템도 해킹에 대하여 완전히 안전하지 못하다. 그러나 암호화된 시스템을 교란하기 위해서는 정교하고 창의적인 에너지가 필요하다. 정보 계량기는 저작권 도둑질이나 해킹을 완전히 막을 수 없다. 그러나 적어도 게으르게 빌붙거나 서로 나누고자 하는 인간의 자연스러운 욕망에 대응할 수는 있을 것이다. 비디오사이퍼 위성 텔레비전 시스템은 사용자들이 대량으로 저작권을 침해하는 일은 막을 수 있었다. 그것은 스크램블러가 나오기 전 위성 방송에서 흔히 일어났던 일이고, 지금도 소프트웨어 불법 복제나 복사기를 통한 불법 복제는 만연한 상태이다. 암호화는 저작권을 훔치는 일을 귀찮고 힘들게 만든다. 적어도 어떤 얼간이도 공디스크만 있으면 할 수 있는 일은 아니게 만들었다. 위성 방송의 암호화는 전반적으로 효과를 나타냈다. 왜냐하면 암호화는 언제나 승리하기 때문이다.

피터 스프레이그의 암호 계량기 덕분에 앨리스는 암호화된 CD-ROM을 몇 장이든 원하는 대로 복사할 수 있다. 그것이 가능한 이유는 어차피 그녀는 자신이 사용한 만큼만 요금을 지불하기 때문이다. 암호화된 계량은 본질적으로 정보에 대한 지불이라는 절차를 정보의 복제라는 절차로부터 분리해냈다.

암호화를 이용해 정보를 계량화하는 것이 효과를 거둘 수 있는 것은 정보의 복제 본능을 억제하지 않기 때문이다. 다른 모든 조건이 허락한다면 어떤 네트워크 안에서 한 조각의 정보는 네트워크 전체를 포화시킬 때까지 스스로를 복제하고자 한다. 모든 사실들은 활기 넘치는 충동에 의해 가능한 한 많이 복제된다. 더 적합하면 할수록, 그러니까 더 흥미롭거나 더 유용할수록, 사실은 더욱 넓게 퍼져나간다. 개체군 안에서 유전자gene가 퍼져나가는 것과 공동체 안에서 아이디어 또는 밈이 퍼져나가는 것을 비교한 멋진 비유가 있다. 유전자와 밈은 모두 복제 기계의 네트워크에 의존한다. 복제 기계란 세포 또는 뇌 또는 컴퓨터 단말기이다. 일반적인 의미에서의 이 네트워크는 유연하게 서로 연결된 접속점이라고 볼 수 있다. 이 접속점들은 다른 접속점에서 온 메시지를 그대로, 또는 약간 변화를 주어 복제한다. 나비의 개체군과 한 차례 발송된 이메일 메시지는 동일한 운명을 갖고 있다. 복제되거나 아니면 죽거나. 정보는 복제되기를 원한다.

우리의 디지털 사회는 수백만, 수천만 대의 팩스, 도서관의 복사기, 데스크탑 컴퓨터의 하드 디스크 등으로 이루어진 복제 기계의 슈퍼 네트워크를 이루어왔다. 마치 우리의 정보 사회가 하나의 거대한 복제 기계의 덩어리인 것처럼 보인다. 그러나 우리는 이 슈퍼 기계로 하여금 맘대로 복제하도록 두지 않을 것이다. 놀랍게도 한쪽 구석에서 창조된 정보는 다른 구석까지 퍼져나갈 수 있는 길을 재빨리 찾아낸다. 우리의 과거의 경제는 희소한 상품 위에 구성되었다. 따라서 지금까지 우리는 정보의 복제가 일어날 때마다 그것을 억제하려고 노력하면서 정보의 타고난 다산성과 싸워왔다. 우리는 거대한 병렬 복제 기계를 갖고서 복제 활동의 대부분을 억누르려고 하고 있다. 그리고 다른 모든 금욕주의적 체제가 그렇듯 그와 같은 노력은 효과를 거두지 못한다. 정보는 복제되기를 원한다.

"비트를 해방하라Free the bits!"라고 팀 메이는 외친다. 여기에서 'free'의 의미는 자주 인용되는 스튜어트 브랜드의 문구 "정보는 공짜이길 원한다Information wants to be free"에서의 'free', 즉 무료라는 의미에서 좀 더 미묘하게 '사슬이나 감옥과 같은 속박 없이'라는 의미로 변환되었다. 'Information wants to be free.'라는 문장은 종종 '정보는 자유롭기를 원한다.'로 번역되지만 원래 사용된 문맥에 따르면 저자의 해석이 맞다. 스튜어트 브랜드는 1960년대 말 〈홀 어스 카탈로그〉를 통해 정보가 구속이 아닌 해방의 도구로 사용될 수 있다는 생각을 펴왔는데 위의 문장이 처음으로 인용된 것은 1984년 제1회 해커스 콘퍼런스에서 브랜드가 스티브 워즈니악에게 한 "한쪽 면에서 볼 때, 정보는 비싸지고 싶어 한다. 왜냐하면 너무나 값진 것이기 때문이다. 적절한 곳에 있는 적절한 정보는 당신의 인생을 바꿔놓을 수 있다. 또 다른 한편, 정보는 공짜이고 싶어 한다. 왜냐하면 시간이 흐를수록 정보를 얻는 데 드는 비용이 낮아지고 또 낮아져가기 때문이다. 두 측면이 서로 다툼을 벌이고 있다."라는 말에서였다. – 옮긴이 정보는 자유롭게 돌아다니고 스스로를 복제하기를 원한다. 분산된 접속점들로 이루어진 네트워크화된 세계에서는, 자유롭게 이동하고 복제되고자 하는 정보의 욕구를 거스르지 않는 계획이 성공을 거머쥘 수 있다.

스프레이그의 암호화 계량기는 결제와 복제를 구별해주는 지점에서 기회를 찾았다. "소프트웨어가 몇 번 실행되었는지를 세는 것은 간단합니다. 하지만 몇 번 복제되었는지를 셀 수 있도록 만들기는 어렵습니다." 소프트웨어 설계자인 브래드 콕스Brad Cox의 말이다. 인터넷을 통해 중계된 메시지에서 콕스는 이렇게 썼다.

> 소프트웨어 제품이 손에 잡히는 물리적 제품과 다른 점은 복제를 감시하는 것이 근본적으로 불가능하지만 사용은 쉽게 감시할 수 있다는 사실이다. … 그러니 바로 이와 같은 제조 시대 상품과 정보 시대 상품 사이의 차이를 중심으로 정보 시대의 시장 경제를 구성하는 것이 어떨까? 정보 시대의 수익 실현의 기반을 컴퓨터 내부의 소프트웨어의 사용을 감시하는 데에 둔다면 판매자들은 저작권 보호 문제로부터 완전히 자유로워질 것이다.

콕스는 객체 지향 프로그래밍 전문 소프트웨어 개발자이다. 객체 지향 프로그래밍이 버그를 줄이는 장점에 대해 앞에서 이야기했지만 객체 지향 프로그래밍은 그 밖에도 기존의 소프트웨어와 비교할 때 두 가지 측면에서 엄청나게 개선되었다. 먼저 객체 지향 프로그래밍은 사용자들에게 다양한 업무에 상호 운용할 수 있는 더욱 유연한 응용 소프트웨어를 제공한다. 그러니까 그 응용 소프트웨어는 빌트인 가구들로 꽉 찬 집이 아니라 이리저리 옮길 수 있는 '객체'라는 가구들을 가진 집에 비유할 수 있겠다. 둘째, 객체 지향 프로그래밍은 소프트웨어 개발자들에게 소프트웨어 모듈을—자기가 쓴 모듈이든 다른 사람이 쓴 모듈을 구입하든—'재사용'할 수 있게 해준다. 예를 들어 데이터베이스를 구축하려고 할 때 콕스와 같은 객체 지향 프로그래밍 설계자는 프로그램을 맨 처음부터 다시 쓰는 것이 아니라 기존의 정렬 루틴, 필드 매니저, 양식 생성기, 아이콘 처리기 등을 가져다가 조립한다. 콕스가 개발해낸 멋진 객체 지향 프로그래밍 객체 세트를 스티브 잡스가 구매해 넥스트Next 기계에 사용했다. 그러나 크기가 작은 모듈 단위의 프로그램을 판매하는 것이 정식 사업으로 자리잡는 데에는 시간이 많이 걸린다. 왜냐하면 그것은 마치 돌아다니며 리머릭limeric, 아일랜드에서 비롯된 5행 희시—옮긴이을 하나씩 하나씩 파는 것과 다름 없기 때문이다. 각각의 객체 프로그램을 쓰는 데 들어가는 커다란 비용을 회수하기 위해서는 그것을 직접 판매해서는 수지가 맞지 않는다. 그렇다고 복제품을 판매할 경우에는 감시하거나 통제하기가 너무 어렵다. 그러나 만일 사용자가 객체를 활성화할 때마다 수익을 발생시킬 수 있다면 프로그래머는 충분히 생계를 꾸려나갈 수 있다.

콕스는 객체 지향 프로그래밍을 '사용 횟수제'로 판매할 경우에 가능한 시장에 대해 곰곰이 생각하다가 네트워크화된 지능의 정수를 발견했다. 복제의 흐름을 막지 말라. 사용할 때마다 지불하라. 콕스는 말한다. "소프트웨어와 같이 손에 잡히지 않고 쉽게 복제되는 상품에는 복제를 금지하는 것이 적합한 아이디어가 아니라는 전제입니다. 사람들은 정보 시대의 상품이 자유롭게 유통되고 어떤 유통 수단을 통해서든 자유롭게 얻을 수 있기를 원합니다. 저는 사람들에게 네트워크에서 소프트웨어를 다운받으라고 부추깁니다. 복제해서 친구들에게 돌리고 심지어 스팸 메일로 모르는 사람들에게 마구 나눠주라고 합니다. 내가 만든 소프트웨어를 아예 위성을 통해 뿌리고 싶어요."

콕스는 덧붙인다. (피터 스프레이그의 주장이 여기에서도 메아리치고 있다. 놀랍게도 두 사람은 서로의 활동에 대해 잘 알지 못한다.) "이런 너그러운 마음가짐이 가능한 것은 소프트웨어는 기본적으로 계량 가능한 상품이기 때문입니다. 요금 징수를 소프트웨어의 유통과 떼어 놓을 수 있는 수단이 부착되어 있습니다."

"이런 접근법을 콘텐츠의 초超유통superdistribution이라고 합니다." 콕스는 한 일본인 연구자가 네트워크에서 소프트웨어의 흐름을 추적하기 위해 고안한 유사한 방법을 지칭하는 용어를 빌려와서 말한다. "초전도superconductivity와 마찬가지로 초유통은 불법 복제로부터의 보호 장치에 제한받지 않고 정보를 자유롭게 흐르게 해줍니다."

이것은 음악업계와 라디오 방송업계가 저작권과 사용권 사이에서 성공적으로 균형을 잡은 모델이다. 음악인들은 고객들에게 자신의 음악이 담긴 앨범을 판매하는 것뿐만 아니라 방송국에 그들의 음악에 대한 '사용권'을 판매함으로써 수익을 얻는다. 복제된 음악은 무료로 제공된다. 음악가의 소속사들이 대량으로 라디오 방송국에 음악을 보낸다. 방송국은 밀물처럼 쏟아져 들어오는 공짜 음악을 선별해서 오직 방송에 사용하는 음악에 대해서만 저작권 사용료를 지불한다. 음악가들을 대표하는 ASCAPAmerican Society of Composers, Authors, and Publishers, 미국 작곡가, 작가, 출판인 협회-옮긴이와 BMI 음악 저작권을 보호하기 위한 단체-옮긴이가 음원 사용을 (통계적으로) 계량한다.

일본의 컴퓨터 제조업체들의 컨소시엄인 일본전자공업진흥협회JEIDA는 네트워크에 접속한 매킨토시 컴퓨터가 각자 자유롭게 소프트웨어를 복제하는 대신 사용권을 계량할 수 있는 전자 칩과 프로토콜을 개발했다. 일본전자공업진흥협회의 회장인 료이치 모리에 따르면 "각각의 컴퓨터는 하나의 방송국으로 볼 수 있습니다. 소프트웨어 자체가 아니라 소프트웨어의 사용을 중계하는 방송국인 셈이죠. 그리고 사용자는 한 명의 '청취자'인 셈입니다." 그러니까 여러분의 맥Mac이 자유롭게 이용 가능한 수천 가지 소프트웨어 중에서 하나의 소프트웨어, 또는 소프트웨어의 한 구성 요소를 '실행'할 때마다 저작권 사용료가 발생한다. 상업용 라디오나 텔레비전 방송국은 복제물이 자유롭게 배포되고 단지 사용하는 것에 대해서만 지불하는 초유통 시스템의 '존재 증거existence proof'를 제공한다. 한 방송국이 음악 테이프를 복제해서 다른 방송국에 배포한다면('비트를 해방하라!') 음악가는 상당히 기뻐할 것이다. 어떤 방송국에서든 그의 음악을 사용할 가능성을 높여주기 때문이다.

일본전자공업진흥협회는 소프트웨어들이 거대한 컴퓨터 네트워크 안에서 제한받지 않고 복제되고 이동해나가는 것을 꿈꾼다. 콕스와 스프레이그, 그리고 다른 사이퍼펑크들과 마찬가지로 일본전자공업진흥협회는 사용 횟수 측정 결과를 크레디트 센터로 송신하는 과정을 사적으로 보호하고 변조를 방지하는 데에 공개키 암호화 기술을 쓴다. 피터 스프레이그는 거침없이 말한다. "암호화된 계량 기술은 지적 재산권 세계의 ASCAP입니다."

콕스가 인터넷상에 배포한 초유통에 대한 팸플릿은 그 장점을 매우 잘 요약하고 있다.

> 오늘날 소프트웨어를 쉽게 복제할 수 있다는 점은 부담이 되고 있지만 초유통은 그 점을 오히려 자산으로 만들어준다. 소프트웨어 판매자들은 소프트웨어를 세상에 알리는 데 엄청난 돈을 들여야 하지만 초유통은 소프트웨어를 세상에 내보내 스스로 자신을 광고하도록 만든다.

텔레비전 프로그램 유료 시청제Pay-Per-View, 시청자가 유료 텔레비전 방송 공급자로부터 시청하고자 하는 프로그램을 돈을 내고 사서 보는 방식 – 옮긴이라는 지긋지긋한 괴물의 문제는 여전히 정보 경제 주변을 맴돈다. 과거에 이 괴물은 영화나 데이터베이스나 음악을 시청 횟수 또는 사용 횟수에 따라 고객에게 요금을 부과하려고 시도한 기업들에게 수십억 달러를 잡아먹고 실패를 돌려주었다. 이 괴물은 아직도 살아 있다. 문제는 사람들은 아직 보지 않은 정보에 돈을 미리 지불하고 싶어 하지 않는다는 사실이다. 막상 돈을 내고 봤더니 별로 유용하지 않을까 하는 우려 때문이다. 하지만 사람들은 또한 일단 본 정보에 대해서도 돈을 지불하고 싶어 하지 않는다. 왜냐하면 대부분 미리 품었던 우려가 맞아떨어지기 때문이다. 내게 꼭 필요한 것은 아니었던 것 같은 생각이 들게 마련이다. 당신은 영화를 다 본 다음에 돈을 내라고 하면 내고 싶을까? 아마도 사람들이 미리 보지 않고도 기꺼이 구매하고자 하는 유일한 정보는 의료 지식이 아닐까 싶다. 사용자가 그것 없이는 살 수 없다고 느끼는 것이어야 한다.

이 괴물을 무찌르는 방법은 샘플 제공이다. 영화관에 가는 관객들은 옷자락을 잡아끄는 흥미로운 예고편 덕분에 영화를 보기 전에 돈을 지불하고 들어간다. 소프트웨어의 경우에도 시험판을 주변에 배포한다. 책이나 잡지의 경우 서점에서 휘리릭 들춰볼 수 있다.

이 문제를 해결할 다른 방법은 정보에 접근하기 위해 지불해야 할 가격을 낮추는 것이다. 신문은 값이 싸다. 그래서 우리는 다 보지 않을지도 모르면서 기꺼이 값을 지불한다. 정보 계량 기술의 창의적인 면은 우리에게 두 가지 해법을 제공한다는 사실이다. 정보 계량기는 일종의 마개와 같은 역할을 해서 첫째, 데이터가 얼마나 사용되었는지를 기록하고, 둘째 마개를 자유자재로 돌려 흐름을 조절함으로써 매우 적은 양만을 흘려보낼 수 있게 해준다. 암호화된 계량기는 크고 값비싼 데이터 덩어리를 작고 값싼 데이터 조각으로 잘게 나눈다. 사람들은 약간의 저렴한 정보에 대해서는 보지 않고도 기꺼이 돈을 치르려고 한다. 특히 지불 방법이 계정에서 차감되는 방식일 경우라면 더더욱 쉽게 돈을 쓸 것이다.

정보 계량기의 미세한 입자 같은 특성은 피터 스프레이그를 흥분시켰다. 얼마나 잘게 세분할 수 있는지 예를 들어보라고 하자 그는 즉시 예를 들었다. 아마도 전부터 생각해오던 것이 아닌가 싶었다. "예를 들어서 당신이 콜로라도주 텔루라이드에 살면서 음탕한 리머릭을 써서 돈을 벌고 싶다고 합시다. 하루에 음탕한 시를 한 편씩 써서 올리는 겁니다. 세상에 당신의 시를 하루에 10센트 내고 읽고 싶어하는 사람이 1만 명이라고 칩시다. 그러면 우리는 1년에 36만 5000달러를 거둬들일 수 있어요. 내가 그 중 12만 달러를 당신에게 지불한다고 칩시다. 그러면 당신은 나머지 시간은 스키나 타면서 즐기면 되지요." 고작 리머릭 한 편을 팔 수 있는 시장은 세상 다른 어떤 곳에서도 찾아볼 수 없을 것이다. 리머릭이 너무나 외설적이거나 기발해서 그 자체로서 팔릴 만한 가치가 있다고 하더라도 말이다. 많은 양의 리머릭을 한 권의 책으로 묶은 것이라면 또 모르겠다. 그러나 한 편을 팔 수 있는 곳은 없다. 하지만 전자 시장에서는 단 한 편의 리머릭, 그러니까 물리적 상품으로 치자면 검 한 조각 정도에 해당되는 상품도 생산하고 판매할 가치가 있다.

스프레이그는 그와 같은 시장에서 거래될 수 있는, 세분화할 수 있는 다른 상품의 목록을 열거했다. 그가 지금 당장이라도 지불할 용의가 있는 상품들의 예를 들었다. "저는 한 달에 25센트를 내고 프라하의 날씨 정보를 구입하겠습니다. 주식 업데이트 정보를 받는 데에 1주당 50센트를 낼 용의가 있어요. 한 주에 12달러를 내고 〈식당 정보〉를 구독할 생각도 있구요. 또 오헤어 공항의 교통 정보를 계속해서 업데이트 받고 싶군요. 언제나 시카고에서 발이 묶이고는 하거든요. 그러니까 그 정보라면 한 달에 1달러를 내겠습니다. 또 〈호러블 하갈〉이라는 만화 구독에 하루 5센트를 지불하겠습니다." 이 상품들은 지금 현재 무차별적으로 제공되거나 큰 덩어리로 묶여 매우 비싼 값에 판매되고 있다. 스프레이그의 전자 시장은 이 데이터의 묶음을 해체한 후 세분하여 선택한 정보를 합리적인 가격에 당신의 데스크탑 컴퓨터나 모바일 팜탑 손바닥에 올려놓을 수 있는 초소형 컴퓨터 – 옮긴이 으로 전송해준다. 암호화 기술이 이 정보의 사용을 계량하고 다른 방법으로는 보호할 (또는 판매할) 가치가 없는 다른 소량의 데이터를 좀도둑질 하는 것을 막는다. 그러니까 정보의 바다가 당신에게 흘러가지만 당신은 단지 당신이 마시는 만큼만 돈을 지불한다.

지금 현재 이 기술은 95달러짜리 회로판의 형태도 존재한다. 이 회로판을 개인용 컴퓨터에 끼워넣어 전화선에 연결하면 된다. 스프레이그는 휼렛패커드와 같은 기존의 컴퓨터 제조업체로 하여금 그와 유사한 회로판을 컴퓨터 조립 라인에서 컴퓨터에 내장하도록 설득하고 있다. 그 방편으로 그의 회사인 웨이브Wave Inc.는 컴퓨터 제조업체에 암호 시스템이 발생시킬 이익의 일부를 제공하려고 한다. 그들의 첫 번째 고객은 변호사들이다. "왜냐하면 변호사들은 한 달에 400달러를 정보 검색에 쓰고 있거든요." 스프레이그의 다음 계단은 암호화 계량 회로와 모뎀을 20달러짜리 마이크로칩으로 압축해서 무선 호출기beeper, 비디오 리코더, 전화, 라디오, 그 밖에 정보를 출력하는 모든 기기에 장착하는 것이다. 보통 이런 전망은 몽상에 잠긴 햇병아리 발명가의 헛된 망상으로 치부되게 마련이다. 그러나 피터 스프레이그는 내셔널세미컨덕터National Semiconductor의 설립자이자 회장으로, 세계 반도체 제조업계의 거물 중 하나, 비유하자면 실리콘 칩 세계의 헨리 포드와 같은 사람이다. 그는 사이퍼펑크가 아니다. 이 혁명적인 경제를 핀 머리에 집어넣을 방법을 아는 사람이 있다면 바로 피터 스프레이그이다.

이 예견된 정보 경제와 네트워크 문화에는 여전히 한 가지 결정적으로 중요한 요소가 결여되어 있다. 역시 암호화 기술에 의해 가능해질 수 있으며, 머리를 덥수룩하게 기른 암호 기술의 반항아들만이 시험해보고 있는 그 요소는 바로 e-캐시라는 전자 화폐electronic cash 이다.

우리는 이미 전자 형태의 화폐를 가지고 있다. 전자 형태의 돈은 눈에 보이지 않는 거대한 강물처럼 이 은행의 금고에서 저 은행의 금고로, 이 브로커의 손에서 저 브로커의 손으로, 이 국가에서 저 국가로, 당신 회사의 사장에게서 당신의 은행 계좌로 흘러 다닌다. 예컨대 오늘날 칩스CHIPS, Clearing House Interbank Payment System라는 기관 혼자서 하루 평균 1조 달러의 돈을 전신과 위성을 통해 움직인다.

그러나 그 어마어마한 액수의 강물은 단지 기관의 전자 화폐일 뿐이다. 그리고 그것과 개인이 일상에서 사용하는 전자 화폐는 메인프레임 컴퓨터와 PC만큼이나 차이가 있다. 주머니의 현금이 기관의 돈과 마찬가지로 물질적 형태를 벗어던지고 디지털화될 때 우리는 정보화된 화폐의 가장 심원한 결과를 경험할 것이다. 연산 기계가 기관 밖으로 나와 각 개인들이 그 기계에 연결되고서야 비로소 사회를 재구성하게 되었던 것과 마찬가지로, 개인 사이의 모든 소액 현금(과 수표) 거래가 디지털화되어야 비로소 전자 경제의 완전한 효과가 나타날 것이다.

우리는 신용 카드나 ATM 기계에서 디지털 화폐의 맛을 볼 수 있다. 대부분의 내 세대 사람들과 마찬가지로 나는 주로 ATM 기계에서 현금을 뽑으며 수년 동안 은행 문 안으로 들어가본 일이 없다. 그리고 나는 매달 평균적으로 현금을 점점 덜 사용한다. 원기왕성하게 세계 각국을 비행기를 타고 돌아다니면서 식사, 숙박, 택시, 자잘한 생활용품, 선물 등 필요한 모든 것을 구매하지만 지갑 안의 현금은 50달러를 넘어본 적이 별로 없다. 이미 일부 사람들에게는 현금 없는 사회가 현실화되었다.

오늘날(1994년 기준) 미국에서 신용 카드 구매는 소비자의 결제 수단의 10분의 1을 차지하고 있다. 신용 카드 회사들은 사람들이 일상적으로 그들의 카드를 '사실상 모든 종류의 거래에' 사용할 날이 오기를 꿈꾸며 군침을 흘리고 있다. 비자의 미국 본사는 패스트푸드 식당이나 슈퍼마켓에서 사용할 수 있는 카드에 기반을 둔 (영수증에 서명할 필요가 없는) 전자 화폐 단말기를 실험 중이다. 1975년 이래로 비자는 2000만 개의 직불 카드debit card를 발급해왔다. 직불 카드는 사용자의 은행 계정에서 사용한 액수를 바로 차감한다. 그러니까 사실상 비자가 ATM을 은행 건물 밖으로 꺼내 상점 카운터 앞에 가져다놓은 셈이다.

은행이나 대부분의 미래주의자들이 떠벌이는 현금이 불필요한 화폐 제도에 대한 기존의 관점은 사실상 현재 운용되고 있는 포괄적인 의미의 신용 카드 시스템의 연장선에서 크게 벗어나지 않는다. 앨리스가 내셔널트러스트미National Trust Me 은행에 계좌를 갖고 있다고 하자. 은행은 편리한 스마트 카드 중 하나를 그녀에게 발급한다. 앨리스는 ATM에 가서 직불 카드에 300달러의 현금을 충전한다. 그 돈은 그녀의 당좌 예금 계좌에서 공제된다. 그러면 그녀는 카드에 담긴 300달러를 트러스트미 은행의 카드 리더기가 설치된 온갖 상점과 주유소, 매표소, 공중전화기 등에서 마음대로 사용할 수 있다.

그렇다면 여기에서 잘못된 점이 뭐가 있을까? 대부분의 사람들은 죽은 대통령 초상이 그려진 종잇조각 미국의 지폐를 의미 – 옮긴이 을 뿌리고 다니거나 비자나 마스터카드사에 빚을 지는 것보다 이 시스템을 선호할 것이다. 그러나 현금을 대신하는 시스템의 이 버전은 사용자나 판매자 모두를 존중하지 않는 측면이 있다. 그렇기 때문에 몇 년 동안 그저 고려의 상태에만 머물고 있고 앞으로도 아마 그 선에서 멈추게 될 것이다.

직불 카드나 신용 카드의 궁극적 약점은 신문 가판대에서 어린이집에 이르기까지 앨리스가 구매하는 모든 상점마다 개인의 구매 기록을 남겨놓는 몹쓸 습관이다. 어느 한 상점에 남겨놓은 기록은 그다지 걱정할 것이 못된다. 그러나 앨리스가 지출한 기록 전체가 그녀의 은행 계좌 번호나 주민등록번호 원서에는 사회보장번호 Social Security number – 옮긴이 로 색인화된 파일 상태로 남는다는 것이 문제이다. 앨리스의 각 상점에 남긴 지출의 역사가 하나로 취합되어 너무나 간단히 그녀에 대한 매우 정확하고 극도로 효과적인 마케팅 자료로 탈바꿈하는 것을 막을 수 없다. 그와 같은 금융 관련 자료는 개인 정보는 차치하고도 그녀에 대한 매우 귀중한 정보들을 담고 있다. 그런데 앨리스 자신은 이 정보를 통제할 수 없으며 그에 대하여 아무런 보상도 받지 못한다.

둘째, 그와 같은 거래를 위해 은행은 최첨단의 스마트 카드를 내놓지 않을 수 없다. 은행들이 전설적 구두쇠임을 감안한다면 거기에 들어간 비용은 과연 누가 지불하게 될까? 결국 사용자의 주머니에서, 은행 금리로 이자를 쳐서 받아갈 것이다. 또한 앨리스는 직불 카드를 사용할 때마다 거래 비용을 은행에 지불해야 할 것이다.

셋째 소비자가 직불 카드를 사용할 때마다 판매자 역시 일정 비율을 시스템에 지불해야 한다. 그것은 이미 적은 마진을 더욱 깎아 들어가고 결국 판매자는 소비자들이 소액 거래에 카드를 사용하는 것을 꺼리게 될 것이다.

넷째, 앨리스는 그녀의 직불 카드를 트러스트미 은행의 독점적 장비를 설치한 상점에서만 사용할 수 있다. 이 하드웨어적 격리는 전자 화폐가 이런 방향으로 전개되지 못하도록 가로막는 가장 큰 장벽이 되어왔다. 또한 직불 카드는 개인 사이의 지불 수단이 되지 못한다(여러분이 카드리더를 가지고 다니지 않는 한). 그뿐만 아니라 앨리스는 자신의 카드를 공식적인 트러스트미 ATM에서만 재충전(사실상 돈을 구매하는 것)할 수 있다. 이러한 장애는 은행들이 협력적 네트워크를 결성해 어느 은행 카드나 사용할 수 있는, 은행들의 상호 접속망에 연결된 카드 리더기를 보급시킨다면 극복할 수 있다. 그와 같은 네트워크는 이미 존재하고 있다.

직불 카드 현금의 대안은 진정한 디지털 현금이다. 디지털 현금은 직불 카드나 신용 카드의 단점을 갖고 있지 않다. 진정한 디지털 현금은 전자의 민첩함과 현금의 프라이버시를 모두 갖춘 진짜 화폐이다. 지불은 신뢰할 수 있지만 연계되지는 않는다. 또한 독점적 하드웨어나 소프트웨어가 필요하지도 않다. 그렇기 때문에 개인과 개인 사이를 포함해 어디에서든, 어디로든 돈을 주고받고 보낼 수 있다. 상점이나 기관이 아닌 개인도 지폐나 동전이 아닌 이 디지털 화폐로 돈을 받을 수 있다. 접속 수단을 갖고 있는 사람이라면 누구나 가능하다. 그리고 적절한 평판을 갖고 있는 회사라면 은행이 아니더라도 전자 화폐 충전을 '판매'할 수 있다. 그러니 판매 수수료도 시장 가격으로 책정될 것이다. 은행들은 그저 지엽적으로만 관여한다. 당신은 디지털 현금으로 피자를 주문하거나 다리의 통행세를 내거나 친구에게 빌린 돈을 갚거나, 원한다면 모기지 대금을 납부할 수도 있다. 이 시스템은 익명성을 보장하고 지불하는 사람 외에는 지출 흔적을 추적할 수 없다는 점에서 기존의 전자 화폐와 다르다. 이 시스템을 촉진하는 것이 바로 암호화 기술이다.

블라인드 디지털 서명이라고 알려진 이 방법은 공개키 암호화라는 입증된 기술의 변종에 기초하고 있다. 이 방법은 소비자 수준에서 이렇게 진행된다. 당신이 디지캐시digicash를 사용해서 조스Joe's 정육점에서 등심 한 조각을 사려고 한다. 상인은 (화폐를 발행한 은행의 디지털 서명을 조사해서) 그가 받은 화폐가 이미 '결제'되지 않은 것임을 확인한다. 그러나 정육점 주인은 결제한 자가 누구인지에 대한 기록은 갖지 못한다. 거래가 끝난 후 은행 계좌에서 당신이 7달러를 사용했고, 단 한 번 사용했으며, 조스 정육점이 실제로 7달러를 받았음이 입증 가능한 기록으로 남는다. 그러나 양쪽 거래 당사자들은 서로 연결되지 않으며 지불한 사람이 아니고서는 그 연결을 복구할 수가 없다. 그렇게 서로 상대를 모르는 상태로blind 입증 가능한 거래를 한다는 것이 처음 보기에는 비논리적인 것처럼 느껴진다. 그러나 거래 당사자들 사이의 '단절성'은 상당히 견고하게 유지된다.

디지털 현금은 동전을 던져 앞면 뒷면에 따라 결정하기를 빼고는 모든 종류의 사용처에서 주머니 속의 현금을 대체할 수 있다. 소비자는 누구에게 얼마를 지불했는지에 대한 완전한 기록을 갖는다. 판매자 역시 결제받은 기록을 갖지만 누구로부터 받았는지는 알 수 없게 되어 있다. 흠 없이 정확한 계산과 100% 완벽한 익명성은 수학적으로 '무조건적'인 수준으로 판정받고 있다. 예외란 없다는 뜻이다.

디지털 캐시의 프라이버시와 민첩성은 단순하지만 영리한 기술에 기초하고 있다. 디지캐시 카드의 사업자에게 그 회사에서 나오는 스마트 카드 중 하나를 좀 보여달라고 하자 그는 (지갑에서 찾아보더니) 미안하다고 말했다. 하나를 그의 지갑에 넣어두었다고 생각했는데 찾을 수가 없다는 것이다. 그 스마트 카드는 보통의 신용 카드처럼 생겼다고, 그가 가지고 있는 몇 장 되지 않는 신용 카드를 내밀면서 말했다. "그러니까 어떻게 생겼냐 하면…."이라고 말하던 그는 "이런, 바로 여기 있었네요!" 하면서 카드 사이에서 아무것도 그려져 있지 않은 매우 얇고 잘 휘어지는 카드를 한 장 끄집어냈다. 이 플라스틱의 직사각형 안에 수학적 돈이 담겨 있다. 카드의 한쪽 구석에 엄지손톱만 한 크기의 작은 금색 정사각형이 있다. 이것은 하나의 컴퓨터이다. 젖은 콘플레이크 조각보다 작은 CPU 안에 500달러든 100건의 거래든 일정 한계 이내의 현금이 들어 있다. 사용 한도는 돈의 액수든 거래 횟수든 먼저 한계에 도달하는 쪽으로 결정된다. 사이링크Cylink에서 만든 이 스마트 카드에는 공개키 암호의 수학 알고리듬을 수행하도록 특별히 설계된 코프로세서coprocessor가 들어 있다. 작은 컴퓨터에 해당되는 금색 정사각형은 6개의 매우 작은 접촉면을 가지고 있어서 카드를 슬롯에 넣으면 그곳을 통해 온라인 컴퓨터와 연결된다.

덜 스마트한 카드(암호화를 적용하지 않은 카드)는 유럽과 일본에서 6100만 개나 발급되었다. 일본에서는 원시적 형태의 전자 화폐가 이미 널리 사용되어왔다. 그것은 바로 선불 마그네틱 전화 카드이다. 일본의 국영 전화 회사인 NTT는 지금까지 3억 3000만 개(매달 약 1000만 개씩)의 선불 전화 카드를 판매해왔다. 프랑스 국민의 40%는 전화 통화를 위해 지갑 속에 스마트 카드를 넣고 다닌다. 뉴욕시는 최근 5만 8000개의 공중전화 부스에 현금 없이 쓸 수 있는 전화 카드를 도입했다. 〈뉴욕 타임스〉에 따르면 "도둑이나 공공 기물 파손자와 같은 전화 관련 폭력배가 3분에 한 번꼴로 전화기를 파괴하고 동전함에 손을 대거나 수화기를 줄에서 잡아채 분리시킨다. 그와 같은 파괴 행위가 한 해에 17만 5000건 이상 일어나고 있다."고

한다. 그리고 뉴욕시는 공중전화기를 수리하는 데에 해마다 1000만 달러를 쓰고 있다고 한다. 뉴욕시에서 도입한 일회용 전화 카드는 아주 스마트하다고는 할 수 없지만 적당한 성능을 갖추고 있다. 이 카드는 유럽에서 전화 카드에 흔히 사용하는 것과 같은 적외선 광 메모리를 사용해서, 대량으로 제조하기에는 비용이 많이 들지 않지만 위조하기는 어렵다.

덴마크에서 스마트 카드는 국민들이 아예 가져본 일 없는 신용 카드의 자리를 완전히 대신하고 있다. 그러니까 미국에서 신용 카드의 장점을 열렬히 지지하는 사람들도 덴마크에 갈 때는 직불 카드를 챙겨 넣는다. 스마트 카드 사용에 대해 덴마크의 법률은 두 가지 중요한 제한점을 요구한다. (1) (스마트 카드 사용에) 최소 구매 액수라는 것을 요구하지 않는다. (2) 카드 사용에 대해 추가 요금을 청구하지 않는다. 그와 같은 제도의 즉각적인 효과로서 카드가 일상 속에서 현금을 대체하기 시작했다. 미국에서 일어난 수표나 신용 카드의 현금 대체 효과보다 훨씬 더 크다. 그런데 이 카드의 폭발적 인기가 오히려 파멸의 원인이 될 조짐이 보인다. 왜냐하면 저렴하고 분산적인 전화 카드와 달리 이 카드는 은행과의 실시간 상호작용을 필요로 하기 때문이다. 이 카드는 덴마크의 은행 시스템에 과부하를 주고 있다. 사탕 하나를 살 때마다 거래 정보가 중앙은행에 전송되며 전화선을 차지하기 때문에 거래 비용이 거래하는 물품의 가치를 넘어선다.

버클리 출신에 지금은 네덜란드에 살고 있는 암호 전문가 데이비드 차움David Chaum이 그에 대한 해법을 가지고 있다. 암스테르담의 수학 및 컴퓨터과학 센터의 암호학 분과를 이끌고 있는 차움은 분산된 진정한 디지털 캐시 시스템을 위한 수학적 암호를 제안했다. 그의 해법은 모든 사람들이 익명의 돈이 들어 있는, 충전 가능한 스마트 카드를 가지고 다니는 것이다. 이 디지캐시는 (이미 사용되고 있는) 가정과 회사와 정부의 전자 화폐와 매끄럽게 연결되면서 전화 시스템 없이도 오프라인에서 사용할 수 있다.

차움은 전형적인 버클리 출신의 외모를 가지고 있다. 회색 턱수염에 사자갈기 같은 머리카락을 뒤로 질끈 묶고 트위드 재킷을 입고 샌들을 신고 있었다. 대학원 시절 차움은 전자 투표의 전망과 문제점에 관심을 갖게 되었다. 그는 완전히 신뢰할 수 있는 전자 투표를 위해 꼭 필요한 도구인 변조할 수 없는 디지털 서명에 대한 아이디어를 논문 주제로 삼았다. 그 후 컴퓨터 네트워크 안에서 일어날 수 있는 유사한 문제점으로 그의 관심이 옮겨갔다. 어떤 문서가 그 문서의 작성자라고 주장하는 사람이 작성한 것인지 어떻게 확신할 수 있을까? 그와 동시에 차움은 특정 정보의 프라이버시를 유지하면서 또한 추적할 수 없게 만들 수는 없을지 의문을 품었다. 보안성과 프라이버시라는 두 방향은 그를 암호학과 관련 주제에 대한 박사학위로 이끌었다.

차움은 이렇게 말했다. “1978년 어느 날 갑자기 사람들을 서로 연결되지 않도록 하면서도 그들에 대한 모든 것을 정확하게 입증할 수 있도록 하는 데이터베이스를 만드는 것이 가능할 것이라는 영감이 떠올랐습니다. 그때 저는 불가능하다고 저 자신을 설득하려 했습니다. 하지만 어떻게든 해나갈 수 있는 방법의 틈새가 보이더군요. 이거 굉장한 걸? 하고 생각했습니다. … 하지만 1984년인가 1985년이 되어서야 그 방법을 실제로 발견할 수 있었죠.”

‘무조건적 추적 불가능성’이 바로 차움이 자신의 혁신적 아이디어에 붙인 이름이었다. 이 코드가 표준적인 공개키 암호 코드의 ‘사실상 깰 수 없는 보안성’과 통합되면 이 암호화 계획은 다른 무엇보다도 익명의 전자 화폐를 가능하게 해준다. 차움의 암호화된 화폐(지금까지 다른 어느 곳의 어떤 시스템도 암호화되지는 않았다.)는 카드에 기초한 전자 통화 시스템에 몇 가지 중요한 실질적 향상을 가져왔다.

첫째, 차움의 디지털 캐시는 지폐나 동전과 같은 물리적 화폐가 갖고 있는 것과 같은 진정한 프라이버시를 제공한다. 과거에 만일 당신이 체제 전복적 내용의 팸플릿을 누군가에게 1달러를 주고 산다고 하자. 그 사람은 명확하게 1달러를 손에 쥐고 그걸 또 다른 누구에게든 지불하는 데 사용할 수 있다. 그러나 그 1달러를 누구에게서 받았는지에 대해서는 아무런 기록이 없고 또한 추적해서 재구성할 방법도 없다. 차움의 디지털 캐시의 경우에도 그와 마찬가지로 디지털 형태의 1달러가 당신의 카드에서(또는 당신의 온라인 계정에서) 상인에게로 이동하면, 은행은 분명히 더도 덜도 아닌 1달러를 상인이 갖게 되었음을 확인해주지만 그 1달러가 어디에서 온 것인지는 아무도 확인할 수가 없다(원한다면 오직 당신만 가능).

사소하지만 경고할 것이 하나 있다. 지금까지 사용되어온 스마트 카드 형태의 현금은 안타깝게도 잃어버리거나 도둑맞은 경우 진짜 현금만큼이나 취약하고 또 진짜 현금만큼 값비싸다. 하지만 PIN 비밀번호 또는 개인 식별 번호, Personal Identification Number의 약자 – 옮긴이 으로 암호화할 경우 보안성을 상당히 높일 수 있다. 물론 그 대신 사용할 때마다 그만큼 더 귀찮아지기는 한다. 차움은 디지캐시 사용자들이 소액 거래에는 짧은(4자리) PIN을 사용하거나 아예 사용하지 않고 액수가 높은 거래의 경우에 더 긴 비밀번호를 사용할 것이라고 예측했다. 약간의 상상력을 발휘해서 이렇게 덧붙이기도 했다. "총을 들이대고 비밀번호를 대라고 요구하는 강도로부터 보호하기 위한 수단으로서 사용자는 '협박용 암호duress code'를 사용할 수도 있습니다. 그것은 언뜻 보기에는 정상적으로 카드가 작동하는 것처럼 보이지만 진짜 값진 자산은 숨겨놓고 나타나지 않도록 하는 암호이죠."

둘째, 차움의 카드에 기초한 시스템은 오프라인으로 사용 가능하다. 신용 카드처럼 그 자리에서 전화선을 통해 인증받을 필요가 없어서 비용이 적게 들기 때문에, 주차장, 식당, 버스, 공중전화, 식료품점 등 사람들이 정작 원하는 소액의 수많은 거래에서 완벽하게 사용할 수 있다. 거래 기록은 하루에 한 번씩 하나로 취합되어 예컨대 회계 관리를 수행하는 중앙의 컴퓨터로 전송되는 식으로 이루어질 것이다.

이처럼 하루의 시차가 존재하는 것은 이론적으로는 사기 행각의 여지를 준다. 거액의 돈을 다루고 거의 실시간으로 온라인을 통해 운영되는 전자 화폐 시스템은 상대적으로 속일 수 있는 여지의 범위가 더 좁다(돈을 송금하고 받는 순간의 아주 짧은 시차). 그러나 이 경우에도 역시 아주 작은 기회는 여전히 존재한다. 이론적으로 디지털 캐시의 프라이버시 측면(누가 누구에게 지불했는지 여부)을 깨는 것은 불가능하다고 하더라도 만일 당신이 범죄를 무릅쓸 만큼 약간의 돈이 절실하게 필요한 경우라면 슈퍼컴퓨터를 동원해서 이 시스템의 보안 측면(이미 돈이 사용되었는지 여부)은 깰 수 있다. RSA의 공개키 암호를 깰 경우 당신은 훼손된 키를 이용해 돈을 중복해서 쓸 수 있다. 다시 말해 데이터가 은행에 송신되어 당신의 행위가 발각되기 전까지 쓸 수 있다는 말이다. 그런데 신기하게도 변덕스러운 특성으로써, 차움의 디지털 캐시는 사용자가 돈을 중복해서 사용하는 경우에 한하여 추적이 가능하다. 카드에 충전된 돈을 한 번 쓰고 또 쓰는 경우 두 번 사용된 돈에 딸려 있는 추가적인 정보는 사용자를 추적하기에 충분하다. 이처럼 전자 화폐는 사용자에게 현금만큼이나 익명성을 부여하지만 오직 사기꾼들에게는 그 장점이 제외된다.

덴마크 정부는 덴카드Dencard에서 비용이 덜 드는 덴코인Dencoin으로 전환하려는 계획을 세우고 있다. 덴코인은 소액의 거스름돈을 주고받는 데 적합한 오프라인 시스템이다. 이 시스템을 운영하는 데

드는 연산 비용은 극히 적다. 암호로 보호된 스마트 카드 거래 한 건이 고작 64바이트 정도를 소모한다. 한 가정의 1년 동안의 모든 수입과 지출을 포함하는 재정 기록이 고밀도 플로피 디스크 한 장 안에 간단히 들어갈 정도이다. 차움의 계산에 따르면 오늘날 은행에 있는 메인프레임 컴퓨터는 디지털 캐시를 다루기에 충분하고도 남는 연산 용량을 갖고 있다. 오프라인 시스템의 암호화된 안전 장치는 전화선을 통해 이루어지는 온라인 거래(ATM이나 신용 카드 결제)의 연산을 상당 부분 줄여줄 것이고, 그 결과 기존의 은행 컴퓨터들이 증가된 전자 화폐량을 충분히 감당할 수 있게 될 것이다. 설사 시스템 규모가 커져 차움의 추측이 빗나가 예상한 값과 10배 정도 차이가 나더라도 연산 속도가 빠르게 가속되고 있기 때문에 적어도 몇 년 후에는 기존의 은행의 용량이 시스템을 충분히 수용할 수 있게 될 것으로 보인다.

차움의 기본적 설계의 변형으로서 사람들은 디지털 캐시 소프트웨어가 장착된 컴퓨터 전자 장치를 가정에서 사용할 수도 있다. 전화선으로 연결된 장치를 통해 다른 사람들에게 돈을 보내거나 받을 수 있을 것이다. 이것은 네트워크와 결합한 e-머니이다. 예를 들어 딸에게 보내는 이메일 메시지에 전자 화폐 100달러를 첨부한다. 그러면 당신의 딸은 그 돈으로 역시 이메일을 통해 집에 돌아오는 항공권을 살 수 있다. 항공사는 그 돈을 예컨대 기내식 공급업체와 같은 거래처에 대금을 지불하는 데 사용할 수 있다. 차움의 시스템에서는 아무도 돈의 경로에 대해 알지 못한다. 이메일과 디지털 캐시는 천상의 궁합이다. 디지털 캐시는 현실의 삶 속에서는 실패할 수도 있지만 발생 초기 상태인 네트워크 문화에서는 번성하게 될 것이 거의 확실하다.

나는 차움에게 어떤 은행들이 디지털 캐시를 고려하고 있는지 물었다. 그의 회사는 거의 모든 주요 은행과 접촉을 했다. 은행들은 "음, 이 기술은 우리의 사업에 위협이 되겠는걸!"이라고 말할까? 아니면 "와우, 이 기술은 우리의 역량을 강화시켜 줄 수 있겠는걸!"이라고 말할까? 차움이 대답한다. "반응은 다양합니다. 대개 1000달러짜리 수트를 입고 회원 전용 식당에서 식사를 하는 기업의 전략기획가는 그보다 낮은 지위의 시스템 실무 담당자보다 이 시스템에 관심을 보이는 경향이 있지요. 왜냐하면 기획가의 업무는 미래를 내다보는 거니까요. 은행은 그들 스스로 이런 시스템을 개발하지 못합니다. 은행의 시스템 담당자들은 외부 공급업체로부터 시스템을 구매하지요. 저의 회사는 전자 화폐 분야의 첫 번째 공급업체입니다. 저는 미국과 유럽과 또 다른 곳에서 전자 화폐에 대한 매우 광범위한 특허 포트폴리오를 갖고 있습니다." 차움의 크립토아나키스트 친구들 중 일부는 아직까지도 차움이 자신의 연구에 특허낸 것을 두고 그를 비난하고 있다. 차움은 나에게 그의 입장을 방어적으로 설명했다. "어쩌다 보니 제가 이 분야에 아주 초기에 뛰어들게 되었습니다. 모든 기본적인 문제들을 제가 다 제거해버렸죠. 따라서 (암호화된 전자 화폐에 대한) 새로운 연구 대부분은 제가 이룬 기본적인 연구의 연장이거나 적용에 해당됩니다. 그런데 현실적으로 은행들은 보호받지 못하는 기술에 대해서는 투자를 꺼립니다. 전자 화폐가 현실화되는 데 특허는 큰 도움이 됩니다."

차움은 이상주의자이다. 그는 보안성과 프라이버시를 서로 균형을 이루어야 할 요소로 본다. 그의 더욱 광범위한 목표는 네트워크 세계 속에서 프라이버시를 확보할 도구를 제공함으로써 프라이버시가 보안성과 균형을 이루도록 하는 것이다. 네트워크 경제에서 비용은 다른 사용자들의 수에 의존하되 정비례하지는 않는다. 팩스 효과를 얻으려면 초기 사용자들의 수가 임계량을 넘어서야 한다. 일단 그 문턱값을 넘어서면 그 움직임을 멈출 수 없다. 왜냐하면 그 움직임은 스스로 강화되기 때문이다. 전자 현금은 모든 면에서 다른 데이터 프라이버시의 구현물에 비해 낮은 임계량을 갖고 있는 것으로 보인다. 차움은 그 중에서도 이메일 네트워크 안의 전자 현금 시스템이나 각 지역의 대중교통 네트워크에서 사용되는 카드에 기초한 전자 현금이 가장 낮은 임계량을 갖고 있다고 예측한다.

현재 디지털 현금에 가장 열렬한 관심을 보이는 고객은 유럽의 지방 자치 단체 공무원들이다. 그들은 카드에 기초한 디지털 현금이 대부분의 도시에서 버스나 지하철에 사용되는 마그네틱 승차권을 대신할 다음 단계라고 내다본다. 카드 하나에 개인이 원하는 만큼 돈을 충전할 수 있다. 그뿐만 아니라 교통 카드 하나로 주차장에서도 쓸 수 있고 장거리 여행에서 기차를 탈 때도 쓸 수 있다는 추가적인 장점도 있다.

도시 계획 담당자들은 도심에 진입하거나 다리를 건널 때 자동차가 멈추어 교통 흐름을 정체시키지 않고서 자동적으로 통행료를 징수할 수 있는 아이디어에 열광한다. 바코드 레이저가 지나가는 자동차를 식별하고 운전자들은 통행권 구입을 받아들이는 식이다. 더욱 세부적인 도로세 징수 시스템의 도입을 가로막는 것은 "그들이 내 자동차의 여행 기록을 갖게 될 것이다."라는 조지 오웰식 **조지 오웰의 《1984년》에서 개인의 모든 사생활이 감시와 통제의 대상이 되는 전체주의 사회를 가리키는 표현 – 옮긴이** 공포이다. 그와 같은 공포감이 존재함에도 자동차를 식별해서 기록하는 자동 도로세 징수 시스템이 이미 오클라호마주, 루이지애나주, 텍사스주에서 시행되고 있다. 그리고 맨해튼과 뉴저지를 연결하는 2개의 다리에 실험적으로 설치하는 것을 필두로 혼잡한 북동부의 세 주에서도 그와 유사한 시스템을 시행하기로 합의한 상태이다. 이 시스템에서는 작은 카드만 한 크기의 무선 장치를 자동차 앞 유리창에 부착하는데 이 장치가 통행료 징수소에 신호를 보내면 징수소에서는 당신의 계정에서(카드가 아니고) 자동적으로 통행세를 차감한다. 텍사스주의 유료 고속도로에서 운영되고 있는 이와 비슷한 장치는 99.99% 신뢰할 만하다. 이와 같이 이미 입증된 통행료 징수 기술은 사람들이 원한다면 차움의 추적할 수 없는 암호화된 진정한 전자 형태의 현금 지불 시스템으로 쉽게 수정될 수 있다.

이 방법에서 공공 교통 요금을 내는 데 사용하는 현금 카드가 민간 교통 요금을 내는 데에도 사용될 수 있다. 차움은 유럽 도시에서 얻은 그의 경험을 이야기했다. 더 많은 사람들이 참여할수록 참여하는 데 따르는 이익이 더욱 커지는 팩스 효과가 나타나면서 더욱 많은 사용자를 끌어들이게 되는 것이다. 전화 회사 관련자들도 소식을 듣고 공중전화의 골칫거리인 '동전' 문제를 해소하기 위해 이 카드를 사용하는 데 관심이 있다고 밝혔다. 신문 판매자들도 신문 사는 데 카드를 사용할 수 있겠느냐고 물어왔다. 아마도 네트워크 경제는 곧 대세가 될 것이다.

어디에서나 사용되는 디지털 캐시는 거대한 전자 네트워크와 잘 맞아떨어진다. 전자 화폐가 깊숙이 침투해들어갈 첫 번째 장소는 인터넷이 될 것이라고 확고하게 예측할 수 있다. 화폐는 또 다른 형태의 정보이며 압축된 형식의 통제 수단이다. 인터넷이 확장해나감에 따라서 화폐 역시 팽창한다. 정보가 가는 곳이라면 어디든 반드시 돈이 따라가게 되어 있다. 암호화된 전자 화폐는 그 분산된 특성으로 인해, 마치 개인용 컴퓨터가 경영과 통신 구조에 대대적 변화를 가져왔듯 경제 구조를 새롭게 재편할 잠재력을 갖고 있다. 무엇보다 중요한 사실로서, 전자 화폐를 위해 필요했던 프라이버시-보안 분야의 혁신은 정보 기반 사회의 다음 단계의 적응적 복잡성을 발전시켜나가는 데 유용한 도구가 되고 있다. 진정한 디지털 화폐는, 아니 좀 더 정확히 콕 집어 진정한 디지털 캐시를 위한 경제적 기술은 우리의 경제, 통신, 지식의 본질을 새롭게 배선할 것이다.

디지털 화폐가 우리의 네트워크 경제의 집단 마음에 미치는 결정적 영향은 이미 선명하게 드러나고 있다. 우리가 예측할 수 있는 다섯 가지 특성은 다음과 같다.

속도의 증가: 돈이 육신을 벗어던지고, 즉 물질적 기초를 모두 없애고 자유롭게 됨에 따라 더욱 빠른 속도로 이동하게 된다. 돈은 이제 더 멀리, 더 빨리 돌아다닌다. 화폐가 더 빠르게 유통되면 통화량 자체가 늘어난 것과 비슷한 효과가 나타난다. 인공위성을 이용해 거의 빛의 속도로 24시간 내내 주식 거래를 할 수 있게 되자 전 세계 통화량이 5% 팽창했다. 대규모로 사용되는 디지털 캐시는 화폐의 이동 속도를 더욱 가속화시킬 것이다.

연속성: 금이나 귀금속 또는 종이로 만들어진 돈은 딱 정해진 시간에 지불되는, 고정된 단위로 움직였다. ATM은 20달러 지폐를 뱉어낸다. 당신은 전화를 매일 사용하지만 한 달에 한 번 전화 회사에 사용 요금을 지불한다. 이것은 한 묶음 단위로 움직이는 돈이다. 그런데 전자 화폐는 연속적 흐름으로 움직인다. 우리는 반복적으로 발생하는 경비를 앨빈 토플러의 표현을 빌어 "한 사람의 은행 계좌에서 다른 계좌로, 전자적 방법에 의해 분 단위로 똑 똑 떨어지는 핏방울처럼 흘러나오는" 전자 화폐를 가지고 지불할 수 있다. 당신의 전자 화폐 계정은 당신이 수화기를 내려놓자마자, 아니면 아예 당신이 수화기에 대고 이야기를 하는 동안 통화료를 지불할 수 있다. 지불이 사용과 일치하는 셈이다. 전자 화폐의 연속적인 특성은 빨라진 속도와 결합하여 거의 완전한 '동시성'에 접근할 수 있게 해준다. 그것은 현재 '미결제 상태'로부터 상당한 이익을 가져가는 은행들에게, 그

미결제 상태를 즉각적으로 제거함으로써 타격을 입힐 수 있다.

궁극적 대체 가능성: 전자 화폐는 진정한 플라스틱 머니이다. 일단 완전히 물질적 구속을 벗어나면 디지털화된 돈은 단일한 전달 형태에서 벗어나 어떤 매체로든 간편하게 옮겨갈 수 있다. 별도의 청구서는 사라져갈 것이다. 계정이 물체 또는 서비스 자체와 결합될 수 있다. 예를 들어 비디오에 대한 요금 청구 장치가 비디오 자체에 통합될 수 있다. 바코드에 계산서가 들어 있어서 레이저로 휙 스캔함으로써 지불이 이루어진다. 전하charge를 띤 것이라면 무엇이든 요금 청구charge 기능을 가질 수 있다. 전하를 띤 것은 전자 수단을 의미한다. charge라는 단어를 이용한 저자의 언어유희 – 옮긴이 외화foreign currency는 단지 상징성의 문제에 불과하다. 이제 화폐는 디지털화된 정보만큼이나 원하는 형태로 빚어낼 수 있는 말랑말랑하고 유연한 물질이다. 그것은 과거에는 전혀 경제에 포함되지 않던 거래나 상호작용을 쉽게 돈으로 환산할 수 있게 해준다. 그것은 인터넷 안으로 쏟아져 들어오는 상업 활동에 커다란 문을 열어주는 것과 같다.

접근성: 지금까지 돈을 복잡하게 조작하는 일은 전문적 금융 기관의 사적 영역에 속했다. 성직자 사회처럼 금융인만의 특권적 세계가 존재했다고 볼 수 있다. 그러나 마치 수백만 대의 매킨토시가 메인프레임 컴퓨터에 대한 접근을 엄격히 통제하던 고위층 특권자들의 독점을 깨뜨려버리듯, 전자 화폐는 금융계의 브라만 계급의 독점을 무너뜨릴 것이다. 예를 들어 당신이 받아야 할 돈에 전자 계산서의 아이콘을 끌어다붙여 이자를 청구하고 받는 것을 상상해보자. 아니면 당신이 돈을 미리 지불하는 대신 그에 해당되는 이자를 청구할 수도 있다. 또는 우대 금리에 따라 지불 순서를 조정하도록 당신의 컴퓨터를 프로그램할 수도 있다. 이것은 일종의 아마추어를 위한 프로그램 증권 거래이다. 또는 환율을 이용해 시시각각으로 가장 가치

가 낮은 통화를 가지고 결제하도록 할 수도 있다. 일반 대중이 금융 전문가들과 똑같은 전자 화폐의 강에서 물을 마시게 되면 온갖 종류의 첨단 금융 수단들이 모두 표면 위로 떠오를 것이다. 해킹 대상의 목록에 이제 금융을 덧붙일 차례이다. 우리는 프로그램화된 자본주의를 향해 나가고 있다.

민영화: 쉽게 포착하고, 주고받고, 형태를 정할 수 있다는 점에서 전자 화폐는 이상적인 민간 발행 통화 역할을 할 수 있다. 2140억 엔에 달하는 일본의 NTT 전화 카드는 민간 화폐의 한 가지 제한된 종류일 뿐이다. 여기에 새로운 망의 법칙이 있다. 컴퓨터를 소유한 자는 인쇄기를 소유할 뿐만 아니라 조폐국을 소유한다는 사실이다. 전자 화폐와 연결되면, 컴퓨터는 조폐국이 된다. 신용trust이 있는 곳이라면 어디에서든 의사擬似 화폐para-currency가 생겨날 수 있다. (또한 슬며시 사라질 수도 있다.)

역사적으로 볼 때 대부분의 현대적 물물교환 네트워크는 재빨리 진짜 통화의 거래로 전환되어갔다. 전자 네트워크 내의 교환에서도 같은 일이 일어날 것이라고 예상할 수 있다. 그러나 전자 화폐의 압도적인 효율성은 그 방향으로 흘러가지 않을 수도 있다. 의사화폐 네트워크가 비공식적 상태 이상으로 떠오를 것인지의 여부에 3500억 달러에 달하는 세금 문제가 달려 있다.

화폐를 주조하고 발행하는 일은 아직까지 민간 부문이 잠식해 들어가지 않은 얼마 남지 않은 정부의 고유 기능 중 하나이다. 그런데 전자 화폐가 그 장벽마저 낮추어버릴 것이다. 그렇게 함으로써 전자 화폐는 분리를 원하는 소수 인종 집단이나 세계의 거대 도시 주변에서 번성하는 '주변부 도시edge cities, 전통적 도시 주변에 생겨난, 자립적 비즈니스, 상업, 오락 시설을 갖춘 자생적 도시를 일컫는 말로 1991년 〈워싱턴 포스트〉 기자인 조엘 개루의 저서에 의해 널리 사용하게 된 용어이다.-옮긴이'와 같은 민간 통치 시스템에 강력한 도구를 제공하게 될 것이다. 기관의 전자 화폐로 돈을 이동시켜 지구적 규모로 돈세탁을 하는 것은 이미 통제를 벗어났다.

눈에 보이지 않고 번개처럼 빠르고, 값싸고, 전 세계를 관통하는 전자 화폐의 특성은 뿌리 뽑기 어려운 지하 경제를 낳을 것으로 보인다. 그것은 단순히 마약 거래 대금을 세탁하는 수준을 넘어서는 우려거리이다. 세계 경제가 분산된 지식과 분산된 통제에 기초하고 있는 네트워크 세계에서 전자 화폐는 선택이 아니라 필수이다. 네트워크 문화가 번성함에 따라 의사화폐들도 번성하게 될 것이다. 전자 매체는 울타리 쳐진 견고한 경제 주변의 오지가 될 운명을 타고났다. 인터넷은 전자 화폐에 너무나 우호적이기 때문에 일단 인터넷의 연결망 사이사이로 흘러 들어가 틈새를 채우게 되면 절대로 뿌리를 뽑지 못하게 될 것이다.

사실상 익명의 디지털 현금의 적법성은 시작 단계부터 애매했다. 오늘날 미국에는 물리적 현금을 이용한 거래의 규모에 엄격한 제한이 있다. 예컨대 1달러 지폐로 1만 달러를 은행에 예치해보라. 미국에서 Currency Transaction Report(CTR)에 의해 현금 1만 달러 이상 예치 시 FinCEN(Financial Crimes Euforcement Network)에 보고해야 한다.-옮긴이 그렇다면 익명의 디지털 캐시의 경우 정부는 어느 정도의 액수를 한도로 잡을 것인가? 모든 정부들은 점점 더 완전한 금융 거래의 공개를 요구한다. (물론 정부 몫의 세금을 거두어들이기 위해서이다.) 그리고 법의 테두리를 벗어난 거래를 금지시키려고 한다. (마약과의 전쟁이 그 예이다.) 연방 정부의 지원을 받아 탄생한 네트워크 인터넷은 원래 미국방위고등연구계획국DARPA의 전신인 ARPA에서 국방 연구 일환으로 개발되었다.–옮긴이에서 정부가 추적할 수 없는 상거래가 번성하게 될 것이라는 전망은 미국 정부 입장에서는 생각할수록 심각하게 우려할 만한 일이다. 그러나 그들은 우려하지 않고 있다. 현금 없는 사회는 케케묵은 공상 과학 소설처럼 느껴진다. 그리고 그 개념은 종이 문서 속에 빠져 죽기 일보 직전인 관리자들에게 종이 없는 미래가 올 것이라고 했던 과거 누군가의 예언을 연상시킨다. 사이퍼펑크의 메일리스트의 관리 담당자인 에릭 휴스는 이렇게 말한다. "진짜 중요한 문제는 네트워크에서의 돈의 흐름이 얼마나 커지면 정부가 모든 소액 거래의 보고를 요구하고 나올 것인가입니다. 왜냐하면 돈의 흐름이 점점 커져서 어느 문턱을 넘어서게 되면 초국가적 서비스 제공자 입장에서는 돈을 발행하는 것이 경제적 동기 유발 요소가 되기에 충분하기 때문입니다. 그리고 어느 정부에서 돈을 발행하는지는 상관이 없습니다."

휴스는 세계의 네트워크 곳곳에서 다수의 전자 화폐의 출구가 출현하게 될 것이라고 내다봤다. 판매자들은 마치 여행자수표 회사와 비슷하게 행동할 것이다. 예를 들어 그들은 1%의 수수료를 부과할 것이다. 그러면 당신은 그 인터넷 익스프레스 체크를 받아들여지는 곳 어디에서든 사용한다. 그러나 전 세계를 아우르는 인터넷 어딘가에서 울타리를 친 경제가 모습을 드러낼 것이다. 아마도 곤궁한 개발 도상 국가 정부의 후원을 등에 업고서. 마치 예전에 스위스 은행이 그랬듯이 이 디지털 은행들은 보고되지 않는(익명의) 거래를 허용할 것이다. 미국 코네티컷주에 있는 집에 앉아서 온라인으로 나이지리아의 통화인 나이라를 사용해 결제하는 것이 미국 달러로 결제하는 것과 아무 차이도 없어진다. "우리는 흥미로운 시장 실험을 해볼 수도 있습니다. 일단 시장이 대등해진 다음에 익명의 화폐에 대한 수수료가 얼마나 차이가 나는지 보는 것이죠. 아마 한 1~3%, 최고

10%까지 더 높을 것이라는 데 걸겠습니다. 그 금액은 금융의 프라이버시가 어느 정도 가치가 있는지를 최초로 진짜 계량화한 사례가 되겠죠. 어쩌면 익명의 돈이 유일한 통화로 자리잡게 될지도 모릅니다."

사용 가능한 전자 화폐는 과거 신비로운 금기의 영역에 속하던 암호학 분야를 풀뿌리 민중이 갑자기 장악한 사건의 가장 중요한 결과물이다. 일상 속의 전자 화폐는 군대라면 결코 생각해내지 못했을 암호화의 고귀한 사용처 중 하나이다. 물론 그와 마찬가지로 사이퍼펑크들의 이상주의적 성향이 생각해내지 못했을 수많은 잠재적 사용처들도 있을 것이다. 그리고 그것은 암호화 기술이 주류 세계로 편입될 때까지 기다려야 할 것이다. 하지만 그것은 분명히 가까운 미래에 일어날 일이다.

오늘날까지 암호화 기술이 낳은 것에는 디지털 서명, 블라인드 크리덴셜blind credentials(예를 들어 당신이 박사 학위를 받았음을 보증해주지만 아무도 그것을 가지고 당신 이름이 걸린 다른 학위, 예컨대 교통 학교 미국에서 교통 법규를 위반한 사람들이 받아야 하는 교육 프로그램 – 옮긴이 를 다녔음을 연결시킬 수 없도록 해준다), 익명의 이메일, 전자 화폐 등이 있다. 네트워크가 번성해나감에 따라 이와 같은 단절의 종들 역시 번성해나간다.

암호화가 승리하는 이유는 그것이 망의 멋대로 폭주하는 연결 경향에 맞서기 위해 꼭 필요한 대항력이기 때문이다. 망은 그대로 두면 모든 이들을 모든 이들에게, 모든 것들을 모든 것들에 연결시켜버릴 것이다. 망은 말한다. "무조건 연결시켜라!" 그에 대항하여 암호 기술은 말한다. "단절시켜라!" 어느 정도의 단절의 힘이 없다면 이 세계는 무차별적 연결과 선별되지 않은 정보로 과부하가 걸리고 얽히고설킨 덩어리로 고착될 것이다.

내가 사이퍼펑크들의 말에 귀를 기울이는 것은 무정부주의가 모든 것의 해결책이라고 생각하기 때문이 아니라, 네트워크 시스템이 낳은 꽉 막히고 정체된 지식과 데이터의 산사태를 암호 기술이 문명화시킬 것이라고 생각하기 때문이다. 이와 같이 길들이는 힘 없이는 망은 스스로를 덫에 옭아 넣는 그물이 되고 말 것이다. 왕성하고 풍부한 연결로 스스로를 옥죄어 질식시켜버릴 것이다. 네트워크가 양陽이라면 암호 기술은 그에 대응하는 음陰으로 분산된 시스템의 폭발적 상호연결을 길들일 수 있는 작은 숨겨진 힘이다.

암호화는 벌집 문화가 더욱 심원하고 복잡하게 얽힌 실체로 진화해나가는 과정에서 기밀성을 유지하는 데 요구되는 통제 불능성을 가능하게 해주는 도구이다.

13

신의 게임

〈파퓰러스 II Populous II〉는 최첨단 기술을 이용한 신神 역할 게임이다. 게임 속에서 당신은 신, 정확히 말하자면 제우스의 아들이 된다. 당신은 컴퓨터 스크린이라는 대문을 통해서 지구의 땅 한 조각을 내려다본다. 그 땅 위에서 조그마한 사람들이 농사를 짓고, 집도 짓고, 이리저리 바쁘게 돌아다니기도 한다. 당신은 희미하게 빛나는 푸른 손(신의 손)을 아래로 뻗어 땅을 만질 수도 있고 땅 모양을 변형시킬 수도 있다. 조금씩 산을 솟아나게 할 수도 있고 점차적으로 계곡을 만들 수도 있다. 산을 만들든 계곡을 만들든 다 좋지만, 일단 당신은 작은 사람들이 농사지을 평지를 만들어주어야 한다. 지진이나 조수나 회오리바람 따위의 자연 재해를 일으키는 능력을 제외하고 당신이 당신 세계의 사람들에게 직접적인 영향을 미칠 방법은 이 지질학적 손길에 제한되어 있다.

좋은 농지는 사람들을 행복하게 만든다. 번영 속에서 활기차게 돌아다니는 사람들의 모습이 보인다. 사람들은 먼저 밭 주변에 농가를 짓는다. 그리고 농가의 수가 늘어나면 빨간 타일 지붕을 얹은 도시의 주택을 짓는다. 그러다가 모든 것이 순조롭게 돌아가면, 사람들은 결국 지중해의 태양 속에서 하얗게 빛나는 회벽을 바른 집들로 들어찬, 성벽으로 둘러싸인 복잡한 도시를 건설한다.

그러나 당신에게도 풀어야 할 문제가 있다. 이 땅을 조금 벗어난 어딘가에 제우스의 다른 아들들이 불멸이라는 보상을 놓고 당신과 경쟁을 벌이고 있기 때문이다. 다른 신들은 다른 게이머일 수도 있고, 아니면 게임에 내장된 인공 지능 행위자일 수도 있다. 다른 신들은 당신의 백성들에게 일곱 가지 재앙을 내려 당신의 지지와 숭배 기반을 쓸어버릴 수 있다. 그들은 거대한 푸른 파도의 쓰나미를 보내 당신 백성들을 물에 빠뜨려 죽이고 그들의 농지를 침수시켜버림으로써 신으로서의 당신의 존재 기반마저 위태롭게 한다. 백성이 없으면 숭배도 없고 신도 없을 테니까.

물론 당신도 같은 일을 할 수 있다. 만나manna만 충분히 보유하고 있다면. 당신이 파괴력을 사용할 때마다 만나가 대량으로 소모된다. 그런데 땅을 삐죽삐죽 갈라서 사람들을 그 틈으로 빠트려 고통의 비명을 지르며 죽어가게 만들지 않고서도, 적을 물리치고 만나를 획득할 방법이 있다. 판Pan을 창조해서 그로 하여금 지방 곳곳을 돌아다니며 마술 피리로 사람들을 꾀어 당신을 숭배하는 새로운 신도들을 끌어들이도록 하는 것이다. 또는 성지와 같은 역할을 하는 '교황의 자석Papal Magnet'이라는 화강암 기념비를 세워서 숭배자와 순례자를 끌어들이는 방법도 있다.

그동안 당신의 백성들은 교활한 배다른 형제들이 보낸, 폭풍처럼 번지는 불길을 피하느라 우왕좌왕하고 있다. 그리고 이 마이너리그 신들이 당신의 국가 중 하나를 쑥대밭으로 만들어놓으면 그 다음에 당신은 당신의 땅을 재건할지, 아니면 당신의 무기로 적의 백성들을 쳐부술지를 결정해야 한다. 당신은 회오리바람을 이용해 집과 사람들을 빨아들인 다음 저 멀리로 던져버릴 수도 있다. 아니면 성경에 나올법한 불기둥을 이용해서 적의 땅을 바짝 말리고 태워 불모지로 만들어버릴 수도 있다. (신이 치유력 있는 들꽃을 심어 재건하기 전까지.) 아니면 적당한 곳에 위치한 화산으로부터 타오르는 용암을 흘려보낼 수도 있다.

이 게임을 출시한 일렉트로닉아트Electronic Arts를 방문했을 때 나는 '신들의 신'의 관점에서, 신의 힘의 속도로 나아가며 이 세계의 전문가 투어를 즐겼다. 제프 하스Jeff Haas는 이 게임의 개발자 중 한 사람이다. 그러니까 하스는 다른 신들을 창조한 슈퍼신이라고 할 수 있다. 그가 어느 마을 위에 몰려든 먹구름 덩어리를 가리키자 구름은 곧 번개를 일으키며 폭발했다. 번개는 지그재그를 그리며 땅 위로 떨어졌다. 하얀색 번개 줄기가 한 사람의 몸에 꽂히자 작은 사람은 지지직거리며 튀겨져 검은 숯 덩어리로 변했다. 하스는 정교한 컴퓨터 그래픽을 보며 기쁜 듯 깔깔거리다가 내가 눈썹을 찡그린 것을 발견했다. 그리고는 겸연쩍은 표정으로 말했다. "아, 네. 이 게임의 본질은 파괴죠. 완전히 초토화시키는 겁니다."

"신으로서 할 수 있는 좋은 일들도 몇 가지 있습니다." 하스는 예를 들었다. "뭐 그리 많지는 않아요. 그 중 하나는 나무를 만드는 것입니다. 나무는 언제나 사람들을 행복하게 하지요. 그리고 우리는 들꽃을 피워 땅에 축복을 내릴 수 있습니다. 하지만 주된 활동은 파괴를 하거나 파괴를 당하는 것이죠." 아리스토텔레스라면 그의 의도를 이해했을 것이다. 아리스토텔레스의 시대에 신은 두려움의 대상이었다. 친구와 같은 신, 또는 동맹자로서의 신이라는 개념은 완전히 현대적인 것이다. 사람들은 그저 신이 하는 일에 거치적거리지 않게 비켜서고, 필요한 경우에 신을 달래고, 나의 신이 다른 신들을 쳐부술 수 있기를 기도하는 수밖에 없었다. 세계는 위험하고 변덕스러웠다.

"아니면 이렇게 말할 수도 있습니다." 하스가 말한다. "당신은 결코 이 세계의 백성이 되고 싶지는 않으실 겁니다." 당연한 얘기 아닌가? 나는 물론 신이 되고 싶다.

〈파퓰러스〉 게임에서 이기기 위해서는 신처럼 생각해야 한다. 수많은 작은 사람들의 삶을 살면서 게임에서 이길 수는 없다. 또한 모든 사람들을 동시에 조종하거나 그들이 모두 제정신을 갖고 행동하기를 바랄 수도 없다. 수많은 대중에게 통제력은 내주어야 한다. 단지 몇 비트의 암호에 지나지 않는 파퓰러스 나라의 국민 개개인은 어느 정도의 자율성과 익명성을 갖고 있다. 그들이 빚어내는 엄청난 소란을 집단적으로, 지능적인 방법으로 이용해야만 한다. 그것이 당신이 할 일이다.

신으로서 당신은 그들을 간접적으로 통제할 수 있을 뿐이다. 유인책을 제공하고, 광범위한 영향을 미치는 사건을 일으키고, 여러 요소들을 계산하여 더하고 뺌으로써 적절한 혼합 상태에 이르러 당신의 백성들이 당신을 따를 수 있게 만들어야 한다. 이 게임에서의 원인과 결과에는 공진화적 애매함이 뒤따른다. 무엇 하나를 변화시키면 언제나 수많은 다른 것들이 함께 변화한다. 많은 경우에 당신이 가장 원하지 않던 방향으로 변화가 일어난다. 모든 관리는 횡적으로 이루어진다.

소프트웨어 가게에서는 다른 종류의 신 역할 게임도 판매한다. 〈철도왕Railroad Tycoon〉, 〈A-트레인A-Train〉, 〈유토피아Utopia〉, 〈문베이스Moonbase〉 등. 이 모든 게임에서 당신은 새로운 신이 되어 게임 속 백성들을 부추겨 자급자족하는 제국을 건설하도록 할 수 있다. 〈파워몽거Power Monger〉라는 게임에서 당신은 네 명의 신과 같은 왕 중 하나가 되어 지구상의 넓은 지역을 통치할 것을 꿈꾼다. 당신이 다스리는 수백 명의 사람들은 얼굴 없는 백성들이 아니다. 백성 한 사람 한 사람은 고유의 이름, 직업, 개인의 역사를 지니고 있다. 신으로서 당신의 역할은 이 백성들로 하여금 새로운 땅을 탐험하고, 광산에서 광석을 채굴하고, 쟁기를 만들거나 아니면 쟁기를 두드려 칼을 만들도록 하는 것이다. 당신이 할 수 있는 일은 단지 사회의 조건에 변화를 주고 구성원들을 풀어놓는 것뿐이다. 거기에서 무엇이 출현할지는 신인 당신도 예측하기 어렵다. 당신의 백성들이 가장 넓은 땅을 통치하게 되면 당신이 승리자가 된다.

고전적인 신 역할 게임에 대한 간략한 기록에서 높은 순위를 차지하고 있는 게임 중에 〈문명Civilization〉이라는 게임이 있다. 이 게임의 목표는 문화의 진화를 통해 백성들을 이끌어나가는 것이다. 당신은 백성들에게 자동차를 만드는 방법을 가르쳐줄 수는 없다. 그러나 자동차를 만드는 데 필요한 '발견'을 할 수 있는 환경을 만들어줄 수 있다. 만일 그들이 바퀴를 발명한다면 조만간 전차를 만들 수 있을 것이다. 그들이 석공 기술을 배우게 되면 수의 계산법을 발전시킬 것이다. 전기를 발견하기 위해서는 금속을 다루는 법과 자석의 성질을 알아야 한다. 기업이 생겨나기에 앞서 은행이 나타나야 한다.

이것은 새로운 종류의 조종법이다. 너무 강하게 밀어붙이면 역효과를 낳는다. 이 게임 속 사람들은 언제든 반란을 일으킬 수 있고 실제로 일으킨다. 이 와중에 당신은 적이 조종하는 문명과 경쟁을 벌여야 한다. 경쟁에서 한쪽이 심하게 기우는 경우도 종종 일어난다. 〈문명〉을 열광적으로 즐기는 나의 친구는 그가 관장하는 사회가 스텔스 폭격기를 만드는 동안 다른 문명은 전차를 만들고 있다고 자랑한다.

단지 게임에 지나지 않지만 〈파퓰러스〉는 우리가 컴퓨터나 기계와 갖는 상호작용을 미묘하게 변화시켰다. 인공물은 이제 활력 없고 균일한 덩어리의 수준을 넘어서게 되었다. 인공물 역시 유동적이고, 적응성 있으며, 미끌미끌한 그물망이 될 수 있는 것이다. 이 집산주의적collectivist, 토지, 공장, 철도·광산 등 주요 생산 수단을 국유화하여 정부의 관리 아래 집중 통제하는 것을 이상으로 삼는 주의 – 옮긴이, 네이버 백과사전 참조 기계들은 수많은 작은 행위자들에 의해 움직인다. 행위자들은 우리가 가늠할 수 없는 방식으로 상호작용하고, 우리가 오직 간접적으로만 통제할 수 있는 결과를 낳는다. 바람직한 결과를 얻기 위해서는 조율이라는 도전을 받아들여야 한다. 그것은 마치 양떼를 몰거나 과수원을 관리하거나 아이들을 키우는 것과 비슷하다.

컴퓨터의 발달 과정에서 게임이 먼저이고 업무는 나중이다. 기계가 생물처럼 유기적으로 행동한다는 생각에 익숙해진 아이들은 나중에 어른이 되어 컴퓨터로 일을 할 때에도 같은 생각을 품는다. MIT의 심리학자 셰리 터클Sherry Turkle은 아이들이 복잡한 기계 장치를 마치 제2의 자아처럼 친밀하게 느끼고 유기적으로 받아들이는 현상을 지적했다. 아이들은 자신을 기계에 투사한다. 그리고 장난감 세계는 확실히 그와 같은 기계의 의인화를 부추긴다.

또 다른 신 역할 게임 〈심어스SimEarth〉는 우스개 삼아 '궁극의 행성 관리 경험'을 선사한다고 자랑한다. 지인 한 사람이 10세에서 12세 사이의 소년 셋을 자동차 뒤에 태우고 장거리 여행을 한 일이 있다. 이 세 명의 소년들은 여행 도중 노트북으로 〈심어스〉를 하며 놀았다. 지인은 운전을 하면서 소년들의 대화를 엿들었다. 그는 소년들의 목표가 지능을 가진 뱀을 진화시키는 것임을 알아차리게 되었다.

"이제 파충류의 시대를 시작할 수 있지 않을까?"

"젠장, 벌써 포유류들이 장악해버렸잖아!"

"햇볕을 더 많이 쪼이게 하는 게 좋겠어."

"뱀을 더 영리하게 만들려면 어떻게 해야 하지?"

〈심어스〉는 설명도 정해진 목표도 없다. 대부분의 어른들에게는 성공할 가망이 없는 게임이다. 하지만 어린 아이들은 누가 가르쳐주지 않아도, 망설임 없이 게임에 빠져든다. "우리는 신과 같은 입장이고 그 역할을 잘 해낼 필요가 있다."라고 스튜어트 브랜드가 1968년에 선언했다. 개인용 컴퓨터(이 용어도 나중에 그가 만들어낸 것이다.)와 다른 비비시스템을 염두에 두고 한 말이었다.

이차적 동기를 모두 제거해버리면 모든 종류의 중독은 본질적으로 동일하다. 나만의 세계를 만드는 것이다. 신이 되는 것보다 더 중독성을 가진 일이 뭐가 있을까? 지금으로부터 100년쯤 지나면 카트리지에 든 인공 우주를 사서 세계 기계로 키우며 그 안에 든 피조물들이 스스로 살아가고 상호작용하는 모습을 바라보는 일이 흔해질지도 모른다. 신이 되는 것은 저항하기 어려운 유혹이다. 새로운 영웅을 만드는 데 어마어마한 비용이 든다고 하더라도 우리는 멈추지 않을 것이다. 우리가 게임 캐릭터 삶의 인터랙티브한 대서사시에 하루에 몇 시간씩 푹 빠져 지낼 수 있게 해주는 대가로, 세계 창조자들은 우리에게 요금을 청구할 것이다. 우리는 우리 세계가 계속되게 하기 위해서 그들이 매긴 값을 지불할 것이다. 게임 속의 조악한 인공적 재해—가장 강력한 허리케인이나 값비싼 토네이도 따위—를 게임 중독자들에게 판매해 수십억 달러를 벌어들이는 조직 범죄가 기승을 부리게 될 것이다. 시간이 흐름에 따라 신god 고객들은 수익을 가져다주는 견고하고 소중한 인구 층으로 진화해나갈 것이다. 그러면 기꺼이 그들을 대상으로 새로운 완전한 성능의 자연 재해를 시험하고자 할 것이다. 가난한 자들은 돌연변이 종이나 도둑질한 시나리오를 어둠의 경로에서 교환할 것이다. 여호와를 대신하는 데에서 오는 무모한 쾌감과 자신만의 사적인 세계에 대한 순수하고 압도적인 사랑은 모든 사람들을 게임으로 빨아들일 것이다.

시뮬레이트된 세계는 작지만 측정 가능한 정도로 살아 있는 생물과 비슷하게 행동하기 때문에, 그 중 살아남은 세계는 그 복잡성과 가치가 점점 성장해 나갈 것이다. 분산되고 병렬적인 세계 게임의 유기체적 분위기는 단순히 의인화 때문만은 아니다. 물론 게임하는 사람의 제2의 자아가 게임에 투사되기는 하지만.

〈심어스〉는 러브록과 마굴리스의 가이아 이론을 모델로 삼았고 놀랄 정도로 그 이론에 충실한 결과물로 탄생했다. 시뮬레이트된 지구 대기와 지질에 어느 정도 심각한 변화가 일어나는 경우에도 시스템 자체에 프로그램된 나선형으로 빙 돌아오는 되먹임 고리에 의해 어느 정도 보상이 이루어진다. 예를 들어 지구의 온도를 올리면 생물량의 생성이 증가되고 그러면 이산화탄소가 소진되어 농도가 낮아지고 그 결과 지구의 온도가 내려가게 되는 식이다.

과학자들은 지구 전체의 지질화학geochemistry이 스스로 올바른 상태를 향해 수정해나가는 응집력을 가진 점을 들어 지구가 거대한 생물체(가이아)인지 아니면 단지 거대한 비비시스템일 뿐인지를 놓고 논쟁을 벌여왔다. 〈심어스〉를 놓고 이와 동일한 질문을 던져보면 대답은 좀 더 분명해진다. 게임에 지나지 않는 〈심어스〉는 물론 생물이 아니다. 그러나 이것은 분명 유기체를 향한 방향으로 걸음을 떼어놓았다. 〈심어스〉나 다른 신 역할 게임을 하다보면 우리는 자율적인 비비시스템을 가지고 노는 것이 어떤 기분인지 느낄 수 있다.

〈심어스〉에서는 서로 영향을 미치는 요소들이 상상을 초월하는 어마어마하게 방대한 그물망을 이루고 있어서 무엇이 무엇을 하는지를 명확하게 가려내는 것이 불가능하다. 게임을 하는 사람들은 〈심어스〉가 사람의 통제를 벗어나 제멋대로 굴러간다고 불평하기도 한다. 마치 게임 자체가 자기만의 의지를 가지고 있고 게임하는 사람은 그저 지켜보는 역할을 하는 기분이 드는 것이다.

게임 전문가이자 〈심어스〉 안내서의 저자인 조니 윌슨Johnny Wilson은 가이아(〈심어스〉)를 탈선시키는 유일한 방법은 지구의 축을 가로로 확 돌려버리는 것과 같은 대파국적 변화를 주는 것뿐이라고 말한다. 언제나 평형 상태로 되돌아가도록 하는 한계가 마치 '봉투'처럼 〈심어스〉 시스템을 둘러싸고 있다고 한다. 시스템을 파괴하기 위해서는 그 봉투를 뚫고 나갈 정도로 시스템을 밀어붙여야 하는 것이다. 〈심어스〉가 그 봉투 안에서 움직이는 한 시스템은 자신의 심장 박동에 맞추어 움직일 것이다. 그 봉투의 범위를 벗어나게 되면? 박동은 멎어버릴 것이다. 윌슨은 더 오래된 자매 게임인 〈심시티Simcity〉를 〈심어스〉와 비교했다. "〈심시티〉는 게임으로서는 〈심어스〉보다 훨씬 더 만족스러운 제품입니다. 왜냐하면 게임하는 사람이 변화를 줄 때마다 더욱 즉각적이고 명확한 되먹임을 받을 수 있기 때문이죠. 그 결과 게임하는 사람은 자신이 더 큰 통제권을 쥐고 있는 것처럼 느낍니다."

〈심어스〉와 달리 〈심시티〉는 하부 요소underling에 의해 추진되는 신 역할 게임의 정수이다.

도시 시뮬레이션 게임은 너무나 그럴듯해서 도시 계획 전문가들이 진짜 도시의 역동적 흐름을 입증하는 데 사용할 정도이다. 진짜 도시 역시 하부 요소에 의해 움직인다. 〈심시티〉의 성공은 그것이 군중swarm에 기초하고 있기 때문이라고 생각한다. 병렬적으로 활동하는 풍부하게 연결된 자율적이고 지역적인 행위자들의 집단, 그것이야말로 모든 비비시스템들이 기초로 하는 것이기도 하다. 〈심시티〉에서 도시는 각자의 단순한 업무를 수행하는 수백 명의 무식한 심(또는 심플턴)들의 떼로 우글거린다.

〈심시티〉는 신 역할 게임이 흔히 그렇듯 제 꼬리를 물고 뱅뱅 도는 논리를 따른다. 당신의 도시에 공장이 없으면 심들이 거주하려 하지 않을 것이다. 그러나 공장은 오염을 일으키고 오염은 주민들을 떠나게 한다. 도로는 출퇴근하는 사람들에게 도움을 주지만 한편으로 세금을 증가시키며 그 결과 시장으로서의 당신의 점수를 깎아먹는다. 당신이 정치적으로 생존하기 위해서는 좋은 점수를 얻어야만 한다. 이렇듯 지속 가능한 〈심시티〉를 건설하는 데 필요한, 미로와 같이 얽히고설킨 상호 연관된 요소들은 〈심시티〉 매니아인 내 친구의 말에 잘 나타나 있다. "내가 심 세계의 시간으로 수년에 걸쳐서 건설한 도시가 하나 있어. 거기서 나는 여론 조사에서 시민들로부터 93%의 지지를 얻었지. 모든 것이 아주 순조롭게 굴러갔어. 세금을 창출하는 상업을 균형 있게 발달시켰고, 도시 미관도 훌륭하게 가꾸어 시민들을 붙잡아두었지. 그러다가 어느 시점에 나의 위대한 도시에서 오염을 줄이기 위해서 핵발전소를 건설했다네. 그런데 불행히도 그만 공항 근처의 비행기의 비행 경로 안에 발전소를 지었지 뭔가. 어느 날 비행기 한 대가 발전기를 들이받아 멜트다운이 일어났다네. 그 결과 도시 전체에 불이 났지. 그런데 공교롭게도 소방서를 근처에 충분히 세우지 않아서(돈이 너무 많이 들거든) 불길은 계속 번져갔고 결국 도시 전체를 잿더미로 만들고 말았다네. 지금 나는 도시를 재건하고 있어. 완전히 다른 방식으로 말이지."

〈심시티〉의 개발자이자 〈심어스〉의 공동 개발자인 윌 라이트Will Wright는 30세 전후의 책벌레 같은 인상의 사내이다. 그는 분명히 오늘날 가장 혁신적인 프로그래머 중 한 사람이다. 심 게임들이 워낙 통제하기 어렵기 때문에 그는 그 게임들을 소프트웨어 장난감이라고 부르길 즐긴다. 만지작거리고, 탐험하고, 환상의 재료로 삼고, 학습하는 도구. 그의 게임에서 당신은 이기는 것을 목표로 하지 않는다. 이기려고 정원 가꾸기를 하지 않듯이. 라이트는 그의 견고한 시뮬레이션 장난감을 '적응적 기술'의 완전한 행진을 향해 나가는 첫 걸음마로 본다. 이 기술들은 창조자에 의해 설계되고, 향상되고, 적응되는 것이 아니라 그 기술 자체가 자력으로 적응하고 배우고 진화한다. 그것은 통제권을 사용자로부터 사용의 대상에게로 약간 이동시킨다.

〈심시티〉의 기원은 이 전망을 향해 다가가는 윌 라이트 자신의 경로를 뒤따른다. 1985년 윌은 그의 표현을 빌리면 "진짜, 진짜 멍청한 비디오 게임"을 개발했다. 〈벙글링 만 습격Raid on Bungling Bay〉이라는 이름의 게임이었다. 이것은 눈에 보이는 것이라면 무엇이든 폭격하는 헬리콥터가 등장하는 전형적인 쏘고 쳐부수는 게임이었다.

"이 게임을 만드는 과정에서 헬리콥터가 가서 폭격할 섬들을 그려야 했습니다." 윌이 회상한다. 보통 게임 아티스트-저자들은 완전한 환상의 세계를 작은 픽셀 수준의 세부 사항으로 모델화한다. 그러나 윌은 그 작업에 지루함을 느꼈다. "그래서 저는 대신 별개의 프로그램을 썼습니다. 내가 이리저리 다니면서 섬들을 재빨리 만들 수 있도록 해주는 작은 유틸리티 프로그램이었죠. 그리고 곁들여서 섬 위에 자동적으로 도로를 건설하는 프로그램도 만들었습니다."

그가 만든 땅 만들기 모듈 또는 도로 건설 모듈을 사용하면 프로그램이 스스로 시뮬레이트된 세계 안을 땅과 도로를 채워나간다. 윌은 기억했다. "결국 나는 때려 부수는 게임을 완성했습니다. 그러나 무슨 이유에서인지 저는 다시 그 게임 프로그램으로 되돌아가서 건물 만드는 프로그램을 더욱더 세련되게 만들어나갔습니다. 저는 도로 기능을 자동화하고 싶었어요. 새로운 섬을 연결할 때마다 각 섬에 존재하던 도로들이 자동으로 연결되어 연속적인 도로망을 형성하는 것이죠. 그런 다음 건물들도 자동으로 건설하고 싶어졌습니다. 그래서 건물들을 선택할 수 있는 작은 선택 메뉴를 만들어냈지요."

"저는 스스로에게 묻기 시작했습니다. 게임도 다 만들었는데 왜 이 짓을 하고 있는 거지? 섬을 건설하는 쪽이 섬을 때려 부수는 것보다 훨씬 재미있다는 것이 그 대답이었습니다. 곧 나는 새로운 도시를 창조하고 생명을 부여하는 데 매혹되어가는 것을 느꼈습니다. 처음에는 그저 교통 상황을 시뮬레이트하려고 했습니다. 그러나 사람들이 이동할 장소가 없다면 교통이 아무런 의미가 없다는 것을 깨닫게 되었지요. 결국 그런 식으로 한 층, 한 층이 더해지다 보니 도시 전체에 이르게 되었습니다. 그것이 바로 〈심시티〉죠!"

게임을 통해 〈심시티〉를 건설하는 사람은 윌 라이트가 게임을 발명해낸 순서를 그대로 밟아나간다. 먼저 맨 아래의 물과 땅의 지리적 기초를 만들고 그것이 도로, 교통 시설, 전화 시설 등의 하부 구조를 떠받치고 그것이 주민들이 사는 주택을 떠받치고 그것이 주민들을 떠받치고 주민들이 시장을 떠받치는 식이다.

도시의 동력을 느끼기 위해 라이트는 1960년대 MIT의 제이 포레스터Jay Forrester가 수행한 평균적인 도시에 대한 시뮬레이션을 연구했다. 포레스터는 도시 생활을 수량적 관계로 요약하고 그것을 수학 공식으로 표현해냈다. 그것은 거의 주먹구구식이었다. 소방관 한 명을 유지하는 데 너무 많은 수의 주민을 계산에 넣는다든지 차 한 대당 필요한 주차 공간을 너무 많이 잡는다든지 하는 식이었다. 포레스터는 그의 연구 결과를 《도시의 동력Urban Dynamics》이라는 책으로 출간했다. 이 책은 수많은 야심찬 컴퓨터 모델 개발자들에게 영향을 주었다. 포레스터의 컴퓨터 시뮬레이션은 시각적 인터페이스가 없는, 완전히 숫자로 이루어진 것이었다. 시뮬레이션을 실시하면 줄쳐진 종이 위에 출력된 인쇄물이 한 무더기 쌓였다.

윌 라이트가 제이 포레스터의 공식에 살을 붙여서 분산되어 있고 상향식으로 움직이는 존재를 탄생시켰다. 도시들은 컴퓨터 화면 위에서 (윌 라이트라는 신의 법칙과 이론에 따라) 스스로를 조립해나갔다. 결국 〈심시티〉는 사용자 인터페이스를 부여받은 도시 이론이다. 그와 같은 맥락에서 장난감 인형의 집은 가정에 대한 이론이며 소설은 이야기 형식으로 표현된 이론이다. 비행 시뮬레이터는 항공 기술에 대한 상호적인 이론이고 시뮬레이트된 생명은 스스로 생존할 임무를 부여받은 생물학의 이론이다.

이론은 진짜 사물의 복잡한 패턴을 복사된 패턴으로 추상화한다. 그 복사된 패턴이 모델 또는 시뮬레이션이다. 제대로 만들 경우 미니어처는 커다란 전체 대상의 본질을 담고 있다. 인간 능력의 정점에서 활동한 아인슈타인은 우주의 복잡성을 5개의 기호로 축소시켰다. 그의 이론 또는 시뮬레이션은 제대로 작동한다. 추상을 제대로 할 경우 그것은 창조가 된다.

뭔가를 창조할 이유는 수없이 많다. 그러나 우리가 뭔가를 창조할 때 우리는 언제나 세계를 창조하게 된다. 어떤 창조 행위도 세계의 창조와 무관하게 이루어질 수 없다고 믿는다. 우리의 창조 활동이 너무 성급하고, 단편적이고, 초벌 스케치 상태로, 의식의 흐름에 따라 이루어질 수도 있지만 우리는 언제나 미완성된 우리의 세계의 빈 곳을 채워나가고 있다. 물론 때때로 우리는 글자그대로, 또는 비유적으로 엉터리, 의미없는 것을 창조하기도 한다. 그러나 우리는 즉시 그 사실을 알아차린다. 이론 없는 난해한 말, 모델 없는 난센스임을 말이다. 근본적으로 모든 창조 활동은 천지 창조의 재현이라고 할 수 있다.

몇 년 전 바로 내 눈앞에서 머리를 헝클어뜨린 한 남자가 인공의 세계를 창조해냈다. 고사리처럼 흔들거리는 아치들이 당초 무늬의 적갈색 타일 바닥에서 위로 솟아오르고 우뚝 선 빨간색 굴뚝이 어딘지 모를 곳을 향해 한없이 뻗어 있었다. 그 세계는 물리적 형태가 없었다. 그것은 단지 두 시간 전에는 한 남자의 상상 속에 존재하던 몽상의 세계일뿐이었다. 그런데 이제 그 몽상이 두 대의 실리콘그래픽스Silicon Graphics 컴퓨터 화면 위를 순환하고 있다.

남자는 마술 고글을 쓰고 그 자신의 환영의 세계에서 어디론가 기어올랐다. 그리고 나도 그의 뒤를 따라 기어올랐다.

내가 아는 한 1989년 여름 내가 그 남자의 몽상 속을 침입해 들어간 사건은 인간이 즉각적 환상을 창조해내고 다른 사람으로 하여금 자신과 함께 그 환상 속 세계를 기어다니도록 한 최초의 사례이다.

그 남자는 바로 재런 러니어Jaron Lanier였다. 레게 머리를 하고 우스꽝스러운 안경을 쓴 통통한 그의 모습을 보면 언제나 (〈세서미스트리트〉에 나오는) 빅버드가 떠올랐다. 그는 아무렇지도 않게 꿈 속의 세계에 들어갔다 나오고 '다른 저 편'을 수년 동안 탐험하고 온 사람처럼 이야기했다. 러니어의 회사 사무실 벽에는 과거의 실험에 사용했던 고글과 장갑의 화석들이 쭉 둘러 진열되어 있었다. 실험실의 나머지 부분에는 보통의 컴퓨터 하드웨어와 소프트웨어 관련 장비들, 그러니까 땜질 인두, 플로피 디스크, 음료수 캔, 그리고 이 경우 특별히 철사로 엮고 연결 플러그로 장식한 특수복 따위가 여기저기 흩어진 채 늘어져 있었다.

사람들이 방문할 수 있는 세계를 만들어내는 재런의 첨단 기술 방법은 수년 전부터 NASA를 포함한 기관의 연구자들이 탐험해온 것이다. 수많은 사람들이 이미 비물리적인 상상의 세계 안에 발을 들여놓았다. 그러나 그것은 연구 세계에 국한되었다. 그런데 재런은 사람들이 저렴한 비용으로 대여할 수 있는 시스템을 만들어냈다. 그리고 그것은 사실상 대학 연구실에 있는 시스템보다 성능이 좋았다. 그리하여 재런은 터무니없이 비과학적인 '미친 세계'를 가동시켰다. 또한 재런은 자신의 결과물에 딱 적당한 이름을 지어주었으니 그것이 바로 '가상 현실virtual reality'이다.

가상 현실에 참여하기 위해 방문자는 특수 의복을 착용한다. 이 의복에는 중요한 몸의 움직임을 감지하는 센서가 배선되어 있다. 의복에는 머리의 움직임을 신호화하는 마스크가 포함되어 있다. 마스크 안에는 2개의 작은 컬러 비디오가 장착되어 있어서 방문자에게 입체적인 현실감 넘치는 시각을 전달한다. 마스크 뒤에서 방문자는 자신이 3차원 현실 속에 들어와 있는 것처럼 느끼게 된다.

대부분의 독자들은 컴퓨터가 만들어낸 현실이라는 일반적인 개념에 익숙할 것이다. 왜냐하면 재런이 그 개념을 입증하고 나서 몇 년 동안 일상 속의 가상 현실이 잡지와 텔레비전 뉴스의 단골 메뉴로 등장했기 때문이다. 그와 같은 보도에는 초현실적인 측면이 항상 부각되었다. 결국 〈월스트리트 저널Wall Street Journal〉은 가상 현실에 대한 기사를 실으며 '전자 LSD(환각제)'라는 제목을 달았다.

솔직히 자신이 창조한 세계 속으로 사라져버리는 재런의 모습을 보면서 나의 머릿속에 맨 처음 떠오른 단어도 바로 '약물'이었음을 고백해야겠다. 자, 여기 전기 장치가 달린 스쿠버 마스크를 쓴 29세의 기업 창업자가 있다. 나와 다른 친구들이 맨 정신으로 바라보고 있는 와중에 재런은 입을 떡 벌린 채 바닥 위를 천천히 기어다녔다. 그는 몸을 비틀어 새로운 자세를 잡았다. 한쪽 팔은 허공으로 쭉 뻗어 눈에 보이지 않는 뭔가를 움켜쥐었다. 자신이 창조한 신세계의 숨겨진 측면들을 탐험하는 동안 재런은 슬로 모션으로 포착한 모습처럼 뒤틀린 자세에서 또 다른 뒤틀린 자세로 천천히 몸을 움직였다. 그는 주의 깊게 카펫 위를 기어다니다가 종종 멈추어 그의 앞에 있는 허공 속의 보이지 않는 경이를 관찰했다. 그 모습을 바라보는 것은 괴이한 느낌을 주었다. 그의 움직임은 멀리 떨어진, 그의 내면의 논리를 따랐다. 별개의 현실이었다. 이따금씩 재런은 정적을 깨는 기쁨의 함성을 내질렀다.

"와우! 이봐! 석고로 만든 받침대 속이 텅 비어 있어. 그 안으로 들어가서 루비의 바닥 부분을 올려다볼 수 있다구!" 그가 소리를 질렀다. 빨간색 보석이 놓여 있는 받침대를 만든 사람은 다름 아닌 재런 그 자신이었다. 그러나 그가 보석과 받침대를 상상할 때에는 받침대 아래쪽은 고려하지 않았던 모양이다. 세계 전체는 너무나 복잡해서 한 사람의 머리로 다 헤아릴 수가 없다. 그러나 시뮬레이션은 이 복잡성을 탐험해볼 수 있다. 재런은 계속해서 창조주인 자신이 미처 예견하지 못했던 세부 사항들을 친구들에게 보고했다. 재런의 가상 세계와 다른 시뮬레이션의 공통점은, 예측할 수 있는 유일한 방법은 직접 실행해보는 것이라는 점이다.

시뮬레이션은 새로운 것이 아니다. 시뮬레이션의 세계를 방문하는 것 역시 새롭지 않다. 장난감 세계는 인류의 매우 이른 시기에 나타난 발명품이다. 어쩌면 인류 출현의 징후 중 하나일지도 모른다. 고고학자들은 무덤에서 발견되는 장난감이나 놀이의 흔적을 인간 문화의 증거로 삼고 있다. 개인의 발달 과정에서도 장난감을 만들고자 하는 충동은 분명히 매우 이른 시기에 나타난다. 어린이들은 자기 스스로 만든 인공 미니어처 세계에 빠져든다. 인형이나 작은 기차 따위는 시뮬레이션의 소우주에서 정당하게 자기 자리를 차지할 것이다. 우리 문화 속의 위대한 작품들도 마찬가지이다. 페르시아의 미니어처, 사실주의적 풍경화, 일본의 다원tea garden, 그리고 어쩌면 모든 소설과 연극들도 여기, 작은 세계에 포함될 것이다.

그러나 이제 컴퓨터 시대, 시뮬레이션의 시대에 우리는 작은 세계를 더 넓은, 광대역 위에 건설하고 있다. 더 많은 상호작용과 더 깊은 구현 수단을 동원해서 말이다. 우리는 움직이지 않는 작은 인형에서 출발해서 〈심시티〉에 도달했다. 어떤 종류의 시뮬레이션들, 예컨대 디즈니랜드와 같은 것은 이제 더 이상 그다지 작지만은 않다.

에너지와 가능한 행동을 부여하고 성장할 공간만 준다면 사실상 무엇이든 시뮬레이션의 후보가 될 수 있다. 우리는 스마트한 기술로 수백만 가지의 물체에 전기를 통하듯 재빨리 생명을 불어넣을 수 있는 문화 속에서 살고 있다. 전화 교환원이 시뮬레이트된 목소리로 대치되고, 광고 속에서 자동차가 호랑이로 변하며, 놀이동산에서는 가짜 나무와 로봇 악어들이 시뮬레이트 정글을 이루고 있다. 하지만 이제 우리는 눈도 깜짝하지 않는다.

1970년대 초 이탈리아의 소설가 움베르트 에코는 미국 곳곳을 운전하고 돌아다니며 기회가 닿는 대로 되도록 많이 도로 주변의 저급한 관광지들을 방문했다. 에코는 기호학자이다. 즉 눈에 띄지 않는 세상의 신호들을 해독하는 사람이다. 그는 미국이 시뮬레이션과 현실을 거래하고 있다는 사실을 발견했다. 예를 들어 국가적 상징물인 코카콜라는 그것이 마치 '진짜 사물'인 것처럼 광고하고 있다. 왁스 박물관은 에코가 특별히 좋아하는 텍스트이다. 벨벳이 드리워진 제단 같은 장식이나 부드러운 목소리의 설명 같은 키치적 요소가 많으면 많을수록 더욱 좋다. 에코는 왁스 박물관에 실존했던 사람들(비키니를 입은 브리지트 바르도Brigitte Bardo)의 정교한 복제물과 더불어 허구적 인물(전차를 타고 있는 벤허)의 정교한 가공물이 공존하고 있음을 발견했다. 역사와 환상이 똑같이 사실주의적이고 신경증적일만큼 세세하게 조각되어 있어서 진짜와 가짜 사이의 경계가 허물어진다. 왁스 인형을 만드는 예술가들은 비현실적 인물에게 극도의 현실감을 부여하는 데 노력을 아끼지 않았다. 거울들이 한 시대의 방에 있는 인물들을 다른 시대로 비추어 진짜와 가짜 사이의 경계를 더욱 흐리게 했다. 샌프란시스코와 로스앤젤레스 사이에서 에코는 레오나르도 다빈치의 〈마지막 만찬〉의 왁스 버전을 7개나 볼 수 있었다. 각각의 전대미문의 왁스 작품은 다른 작품들과 내기라도 벌이듯 가상의 그림에 극도의 사실성을 부여하는 데 최대치의 노력을 기울이고 있다.

에코는 자신이 "미국인의 상상력이 진짜를 요구하고 그것에 도달하기 위해 절대적인 가짜를 만들어내게 된 하이퍼리얼리티hyperreality의 세계"를 여행했다고 썼다. 에코는 절대적인 가짜의 현실성을 하이퍼리얼리티라고 불렀다. 하이퍼리얼리티의 세계에서는 "절대적 비현실에 진짜와 같은 현실감이 부여된다."라고 에코는 지적했다.

완벽한 시뮬레이션과 컴퓨터 장난감 세계는 하이퍼리얼리티 작품이다. 이들은 너무나 완전하게 꾸며내서 전체로 볼 때 현실성을 획득하게 된다.

프랑스의 대중 철학가 장 보드리야르Jean Baudrillard, 프랑스의 사회학자이자 철학자. 모사된 이미지가 현실을 대체한다는 시뮬라시옹Simulation 이론, 더 이상 모사할 실재가 없어지면서 실재보다 더 실재 같은 하이퍼리얼리티(극실재)가 생산된다는 이론을 제창했다.-옮긴이, 네이버 백과사전 참조의 짤막한 저서 《시뮬레이션Simulations》(1983년)은 서로 밀접하게 연결된 다음의 두 문단으로 시작한다.

> 시뮬레이션에 대한 가장 세련된 우화인 보르헤스의 이야기를 보면 이 우화가 우리에게도 그대로 적용된다. 그것은 지도 제작자가 제국

의 지도를 그리는데 그 지도가 너무나 자세한 나머지 결국 제국의 영토 전체를 덮게 되었다는 이야기이다. (제국이 쇠퇴해가자 지도에서도 그 부분이 닳고 손상되어 마침내 사막 속에 몇 가지 분별되는 특징만이 남아 있는 상태가 된다.)

오늘날 추상은 더 이상 지도나 복제품이나 거울이나 개념이 아니다. 시뮬레이션은 더 이상 어떤 영토, 기준이 되는 사물, 또는 본질에 대한 것이 아니다. 시뮬레이션은 원본origin이나 사실reality 없이 진짜에 대한 모델을 만들어내는 작업이다. 영토가 지도에 선행하여 존재하는 것도 아니고 지도보다 더 오래도록 남는 것도 아니다. 따라서 영토에 선행하여 존재하는 것은 바로 지도이며 — 시뮬라크라Simulacra, 그림자 또는 환영이라는 의미 – 옮긴이의 선행 — 영토를 낳은 것이 바로 지도이다. 그 우화를 오늘날에 되살리자면 지도상에서 그 조각들이 닳고 낡아 소멸해가는 것은 바로 영토이다. 우리의 세계인 사막 속에 그 흔적들이 남아 있는 것은 지도가 아니라 진짜이다. 진짜 그 자신의 사막.

우리는 현실의 사막에서 하이퍼리얼리티의 천국을 짓느라 분주하다. 우리는 진짜보다 모델(지도)을 더 좋아한다. 스티븐 레비Steven Levy는 그의 저서《인공 생명Artificial Life》(1991년)에서 시뮬레이션의 도래를 열광적으로 축하했다. 그는 시뮬레이션이 너무나 풍부한 나머지 살아 있다고 선언하지 않을 수 없다고 말하며 보드리야르의 관점을 이렇게 표현했다. "지도는 영토가 아니다. 그러나 지도는 영토이다."

그러나 시뮬라크라의 영토는 비어 있다. 완전한 가짜는 너무나 분명하게 드러나기 때문에 우리 눈에 보이지 않는다. 우리는 다양한 시뮬레이션 사이의 미묘한 차이를 구분할 수 있는 분류 체계를 갖추지 못했다. 시뮬라크라와 비슷한 의미를 가진 모호한 유의어들을 열거해보자. 가짜, 위조, 모조, 복제, 인공물, 이류, 유령, 이미지, 재생물, 속임수, 위장, 허위, 모방, 거짓된 겉모습, ~인 척하는 것, 조상彫像, 그림자, 그늘, 부정, 가면, 대체물, 대리물, 가장, 패러디, 베낀 것, 허세, 사기, 거짓말…. 시뮬라크라는 무거운 업보를 담고 있는 단어이다.

세상 만물이 원자로 이루어져 있을 것이라고 생각한 급진적인 그리스의 에피쿠로스 학파 사람들은 시각에 대한 특이한 이론을 가지고 있었다. 그들은 모든 사물이 '우상idol, eidola'을 발산한다고 믿었다. 그와 동일한 개념이 라틴어에서 시뮬라크라이다. 로마의 에피쿠로스 학파 철학자인 루크레티우스Lucretius는 시뮬라크라를 "사물의 상象, image이자 가장 바깥에 있는 껍질로 끊임없이 사물의 표면에서 벗겨져서 이리저리 허공 속을 날아다닌다."라고 설명했다.

이 시뮬라크라는 물리적이지만 덧없는 것이다. 사물에서 발산된 눈에 보이지 않는 시뮬라크라는 우리의 눈에 영향을 주어 시각 현상을 일으킨다. 거울 속에서 조합되는 사물의 상은 시뮬라크라의 존재를 입증한다. 그렇지 않다면 어떻게 똑같은 두 가지가 존재할 수 있을까? 그 중 하나는 그토록 희미하고 아스라한 환영 같은 존재로 말이다. 에피쿠로스 학파는 사람들이 자는 동안 시뮬라크라가 사람의 몸의 구멍을 통해 감각 속으로 들어가 꿈 속의 우상(이미지)을 전해준다고 믿었다. 회화나 예술 작품은 원래 사물이 발산하는 우상을 포착한 것이다. 마치 파리잡이 끈끈이 테이프가 벌레를 잡듯이.

그렇다면 시뮬라크라는 파생된 실체, 원래 사물의 이차적 존재, 유사한 이미지, 또는 현대적 용어를 빌자면, 가상 현실이라고 할 수 있다.

로마 토착어에서 시뮬라크럼(시뮬라크라의 단수형)은 유령 또는 영혼에 의해 생기를 띄게 되는 조상彫像이나 이미지를 의미했다. 그래서 1382년 시뮬라크라의 그리스어에 해당하는(시뮬라크라보다 먼저 존재한) 우상이라는 단어가 영어에 흘러들어가게 되었다. 영어로 기록된 최초의 성경에서 신으로 대접받던 움직이고 말도 하는 조상들의 하이퍼리얼리티를 묘사하기 위한 단어가 필요했기 때문이었다.

고대의 신전에 있던 자동인형automaton 중 일부는 상당히 정교했다. 머리와 팔 다리를 움직일 수 있었고 관을 통해서 뒤에서 말하는 사람의 목소리가 전달되었다. 고대인들은 우리가 생각하는 것보다 훨씬 세련된 사람들이었다. 이 우상들이 그들이 상징하는 진짜 신이라고 착각하는 사람은 아무도 없었다. 그렇다고 해서 그들은 이 우상의 존재를 무시하지도 않았다. 우상들은 진짜로 움직이고 말을 했다. 그 자체의 행동 양식을 갖고 있었던 것이다. 우상들은 진짜도 아니고 가짜도 아니었다. 그저 진짜 우상일 뿐이었다. 에코의 용어를 빌자면 그들은 하이퍼리얼리티를 가진 존재였다. 마치 텔레비전 속의 가상의 존재인 머피 브라운이 어느 정도 실제 인물로 대접받는 것과 같이.

포스트모던 시대를 살아가고 있는 우리는 하루 중 상당 부분을 하이퍼리얼리티 안에 푹 빠져 지낸다. 전화 대화, 텔레비전 시청, 컴퓨터 스크린, 라디오 청취 등은 모두 일종의 하이퍼리얼리티이다. 우리는 이러한 활동에 높은 가치를 부여한다. 당신이 각종 매체에서 보거나 들은 것을 빼고 저녁 식사의 대화를 이어가려고 해보라! 시뮬라크라는 우리가 살아가는 영역이 되었다. 생각할 수 있는 모든 측면에서 하이퍼리얼리티는 현실, 즉 리얼리티가 되었다. 우리는 손쉽고 편안하게 하이퍼리얼리티의 세계를 들락날락한다.

재런 러니어가 그의 최초의 즉석 세계를 창조하고 몇 달 후 만들어낸 하이퍼리얼리티에 대해 생각해보자. 재런의 우상과 시뮬라크라의 세계가 완성된 지 얼마 안 되어서 나는 그 세계에 풍덩 빠져보았다.

이 인공 현실에는 동네 한 구획 정도의 면적을 둥그렇게 둘러싼 철로와 가슴 높이의 기차가 포함되어 있었다. 바닥은 분홍색이었고 기차는 엷은 회색이었다. 다른 땅딸막한 인물과 물체들이 떨어뜨린 장난감처럼 여기 저기 놓여 있었다. 기차와 장난감들의 모양은 다각형의 집합체였다. 우아한 곡선은 찾아볼 수 없었다. 색감은 균일하고 선명했다. 고개를 돌리자 어딘가 삐걱대면서 장면이 바뀌었다. 그늘은 선명했다. 하늘은 텅 빈 진청색으로 거리감이나 공간감은 느껴지지 않았다. 나는 마치 만화 속의 만화 인물이 된 느낌이 들었다.

장갑을 낀 손—작은 다각형 조각들로 표현된—이 내 눈앞에 떠올랐다. 나는 이 실체 없는 사물을 구부려보았다. 내가 마음속으로 손을 어느 방향을 향해 가리키자 내 손이 가리키는 방향으로 날아가기 시작했다. 나는 작은 기관차 위로 날아가 그 위에 앉았다. 기관차 표면 위에 앉은 것인지 그 위의 허공에 앉은 것인지 구분하기 어려웠다. 나는 허공에 둥둥 떠 있는 나의 손을 뻗어 기관차의 손잡이를 휙 잡아당겼다. 그러자 기차가 둥근 철로를 따라 달리기 시작했고 나는 분홍색 경치가 휙휙 지나가는 것을 보았다. 어느 순간 나는 기차에서 뛰어내렸는데 땅 위에는 뒤집어진 실크해트가 놓여 있었다. 나는 그 자리에 서서 나를 태우지 않은 채 빙빙 철로 위를 돌아가는 기차를 바라보았다. 잠시 후 실크해트를 잡으려고 허리를 구부려 손을 뻗었다. 그런데 내 손이 닿자마자 모자는 하얀 토끼로 변했다.

바깥 세계에서 누군가가 웃는 소리가 희미하게 들려왔다. 천국에서 들려오는 듯한 킥킥대는 웃음소리. 그것은 신들의 작은 장난이었다.

사라진 실크해트는 극도로 현실감이 넘쳤다. 기차의 운행은 진짜로 시작되었고 마침내 진짜로 멈추었다. 기차는 진짜로 원을 그리며 돌았다. 하늘을 날아다닐 때 나는 진짜로 일정 거리를 이동했다.

그러나 바깥 세계에서 바라보는 사람들에게 나는 그저 사무실 카펫 위에서 꼿꼿이 서서 빙글빙글 도는 사람일 뿐이었다. 마치 나의 눈에 재런 러니어가 예전에 그렇게 보였듯이. 그러나 내부의 하이퍼리얼리티 속에서 사건들은 진짜로 일어났다. 이곳을 방문하는 사람이라면 누구나 확증할 수 있을 것이다. 모두 교감할 수 있는 증거가 있다. 우리의 세계와 나란히 존재하는 시뮬라크라의 세계에서 그것들은 모두 진짜이다.

시뮬레이션 세계의 현실성에 대해 이야기하는 것은 프랑스와 이탈리아 철학자들에게 적당한 학문적 토론거리에 머물렀을 것이다. 만일 시뮬라크라가 그토록 유용한 것으로 드러나지 않았다면 말이다.

MIT 미디어랩의 오락과 정보 시스템 그룹의 앤디 립맨Andy Lippman은 '시청자가 주체가 되는' 텔레비전 송신 기술을 개발하고 있다. 미디어랩 연구의 주요 목표는 소비자가 원하는 대로 정보를 표현할 수 있도록 하는 것이다. 립맨은 비디오를 극도로 압축한 형태로 전송한 후 소비자가 수천 가지 다양한 방식으로 압축을 풀 수 있도록 하는 계획을 고안해냈다. 그것이 가능한 것은 고정된 이미지가 아니라 시뮬라크라를 전송하기 때문이다.

립맨이 보여준 실험판에서 그들은 〈루시를 사랑해I Love Lucy〉라는 시리즈의 초기 에피소드를 재료로 삼았다. 그들은 필름에서 루시의 집 거실의 시각적 모델을 추출했다. 루시의 집 거실은 하드 디스크 안의 가상의 거실이 되었다. 거실의 어떤 부분이나 어느 쪽에서 바라본 모습이든 원하는 대로 볼 수 있다. 그런 다음 립맨은 컴퓨터를 통해 배경에서 루시의 움직이는 이미지를 지워버렸다. 그가 전체 에피소드를 송신하고 싶을 때 그는 두 종류의 데이터를 보낸다. 가상 모델인 배경의 데이터와 루시의 움직임을 담은 필름 데이터가 그 두 가지이다. 시청자의 컴퓨터가 모델로부터 생성된 배경 앞에서 움직이는 루시의 모습을 재조합해낸다. 이렇게 함으로써 립맨은 거실 배경의 데이터를 기존 방식처럼 계속해서 끊임없이 송신하는 대신 단 한 번만 송신하고 장면이나 조명이 바뀔 때에만 업데이트하면 된다. 립맨은 말한다. "이론적으로 우리는 텔레비전 시리즈의 모든 배경 세트를 하나의 광학 디스크의 맨 앞에 설치하고 25개 에피소드를 재구성하는 데 필요한 배우의 움직임과 카메라 움직임의 지시사항을 나머지 트랙에 맞추어 넣을 수 있습니다."

미디어랩의 소장인 니콜라스 네그로폰테Nicholas Negroponte는 이 방법을 "내용 대신 모델을 송신하는 것으로 수신자가 모델로부터 내용을 추출해내는 것"이라고 말한다. 그는 간단한 〈루시를 사랑해〉 실험의 결과를 토대로 전체 장면과 인물을 모두 시뮬라크라로 모델화하여 송신하는 미래를 꿈꾼다. 예컨대 공의 2차원적인 영상을 방송하는 대신 공의 시뮬라크라를 보내는 것이다. 방송 기계가 "여기 공의 시뮬라크라가 있다. 지름이 50cm인 반짝이는 파란색 공으로 이러이러한 속도로 이러이러한 방향으로 움직이고 있다."라고 말해주는 것이다. 그러면 수신 기계는 "오케이, 통통 튀는 공의 시뮬라크라구만. 알겠어."라고 말하고 통통 튀는 파란색 공의 모습을 움직이는 입체 영상으로 재현하는 것이다. 이제 가정의 시청자는 사실상 원하는 모든 방향에서 공의 모습을 관찰할 수 있다.

네그로폰테는 이 기술의 상업적 적용 사례로서 풋볼 게임의 입체 영상을 거실로 중계하는 것을 제안했다. 단순히 게임의 2차원적 영상에 대한 데이터를 보내는 대신 스포츠 방송국은 게임의 시뮬라크라를 송신하는 것이다. 운동장, 선수, 게임을 모두 모델로 추상화한 후 압축하여 전송하는 것이다. 가정의 수신기는 압축된 모델을 풀어서 시각적 형태로 재현한다. 가정의 시청자는 옆에 맥주 캔을 쌓아놓고 푹신한 소파에 기대 앉아 선수들이 돌진하고 공을 패스하고 발로 차는 3차원의 역동적인 신기루를 감상한다. 시청자는 자신이 원하는 모든 각도에서 경기를 시청할 수 있다. 아이들은 공의 시점에서 경기를 바라보면서, 그러니까 경기장 안을 이리저리 돌아다니면서 경기를 관람할 수도 있다.

'미리 결정된 프레임으로 볼 수밖에 없도록 하는 비디오의 독단을 깨부수기' 말고도 시뮬라크라를 전송하는 일차적인 목적은 데이터 압축 때문이다. 실시간으로 입체 영상holography을 송신하는 것은 천문학적 숫자의 비트를 필요로 한다. 예견할 수 있는 미래의 모든 스마트 기술을 이용하더라도 텔레비전 수신기 크기의 실시간 입체 영상(홀로그래피) 몇 초 분량의 연산을 처리하기 위해서는 최첨단 슈퍼컴퓨터로 몇 시간을 작업해야 가능하다. 3차원으로 표현된 스포츠 경기의 전율할 개막식 로고가 당신 눈앞에 펼쳐지는 동안 경기는 이미 끝나버리고 말 것이다.

복잡성을 압축하는 데 있어서 그것을 모델화하고, 송신하고, 수신자가 지능적으로 세부 사항을 덧붙이도록 하는 것보다 더 나은 방법이 무엇이겠는가? 시뮬라크라를 전송하는 것은 현실을 전달하는 것에서 한 계단 내려오는 것이 아니다. 오히려 데이터를 전송하는 것에서 한 단계 위로 올라가는 것이다.

군대 역시 시뮬라크라에 긴밀한 관심을 보이고 있다.

1991년 봄 이름 모를 사막의 한 귀퉁이에서 미국 제2기갑 기병

연대 맥매스터H. R. McMaster 장군이 조용한 전장 위를 천천히 걸어다니고 있다. 그가 이 자리에 마지막으로 섰던 순간으로부터 채 한 달도 지나지 않았다. 울퉁불퉁한 모래밭은 미동도 없이 완전한 정적에 잠겨 있다. 이라크군 탱크의 잔해가 몇 주 전 그가 이곳을 떠났을 때의 모습 그대로 이리저리 뒹굴고 있다. 비록 지금은 그 당시처럼 지옥의 불길이 훨훨 타오르고 있지는 않지만. 그와 그의 병사들이 모두 살아남은 것은 하느님께 감사드릴 일이다. 이라크군 쪽은 그만큼 운이 좋지 못했다. 한 달 전만 해도 양 편은 모두 그들이 사막의 폭풍Desert Storm, 1991년 미국이 이라크를 상대로 싸운 걸프전의 작전명 – 옮긴이 전쟁의 결정적인 전투를 수행하게 될 것임을 알지 못했다. 시간은 빨리도 흘러갔다. 그들의 운명적인 접전이 끝난 지 30일이 흐른 지금 역사가들은 벌써 그 전투에 이름을 붙였다. '73 이스팅Easting 전투.'

그런데 맥매스터 장군이 오늘 이 황량한 장소를 다시 찾은 것은 미국의 일부 광적인 군사 분석가들이 그를 재소환했기 때문이다. 미국 국방부는 미국이 아직 그 영토를 통치하는 동안, 그리고 전투에 참여한 군인들의 기억이 생생한 동안 부대의 모든 장교들을 전장에 다시 모이도록 했다. 미 육군은 73 이스팅 전투 전체를 완전한 3차원 시뮬레이션으로 재현할 계획을 세웠다. 그래서 미래의 사관생도들이 그 안으로 들어가 전투를 직접 체험해보도록 할 생각이었다. 그들은 그것을 '살아 있는 역사책'이라고 불렀다. 전쟁의 시뮬라크라인 셈이다.

이라크 평야 위에서 진짜 전투에 참여했던 군인들이 한 달 전의 전투를 재현했다. 그들은 그날의 흥분된 기억이 일깨워주는 최대치를 따라 다시 한 번 활동을 펼쳤다. 몇몇 군인들은 그들의 활동을 재현하는 데 도움을 줄 일기를 제공했다. 병사 두 명은 그날의 혼란을 개인적으로 테이프 리코더에 담기도 했다. 모래 위에 남은 자취는 시뮬레이션을 제작하는 사람들에게 정확한 동선을 제공해주었다. 3개의 위성을 추적하도록 프로그램되어 각각의 탱크에 장착된 블랙박스는 지상 위의 정확한 위치를 여덟 자리 정확도eight digits, 지도상의 위치를 좌표로 나타낼 때 가로축과 세로축의 위치를 숫자로 나타내는데 자리수가 높을수록 더욱 상세한 위치를 표시한다. 일반적으로 여덟 자리의 경우 가로, 세로 10m까지의 정확도를 표현한다.– 옮긴이로 확정해주었다. 발사된 모든 미사일은 모래 위에 훼손되지 않은 가느다란 전선의 자취를 남겼다. 작전 본부에는 전장에서 송신한 무선 음성 통신 내용을 기록한 테이프가 남아 있다. 위성 카메라에서 순차적으로 찍은 사진은 거시적 관점을 제공해주었다. 병사들은 뜨겁게 달구어진 사막 위를 이리저리 걸어다니면서 누가 누구를 쐈는지에 대해 열띤 논쟁을 벌였다. 레이저와 레이더를 동원해 전투가 일어난 지역의 디지털 사진을 촬영했다. 국방부는 역사적으로 가장 풍부한 기록을 보유한 전투를 생생하게 재현하는 데 필요한 모든 정보를 들고서 이곳을 떠나게 될 것이다.

버지니아주 알렉산드리아의 국방 분석 연구소의 시뮬레이션센터 분과에서 기술자들은 9개월에 걸쳐서 이 과도한 분량의 정보를 소화하고 수천 가지 단편들을 하나의 합성된 현실로 편집해냈다. 프로젝트가 진행된 지 몇 달 되어서 그들은 전투에 참여했던 부대 대원들에게 초벌 상태의 창작물을 검토해달라고 요청했다. 당시 해당 부대는 독일에 주둔 중이었다. 시뮬라크라는 상당히 완성된 상태여서 군인들은 탱크 시뮬레이터 안에 앉아서 가상의 전투 안으로 들어갈 수 있었다. 그들은 시뮬레이트된 사건의 수정 사항을 기술자들에게 보고했고 기술자들은 그에 따라 모델을 수정했다. 그리하여 전투가 벌어지고 나서 약 1년 후에 맥매스터 장군의 최종 검토를 마친 후 재생된 73 이스팅 전투 장면이 군대의 고위 장성들 앞에서 처음 선보였다. 맥매스터 장군은 시뮬라크라가 "마치 전투 차량을 타고 있는 것처럼 현실감이 넘친다."라고 간결하고 절제된 표현으로 소감을 전했다. 모든 장갑차와 군인들의 움직임, 총기의 발사, 쓰러지는 모습 등이 그대로 포착되었다. 전장에서는 멀리 떨어져 있었지만 전쟁이 인간에게 미치는 영향에는 가까이 자리잡고 있는 4성 장군이 가상의 전투에 들어갔다가 팔의 털이 곤두서서 나왔다. 그는 그 안에서 무엇을 본 것일까?

세 대의 50인치 텔레비전 스크린 위에 최첨단 비디오 게임 수준의 해상도로 전경이 펼쳐진다. 기름이 타서 생긴 연기가 하늘을 시커멓게 뒤덮고 있다. 전에 내린 비로 젖어 있는 잿빛 모래 바닥이 검은 지평선으로 이어진다. 파괴된 탱크의 차가운 푸른빛 몸체가 혀를 날름거리듯 주황색 불길을 내뿜는다. 불길은 바람을 따라 이리저리 흔들거린다. 탱크, 지프, 급유차, 급수차, 심지어 두 대의 이라크 쉐보레 트럭까지 포함해서 300대가 넘는 차량들이 장면 속을 돌아다녔다. 오후에 이르자 풍속 40노트(약 74km/h)의 샤말**이라크 및 페르시아만 근처의 열기와 먼지를 동반한 북서풍 – 옮긴이**이 불어오자 시정**視程**이 1000m로 떨어지고 그나마도 누런 안개에 뒤덮였다. 보병 한 사람, 한 사람이 화면 안에서 행군해 나갔다. 마찬가지로 수백 명의 이라크군 병사들도 포격이 정밀 공습이 아니라는 사실을 확인하자 진흙투성이 거미구멍**spider hole, 저격병이 혼자 들어가 몸을 숨기는 구멍 – 옮긴이**에서 빠져나와 탱크에 올라탔다. 한 6분 정도 헬리콥터가 모습을 드러냈다. 그러나 거센 모래 바람이 헬리콥터를 쫓아버렸다. 비행기들은 전선 너머 이라크군 진영에서 또 다른 전투를 벌이고 있다.

이 가상의 전투 속으로 들어가는 장성들은 어떤 차량이든 골라서 그 차량의 운전자의 시야에 들어오는 장면을 통해 전투를 바라본다. 진짜 전투와 마찬가지로 낮은 언덕들 뒤에 탱크가 숨어 있다. 시야는 가려져 있고 중요한 사물은 숨어 있으며 아무것도 명료하게 파악되지 않고 모든 일이 동시에 발생한다. 그러나 가상 세계에서는 모든 병사들의 꿈인 날아다니는 카펫 위에 올라타 이리저리 날아다니면서 하늘 위에서 전투 장면을 내려다볼 수 있다. 하늘 위로 충분히 높이 올라가면 지상 세계가 지도처럼 보이면서 마치 신과 같은 시야를 갖게 된다. 진짜 정신 나간 사람이라면 표적을 향해 맹렬하게 돌진하는 미사일 위에 걸터앉은 채 시뮬레이션 속으로 들어갈 수도 있다.

지금 이것은 단순히 3차원 입체 영화에 지나지 않는다. 그렇지만 그 다음 단계도 있다. 미래의 사관생도들이 이라크의 공화국 방위대 Republican Guard와 맞붙어 싸울 때 만약 이랬으면 과연 어땠을까 하는 수많은 가정들을 시뮬레이션에 풀어놓을 수 있다. 만일 이라크군이 적외선 야시경 night vision을 갖고 있었다면 어땠을까? 만일 적의 미사일의 사정거리가 두 배라면? 그들이 처음부터 탱크 밖에 있지 않았다면 어땠을까? 그래도 여전히 미군이 이길 수 있었을까?

이런 가정을 확인할 수 있게 해주는 능력을 제외한다면 73 이스팅 전투 시뮬레이션은 그저 매우 값비싼, 그리고 열성적으로 만든 다큐멘터리 필름에 지나지 않는다. 그러나 계획하지 않은 길을 탐험해볼 수 있는 약간의 자유로 활기가 더해진 시뮬레이션은 영혼을 지닌, 우리에게 강력한 가르침을 주는 스승 역할을 한다. 시뮬레이션은 그 자체로 현실이 된다. 이제 이것은 단순히 73 이스팅 전투가 아니다. 다른 가치에 맞추어 조정되고, 다른 능력으로 무장한 모형 전투는 비록 원래 전투와 같은 장소에서 같은 형태로 시작하지만 재빨리 자신만의 고유의 미래를 향해 나아간다. 시뮬레이션에 들어간 사관생도들은 극도로 사실적인 가상 전쟁을 체험한다. 그것은 오직 그들만이 아는 전쟁이고 오직 그들만이 싸울 수 있는 전투이다. 그들이 경험한 이 새로운 전투는 73 이스팅 전투의 시뮬레이션만큼이나 현실에 가깝다. 아니, 어쩌면 현실에 더 가깝다고 해야 할 것이다. 왜냐하면 이 변형된 새로운 시뮬레이션은 그 결말이 정해져 있지 않기 때문이다. 우리의 현실도 결말이 정해져 있지 않다.

미국 육군은 거의 매일 장병들을 이 하이퍼리얼리티 세계 속으로 들여보낸다. 전 세계 약 12개의 미군 기지에서 가장 유능한 탱크 및 전투기 조종사들이 시뮬레이트된 공지전AirLand battles, 지상군이 적극적 기동에 의한 방어를 맡고 공군은 적의 후방군을 공격하는 식으로 육군과 공군의 조율된 협동을 통해 전투를 펼쳐나가는 방식 – 옮긴이, 위키피디아 참조에서 기량을 겨루었다. 멀리 떨어진 기지들은 SIMNET이라는 군사 시스템으로 서로 연결되었다. 4성 장군이 재창조된 73 이스팅 전투 속으로 들어갔던 관문도 바로 이 시스템이었다. 국방 칼럼니스트 더글러스 넴즈Douglas Nelms에 따르면 SIMNET은 "지상 병력과 전투기들을 지구에서 가상 세계로 이동시킨다. 그 안에서 군인들은 안전, 비용, 환경 등의 문제나 지리적 경계등에 구속받지 않고 전투를 펼칠 수 있다." SIMNET의 전사들이 맨 처음 탐험한 장소는 그들 기지의 뒷마당이었다. 테네시주의 녹스 기지Fort Knox에서 M1 탱크 시뮬레이터에 들어간 80명의 병사들이 가상 세계 속에 놀라울 정도로 똑같이 재건된 야외 전투 연습장 위를 돌아다녔다. 수백 km² 면적의 땅 위의 모든 나무, 건물, 개울, 전봇대, 굴곡 등이 SIMNET 모형의 3차원 세계 안에 디지털로 재현되었다. 가상 공간은 어찌나 넓은지 여차하면 길을 잃을 정도였다. 부대원들이 어느 날은 부대 주변의 진짜 연습장 위에서 기름 범벅의 진짜 탱크를 타고 다니다가 또 어느 날은 똑같은 지형의 모형 속을 돌아다니는 식이다. 시뮬레이션 안에서는 디젤 타는 냄새가 나지 않는다는 점만 다르다. 부대원들이 녹스 기지 전투를 완벽하게 익히면 그들은 컴퓨터 메뉴에서 다른 장소를 선택해 그곳을 탐험할 수 있다. 현재 24개의 완벽하게 재현된 장소들이 대기 중이다. 유명한 어윈 기지Fort Irwin의 훈련장, 독일의 시골, 수백, 수천 km^2에 이르는 걸프 지역의 산유국 영토, 그리고 모스크바 도심까지도(뭐 안 될 이유라도?) 포함되어 있다.

표준형 M1 탱크는 SIMNET의 가상 세계에서 가장 흔히 사용되는 기기이다. 밖에서 볼 때 M1 시뮬레이터는 전혀 움직이지 않는다. 이것은 바닥에 고정된, 초대형 덤스터dumpster, 금속제의 대형 쓰레기 수집 용기–옮긴이처럼 생긴 유리 섬유 상자이다. 네 명이 한 조가 되어 좁은 시뮬레이터 안에 들어가 제각기 뒤로 눕듯이 기대거나 쪼그리고 앉는다. 내부는 여러 복잡한 장치들이 달린 M1의 내부와 비슷한 모습으로 사출 성형된 플라스틱으로 되어 있다. 군인들은 모니터를 바라보면서 수백 개의 가상의 다이얼과 스위치들을 조작한다. 조종사가 탱크 시뮬레이터를 작동시키면 기계는 웅웅거리고 덜컹거리며 진짜 탱크를 탈 때와 거의 비슷한 느낌으로 흔들리기 시작한다.

여덟 대 이상의 이 유리 섬유 상자들이 단조로운 녹스 기지 창고 안에서 전자적으로 연결되어 있다. M1 한 대는 SIMNET 영토 안에 있는 다른 M1을 상대로 싸움을 벌일 수 있다. 장거리 전화선이 전 세계에 퍼져 있는 300개의 시뮬레이터들을 하나의 네트워크로 연결한다. 따라서 300대의 시뮬레이터는 동일한 가상의 전투에 동원될 수 있다. 설사 일부는 미국 캘리포니아주 어윈 기지에, 또 다른 일부는 독일의 그라펜베레Graffenvere에 위치하고 있더라도 말이다.

SIMNET의 현실감을 더하기 위해서 군대 소속 프로그래머들은 컴퓨터 운영자 한 명이 양떼를 몰 듯 느슨하게 조절할 수 있는, 인공지능으로 조종되는 차량들을 고안해냈다. 이 '반자동 병력'을 가상의 전쟁터에 도입하자 군대는 300개의 시뮬레이터 상자만으로 이루어지는 전투보다 더욱 규모가 크고 현실감 넘치는 교전을 벌일 수 있게 되었다. 시뮬레이션센터를 운영하는 닐 코스비Neale Cosby는 이렇게 말한다. "한 번은 SIMNET 안에 1000개의 개체를 동시에 집어넣은 적이 있었어요. 콘솔 안에 있는 사람 한 명이 17개의 반자동 전투용 차량 또는 한 무리의 탱크들을 풀어놓고 조절하는 것이죠." 코스비는 반자동 병력의 실용적 장점에 대해 설명했다. "당신이 미합중국 주州방위대 한 부대의 지휘관이라고 해봅시다. 당신이 토요일 아침에 들어오는 포병 100명을 훈련해야 한다고 쳐요. 당신 병사들을 방어 위치에 놓고 500명으로 이루어진 부대의 공격을 방어해야 하는 상황이라고 가정합시다. 그렇다면 이 500명을 어디에서 구하겠습니까? 토요일 아침 샌디에이고 도심에서 데려올까요? SIMNET을 이용하면 세 사람으로 하여금 각각 콘솔 2개씩을 맡아 조종하도록 해서 당신이 원하는 병력을 손쉽게 동원할 수 있습니다. 메시지를 보내는 거죠. 오늘 밤 21:00에 파나마 데이터베이스에서 만나서 한 판 붙자. 독일이든 파나마이든 캔자스이든 캘리포니아이든 어느 기지에 있는 사람과도 이야기할 수 있습니다. 그리고 가상 세계의 한자리에서 모두 만나는 것입니다. 반자동 군용 차량에 대해 이야기하자면, 당신은 그것이 진짜인지 메모렉스Memorex인지 알 길이 없습니다."

그가 말하는 것은 진짜 시뮬레이터인지 가짜 시뮬레이터hyperreal인지 구분할 수 없다는 의미이다. 그 현대적인 구분을 군대는 이제 가까스로 이해하기 시작했다. 진짜와 가짜 사이의 파악하기 힘든 중간 지대에서 하이퍼리얼리티 속성을 지닌 가짜는 전쟁에서 이익을 가져다줄 수 있다. 걸프전에서 미국의 병력은 양 편의 상대적 전문성에 대한 대중의 인식을 뒤집어놓았다. 이라크 병사들이 나이도 더 많고 전투 경험으로 단련되어 있는 반면 미군은 너무 젊고 경험 없으며 방구석에서 조이스틱이나 만지작거리던 애송이라는 것이 기존의 여론이었다. 그런 생각도 무리는 아니었다. 미 공군의 조종사가운데 과거 전투 경험이 있는 조종사는 15명에 한 명 꼴이었다. 대다수는 비행 학교를 갓 졸업한 신참이었다. 그러나 미국의 압도적 승리를 단지 이라크군의 사기가 떨어져 있었기 때문이라고 돌릴 수만은 없다. 군 내부 인사들은 승리를 시뮬레이션 훈련 덕분으로 돌렸다. 은퇴한 대령이 73 이스팅 전투의 지휘관 중 한 사람에게 물었다. "귀관 부대의 압도적 승리의 원인을 무엇이라고 보십니까? 장교나 사병이나 단 한 사람도 전투 경험을 가진 자가 없었는데도 적의 전투 훈련장이나 마찬가지인 장소에서 이라크의 공화국 방위대를 쳐부술 수 있던 비결이 무엇이오?" 부대의 지휘관이 대답했다. "저희도 전투 경험이 있었습니다. 우리는 독일에 있는 훈련장에서 완벽한 전투 시뮬레이션 속에서 여섯 번이나 실전 같은 교전 연습을 했습니다. 그 시뮬레이션 훈련은 실제 상황과 다를 것이 없습니다."

73 이스팅 전투의 참가자들만이 그와 같은 경험을 가진 것이 아니다. 사막의 폭풍 전쟁에 참가한 미 공군 부대원의 90%와 지상 병력의 지휘관 중 80%가 과거에 전투 시뮬레이션 훈련을 집중적으로 받았다. 국립훈련장NTC은 병사의 SIMNET 경험을 또 다른 수준의 시뮬레이션으로 갈고 닦아주었다. 캘리포니아주 서부의 사막 지대에 로드아일랜드주만 한 크기의 공터에 세워진 국립훈련장은 1억 달러를 투자한 최첨단 레이저와 무선 네트워크를 이용해 진짜 사막의 진짜 탱크를 시뮬레이트했다. 자부심 넘치는 미군 퇴역 군인들이 러시아 군복을 입고 러시아 군대의 전법에 따라, 이따금씩 러시아어로 이야기하면서 적군 역할을 맡아 전투를 벌였다. 이 퇴역 군인 부대는 천하무적이라는 명성을 얻고 있다. 그러나 미국의 훈련병들은 소련의 전술로 훈련된 가짜 이라크군을 상대로 모의 전투를 벌일 뿐만 아니라 어떤 경우에는 특정 전술이 '몸에 밸 때까지' 시뮬레이트한다. 예를 들어 바그다드의 목표물에 대한 대공습을 위한 훈련

프로그램에서 미 공군 조종사는 시뮬레이트된 세부 사항을 몇 개월에 걸쳐서 연습했다. 그 결과 공습 첫 날 600대의 연합군 전투기 중 단 한 대 빼고 모두 되돌아왔다. 걸프 지역에 주둔한 보병 여단의 지휘관인 폴 컨Paul Kern 대령은 전기공학자들의 학술지 〈IEEE 스펙트럼〉에서 이렇게 말했다. "나와 이야기를 나눈 지휘관들은 모두 입을 모아 이라크에서 마주한 전투 상황이 국립훈련장에서 경험한 것보다 더 어렵지는 않았다고 했습니다."

군대가 모색하고 있는 지향점은 '내장형 훈련embedded training'이다. 그것은 너무나 현실 같아서 진짜 전투와 구분할 수 없는 훈련 시뮬레이션이다. 오늘날의 탱크 조종사나 전투기 조종사들이 이라크 전쟁보다 SIMNET 시뮬레이터에서 더 많은 전투 경험을 얻을 것이라 생각하는 것은 신념의 도약이 아니다. 진짜 탱크를 조종하는 포병은 수백만 달러짜리 강철 캡슐의 내부로 뚫린 창문도 없는 비좁은 굴 안에 뒤로 기대 누워 있다. 그는 전자 장비와 다이얼과 LED 패널 등으로 둘러싸여 있다. 바깥의 전장과 연결된 유일한 관문은 그의 얼굴 앞에 있는 텔레비전 모니터뿐이다. 그는 손으로 그 모니터를 잠망경처럼 회전시킬 수 있다. 다른 부대원들과의 유일한 연결 경로는 헤드세트뿐이다. 모든 측면에서 볼 때 진짜 탱크 조종사는 시뮬레이션을 작동하는 셈이다. 그의 입장에서는 다이얼의 숫자나 스크린의 영상이나 심지어 그가 발포한 미사일이 일으킨 폭발마저도 컴퓨터가 만들어낸 것이라 해도 알 길이 없다. 그의 모니터 위에 있는 높이 2~3cm의 탱크들이 진짜이든 가짜이든 달라질 것이 뭐가 있을까?

73 이스팅 전투에 참가한 군인들에게 시뮬레이션은 삼위일체로 다가온다. 맨 처음 군인들은 시뮬레이션으로서 전투에 참여했다. 그 다음 모니터와 센서가 전달하는 시뮬레이션을 통해 진짜 전투를 치

렀다. 마지막으로 역사적 기록으로 재생된 시뮬레이션에서 다시 한 번 전투를 경험했다. 아마도 언젠가는 군인들이 진짜 전투와 시뮬레이트된 전투 사이의 차이를 알아차리지 못하는 날이 올 것이다.

이 문제를 해결하기 위해 NATO에서 후원하여 개최한 '내장형 훈련'에 대한 회의에서 그 우려스러운 개념이 등장했다. 시뮬레이션 훈련연구소Institute for Simulation and Training 소속의 마이클 모셸Michael Moshell의 말에 따르면 회의에서 누군가가 오슨 스콧 카드Orson Scott Card가 1985년 발표한 공상 과학 소설《엔더의 게임Ender's Game》에 나오는 핵심 구절을 읽었다고 한다. 카드는 원래 GEnie General Electric Network for Information Exchange, 일종의 온라인 서비스 – 옮긴이 원격 회의 시스템 안의 가상 공간 안에서《엔더의 게임》을 썼다고 한다. 그 안의 독자들은 온라인 생활의 하이퍼리얼리티 측면을 잘 이해하리라 생각했기 때문이었다. 이 소설에서 어린 소년들이 어린 시절부터 군대의 지휘관이 되도록 훈련을 받는다. 아이들은 무중력 상태의 우주 정거장에서 쉬지 않고 전술 및 전략 게임에 몰두한다. 이들의 군사 훈련은 일련의 컴퓨터 전쟁 게임에서 절정을 이룬다. 마침내 게임에 가장 뛰어난 능력을 보이는데다 타고난 리더인 엔더가 한 무리의 소년들을 지휘해서 성인인 스승을 상대로 방대하고 복잡한 비디오 전쟁 게임을 수행한다. 그런데 스승이 아이들이 알지 못하는 채로 신호의 입출력을 바꾸어서 게임에 열중한 아이들이 실제로 은하의 우주선 부대(진짜 인간의 군사들이 가득 타고 있는)를 지휘해 태양계를 침입하는 적대적인 외계인들과 싸우도록 만들었다. 아이들은 외계인의 행성을 폭파시킴으로써 전쟁에서 승리한다. 그들은 나중에 그들이 치른 전쟁이 연습이 아니라 진짜였다는 소식을 전해 듣는다.

이러한 현실의 전환은 물론 다른 방식으로 이루어질 수도 있다. 만일 시뮬레이션을 통한 탱크 조종 연습이 진짜 연습과 다를 것이 없다면 시뮬레이션 연습을 통해 진짜 전쟁을 수행하지 못할 이유가 있을까? 만일 당신이 캔자스에서 온라인에 접속된 플라스틱 상자 안에 들어가 탱크를 조종할 수 있다면 진짜 이라크 전장에 있는 탱크를 그와 같은 안전한 장소에서 조종하면 어떨까? 그 꿈은 펜타곤의 제1순위 목표인 미군 사상자 감소라는 목표와 아주 잘 맞아떨어진다. 오늘날 군대 전체에 이 꿈의 메아리가 울려퍼지고 있다. 이미 조종사가 안전한 기지에서 원격 조종으로 움직이는 무인 지프의 원형이 진짜 도로 위를 달리고 있다. 인간은 로봇-병사의 작동에 여전히 개입하지만 위험에서 비껴난 곳에 자리잡고 있다. 이것이 바로 미군이 선호하는 방식이다. 무인의, 그러나 여전히 인간이 조종하는 항공기가 최근 걸프전에서 큰 기여를 했다. 비디오 카메라와 컴퓨터를 잔뜩 장착한 거대한 모델 비행기를 상상해보자. 사우디아라비아의 기지에서 조종되는 이 원격 조종 비행기들은 적의 영토 위를 직접 맴돌면서 첩보 활동을 하거나 명령을 전달한다. 인간은 이 시스템의 후방에서 시뮬레이션에 기대고 있다.

군대의 미래에 대한 비전은 거대하지만 약간 느리게 나아간다. 값싼 스마트 칩의 성능은 펜타곤이 미래를 내다보는 속도보다 더 빠르게 성장해나간다. 내가 판단하기에 적어도 지금 1992년 시점에서는 군대의 시뮬레이션과 전쟁 게임은 대중의 상업적 버전보다 아주 약간 정도 더 앞서나가고 있을 뿐이다.

조던 와이즈먼Jordan Weisman과 그의 친구 로스 뱁콕Ross Babcock은 미국상선사관학교Merchant Marine Academy의 해군 사관 생도였으며 한편으로 그들은 판타지 게임 〈던전 앤 드래곤dungeons-and-dragons〉에

깊이 빠져 있었다. 한번은 해군 기지 견학 프로그램에서 그들은 대형 유조선 시뮬레이터를 볼 기회가 있었다. 벽을 가득 채운 모니터들은 세계 50개의 항구를 지나면서 색깔의 미묘한 차이까지 꾸며냈다. 와이즈먼과 뱁콕은 장치를 작동해보고 싶어서 안달이 났다. "미안하지만 이건 아이들 장난감이 아니라네." 장교가 그들에게 말했다. 그러나 그들은 생각했다. '천만에, 이건 아주 멋진 장난감이야!' 결국 그들은 스스로 장난감을 만들기로 결심했다. 가상의 세계에 비밀의 판타지 세계를 만들어놓고 다른 사람들을 들어오게 하는 것이다. 그들은 합판과 라디오 색Radio Shack, 전자 제품 전문 판매점 – 옮긴이에서 구입한 전자 부품, 직접 짠 프로그램을 가지고 그 세계를 건설할 것이다. 그리고 방문자들에게는 입장료를 받는 것이다!

와이즈먼과 뱁콕은 1990년 '배틀테크BattleTech'를 선보였다. 그리고 역할 게임 사업에서 거둔 성공에서 얻은 자금과 기존 게임 사업 부지 중 한 곳을 기반 삼아, 시카고 도심의 노스피어North Pier 쇼핑몰에서 연중무휴로 운영되는 250만 달러의 게임 센터를 세웠다. (그리고 월트 디즈니의 손자 팀 디즈니의 신규 투자를 받아 미국 곳곳에 다른 센터를 열 예정이다.) 내가 어떻게 찾아가는지 묻자 전화를 받은 직원은 "시끄러운 쪽을 따라오시면 됩니다."라고 대답했다. 소란스러운 10대 청소년들이 〈스타 트렉〉 분위기의 가게 앞에 줄지어 서 있었다. 가게에는 "용기 있는 자들만이 은하계를 정복할 것이다."라는 문구가 인쇄된 티셔츠가 걸려 있다.

배틀테크는 오싹할 정도로 SIMNET과 비슷해 보인다. 콘크리트 바닥에 고정되어 있는 12개의 비좁은 상자들이 전자 네트워크로 서로 연결되어 있다. 각각의 상자의 외부는 공상 과학 영화에 나올 법한 과장된 모습으로 꾸며져 있고 (예컨대 '충돌 주의'라는 문구) 내부는 각종 버튼과 손잡이와 계기와 깜박이는 불빛으로 이루어진 복잡한 조종대와 뒤로 기울어진 좌석, 2개의 컴퓨터 스크린, 다른 팀원들과 의사소통하는 데 사용될 마이크, 작동 제어 장치 몇 개가 설치되어 있다. 당신은 (진짜 탱크처럼) 페달을 발로 밟아 장치를 조종하고 조절판의 레버를 밀어 가속시키고, 조이스틱으로 미사일을 발사한다. 신호음과 함께 게임이 시작된다. 그러면 당신은 붉은 모래 언덕이 펼쳐진 세계에서 다리 달린 탱크(〈제다이의 귀환〉을 상상하라.)를 타고 다른 탱크들을 뒤쫓는다. 물론 다른 탱크들도 당신을 뒤쫓고 있다. 게임의 규칙은 전쟁의 규칙만큼이나 단순하다. 죽이기 아니면 죽기. 붉은 모래 위를 달리는 기분은 최고이다. 옆의 상자들 안에 웅크리고 앉은 다른 게임 참가자들이 조종하는 또 다른 '메크mech'들이 이 시뮬레이트된 세계 안에서 광폭하게 질주하고 있다. 이 중 절반은 원래 당신 편이지만 점점 가열되는 아수라장 안에서 누가 적이고 누가 아군인지 구분하기 어렵다. 나는 스크린에서 나와 같은 팀인 (진짜로 만난 일은 없는) 전우들의 이름을 확인했다. 도우보이, 랫맨, 징기스. 나는 시작하기 전에 별명을 입력하지 않았기 때문에 아마도 그냥 '케빈'이라고 나타날 것이 분명하다. 우리는 모두 초보자였다. 그래서 게임이 시작하고 얼마 되지 않아 모두 죽어버렸다. 나는 취재하는 저널리스트라지만 이 친구들은 대체 누구일까?

열광적으로 게임에 몰두하는 사람들의 압도적 다수가 미혼의 20대 남성인 것으로 미시간 주립대의 한 연구 결과에서 나타났다. 연구자들은 200회 이상 (참고로 한 번 게임을 하는 데 6달러가 든다.) 게임을 해본 게임계의 백전노장을 대상으로 조사를 실시했다. 일부 게임의 달인들은 배틀테크 게임 센터를 자신의 집이라고 부르며 아예 이곳에서 살았다. 나는 게임을 1000회 이상 해본 몇 명의 사람들과 이야기를 나눴다. 배틀테크 달인들의 이야기에 따르면 게임을 약 5회 정도 해보면 단순히 메크를 운전하고 기본적 무기를 발사하는 데 익숙해진다고 한다. 그리고 다른 사람들과 협동하는 데 능숙해지려면 약 50회의 경험이 필요하다고 한다. 팀플레이가 가장 중요한 요소이다. 달인들은 배틀테크를 일차적으로 사회적 접촉점으로 여긴다. 남자들은(달인 중 한 사람만 빼고 모두 남자들이었다.) 어느 곳이든 새로운 네트워크 가상 세계가 출현하면 그곳에 진을 치고 살아갈 사람들의 특별한 공동체가 형성된다고 믿는다. 배틀테크에 계속해서 되돌아오도록 만드는 요인이 무엇이냐고 묻자 달인들은 '다른 친구들', '멋진 적수를 상대하는 기쁨', '영예와 영광', '호흡이 잘 맞는 동지들'을 꼽았다.

조사에서 게임을 광적으로 즐기는 47명에게 배틀테크에서 바뀌어야 할 점이 무엇인지 물었다. '현실감을 개선해야' 한다고 대답한 사람은 두 사람에 지나지 않았다. 대신 답변자의 대다수가 가격이 더 낮아지고, 소프트웨어가 안정적이고, 현재 요소들의 양을 더 늘려주기를(메크의 수를 더 많이, 영토를 더 넓게, 미사일을 더 많이) 바랐다. 그러니까 간단히 말하면 그들은 더 많은 사람들이 시뮬레이션 세계에 들어오기를 바란다.

이것이 바로 망의 요구이다. 계속해서 참여자를 늘려라. 더 많은 사람들이 연결될수록 나의 연결은 더욱 값진 것이 된다. 이 강박적 게임 참가자들이 환경의 시각적 해상도를 높이는 것보다 네트워크를 더욱 풍부하게 하는 쪽이 '현실감'을 더해준다고 느끼는 것은 시사하는 바가 크다. 현실은 일차적으로 공진화하는 동력이다. 그리고 600만 개의 픽셀이라는 사실은 단지 부차적인 사실에 지나지 않는다.

많아지면 달라진다. 모래알이 한 알 있는데 계속해서 다른 모래알을 더하면 모래 언덕이 된다. 모래 언덕은 모래알과는 완전히 다르다. 망에 계속해서 참여자를 더하면 무엇이 될까? 한 사람의 참여자와는 매우 다른 어떤 것, 분산된 존재, 가상 현실, 벌떼 마음, 네트워크화된 공동체가 될 것이다.

군대라는 조직의 엄청난 규모가 혁신을 가로막는 장벽이 되기도 하지만 한편으로 이 거대한 규모 덕분에 거대한 시도를 할 수 있다. 이것은 기민하게 움직이는 민간 기업들이 흉내낼 수 없는 측면이다.

국방부의 창조적 연구개발 분과인 미국방위고등연구계획국Defence Advanced Research Projects Agency, DARPA은 SIMNET을 넘어서는 야심찬 다음 행보를 계획하고 있다. 미국방위고등연구계획국은 21세기형 시뮬레이션을 원한다. 미국방위고등연구계획국 소속의 잭 소프Jack Thorpe 대령이 군대에서 이와 같은 새로운 종류의 시뮬레이션에 대해 브리핑할 때 그는 OHP로 슬라이드 몇 개를 제시했다. 그 중 한 슬라이드에는 '시뮬레이션: 미국의 전략적 기술'이라고 적혀 있다. 다른 슬라이드에는 다음과 같은 문구가 적혀 있었다.

만들기 전에 시뮬레이트하라!
사기 전에 시뮬레이트하라!
싸우기 전에 시뮬레이트하라!

소프는 모든 절차에 시뮬레이션을 적용함으로써 비용 대비 더 나은 성능의 무기를 얻을 수 있다는 생각을 군대의 고위 장교들과 군수 산업체에 심어주려고 노력했다. 어떤 기술을 개발할 때 큰돈을 들이기 전에 시뮬레이션을 통해 설계하고, 시뮬레이션을 통해 테스트하고, 장비를 사용하기 전에 사용자와 장교들을 시뮬레이션을 통해 훈련할 경우 전략적 이점을 얻을 수 있다.

'만들기 전에 시뮬레이트하라'는 이미 어느 정도 이루어지고 있다. 노스럽Northrop은 종이 설계도 없이 B2 스텔스 폭격기를 만들었다. 종이 대신 컴퓨터로 시뮬레이트했던 것이다. 업계 전문가 중 일부는 B2가 '지금껏 시뮬레이트된 시스템 중 가장 복잡한 시스템'이라고 말한다. 전체 프로젝트가 컴퓨터 시뮬라크라 상태로 설계되었는데 그것이 어찌나 복잡하고 정밀한지 기계 모형을 만드는 통상적인 단계를 생략하고 곧바로 10억 달러를 들여 진짜 폭격기를 만들었다. 일반적으로 약 3만 개의 부품으로 이루어진 시스템의 경우 실제 제작 과정에서 약 50%의 부품을 재설계하게 된다. 그런데 노스럽의 '시뮬레이트 먼저' 접근법은 부품의 재설계 비율을 3%로 줄여주었다.

보잉은 VS-X라는 가상의 틸트로터tilt-rotor, 주익主翼 양 끝에 장치한 엔진과 프로펠러를 위아래로 회전시켜 수직 이륙이나 고속 전진 비행이 가능한 비행기 - 옮긴이를 가상 현실 속에서 만들어냄으로써 그 개념을 시험해보았다. 일단 시뮬라크라로 비행기를 만들어낸 다음 100명이 넘는 엔지니어와 직원들을 시뮬레이트된 기체 안에 태워 성능을 평가하도록 했다. 시뮬레이션 제조가 불러일으킨 이점의 한 작은 사례로서 보잉의 엔지니어들은 정비 해치 안의 중요한 압력 게이지가 승무원들이 아무리 잘 보려고 해도 시야에 잘 들어오지 않는다는 사실을 발견했다. 그리하여 항공기를 제조하기 전에 정비 해치를 재설계할 수 있었고 결과적으로 수백만 달러를 절약했다.

시뮬레이션을 널리 확산시키기 위한 정교한 기반에 대한 암호명은 '첨단 분산 시뮬레이션 테크놀로지Advanced Distributed Simulation Technology'의 머리글자를 따서 ADST라고 불린다. 여기서 가장 핵심적인 단어는 '분산'이다. 소프 대령의 분산 시뮬레이션 기술이라는 개념은 미래에 대한 선견지명을 담고 있다. 이음매 없이 매끈하게 분산 연결된 군산 복합체. 이음매 없이 매끈하게 분산 연결된 군대. 이음매 없이 매끈하게 분산 연결된 하이퍼리얼리티. 가느다란 광섬유가 지구를 감싸면서 실시간, 광대역, 다중 사용자, 3-D 시뮬레이션의 세계로 통하는 대문을 열어젖힌다. 하이퍼리얼 전투에 참가하고 싶은 병사나 가상 현실 속에서 신제품을 시험해보고 싶은 국방 관련 제조업자는 그저 전 세계를 아우르는 거대한 하늘 위의 초고속도로 인터넷에 접속하기만 하면 된다. 수만에 이르는 분산화된 시뮬레이터들이 하나의 가상 세계로 연결된다. 수천에 이르는 또 다른 종류의 시뮬레이터들—가상 지프, 시뮬레이트된 선박, 가상 현실 장치를 머리에 장착한 해병, 인공 지능으로 창조된 배경 병력 등—이 모두 하나로 합쳐져 이 빈틈없이 연결된 합의된 시뮬라크라를 이룬다.

군대는 승리하고 군중은 패배한다. 홀로 싸우는 람보는 항상 죽게 마련이다. 군대가 다른 누구보다 잘 알고 있는 가장 중요한 지식은 성공적인 팀을 만들어내는 비결이다. 팀은 군중을 군대로, 람보를 병사로 탈바꿈시킨다. 전쟁을 승리로 이끄는 것은 화력이 아니라 분산 지능이라는 소프 대령의 주장은 옳다. 다른 선각자들은 기업의 미래에 대해서도 같은 이야기를 했다. "새로운 돌파구는 개인용 인터페이스가 아니라 팀 인터페이스에 있다."라고 제록스 PARC의 연구소장 존 실리 브라운John Seely Brown은 말한다.

만일 소프 대령의 꿈이 실현된다면 미군의 4개 분과와 수백에 이르는 산업계의 군수 계약업체들이 서로 연결된 하나의 초개체가 될 것이다. 이 분산 지능과 분산 존재의 세계로 향하는 첫 발걸음은, 플로리다주 올랜도에 위치한 국방 시뮬레이션 센터에서 개발하고 있는 엔지니어링 표준인 '분산 시뮬레이션 인터넷DSI' 프로토콜이다. 이 표준은 독립된 시뮬레이션의 조각들(예컨대 여기에 있는 탱크 한 대, 저기에 있는 건물 한 채)을 하나로 엮어 현존하는 인터넷상에서 운영되는 일체화된 시뮬레이션으로 통합시킨다. 그러니까 이 가상 공간에서 나타나는 장면의 상당 부분은 멀리 떨어진 곳에서 공급되어 경이로운 분산된 집합체 방식으로 조립된 것이다. 1만 조각의 전투 장면 전체는 인터넷 광섬유를 통해 수많은 컴퓨터로 분산된다. 세부적으로 묘사된 가상의 산을 만든 팀이 밀려드는 강물이나 개울을 만들지 않았을 수도 있다. 그들은 자신이 만든 산 위로 개울이 흐르는지조차 모를 수도 있다.

분산 지능이야말로 해답이다. 인터넷(미국방위고등연구계획국이 개발했으나 이제 전 세계의 민간 부문에서 사용되는)의 이용자들은 가만히 앉아서 기다릴 수가 없다. 그들은 분산 시뮬레이션의 전망을 보았고 인터넷의 조용한 구석에서 그들만의 버전을 만들기 시작했다.

데이비드는 지하 감옥과 요정들이 출몰하는 모험 가득한 지하 세계를 탐험하는 데 하루 12시간을 보낸다. 그는 가상 세계 속에서 로츠Lotsu라는 이름의 인물로 살아간다.

A학점을 받으려면 수업을 들어야 한다. 그러나 그는 대학 교정을 휩쓸고 있는 다중 사용자 판타지 게임이라는 최신 유행에 굴복하여 그 세계에 완전히 빠져버렸다.

다중 사용자 판타지 게임은 대학 컴퓨터나 개인용 컴퓨터로 공급되는 거대한 네트워크에서 운영되는 전자적 모험이다. 게임을 즐기는 사람들은 대개 하루에 네다섯 시간을 스타 트렉, 호비트, 용을 타는 기사들과 마법사가 나오는 앤 매카프리Anne McCaffrey의 인기 소설《퍼언 연대기Dragonriders of Pern》를 말함.—옮긴이 을 기초로 창조된 판타지 세계에 접속한다.

데이비드와 같은 학생들은 학교 컴퓨터나 자신의 개인용 컴퓨터를 이용해 인터넷에 접속한다. 이제 보통 사람들 누구나 전 세계의 정부, 대학, 민간 기업의 후원으로 운영되는 거대한 네트워크를 자유롭게 여행할 수 있다. 대학은 '연구' 목적으로 필요한 모든 학생들에게 무료로 인터넷 계정을 발급해준다. 보스턴에 있는 기숙사에서 접속한 학생이 전 세계 어느 곳에서 접속한 컴퓨터와도 무료로, 원하는 만큼 얼마든지 연결될 수 있다.

이 가상 여행에서 유전 알고리듬에 대한 논문을 다운받는 일 말고 어떤 일을 할 수 있을까? 만일 100명의 다른 학생들이 동시에 같은 가상 공간에 나타난다면 아주 멋질 것이다. 파티를 열 수도 있고, 장난이나 역할 놀이 따위를 꾸며낼 수도 있고, 더 나은 세상을 건설할 음모를 꾸밀 수도 있다. 아니면 이 모든 일을 함께 할 수도 있다. 필요한 것은 단지 여러 사용자가 함께 만날 수 있는 공간뿐이다. 온라인에서 무리 지을 수 있는 공간.

1978년 영국의 에섹스 대학 4학년생 로이 트럽쇼Roy Trubshaw는 〈던전 앤 드래곤〉과 비슷한 전자 역할 게임을 만들었다. 그리고 이듬해 그의 학우 리처드 바틀Richard Bartle이 그 게임을 이어받아 접속 가능한 참여자의 수와 선택할 수 있는 활동의 종류를 확대했다. 트럽쇼와 바틀은 이 게임을 〈MUD〉라고 불렀다. '다중 사용자 던전Multy-User Dungeons'의 약자이다. 그들은 이 게임을 인터넷에 올렸다.

〈MUD〉는 고전적 게임 〈조크ZORK〉 또는 그 밖에 개인용 컴퓨터가 등장하자마자 생겨났던 수백 편에 달하는 문자 기반의 모험 비디오 게임과 상당히 비슷하다. 그 게임들의 경우 예컨대 컴퓨터 스크린에 다음과 같은 문구가 적혀 있다. "이곳은 춥고 축축한 지하 감옥이다. 너울거리는 횃불만이 방 안을 비추고 있다. 바닥 위에는 해골이 하나 놓여 있다. 복도는 남북으로 뻗어 있다. 더러운 바닥에는 쇠창살이 나 있다."

당신이 할 일은 방 안을 탐험하고 그 안에 놓인 물건들을 조사하면서 궁극적으로 미로처럼 이 방과 연결된 다른 어느 방에 숨겨져 있는 보물을 찾는 것이다. 궁극의 보물, 노다지를 찾는 여정에서 주문을 푼 다든지, 마법사가 된다든지, 용을 죽인다든지, 지하 감옥에서 빠져나가는 것과 같은 수많은 작은 보물과 단서들을 발견해야만 한다.

당신은 '해골을 살펴본다' 같은 문장을 입력함으로써 탐험 활동을 펼친다. 그러면 컴퓨터는 '해골이 쥐를 조심하라고 말한다' 같은 문장을 되돌려줄 것이다. 그러면 또 당신은 '쇠창살을 살펴본다'라고 명령한다. 그러면 컴퓨터는 '죽음의 길로 연결되어 있다'라고 말한다. 당신이 '북쪽으로 간다'라고 치면 당신은 지금의 방에서 나가 터널을 통해 새로운 미지의 방으로 들어간다.

〈MUD〉와 그 후에 더욱 개선된 후손들(일반적으로 〈MUD〉, 〈MUSE〉, 〈TinyMUD〉 등으로 알려져 있는)은 1970년대 스타일의 모험 게임과 매우 비슷하지만 두 가지의 강력한 개선점을 갖고 있다. 첫째, 〈MUD〉는 당신과 함께 지하 감옥 속을 헤매는 다른 사람들을 100명까지 더 수용할 수 있다. 이것이 바로 〈MUD〉의 분산 병렬 특성이다. 다른 참가자들은 당신의 유쾌한 협력자일 수도 있고 사악한 적수일 수도 있고 당신 머리 위에서 기적을 일으키거나 주문을 거는 변덕스러운 신일 수도 있다.

둘째, 무엇보다 중요한 특성으로서, 다른 참가자들과 당신은 방을 추가하거나 통로를 변경하거나 새로운 마법의 물건을 발명해내는 것과 같은 일들을 할 수 있다. '여기에 탑을 하나 세우고 수염 달린 요정이 지키고 있다가 지나가는 사람을 잡아 노예로 부리도록 하자.'라고 생각하고 그렇게 만드는 것이다. 간단히 말해서 참가자들이 자신이 거주하는 세계를 직접 발명해낸다. 이것은 어제보다 더 나은 세계를 만드는 게임이다.

그렇다면 〈MUD〉는 구성 단위의 합의로 이루어지는, 초개체 출현의 기반이 되는 병렬, 분산 플랫폼이라고 볼 수 있다. 어떤 사람이 그냥 재미로 가상의 홀로덱**holodeck, 홀로그래프 시뮬레이션을 제공하는 방으로 텔레비전 시리즈물 〈스타 트렉〉에 등장했다.–옮긴이**을 만든다. 나중에 다른 누군가가 선장 선교**captain's bridge, 선교는 배의 앞부분으로 명령을 내리는 방이기도 하다.–옮긴이**를 덧붙인다. 어쩌면 기관실도 덧붙일 것이다. 그러다보면 당신은 결국 스타십 엔터프라이즈**Starship Enterprise, 〈스타 트렉〉에 나오는 우주선–옮긴이**를 건조할 것이다. 몇 달이 지나면 수백 명의 다른 게임 참가자들(사실상 그 시간에 미적분학 숙제를 해야 할 학생들)이 접속해서 수많은 방과 장치들을 만든다. 그와 같은 활동은 결국 클링곤**Klingon, 〈스타 트렉〉에 나오는 가상의 외계인 종족–옮긴이** 전투함, 불칸 행성, 서로 연결된 스타 트렉 〈MUD〉의 은하계(인터넷에는 그런 곳이 존재한다.)를 건설할 때까지 계속된다. 당신은 하루 24시간, 아무 때나 이 세계에 접속할 수 있다. 이 세계에 들어선 다음에 동료 승무원들과–역할 놀이를 하는 인물들–인사를 나누고 집단적으로 선장의 명령에 따르며 다른 참가자 집단이 만들고 운영하는 적의 우주선들과 전투를 벌인다.

게임을 하는 사람이 〈MUD〉 세계를 탐험하고 활동하는 데 더 많은 시간을 들일수록 게임 속 지배자로부터 더 높은 지위를 얻을 수 있다. 새로 가입한 초보자를 돕는다거나 데이터베이스를 유지하는 데 필요한 귀찮은 수고를 하는 사람 역시 지위와 힘을 얻는다. 예컨대 공짜로 공간 이동을 하는 능력을 받거나 일상의 법칙 중 일부를 면제받는 식이다. 궁극적으로 〈MUD〉 게이머들은 모두 특정 지역의 신이나 마법사의 지위에 도달하기를 꿈꾼다. 어떤 이들은 다른 이들보다 더 높은 신이 된다. 신들은 대개 이상적인 경우라면 공정한 게임을 장려하고, 시스템을 순조롭게 운영하며, 자기 '아래' 사람들을 돕는다. 그러나 가학적이고 정신 나간 신들에 대한 이야기도 인터넷 안에서 전설이 되고는 한다.

진짜 현실 속의 요소들이 〈MUD〉 안에서도 되풀이된다.

현실의 삶에서 일어나는 사건들이 〈MUD〉와 〈TinyMUD〉 세계 안에서도 되풀이된다. 게임 캐릭터가 죽으면 장례를 치러주고 초상집에 모여서 밤을 샌다. 가상의 사람들과 진짜 사람들이 결혼식Tiny Wedding을 올리기도 한다. 진짜 삶과 가상의 삶 사이의 애매모호한 경계는 〈MUD〉가 사람들을 끌어당기는 강력한 매력 요소 중 하나이다. 특히 이것은 자신의 정체성과 씨름하는 10대 청소년들에게 강한 호소력을 발휘한다.

〈MUD〉에서는 당신이 당신 자신을 규정할 수 있다. 방에 들어갈 때 사람들은 당신에 대한 소개글을 읽는다. '주디 님이 들어오셨습니다. 주디 님은 검은 머리에 키가 큰 불칸족 여성으로 작고 뾰족한 귀를 갖고 있고 얼굴에 사랑스러운 홍조를 띄고 있습니다. 체조 선수처럼 활기찬 걸음걸이에 유혹적인 녹색 눈을 갖고 있지요.' 그러나 이렇게 자신을 소개한 사람이 사실은 여드름투성이의 어린애일 수도 있고 수염 난 남자일 수도 있다. 여자 캐릭터 중 상당수가 실제로는 여자인 척하는 남자이기 때문에 이 세계의 물정을 잘 아는 〈MUD〉 게이머들은 여자임이 확실하게 밝혀지지 않은 이상 일단 상대방이 모두 남자라고 생각한다. 이런 편견은 여성 게이머들에게 기묘한 상황을 빚어낸다. 자신이 여자임을 '입증'하라는 시달림을 받게 되는 것이다.

대부분의 게이머들은 가상 세계에서 둘 이상의 인물로 살아간다. 마치 자신의 페르소나의 다양한 측면을 실험해보듯이. "〈MUD〉는 정체성을 만드는 작업장과 같다."고 MIT에서 〈MUD〉와 〈TinyMUD〉의 사회학적 측면을 연구하고 있는 에이미 브룩맨Amy

Bruckman은 말한다. "많은 사람들이 자신이 인터넷에서는 평소와 다르게 행동한다는 사실을 알아차리고 그것이 진짜 삶 속에서 자신이 어떤 사람인지 숙고해볼 기회를 준다."는 것이다. 유혹, 비정상적 열정, 로맨스, 그리고 심지어 사이버섹스까지도 〈MUD〉 세계 구석구석에서 일어나고 있다. 진짜 대학 캠퍼스에서 그렇듯이. 다만 인물들만 다를 뿐이다.

컴퓨터가 '제2의 자아'를 가질 기회를 준다고 주장하는 셰리 터클은 여기에서 한 발 더 나아간다. 그녀는 "〈MUD〉에서 자아는 다중으로 증가하고 분산됩니다."라고 말한다. 진짜 현실 속의 건강한 인간 자아에 대한 새로운 모델이 다중의 분산된 구조라는 사실은 우연이 아니다.

〈MUD〉 세계에는 짓궂은 장난도 만연하다. 어떤 정신 나간 게이머가 자신이 발명한 특별한 '감자'를 숨겨놓는다. 우연히 그곳을 찾은 방문자, 즉 다른 게임 참가자 중 한 사람이 그 감자를 집어들면 그의 팔이 잘려나가게 된다. 그러면 방에 있던 다른 게이머들은 '방문자가 경련을 일으키며 바닥을 데굴데굴 구른다'는 문구를 읽게 된다. 이 방문자를 치료하기 위해 신들을 소환해야 한다. 그러나 신들이 방문자를 '바라보는' 순간 그들 역시 팔이 잘려나간다. 방 안의 다른 사람들은 '마법사가 경련을 일으키며 바닥을 데굴데굴 구른다'라는 글귀를 읽게 된다. 평범한 물건이 어떤 끔찍한 일도 일으킬 수 있는 부비트랩으로 변신할 수 있다. 사람들이 즐기는 장난 중 하나는 멋진 물건을 만들어놓고 다른 사람들이 그 물건의 진짜 성능을 모르는 채 베끼도록 하는 것이다. 예를 들어 당신이 순진하게 누군가의 방에 걸려 있는 '즐거운 나의 집'이라고 써 있는 십자수 작품을 자세히 살펴보는 순간 그 물체가 즉각적으로, 그리고 강제적으로 당신을 당신의 집으로 순간 이동시키는 식이다. 그동안 십자수 작품에는 '아무리 멋진 곳이라 해도 내 집만 한 곳은 없다네'라는 문구가 깜빡거리며 등장한다.

대부분의 〈MUD〉 게이머들이 20세 전후의 남성이기 때문에 폭력도 심심치 않게 일어난다. 웬만큼 무신경한 사람들이 아니고서는 온통 치고 때려 부수는 우주에 거부감을 느낀다. MIT에서 운영되는 어떤 실험적 가상 세계는 살인을 금지했고 그 결과 엄청난 수의 초등, 중등, 고등학생을 불러모을 수 있었다. 사이베리온 시티Cyberion City라는 이 세계는 원통형의 우주 정거장을 모델로 만들어진 세계이다. 하루 평균 500명의 아이들이 사이베리온 시티에 모여 이리저리 탐험을 하거나 쉼 없이 세계를 건설한다. 지금까지 아이들은 5만 개의 물건과 인물과 방을 만들었다. 이곳에는 멀티플렉스 영화관(이 영화관에서는 아이들이 지은 텍스트 영화가 상영된다.)이 있는 쇼핑몰도, 작은 시청도, 과학박물관도, 오즈의 마법사 테마파크도, CB 라디오 네트워크도, 교외 주택도, 투어 버스도 있다. 부동산 중개인 로봇이 돌아다니면서 집을 사고자 하는 사람들에게 거래를 주선한다.

사이베리온 시티에서는 일부러 지도를 만들지 않는다. 미지의 구석구석을 탐험하는 것이 스릴 넘치기 때문이다. 어떻게 돌아가는지 안내해주지 않는 것이 이곳의 불문율이다. 당신은 그저 아이들처럼 행동하면 된다. 다른 아이들에게 물어보라는 말이다. 이 프로젝트의 관리자인 배리 코트Barry Kort는 말한다. "사이베리온 시티와 같은 낯선 환경과 문화 속에 들어가는 일의 매력 중 하나는 성인과 어린이가 대등한 관계에 놓인다는 점입니다. 어떤 어른들은 이 경험이 관계의 균형을 뒤집어놓는 느낌을 받았다고 말합니다." 사이베리온 시티의 주된 건설자들은 15세 이하의 청소년이다. 이곳에 들어와서 어딘가에 발을 붙이고 무엇인가 만들려고 하는, 지나치게 교육받은 성인은 어린이들이 건설한 나라의 복잡함과 소란스러움을 마주하고 겁에 질리는 느낌마저 받는다. 〈샌프란시스코 크로니클〉의 칼럼니스트 존 캐럴Jon Carroll은 이 세계에 처음 방문한 느낌을 이렇게 보고했다. "심리적으로 느껴지는 공간의 크기, 수많은 방들, 이리저리 돌아다니는 '꼭두각시들'은 마치 마리화나Tootsie Roll와 스크류 드라이버칵테일의 한 종류 – 옮긴이에 취한 채 도쿄 도심 한복판에 떨어진 것 같은 느낌을 주었다." 여기서 할 일은 그저 살아남는 것뿐이다.

이곳에서 어린이들은 길을 잃는다. 그러고는 곧 길을 찾아낸다. 그런 다음 그들은 또 다른 의미에서 길을 잃고는 이곳을 다시 떠나지 못한다. 끊임없이 계속되는 〈MUD〉 게임에 따르는 계속적인 통신 트래픽은 컴퓨터 센터에 커다란 부담을 준다. 암허스트 대학은 캠퍼스에서 〈MUD〉 게임을 하는 것을 금지했다. 귀중한 위성 데이터라인으로 바깥 세계와 연결되어 있는 오스트레일리아는 대륙에 있는 국가들과 국제 〈MUD〉 게임을 하는 것을 금지하고 있다. 학생들이 건설한 가상 세계는 통신선을 과도하게 사용해서 은행 업무나 전화 통화에 장애를 가져올 지경이다. 다른 기관들도 이런 움직임에 따라 무제한적 가상 세계를 금지하게 될 것이 분명하다.

지금까지 만들어진 모든 〈MUD〉(글을 쓰는 현재 200여 개가 있다.)는 광적인 학생들이 누군가의 허락 없이 여가 시간을 이용해서 작성한 것이다. 그런데 몇몇 유사 〈MUD〉가 상업용 온라인 서비스에서 많은 추종자를 끌어들이고 있다. 〈페더레이션Federation 2〉, 〈젬스톤Gemstone〉, 이매지네이션사의 〈이셔비우스Yserbius〉와 같은 유사 〈MUD〉는 다중 사용자들이 참여하는 것을 허락하지만 세계를 변화시키는 힘에는 제한을 두고 있다. 제록스 PARC는 회사 컴퓨터 시스템에서 실험적 〈MUD〉를 운용하고 있다. 암호명이 주피터 프로젝트인 이 실험은 상업 공간으로서의 〈MUD〉의 잠재성을 탐험한다. 실험 단계에 있는 스칸디나비아 국가의 한 시스템과 멀티플레이어 네트워크Multiplayer Network라는 신생 회사(〈드라카 왕국〉이라는 이름의 게임을 운영)는 모두 비주얼 〈MUD〉의 원형을 내놓았다고 자랑한다. 수익을 목적으로 운영되는 상업용 〈MUD〉의 탄생이 멀지않은 것으로 보인다.

22세기의 아이들은 1990년대의 닌텐도 게임을 보고 놀라서 물을 것이다. 도대체 단 한 사람만 들어갈 수 있는 시뮬레이션 세계에서 무슨 재미로 게임을 했을까? 그건 세상에 전화기가 딱 한 대뿐이라 누구와도 통화를 할 수 없는 것이나 마찬가지 상황이 아닌가?

그렇다면 〈MUD〉의 미래는 SIMNET의 미래, 〈심시티〉의 미래, 가상 현실의 미래와 한 점에서 수렴한다고 볼 수 있다. 그 혼합물 어딘가에 궁극적 신 게임이 존재할 것이다. 나는 그것이 소수의 선별된 규칙으로 돌아가는 방대한 세계와 비슷할 것이라고 상상한다. 이 세계에는 어마어마한 수의 자율적 존재와 멀리 떨어진 다른 인간 참가자의 시뮬라크라인 다른 존재들이 거주할 것이다. 인물들은 시간에 따라 전개되고 진화할 것이다. 모든 것이 점점 더 얽히고설킬 것이다.

상호 관계가 심원해지고 각 개체들이 변화하며 세계를 형성함에 따라 뚜렷하게 감지할 수 있는 에너지에 힘입어 시뮬레이트된 세계는 더욱 빠르게 돌아갈 것이다. 참가자들—진짜 존재들, 가짜 존재들, 하이퍼리얼 존재들—은 시스템을 시작점과 전혀 다른 게임으로 공진화시켜 나간다. 결국 신 자신이 마법의 고글을 쓰고 복장을 갖추고 자신이 창조한 세계 속으로 걸어 들어갈 것이다.

자신이 창조한 세계 속으로 내려온 신에 대한 이야기는 오래된 주제이다. 스타니스와프 렘Stanislaw Lem은 자신의 세계를 상자 안에 가두어버린 폭군 군주에 대한 걸작 공상 과학 고전을 쓰기도 했다. 그러나 그 주제는 이미 그보다 1000년 앞서 지어진 이야기에서도 등장했다.

모세가 들려주는 이야기에서 천지 창조 여섯째 되는 날, 신은 특별히 열정적 창조성을 분출하며 내리 11시간을 세상을 창조하다가 거의 장난스러운 기분으로 진흙을 치대 새로 만든 세계에서 살아갈 작은 모형을 빚어냈다. 야훼라는 이 신은 단순히 자신의 생각을 입 밖에 냄으로써 우주를 만들어낸, 이루 말할 수 없이 엄청난 내공을 지닌 발명가였다. 그는 다른 모든 발명품들의 경우 그저 머릿속으로 생각하는 것만으로 만들 수 있었으나 이 모형 부분에서는 약간 손을 쓸 필요가 있었다. 이 신의 손길이 닿은 마지막 모형, 어리둥절한 표정으로 눈을 끔뻑거리는, 야훼가 인간이라고 이름붙인 이 피조물은 신이 그 주에 만든 다른 피조물들 이상의 운명을 타고났다.

인간이라는 피조물은 위대한 야훼 자신의 모습을 본떠 만들어졌기 때문이었다. 사이버네틱스의 관점에 따르면 인간은 야훼의 시뮬라크라인 셈이다.

야훼가 창조자인 만큼 그의 모형 역시 야훼의 창조성의 시뮬레이션 세계 속에서 창조 활동을 할 운명을 타고났다. 야훼가 자유의지와 사랑을 지니고 있듯, 야훼의 모습을 거울처럼 비추는 그의 모형 역시 자유의지와 사랑을 갖고 있다. 그리하여 야훼는 자신의 모형에게 자신이 가지고 있는 것과 같은 종류의 진정한 창조력을 선물했다.

자유의지와 창조성은 한계가 없는 무한히 열린 세계를 의미한다. 이 세계에서는 무엇이든 상상할 수 있고 어떤 일도 할 수 있다. 그것은 인간이 만드는 것이 창조적으로 가증스러울 수도 있고 창조적으로 사랑스러울 수도 있다는 것을 의미한다. (비록 야훼는 인간이 의사 결정을 하는 데 도움을 주기 위하여 인간 모형에 휴리스틱스 원리heuristics, 의사 결정, 학습, 발견에 있어 경험에 기반을 둔 기법 – 옮긴이를 프로그램해두었지만.)

이제 야훼 자신이 시간과 공간의 경계를 벗어나고 형태를 초월해 무한한 영역에 걸쳐 존재하게 되었다. 그는 일종의 무한히 뻗어 있는 소프트웨어와 같은 존재이다. 따라서 물질에 구속되고, 범위에 제한이 있으며, 시간에 얽매인 조건 안에서 자신의 형상을 본뜬 모델을 만드는 것은 간단한 일은 아니다. 그 모델은 정의에서부터 불완전할 수밖에 없다.

모세가 떠난 자리에서 이야기는 계속되었다. 야훼가 만든 인간이라는 존재는 창조된 세계에서 1000년을 보내며 탄생, 존재, 변화의 패턴을 익혀왔다. 인간이라는 피조물 중 몇몇 대담한 존재들은 되풀이해서 같은 꿈을 꾸었다. 야훼가 한 것처럼 자기 자신의 모형을 만드는 꿈, 신의 손에서 창조되어 자유롭게 새로움을 창조할 수 있는 시뮬라크라를 만드는 꿈이 바로 그것이다. 마치 야훼가 인간을 만들었듯이.

그리하여 지금까지 야훼의 피조물 중 일부는 자신의 모형 존재를 만들기 위해 땅에서 광물 조각을 파내고 거두어들였다. 야훼와 마찬가지로 그들 역시 자신이 만든 모형에 이름을 붙여주었다. 그러나 바벨탑의 저주를 받은 인간의 창조물들은 여러 갈래로 분기된 길을 걸어가 각기 다른 이름으로 불린다. 오토마톤, 로봇, 골렘, 안드로이드, 호문큘러스, 시뮬라크라 등 ….

지금까지 인간이 만든 시뮬라크라는 다양하다. 어떤 종은, 예컨대 컴퓨터 바이러스와 같은 것들은 육신이 없는 영혼에 가까운 존재이다. 또 다른 시뮬라크라 종들은 다른 존재 영역에 속한다. 가상 세계가 그 존재 영역이다. 그리고 또 다른 종류들, 그러니까 SIMNET 안에서 행군하는 것과 같은 존재들은 현실과 하이퍼리얼리티의 멋진 잡종이다.

나머지 인간 피조물들은 모형을 만드는 자들의 꿈에 당혹감을 느낀다. 일부 호기심 많은 구경꾼들은 환호를 보낸다. 야훼의 유일무이한 창조를 재현하다니 얼마나 멋진가? 어떤 이들은 걱정한다. 그것은 인간의 한계를 벗어나는 일이라는 것이다. 그렇다면 우리만의 시뮬라크라를 만드는 일은 야훼의 천지 창조에 대한 진정한 칭송의 몸짓이자 창조를 완결하는 행위일까? 아니면 어리석기 그지없는 오만함이자 인류의 파멸을 향해 내딛는 첫 걸음일까?

자기 자신의 모형을 만드는 모형을 만드는 일은 신성한 일일까, 신성을 모독하는 일일까?

인간 피조물이 확실히 알고 있는 사실이 하나 있다. 자신의 모형을 만드는 일이 그리 쉬운 일은 아니라는 사실이 그것이다.

인간이 알아야 할 또 하나의 사실은 그들의 모형 역시 완벽하지 않다는 사실이다. 그뿐만 아니라 이 불완전한 창조가 신의 통제 아래 이루어지는 것도 아니다. 창조력 있는 피조물을 창조하는 일에서 성공을 거두기 위해서 창조자는 피조물에게 통제권을 넘겨주어야 한다. 마치 야훼가 인간들에게 통제권을 넘겨주었듯이.

신이 되기 위해서는, 아니면 적어도 창조적인 인간이 되기 위해서는, 우리는 통제권을 버리고 불확실성을 끌어안아야 한다. 절대적 통제는 절대적으로 지루하다. 새로운 것, 예기치 않았던 것, 진정으로 신기한 것을 낳기 위해서는, 그러니까 진정한 놀라움을 맛보기 위해서는 우리는 통치의 권좌를 저 아래 군중들에게 넘겨주어야 한다.

엄청난 모순처럼 들리겠지만 신 역할 놀이에서 이기는 방법은 손에 쥔 것을 놓는 것이다.

14

형태 도서관에서

나는 대학 도서관 3층에 있는 픽션 코너로 가느라 책장에서 잠들어 있는 수십만 권의 책들 사이를 구불구불 지나가야 했다. 이 책들은 누가 읽은 적이 있을까? 책을 보려는 사람이 직접 스위치를 올려 어두침침한 형광등을 켜야만 책을 볼 수 있는 도서관 뒤편 국제문학 코너에서 나는 아르헨티나 작가 호르헤 루이스 보르헤스의 작품을 찾았다.

보르헤스가 쓴 책과 보르헤스에 관한 책이 책장 3개를 가득 채우고 있었다. 보르헤스의 이야기는 초현실적 성격이 강하다. 그의 이야기는 너무나도 완벽하게 구성되어 실제 이야기처럼 보이므로, 문학의 하이퍼리얼리티라고 부를 수 있다. 일부 책은 에스파냐어로 출판되었는데, 그 중에는 전기도 있고, 시로만 채운 책도 있고, 에세이 모음집도 있고, 책장에 있는 다른 책과 똑같은 책도 있고, 그의 에세이 해설서를 해설한 책도 있다.

나는 두꺼운 책, 얇은 책, 호리호리한 책, 아주 큰 책, 낡은 책, 새로 제본한 책 등을 뒤적이며 훑어보았다. 그러다가 충동적으로 낡은 밤색 표지 책을 끄집어내 펼쳐보았다. 그것은 보르헤스가 80대에 한 인터뷰들을 모아 엮은 책이었다. 인터뷰는 영어로 진행되었는데, 보르헤스는 영어를 웬만한 원어민보다도 더 능숙하게 구사했다. 그런데 나는 그 책의 마지막 24페이지가 그의 작품《미로Labyrinths》에 관한 인터뷰라는 사실을 발견하고서 깜짝 놀랐다. 그것은 바로 이 책《통제 불능Out of Control》에 들어 있어야 마땅한데 말이다.

그 인터뷰는 나의 질문으로 시작했다.

나: 저는 책들이 쌓여 미궁처럼 거대한 미로를 이룬 도서관에 대해 쓴 선생님의 에세이 중 한 편을 읽었습니다. 이 도서관에는 가능한 책이 모두 들어 있지요. 이 도서관이 문학적 은유로 탄생했다는 것은 분명하지만, 이제 과학적 사고에 그런 도서관이 나타나고 있습니다. 이 책들의 전당에 대해 그 기원을 설명해주실 수 있습니까?

보르헤스: 그 우주(사람들이 그 도서관을 부르는 이름)는 그 수를 정확히는 알 수 없지만 아마도 무한히 많은 육각형 방들로 이루어져 있고, 방들 사이에는 아주 넓은 환기통이 지나가며, 방 주위는 아주 낮은 난간으로 둘러싸여 있지요. 육각형 방의 각 벽에는 다섯 칸짜리 책장이 있어요. 각 칸에는 똑같은 판형의 책이 35권씩 꽂혀 있어요. 각각의 책은 410페이지로 이루어져 있고, 각 페이지는 글자가 40행으로 채워져 있고, 각 행은 80여 개의 문자가 검은색으로 인쇄되어 있지요.

나: 그 책들에는 어떤 내용이 적혀 있나요?

보르헤스: 제대로 된 문장이 하나 있으면, 무의미한 문장과 뒤죽박죽으로 섞인 단어들과 앞뒤가 맞지 않는 문장은 셀 수도 없이 많지요. 이 도서관에서는 난센스가 정상이에요. 합리적인 것은(심지어 약간의

일관성조차) 거의 기적에 가까운 예외이지요.

나: 그러니까 모든 책에 문자들이 무작위로 실려 있다는 말인가요?

보르헤스: 거의 그런 셈이지요. 제 아버지가 도서관에서 돌아다니다가 1594년에 한 육각형 방에서 본 책은 첫 행부터 마지막 행까지 이탤릭체로 쓴 *MCV*라는 문자들로 채워져 있었어요. 또 다른 책(사람들이 아주 많이 참고하는)은 그저 문자들이 미로처럼 나열된 것이었지만, 뒤에서 두 번째 페이지에 '오 시간, 너의 피라미드들이여Oh time thy pyramids'라는 문장이 적혀 있었어요.

나: 하지만 그 도서관에는 말이 되는 문장들이 적힌 책도 분명히 있겠지요!

보르헤스: 아주 조금 있긴 해요. 500년 전에 위층 육각형 방 담당자가 다른 책들만큼 뒤죽박죽인 책을 보다가 거기서 유형이 비슷한 행들이 거의 두 페이지에 걸쳐 적혀 있는 걸 발견했지요. 그 내용을 해석해보니, 무한히 반복되는 변이의 예를 들어 조합 분석에 관한 개념을 설명한 것이었어요.

나: 그게 다예요? 500년 동안이나 조사한 끝에 말이 되는 문장을 겨우 두 페이지 발견했다고요? 그 두 페이지에서 또 무엇을 알아냈나요?

보르헤스: 그 두 페이지에 적힌 내용을 보고 나서 사서는 그 도서관의 기본 법칙을 발견할 수 있었어요. 사서는 도서관의 책들이 아무리 다양하다 하더라도 모두 똑같은 요소로 이루어져 있다는 사실을 알아챘지요. 그러니까 단어와 단어 사이의 간격과 마침표, 쉼표, 그리고 22자의 알파벳으로 이루어졌다는 사실을요. 그는 또한 여행자들이 확인한 한 가지 사실, 즉 광대한 그 도서관에는 똑같은 책이 하나도 없다는 사실도 지적했어요. 의심의 여지가 없는 이 두 가지 전제로부터 그는 도서관은 완전하며, 그 책장에는 20여 개의 철자 기호로 조

합할 수 있는 책들(엄청나게 많은 수이긴 하지만 무한은 아닌)이 다 있다고 추론했지요.

나: 그러니까 바꿔 말하면, 어떤 언어로 쓴 것이건 쓸 수 있는 책은 모두 다 그 도서관에 있다는(이론적으로는) 이야기군요. 과거에 나온 모든 책과 미래에 나올 모든 책까지도요!

보르헤스: 모든 책이 다 있지요. 세세하게 기록한 미래의 역사, 대천사의 자서전, 그 도서관의 완벽한 도서 목록, 잘못된 도서 목록 수백만 권, 제대로 된 도서 목록의 오류를 지적한 책, 바실리데스Basilides의 영지주의 복음서, 그 복음서의 주석서, 그 주석서의 주석서, 당신의 죽음을 다룬 실제 이야기, 모든 언어로 쓴 모든 책의 번역본, 모든 책의 일부 내용을 개작한 책을 비롯해 온갖 책이 다 있지요.

나: 그렇다면 그 도서관에는 결점이 전혀 없는 완벽한 책들—상상할 수 없을 정도로 아름다운 글과 뛰어난 혜안을 담고 있는 책들—도 있겠군요. 지금까지 누가 쓴 최고의 문학 작품보다 훨씬 나은 책들 말입니다.

보르헤스: 그 도서관에는 어떤 책도 존재할 수 있다고 이야기하는 것만으로 충분하지요. 어느 육각형 방의 한 책장에는 '나머지 모든 책들'을 완벽하게 요약해놓은 공식에 해당하는 책도 있을 것입니다. 나는 미지의 신들에게 어떤 사람—설사 그것이 수천 년 전이고 단 한 사람뿐이라 하더라도—이 그 책을 검토하고 읽었길 기도합니다.

그러고 나서 보르헤스는 쓸모없는 책들을 없애야 한다고 믿었던 불경스러운 사서 집단에 대해 길게 이야기했다. "그들은 육각형 방들에 난입해 증명서(항상 가짜였던 것은 아니지만)를 내보인 뒤, 책 한 권을 뽑아 불만스러운 표정으로 훑어보고는 책장에 있는 모든 책을 폐기했지요."

보르헤스는 내 눈빛에서 호기심을 읽고는 이렇게 말했다.

> 보르헤스: 이 광란에 '보물'이 파괴되지 않을까 우려한 사람들은 두 가지 사실을 간과했어요. 하나는, 도서관이 아주 광대해서 인간이 거기서 책을 약간 파괴하더라도 전체적으로는 표도 나지 않을 정도로 사소한 것에 불과하다는 사실이지요. 그리고 또 하나는, 모든 책은 고유하고 대체 불가능하지만, (도서관은 완전하기 때문에) 철자 하나나 쉼표 하나만 차이가 나는 불완전한 모사본이 항상 수십만 권이나 존재한다는 사실입니다.
>
> 나: 하지만 진본과 모사본은 어떻게 구별할 수 있나요? 그렇게 비슷한 책들이 존재한다면, 내가 지금 손에 들고 있는 이 책과 똑같은 것이 도서관에 존재할 뿐만 아니라, 앞 문장의 단어 하나만 차이가 날 뿐 거의 똑같은 책도 존재할 테니까요. 어쩌면 그 책에서는 그 문장이 '모든 책은 고유하지 않고 대체 불가능하지만'이라고 적혀 있을수도 있지요. 그렇다면 내가 집어든 책이 내가 찾던 바로 그 책이라는 걸 어떻게 알 수 있나요?

아무 대답이 없어 위를 올려다보았더니 나는 괴기스러운 불빛이 비치는 육각형 방 안에서 먼지 쌓인 책장들에 둘러싸여 있었다. 어떤 환상적 논리를 통해 나는 보르헤스 도서관에 서 있었던 것이다. 거기에는 책장의 칸이 모두 20개 있었고 **사실은 육각형 방에서 책장은 네 벽에만 있으므로, 책장의 칸이 20개임.–옮긴이**, 낮은 난간 사이로 위층들과 아래층들이 층층이 멀리까지 뻗어 있고 양 옆에 책들이 쌓인 복도가 미로를 이루며 늘어서 있는 게 보였다.

보르헤스 도서관은 호기심을 끌 뿐만 아니라 아주 경이로웠다. 지금 여러분이 읽고 있는 이 책은 내가 2년 동안 공을 들여 쓴 것인데,

보르헤스를 만난 때는 마감을 1년쯤 남겨둔 시점이었다. 그 시점에서 나는 책을 끝마칠 수도 없었고, 그렇다고 끝마치지 않을 수도 없었다. 하지만 이 딜레마를 일거에 해결할 수 있는 방 안이 바로 이 도서관 어딘가에 있을 것이다. 보르헤스 도서관을 뒤지다보면 내가 쓸 수 있는 모든 책 중에서 가장 훌륭한 책, 즉《통제 불능》이라는 제목이 붙은 책이 어느 책장의 어느 칸에 꽂혀 있을 것이다. 그 책은 이미 누가 써서 편집과 교정까지 거쳤을 것이다. 그 책만 발견한다면, 나는 과연 내가 마칠 수 있을지조차 알 수 없는 책을 고통스럽게 쓰느라 1년을 더 매달릴 필요가 없을 것이다. 그렇다면 도서관을 뒤져볼 가치가 충분히 있다.

그래서 나는 책들로 가득 찬 육각형 방들이 끝없이 늘어선 복도를 뒤지기 시작했다.

다섯 번째 육각형 방을 지난 뒤에 나는 충동적으로 한 책장의 비좁은 위쪽 칸에서 빽빽한 초록색 책을 끄집어냈다. 거기에 적힌 내용은 완전한 혼돈 그 자체였다.

그 옆에 있는 책도, 또 그 옆에 있는 책도 마찬가지였다. 나는 그 육각형 방에서 나와 육각형 방들이 늘어선 그 복도를 반 마일 정도 빨리 걸어가다가 걸음을 멈추고 별 생각 없이 가까이 있는 책장에서 책을 한 권 뽑았다. 그 책 역시 의미 없는 글자들만 가득 나열되어 있었다. 같은 칸에 있는 책들을 살펴보았으나 모두 마찬가지였다. 나는 그 육각형 방에서 다른 곳을 몇 군데 더 살펴보았지만, 더 나은 것은 보이지 않았다. 나는 방향을 이리저리 바꾸며 몇 시간 더 방황하면서 수백 권을 더 살펴보았지만, 모두 무슨 소린지 알 수 없는 글자들만 적혀 있었다. 말도 안 되는 소리들만 적혀 있는 책이 수십억 권이 넘는 것처럼 보였다. 보르헤스의 아버지가 발견한 책처럼 *MCV*라는 글자만 가득 차 있는 책이라도 발견했더라면 흥분을 감추지 못했을 것이다.

하지만 유혹은 쉽게 사라지지 않았다. 나는 케빈 켈리가 쓴《통제 불능》 완성본을 찾기 위해 며칠 혹은 몇 주일을 투자하는 것은 수지맞는 도박이라고 생각했다. 심지어 내가 직접 쓴 것보다 더 나은《통제 불능》을 발견할지도 모르는데, 그런 것을 찾을 수만 있다면 1년을 쏟아붓더라도 아깝지 않다고 생각했다.

나는 빙빙 돌면서 층들을 연결하는 나선 계단 층계참에서 잠시 걸음을 멈추고 앉아서 쉬었다. 그리고 도서관의 설계에 대해 생각해보았다. 내가 앉아 있는 곳에서 환기통 위쪽으로는 9층 위까지, 밑으로는 9층 아래까지, 그리고 벌집 모양의 바닥에서는 여섯 방향으로 1마일 밖까지 보였다. 만약 이 도서관에 존재 가능한 책들이 모두 있다면, 문법 규칙에 맞는(재미있는 것은 제쳐두고라도) 책들은 전체 책들 중 극히 일부에 지나지 않을 것이고, 내가 무작위로 도서관을 뒤지다가 그런 책을 발견할 확률은 기적에 가까울 것이다. 말이 되는 문장이 단 2페이지만 들어 있는 책을 발견하려면 정말로 500년은 족히 걸릴 것이다. 전체적으로 읽을 만한 책을 발견하려면 운이 좋아도 수천 년은 걸릴 것이다.

나는 다른 방법을 써보기로 마음먹었다.

각 책장의 한 칸에 꽂힌 책의 수는 모두 똑같다. 각 육각형 방에 있는 책장의 칸 수도 모두 똑같다. 복도 여기저기에 흩어져 있는 육각형 방들도 그레이프르푸트만 한 전구가 조명을 비추고, 벽장 문 2개와 거울 1개가 달려 있는, 모두 똑같은 구조로 만들어져 있다. 요컨대, 도서관의 구조는 질서정연하다.

만약 도서관이 이렇게 질서정연하다면, 거기에 있는 책들 역시 질서정연하게 배열되어 있을 가능성이 높다. 차이가 조금밖에 나지 않는 책들은 서로 가까이, 차이가 많이 나는 책들은 서로 멀리 떨어져 있는 방식으로 책들이 배열되어 있다면, 존재 가능한 책들이 모두 모여 있는 이 도서관에서 읽을 만한 책이 어디에 있는지 아주 빨리 발견할 방법이 있을 것이다. 이 광대한 도서관에 그런 식의 질서가 있다면, 심지어 나는 아직 원고를 다 쓰지도 않았지만 표지에 내 이름이 박힌 채 완성된《통제 불능》을 만날 가능성도 있다.

나는 가장 가까운 책장에서 책을 한 권 뽑아 읽어봄으로써 노력을 대폭 단축시키는 방법을 쓰기 시작했다. 터무니없는 소리만 적힌 책을 살펴보느라 약 10분을 보냈다. 그러고 나서 거기서 100m쯤 떨어진 일곱 번째 육각형 방으로 걸어가 또 다른 책을 골라 살펴보았다. 방사상으로 여섯 방향으로 뻗어 있는 방들 각각에 대해 모두 그렇게 했다. 여섯 권의 책을 살펴본 뒤, 그 중에서 처음 책에 비해 가장 말이 되는 문장이 포함된 책을 선택했다. 한 책에서 'or bog and'라는 세 단어로 된 문자열을 발견했다. 이게 그나마 가장 나은 문자열이었다. 그러고 나서 이 책을 기준으로 삼아 그 주위의 여섯 방향에 있는 책들을 살펴보는 식으로 탐색을 계속해나갔다. 그렇게 여러 차례 반복하다가 뒤죽박죽으로 섞인 글자들 속에서 구절처럼 보이는 문자열이 '2개' 포함된 책을 발견했다. 기운이 나기 시작했다. 같은 과정을 많이 반복한 끝에 쓰레기 글자들 속에 영어 구절 4개가 숨어 있는 책을 발견했다.

나는 도서관을 더 빨리 탐색하기 위해 마지막으로 발견한 '최선의' 책을 기준으로 아주 넓은 지역을 탐색하는 방법(각각의 방향으로 육각형 방을 약 200개씩 건너뛰면서)을 금방 터득했다. 이런 방법으로 계속해 나가다가 마침내 비록 절들은 페이지들 사이에 어지럽게 흩어져 있어도 제대로 된 구가 많이 포함된 책을 발견했다.

이제 탐색에 쏟아부은 시간이 몇 시간에서 며칠로 변해갔다. '좋은' 책들의 위상수학적 패턴은 내 마음속에서 어떤 이미지를 형성했다. 도서관에서 문법이 완전한 책들은 모두 숨겨진 진앙에 자리잡고 있었다. 그 중심에는 그 책이 있고, 바로 그 주위에는 그 책과 아주 유사한 책들이 꽂힌 칸들이 있다. 각각의 유사한 책은 원본과 비교할 때 구두점에서만 약간 차이가 있을 뿐이다(쉼표가 하나 더 들어 있다거나 마침표가 빠졌다거나 하는 식으로). 이 책들 주위에는 단어 한두 개 차이만 나 완성도가 조금 떨어지는 위작들이 꽂힌 칸들이 빙 둘러싸고 있다. 이 두 번째 고리 주위에는 다시 문장 차원에서 차이가 나 비논리적인 문장이 포함된 책들이 꽂힌 책장들이 더 넓게 빙 둘러싸고 있다.

나는 이러한 문법의 고리들을 산 주위를 빙 두르는 등고선 지도로 상상했다. 이 지도는 논리적 일관성의 지리를 나타낸다. 읽을 수 있는 완벽한 천상의 책은 한 산의 꼭대기에 위치한다. 그 아래에는 그보다 질이 떨어지는 책들이 수없이 놓여 있다. 아래로 내려갈수록 질은 더 떨어지며, 그 둘레는 점점 더 커진다. '유사' 책들로 이루어진 이 산은 난센스의 정도가 서로 구별되지 않는 거대한 평원 위에 우뚝 서 있다.

그렇다면 어떤 책을 찾으려는 노력은 질서의 정상을 향해 기어오르는 일에 해당한다. 내가 계속 위를 향해 올라간다고(더 이치에 닿는 문장을 더 많이 포함한 책들을 향해 계속 나아간다고) 확신할 수 있다면, 나는 언젠가 읽을 만한 책이 있는 정상에 도달할 것이다. 점점 더 질이 나아지는 문법의 등고선을 따라 도서관 안에서 계속 이동하면, 언젠가 문법이 완전히 맞는 책이 있는 육각형 방—정상—에 도달할 것이다.

나는 '비법the Method'이라고 이름 붙인 이 방법을 사용해 며칠을 보낸 끝에 마침내 의미 있는 책을 한 권 발견했다. 보르헤스의 아버지가 의미 있는 문장을 두 페이지 포함한 책을 발견했을 때처럼 정처 없이 배회하는 방법으로는 이런 책을 결코 발견할 수 없었을 것이다. 오직 '비법'만이 이 논리적 일관성의 중심으로 안내할 수 있다. 나는 많은 세대의 사서들이 비체계적인 배회를 통해 발견한 것보다 내가 '비법'을 통해 발견한 게 더 많다는 사실을 되뇌면서 내가 투입한 시간을 정당화했다.

'비법'이 예측하는 것처럼 내가 발견한 책('Hadal'이라는 제목이 붙은)은 유사한 책들의 동심원 고리들로 둘러싸여 있었다. 하지만 문법적으로는 정확했지만 텍스트 자체는 지루하고 평이하고 개성이 없었다. 가장 흥미로운 부분조차 엉망으로 쓴 시처럼 읽혔다. 놀라운 지성을 빛내며 내 마음을 사로잡은 구절은 딱 한 줄뿐이었다. 그것은 "현재는 우리에게 숨겨져 있다"라는 구절이었다.

하지만 《통제 불능》은 발견하지 못했다. 하룻밤을 바쳐 읽을 만한 책조차 발견하지 못했다. 나는 설사 '비법'을 사용한다 하더라도, 그 책을 발견하려면 몇 년은 족히 걸리리란 사실을 깨달았다. 그래서 보르헤스 도서관에서 나와 대학 도서관으로 갔다가 집으로 돌아와 《통제 불능》은 내가 직접 쓰는 게 낫겠다고 결론내렸다.

'비법'은 내 호기심을 자극했고, 잠시 글을 쓰는 작업에서 벗어나 한눈을 팔게 했다. '비법'은 여행가들과 사서들 사이에 널리 알려져 있었을까? 나는 과거에 그것을 발견한 사람들이 있을 가능성에도 대비했다. 대학 도서관(유한하고 작성된 도서 목록이 있는)으로 돌아가서 나는 그 답이 담겨 있는 책을 찾았다. 찾아보기에서 각주로, 각주에서 책으로 왔다 갔다 하길 반복하다가 처음 출발한 지점에서 상당히 먼 곳에 이르렀다. 그리고 거기서 발견한 사실에 나는 깜짝 놀랐다. 진실이라고 믿기 어려운 그 사실은 다음과 같았다. 과학자들은 태곳적부터 우리 세계가 '비법'으로 가득 차 있었다고 생각한다. 그것은 인간이 발명한 게 아니며, 어쩌면 신이 발명했을지 모른다. '비법'은 오늘날 우리가 진화라고 부르는 것과 비슷하다.

이 분석을 받아들인다면, '비법'은 우리 모두가 발견된 방법인 셈이다.

하지만 더욱 놀라운 사실이 있다. 나는 보르헤스 도서관을 상상력이 풍부한 작가의 개인적인 꿈(가상 현실)으로 간주했지만, 그의 작품을 읽을수록 나는 그 도서관이 실재했다는 생각에 점점 큰 흥미를 느꼈다. 나는 음흉한 보르헤스가 이 모든 사실을 알고 있었다고 믿는다. 그것을 소설처럼 쓴 것은 아무도 그의 말을 믿지 않으리라고 생각했기 때문이 아닐까?(혹자는 그의 소설은 이 경이로운 공간에 작가 자신이 접근하려는 시도를 철저히 막기 위한 방법이라고 말한다.)

20년 전에 사서가 아닌 다른 사람들이 인간이 만든 실리콘 회로에서 보르헤스 도서관을 발견했다. 시인이라면 보르헤스 도서관에서 층층이 쌓이고 끝없이 늘어선 육각형 방들과 복도들이 실리콘 컴퓨터 칩에 인쇄한 결정질 전선과 게이트의 복잡한 미로에 해당한다고 상상할 수 있을 것이다. 컴퓨터 칩은 소프트웨어의 마법으로 지시를 정확하게 따르며 돌아가는 보르헤스 도서관을 만들어낸다. 칩은 작동하면서 거기에 딸린 스크린 위에다 보르헤스 도서관에 있는 책이라면 어떤 것이건 그 텍스트를 보여준다. 처음에는 블록 1594에 있는 텍스트를, 그 다음에는 방문한 적이 거의 없는 2CY 구획에 있는 텍스트를 보여주는 식으로. 책들의 페이지는 조금도 지체 없이 스크린 위에 차례로 나타난다. 과거와 현재, 미래의 존재 가능한 책이 모두 있는 보르헤스 도서관을 탐색하려면, 그저 자리에 앉아서 마우스를 클릭하기만 하면 된다(현대적 해결책).

모델, 속도, 설계의 우수성, 컴퓨터의 지리적 위치 등은 보르헤스 도서관에 들어가는 문을 만드는 데 아무런 차이도 빚어내지 않는다. 이 점은 보르헤스 자신도 몰랐는데, 만약 알았다면 그 진가를 인정했을 것이다. 그곳에 가기 위해 어떤 인공 수단을 사용하더라도, 모든 여행자가 정확하게 똑같은 도서관에 도착하기 때문이다. (다시 말해서, 존재 가능한 책이 모두 다 있는 도서관들은 모두 동일하다. 짝퉁 보르헤스 도서관 같은 것은 없는데, 복제한 것들도 모두 원래의 도서관과 똑같기 때문이다.)

1993년에 제작된, 그 당시로서는 최고 성능의 컴퓨터인 커넥션 머신 5호(CM5)는 보르헤스 도서관의 책들을 손쉽게 만들어낼 수 있다. 그런데 CM5는 책이 아닌 복잡한 물건들로 가득 찬 광대하고 신비한 보르헤스 도서관도 만들 수 있다.

CM5를 제작한 싱킹 머신스Thinking Machines에서 일하는 칼 심스Karl Sims는 미술 작품과 그림으로 가득 찬 보르헤스 도서관을 만들었다. 심스는 먼저 커넥션 머신을 위해 특별한 소프트웨어를 만든 뒤에 존재 가능한 그림이 모두 존재하는 우주(다른 사람들이 도서관이라 부르는)를 만들었다. 존재 가능한 책을 만들 수 있는 장비로 존재 가능한 그림도 만들 수 있다. 전자의 경우에 출력되는 결과물이 선의 형태로 프린트되는 문자라면, 후자의 경우에는 화면에 직사각형 모양으로 표시되는 픽셀이다. 심스는 문자 패턴 대신에 픽셀 패턴을 추적한다.

나는 칼 심스를 만나러 매사추세츠주 케임브리지에 있는 싱킹 머신스 건물로 찾아갔다. 어두운 칸막이 방으로 들어가니, 아주 크고 밝은 모니터 두 대가 놓인 심스의 책상이 있었다. 둘 중 더 큰 모니터는 가로 방향으로 5개, 세로 방향으로 4개, 모두 합쳐 20개의 직사각형 행렬로 분할되어 있었다. 그때 각각의 직사각형 창에는 실제 같은 얼룩덜룩한 도넛이 떠 있었다. 20개의 그림은 그 패턴에 조금씩 차이가 있었다.

심스는 마우스로 맨 오른쪽 아래 구석에 있는 직사각형을 클릭했다. 눈 깜짝할 사이에 직사각형 20개 모두가 새로운 얼룩덜룩한 도넛으로 변했는데, 각각의 새 이미지는 맨 오른쪽 아래 구석에 있던 패턴이 조금씩 변한 것이었다. 이렇게 일련의 이미지를 클릭함으로써 심스는 '비법'을 사용해 시각적 패턴의 보르헤스 도서관을 돌아다닐 수 있다. 저장된 하나의 패턴에 도달하기 위해 몸을 움직여 7야드를 (많은 방향으로) 달리는 대신에 심스의 소프트웨어는 7야드 밖에 어떤 패턴이 있을지 논리적으로 계산한다(보르헤스 도서관은 고도의 질서가 있다는 사실이 드러났으므로). 그러고 나서 심스는 새로 발견한 패턴을 화면 위에 그린다. 커넥션 머신은 수천분의 1초 만에 이 일을 해내며, 그와 동시에 마지막으로 선택한 곳에서 20가지 방향에 있는 새로운 패턴들을 생각한다.

이 도서관에서 나타날 수 있는 그림에는 한계가 없다. 이 완전한 우주에는 모든 농담濃淡의 장미와 모든 줄무늬가 포함되어 있고, 또 〈모나리자〉와 〈모나리자〉를 패러디한 모든 작품, 모든 소용돌이 무늬, 펜타곤의 청사진, 반 고흐의 모든 스케치, 영화 〈바람과 함께 사라지다〉의 모든 프레임, 얼룩덜룩한 온갖 종류의 조가비가 다 포함되어 있다. 하지만 이런 것들은 희망 사항일 뿐이다. 이 도서관을 무작정 배회하는 동안 심스가 발견하는 것은 주로 형체를 알 수 없는 얼룩과 줄무늬, 사이키델릭한 색의 소용돌이 같은 것이 대부분이다.

진화로서의 '비법'은 여행을 하는 것이 아니라 번식을 하는 것으로 생각할 수 있다. 심스는 20개의 새 이미지를 원래 부모에게서 태어난 20명의 아이로 묘사한다. 20개의 그림은 자식들처럼 다양하다. 그는 거기서 '가장 나은' 것을 선택한다. 그러면 그것은 즉각 20개의 새로운 변이를 낳는다. 그 중에서 다시 가장 나은 것을 선택하고, 그것은 다시 20개의 새로운 변이를 낳는다. 처음에 단순한 구를 가지고 시작해 이러한 누적 선택을 통해 성당이라는 결과물이 나올 수도 있다.

형태들이 나타나 변이들을 낳고, 선택되고, 가지를 쳐 나가고, 다시 추려지고, 세대가 지남에 따라 점점 더 복잡한 모양으로 변해가는 것을 지켜보고 있노라면, 이성적으로나 감정적으로나 심스가 실제로 이미지들을 번식시킨다는 인상을 떨치기 어렵다. 세대가 지날수록 더 풍부하고 더 엉뚱하고 미학적으로 더 적합한 이미지들이 나타난다. 심스와 동료 계산주의자들은 그것을 인공 진화라 부른다.

그림 번식의 수학적 논리는 비둘기 번식의 수학적 논리와 구별할 수 없다. 두 과정은 개념적으로 동일하다. 비록 우리가 그것을 인공 진화라 부른다 하더라도, 그것은 닥스훈트를 번식하는 것보다 더 인공적이거나 덜 인공적인 요소가 전혀 없다. 두 방법 모두 똑같이 인공적이고(기술 면에서) 자연적이다(자연의 본성에 충실하므로).

심스의 우주에서는 생물계에서 진화를 홱 낚아채와 발가벗긴 상태로 수학에 내던진다. 축축한 살의 자궁에서 훔쳐와 조직과 털이라는 외투가 벗겨진 채 회로에 연결시킨 진화의 필수 핵심은 태어난 것(자연물)의 세계에서 만들어진 것(인공물)의 세계로, 이전의 독점적인 탄소 고리의 영역에서 알고리듬 칩의 실리콘 세계로 옮겨왔다.

충격적인 사실은 진화가 탄소에서 실리콘으로 이동했다는 것이 아니다. 실리콘과 탄소는 사실은 서로 아주 비슷한 원소들이다. 인공 진화에서 충격적인 사실은 그것이 기본적으로 컴퓨터에게는 자연적이라는 사실이다.

열 번의 사이클이 지나기 전에 심스의 인공 번식은 뭔가 '흥미로운' 것을 만들어낸다. 다섯 번만으로도 단순히 혼돈스러운 뒤범벅 상태보다 훨씬 나은 곳에 이를 때가 종종 있다. 심스는 클릭을 통해

한 그림에서 다음 그림으로 넘어가면서 보르헤스가 그랬던 것처럼 '도서관 안에서의 여행'이나 '공간 탐사'에 대해 이야기한다. 그림들은 비록 발견하거나 선택하기 전에는 시각적 형태로 변하지 않지만, '바로 그곳에' 존재한다.

책들로 가득 찬 보르헤스 도서관을 전자 버전으로 바꾼 것도 같은 방식으로 생각할 수 있다. 책의 텍스트는 형태와 독립적으로 추상적으로 존재한다. 각각의 책은 가상의 도서관에서 가상의 책장 어딘가에 정해진 장소에서 잠자고 있다. 어떤 책을 선택하면 신비한 실리콘 칩이 책의 가상 자아에 형태를 불어넣으면서 그 텍스트를 잠에서 깨워 화면에 나타나게 한다. 마법사가 공간상의 어느 장소(질서가 잡힌)로 여행해 그곳에 있어야 하는 특정 책을 잠에서 깨어나게 한다. 모든 좌표에 책이 한 권씩 있고, 모든 책은 하나의 좌표를 갖고 있다. 여행자가 여행을 할 때 하나의 풍경은 존재 가능한 새 장소들로 나아가는 길을 열어주고 그 장소들은 다시 더 많은 풍경으로 연결된다. 이와 마찬가지로 도서관에서는 한 좌표가 자신과 연관이 있는 다음 단계의 좌표를 많이 낳는다. 초보 사서는 순차적으로 껑충껑충 뛰면서 공간을 여행하고, 그 경로는 선택들의 사슬로 이루어진다.

따라서 원래의 텍스트에서 유래한 6개의 텍스트는 6개의 동족이다. 이들은 가족처럼 비슷한 형태와 정보 씨앗을 공유한다. 도서관의 척도에서 볼 때 그 변이들은 자식 계층에 해당한다. 이것들은 다음 세대에 나타난 동족이기 때문에 자식이라고 부를 수 있다. 그 중에서 선택받은 '가장 나은' 한 자식 텍스트는 다음 세대의 부모가 된다. 그리고 거기서 태어난 6개의 손자 변이 중 하나는 그 세대에서 부모가 될 것이다.

보르헤스 도서관에 있을 때, 나는 무의미한 텍스트가 담긴 책에서 시작된 길을 따라 돌아다니면서 읽을 만한 책을 찾아다닌다고 생각했다. 하지만 다른 각도에서 나의 행동을 바라보면, 그것은 무의미한 텍스트가 담긴 책을 생존할 수 있는 책으로 번식시키는 모습으로 보일 것이다. 무질서한 야생화를 많은 세대의 선택 끝에 우아한 장미로 개량하는 것처럼 말이다.

칼 심스는 CM5에서 회색 잡음을 번식시켜 활기찬 식물 이미지로 만든다. 그는 "진화가 만들어낼 수 있는 것에는 한계가 없어요. 그래서 사람의 설계 능력을 능가할 수 있지요."라고 주장한다. 그는 자신이 배회하는 장소가 존재 가능한 모든 식물 형태의 범위 안에 머물도록 하기 위해 광대한 도서관에 줄을 쳐서 구역을 격리하는 방법을 생각해냈다. 이 공간에서 진화하면서 아주 흥미로워 보이는 형태들의 '씨앗'을 복제했다. 그리고 나중에 이렇게 복제해 수집한 씨앗들로 환상적인 3차원 식물 형태들을 만들었으며, 그것들을 살아 움직이게 할 수 있었다. 심스가 재배한 숲에는 거대한 잎이 출렁거리는 양치류, 꼭대기에 크리스마스 공이 장식된 가냘픈 소나무, 집게발 같은 잎이 난 풀, 구불구불한 떡갈나무 등이 자라고 있었다. 결국 이렇게 진화한 기이한 식물들은 그가 만든 〈범종설Panspermia〉이라는 애니메이션을 가득 채웠다. 이 애니메이션에서는 씨앗에서 이국적인 나무들과 기묘하고 거대한 풀들이 자라나, 결국 황량한 행성을 다른 세상의 뿌리 식물들이 가득 찬 정글로 뒤덮는다. 진화한(이제 살아 움직이는) 식물들은 자신들의 씨앗을 만들고, 씨앗들은 식물에 달린 구근 모양의 대포에서 우주 공간으로 발사되어 떠돌다가 다음번의 황량한 세계로 옮겨간다(범종설이 설명하는 과정).

칼 심스는 보르헤스 우주(어떤 사람들은 '도서관'이라 부르는)의 구조를 조사하려고 나선 유일한 탐사자도 아니고 최초의 탐사자도 아니다. 내가 알기로는 합성 보르헤스 세계를 방문한 최초의 사서는 영국 동물학자 리처드 도킨스Richard Dawkins였다. 1985년에 도킨스는

'바이오모프 랜드Biomorph Land'라는 우주를 만들었다. 바이오모프 랜드는 짧은 직선과 가지만을 사용해 만든 존재 가능한 생물 형태들의 공간이다. 그것은 존재 가능한 형태들의 도서관을 최초로 컴퓨터로 만든 것으로, 번식을 통해 가능한 형태들을 탐사하는 것이 가능했다.

바이오모프 랜드는 설계자가 없어도 설계된 대상을 만들 수 있다는 것을 보여주기 위해 만든 교육용 프로그램이었다. 도킨스는 무작위 선택과 목적 없는 배회는 모순이 없는 설계를 결코 만들 수 없는 반면, 누적 선택('비법')은 그럴 수 있다는 것을 시각적으로 보여주려고 했다.

도킨스는 주로 생물학 분야의 연구로 명성이 높지만, 메인프레임 컴퓨터의 프로그램을 만드는 데에도 뛰어나다. 바이오모프 랜드는 아주 정교한 컴퓨터 프로그램이다. 그것은 특정 길이의 막대를 그린 뒤에 마치 성장하는 것과 같은 패턴으로 가지를 추가하고, 가지에 다시 가지를 추가해나간다. 가지들이 어떻게 새로 뻗어나가고, 얼마나 많은 가지가 추가되고, 어떤 길이로 추가되는지 그 값들은 형태마다 제각각 조금씩 다를 수 있다. 도킨스의 프로그램에서 이 값들은 무작위로 '돌연변이'를 일으킨다. 그것이 만들어내는 형태들은 가능한 아홉 가지 변수 중 하나에 일어난 돌연변이만큼 차이가 난다.

도킨스는 인위 선택과 번식을 통해 나무 형태들의 도서관을 횡단하길 원했다. 바이오모프 랜드에서는 형태가 하나의 선으로 태어나는데, 선이 아주 짧아 사실상 점이나 다름없다. 도킨스의 프로그램은 훗날 심스의 프로그램이 그런 것처럼 점에서 자식을 8개 만들어냈다. 점의 자식들은 무작위 돌연변이가 부여한 값에 따라 길이가 각각 달랐다. 컴퓨터는 각각의 자식을 그 부모와 함께 9개의 사각형 화면에 비추었다. 이제 도킨스는 익숙한 선발 육종 방식으로 가장 마음에 드는 형태(개인적 취향이겠지만)를 선택하면서 점점 더 복잡한 변이 형태들을 계속 진화시켰다. 일곱 세대가 지나자, 선 세공 같은 자손들의 세부 구조가 가속적으로 진화했다.

그것은 도킨스가 베이식BASIC으로 프로그램을 만들면서 기대했던 바로 그 결과였다. 만약 운이 좋다면, 놀랍도록 다양하게 가지가 뻗어나간 나무들의 우주를 얻을 수 있을 것이다.

프로그램을 돌린 첫날, 도킨스는 자신의 보르헤스 도서관에서 가장 가까이 있는 책장들을 샅샅이 훑고 다니면서 환희에 찬 시간을 보냈다. 돌연변이를 한 번에 한 단계씩 진행시키면서 예상치 못했던 대, 가지, 줄기의 배열을 만났다. 자연에서 한 번도 나타난 적이 없는 기이한 나무들도 있었다. 이전에 존재한 적이 없는, 선으로 그린 덤불, 풀, 꽃도 나타났다. 도킨스는 《눈먼 시계공The Blind Watchmaker》에서 진화와 도서관의 이중 은유를 되풀이하여 "컴퓨터 모형에서 인위 선택을 통해 새로운 생물을 처음 진화시킬 때에는 그것이 마치 창조적 과정인 듯한 느낌이 든다. 정말로 그렇다. 하지만 우리가 실제로 하는 일은 그 생물을 '발견'하는 것이다. 왜냐하면 수학적 의미에서 볼 때 그것은 이미 바이오모프 랜드의 유전적 공간에서 자신의 자리에 머물러 있기 때문이다."라고 썼다.

시간이 지나자 도킨스는 도서관에서, 나무에서 계속 가지를 뻗어나가는 선들이 되돌아와 다시 자신을 지나가기 시작하는 공간에 들어섰다는 사실을 알아챘다. 그렇게 계속 교차하는 선들이 그 장소를 빽빽하게 채우다가 마침내 엉겨붙어서 고체 덩어리로 변했다. 가지들이 반복적으로 자신에게 되돌아가면서 줄기 대신에 작은 물체가 만들어졌다. 그 물체에서는 계속해서 보조 가지들이 돋아나왔는데, 놀랍게도 그것들은 다리와 날개처럼 보였다. 마침내 도킨스는 도서관에서 곤충들이 살고 있는 구역에 들어섰다(신의 역할을 하는 자신이 그런 나라를 만들려고 의도하지 않았는데도 불구하고!). 거기에서 도킨스는 온갖 종류의 기묘한 벌레와 나비를 보았다.

도킨스는 놀라움을 금할 수 없었다. "프로그램을 만들 때만 해도 나는 그것이 나무 비슷한 형태가 아닌 다른 것으로 진화하리라고는 상상도 못했다. 수양버들이나 포플러, 백향목 같은 것이 나타나리라고 예상했다."

그런데 사방에 곤충들이 널려 있었다. 도킨스는 너무나도 흥분한 나머지 그날 저녁 식사마저 걸렀다. 전갈, 물거미, 심지어 개구리처럼 보이는 놀랍도록 복잡한 생물들을 발견하느라 더 많은 시간을 보냈다. 나중에 그는 이렇게 말했다. "나는 너무 흥분해 거의 열병이 난 상태에 빠졌다. 내가 만든 세계를 탐사하면서 느낀 그 환희는 이루 말로 옮길 수가 없다. 그동안 생물학자로 보낸 경력에서도, 컴퓨터 프로그램을 만들면서 보낸 20년 동안의 세월에서도, 심지어 나의 기발한 꿈 속에서도, 화면에 실제로 나타난 것과 필적할 만한 것은 본 적이 없었다."

그날 밤, 도킨스는 잠을 자지 않았다. 우주의 범위를 탐사하고 싶은 열망에 사로잡혀 계속 탐사를 해나갔다. 단순하다고 생각한 이 세계에는 또 어떤 놀라운 것들이 숨어 있을까? 그러다가 마침내 새벽녘이 되어서야 잠이 들었는데, 꿈 속에서 '자신이 만든' 곤충 이미지들이 떼를 지어 나타났다.

그 다음 몇 달 동안 도킨스는 바이오모프 랜드의 오지를 탐사하면서 식물이 아닌 물체와 추상적 형태를 찾으려고 했다. 그러면서 마주친 형태들의 짧은 명단에는 '요정새우, 아스테카 왕국의 신전, 고딕 교회의 창문, 원주민이 그린 캥거루 그림' 등이 포함되어 있었다.

도킨스는 남는 시간을 최대한 활용해 진화 방법으로 마침내 많은 알파벳 문자가 있는 장소를 찾아냈다. (이 문자들은 그려진 것이 아니라,

번식을 통해 눈에 보이는 형태로 나타났다.) 그의 목표는 추상적 형태들로 가득 찬 자신의 도서관에서 자기 이름 철자를 이루는 문자를 모두 발견하는 것이었지만, 그런대로 괜찮은 D나 멋진 K는 결코 찾을 수 없었다. (내 사무실 벽에는 멋진 D와 K를 포함해 살아 있는 나비 날개에서 어른거리는 형태로 발견된 알파벳 문자 26개와 숫자 10개가 있는 포스터가 걸려 있다. 이 문자들은 진화한 것이긴 하지만, '비법'을 통해 발견한 것은 아니다. 사진작가 셸 산베드Kjell Sandved는 36개의 기호를 수집하느라 나비 날개를 100만 개 이상 조사했다고 말했다.)

도킨스는 탐사에 나섰다. 나중에 그는 이렇게 썼다. "플레이어에게 지하 미로를 배회한다는 착각을 하게 만드는 컴퓨터 게임들이 출시되어 있다. 지하 미로는 복잡하지만 분명한 지리가 있고, 플레이어는 거기에서 용과 미노타우루스를 비롯해 신화에 나오는 적들을 만난다. 이 게임들에 나오는 괴물들은 그 수가 다소 적은 편이다. 괴물들은 모두 인간 프로그래머가 설계한 것이고, 미로의 지리 역시 마찬가지이다. 그러나 컴퓨터 버전이든 현실이든 진화 게임에서는 플레이어(혹은 관찰자)는 가지를 뻗어나가는 길들의 미로 속에서 은유적으로 배회하는 느낌을 똑같이 받지만, 가능한 경로의 수는 거의 무한대이고, 도중에 마주치는 괴물들은 설계된 것이 아니며, 예측할 수 없는 것들이다."

무엇보다 마술적인 것은 이 공간에 나타나는 괴물들은 한 번 보고 나면 사라진다는 점이다. 초기 버전의 바이오모프 랜드는 모든 바이오모프의 좌표를 저장하는 기능이 없었다. 형태들은 도서관의 책장에서 깨어나 화면 위에 나타났지만, 컴퓨터를 끄면 자신의 수학적 위치로 돌아갔다. 그것을 다시 만날 확률은 무한소에 가까웠다.

곤충 구역에 처음 도착했을 때, 도킨스는 한 번 만난 것을 다시 발견하기 위해 하나를 꼭 저장하고 싶었다. 그래서 그 그림을 출력했고, 그와 함께 거기에 이르기까지 도중에 진화시킨 그 조상 형태 28개의 그림도 모두 출력했지만, 그 당시 그의 원형 프로그램으로는 그 형태를 재현하는 데 필요한 숫자들을 저장할 수 없었다. 그날 밤 컴퓨터를 끄는 순간, 초상화에 담긴 그 영혼의 희미한 조각을 제외하고는 곤충 바이오모프들은 모두 사라지고 만다는 사실을 도킨스는 잘 알고 있었다. 언젠가 똑같은 형태를 다시 진화시킬 수 있을까? 그는 전원을 껐다. 최소한 그것들이 자신의 도서관 어딘가에 존재했다는 증거는 있었다. 그것들이 그곳에 존재한다는 느낌은 그의 마음속에서 사라지지 않았다.

출발점과 재현하고자 하는 특정 곤충에 이르는 28개의 '화석' 순서를 모두 알고 있음에도 불구하고, 그 바이오모프는 손에 잡히지 않았다. 심스도 좌표를 저장하는 프로그램을 만들기 전에 자신의 CM5로 고리가 많은 끈들이 현란하게 빛나는 이미지—잭슨 폴록의 그림을 연상시키는—를 번식시킨 적이 있는데, 그 역시 기념으로 그것을 촬영해 슬라이드로 가지고 있긴 하지만, 그 이미지를 재발견하지는 못했다.

보르헤스 공간은 아주 광대하다. 이 공간에서 의도적으로 한 점의 위치를 다시 찾아내는 것은 한번 둔 체스 게임을 다시 똑같이 재현하는 것만큼 어렵다. 어느 순간에 선택을 하는 과정에서 거의 알아채기 힘들 만큼의 사소한 오류로도, 목표 지점에서 수 km 벗어난 장소로 갈 수 있다. 바이오모프 랜드 공간에서는 형태들의 복잡성, 각 시점에서 선택의 복잡성, 그 차이들의 미묘함 때문에 진화한 형태들은 모두 처음이자 마지막으로 만나는 것이 되고 만다.

아마도 보르헤스 도서관에는 《미로》라는 책이 있을 것이고, 거기에는 다음과 같은 놀라운 이야기(대학 도서관 책장에서 찾은 《미로》라는 책에는 들어 있지 않은)가 들어 있을 것이다. 이 책에서 호르헤 루이스

보르헤스는 존재 가능한 모든 책들의 우주를 여행한 아버지가 혼란스러울 정도로 광대한 이 우주에서 의미가 통하는 책을 발견한 이야기를 들려준다. 그 책은 차례를 포함해 410페이지가 모두 두 문장의 회문回文, 바로 읽으나 거꾸로 읽으나 똑같은 어구나 문장—옮긴이으로 가득 차 있었다. 처음 33개의 회문은 수수께끼이면서 심오한 의미를 포함하고 있었다. 아버지가 읽은 것은 그게 다였는데, 예기치 않게 지하실에서 불이 나는 바람에 그 구역에서 일하던 사서들이 모두 대피해야 했기 때문이다. 사서들은 비교적 질서 있게 탈출했지만, 그 어수선한 분위기 속에서 아버지는 그만 그 책의 위치를 잊어버리고 말았다. 그 사실을 부끄럽게 여겨 사람들은 회문 책의 존재에 대해 도서관 밖에서는 일절 언급하지 않았다. 여덟 세대 동안 전직 사서들로 이루어진 비밀 결사가 정기적으로 만나 광대한 도서관 어딘가에서 그 책을 다시 발견하기 위해 옛 여행자가 걸어간 길을 체계적 방법으로 다시 찾아내려고 노력했다. 하지만 그들이 그 성배를 찾을 가망은 거의 없다.

그러한 보르헤스 공간이 얼마나 넓은지 입증하기 위해 도킨스는 자신이 바이오모프 랜드를 배회하다가 우연히 마주친 술잔 이미지를 다시 번식시키는(혹은 우연히 발견하는) 사람에게 상금을 내걸었다. 도킨스는 그 목표물을 성배라는 뜻으로 '홀리 그레일Holy Grail'이라 불렀다. 그것은 아주 은밀한 곳에 꽁꽁 숨어 있을 것이라고 확신했기 때문에 성배에 이르는 유전자를 맨 먼저 제시하는 사람에게 1000달러를 주겠다고 제안했다. 도킨스는 "내 돈을 건 것은 아무도 그것을 발견하지 못하리라는 자신감이 있어서였죠."라고 말했다. 하지만 놀랍게도 1년이 지나기 전에 캘리포니아주의 소프트웨어 엔지니어인 토머스 리드Thomas Reed가 그 술잔을 찾아냈다. 이것은 잃어버린 회문 책을 발견하기 위해 보르헤스의 아버지가 걸어간 길을 다시 찾아내거나 보르헤스 도서관에서 《통제 불능》을 찾아내는 묘기와 비슷하다.

하지만 바이오모프 랜드에는 도움을 주는 단서가 있다. 그 기원에는 생물학자인 도킨스의 직업적 관심이 반영되어 있기 때문에, 바이오모프 랜드는 진화의 원리와 함께 생물학적 원리를 바탕으로 만들어졌다. 바이오모프가 지닌 2차적인 생물학적 속성 덕분에 리드는 성배를 찾을 수 있었다.

도킨스는 실제적인 생물 우주를 만들려면 형태의 가능성을 생물학적 속성을 지닌 것으로 제한해야 한다고 생각했다. 그렇게 하지 않으면, 가능한 형태의 수가 너무 많아 번식시켜야 할 생물 형태를 충분히 많이 발견할 기회—심지어 누적 선택 방법을 사용한다 하더라도—가 그것에 비해 턱없이 모자랄 것이다. 그는 실제로 살아 있는 생물의 발생 과정은 변이 가능성을 제약한다고 생각했다. 예를 들면, 대부분의 생물은 좌우 대칭의 속성을 지닌다. 도킨스는 좌우 대칭을 모든 바이오모프의 기본 속성으로 삼음으로써 도서관의 전체 크기를 줄였고, 거기서 어떤 바이오모프를 찾는 일을 훨씬 쉽게 만들었다. 그는 이 축소를 '제한된 발생학'이라고 불렀다. 그리고 제한된 발생학을 설계하되, '생물학적으로 흥미로운 방향으로' 설계하는 것을 자신의 과제로 삼았다.

도킨스는 내게 "맨 처음부터 내가 원하는 발생 과정은 반복적이어야 한다는 강한 신념을 갖고 있었어요. 그 직관은 실제 생물의 발생 과정을 반복적인 것으로 생각할 수 있다는 사실에 일부 근거를 두었지요."라고 말했다. 도킨스가 말한 반복적 발생은 단순한 규칙(그 결과에 다시 작용하는 규칙을 포함해)의 계속적인 반복을 통해 최종 형태의 복잡성을 대부분 얻을 수 있다는 것을 뜻한다. 예를 들면, 하나의 막대를 출발점으로 삼아 '한 단위만큼 성장한 뒤에 둘로 가지를 친다'라는 반복적인 규칙을 매 세대마다 계속 적용하면, 다섯 번의 반복 뒤에는 덤불처럼 많은 가지를 뻗은 물체가 만들어진다.

또 도킨스는 도서관에 유전자와 신체 개념을 도입했다. 그는 문자열(책에 나오는)이 생물 유전자와 직접적으로 유사하다고 보았다. (생화학의 공식 표기에서도 유전자를 문자열로 나타낸다.) 유전자는 신체 조직을 만들어낸다. "하지만 생물 유전자는 신체를 이루는 작은 조각들을 제어하지 않아요. 신체의 작은 조각들을 제어하는 것은 화면에 나타나는 픽셀을 제어하는 것에 해당하지요. 대신에 유전자는 성장 규칙―발생 과정―을 제어하거나 바이오모프 랜드에서는 그림을 그리는 알고리듬을 제어합니다." 따라서 숫자열이나 문자열은 공식을 나타내는 유전자 가닥(염색체) 역할을 하며, 이미지(신체)를 픽셀로 그려낸다.

이렇게 간접적 방법으로 형태를 만든 결과는 도서관에서 거의 모든 무작위적 장소―즉 거의 모든 유전자―에서 일관성 있는 생물 형태가 만들어지는 것으로 나타났다. 유전자가 픽셀 대신에 알고리듬을 제어하도록 함으로써 도킨스는 자신의 우주에 일관성 있는 문법을 도입했고, 그것은 터무니없는 형태가 나타나는 것을 예방했다. 아무리 심한 돌연변이가 일어나더라도, 납작한 회색 덩어리가 나타나지는 않는다. 보르헤스 도서관에도 똑같은 변형 규칙을 도입할 수 있다. 도서관에서 각 책장 칸의 위치가 가능한 문자들의 배열을 나타내는 대신에 가능한 '단어들', 심지어는 가능한 '문장들'의 배열을 나타내도록 할 수 있다. 그러면 여러분이 뽑아든 책은 모두 최소한 어느 정도는 읽을 만한 책이 될 것이다. 이러한 단어열 공간은 문자열 공간에 비해 훨씬 작지만, 도킨스가 지적한 것처럼 더 흥미로운 방향으로 제한되어 있기 때문에 여기서는 의미가 통하는 문장이 들어 있는 책을 만날 가능성이 훨씬 높다.

도킨스가 생물학적 방식—각각의 돌연변이가 어느 정도 체계적인 방식으로 많은 픽셀에 영향을 미치는—으로 행동하는 유전자를 도입한 것은 바이오모프 도서관을 기능적 형태들로 정제함으로써 도서관의 크기를 줄였을 뿐만 아니라, 인간 육종가에게 형태를 발견하는 대안을 제공했다. 바이오모프 유전자 공간에서는 아주 작은 변화만 일어나더라도 그것은 크게 증폭되어 그래픽 이미지에 눈에 쉽게 띄고 '신뢰할 수 있는' 변화를 만들어낸다.

이것은 성배를 찾아나선 프리랜스 기사 토머스 리드에게 두 번째 번식 방법을 제공했다. 리드는 개개의 유전자를 변형시키면 모양이 어떻게 바뀌는지 알아내기 위해 부모 형태의 유전자를 반복적으로 변형시키면서 그 유전자들이 만들어내는 형태에서 시각적 변화를 관찰했다. 이런 방법으로 그는 유전자 다이얼을 만지작거리면서 다양한 바이오모프 형태를 향해 나아갈 수 있었다. 도킨스는 자신의 프로그램에서 이런 방법을 비유적 표현으로 '유전공학'이라고 불렀다. 현실 세계에서와 마찬가지로, 유전공학은 거기서도 신비로운 힘을 발휘한다.

결국 도킨스는 최초의 인공 생명 유전공학자에게 1000달러를 잃었다. 리드는 직장에서 점심 시간을 이용해 노력한 끝에 도킨스의 프로그램에서 성배를 찾았다. 도킨스가 도전 과제를 내건 지 6개월 뒤에 리드는 이미지들을 번식시키는 방법과 그 유전자들을 유전공학적으로 변형시키는 방법을 결합하여 잃어버린 보물에 가까이 다가갔다. 번식은 빨리 그리고 대략적으로 브레인스토밍하는 방법이고, 공학은 미세 조정과 제어를 하는 방법이다. 리드는 성배를 찾는 데 약 40시간이 걸렸다고 추정하는데, 그 중 38시간을 공학에 사용했다. 그는 "번식만으로는 결코 그것을 찾을 수 없었을 거예요."라고 말했다. 성배에 가까이 다가갔을 때, 마지막 픽셀을 조금 움직이려고 하면 나머지 모든 픽셀이 함께 움직이는 일이 일어났다. 이 때문에 마지막 단계만 남겨놓은 상태에서 그 하나의 픽셀을 처리하느라 많은 시간을 보냈다.

그 후에 일어난 우연의 일치에 도킨스는 정말로 크게 놀랐는데, 리드가 성배를 발견한 지 불과 몇 주일 뒤에 두 사람이 각자 독자적으로 정확한 유전자를 발견했다. 두 사람도 천문학적으로 광대한 가능성의 공간에서 성배의 위치를 정확하게 찾아냈는데, 번식 방법만 사용한 게 아니라, 주로 유전공학을 사용했으며, 한 사람은 역공학까지 사용했다.

도킨스의 컴퓨터를 이용한 번식 개념을 처음 수용한 사람들이 미술가였던 이유는 분명 바이오모프 랜드의 시각적 속성 때문일 것이다. 맨 처음 받아들인 미술가는 동료 영국인인 윌리엄 래섬William Latham이었고, 나중에 보스턴의 칼 심스가 인공 진화를 더 발전시켰다.

1980년대 초반에 윌리엄 래섬이 전시한 작품들은 뭔지 알 수 없는 외계 장치의 부품 카탈로그처럼 보였다. 래섬은 종이로 만든 벽 위쪽 가운데에 원뿔 같은 단순한 형태를 그리고, 나머지 공간을 갈수록 더 복잡해지는 원뿔 형태들로 채웠다. 각각의 새로운 형태는 래섬이 고안한 규칙에 따라 만들어졌다. 한 형태에서 변형된 그 자손은 가느다란 선으로 연결되어 있었다. 종종 하나의 형태에서 여러 개의 변형이 갈라져나왔다. 이 거대한 종이들의 밑바닥에 이르면, 원뿔 형태는 화려하게 장식된 각뿔과 아르데코풍의 둔덕으로 변형되었다. **아르데코art-deco는 1920년대~1930년대를 대표하는 미술 양식이다. 기계와는 어울리지 않게 예쁘게 장식하는 것을 중요시하던 아르누보와는 달리 기계 및 공업과 타협하여 직선미와**

실용미 등을 강조한 것이 특징이다.-옮긴이 이 그림의 논리적 구조는 가계도이지만, 교차 결혼이 많이 포함되어 있었다. 전체 면은 빈틈없이 꽉 차 네트워크나 회로처럼 보였다.

래섬은 형태들의 변이를 만들어내고 특정 자손을 선택하면서 발전시켜 나가는 '규칙을 기반으로 한 이 강박적 과정'을 '폼신스FormSynth'라고 불렀다. 래섬은 처음에는 폼신스를, 가능한 조각 작품에 대한 아이디어를 브레인스토밍하는 도구로 사용했다. 자신의 스케치 지도에서 특별히 마음에 드는 형태를 선택한 뒤, 나무나 플라스틱으로 정교한 형태를 조각했다. 래섬의 한 갤러리 카탈로그에는 소박해 보이는 검은색 조각상이 실려 있는데, 아프리카인의 가면과 비슷해 보이는 이 작품은 래섬이 폼신스를 사용해 만든(혹은 발견한) 것이다. 하지만 조각을 하는 일은 시간을 많이 잡아먹고 어떤 의미에서는 불필요한 일이므로 래섬은 그 작업을 그만두었다. 가장 흥미를 느낀 것은 광대한 미지의 영역인 가능한 형태들의 도서관이었다. 그는 "하나의 조각 작품을 만들던 것에서 수백만 개의 조각 작품을 만드는 것으로 초점을 옮겼는데, 각각의 작품은 다시 수백만 개의 조각 작품을 낳아요. 이제 나의 미술 연구는 '조각 작품들의 전체 진화 계통수'가 된 것이지요."라고 말했다.

1980년대 후반에 미국에서 눈부신 3-D 컴퓨터 그래픽스가 크게 발전한 데에서 영감을 얻은 래섬은 컴퓨터 작업을 자신의 형태 생성을 자동화하는 방법으로 채택했다. 그래서 영국 햄프셔주의 IBM 연구소에서 일하던 프로그래머들과 손을 잡았다. 그들은 3-D 모델링 프로그램을 변형시켜 돌연변이 형태들을 만들었다. 약 1년 동안 래섬은 손으로 자판을 두들기거나 자신의 형태 생성 프로그램에서 유전자 값을 편집하면서 놀랍도록 복잡한, 가능한 형태들의 계통수를 만들었다. 한 형태의 코드를 손으로 변형시킴으로써 그 공간을 무작위로 탐사할 수 있었다. 이렇게 수작업으로 진행한 탐사를 래섬은 절제된 표현으로 그냥 '힘든' 작업이었다고 말했다.

1986년에 새로 발표된 바이오모프 프로그램을 접한 뒤, 래섬은 도킨스의 진화 엔진의 심장을 자신의 3차원 형태의 정교한 피부와 결합했다. 이 결합에서 진화 미술 프로그램이라는 개념이 탄생했다. 래섬은 자신의 방법을 '돌연변이 유발 장치the Mutator'라고 불렀다. 돌연변이 유발 장치는 도킨스의 돌연변이 엔진과 거의 동일한 기능을 발휘했다. 그 프로그램은 현재의 형태를 가지고 각자 약간씩 차이가 나는 자식들을 만들었다. 하지만 래섬의 형태들은 막대 모양 대신에 살과 신체 감각이 있었다. 이것들은 3차원 공간에서 우리의 의식으로 튀어나오는데, 그림자도 함께 딸려 있다. 성능이 좋은 IBM 그래픽스 컴퓨터는 눈을 떼기 힘든 짐승들을 만들어낸다. 미술가는 그 중에서 가장 훌륭한 3차원 자손을 선택한다. 그 최선의 형태가 다음 세대의 부모가 되어 다른 돌연변이체들을 낳는다. 많은 세대가 지나면 미술가는 진정한 보르헤스 도서관에서 완전히 새로운 3차원 신체를 진화시킬 수 있다. 아주 광대한 공간을 자랑하던 바이오모프 랜드도 래섬의 공간의 부분집합에 불과하다.

도킨스와 비슷하게 래섬도 "내 소프트웨어가 그렇게 다양한 조각 형태들을 만들리라고는 기대하지 않았습니다. 이 방법으로 만들 수 있는 형태의 다양성에는 한계가 없는 것처럼 보여요."라고 말한다. 상상하기 힘들 정도로 자세한 구조를 가진 래섬의 형태들에는 정교하게 엮어 짠 광주리, 얼룩덜룩하고 거대한 알, 이중 버섯처럼 생긴 것, 다른 행성에서 온 듯한 가지뿔, 호리병박, 환상적인 극미 동물, 펑크 스타일의 불가사리, 우주에서 온 팔이 많이 달린 시바 신(래섬이 '돌연변이 Y1'이라 부른) 등이 포함되어 있다.

래섬은 자신이 만든 형태들의 컬렉션을 '초자연적인 환희의 정원'

이라 부른다. 래섬은 지구 생명체의 모티프를 모방하려고 하는 대신에 지구 생명체보다 '훨씬 더 야생적인' 대체 생명체의 형태를 추구한다. 그는 어느 카운티의 박람회에 갔다가 인공 수정 텐트에서 거대한 돌연변이 슈퍼황소와 몇몇 '쓸모없는' 기형 생물 사진을 본 일을 기억하는데, 그 기묘한 형태들에서 영감을 얻었다고 한다.

프린트한 그림들은 마치 달의 진공 상태에서 찍은 사진처럼 초현실적으로 명료하다. 모든 형태는 놀라운 생물의 느낌을 풍긴다. 이것들은 자연을 복제한 것이 아니라, 지구에 존재하지 않는 자연 형태들이다. 래섬은 "기계는 나의 상상력을 뛰어넘어 내가 접근할 수 없었던 형태들을 탐구할 수 있는 자유를 주었어요."라고 말한다.

보르헤스 도서관의 으슥한 구석에서는 우아한 가지뿔들이 놓인 선반과 좌선형 달팽이 껍데기들이 놓인 선반, 줄지어 늘어선 작은 꽃나무들, 무당벌레들이 담긴 상자들이 자연이건 미술가이건 최초의 방문객을 기다린다. 아직까지는 자연도 미술가도 그곳에 도달한 적이 없다. 이것들은 아무도 생각하거나 보거나 구체화하는 데 성공하지 못한 채 그저 가능한 형태로만 남아 있다. 우리가 아는 한, 거기에 도달할 수 있는 방법은 진화뿐이다.

도서관에는 과거에 살았던 모든 생물 형태와 미래에 나타날 모든 생물 형태, 그리고 심지어 다른 행성들에 사는 모든 생물 형태가 있다. 우리는 본능적인 선입견 때문에 이 대체 생물 형태들을 자세하게 떠올리지 못한다. 우리의 마음은 금방 우리가 알고 있는 자연적인 형태들로 되돌아가고 만다. 우리는 그런 형태를 잠깐은 생각할 수 있지만, 매우 엉뚱한 환상의 세부를 더 자세하게 채워넣길 주저한다. 하지만 진화는 우리만의 힘으로는 갈 수 없는 곳으로 우리를 데려가는 야생마와 같은 역할을 한다. 익숙하지 않은 이 거친 여행에서 우리는 기묘한 신체들이 마지막 털 한 올까지 완전하게 상상된(우리가 상상한 것은 아니지만) 모습으로 가득 널린 장소에 도착한다.

CM5의 미술가인 칼 심스는 내게 "나는 두 가지 이유 때문에 진화를 사용합니다. 하나는 내가 결코 생각할 수 없거나 다른 방법으로는 발견할 수 없는 것들을 번식시키기 위해서예요. 또 하나는 내가 생각은 할 수 있어도 그림으로 그릴 시간이 전혀 없는 것을 상세한 모습으로 만들기 위해서입니다."라고 말했다.

심스와 래섬은 둘 다 도서관에서 단절된 곳들을 만났다. 심스는 "진화 공간에서는 어떤 종류의 물체들이 나타날지 짐작하는 감이 발달하게 됩니다."라고 주장한다. 그는 또 만족스러운 성과를 얻으면서 진화를 진행시키다가—눈에 띄는 진전을 보이면서 잘 나아가다가—갑자기 벽이 나타나 진전이 정체 상태에 빠지는 순간이 있다고 말한다. 아무리 과감한 선택을 해도 정체 상태에 접어든 형태는 자신이 빠진 홈에서 '움직일' 기미를 전혀 보이지 않았다. 많은 세대가 지나도 그 후손은 전혀 개선되지 않을 것처럼 보였다. 그것은 마치 넓은 사막 분지에 갇혀, 흥미로운 봉우리들이 저 멀리 가물거리는 가운데 한 발 내디딘 걸음이 다음 걸음과 아무 차이가 없는 것처럼 보이는 상황과 같았다.

바이오모프 랜드에서 잃어버린 성배를 찾아나섰던 토머스 리드에게도 종종 뒤로 물러나야 할 때가 있었다. 성배에 가까이 다가갔지만 목표 지점에 결코 도달할 수 없는 경우가 있었기 때문이다. 그는 긴 추적 과정에서 중간 형태들을 종종 저장했다. 한번은 막다른 골목에서 벗어나기 위해 수백 단계를 후퇴해 여섯 번째로 보관한 형태로 돌아갔던 적도 있다.

래섬은 자신의 공간을 탐사할 때에도 비슷한 경험을 했다고 보고했다. 그는 가끔 자신이 불안정성 영역이라고 이름 붙인 곳으로 들어갔다. 가능한 형태들이 존재하는 일부 지역에서는 유전자에 상당한 변화가 있어도 형태에는 사소한 변화밖에 나타나지 않았다. 심스의 정체 분지. 형태를 단 1인치 이동시키려면 유전자를 몇 마일이나 변화시키며 돌아다녀야 했다. 반면에 다른 지역에서는 유전자에 사소한 변화만 있어도 형태에 큰 변화가 나타났다. 전자의 경우에는 래섬이 공간에서 나아가는 속도는 꽁꽁 얼어붙은 것처럼 느렸고, 후자의 경우에는 쏜살같이 도서관을 가로지르며 나아갔다.

가능한 형태의 목표 지점을 그냥 지나쳐가는 것을 피하고, 발견 속도를 빠르게 하기 위해 래섬은 탐사를 하면서 의도적으로 돌연변이 손잡이를 돌렸다. 처음에는 돌연변이 속도를 높이 설정하여 공간에서 빠른 속도로 이동했다. 형태들이 더 흥미로워지자 돌연변이 속도를 늦춰 각각의 세대를 좀 더 잘게 쪼개면서 숨겨진 형태를 향해 천천히 나아갔다. 심스는 자신의 시스템이 비슷한 묘기를 자동으로 수행하게 만들었다. 진화시키는 이미지가 더 복잡해질수록 소프트웨어가 돌연변이 속도를 늦춰 최종 형태에 연착륙하게 했다. 심스는 "그렇게 하지 않으면, 어떤 이미지를 미세 조정하려고 할 때 건잡을 수 없는 상태에 빠질 수 있어요."라고 말한다.

이 개척자들은 도서관을 여행하는 데 활용할 수 있는 비법을 두 가지 더 개발했다. 가장 중요한 것은 섹스이다. 도킨스의 바이오모프 랜드는 번식력이 풍부한 땅이지만 금욕적이어서 섹스라는 말조차 찾아볼 수 없다. 바이오모프 랜드에서 모든 변이는 하나의 부모로부터 무성 돌연변이를 통해 나타난다. 이와는 대조적으로 심스와 래섬의 세계는 섹스를 통해 추진된다. 개척자들이 깨달은 중요한 교훈 한 가지는 진화계에서는 얼마든지 다양한 방법으로 섹스를 할 수 있다는 사실이었다!

물론 정통 기독교적 방법도 있는데, 두 부모에게서 유전자를 절반씩 물려받는 방식이다. 하지만 이 단순한 짝짓기 방식조차 할 수 있는 방법이 여러 가지 있다. 도서관에서 번식은 두 권의 책을 선택해 그 텍스트를 합쳐 자식 책을 만드는 것과 비슷하다. 자식은 두 종류가 생길 수 있는데, 중간 형태의 책과 아웃사이더 형태의 책이다. 중간 형태의 자식은 어머니와 아버지 사이의 어느 위치를 물려받는다. 도서관에서 책 A와 책 B를 연결하는 직선 경로가 있다고 상상해보라. 도서관에서 어떤 자식(책 C)은 그 가상의 직선 위 어딘가에서 발견된다. 만약 어머니와 아버지에게서 유전자를 정확하게 절반씩 물려받은 중간 형태의 자식이라면, 그 직선에서 정확하게 한가운데 지점에 위치할 것이다. 혹은 어머니에게서 10%, 아버지에게서 90%를 물려받는 등 다른 비율로 유전자를 물려받은 중간 형태의 자식도 존재할 수 있다. 또한 책 A와 책 B에서 각 장들을 교대로 물려받을 수도 있다. 즉 어머니와 아버지에게서 유전자를 일정 부분씩 덩어리로 물려받을 수 있다. 이 방법은 서로 연결될 수 있는 유전자들을 유지하여 '좋은 형질'을 축적할 가능성이 더 높다.

중간 형태의 자식을 생각할 수 있는 또 한 가지 방법은 동물 A가 동물 B로 변한다고 상상하는 것이다. A에서 B로 변하는 과정에서 나타나는 동물은 모두 그 쌍 사이에서 존재 가능한 자식들이다.

아웃사이더 자식은 어머니와 아버지를 잇는 모프morph들의 선 밖에 있는 위치를 물려받는다. 이것은 사자와 뱀 사이의 어느 중간 위치에 있는 것이 아니라, 사자의 머리에 뱀의 꼬리와 갈라진 혀를 자랑하는 키메라이다. 키메라를 만드는 방법은 여러 가지가 있는데, 기본적인 방법은 어머니나 아버지가 가진 형질들이 무작위로 섞인 솥에서 한 벌의 유전자들을 건져내는 것이다. 아웃사이더 자식은 훨씬 거칠고 예상을 벗어나며 제어하기 어렵다.

하지만 진화계에서 일어날 수 있는 기묘한 일은 이게 다가 아니다. 짝짓기는 변태적으로 일어날 수도 있다. 래섬은 자신의 시스템에서 복혼을 시험하고 있다. 짝짓기가 두 부모 사이에서만 일어나야 한다고 제한할 필요가 있을까? 래섬은 자신의 시스템에서 부모를 다섯까지 선택할 수 있도록 만들고, 각각의 부모에게 유전력을 서로 다르게 부여했다. 그래서 그는 한 세대의 자식 형태들에게 다음번에는 A와 아주 비슷한 것, B와 거의 똑같은 것, C와 아주 비슷한 것, D와 다소 비슷한 것, E와 약간 비슷한 것을 달라고 말한다. 그러고 나서 그것들을 모두 결혼시키면, 그것들은 함께 다음 세대의 자식들을 만들어낸다. 래섬은 음의 값도 부여할 수 있다. 그러니까 어떤 것과 같지 '않은' 속성을 부여할 수 있다. 이것은 사실상 반反부모를 만들어내는 셈이다. 반부모가 복혼 방식으로 짝짓기를 하면, 자신과 가장 '닮지 않은' 속성을 가진 자식이 태어난다.

자연생물학(적어도 우리가 아는 것)에서 점점 더 멀어지면서 래섬은 돌연변이 유발 장치를 위해 프로그램을 하나 만들었는데, 이것은 육종가가 도서관에서 나아가는 길을 따라가는 것이었다. 돌연변이 유발 장치는 특정 번식 경로에서 계속 살아남는 유전자를 육종가가 좋아하는 유전자라고 가정한다. 그래서 그런 유전자를 우성으로 만든다. 반면에 돌연변이 유발 장치는 계속 변하는 유전자는 육종가가 '실험적'이고 불만족스러운 것으로 여긴다고 해석하여 모든 짝짓기에서 그것을 열성으로 만듦으로써 그 영향력을 줄인다.

미래의 경로를 예상하기 위해 진화를 추적한다는 생각은 아주 매력적이다. 심스와 래섬은 둘 다 육종가가 형태 공간에서 나아가는 길을 분석할 수 있는 인공 지능 모듈을 꿈꾸었다. 인공 지능 프로그램은 선택들에서 공통 요소를 추론한 뒤, 도서관에서 아주 깊숙한 곳까지 나아가 그러한 형질을 포함한 형태를 복원하려 할 것이다.

심스는 자신의 인공 진화 우주를 일반 대중용 버전으로 만들어 파리의 퐁피두센터와 오스트리아 린츠의 아르스엘렉트로니카센터에 설치했다. 긴 갤러리 공간 한가운데에 자리잡은 커넥션 머신이 단위에서 웅웅거리고 있었다. 새카만 정육면체가 깜빡이는 빨간색 조명으로 뒤덮여 있었는데, 기계가 생각할 때마다 깜빡이는 속도가 빨라졌다. 슈퍼컴퓨터는 호 모양으로 배열된 대형 모니터 20개에 두꺼운 케이블로 연결되어 있었다. 각각의 컬러 화면 앞에 하나씩 놓인 풋패드footpad들은 초승달 모양으로 늘어서 있었다. 미술관을 둘러보려는 사람은 한 풋패드(스위치를 덮고 있는)를 밟음으로써 늘어선 이미지들 중에서 특정 이미지를 선택할 수 있다.

나는 린츠에서 CM2의 이미지들을 번식할 기회를 얻었다. 맨 먼저 나는 정원에 자란 양귀비들처럼 보이는 것을 선택했다. 그러자 심스의 프로그램은 즉각 그 꽃들의 자식 20개를 만들어냈다. 두 화면은 의미 없는 회색 형태로 가득 찼고, 나머지 18개의 화면에는 새로운 '꽃들'이 나타났는데, 어떤 것은 산산이 부서진 모습이었고, 어떤 것은 부모와 색이 달랐다. 매번 시도할 때마다 나는 이미지에 꽃의 속성을 얼마나 더 많이 집어넣을 수 있는지 보려고 노력했다. 나는 구슬땀을 흘리며 이 풋패드에서 저 풋패드로 발을 빨리 옮겼다. 그러한 육체적 노동은 정원 일—형태들을 가꾸어 현실의 존재로 나타나게 하는—을 하는 것처럼 느껴졌다. 나는 계속 더 우아한 꽃의 패턴들을 진화시켜 나갔는데, 나중에 다른 방문객이 야한 형광색 격자 무늬 쪽으로 방향을 바꾸었다. 나는 기하학적 정물화, 환각을 불러일으키는 풍경, 외계적인 질감, 괴기스러운 로고 등 시스템이 드러내 보여주는 아름다운 이미지들의 다양성을 넋을 잃고 바라보았다. 우아하고 화려한 색의 합성물이 차례로 화면에 나타났다가 선택받지 못하면 그대로 사라져갔다.

심스의 설치물은 하루 종일 그리고 매일 번식을 했는데, 국제 미술관을 방문한 군중의 기호에 맞춰 그 진화 경로가 구불구불 바뀌면서 진화해갔다. 커넥션 머신은 모든 선택과 그 선택에 이르기까지 거쳤던 모든 선택을 기록했다. 심스는 이제 사람들(최소한 미술관에 온 사람들)이 아름답거나 흥미롭게 느끼는 것이 무엇인지 알려주는 데이터베이스를 얻었다. 그는 그렇게 풍부한 데이터로부터 이 불분명한 속성들을 추출할 수 있으며, 장차 도서관의 다른 지역에서 번식을 할 때 선택 기준으로 사용할 수 있다고 믿는다.

혹은 우리는 선택 기준을 통합할 방법이 전혀 없다는 사실에 크게 놀랄지도 모른다. '고도로 진화한 형태는 모두 아름다울지도' 모른다. 사람마다 개인적 선호가 있지만, 우리는 모든 생물에서 아름다움을 발견한다. 전체적으로 볼 때, 제왕나비는 그 숙주인 밀크위드의 꼬투리보다 더 놀랍거나 덜 놀랍지 않다. 편견을 버리고 바라보면, 기생 동물은 아름답다. 나는 자연의 아름다움은 진화를 통해, 그리고 형태는 생물학적으로 하나의 전체로서 작용해야 한다는 중요한 사실을 통해, 그런 상태에 도달하는 과정 자체에 있는 게 아닌가 생각한다.

그럼에도 불구하고, 선택된 형태와 그것을 둘러싼 얼룩덜룩한 회색 잡음을 구별하는 요소가 있다. 선택된 형태와 무작위적 형태를 비교해보면 아름다움에 대해 많은 것을 알 수 있을지 모르며, 심지어 '복잡성'이 무엇을 뜻하는지 짐작하는 데 도움을 얻을지도 모른다.

러시아의 프로그래머인 블라디미르 포힐코Vladimir Pokhilko는 내게 아름다움만을 위해 진화하는 것은 그것만으로도 충분한 목표가 될 수 있다고 강조했다. 포힐코는 동료인 알렉세이 파지트노프Alexey Pajitnov(중독성이 높은 것으로 유명한 컴퓨터 게임인 〈테트리스〉를 발명한 사

람)와 함께 가상 수족관의 어류를 번식시키는 선택 프로그램을 만들었다. 포힐코는 그 게임의 초기 연구를 할 때 내게 이렇게 말했다. "처음 시작할 때 우리는 컴퓨터를 대단히 실용적인 것을 만드는 데 사용하려 하지 않고, 아주 아름다운 것을 만드는 데 사용하려고 했어요." 포힐코와 파지트노프는 진화 세계를 만드는 길로 나선 것이 아니었다. "우리의 출발점은 일본의 전통적인 꽃꽂이 기술인 이케바나生花였어요. 우리는 일종의 컴퓨터 이케바나를 만들려고 했지요. 하지만 살아 있고 움직이는 것을 원했어요. 그리고 다시는 자신을 반복하지 않는 것을요. 그 컴퓨터 화면은 수족관처럼 보이기 때문에, 우리는 원하는 대로 변화시킬 수 있는 수족관을 만들기로 결정했지요."

사용자는 수족관을 형형색색의 물고기들과 나풀거리는 해초들을 적절하게 배합해 채움으로써 예술가가 된다. 사용자는 상당히 다양한 생물이 필요할 것이다. 수족관 관리자에게 스스로 자신의 생물들을 번식시키도록 하는 게 어떨까? 그렇게 해서 〈엘피시El-Fish〉가 탄생했고, 그와 동시에 두 사람은 자신들이 진화 게임에 발을 들여놓았다는 사실을 알아챘다.

〈엘피시〉는 프로그램의 괴물이 되었다. 이것은 대부분 모스크바에서 만들어졌다. 똑똑한 미국 사업가가 일자리를 구하지 못한 한 러시아 대학의 수학과 인력 전체를 미국인 해커 한 명의 인건비로 고용할 수 있던 시절의 이야기이다. 도킨스나 래섬, 심스를 전혀 모르는 러시아인 프로그래머가 최대 50명까지 동원되어 〈엘피시〉를 위한 프로그램을 만들었고, 그러면서 컴퓨터를 이용한 진화의 위력과 방법을 재발견했다.

미국의 소프트웨어 제작 회사인 맥시스가 1993년에 출시한 〈엘피시〉 상용 버전은 래섬이 대형 IBM 컴퓨터로, 그리고 심스가 커넥션 머신으로 했던 화려한 시각적 번식을 개인용 소형 데스크탑 컴퓨터에서 할 수 있도록 압축시킨 것이었다.

각각의 〈엘피시〉는 유전자를 56개 갖고 있는데, 이 유전자들은 800개의 매개변수(아주 거대한 도서관에 해당하는)를 정의한다. 형형색색의 물고기들은 가상 수중 세계에서 실제 물고기와 똑같이 지느러미를 움직이면서 방향을 바꾸고 현실감 넘치게 헤엄친다. 그러면서 해초(역시 프로그램이 번식시킨) 줄기 사이로 지나다닌다. 물고기들은 끝없이 이리 갔다 저리 갔다 헤엄쳐 다닌다. 먹이를 주면 떼를 지어 몰려든다. 이 물고기들은 결코 죽지 않는다. 열 걸음 떨어진 위치에서 〈엘피시〉 수조를 처음 보았을 때, 나는 실제 수조를 촬영한 비디오인 줄 알았다.

정말로 재미있는 부분은 물고기의 번식이다. 나는 가상의 〈엘피시〉 바다 지도에 무작위로 그물을 던져 기이하게 생긴 부모 물고기 한 쌍을 잡는 것으로 게임을 시작했다. 장소에 따라 각각 다른 물고기가 살고 있다. 바다는 사실상 도서관이다. 나는 두 마리를 건져올려 보관했다. 노란색 바탕에 초록색 점들이 있고 등지느러미가 가늘며 위턱이 아래턱보다 더 튀어나온 뚱뚱한 물고기(엄마 물고기)와 어뢰처럼 길쭉한 작은 몸에 등지느러미가 중국의 정크선 돛처럼 생긴 물고기(아빠 물고기)였다. 나는 각각 한 마리의 물고기로 진화를 시킬 수도 있었다. 즉 뚱뚱한 노란색 물고기나 작은 파란색 물고기로 무성 생식을 통해 새로운 물고기로 돌연변이를 일으킬 수도 있었다. 혹은 두 물고기를 짝짓기시켜 거기서 태어난 자식 물고기들 중에서 선택을 할 수도 있었다. 나는 유성 생식을 선택했다.

다른 인공 진화에서와 마찬가지로 변이를 일으킨 10여 마리의 자식이 화면에 나타났다. 손잡이를 이리저리 밀면서 돌연변이 속도를 조절할 수 있었다. 나는 지느러미에 마음이 끌렸다. 큰 지느러미를 가진 놈을 선택해 세대가 지날 때마다 점점 더 화려하고 튼튼한 지느러미를 갖도록 만들어나갔다. 그렇게 하여 위, 아래, 옆, 사방이 모두 지느러미로 둘러싸인 것 같은 물고기를 얻었다. 나는 그것을 인큐베이터에서 꺼내 살아 움직이게 한 뒤에 수족관에 집어넣었다. (살아 움직이게 하는 애니메이션 절차는 컴퓨터에 따라 몇 분 또는 몇 시간이 걸릴 수 있다.) 점점 더 기묘한 지느러미를 가진 물고기를 진화시키면서 많은 세대가 지난 뒤에 마침내 너무나도 괴상해서 더 이상 번식시킬 수 없는 물고기가 탄생했다. 이것이 바로 〈엘피시〉 프로그램이 물고기를 물고기 상태로 유지하는 방법이다. 나는 도서관의 바깥쪽 경계 지점에 도달했는데, 그 너머에 있는 형태들은 물고기처럼 보이지 않는다. 〈엘피시〉는 물고기가 아닌 동물을 만들지 않으며, 비정통적인 물고기를 살아 움직이게 하지도 않는데, 괴물을 움직이게 하는 것은 너무 어렵기 때문이다. (동물의 움직임을 그럴듯하게 보이도록 하기 위해 코드는 표준적인 물고기의 비율을 바탕으로 만들어졌다.) 사용자가 그러한 물고기의 경계가 어디인지 알아내는 것과 경계에 도달한 상태에서 어떻게 하면 물고기가 아닌 상태로 만들 수 있는지 찾아내는 것도 게임의 일부이다.

완전한 물고기를 저장하려면 디스크 메모리를 너무 많이 잡아먹기 때문에, 물고기의 유전자만 저장한다. 이 미소한 양의 유전자 씨앗을 '곤이'라 부른다. 곤이는 완전히 성장한 물고기보다 250배나 작은 메모리를 차지한다. 〈엘피시〉 마니아들은 선택한 물고기의 곤이를 모뎀선을 통해 서로 교환하거나 디지털 공공 도서관에 저장한다.

〈엘피시〉를 시험하는 일을 맡은 맥시스의 한 프로그래머는 물고기 도서관의 외부 경계를 탐사하는 흥미로운 방법을 발견했다. 표본 물고기의 풀을 번식시키거나 낚시를 하는 대신에 자기 이름(Roger) 텍스트를 한 곤이에 집어넣었다. 거기서 검은색의 짧은 올챙이가 생겨났다. 얼마 지나지 않아 사무실에 있던 모든 사람들의 〈엘피시〉 수족관에 올챙이가 한 마리씩 생겨났다. 로저는 또 어떤 것을 곤이로 변형시킬 수 있을지 궁금했다. 게티즈버그 연설문 디지털 텍스트를 가지고 시험하면서 그 문자들을 창백한 얼굴에 변형된 박쥐 날개를 길게 끄는 유령 같은 동물로 성장시켰다. 익살스러운 사람들이 그것을 '게티피시Gettyfish'라고 불렀다. 여러 가지를 가지고 시험을 하다가 그들은 어떤 종류건 약 2000비트의 문자열이면 물고기를 만드는 곤이로 사용할 수 있다는 사실을 발견했다. 〈엘피시〉 프로젝트 책임자는 유행하던 이 놀이에 뛰어들어 자기 부서의 예산 스프레드시트를 입력함으로써 물고기 머리뼈에 송곳니가 박힌 아가리와 용의 몸통을 가진 으스스한 동물을 만들어냈다.

품종 개량은 전에는 정원사의 전유물에 속하는 기술이었지만, 이제 화가와 음악가, 발명가도 얼마든지 할 수 있는 일이 되었다. 래섬은 현대 미술의 다음 단계로 진화주의가 나타날 것이라고 예측한다. 진화주의에서는 빌려온 개념인 돌연변이와 유성 생식이 미술을 낳는다. 미술가 심스는 컴퓨터 그래픽스 모형을 위한 질감을 그리거나 만드는 대신에 진화시킨다. 그는 자신이 제작하는 비디오에서 벽을 색칠하는 데 쓰기 위해 나무 비슷한 패턴들의 지역으로 나아가 오톨도톨하고 곳곳에 옹이가 박힌 소나무 재질의 질감을 진화시킨다.

이제 포토샵이 깔린 매킨토시에서도 이것을 할 수 있다. 독일의 카이 크라우제Kai Krause가 만든 텍스처 뮤테이터Texture Mutato, 질감 돌연변이 유발 장치 – 옮긴이를 사용하면 보통 컴퓨터로도 각 세대마다 자식을 8개씩 선택하면서 질감을 번식시킬 수 있다.

진화주의는 미술가의 도구를 설계할 때 분석적 제어 능력을 확대하는 쪽으로 나아가던 현대의 추세를 거꾸로 되돌린다. 진화의 목적은 더 주관적('가장 미적인 것의 생존')이고, 제어에 덜 의존하며, 꿈이

나 트랜스 상태에서 만들어진 미술과 더 밀접한 관련이 있고, 더 발견적이다.

진화주의 미술가는 작품을 두 번 창조한다. 먼저 미술가는 아름다움을 창조하기 위한 세계나 시스템을 만듦으로써 신의 역할을 한다. 그 다음에는 이렇게 만들어진 세계의 정원사와 큐레이터가 되어 자신이 선택해 키운 작품을 해석하고 보여준다. 어떤 창조물을 만들어 낸다기보다 그것을 탄생시키고 키우는 아버지 역할을 한다.

아직까지는 무작위적 또는 원시적인 출발점에서 시작하는 미술가는 탐사 진화의 도구에 제약을 받는다. 진화주의에서 일어날 다음 단계의 발전은 사람이 설계한 패턴에서 시작하여 거기서 마음대로 번식하는 것이다. 이상적으로는 작업(혹은 획기적인 변형)이 필요한 화려한 색의 로고나 라벨을 선택해 거기서 점진적으로 진화를 시키고 싶을 것이다.

그러한 상업적 소프트웨어의 윤곽은 상당히 명확하다. 〈심시티〉의 개발자이자 맥시스의 창설자, 〈엘피시〉의 바탕을 이루는 혁신적 소프트웨어의 개발자인 윌 라이트는 그러한 상업적 소프트웨어에 심지어 '다윈드로DarwinDraw'라는 재즈풍의 이름까지 붙였다. 다윈드로를 사용하면 새로운 기업 로고를 스케치할 수 있다. 여러분이 만드는 이미지의 모든 직선과 곡선, 점, 붓자국은 수학 함수로 만들어진다. 작업이 끝나면, 화면에는 로고가, 컴퓨터에는 돌연변이를 일으킬 수 있는 함수들이 생긴다. 이제 여러분은 로고를 번식시킨다. 그러면 그것은 여러분이 생각할 수 없었던 기이한 디자인으로 진화하며, 시간이 없어 채워넣을 수 없었던 세부 형태까지 생겨난다. 여러분은 처음에는 그저 브레인스토밍을 위해 무작위로 이리저리 돌아다닌다. 그러다가 특이하고 놀라운 배열을 향해 곧장 나아간다. 여러분은 돌연변이 속도를 늦추고, 복혼과 반부모를 사용해 미세 조정하면서 최종 버전의 완성을 향해 나아간다. 그리고 십자 모양으로 교차한 두 줄 평행선과 금줄 세공까지 곁들여 아주 자세하게 진화한 예술 작품을 탄생시킨다. 아마 두 눈으로 보고도 믿기 힘들 것이다. 이 이미지는 알고리듬을 바탕으로 만들어진 것이기 때문에 해상도가 무한대이다. 얼마든지 확대하더라도, 예상하지 못했던 세부가 나타날 수 있다. 그것을 프린트해보라!

진화주의의 이 힘을 보여주기 위해 심스는 CM5 로고를 스캐닝해 출발 이미지로 사용함으로써 '개선된' CM5 로고를 번식시켰다. 그것은 현재의 삭막한 모습 대신에 문자 가장자리 주위에 주름 장식 같은 유기적인 선들이 달려 있었다. 사무실 동료들은 진화한 작품이 아주 마음에 들어 그걸로 티셔츠를 만들기로 했다. 심스는 "나는 사실은 넥타이를 진화시키고 싶어요."라고 말했다. 그러면서 "직물 패턴이나 벽지 디자인, 활자체를 진화시키는 건 어떨까요?"라고 제안했다.

IBM은 미술가 윌리엄 래섬의 진화 실험을 지원했는데, 거기에 상업적 잠재력이 있다고 느꼈기 때문이다. 래섬에 따르면, 심스의 진화 기계는 '더 들쑥날쑥하고 제어가 덜 되는 문법'인 반면, 래섬의 진화 기계는 제어가 더 잘 되고 엔지니어들에게 유용하다. IBM은 래섬이 개발한 진화 도구를 자동차 설계자들에게 넘겨주어 그걸로 자동차 차체 모양에 돌연변이를 일으키게 한다. 그들이 답을 얻으려고 애쓰는 한 가지 질문은 진화 설계 기술이 처음의 아이디어 단계에 더 유용한가 아니면 더 나중인 미세 조정 단계에 더 유용한가, 아니면 둘 다에 유용한가 하는 것이다. IBM은 이걸로 큰 수익을 창출할 수 있는 프로젝트를 만들길 원한다. 응용 분야는 자동차뿐만이 아니다. 그들은 많은 매개변수를 수반하는 모든 종류의 설계 문제에 활용할 수 있는 진화 '조종' 도구를 상상하는데, 그런 문제를 해결하려면 저장되어 있는 이전의 해결책을 다시 참고할 필요가 있다. 래섬은 외부 매개변수(용기의 크기와 모양)는 확고하게 고정되어 있지만, 공간 내부에서 일어나는 일은 선택의 폭이 넓은 포장 디자인에서 진화가 뿌리내리는 장면을 상상한다. 여기서 진화는 다양한 단계의 세부를 만들어낼 수 있는데, 인간 미술가는 그렇게 할 시간과 에너지와 돈이 없다. 진화를 활용한 산업 디자인의 또 한 가지 이점은, 래섬이 나중에야 깨달은 것이지만, 위원회 방식의 디자인에 아주 적합하다는 점이다. 참여하는 사람들이 많을수록 디자인의 질이 더 우수해진다.

인공 진화로 탄생한 창조물의 저작권 지위는 법적으로 불확실한 상태에 놓여 있다. 저작권은 그 창조물을 번식시킨 미술가에게 있을까, 아니면 그 프로그램을 만든 미술가에게 있을까? 장래에 변호사들은 그 작품이 복제한 것이거나 도서관을 만든 사람 덕분에 얻은 것이 아니라 자신이 만든 것임을 입증할 증거로, 진화시킨 창조물에 도달할 때까지 미술가가 거친 진화 경로 기록을 요구할지 모른다. 도킨스가 보여주었듯이, 정말로 아주 큰 도서관에서는 어떤 패턴을 다시 발견하는 게 불가능하다. 특정 지점에 이르는 진화 경로를 소유한다는 것은 그 미술가가 그 목적지를 독창적으로 발견했다는 사실을 이론의 여지 없이 뒷받침하는 증거가 된다. 벼락이 같은 장소에 두 번 떨어지지 않는다는 말이 있듯이, 진화는 같은 생물을 두 번 만들지 않기 때문이다.

결국 번식을 통해 유용한 창조물을 만들어내는 것은 그것을 창조하는 것만큼 기적적인 일이다. 도킨스가 "탐사 공간이 충분히 크다면, 효과적인 탐사 절차는 진정한 창조성과 구별할 수 없게 된다."라고 한 말도 바로 이 점을 강조한 것이다. 존재 가능한 책이 모두 다 있는 도서관에서 어떤 책을 찾아내는 것은 그 책을 쓰는 행위와 맞먹는다.

이러한 정서는 컴퓨터 시대가 도래하기 오래 전인 수백 년 전 사람들도 이미 공유하고 있었다.

드니 디드로Denis Diderot는 1755년에 다음과 같이 썼다.

> 책의 수는 앞으로 계속 점점 더 많아질 텐데, 그렇다면 언젠가 책에서 무엇을 배우는 것이 우주 전체를 직접 연구해서 배우는 것만큼 어려운 때가 오리라고 예상할 수 있다. 무한히 많이 제본된 책들 틈에 숨어 있는 어떤 진리를 찾으려고 하는 것은 자연에 숨어 있는 그것을 직접 찾는 것에 비해 그다지 편리하지 않을 것이다.

《재귀적 우주The Recursive Universe》의 저자인 윌리엄 파운드스톤은 거대한 보르헤스 지식 도서관을 탐사하는 일이 거대한 보르헤스 자연 도서관을 직접 탐사하는 것만큼 힘들다는 사실을 설명하기 위해 멋진 비유를 들었다. 그는 가능한 비디오가 모두 다 있는 도서관을 상상해보라고 한다. 모든 보르헤스 공간과 마찬가지로 이 도서관에 있는 비디오들은 대부분 잡음과 무작위적 음영으로 가득 차 있다. 전형적인 비디오는 두 시간 동안 지지직거리고 깜빡이는 장면으로 채워져 있을 것이다. 볼 만한 비디오를 찾는 작업에서 가장 큰 문제는 어떤 제목(이름)이나 어떤 종류의 기호도 임의의 비디오테이프를 대표하지 못한다는 데 있다. 보르헤스 도서관에 있는 것들은 대부분 그 작품 자체보다 더 짧은 것으로 축약할 수 없다. (이 축약 불가능성은 현재 무작위성의 정의이다.) 따라서 제목으로는 비디오의 내용을 알 수 없고, 원하는 비디오테이프를 찾으려면 그것들을 직접 보아야 한다. 모든 비디오테이프를 살펴보는 데 필요한 정보와 시간과 에너지는 여러분이 원하는 비디오테이프(그 비디오테이프가 무엇이건 간에)를 만드는 데 필요한 정보와 시간과 에너지를 능가한다.

진화는 이 난제를 해결하는 방법으로는 느려터진 방법이지만, 우리가 지능이라고 부르는 것은 난제 해결을 향해 나아가게 해주는 하나의 터널(지름길)이다. 만약 내가 도서관에서 내 책《통제 불능》을 찾는 일에 특별히 뛰어난 재주가 있었더라면, 몇 시간 만에 도서관의 책장들 사이에서 중요한 방향을 알아냈을 것이다. 예컨대 말이 되는 문장들이 포함된 책은 일반적으로 내가 마지막으로 보았던 책의 왼편에 있다는 사실을 눈치챘을지 모른다. 왼쪽으로 곧장 수 km를 나아감으로써 많은 세대에 걸친 느린 진화를 앞지를 수 있었을 것이다. 도서관의 구조를 터득하여 말이 되는 문장들이 들어 있는 책이 숨어 있는 곳을 예측함으로써 무작위적 추측과 느려터진 진화를 모두 앞지를 수 있었을 것이다. 나는 진화와 도서관의 고유한 질서를 알아챔으로써《통제 불능》을 발견할 수 있었을 것이다.

인간의 마음을 연구하는 사람들은 사고는 뇌에서 개념들이 일종의 진화를 하는 것이라고 강하게 주장한다. 이 주장에 따르면, 창조된 것은 모두 진화한 것이다. 지금 이 글을 쓰는 나도 이 주장에 동의하지 않을 수 없다. 나는 마음속에서 생겨난 어떤 문장을 가지고 이 책을 쓰기 시작한 것이 아니라, 임의로 선택한 구절인 'I am'으로 시작했다. 그러고 나서 무의식 속에서 아주 빠르게 그 다음에 올 수많은 단어들을 평가했다. 그리고 미학적으로 적절해 보이는 'sealed'라는 단어를 선택했다. 'I am sealed'를 생각한 뒤에는 가능한 10만 개의 단어 중에서 그 다음에 올 단어를 생각했다. 선택된 각각의 단어는 다음의 선택들을 낳았으며, 나는 그것들을 가지고 진화를 해나가 단어들로 문장을 만들었다. 문장이 끝날 무렵에 이르면, 내 선택은 시작할 때 이미 선택한 단어들에 다소 구속을 받았는데, 따라서 학습은 번식을 더 빨리 진행하는 데 도움을 주었다.

하지만 다음 문장의 첫 번째 단어는 어떤 단어여도 상관없었다. 이 책의 끝부분은 거기서 15만 번의 선택을 거친 거리만큼 떨어져 있어 은하계 끝처럼 아득해 보였고 실제로 존재할 것 같지 않았다. 모든 책은 사실 있을 법하지 않은 책이다. 지금까지 써지거나 앞으로 써질 세상의 모든 책들 중에서 예컨대 앞의 두 문장이 연이어 나오는 책은 오직 이 책뿐일 것이다.

이제 나는 책에서 중간쯤에 와 있기 때문에, 아직도 텍스트를 계속 진화시키고 있다. 이 장에서 내가 다음에 쓸 단어들은 어떤 것들이 될까? 정말로 나는 모른다. 앞 문장과 연관지어 논리적으로 따라야 할 제약을 고려한다 하더라도, 그 가능성은 수십만 가지나 될 것이다. 여러분은 이 문장이 그 다음 문장이 될 것이라고 생각했는가? 나는 생각하지 못했다. 하지만 이것이 바로 그 문장 끝에서 내가 발견한 문장이다.

나는 이 책을 발견하면서 책을 쓴다. 내 책상 위에서 그것을 진화시키면서 보르헤스 도서관에서 그것을 발견했다. 한 단어, 한 단어를 지나면서 나는 보르헤스 도서관을 여행한다. 나는 머릿속에서 일어나는 학습과 진화의 기묘한 결합을 통해 내 책을 발견했다. 그것은 52427 구역 일곱 번째 육각형 방에 있는 한 책장의 가운데 부분에서 눈 높이 칸에 꽂혀 있었다. 그 책이 내 책인지 아니면 내 책과 거의 흡사한 책(여기저기서 한 단락씩 다르거나 심지어 중요한 사실이 일부 누락되어)에 불과한 것인지 누가 알겠는가?

이 책의 운명이 어떻게 되건 상관없이, 나는 이 긴 탐사 여정을 통해 오직 나만이 이 책을 발견할 수 있었다는 사실에서 큰 만족을 얻는다.

15

인공 진화

토머스 레이Thomas Ray가 자신의 컴퓨터에 손으로 만든 작은 생물을 처음 풀어놓았을 때, 그것은 아주 빠른 속도로 번식하면서 수백 마리로 불어나 사용 가능한 메모리 공간을 모두 차지해버렸다. 레이가 만든 생물은 일종의 실험적인 컴퓨터 바이러스였다. 그것은 위험하지는 않았는데, 그 버그는 그의 컴퓨터 밖에서는 복제하지 못했기 때문이다. 그것을 만든 이유는 제한된 세계에서 그것을 서로 경쟁시키면 어떤 일이 일어날지 보기 위해서였다.

레이는 최초의 조상 바이러스에서 생겨난 수천 마리의 클론 중에서 약 10%는 작은 변이가 일어나면서 복제해가도록 자기 우주를 설계했다. 맨 처음 만든 생물의 이름은 '80'이었는데, 80바이트의 코드로 이루어졌기 때문이다. 많은 80은 무작위로 코드가 약간 바뀌면서 79바이트나 81바이트의 생물로 변했다. 이 새로운 돌연변이 바이러스 중 일부는 곧 레이의 가상 세계를 지배했다. 그러는 한편으로 이들은 계속 돌연변이를 일으키면서 새로운 변종으로 변해갔다. 원래 생물인 80은 새로운 '생물'이 압도적으로 늘어남에 따라 거의 멸종 직전에 이르렀다. 하지만 완전히 사라지지는 않았고, 79, 51, 45가 나타나 전성기를 누리고 나서 한참 지난 뒤에 80은 다시 그 수가 늘어났다.

몇 시간이 지나자, 전기의 힘으로 작동하는 레이의 진화 기계에서는 100여 종의 컴퓨터 바이러스가 진화했으며, 모두 레이의 고립된 세계에서 생존을 위해 치열하게 싸웠다. 코드를 만드느라 몇 달 동안 애쓴 후에 첫 번째 시도에서 레이는 인공 진화를 일으키는 데 성공했다.

레이는 수줍음이 많고 조용조용 말하던 하버드 대학생 시절에 전설적인 개미 연구가 윌슨E. O. Wilson 밑에서 일하면서 코스타리카에서 개미 개체군을 수집했다. 윌슨은 연구실에서 쓰기 위해 살아 있는 가위개미 개체군이 필요했다. 레이는 중앙아메리카의 울창한 열대 지역에서 건강한 개미 개체군을 찾아내고 수집해 하버드 대학으로 보내는 일을 했다. 일을 하다 보니 자신이 그 일에 적임자라는 사실을 깨달았다. 비결은 외과의처럼 정밀한 솜씨로 정글의 흙을 파내 개미 개체군의 핵심 부분을 들어내는 데 있었다. 무엇보다도 여왕개미와 함께 여왕개미의 산실, 시중드는 개미들, 선적하는 동안 개미들을 먹여 살릴 만큼 충분한 식량이 마련된 소형 개미 정원까지 전혀 손상되지 않도록 파내야 했다. 새로 생겨난 어린 개체군이 가장 좋았다. 그런 개체군의 핵심 부분은 찻잔 하나 정도 크기면 충분했다. 하지만 그런 개체군을 찾아내는 게 또 중요한 비결이었다. 울창한 열대 숲 바닥에서 자연 위장물들 사이에 숨어 있는 아주 작은 개미집을 찾는다는 건 결코 쉬운 일이 아니었다. 손 안에 넣을 수 있을 정도로 작은 핵심 부분을 잘 키우면, 그 개체군은 1년 안에 큰 방 하나를 가득 채울 만큼 성장할 수 있었다.

열대우림에서 개미를 채집하는 일을 하다가 레이는 어떤 나비 종이 진격하는 군대개미 행렬을 항상 따라다닌다는 사실을 발견했다. 군대개미의 무자비한 식성(마주치는 동물은 무엇이건 먹어치우는) 때문에 군대개미가 지나가는 길에서는 그들을 피하려고 많은 곤충이 하늘로 날아오른다. 군대개미를 따라다니도록 진화한 어떤 새는 군대개미를 피해 허겁지겁 날아오르는 곤충들을 손쉽게 잡아먹기도 한다. 레이가 발견한 나비 종은 군대개미를 따라다니는 새들을 따라다녔다. 나비는 개미-새가 눈 똥을 먹으려고 따라다녔는데, 새똥에는 알을 낳는 데 필요한 질소가 많이 들어 있었다. 개미, 개미-새, 개미-새-나비, 그리고 또 미지의 어떤 종까지 아주 다양한 동물들이 무리를 지어 돌아다니는 집시처럼 정글을 휘젓고 돌아다녔다.

레이는 이 놀라운 복잡성에 압도되었다. 그것은 완전한 유랑 공동체였다! 이 기묘한 동물들을 모두 감안한다면, 생태학적 관계를 이해하려는 시도는 대부분 하찮아 보였다. 어떻게 이 세 집단(개미 한 종, 나비 세 종, 새 10여 종)이 이토록 기묘한 상호 의존적 관계를 맺고 살아갈 수 있단 말인가? 그리고 왜?

박사 학위를 마칠 즈음 레이는 생태학은 그렇게 큰 질문에 만족할 만한 답을 제시하지 못해 빈사 상태에 빠진 학문이라는 생각이 들었다. 야생 자연 곳곳에서 관찰 사실들은 풍부하게 수집되었지만, 생태학에는 그것들을 일반화할 수 있는 훌륭한 이론이 없었다. 생태학은 광범위한 현장 지식에 압도되어 좌절에 빠져 있었다. 훌륭한 이론이 없는 한, 생태학은 그저 그럴 것이라는 흥미로운 이야기들만 잔뜩 모여 있는 도서관에 지나지 않았다. 따개비 군집의 생활사나 미나리아재비 들판의 계절적 패턴, 보브캣 집단의 행동은 모두 잘 알려져 있지만, 이 세 무리의 생물이 모두 따르는 원리는 (만약 그런 게 있다면) 무엇일까? 생태학에는 형태와 역사, 발달—정말로 흥미로운 질문들—의 수수께끼를 다루면서 현장의 데이터로 뒷받침되는 복잡성 과학이 필요했다.

레이는 많은 생물학자와 마찬가지로 생태학에 걸 수 있는 최선의 희망은 생태학적 시간(숲의 수명인 수천 년)에서 진화적 시간(어떤 나무 종이 존속하는 시간인 수백만 년)으로 초점을 옮기는 데 있다고 보았다. 진화에는 적어도 그것을 다루는 이론이 있다. 하지만 진화 연구 역시 세부적인 것에 집착하는 함정에 빠져 있었다. 레이는 내게 "나는 좌절을 느꼈는데, 단순히 진화의 산물—덩굴 식물과 개미와 미나리아재비—을 연구하고 싶지는 않았기 때문이지요. 나는 진화 자체를 연구하고 싶었어요."라고 말했다.

레이는 전기로 작동하는 진화 기계를 만드는 것을 꿈꾸었다. 그러면 진화가 들어 있는 블랙박스로 지질학의 역사적 원리, 이전의 숲에서 우림이 생기는 과정, 종들을 탄생시킨 것과 같은 태고의 힘들에서 생태계가 실제로 나타난 과정들을 보여줄 수 있을 것이다. 만약 진화 기계를 개발할 수 있다면, 실제로 생태학 실험을 할 수 있는 시험대를 얻게 될 것이다. 한 군집을 선택해 서로 다른 조합으로 계속 반복해서 시뮬레이션하면서 조류藻類가 없는 연못, 흰개미가 없는 숲, 땅다람쥐가 없는 초원 등을 만들거나, 아니면 만전을 기하기 위해 땅다람쥐가 사는 정글과 조류가 사는 초원을 만들 수도 있다. 바이러스를 가지고 시작해 어떤 결과가 나오는지 알아볼 수도 있다.

레이는 조류 관찰자이자 곤충 채집자, 원예가—모두 컴퓨터만 아는 괴짜와는 거리가 먼—였지만, 그런 기계를 만들 수 있다고 확신했다. 그는 10년 전에 MIT의 한 해커로부터 바둑을 배웠던 순간을 기억하는데, 그 해커는 생물학적 은유를 사용해 바둑의 규칙을 설명했다. "그는 내게 '자기 복제할 수 있는 컴퓨터 프로그램을 만드는 게 가능하다는 사실을 알고 있니?'라고 말했어요. 바로 그 순간, 나는 지금 하고 있는 모든 일을 상상했지요. 그 방법을 묻자, 그는 '오, 그건 하찮은 거야.'라고 말했지만, 뭐라고 말했는지 혹은 그가 실제로 그 방법을 알고 있었는지는 기억이 나지 않네요. 어쨌거나 그 대화를 떠올린 나는 소설 읽기를 그만두고 컴퓨터 사용 설명서를 읽기 시작했지요."

전자 진화 기계를 만드는 문제에 대해 레이가 생각한 해결책은 간단한 복제자들에서 시작해 그것들에게 아늑한 서식지와 풍부한 에너지와 채워나갈 장소를 제공하는 것이었다. 이런 생물에 가장 가까운 현실적 존재는 자기 복제 능력이 있는 RNA 조각이었다. 하지만 그 도전 과제는 자신이 충분히 해결할 수 있을 것 같았다. 그는 컴퓨터 바이러스 수프를 만들기로 했다.

1989년 당시에는 컴퓨터 바이러스가 전염병보다 더 나쁘고 기술이 저지를 수 있는 아주 사악한 짓이라는 기사들이 뉴스 잡지들의 일면을 도배했다. 하지만 레이는 컴퓨터 바이러스의 간단한 코드에서 실험 진화와 생태학이라는 새로운 과학의 탄생을 보았다.

바깥 세계를 보호하기 위해(그리고 자신의 컴퓨터가 망가지는 걸 막기 위해) 레이는 외부와 격리된 상태에서 실험을 할 수 있는 가상 컴퓨터를 고안했다. 가상 컴퓨터는 상당히 똑똑한 소프트웨어로, 실제 컴퓨터에서 작동하는 잠재 의식 깊숙한 곳에 숨어 있는 가짜 컴퓨터를 흉내낸다. 자신의 짧은 복제 코드를 이 그림자 컴퓨터 내부에 격리함으로써 레이는 그것이 외부 세계로 나가지 못하게 봉쇄했고, 자신은 호스트 컴퓨터의 순수성을 위협하지 않고 컴퓨터 메모리 같은 핵심 기능을 건드릴 여지를 얻었다. "컴퓨터 사용 설명서를 1년 동안 읽은 뒤에 나는 책상 앞에 앉아 코드를 짰어요. 두 달 뒤에 그것이 컴퓨터에서 돌아갔고, 아무 탈 없이 돌아간 처음 2분 만에 나는 생물을 진화시켰어요."

레이는 손으로 프로그래밍한 단순한 생물—80바이트짜리 생물—을 가상 컴퓨터의 한 RAM 블록에 집어넣음으로써 자신의 세계(그는 그것을 "티에라Tierra"라고 불렀다.)에 생물의 씨를 뿌렸다. '80'은 비어 있는 80바이트 크기의 램 블록을 찾아내 자신의 복제를 채우는 방법으로 번식했다. 몇 분 지나지 않아 RAM은 80의 복제로 포화 상태에 이르렀다.

그런데 레이는 다른 측면들에서는 복사기와 비슷한 이 복제 기구에 중요한 특징 두 가지를 추가함으로써 그것을 진화 기계로 탈바꿈시켰다. 그의 프로그램은 가끔 복제 과정에서 디지털 조각들을 뒤섞었고, 레이는 자신의 생물들에게 사형 집행자라는 우선 처리 꼬리표를 붙였다. 간단히 말해서, 변이와 죽음을 도입한 것이다.

컴퓨터과학자들은 레이에게 컴퓨터 코드(실제로 그가 만든 생물의 본질인) 비트를 무작위로 변화시키면, 그 결과로 프로그램이 오작동해 컴퓨터를 망가뜨릴 것이라고 말했다. 그들은 코드에 무작위로 버그를 도입하여 제대로 작동하는 프로그램을 얻을 확률은 아주 낮으므로 레이의 계획은 시간 낭비가 될 것이라고 생각했다. 이러한 생각은 컴퓨터를 계속 작동하게 하는 데 필요한 취약한 완전성에 대해 레이가 아는 지식과 일치하는 것처럼 보였다. 즉 버그는 진전을 방해했다. 하지만 그의 생물 프로그램은 그림자 컴퓨터에서 작동하기 때문에, 돌연변이를 통해 심각하게 손상된 생물이 태어날 때마다 사형 집행자 프로그램—'죽음의 신'이라는 뜻으로 '더 리퍼the Reaper'라고 이름 붙인—이 그것을 죽이고, 나머지 티에라 세계는 계속 진화할 수 있었다. 요컨대, 티에라는 버그가 포함되어 번식을 할 수 없는 프로그램을 포착해 가상 컴퓨터에서 추방한다.

하지만 더 리퍼는 제대로 작동하는 아주 희귀한 돌연변이, 즉 우연히 선량한 대체 프로그램을 만든 돌연변이는 살아남게 한다. 이 합법적인 변이는 증식하면서 다른 변이들을 만들어낸다. 만약 티에라를 10억 번 정도 돌리면, 그 과정에서 무작위로 만들어진 생물들이 놀랍도록 많이 나타난다. 그 세계를 계속 유지하기 위해 레이는 생물들에게 나이 도장을 찍음으로써 늙은 생물을 죽게 했다. 레이는 미소를 지으며 "더 리퍼는 나이가 많은 생물과 가장 많이 망가진 생물을 죽여요."라고 말했다.

레이가 티에라를 처음 돌렸을 때, 무작위 변이와 죽음, 자연 선택은 제대로 작동했다. 몇 분 지나지 않아 레이는 새로 만들어진 생물들이 나타나 컴퓨터 사이클을 놓고 경쟁하는 생태계를 목격했다. 경쟁은 사이클이 덜 필요한 작은 생물에게 유리했으며, 탐욕스러운 소비자와 허약한 생물과 늙은 생물을 가차없이 죽였다. 생물 79(80보다 1바이트가 적은)는 운이 좋았다. 79는 생산적이어서 곧 80을 추월했다.

아주 기묘한 현상도 나타났는데, 겨우 45바이트라는 아주 효율적인 바이트로 만들어진 생물이 나머지 생물을 모두 추월했다. 레이는 "나는 이 시스템이 최적화되는 빠른 속도에 감탄했습니다. 나는 시스템이 점점 더 짧은 게놈으로 생존하는 생물들을 만들어냄에 따라 그 속도를 그래프로 그릴 수 있었어요."라고 그때의 상황을 떠올리며 말했다.

45의 코드를 자세히 살펴본 레이는 그것이 기생충이라는 사실을 알고 크게 놀랐다. 45는 생존하는 데 필요한 코드 중 일부만 가지고 있었다. 생식을 하려면 80의 코드에서 생식 부분을 '빌려' 스스로를 복제했다. 주위에 숙주인 80이 충분히 있는 한 45는 번성할 수 있었다. 하지만 제한된 세계에서 45가 너무 많아지면, 복제 자원을 제공할 80의 수가 부족하게 된다. 80의 수가 줄어들면 45의 수도 줄어들었다. 이 한 쌍은 북쪽 숲에 사는 여우와 토끼 개체군에 일어나는 변화처럼 끝없이 앞으로 갔다 뒤로 갔다 하면서 고전적인 공진화 탱고를 추었다.

레이는 "성공적인 시스템에 기생충이 꼬이는 현상은 생명의 보편적 속성처럼 보입니다."라고 지적했다. 자연에서 기생충은 아주 보편적이어서 숙주는 곧 기생충에 대한 면역력이 공진화한다. 그러면 다시 기생충이 그 면역력을 피해갈 수 있는 전략이 공진화한다. 그러면 숙주에서는 또다시 그것을 물리칠 수 있는 방어 수단이 공진화한다. 현실에서는 이러한 행동들은 교대로 일어나는 단계가 아니라, 서로 늘 경쟁하는 힘으로 작용한다.

레이는 기생충을 사용해 티에라에서 생태학적 실험을 하는 방법을 터득했다. 그는 자신의 '수프'에 기생충 45에 면역력을 지닌 것으로 의심되는 79를 많이 집어넣었다. 79는 실제로 면역력이 있었다. 하지만 79가 번성하자, 79를 숙주로 삼는 두 번째 기생충이 진화했다. 이 기생충은 51바이트로 이루어져 있었다. 레이가 그 유전자의 염기 서열을 분석해 단 하나의 유전적 사건이 45를 51로 변형시켰다는 사실을 알아냈다. "기원을 알 수 없는 일곱 가지 지시가 45의 가운데 근처에 있는 한 지시를 다른 것으로 바꾸었어요." 그러면서 장애가 있는 기생충을 강한 새 기생충으로 변형시켰다. 진화는 그런 식으로 흘러갔다. 51에 면역력을 가진 새 생물이 진화했고, 그런 식의 진화가 계속 이어졌다.

많은 사이클을 거친 수프를 이리저리 살피다가 레이는 다른 기생충을 먹이로 삼는 기생충, 즉 이중 기생충을 발견했다. "이중 기생충은 내 집으로 들어가는 전선에서 전기를 훔치는 이웃과 같아요. 이웃이 전기를 훔쳐 쓰는 동안 나는 어둠 속에서 지내다가 그 전기 요금을 내지요." 티에라에서 45와 같은 생물들은 스스로를 복제하기 위해 많은 코드를 지녀야 할 필요가 없다는 사실을 발견했다. 왜냐하면 주변 환경에 코드(다른 생물들의)가 넘치기 때문이다. 레이는

"그것은 우리가 다른 동물의 아미노산을 이용하는(그 동물을 먹음으로써) 것과 같아요."라고 농담처럼 이야기한다. 레이는 더 자세히 조사하다가 이중 기생충을 뜯어먹고 사는 삼중 기생충이 번성하고 있다는 사실을 발견했다. 또 서로 협력 관계로 살아가는 두 이중 기생충의 코드를 이용하는 '사교적 사기꾼'도 발견했다. ('협력하며 살아가는' 이중 기생충은 서로를 뜯어먹고 사는 생물들이었다!) 사교적 사기꾼이 나타나려면 상당히 발달한 생태계가 필요하다. 아직 발견되지는 않았지만, 사중 기생충도 필시 있을 것이고, 레이의 세계에서 빌붙어 살기 게임의 가능성은 끝이 없다.

레이는 인간 소프트웨어 엔지니어의 프로그래밍 기술을 능가하는 생물도 발견했다.

"나는 80바이트 길이의 생물에서 시작했어요. 그게 내가 만들 수 있는 최선이었거든요. 그러면서 어쩌면 진화가 그것을 약 75바이트의 생물로 만들 수 있을 것이라고 생각했어요. 밤 동안 프로그램이 돌아가도록 내버려두었다가 다음 날 아침에 와보니 겨우 22바이트의 생물이 있는 게 아니겠어요! 그것은 기생충이 아니라, 완전히 자기 복제가 가능한 생물이었어요. 나는 어떻게 생물이 기생충처럼 다른 생물의 지시를 훔치지 않으면서 22개의 지시만으로 자기 복제를 할 수 있는지 도저히 이해할 수가 없었어요. 이 새로운 생물을 공유하기 위해 그 기본 알고리듬을 인터넷에 올렸어요. MIT에서 컴퓨터과학을 전공하는 학생이 내 설명을 보았지만, 뭐가 잘못되었는지 22의 코드를 얻지는 못했어요. 그는 직접 자기가 그것을 다시 만들어보려고 시도했지만, 그가 얻은 최선의 생물은 31개의 지시로 만든 것이었어요. 그는 내가 잠을 자면서 22개의 지시로 이루어진 생물을 만들었다는 사실을 알고는 크게 좌절했지요!"

인간의 설계로 만들 수 없는 것을 진화는 만들 수 있다. 레이는 자신의 수프에서 22가 퍼져가는 흔적이 나타난 화면을 보여주면서 이 사실을 이렇게 표현했다. "컴퓨터 프로그램을 무작위로 변형시킴으로써 손으로 신중하게 만든 것보다 더 나은 것을 만들 수 있다고 하면 터무니없는 소리처럼 들리겠지만, 바로 여기에 산 증거가 있어요." 이걸 보고 있으면 이 무심한 해커들이 발휘할 수 있는 창조성에는 한계가 없다는 생각이 불현듯 든다.

생물은 컴퓨터 사이클을 소비하기 때문에 작은 생물(더 짧은 지시로 이루어진)이 더 유리하다. 레이는 생물의 몸 크기에 따라 시스템이 컴퓨터의 자원을 각각의 생물에게 배정하도록 티에라의 코드를 다시 프로그래밍했다. 즉 큰 생물에게 더 많은 사이클을 배정한 것이다. 이렇게 하자 레이의 생물들은 몸 크기에 중립적인 세계에서 살아갔는데, 큰 생물이나 작은 생물 중 어느 쪽에도 유리하지 않은 이 조건은 실험을 장기간 계속하기에 더 적절한 방법으로 보였다. 한번은 레이가 자신의 컴퓨터로 크기에 중립적인 세계를 150억 사이클이나 돌렸다. 약 110억 사이클이 지났을 때, 아주 똑똑한 생물 36이 진화했다. 36은 자신의 몸 크기를 계산한 뒤에 측정값의 모든 비트를 1비트만큼 왼쪽으로 이동시켰다. 이것은 이진법 코드에서는 수를 두 배로 늘리는 것과 같다. 36은 자신의 크기를 속임으로써 72 생물의 자원을 부정한 방법으로 획득했다. 다시 말해 정상적으로 배정받을 CPU 시간보다 2배나 많은 시간을 받았다는 뜻이다. 자연히 이 돌연변이는 시스템에서 크게 번성했다.

전기로 작동하는 토머스 레이의 진화 기계에서 무엇보다 놀라운 점은 섹스(유성 생식)를 만들어냈다는 사실이다. 진화 기계에게 섹스 이야기를 한 사람은 아무도 없었지만, 진화 기계는 그것을 발견했다. 돌연변이 기능을 차단하면 어떤 일이 일어나는지 알아보기 위해 실시한 실험에서 레이는 의도적 오류를 도입하지 않고 수프를 방치했다. 그런데 프로그래밍된 돌연변이가 없는데도 진화가 일어나는 것을 보고 레이는 깜짝 놀랐다.

실제 자연계의 생물들 사이에서 일어나는 변이의 원인은 섹스가 돌연변이보다 훨씬 크다. 개념적으로 볼 때, 섹스는 유전자 재조합이다. 즉 아버지에게서 온 유전자 일부와 어머니에게서 온 유전자 일부가 조합되어 자식을 위한 새로운 게놈이 만들어지는 것이다. 티에라에서는 기생충이 무성 생식 도중에 있을 때, 즉 다른 생물의 코드 중 복제 기능을 '빌려' 사용할 때, 더 리퍼가 숙주를 죽이는 일이 간혹 일어난다. 이런 일이 일어날 때, 기생충은 이전 생물의 공간에 탄생한 새로운 생물의 복제 코드 일부와 '죽은' 생물의 중단된 생식 기능 일부를 사용한다. 그 결과로 태어난 자식은 의도적인 돌연변이 없이 만들어진 거칠고 새로운 재조합이다. (레이는 이 기묘한 생식은 "죽은 자와 섹스를 하는 것과 같다!"라고 말한다.) 중단된 섹스는 그의 수프에서 늘 일어났지만, 레이가 '비트 조작' 돌연변이 유발 장치를 껐을 때에만 그 결과를 볼 수 있었다. 의도하지 않은 재조합만으로도 진화를 유발하기에 충분한 것으로 드러났다. 죽음의 순간에 불규칙성이 충분히 있었고, 생물들이 사는 RAM 속의 장소에서 이 복잡성이 진화에 필요한 변이를 제공했다. 어떤 의미에서 그 시스템은 변이를 진화시켰다.

레이의 인공 진화 기계에서 나온 소식 중 과학자들을 가장 흥분시킨 것은 그의 작은 세계에서 단속 평형처럼 보이는 현상이 일어났다는 사실이었다. 개체군들의 비율은 비교적 긴 시간 동안 멸종이나 새로운 종의 탄생이 아주 가끔씩만 일어나면서 안정적인 탱고를 추는 상태에 머물러 있다. 그러다가 비교적 아주 짧은 시간에 기존의 종이 많이 사라지는 대신에 새로운 종이 많이 나타나는 변화가 일어난다. 짧은 시기에 곳곳에서 큰 변화가 일어난다. 그러다가 모든 것이 정리되면서 정체와 안정이 다시 자리잡는다. 지구의 화석 기록을 해석한 결과는 자연에서는 이러한 패턴이 압도적으로 많이 나타남을 보여준다. 크리스티안 린드그렌의 공진화하는 죄수의 딜레마 세계처럼 진화를 다룬 다른 컴퓨터 모형들에서도 단속 평형 패턴이 나타났다. 만약 인공 진화가 생물 진화를 반영한 것이라면, 레이가 자신의 세계를 영원히 진화하게 했을 때 어떤 일이 일어날까? 그의 바이러스 생물이 다세포 생물을 만들어낼까?

불행하게도 레이는 단지 몇 개월 혹은 몇 년에 걸쳐 어떤 일이 일어나는지 알아보기 위해 자신의 세계를 마라톤 모드로 전환한 적이 아직까지 없다. 그는 그러한 마라톤 실험에서 나올 막대한 양의 데이터(매일 50메가바이트씩)를 수집할 수 있게 하려고 아직도 프로그램을 만지작거리고 있다. 그는 "가끔 우리는 자동차를 가진 한 무리의 소년들과 같아요. 항상 보닛을 열고 차고 바닥에 엔진 부품을 늘어놓지만, 성능을 높이는 데에만 신경을 쓰다 보니 실제로 자동차를 몰고 나가는 일은 드물어요."라고 말했다.

사실 레이는 필수 기술인 새로운 하드웨어 부품에 관심을 집중했다. 자신의 가상 컴퓨터와 그 컴퓨터를 위해 자신이 만든 기본 언어를 컴퓨터 칩—진화를 일으키는 실리콘 조각—에 '구울' 수 있다고 생각한다. 이 다윈 칩은 상용화되면 어떤 컴퓨터에도 꽂을 수 있는 모듈이 될 것이고, 여러분을 위해 필요한 것들을 빠르게 번식시킬 것이다. 컴퓨터 코드나 서브루틴 혹은 어쩌면 전체 소프트웨어 프로그램까지 진화시킬 수 있다. 레이는 "열대 식물 생태학자인 내가 지금 컴퓨터를 설계한다는 게 좀 이상하기는 해요."라고 털어놓는다.

다윈 칩의 역할에 대한 전망은 아주 밝다. 마이크로소프트 워드를 워드프로세서로 쓰는 PC에 다윈 칩이 있다고 상상해보라. 상주하는 다윈주의를 운영 체제에 로딩하면, 마이크로소프트 워드는 여러분이 작업하는 동안 진화할 것이다. 그것은 컴퓨터의 유휴 CPU 사이클을 활용해 느린 진화적 방식으로 성능을 개선하고 학습하여 여러분의 작업 습관에 적합하게 적응할 것이다. 속도나 정확성에 개선을 가져오는 변화만이 살아남을 것이다. 하지만 레이는 작업과는 상관없는 골치 아픈 진화가 일어날 것이라고 생각한다. "우리는 진화를 최종 사용자와 단절시키길 원해요." 그는 진화에 필요한 보편적인 오류를 고객이 절대로 보지 못하도록 오프라인의 막후에서 벌어지는 '디지털 손질'을 상상한다. 진화하는 애플리케이션을 최종 사용자에게 넘겨주기 전에 사용 도중에 진화하지 않도록 '중성화'시키는 일이 필요하다.

소매小賣의 진화도 그렇게 터무니없는 이야기가 아니다. 오늘날 우리는 소프트웨어에서 이와 비슷한 일을 하는 스프레드시트 모듈을 구매할 수 있다. 이것을 진화 유발 장치라는 뜻으로 '이볼버Evolver'라 부르는데, 아주 적절한 이름 같다. 이볼버는 매킨토시용 스프레드시트를 위한 템플릿으로, 수백 개의 변수와 'what-if' 기능이 넘쳐나는 아주 복잡한 스프레드시트이다. 엔지니어와 데이터베이스 전문가가 주로 사용한다.

환자 3만 명의 진료 기록이 있다고 하자. 그리고 여기서 전형적인 환자가 어떤 사람인지 알고 싶다고 하자. 그런데 데이터베이스가 클수록 거기에 어떤 자료들이 들어 있는지 알기가 더 어렵다. 대부분의 소프트웨어는 평균을 구할 수 있지만, 그런다고 해서 '전형적인' 환자가 추출되는 것은 아니다. 여러분이 알고 싶은 것은 기록으로 수집된 수천 가지 측정값 범주 중에서 가장 많은 사람들이 공통적으로 지닌 일련의 측정값이다. 이것은 상호작용하는 수많은 변수들을 최적화하는 문제이다. 살아 있는 종은 모두 이 과제에 익숙하다. 수천 가지 변수에서 최선의 결과를 이끌어내려면 어떻게 해야 할까? 미국너구리는 자신의 생존을 보장하기 위해 최선을 다해야 하는데, 시간이 지남에 따라 변하는 변수가 1000여 가지(발 크기, 야간 시력, 심장 박동, 털 색깔 등등)나 있고, 하나의 매개변수를 바꾸면 다른 것도 따라서 변한다. 가능한 답들이 널려 있는 이 광대한 공간을 헤쳐나가면서 정상에 도달할 희망을 조금이나마 품을 수 있는 길은 오직 진화뿐이다.

이볼버 소프트웨어는 다음과 같은 방법으로 최대의 환자에게서 나올 수 있는 프로필을 최적화한다. 먼저 전형적인 환자를 기술하려고 시도한 뒤, 그 기술과 일치하는 환자가 몇 명이나 되는지 시험한다. 그러고 나서 프로필을 다양한 방향으로 변화시키면서 더 많은 환자가 그것과 일치하는지 알아보고, 그런 다음 프로필을 다시 변화시키고 선택하고 다시 변화시키고 선택하길 반복하면서 최대한의 환자가 프로필과 일치할 때까지 그렇게 한다. 이것은 진화에 맡기기에 딱 어울리는 일이다.

컴퓨터과학자들은 이 과정을 '언덕 오르기hill climbing'라 부른다. 진화 프로그램은 최적의 해결책이 있는 형태 도서관에서 정상에 오르려고 시도한다. 더 나은 해결책을 향해 나아가도록 프로그램을 사정없이 밀어붙임으로써 프로그램은 더 이상 높이 올라갈 수 없을 때까지 위로 올라간다. 그 지점에서 프로그램은 일종의 봉우리—최대값—에 이른다. 하지만 항상 의문이 남는다. 도달한 봉우리는 주변에서 가장 높은 봉우리일까, 아니면 더 큰 봉우리가 계곡 건너편에 있는데, 프로그램이 그 옆에 위치한 국지적 봉우리에 도달한 뒤에 돌아갈 방법이 없어 발이 묶인 것일까?

해결책—봉우리—을 발견하는 것은 어렵지 않다. 자연의 진화와 컴퓨터의 진화 프로그램은 수많은 가짜 봉우리들이 널려 있을 때에도 세계적인 봉우리들—주변에서 가장 높은 봉우리들—을 찾아 올라가는 능력이 아주 뛰어나다.

나이를 가늠하기 힘든 존 홀랜드는 놈gnome, 유럽의 옛날 이야기에 나오는 땅 속의 난쟁이 요정—옮긴이과 비슷한 인상을 풍기는 인물인데, 한때 세계 최초의 컴퓨터들을 가지고 일했고, 지금은 미시간 대학에서 강의를 하고 있다. 그는 진화의 최적화 능력을 컴퓨터에서 쉽게 프로그래밍할 수 있는 형태로 수학적으로 기술하는 방법을 최초로 발명했다. 그의 수학은 유전 정보의 효과와 비슷하기 때문에 홀랜드는 그것을 '유전 알고리듬genetic algorithm', 또는 줄여서 'GA'라 부른다.

홀랜드는 토머스 레이와는 달리 섹스에서 시작했다. 홀랜드의 유전 알고리듬은 어떤 일을 상당히 잘 하고 DNA와 비슷한 컴퓨터 코드 두 가닥을 선택한 뒤, 새로운 자식 코드가 부모보다 좀 더 나은지 알아보기 위해 그 둘을 성적 교환을 통해 무작위로 재조합했다. 홀랜드는 자신의 시스템을 설계하면서 레이가 맞닥뜨렸던 것과 동일한 장애물을 극복해야 했다. 그것은 바로 어떤 컴퓨터 프로그램의 임의적 세대는 좀 더 낫거나 좀 더 나쁜 프로그램이 아니라 아무 의미가 없는 프로그램을 낳을 가능성이 아주 높다는 점이었다. 통계적으로 볼 때, 제대로 작동하는 코드를 얻기 위해 무작위적 돌연변이를 잇따라 일으키면 거의 필연적으로 잇따른 장애가 발생했다.

돌연변이 대신에 짝짓기를 사용하는 방법은 1960년대 초반에 이론생물학자들이 더 강력한 컴퓨터 진화—의미 있는 존재의 탄생 비율을 더 높이는 진화—를 만들려고 노력하다가 발견했다. 하지만 유성 생식만으로는 얻을 수 있는 결과가 너무 제한적이었다. 1960년대 중반에 홀랜드는 유전 알고리듬을 개발했다. 유전 알고리듬은 주로 짝짓기에 의존하면서 부차적으로 배후의 선동자 역할을 하는 돌연변이에도 의존했다. 섹스와 돌연변이를 결합하자, 시스템은 유연한 동시에 폭도 넓어졌다.

많은 시스템 연구자들과 마찬가지로 홀랜드도 자연이 처리하는 과제와 컴퓨터가 하는 일이 비슷하다고 본다. 그는 자신의 연구를 요약한 글에서 "생물은 완벽한 문제 해결자이다."라고 썼다. "생물이 보여주는 다양한 재주는 최고의 컴퓨터 프로그램마저 부끄럽게 만든다. 이 사실은 하나의 알고리듬을 만드느라 몇 개월 혹은 몇 년 동안 지적 노력을 쏟아붓는 컴퓨터과학자로서는 정말로 속쓰린 일이다. 반면에 생물은 뚜렷한 목표가 없는 진화와 자연 선택의 메커니즘을 통해 그런 능력을 그냥 얻는다."

홀랜드는 진화적 접근 방법은 "소프트웨어 설계에서 가장 큰 장애물 하나를 제거한다. 장애물이란 바로 문제의 모든 특징을 사전에 구체적으로 적시해야 하는 문제이다."라고 썼다. 서로 충돌하면서 상호 연결된 변수들이 많고, 목표의 정의가 광범위하여 그 해결책이 아주 많이 존재할 수 있는 곳에서는 어디서나 진화가 그 답이다.

진화가 개체들로 이루어진 '개체군'을 다루는 것처럼 유전 알고리듬은 처리를 하는 동시에 돌연변이를 일으키는 코드 집단을 아주 많이 진화시키는 방법으로 자연을 모방한다. 유전 알고리듬은 울퉁불퉁한 풍경에서 동시에 언덕을 오르려고 시도하는, 서로 조금씩 차이가 나는 다양한 전략들의 무리이다. 많은 코드열들이 동시에 '올라가기' 때문에 이 집단은 그 풍경에 존재하는 많은 지역을 동시에 방문할 수 있다. 이 방법은 '큰 봉우리'를 놓치지 않도록 보장한다.

이 과정에 숨어 있는 병렬성은 진화 과정이 어떤 봉우리뿐만 아니라 가장 높은 봉우리에 올라가도록 보장하는 마술이다. 세계에서 가장 높은 봉우리의 위치는 어떻게 찾을 수 있을까? 전체 풍경의 각 부분들을 동시에 시험하면 찾을 수 있다. 복잡한 문제에서 서로 대응하는 1000가지 변수들 사이의 균형을 최적으로 맞추려면 어떻게 해야 할까? 1000가지 조합의 표본을 동시에 추출하면 된다. 혹독한 조건에서 살아남을 수 있는 생물을 어떻게 발달시킬 수 있을까? 조금씩 차이가 나는 개체 1000마리를 동시에 진화시키면 그렇게 할 수 있다.

홀랜드의 체계에서는 전체 풍경 중 어디에서든지 최고의 수행 능력을 발휘하는 코드들은 서로 짝짓기를 할 수 있다. 높은 수행 능력은 그 지역에 할당된 짝짓기 비율을 높이므로, 전체 풍경 중 가장 유망한 지역으로 유전 알고리듬 시스템의 주의를 집중시키는 결과를 낳는다. 또한 덜 유망한 지역에 할당된 컴퓨터 사이클을 회수한다. 따라서 병렬성은 문제의 풍경 위에 큰 그물을 던지는 동시에 봉우리의 위치를 찾아내기 위해 처리가 필요한 코드열의 수를 줄인다.

병렬성은 무작위적 돌연변이에 내재하는 어리석음과 맹목성을 피해갈 수 있는 한 가지 방법이다. 생각 없는 행동을 순차적으로 반복하면 단지 더 깊은 부조리의 수렁 속으로 빠져들 뿐이지만, 적절한 조건에서 개인들로 이루어진 집단이 생각 없는 행동을 병렬적으로 수행할 경우에는 흥미로운 결과를 낳을 수 있다는 사실은 생명의 큰 아이러니로 보인다.

홀랜드는 1960년대에 적응의 역학을 연구하다가 유전 알고리듬을 발명했다. 하지만 그의 연구는 컴퓨터를 전공한 몽상적인 대학원생 10여 명을 제외하고는 1980년대 후반까지 철저히 무시당했다. 공학자인 로렌스 포걸Lawrence Fogel과 한스 브레메르만Hans Bremermann 같은 몇몇 연구자는 1960년대에 개체군의 기계적 진화를 독자적으로 연구했지만, 과학계가 보인 반응은 철저한 무관심이었다. 현재 미시간주의 웨인 주립대학에서 컴퓨터과학자로 일하는 마이클 콘래드Michael Conrad도 1970년대에 적응 연구를 하다가 컴퓨터로 개체군 진화 모형을 만드는 연구 쪽으로 방향을 틀었는데, 그 역시 10년 전에 홀랜드가 경험한 것과 똑같은 침묵의 반응을 경험했다. 이 모든 연구는 컴퓨터과학계에 거의 알려지지 않았고, 생물학계에는 전혀 알려지지 않았다.

홀랜드가 유전 알고리듬과 진화에 대해 쓴 책인《자연 시스템과 인공 시스템에서 일어나는 적응Adaptation in Natural and Artificial Systems》이 1975년에 나올 때까지 유전 알고리듬에 대한 논문을 쓴 학생은 두 명뿐이었다. 이 책은 1992년에 재판을 찍을 때까지 겨우 2500부만 팔렸다. 1972년부터 1982년까지 모든 과학 분야를 통틀어 유전 알고리듬을 주제로 발표된 논문은 20여 편에 불과했다. 컴퓨터를 이용한 진화를 연구하는 사람은 컬트 신자 수보다도 적었다.

생물학자들이 관심을 보이지 않은 이유는 이해할 수 있다. (그렇다고 잘 했다는 이야기는 결코 아니다.) 생물학자들은 자연은 너무 복잡해서 '그 당시'의 컴퓨터로는 제대로 표현할 수 없다고 생각했다. 컴퓨터과학자들의 무관심은 좀 불가사의하다. 나는 이 책을 쓰기 위해 준비하는 과정에서 컴퓨터를 이용한 진화 같은 기본적인 과정이 왜 그토록 철저히 외면받았을까 하고 의아하게 생각한 적이 한두 번이 아니다. 지금은 그러한 무관심은 진화에 내재하는 혼란스러운 병렬성과 그러한 병렬성이 컴퓨터의 지배 도그마에 제기한 근본적 갈등 때문이라는 결론을 얻었다. 컴퓨터의 지배 도그마란 폰 노이만 직렬 프로그램을 가리킨다.

제대로 작동한 최초의 전자 컴퓨터는 1945년에 미 육군이 탄도 계산을 위해 개발한 에니악ENIAC이었다. 에니악은 뜨거운 진공관 1만 8000개, 저항기 7만 개, 축전기 1만 개가 뒤엉켜 있는 거대한 기계였다. 기계에 내리는 지시는 6000여 개의 스위치를 일일이 손으로 조작하면서 프로그램을 돌리는 방법으로 전달되었다. 본질적으로 에니악은 모든 값을 병렬 방식으로 동시에 계산했다. 따라서 프로그래밍을 하기가 아주 거추장스러웠다.

에드박EDVAC을 만들면서 폰 노이만이 이 거추장스러운 프로그래밍 시스템을 획기적으로 바꾸었다. 에니악의 후손인 에드박은 저장된 프로그램을 가진 최초의 범용 컴퓨터였다. 폰 노이만은 수학적 논리 체계와 게임 이론에 관한 논문을 처음 발표한 24세(1927년) 때부터 시스템 논리에 대해 계속 생각했다. 그는 에드박 컴퓨터 연구팀과 함께 일하면서 한 가지 이상의 문제를 풀 수 있는 기계를 프로그래밍하는 데 필요한 복잡한 계산을 제어하는 방법을 창안했다. 폰 노이만은 긴 나눗셈 문제를 풀 때 필요한 각 단계들처럼 문제를 별개의 논리 단계들로 분해하자고 제안했다. 그리고 중간 단계에서 얻은 값들을 컴퓨터에 임시로 저장하고, 그 값들을 다음 단계의 입력으로 처리하자고 했다. 공진화 고리(지금은 서브루틴이라 부르는)를 통해 계산을 되먹임하고, 그 답과 상호작용할 수 있게 프로그램의 논리를 기계에 저장함으로써, 폰 노이만은 어떤 문제라도 우리가 이해할 수 있는 일련의 단계들로 바꿀 수 있었다. 그는 이 단계별 회로를 묘사하는 표시법도 발명했는데, 오늘날 널리 알려진 플로차트flow chart가 그것이다. 계산을 위한 폰 노이만의 직렬 구조—한 번에 하나의 지시를 처리하는—는 놀랍도록 다양한 능력을 발휘했고, 인간이 프로그래밍을 하는 데에도 아주 편리했다. 폰 노이만은 1946년에 그 구조의 전체 개요를 발표했고, 그 후 그것은 모든 상용 컴퓨터에 예외 없이 표준으로 채택되었다.

1949년, 홀랜드는 에드박의 후속 계획인 훨윈드 프로젝트Project Whirlwind에 참여했다. 1950년에는 논리 설계팀에 합류해 IBM의 방어 계산기Defense Calculator를 개발했는데, 나중에 이것은 세계 최초의 상용 컴퓨터인 IBM 701로 탄생했다. 그 당시 컴퓨터는 방 하나만 한 크기의 계산기였고, 전기도 아주 많이 소비했다. 하지만 1950년대 중반에 홀랜드는 인공 지능의 가능성을 모색하기 시작한 전설적인 인물들의 서클에 합류했다.

허버트 사이먼과 앨런 뉴올Alan Newall 같은 권위자들이 학습을 고상한 고차원적 성취로 생각한 반면, 홀랜드는 세련된 형태의 저차원적 적응이라고 생각했다. 홀랜드는 만약 적응, 특히 진화적 적응을 제대로 이해한다면, 의식적 학습을 이해하고 어쩌면 모방할 수 있을 것이라고 믿었다. 다른 몇몇 사람들도 진화와 학습 사이의 유사성을 인식하긴 했지만, 진화는 빠르게 발전하는 분야에서 등한시되었다.

1953년에 미시간 대학 수학 도서관에서 특별히 찾는 것 없이 자료를 뒤적이던 홀랜드에게 계시와도 같은 사건이 일어났는데, 피셔R. A. Fisher가 1929년에 쓴 《자연 선택의 유전학적 이론The Genetical Theory of Natural Selection》을 우연히 보게 된 것이다. 생물을 개체로 생각하는 관점에서 개체군으로 생각하는 관점으로 사고 전환을 주도한 사람은 다윈이었지만, 개체군에 중점을 둔 사고 방식을 계량 과학으로 변화시킨 사람은 피셔였다. 피셔는 시간이 지남에 따라 진화하는 나비 군집처럼 보이는 것을 선택해 연구했는데, 그것을 전체 집단을 통해 차등화된 정보를 병렬적으로 전달하는 하나의 시스템으로 간주했다. 그리고 정보의 확산을 지배하는 방정식을 알아냈다. 피셔는 자연의 가장 강력한 힘—진화—을 인간의 가장 강력한 도구—수학—를 사용해 다룸으로써 새로운 지식 분야를 열었다. 홀랜드는 그 순간을 떠올리면서 "진화에 대해 의미 있는 수학 연구를 할 수 있다는 사실을 처음으로 깨달은 순간이었어요."라고 말했다. 홀랜드는 진화를 일종의 수학으로 다룰 수 있다는 것에 흥분한 나머지 절판된 그 책을 손에 넣기 위해 도서관 측에 그 책을 팔라고 사정했다. (복사기가 나오기 이전이라 그럴 수밖에 없었지만, 도서관 측은 거절했다.) 어쨌든 홀랜드는 피셔의 통찰력을 흡수하여 그것을 바탕으로 자신의 통찰력을 발휘했다. 나비를 컴퓨터 RAM 분야의 코프로세서로 간주한 것이다.

홀랜드는 그 중심에 있는 인공 학습을 적응의 특별한 사례라고 생각했고, 적응을 컴퓨터에서 실행할 수 있다고 확신했다. 피셔의 직관—진화는 확률의 한 종류라는—을 바탕으로 홀랜드는 진화를 기계에 코드로 바꾸어 집어넣는 노력을 시작했다.

처음에 홀랜드는 진화는 병렬 프로세서인 반면, 사용 가능한 전자 컴퓨터는 폰 노이만의 직렬 프로세서라는 딜레마에 부닥쳤다.

컴퓨터를 진화의 플랫폼으로 만들려는 열정에 불탄 홀랜드가 할 수 있는 합리적인 일은 한 가지밖에 없었다. 바로 자신의 실험을 수행할 거대한 병렬 컴퓨터를 설계하는 것이었다. 병렬 계산에서는 지시를 한 번에 하나씩 처리하는 대신에 많은 지시를 동시에 처리한다. 1959년, 홀랜드는 그 제목처럼 '임의의 수의 부프로그램을 처리할 수 있는 만능 컴퓨터'를 기술한 논문을 제출했는데, 이것은 '홀랜드 기계Holland Machine'로 알려지게 되었다. 하지만 그런 컴퓨터는 그로부터 30년이 지난 뒤에야 만들어졌다.

그 사이에 홀랜드와 다른 컴퓨터 진화 연구자들은 직렬 컴퓨터에 의존해 진화를 성장시켜야 했다. 느린 병렬성을 시뮬레이션하기 위해 다양한 묘책을 사용하여 빠른 직렬 CPU를 프로그래밍했다. 시뮬레이션의 결과는 진정한 병렬성의 위력을 암시할 정도로 충분히 성공적이었다.

1980년대 중반에 들어서야 대니 힐리스가 최초로 대규모 병렬 컴퓨터를 만들기 시작했다. 힐리스는 불과 몇 년 전만 해도 컴퓨터과학을 전공하는 학생이었는데, 그때부터 이미 상당한 실력을 인정받았다. 해킹을 발명한 대학인 MIT에서도 그의 장난과 해킹 실력은 전설적이었다. 힐리스는 작가인 스티븐 레비를 위해 컴퓨터에서 폰 노이만 병목이 초래한 장애물을 특유의 명쾌한 표현으로 설명했다. "컴퓨터는 지식이 많아질수록 더 느려져요. 하지만 사람은 지식이 많아질수록 더 빨라지지요. 그래서 컴퓨터를 더 똑똑하게 만들려고 할수록 컴퓨터가 더 멍청해지는 역설에 빠지게 되지요."

힐리스는 생물학자가 되고 싶었지만, 복잡한 프로그램을 이해하는 천부적 재능 때문에 MIT의 인공 지능 연구실로 갔고, 거기서 장차 '나를 자랑스럽게 여길' 생각하는 컴퓨터를 만드는 데 매달렸다. 그는 1000개의 머리를 가진 집단 계산 괴물을 만드는 데 획기적인 설계 개념을 창안한 공로를 존 홀랜드에게 돌린다. 결국 힐리스는 최초의 병렬 처리 컴퓨터인 커넥션 머신을 발명한 팀을 이끌었다. 1988년에 커넥션 머신은 1대당 100만 달러에 판매되었다(모든 사양을 다 갖춘 상태로). 이제 기계를 손에 넣은 힐리스는 전산생물학을 본격적으로 연구했다.

힐리스는 "아주 복잡한 것을 만드는 방법 중 우리가 아는 것은 두 가지밖에 없어요. 하나는 공학을 사용하는 것이고, 또 하나는 진화를 사용하는 것이지요. 둘 중에서 진화가 더 복잡한 것을 만들어내지요."라고 말한다. 만약 우리를 자랑스럽게 여길 컴퓨터를 공학으로 만들어낼 수 없다면, 진화를 통해 만들어내는 수밖에 없다.

힐리스가 처음 만든 대규모 병렬 컴퓨터인 커넥션 머신은 6만 4000개의 프로세서가 조화를 이루어 작업한다. 그는 진화가 일어나길 마냥 앉아서 기다리고 있을 수 없었다. 그래서 자신의 컴퓨터에 아주 간단한 소프트웨어 프로그램 6만 4000개를 집어넣었다. 홀랜드의 유전 알고리듬과 레이의 티에라와 마찬가지로, 각각의 프로그램은 돌연변이를 통해 변할 수 있는 기호열이었다. 하지만 힐리스의 커넥션 머신에서는 각각의 프로그램을 돌릴 때 전체 컴퓨터 프로세서가 다 달려들었다. 그래서 프로그램 집단은 직렬 컴퓨터로 처리하기에는 불가능할 정도로 엄청나게 빨리 그리고 아주 많이 반응할 수 있었다.

그의 수프에 나타나는 각각의 작은 생물은 처음에는 지시들이 무작위적으로 배열된 것이었지만, 수만 세대가 지나자 긴 숫자열이 질서 있는 숫자열로 정렬한 프로그램이 되었다. 그러한 소트 루틴sort routine은 더 큰 컴퓨터 프로그램에서는 필수적인 부분이다. 컴퓨터 과학 분야에서는 가장 효율적인 소트 알고리듬을 만드느라 긴 세월 동안 많은 시간과 인력을 투입했다. 힐리스는 소트 루틴 수천 개가 컴퓨터에서 무작위로 돌연변이를 일으키고, 때로는 유성 생식을 하는 방법으로 유전자를 교환하면서 증식하게 했다. 그러다가 진화에서 흔히 일어나는 일처럼 그의 시스템은 그것들을 테스트하면서 덜 적합한 것들을 제거해나갔는데, 가장 짧은(최선의) 소트 프로그램에게만 생식 기회를 주기 위해서였다. 이런 식으로 1만 세대가 지나자, 그의 시스템은 인간 프로그래머가 만든 최선의 소트 프로그램과 거의 비슷할 만큼 짧은 소프트웨어 프로그램을 진화시켰다.

그러고 나서 힐리스는 실험을 처음부터 다시 한 번 돌렸는데, 다만 먼젓번과 중요한 차이점이 한 가지 있었다. '소트 테스트' 자체도 돌연변이를 일으키도록 허용한 것인데, 진화하는 소트 루틴은 그 문제를 해결하려고 시도했다. 테스트의 기호열은 쉽게 소트되는 걸 피하기 위해 점점 더 복잡해지는 쪽으로 변해갔다. 소트 루틴은 움직이는 표적을 붙잡아야 했고, 테스트는 움직이는 화살을 피해야 했다. 힐리스는 가혹한 수동적 환경에 놓여 있던 숫자열들의 테스트 명단을 사실상 능동적인 생물로 변형시켰다. 여우와 토끼 혹은 제왕나비와 밀크위드처럼 소트 루틴과 테스트는 교과서적인 공진화 관계로 얽혔다.

생물학자의 본성을 잃지 않은 힐리스는 돌연변이를 일으키는 소트 테스트를 소트 루틴의 시도를 방해하려는 기생충으로 보았다. 그리고 자신의 세계를 기생충이 공격하면 숙주가 방어하고 기생충이 다시 공격하면 숙주가 다시 방어하는 식으로 군비 경쟁이 끝없이 일어나는 곳으로 보았다. 일반 상식은 그렇게 물고 물리는 군비 경쟁은 어리석은 시간 낭비나 헤어날 수 없는 불행한 함정이라고 주장한다. 하지만 힐리스는 기생충의 도입은 소트 루틴 생물의 발전을 가로막는 게 아니라 오히려 진화 속도를 '빠르게' 한다는 사실을 발견했다. 기생충으로 인한 군비 경쟁은 보기 추할지 모르지만, 그것은 진화를 추진하는 동력을 제공했다.

토머스 레이가 발견한 것처럼 힐리스도 진화가 인간의 일반적인 재주를 능가할 수 있다는 사실을 발견했다. 커넥션 머신에서 번성하는 기생충은 소트 루틴에게 기생충이 존재하지 않을 때 쓰던 것보다 더 효율적인 해결책을 고안하도록 자극했다. 공진화가 1만 사이클 지난 뒤에 힐리스의 생물들은 컴퓨터과학자들이 본 적이 없는 소트 프로그램을 진화시켰다. 무엇보다 우리를 부끄럽게 만든 사실은, 그것이 전 시대를 통해 인간이 만든 가장 짧은 알고리듬보다 겨우 한 단계만 모자랄 뿐이라는 점이었다. 맹목적이고 어리석은 진화가 아주 천재적이고 유용한 소프트웨어 프로그램을 설계한 것이다.

커넥션 머신에서 각각의 프로세서는 아주 멍청하다. 그 지능은 기껏해야 개미 한 마리 정도에 불과할 것이다. 아무리 많은 시간을 준다 하더라도, 프로세서 하나만으로는 어떤 문제에 대해서도 독창적인 해결책을 내놓지 못한다. 설사 6만 4000개의 프로세서를 모두 한 줄로 연결한다 하더라도, 대단한 결과물은 나오지 않는다.

하지만 멍청하고 마음도 없는 개미 뇌 6만 4000개를 서로 연결해 거대한 네트워크로 만들면, 진화하는 집단이 되는 동시에 뇌의 신경세포 집단처럼 보인다. 이 멍청한 프로세서들의 네트워크에서 사람들의 골치를 아프게 하는 문제에 대해 놀라운 해결책이 나타난다. 이처럼 '대규모 연결에서 나타나는 질서'를 이용해 인공 지능에 접근하는 방법을 '연결주의connectionism'라 부른다.

연결주의는 진화와 학습 사이에 밀접한 관계가 있다는 종래의 직관에 다시 불을 지폈다. 인공 학습을 추구하던 연결주의자들은 멍청한 신경세포들을 서로 연결해 만든 광대한 웹 모형을 받아들여 그것을 가지고 시험했다. 그들은 동시 계산을 대량으로 수행하는 연결 동시 처리 방법—가상 또는 하드웨어 병렬 컴퓨터를 사용해—을 개발했는데, 이것은 유전 알고리듬과 비슷한 것이었지만 훨씬 정교한 (더 똑똑한) 회계 시스템을 갖추고 있었다. 이렇게 똑똑하게 업그레이드된 네트워크를 신경망neural network이라 부른다. 지금까지 신경망은 패턴 인식 능력은 유용하지만, 부분적인 '지능'을 만드는 데에는 제한적인 성공만 거두었을 뿐이다.

하지만 낮은 차원의 연결 분야에서 '뭔가'가 나타난다는 사실은 아주 놀랍다. 연결망 내부에서 어떤 종류의 마술이 일어나길래 그것에 거의 신과 같은 능력을 주어 멍청한 노드node들의 상호 연결에서 조직이 탄생하도록, 혹은 마음이 없는 프로세서들의 연결에서 소프트웨어가 진화하도록 하는 것일까? 모든 것이 나머지 모든 것과 연결될 때 어떤 연금술적 변환이 일어나는 것일까? 얼마 전까지만 해도 단순한 개체들의 집합에 불과했던 것이 연결되자마자 유용한 창발적 질서가 나타난다.

연결주의자들이 이성과 의식을 만들어내는 데에는 상호 연결된 신경세포들로 이루어진 충분히 큰 장場만 있으면 된다고 생각했던 적이 잠깐 있었다. 그러면 거기서 합리적 지능이 스스로를 조립할 것이라고 생각했다. 하지만 실제로 그것을 실현하려고 시도하자마자 그 꿈은 사라지고 말았다.

그런데 기묘하게도 인공 진화 연구자들은 연결주의자들이 꾸던 꿈을 아직도 추구한다. 다만 진화의 느린 속도와 보조를 맞추려면, 좀 더 많은 인내심이 필요할 것이다. 하지만 나는 진화의 느린 속도, 그것도 아주 느린 속도가 몹시 마음에 걸린다. 나는 토머스 레이에게 그러한 고민을 이렇게 표현했다. "시중에서 구입할 수 있는 진화 칩과 병렬 진화 처리에 대해 무엇보다 염려되는 부분은 진화에 엄청나게 많은 시간이 걸린다는 점입니다. 그 시간은 어디서 얻을 수 있을까요? 자연이 작용하는 속도를 보세요. 우리가 이야기하고 있는 지금 이 순간 서로 충돌하는 그 작은 분자들을 모두 생각해보세요. 자연은 '믿을 수 없을 정도로' 빠르고 광대하고 엄청나게 병렬적 인데, 지금 우리는 자연을 능가하려 하고 있어요. 제가 보기에 우리에게는 그럴 만한 시간이 충분히 있지 않은 것 같은데요."

레이는 이렇게 대답했다. "나도 그 점은 염려가 돼요. 반면에 단 하나의 가상 프로세서로 돌아가는 내 시스템에서 일어난 엄청나게 빠른 진화 속도에 감탄해요. 게다가 시간은 상대적이에요. 진화에서는 세대가 시간의 척도이지요. '우리'의 경우 한 세대는 30년이지만, 내 생물들은 한 세대가 찰나에 불과해요. 그리고 내가 신의 역할을 할 때에는 전 세계의 돌연변이 속도를 더 빠르게 할 수 있어요. 확신할 수는 없지만, 컴퓨터에서 진화를 더 많이 일어나게 할 수 있을 겁니다."

컴퓨터로 진화를 일으키려고 시도하는 데에는 다른 이유들도 있다. 예를 들면, 레이는 모든 생물의 게놈 서열을 기록할 수 있을 뿐만 아니라, 모든 생물의 탄생과 죽음을 기록하여 완전한 인구통계학적, 계보학적 기록을 얻을 수 있다. 그래서 현실 세계에서는 수집할 수 없는 방대한 양의 데이터를 얻을 수 있다. 인공 세계의 복잡성이 커짐에 따라 정보를 추출하는 복잡성과 비용도 급증할 테지만, 전선으로 연결되지 않은 유기체 세계에서 시도하는 것보다는 훨씬 쉬울 것이다. 레이는 내게 "설사 내 세계가 실제 세계만큼 복잡해진다 하더라도, 나는 신이에요. 나는 모든 것을 알지요. 내 흥미를 끄는 것이면 어떤 것이건 그것에 관한 정보를 얻을 수 있어요. 그것에 아무런 간섭도 하지 않고, 돌아다니면서 식물을 밟아 부러뜨리지도 않고 말입니다. 그것은 아주 중요한 차이죠."라고 말했다.

18세기에 벤저민 프랭클린Benjamin Franklin은 자기 실험실에서 만든 약한 전류가 하늘에서 굉음을 내면서 떨어지는 번개와 본질적으로 같은 것이라고 친구들을 설득하느라 애를 먹었다. 인공적으로 만든 작은 불꽃과 하늘을 가르며 떨어져 나무를 쪼개는 괴물 같은 번개 사이의 규모 차이는 문제의 일부에 지나지 않았다. 가장 큰 문제는 자연을 재현할 수 있다는 프랭클린의 주장을 사람들이 비정상으로 받아들였다는 것이다.

오늘날 토머스 레이는 실험실에서 합성한 진화가 본질적으로 자연에서 동물과 식물의 형태를 빚어내는 진화와 동일하다고 동료들을 설득하느라 애를 먹고 있다. 자신의 세계에서 진화한 몇 시간과 야생 자연이 진화한 수십억 년 사이의 시간 척도 차이는 문제의 일부에 지나지 않는다. 가장 큰 문제는 불가해한 자연 과정을 재현할 수 있다는 레이의 주장을 사람들이 비정상으로 받아들인다는 것이다.

프랭클린의 시대에서 200년이 지난 지금 인공적으로 만든 번개—

길들여지고 적당하게 조절되고 전선을 통해 건물과 도구로 흘러가는—는 우리 사회, 특히 디지털 사회에서 모든 것을 조직하는 원천적인 힘이 되었다. 지금부터 200년 후에는 인공 적응—길들여지고 적당하게 조절되어 모든 종류의 기계적 장비로 흘러가는—이 우리 사회를 조직하는 힘 중 중심적 위치를 차지할 것이다.

아직까지 어떤 컴퓨터과학자도 인공 지능—우리의 삶을 바꿀 정도로 바람직하고 성능이 아주 뛰어난—을 합성하는 데 성공하지 못했다. 인공 생명을 만들어낸 생화학자도 아직까지는 없다. 하지만 이제 많은 기술자들은 레이와 몇몇 사람들이 한 것처럼 진화를 붙들어 필요에 따라 재현하는 방법을, 막대한 잠재력을 끄집어냄으로써 인공 생명과 인공 지능의 꿈을 모두 실현할 수 있는 미묘한 불꽃으로 간주한다.

우리는 지금까지 독립적인 공학만으로 아주 복잡한 기계들을 만들어왔다. 지금 우리의 제도판 위에 그려져 있는 프로젝트들—수천만 행의 코드로 이루어진 소프트웨어 프로그램, 지구 전체로 뻗어 있는 커뮤니케이션 시스템, 급변하는 세계적인 구매 행동에 적응하면서 며칠 만에 기계 장비를 새로 바꾸어야 하는 공장들, 값싼 로봇들—은 모두 진화만이 처리할 수 있는 복잡성을 요구한다.

진화는 느리고 보이지 않고 분산된 과정이기 때문에, 속도가 빠르고 공격적인 이 인공 기계들의 세계에서는 긴가민가한 유령 같은 분위기를 풍긴다. 하지만 나는 진화를 컴퓨터 코드로 쉽게 옮겨온 자연 기술로 생각하고 싶다. 인공 진화를 우리의 디지털 생명들 속으로 집어넣도록 추진할 원동력은 바로 진화와 컴퓨터 사이의 이 초호환성이다.

그런데 인공 진화는 실리콘에만 국한되지 않는다. 공학적 방법이 벽에 부닥치는 곳이라면 어디든 진화를 도입할 수 있다. 합성 진화 기술은 이미 생체공학이라는 첨단 분야에 활용되고 있다.

여기 현실 세계의 문제가 하나 있다. 그 메커니즘이 이제 막 밝혀진 질병이 있고, 우리에게는 그 질병을 물리칠 약이 필요하다고 하자. 그 메커니즘을 자물쇠라고 생각하자. 필요한 것은 그 자물쇠의 활성 결합 부위와 딱 들어맞는 열쇠 분자, 즉 약이다.

유기 분자는 아주 복잡하다. 유기 분자는 수천 개의 원자로 이루어져 있으며, 그것이 배열되는 방식은 수십억 가지나 된다. 어떤 단백질의 화학 성분을 알아내는 것만으로는 그 구조를 제대로 알 수 없다. 아주 긴 사슬 구조의 아미노산 분자는 접혀서 작은 덩어리 형태를 하고 있으며, 열점—단백질의 활성 부위—들은 바깥쪽의 정해진 위치에 정확하게 존재한다. 단백질을 이렇게 접는 것은 1마일 길이의 끈 위에 파란색으로 표시된 6개의 점이 있는데, 이 끈을 접어서 덩어리로 만들되 각각의 점이 바깥쪽에서 각각 다른 면에 위치하도록 하는 것과 같다. 시도할 수 있는 방법은 수없이 많지만, 그중에서 성공하는 경우는 극소수일 것이다. 그리고 거의 모든 시도를 다 해보기 전에는 어떤 배열이 정답에 더 가까운지조차 알기 어려울 것이다. 우주에는 그 모든 변화를 다 시도해볼 시간이 없다.

제약 회사들이 이 복잡성 문제를 다루기 위해 전통적으로 사용해온 방법은 두 가지이다. 과거에는 시행착오 방식에 의존했다. 자연에서 발견된 모든 화학 물질을 다 시험하면서 어떤 것이 주어진 자물쇠와 딱 들어맞는지 조사했다. 종종 한두 가지 천연 화합물이 두어 군데 장소를 활성화시켜 일종의 부분적 열쇠를 제공했다. 하지만 공학 시대에 접어든 지금 생화학자들은 어떤 분자 모양을 만드는 데 필요한 일련의 단계들을 공학적으로 설계할 수 있는지 알기 위해 유전자 암호와 단백질 접힘 사이의 경로를 해독하려고 노력한다. 비록 제한적인 성공이 일어났지만, 단백질 접힘과 유전자 경로는 너무 복잡해서 아직 제대로 제어할 수 없다. 따라서 '합리적 의약품 설계'라는 이 논리적 접근 방법은 공학적으로 설계할 수 있는 복잡성에 한계가 있다는 벽에 부닥쳤다.

복잡한 실체를 만드는 데 우리가 쓸 수 있는 도구가 딱 하나 더 있는데, 1980년대 후반부터 세계 각지의 생체공학 연구소들은 그것을 사용해 새로운 절차를 완성하기 시작했다. 그 도구는 바로 진화이다.

간단하게 말하면, 진화 시스템은 수십억 개의 분자를 무작위로 만들어 자물쇠와 들어맞는지 시험한다. 그 10억 개의 후보 중에서 한 분자는 자물쇠의 여섯 군데 장소 중 한 곳과 일치하는 부위가 있다. 이 부분적인 '따뜻한' 열쇠는 자물쇠와 결합하여 그대로 유지된다. 나머지는 모두 하수구로 씻겨 내려간다. 그러면 살아남은 따뜻한 열쇠의 변이가 10억 개 새로 만들어지고(효과가 있는 특성을 유지한 채) 다시 자물쇠를 대상으로 시험을 거친다. 어쩌면 이번에는 두 곳과 정확하게 일치하는 따뜻한 열쇠가 새로 발견될 수 있다. 그러면 그 열쇠는 살아남고 나머지는 모두 죽는다. 이제 이 열쇠의 변이가 10억 개 만들어지고, 그 세대에서 가장 적합한 열쇠가 다음 세대까지 살아남는다. 씻어 보내고, 돌연변이를 일으키고, 결합하는 과정을 반복하면서 열 세대가 지나기 전에 이 분자 번식 프로그램은 자물쇠의 모든 장소와 딱 들어맞는 열쇠인 약—어쩌면 목숨을 구할 수 있는 약—을 발견할 것이다.

진화적 방법을 쓰면 어떤 종류의 분자라도 거의 다 진화시킬 수 있다. 예컨대 진화생체공학자는 인슐린을 토끼에게 주사해 토끼의 면역계가 이 '독소'에 반응해 만들어낸 항체(항체는 독소와 정확하게 상호 보완하는 형태를 띤다.)를 채취함으로써 더 개선된 인슐린을 얻을 수 있다. 생체공학자는 추출한 인슐린 항체를 진화 시스템에 집어넣음으로써 항체를 새로운 열쇠들을 시험하는 자물쇠로 쓸 수 있다. 몇 세대가 지나면 항체와 정확하게 들어맞는 형태를 얻을 수 있는데, 이것은 사실상 기존의 인슐린과 같은 효과를 낼 수 있는 대체 형태이다. 요컨대 새로운 종류의 인슐린을 만들어낸 것이다. 이러한 대체 인슐린은 아주 소중한 약이 될 수 있다. 천연 의약품의 대체 버전은 여러 가지 이점이 있다. 크기가 더 작을 수도 있고, 체내에 투입하기가 더 쉬울 수도 있고, 부작용이 적을 수도 있고, 생산하기가 더 쉬울 수도 있고, 표적에만 집중적으로 작용하는 능력이 더 나을 수도 있다.

물론 진화생체공학자는 간염 바이러스 항체를 채취해 그 항체와 딱 들어맞는 모조 간염 바이러스를 진화시킬 수도 있다. 생화학자는 완벽하게 일치하는 것을 찾는 대신에 질병의 치명적 증상을 유발하는 특정 활성 부위가 없는 대체 분자를 선택하려 할 것이다. 이 불완전하고 무력한 대체 분자를 백신이라고 부른다. 따라서 백신도 공학적으로 설계하는 대신에 진화를 통해 만들 수 있다.

약을 만드는 통상적인 이유들은 진화적 방법에서도 똑같이 성립한다. 그 결과로 만들어진 분자는 합리적으로 설계한 약과 구별할 수 없다. 유일한 차이점이라면, 진화한 약이 비록 효과가 있기는 하지만, 우리는 그 약이 어떻게 혹은 왜 그런 효과를 나타내는지 알지 못한다는 점이다. 우리가 아는 것이라고는 그 약이 철저한 시험을 거쳤고 통과했다는 사실뿐이다. 이것은 이렇게 우리가 제대로 이해하지 못한 채 발명한 약이니 '비합리적으로 설계된' 약이다.

진화를 통해 약을 만드는 방법을 사용하면, 연구자는 멍청한 상태에 있어도 괜찮으며, 그 사이에 진화는 천천히 지혜를 축적한다. 인디애나 대학의 진화생화학자 앤드루 엘링턴Andrew Ellington은 〈사이언스〉와의 인터뷰에서 진화하는 시스템에서는 "분자에게 스스로에 대해 이야기하라고 시켜요. 분자는 자신에 대해 우리보다 더 많이 알고 있으니까요."라고 말했다.

약을 진화시키는 방법은 의학에 큰 혜택을 가져다줄 것이다. 그런데 만약 우리가 소프트웨어를 번식시키고 나서 시스템이 스스로를 제어하게 함으로써 소프트웨어가 스스로 번식할 수 있다면, 그래서 아무도 예측할 수 없는 결과를 낳을 수 있다면, 분자 역시 무제한적 진화의 길로 나아가게 할 수 있지 않을까?

물론 그럴 수 있지만, 그것은 아주 어려운 일이다. 전기로 작동하는 토머스 레이의 진화 기계는 유전 가능한 정보에는 까다롭게 굴지만, 신체에는 너그럽다. 분자 진화 프로그램은 신체에는 까다롭게 굴지만, 유전 가능한 정보에는 너그럽다. 신체가 없는 정보는 죽이기가 어려우며, 죽음이 없으면 진화도 없다. 살과 피는 진화의 대의를 적극 돕는데, 신체는 정보가 쉽게 죽을 수 있는 방법을 제공하기 때문이다. 유전 가능한 정보와 죽을 수 있는 신체를 모두 가진 시스템은 진화 시스템의 요소를 모두 갖춘 셈이다.

샌디에이고에서 초기 생물의 화학적 구조를 전문으로 연구하는 생화학자 제럴드 조이스Gerald Joyce는 정보와 신체의 두 가지 속성을 하나의 튼튼한 인공 진화 시스템에 간단하게 집어넣는 방법을 고안했다. 그는 지구에 있었던 생명의 초기 단계—'RNA 세계'—를 시험관 속에서 재현함으로써 그 일을 해냈다.

RNA는 아주 정교한 분자 시스템이다. RNA는 최초의 생명 시스템은 아니었지만, 지구의 생명은 어느 단계에서는 거의 확실히 RNA

생물이었다. 조이스는 "생물학에서 모든 것은 39억 년 전에는 RNA가 쇼를 주도했다고 시사합니다."라고 말한다.

RNA는 우리가 아는 한 그 어떤 시스템도 누리지 못하는 독특한 이점이 있다. RNA는 신체인 동시에 정보로, 표현형인 동시에 유전자형으로, 전령인 동시에 메시지로 기능한다. RNA 분자는 세계에서 상호작용하는 신체인 동시에 그 세계를 유전하는, 혹은 최소한 다음 세대로 전달하는 정보이다. 비록 이 독특한 속성 때문에 제약이 따르긴 하지만, RNA는 무제한적 인공 진화를 시작할 수 있는 놀랍도록 간단한 시스템이다.

조이스는 샌디에이고 근처의 캘리포니아 해안에 위치한 멋진 현대식 연구소인 스크립스연구소에서 대학원생들과 박사 후 연구원들로 이루어진 팀과 함께 연구한다. 그의 실험적 RNA 세계는 플라스틱 마이크로시험관 바닥에 고인 작은 방울들로, 그 부피는 다 합쳐야 골무 하나 정도에 불과하다. 파스텔 색조의 이 시험관 수십 개가 스티로폼 용기에 채운 얼음 사이에서 어서 온도가 체온 가까이 올라가 진화가 시작되길 기다리고 있다. 일단 따뜻해지면, RNA는 자신을 한 시간에 10억 개나 복제한다.

조이스가 작은 시험관 하나를 가리키며 말했다. "여기 있는 것은 거대한 병렬 프로세서예요. 내가 컴퓨터로 진화를 시뮬레이션하는 대신에 생물학으로 뛰어든 이유 중 하나는 지구상에 있는 어떤 컴퓨터도, 최소한 가까운 미래까지는, 10^{15}개의 병렬 마이크로프로세서를 제공할 수 없기 때문이지요." 시험관 바닥에 있는 방울들은 크기가 컴퓨터 칩의 프로세서만 하다. 조이스가 좀 더 명쾌한 설명을 덧붙였다. "실제로 우리의 인공 시스템은 '자연' 진화를 가지고 연구하는 것보다 큰 이점이 있어요. 한 시간에 10^{15}개의 개체를 교체하는 자연 시스템은 그리 많지 않기 때문이지요."

조이스는 진화를, 스스로 유지하는 생명 시스템이 낳은 지적 혁명일 뿐만 아니라, 유용한 물질이나 약을 만들어 상업적 이익을 얻을 수 있는 방법이라고 본다. 그는 하루 24시간, 1년 365일 내내 돌아가는 분자 진화 시스템을 상상한다. "과제를 주고서 분자 A를 분자 B로 바꾸는 방법을 찾아내기 전에는 절대로 나올 생각을 하지 말라고 말하면 돼요."

조이스는 오늘날 유도 분자 진화 기술을 연구하는 생명공학 회사들의 명단(길리어드, 익스시스, 넥사젠, 오시리스, 셀렉타이드, 다윈몰레큘 등)을 줄줄 읊었다. 그는 그 명단에 첨단 유도 진화 기술을 연구하면서 합리적인 의약품 설계 연구도 하는 제넨테크 같은 생명공학 회사들은 포함시키지 않았다. 다윈몰레큘의 주요 특허권자는 복잡성 연구자인 스튜어트 카우프만Stuart Kauffmann인데, 진화의 힘을 이용해 약을 설계하는 연구를 위해 수백만 달러를 투자했다. 노벨상을 수상한 생화학자 만프레트 아이겐Manfred Eigen은 유도 진화를 '생명공학의 미래'라고 부른다.

그런데 이것을 정말로 진화라고 할 수 있을까? 이것은 우리에게 인슐린과 속눈썹과 미국너구리를 가져다준 것과 똑같은 생명력일까? 그렇다. "우리는 다윈의 이론을 바탕에 깔고 진화에 접근해요. 하지만 선택 압력을 결정하는 게 자연이 아니라 우리이기 때문에, 이것을 유도 진화라고 부르지요."

유도 진화는 지도 학습과 도서관을 여행하는 '비법', 그리고 번식을 달리 부르는 이름이기도 하다. 품종 개량을 하는 사람은 선택이 나타나도록 방치하는 대신에 개, 비둘기, 의약품, 그래픽 이미지의 다양한 변이에서 선택을 유도한다.

데이비드 애클리는 베이비벨스의 R&D 연구소인 벨코어에서 신경망과 유전 알고리듬을 연구한다. 애클리는 내가 본 진화 시스템들을 매우 독창적으로 바라보는 몇 가지 방법을 발견했다.

우람한 체격의 애클리는 재치 있는 말을 잘 한다. 그는 동료인 마이클 리트먼Michael Littman과 함께 다소 중요한 인공 생명 세계 비디오를 아주 재미있게 만들었는데, 1990년에 제2차 인공 생명 회의가 열렸을 때 그 비디오로 진지한 과학자 250명을 크게 웃게 만들었다. 그의 '생물들'은 실제로는 고전적인 유전 알고리듬과 별다를 바 없는 코드였지만, 그래픽 세계에서 돌아다니면서 서로를 잡아먹거나 벽에 부딪치는 그것들에게 바보처럼 미소 짓는 얼굴을 주었다. 똑똑한 개체는 살아남고, 멍청한 개체는 죽었다. 다른 사람들과 마찬가지로 애클리도 자신의 세계가 놀랍도록 적합한 생물을 진화시키는 능력이 있다는 사실을 발견했다. 성공적인 개체는 므두셀라창세기에 등장하는 전설적인 인물. 므두셀라는 969세까지 살다가 죽었다고 한다.–옮긴이처럼 오래 살았는데, 애클리의 세계에서 2만 5000일 단계에 해당하는 수명을 누렸다. 그것들은 시스템을 아주 잘 이해했다. 그것들은 최소한의 노력으로 필요한 것을 얻는 방법을 알았다. 또한 문제에서 벗어나는 방법도 알았다. 각각의 개체들이 오래 살 뿐만 아니라, 그 유전자를 공유한 개체군도 영원에 가까울 정도로 오래 살았다.

애클리는 세상 물정에 밝은 이 생물들의 유전자를 만지작거리면서 그것들이 이용하지 않은 자원을 두 가지 발견했다. 애클리는 신과 같은 방식으로 이 자원을 이용하도록 그것들의 염색체를 개선함으로써 그것들을 위해 만든 환경에 더 잘 적응하게 할 수 있음을 알아냈다. 즉 가상 유전공학의 초기 단계에 생물들의 진화한 코드를 변형시킨 뒤에 다시 그 세계로 돌려보냈다. 개체와 마찬가지로 그것들은 아주 잘 적응하면서 크게 번성하여 이전에 존재한 어떤 생물보다 적합도 면에서 높은 점수를 얻었다.

하지만 애클리는 그 개체군의 개체수는 자연적으로 진화한 개체군의 개체수보다 적다는 사실을 발견했다. 그 생물은 개체군으로서는 건강하지 않았다. 멸종하지는 않았지만, 늘 멸종 위험에 처해 있었다. 그렇게 적은 개체수 때문에 그 종은 300세대 이상 유지할 수 없을 것 같았다. 인공적으로 만든 유전자는 개체를 최고 수준으로 적응하게 만들었지만, 자연적으로 성장한 유전자의 건강함이 부족해 종을 최고 수준으로 적응하게 만들지 못했다. 한밤중에 활동하는 해커가 집에서 만든 바로 이 세계에 생태학의 낡은 교훈이 옳음을 뒷받침하는 검증 가능한 최초의 증거가 있었다. 그 교훈은 바로 개체에게 최선이라고 해서 그것이 반드시 종에게도 최선은 아니라는 것이다.

"멀리 보았을 때 무엇이 최선인지 우리가 알 수 없다는 사실은 받아들이기가 어렵습니다. 하지만 나는 그게 바로 생명이라고 생각합니다!" 애클리는 인공 생명 회의에서 이렇게 말해 큰 박수 갈채를 받았다.

벨코어는 애클리에게 그의 작은 세계를 계속 추구하도록 허락했는데, 진화가 일종의 연산이라는 점을 인정했기 때문이다. 벨코어는 더 나은 연산 방법, 특히 분산 모형을 바탕으로 한 연산 방법에 관심을 보였고 지금도 마찬가지인데, 왜냐하면 전화망도 결국 분산 컴퓨터이기 때문이다. 만약 진화가 유용한 분산 연산의 한 종류라면, 다른 방법은 또 어떤 것이 있을까? 그리고 우리는 진화 기술에 어떤 개선이나 변이를 일으킬 수 있을까? 애클리는 예의 도서관/공간 은

유를 사용해 이렇게 말했다. "'연산' 기구의 공간은 믿을 수 없을 정도로 광대한데, 우리는 그 중 아주 작은 구석만 탐사했을 뿐입니다. 제가 하고 있는 일, 그리고 제가 더 하고 싶은 일은 사람들이 연산으로 인식하는 것의 공간을 확장하는 것입니다."

가능한 모든 종류의 연산 중에서 애클리는 주로 학습의 근간을 이루는 절차에 관심을 보인다. 훌륭한 학습 방법은 똑똑한 교사가 필요하다. 이것은 물론 학습의 한 종류이다. 똑똑한 교사는 학습자에게 무엇을 배워야 할지 알려주며, 학습자는 정보를 분석하고 기억 속에 저장한다. 덜 똑똑한 교사도 다른 방법으로 가르칠 수 있다. 이 교사는 학습 내용 자체는 잘 모르지만, 학습자가 정답을 알아내면 그 사실을 알 수 있다. 대리 교사가 시험 점수를 매길 수 있듯이. 만약 학습자가 부분적인 답을 알아내면, 덜 똑똑한 교사는 '따뜻해지고 있다'거나 '추워지고 있다'는 힌트를 줌으로써 학습자가 정답을 찾아가는 데 도움을 줄 수 있다. 이런 방식으로 덜 똑똑한 교사는 스스로 갖고 있지 않은 정보를 만들어낼 잠재력이 있다. 애클리는 연산을 극대화하는 방법으로 약한 학습을 그 한계까지 활용해보려고 노력했다. 즉 최소한의 정보를 투입하여 최대한의 정보를 얻어내려고 했다. 애클리는 내게 "나는 가장 멍청하고 정보가 가장 적은 교사를 만들어내려고 노력했는데, 그것을 발견한 것 같아요. 내가 얻은 답은 바로 죽음입니다."라고 말했다.

죽음은 진화에서 '유일한' 교사이다. 애클리의 임무는 진화가 오직 죽음만을 교사로 사용해 무엇을 배울 수 있는지 알아내는 것이었다. 우리는 확실한 답을 모르지만, 진화가 죽음을 교사로 사용해 배울 수 있는 것에 대한 몇 가지 후보는 있다. 하늘로 솟아오르는 독수리나 비둘기의 항행 시스템이나 흰개미의 마천루가 그것이다. 시간이 좀 걸리기는 하지만, 진화는 더 똑똑한 결과를 낳는다. 하지만 진화는 명백히 맹목적이고 멍청하다. 애클리는 "자연 선택보다 더 멍청한 종류의 학습 방법은 생각나지 않습니다."라고 말했다.

그런데 가능한 모든 연산과 학습의 공간에서 자연 선택은 특별한 위치를 차지한다. 자연 선택은 정보 전달이 최소한으로 일어나는 극단의 지점에 위치한다. 자연 선택은 학습과 똑똑함 면에서 가장 낮은 기준선을 이루는데, 그보다 낮은 지점에서는 학습이 전혀 일어나지 않고, 그보다 높은 위치에서는 더 똑똑하고 더 복잡한 학습이 일어난다. 비록 우리는 공진화 세계에서 자연 선택의 본질을 아직 완전히 이해하지 못했지만, 자연 선택은 학습의 기본적인 녹는점으로 남아 있다. 만약 우리가 진화의 온도를 측정할 수 있다면(아직 그럴 수 없지만), 그것을 기준으로 나머지 종류의 학습을 평가할 최초의 척도를 얻은 셈이다.

자연 선택은 많은 가면을 쓰고 나타난다. 애클리의 주장이 옳았다. 컴퓨터과학자들은 많은 종류의 연산—그 중 많은 것은 진화 연산—이 존재한다는 사실을 이제 깨달았다. 진화와 학습의 양식은 수백 가지나 존재할지 모른다. 하지만 그 모든 전략은 도서관이나 공간을 통해 탐색 루틴을 수행한다. 애클리는 "'탐색' 개념의 발견은 전통적인 인공 지능 연구에서 유일무이하게 반짝이는 아이디어였지요."라고 주장한다. 탐색은 많은 방법으로 실행에 옮길 수 있다. 자연 선택—유기체인 생물에서 돌아가는—은 그 중 한 가지 특색에 지나지 않는다.

생물학적 생명은 특정 하드웨어, 즉 탄소를 기반으로 한 DNA 분자에 결합되어 있다. 이 하드웨어는 그 위에서 성공적으로 작동할 수 있는 '자연 선택에 의한 탐색' 버전들을 제약한다. 컴퓨터, 특히 병렬 컴퓨터라는 새로운 하드웨어를 사용하면, 다른 적응 시스템(적응계)을 많이 나타나게 할 수 있으며, 그와 함께 그런 시스템을 완전히 다른 방법으로 만드는 탐색 전략도 나타나게 할 수 있다. 예를 들면, 생물학적 DNA의 염색체는 자신의 코드를 다른 생물의 DNA 분자에 알릴 수 없기 때문에, 그 분자에게 그 메시지를 수신해 코드를 바꾸게 할 수 없다. 하지만 컴퓨터 환경에서는 그런 일이 가능하다.

벨코어의 인지과학연구그룹에서 일하는 애클리와 리트먼은 컴퓨터에서 비非다윈식 진화 시스템을 만들어보기로 했다. 그들은 가장 논리적인 대안을 선택했는데, 그것은 바로 획득 형질이 유전되는 라마르크식 진화였다. 라마르크가 주장한 용불용설은 참 매력적이었다. 직관적으로 생각할 때, 그런 시스템은 다윈식 진화보다 큰 이점이 있는데, 유익한 돌연변이가 유전자에 더 빨리 자리잡을 수 있기 때문이다. 하지만 거기에 필요한 연산 능력이 얼마나 막대한지 살펴보면, 실제 생명에서는 그런 시스템이 얼마나 가능성이 없는지 금방 이해할 수 있다.

만약 대장장이가 우람한 두갈래근(이두근)을 발달시킨다면, 그의 신체는 이러한 개선을 낳는 데 필요한 변화를 어떻게 역공학을 통해 유전자에 일어나게 할 수 있을까? 라마르크식 시스템의 결점은 신체에 일어난 이로운 변화의 원인을 거꾸로 추적해 배아의 발생 과정과 유전자 청사진까지 살펴보아야 한다는 데에 있다. 생물의 형태에 일어나는 어떤 변화는 한 가지 이상의 유전자가 작용하거나, 신체가 발달하는 동안 많은 지시가 복잡하게 뒤얽힌 결과로 일어날 수 있기 때문에, 겉으로 드러난 형태를 초래한 복잡하게 얽힌 원인들을 밝혀내려면 신체 자체만큼 복잡한 추적 시스템이 필요하다. 생물학적 라마르크식 진화는 엄격한 수학적 법칙의 제약을 받는데, 바로 소인수들을 곱하기는 쉽지만 어떤 수의 소인수를 알아내기는 아주 어렵다는 법칙이다. 최고의 암호 체계는 바로 이러한 비대칭적 어려움을 바탕으로 만들어진다. 생물학적 라마르크식 진화가 실제로 일어날 가능성이 아주 낮은 이유는 그런 일이 일어나려면 상상할 수 없을 정도로 어마어마한 생물학적 암호 해독 체계가 필요하기 때문이다.

하지만 컴퓨터에서 만들어지는 실체는 신체가 필요없다. 컴퓨터 진화(전기로 작동하는 토머스 레이의 진화 기계에서 일어나는 것 같은)에서는 컴퓨터 코드가 유전자와 신체의 역할을 모두 수행한다. 따라서 표현형에서 유전자형을 도출해야 하는 딜레마는 고려할 가치가 없다. (일체식 표현이라는 제약은 인공적인 것만은 아니다. 지구상의 생명도 이 단계를 거친 게 분명하며, 단순한 자기 복제 분자들이 그러하듯이 아마도 자발적으로 조직하는 비비시스템은 모두 그 표현형으로 제한된 유전자형에서 시작할 것이다.)

인공 컴퓨터 세계에서는 라마르크식 진화가 일어난다. 애클리와 리트먼은 1만 6000개의 프로세서를 가진 병렬 컴퓨터로 라마르크식 시스템을 실행했다. 각각의 프로세서는 64개의 개체로 이루어진 부분 집단을 담당하여 모두 합쳐 약 100만 개의 개체를 담당했다. 신체와 유전자의 이중 정보 계통을 시뮬레이션하기 위해 시스템은 각 개체의 유전자를 복제했고, 그 복제를 '신체'라 불렀다. 각각의 신체는 100만 개의 형제와 똑같은 문제를 해결하려고 노력하는 서로 약간 다른 코드였다.

벨코어의 과학자들은 두 갈래로 실험을 진행했다. 다윈식 진화에서는 시간이 지나면서 신체 코드가 돌연변이를 일으켰다. 우연히 운 좋은 개체가 더 나은 해결책을 제공하는 코드가 될 수 있고, 그러면 시스템은 그것을 짝짓기 및 복제 대상으로 선택한다. 하지만 다윈식 진화에서는 짝짓기를 할 때 그 코드의 원래 '유전자' 복제를 사용해야 한다. 즉 살아가면서 획득한 더 나은 신체 코드가 아니라 처음에 물려받은 코드를 사용해야 하는 것이다. 이것은 바로 생물의 방식이다. 대장장이가 짝짓기를 할 때에는 자신이 획득한 신체가 아니라 물려받은 신체의 코드를 사용한다.

이와는 대조적으로 라마르크식 진화에서는 운 좋게 개선된 신체 코드를 가지게 된 개체가 짝짓기 상대로 선택받으면, 살아오는 동안 획득한 개선된 코드를 사용할 수 있다. 이것은 대장장이가 자신의 우람한 팔 근육을 자식에게 물려주는 것과 같다.

애클리와 리트먼은 두 시스템을 비교한 결과, 최소한 그들이 다루던 복잡한 문제에 대해서는 라마르크식 시스템이 다윈식 시스템보다 거의 두 배나 나은 해결책을 발견한다는 사실을 알아냈다. 가장 똑똑한 라마르크식 시스템의 개체는 가장 똑똑한 다윈식 시스템의 개체보다 훨씬 똑똑했다. 애클리는 라마르크식 진화에서 중요한 점은 개체군 안에서 "멍청이들을 아주 빨리 쫓아낸다는 사실"이라고 말했다. 애클리는 강연장을 가득 메운 과학자들에게 "라마르크는 다윈을 추월했습니다!"라고 외친 적도 있다.

수학적 관점에서 본다면, 라마르크식 진화는 수프에 약간의 학습을 주입한다. 학습은 개체의 생애 동안에 일어나는 적응으로 정의된다. 고전적인 다윈식 진화에서는 개체의 학습은 그다지 중요하게 간주되지 않는다. 하지만 라마르크식 진화는 생애 동안에 획득한 정보(근육을 키우는 방법이나 방정식을 푸는 방법)가 진화를 통해 일어나는 장기적 학습에 포함되도록 허용한다. 라마르크식 진화가 더 똑똑한 답을 내놓는 이유는 그것이 더 똑똑한 종류의 탐색 방법이기 때문이다.

애클리는 라마르크식 진화의 우월성에 깜짝 놀랐는데, 그 전까지만 해도 자연이 모든 일을 아주 잘 처리한다고 생각했기 때문이다. "컴퓨터과학의 관점에서 보면, 자연이 라마르크식 진화를 선택하지 않고 다윈식 진화를 선택한 것은 아주 어리석어 보입니다. 하지만 자연은 화학 물질에 얽매여 있는 반면, 우리는 그렇지 않지요." 이것을 계기로 애클리는 분자를 기반으로 작용해야 한다는 조건에 제약을 받지 않는다면 더 유용한 결과를 낳을 수 있는 다른 종류의 진화와 탐색 방법을 생각하게 되었다.

이탈리아 밀라노의 한 연구 팀이 새로운 종류의 진화와 학습을 몇 가지 발견했다. 그들의 방법은 애클리가 제안한 '가능한 모든 종류의 연산 공간'에 뚫려 있던 몇 곳의 빈틈을 채웠다. 그들은 개미 군집의 집단 행동에서 영감을 얻었기 때문에, 자신들이 발견한 탐색 방법을 '개미 알고리듬Ant Algorithm'이라 불렀다.

개미는 분산 병렬 시스템을 갖고 있다. 개미는 사회 조직의 역사이자 컴퓨터의 미래이다. 한 개미 집단에는 일개미 100만 마리와 여왕개미 수백 마리가 있을 수도 있으며, 전체 개미들은 서로를 잘 모르는 상태에서 도시를 건설할 수 있다. 개미들은 떼를 지어 들판을 돌아다니면서 마치 무리 전체가 하나의 커다란 겹눈이기나 한 듯이 가장 적절한 먹이를 찾아낸다. 개미들은 서로 협력해 나란히 줄을 지어 잎을 엮어 짜며, 온도를 조절하는 방법을 알 만큼 충분히 오래 산 개미는 여태까지 한 마리도 없었지만, 서로 협력하여 개미집의 온도를 일정하게 유지한다.

개미 군대는 거리를 측정할 수 없을 만큼 멍청하고 멀리 볼 수 없을 만큼 시력이 나쁘지만, 아주 울퉁불퉁한 지형에서도 최단 경로를 재빨리 찾아낸다. 이 계산은 완벽한 진화 탐색을 보여준다. 즉 말도 못 하고 앞도 못 보면서 동시에 움직이는 행위자들이 울퉁불퉁한 지형에서 연산상 최적의 경로를 찾아내려고 노력한다. 개미는 병렬 처리 기계이다.

실제 개미는 페로몬이라는 화학적 시스템을 통해 서로 의사소통을 한다. 개미는 서로에게 그리고 주변 환경에 페로몬을 분비한다. 페로몬 냄새는 시간이 지나면 흩어진다. 그 냄새는 그것을 포착한 개미가 다시 만들어 다음 개미에게 전달하는 방식으로 사슬처럼 전달되기도 한다. 페로몬은 방송을 통해 전파되거나 개미 시스템 사이에서 전달되는 정보로 생각할 수 있다.

밀라노 연구 팀(알베르토 콜로르니Alberto Colorni, 마르코 도리고Marco Dorigo, 비토리오 마니에초Vittorio Maniezzo)은 개미의 논리를 모형으로 삼은 공식을 만들었다. 그들의 가상 개미(virtual ant를 줄여 'vant'라 부르는)들은 병렬 방식으로 작동하는 거대한 집단의 멍청한 프로세서들이다. 각각의 가상 개미는 메모리가 아주 작고, 국지적 의사소통만 할 수 있다. 하지만 일을 잘 했을 때 그 보상은 일종의 분산 연산을 통해 다른 가상 개미들과 공유한다.

밀라노 연구 팀은 개미 기계를 순회 세일즈맨 문제라는 표준 척도에서 시험해보았다. 이 문제는 세일즈맨이 여러 도시를 딱 한 번씩만 들르면서 다 방문해야 한다고 할 때, 그 최단 경로가 무엇이냐 하는 것이다. 각각의 가상 개미는 페로몬 길을 남기면서 도시들 사이를 기어다니기 시작한다. 도시들 사이의 경로가 짧을수록 증발되는 페로몬이 적다. 페로몬 신호가 강할수록 더 많은 개미들이 그 길을 따라간다. 따라서 짧은 경로는 자기 강화 효과가 있다. 5000회 정도 시행하면, 개미의 집단 마음은 상당히 적절한 전체적 경로를 진화시킨다.

밀라노 연구 팀은 방법을 다양하게 변형시켜 시험해보았다. 만약 가상 개미들을 모두 한 도시에서 출발시키거나 균일하게 분산시킨 상태에서 출발시키면 어떤 차이가 나타날까? (분산시킨 경우가 더 나은 결과를 낳았다.) 동시에 출발시키는 가상 개미의 수가 달라지면 어떤 차이가 나타날까? (도시 하나당 개미 한 마리의 비율에 이를 때까지는 개미 수가 많을수록 좋다.) 매개변수들을 다양하게 변화시킴으로써 연구 팀은 컴퓨터를 이용한 개미 탐색 결과를 많이 얻었다.

개미 알고리듬은 일종의 라마르크식 탐색이다. 한 개미가 짧은 경로를 찾아내면, 그 정보는 길에 남은 페로몬의 강도를 통해 간접적으로 다른 가상 개미들에게 전달된다. 이런 식으로 한 개미의 생애 동안에 일어난 학습은 전체 집단의 정보 유전에 간접적으로 포함된다. 각각의 개미는 자신이 학습한 것을 사실상 무리에게 방송한다. 방송은 문화적 교육처럼 라마르크식 탐색의 일부이다. 애클리는 "섹스 외에도 정보를 교환하는 방법들이 있다. 저녁 뉴스처럼 말이다."라고 말한다.

실제 개미이건 가상 개미이건, 개미의 똑똑한 점은 '방송'에 투자하는 정보의 양이 아주 적으며, 방송이 매우 국지적으로 일어나고, 또한 그 강도가 매우 약하다는 것이다. 약한 방송을 진화에 도입한다는 개념은 아주 매력적이다. 만약 지구의 생물학에 라마르크식 진화가 조금 있다고 하더라도, 그것은 아주 깊숙한 곳에 숨어 있다. 하지만 다양한 형태의 라마르크식 방송을 사용할 수 있는 기묘한 종류의 잠재적 연산이 가득 찬 우주가 존재한다. 나는 '밈적memetic' 진화—문화적 진화의 본질과 힘을 파악하려고 노력하면서 개념(밈)이 하나의 마음에서 다른 마음으로 흘러가는 것—를 모방하기 위한 알고리듬을 만지작거리는 프로그래머들을 안다. 분산 컴퓨터에서 노드들을 연결시킬 수 있는 모든 방법 중에서 지금까지 검토된 것은 개미 알고리듬을 비롯해 극소수뿐이다.

가깝게는 1990년까지만 해도 전문가들은 병렬 컴퓨터를 논란의 여지가 많고 너무 전문적이고 소수 과격파의 영역에 속하는 것으로 취급하며 조롱했다. 병렬 컴퓨터는 허술한 구석이 많았고, 프로그래밍하기가 어려웠다. 하지만 소수 과격파는 이에 동의하지 않았다. 1989년, 대니 힐리스는 빠르면 1995년에는 한 달 동안 처리하는 비트의 양에서 병렬 기계가 직렬 기계를 능가할 것이라고 한 유명한 컴퓨터 전문가와 공개 내기를 했다. 그의 전망은 옳았다. 폰 노이만의 직렬 프로세서라는 작은 깔때기를 통해 복잡한 일들을 처리하는 부담을 못 이긴 직렬 컴퓨터의 힘겨운 신음 소리가 울려퍼질 무렵, 전과는 다른 전문가들의 의견이 갑자기 컴퓨터 산업 전체에 퍼졌다. 피터 데닝Peter Denning은 〈사이언스〉에 발표한 논문('Highly Parallel Computation', November 30, 1990)에서 "고도의 병렬 연산 구조는 첨단 과학 문제들이 요구하는 연산 속도를 달성할 수 있는 유일한 수단이다."라고 주장하면서 새로운 전망을 제시했다. 스탠퍼드 대학 컴퓨터과학과의 존 코자John Koza는 "병렬 컴퓨터는 연산의 미래이다. 더 이상 왈가왈부하지 말 것."이라고 딱 잘라 말했다.

하지만 병렬 컴퓨터는 아직도 제대로 다루기 어렵다. 병렬 소프트웨어는 수평적이고 동시적인 원인들이 복잡하게 얽혀 있는 망이다. 이러한 비선형적 구조에서는 오류를 검사할 수가 없는데, 모든 오류가 숨겨진 구석에 해당하기 때문이다. 체계적으로 단계를 밟아 조사할 만한 내러티브가 전혀 없다. 병렬 코드는 물 풍선과 같은 속성을 갖고 있어 한 쪽이 솟아나면 다른 쪽이 들어간다. 병렬 컴퓨터는 만들기는 쉽지만, 프로그래밍하기는 어렵다.

병렬 컴퓨터는 전화망, 군사 시스템, 지구 전체의 24시간 금융망, 거대 컴퓨터 네트워크를 포함해 모든 분산 스웜 시스템이 안고 있는 문제를 구체적으로 드러낸다. 그 복잡성은 시스템을 제어하려는 우리의 능력을 시험한다. 토머스 레이는 내게 이렇게 말했다. "거대한 병렬 기계를 프로그래밍하는 데 필요한 복잡성은 우리의 능력을 넘어설지도 모릅니다. 저는 병렬성의 잠재 능력을 완전히 활용하는 소프트웨어를 우리가 만들 수 있다고 생각하지 않습니다."

병렬적으로 작용하면서 인간보다 나은 소프트웨어를 '만들' 수 있는 작고 말 없는 생물들이 병렬 소프트웨어를 갈망하는 우리에게 해결책을 제시할 수 있다고 레이는 생각한다. "보세요! 생태학적 상호작용은 그저 병렬적 최적화 기술에 지나지 않아요. 다세포 생물은 본질적으로 천문학적 규모의 거대한 병렬 코드를 운용해요. 진화는 우리가 생각해내려면 영원의 시간이 걸릴 병렬 프로그래밍 방식을 '생각'할 수 있어요. 만약 우리가 소프트웨어를 진화시킬 수 있다면, 우리는 훨씬 앞서 갈 수 있을 거예요." 분산 네트워크 비슷한 것이라면, "그것을 프로그래밍하는 '자연적' 방법은 바로 진화지요."

프로그래밍하는 자연적 방법! 이것은 우리의 자부심을 무너뜨리는 교훈이다. 인간은 자기가 가장 잘 할 수 있는 것에 매달려야 하는데, 그것은 바로 빠르고 깊게 작동하는, 작고 우아한 최소한의 시스템이다. 그리고 거추장스러운 큰 작업은 자연적 진화(인공적으로 주입한)에 맡기면 된다.

대니 힐리스도 똑같은 결론을 얻었다. 그는 진지하게 자신의 커넥션 머신이 상업적 소프트웨어를 진화시키길 바란다고 말한다. "우리는 이 시스템이 우리가 푸는 방법은 모르고 단지 기술할 줄만 아는 문제를 풀기를 원해요." 그런 문제 중 하나는 비행기를 날아가게 하는 수백만 행의 프로그램을 만드는 것이다. 힐리스는 작은 기생충 프로그램들이 비행기를 추락시키려고 노력하는 상황에 맞서 더 나은 비행기 조종 소프트웨어를 진화시키려고 노력하는 스웜 시스템을 만들자고 제안한다. 그의 실험이 보여주었듯이, 기생충은 오류가 없고 튼튼한 소프트웨어 항행 프로그램에 더 빨리 수렴하도록 도움을 준다. 힐리스는 "코드를 설계하고 오류를 검사하는 등의 노력에 수많은 시간을 쏟아붓는 대신에 더 나은 기생충을 만드는 데 시간을 더 많이 쏟아붓는 게 나아요!"라고 말한다.

설사 항행 소프트웨어 같은 거대한 프로그램을 설계하는 데 성공한다 하더라도, 그것을 완벽하게 시험하는 것은 불가능하다. 하지만 만들어지지 않고 성장시킨 것은 다르다. 힐리스는 자신의 기생충들을 생각하면서 이렇게 말한다. "이런 종류의 소프트웨어는 잘못된 것을 찾아내는 데 전문가인 수만 마리의 적이 늘 우글거리는 환경에서 만들어질 것입니다. 거기서 살아남은 것이라면 아주 혹독한 검증을 통과한 셈이지요." 진화는 우리가 만들 수 없는 것을 만들어내는 능력 외에 한 가지 장점이 더 있는데, 우리가 만드는 것보다 결함이 더 적게 그것을 만들 수 있다. "나 같으면 내가 직접 만든 소프트웨어로 날아가는 비행기보다는 이것과 같은 프로그램이 진화시킨 소프트웨어로 날아가는 비행기를 타겠어요." 이것은 비범한 프로그래머인 힐리스가 한 말이다.

장거리 전화 회사의 콜 라우팅call-routing, 지정된 전화 번호로 자동 연결시키는 기능-옮긴이 프로그램은 최대 200만 행의 코드로 만든다. 이 200만 행의 코드 중 단 3행에 생긴 오류 때문에 1990년 여름에 미국 전국의 전화 시스템이 먹통이 되는 사고가 발생했다. 그리고 200만 행은 이제 그렇게 긴 것도 아니다. 미 해군의 시울프 잠수함에 탑재된 전투 컴퓨터에는 360만 행의 코드가 들어 있다. 1993년에 마이크로소프트 사가 배포한 새로운 워크스테이션 컴퓨터 운영 체제인 'NT'를 돌리려면 400만 행의 코드가 필요했다. 1억 행짜리 프로그램이 등장할 날도 멀지 않았다.

컴퓨터 프로그램이 수십억 행으로 불어나면, 단지 그것을 유지하고 '살아 있게' 하는 것만 해도 큰 골칫거리이다. 수십억 행짜리 프로그램은 경제 중 아주 많은 부분과 수많은 사람의 삶이 그것에 달려 있으므로, 한순간이라도 작동을 멈추는 일이 일어나서는 안 된다. 데이비드 애클리는 신뢰성과 가동 시간이 그 소프트웨어 자체의 '주요' 업무가 될 것이라고 생각한다. "아주 복잡한 프로그램의 경우, 전체 자원 중 상당량을 '생존' 자체를 위해 소비할 것입니다." 지금은 대형 프로그램의 경우, 유지와 오류 수정과 위생에 투입되는 자원은 극히 일부에 지나지 않는다. 애클리는 이렇게 예측한다. "미래에는 순수 컴퓨터 사이클 중 99%는 괴물 컴퓨터가 자신이 잘 돌아가도록 감시하는 데 쓰일 겁니다. 그리고 나머지 1%만 전화 연결이건 무엇이건 사용자를 위해 일하는 데 쓰이겠죠. 생존하지 못한다면 사용자를 위한 일을 전혀 할 수 없으니까요."

소프트웨어가 점점 커짐에 따라 생존의 중요성이 더 커지지만 생존을 지키기는 점점 더 어려워진다. 일상 세계에서 생존은 유연성과 진화 능력을 의미한다. 그리고 그런 능력을 얻으려면 더 많은 노력이 필요하다. 어떤 프로그램이 살아남으려면 늘 자신의 지위를 분석하고, 자신의 코드를 새로운 요구에 맞춰 조절하고, 자신을 정화하고, 비정상적 환경을 끊임없이 세밀하게 조사하고, 항상 적응하고 진화해야만 한다. 연산은 마치 살아 있는 것처럼 들끓고 행동해야 한다. 애클리는 그것을 '소프트웨어 생물학' 또는 '살아 있는 연산'이라 부른다. 엔지니어는 하루 24시간 내내 매달린다 하더라도, 수십억 행의 코드를 살아 있는 상태로 유지할 수 없다. 인공 진화는 소프트웨어를 살아 있는 것처럼 보이도록 활발하게 유지할 수 있는 유일한 방법일지 모른다.

인공 진화는 공학의 지배 시대에 조종을 울린다. 진화는 우리를 계획하는 능력을 넘어선 곳으로 이끌 것이다. 진화는 우리가 만들 수 없는 것을 만들어낼 것이다. 진화는 그것을 우리보다 훨씬 결함이 적게 만들 것이다. 그리고 진화는 우리가 할 수 없는 방식으로 그것을 유지할 것이다.

하지만 진화에는 바로 이 책의 제목과 같은 대가가 따른다. 토머스 레이는 "진화하는 시스템의 한 가지 문제는 우리가 제어를 일부 포기해야 한다는 것이다."라고 설명한다.

힐리스를 태우고 하늘을 날 진화한 비행 소프트웨어를 이해할 사람은 아무도 없을 것이다. 그것은 이치에 닿지 않는 500만 가닥으로 이루어진, 해독 불가능한 스파게티—그리고 어쩌면 그 중에서 정말로 필요한 것은 200만 가닥뿐인—가 될 것이다. 하지만 그것은 아무 결함 없이 작동할 것이다.

애클리의 진화한 전화 시스템을 돌아가게 하는 살아 있는 소프트웨어의 결함을 찾아내 고칠 사람은 아무도 없을 것이다. 그 프로그램의 행들은 지도도 없는 작은 기계들의 망 깊숙한 곳에 이해할 수 없는 패턴으로 숨어 있을 것이다. 하지만 결함이 나타나면, 프로그램은 스스로 그것을 고칠 것이다.

토머스 레이의 생물 수프가 나아갈 목적지는 아무도 제어할 수 없을 것이다. 그 생물들은 묘책을 고안하는 데 아주 뛰어나지만, 다음번에는 어떤 묘책이 효과가 있는지 생물들에게 알려줄 수 없다. 우리가 만들어내는 복잡성은 오직 진화만이 다룰 수 있지만, 진화는 우리의 완전한 지휘에서 벗어난다.

랠프 머클Ralph Merkle은 제록스 PARC에서 복제할 수 있는 아주 작은 분자들을 공학적으로 설계하고 있다. 이 복제자들은 나노미터 규모(세균보다 더 작은)의 아주 작은 세계에서 살기 때문에 이들의 건축 기술을 나노기술(나노테크놀로지)이라 부른다. 가까운 장래에 나노기술의 공학 기술과 생명공학의 공학 기술이 수렴할 날이 올 것이다. 이 두 가지 기술은 모두 분자를 기계처럼 다룬다. 나노기술은 인공 생명체를 위한 생체공학으로 생각할 수 있다. 나노기술이 인공 진화를 일으킬 잠재력은 생물 분자와 비슷하다. 머클은 내게 "저는 나노기술이 진화하길 원치 않아요. 나는 나노기술이 국제법의 구속을 받으며 통 속에 보관되길 원합니다. 나노기술에 일어날 수 있는 가장 위험한 일은 바로 섹스입니다. 그래요, 나는 나노기술의 섹스를 막는 국제적 규제가 있어야 한다고 생각해요. 일단 섹스가 시작되면 진화가 일어납니다. 그리고 진화가 일어나면 문제가 생기지요."라고 말했다.

진화의 문제가 우리의 제어에서 완전히 벗어난 것은 아니다. 일부 제어를 포기하는 것은 우리가 그것을 사용할 때 치러야 하는 대가일 뿐이다. 우리가 공학에서 자랑스럽게 여기는 요소들—정밀성, 예측 가능성, 정확성, 올바름—은 진화를 도입하는 순간 약화되고 만다.

사고와 예측하지 못한 상황, 환경 변화가 늘 일어나는 세계—즉 실제 세계—에서 살아남으려면 더 모호하고 느슨하고 적응력이 높고 덜 정확한 행동이 필요하기 때문에 이 요소들이 약화되지 않으면 안 된다. 생명은 제어할 수 없다. 비비시스템은 예측할 수 없다. 살아 있는 생물은 정확하지 않다. 애클리는 복잡한 프로그램에 대해 이렇게 말한다. "'정확성'은 버려야 해요. '정확성'은 작은 시스템의 속성입니다. 큰 변화가 일어날 때에는 '정확성'을 '생존성'으로 대체해야 해요."

전화 시스템을 적응할 수 있도록 진화한 소프트웨어로 운영한다면, 그것을 올바르게 운영하는 방법이 있을 수 없다. 애클리는 계속해서 이렇게 말한다. "어떤 시스템이 미래에도 '올바를' 것이라고 말하는 것은 관료적인 애매한 말처럼 들릴 것입니다. 사람들이 어떤 시스템을 판단하는 기준은 그 반응의 독창성과 예기치 못한 상황에 얼마나 잘 반응하느냐 하는 것입니다." 우리는 올바름을 버리는 대신에 유연성과 내구성을 선택할 것이다. 우리는 깨끗한 시체를 버리는 대신에 지저분한 생명을 선택할 것이다. "어떤 일이 일어나는지 전혀 모르는 프로그램의 헌신적이고 올바른 작은 개미보다는, 제어할 수 없지만 반응을 나타내는 괴물에게 우리의 문제를 푸는 데 자신이 가진 자원 중 1%를 쓰도록 하는 편이 우리에게 더 이익입니다."

스튜어트 카우프만의 강의를 듣던 한 학생이 이런 질문을 던졌다. "우리가 원치 않는 것을 왜 진화시키려고 합니까? 우리가 원하는 것을 진화시키게 하려면 시스템에게 어떻게 해야 하는지는 이해가 됩니다. 하지만 그 시스템이 우리가 원하지 않는 것을 만들지 않으리라고 어떻게 확신할 수 있습니까?" 아주 좋은 질문이다. 우리가 원하는 것이 무엇인지를 충분히 좁게 정의하면, 그것은 번식시킬 수 있다. 하지만 우리가 원치 않는 것이 무엇인지 모를 때가 종종 있다. 만약 우리가 원치 않는 것이 무엇인지 안다면, 허용할 수 없는 것의 명단이 너무 길어져서 실행 불가능한 것이 될 수 있다. 우리에게 불리한 결과를 초래하는 부작용을 제거하려면 어떻게 해야 할까?

"그런 방법은 없습니다." 카우프만은 무뚝뚝하게 대답했다.

그런 게 바로 진화의 거래이다. 우리는 힘과 제어를 맞바꾼다. 우리처럼 제어에 중독된 존재에게 이것은 악마와의 거래이다.

제어를 포기하라. 그러면 우리는 인공적으로 새로운 세계들과 꿈꾸지 못한 풍요로움을 진화시킬 수 있다. 진화하도록 그냥 내버려두라. 그러면 활짝 꽃을 피울 것이다.

이전에 우리가 유혹을 거부한 적이 있었던가?

16

제어의 미래

영화 〈쥐라기 공원〉에 나오는 공룡의 가장 훌륭한 장점은 인공 생명을 충분히 지니고 있어서 영화 〈고인돌 가족〉에 등장하는 만화영화용 공룡으로 재사용할 수 있었다는 점이다.

물론 그 둘이 완전히 똑같지는 않다. 만화영화의 공룡은 좀 더 유순하고 더 길고 더 둥글고 더 복종적이다. 하지만 만화영화 공룡의 몸 속에는 티라노사우루스와 벨로키랍토르의 디지털 심장이 뛰었다. 즉 두 영화의 공룡들은 신체는 달라도 똑같은 공룡의 속성을 지녔다. 인더스리얼라이트앤드매직SF 영화의 신기원을 연 조지 루카스 감독이 세운 특수 효과 회사-옮긴이에서 가상 공룡을 발명한 마법사인 마크 디프Mark Dippe는 공룡의 디지털 유전자 설정 사항을 변경하는 것만으로 화면에서 그럴듯한 공룡의 모습을 유지하면서 사랑스러운 애완동물처럼 보이도록 그 모양을 바꿀 수 있었다.

하지만 〈쥐라기 공원〉의 공룡들은 좀비였다. 그들은 실제 공룡처럼 보이는 거대한 몸을 가졌지만, 독자적인 행동과 의지와 생존 본능이 없었으며, 컴퓨터 애니메이션 제작자가 조종하는 유령 같은 꼭두각시였다. 그러나 언젠가 이 공룡들은 피노키오 — 생명을 불어넣은 인형 — 가 될지 모른다.

〈쥐라기 공원〉의 공룡들은 사진처럼 사실적인 영화 세계로 불러오기 전에는 3차원만으로 이루어진 텅 빈 세계에서 살고 있었다. 이 드림랜드 — 텔레비전 방송국들의 온갖 플라잉 로고flying logo, 하늘에 조각 구름처럼 떠다니는 로고가 살고 있는 장소라고 생각하자 — 에는 부피와 빛과 공간이 있지만, 그 외에는 있는 게 별로 없다. 바람, 중력, 관성, 마찰, 뻣뻣함을 비롯해 물질 세계의 온갖 미묘한 측면들이 결여되어 있기 때문에, 상상력이 풍부한 애니메이션 제작자가 그 모든 것을 만들어내야 했다.

애플컴퓨터의 컴퓨터 그래픽스 엔지니어 마이클 캐스Michael Kass는 "전통적인 애니메이션에서는 모든 물리학 지식이 애니메이션 제작자의 머릿속에서 나와야 했어요."라고 말한다. 예를 들면, 월트 디즈니Walt Disney는 엉덩이로 콩콩 튀면서 계단을 내려오는 미키 마우스를 그릴 때, 도화지 위에 중력의 법칙이 어떻게 작용하는지 자신이 알고 있는 것을 펼쳐놓았다. 미키는 그게 실제로 성립하는 것이건 아니건 디즈니의 물리학 개념을 따랐다. 대개는 실제로 성립하지 않는 것이었지만, 바로 거기에 디즈니 만화영화의 매력이 있었다. 많은 애니메이션 제작자는 웃음을 위해 실제 세계의 물리학 법칙을 과장하거나 변경하거나 무시했다. 하지만 오늘날의 영화 스타일은 엄격한 사실주의를 추구한다. 오늘날의 관객은 영화 〈ET〉에서 하늘을 나는 자전거가 만화영화 비슷한 것이 아니라 '실제로' 하늘을 나는 자전거처럼 보이길 원한다.

캐스는 모방한 세계에 물리학을 불어넣으려고 노력한다. "우리는 애니메이션 제작자의 머릿속에 물리학을 집어넣는 전통에 대해 생각하다가 그 대신에 컴퓨터가 물리학 지식을 갖도록 하는 편이 낫겠다고 판단했습니다."

플라잉 로고가 떠다니는 드림랜드를 가지고 시작한다고 생각해 보자. 이 단순한 세계가 지닌 한 가지 문제는 "사물들이 무게가 전혀 나가지 않는 것처럼 보이는 점"이라고 캐스는 말한다. 세계의 현실성을 높이려면, 사물에 질량과 무게를, 그리고 환경에 중력의 법칙을 추가하면 된다. 그러면 플라잉 로고가 바닥으로 떨어질 때, 그것은 고체 로고가 지구로 떨어지는 것과 똑같은 가속도로 떨어질 것이다. 중력의 법칙은 아주 단순하며, 그것을 작은 세계에 이식하는 것은 어렵지 않다. 충돌한 뒤에 튀어오르는 공식도 애니메이션 로고에 추가할 수 있는데, 그러면 로고가 바닥에 충돌하면 아주 자연스럽게 '저절로' 튀어오른다. 로고는 중력의 법칙과 운동 에너지와 마찰(움직임을 늦추는)의 규칙을 따른다. 딱딱한 속성 — 예컨대 플라스틱이나 금속 — 도 부여함으로써 충돌할 때 사실적인 반응을 나타내게 할 수 있다. 그 결과, 크롬 로고는 바닥으로 떨어진 뒤 쿵쿵 튀면서 점점 튀는 높이가 줄어들다가 마침내 달그락거리며 정지해 생생한 현실감을 준다.

탄성이나 표면 장력, 회전 효과 같은 물리 법칙 공식들을 추가로 도입하여 그것들을 환경에 적용할 수 있다. 인공 환경의 복잡성을 증가시킬수록 인공 환경은 합성 생물이 살아가기에 풍요로운 장소로 변한다.

〈쥐라기 공원〉에 나오는 공룡들이 실제로 살아 움직이는 것처럼 보이는 이유는 이 때문이다. 다리를 들어올리는 공룡은 그 다리에 해당하는 가상 무게를 느낀다. 그에 상응해 근육들이 수축과 이완을 반복한다. 다리가 아래로 내려올 때에는 중력이 그것을 끌어당기며, 땅에 닿는 순간 그 충격이 다리를 통해 다시 위로 달린다.

디즈니사가 1993년에 제작한 만화영화 〈호커스 포커스Hocus Pocus〉에서 말하는 고양이는 공룡과 비슷한 가상 캐릭터이지만, 근접 촬영한 모습으로 나타난다. 애니메이션 제작자들은 디지털 고양이 형태를 만든 뒤에 촬영한 고양이 사진의 털로 텍스처 매핑texture mapping, 컴퓨터 그래픽스 분야에서 가상의 3차원 물체 표면에 세부적 질감 묘사를 하거나 색을 칠하는 기법 – 옮긴이을 했다. 그래서 말하는 모습만 빼고는 실제 고양이와 완벽하게 일치하는 캐릭터를 만들어냈다. 입이 움직이는 모양은 사람의 입으로 텍스처 매핑했다. 따라서 그 결과는 고양이와 인간의 가상 합성물이었다.

관객은 영화에서 거리에 낙엽이 휘날리는 장면을 보지만, 이 장면이 컴퓨터로 만든 애니메이션이라는 사실을 눈치채지 못한다. 이 장면이 실제처럼 보이는 이유는 비디오가 실제적인 것에 가깝기 때문이다. 각각의 가상 낙엽은 가상 바람에 실려 거리 위로 휘날린다. 레이놀즈의 가상 박쥐 무리와 마찬가지로, 많은 물체들이 물리 법칙에 따라 작용하는 힘에 실제로 떠밀려 어느 장소로 실제로 쏟아진다. 가상 낙엽은 무게나 형태, 표면적과 같은 속성들을 지닌다. 그래서 가상 바람에 가상 낙엽을 집어넣으면, 가상 낙엽은 실제 낙엽이 따르는 실제 법칙들에 상응하는 일련의 법칙들을 따른다. 비록 낙엽들의 세부 정보 부족 때문에 클로즈업 장면에서는 통하지 않겠지만, 모든 부분들 사이의 관계는 뉴잉글랜드 지방의 어느 하루처럼 실재적으로 보인다. 바람에 휘날리는 낙엽들은 그려낸 것처럼 보이지 않고 자유롭게 휘날리는 것처럼 보인다.

애니메이션이 자체 물리학을 따르도록 하는 것은 사실주의를 구현하기 위한 새로운 처방이다. 터미네이터 2가 녹은 크롬 웅덩이에서 솟아오를 때, 그 효과가 놀랍도록 그럴듯해 보인 이유는 그 평행우주에서 크롬이 액체의 물리적 제약(표면 장력 같은)을 그대로 따랐기 때문이다. 그것은 액체를 시뮬레이션한 것이었다.

캐스는 애플컴퓨터의 동료인 개빈 밀러Gavin Miller와 함께 얕은 개울에서 물이 졸졸 흘러내려가거나 비가 되어 웅덩이로 떨어지는 미묘한 방식들을 다룰 수 있는 컴퓨터 프로그램을 개발했다. 그들은 그 공식들을 애니메이션 엔진과 결합시킴으로써 수문학水文學의 법칙들을 시뮬레이션 우주로 옮겼다. 그들이 만든 비디오 클립은 부드러운 햇빛이 비치는 바싹 마른 모래 해안으로 얕은 파도가 밀려와 실제 파도처럼 불규칙적으로 부서졌다가 물러가면서 젖은 모래를 뒤에 남기는 장면을 보여준다. 이 모든 것은 실제로는 방정식들에 불과하다.

이러한 디지털 세계가 미래에도 제대로 효과를 발휘하도록 하려면, 창조하는 모든 것을 방정식으로 환원해야 한다. 공룡과 물뿐만 아니라 궁극적으로는 공룡이 씹어먹는 나무와 지프(〈쥐라기 공원〉의 일부 장면에서는 디지털이었던), 건물, 옷, 식탁, 날씨까지도 그래야 한다. 만약 이 모든 일이 단지 영화만을 위해 그래야 한다면, 그런 일은 일어나기 힘들 것이다. 하지만 가까운 장래에는 만들어지는 모든 것이 CAD 프로그램을 사용해 설계되고 생산될 것이다. 이미 지금도 자동차 부품들은 먼저 컴퓨터 화면에서 시뮬레이션한 뒤, 나중에 그 방정식들을 공장의 선반과 용접기로 직접 보내 숫자들에 실제 형태를 부여한다. 자동 제작이라는 새로운 산업은 CAD에서 데이터를 받아 즉시 분말 금속과 액체 플라스틱으로 3-D 프로토타입을 만든다. 처음에 그 물체는 화면에 나타난 선들에 불과했지만, 이제 우리가 손으로 집을 수 있거나 스스로 걸어다니는 고체 물체로 변했다. 자동 제작 기술은 나사 그림을 프린트하는 대신에 실제 나사 자체를 '프린트(압인 제작)'한다. 공장 기계들을 위한 비상 부품은 이제 바로 공장에서 충격 플라스틱으로 프린트한다. 이 부품들은 튼튼한 정품이 도착할 때까지 임시로 그 역할을 수행한다. 그리고 가까운 장래에 압인 제작한 이 임시 부품들이 정품으로 쓰일 날이 올 것이다. 세계 최고의 CAD 프로그램인 오토캐드AutoCAD를 만든 존 워커John Walker는 기자에게 "CAD는 실제 세계의 물체 모형을 컴퓨터로 만드는 기술입니다. 저는 시간이 충분이 지나면 제작된 것이건 아니건 세상의 모든 물체는 컴퓨터로 그 모형을 만들게 될 날이 올 거라고 믿습니다. 이것은 아주 큰 시장입니다. 이것은 모든 것이에요."라고 말했다.

거기에는 생물학도 포함된다. 꽃은 이미 컴퓨터로 모형을 만들 수 있다. 캐나다 캘거리 대학의 컴퓨터과학자 프셰미스와프 프루싱키에비치Przemysław Prusinkiewicz는 식물의 성장을 나타내는 수학적 모형을 사용해 3-D 가상 꽃을 만든다. 식물의 성장은 대부분 몇 가지 간단한 법칙을 따른다. 꽃이 피는 신호는 좀 더 복잡할 수 있다. 꽃대에서 꽃이 피는 순서는 상호작용하는 여러 가지 메시지에 따라 결정된다. 그런데 이 상호작용하는 신호들은 아주 간단하게 코드를 사용해 프로그램으로 만들 수 있다. 성장하는 식물의 수학은 1968년에 이론생물학자 아리스티드 린덴마이어Aristid Lindenmayer가 발견했다. 그의 방정식은 카네이션과 장미 사이의 차이를 분명하게 기술했는데, 그 차이는 수치적 씨앗에 포함된 일련의 변수들로 환원할 수 있다. 전체 식물은 하드 디스크에서 불과 몇 킬로바이트를 차지할 뿐인데, 이것은 바로 씨앗seed에 해당한다. 컴퓨터 프로그램으로 씨앗의 압축을 풀면 화면에 그래픽 꽃이 자라난다. 먼저 초록색 싹이 돋아난 뒤에 잎들이 뻗어나고, 꽃눈이 생겨났다가 어느 순간에 꽃이 활짝 핀다. 프루싱키에비치와 그의 학생들은 꽃대에 꽃이 얼마나 많이 필 수 있는지, 데이지가 어떤 형태로 생겨나는지, 느릅나무나 떡갈나무가 각각 가지들을 어떻게 뻗어나가는지 알기 위해 식물학 문헌을 샅샅이 뒤졌다. 조개와 나비 수백 종류의 알고리듬적 성장 법칙도 수집했다. 그 결과로 만들어진 그래픽스는 아주 그럴듯했다. 프루싱키에비치는 수많은 꽃들이 달린 라일락 꽃가지들을 컴퓨터로 성장시켰는데, 한 정지 프레임은 씨앗 카탈로그에 실릴 사진으로 선정될 정도였다.

처음에 이것은 그저 재미삼아 해본 학문적 연습이었지만, 이제 그의 소프트웨어를 원하는 원예가들에게서 전화가 쇄도하고 있다. 그들은 자신들의 조경 설계가 10년 뒤 혹은 심지어 다음 해 봄에 어떤 모습이 될지 고객에게 보여주는 프로그램을 얻을 수만 있다면, 기꺼이 큰돈을 지불하려고 한다.

프루싱키에비치는 살아 있는 생물을 위조하는 최선의 방법은 그것을 성장시키는 것임을 발견했다. 그가 생물학에서 추출해 가상 세계에 도입한 성장 법칙은 영화 속에서 나무와 꽃을 성장시키는 데 쓰인다. 이 식물들은 공룡이나 다른 디지털 캐릭터에게 아주 적절한 환경을 만들어낸다.

개인용 컴퓨터를 위한 교육용 소프트웨어 개발 회사로 유명한 브로더번드소프트웨어Brøderbund Software는 물리학을 가르치기 위해 물리적 힘들을 모형으로 만든 프로그램을 판매한다.brøderbund라는 단어는 원래 없는 단어인데, 형제애라는 영어 단어 band of brothers와 비슷한 뜻으로 만든 것이다. ø를 넣은 이유는 컴퓨터 코드를 만들 때 숫자 0을 ø처럼 쓰기 때문이었다. 사원들은 처음에 브루더번드라고 불렀지만, 나중에 많은 사람들이 브로더번드라고 발음했다. 브로더번드는 1998년에 다른 회사에 매각되었다.—옮긴이 매킨토시에 물리학 프로그램을 탑재하면 컴퓨터 화면에 태양 주위의 궤도를 도는 장난감 행성이 하나 뜬다. 가상 행성은 장난감 우주에 프로그래밍한 중력, 운동, 마찰력의 지배를 받는다. 학생은 운동량과 중력의 힘들을 만지작거리면서 태양계 물리학이 어떻게 작용하는지 감을 잡을 수 있다.

이것을 얼마나 더 개선할 수 있을까? 정전기력이나 자기, 마찰, 열역학, 부피처럼 장난감 행성이 따라야 할 다른 힘들을 계속 추가한다면, 또 실제 세계에서 관찰되는 모든 특징을 계속 이 프로그램에 추가한다면, 결국에는 컴퓨터에 어떤 종류의 태양계가 나타날까? 만약 컴퓨터를 사용해 교량 모형을 만든다면(강철, 바람, 중력의 모든 힘들을 고려하여), 언젠가 컴퓨터 안에 교량이 있다고 말할 수 있을까? 그리고 생명도 똑같은 방식으로 만들 수 있을까?

물리학은 아주 빠른 속도로 디지털 세계에 침입하지만, 생명의 침입 속도는 더 빠르다. 나는 컴퓨터로 만든 영화에 분산 생명이 얼마나 많이 침투했는지, 그리고 어떤 결과를 낳았는지 살펴보기 위해 최첨단 애니메이션 연구소들을 둘러보았다.

미키 마우스는 인공 생명의 조상 중 하나이다. 이제 66세가 된 미키는 곧 디지털 시대를 맞이할 것이다. 디즈니사의 글린데일 스튜디오 야외 촬영장에 있는 한 영구적 '임시' 건물에서 이사들이 애니메이션 캐릭터들과 배경들을 자동화하는 방법을 신중하게 계획하고 있었다. 나는 애니메이션 제작자들을 위한 디즈니사의 신기술 담당 감독 밥 램버트Bob Lambert와 대화를 나누었다.

램버트는 맨 먼저 디즈니사는 애니메이션의 완전 자동화를 결코 서둘지 않을 것이라는 점을 분명히 했다. 애니메이션은 손으로 그리는 예술이었다. 디즈니사의 부는 바로 이 기술에서 나왔는데, 그 중에서도 최고의 보석—미키 마우스와 그 친구들—은 고객들에게 예외적인 미술 작품으로 인정받았다. 만약 컴퓨터 애니메이션이 어린이들이 일요일 아침에 만화영화에서 보는 목제 로봇과 같은 것을 의미한다면, 디즈니사는 그런 걸 전혀 원치 않았다. 램버트는 "우리는 사람들이 '젠장, 손으로 그린 예술 작품이 또 하나 컴퓨터 구멍 속으로 사라지는군.'이라고 말하는 걸 원치 않아요."라고 말했다.

그리고 미술가들 자신의 문제가 있었다. "우리 회사에는 흰 작업복을 입고 미키를 30년 동안이나 그려온 여성이 400명이나 있어요. 그러니 갑자기 작업 방식을 바꿀 수는 없어요."

램버트가 두 번째로 분명히 하고자 한 사실은 디즈니사가 1990년부터 전설적인 영화들에서 이미 자동화 애니메이션을 어느 정도 사용해왔다는 점이었다. 그들은 서서히 자신들의 세계를 디지털화해 가고 있었다. 애니메이션 제작자들은 자기 머릿속에 있는 미술가의 지능을 거의 살아 있는 시뮬레이션으로 이전하지 않는 사람들은 곧 공룡과 같은 운명을 맞이할 것이라는 메시지를 얻었다. "솔직하게 말하면, 1992년 무렵에 애니메이션 제작자들은 제발 컴퓨터를 사용하게 해달라고 아우성쳤지요."

디즈니사가 만든 〈위대한 명탐정 바실〉에 나오는 거대한 시계 장치는 컴퓨터로 만든 시계 모형으로, 그 위에서 손으로 그린 캐릭터들이 뛰어다닌다. 〈코디와 생쥐 구조대〉에서는 앨버트로스 올리버가 가상 뉴욕시로 급강하하는데, 만화영화 속의 뉴욕시는 대형 도급업체가 상업적 목적으로 수집한 뉴욕시 건물들의 방대한 데이터베이스를 바탕으로 컴퓨터가 만들어낸 환경이었다. 〈인어 공주〉에서 에리얼은 시뮬레이션으로 만든 물고기떼와 자동으로 흔들리는 해초와 물리 법칙을 따르면서 움직이는 거품 사이에서 헤엄친다. 하지만 컴퓨터로 만들어낸 이 배경 장면들의 각 프레임을 정교한 도화지 위에 인쇄한 다음, 흰 작업복을 입은 400명의 여성에게 고갯짓을 하면, 여성들이 그 위에 손으로 색을 칠함으로써 영화의 나머지 부분들과 일치시켰다.

〈미녀와 야수〉는 최소한 한 장면만큼은 '종이를 쓰지 않은 애니메이션'으로 만든 최초의 영화였다. 영화 끝부분에 나오는 무도회장의 춤 장면은 손으로 그린 인물들 외에는 모두 디지털 방식으로 만들어지고 표현되었다. 실제 만화 장면에서 모조 만화 장면으로 넘어가는 순간은 내 눈으로 간신히 알아챌 수 있었다. 그러한 불연속성이 노출된 이유는 컴퓨터로 만든 애니메이션이 손으로 그린 애니메이션보다 덜 우아해서 그런 것이 아니라 오히려 더 훌륭했기 때문이었다. (그것은 손으로 그린 만화보다 사진처럼 더 선명해 보였다.)

디즈니 영화에서 종이를 전혀 쓰지 않고 탄생한 최초의 캐릭터는 〈알라딘〉에 나오는 하늘을 나는(그리고 걸어다니고 가리키고 점프도 하는) 양탄자였다. 그걸 만들기 위해 페르시아 양탄자 형태를 컴퓨터 화면에 띄웠다. 애니메이션 제작자는 커서를 움직이면서 양탄자를 여러 가지 자세로 구부렸고, 그러면 컴퓨터가 프레임들 '사이의 틈'을 채워넣었다. 그러고 나서 디지털화된 양탄자의 동작을 손으로 그린 영화의 나머지 디지털화 버전에 첨가했다. 〈라이온 킹〉에는 반자동적 무리 짓기 행동을 나타내는 일부 동물들을 포함해 쥐라기 공룡들과 같은 방식으로 컴퓨터로 만든 동물이 여럿 등장한다. 디즈니사는 이제 최초의 완전 디지털 애니메이션 작품을 만들고 있는데, 1994년 후반에 배급할 예정이다. 이 작품은 디즈니사에서 일했던 애니메이션 제작자 존 래시터John Lassiter의 작품을 중심으로 만든 것이다. 전체 컴퓨터 애니메이션 작업은 거의 다 캘리포니아주 리치먼드포인트의 리모델링 오피스 지구에 있는 작은 혁신적 스튜디오인 픽사에서 진행될 것이다.

나는 그들이 부화시키는 인공 생명의 종류가 어떤 것들인지 살펴보기 위해 픽사에 들렀다. 픽사는 지금까지 래시터 팀이 단편 컴퓨터 애니메이션 작품을 네 편 제작해 상을 받았다. 래시터는 무생물

물체—자전거, 장난감, 램프, 선반 위의 장신구—를 살아 움직이게 하는 걸 좋아한다. 픽사가 만든 작품들은 컴퓨터 그래픽 업계에서는 최첨단 컴퓨터 애니메이션 작품으로 간주되지만, 애니메이션 부분은 대부분 손으로 그린 것이다. 래시터는 연필을 사용해 그리는 대신에 컴퓨터가 만든 3-D 물체를 커서로 수정한다. 장난감 병정을 우울한 표정으로 바꾸고 싶다면, 컴퓨터 화면에서 즐거운 표정을 짓고 있는 장난감 병정의 입을 커서로 드래그하여 축 늘어지게 만든다. 표정을 시험한 뒤에 장난감 병정의 눈썹이 너무 빨리 처지지 않도록 하거나 눈이 너무 느리게 깜빡이지 않도록 결정할 수도 있다. 그는 이런 식으로 커서를 드래그함으로써 컴퓨터 화면에 나타난 형태를 바꾼다. "나는 이것 말고는 내가 직접 하는 것보다 더 빠르게 혹은 더 훌륭하게 어떤 동작을 하라고 지시하는 방법을 몰라요. 예컨대 입을 이런 식으로 만드는 것처럼요." 그는 자신의 입을 우스꽝스럽게 O 모양으로 만들면서 말했다.

픽사의 제작 감독인 랠프 구겐하임Ralph Guggenheim에게서 이러한 커뮤니케이션에 관한 문제를 더 많이 들었다. "수작업을 하는 애니메이션 제작자들은 대부분 픽사가 하는 일이 컴퓨터에 대본을 집어넣어 필름을 뽑아내는 것이라고 믿어요. 우리가 한때 애니메이션 축제에 참가를 거부당한 이유도 그 때문이에요. 하지만 만약 우리가 정말로 그렇게 한다면, 위대한 이야기를 만들어내지 못할 겁니다. … 픽사에서 매일 맞닥뜨리는 주요 문제는 컴퓨터 애니메이션이 애니메이션 과정을 거꾸로 뒤집는다는 것입니다. 애니메이션 제작자들에게 애니메이션을 만들기 전에 애니메이션으로 나타내려고 하는 게 무엇이냐고 자세히 묘사하라고 요구하거든요!"

진정한 예술가인 애니메이션 제작자는 자기가 그 말을 하는 것을 직접 듣기 전까지는 자신이 말하고자 하는 것이 무엇인지 모른다는 점에서 작가와 같다. 구겐하임은 이 점을 다시 반복해 설명한다. "애니메이션 제작자는 애니메이션으로 그리기 전에는 그 캐릭터를 모를 수 있어요. 그들은 이야기 도입부에서는 자신의 캐릭터들과 친숙해지느라 일의 진행이 매우 느릴 수밖에 없다고 말해요. 그러다가 캐릭터들과 친숙해지면 가속도가 붙지요. 영화에서 반환점 무렵에 이르면, 이제 캐릭터를 속속들이 알아 프레임들 사이로 질주하지요."

단편 애니메이션 작품인 〈틴 토이Tin Toy〉에서는 장난감 병정 모자에 꽂힌 깃털이 병정이 머리를 움직일 때마다 자연스럽게 까닥거린다. 이 효과는 애니메이션 제작자들이 '래그lag, 드래그drag, 위글wiggle'이라 부르는 가상 물리학으로 실현되었다. 깃털 뿌리 부분이 움직이면, 깃털의 나머지 부분은 마치 용수철 진자—상당히 표준적인 물리학 방정식—처럼 움직였다. 깃털이 떨리는 방식은 예측할 수 없었고 아주 현실적이었는데, 깃털이 흔들림에 관한 물리 법칙을 따랐기 때문이다. 하지만 장난감 병정의 얼굴은 여전히 경험 많은 인간 애니메이션 제작자의 손에 달려 있었다. 애니메이션 제작자는 대역 배우와 같다. 그는 그것을 그림으로써 캐릭터의 연기를 해낸다. 모든 애니메이션 제작자의 책상에는 거울이 있는데, 그는 거울에 자신의 과장된 얼굴 표정을 비춰 보면서 그림을 그린다.

나는 픽사에서 화가들에게 자율적인 컴퓨터 캐릭터—대략적인 대본을 집어넣으면 디지털 대피 덕Daffy Duck이 나와 장난을 치는—를 최소한 '상상'이나마 할 수 있는지 물어보았다. 한결같이 진지하게 부정하거나 고개를 가로젓는 반응이 나타났다. 구겐하임은 "만약 믿을 만한 캐릭터를 애니메이션으로 만드는 것이 컴퓨터에 대본을 입력하는 것만큼 쉽다면, 이 세상에 서투른 배우는 아무도 없을 겁니다. 하지만 알다시피 모든 배우가 다 위대하지는 않잖아요? 엘비스나 메릴린 먼로 흉내를 내는 연예인은 흔히 볼 수 있어요. 우리는 왜 그 사람들에게 속지 않을까요? 입 오른쪽을 언제 씰룩여야 할지 알아야 하고 마이크를 어떻게 잡을지를 알아야 하는 등 해야 할 일이 엄청나게 복잡하기 때문이지요. 만약 인간 배우가 그 일을 하는 데 그토록 어려움을 겪는다면, 컴퓨터 대본이 어떻게 그 일을 해낼 수 있겠어요?"라고 말한다.

그들이 던지는 질문은 제어에 관한 질문이다. 특수 효과와 애니메이션은 제어에 열광적인 정열을 가진 사람들이 종사하는 산업이다. 그들은 연기의 미묘함은 너무나도 세밀해서 오직 인간 감독자만이 디지털 캐릭터나 그림 캐릭터가 선택하는 것들을 제대로 표현할 수 있다고 생각한다. 그 생각은 옳다.

하지만 미래에도 계속 옳을 수는 없다. 컴퓨터의 능력이 지금까지 일어난 것과 같은 추세로 계속 증가한다면, 5년 안에 합성 신체 주인공에게 합성 행동을 주입해 만든 캐릭터가 영화에 등장할 것이다. 〈쥐라기 공원〉의 공룡들은 오늘날 합성 신체 표현이 얼마나 완벽에 가까운지 잘 보여준다. 영화에 나오는 공룡의 살은 실제로 공룡을 촬영했을 때 예상되는 모습과 시각적으로 구별할 수 없다. 현재 많은 디지털 효과 연구소는 그럴듯한 디지털 인간 배우의 요소들을 수집하고 있다. 디지털 인간 머리카락을 완벽하게 만드는 걸 전문으로 하는 연구소도 있고, 손을 제대로 만드는 걸 전문으로 하는 연구소도 있으며, 얼굴 표정을 제대로 만들려고 노력하는 연구소도 있다. 디지털 캐릭터는 이미 할리우드의 영화에 도입되고 있는데(아무도 눈치채지 못하게), 합성 장면에서 먼 곳에 있는 사람들을 움직이게 할 때 그런 일이 일어난다. 옷이 자연스럽게 처지거나 주름이 잡히는 모습을 실감나게 재현하는 것은 아직 어려운 도전 과제로 남아 있다. 이 효과가 불완전할 경우, 가상 인물은 투박한 느낌을 준다.

하지만 디지털 캐릭터는 우선 위험한 스턴트에 사용되거나 합성 장면에 삽입될 것이다. (다만 클로즈업 장면에서 시선을 끄는 경우보다는 롱숏이나 군중 속에 섞인 장면에만 사용될 것이다. 완전히 그럴듯해 보이는 인간 형태를 만들기는 아주 어렵지만, 실현 가능성은 이미 우리 눈앞에 바싹 다가와 있다.)

눈앞에 바싹 다가와 있지 않은 것은 인간의 행동을 그럴듯하게 시뮬레이션하는 것이다. 특히 그럴듯한 얼굴 동작을 시뮬레이션하는 것은 갈 길이 아직 멀다. 그래픽스 전문가들은 마지막으로 남은 미개척 영역은 인간의 표정이라고 말한다. 사람 얼굴을 제어하는 방법을 찾는 노력은 작은 규모의 십자군 원정에 해당한다.

샌프란시스코 외곽의 산업 지역에 있는 컬라설픽처스튜디오에서 브래드 드 그라프Brad de Graf는 인간의 행동을 모방하는 작업을 하고 있다. 컬라설픽처스튜디오는 잘 알려지지 않은 특수 효과 스튜디오로, 필스버리 도보이를 비롯해 일부 유명한 애니메이션 광고에서 특수 효과를 담당했다. 컬라설은 또한 M텔레비전에서 〈리퀴드 TV〉라는 전위적인 애니메이션 시리즈도 만들었는데, 여기에는 봉선화棒線畵, 몸을 머리와 몸통, 팔과 다리로 단순화시켜서 선으로 표현하는 기법–옮긴이로 그린 인물, 모터바이크를 탄 머펫팔과 손가락으로 조종하는 인형–옮긴이, 오려낸 종이로 만든 캐릭터, 문제아 비비스와 벗헤드Beavis and Butt-head 등이 출연한다.

드 그라프는 개조한 창고 안에 있는 비좁은 스튜디오에서 일한다. 여러 개의 큰 방에는 희미한 조명 아래에 큰 컴퓨터 모니터 20여 개가 깜박이고 있다. 이것은 1990년대의 애니메이션 스튜디오 풍경이다. 컴퓨터들—실리콘그래픽스사에서 가져온 튼튼한 그래픽 워크스테이션—에서는 록 스타 피터 가브리엘Peter Gabriel의 상반신을 완전히 컴퓨터화한 것을 포함해 다양한 단계의 프로젝트들이 진행되고 있다. 가브리엘의 머리 모양과 얼굴을 스캐닝하고 디지털화한 뒤, 다시 조립하여 가상 가브리엘을 만드는데, 이것은 뮤직 비디오에서 생동감 넘치게 움직이는 신체를 대체할 수 있다. 녹음 스튜디오나 수영장에서 시간을 보낼 수도 있는데, 뭐 하러 카메라 앞에서 춤을 추느라 시간을 낭비하겠는가? 나는 한 애니메이션 제작자가 가상 스타를 만지작거리는 것을 지켜보았다. 그 여자는 커서를 끌어 턱을 들어올림으로써 가브리엘의 입을 다물게 하려고 시도했다. "이런!" 그만 커서를 너무 많이 끌어당기는 바람에 가브리엘의 아랫입술이 코를 뚫고 나가 혐오스럽게 찡그리는 표정이 되고 말았다.

내가 드 그라프의 작업실에 온 목적은 완전히 컴퓨터 애니메이션으로 만든 최초의 캐릭터인 목시Moxy를 보기 위해서였다. 화면으로 보는 목시는 꼭 만화로 그린 개 같다. 목시는 큰 코와 못생긴 귀, 두 앞발에 낀 흰 장갑, '고무 호스' 다리를 가졌다. 목소리 또한 아주 우스꽝스럽다. 목시의 동작은 그린 것이 아니다. 그것은 인간 배우의 동작을 따온 것이다. 방 한쪽 구석에 조잡한 가상 현실인 '왈도waldo'가 있다. 왈도(오래된 공상 과학 소설에 나오는 인물에서 딴 이름)는 멀리서 인형을 조종하는 장치를 말한다. 왈도로 조종한 최초의 컴퓨터 애니메이션은 손만 한 크기의 머펫 왈도를 사용해 실험적으로 만든 개구리 커밋이었다. 목시는 완전한 신체를 가진 가상 캐릭터, 즉 가상 꼭두각시이다.

애니메이션 제작자가 목시를 춤추게 하고 싶다면, 꼭대기에 테이프로 막대를 붙여놓은 노란색 안전모를 쓴다. 막대 끝에는 위치 감지기가 있다. 애니메이션 제작자는 어깨와 엉덩이 감지기도 착용하고, 아주 큰 만화 장갑 모양으로 오려낸 폼보드foamboard 조각 2개를 집어든다. 그리고 춤을 추면서 이것들을 마구 흔든다. (이것들에도 역시 위치 감지기가 붙어 있다. 그러면 정확한 동작으로 춤추는 개 목시가 화면에 나타난다.)

목시가 보여주는 최고의 재주는 자동 립싱크이다. 녹음된 사람 목소리가 어느 알고리듬으로 흘러들어가면, 그 알고리듬은 목시의 입술을 어떻게 움직여야 할지 계산한 뒤에 그렇게 움직이게 한다. 스튜디오 해커들은 목시에게 다른 사람의 목소리로 온갖 종류의 심한 말을 하게 하는 걸 좋아한다. 사실 목시를 움직이는 방법은 아주 많다. 다이얼을 돌리는 방법, 명령을 타자해 입력하는 방법, 커서를 움직이는 방법, 심지어 알고리듬이 생성한 자동 행동을 통해서도 움직일 수 있다.

드 그라프와 애니메이션 제작자들이 다음 단계에 할 일은 목시 같은 캐릭터에 기본적인 움직임 — 일어서기, 허리 구부리기, 무거운 물체 들어올리기 — 을 불어넣는 것인데, 이 움직임들을 합침으로써 아주 그럴듯한 동작을 부드럽게 만들어낼 수 있다. 그러고 나서 그것을 복잡한 인간 캐릭터에게 적용한다.

사람의 움직임을 계산하는 것은 시간만 충분히 준다면 오늘날의 컴퓨터로도 어찌어찌 해낼 수 있다. 하지만 현실에서 우리 몸이 그러는 것처럼, 발을 어디에 디뎌야 할지 생각하는 사이에도 계속 상황이 변하는 세계에서 시뮬레이션을 제대로 하기 위해 끊임없이 필요한 계산을 한다는 것은 거의 불가능에 가깝다. 사람에게는 움직이는 관절이 약 200개나 있다. 인간 캐릭터가 200개의 움직이는 부분으로 취할 수 있는 가능한 위치의 수는 천문학적이다. 단순히 실시간으로 코를 후비는 동작을 하려고 해도 대형 컴퓨터보다 더 큰 연산 능력이 필요하다.

하지만 복잡성은 여기서 그치지 않는데, 각각의 신체 자세를 낳을 수 있는 경로가 아주 많기 때문이다. 한쪽 발을 들어 신발에 집어넣을 때, 그 자세를 낳는 넓적다리와 다리와 발, 발가락의 움직임 조합은 수백 가지나 된다. 사실 걸음을 걸을 때 내 팔다리가 취하는 움직임의 조합은 아주 복잡하여 그렇게 할 수 있는 방법이 무려 100만 가지나 된다. 그래서 사람들은 내가 걸을 때 무의식적으로 선택하는 발 근육들의 움직임만 보고도 나라는 걸 알아챌 수 있다—때로는 얼굴을 알아보지 못할 만큼 먼 거리에서도. 다른 사람의 움직임 조합을 흉내내는 것은 아주 어렵다.

사람의 실제 움직임을 인공 캐릭터로 시뮬레이션하려고 애쓰는 연구자들은 버그스 버니와 포키 피그를 만든 애니메이션 제작자들이 이전부터 알고 있던 사실을 발견한다. 즉 일부 연결들의 순서는 다른 순서들보다 더 '자연스럽다는' 사실이다. 버그스 버니가 당근을 잡으려고 손을 뻗을 때, 일부 팔의 경로는 다른 경로들보다 훨씬 더 사람에 가까워 보인다. (물론 버그스 버니의 동작은 토끼가 아니라 사람의 동작을 시뮬레이션한 것이다.) 그리고 각 부분들의 순차적인 타이밍이 중요하다. 애니메이션의 캐릭터가 사람의 동작 순서를 제대로 따른다 하더라도, 걸음을 걷는 다리에 대해 위팔을 흔드는 상대 속도가 어긋나면, 그 동작은 여전히 로봇처럼 어색해 보일 것이다. 사람의 뇌는 그런 위조를 쉽게 간파한다. 따라서 타이밍은 동작을 복잡하게 만드는 또 한 가지 측면이다.

초기에 인공 동작을 만들려고 시도한 공학자들은 멀리 동물 행동 연구 분야까지 기웃거렸다. 화성에서 돌아다닐 다리 달린 차량을 만들기 위해 연구자들은 곤충을 연구했는데, 다리를 만드는 방법을 알아내기 위해서가 아니라, 곤충이 6개의 다리를 어떻게 조화롭게 움직이는지 알아내기 위해서였다.

나는 애플 컴퓨터 연구소에서 컴퓨터 그래픽스 전문가가 그 움직임을 분해하기 위해 걸어가는 고양이의 비디오를 계속해서 재생하는 모습을 지켜보았다. 그 비디오와 함께 고양이 다리의 반사 운동을 다룬 과학 논문 더미는 고양이 걸음걸이의 구조를 알아내는 데 도움을 준다. 결국 그는 그 구조를 컴퓨터로 만든 가상 고양이에게 이식할 계획을 세웠다. 궁극적으로는 네발 동물의 일반적인 보행 패턴을 추출해 개나 치타, 사자 등 어떤 동물에게도 적용할 수 있길 기대한다. 그는 동물의 생김새에는 전혀 관심이 없기 때문에 그의 모형은 봉선화로 표현된다. 그는 오로지 다리와 발목과 발의 복잡한 동작들이 조직되는 방식에만 관심이 있다.

MIT의 미디어랩에 있는 데이비드 젤처David Zeltzer의 연구실에서는 대학원생들이 울퉁불퉁한 지형을 '혼자 힘으로' 걸어다닐 수 있는 단순한 봉선화 동물을 개발했다. 이 동물들은 막대 척추에 다리(가운데에 경첩이 달린)가 4개 달린 것에 불과하다. 학생들이 이 '애니맷animat, 인공 동물이라는 뜻'을 어떤 방향으로 향하게 하면, 애니맷은 높은 곳과 낮은 곳이 어딘지 파악하고 그에 맞춰 걸음걸이를 조절하면서 다리를 움직인다. 그 효과는 동물이 울퉁불퉁한 지형 위를 걸어가는 모습을 아주 그럴듯하게 보여주는 것으로 나타났다. 하지만 보통의 로드러너 애니메이션과 달리, 매 순간 각각의 다리가 어디로 뻗어야 하는지를 사람이 결정할 필요가 없다. 어떤 의미에서는 캐릭터 자체가 결정을 내렸다. 젤처 연구 팀은 결국 자신들의 세계를 다리가 6개 달린 자율적인 동물들로 가득 채웠는데, 계곡을 어슬렁거리는 두발 동물도 일부 포함되어 있었다.

젤처의 학생들은 혼자서 걸어다닐 수 있는 만화 캐릭터인 레몬헤드를 만들었다. 그 걸음걸이는 봉선화 동물보다 더 실재적이고 더 복잡했는데, 더 많은 신체 부위와 관절을 사용했기 때문이다. 레몬헤드는 넘어진 나무 줄기 같은 장애물을 피해 갈 수 있었다. 젤처의 연구실에서 일하는 학생인 스티브 스트라스만Steve Strassman은 레몬헤드에서 영감을 얻어 행동 도서관을 만들면 어떨까 생각해보았다.

기본 개념은 레몬헤드 같은 일반적인 캐릭터를 만든 뒤에 그 캐릭터가 행동과 제스처를 담고 있는 '클립 북'에 접근하게 한다는 것이었다. 재채기가 필요하다면, 디스크에 가득 담겨 있는 재채기에 관한 행동과 제스처를 참고하면 된다.

스트라스만은 일상적인 영어로 캐릭터에게 지시를 하길 원했다. 무엇을 하라고 말하기만 하면, 캐릭터는 '네 가지 행동 식품군'에서 적절한 행동을 가져와 정확한 순서로 결합해 그럴듯한 동작을 만들어낸다. 만약 캐릭터에게 일어서라고 말하면, 캐릭터는 먼저 의자 밑에서 발을 움직여야 한다는 것을 안다. 스트라스만은 시범을 보여주기 전에 내게 "잘 보세요! 이 캐릭터는 소나타를 작곡하진 못하지만, 의자에는 앉을 수 있어요."라고 말했다.

스트라스만은 존과 메리라는 두 캐릭터를 움직이게 했다. 작은 방에서 일어나는 모든 일은 천장 위에서 비스듬한 각도로 내려다본 모습—신의 눈으로 본 모습과 비슷한—으로 보였다. 스트라스만은 그것을 '데스크탑 극장'이라고 불렀다. 존과 메리는 가끔 말싸움을 벌이도록 설정되어 있다고 했다. 스트라스만은 두 사람의 작별 장면을 보여주려고 했다. 스트라스만은 "이 장면에서 존은 화를 낸다. 존은 메리에게 책을 거칠게 건네지만, 메리는 받길 거부한다. 존은 책을 테이블 위에 쾅 내리치고, 메리는 존이 노려보는 가운데 자리에서 일어선다."라고 입력했다. 그러고 나서 '플레이' 키를 눌렀다.

컴퓨터가 지시를 생각하느라 약 1초가 지난 뒤에 화면에서 캐릭터들이 주어진 지시대로 연기하기 시작했다. 존이 얼굴을 찡그렸다. 책을 가지고 하는 연기는 무뚝뚝하다. 존이 주먹을 움켜쥔다. 갑자기 메리가 홱 일어선다. 그리고 모든 상황이 끝났다. 우아한 맛은 전혀 없으며, 캐릭터의 동작에서 아주 인간적인 면은 찾아보기 어렵다. 순간적인 제스처를 포착하기도 어려운데, 그것은 캐릭터가 자신의 동작에 주의를 기울이지 않기 때문이다. 이걸 보면서 몰입되는 느낌이 들지는 않지만, 이 작은 인공 방 안에는 신의 대본에 따라 상호작용하는 캐릭터들이 있다.

“나는 게으른 감독이에요. 연출되는 장면이 마음에 들지 않으면, 처음부터 다시 하게 해요.” 그러면서 스트라스만은 다른 지시를 입력한다. “이 장면에서 존은 슬퍼한다. 그는 책을 왼손에 쥐고 메리에게 친절하게 건네지만, 메리는 정중하게 거절한다.” 그러자 또다시 화면에서 캐릭터들이 그 장면을 연기한다.

미묘한 세부를 표현하는 게 어려운 부분이다. “우리가 전화를 집어드는 방식은 죽은 쥐를 집어드는 방식과 달라요. 각각 다른 손 동작들을 저장할 수는 있지만, 그것들을 어떻게 통합해 조절하느냐 하는 문제는 어려워요. 어떻게 하면 이 선택들을 제어하는 관리 방법을 발명할 수 있을까요?”

젤처와 동료인 마이클 매케나Michael McKenna는 봉선화 캐릭터와 레몬헤드에서 얻은 결과를 가지고 다리가 6개인 애니맷의 골격에 살을 붙여 악당 같은 크롬 바퀴벌레를 탄생시켰다. 그리고 이 곤충을 지금까지 만들어진 가장 기묘한 컴퓨터 애니메이션 작품에서 주인공으로 만들었다. 〈씩 웃는 공포의 죽음Grinning Evil Death〉이라는 익살스러운 제목이 붙은 이 5분짜리 비디오의 주요 플롯은 외계에서 온 거대한 금속 벌레가 지구를 공격해 한 도시를 파괴한다는 내용이다. 이야기 자체는 하품이 날 만큼 따분하지만, 주인공인 다리가 6개 달린 벌레는 최초로 등장한 애니맷—자율적으로 움직이는 인공 동물—이었다.

거대한 크롬 바퀴벌레가 거리를 기어갈 때, 그 행동은 ‘자유’로웠다. 프로그래머가 크롬 바퀴벌레에게 “저 건물들 위로 걸어가라.”라고 말하면, 컴퓨터에서 가상 바퀴벌레가 자신의 다리들을 어떻게 움직이고 몸통을 어떤 각도로 기울여야 할지 계산했고, 5층짜리 벽돌 건물들 위로 기어다니는 자신의 모습을 그럴듯한 비디오로 그려냈다. 프로그래머는 바퀴벌레의 움직임을 지시하는 대신에 어느 방향으로 나아가도록 유도했다. 건물에서 내려올 때에는 인공 중력이 거대한 로봇 바퀴벌레를 땅으로 끌어내렸다. 땅에 떨어지는 순간에는 시뮬레이션 중력과 표면 마찰이 그 다리들을 실감나게 튀어오르고 미끄러지게 했다. 감독들이 다리의 움직임을 어떻게 해야 할지 세부적인 것에 신경 쓰지 않아도, 바퀴벌레는 그 장면을 잘 연기했다.

현재 자율적인 가상 캐릭터의 완성을 향한 그 다음 단계의 작업이 시험 중에 있다. 거대한 바퀴벌레의 상향식 행동 엔진을 가져와 그 주위를 매혹적인 쥐라기 공룡의 몸으로 둘러쌈으로써 디지털 영화 배우를 만드는 것이다. 그 배우를 움직이게 하고, 많은 컴퓨터 사이클을 부여하고 나서, 실제 배우에게 하는 것처럼 지시를 내린다. 일반적인 지시—"가서 먹이를 찾아!"—를 내리면, 이 배우는 그렇게 하려면 팔다리를 어떻게 조화시키며 움직여야 할지 혼자서 생각해낸다.

물론 그 꿈을 실현하는 게 그렇게 쉬운 일은 아니다. 보행은 단지 한 가지 행동 측면에 불과하다. 시뮬레이션한 동물은 걸어야 할 뿐만 아니라, 이리저리 돌아다녀야 하고, 감정을 표현해야 하고, 반응도 해야 한다. 단지 걷는 것뿐만 아니라 그 이상의 행동을 할 수 있는 동물을 발명하기 위해 애니메이션 제작자(그리고 로봇 연구자)는 모든 종류의 고유한 행동을 개발할 수 있는 방법이 필요하다.

1940년대에 유럽의 전설적인 동물 행동 관찰자 세 사람—콘라트 로렌츠Konrad Lorenz, 카를 폰 프리슈Karl von Frisch, 니코 틴베르헌Niko Tinbergen—은 동물 행동의 논리적 기초를 기술하기 시작했다. 로렌츠는 자기 집에서 거위들과 함께 살았고, 폰 프리슈는 벌집들 사이에서 살았으며, 틴베르헌은 큰가시고기, 농어, 갈매기를 관찰하면서 많은 날을 보냈다. 세 사람은 엄격하고 잘 설계한 실험을 통해 동물들의 별난 행동에 관한 지식을 모으고 개선해 동물행동학이라는 훌륭한 과학 분야를 세웠다. 이 선구적인 업적으로 세 사람은 1973년에 노벨상을 공동 수상했다. 훗날 애니메이션 제작자와 공학자와 컴퓨터과학자는 동물행동학 문헌을 조사하다가 놀랍게도 이 세 동물행동학자가 이미 행동학의 기초를 알아냈으며, 그것도 곧바로 컴퓨터로 옮겨 사용할 수 있는 것임을 발견했다.

동물행동학적 구조의 핵심에는 분산이라는 중요한 개념이 자리 잡고 있다. 1951년에 틴베르헌이 《본능 연구The Study of Instinct》라는 책에서 공식화한 것처럼, 동물의 행동은 행동학적 집짓기 블록처럼 분산된 독립적 행동 중추들의 조화로운 협력에서 나온다. 일부 행동 모듈은 반사 운동으로 이루어져 있다. 이러한 행동 모듈은 뜨거우면 물러서거나 물체가 닿으면 눈을 깜빡이는 것과 같은 단순한 기능을 수행한다. 반사 운동은 물체가 어디에 있는지, 그 밖에 무슨 일이 일어나는지, 심지어 숙주 신체의 현재 목표가 무엇인지도 전혀 모른다. 그저 적절한 자극이 나타나기만 하면 항상 그런 반응을 보인다.

수컷 송어는 다음과 같은 자극에 본능적으로 반응한다. 짝짓기를 할 만큼 성숙한 암컷 송어, 가까이 있는 벌레, 뒤에서 다가오는 포식 동물. 하지만 세 가지 자극이 동시에 나타나면, 항상 포식 동물 모듈이 먹이 구하기나 짝짓기 본능을 억누르고 승리를 거둔다. 행동 모듈들 사이에 갈등이 일어나거나 동시에 여러 자극이 나타날 때, 가끔 관리 모듈이 작동하여 결정을 내릴 수 있다. 예를 들어 여러분이 손이 지저분한 상태로 부엌에 있는데 전화가 울리는 동시에 누군가 문을 두드린다고 하자. 이렇게 갈등을 일으키는 충동들 — 전화부터 받아! 아니야, 손부터 닦아! 무슨 소리, 당장 문으로 달려가! — 은 마비 상태를 초래할 수 있다. 이때 학습된 행동 모듈이라는 제3의 모듈이 중재에 나서 "잠깐만요!"라고 먼저 소리를 지를 수 있다.

틴베르헌의 충동 중추를 덜 수동적으로 보는 방법은 그것을 '행위자'로 보는 것이다. 행위자(어떤 물리적 형태를 띠든 간에)는 자극을 감지한 다음에 반응한다. 그 반응—혹은 컴퓨터 용어로는 '출력(아웃풋)'—을 다른 모듈, 즉 다른 충동 중추 또는 행위자는 '입력(인풋)'으로 받아들일 수 있다. 한 행위자의 출력은 다른 모듈(총의 공이치기를 당겨 세우기)을 작동하게 하거나 이미 작동한 다른 모듈을 '활성화(방아쇠 당기기)'할 수 있다. 또는 그 신호가 이웃 모듈의 작동을 억제할 수도 있다. 배를 만지는 동시에 머리를 두드리기는 매우 어려운데, 알 수 없는 이유로 한 행동이 다른 행동을 억제하기 때문이다. 보통 하나의 출력은 어떤 중추를 작동시키는 반면, 다른 중추를 억제한다. 물론 이것은 순환적 인과성으로 가득 차 있어서 자기 창조로 되돌아가도록 만들어진 네트워크 설계이다.

따라서 겉으로 드러나는 행동은 이러한 맹목적인 반사 운동들이 복잡하게 뒤얽힌 덤불에서 나타난다. 행동의 기원이 분산되어 있다는 속성 때문에, 그 바탕을 이루는 아주 단순한 행위자가 예상치 못한 복잡한 행동을 만들어낼 수 있다. 고양이에게 귀를 긁거나 발을 핥으라는 지시를 내리는 중앙 모듈은 없다. 대신에 고양이의 행동은 복잡하게 얽혀서 상호작용하는 독립적인 '행동 중추들'—고양이의 반사 운동들—의 망이 결정하며, 분산된 그 망에서 전체적인 패턴(핥는 행동이나 긁는 행동)이 나타난다.

이것이 브룩스의 포섭 구조와 비슷하게 들리는 이유는 이것이 바로 포섭 구조이기 때문이다. 동물은 제대로 작동하는 로봇이다. 동물을 지배하는 분권화되고 분산된 제어는 로봇과 디지털 동물에게도 통한다.

동물행동학 교과서에 나오는, 상호 연결된 행동 모듈들이 여기저기 흩어져 망을 이룬 다이어그램은 컴퓨터과학자들에게 컴퓨터 논리 플로차트처럼 보인다. 이것은 행동을 컴퓨터화할 수 있다는 메시지를 던진다. 하위 행동들의 회로를 배열함으로써 어떤 종류의 개성이든 프로그래밍할 수 있다. 동물의 어떤 기분이나 복잡한 감정 반응도 컴퓨터로 만들어내는 것이 이론적으로 가능하다. 영화 속 동물은 로비 로봇을 움직이는 것과 동일한 상향식 행동 지배 — 그리고 살아 있는 명금류와 큰가시고기에게서 빌려온 것과 동일한 체계 — 를 통해 움직이게 할 수 있다. 하지만 압축 공기용 호스에 압력을 가하거나 물고기 꼬리를 까닥이게 하는 대신에, 분산 시스템은 컴퓨터 화면에서 다리를 움직이는 데이터를 집어넣는다. 이런 방법으로 영화에서 자율적인 애니메이션 캐릭터는 실제 동물과 똑같은 일반적 조직 규칙에 따라 행동한다. 그 행동은 비록 합성된 것이지만 '실재적' 행동(혹은 최소한 과잉 실재적 행동)이다. 따라서 애니메이션 캐릭터는 단단한 신체가 없는 로봇이다.

움직임뿐만 아니라 그보다 더한 것도 프로그래밍할 수 있다. 성격도 비트 코드에 담을 수 있다. 우울한 기분과 의기양양한 기분, 분노도 동물의 운영 체제에 부가 모듈로 추가할 수 있다. 일부 소프트웨어 회사는 다른 것보다 더 나은 버전의 '두려움'을 판매할 것이다. 어쩌면 '관계적 두려움' — 단지 동물의 몸에 기록될 뿐만 아니라, 연속적인 감정 모듈들로 조금씩 흘러가고, 오랜 시간에 걸쳐 서서히 사라지는 두려움 — 도 판매할 것이다.

행동은 자유를 원하지만, 사람에게 조금이라도 소용이 있으려면, 인공적으로 만든 행동은 감독이나 제어가 필요하다. 우리는 로비 로봇이나 버그스 버니가 우리가 감독하지 않더라도 스스로 어떤 일들을 해내길 원한다. 그와 동시에 로비나 버그스 버니가 할 수 있는 일이 전부 다 생산적이지는 않을 것이다. 어떻게 하면 로봇이나 단단한 몸이 없는 로봇 혹은 인공 생명체에게 마음대로 행동할 수 있는 자유를 주면서 여전히 우리에게 쓸모가 되는 일을 하도록 유도할 수 있을까?

예기치 않게 카네기 멜런 대학에서 시작한 상호작용 문학에 관한 연구 프로젝트에서 일부 답이 나왔다. 연구자인 조지프 베이츠Joseph Bates는 '오즈Oz'라는 세계를 만들었는데, 이것은 스티브 스트라스만이 만든 존과 메리의 작은 방과 비슷한 것이다. 오즈에는 인물들과 물리적 환경과 내러티브—고전적 희곡의 3요소와 동일한—가 있다. 전통 희곡에서는 내러티브가 인물과 환경을 지시한다. 하지만 오즈에서는 제어 관계가 다소 역전되어 인물과 환경이 내러티브에 영향을 미친다.

오즈는 사람들이 즐기도록 하기 위해 만든 세계이다. 오즈는 기발한 가상 세계로, 사람의 지시를 따르는 캐릭터뿐만 아니라 자동 기계도 있다. 그 목적은 전체 줄거리를 해치지 않는 동시에 우리가 관객 중 한 관찰자에 불과하다는 느낌이 들지 않도록 이야기에 참여할 수 있게 환경과 내러티브 구조와 자동 기계를 만드는 것이다. 이 프로젝트에 약간의 아이디어를 제공한 데이비드 젤처는 훌륭한 예를 들었다. "만약 우리가 당신에게 〈모비 딕〉 디지털 버전을 제공한다면, 피쿼드호에 당신의 선실이 없어야 할 이유가 없습니다. 당신은 흰 고래를 쫓는 스타벅과 대화를 나눌 수도 있어요. 그 내러티브에는 줄거리를 바꾸지 않고도 당신이 참여할 여지가 충분히 있어요."

오즈와 관련된 제어 연구는 크게 세 갈래로 진행된다.

- 내러티브를 어떻게 조직하면, 원래 목적지를 향해 나아가는 데 지

장을 주지 않으면서 원래 작품에서 약간 벗어나도록 허용할 수 있을까?

- 어떻게 하면 예기치 않은 사건을 초래하는 환경을 만들 수 있을까?
- 자율성이 있지만 지나치게 많지는 않은 동물을 어떻게 만들 수 있을까?

우리는 스트라스만의 '데스크탑 극장'에서 조지프 베이츠의 '컴퓨터 드라마'로 옮겨간다. 베이츠는 제어가 분산된 드라마를 상상한다. 이야기는 필시 그 바깥쪽 경계만 사전에 정해진 일종의 공진화가 될 것이다. 여러분은 줄거리에 영향을 미치려고 시도하는 〈스타트렉〉의 한 에피소드에 참여할 수도 있고, 새로운 환상과 맞닥뜨리는 합성 돈키호테와 함께 여행을 떠날 수도 있다. 오즈를 사용하는 인간의 경험에 큰 관심을 가진 베이츠는 자신의 탐구를 이렇게 표현한다. '내가 현재 해결하려고 애쓰는 질문은 이것입니다. 사용자의 자유를 빼앗지 않으면서 어떻게 그에게 운명의 굴레를 씌울 수 있을까?'

창조자보다는 피조물의 관점에서 제어의 미래를 탐구하는 나는 이 질문을 다음과 같이 바꿔 표현하고 싶다. '인공 생명 캐릭터의 자유를 빼앗지 않으면서 어떻게 그에게 운명의 굴레를 씌울 수 있을까?'

브래드 드 그라프는 이러한 제어의 변화는 저자의 목적을 변화시킨다고 생각한다. "우리가 만들고 있는 이것은 다른 매체입니다. 나는 이야기를 만드는 대신에 세계를 만듭니다. 나는 캐릭터의 대사와 행동을 만드는 대신에 성격을 만듭니다."

나는 베이츠가 개발한 일부 인공 캐릭터를 조작할 기회를 얻었을 때, 애완동물 같은 동물의 성격이 얼마나 큰 즐거움을 주는지 알 수 있었다. 베이츠는 자신의 애완동물들을 '워글woggle'이라 부른다. 워글은 파란색 블로브blob, 빨간색 블로브, 노란색 블로브, 이렇게 세 종류가 있다. 블로브는 두 눈이 달린 신축성 있는 구 모양을 하고 있다. 블로브들은 징검돌과 동굴 몇 개만 있는 단순한 세계에서 콩콩 뛰면서 돌아다닌다. 워글은 색깔에 따라 각각 다른 행동 양식이 암호화되어 있다. 하나는 수줍음이 많고, 하나는 공격적이며, 나머지 하나는 추종자이다. 다른 워글에게서 위협을 받으면, 공격적인 워글은 몸을 크게 부풀림으로써 겁을 주어 상대방을 물러나게 한다. 수줍음이 많은 워글은 몸을 움츠리고 달아난다.

별다른 일이 없으면 워글들은 콩콩 뛰어다니면서 자기들끼리 늘 하는 일을 하며 지낸다. 하지만 그들의 공간에 커서를 집어넣음으로써 사람이 그들의 세계에 들어오면, 그들은 방문자와 상호작용한다. 워글은 여러분을 졸졸 따라다닐 수도 있고, 피할 수도 있고, 여러분이 다른 워글을 괴롭히러 떠날 때까지 기다릴 수도 있다. 여러분은 전체 그림 속에 들어 있지만, 벌어지는 쇼를 제어하지는 않는다.

나는 베이츠의 워글 세계를 조금 확장한 프로토타입 세계에서 애완동물 제어의 미래를 더 잘 이해할 수 있었다. 일본 후지쯔 연구소의 가상 현실 팀은 워글과 같은 캐릭터들을 선택해 가상 3차원 캐릭터를 구체화시켰다. 나는, 머리에 멋대가리 없이 큰 VR 헬멧을 쓰고 손에 데이터 글러브를 낀 남자가 보여주는 시범 장면을 지켜보았다.

그는 환상 속의 지하 세계에 있었다. 먼 배경에 물에 잠긴 성이 희미하게 어른거렸다. 바로 앞의 플레이 공간에는 고대 그리스식 기둥 몇 개와 가슴 높이까지 자란 해초가 있었다. '해파리' 세 마리가 콩콩거리며 뛰어다녔고, 상어 비슷하게 생긴 작은 물고기가 그곳을 빙빙 돌았다. 버섯처럼 생기고 개만 한 크기의 해파리는 기분과 행동 상태에 따라 색이 변했다. 자기들끼리 놀 때 세 해파리는 파란색이었다. 해파리들은 뚱뚱한 외발을 쉬지 않고 움직이며 콩콩 뛰어다녔다. VR 헬멧을 쓴 남자가 손을 흔들면서 해파리들에게 가까이 오라고 손짓을 하면, 해파리들은 매우 기뻐하며 콩콩 뛰면서 색이 주황색으로 변했고, 마치 막대를 쫓아 달려가길 기다리는 개처럼 뛰어올랐다 내려갔다 했다. 남자가 그들에게 관심을 보이면, 해파리들은 양 눈 사이의 간격이 좁아지면서 행복한 표정을 지었다. 남자는 집게손가락으로 파란색 레이저 선을 내뿜어 멀리 있는 물고기에 닿게 함으로써 덜 우호적인 물고기를 부를 수 있었다. 그러면 물고기의 색이 변하고 사람에 대한 관심도 변했는데, 가끔 파란색 선이 몸에 닿으면 더 가까이 다가와 빙빙 돌면서 헤엄을 쳤다. (하지만 고양이처럼 너무 가까이 다가오지는 않았다.)

밖에서 보더라도 아주 낮은 수준의 자율적 행동 능력과 3차원 공간에서 3차원 형태를 가진 인공 캐릭터는 나름의 독특한 존재감을 가진다는 사실을 분명히 알 수 있었다. 나는 그들과 함께 모험을 하는 모습을 상상할 수 있었다. 그들을 쥐라기 공룡으로 상상하고, 그리고 그들에게 정말로 겁을 먹은 나를 상상할 수 있었다. 심지어 후지쯔의 그 남자조차 가상 물고기가 자신의 머리를 향해 너무 가까이 다가오자 움찔하며 머리를 숙였다. 드 그라프는 "흥미로운 캐릭터가 없다면 가상 현실은 아무 재미도 없을 것입니다."라고 말했다.

MIT 미디어랩의 인공 생명 연구자 패티 메이스Pattie Maes는 고글과 글러브를 사용하는 가상 현실을 극도로 싫어한다. 그녀는 그런 복장을 '너무 인공적'이고 구속적이라고 생각한다. 메이스는 동료인 샌디 펜틀랜드Sandy Pentland와 함께 가상 생물과 상호작용할 수 있는 대안을 찾았다. ALIVE라 부르는 그 시스템은 사람이 컴퓨터 화면과 비디오 카메라를 통해 애니메이션 생물과 상호작용하게 한다. 카메라는 인간 참여자에 초점을 맞추면서 화면에 보이는 가상 세계

속으로 그를 집어넣는다.

이 세련된 기술은 정말로 가상 세계와 교감하는 듯한 생생한 느낌을 준다. 팔을 움직이면 화면에 나타난 작은 '햄스터'와 상호작용할 수 있다. 햄스터는 바퀴 달린 작은 토스터처럼 생겼지만, 다양하고 풍부한 동기와 감지기와 반응을 지니고 자율적으로 목표를 추구하는 애니맷이다. 햄스터는 한동안 먹이를 먹지 않았을 때에는 사방이 울타리로 둘러싸인 우리 안을 걸어다니면서 '먹이'를 찾는다. 햄스터는 서로 함께 붙어 다니려고 하지만, 때로는 서로를 쫓아다닌다. 내가 손을 너무 빨리 움직이면, 햄스터는 내 손을 피해 도망간다. 만약 손을 천천히 움직이면, 햄스터는 호기심에서 그것을 따라간다. 햄스터는 몸을 일으켜세워 먹이를 달라고 애원하기도 한다. 피곤하면 널브러져 잠을 잔다. 이들은 로봇과 애니메이션으로 만든 동물 사이의 중간쯤에 해당하며, 믿을 만한 가상 캐릭터로부터 불과 몇 단계만 떨어져 있을 뿐이다.

패티 메이스는 동물들에게 '행동을 제대로 하는 방법'을 가르치려고 노력한다. 메이스는 사람의 관리가 별로 없는 상태에서 자신의 동물들이 환경에서 겪는 경험을 통해 학습하길 원한다. 쥐라기 공룡들은 학습 능력이 생기기 전에는 진정한 캐릭터가 될 수 없다. 학습 능력이 없는 휴머니스트 가상 배우는 만들어봤자 아무 쓸모가 없을 것이다. 메이스는 포섭 구조 모형에 따라 자신의 동물들에게 단지 적응할 뿐만 아니라, 혼자 힘으로 점점 복잡한 행동을 할 수 있고, 그러한 행동으로부터 '자신의 목표'가 창발하게 할 수 있는(전체 계획에서 아주 중요한 부분) 여러 계층의 알고리듬을 조직하고 있다.

디즈니와 픽사의 애니메이션 제작자들은 그 생각에 툴툴거리며 불평하지만, 언젠가 미키 마우스가 나름의 생각을 가지고 움직이는 날이 올 것이다.

2001년 겨울, 디즈니 스튜디오 부지 한쪽 구석에 일급 비밀 연구소로 쓸 트레일러가 들어섰다. 그리고 이전에 제작한 디즈니사의 만화영화 필름들, 기가바이트 용량의 컴퓨터 하드 드라이브들 더미, 24세의 컴퓨터 그래픽스 전문가 세 사람이 그 안으로 들어갔다. 그들은 약 3개월에 걸쳐 미키 마우스를 해체하려고 했다. 미키 마우스는 잠재적 3차원 존재이지만 2차원으로만 나타나는 캐릭터로 재탄생했다. 미키 마우스는 혼자서 걷고 뛰고 춤추고 놀라고 손을 흔들어 작별 인사를 하는 법을 안다. 립싱크도 할 수 있지만, 말은 하지 못한다. 이렇게 환골탈태한 미키 마우스는 2기가바이트짜리 사이퀘스트 이동식 디스크 하나에 담겼다.

그 디스크는 이전의 애니메이션 스튜디오로 옮겨졌고, 거기서 먼지만 쌓인 채 텅 빈 상태로 줄지어 늘어선 애니메이션 스탠드들을 지나 실리콘 그래픽스 워크스테이션이 깜빡이는 칸막이 방으로 갔다. 거기서 미키 마우스는 컴퓨터로 들어갔다. 애니메이션 제작자들은 미키 마우스를 위해 아주 자세한 인공 세계를 이미 만들어놓았다. 미키 마우스는 그렇게 미리 준비된 장면에 등장했고, 테이프가 돌아가기 시작했다. 쿠당탕! 미키가 계단에 발이 걸려 넘어지면, 중력이 미키를 아래로 끌어당긴다. 고무 같은 엉덩이가 나무 계단에 콩콩 부딪치며 튀어오르는 동작을 지배하는 시뮬레이션 물리학은 미키가 콩콩 튀면서 계단을 내려오는 장면을 실감나게 만들어낸다. 열린 현관 문을 통해 불어온 가상 바람에 날아간 모자를 잡으러 미키가 뛰어가는 순간 발 밑의 카펫이 미끄러지면서 뒤로 밀리는 장면과, 미키가 자신의 무게를 못 이기고 카펫 위에서 넘어지는 장면에서는 직물과 관련된 물리학도 가세한다. 여기서 미키가 받은 유일한 지시는 방으로 들어가 모자를 쫓아가라는 것뿐이었다. 나머지 일은 모두 저절로 일어난다.

1997년 이후로는 아무도 미키를 다시 그리지 않는다. 이제 그럴 필요가 없다. 가끔 애니메이션 제작자들이 여기저기 중요한 얼굴 표정에 손을 대지만—그래서 그들 사이에서는 메이크업 아티스트라 불린다—대체로 미키는 주어진 대본에 따라 연기를 한다. 그리고 미키—혹은 그의 클론—는 1년 내내 일하며, 동시에 두 편 이상의 영화에 출연하기도 한다. 물론 불평도 전혀 하지 않는다.

그래도 그래픽스 담당자는 만족할 줄 모른다. 그들은 메이스의 학습 모듈을 미키의 코드에 집어넣는다. 이것을 장착한 미키는 배우로서 한층 성숙한 모습을 보인다. 미키는 같은 장면에 등장한 다른 배우들—도널드 덕과 구피—의 감정과 행동에 반응을 보인다. 어떤 장면을 다시 돌릴 때마다 미키는 보관된 필름에서 한 행동을 기억하고, 다음번에 그 제스처를 강조한다. 미키는 외부의 손을 통해서도 진화한다. 프로그래머들은 미키의 코드를 조정하고, 좀 더 부드럽게 움직이게 하고, 표현의 범위를 확대하며, 감정의 깊이를 강화한다. 이제 필요하다면 미키는 '감수성이 예민한 남자'도 연기할 수 있다.

그런데 학습을 한 지 5년이 지나자 미키는 독자적인 생각을 하기 시작했다. 그는 도널드에게 적대적인 반응을 보이며, 나무 망치로 머리를 얻어맞으면 불같이 화를 낸다. 그리고 화가 나면 아주 완고한 태도를 보인다. 감독이 절벽 가장자리 너머로 걸어가라고 지시하면, 수 년 동안 장애물과 절벽 가장자리를 피하도록 학습해온 미키는 지시를 거부한다. 미키의 프로그래머들은 이렇게 특이한 행동을 바로잡으려고 하면 미키가 그동안 습득한 다른 미묘한 특징과 재주까지 훼손되고 만다고 불평한다. 그들은 "이것은 생태학과 같아요. 하나를 없애면 나머지 모든 것에 영향을 미치게 되죠."라고 말한다. 한 그래픽스 담당자가 한 말이 이 상황을 아주 적절하게 표현한다. "실제로는 심리학과 같아요. 미키는 실제로 개성을 갖고 있어요. 그것을 따로 분리할 수가 없어요. 어떻게든 이 장애물을 피해갈 수 있도록 노력할 수밖에 없어요."

그래서 2007년 무렵에 미키 마우스는 완전한 배우가 되었다. 에이전트들이 흔히 사용하는 표현을 빌리면, 미키는 가치 있는 '자산'이 되었다. 미키는 말을 할 수 있고, 상상할 수 있는 어떤 종류의 슬랩스틱 상황도 처리할 수 있다. 나름의 스턴트 묘기도 해낸다. 유머 감각도 뛰어나며, 코미디언의 놀라운 타이밍 감각도 있다. 유일한 문제점은 함께 일하기가 무척 껄끄럽고 불편하다는 점이다. 갑자기 흥분하여 길길이 날뛰기도 한다. 감독들은 그를 미워한다. 하지만 꾹 참을 수밖에 없는데(그들은 이보다 심한 일도 겪었다), 왜냐하면 그는 미키 마우스이기 때문이다.

무엇보다도 미키는 결코 죽지 않으며, 늙지도 않는다.

디즈니사는 만화영화 〈로저 래빗Roger Rabbit〉에서 만화영화 캐릭터들의 해방을 예고했다. 이 영화에 등장하는 캐릭터들은 독립적인 삶과 꿈을 갖고 있지만, 영화에 필요해 우리가 불러낼 때를 제외하고는 그들의 가상 세계인 툰타운에서만 살아간다. 촬영장에서 만화영화 캐릭터들은 협조적이지 않을 수도 있고, 즐거워하지 않을 수도 있다. 그들은 인간 배우들과 마찬가지로 변덕과 짜증을 부린다. 로저 래빗은 픽션에 불과하지만, 언젠가 디즈니사는 제어 불능 상태의 자율적인 로저 래빗을 상대해야 할 날이 올 것이다.

쟁점은 바로 제어이다. 공식 데뷔작인 〈증기선 윌리〉에서 미키는 월트 디즈니가 완전히 제어했다. 디즈니와 미키는 하나였다. 하지만 살아 있는 행동을 점점 더 많이 미키에게 불어넣을수록 미키는 자신을 만든 사람들과 일체감이 멀어졌고, 제어에서 점점 벗어났다. 이것은 어린이나 애완동물을 길러본 사람들에게는 식상한 이야기로 들릴 것이다. 하지만 만화영화 캐릭터나 점점 똑똑해지는 기계를 다루는 사람들에게는 새로운 소식이다. 물론 어린이나 애완동물은 우리의 제어에서 완전히 벗어나지는 않는다. 직접적인 권위로 그들을 복종하게 할 수 있고, 또 교육과 성격 형성 과정에 관여하는 간접적 제어 방법은 영향력이 더 크다.

이것을 제대로 묘사하는 방법은 제어 단계들을 스펙트럼으로 보는 것이다. 한쪽 끝에는 '일사불란한' 제어가 완전한 지배력을 행사하고 있고, 반대쪽 끝에는 '제어 불능' 상태가 있다. 그리고 그 사이에는 적절한 이름이 붙지 않은 다양한 종류의 제어가 존재한다.

얼마 전까지만 해도 우리가 만든 모든 인공물, 우리가 직접 손으로 만든 모든 창조물은 우리의 권위에 철저히 복종했다. 하지만 인공물에서 합성 생물을 개발하면서 우리의 지배력은 점점 약해졌다. 솔직하게 말해서 '제어 불능'은 생명력을 얻게 된 기계들이 도달할 상태를 크게 과장한 표현이다. 그들은 여전히 간접적으로 우리의 영향과 안내를 받는 위치에 있을 테지만, 우리의 완전한 지배에서는 벗어날 것이다.

나는 찾을 수 있는 모든 곳을 샅샅이 훑어보았지만, 이러한 종류의 영향력을 적절하게 묘사하는 단어를 찾을 수 없었다. 영향력을 지닌 창조자와 독자적인 마음을 가진 피조물(앞으로 더 많이 보게 될) 사이의 느슨한 관계를 적절하게 표현하는 단어가 없다. 부모와 자식 사이의 영역에는 그러한 단어가 있어야 당연할 것 같은데, 안타깝게도 없다. 양은 사정이 좀 나은데, '양을 안내하고 보살피다'라는 뜻의 shepherding이란 단어가 있기 때문이다. 양떼를 몰고 갈 때, 우리는 완전한 권위를 가진 위치에 있지 않지만, 제어를 전혀 하지 않는 위치에 있는 것도 아니다. 어쩌면 우리는 이렇게 양을 안내하듯이 인공 생명을 안내하는지도 모른다.

우리는 또한 식물을 그들의 자연적 목표를 향해 나아가도록 돕거나 우리 자신의 목표 쪽으로 살짝 비틀면서 '경작husband'한다. 가상 미키 마우스 같은 인공 생명에게 필요한 일반적인 종류의 제어를 가리키는 데에는 '관리manage'라는 단어가 가장 가까운 것 같다. 여성은 자신의 까다로운 아이나 짖는 개나 300명의 영업부 직원을 자신의 권위로 '관리'할 수 있다. 디즈니는 영화에서 미키를 관리할 수 있다.

'관리'라는 단어는 가까운 표현이기는 완벽한 표현은 아니다. 우리는 에버글레이즈 같은 황야 지역을 관리하지만, 사실은 해초, 뱀, 시금치 사이에 일어나는 일에는 거의 아무런 영향도 미치지 못한다. 또한 우리는 국가 경제를 관리하지만, 국가 경제는 자기 마음대로 굴러간다. 우리는 전화망을 관리하지만, 특정 통화를 어떻게 끝내야 할지 감독할 수 없다. '관리'라는 단어는 위에 든 예들에서 우리가 실제로 가진 것보다, 그리고 미래에 훨씬 복잡한 시스템들에서 가지게 될 것보다 더 많은 감독을 의미할 수도 있다.

내가 찾는 단어는 '공동 제어co-control'에 더 가깝다. 이것은 이미 일부 기계적 상황에서 볼 수 있다. 악천후에 747 점보 제트기를 하늘에 띄우고 착륙시키는 것은 매우 복잡한 일이다. 동시에 작동하는 수백 개의 시스템, 비행기의 빠른 속도에 상응하는 즉각적인 반응 시간, 잠자지 않고 달린 장거리 여행과 위험한 날씨에서 비롯된 방향 감각 상실 효과 때문에, 인간 파일럿보다는 컴퓨터가 비행기를 더 안전하게 조종할 수 있다. 여기에는 많은 인명이 달려 있기 때문에 실수나 차선이 용납되지 않는다. 그렇다면 아주 똑똑한 기계에게 제트기의 제어를 맡기는 게 좋지 않겠는가?

그래서 공학자들은 오토파일럿autopilot, 자동 조종 장치을 만들었는데, 이것은 아주 유능한 조종 장치라는 것이 입증되었다. 오토파일럿은 점보 제트기의 조종과 이착륙 과제를 아주 잘 해낸다. 플라이-바이-와이어fly-by-wire 역시 모든 것을 디지털 제어 아래에 둠으로써 항공 관제사들이 원하는 질서에 아주 잘 들어맞는다. 처음에는 일이 잘못될 경우에 대비해 인간 파일럿에게 화면을 감시하게 했다. 유일한 문제점은 사람이 소극적인 감시에 매우 서툴다는 점이다. 사람은 금방 지루함을 느끼고 몽상에 빠지기 쉽다. 그러면 중요한 세부 사항을 놓치기 시작한다. 그러다가 긴급 사태가 발생하면 허겁지겁 사태를 수습하느라 애를 먹는다.

따라서 파일럿에게 컴퓨터를 들여다보게 하는 대신에 관계를 완전히 역전시켜 컴퓨터가 파일럿을 감시하게 하자는 아이디어가 나왔다. 이 접근 방법은 지금까지 자동화 수준이 가장 높은 비행기 중 하나인 유럽 에어버스 A320에 채택되었다. 1988년에 도입된 기내 컴퓨터는 파일럿을 감시한다. 파일럿이 비행기의 방향을 바꾸기 위해 조종간을 밀 때, 컴퓨터는 비행기를 왼쪽이나 오른쪽으로 얼마나 기울여야 할지 계산하지만, 기체를 좌우로 67° 이상, 기수를 위아래로 30° 이상 기울이지 못하게 한다. 〈사이언티픽 아메리칸〉의 표현을 빌리면, 이것은 "소프트웨어가 전자 보호막을 작동시킴으로써 비행기가 구조적 한계를 초과하지 않도록 하는" 것을 의미한다. 이것은 또한 파일럿이 제어를 포기해야 한다는 사실을 의미한다고 파일럿들은 불평한다. 1989년, 747기를 조종하던 영국항공 파일럿들은 컴퓨터가 내린 동력 감소 지시를 되돌려야 하는 사건을 여섯 번 겪었다. 만약 자동 조종 장치의 실수—보잉사는 소프트웨어의 버그 탓으로 돌렸다—를 되돌릴 수 없었다면, 그 실수가 치명적인 사고를 낳을 수도 있었다. 하지만 에어버스 A320은 자동 시스템의 지시를 파일럿이 되돌릴 수 없게 되어 있다.

인간 파일럿들은 비행기의 제어를 되찾기 위해 싸우고 있다는 느낌이 들었다. 컴퓨터는 파일럿이 되어야 할까, 항행사가 되어야 할까? 파일럿들은 농담으로 컴퓨터는 조종석에 개를 들여놓는 것과 같다고 말했다. 개가 하는 일은 파일럿이 조종간을 만지려고 할 때 파일럿을 무는 것이고, 파일럿이 유일하게 하는 일은 개에게 먹이를 주는 것이다. 사실 자동 비행 분야에서 새로 만들어진 전문 용어로는 파일럿을 '시스템 매니저'라고 부른다.

나는 컴퓨터가 결국에는 공동 파일럿이 될 것이라고 확신한다. 컴퓨터가 하는 일 중에는 파일럿이 전혀 손대지 못할 일이 많을 것이다. 하지만 파일럿은 컴퓨터의 행동을 관리 또는 안내할 것이다. 그리고 둘—기계와 인간—은 모든 자율적 존재가 그런 것처럼 늘 싸울 것이다. 비행기는 공동 제어를 통해 하늘을 날 것이다.

애플의 그래픽스 전문가인 피터 리트위노비치Peter Litwinowicz는 훌륭한 일꾼을 만들었다. 그는 살아 있는 인간 배우의 몸과 얼굴 움직임을 추출해 그것을 디지털 배우에게 적용했다. 그는 인간 연기자에게 다소 극적인 방식으로 드라이 마티니를 주문하라고 시켰다. 그리고 이 제스처—치켜올린 눈썹, 능글능글 웃는 입술, 경쾌하게 까닥이는 머리—를 이용해 고양이의 얼굴을 제어했다. 고양이는 배우와 정확하게 똑같은 방식으로 선들을 나타냈다. 리트위노비치는 같은 시도를 반복하여 배우의 표정을 만화 위에다 텍스처 매핑한 뒤, 그것을 다시 움직이지 않는 고전적인 가면으로 옮겼고, 마지막으로 배우의 얼굴 제어 장치들을 이용해 나무 줄기를 살아 움직이게 했다.

그렇다고 인간 배우가 일자리를 잃지는 않을 것이다. 일부 캐릭터는 완전히 자율적이 되겠지만, 대부분은 사이보그의 성격을 지닐 것이다. 배우는 고양이를 살아 움직이게 하는 반면, 인공 고양이도 이에 대응해 배우가 더 나은 고양이가 되도록 돕는다. 배우는 카우보이가 말을 타거나 파일럿이 컴퓨터가 조종하는 비행기를 타는 것과 똑같은 종류의 공동 제어 방식으로 만화를 '탈' 수 있다. 디지털 닌자 거북이의 초록색 캐릭터가 혼자서 세상을 돌아다니더라도, 제어를 공유한 인간 배우는 가끔 적절한 뉘앙스를 제공하거나 으르렁거리는 소리에 딱 어울리는 비웃음을 덧붙여 연기를 멋있게 마무리한다.

〈터미네이터 2〉를 제작한 제임스 캐머런James Cameron 감독은 얼마 전에 컴퓨터 그래픽스 전문가들에게 이렇게 말했다. "배우는 가면을 좋아합니다. 그들은 가면을 쓰기 위해 기꺼이 8시간 동안 분장실 의자에 앉아 있지요. 우리는 합성 캐릭터를 만드는 일에 그들을 파트너로 삼아야 합니다. 그들에게 새로운 신체와 새로운 얼굴을 주어 그들의 예술을 확장하게 하는 거지요."

제어의 미래는 파트너십, 공동 제어, 사이보그식 제어이다. 이 모든 것은 창조자가 제어를(그리고 자신의 운명도) 자신의 창조물과 함께 나누어야 한다는 것을 의미한다.

17

열린 우주

한 꿀벌 무리가 벌집에서 빠져나와 한 나뭇가지에 덩어리를 이루어 매달린다. 만약 근처에 있는 양봉가의 운이 좋다면, 꿀벌 무리는 다가가기 쉬운 나뭇가지에 자리를 잡는다. 꿀을 실컷 먹고 나서 더 이상 알이나 새끼를 보호하지 않는 꿀벌은 무당벌레만큼 유순하다.

나도 이전에 내 머리 높이에 매달려 있는 벌떼를 발견하여 텅 빈 벌통으로 옮긴 적이 있다. 1만 마리의 벌을 나뭇가지에서 벌통으로 옮기는 것은 생명의 마술 쇼 중 하나이다.

이것을 옆에서 지켜보는 사람들은 감탄을 금치 못할 것이다. 웅웅거리는 벌떼 바로 아래에 있는 땅 위에 하얀 시트나 커다란 마분지를 깐다. 그리고 텅 빈 벌통의 아래쪽 입구를 시트의 한쪽 가장자리 아래로 밀어넣어 시트나 마분지가 벌집 입구로 이어진 거대한 경사로가 되게 한다. 그리고 동작을 멈추었다가 나뭇가지를 한 번 세게 흔든다.

그러면 벌들이 나무에서 시트 위로 한 덩어리가 되어 떨어져 휘저은 검은색 당밀처럼 좍 퍼진다. 수천 마리의 벌들은 윙윙거리며 혼란스러운 덩어리를 이루어 서로의 몸 위로 기어오른다. 그러다가 서서히 일관된 움직임이 나타나기 시작한다. 벌들은 벌통 입구 쪽을 향해 정렬한 뒤 마치 같은 명령을 받은 소형 로봇들처럼 입구를 향해 행진한다. 실제로 벌들은 같은 명령을 받는다. 시트 쪽으로 허리를 굽히고 기어다니는 벌들 가까이로 코를 갖다대면, 장미 비슷한 향기가 날 것이다. 벌들은 걸어가면서 허리를 둥글게 구부리고 열심히 날개를 퍼덕인다. 벌들은 꽁무니에 있는 분비샘에서 장미 향기를 방출하면서 뒤에 있는 무리에게 그 냄새를 부채질해 보낸다. 냄새는 "여왕이 여기 있다. 나를 따르라."라고 말한다. 두 번째 벌은 첫 번째 벌을 따르고, 세 번째 벌은 두 번째 벌을 따르며, 5분 뒤에는 마지막 벌까지 벌통 속으로 들어가 시트는 텅 비고 만다.

지구에 처음 나타난 생명은 이러한 쇼를 보여줄 수 없었다. 그것은 적절한 변이가 부족한 차원의 문제가 아니었다. 최초의 유전자들이 허용한 가능성 중에는 그렇게 놀라운 행동을 할 여지가 전혀 없었기 때문이다. 날아다니는 동물 1만 마리를 장미 냄새를 사용해 일사불란하게 어떤 목적을 가지고 기어다니는 한 마리 동물로 만드는 것은 초기 생명의 능력에서 벗어나는 일이었다. 초기의 생명은 그러한 쇼를 펼칠 공간—꿀벌, 일벌과 여왕벌의 관계, 꽃에서 얻는 꿀, 나무, 벌집, 페로몬—을 아직 만들지 않았을 뿐만 아니라, 그러한 공간을 만들 도구조차 만들지 않았다.

자연이 놀라운 다양성을 펼칠 수 있는 이유는 그 허가권에 제한이 없기 때문이다. 생명은 자신이 처음에 만든 극소수 유전자의 제한된 공간 안에서만 눈부신 다양성을 만들도록 스스로를 제약하지 않았다. 반대로 생명이 발견한 최초의 것들 중 하나는 새로운 유전자와 더 많은 유전자, 변이를 일으키는 유전자, 그리고 더 큰 유전자 도서관을 만드는 방법이었다.

보르헤스 도서관에 있는 책 한 권은 유전자 100만 개에 해당하고, 고해상도 할리우드 영화 프레임 하나는 3000만 개에 해당한다. 하지만 이것들로 만들어진 도서관들이 아무리 방대하더라도, 그것들은 가능한 모든 도서관들의 메타도서관에 비하면 티끌에 불과하다.

생명의 한 가지 특징은 자신의 공간을 계속 확장해나가는 것이다. 자연은 계속 확대되는 가능성의 도서관이다. 자연은 열린 우주이다. 생명은 도저히 있을 법하지 않은 책을 도서관 책장에 나타나게 하는 것과 동시에 전체 구조에 새로운 날개들을 덧붙여 있을 법하지 않은 텍스트들이 더 들어설 공간을 만든다.

우리는 생명이 고정된 유전자 공간에서 변화 가능한 유전자 공간으로 옮겨가는 문턱을 어떻게 넘어갔는지 모른다. 어쩌면 염색체에 들어 있는 유전자의 전체 개수를 결정하는 것은 어느 특정 유전자가 맡고 있던 임무였을 것이다. 그러다가 바로 그 유전자에 돌연변이가 일어나면서 한 염색체에 존재할 수 있는 유전자의 전체 개수가 늘어나거나 줄어들었을 것이다. 혹은 게놈의 크기를 결정하는 데 둘 이상의 유전자가 간접적으로 관여했는지도 모른다. 혹은 게놈의 크기가 유전자 시스템 자체의 구조에 의해 결정되었을 가능성이 더 높다.

토머스 레이는 자기 복제자들로 이루어진 자신의 세계에서 길이가 변할 수 있는 게놈이 즉각 창발했음을 보여주었다. 그의 생물들은 예상 외로 짧은 '22'에서부터 2만 3000바이트 길이의 생물에 이르기까지 넓은 범위 안에서 자신의 게놈(따라서 가능한 도서관들의 크기)을 결정했다.

열린 게놈은 열린 진화를 낳는다. 각각의 유전자가 무엇을 해야 하는지 또는 얼마나 많은 유전자가 있어야 하는지 사전에 결정하는 시스템은 사전에 결정된 경계까지만 진화할 수 있다. 도킨스와 래섬, 심스, 러시아의 〈엘피시〉 프로그래머들이 만든 최초의 시스템들은 바로 이 한계에 제약을 받았다. 그 시스템들은 주어진 크기와 농도 안에서 가능한 그림을 모두 만들 수는 있어도, 가능한 미술 작품을 모두 다 만들지는 못한다. 유전자의 역할이나 수를 사전에 결정하지 않는 시스템은 큰 성공을 거둘 수 있다. 토머스 레이의 동물들이 열광적인 반응을 불러일으킨 이유는 바로 이 때문이다. 이론적으로 그의 세계는 시간만 충분히 준다면 궁극적인 도서관 안에서 어떤 것이라도 진화시킬 수 있다.

열린 게놈을 조직하는 방법은 한 가지만 있는 게 아니다. 1990년, 칼 심스는 CM2의 슈퍼 연산 능력을 이용해 길이가 고정되지 않은 유전자들로 새로운 종류의 인공 세계를 고안했는데, 이것은 그의 식물 그림 세계보다 크게 발전한 것이었다. 심스는 긴 숫자열로 이루어진 게놈 대신에 짧은 '방정식'으로 이루어진 게놈을 만듦으로써 이러한 묘기를 보여주었다. 고정된 유전자들로 이루어진 원래 도서관에서는 각각의 유전자가 한 식물의 시각적 매개변수 하나만 제어했다. 두 번째 도서관에는 길이가 제한 없이 변할 수 있는 방정식들이 있었는데, 이것들이 곡선과 색, 형태, 모양을 그려냈다.

심스의 방정식 유전자는 한 컴퓨터 언어(LISP)의 작은 자기 충족적 논리 단위였다. 각각의 모듈은 '더하기', '빼기', '곱하기', '코사인', '사인' 같은 산술적 명령이었다. 심스는 이 단위들을 '프리미티브primivite'—하나의 논리적 알파벳—라 불렀다. 만약 적절한 프리미티브 알파벳이 있으면, 가능한 방정식을 모두 만들 수 있다. 다양한 소리를 나타내는 알파벳이 적절히 있으면 모든 구어 문장을 만들 수 있는 것과 마찬가지이다. '더하기', '곱하기', '코사인' 등을 서로 결합하면 생각할 수 있는 수학 방정식은 모두 다 만들 수 있다. 어떤 모양도 방정식으로 기술할 수 있기 때문에, 프리미티브 알파벳으로 어떤 그림이라도 만들 수 있다. 방정식의 복잡성에 프리미티브 알파벳의 속성이 더해지면, 그 결과로 생기는 이미지의 복잡성이 미묘하게 증가할 것이다.

방정식 도서관을 사용하자, 생각하지 못했던 두 번째 이점도 나타났다. 심스의 원래 세계(그리고 토머스 레이의 티에라와 대니 힐리스의 공진화 기생충)에서 생물은, 보르헤스 도서관의 책들이 한 번에 문자 하나가 바뀌는 것처럼, 무작위로 한 자리의 수가 바뀌는 숫자열이었다. 더 개선된 심스의 우주에서는 생물들은 무작위로 한 단위가 바뀌는 '논리 단위'들의 열이었다. 이것은 문자가 아니라 단어가 바뀌는 보르헤스 도서관과 비슷하다. 각 책의 모든 단어는 철자가 정확하기 때문에, 모든 책의 각 페이지에는 의미가 통하는 패턴이 더 많이 들어 있다. 하지만 단어를 기초로 한 보르헤스 도서관의 수프는 처음에 냄비 속에 수만 개의 단어가 필요한 반면, 심스는 10여 개의 수학적 프리미티브만 들어 있는 수프로 가능한 방정식을 모두 만들 수 있었다.

하지만 디지털 비트 대신에 논리 단위를 진화시키는 방법에서 가장 혁명적인 이점은 이 방법이 시스템을 즉각 제약 없는 우주를 향해 나아가는 길로 올려놓는다는 점이었다. 논리 단위는 그 자체가 함수이며, 디지털 비트처럼 함수를 위한 값에 불과한 것이 아니다. 여기저기서 논리 프리미티브를 더하거나 서로 바꿈으로써 프로그램의 전체 기능성이 변하거나 확대된다. 그런 시스템에서는 새로운 '종류'의 기능과 사물이 창발한다.

심스가 발견한 것이 바로 이것이었다. 그의 방정식에서 완전히 새로운 종류의 그림들이 진화하여 스스로를 컴퓨터 화면에 그려냈다. 맨 처음에 심스를 놀라게 한 것은 그 공간의 풍부성이었다. 심스의

LISP 알파벳은 프리미티브를 논리적 부분들로 제한함으로써 대부분의 방정식이 '어떤 패턴'을 확실히 그리도록 보장했다. 분명치 않은 회색 패턴들로 가득 차는 대신에 어디에서나 놀라운 풍경이 나타났다. 무작위로 어떤 장소에 발을 내딛든 심스는 '미술 작품' 가운데 서 있었다. 최초의 화면은 짙은 빨간색과 파란색 지그재그로 가득 찼다. 다음 화면은 둥둥 떠다니는 노란색 구체들로 고동쳤다. 그 다음 세대에는 안개 자욱한 수평선에 노란색 구체들이 나타났고, 그 다음에는 파란색 수평선에 날카로운 파도들이 나타났다. 그리고 그 다음에는 미나리아재비를 연상시키는 노란색 파스텔 색조의 원형 얼룩들이 나타났다. 화면이 바뀔 때마다 놀랍도록 창조적인 장면이 나타났다. 한 시간 동안 수천 장의 놀라운 그림들이 숨어 있던 장소에서 불려나와 처음이자 마지막으로 그 모습을 드러냈다. 그것은 마치 세상에서 가장 위대한 화가가 어떤 주제나 패턴을 다시 반복하는 일 없이 스케치를 해나가는 모습을 어깨 너머로 보는 것과 같았다.

심스가 한 그림을 선택해 그 변이를 번식시키고 나서 또 한 그림을 선택할 때, 그는 단지 그림만 진화시킨 것이 아니었다. 그 모든 일의 이면에서 심스는 논리를 진화시키고 있었다. 비교적 짧은 논리 방정식이 놀랍도록 복잡한 그림을 그렸다. 한번은 심스의 시스템이 다음과 같은 8행짜리 논리 코드를 진화시켰다.

```
(cos (round (atan (log (invert y) (+ (bump (+ (round x y)
y) #(0.46 0.82 0.65) 0.02 #(0.1 0.06 0.1) #(0.99 0.06 0.41)
1.47 8.7 3.7) (color-grad (round (+ y y) (log (invert x) (+
(invert y) (round (+ y x) (bump (warped-ifs (round y y) y 0.08
0.06 7.4 1.65 6.1 0.54 3.1 0.26 0.73 15.8 5.7 8.9 0.49 7.2
15.6 0.98) #(0.46 0.82 0.65) 0.02 #(0.1 0.06 0.1) #(0.99
```

```
0.06 0.41) 0.83 8.7 2.6))))) 3.1 6.8 #(0.95 0.7 0.59) 0.57)))
#(0.17 0.08 0.75) 0.37) (vector y 0.09 (cos (round y y)))))
```

심스의 컬러 모니터로 불러내자, 이 방정식은 북극의 일몰 장면이 배경으로 펼쳐진 두 개의 고드름처럼 보이는 그림을 그렸다. 그것은 정말로 눈길을 끄는 이미지였다. 얼음은 세부가 아주 자세하게 묘사되고 반투명했으며, 배경의 수평선은 추상적이고 고요했다. 아마추어 화가가 그린 것과 비교해도 손색이 없었다. 심스는 "이 방정식은 아무것도 없던 것에서 불과 몇 분 만에 진화했어요. 설계할 수 있는 것보다 훨씬 빠르게 말입니다."라고 지적했다.

하지만 심스는 방정식의 논리와 왜 그것이 얼음 그림을 만들어냈는지 그 이유를 전혀 설명하지 못한다. 그것은 우리와 마찬가지로 그에게도 불가해하고 혼란스러워 보인다. 방정식에 숨어 있는 복잡한 이유는 수학적으로 금방 이해하기가 불가능하다.

스탠퍼드 대학의 컴퓨터과학 교수 존 코자는 논리 프로그램을 진화시킨다는 허황돼 보이는 개념을 진지하게 추구했다. 존 홀랜드의 제자인 코자는 홀랜드의 유전 알고리듬에 대한 지식을 1960년대와 1970년대의 암흑 시대에서 구출해 1980년대 후반의 병렬성 르네상스 시대에 되살린 사람 중 하나이다.

코자는 미술가인 심스가 그런 것처럼 가능한 방정식들의 공간을 단순히 탐구하는 데 그치지 않고, 최선의 방정식을 번식시켜 특정 문제를 해결하길 원했다. 다소 엉뚱한 예이긴 하지만, 가능한 그림들의 공간에는 그림을 바라보는 소에게 우유를 더 많이 생산하게 하는 그림이 있을 것이라고 상상할 수 있다. 코자의 방법은 바로 그 그림을 그리는 방정식들을 진화시킬 수 있다. 이 억지스러워 보이는 개념에서 코자는 우유 생산량을 조금이라도 증가시키는 그림을 그리는 방정식들에게 보상을 주었고, 더 이상 증가가 일어나지 않을 때까지 그러한 행동을 계속했다. 하지만 실제 실험에서는 코자는 움직이는 로봇을 조종할 수 있는 방정식을 찾는 것처럼 더 실용적인 테스트를 선택했다.

어떤 의미에서 코자의 탐구는 심스나 다른 사람들의 그것과 비슷했다. 그는 가능한 컴퓨터 프로그램들의 보르헤스 도서관에서 사냥을 했는데, 뚜렷한 목표 없이 단지 거기에 무엇이 있는지 살펴보기 위해서가 아니라, 특정 '실용적' 문제를 해결하는 최선의 방정식을 찾기 위해서였다. 코자는《유전 프로그래밍 Genetic Programming》에서 "나는 이 문제들을 푸는 과정은 가능한 컴퓨터 프로그램들의 공간에서 아주 적절한 개별 컴퓨터 프로그램을 찾는 작업이라고 바꿔 말할 수 있다고 주장한다."라고 썼다.

컴퓨터 전문가들이 레이의 컴퓨터 진화 계획은 성공할 수 없다고 말한 것과 같은 이유로 번식을 통해 방정식을 '발견'하려는 코자의 방식도 전통적인 방식에서 벗어나는 것이었다. 논리 프로그램이 취약하며 아주 작은 변경도 허용하지 않는다는 사실은 모두가 '알고' 있었다. 컴퓨터과학 이론에서는 프로그램의 순수한 상태가 두 가지 있다고 이야기한다. 그것은 (1) 아무 결함 없이 작동하는 것과 (2) 변경되어 실패하는 것이다. 세 번째 상태—무작위로 변경되었지만 여전히 작동하는—는 손에 든 패에 없었다. 사소한 변경은 버그bug라 부르는데, 사람들은 버그를 없애려고 많은 돈을 쏟아부었다. 전문가들은 만약 컴퓨터 방정식이 점진적으로 변경되고 개선(진화)되는 것이 가능하다면, 극소수의 소중한 영역이나 특별한 종류의 프로그램에서만 그럴 것이라고 생각했다.

그러나 인공 진화는 종래의 상식이 크게 틀렸음을 보여주었다. 심스와 레이, 코자는 논리 프로그램이 점진적 변경을 통해 진화할 수 있다는 훌륭한 증거를 내놓았다.

코자의 방법은 두 수학 방정식이 어떤 문제를 푸는 데 어느 정도 효과가 있다면, 그 중 일부는 가치가 있다는 직감을 바탕으로 한 것이었다. 만약 두 방정식에서 가치 있는 부분들을 합쳐 새 프로그램으로 만든다면, 그 결과는 두 부모보다 더 효과적일 것이다. 코자는 두 부모의 부분들을 무작위로 재결합해 수천 가지 조합을 만들었는데, 그러한 조합 중에 가치 있는 부분들이 최적의 상태로 결합되어 문제를 훨씬 잘 해결하는 조합이 포함되어 있을 확률적 가능성에 큰 기대를 품었다.

코자의 방법과 심스의 방법에는 비슷한 점이 많다. 코자의 수프 역시 '더하기', '곱하기', '코사인' 같은 산술 프리미티브 10여 개가 컴퓨터 언어 LISP로 표현되어 섞여 있는 혼합물이었다. 그 단위들은 무작위로 연결되어 컴퓨터의 플로차트와 다소 비슷한 계층적 조직인 논리 '나무'를 이루고 있었다. 코자의 시스템은 500~1만 개의 서로 다른 논리 나무를 번식 개체군으로 만들었다. 그 수프는 대개 약 50세대 만에 꽤 괜찮은 자손으로 수렴했다.

변이는 한 나무에서 다음 나무로 넘어갈 때 유성 생식으로 가지가 바뀌는 방법을 통해 일어났다. 긴 가지가 이식되는 때도 있었고, 잔가지나 가지 끝에 달린 '잎'만 이식되는 때도 있었다. 각각의 가지는 더 작은 가지들로 이루어진 온전한 논리 서브루틴으로 간주할 수 있다. 이런 방식으로 제대로 작동하고 가치가 있는 방정식(가지)의 부분, 즉 작은 루틴은 보존되거나 심지어 주변으로 전달될 기회를 얻는다.

온갖 종류의 기묘한 문제는 방정식을 진화시킴으로써 풀 수 있다. 코자가 이 방법을 써서 풀려고 시도했던 전형적인 문제는 스케이트보드 위에서 빗자루의 균형을 잡는 것이었다. 스케이트보드는 모터를 이용해 앞뒤로 오가면서 그 중심에 거꾸로 세운 빗자루를 넘어지지 않게 해야 했다. 모터 제어에 필요한 계산은 엄청나게 어렵지만, 로봇의 팔을 조종하는 데 필요한 제어 회로와 크게 다르지 않다. 코자는 그러한 제어를 달성하는 프로그램을 진화시킬 수 있다는 사실을 발견했다.

그가 진화 방정식을 시험해본 문제들 중에는 다음과 같은 것들이 있다. 미로를 항행하는 전략, 이차방정식을 푸는 규칙, 많은 도시를 최단 경로로 연결하는 방법(순회 세일즈맨 문제), 틱택토tic-tac-toe, 두 명이 번갈아 O와 X를 3×3 판에 써서 같은 글자를 가로, 세로, 혹은 대각선으로 놓이도록 하는 놀이 – 옮긴이 같은 단순한 게임에서 이기는 전략. 각각의 경우에 코자의 시스템은 테스트의 특정 사례에 대한 답을 구하려고 하는 대신에 테스트 문제에 대한 '공식'을 찾았다. 공식을 시험한 사례들이 다양할수록 그 공식은 각각의 세대에 더 나은 답을 내놓았다.

방정식 번식에서 효과 있는 해결책이 나오기는 하지만, 그 해결책은 대체로 상상할 수 있는 것 중 가장 추한 것이다. 고도로 진화한 해결책의 내부를 조사해본 코자는 심스와 레이가 받았던 것과 똑같은 충격을 받았다. 해결책 치고는 너무 지저분했기 때문이다. 진화는 먼 길을 돌아가거나 논리의 허술한 구멍을 통해 빠져나갔다. 진화에는 쓸데없는 잉여가 가득했다. 그것은 전혀 우아하지 않았다. 진화는 잘못된 부분을 제거하는 대신에 그저 저항하는 부분을 추가하거나 주요 사건이 나쁜 지역을 피해서 일어나도록 경로를 바꾼다. 최종 공식은 행운의 우연 덕분에 기적적으로 작동하는 루브 골드버그 장치골드버그는 미국의 만화가인데, 단순한 일을 처리하기 위해 매우 복잡한 기기들을 얽히고설키게 조합하여 만든 기계 장치를 그의 이름을 따 '골드버그 장치'라 부른다. – 옮긴이 처럼 보인다. 물론 실제 모습도 그런 게 틀림없다.

코자가 자신의 진화 기계에게 던져준 문제를 예로 살펴보자. 그것은 서로 뒤엉킨 나선 2개를 나타낸 그래프였다. 대충 비슷한 예를 찾는다면, 바람개비의 이중 나선을 들 수 있다. 코자의 진화하는 방정식 기계가 해야 하는 일은 서로 뒤엉킨 두 나선 중 약 200개의 데이터 점이 있는 것이 어느 것인지 결정하는 최선의 방정식을 진화시키는 것이었다.

코자는 자신의 수프에 무작위로 생성한 컴퓨터 공식 1만 개를 로딩했다. 그리고 그것들을 번식시키면서 기계에게 정확한 공식에 가장 근접한 방정식을 선택하게 했다. 코자가 잠을 자는 동안 프로그램 나무들은 가지를 교환했고, 가끔 성능이 더 나은 프로그램을 낳았다. 코자는 휴가를 떠나면서도 기계를 계속 돌렸다. 휴가에서 돌아와 살펴보니 그동안 시스템은 쌍둥이 나선을 완벽하게 분류한 답을 진화시킨 게 아닌가!

그것은 바로 소프트웨어 프로그래밍의 미래였다! 문제를 정의하면, 엔지니어가 골프를 치는 동안 기계가 답을 찾는다. 그런데 코자의 기계가 발견한 답은 진화가 어떤 일을 하는지 많은 것을 알려준다. 기계가 진화시킨 방정식은 다음과 같다.

```
(SIN (IFLTE (IFLTE (+ Y Y) (+ X Y) (- X Y) (+ Y Y)) (* X X)
(SIN (IFLTE (% Y Y) (% (SIN (SIN (% Y 0.30400002))) X) (% Y
0.30400002) (IFLTE (IFLTE (% (SIN (% (% Y (+ X Y)) 0.30400002))
(+ X Y)) (% X 0.10399997) (- X Y) (* (+ -0.12499994
-0.15999997) (- X Y))) 0.30400002 (SIN (SIN (IFLTE (% (SIN (% (%
Y 0.30400002) 0.30400002)) (+ X Y)) (% (SIN Y) Y) (SIN (SIN (SIN
(% (SIN X) (+ -0.12499994 -0.15999997))))) (% (+ (+ X Y) (+ Y Y))
0.30400002)))) (+ (+ X Y) (+ Y Y))))) (SIN (IFLTE (IFLTE Y (+
X Y) (- X Y) (+ Y Y)) (* X X) (SIN (IFLTE (% Y Y) (% (SIN (SIN (%
```

```
Y 0.30400002))) X) (% Y 0.30400002) (SIN (SIN (IFLTE (IFLTE (SIN
(% (SIN X) (+ -0.12499994 -0.15999997))) (% X -0.10399997) (-
X Y) (+ X Y)) (SIN (% (SIN X) (+ -0.12499994 -0.15999997))) (SIN
(SIN (% (SIN X) (+ -0.12499994 -0.15999997)))) (+ (+ X Y) (+
Y Y)))))) (% Y 0.30400002))))).
```

보기에 아름답지 않을 뿐만 아니라, 이해할 수도 없다. 이 진화한 공식은 심지어 수학자나 컴퓨터 프로그래머에게도 가시나무 밭에 놓인 타르 인형과 같다.**타르 인형tar baby은 아프리카계 미국 흑인의 민화에 나오는 중심 인물로, 미국 작가 조엘 챈들러 해리스가 쓴 《타르 인형》이라는 작품을 통해 널리 알려졌다. 악당을 속이려고 만든 인형으로, 빼도 박도 못 하게 된 상황이나 헤어날 수 없는 구렁텅이라는 뜻으로 쓰인다. – 옮긴이** 토머스 레이는 진화는 취한 인간 프로그래머나 만들 법한 코드를 만든다고 말하지만, 진화는 외계인만이 만들 수 있는 코드를 만들어낸다고 하는 게 더 정확한 표현일지 모른다. 그 코드는 명백히 비인간적 속성을 지니기 때문이다. 코자는 그 방정식을 진화시킨 조상들을 거꾸로 추적하다가 결국 프로그램이 그 문제를 다룬 방식을 알아냈다. 프로그램은 순전히 불굴의 끈기로 힘들게 멀리 빙 돌아가는 길이긴 하지만 결국 답에 이르는 길을 어찌어찌하여 찾아냈다. 하지만 그 방법은 문제를 효과적으로 해결했다.

진화가 발견한 답은 이상해 보이는데, 고등학교에서 대수학을 배운 학생이라면 누구라도 두 나선을 기술하는 우아한 방정식을 단 한 줄로 쓸 수 있기 때문이다.

코자의 세계에서는 단순한 답을 얻어야 한다는 진화의 압력이 전혀 없었다. 그의 실험에서는 그렇게 정제된 방정식을 발견할 수 없을 것으로 보이는데, 그의 시스템은 그런 것을 발견하도록 조직되어 있지 않기 때문이다. 코자는 다른 시도들에서는 절약의 원리를 적용하려고 했지만, 초기에 절약의 원리를 도입하면 답의 효율성이 떨어진다는 사실을 발견했다. 단순하긴 하지만 평범하거나 빈약한 답들만 나왔다. 그리고 진화 절차의 끝 무렵에 절약의 원리를 도입하는 편—즉 처음에는 시스템이 효과가 있는 답을 마음대로 찾도록 내버려두었다가 나중에 절약의 원리를 따르게 하는 것—이 간결한 방정식을 진화시키기에 더 나은 방법이라는 일부 증거를 얻었다.

하지만 코자는 절약의 원리가 지나치게 과대평가되었다고 생각한다. 그는 절약의 원리가 단순히 '인간의 미학'에 불과하다고 말한다. 자연은 특별히 인색하지 않다. 예를 들면, 그 당시 스탠퍼드 대학에서 과학자로 일하던 데이비드 스토크David Stork는 가재의 꼬리 근육에 있는 신경 회로를 분석했다. 가재가 도망치려고 할 때 신경 회로는 흥미로운 뒤공중돌기 동작을 일어나게 했다. 우리가 볼 때 그 신경 회로는 지나치게 복잡해 보이며, 쓸데없어 보이는 고리 두어 개를 제거하면 쉽게 단순화시킬 수 있을 것 같다. 하지만 이렇게 혼란스러운 구조가 제 역할을 해낸다. 자연은 단지 우아해 보이려고 단순한 것을 추구하지는 않는다.

사람들은 뉴턴이 발견한 $F=ma$와 같은 단순한 공식을 추구하는데, 그것은 우주는 그 바탕에 우아한 질서가 있다는 우리의 본질적인 믿음이 반영된 것이라고 코자는 주장한다. 더 중요한 이유로는 단순성은 사람의 편리를 위한 것이라는 점을 들 수 있다. $F=ma$에서 우리가 느끼는 아름다움은 코자의 나선 괴물보다 사용하기에 훨씬 간편한 공식이라는 사실 때문에 더욱 크게 부각된다. 컴퓨터와 계산기를 사용하기 이전 시대에는 단순한 방정식이 '훨씬 유용할' 수밖에 없었는데, 실수를 범하지 않고 계산하기가 더 쉽기 때문이었다. 복잡한 공식은 힘들고 지겨울 뿐만 아니라, 어디서 실수를 저지를지 알 수 없다. 하지만 자연이나 병렬 컴퓨터는 어느 범위 안에서는 복잡하게 뒤얽힌 논리를 별로 귀찮아하지 않는다. 우리가 지저분하고 귀찮게 여기는 단계들을 자연과 병렬 컴퓨터는 아무 불평 없이 정확하게 처리한다.

인지과학자들은 뇌는 병렬 기계로 작동하는데도 불구하고 우리의 의식이 병렬 사고를 할 수 없다는 사실에 큰 아이러니를 느낀다. 우리의 지적 능력에는 불가사의한 맹점이 있다. 우리는 본질적으로 확률이나 수평적 인과 관계나 동시 논리로 개념을 파악하지 못한다. 우리는 그런 식으로 사고하지 않기 때문이다. 대신에 우리의 마음은 직렬 내러티브—선형적 이야기—로 되돌아간다. 최초의 컴퓨터들이 폰 노이만의 직렬식 설계로 프로그래밍된 이유도 이 때문이다. 그것이 바로 사람이 사고하는 방식이기 때문이다.

병렬 컴퓨터를 설계보다는 진화를 통해 만들어야 하는 이유도 바로 여기에 있는데, 우리는 병렬 사고에 아주 서툴기 때문이다. 컴퓨터와 진화는 병렬적으로 작동하는 반면, 의식은 직렬적으로 작동한다. 싱킹머신즈의 마케팅 이사인 제임스 베일리James Bailey는 1992년 겨울에 〈데덜러스Daedalus〉에 쓴 도발적인 글에서 병렬 컴퓨터가 우리의 사고에 미치는 놀라운 부메랑 효과에 대해 이야기했다. '처음에는 우리가 컴퓨터를 개조하지만, 다음에는 컴퓨터가 우리를 개조한다'라는 제목의 글에서 베일리는 병렬 컴퓨터가 우리의 지적 풍경에 새로운 지평을 연다고 주장했다. 한편, 새로운 양식의 컴퓨터 논리는 우리에게 새로운 질문과 새로운 전망을 강요한다. 베일리는 "어쩌면 완전히 새로운 사고 형태가, 즉 병렬적으로만 이해할 수 있는 사고 형태가 존재할지 모른다."라고 말했다. 진화 방식의 사고는 우주에 새로운 문을 열지 모른다.

존 코자는 애매한 병렬적 문제에서도 제대로 작동하는 진화의 능력을 병렬 사고의 흉내낼 수 없는 또 한 가지 이점으로 꼽는다. 컴퓨터에게 문제 해결 방법을 학습하도록 가르칠 때 부닥치는 문제는 새로운 문제에 맞닥뜨릴 때마다 컴퓨터를 재프로그래밍해야 한다는 것이다. 그렇다면 모든 경우에 일일이 무엇을 해야 하고 어떻게 해야 하는지 지시할 필요 없이 컴퓨터에게 그때그때 해결해야 할 일을 처리하도록 설계하려면 어떻게 해야 할까?

코자는 그 답이 바로 진화라고 말한다. 진화는 컴퓨터 소프트웨어에게 실제 세계에서 흔히 맞닥뜨리는 문제처럼 답의 범위와 종류가 명백하지 않은 문제를 풀게 한다. 나무에 바나나가 달려 있는데, 그것을 따는 루틴은 무엇인가라는 문제가 있다고 하자. 지금까지 나온 대부분의 컴퓨터 학습 프로그램은 '근처에 사닥다리는 몇 개나 있는가?'나 '긴 작대기가 있는가?'와 같은 구체적인 매개변수에 명시적인 단서를 제공하지 않으면 문제를 풀 수 없었다.

답의 경계를 정의하고 나면, 절반의 답을 얻은 거나 다름없다. 만약 우리가 어떤 돌이 근처에 있는지 말해주지 않는다면, '나무에 돌을 던져라.'와 같은 답은 얻을 수 없음을 우리는 안다. 반면에 진화에서는 그런 답을 얻을 수 있다. 사실 진화는 우리가 전혀 예상치 못한 답을 내놓을 가능성이 높다. 예컨대, 죽마를 사용하거나, 점프를 높이 하는 법을 배우거나, 새의 도움을 받거나, 폭풍이 불 때까지 기다리거나, 아이를 낳아 목말을 태우라는 답을 내놓을 수 있다. 진화는 곤충에게 날거나 헤엄을 치라는 식으로 선택 범위를 제한하지 않는다. 단지 포식 동물을 피하거나 먹이를 붙잡을 만큼 충분히 빨리 움직이라고 요구할 뿐이다. 탈출이라는 열린 문제는 소금쟁이에게 물 위로 걸어가게 하거나 메뚜기에게 점프를 하게 하는 것처럼 한정적인 답을 진화시켰다.

인공 진화 연구에 조금이라도 발을 담근 사람은 누구나 아주 불가능해 보이는 것도 진화가 쉽게 만들어낸다는 사실에 깜짝 놀란다.

레이는 “진화는 합리적인 것에는 신경 쓰지 않아요. 효과가 있는 것에만 신경 쓰죠.”라고 말한다.

생명은 빠져나갈 구멍이 있다면 그것이 무엇이건 주저하지 않는 본성이 있다. 필요하다면 보편적인 규칙을 위반하는 것도 마다하지 않는다. 생물계에는 다음과 같은 놀라운 예들이 있다. 어떤 물고기는 수컷이 암컷의 몸 속에서 살면서 암컷의 알을 수정시킨다. 어떤 생물은 자라면서 오히려 몸이 작아진다. 어떤 식물은 결코 죽지 않고 영원히 산다. 생물계는 그 선반이 비는 법이 없는 골동품 가게와 같다. 사실 자연의 기묘한 존재들이 실린 카탈로그는 모든 생물의 목록만큼이나 길다. ‘모든’ 생물은 어떤 점에서는 규칙을 재해석하면서 삶을 영위한다.

이에 비해 인간이 발명한 물건들의 카탈로그는 다양성이 훨씬 떨어진다. 대부분의 기계는 특정 과제만 수행하도록 만들어졌다. 이런 기계는 낡은 정의에 따르면, 우리의 규칙을 따른다. 하지만 이상적인 기계, 즉 꿈의 기계를 상상한다면, 그 기계는 적응하고 진화하는 기계일 것이다.

적응은 어떤 구조를 새 구멍에 맞게끔 구부러뜨리는 행위이다. 반면에 진화는 구조 자체의 아키텍처 — 구부러지는 방식 — 를 다시 개조하는 더 깊은 변화로, 종종 다른 구조들을 위한 새 구멍을 만들어낸다. 어떤 기계의 조직적 구조를 미리 정하는 것은, 그것이 풀 수 있는 문제도 미리 정하는 셈이다. 이상적인 기계는 할 수 있는 일의 명단에 제한이 없는 일반적 문제 해결자이다. 이것은 기계의 구조 역시 제한이 없어야 함을 의미한다. 코자는 “(어떤 해결책의) 크기와 모양과 구조적 복잡성은 질문의 일부가 아니라, 문제 해결 기술이 내놓는 답의 일부가 되어야 한다.”라고 썼다. 시스템 자체가 시스템이 내놓을 수 있는 답을 정한다는 사실을 인식한다면, 우리가 궁극적으로 원하는 것은 아키텍처가 사전에 정해지지 않은 기계를 만드는 방법이다. 우리는 늘 스스로를 다시 만드는 기계를 원한다.

인공 지능에 불을 붙이는 데 관심을 가진 사람들은 물론 "아멘."이라고 말할 것이다. 해결책이 존재할지도 모르는 곳-사람의 경우 병렬 사고라 부르는-을 향해 나아가라고 지나친 재촉을 받는 일 없이 해결책을 내놓는 능력은 인간 지능의 정의에 거의 가깝다.

자신의 내부 연결을 개조할 수 있는 기계로 우리가 유일하게 아는 것은 뇌라고 부르는, 살아 있는 회색 조직이다. 자신의 구조를 만들 수 있는 기계로 현재 우리가 만들 수 있을 것이라고 상상이나마 할 수 있는 유일한 기계는 스스로를 재프로그래밍하는 소프트웨어 프로그램이다. 심스와 코자의 진화하는 방정식은 자기 재프로그래밍 기계를 향해 내디딘 첫걸음이다. 다른 방정식을 낳는 방정식은 이런 종류의 생명을 탄생시키는 기본 토양이다. 다른 방정식을 낳는 방정식은 제한이 없는 우주이다. 자기 꼬리를 문 우로보로스처럼 뒤로 되돌아가 자신을 지속시키는 자기 복제 방정식과 공식을 포함해 가능한 방정식은 어떤 것이라도 나타날 수 있다. 자신에게 되돌아가 자신의 규칙을 다시 쓰는 이런 종류의 반복적 프로그램은 모든 것 중에서 가장 장엄한 힘을 펼치는데, 그 힘은 바로 영구적 신기성perpetual novelty을 창조하는 것이다.

'영구적 신기성'은 존 홀랜드가 만든 표현이다. 그는 오래 전부터 인공 진화의 의미를 발견하려고 노력해왔다. 실제로 연구하는 것은 영구적 신기성에 관한 새로운 수학이라고 말한다. 즉 끝없이 새로운 것을 창조하는 도구를 발견하는 것이 그의 목표이다.

칼 심스는 내게 "진화는 아주 실용적인 도구입니다. 생각하지 못했던 새로운 것을 탐구하는 방법이지요. 그것은 기존의 것을 개선하는 방법입니다. 굳이 이해할 필요도 없이 절차를 탐구하는 방법이지요. 만약 컴퓨터가 충분히 빠르기만 하다면, 이 모든 일을 해낼 수 있을 것입니다."라고 말했다.

우리의 이해 범위를 넘어선 영역을 탐구하고 우리가 가진 것을 개선하는 능력은 유도되고 감독받으면서 최적화하는 진화가 우리에게 주는 선물이다. 토머스 레이는 "하지만 진화는 단지 최적화를 위한 것만은 아닙니다. 우리는 진화가 최적화를 넘어선 곳까지 나아갈 수 있으며, 최적화하기 위해 새로운 것들을 만들어낸다는 사실을 알고 있습니다."라고 말한다. 시스템이 최적화를 위해 새로운 것을 만들 수 있다면, 우리는 지각적 신기성 도구와 제약 없는 진화를 얻게 될 것이다.

논리의 번식을 통한 심스의 이미지 선택과 코자의 소프트웨어 선택은 생물학자들이 품종 개량 또는 인위 선택이라 부르는 것에 해당한다. '적자'—선택된 것—의 기준은 품종 개량가가 선택하기 때문에 인공물이며 인위적이다. 영구적 신기성을 얻으려면—기대하지 않았던 것을 발견하려면—시스템이 자신이 선택하는 것에 대한 기준을 스스로 정하게 해야 한다. 다윈이 말한 '자연 선택'이 의미하는 바가 바로 이것이다. 선택 기준은 시스템의 본질에 의해 정해지는데, 그것은 자연적으로 나타난다. 제약 없는 인공 진화도 자연 선택(원한다면 인공 자연 선택이라 불러도 좋다.)을 요구한다. 선택의 특성은 인공 세계 자체에서 자연스럽게 나타나야 한다.

토머스 레이는 자신의 세계가 자신의 적합도 선택을 스스로 결정하게 함으로써 인공 자연 선택의 도구를 도입했다. 따라서 그의 세계는 이론적으로 완전히 새로운 것을 진화시킬 능력이 있다. 하지만 레이는 자신의 세계가 잘 굴러가도록 하기 위해 약간의 '속임수'를 썼다. 그는 자신의 세계가 스스로 자기 복제를 진화시킬 때까지 기다릴 수가 없었다. 그래서 처음부터 자기 복제 생물을 도입했는데, 일단 도입한 복제는 결코 사라지지 않았다. 레이의 은유를 빌리면, 그는 단세포 생물로 생명의 시동을 걸고 나서 새로운 생물들이 '캄브리아기 폭발'을 일으키는 것을 지켜보았다. 하지만 그는 죄책감을 느끼는 기색이 전혀 없다. "나는 단지 진화를 일으키는 데에만 관심이 있을 뿐이며, 그 방법에는 아무 관심이 없어요. 만약 풍부하고 제약 없는 진화를 지탱할 수 있는 수준으로 내 세계의 물리학과 화학을 변화시킬 필요가 있다면, 아주 기뻐할 거예요. 그러기 위해 그것들을 조작해야 한다는 사실에 대해서는 전혀 죄책감을 느끼지 않아요. 캄브리아기 폭발의 문턱으로 세계를 공학적으로 설계할 수 있고, 스스로 끓어넘쳐 그 경계를 넘어가게 할 수 있다면, 그것은 아주 인상적인 사건이 될 거예요. 거기에 도달하도록 내가 그것을 공학적으로 처리해야 한다는 사실은 거기서 나오는 결과에 비하면 아주 사소한 것이지요."

레이는 제약 없는 인공 진화를 일으키고 계속 나아가게 하는 것만으로도 충분한 도전 과제이므로 굳이 그 단계까지 진화시킬 필요가 없다는 결론을 내렸다. 그래서 자신의 시스템이 스스로 진화할 수 있는 단계까지만 설계하려고 한다. 칼 심스가 말했듯이, 진화는 도구이다. 그것은 공학과 결합시킬 수 있다. 레이는 몇 달 동안 공학적 처리를 한 뒤에 인공 자연 선택을 사용했다. 하지만 그 반대로도 할 수 있다. 다른 연구자들은 몇 달 동안 진화를 시킨 뒤에 공학적 처리를 할 것이다.

도구로서의 진화는 다음 세 가지를 찾아내는 데 아주 좋다.

- 가길 원하지만 가는 길을 찾을 수 없는 곳에 이르는 방법
- 상상할 수 없는 곳에 이르는 방법
- 이를 수 있는 완전히 새로운 장소를 여는 방법

세 번째 용도는 열린 우주에 이르는 문이다. 그것은 감독하지도 않고 유도하지도 않는 진화이다. 그것은 홀랜드의 영원히 팽창하는 영구적 신기성 기계, 즉 자신을 창조하는 기계이다.

레이와 심스, 도킨스 같은 아마추어 신들은 자신들이 출발시켰다고 생각한 고정된 공간을 진화가 증폭시키는 것처럼 보이는 방식에 놀라움을 표시했다. 그들은 공통적으로 '내가 생각한 것보다 훨씬 크다'는 반응을 보였다. 나 역시 칼 심스의 진화하는 그림 공간으로 들어가 돌아다닐 때 그와 비슷하게 강렬한 인상을 받았다. 내가 발견한(혹은 그림이 나 대신에 발견한) 새로운 그림은 모두 아주 화려하게 색칠되어 있었고, 예기치 못하게 복잡했으며, 이전에 내가 본 어떤 것하고도 크게 달랐다. 각각의 새 이미지는 가능한 그림들의 우주를 확대하는 것처럼 보였다. 나는 이전에 내가 갖고 있던 그림 개념은 사람이 만든 그림들에 의해 혹은 어쩌면 생물학적 자연에 의해 정의된 것임을 깨달았다. 하지만 심스의 세계에서는 사람이 만든 것도 아니고 생물학적으로 만들어진 것도 아니지만 그에 못지않게 많은 수의 놀라운 경치들이 포장을 풀어주길 기다리고 있었다.

진화는 내가 알고 있는 가능성의 개념을 확대했다. 생물학적 시스템도 이와 아주 비슷하다. DNA 조각은 기능 단위, 즉 가능성의 공간을 확장하는 논리적 진화 장치이다. DNA는 심스와 코자의 논리 단위들의 작동을 직접 병렬시킨다. (혹은 논리 단위가 DNA를 병렬시킨다고 말해야 할까?) 한 줌의 단위들을 섞어서 짝지음으로써 천문학적으로 많은 단백질의 코드를 모두 만들 수 있다. 이 작은 기능적 알파

벳으로 만든 단백질은 조직, 질병, 의약품, 맛, 신호, 생명체의 하부 구조로 쓰인다.

생물학적 진화는 영원히 팽창하면서 알려진 경계가 없는 도서관에서 DNA 단위들이 새로운 DNA 단위들을 번식시키는 제약 없는 진화이다.

분자 번식을 연구하는 제럴드 조이스는 자신은 "재미와 돈을 위해 분자들을 진화시키는 일"을 즐겁게 하고 있다고 말한다. 하지만 그가 정말로 꿈꾸는 것은 제약 없는 대체 진화 체계를 만드는 것이다. 그는 내게 "나는 우리가 직접 제어하면서 자기 조직 과정에 시동을 걸 수 있는지를 알아내는 데에 흥미가 있어요."라고 말했다. 조이스가 동료들과 함께 연구하고 있는 테스트 케이스는 자기 복제 능력이 진화하는 간단한 리보자임을 얻는 것이다. 이것은 아주 중요한 단계이지만, 토머스 레이가 다루지 않고 건너뛰었던 단계이다. "명시적 목표는 진화하는 시스템을 가동하는 것입니다. 우리는 분자들이 스스로 자신을 복제하는 법을 배우길 원합니다. 그러면 유도 진화 대신에 자율적 진화가 일어날 것입니다."

지금 현재로서는 자율적이고 자기 유지 능력이 있는 진화는 생화학자들에게 순전히 꿈에 불과하다. 진화 시스템을 지금까지 존재한 적이 없는 화학적 과정을 발전시키는 단계인 '진화적 단계'로 나아가게 한 사람은 아직까지 아무도 없다. 지금까지 생화학자들은 어떻게 푸는지 이미 그 방법을 알고 있는 문제만 '해결하는' 새로운 분자들만 진화시켰을 뿐이다. 조이스는 "진정한 진화는 단지 흥미로운 변이를 만들어내는 것에 그치지 않고, 새로운 곳으로 가는 것이지요."라고 말한다.

제대로 작동하고 자율적이고 진화하는 분자 시스템은 엄청나게 강력한 도구가 될 것이다. 그것은 '가능한 생물을 모두 창조할 수 있는' 제약 없는 시스템이 될 것이다. 조이스는 "그것은 생물학의 승리가 될 거예요!"라고 외친다. 그것은 '우주에서 우리와 기꺼이 표본을 나누려고 하는 다른 생명 형태를 발견하는 것'과 맞먹는 충격이 될 것이라고 그는 믿는다.

하지만 조이스는 어디까지나 과학자이기 때문에 자신의 열정이 선을 넘지 않도록 경계한다. "우리가 생명을 만들고, 그 생명이 나름의 문명을 발전시킬 것이라고 말하는 것은 아닙니다. 그것은 터무니없는 주장이죠. 다만 지금과는 다소 다른 화학적 작용을 하는 인공 생명 형태를 우리가 만들 것이라고 말할 뿐입니다. 이것은 터무니없는 주장이 아닙니다. 오히려 현실적이죠."

하지만 크리스토퍼 랭턴은 인공 생명이 자기 나름의 문명을 발전시킬 것이라는 전망을 그렇게 터무니없는 것이라고 생각하지 않는다. 독불장군처럼 최첨단 인공 생명 분야를 이끈 랭턴은 언론의 관심과 조명을 많이 받았다. 그의 이야기는 간략하게 다시 언급할 가치가 있는데, 그의 여행은 제약 없는 인공 진화가 잠에서 깨어난 과정을 잘 요약해 보여주기 때문이다.

몇 년 전에 랭턴과 나는 투손에서 일 주일 동안 열린 과학 회의에 참석했는데, 하루는 머리를 식히기 위해 오후 일정을 빼먹었다. 거기서 한 시간 거리에 있는 미완의 바이오스피어 2 프로젝트를 방문할 수 있는 초대장이 내게 있었기 때문에, 우리는 애리조나주 남부 분지 위에 검은색 리본처럼 구불구불 뻗어 있는 아스팔트 도로를 따라 차를 몰고 갔다. 그때 랭턴이 자신이 살아온 이야기를 해주었다.

그 당시 랭턴은 로스앨러모스국립연구소에서 컴퓨터과학자로 일하고 있었다. 로스앨러모스 지역 전체와 그곳 연구소들은 원래 원자 폭탄 제조를 위해 세워졌다. 그래서 랭턴이 이야기를 시작하면서 자신이 베트남 전쟁 때 양심적 병역 거부자였다고 털어놓아 좀 놀랐다.

양심적 병역 거부자인 랭턴은 보스턴의 매사추세츠종합병원에서 잡역부로 대체 복무를 했는데, 거기서 맡은 일은 병원 지하실에서 시체 안치소로 시체를 옮기는 일이었다. 첫 번째 주에 랭턴은 동료와 함께 바퀴 달린 들것에 시체를 실은 뒤, 두 건물을 연결하는 눅눅한 지하 통로로 밀고 갔다. 두 사람은 작은 콘크리트 다리 위로 그것을 밀고 지나가야 했는데, 그곳 터널에는 조명등이 딱 하나만 켜져 있었다. 그런데 들것이 어딘가에 부딪쳐 덜컹 하는 순간, 시체가 트림을 하면서 발딱 일어나더니 누워 있던 자리에서 스르르 미끄러져 내려오는 게 아닌가! 랭턴이 손으로 동료를 붙잡으려고 몸을 돌렸을 때 동료는 벌써 멀리 달아나고 없었고, 그가 열고 나간 문만 왔다 갔다 하며 흔들거리고 있었다. 죽은 것도 마치 살아 있는 것처럼 행동할 수 있다! 생명은 행동이다. 그것이 그가 그곳에서 배운 첫 번째 교훈이었다.

랭턴은 상사에게 도저히 그 일을 다시 할 자신이 없다고 말하고, 다른 일을 하면 안 되겠느냐고 물었다. 상사가 "컴퓨터를 프로그래밍하는 일을 할 수 있나?"라고 묻자, 랭턴은 "물론이지요."라고 대답했다.

그는 초기 모델의 컴퓨터를 프로그래밍하는 일을 맡았다. 가끔 밤중에 사용하지 않는 컴퓨터로 유치한 게임을 했다. 그 게임은 존 코웨이가 고안한 〈라이프Life〉로, 빌 고스퍼Bill Gosper라는 초기 해커가 메인프레임 컴퓨터용으로 만든 것이었다. 그 게임은 한천 배양 접시 위에서 성장하고 복제하고 퍼져가는 세포들을 연상시키는 패턴으로 무한히 많은 종류의 형태를 만드는 아주 단순한 코드였다. 어느 날 밤 늦은 시각, 혼자서 일하던 랭턴은 갑자기 방 안에 누군가 있다는 느낌이, 즉 살아 있는 어떤 존재가 자신을 지켜보고 있는 듯한 오싹

한 느낌이 들었다. 고개를 들어 〈라이프〉가 펼쳐지는 화면을 보았더니, 거기에는 자기 복제하는 세포들이 놀라운 패턴으로 나타나 있었다. 몇 분 뒤, 랭턴은 또다시 아까와 똑같이 섬뜩한 느낌이 들었다. 화면을 보았더니, 그 패턴은 사라지고 없었다. 그 순간 랭턴은 그 패턴이 한천 배양 접시에 자란 곰팡이처럼 실재적 형태로 살아 있었다는 생각이 들었다. 다만 배양 접시가 아니라 컴퓨터 화면에 존재했다. 그때부터 랭턴의 마음에는 컴퓨터 프로그램에 생명이 생길지 모른다는 허황된 생각이 싹트기 시작했다.

랭턴은 그 게임을 만지작거리면서 탐구하기 시작했다. 제약 없는—사물들이 스스로 진화를 시작할 수 있도록 하기 위해—〈라이프〉 같은 게임을 설계하는 것이 가능할까 생각하면서. 근무 시간에 랭턴은 낡은 메인프레임 컴퓨터에서 아주 다른 신형 메인프레임 컴퓨터로 한 프로그램을 옮기는 임무를 부여받았다. 그 일을 해내는 비결은 낡은 컴퓨터에서 '하드웨어'의 작동 방식을 추출한 뒤 그것을 새로운 컴퓨터의 '소프트웨어'에 집어넣는 것이었다. 즉 하드웨어의 본질적 행동을 추출해 그것을 실체가 없는 기호로 바꾸는 것이었다. 그러면 새로운 컴퓨터에서 돌아가는 낡은 프로그램은 새로운 컴퓨터의 소프트웨어가 모방한 가상의 낡은 컴퓨터에서 돌아가게 된다. 랭턴은 "그것을 통해 한 매체의 과정을 다른 매체로 옮기는 일을 직접 경험했지요. 하드웨어는 중요하지 않아요. 그것은 어떤 하드웨어에서도 돌아가게 할 수 있어요. 무엇보다 중요한 것은 본질적 과정을 포착해 담는 것이지요."라고 말했다. 이 일을 경험하고 나서 랭턴은 생명을 탄소에서 빼내 실리콘으로 옮길 수 있지 않을까 하고 생각하게 되었다.

복무 기간을 마친 뒤에 랭턴은 행글라이딩을 하면서 여러 번의 여름을 보냈다. 친구와 함께 노스캐롤라이나주의 그랜드파더산 위에서 행글라이딩을 하는 일자리를 얻었는데, 하늘을 날고 싶어 하는 관광객의 흥미를 유발하는 것이 목적이었다. 일당은 25달러였다. 그들은 시속 60km의 바람을 타고 한 번 날면 몇 시간씩 하늘 위에서 떠다녔다. 그러다가 어느 날, 변덕스러운 돌풍에 휘말리는 바람에 랭턴은 하늘에서 추락하고 말았다. 그는 태아와 같은 자세로 땅에 떨어지면서 35개의 뼈가 부러졌고, 두개골을 제외하고 머리에 있는 뼈는 모두 다 부러졌다. 떨어지면서 무릎이 얼굴을 강타했지만, 목숨은 붙어 있었다. 그 후 6개월 동안 의식이 온전치 못한 상태로 누워 지냈다.

그 충격에서 회복할 때 랭턴은 마치 꺼진 컴퓨터를 다시 켤 때 운영 체제가 다시 돌아가는 것처럼 자신의 뇌가 '재부팅'되는 과정을 지켜보았다. 마음속에 깊이 숨어 있던 기능들이 하나씩 다시 나타났다. 랭턴은 마치 눈앞에 신이 나타나는 것처럼 자신의 고유 감각**고유 수용기를 통해 이루어지는 감각. 이 감각으로 자기 몸의 위치와 자세, 운동 상태를 알 수 있다.–옮긴이**이 돌아온 순간을 기억한다. 자신의 모든 것이 통합되는 '깊은 감정적 느낌'이 갑자기 전신에 흘러넘쳤다. 마치 자신이라는 기계가 리부팅을 끝내고 애플리케이션을 기다리고 있는 것 같았다. 그는 "마음이 성장한다는 느낌이 어떤 것인지 개인적으로 체험한 것이지요."라고 말했다. 컴퓨터에서 생명을 보았던 것처럼 이제 기계 속에 존재하는 자신의 생명을 마음으로 느끼고 이해할 수 있었다. 정말로 생명은 그 모체와 독립적으로 존재하는 게 아닐까? 자신의 몸에 있는 생명과 컴퓨터 속에 있는 생명은 똑같은 것이 아닐까?

랭턴은 만약 컴퓨터에서 일어나는 진화로 살아 있는 것을 얻을 수 있다면, 그것은 정말로 대단한 일이 될 것이라고 생각했다. 그리고 그 연구를 인간 문화를 가지고 시작하는 게 좋겠다고 판단했는데, 시뮬레이션한 세포와 DNA를 가지고 시작하는 것보다 그 편이 훨씬 더 쉬울 것처럼 보였기 때문이다. 애리조나 대학에서 마지막 학년을 보내던 랭턴은 〈문화의 진화The Evolution of Culture〉라는 제목의 논문을 썼다. 랭턴은 인류학, 물리학, 컴퓨터과학 교수들이 인공 진화를 일으키는 컴퓨터를 만드는 방법을 주제로 학위 논문을 쓰도록 허락해주길 원했지만, 그들은 그러지 않았다. 그래서 애플 II 컴퓨터를 사서 자신의 인공 세계 프로그램을 처음 만들었다. 자기 복제나 자연 선택을 일어나게 할 수는 없었지만, 세포 자동자에 관한 문헌을 발견했다. 그 중에서 '생명 게임Game of Life'은 세포 자동자의 유일한 사례로 드러났다.

그리고 1940년대에 존 폰 노이만이 발표한 인공 자기 복제에 관한 증명을 발견했다. 폰 노이만은 획기적인 자기 복제 프로그램을 내놓았다. 하지만 그 프로그램은 다루기가 어렵고 너무 크고 거추장스러웠다. 랭턴은 자신의 애플 II 컴퓨터(이것이 있었다는 점은 폰 노이만에 비해 아주 큰 이점이었는데, 폰 노이만은 종이 위에 연필로 써가면서 계산했다.)로 프로그램을 만드느라 몇 달 동안 밤을 새우며 일했다. 오로지 실리콘으로 생명을 만들겠다는 꿈 하나에 매달린 끝에 결국 랭턴은 그때까지 알려진 것 중 가장 작은 자기 복제 기계를 만들었다. 컴퓨터 화면에서 자기 복제 기계는 파란색의 작은 Q처럼 보였다. 랭턴은 단지 94개의 기호로만 이루어진 그 고리에 그 고리의 완전한 표현, 번식 방법에 대한 지시, 자신과 똑같이 생긴 복제를 제거하는 방법 등을 집어넣을 수 있었다. 그는 흥분해서 거의 무아지경에 빠졌다. 만약 자신이 그처럼 간단한 복제 기계를 설계해 만들 수 있다면, 생명의 다른 본질적 과정들도 얼마든지 모방할 수 있지 않을까? 그런데 생명의 다른 본질적 과정들이란 무엇인가?

랭턴은 기존의 문헌을 철저히 조사한 결과, 이토록 간단한 질문을 다룬 과학 논문은 극히 적을 뿐만 아니라, 그마저도 여기저기 수백여 군데 구석에 흩어져 있음을 알게 되었다. 로스앨러모스연구소에서 새로 맡게 된 연구직에 용기를 얻은 랭턴은 1987년에 자신의 경력을 걸고 '살아 있는 시스템의 합성과 시뮬레이션에 관한 학제간 워크숍'을 열었다. 이것은 랭턴이 지금은 인공 생명이라 부르는 것을 주제로 열린 최초의 회의였다. 살아 있는 시스템의 행동을 보여주는 시스템이라면 무엇이건 모두 다 탐구하기 위해 랭턴은 그 워크숍을 화학자, 생물학자, 컴퓨터과학자, 수학자, 재료과학자, 철학자, 로봇 연구자, 컴퓨터 애니메이션 제작자에게 모두 개방했다. 나는 거기에 참석한 극소수 저널리스트 중 한 명이었다.

워크숍에서 랭턴은 생명의 정의를 찾기 위한 탐구를 시작했다. 기존의 정의들은 부적절해 보였다. 첫 번째 회의가 열리고 난 뒤 몇 년 동안 더 많은 연구가 이루어지자, 물리학자 도인 파머Doyne Farmer는 생명을 정의하는 특징들의 명단을 제안했다. 그는 생명은 다음과 같은 특징을 지닌다고 말했다.

- 공간과 시간 속에서 나타나는 패턴
- 자기 복제
- 자기 표현의 정보 저장 장치(유전자)
- 패턴을 계속 유지시키기 위한 대사
- 기능적 상호작용(영양분 섭취)
- 부분들의 상호 의존성 또는 죽을 수 있는 능력
- 환경 요동 속에서 안정성 유지
- 진화 능력

이 명단은 매우 도발적이었다. 우리가 살아 있는 것으로 간주하지 않는 컴퓨터 바이러스가 위의 자격 조건을 모두 갖추고 있기 때문이다. 컴퓨터 바이러스는 번식을 하는 패턴이고, 자신을 표현한 복제를 포함하고 있으며, 컴퓨터의 대사(CPU) 사이클을 탈취해 사용하고, 죽을 수 있고, 진화할 수 있다. 컴퓨터 바이러스는 최초의 창발적 인공 생명 사례라고 말할 수 있다.

반면에 이 명단의 일부 조건을 충족시키지 못하지만 살아 있다는 걸 의심할 수 없는 생명도 일부 있다. 노새는 자기 복제를 할 수 없고, 헤르페스 바이러스는 대사를 하지 않는다. 랭턴은 자기 복제 능력이 있는 존재를 만드는 데 성공하고 나자 생명의 정의에 대해 일치된 의견이 과연 나올 수 있을지 의심이 들었다. "생명의 정의를 만족하는 존재를 합성하는 데 성공할 때마다 그 정의는 더 길어지거나 변할 것이다. 예를 들어 만약 제럴드 조이스가 주장한 생명의 정의 — 다윈식 진화가 일어날 수 있는 자기 유지 화학적 시스템 — 를 받아들인다면, 나는 2000년까지 전 세계의 연구소들 중 어딘가에서 이 정의를 만족시키는 시스템을 만들 것이라고 본다. 하지만 그런 일이 일어난다면 생물학자들은 생명의 정의를 다시 내릴 것이다."

랭턴이 인공 생명을 정의할 때에는 운이 훨씬 좋았다. 그는 인공 생명, 혹은 줄여서 'a-생명a-life'은 '생명의 논리를 다른 물질 형태로 추출하려는 시도'라고 말했다. 그의 논지는 생명은 하나의 '과정' — 특정 물질적 발현에 얽매이지 않는 행동 — 이라는 것이다. 생명에서 중요한 것은 그것을 만든 재료가 아니라 그것이 하는 일이다. 생명은 명사가 아니라 동사이다. 농부가 작성한 생명의 자격 조건 명단은 행동과 행위를 나타낸다. 하지만 컴퓨터과학자라면 생명의 자격 조건 명단을 처리 과정processing의 변이로 생각하는 게 어렵지 않다. 역시 인공 생명에 관심이 많은 랭턴의 동료 스틴 라스무센Steen Rasmussen은 책상 위에 연필을 떨어뜨리고 나서 한숨을 쉬며 "서양 사람들은 연필이 그 움직임보다 더 실재적이라고 생각한다."라고 말한 적이 있다.

만약 연필의 움직임이 본질—실재하는 부분—이라면, '인공'이라는 말은 판단을 흐리게 한다. 제1차 인공 생명 회의에서 크레이그 레이놀즈가 간단한 규칙 세 가지를 이용해 컴퓨터 애니메이션으로 만든 새 수십 마리를 어떻게 컴퓨터에서 자율적으로 무리 짓게 할 수 있었는지 보여주었을 때, 그 자리에 있던 사람들은 모두 무리 짓기 행동이 실재한다는 사실을 알 수 있었다. 실재적으로 무리를 짓는 인공 새들이 바로 거기에 있었다. 랭턴은 그 교훈을 다음과 같이 요약했다. "인공 생명에 대해 기억해야 할 가장 중요한 사실은 인공적인 것은 생명이 아니라 물질이라는 것이다. 실재적인 것은 반드시 일어난다. 우리는 실재하는 현상을 본다. 그것은 인공 매체 속에 들어 있는 실재적 생명이다."

생물학—생명의 일반 원리를 연구하는 분야—에는 지금 지각 변동이 일어나고 있다. 랭턴은 생물학은 '단일 사례에서 일반 원리를 도출하는 게 불가능하다는 근본적인 장애물'에 맞닥뜨렸다고 말한다. 우리가 지구상의 생명에 대해 아는 것이라고는 단 한 가지 집단 사례뿐이기 때문에, 생명의 본질적이고 보편적인 속성을 지구에 사는 생명의 공통 혈통에서 비롯된 부수적 속성과 구별하려고 노력하는 것은 무의미한 일이다. 예를 들면, 우리가 생명이라고 생각하는 것이 탄소 사슬을 바탕으로 한 속성에 의존하는 비율은 얼마나 될까? 최소한 탄소 사슬을 바탕으로 하지 않는 다른 생명의 존재 사례가 없는 한 그것을 알 방법이 없다. 생명의 일반 원리와 이론을 도출하려면(즉 모든 비비시스템 또는 모든 생명이 공유하는 속성을 확인하려면), "일반화할 온갖 사례들이 필요하다. 가까운 장래에 우리의 연구를 위해 외계 생명 형태가 우리 앞에 나타날 가능성은 극히 희박하기 때문에, 유일한 선택은 대체 생명 형태를 우리가 직접 만들려고 노력하는 수밖에 없다."라고 랭턴은 주장한다. 랭턴의 임무는 바로 진정한 생물학의 기초로서, 즉 바이오스피어의 진정한 논리로서 대체 생명을 만드는 것, 혹은 심지어 여러 대체 '생명'을 만드는 것이다. 이 다른 생명들은 자연보다는 인간의 인공물이기 때문에 인공 생명이라고 부르지만, 이것들은 우리만큼 실재적인 존재이다.

이 야심적인 도전은 처음에는 그 성격상 인공 생명 과학을 생물학에서 분리시켰다. 생물학은 생명체를 분해해 그 구성 부분들로 환원함으로써 이해하려고 한다. 반면에 인공 생명은 분해할 게 아무것도 없기 때문에, 살아 있는 것들을 결합하고 부분들을 조립하는 방법을 통해서만 진전을 이룰 수 있다. 즉 생명을 분석하기보다는 합성한다. 이런 이유 때문에 랭턴은 "인공 생명은 합성생물학의 실천에 해당한다."라고 말한다.

인공 생명은 새로운 생명과 생명의 새로운 정의를 인정한다. '새로운' 생명은 물질과 에너지를 새로운 방식으로 조직하는, 낡은 힘이다. 먼 조상들은 종종 사물을 살아 있는 것으로 보았다. 하지만 과학 시대에 들어 우리는 사물을 신중하게 구별하게 되었다. 우리는 동물과 녹색 식물을 살아 있다고 말하지만, 우체국 같은 제도를 '유기체'라고 부를 때에는 그것이 생물과 비슷하다거나 마치 살아 있는 것 같다고 말하는 것이다.

우리(이 단어는 우선 과학자들을 의미한다.)는 한때 은유적으로 살아 있다고 불렀던 조직들이 정말로 살아 있다고 보기 시작했는데, 다만 그 범위와 정의가 더 넓은 생명에 의해 살아 있다고 보기 시작했다. 나는 더 큰 생명을 '초생명hyperlife'이라고 부른다. 초생명은 완전성, 튼튼함, 응집성을 지닌 특별한 종류의 비비시스템이다. 즉 느슨한 비비시스템이 아니라 강한 비비시스템이다. 열대우림과 빈카협죽도과의 식물. 페리윙클이라고도 함.–옮긴이, 전자 네트워크와 서보 기구, 심시티와 뉴욕시는 모두 어느 정도의 초생명을 지니고 있다. 초생명은 에이즈 바이러스와 미켈란젤로 컴퓨터 바이러스를 모두 포함하는 종류의 생명을 가리키기 위해 내가 만들어낸 단어이다.

생물학적 생명은 초생명의 한 종에 불과하다. 전화망도 또 하나의 종이다. 황소개구리에는 초생명이 넘친다. 애리조나주의 바이오스피어 2 프로젝트에도 초생명이 들끓고 있고, 티에라와 터미네이터 2 역시 마찬가지이다. 언젠가 자동차, 건물, 텔레비전, 시험관에도 초생명이 활짝 꽃필 날이 올 것이다.

그렇다고 유기체 생명과 기계 생명이 동일하다는 이야기는 아니다. 둘은 동일하지 않다. 소금쟁이는 탄소를 기반으로 한 생명만이 지닌 일부 특징을 영원히 지닐 것이다. 하지만 유기체 생명과 기계 생명은 최근에 와서야 우리가 구분하기 시작한 일부 특징들을 공유하고 있다. 그리고 아직 우리가 기술할 수 없는 다른 종류의 초생명도 쉽게 나타날지 모른다. 우리는 다양한 생명의 가능성—생물 계통이나 합성 계통을 통해 진화시킨 기묘한 하이브리드, SF 작품에 등장하는 반은 동물이고 반은 기계인 사이보그—을 상상할 수 있는데, 그런 생명은 양쪽 부모 어디에서도 볼 수 없는 초생명의 창발적 속성을 지닐지 모른다.

생명을 창조하려는 우리의 모든 노력은 가능한 초생명의 공간을 탐구하는 것이다. 이 공간은 지구에 나타난 생명의 기원을 재현하려는 모든 노력을 포함한다. 하지만 그 도전은 그것을 넘어선다. 인공 생명의 목표는 단지 '우리가 아는 생명'의 공간을 기술하는 것이 아니다. 랭턴이 이 탐구에 온 열정을 쏟아붓는 이유는 가능한 '모든' 생명의 공간 지도를 만들겠다는 소망 때문이다. 그것은 '존재할지도 모르는 생명'이라는 훨씬 광대한 영역을 향해 나아가는 탐구이다. 초생명은 살아 있는 모든 것, 모든 비비시스템, 생명의 모든 조각, 열역학 제2법칙에 저항하는 모든 것, 제약 없는 진화를 할 수 있는 미래와 과거의 모든 물질 배열, 그리고 우리가 아직 제대로 정의할 수 없지만 뭔가 경이로운 모든 사례가 들어 있는 도서관이다.

이 미지의 세계를 탐구할 수 있는 유일한 방법은 많은 사례를 만들고 그것들이 그 공간에 들어맞는지 알아보는 것이다. 랭턴이 제2차 인공 생명 회의 의사록 서문에 쓴 것처럼 "만약 생물학자들이 진화의 테이프를 '되감아' 다른 초기 조건에서 시작하거나 도중에 다른 외부적 교란 상황에 노출시키면서 실험을 계속 반복한다면, 일반화할 수 있는 총체적인 진화의 경로들을 손에 넣게 될 것이다." 최초 상태에서 시작하여 규칙을 약간 바꿈으로써 인공 생명의 사례를 하나 얻는 시도를 계속 되풀이한다. 그러길 수십 차례 반복한다. 각각의 합성 생명 사례를 지구에 사는 유기체 생명 사례와 합치면 완전한 초생명 집단 전체를 얻을 수 있다.

생명은 물질이 아니라 형태의 속성이기 때문에, 살아 있는 행동을 더 많은 물질에 이식할수록 '존재할지도 모르는 생명' 사례가 더 많이 쌓인다. 따라서 인공 생명 분야는 광범위하며, 복잡성을 향해 나아가는 모든 경로를 고려해야 하는 문제에서 어느 한쪽으로 치우치지 않고 절충적 양상을 보인다. 전형적인 인공 생명 연구자들의 회의에는 생화학자, 컴퓨터 전문가, 게임 디자이너, 애니메이션 제작자, 물리학자, 수학 전문가, 로봇 연구에 취미가 있는 사람들이 모인다. 숨어 있는 의제는 생명의 정의를 파악하는 것이다.

제1차 인공 생명 회의가 열리던 어느 날 밤, 밤늦게까지 회의를 한 뒤에 일부 사람들이 사막의 밤하늘에서 별을 구경하는 동안 수학자 루디 러커Rudy Rucker가 인공 생명 연구의 동기에 대해 이야기했는데, 그것은 내가 들은 것 중 가장 광범위한 것이었다. "현재 보통 컴퓨터 프로그램은 1000행 정도로 이루어져 있고, 돌리는 데 몇 분이 걸립니다. 인공 생명은 불과 몇 행으로 이루어져 있으면서 돌리는 데 1000년이 걸리는 컴퓨터 코드를 찾는 문제입니다."

그 말은 대체로 옳아 보인다. 우리는 로봇에게서 똑같은 것을 원한다. 로봇을 설계하느라 몇 년을 보낸 뒤에 로봇을 수백 년 동안 작동하게 하고, 심지어 자신을 대체할 로봇을 만들게 하려고 한다. 이것은 도토리도 마찬가지인데, 도토리는 수령 180년의 나무를 만들어내는 몇 행짜리 코드이다.

회의 참석자들은 인공 생명에서 중요한 핵심은 인공 생명이 단지 생물학과 생명만 재정의하는 게 아니라, 인공적인 것과 실재적인 것의 개념도 재정의한다는 사실에 있다고 느꼈다. 인공 생명은 중요해 보이는 영역—즉 생명과 실재의 영역—을 극단적으로 확장시키고 있었다. 지난날 학계의 전문가 정신이던 '논문을 발표하거나 아니면 죽거나publish or perish'라는 관행과는 달리, 대부분의 인공 생명 실험자들—심지어 수학자들—은 '시범을 보여주거나 아니면 죽거나demo or die'라는 새로 떠오르는 학계의 신조를 지지했다. 인공 생명과 초생명 분야에 영향을 미칠 수 있는 유일한 방법은 제대로 작동하는 사례를 얻는 것뿐이었다. 전에 애플 컴퓨터에서 일했던 켄 카라코치오스Ken Karakotsios는 존재할지도 모르는 생명에 대한 연구를 어떻게 시작하게 되었는지 설명하면서 이렇게 말했다. "컴퓨터를 만날 때마다 나는 생명 게임을 거기에 프로그래밍하려고 노력했지요." 이것은 결국 〈심라이프SimLife〉라는 아주 놀라운 매킨토시용 인공 생명 프로그램을 낳았다. 심라이프에서 여러분은 초생명 세계를 만들고, 거기다가 작은 생물들을 풀어놓아 공진화하게 함으로써 점점 복잡해지는 인공 생태계를 만든다. 이제 카라코치오스는 가장 크고 훌륭한 생명 게임, 즉 궁극적인 살아 있는 프로그램을 만들려고 노력한다. "알다시피 궁극적인 생명 게임을 돌릴 만큼 충분히 큰 공간은 우주뿐입니다. 우주를 플랫폼으로 삼는 데에는 문제점이 딱 한 가지 있는데, 우주는 지금 현재 누군가의 프로그램을 돌리고 있다는 것이죠."

현재 애플컴퓨터에서 일하는 래리 이저Larry Yaeger가 내게 건넨 명함에는 "Larry Yaeger, Microcosmic God(래리 이저, 소우주의 신)"이라고 적혀 있었다. 그는 폴리월드Polyworld를 만들었는데, 폴리월드는 다각형 모양의 생물들이 사는 정교한 컴퓨터 세계이다. 다각형 생물들은 수백 마리씩 날아다니면서 짝짓기를 하고, 번식하고, 자원을 소비하고, 학습하고(이저 신이 그들에게 부여한 능력), 적응하고, 진화한다. 거기서 이저는 가능한 생명의 공간을 탐구했다. 어떤 일이 일어날까? "처음에 나는 자식이 태어날 때 부모에게 에너지 비용을 부과하지 않았습니다. 그들은 자식을 공짜로 낳을 수 있었지요. 그런데 게으르면서 동족을 잡아먹는 종이 계속 생겨나는 게 아니겠어요! 이 종은 자신의 부모와 자식이 있는 곳 근처 구석에 머물면서 아무것도 하지 않고 그곳을 떠나지도 않아요. 하는 일이라고는 서로 짝짓기를 하고 서로 싸우고 서로 잡아먹는 것뿐이에요. 자기 자식을 먹을 수 있는데, 뭐 하러 일을 하겠어요!" 기존의 종을 초월하는 유형의 생명이 나타난 것이다.

인공 생명의 신들이 누리는 큰 즐거움을 이해한 도인 파머는 "인공 생명 연구의 핵심 동기는 생물학을 현재 지구에 존재하는 것보다 더 넓은 생명 형태의 집단으로 확대하는 것이다."라고 썼다.

그런데 파머는 뭔가 중요한 걸 발견했다. 인공 생명은 또 다른 이유 때문에 인간의 모든 노력 중에서도 아주 독특한 존재이다. 존재할지도 모르는 생명은 우리가 그것을 먼저 창조하는 방법으로만 연구할 수 있는 영역이기 때문에, 이저와 같은 신들은 생명의 범위를 확대한다. 초생명을 탐구하려면 초생명을 만들어야 하며, 그리고 그것을 만들려면 그것을 탐구해야 한다.

하지만 우리가 새로운 형태의 초생명들을 만드느라 바쁘게 애쓰는 한편으로 불안한 생각이 슬며시 고개를 쳐든다. 생명은 우리를 이용한다. 탄소를 기반으로 한 유기체 생명은 가장 초기에 나타난 최초의 초생명 형태가 물질로 진화한 것에 불과하다. 생명은 탄소를 정복했다. 하지만 이제 생명은 수초와 물총새의 가면을 쓴 채 결정과 전선, 생화학적 겔, 신경과 실리콘의 하이브리드 조각으로 침입하려고 모색한다. 만약 생명이 어디로 향하는지 살펴본다면, 발생생물학자 루이스 헬드Lewis Held가 "배아세포는 가면을 쓴 로봇에 불과하다."라고 한 주장에 동의하지 않을 수 없다. 제2차 인공 생명 회의 의사록을 위해 쓴 보고서에서 토머스 레이는 "가상 생명은 진화할 수 있는 환경을 우리가 만들길 저기서 기다리고 있다."라고 썼다. 랭턴은《인공 생명Artificial Life》에서 스티븐 레비에게 "존재하길 원하는 다른 생명 형태들, 인공적인 생명 형태들이 있다. 그리고 그들은 나를 자신의 생식과 실행을 위한 운송 수단으로 이용한다."라고 보고했다.

생명—초생명—은 가능한 모든 생물학과 가능한 모든 평가를 탐구하길 원하지만, 그것들을 만들어내는 데 우리를 이용한다. 그것들을 만드는 것이 그것을 탐구하거나 완성하는 유일한 방법이기 때문이다. 따라서 인류는 초생명을 어떻게 보느냐에 따라 초생명이 공간에서 퍼져나가는 길에 있는 통과 역에 불과하거나 제약 없는 우주로 나아가는 중요한 관문인 셈이다.

도인 파머는 자신의 선언인《인공 생명: 다가오는 진화Artificial Life: The Coming Evolution》에서 "인공 생명의 도래와 함께 우리는 자신의 후계자를 만드는 최초의 종이 될지도 모른다."라고 썼다. "그 후계자는 어떤 것이 될까? 만약 우리가 창조자의 임무를 수행하는 데 실패한다면, 그들은 정말로 차갑고 사악한 것이 될지도 모른다. 하지만 만약 우리가 성공한다면, 그들은 지능과 지혜가 우리를 훨씬 능가하는, 훌륭하고 현명한 생물이 될지도 모른다." 그들의 지능은 "우리처럼 하등한 생명 형태는 상상할 수 없는 것"일지도 모른다. 우리는 신이 되는 것에 대해 늘 불안감을 감추지 못했다. 만약 우리를 통해 초생명이 우리를 즐겁게 하고 돕는 생물로 진화할 공간을 찾는다면, 우리는 자부심을 느낄 것이다. 하지만 우리의 노력을 통해 더 월등한 후계자가 나타난다면, 우리는 두려움을 느낄 것이다.

랭턴의 사무실은 로스앤젤레스의 원자 박물관에서 대각선 방향에 있는데, 이 박물관은 우리가 지닌 파괴의 힘을 상기시킨다. 그 힘은 랭턴을 자극했다. 랭턴은 한 논문에서 "20세기 중반에 인류는 생명을 멸망시킬 힘을 손에 넣었다. 20세기 말에는 인류는 생명을 창조할 힘도 손에 넣을 것이다. 둘 중에서 어느 것이 우리 어깨 위에 더 큰 책임의 짐을 얹어줄지는 말하기 어렵다."라고 썼다.

우리는 여기저기서 다양한 종류의 생명이 출현할 수 있는 공간을 만든다. 비행 청소년 해커들은 잠재적 컴퓨터 바이러스를 만든다. 일본 산업계는 페인트칠을 하는 스마트 로봇을 용접해 만든다. 할리우드의 영화 제작자들은 가상 공룡을 만든다. 생화학자들은 자기 진화하는 분자들을 작은 플라스틱 시험관에 집어넣는다. 언젠가 우리는 계속 굴러가면서 영구적 신기성을 계속 만들어내는 제약 없는 세계를 만들 것이다. 그렇게 될 때 우리는 생명의 공간에 또 다른 살아 있는 매개체를 만들어낼 것이다.

대니 힐리스가 자신을 자랑스럽게 여길 컴퓨터를 만들길 원한다고 한 말은 농담이 아니다. 생명을 주는 것보다 더 인간적인 행동이 무엇이 있을까? 나는 그 답을 안다고 생각한다. 바로 생명과 자유를 주는 것이다. '제약 없는' 생명을 주는 것이다. 여기 너의 생명과 그리고 자동차 열쇠가 있다고 말하는 것이다. 그러고 나서 그 생명체에게 우리가 하는 일을 자유로이 하게 한다. 즉 살아가면서 그 모든 것을 만들게 한다. 토머스 레이는 내게 이렇게 말했다. "나는 컴퓨터에 생명을 다운로드하고 싶지 않아요. 나는 컴퓨터를 생명으로 업로드하고 싶어요."

18

조직된 변화의 구조

진화에 관한 책을 아무거나 골라 펼쳐보면, 거의 모든 페이지에 변화에 관한 이야기가 흘러넘칠 것이다. '적응', '종 분화', '돌연변이'는 모두 변환—시간이 지남에 따라 나타나는 차이—을 가리키는 전문 용어들이다. 진화과학이 제공한 변화의 언어를 사용해 우리의 역사를 변화와 변신과 새로운 것에 관한 역사로 이야기할 수 있다. '새로운'이라는 단어는 우리가 아주 좋아하는 단어이다.

하지만 진화론을 다루는 책 중에서 불변성에 대해 이야기하는 책은 드물다. 찾아보기에 '진화 정지stasis', '고정fixity', '안정stability' 같은 단어나 영속성에 관한 전문 용어가 실리는 경우는 드물다. 진화가 거의 대부분의 시간을 별다른 변화를 일으키지 않고 그냥 보낸다는 사실이 명백한데도, 교사들과 교과서는 불변성에 대해 침묵을 지킨다.

공룡은 불명예스럽게도 변화에 저항하는 상징적 존재로 자주 거론된다. 공룡이라고 하면, 우리의 머릿속에는 먼저 거대한 몸집의 괴물이 떠오른다. 느릿느릿 내디디는 자기 발 주위에 날아다니는 새 비슷한 동물들을 입을 멍하니 벌린 채 바라보는 모습으로 말이다. 우리는 소심한 사람에게 "공룡처럼 살지 마!"라고 충고한다. 변화에 잘 적응하지 못하는 사람에게는 "시대의 흐름을 거스르지 마!"라고 말한다. 적응하든가 아니면 죽든가!

내 도서관 온라인 카드 목록에 'evolution 진화'이라는 단어를 입력하면, 다음과 같은 책 제목들이 나타난다.

The Evolution of Language in China 중국에서 일어난 언어의 진화

The Evolution of Music 음악의 진화

The Evolution of Political Parties in Early United States 초기 미국의 정당의 진화

The Evolution of The Solar System 태양계의 진화

이 제목들에 사용된 '진화'라는 단어는 시간이 지나면서 점진적으로 일어나는 변화를 뜻하는 일반적인 용어로 쓰인 게 분명하다. 하지만 세상에서 점진적으로 변하지 않는 것이 있는가? 우리 주변에 있는 것은 거의 다 점진적으로 변한다. 격변적 변화는 드물며, 장기간에 걸쳐 격변적 변화가 계속 일어난 사례는 알려진 바가 거의 없다. 장기간에 걸쳐 일어나는 변화는 모두 진화적 변화일까?

어떤 사람들은 그렇다고 생각한다. 과학과 공학 분야 전문가 회원 180명으로 이루어진 전국적 협회인 워싱턴진화시스템학회의 헌장에는 "탐구할 시스템의 종류에 아무 제한을 두지 않고…" 모든 시스템을 진화적인 것으로 간주하며, "우리 자신에 대해 보고 경험하는 것은 모두 다 계속 진행되는 진화 과정의 산물이다."라고 명시되어 있다. 그들이 진화적인 것으로 간주하는 주제들—'객관성의 진

화, 기업의 진화'—을 살펴본 나는 협회를 창립한 밥 크로스비에게 "진화적인 것이 아니라고 보는 시스템도 있습니까?"라고 물었다. 그러자 그는 "우리는 진화가 없는 곳은 보지 못했습니다."라고 대답했다. 나는 이 책에서 진화라는 단어를 점진적 변화로 보는 견해로 사용하는 걸 피하려고 노력했지만, 완벽할 수는 없었다.

'진화'라는 단어를 둘러싼 혼란에도 불구하고, 변화를 가리키는 용어들 중 영향력이 큰 것들은 생물학적인 것에 뿌리를 두고 있다. 예를 들면 '성장', '발달', '진화', '돌연변이', '학습', '변태', '적응' 같은 용어들이 있다. 자연은 질서 있는 변화가 일어나는 영역이다.

무질서한 변화는 지금까지 기술이 다루어온 영역이었다. 무질서한 변화를 가리키는 강력한 단어로는 '혁명'이 있다. 이것은 불연속적으로 일어나는 일종의 과격한 변화를 가리키는데, 인공적인 것에만 일어난다. 자연에서는 혁명이 일어나지 않는다.

기술은 혁명 개념을 하나의 통상적인 변화 방식으로 도입했다. 산업 혁명부터 시작하여 그 여파로 일어난 프랑스 혁명과 미국 독립 혁명에 이르기까지 우리는 기술 발전이 가져온 일련의 혁명—전기기기 혁명, 항생제와 수술 혁명, 플라스틱 혁명, 고속도로 혁명, 산아제한 혁명 등등—이 연속적으로 일어나는 것을 보았다. 오늘날 혁명은, 사회적인 것이건 기술적인 것이건, 매주 발표된다. 유전공학과 나노기술—우리가 원하는 것을 어떤 것이라도 만들 수 있는 기술—은 날마다 일상적 혁명을 약속한다.

하지만 나는 일상적 혁명은 일상적 진화에 기세가 꺾일 것이라고 예언한다. 기술 분야에서 일어날 마지막 혁명은 진화적 변화를 포괄해야 할 것이다. 과학과 상업은 이제 변화를 조절하려고—즉 변화를 조직적인 방법으로 일어나게 하려고—시도한다. 그렇게 하여 변화가 꾸준히 작용하도록 함으로써 극적이고 파괴적인 거대 혁명 대신에 미소 혁명의 조류가 끊임없이 출렁이게 하려고 한다. 어떻게 하면 변화를 인공적인 것에 이식해 질서가 있는 동시에 자율적으로 일어나도록 할 수 있을까?

진화과학은 이제 생물학자에게만 중요한 게 아니라 공학자에게도 중요하다. 인공 진화는 우리 환경 속에서도 일어난다. 그런데 우리 사이에서 진화(자연적인 것과 인공적인 것 둘 다) 연구에 대한 평가가 높아진다는 사실도 중요하다. 앨빈 토플러Alvin Toffler는 기술적이거나 문화적인 것이 빠르게 변할 뿐만 아니라 변화 자체의 속도가 가속된다는 사실을 최초로 대중에게 널리 인식시킨 미래학자이다. 우리는 늘 변화가 일어나는 세계에 살고 있으며, 그 사실을 이해할 필요가 있다. 우리는 자연 진화를 그다지 잘 이해하지 못한다. 최근에 인공 자연 진화를 발명하고 그것을 연구함으로써 우리는 생물의 진화를 잘 이해하게 되었고, 만들어진 세계에서 일어나는 변화를 더 잘 관리하고 접종하고 예상할 수 있게 되었다. 인공 진화는 생물들의 새로운 생물학에서는 두 번째 단계이고, 기계들의 새로운 생물학에서는 첫 번째 단계이다.

그 목표는 예컨대 스스로 차체와 바퀴를 도로의 종류에 맞춰 조정하는 자동차, 자신의 상태를 인식하고 스스로 수리하는 도로, 각 고객에게 적합한 자동차를 개별적으로 생산하는 유연한 자동차 공장, 교통량을 파악하여 교통량을 최소화하는 고속도로 시스템, 교통량의 균형을 맞추는 방법을 학습하는 도시 등을 만드는 것이다. 이것들은 모두 기술이 스스로 변하는 능력을 가지고 있어야만 가능하다.

하지만 계속해서 조금씩 변화를 주입하는 대신에 변화의 심장—적응하는 정신—자체를 시스템의 핵심에 이식하면 훨씬 편리할 것이다. 이 마법의 유령이 바로 인공 진화이다. 진화는 강하게 투여하면 인공 지능을 낳고, 약하게 투여하면 가벼운 적응을 촉진한다. 어느 쪽이건, 진화는 스스로를 인도하는 광범위한 힘인데, 아직까지는 아주 강한 형태로 투여해도 기계들에 이런 힘이 나타나지 않는다.

포스트모던 사고는 한때 불안감을 불러일으키던 개념, 즉 진화는 미래에 대해 무지하다는 개념을 의심하지 않고 받아들인다. 사실 인간도 미래에 자신에게 필요한 것을 모두 다 예견할 수 없다—그러면서도 인간은 예견 능력 부문에서 평균 이상이라고 주장한다. 그런데 진화는 우리가 아는 것보다 훨씬 무지하다는 점이 아이러니하다. 진화는 오는 것이나 가는 것에 대해 모두 다 무지하다. 사물이 미래에 어떻게 될 것인가에 대해서만 무지한 게 아니라, 현재에는 어떻게 그렇게 되었고, 과거에는 어떻게 그렇게 되었는지에 대해서도 무지하다. 자연은 어제 자신이 무엇을 했는지 모르며, 신경 쓰지도 않는다. 자연은 성공이나 현명한 행동, 도움이 된 것들에 대한 정확한 기록을 남기지 않는다. 우리—모든 생물—는 일종의 역사적 기록이지만, 우리의 역사는 뛰어난 지능이 없으면 풀거나 해독하기가 어렵다.

생명체는 자신의 낮은 단계들에서 돌아가는 세부 사항을 전혀 짐작도 못 한다. 자신의 유전자에 대해 이야기할 수 있는 능력을 따진다면, 세포는 머리가 텅 빈 것이나 다름없다. 동물과 식물은 모두 세계적인 생명공학 회사가 군침을 흘릴 만한 생화학 물질을 무심코 만들어내는 소형 제약 공장이지만, 세포나 기관, 개체, 심지어 종도 이러한 성취—누가 무엇을 만들었는지—를 추적하지 않는다. '제대로 돌아가면 됐지, 뭘 신경 써?'라는 게 생명의 심오한 철학이다.

자연을 하나의 시스템으로 바라볼 때, 우리는 자연에 의식을 기대하지 않고 단지 부기簿記만 기대한다. 우리가 아는 한, 생물학이 신성불가침으로 여기는 법칙이 하나 있는데, 그것은 바로 중심 원리Central Dogma이다. 중심 원리에 따르면, 자연은 부기를 하지 않는다.

더 정확하게 설명하면, 중심 원리는 정보가 유전자에서 몸으로 흘러가지만, 계정을 반대 방향으로—몸에서 유전자로—보내는 일은 절대로 없다고 말한다. 그래서 자연은 자신의 과거에 대해 무지하다.

만약 자연이 생명체 내부에서 정보를 양 방향으로 보낸다면, 유전자와 그 산물 사이에 쌍방향 커뮤니케이션이 필요한 라마르크식 진화가 가능할 것이다. 라마르크식 진화의 이점은 막대하다. 동물이 살아남기 위해 더 빠른 다리가 필요하다면, 몸과 유전자 사이의 커뮤니케이션을 이용해 유전자에게 더 빨리 달리는 다리 근육을 만들라고 지시하고, 그 혁신을 자식에게 전달할 수 있다. 그러면 진화는 미친 듯이 가속될 것이다.

하지만 라마르크식 진화에는 각자 어떤 일을 담당하는 모든 유전자의 효과적인 색인이 필요하다. 만약 생명체가 가혹한 환경—예컨대 고도가 아주 높은 장소—을 만난다면, 호흡에 영향을 미치는 몸속의 모든 유전자에게 그 사실을 통보하고 환경에 적응하라고 요구할 것이다. 생명체의 신체는 그 메시지를 내장된 호르몬 회로와 화학 회로를 통해 몸 속의 다른 기관들로 전달할 수 있다. 그리고 적절한 유전자를 정확하게 알아낼 수만 있다면, 똑같은 메시지를 유전자에게도 전달할 수 있다. 하지만 현실에서는 부기 작업에 해당하는 이 기능이 결여되어 있다. 신체는 자신이 어떤 문제를 어떻게 해결했는지 추적하지 않으며, 유전자 색인을 갖고 있지 않고, 따라서 어떤 유전자가 대장장이의 이두근을 키우는지 혹은 호흡과 혈압을 조절하는지 알 수 없다. 그리고 수백만 개의 유전자가 수십억 가지 특징을 빚어내기 때문에—그리고 한 유전자가 두 가지 이상의 특징을 만들어낼 수도 있고, 한 가지 특징에 둘 이상의 유전자가 관여할 수도 있다—회계와 색인 작업의 복잡성은 생명체 자신의 복잡성을 능가할 수 있다.

따라서 정보가 몸에서 유전자 방향으로 전달될 수 없어서라기보다는 메시지가 분명한 목적지를 몰라서 커뮤니케이션이 차단된다고 말할 수 있다. 통행을 지시하는 중심 유전자 지휘부가 존재하지 않는다. 도처에 존재하는 중복성, 대규모 병렬성, 책임자 부재, 모든 거래의 감시자 부재 등의 특징을 지닌 게놈은 궁극적인 분산 시스템이다.

그렇지만 이 문제를 해결할 수 있는 방법이 있다면 어떻게 될까? 진정한 쌍방향 유전자 커뮤니케이션은 흥미로운 질문들을 많이 낳을 것이다. 만약 그런 메커니즘이 가능하다면, 생물학적으로 이득이 있을까? 라마르크 생물학을 실현하려면 또 어떤 것이 필요할까? 언젠가 그런 메커니즘에 이르는 생물학적 경로가 존재했을까? 만약 그것이 가능하다면, 왜 그런 일이 일어나지 않았는가? 사고 실험으로 제대로 작동하는 라마르크식 진화의 윤곽을 알 수 있을까?

분명 라마르크 생물학은 대부분의 생명체는 도달할 수 없는 일종의 깊은 복잡성—지능—이 필요할 것이다. 하지만 인간이나 인간이 만든 조직, 그리고 그들의 로봇 후손처럼 지능이 나타날 만큼 복잡성이 충분히 풍부한 곳에서는 라마르크식 진화가 가능하며 유리할 것이다. 애클리와 리트먼은 인간이 프로그래밍한 컴퓨터에서 라마르크식 진화가 펼쳐질 수 있음을 보여주었다.

하지만 지난 10년 사이에 주류 생물학자들은 일부 독불장군 생물학자들이 1세기 동안 설파해온 사실을 인정했다. 즉 신체에 충분한 복잡성이 생긴다면, 생명체가 그 신체를 이용해 유전자에게 진화하려면 무엇을 알아야 하는지 가르칠 수 있다는 것이다. 이 메커니즘은 진화와 학습의 하이브리드이기 때문에, 인공 영역에서 큰 잠재력을 지닌다.

모든 동물의 신체에는 다른 환경에 적응할 수 있는 능력이 제한

적이긴 하지만 내장되어 있다. 인간은 상당히 높은 고도의 환경에도 적응해 살아갈 수 있다. 우리의 심장 박동수와 혈압과 폐활량은 낮은 기압에 맞춰 그것을 보완해야 하는데, 실제로 그렇게 한다. 고도가 낮은 곳으로 이동할 때에는 반대 방향으로 같은 변화가 일어난다. 하지만 우리가 적응할 수 있는 정도에는 한계가 있다. 해발 약 6000m가 그 한계이다. 이 고도를 넘어선 곳에서는 우리 몸은 장기 거주에 알맞게 적응할 수 없다.

안데스 산맥 고지대에 살고 있는 사람들을 상상해보라. 그들은 평원 지역에서 살다가 공기가 희박하여 살아가기에 그리 적합하지 않은 생태적 지위로 옮겨갔다. 수천 년 동안 그곳에서 살아오는 동안 그들의 심장과 폐―그들의 신체―는 높은 고도에 적응하기 위해 무리하게 일해야 했다. 만약 이 마을에 높은 고도가 주는 스트레스를 유전적으로 더 잘 처리하는 신체를 가진 '기형'이 태어난다면 (예컨대 심장 박동수를 높이는 대신에 효율이 더 높은 헤모글로빈을 가짐으로써), 그 사람은 살아가는 데 훨씬 유리할 것이다. 만약 그 사람이 자식을 낳는다면, 많은 세대가 지나는 동안 그 형질이 마을 전체에 퍼져나갈 것이다. 그 형질은 심장과 폐의 과도한 부담을 덜어주므로 살아가는 데 유리하기 때문이다. 통상적인 다윈식 자연 선택의 역학을 통해 고도 적응의 돌연변이가 그 마을의 유전자 풀을 지배하게 된다.

표면적으로는 여기에는 고전적인 다윈식 진화만 작용하는 것으로 보인다. 하지만 다윈식 진화가 일어나려면 먼저 어떤 생태적 지위에서 유전자 변화의 혜택이 없더라도 생명체가 많은 세대 동안 살아남아야 한다. 따라서 돌연변이가 일어나 유전자 차원에서 스스로를 개조하는 변화가 일어날 때까지 개체군을 충분히 오랫동안 살아남게 한 것은 바로 신체의 유연성이었다. 시간이 지나면서 유전자는 신체가 선도한 적응(신체적 적응)에 동화된다. 이론생물학자 와딩턴C. H. Waddington은 이러한 전이를 '유전적 동화genetic assimilation'라 불렀다. 사이버네틱스 연구자 그레고리 베이트슨은 '신체적 적응somatic adaptation'이라 불렀다. 베이트슨은 그것을 사회의 입법적 변화에 비유했다. 먼저 사람들이 어떤 변화를 만들어내면, 그 다음에 그것이 법으로 정해진다. 베이트슨은 "현명한 입법자는 새로운 행동 규칙을 아주 드물게 발의할 것이다. 더 일반적으로는 이미 사람들의 관습으로 굳어진 것만 법으로 지지하는 데 그칠 것이다."라고 썼다. 전문 학술 문헌에서 이러한 유전적 지지는 '볼드윈 효과'로 알려져 있는데, 1896년에 발표된 〈진화의 새로운 인자A New Factor in Evolution〉라는 논문에서 이 개념을 처음으로 발표한 심리학자 볼드윈J. M. Baldwin의 이름을 딴 것이다.

이번에는 히말라야 산맥의 샹그릴라라는 골짜기에 이것과 같은 마을이 있다고 가정해보자. 이곳 주민들은 해발 9000m의 환경—안데스 산맥의 주민보다 3000m가 더 높은—에 적응할 수 있지만, 해수면 높이의 고도에서도 잘 살아갈 수 있다. 안데스 산맥의 마을에서와 마찬가지로, 많은 세대가 지나는 동안 한 돌연변이가 퍼져나가면서 마을 사람들의 유전자에 이러한 능력이 자리잡게 된다. 두 고산 지역 마을 중에서 히말라야 주민이 훨씬 유연하고 신축성 있는 체형을 갖고 있고, 따라서 본질적으로 진화적으로 적응성이 더 뛰어나다. 이것은 라마르크식 진화를 뒷받침하는 교과서적 사례처럼 보일 수 있지만, 목을 길게 뻗도록 진화할 수 있는 기린은 유전자가 따라잡을 때까지 충분히 오랫동안 신체적 적응을 유지할 수 있어야 한다. 광범위한 스트레스에 적응하면서 신체를 오랫동안 유지할 수 있다면, 장기적으로 경쟁에서 유리하다.

진화는 유연한 표현형에 투자하면 보답을 받는다는 교훈을 준다.

경직된 신체를 가지고 적응이 필요할 때 돌연변이가 나타나길 기다리기보다는, 적응할 수 있는 신체를 계속 유지하는 편이 더 낫다. 하지만 신체적 유연성은 유지 비용이 '비싸다.' 생물은 모든 면에서 똑같이 유연할 수가 없고, 한 가지 스트레스를 수용하면 다른 스트레스를 수용하는 능력이 떨어진다. 고정 방식이 더 효율적이지만, 시간이 많이 걸리는 문제가 있다. 고정 방식이 효과를 나타내려면, 장기간에 걸쳐 스트레스가 일정하게 유지되어야 한다. 그래서 급변하는 환경에서는 신체의 유연성을 유지하는 쪽이 선호된다. 민첩한 신체는 가능한 유전적 적응의 전조를 나타낼 수 있다. 더 정확하게 표현한다면, 그러한 유전적 적응을 시험할 수 있다. 그리고 사냥개가 뇌조를 물고 늘어지듯이 그러한 적응을 계속 유지한다.

하지만 실제 이야기는 겉보기보다 훨씬 급진적인데, 신체를 움직이는 것은 '행동'이기 때문이다. 기린은 먼저 더 높은 곳에 있는 잎을 원해야 하고(기린이 그러는 이유가 무엇이건 간에), 계속 반복적으로 더 높은 곳에 있는 잎을 먹으려고 목을 뻗어야 한다. 인간은 일단 먼저 고도가 더 높은 고산 지역 마을로 옮겨가려고 선택해야 한다. 생물은 행동을 통해 선택할 수 있는 것들을 정찰할 수 있고, 가능한 적응 공간을 탐색할 수 있다.

와딩턴은 유전적 동화, 곧 볼드윈 효과는 적응 형질을 유전 형질로 전환하는 것이라고 말했다. 즉 형질 '제어 장치'가 자연 선택되는 것이다. 유전적 동화는 진화가 나아갈 수 있는 범위를 한 단계 높인다. 신체적 적응과 행동적 적응은 최선의 형질에 다이얼을 맞추는 능력 대신에, 다이얼이 무엇인지 그리고 다이얼을 얼마나 멀리 그리고 어느 방향으로 돌릴 수 있는지 더 빨리 제어할 수 있는 능력을 진화에 제공한다.

행동적 적응은 다른 측면에서도 효과가 있다. 동식물 연구자들은 동물들이 적응한 환경에서 벗어나 자신들이 '속하지 않은' 장소에 새로운 서식지를 만드는 경향이 있다는 사실을 입증했다. 코요테는 지나치게 남쪽까지 기어 내려가며, 흉내지빠귀는 지나치게 북쪽까지 이동한다. 그리고 그곳에 터를 잡고 살아간다. 그들의 유전자는 아마도 모호한 욕구에서 시작되었을 적응에 동화함으로써 그러한 변화를 받아들인다.

모호한 욕구에서 시작한 것이 개별적 학습에 이르면 고전적인 라마르크식 진화의 가장자리에 위험할 정도로 가까이 접근할 수 있다. 한 핀치 종은 곤충을 잡기 위해 선인장 가시를 뽑아내는 행동을 학습으로 터득했다. 이 행동으로 그 핀치는 새로운 생태적 지위를 개척했다. 그 핀치는 학습—의도적 행동으로 인식되는—을 통해 자신의 진화에 변화를 가져왔다. 핀치의 학습이 그 유전자에 영향을 미치는 것은 비록 가능성이 높진 않지만 충분히 가능하다.

일부 컴퓨터 전문가는 '학습'이라는 용어를 사이버네틱스 분야에서 사용할 때에는 다소 느슨한 의미로 사용한다. 베이트슨은 신체의 유연성을 일종의 학습으로 묘사했다. 신체가 수행하는 종류의 탐색과 진화나 마음이 수행하는 종류의 탐색을 구별하는 것은 아무 소용이 없다고 보았다. 이 논리에 따르면, 유연한 신체는 스트레스에 순응하는 법을 '학습'한다. '학습'은 많은 생애에 걸쳐 일어나는 적응 대신에 한 개체의 생애 동안에 일어나는 적응을 의미한다. 컴퓨터 전문가는 사실상 행동적 학습과 신체적 학습을 구분하지 않는다. 중요한 것은 두 종류의 적응이 모두 '개체의 생애 동안'에 적합도 공간을 탐색한다는 사실이다.

생물은 생애 동안에 자신의 신체를 변화시킬 여지가 아주 많다. 캐나다 빅토리아 대학의 로버트 레이드Robert Reid는 생물은 환경 변화에 대해 다음과 같은 가소성plasticity으로 반응한다고 주장한다.

- 형태적 가소성
  (한 생물이 한 가지 이상의 체형을 가질 수 있다.)
- 생리적 적응성
  (생물의 조직은 스트레스를 수용하기 위해 변형될 수 있다.)
- 행동적 유연성
  (생물은 새로운 일을 하거나 이동할 수 있다.)
- 지적 선택
  (생물은 과거의 경험을 바탕으로 선택하거나 선택하지 않을 수 있다.)
- 전통의 안내
  (생물은 다른 개체의 경험에서 영향을 받거나 배울 수 있다.)

이 각각의 자유는 생물이 공진화 환경에서 자신을 적합하게 수정하는 데 더 나은 방법을 찾을 수 있는 전선前線이다. 개체의 생애 동안에 일어났다가 나중에 동화할 수 있는 적응이라는 의미에서 이 다섯 가지 선택을 '유전 가능한 다섯 종류의 학습'이라고 부를 수 있다.

학습과 행동, 적응, 진화 사이의 흥미로운 연관 관계에 대한 연구가 시작된 것은 불과 2년 전부터이다. 이 흥미로운 연구는 대부분 컴퓨터 시뮬레이션을 통해 이루어졌다. 생물학자들은 이 연구를 다소 무시하는 태도를 보였다. 데이비드 애클리와 마이클 리트먼(1990년), 제프리 힌턴 Geoffrey Hinton과 스티븐 놀란Steven Nowlan(1987년) 같은 많은 연구자가 학습하는—즉 행동을 변화시킴으로써 자신의 적합도 가능성을 탐색하는—생물 개체군이 학습하지 않는 개체군보다 어떻게 더 빨리 진화하는지 분명하고 확실하게 보여주었다. 애클리와 리트먼은 "우리는 학습과 진화가 손을 잡는 것이 각각 따로 나아가는 것보다 적응성이 뛰어나, 시뮬레이션이 끝날 때까지 생존하는 개체군을 만들어내는 데 더 성공적이라는 사실을 발견했다."라고 썼다. 그들이 시뮬레이션으로 만든 생물의 탐색 학습은 본질적으로 고정된 문제를 무작위로 조사하는 것과 같다. 하지만 1991년 12월에 파리시Parisi와 놀피Nolfi라는 두 연구자는 제1차 인공 지능 유럽 회의에 자기 안내 학습—문제 과제를 개체군 자신이 선택하는—이 최적의 학습 속도를 낳고, 그것은 다시 적응을 높인다는 결과를 제출했다. 두 사람은 행동과 학습이 유전적 진화의 한 가지 '원인'이라는 대담한 주장을 펼쳤는데, 이 주장은 그 후 생물학계에서 자주 언급되었다.

주의할 게 하나 더 있다. 힌턴과 놀란은 볼드윈 효과가 아주 '거친' 문제에서만 나타날 가능성이 높다고 가정한다. 그들은 "진화 공간이 근사한 언덕들을 포함하고 있다고 믿는 생물학자는 … 볼드윈 효과에 별 흥미를 느끼지 못한다. 그러나 자연의 탐색 공간이 아주 잘 조직되어 있다는 주장을 의심하는 생물학자에게는 볼드윈 효과가, 그 생물이 진화하는 공간을 크게 개선하는 데 도움이 되는 적응 과정을 생물 내에서 일어나게 하는 중요한 메커니즘으로 보인다."라고 말한다. 생물은 자신의 가능성을 스스로 만들어낸다.

리트먼은 내게 "다윈식 진화의 문제는 진화에 필요한 시간이 충분히 있다는 조건에서만 아주 훌륭하다는 것입니다."라고 말했다. 하지만 누가 100만 년을 기다릴 수 있을까? 인공 진화를 만들어진 시스템에 도입하려는 집단 노력에서 생물의 진화 속도를 가속하는 한 가지 방법은 수프에 학습을 추가하는 것이다. 인공 진화를 인간의 시간 척도 내에서 일어나게 하려면, 분명 인공 학습과 지능이 어느 정도 필요할 것이다.

학습과 진화의 결합은 기본적으로 문화를 만들어내는 방법이다. 학습과 행동이 그 정보를 유전자에 전달할 수 있는 것처럼, 유전자는 그 정보를 학습과 행동으로 전달할 수 있을지 모른다. 전자를 유전적 동화라 부르고, 후자를 문화적 동화라 부른다.

인류의 역사는 문화적 인수 합병의 역사이다. 사회가 발달함에 따라 집단의 학습과 가르침의 기술은 인간의 생물학이 전달하는 비슷한 기억과 기술을 꾸준히 수용한다.

이 견해—다소 낡은 생각이지만—에 따르면, 초기 인류가 획득한 각 단계의 문화적 학습(불, 망치, 문자)은 전에는 생물학적으로 했던 일들 중 일부를 이후에는 문화적으로 할 수 있도록 몸과 마음의 변화를 허용하는 '가능성의 공간'을 만들어냈다. 시간이 지나면서 인간의 생물학은 인간의 문화에 의존하게 되었고, 생물학이 하는 일 중 일부를 문화가 떠맡으면서 추가적인 문화 발전을 촉진했다. 아이가 동물적 본능 대신에 문화(조부모의 지혜) 속에서 양육되는 시간이 일 주일 늘어날 때마다 인간의 생물학은 자신의 임무를 문화적 양육에 넘겨줄 기회를 추가로 얻었다.

문화인류학자 클리퍼드 기어츠Clifford Geertz는 이러한 전이를 다음과 같이 요약했다.

> 빙하기 동안에 빙하처럼 느리고 꾸준히 성장한 문화는 진화하고 있던 호모*Homo*에게 작용한 선택압의 균형에 변화를 가져와 그 진화에 주요 지시를 내리는 역할을 하게 되었다. 도구의 완성, 조직 사냥과 채집 관습 채택, 진정한 가족 조직의 시작, 불의 발견, 그리고 가장 중요하게는, 비록 아직은 자세하게 추적하기가 극히 어렵지만, 지향·커뮤니케이션·자기 통제를 위한 중요한 기호 체계(언어, 예술, 신화, 의식)에 대한 의존도 증가는 모두 인간에게 새로운 환경을 만들어냈고, 그러자 인간은 그 환경에 적응할 수밖에 없었다. … 우리는 우리의 행동을 유전자가 세밀하게 규칙적으로 그리고 정확하게 제어하도록 했던 이전의 관행을 포기하지 않을 수 없었다. …

하지만 문화를 그 자체의 자기 조직 시스템 — 자체 의제와 생존해야 할 압력을 가진 시스템 — 으로 간주하면, 인류의 역사는 훨씬 흥미로워진다. 리처드 도킨스가 보여주었듯이, 자기 복제 개념 또는 밈 시스템은 자체 의제와 행동을 금방 축적할 수 있다. 나는 자신을 복제하고 전파를 돕기 위해 그 환경을 변화시키려는 원시적 충동보다 더 높은 동기를 문화적 실체에 부여하지 않는다. 문화의 자기 조직 시스템이 살아남는 한 가지 방법은 인간의 생물학적 자원을 소비하는 것이다. 인체는 종종 특정 일을 포기해야 할 합리적 동기가 생길 때가 있다. 책은 우리의 마음에 장기 저장의 부담을 덜어주어 다른 일을 할 수 있게 하며, 언어는 거추장스러운 손짓 커뮤니케이션을 간단하고 에너지를 절약하는 목소리로 압축한다. 사회에서 많은 세대가 지나는 동안 문화는 생물 조직의 기능과 정보를 점점 더 많이 동화한다. 사회생물학자 윌슨과 찰스 럼스덴Charles Lumsden은 수학적 모형을 사용해 '1000년의 규칙'이라 부르는 것을 발견했다. 그들은 문화적 진화가 중요한 유전자 변화를 유발하며, 그 변화는 불과 1000년 만에 문화적 진화를 따라잡을 수 있다고 계산했다. 그들은 비록 유전자의 변화는 눈으로 볼 수 없지만, 지난 1000년 동안 우리 문화에 일어난 엄청난 변화들은 유전자에 변화를 일으킨 일부 원인이 되었을 것이라고 추측한다.

윌슨과 럼스덴은 "유전자와 문화는 서로 분리할 수 없게 단단히 연결되어 있다. 한쪽의 변화는 필연적으로 다른 쪽의 변화를 유발한다."라고 말한다. 문화적 진화는 게놈을 변화시킬 수 있지만, 또한 유전자가 문화를 변화시킨다고 말할 수도 있다. 윌슨은 유전자 변화는 문화적 변화를 위한 '전제 조건'이라고 생각한다. 그는 유전자가 문화적 변화를 동화할 만큼 충분히 유연하지 않다면, 장기적으로 뿌리를 내릴 수 없다고 믿는다.

문화는 우리의 신체를 따르는 반면, 신체는 문화를 따른다. 문화가 없다면, 인간은 인간 고유의 능력을 잃는 것처럼 보인다. (다소 불만족스러운 증거로 동물이 기른 '늑대 소년'이 창조적인 어른으로 발달하는 데 실패한 사례가 있다.) 따라서 문화와 신체는 융합하여 공생 관계가 된다. 대니 힐리스의 용어를 빌리면, 문명화된 인간은 "세계에서 가장 성공한 공생자"—문화와 생물학이 서로 혜택을 주고받는 기생충처럼 행동하는—이며, 공진화를 보여주는 대표적인 예이다. 그리고 모든 공진화 사례와 마찬가지로, 이것은 양성 되먹임과 수확 체증의 법칙을 암시한다.

문화적 학습은 생물의 배선을 바꾸어(정확하게는 생물이 스스로 리모델링하도록 함으로써) 생물이 추가적인 문화 습득을 쉽게 할 수 있게 한다. 따라서 문화는 자신을 가속시키는 경향이 있다. 생명이 더 많은 수의 생명과 더 많은 종류의 생명을 낳는 것과 마찬가지로, 문화는 더 많은 수의 문화와 더 많은 종류의 문화를 낳는다. 나는 문화는 생물학적 방식 대신에 문화적 방식으로 생산하고 학습하고 적응하는 생물학적 능력이 더 뛰어난 생물을 낳는다고 단호하게 말한다. 이것은 우리가 문화를 낳을 수 있는 뇌를 가진 이유는 문화가 그런 능력을 지닌 뇌를 낳았기 때문이라는 뜻이다. 즉, 선행 인류 종이 가지고 있던 미미한 문화가 무엇이었건 간에 그것은 더 많은 문화를 만드는 후손을 빚어내는 데 중요한 역할을 했다.

인체의 기준에서 보면, 정보를 기반으로 한 시스템을 향해 가속되는 진화는 생물학적 위축처럼 보인다. 책과 학습의 관점에서 보면, 이것은 생물을 희생하면서 문화가 스스로를 증폭하는 자기 조직처럼 보인다. 생명이 무자비하게 물질에 침투하여 그것을 영원히 탈취하는 것처럼 문화적 생명은 생물을 탈취한다. 나는 여기서 문화가 우리의 유전자를 변형시킨다고 단호하게 주장한다.

내게는 문화적 진화에 관한 위의 모든 주장을 뒷받침하는 생물학적 증거가 전혀 없다. "인간의 형태는 크로마뇽인 이후 2만 5000년 동안 전혀 변하지 않았다."라고 말한 스티븐 제이 굴드Steven Jay Gould를 비롯한 몇몇 사람들이 지나가는 말처럼 한 주장들이 있긴 하지만, 그런 주장이 이 개념에 어떤 의미를 지니는지, 그리고 그 주장이 얼마나 신빙성이 있는지는 모른다. 반면에 퇴화는 놀랍도록 빨리 일어난다. 도마뱀과 생쥐는 빛이 없는 동굴에서 살아가면 눈 깜짝할 사이에(말하자면) 시력을 잃을 수 있다. 내게는 신체는 기회만 주어진다면 일상적인 기능 중 일부를 언제라도 포기할 준비가 되어 있는 것처럼 보인다.

내가 더 강조하고 싶은 핵심은 라마르크식 진화의 이점이 아주 크기 때문에 자연은 그것이 일어나게 하는 방법을 발견했다는 것이다. 다윈의 은유를 빌려 나는 그 성공을 다음과 같이 표현하고자 한다. 진화는 단지 더 적합한 생물을 발견하기 위해서뿐만 아니라, 자신의 능력을 증대시키는 방법을 찾기 위해 매일 세계를 감시한다. 자연은 적응에 조금이라도 유리한 것을 찾기 위해 매 시간 주변을 살핀다. 자연의 이러한 끊임없는 노력은 막대한 압력—빠져나갈 틈을 찾는 바닷물의 무게처럼—으로 작용해 자신의 적응성을 향상시킨다. 진화는 자신의 속도를 높이고, 자신을 더 민첩하게 만들고, 진화 능력을 더 높일 방법을 찾기 위해 행성 표면을 탐색한다. 진화가 인간을 닮아서가 아니라, 적응 속도의 가속은 진화가 올라탄 폭주 회로이기 때문에. 진화는 스스로 의식하지 못한 채 라마르크식 진화의 이점을 찾는데, 라마르크식 진화는 저항이 적고 진화 능력이 더 큰 틈이기 때문이다.

행동이 복잡한 동물이 진화하면, 진화는 다윈식 진화라는 구속에서 빠져나오기 시작한다. 동물은 반응하고 선택하고 이동하고 적응하고 의사擬似 라마르크식 진화가 꽃필 수 있는 여지를 제공한다. 사람의 뇌가 진화하자 그 뇌는 문화를 만들었고, 문화는 획득 형질의 유전이라는 진정한 라마르크식 시스템의 탄생을 허용했다.

다윈식 진화는 단지 학습 속도가 느리기만 한 게 아니다. 마빈 민스키의 말을 빌리면, "다윈식 진화는 '멍청한' 학습이다." 나중에 진화는 방정식에 학습을 도입함으로써 원시적 뇌에서 진화를 빠르게 하는 방법을 발견했다. 진화가 사람의 뇌에서 결국 발견한 것은 진화의 경로를 사전에 예견하고 그 방향을 유도하는 데 필요한 복잡성이었다.

진화는 조직된 변화의 구조이다. 하지만 단지 그것뿐만이 아니다. 진화는 스스로 변화와 재조직을 일으키는 조직된 변화의 구조이다.

지구에서 진화는 이미 40억 년의 생애 동안 구조적 변화를 겪었으며, 앞으로도 더 많은 변화를 겪을 것이다. 진화가 진화하는 양상은 다음처럼 일련의 역사적 진화 유형들로 요약할 수 있다.

1) 시스템의 자연 발생
2) 복제
3) 유전적 제어
4) 신체적 가소성
5) 밈 문화
6) 자가 유도 진화

초기 지구의 생물 발생 이전 조건, 진화할 생물이 전혀 존재하지 않던 조건에서 진화의 역학은 무엇이 되었건 안정한 것의 생존을 선호했다. (여기에는 우로보로스식 동어 반복이 숨어 있는데, 시초에는 안정성이 곧 생존이었기 때문이다.)

안정성은 진화가 더 오래 작용하게 했고, 그럼으로써 진화가 추가적인 안정성을 더 만들어내도록 했다.

월터 폰타나Walter Fontana와 스튜어트 카우프만의 연구(20장 참고)는 자신의 생성물에 촉매 작용을 하는 단순한 화합물의 아주 간단한 화학 구조가 일종의 화학적 자립 고리를 낳는다는 사실을 보여주었다. 따라서 진화의 첫 단계는 자신을 만들어낼 수 있는 복잡성의 모체가 진화한 것인데, 이것은 진화가 작용할 수 있는 지속적인 존재들로 이루어진 집단을 제공했다.

다음 단계에서는 '자기 복제하는' 안정성이 진화했다. 자기 복제는 오류와 변이의 가능성을 제공했다. 그 다음에 진화는 자연 선택을 진화시켰고, 그 놀라운 탐색 능력을 발휘하게 했다.

다음에는 유전의 역학이 생존의 역학에서 갈라져 나왔고, 진화는 유전자형과 표현형의 이중 체계를 진화시켰다. 유전자형에게 가능한 형태들이 가득 들어찬 거대한 도서관을 기술하는 역할을 맡김으로써 진화는 그 광대한 공간 속으로 들어가 작용하게 되었다.

진화는 더 복잡한 신체 형태와 행동을 진화시키면서 스스로 자신을 변화시키는 신체와 자신의 생태적 지위를 선택하는 동물을 만들어냈다. 이러한 선택은 신체적 '학습' 공간을 열었고, 그러자 진화는 더욱 발전하게 되었다.

학습은 다음 단계의 발전을 촉진했는데, 그것은 바로 복잡한 상징 학습 기계, 즉 인간 뇌의 진화였다. 인간의 사고는 문화와 밈(개념)의 진화를 촉진했다. 진화는 이제 광대하고 새로운 가능성의 도서관을 통해 자신을 인식하고 '더 똑똑한' 방법으로 스스로 가속할 수 있게 되었다. 이것이 바로 현재 우리가 위치한 역사 단계이다.

진화가 다음 단계에 어떻게 진화할지는 아무도 모른다. 인공 진화가 또 다른 진화 영역을 위한 무대를 마련할까? 조만간 진화가 도달할 것이 확실해 보이는 경로는 자기 지시이다. 이것은 진화가 스스로 어떻게 진화하고 싶은지 선택하는 것을 말한다. 이것은 생물학자들이 논의하는 주제가 아니다.

나는 이 이야기를 다음과 같이 바꿔서 표현하길 좋아한다. 진화는 가능한 '진화' 공간을 탐색해왔고, 앞으로도 계속 탐색할 것이라고. 가능한 그림들의 공간과 가능한 생물 형태들의 공간과 가능한 연산들의 공간이 있는 것처럼, 공간들을 탐색하는 방법들의 공간—그것이 얼마나 큰지는 알 수 없지만—도 있다. 이 메타진화metaevolution 혹은 초진화hyperevolution 혹은 깊은 진화deep evolution 혹은 궁극적 진화ultimate evolution는 가능한 모든 진화 게임들의 지형을 배회하면서 가능한 모든 진화들의 탐색을 완벽하게 수행할 수 있는 비법을 찾아 헤맨다.

생물, 밈, 생물 군계—필요한 모든 것—는 진화가 진화를 계속하는 방법일 뿐이다. 진화가 정말로 원하는 것—즉 진화가 향하는 곳—은 우주에서 가능한 형태와 사물과 개념과 과정을 가장 빨리 발견하는(혹은 만들어내는) 메커니즘을 발견하는(혹은 만들어내는) 것이다. 진화의 궁극적인 목표는 단지 가능한 형태와 사물과 개념을 만드는 것일 뿐만 아니라, 새로운 것을 발견하거나 만드는 방법을 새로 만드는 것이기도 하다. 초진화는 끊임없이 그 범위를 확장하고, 가능한 장소들의 새 도서관들을 끊임없이 만들어내고, 무엇을 만드는 데 더 낫고 더 창조적인 방법들을 끊임없이 탐색하는 다층적 전략을 스스로 실행하면서 이 일을 해낸다.

이것은 하나 마나 한 실없는 소리처럼 들릴 수 있지만, 나는 이것을 이보다 덜 회귀적인 방식으로 표현하는 방법을 모른다. 아마도 진화의 소임은 그것들이 존재할 수 있는 공간들을 만듦으로써 가능한 가능성을 모두 다 만들어내는 것일지 모른다.

진화라는 과감한 개념은 너무나도 강력하고 보편적이어서 때로는 진화에 영향을 받지 않는 것이 없는 것처럼 보인다. 선구적인 유전학자 테오도시우스 도브잔스키Theodosius Dobzhansky는 《진화하는 인류Mankind Evolving》에서 이렇게 썼다.

> 진화는 이론일까, 체계일까, 가설일까? 진화는 이 모든 것을 능가한다—진화는 모든 이론과 모든 가설과 모든 체계가 그 앞에 머리를 조아려야 하고, 가능성이 있고 참이 되려면 반드시 만족시켜야 하는 일반적 가정이다. 진화는 모든 사실을 비추는 빛이고, 모든 사고 방향이 반드시 따라야 하는 궤적이다. 이것이 바로 진화이다.

하지만 진화로 모든 것을 설명하려는 노력은 종교적 색채를 약간 띤다. 워싱턴 진화 시스템 학회의 밥 크로스비는 거리낌없이 "다른 사람들이 신의 손을 보는 곳에서 우리는 진화를 본다."라고 말한다.

진화를 종교로 바라보는 관점에 대해서는 할 이야기가 많다. 진화론의 틀은 포괄적이고 풍부하고 거의 자명하고 논의의 여지가 없이 명백하며, 크로스비의 큰 학회처럼 매달 정기적 모임을 갖는 지역적 협회와 단체를 많이 배출했다. 메리 미즐리Mary Midgley는 〈종교로서의 진화Evolution as a Religion〉라는 짧지만 훌륭한 논문의 서두를 다음 네 문장으로 시작했다. "진화론은 이론과학에서 활기 없는 한 부분에 불과한 게 아니다. 진화론은 인간의 기원에 관한 강력한 민간 설화인데, 그렇게 될 수밖에 없다. 모든 내러티브는 상징적 힘을 지닌다. 그 내러티브를 문화의 주요 기능으로 만들지 않은 문화는 아마도 우리 문화가 최초일 것이다.”

미즐리의 주장은 진화론의 진실성을 부정하는 게 전혀 아니다. 반대로 이 강력한 개념이 인간인 우리에게 영향을 미치는 나머지 측면에서 진화의 논리적 측면을 분리할 수 있다는 주장에 반대한다.

나는 장기적으로 우리의 미래에 영향을 미치는 것은 바로 검토하지 않은 진화의 결과들—그것이 어떻게 일어나건, 그리고 어디로 향하건—이라고 본다. 나는 깊은 진화의 숨겨진 본질이 발견되면, 그것이 우리의 영혼에도 영향을 미칠 것임을 의심하지 않는다.

19

후기 다윈주의

"그것은 완전히 틀렸다. 그것은 파스퇴르 이전에 감염병의학이 틀렸던 것처럼 틀렸다. 그것은 골상학이 틀렸듯이 틀렸다. 그 주요 교의는 모두 다 틀렸다." 거침없이 솔직하게 말하길 좋아하던 생물학자 린 마굴리스는 자신이 새로 겨냥한 표적에 대해 이렇게 말했다. 그 표적은 바로 다윈식 진화라는 도그마였다.

이전에 마굴리스가 틀린 것을 지적한 주장들은 늘 옳았다. 마굴리스는 1965년에 유핵세포의 공생적 기원에 대한 과감한 논문을 발표하여 미생물학계를 뒤흔들었다. 전통을 고집하던 사람들은 도저히 믿을 수 없었지만, 마굴리스는 자유롭게 돌아다니던 세균들이 서로 협력하여 세포를 만들었다고 주장했다. 그러다가 1974년에 마굴리스는 (제임스 러브록과 함께) 지구의 대기학적, 지질학적, 생물학적 과정들이 서로 긴밀하게 연결되어 가이아라는 하나의 살아 있는 자기 제어 시스템으로 행동한다고 주장하여 생물학계를 또 한 번 뒤흔들었다. 그리고 이번에는 점진적이고 독립적이고 무작위적으로 나타나는 변이들의 연속적인 계통에서 새로운 종이 나타난다고 주장한, 100년 이상의 전통을 자랑하는 다윈주의Darwinism, 자연 선택과 적자생존을 바탕으로 진화의 원리를 규명한 이론 – 옮긴이의 현대적 틀을 비판하고 나선 것이다.

다윈주의의 아성에 도전한 사람이 마굴리스뿐이었던 것은 아니지만, 마굴리스처럼 거침없이 솔직하게 비판하고 나선 사람은 거의 없었다. 잘 모르는 사람들에게는 다윈에 반대하는 주장이 창조론 비슷한 것으로 비칠 수도 있다. 그래서 공연히 창조론과 관련이 있다고 알려져 과학자의 명성에 오점을 남길지도 모른다는 두려움과 다윈의 압도적인 천재성 때문에, 가장 과감한 전통 파괴주의자가 아니라면 누구나 다윈의 이론을 공개적으로 비판하는 행동을 삼갔다.

마굴리스가 무엇보다 흥분한 이유는 일반적인 다윈 이론의 '불완전성' 때문이었다. 다윈주의는 생략한 부분과 부정확하게 강조한 부분에서는 분명히 틀렸다.

많은 미생물학자, 유전학자, 이론생물학자, 수학자, 컴퓨터과학자는 생명에는 다윈주의 이상의 것이 있다고 말한다. 그렇다고 이들이 다윈의 업적을 부정하는 것은 아니다. 단지 그것을 넘어서서 더 앞으로 나아가고자 할 뿐이다. 나는 그들을 '후기 다윈주의자 postdawinian'라고 부른다. 린 마굴리스는 물론이고 어떤 후기 다윈주의자도 진화에서 자연 선택이 실제로 도처에 작용한다는 사실을 부정하지 않는다. 하지만 그들은 다윈주의의 주장이 누리는 압도적 영향력에는 동의하지 않는다. 다윈주의는 결국 설명하는 게 그다지 많지 않으며, 다윈주의만으로는 우리가 보는 것을 모두 다 설명할 수 없음을 뒷받침하는 증거들이 점점 많이 나타나고 있기 때문이다. 후기 다윈주의자들이 제기하는 핵심 질문에는 다음과 같은 것들이 있다. 자연 선택의 한계는 무엇인가? 진화로 만들 수 없는 것은 무엇이 있는가? 만약 맹목적인 자연 선택에 한계가 있다면, 우리가 이해하는 진화 내부에서 혹은 그 너머에서 작용하는 것은 무엇인가?

오늘날 보통의 다윈주의 생물학자는 자연에서 우리가 보는 것 중에서 자연 선택이라는 기본 과정으로 설명할 수 없는 것은 없다고 말한다. 이러한 입장을 학계의 전문 용어로 '선택주의selectionism'라 부르는데, 오늘날 활동하는 생물학자들 사이에는 선택주의가 보편적으로 퍼져 있다. 이러한 입장은 다윈 자신이 믿었던 것보다 더 극단적이기 때문에, 때로는 '신다윈주의neodarwinism'라 부른다.

자연 선택이나 일반적인 진화에 제한(만약 그런 게 있다면)이 있다면, 이것은 인공 진화를 추구하는 노력에 실질적으로 중요한 의미를 지닌다. 우리는 끝없는 다양성을 낳는 인공 진화를 원하지만, 지금까지는 그렇게 하는 게 쉽지 않았다. 우리는 자연 선택의 역학을 아주 큰 시스템까지 확장하길 원하지만, 자연 선택을 어디까지 확장할 수 있는지 전혀 모른다. 우리는 생물의 진화보다 좀 더 많이 제어할 수 있는 인공 진화를 원한다. 과연 그것이 가능할까?

이와 같은 질문들에 자극을 받아 후기 다윈주의자들은 압도적인 다윈주의에 가려진 대체 진화 이론들—많은 것은 다윈 이전에 존재했던—을 재검토했다. 일종의 지적 적자생존이랄까, 현대 생물학은 패배한 이들 '열등한' 이론들을 그다지 중요하게 여기지 않기 때문에, 이들 이론은 잘 알려지지 않은 채 절판된 책에만 살아남아 있다. 하지만 이 독창적인 이론들의 개념은 인공 진화라는 새로운 생태적 지위에 적합하기 때문에, 재검토를 위해 조심스럽게 부활되고 있다.

다윈 시대의 스타 박물학자, 지질학자, 생물학자 들은 다윈이 1859년에 자신의 이론을 발표했을 때, 그 일반 이론을 완전히 그대로 받아들이길 주저했다(다윈의 계속되는 간청에도 불구하고). 그들은 다윈의 변이 이론—'변화를 수반한 유전' 또는 기존의 종으로부터 새로운 종의 점진적 변이—은 받아들였다. 하지만 선택주의적 추론—무작위적으로 일어나는 사소한 개선이 모든 것의 원인이라는—에는 의심을 품었는데, 다윈의 설명이 그들이 너무나도 잘 알고 있던 자연에서 관찰되는 사실들과 정확하게 들어맞지 않는다고 느꼈기 때문이다. 하지만 그들은 다윈의 이론이 틀렸음을 입증하는 설득력 있는 증거를 내놓거나 그에 필적할 만한 대체 이론을 내놓지 못했다. 그래서 그들의 강한 비판은 편지와 학계의 논쟁이라는 테두리 안에 갇혀 있었다.

다윈은 자연 선택이 일어나는 구체적인 메커니즘도 제시하지 않았다. 무엇보다도 유전자에 대해 아는 게 전혀 없었다. 다윈의 대작이 나오고 나서 처음 50년 동안은 다윈의 이론을 보완하는 진화 이론들이 많이 나왔으며, 그런 양상은 유전자가 발견되고 그 뒤에 DNA가 발견되면서 다윈의 이론이 지배적 이론으로 확립될 때까지 계속되었다. 오늘날 나돌고 있는 급진적 진화 이론은 거의 모두 다 다윈 이후부터 다윈의 이론이 도그마로 받아들여지기 전까지 활동한 사람들이 내놓은 이론들에 그 뿌리가 있다.

다윈의 이론이 지닌 약점에 가장 민감한 반응을 보인 사람은 바로 다윈 자신이었다. 자신의 이론이 지닌 문제의 한 예로, 다윈은 사람 눈의 놀랍도록 다양하고 정교한 구조와 기능을 제시했다. (그 후 다윈을 비판한 사람들은 모두 그가 든 이 예를 사용했다.) 상호작용하는 수정체와 홍채와 망막 등의 정교한 설계는 다윈의 '미소하면서 점진적으로 누적되는' 우연한 개선이라는 개념에 의문을 던지는 것처럼 보인다. 다윈은 미국인 친구 에이사 그레이Asa Gray에게 보낸 편지에서 "약점들에 대해서는 나도 동의하네. 눈을 생각하면 지금도 전율이 일어난다네."라고 썼다. 그레이가 생각한 문제점은 미완성의 눈에서 어느 부분, 예컨대 수정체가 없는 망막이나 망막이 없는 수정체가 그것을 가진 동물에게 무슨 소용이 있을까 하는 점이었다. 자연은 혁신적 변화를 비축해둘 수 없기 때문에('그래도 이것은 나중에 백악기에는 쓸모가 있을 거야!') 모든 발전 단계는 즉각 쓸모가 있어야 하고 살아야 한다. 획기적인 진보는 먼저 효과가 있어야 한다. 아무리 똑똑한 인간이라도 그렇게 끊임없는 요구를 다 맞춰주는 방식으로 설계할 수는 없다. 따라서 자연은 그 창조 능력이 초인적인 것처럼 보인다.

다윈은 가축과 작물의 품종 개량에서 나타나는 그 미소한 소진화적 변화를 확대시켜 상상하라고 말한다 — 꼬투리가 아주 큰 완두콩을 더 크게 만들거나 작은 말을 더 작게 만드는 것처럼. 수백만 년이라는 시간 동안 선택을 통해 일어난 이 미소한 변화들을 계속 연장한다면 어떻게 될지 상상해보라. 그 미소한 차이들이 모두 합쳐져 결국 큰 변화로 나타날 것이다. 바로 이런 방식 — 미소 변화의 축적 — 을 통해 세균에서 산호초와 아르마딜로가 진화했다고 다윈은 말했다. 다윈은 미소 변화의 논리를 지구와 시간의 거대한 척도에 반영할 수 있을 만큼 확대하라고 요구한다.

자연 선택을 확대함으로써 생명의 모든 것을 설명할 수 있다는 주장은 '논리적' 주장이다. 하지만 우리는 상상력과 경험을 통해 논리적인 것이 반드시 실제로 옳은 것은 아님을 안다. 논리적인 것은 참이 되기 위한 필요조건이지만 충분조건은 아니다. 나비 날개에 있는 모든 소용돌이 무늬와 잎에 있는 모든 곡선과 모든 물고기 종은 신다윈주의의 적응적 선택으로 설명할 수 있다. 적응 우위로 어떻게든 설명할 수 없는 것은 하나도 없는 것처럼 보인다. 하지만 유명한 신다윈주의자인 리처드 르원틴Richard Lewontin은 "자연 선택은 모든 것을 설명하기 때문에 아무것도 설명하지 않는다."라고 말한다.

생물학자는 자연에서 다른 힘이 작용해 진화에 비슷한 효과를 나타낼 가능성을 배제할 수 없다.(혹은 적어도 배제하지 않았다.) 따라서 야생 자연에서 혹은 실험실에서 통제된 조건으로 진화가 재현되기 전까지는 신다윈주의는 '그냥 그랬다는' 이야기 — 과학보다는 역사로 — 로 남아 있을 것이다. 과학철학자 칼 포퍼Karl Popper는 신다윈주의는 틀렸음을 입증할 수 없으므로 과학 이론이 아니라고 직설적으로 말했다. "다윈이나 어떤 다윈주의자도 지금까지 단 하나의 생물이나 단 하나의 기관에 대해서도 그것이 어떻게 적응적 진화를 해왔는지 실제로 인과적 설명을 제시한 적이 없다. 지금까지 보여준 것이라고는 — 이것은 너무 심한데 — 그런 설명이 존재할지도 모른다는 것뿐, 즉 (이 이론들이) 논리적으로 불가능하지 않다는 것뿐이다."

생명은 인과성 문제가 있다. 공진화한 생물은 모두 스스로 만들어진 것처럼 보여 인과성을 정확하게 밝혀내기가 어렵다. 진화에 대한 더 완전한 설명을 찾는 작업 중 일부는 자연 발생적 복잡성에 대한 더 완전한 논리적 이해와, 부분들의 망에서 실체가 출현하는 규칙을 찾는 것이다. 인공 진화를 찾는 노력 — 지금까지는 주로 컴퓨터 시뮬레이션에서 이루어진 — 은 과학에서 증거를 확립하는 새로운 방법과 밀접한 관계가 있다. 유비쿼터스 컴퓨터**도처에서 언제든지 쉽게 접근하여 접속이 가능한 컴퓨터 – 옮긴이**가 나오기 이전에는 과학은 이론과 실험이라는 두 가지 측면으로 이루어져 있었다. 이론은 실험의 형태를 만들고, 실험은 이론이 옳거나 틀렸음을 입증한다.

하지만 컴퓨터는 과학을 하는 세 번째 방법을 낳았는데, 그 방법은 바로 시뮬레이션이다. 시뮬레이션은 이론인 동시에 실험이다. 토머스 레이의 인공 진화 같은 컴퓨터 모형을 작동함으로써 우리는 이론이 옳은지 실험할 뿐만 아니라, 실재하는 어떤 실체를 작동시킴으로써 틀렸음을 입증할 수 있는 데이터를 축적한다. 유효한 대용물을 모형으로 사용함으로써 실체를 연구하는 이 새로운 이해 방법을 사용하면, 복잡한 시스템에서 인과성을 확인해야 하는 딜레마에서 벗어날 수 있을지 모른다.

인공 진화는 자연 진화를 뒷받침하는 이론이자 검증인 동시에 그 자체가 새로운 것이기도 하다.

세계 각지에서 일부 동식물 연구자는 타히티섬의 달팽이, 하와이 제도의 초파리, 갈라파고스 제도의 핀치, 아프리카의 호수 물고기 등 야생에서 진화하는 생물 개체군을 장기간에 걸쳐 관찰한다. 이런 연구를 하면서 한 해 한 해가 지나갈 때마다 과학자들이 장기간에 걸친 진화가 야생 자연에서 '실제로 일어나는' 것임을 확실하게 증명할 확률이 더 커진다. 세균, 그리고 최근에 거저리를 사용한 단기 연구는 실험실에서 단기간에 일어나는 생물의 진화를 보여준다. 살아 있는 생물 개체군을 사용한 이 실험들은 신다윈주의 이론이 예측하는 것과 일치하는 결과를 내놓았다. 갈라파고스 제도의 핀치들은 다윈이 예측한 것처럼 시간이 지남에 따라 가뭄으로 인한 먹이 공급 변화에 대한 반응으로 실제로 부리가 두꺼워진다.

이 세밀한 측정들은 자연에서 자율적인 적응이 자연 발생적으로 일어난다는 사실을 입증한다. 이 측정들은 또한 눈에 보이지 않게 계속 작용하는 부적자 도태가 축적됨으로써 결국 눈에 띄는 변화가 저절로 나타날 수 있음을 명백히 보여준다. 하지만 이 결과들은 새로운 단계의 다양성이나 새로운 종류의 생물이나 심지어 새로운 복잡성이 나타나는 것은 보여주지 않는다.

자세한 관찰과 조사에도 불구하고, 우리는 기록된 역사에서 새로운 종이 야생에서 나타나는 것을 한 번도 본적이 없다. 게다가 무엇보다 놀라운 것은 가축 품종 개량 과정에서도 새로운 동물 종이 나타나는 것을 전혀 본 적이 없다는 사실이다. 종 분화를 유도하기 위해 약하거나 심한 압력을 초파리 집단에 고의로 가하면서 수억 세대에 걸쳐 초파리를 연구했지만, 거기서도 새로운 초파리 종이 나타난 적은 없다. 그리고 '종'이란 용어가 아직 아무 의미도 갖지 못하는 컴퓨터 생명에서도 최초의 폭발을 넘어서는 완전히 새로운 '종류'의 변이가 연쇄적으로 나타나는 것을 본 적이 없다. 야생 자연과 품종 개량, 인공 생명에서 우리는 변이가 나타나는 것을 본다. 하지만 더 큰 변화가 나타나지 않는 현실을 감안할 때, 변이의 한계가 아주 좁은 범위에 걸쳐 있으며, 종 내에 국한된 경우가 많다는 사실을 분명히 알 수 있다.

이에 대한 표준적인 설명은 우리가 아주 짧은 시간 간격에서 실시간으로 지질학적 사건을 측정하려 하기 때문에 대단한 것을 기대할 수 없다는 것이다. 생명은 수십억 년 동안 세균 수준에 머물러 있다가 마침내 그보다 더 높은 수준의 생명체가 나타나기 시작했다. 그러니 꾹 참고 기다릴 필요가 있다. 다윈을 비롯해 생물학자들이 화석 기록에서 진화의 증거를 찾으려고 한 이유도 이 때문이다. 화석 기록은 다윈의 큰 명제—시간이 지남에 따라 형태의 변화가 후손들에게 축적된다는—가 옳음을 의심의 여지 없이 뒷받침하지만, 이러한 변화가 순전히 혹은 주로 자연 선택 때문에 일어난다는 것은 증명하지 못했다.

화석 기록이나 실제 생명 혹은 컴퓨터 생명에서 자연 선택이 자신의 복잡성을 다음 단계로 전달하는 정확한 전이 순간을 목격한 사람은 아직까지 아무도 없다. 종들의 경계에는 이 결정적 변화를 저지하거나 우리의 시야에서 가리는 의심스러운 장벽이 있다.

스티븐 제이 굴드는 변환이 믿을 수 없을 만큼 순간적으로 (진화의 관점에서 본다면) 일어나는 방식 때문에 정확한 변환 시기가 화석 기록의 시야에서 제거된다고 생각한다. 그의 이론이 옳건 그르건, 드러난 증거는 미소 변화의 확대에는 자연적 제약 요인이 있으며, 진화가 그것을 어떻게 극복해야 한다고 알려준다.

컴퓨터에서 합성으로 만들어낸 시원 생명과 인공 진화에서는 이미 놀라운 것들이 점점 더 많이 발견되고 있다. 하지만 인공 생명은 그 사촌인 인공 지능을 괴롭히는 것과 똑같은 불편한 증상에 시달리고 있다. 자율 로봇이건 학습 기계이건 혹은 대규모 인지 프로그램이건 간에, 내가 아는 인공 지능 중에서 24시간 이상 계속 작동한 것은 하나도 없다. 하루가 지나고 나면 인공 지능은 멈춰서고 만다. 인공 생명 역시 마찬가지이다. 컴퓨터 생명은 대부분 작동시키고 나서 얼마 지나지 않아 금방 꺼지고 만다. 가끔은 프로그램이 계속 가동되면서 사소한 변이를 만들지만, 최초의 폭발 이후에는 새로운 단계의 복잡성이나 놀라움에 이르지 않는다. (토머스 레이의 티에라 세계도 예외가 아니다.) 어쩌면 작동 시간을 더 많이 준다면, 그런 단계에 이를지도 모른다. 하지만 이유야 무엇이건 간에, 순수한 자연 선택을 바탕으로 한 컴퓨터 생명에서는 그 창조자와 내가 그렇게 보고 싶어 하는 제약 없는 진화의 기적을 보지 못했다.

프랑스의 진화론자 피에르 그라스Pierre Grasse는 "변이와 진화는 아주 다르다. 이 점은 아무리 강조해도 지나치지 않다. … 돌연변이는 변화를 제공하지만, 진보까지 제공하지는 않는다."라고 말했다. 따라서 자연 선택이 미소 변화—변이 추세—의 원인일지는 몰라도, 거대 변화—예상치 못한 새로운 형태의 제약 없는 창조와 복잡성 증가의 방향으로 나아가는 진보—의 원인이 분명하다고는 아무도 말할 수 없다.

만약 인공 진화가 단지 적응적 미소 변화에 불과하다면, 이 책에서 언급한 인공 진화에 대한 밝은 전망 중 많은 것은 실현될 가능성이 높다. 자연 발생적으로 유도한 변이와 선택은 놀랍도록 강력한 문제 해결 방법이다. 자연 선택은 실제로는 당명한 단기간에 걸쳐 작용한다. 우리는 자연 선택을 이용해 우리가 보지 못하는 것을 찾을 수 있고, 상상할 수 없는 것을 채울 수 있다. 그렇다면 문제는 아주 오랜 시간에 걸쳐 점점 증가하는 신기성을 무작위적 변이와 선택만으로 충분히 만들어낼 수 있는가로 귀결된다. 그리고 만약 '자연 선택만으로 충분하지 않다면' 야생 자연에서 일어나는 진화에 또 어떤 것이 영향을 미치며, 자기 조직하는 복잡성을 만들어낼 인공 진화에 무엇을 도입해야 할까?

자연 선택을 비판하는 사람들은 대부분 다윈의 '적자생존' 개념이 옳다고 인정한다. 자연 선택은 주로 부적자의 도태를 의미한다. 일단 적자가 만들어지면 자연 선택은 가차없이 실패작을 걸러낸다.

하지만 뭔가 유용한 것을 만들어내는 것이 어려운 문제이다. 다윈의 이론은 적합도의 기원에 대해 그럴듯한 설명을 제시하지 않는다. 적합도는 선택되기 전에 어디서 왔을까? 오늘날 신다윈주의의 인기 있는 해석에 따르면, 적합도의 기원이 무작위적 변이에 있다고 말한다. 염색체 내에서 일어나는 무작위적 변이는 그 생물이 발달하는 과정에서 무작위적 변이를 만들어내고, 그것은 가끔 그 생물 전체의 적합도를 증가시킨다. 즉 적합도는 무작위적으로 생겨난다.

야생 자연의 진화와 인공 진화에서 한 실험들이 보여주듯이, 이 간단한 과정은 짧은 시간 동안 조화로운 변화를 이끌 수 있다. 하지만 자연 선택이 셀 수 없이 많은 실패작을 모두 걸러낸다는 사실과 무한히 긴 시간이 존재한다는 사실을 감안하면, 자연 선택이 선택하는 데 필요한 일련의 승자들을 무작위적 돌연변이가 중단 없이 계속 '만들어낼' 수 있을까? 다윈의 이론은 선택적 도태라는 제동력이 무작위성이라는 맹목적이고 혼돈스러운 힘과 손잡고, 자연에서 수십억 년 동안 지속되어온 더 큰 복잡성을 향해 나아가는 지속적이고 창조적이고 긍정적인 원동력을 만들어낼 수 있음을 증명해야 하는 큰 짐을 안고 있다.

후기 다윈주의는 장기적으로는 진화에 다른 힘들이 작용한다고 주장한다. 이 정당한 변화 메커니즘들이 생명을 재조직해 새로운 적자로 만들어낸다. 눈에 보이지 않는 이 역학들은 자연 선택이 작용할 수 있는 도서관을 확장한다. 이렇게 깊어진 진화는 자연 선택보다 더 신비스러워야 할 필요가 없다. 각각의 역학—공생, 유도 돌연변이, 도약 진화론, 자기 조직—을 다윈의 가차없는 선택을 보완하면서 장기간에 걸쳐 진화의 혁신을 촉진하는 메커니즘으로 생각하라.

공생—두 생물을 하나로 합치는 것—은 한때 지의류처럼 고립된 진기한 생물에서만 나타나는 현상이라고 생각했다. 린 마굴리스가 세균의 공생이 조상 세포를 탄생시킨 핵심 사건이라는 가설을 내놓은 후, 생물학자들은 미생물계에서 공생이 자주 나타난다는 사실을 발견했다. 미생물은 지구상에 존재하는 모든 생물 중 대다수를 차지하고(지구 역사를 통해 줄곧 그래왔다), 가이아라는 짐수레를 끌고가는 주요 말이기 때문에, 미생물 사이에 광범위하게 퍼져 있는 공생은 과거나 지금이나 지구의 생명에서 근본적인 과정이라고 할 수 있다.

개체군의 일상에 미소하고 무작위적이고 점진적 변화가 들끓다가 결국 안정한 새로운 구조가 나타난다고 본 전통적인 그림과는 대조적으로, 마굴리스는 우리에게 단순한 두 시스템이 우연히 합쳐져 더 크고 더 복잡한 시스템이 만들어지는 과정을 생각하게 한다.

예를 들면, 한 세포 계통을 통해 유전되는 산소 전달 시스템이 다른 세포 계통이 지닌 기존의 공기 교환 시스템과 합쳐질 수 있다. 두 시스템이 공생 관계로 결합하면, 점진적 방법으로는 발달할 가능성이 거의 없는 호흡계가 탄생할 수 있다.

마굴리스는 역사적 사례로 유핵세포의 공생적 성격에 대한 자신의 연구를 든다. 이 창발적 세포들은 여러 종류의 세균이 발명한 광합성과 호흡 과정을 10억 년에 걸친 시행착오를 거쳐 다시 발명하지 않았다. 대신에 세포막을 가진 이 세포들은 세균과 그 정보 자산을 합병하여 자신을 위해 일하게 했다. 즉 세균의 혁신을 그대로 가져다 사용한 것이다.

어떤 경우에는 공생 관계에 있는 두 생물의 유전자 가닥이 합쳐져 하나가 된다. 이런 종류의 공생에 필요한 정보 조정을 일으키는 메커니즘으로 제안된 것은 세포 간 유전자 전달로, 야생 자연의 세균 사이에서는 아주 빈번하게 일어난다. 한 시스템의 노하우가 서로 다른 종들 사이에서 전달될 수 있다. 새로운 세균학은 세상의 모든 세균을 유전적으로 상호작용하는 하나의 초개체로 바라보는데, 이 초개체를 이루는 구성원들 사이에서는 유전적 혁신이 빠른 속도로 흡수되고 전파된다. 사람을 포함해 더 복잡한 종들 사이에서도 종 간 유전자 전달이 일어난다(그 속도는 알려지지 않았지만). 모든 종은 늘 유전자를 교환하는데, 종종 벌거벗은 바이러스를 전령으로 사용한다. 가끔은 바이러스 자체를 공생적으로 받아들이기도 한다. 많은 생물학자는 인간 DNA 중 상당 부분은 바이러스가 끼어든 것이라고 생각한다. 일부 생물학자는 심지어 그 관계는 순환 고리를 이룬다고 생각한다. 즉 인간에게 질병을 일으키는 많은 바이러스는 인간 DNA에서 탈출한 조각이라는 것이다.

만약 이게 사실이라면, 세포의 공생적 성격은 두 가지 교훈을 준다. 첫째, 이것은 고전적 다윈주의 도그마와는 반대로, 개체에게 즉각적으로 돌아가는 혜택이 줄어드는(개체는 사라지므로) 중요한 진화적 변화 사례를 제공한다. 둘째, 이것은 사소한 차이가 점진적으로 축적되어 생긴 것이 아닌 진화적 변화 사례를 제공하는데, 이것 역시 고전적 다윈주의 도그마와 모순된다.

큰 규모에서 일상적으로 일어나는 공생은, 여러 가지 혁신이 동시에 필요한 것처럼 보이는 자연의 많은 복잡성에 원동력을 제공할 수 있다. 그것은 그 밖에도 진화에 여러 가지 이점을 제공할 것이다. 예를 들면, 경쟁보다는 협력의 힘을 독점적으로 이용할 수 있다. 적어도 협력은 특별한 일련의 생태적 지위와 일종의 다양성—예컨대 지의류 같은—을 촉진한다. 다시 말해 공생은 형태 도서관을 확장함으로써 진화에 새로운 차원을 연다. 또한 적절한 시점에 일어나는 낮은 수준의 공생 협력은 오랜 시간에 걸쳐 누적되는 사소한 변화를 대체할 수 있다. 진화는 단 한 번의 호혜적 협력 관계를 통해 개체들에게 100만 년의 시행착오가 일어나야 건널 수 있는 간격을 뛰어넘을 수 있다.

어쩌면 진화는 유핵세포를 공생 없이 직접 발견했을 수도 있지만, 그러려면 또다시 10억 년 또는 50억 년이 걸렸을 것이다. 마지막으로 공생은 계속 갈라져나가는 생명의 계통에서 서로 분리된 채 퍼져 있는 다양한 노하우를 재결합한다. 계속 가지를 치면서 끊임없이 뻗어나가는 생명의 나무 그림을 떠올려보라. 반면에 공생적 연합은 생명의 나무에서 갈라져 나가는 가지들을 다시 합치게 한다. 공생까지 포함해 그림으로 표현한 진화는 나무보다는 가시나무 덤불, 즉 생명의 덤불과 비슷할 것이다. 만약 생명의 덤불이 충분히 많이 뒤엉킨다면, 우리의 과거와 미래를 다시 생각해야 할지 모른다.

자연 선택은 아주 냉혹한 자연의 사신死神이다. 다윈은 진화의 중심에는 잘려나간 작은 부분들—무자비하게 살육된 작은 죽음들—이 아주 많은데, 이것들은 미소한 변이들이 내던진 낙관론을 먹고 살면서 결국에는 직관에 반하는 방식으로 아주 새롭고 의미 있는 것이 될 수 있다는 과감한 주장을 펼쳤다. 전통적인 자연 선택설 연극에서는 죽음이 주연이다. 죽음은 끝없는 제거를 통해 한결같이 성실하게 작용한다. 죽음은 '안 돼.'라는 단 한마디만 아는 편집자이다. 변이는 새로운 것을 풍부하게 낳음으로써 단조로운 죽음과 균형을 맞춘다. 변이도 딱 한마디만 아는데, 그 한마디는 바로 '어쩌면Maybe'이다. 변이는 한 번 쓰고 버릴 수 있는 '어쩌면'을 대량으로 만들어내며, 죽음은 그것들을 즉각 대량 살육한다. 무자비한 죽음은 수많은 평범한 것들을 무시한다. 자연 선택설은 이 환상의 2인조가 가끔 '예스!'를 만들어낼 때가 있다고 말하는데, 그것은 불가사리나 콩팥세포나 모차르트가 될 수 있다. 언뜻 보기에는 자연 선택에 의한 진화는 아직도 놀라운 가설에 불과하다.

죽음은 새로운 것이 살아갈 공간을 제공하며, 쓸모없는 것을 제거한다. 하지만 죽음이 날개가 생겨나게 하거나 눈을 작동하게 한다고 말하는 것은 근본적으로 잘못이다. 자연 선택은 단지 기형인 날개와 보지 못하는 눈을 도태시킬 뿐이다. 마굴리스는 "자연 선택은 저자가 아니라 편집자이다."라고 말한다. 그렇다면 비행과 시각에 혁신을 만들어내는 저자는 누구일까?

다윈 이래 진화론은 혁신의 기원을 다루는 문제에서는 늘 참담한 기록을 면치 못했다. 그의 책 제목이 분명히 보여주듯이, 다윈이 풀길 원했던 큰 수수께끼는 개체의 기원이 아니라 종의 기원이었다. 다윈은 '새로운 종류의 생물은 어디서 나타날까'라고 물었다. '개체들 사이의 변이는 어디서 나타날까'라고는 묻지 않았다.

별개의 과학 분야로 출발한 유전학은 변이와 혁신의 기원에 큰 관심을 보였다. 멘델과 윌리엄 베이트슨William Bateson, 그레고리 베이트슨의 아버지로, 유전학을 뜻하는 'genetics'라는 단어를 만든 사람-옮긴이 같은 초기 유전학자들은 변이가 어떻게 나타나며, 후세대에 어떻게 전달되는지 설명하려고 애썼다.

프랜시스 골턴Francis Galton은 통계학적 목적—생체공학이 등장하기 전까지 유전학의 주요 경향이었던—을 위해 개체군 내에서 일어나는 변이의 전파는 그 기원이 무작위적이라고 간주할 수 있음을 보여주었다.

훗날 유전 메커니즘이 긴 분자 사슬에 매달린 4개의 기호로 이루어진 암호임이 발견되자, 그 사슬 중 임의의 어느 점에서 무작위로 일어나는 기호의 돌변을 변이의 원인으로 쉽게 시각화할 수 있었고, 또 수학으로 쉽게 모형화할 수 있었다. 분자에서 이러한 돌변이 일어나는 원인은 일반적으로 우주선宇宙線이나 열역학적 잡음 때문으로 보인다. 괴물 같은 돌연변이는 한때 유별나게 혹독한 사건을 암시했지만, 이제는 그저 평균적인 변이에서 약간 벗어난 하나의 돌변으로 간주된다. 그래서 변이는 돌연변이가 되었고, '돌연변이'는 무작위적이란 단어와 합쳐져서 '무작위적 돌연변이'가 되었다. 오늘날에는 무작위적 돌연변이라는 용어는 과잉처럼 보인다. 그것 말고 또 다른 종류의 돌연변이가 있기라도 하단 말인가?

컴퓨터를 이용한 인공 진화에서 돌연변이는 유사 전자 난수 생성기로 만든다. 하지만 생물학에서 나타나는 돌연변이와 변이의 정확한 본질적 기원은 여전히 불확실하다. 우리는 변이가 결단코 '무작위적' 돌연변이 때문에 일어나는 게 아니라는 사실을, 적어도 항상 그런 건 아니라는 사실을 알고 있다. 변이는 어느 정도 질서가 있다. 이것은 오래된 개념이다. 남아프리카의 얀 크리스티앙 스뮈츠Jan Christiaan Smuts는 이 유전적 준질서를 '내적 선택internal selection'이라고 불렀다.

그럴듯한 내적 선택 시나리오는 우주선이 DNA 암호에 무작위적 오류를 발생시키고, 차별적(하지만 알려지지 않은) 방식으로 작용하는 자기 복구 장치를 통해 그런 오류를 세포 속에서 바로잡는 과정—일부는 바로잡고 일부는 놓치면서—을 설명할 수 있다. 오류를 수정하는 에너지 비용이 아주 높은데, 이 비용을 변이가 가져다줄 편익과 비교해 판단해야 한다. 만약 적절한 곳에 오류가 나타났다면, 그것은 거기에 머물게 된다. 하지만 있어서는 안 되는 곳에 나타나 지장을 초래한다면, 그것은 수정된다. 가상의 예를 들어 생각해보자. 크레브스 회로는 우리 몸의 모든 세포에서 기본적인 연료 생산 공장 역할을 한다. 이것은 수억 년 동안 잘 작동해왔다. 지금 와서 여기에 혼란을 초래하는 일이 생긴다면, 얻을 것은 적고 잃을 것은 많을 것이다. 크레브스 회로를 만드는 코드에서 변이가 발견되면 그것은 금방 제거된다. 반면에 신체 부위별 비율은 좀 손을 대도 괜찮으니, 변이를 허용하는 영역으로 남겨둘 수 있다. 만약 실제로도 그렇다면, 차등적 변이가 나타나는 것은 일부 무작위성이 다른 무작위성보다 '더 평등'하다는 것을 의미한다. 여기서 생겨나는 한 가지 흥미로운 결과는 조절 장치 자체에 생긴 돌연변이는 그것이 지배하는 코드들에 생긴 돌연변이보다 훨씬 큰 효과를 나타낸다는 점이다. 이 이야기는 나중에 다시 하기로 하자.

유전자들은 아주 광범위하게 서로 작용하고 조절하기 때문에 게놈은 하나의 복잡한 전체로서 변화에 저항한다. 대부분의 유전자는 이렇게 상호 의존적 관계로 연결되어 있어 변이가 끼어들 여지가 없기 때문에, 변이가 조금이라도 일어날 수 있는 곳은 특정 영역에 국한되어 있다. 진화생물학자 에른스트 마이어Ernst Mayr의 말처럼 "자유로운 변이성은 유전자형의 제한된 부분에서만 발견된다." 이러한 유전자 전체론의 힘은 동물 육종에서 볼 수 있다. 육종가들은 특정 형질을 선택하는 과정에서 미지의 유전자가 작동할 때 바람직하지 않은 부작용이 나타나는 것을 자주 경험한다. 하지만 그 형질을 원하는 압력이 멎으면, 후세대에서 그 생물은 원래의 형태로 금방 되돌아간다. 마치 잡아당겼던 용수철이 원래 지점으로 되돌아가듯이 게놈은 원래 상태로 되돌아간다. 실제 유전자에 일어나는 변이는 우리가 상상한 것과는 아주 다르다. 드러난 증거에 따르면, 변이는 무작위적이지 않고 특정 부분에 제한되어 있을 뿐만 아니라, 일어나는 것 자체가 어렵다.

아주 유연한 유전자 관료 기구가 다른 유전자들의 삶을 관리한다는 인상을 준다. 무엇보다 놀라운 사실은, 똑같은 유전자 관료 기구가 초파리에서부터 고래에 이르기까지 모든 생물에 퍼져 있다는 점이다. 예를 들면, 모든 척추 동물에서 동일한 호메오박스 자기 제어 염기 서열(다른 유전자들을 작동하게 하는 마스터 스위치 유전자)이 발견된다.

비무작위적 변이 논리는 너무나도 일반적이어서, 나는 처음에 오늘날 활동하는 생물학자 중 돌연변이가 정말로 무작위적이라고 믿는 사람을 아무도 발견하지 못했다는 사실에 당황했다. 생물학자들이 돌연변이가 '완전히 무작위적이지 않다'는 데 만장일치에 가까운 견해를 보인다는 사실은 이들이 개별적인 돌연변이는 무작위적이 아닐지 모른다고 생각한다는 것—즉 무작위에 가까운 것에서부터 개연성이 높은 것까지 존재할 수 있음—을 의미한다. 그러나 그들은 아주 긴 시간에 걸쳐 통계적으로 바라본 많은 돌연변이는 무작위적으로 일어난다고 믿는다. 마굴리스는 "오, 무작위성은 무지에 대한 변명일 뿐."이라고 말했다.

이 약한 버전의 비무작위적 돌연변이는 더 이상 쟁점조차 되지 않지만, 더 강한 버전은 흥미진진한 이단에 가깝다. 강한 버전은 의도적으로 변이를 선택할 수 있다고 말한다. 유전자 관료 기구에게 단순히 무작위적 변이를 편집하게 하는 대신에 어떤 계획에 따라 변이를 만들어내게 하는 것이다. 특정 목적을 위한 돌연변이를 게놈을 통해 만들어낼 수 있다. 직접적 돌연변이는 맹목적으로 일어나는 자연 선택에 자극을 주어 슬럼프에서 벗어나게 해 복잡성이 증가하는 방향으로 나아가도록 추진할 수 있다. 어떤 의미에서 생물은 환경 요인에 반응하여 스스로 돌연변이를 유도한다. 아이러니하게도 실험실에서 나온 증거는 약한 버전보다는 강한 버전인 유도 돌연변이를 더 강하게 지지한다.

신다윈주의의 법칙에 따르면, 환경은 그리고 오직 환경만이 돌연변이를 선택할 수 있다. 그리고 환경은 돌연변이를 결코 유발하거나 유도할 수 없다. 그런데 1988년, 하버드 대학의 유전학자 존 케언스John Cairns와 그 동료들이 환경을 통해 대장균에 돌연변이를 유도한 증거를 발표했다. 그들은 아주 대담한 주장을 했는데, 어떤 조건에서는 대장균이 자발적으로 환경 스트레스에 직접 반응해 필요한 돌연변이를 만들어낸다고 주장한 것이다. 케언스는 또한 논문을 끝맺으면서 유도 돌연변이를 일으키는 과정이 무엇이건 그것은 "사실상 획득 형질의 유전을 위한 메커니즘을 제공할 수 있었다."라고 말할 배짱도 있었는데, 이것은 다윈의 경쟁 이론인 라마르크의 용불용설을 뒷받침하는 용감한 주장이었다.

분자생물학자 배리 홀Barry Hall은 자신의 연구 결과에서 케언스의 주장을 확인할 뿐만 아니라 자연에서 직접적 돌연변이가 일어난다는 것을 뒷받침하는 놀라운 추가 증거를 제시했다. 홀은 자신이 배양한 대장균이 돌연변이가 우연히 일어날 경우보다 통계적으로 약 1억 배나 빠른 속도로 필요한 돌연변이를 만들어낸다는 사실을 발견했다. 게다가 돌연변이를 일으킨 이 대장균 유전자의 염기 서열을 분석해보았더니, 선택압이 작용한 곳을 제외한 다른 곳에서는 돌연변이가 전혀 일어나지 않은 것으로 드러났다. 이것은 성공적인 세균은 온갖 종류의 돌연변이를 필사적으로 시도하다가 효과가 있는 것을 우연히 발견하는 게 아님을 뜻한다. 대신에 주어진 조건에 딱 들어맞는 변이를 정확하게 꼬집어냈다. 홀은 일부 유도 변이는 너무 복잡해서 그런 변이가 나타나려면 두 유전자에 돌연변이가 동시에 일어나는 게 필요하다는 사실을 발견했다. 그는 그것을 "거의 불가능한 것 위에 다시 극히 불가능한 것을 올려놓는 것"이라고 표현했다. 이런 종류의 기적적 변화는 자연 선택이 따르는 것으로 가정되는 깔끔한 방식이 아니다. 즉 무작위적 돌연변이가 연속적으로 축적되는 방식이 아니다. 여기에는 어떤 설계가 개입한 것이 아닌가 하는 의심을 낳는다.

홀과 케언스는 실험 결과를 달리 설명할 수 있는 가능성들을 아주 세심하게 검토해 모두 배제했다고 주장한다. 그리고 세균이 스스로 돌연변이를 유도했다는 주장을 굽히지 않았다. 하지만 생각 없는 세균이 자신에게 어떤 돌연변이가 필요한지 어떻게 알 수 있는지, 그 메커니즘을 명확하게 밝히기 전에는 나머지 분자유전학자들은 엄격한 다윈주의를 포기하지 않을 것이다.

자연에서 일어나는 야생 진화와 컴퓨터에서 일어나는 합성 진화

의 차이점은 소프트웨어에는 신체가 없다는 데 있다. 우리가 플로피 디스크에 로딩하는 소프트웨어는 정직하다. 만약 코드를 변경시킨 (더 나은 쪽으로) 뒤에 프로그램을 실행하면, 프로그램은 그 지시를 그대로 따른다. 코드라는 실체와 코드가 하는 일 사이에는 그것이 돌아가는 기계의 배선 말고는 아무것도 없다.

생물은 아주 다르다. 만약 가상의 DNA 조각을 소프트웨어 코드라고 간주하고 그것을 변경시키면, 그러한 변경의 효과가 발현되기 전에 먼저 거기서 생겨난 신체가 성장해야 한다. 수정란에서 동물이 발생해 알을 낳는 어른 동물로 자라는 과정이 완료되기까지는 몇 년이 걸릴 수도 있다. 따라서 그러한 변경의 효과는 성장 단계에 따라 다르게 나타날 수 있다. 동일한 코드 변화라도 아주 작은 크기로 발달하는 태아에 미치는 효과와 성적으로 성숙한 개체에 미치는 효과는 다르게 나타날 수 있다. 모든 경우에 코드 변경과 최종 효과 (예컨대 더 긴 손가락) 사이에는 물리학과 화학 — 효소, 단백질, 조직 — 의 지배를 받는 일련의 중간 단계 신체들이 있는데, 물리학과 화학 역시 소프트웨어 변화에 간접적 영향을 받아 변한다. 이것은 돌연변이의 변이를 아주 복잡하게 만든다. 따라서 컴퓨터 프로그래밍은 더 이상 적절한 비유가 될 수 없다.

여러분은 한때 이 문장의 마침표만 한 크기였다. 연못의 조류와 비슷한 다세포 구체가 되어 이리저리 굴러다니던 때도 잠깐 있었다. 물결이 여러분 몸 위로 휩쓸고 지나가기도 했다. 기억이 나는가? 그러다가 여러분은 자라기 시작했다. 얼마 후에는 해면동물 같은 생명체가 되었다. 전체가 창자로 이루어진 관 모양의 생명체였다. 먹는 것이 삶의 전부였다. 척수가 자라나 감각을 느끼기 시작했다. 호흡을 하면서 음식물을 빨리 연소시키기 위해 아가미활이 생겨났다. 움직이고 방향을 바꾸고 판단을 내리기 위해 꼬리도 자라났다. 여러분은 물고기가 아니라 인간 태아로 태어났지만, 치어 **알에서 깬 지 얼마 안 된 어린 물고기 – 옮긴이** 흉내를 내며 살아간다. 다른 동물들의 발달 과정을 흉내내며 잠깐씩 머물다 빠져나오는 단계마다 여러분은 그 가능성을 포기하길 반복하는데, 최종 목적지에 이르려면 그런 과정이 필요하다. 진화는 선택들을 포기하는 것이다. 뭔가 새로운 것이 되려면 더 이상 될 수 없는 것들이 모두 축적되어야 한다.

진화는 창의성이 풍부하지만 보수적이기도 하여 손에 쥔 것을 가지고 어떻게 해나가려고 한다. 생물학적 과정은 처음부터 다시 시작하는 법이 드물다. 그것은 생물의 발생 과정에 함축되어 있는 과거와 함께 시작한다. 어떤 생물이 탄생 직후의 발생이 끝날 무렵에 이르면, 그동안 일어난 수백만 가지 트레이드오프 때문에 다른 방향으로 진화할 기회는 영영 사라지고 만다. 신체가 없는 진화는 한계가 없다. 신체와 함께 일어나는 진화는 발생에 갇히고 현재의 성공이 후퇴를 허용하지 않기 때문에 무한한 제약에 속박된다. 하지만 바로 이러한 제약들이 설 자리를 제공한다. 인공 진화가 의미 있는 목적지에 이르려면, 신체를 갖는 게 필요할지 모른다.

공간에 신체가 존재하면 거기에 시간도 존재한다. 돌연변이는 성장한 신체에서 꽃을 피운다. 시간 차원에서. (이것, 즉 발달 시간은 인공 진화가 지금까지 거의 갖지 못했던 것이다.) 초기의 배아 발생을 변화시키려고 하는 것은 시간에 간섭하는 것이다. 배아 발생 과정에서 돌연변이가 더 일찍 일어날수록 그 생물에 더 큰 영향을 미친다. 이것은 또한 실패를 방지하는 제약을 완화하기 때문에, 발생 단계에서 돌연변이가 일찍 일어날수록 그 돌연변이가 제대로 효과를 발휘할 가능성이 낮다. 다시 말해 생물이 더 복잡하게 발달할수록 아주 일찍 일어난 변화가 살아남을 가능성이 낮다.

초기 발생 단계에 일어나는 변화는 작은 돌연변이 하나로 단번에 많은 것에 영향을 미칠 수 있다는 이점이 있다. 초기의 적절한 변화는 1000만 년의 진화로 이룰 수 있는 것을 한 번에 일으키거나 지울 수 있다. 안테나페디아Antennapedia라는 유명한 돌연변이 초파리가 바로 그런 예이다. 단 한 지점에 일어난 돌연변이(단일점 돌연변이) 때문에 발생 단계의 이 초파리는 더듬이가 있어야 할 자리에 다리가 자라난다. 그래서 안테나페디아는 이마에 가짜 다리가 달린 채 태어난다. 이 모든 일은 코드에 생긴 사소한 변경 하나에서 비롯되었고, 그것이 다시 다른 유전자들에 영향을 미쳐 일어났다. 이러한 방법으로 온갖 종류의 기형을 만들 수 있다. 그래서 발생생물학자들은 생물의 자기 조절 유전자가 이러한 초기의 발생 과정을 지배하는 유전자들을 변화시킴으로써, 다윈의 점진적 자연 선택을 건너뛰어 유용한 기형 생물을 만들 수 있지 않을까 생각한다.

그런데 기형 생물에서 한 가지 기묘한 사실은 이 생물들이 내부 규칙을 따르는 것처럼 보인다는 점이다. 머리가 둘 달린 송아지는 무작위적으로 생기는 기형으로 보이지만, 사실은 그렇지 않다. 기형 생물을 연구한 생물학자들은 같은 종류의 기형이 많은 종에서 나타나며, 심지어 기형의 속성을 종류별로 분류할 수 있다는 사실을 발견했다. 예를 들어 한가운데에 눈이 하나만 달린 채 태어나는 외눈박이—사람을 포함해 포유류에서 비교적 흔히 나타나는 기형—는 거의 항상 눈 위에 콧구멍이 있다. 이것은 종에 상관없이 모든 외눈박이 동물들에서 공통적으로 나타난다. 이와 비슷하게, 머리가 둘 달린 동물은 머리가 셋 달린 동물보다 흔하다. 이 중 어느 돌연변이도 생식에 이득을 주는 변이가 아니기 때문에, 그리고 기형 동물 중 살아남는 수는 극소수이기 때문에, 자연 선택은 이런 돌연변이를 선택하지 않는다. 그러니 이러한 돌연변이의 질서는 내부적으로 생겨나야 한다.

19세기 초반과 중반에 부자 사이인 프랑스의 에티엔 조프루아 생틸레르Etienne Geoffroy Saint-Hilaire와 이시도르 조프루아 생틸레르Isidore Geoffroy Saint-Hilaire는 자연적 기형들의 분류 체계를 고안했다. 그들의 돌연변이 분류법은 린네의 종 분류 체계에 대응하는 것이었는데, 모든 기형을 강綱, 목目, 과科, 속屬, 심지어 종種으로 분류했다. 이들의 연구는 기형을 다루는 현대 기형학의 기초가 되었다. 생틸레르 부자의 연구는 질서 있는 형태가 자연 선택을 넘어선 곳까지 뻗어 있음을 암시했다.

하버드 대학 비교동물학 박물관의 페레 알베르크Pere Alberch는 오늘날 진화생물학에서 기형학의 중요성을 강조하는 대표적 인물이다. 그는 기형학을 살아 있는 생물 내부의 강한 내적 자기 조직을 보여주는, 간과된 청사진이라고 해석한다. 그는 "기형은 주어진 발생 과정의 잠재성을 보여주는 훌륭한 문서이다. 강한 부정적 선택에도 불구하고, 기형은 조직적이고 독립적인 방식으로 생겨날 뿐만 아니라, 일반화된 변형 규칙을 보여준다. 이러한 속성은 기형의 전유물은 아니다. 발생하는 모든 계가 지닌 일반적 속성이다."라고 주장했다.

기형들의 질서 있는 구조—돌연변이 초파리의 이마에서 솟아나는 다리도 제대로 된 형태를 갖추고 있다—는 그 이면에 생물의 외형을 안내하는 데 도움을 주는 내적인 힘이 숨어 있음을 말해준다. 이러한 '내부론적' 접근 방법은 대부분의 적응주의자가 따르는 정통적인 '외부론적' 접근 방법과 다르다. 외부론자는 도처에 작용하는 자연 선택이 형태를 빚어내는 주요 힘이라고 본다. 이에 저항하는 내부론자인 알베르크는 다음과 같이 썼다.

> 내부론적 접근 방법은, 사실 이것이 핵심 가정인데, 형태의 다양성이 매개변수 값(확산 속도, 세포 부착 등등 …)에 생긴 교란 때문에 발생하

는 반면, 구성 요소들 사이의 상호작용의 구조는 일정한 상태로 머문다고 가정한다. 이 가정이 옳다면, 설사 그 계의 매개변수들이 발생 과정에서 유전자의 돌연변이나 환경적 변이나 실험적 조작을 통해 무작위로 교란된다 하더라도, 그 계는 제한적인 별개의 표현형들만 만들어낼 것이다. 따라서 가능한 형태의 영역은 그 계의 내부 구조의 한 속성이다.

따라서 머리가 둘 달린 기형이 나타나는 것은 우리가 좌우 대칭인 팔을 가진 것과 같은 이유 때문일 것이다. 그리고 둘 다 자연 선택 때문에 일어나지 않을 가능성이 아주 높다. 오히려 내부 구조(특히 게놈의 구조)와 축적된 형태 발생이, 가능한 생물 조직의 다양성에 그와 동일하거나 오히려 더 큰 영향력을 미칠지 모른다.

유전자가 입고 있는 신체는 유전자의 진화에 놀라운 영향력을 행사한다. 유성 생식에서 두 염색체가 결합할 때, 벌거벗은 상태로 결합하는 게 아니라 거대한 난세포에 둘러싸인 채 그 속에서 결합한다. 필요한 자원이 가득 차 있는 난자는 유전자가 발현되는 방식에 큰 발언권을 행사한다. 노른자위가 많은 난세포에는 단백질 인자와 호르몬 비슷한 인자가 가득 들어 있으며, 자신의 비염색체 DNA에 제어를 받는다. 난세포는 염색체 유전자들이 분화하기 시작할 때 그것들을 안내하고 방향을 알려주고 그들의 자식을 만드는 것을 조율한다. 그렇게 해서 생겨난 최종 생물이 부분적으로 난세포의 제어를 받고 유전자의 제어에서 벗어난다는 말은 과장된 표현이 아니다. 난세포의 상태는 스트레스와 나이, 영양 공급 등에 영향을 받을 수 있다. (나이 많은 여성이 낳은 아기에게 많이 나타나는 다운증후군은 선천성 결함의 원인이 되는 두 염색체가 여성의 난세포 속에서 너무 오랜 세월 동안 가까이 붙어 있다가 물리적으로 뒤엉켜서 나타난다는 주장도 있다.) 여러분이 태어나기 이전 — 실제로 수태 순간부터 — 에도 유전 정보 외부에 있는 힘들이 여러분의 형태를 유전적으로 빚어내는 데 영향을 미친다. 유전 정보는 그것이 구체화된 실체와 독립적으로 존재하지 않는다. 어떤 생물의 유전 가능한 신체의 기원, 즉 형태 발생은 비유전성 세포 물질과 유전성 유전자 — 신체와 유전자 — 의 협력을 통해 가능하다. 진화론, 특히 진화유전학은 생명의 복잡한 형태학을 기억하지 않는 한 진화를 완전히 이해할 수 없다. 인공 진화는 구체적인 형태를 얻고 나서야 도약할 수 있을 것이다.

각각의 생물학적 난세포는 대부분의 유핵세포와 마찬가지로 염색체 밖에 DNA 정보 도서관이 여러 개 있다. 표준 이론에 아주 곤혹스러운 사실이 하나 있는데, 난세포는 자체 내에서, 끊임없이 일부 코드를 교환하고 있을지 모른다. 즉 난세포 자체의 DNA 파일과 유전된 염색체 DNA 파일 사이에 코드 교환이 일어나는 것이다. 만약 난세포 내부 DNA의 정보가 난세포의 경험으로 인해 변할 수 있고, 그것이 염색체 DNA로 전달될 수 있다면, 이것은 엄격한 중심 원리에 위배된다. 중심 원리는 생물의 정보는 유전자에서 세포체로만 흘러갈 수 있고 그 반대 방향으로는 흘러가지 않는다고 말한다. 즉 신체(표현형)에서 유전자(유전자형)로 향하는 직접적 되먹임은 존재하지 않는다. 다윈주의의 비판자인 아서 케스틀러**Arthur Koestler**는 중심 원리 같은 규칙은 의심해야 한다고 지적하는데, 왜냐하면 '그것은 자연에서 발견된 생물학적 과정 중 유일하게 되먹임이 결여된 사례이기 때문'이다.

형태 발생은 인공 진화를 만들려는 사람들에게 두 가지 교훈을 준다. 첫째는 어른 생물에게 일어나는 변화는 혈통을 통해 직접적으로 촉발될 뿐만 아니라, 어미의 난자 환경을 통해 배아 단계에서 간접적으로 촉발된다는 것이다. 이 과정에서는 제어 인자와 세포 내

DNA 교환을 통해 세포(어머니의 세포)에서 유전자로 비정상적 방식으로 정보가 흘러갈 여지가 많다. 독일 형태학자 루페르트 리들Rupert Riedl은 이것을 다음과 같이 표현했다. "신라마르크주의는 직접적 되먹임이 있다고 가정한다. 신다윈주의는 되먹임이 전혀 없다고 가정한다. 둘 다 틀렸다. 진실은 그 중간에 있다. 되먹임은 있지만, 직접적으로 작용하는 것은 아니다." 유전자로 향하는 간접적 되먹임의 주요 경로 하나는 배아 성장의 시초 단계, 즉 유전자가 살이 되는 육체화가 일어나는 순간에 있다.

이 순간에 배아는 증폭기나 다름없다. 여기서 발생이 진행되면서 작은 변화가 확대될 수 있다는 두 번째 교훈이 나온다. 이런 방식으로 형태 발생은 다윈의 점진주의를 건너뛴다. 이 사실은 버클리의 유전학자 리처드 골드슈미트Richard Goldschmidt가 지적했는데, 비점진적 진화에 대한 그의 개념은 평생 동안 조롱과 비웃음의 대상이 되었다. 그가 한 주요 연구인 《진화의 물질적 기초The Material Basis of Evolution》(1940년)는 1970년대에 스티븐 제이 굴드가 그의 개념을 부활시키려는 노력을 펼치기 전까지는 정신나간 소리 비슷한 것으로 취급받았다. 골드슈미트의 책 제목은 여기서 내가 주장하는 주제를 잘 반영한 것이다. 그것은 진화는 물질과 정보의 혼합이며, 유전자의 논리는 유전자가 머무는 물질 형태의 논리와 따로 생각할 수 없다는 것이다. (이 개념을 확장하면, 인공 진화는 다른 기반을 바탕으로 작용하는 한, 자연 진화와 다소 다르게 진행될 것이라고 주장할 수 있다.)

골드슈미트는 소진화의 점진적 전이(빨간색 장미에서 노란색 장미로)를 확대 적용하는 것으로는 대진화(지렁이에서 뱀으로)를 설명할 수 없음을 보여주려고 애쓰면서 평생을 보냈지만, 별다른 성과를 얻지 못했다. 대신에 곤충의 발생에 관한 자신의 연구를 바탕으로 진화가 도약적으로 일어난다고 가정했다. 발생 초기에 일어난 작은 변화는 어른 단계에서 큰 변화—기형—를 일으킬 수 있다. 극단적으로 변형된 형태는 유산되지만, 큰 변화가 살아남아 유망한 기형이 태어날 수 있다. 유망한 기형은 다윈의 이론이 요구하는 중간 형태의 반쪽 날개 대신에 완전한 날개를 가지고 태어날 수도 있다. 이런 생물은 부분적 형태를 가진 과도기 종은 결코 도달할 수 없는 생태적 지위에 완전한 형태를 갖춘 채 도달할 것이다. 유망한 기형의 출현은 또한 화석 기록에서 중간 형태가 존재하지 않는 이유를 설명해준다.

골드슈미트는 자신의 유망한 기형이 발생 타이밍의 작은 변화 때문에 쉽게 생길 수 있다는 아주 흥미로운 주장을 펼쳤다. 그는 국지적 성장과 분화 과정의 타이밍을 조절하는 '속도 유전자'를 발견했다. 예를 들면, 색소 침착 속도를 조절하는 유전자에 약간의 변화가 일어나면 아주 다른 색깔을 가진 쐐기벌레가 나올 수 있다. 굴드는 "발생 초기에 일어난 작은 변화는 성장 동안에 축적되어 어른들 사이에 큰 차이를 나타낼 수 있다. … 실제로 만약 우리가 발생 속도의 작은 변화로 불연속적인 변화를 일으키지 못한다면, 진화의 주요 전이 단계들이 어떻게 일어날 수 있는지 설명할 방법이 없다."라고 썼다.

화석 기록에는 중간 형태의 누락이라는 중대한 간극이 있다. 창조론자들이 기뻐하며 이 사실을 물고 늘어진다고 해서, 그것이 다른 사람들이 이 사실을 무시해야 할 이유가 되지는 못한다. '화석의 간극'은 다윈의 이론에 뚫린 구멍인데, 다윈은 장차 진화론자들이 세계 곳곳을 더 샅샅이 조사하면 구멍이 메워질 것이라고 말했다. 하지만 그 후에도 구멍은 전혀 메워지지 않았다. 한때 고생물학자들 사이에서 '업계 비밀'이었던 이 간극은 지금은 진화를 연구하는 과학자라면 누구나 인정한다. 진화고생물학자인 스티븐 스탠리Stephen Stanley는 "알려진 화석 기록은 주요 형태 전이를 완성하는 계통(점진적) 진화의 사례를 단 하나도 입증하지 못하며, 따라서 점진적 모형이 옳다는 증거를 전혀 제시하지 못한다."라고 말한다. 그리고 전문 고생물학자인 스티븐 제이 굴드는 이렇게 말했다.

> 모든 고생물학자는 화석 기록에서 중간 형태만큼 소중한 것이 없다는 사실을 알고 있다. 주요 집단들 사이에서 전이가 돌발적으로 일어난 것이 큰 특징이다. … 대다수 화석 종의 역사는 점진 진화론과 특별히 모순되는 특징을 두 가지 포함하고 있다.
>
> 1) 안정 상태. 대부분의 종은 지구에서 살아가는 동안 어떤 방향성이 있는 변화를 전혀 보이지 않는다. 종들은 화석 기록에서 나타날 때나 사라질 때나 그 모습이 거의 똑같다. …
>
> 2) 갑작스런 출현. 어느 국지적 지역에서 종은 그 조상들이 꾸준히 변화하는 과정을 거쳐 점진적으로 나타나지 않는다. 종은 갑자기 그리고 '완전한 형태'로 나타난다.

과학사학자의 시각에서 볼 때, 다윈의 가장 중요한 주장은 생명의 전체 역사에서 나타나는 불연속적 측면이 착각이라는 것이다. 다윈은 각 종류의 동물이나 식물에 고유한 '불변의 본질', 즉 각각의 종에 개별성이 있다는 주장 — 고대 철학자들이 줄곧 강조한 원리 — 은 틀렸다고 말했다. 성경에 생물을 "제 종류대로 만드셨다"고 나오고, 젊은 다윈을 비롯해 그 당시의 생물학자들은 대부분 각각의 종이 이상적인 방식으로 자신의 혈통을 계속 유지한다고 생각했다. 중요한 것은 종류이고, 개체는 그 종류와 대체로 일치한다고 보았다. 하지만 깨달음을 얻은 다윈은 (1) 개체들은 서로 상당히 다르며, (2) 모든 생명은 역동적으로 유연하여 개체들 사이에 무한한 변이가 가능하고, (3) 따라서 중요한 것은 개체군으로 분류한 개체들이라고 주장했다. 그리고 종들 사이에 세워진 장벽은 곳곳에 구멍이 뚫려 있으며, 장벽은 실체가 없는 환상이라고 말했다. 다윈은 불연속성을 종에서 개체로 옮김으로써 그것을 사라지게 했다. 생명은 연속적으로 균일하게 분포되어 있다고 본 것이다.

하지만 복잡계, 특히 적응하고 학습하고 진화하는 복잡계 연구에서 흥미로운 의심이 쌓이고 있는데, 이것은 다윈의 혁명적인 전제가 틀렸음을 시사한다. 생명은 대체로 꾸러미 단위로 뭉쳐져 있고, 약간의 유연성만 있을 뿐이다. 종은 계속 살아남거나 사라진다. 종은 가장 불가사의하고 불확실한 조건에서만 다른 종으로 변한다. 대체로 복잡한 것들은 범주들로 나누어지고, 범주들은 계속 살아남는다. 범주는 일반적으로 안정 상태를 지속한다. 전형적인 종의 수명은 대개 100만~1000만 년이다.

생명체를 닮은 것 — 기업, 뇌 속의 생각, 생태 공동체, 민족 국가 — 도 자연히 영속적 집단으로 분화해간다. 인간의 제도적 집단 — 교회, 부서, 회사 — 은 진화보다는 성장이 더 쉽다. 원래의 조건과 아주 다른 조건에 적응하도록 요구받을 경우, 대부분의 제도는 사멸한다.

'유기적' 존재는 무한히 적응할 수 없는데, 복잡계는 일련의 기능적 중간 형태들을 거치면서 점진적으로 변화하기가 쉽지 않기 때문이다. 복잡계(얼룩말이나 회사 같은)가 진화할 수 있는 방향과 방법에는 큰 제약이 따르는데, 복잡계는 완전히 하위 요소들로만 이루어진 위계 조직이기 때문이다. 하위 요소 역시 적응할 수 있는 여지에 제약이 있는데, 하위 요소는 다시 하위 하위 요소들로 이루어져 있기 때문이며, 이런 식의 구조는 계속 반복된다.

그렇다면 진화가 양자 단계에서도 작용한다는 사실도 놀랍지 않을 것이다. 어떤 생물을 이루는 구성 요소들은 집단적으로 이것 또는 저것을 만들 수 있지만, 이것과 저것 사이에 있는 모든 것을 다 만들지는 못한다. 전체의 위계적 성격은 이론적으로는 도달하는 게 가능한 모든 상태에 이르지 못하도록 막는다. 그와 동시에 전체의 위계적 배열은 대규모 이동을 일부 가능케 하는 힘을 제공한다. 따라서 이 생물의 기록에는 여기에서 저기로 도약하는 사건이 나타난다. 생물학에서는 이것을 도약 진화론saltationism, '도약하다'란 뜻의 라틴어 saltare에서 유래한 단어–옮긴이 이라 부르는데, 전문 생물학자들 사이에서는 별로 인기가 없는 개념이다. 골드슈미트의 유전적으로 유망한 기형에 대한 관심이 커지면서 온건한 도약 진화론이 다시 활기를 띠고 있지만, 중간 형태들을 훌쩍 뛰어넘는 복잡한 도약 진화론은 현재로서는 이단으로 간주된다. 하지만 복잡한 존재를 이루는 상호 의존적 공동 적응은 양자 진화를 낳아야 한다. 인공 진화는 아직까지 위계적 깊이를 포함할 만큼 충분히 복잡한 '유기체'를 만들어내지 못했기 때문에, 합성 세계에서 도약 진화가 어떤 방식으로 나타날지 우리는 아직 알지 못한다.

난세포가 형태발생학적 발달을 통해 살아 있는 생물로 변하는 과정은 물려받은 짐들로 가득 차 있는데, 이것은 잠재적 후손의 다양성을 제약한다. 전반적으로, 신체를 구성하는 물질은 물리적 제약을 수반하는데, 이것은 만들어질 수 있는 동물의 종류를 제한한다. 개미 다리만큼 가느다란 다리를 가진 코끼리는 만들어질 수 없다. 마찬가지로 유전자의 제약 조건—유전자의 물리적 성격—도 만들어질 수 있는 동물의 종류를 제한한다. 각각의 유전 정보 조각은 커뮤니케이션을 위해 물리적으로 움직여야 하는 단백질이다. DNA는 일반적이긴 해도, 복잡한 신체에서는 유전자의 물리적 제약 조건 때문에 일부 메시지는 암호화하기가 어렵거나 불가능하다.

유전자는 생물과 독립적인 자체 역학을 따르기 때문에, 유전자는 자신에게서 어떤 것이 만들어질 수 있는지 지시한다. 게놈 내부에서 유전자들은 자유롭게 움직이지 못하고 어떤 지점에 머물러 있어야 하는 방식—즉 A는 B와 연결되어야 하고, B는 C에 연결되어야 하고, C는 A에 연결되는 방식—으로 서로 연결되어 있다. 이러한 내부 연결은 게놈 내부의 보존력을 높이는데, 이 힘은 게놈을 변하지 않게—게놈이 어떤 신체를 만들든 상관없이—유지하는 데 도움을 준다. 복잡계와 마찬가지로 유전자 회로는 가능한 변이를 제한함으로써 교란에 저항하는 경향이 있다. 게놈은 응집력 있는 통일체 상태를 계속 유지하려고 한다.

인공 선택이나 자연 선택이 어떤 유전자형(예컨대 비둘기의)을 안정 상태에서 벗어나 선호하는 형질(예컨대 흰색) 쪽으로 움직이게 하면, 게놈에서 상호 연결된 형질이 작동하여 다양한 부작용(예컨대 근시)을 낳는다. 비둘기의 품종을 직접 개량해본 다윈은 이 사실을 발견하고 '불가사의한 성장의 상관관계 법칙'이라고 불렀다. 신다윈주의의 대원로인 에른스트 마이어는 "지난 50년 동안 일어난 집중적 선택(품종 개량) 실험 중에서 바람직하지 못한 부작용이 나타나지 않은 사례는 단 한 가지도 아는 바가 없다."라고 썼다. 전통적인 집단 유전학의 기반을 이루는 단일점 돌연변이는 아주 드물다. 유전자들은 대개 복합체를 이루어 작용하며, 그 자체가 복잡 적응계이다. 유전자는 나름의 지혜와 관성을 지니고 있다. 기형조차도 규칙을 따르는 이유는 이 때문이다.

게놈이 상당히 다른 외부 형태를 만들려면 통상적인 배열에서 충분히 멀리 벗어나야 한다. 게놈이 경쟁 압력 때문에 통상적인 궤도 바깥쪽으로 '끌려갈' 때, 안정성을 유지하려면 자신의 연결 패턴을 물질적으로 재배열해야 한다. 사이버네틱스 용어로 표현한다면, 게놈은 다른 끌림 영역으로, 즉 자체의 통일성과 응집성을 지닌 것, 나름의 항상성을 지닌 것으로 안정되어야 한다.

생물은 세상에서 자리를 잡고 살아가기 전에, 즉 경쟁과 생존의 자연 선택에 직접 맞닥뜨리기 전에 이미 두 단계의 내적 선택을 거친다—하나는 게놈의 내적 구속 조건이고, 또 하나는 신체 형태의 법칙이다. 거기다가 자연 선택과 진짜로 맞닥뜨리기 전에 생물에게 영향을 미치는 세 번째 단계의 내적 선택도 있다. 게놈이 받아들인 뒤에 신체 형태도 받아들인 변화는 그 다음에는 개체군 전체에 널리 퍼져야 한다. 한 개체가 훌륭한 돌연변이를 가졌다 하더라도, 그 유전자가 개체군에 퍼지지 않은 채 개체가 죽는다면 그 혁신도 그대로 사라지고 말 것이다. 개체군(혹은 국지적 개체군인 딤deme)은 통일성을 향해 응집력 있는 추진력을 나타내면서 자신들이 항상성 면에서 균형 잡힌 하나의 큰 시스템인 것처럼(즉 개체군 전체가 하나의 개체인 것처럼) 전체의 창발적 행동에 기여한다.

어쨌거나 이런 장애물들을 뛰어넘어 진화하는 새로운 것이 있다는 사실이 놀랍다. 마이어는《생물학의 새로운 철학을 향해Toward a New Philosophy of Biology》에서 "진화의 가장 어려운 묘기는 이러한 응집성의 구속에서 벗어나는 것이다. 지난 5억 년 동안에 새로운 종류의 구조가 비교적 극소수밖에 나타나지 않은 이유는 바로 이 때문이며, 전체 진화 계통에서 99.999%가 멸종한 이유도 이 때문일지 모른다. 응집성은 생물에게 갑작스럽고 새로운 환경의 요구에 신속하게 반응하지 못하게 하기 때문에 멸종할 수밖에 없었다."라고 썼다. 항상 변하고 공진화하는 세계에서 오랫동안 큰 수수께끼로 남아 있던 정지 상태를 뒷받침하는 알리바이가 드디어 나타났다.

내가 이 문제들을 깊이 다루는 이유는 생물의 진화에 작용하는 구속 조건이 인공 진화의 희망이기 때문이다. 진화의 동역학에 포함된 모든 부정적 구속 조건은 긍정적으로 바라볼 수도 있다. 오래된 것을 유지하는 구속 조건의 힘은 새로운 것도 만들어낸다. 우연히 다른 형태로 흘러가지 않도록 막음으로써 생물을 그 자리에 붙들어두는 미묘한 중력은 그 전에 먼저 생물을 특정 형태로 끌어당긴 것과 같은 중력이다. 유전자의 내적 유전적 선택이 지닌 자기 강화 측면(그 안정성에서 벗어나는 것을 아주 어렵게 만드는)은 무작위적 배열들을 끌어들이는 골짜기 역할을 한다. 그것들이 가능한 것들의 분지에 자리를 잡을 때까지. 수백만 년이 지나는 동안 게놈과 신체의 다양한 안정성은 자연 선택의 작용을 물리치면서 종이 중심을 잡도록 돕는다. 종이 급진적 도약으로 원래 있던 자리에서 벗어나면, 동일한 응집성—이번에도 역시 자연 선택의 영향력을 뛰어넘어—이 새로운 항상성으로 인도한다. 처음에는 이상하게 보이겠지만, 구속 조건은 새로운 것을 창조한다.

따라서 멸종에 대해 이야기하는 것—구속 조건이 멸종을 초래했다는—을 기원에 대해서도 똑같이 이야기할 수 있다. 자연 선택 자체가 아니라, 생물학의 다양한 단계에서 나타나는 창발적 응집성이야말로 전체 생명 형태의 99.999%가 나타난 이유일지 모른다. 생명을 만들어내는 데 구속 조건이 담당하는 역할—어떤 사람들은 자기 조직이라 부르는—은 비록 측정할 수는 없더라도, 아주 클 것이다.

최초의 컴퓨터가 등장하기 100년도 더 전에 출판된 다윈의 《종의 기원》에 실린 한 유명한 이미지는 진화가 하는 일을 컴퓨터 전문 용어로 정확하게 구체적으로 표현했다. 다윈은 진화는 "매일 매 시간

전 세계에서 아무리 사소한 것이라도 모든 변이를 상세하게 조사한다. 나쁜 것은 모두 버리고, 좋은 것은 모두 보존하고 더하면서, 조용히 그리고 냉담하게 일한다."라고 말했다. 이것은 형태 도서관에서 알고리듬으로 탐색하는 것에 해당한다. 가능한 생명 형태의 도서관은 일관성 있는 작품이 여기저기 드문드문 흩어져 있는 광대한 공간일까, 아니면 그런 것이 도처에 아주 많이 널린 광대한 공간일까? 무작위적으로 내디딘 진화의 한 걸음이 실재하는 생명의 가능성에 도착할 확률은 얼마나 될까? 가능성의 공간에서 제대로 기능하는 생물들은 서로 얼마나 가까이 모여 있을까? 살아남을 수 있는 계통들은 서로 얼마나 멀리 격리되어 있을까?

만약 가능한 생명 형태의 밀도가 있음 직한 존재들로 충분히 빽빽하다면, 가능성의 공간은 자연 선택의 무작위적 걸음으로 탐색하기가 더 쉽다. 무작위성으로 탐색할 수 있는 전망이 무척 밝은 공간은 시간이 지남에 따라 진화가 걸어갈 수 있는 경로를 수많이 제공한다. 반면에 제대로 기능하는 생명 형태들이 드문드문 존재하고 서로 격리되어 있다면, 자연 선택만으로는 새로운 생명 형태에 도달할 수 없을 것이다. 생명의 기능 단위들의 분포는 너무 희박해서 가능한 생물의 공간은 제대로 기능하는 사례가 텅 빈 채 남아 있을지 모른다. 이 광대한 실패 공간에서 생존 가능한 생명 형태는 전체 공간에서 군데군데 덩어리를 지어 모여 있거나 일부 구불구불한 길에 모여 있을 것이다.

제대로 기능하는 생물의 공간이 아주 희박하다면, 진화가 생존 가능한 생물들이 있는 지역에서 다음 지역으로 나아갈 때 거쳐야 하는 텅 빈 황무지를 안내해줄 뭔가가 필요하다. 자연 선택의 바탕을 이루는 원리처럼 시행착오에 의존하는 걸음은 그저 아무것도 없는 장소로 빨리 데려다줄 뿐이다.

우리는 현실 도서관에서 생명이 실제로 어떻게 분포하고 있는지 아는 게 사실상 아무것도 없다. 생명의 분포는 너무 희박하고 가능성도 빈약해 거기를 지나는 생명의 경로는 오직 하나—우리가 현재 걸어가고 있는 그 길—뿐일지도 모른다. 혹은 도서관에 모든 존재가 반드시 건너가야 할 몇몇 병목 지점—예컨대 네 다리, 관 모양 창자, 5개의 손가락처럼 공명을 일으키는 끌개—으로 수많은 경로를 이어주는 넓은 고속도로가 있을지 모른다. 혹은 생명의 기반에는 어떤 편향이 숨어 있어, 우리가 어디서 출발하든지 간에 결국에는 좌우 대칭, 분절 팔다리, 지능(어떤 종류이건)의 해변에 도착하는지도 모른다.

진화의 헌법에 관한 이 유익한 질문들은 생물학 용어가 아니라, 새로운 과학인 복잡성 과학의 언어를 사용해 제기된다. 후기 다윈주의의 수렴을 위한 추진력이 주로 수학자, 물리학자, 컴퓨터과학자, 시스템 이론가—둘을 제대로 구별하는 것에 목숨이 달려 있는데도, 꾀꼬리버섯Cantharellus cibarius과 광대버섯Amanita muscaria(둘 중 하나는 치명적인 독버섯)을 구별할 줄도 모르는 사람들—에게서 나온다는 사실에 생물학자들은 마음이 편치 않다. 자연의 복잡성을 컴퓨터 모형으로 단순화하려 하고, 가장 경이로운 자연 관찰자인 찰스 다윈이 내린 결론을 무시하려는 사람들에게 동식물 연구자들이 그동안 보여온 반응은 냉소뿐이었는데 말이다.

자신의 통찰에 대해 다윈은 《종의 기원》 3판에서 새로 추가한 글을 독자들에게 상기시켰다.

> 최근에 내 결론이 와전되는 경우가 많았고, 종의 변화가 순전히 자연 선택을 통해 일어난다고 이야기되어왔기 때문에, 이 책의 초판에서 그리고 그 후의 판에서도 다음 말을 눈에 아주 잘 띄는 위치—즉

서문 끝부분—에 두었다는 점을 지적하고 싶다. "나는 자연 선택이 변화의 주요 수단이긴 했지만 유일한 수단은 아니었다고 확신한다." 하지만 이런 노력도 아무 소용이 없었다. 지칠 줄 모르는 와전의 힘은 참으로 대단하다.

신다윈주의는 자연 선택을 통한 진화라는 놀라운 이야기를 제시했는데, 그것은 그 논리를 반박하기가 불가능한, 그냥 그랬다는 이야기였다. 그 이야기는 자연 선택은 논리적으로 모든 것을 만들어낼 수 있기 때문에, 모든 것은 자연 선택을 통해 태어났다고 주장했다. 지구상에서 살아온 하나뿐인 생명의 역사를 대상으로 하는 한, 그렇지 않음을 논의의 여지 없이 보여주는 증거가 나오지 않는 이상은 이 광범위한 해석에 만족할 수밖에 없었다.

그런 증거는 아직까지 나오지 않았다. 내가 여기서 공생, 유도 돌연변이, 도약 진화, 자기 조직에 대해 제시한 단서들은 결정적인 것과는 거리가 멀다. 하지만 이것들은 같은 패턴을 보여준다. 즉 진화에는 자연 선택 외에도 여러 가지 요소가 작용함을 보여준다. 게다가 생물학 밖에서 진화를 합성하려는 대담무쌍한 계획은 이것들과 함께 여러 가지 의문을 던진다.

진화의 역학을 우리의 역사 밖으로 끄집어내 만들어진 매체로 옮기려고 시도하는 순간, 진화의 내적 본질은 우리의 감시 아래 들어온다. 컴퓨터 안에서 인공 진화 속으로 들어간 진화는 최초의 신다윈주의 검증을 통과했다. 그것은 자발적 자기 선택이 적응 수단이자 최초의 신기성을 일부 만들어내는 수단임을 보여준다.

하지만 인공 진화가 자연 선택에 필적하는 창조성의 발전소가 되려면, 우리가 가지지 못한 무한의 시간을 주거나 자연 선택의 더 창조적인 측면(만약 그게 정말로 존재한다면)으로 보강해야 한다. 적어도 인공 진화 연구는 지구에서 살아온 생명의 역사적 진화가 지닌 진정한 성격을, 현재의 관찰이나 과거의 화석에서는 기대할 수 없는 방식으로 밝히는 데 도움을 줄 것이다.

나는 이 모든 진화 이론을 생물학 학위가 없는 후기 다윈주의자들이 주도한다는 사실이 전혀 놀랍지 않다. 인공 진화가 '이미' 알려준 큰 교훈은 진화가 생물학적 과정이 아니라는 사실이다. 진화는 기술적, 수학적, 정보적, 생물학적 과정이 하나로 합쳐진 것이다. 그것은 유전자를 가진 것이건 가지지 않은 것이건 창조된 모든 다수를 지배하는 원리, 곧 물리 법칙이라고 말할 수 있다.

다윈의 자연 선택설에서 사람들이 그 진가를 제대로 알아보지 못하는 측면이 하나 있는데, 그것은 바로 자연 선택이 불가피한 과정이라는 것이다. 자연 선택의 조건은 매우 특정적이지만, 만약 그 조건을 모두 만족할 경우 자연 선택은 피할 수 없다!

자연 선택은 개체군과 사물들의 무리에서만 나타날 수 있다. 자연 선택은 시간과 공간에 분포한 집단에서 나타나는 현상이다. 그 과정은 반드시 다음과 같은 특징을 지닌 개체군을 포함해야 한다. (1) 개체들 사이의 일부 특성에 변이가 나타나고, (2) 그 특성이 생식 능력, 가임 능력, 생존 능력에 어떤 차이를 빚어내고, (3) 그 특성이 부모로부터 자식에게 어떤 형태로 전달되어야 한다. 만약 이런 조건들이 존재한다면, 6 뒤에는 반드시 7이 오고, 동전은 앞면 아니면 뒷면이 나오듯이 자연 선택은 반드시 일어난다. 진화론자인 존 엔들러John Endler는 "자연 선택을 생물 법칙이라 불러서는 안 된다. 자연 선택은 생물학적 이유 때문에 일어나는 것이 아니라 확률의 법칙 때문에 일어난다."라고 말한다.

하지만 자연 선택은 진화가 아니며, 진화도 자연 선택과 동일시해서는 안 된다. 산술이 수학이 아니고, 수학을 산술과 동일시할 수 없는 것과 마찬가지이다. 수학은 그저 덧셈의 결합에 불과하다고 주장하는 사람도 있을 것이다. 뺄셈은 덧셈을 거꾸로 하는 것이고, 곱셈은 같은 덧셈을 반복하는 것이고, 복잡한 함수들은 모두 덧셈의 확장을 바탕으로 하고 있다. 이것은 신다윈주의자들이 하는 주장과 비슷하다. 그들은 모든 진화는 자연 선택들의 결합을 확장한 것이라고 주장한다. 이러한 관점도 일리는 있지만, 더 복잡한 것들을 이해하고 평가하려는 노력을 차단한다. 곱셈을 같은 덧셈의 반복 형태로 나타낼 수 있긴 하지만, 만약 곱셈을 순전히 덧셈의 반복으로만 생각한다면, 이 편리한 계산에서 나타나는 새로운 능력을 제대로 이해하지 못할 것이다. 덧셈만 생각해서는 $E=mc^2$이라는 공식은 절대로 얻을 수 없다.

나는 생명의 수학이 있다고 믿는다. 자연 선택은 그 수학에서 더하기 함수에 해당할지 모른다. 하지만 생명의 기원, 복잡성을 향하는 놀라운 경향, 지능의 발명을 제대로 설명하려면, 단순히 덧셈을 생각하는 것만으로는 부족하다. 그러려면 서로를 바탕으로 세워진 복잡한 함수들로 이루어진 풍부한 수학이 필요하다. 즉 더 깊은 진화가 필요하다. 자연 선택만으로는 충분치 않으며, 어림도 없다. 더 창조적이고 생산적인 과정과 결합해야만 훨씬 큰 것을 이룰 수 있다. 자연적으로 선택할 수 있는 대상을 더 많이 가져야 하는 것이다.

후기 다윈주의자들은 1차원적 자연 선택을 통해 일어나는 일관된 진화 같은 것은 없음을 보여주었다. 진화는 다원적이고 심오하다고 말하는 편이 더 적절할 것이다. 심오한 진화는 많은 종류의 진화가 합쳐진 집합체이다. 그것은 많은 얼굴을 가진 신이자 많은 팔을 가지고 많은 방법으로 작용하는 조물주로, 그 중에서 변이의 자연 선택은 가장 보편적인 요소일 것이다. 아직 알려지지 않은 다양한 진화들이 심오한 진화를 이루는데, 우리의 마음이 멍청한 행위자들의 집단과 다양한 종류의 사고로 이루어진 것과 같다. 다양한 진화들은 각각 다른 규모와 다른 속도와 다른 방식으로 일어난다. 게다가 이 진화들의 혼합도 시간이 지나면서 변한다. 어떤 종류의 진화는 초기의 시원 생명에 더 중요했지만, 어떤 종류의 진화는 40억 년 뒤인 지금 더 중요하다. 한 종류(자연 선택)는 많은 것에서 보편적으로 나타나는 반면, 나머지는 희귀하고 각자 맡은 역할이 전문화되어 있을 것이다. 심오하고 다원적인 진화는 지능과 마찬가지로 역학의 집단에서 나타나는 창발적 속성이다.

인공 진화를 만들어 기계와 소프트웨어를 번식시키려고 하는 우리도 진화의 이 균일한 성격을 감안할 필요가 있다. 나는 제약이 없고 지속 가능한 창조성을 발휘할 수 있는 인공 진화에서는 다음과 같은 역학(나는 이것들이 생물학적 진화에도 어느 정도 있으리라고 믿지만, 인공 진화에서는 훨씬 강한 형태로 나타날지 모른다.)이 나타나리라고 예상한다.

- **공생:** 서로 다른 계통들의 수렴을 허용하는 정보 교환이 쉽게 일어남.
- **유도 돌연변이:** 환경과 직접적인 커뮤니케이션이 일어나는 비무작위적 돌연변이와 교차 메커니즘.
- **도약 진화:** 기능들의 무리 짓기, 제어의 계층적 단계들, 구성 요소들의 모듈화, 무리를 한꺼번에 변화시키는 적응 과정
- **자기 조직:** 특정 형태(4개의 바퀴처럼)를 향해 편향된 발달이 널리 퍼져 보편적인 표준이 됨.

인공 진화가 모든 것을 다 만들어내지는 못할 것이다. 합성 진화로는 자체적인 제약 조건 때문에 도달할 수 없지만, 우리가 자세히

상상할 수 있는—그리고 물리학과 논리학 법칙에 따라 제대로 기능하는—것이 많이 있을 것이다.

컴퓨터를 사용하는 후기 다윈주의자들은 무의식적으로 다음과 같은 질문을 던진다. 진화의 한계는 무엇인가? 진화가 할 수 없는 일은 무엇인가? 생물 진화의 한계는 궁극적인 것이 아닐지 모르지만, 그 편향과 무능에 진화의 창조적 능력에 대한 답이 있을지 모른다. 가능한 생물의 풍경에 텅 비어 있는 블랙홀은 어디에 있을까? 나는 다만 기형 연구 전문가인 알베르크의 말을 되풀이할 수 있을 뿐이다. 그는 "나는 텅 빈 공간, 그러니까 상상할 수는 있지만 실현되지 않은 형태들에 더 관심이 있다."라고 말했다. 르원틴의 말을 조금 바꿔 표현하면, "모든 것을 만들 수 없는 진화가 뭔가를 설명할 수 있다."라고 말할 수 있다.

20

잠자고 있는 나비

어떤 개념은 사실로 포장되어 우리 마음속에 들어오는 반면, 어떤 개념은 참이라는 증거라고는 전혀 없이 있는 그대로 그냥 들이닥치지만 왠지 모르게 참이라는 확신이 든다. 후자 쪽에 속하는 개념이 밀어내기가 더 어렵다.

반카오스—공짜 질서—라는 개념은 입증할 수 없는 종류의 공상에서 나왔다.

이 개념은 30여 년 전에 다트머스 대학의 의과대학생이던 스튜어트 카우프만이 생각해냈다. 카우프만은 그때 자신은 어느 서점의 유리창 앞에 멍하니 서서 염색체 설계에 대해 생각하고 있었다고 한다. 곱슬머리에 체격이 건장하고 잘 웃는 카우프만은 책을 읽을 시간이 없었다. 그는 유리창을 응시하면서 책을 한 권 상상했다. 저자 이름에 자신의 이름이 박혀 있는 그 책은 장차 자신이 쓸 책이었다.

이 공상에서 책의 페이지들은 서로 연결된 화살들의 망으로 가득 차 있었다. 화살들은 서로 얽히며 살아 있는 덩어리를 이루기도 하고 거기서 뻗어나오기도 했다. 그것은 인터넷의 상징이었다. 하지만 그 혼란 상태는 질서가 전혀 없는 게 아니었다. 얽힌 덩어리는 실들을 따라 불가사의하고 거의 신비적인 '의미의 흐름'을 만들어냈다. 카우프만은 입체파의 그림에서 정신없이 분리된 면들이 얼굴로 인식할 수 있는 형태를 만들어내듯이, 그 연결들에서 '드러나지 않는 방식으로' 나타나는 이미지를 파악했다.

세포 발생을 공부하는 의과대 학생이던 카우프만은 자신의 환상에서 서로 뒤엉킨 선들을 유전자들을 잇는 상호 연결로 보았다. 그리고 어느 순간 갑자기 그런 무작위적 혼란에서 우연히 질서—생물의 구조—가 나타날 것이라는 확신이 들었다. 즉 카오스에서 아무 이유 없이 질서—공짜 질서—가 나타날 것이라고 생각했다. 점들과 화살들의 복잡성은 '자연 발생적 질서'를 만들어내는 것처럼 보였다. 카우프만에게 그 묘사는 아주 친숙한 것이었는데, 마치 자기 집처럼 느껴졌다. 그가 해야 할 일은 그것을 설명하고 증명하는 것이었다. 카우프만은 "나는 왜 이 질문, 불빛도 어두운 이 길이 그렇게 강렬한 느낌을 주면서 가슴 속 깊이 자리잡은 이미지가 되었는지 그 이유를 모르겠어요."라고 말한다.

카우프만은 세포 발생을 연구하면서 자신의 공상을 계속 추구했다. 많은 발생생물학자들이 그랬던 것처럼 카우프만도 유전학에서 유명한 초파리를 수정란에서 어른이 될 때까지 그 발생 과정을 조사하며 연구했다. 처음에 하나뿐이던 생물의 난세포는 어떻게 2개, 4개, 8개로 계속 분열하면서 새로운 종류의 세포들로 분화해갈까? 포유류의 경우, 최초의 난세포는 창자세포 계통, 뇌세포 계통, 털세포 계통으로 증식해간다. 하지만 분화가 상당히 진행된 각각의 세포 계통들도 모두 똑같은 운영 소프트웨어를 가진 게 분명했다. 비교적 적은 세대의 분열을 거친 뒤에 한 종류의 세포는 코끼리나 떡갈나무를 이루는 다양한 종류의 많은 세포로 분열할 수 있다. 인간의 수정란은 불과 50회의 분열 뒤에 아기를 이루는 수조 개의 세포를 만들어낸다.

각각의 세포가 일반적인 난자에서 시작하여 특수하게 분화한 수백 종류의 세포가 되기까지 50차례나 갈라져나가는 경로를 따라 여행하는 동안 그 운명을 제어하는 보이지 않는 손은 무엇일까? 각각의 세포는 동일한 유전자들에 의해 생겨나는 것으로 보이는데(아니면 그 유전자들이 실제로는 서로 다른 것일까?), 어떻게 서로 달라질 수 있을까? 유전자를 제어하는 것은 무엇일까?

프랑수아즈 자코브Françoise Jacob와 자크 모노Jacques Monod가 1961년에 조절 유전자를 발견하면서 중요한 단서를 찾아냈다. 조절 유전자는 놀라운 기능을 담당했는데, 그것은 바로 다른 유전자의 스위치를 켜는 것이었다. 조절 유전자는 DNA와 생명을 즉각 이해할 수 있을 것이라는 희망을 일거에 물거품으로 만들었다. 조절 유전자는 사이버네틱스의 전형적인 대화를 불러낸다. 유전자를 제어하는 것은 무엇인가? 다른 유전자! 그렇다면 그 유전자를 제어하는 것은 무엇인가? 또 다른 유전자! 그렇다면 ….

이렇게 나선을 그리며 빙빙 도는 음울한 이중창은 카우프만에게 자기 집 이미지를 떠오르게 했다. 일부 유전자가 다른 유전자를 제어하고, 다른 유전자는 다시 다른 유전자를 제어하는 상황은 자신이 공상한 책에서 모든 방향을 향한 영향력의 화살들이 그물처럼 뒤엉킨 것과 같았다.

자코브와 모노의 조절 유전자는 스파게티 같은 관리 방식, 즉 세포 네트워크를 자신의 운명을 향해 나아가도록 조종하는 분산 유전자 네트워크에 대한 비전을 반영한 것이었다. 카우프만은 흥분했다. 그의 '공짜 질서' 그림은 처음에 어떤 유전자에서 시작하든지 상관

없이 각각의 난자가 겪는 분화(질서) 중 일부는 필연적이라는 매우 기발한 개념을 제시했다!

이 개념을 검증할 방법도 생각할 수 있었다. 초파리의 모든 유전자를 임의의 유전자로 대체한다. 그러면 거기서 초파리가 나오지는 않겠지만, 자연 과정을 통해 만들어지는 초파리의 기형들과 기묘한 돌연변이들이 지닌 것과 동일한 질서를 얻을 것이다. 카우프만은 그 당시를 돌아보며 이렇게 회상했다. "스스로 던진 질문은 이거였어요. 만약 무작위로 유전자들을 연결한다면, 유용해 보이는 것을 얻을 수 있을까?" 그의 직감으로는 분산된 상향식 제어와 모든 것이 나머지 모든 것과 연결된 형태의 세포 관리 방식 때문에 필연적으로 나타나는 패턴들이 있을 것 같았다. 필연적으로! 바로 여기에 이단의 씨앗이 숨어 있었다. 다년간의 세월을 쏟아부어 탐구할 만한 것이!

"저는 의과 대학에서 힘든 시간을 보냈어요. 해부학을 공부하는 대신에 작은 모형 게놈들을 공책에 가득 끼적거리느라 말입니다." 카우프만은 현명하게도 이 이단적 주장을 증명하는 방법은 실험실에서 자연과 싸우는 게 아니라 그것을 수학적 모형으로 만드는 것이라고 결론 내렸다. 이젠 컴퓨터를 사용할 수 있었다. 그러나 불행하게도 큰 무리의 수평적 인과성을 추적할 능력이 있는 수학 체계가 아직 개발되어 있지 않았다. 그래서 카우프만은 직접 그것을 만드는 데 착수했다. 비슷한 시기(1970년경)에 5~6개 연구 분야에서 수학적 방법에 관심을 가진 사람들(존 홀랜드 같은)이 각자 지닌 값이 동시에 서로 영향을 주고받는 상호 의존적 노드 무리의 효과를 시뮬레이션할 수 있는 절차를 내놓았다.

카우프만과 홀랜드를 비롯해 여러 사람이 고안한 이 수학적 방법들에는 아직 적절한 이름이 붙어 있지 않지만, 여기서 나는 '네트 수학net math'이라고 부르려고 한다. 일부 방법들은 비공식적으로 병렬 분산 처리, 불 네트, 신경망, 스핀 유리, 세포 자동자, 분류 시스템, 유전 알고리듬, 스웜 연산이라는 이름으로 불린다. 각 종류의 네트 수학은 동시에 상호작용하는 수천 가지 기능의 수평적 인과성을 포함한다. 그리고 각 종류의 네트 수학은 수많은 동시 발생 사건들—살아 있는 존재들의 현실 세계에서 도처에 나타나는 종류의 비선형적 사건들—을 통합 조정하려고 시도한다. 고전 수학인 뉴턴 수학은 대부분의 물리학 문제를 푸는 데 아주 적합한 것으로 입증되어 신중한 과학자에게 필요한 유일한 수학으로 간주되어왔는데, 네트 수학은 뉴턴 수학과는 아주 대조적이다. 네트 수학은 컴퓨터를 이용하지 않으면 사실상 사용할 수 없다.

스웜 시스템과 네트 수학의 종류가 엄청나게 광범위한 것을 보고 카우프만은 이런 종류의 기묘한 스웜 논리—그리고 거기서 불가피하게 탄생하리라고 그가 확신한 질서—는 특수하기보다는 보편적이지 않을까 하는 의문이 들었다. 예를 들면, 자성 물질을 연구하는 물리학자들은 성가신 문제에 부닥쳤다. 보통의 강자성체—냉장고에 들러붙는 자석이나 나침반에서 빙 도는 자침과 같은 종류—는 구성 입자들이 같은 방향으로 정렬하면서 강한 자기장을 만들어낸다. 반면에 약한 자성을 띤 '스핀 유리'는 자기적으로 회전하는 입자들로 이루어져 있는데, 이 입자들의 회전 방향은 이웃들이 회전하는 방향에 일부 영향을 받는다. 입자들의 '선택'은 가까이 있는 입자들로부터 더 큰 영향을 받지만, 멀리 있는 입자들에게서도 약간 영향을 받는다. 고리를 이루며 상호 의존적 관계에 있는 이 망의 장들을 추적하면, 카우프만의 집 이미지에서 보았던 얽힌 회로가 나온다. 스핀 유리는 다양한 네트 수학을 사용해 물질의 비선형적 행동을 모형으로 만들었는데, 이것은 나중에 다른 스웜 모형에도 적용되는 것으로 밝혀졌다. 카우프만은 유전자 회로도 그 구조가 비슷할 것이라고 확신했다.

네트 수학은 고전 수학과 달리 직관에 반하는 특징이 있다. 일반적으로 상호작용하는 무리의 경우, 입력에 작은 변화만 일어나도 출력에 아주 큰 변화가 나타날 수 있다. 그 효과는 원인에 비례하지 않는다(나비 효과).

가장 단순한 방정식조차 중간 결과가 다시 그 방정식으로 돌아가 입력되는 경우에는 아주 다양하고 예상치 못한 변화를 나타내기 때문에, 단순히 방정식을 분석하는 것만으로는 그 방정식의 특성을 거의 아무것도 추론할 수 없다. 부분들 사이의 복잡한 연결은 걷잡을 수 없이 뒤엉켜 있고 그것을 기술하는 미적분은 너무 거추장스럽기 때문에, 거기서 어떤 것이 나올지 짐작이라도 할 수 있는 유일한 방법은 방정식을 돌려보는 것, 혹은 컴퓨터 분야의 전문 용어로 표현한다면 방정식을 '실행'해보는 것뿐이다. 꽃의 씨앗도 비슷하게 압축되어 있다. 그 속에 화학적 경로들이 아주 복잡하게 뒤엉켜 저장되어 있기 때문에, 알려지지 않은 씨앗을 조사하는 것만으로는 그 식물이 장차 펼칠 최종 형태를 예측할 수 없다. 따라서 씨앗의 출력을 기술하는 데 가장 빠른 방법은 씨앗을 싹이 트게 하고 자라게 하는 것이다.

방정식은 컴퓨터에서 싹이 트고 자란다. 카우프만은 일반 컴퓨터로 싹을 틔울 수 있는 한 유전자 시스템의 수학적 모형을 고안했다. 그가 시뮬레이션한 DNA에 들어 있던 1만 개의 유전자는 각각 다른 유전자를 켜거나 끌 수 있는, 아주 짧은 코드였다. 유전자가 만들 수 있는 것과 유전자들이 연결되는 방식은 무작위로 배정되었다.

카우프만이 주장하고자 하는 요지는 이것이다. 유전자가 맡은 임무가 무엇이냐에 상관 없이, 그렇게 복잡한 네트워크의 토폴로지 자체가 질서—자연 발생적 질서!—를 만들어낸다.

자신이 시뮬레이션한 유전자를 가지고 연구하던 카우프만은, 자신이 어떤 종류의 스웜 시스템이라도 나타낼 수 있는 포괄적인 모형을 만들고 있음을 깨달았다. 그의 프로그램은 대규모로 동시에 상호작용하는 어떤 행위자 집단도 모형으로 나타낼 수 있었다. 그것들은 세포나 유전자, 기업, 블랙박스, 단순한 규칙이 될 수도 있다. 즉 입력을 받아들여 출력을 내놓으면, 이웃이 그것을 다시 입력으로 받아들이는 시스템이라면 어떤 것이라도 될 수 있다.

카우프만은 이 행위자 무리를 무작위로 연결하여 상호작용하는 네트워크로 만들었다. 그것들이 서로 연결되자, 카우프만은 그것들을 서로 반응하게 하면서 그 행동을 기록했다. 네트워크에서 각각의 노드를 특정 이웃 노드를 켜거나 끌 수 있는 스위치라고 상상했다. 이웃 노드들의 상태는 뒤로 되돌아가 처음의 노드를 조절했다. 이것이 저것을 켜고 저것이 이것을 켜는 식으로 복잡하게 뒤엉킨 이 혼란 상태는 결국 안정하고 측정 가능한 상태가 되었다. 카우프만은 다시 전체 네트워크의 연결들을 무작위로 재배열한 뒤에 안정 상태에 도달할 때까지 노드들을 상호작용하도록 했다. 이 실험을 아주 많이 반복함으로써 가능한 무작위적 연결의 공간을 '탐색'했다. 그 결과는 그 내용과는 상관없이 네트워크의 포괄적 행동이 무엇인지 알려주었다. 지나치게 단순화한 것이긴 하지만 비슷한 실험의 예로, 기업 1만 개를 선택해 그 모든 직원들을 전화 네트워크로 무작위로 연결한 뒤에, 사람들이 네트워크를 통해 무슨 말을 하는지와는 상관없이 이 네트워크의 평균 효과를 측정하는 것을 들 수 있다.

이 일반적 상호작용 네트워크를 수만 번 돌림으로써 충분한 정보를 얻은 카우프만은 그런 스웜 시스템이 특정 환경에서 어떻게 행동하는지 개략적인 그림을 그릴 수 있었다. 특히 그는 일반적 게놈이 어떤 '종류'의 행동을 만들어내는지 알고 싶었다. 무작위로 조립한 유전자 시스템 수천 개를 프로그래밍한 뒤에 이것들을 컴퓨터에서 돌렸다(유전자들이 켜졌다 꺼졌다 하면서 서로 영향을 미치도록). 그 결과 시스템들의 행동이 몇 종류의 행동 '분지(영역)'로 흘러간다는 사실을 발견했다.

호스에서 뿜어져 나오는 물줄기는 느린 속도에서는 불균일하지만 일관성 있는 패턴을 이룬다. 수도꼭지를 더 세게 틀면 물줄기는 혼돈스러운(하지만 기술할 수 있는) 격류를 이루며 뿜어져 나온다. 수도꼭지를 최대한으로 틀면 물줄기는 제3의 방식으로 강물처럼 세차게 뿜어져 나온다. 어느 속도와 더 느린 속도 사이의 중간에 있는 선까지 수도꼭지를 조심스럽게 돌리면, 물줄기가 뿜어져 나오는 패턴은 마치 어느 한쪽으로 끌리는 힘을 받듯이 그 사이의 경계에 머물길 거부하고 둘 중 어느 한 상태로 돌아간다. 대륙의 분수령 산등성이에 떨어진 빗방울 하나가 결국에는 태평양 분지나 대서양 분지로 흘러가는 것처럼 물줄기 역시 이쪽이나 저쪽 중 어느 한쪽으로 굴러갈 수밖에 없다.

시스템의 역학은 조만간 한쪽 '분지'로 향하는 길을 찾아내는데, 그 분지는 변화하는 움직임을 붙잡아 지속적인 패턴으로 만든다. 카우프만의 견해에 따르면, 무작위적으로 조립된 시스템은 판에 박힌 패턴(분지)으로 향하는 자신의 길을 찾는다. 따라서 카오스에서 공짜 질서가 나타난다.

수많은 유전 시뮬레이션을 돌린 끝에 카우프만은 유전자 수와 시스템의 유전자들이 흘러가는 분지의 수 사이에 존재하는 대략적인 비율(제곱근)을 발견했다. 이 비율은 생물세포에 들어 있는 유전자 수와 그 유전자들이 만드는 세포 종류(간세포, 혈액세포, 뇌세포 등) 사이의 비율(그 비율은 모든 생물에서 거의 비슷하다.)과 같았다.

카우프만은 많은 종에서 나타나는 이 보편적 비율은 자연에서 세포의 종류가 세포의 구조 자체에서 비롯된다는 사실을 시사한다고 주장한다. 그렇다면 우리 몸에 있는 세포의 종류는 자연 선택과는 별 관계가 없고, 오히려 복잡한 유전자 사이의 상호작용 수학과 관계가 있을지 모른다. 카우프만은 의기양양하게 자연 선택과 별 관계가 없는 생물 형태들이 그 밖에 또 얼마나 많이 있을까 하고 질문을 던졌다.

그는 그 질문을 실험을 통해 던질 수 있는 방법이 떠올랐다. 하지만 그 전에 무작위적으로 생물 집단을 만드는 방법이 필요했다. 생명 탄생 이전의 부분들이 존재하는 가능한 웅덩이를 모두 다 만듦으로써—최소한 시뮬레이션에서는—생명의 기원을 시뮬레이션하기로 결정했다. 그리고 이 부분들의 가상 웅덩이를 무작위적으로 상호작용하도록 하여 이 수프에서 필연적으로 질서가 나타난다는 것을 보여줄 수 있다면, 자신의 생각을 뒷받침하는 근거를 얻을 것이다. 그 묘안으로 분자들을 랩 게임lap game으로 수렴하게 하는 방법을 쓰기로 했다.

랩 게임은 10여 년 전에 큰 인기를 끌었다. 실외에서 하기에 좋은 이 게임은 협력의 위력을 잘 보여준다. 랩 게임 진행자는 25명 정도의 인원을 모아 원을 그리게 한다. 모든 사람은 앞사람의 뒤통수를 쳐다보면서 그 뒤에 바싹 붙어 있다. 영화를 보려고 길게 늘어선 사람들의 줄을 상상하고, 그 줄을 이어 원으로 만든 모습을 생각하면 된다.

진행자의 구령과 함께 사람들은 무릎을 구부린다. 그리고 무릎을 구부려서 자연 발생적으로 생긴 뒷사람의 무릎 의자 위에 앉는다. 모든 사람이 동시에 이 동작을 일사불란하게 한다면, 순식간에 생겨나 스스로를 지탱하는 집단 의자가 앉으려고 무릎을 구부린 사람들의 고리를 떠받친다. 하지만 한 사람이라도 뒷사람의 무릎 의자 위에 앉는 데 실패한다면, 전체 고리는 무너지고 만다. 랩 게임 세계 기록은 참여한 사람의 수가 수백 명에 이른다.

자가 촉매 집합과 이기적인 우로보로스 원은 랩 게임과 비슷하다. 화합물(혹은 함수) A가 화합물(혹은 함수) C의 도움을 받아 화합물(혹은 함수) B를 만든다. 하지만 C는 A와 D를 통해 만들어진다. 그리고 D는 E와 C를 통해 만들어지고, 그런 식으로 같은 관계가 계속 이어진다. 다른 것들이 없으면 어떤 것도 존재할 수 없다. 이것을 바꿔 표현하면, 특정 화합물이나 함수가 장기적으로 생존할 수 있는 유일한 방법은 다른 화합물이나 함수의 산물이 되는 것뿐이다. 이 순환적 세계에서는 모든 무릎이 의자이듯이 모든 원인이 곧 결과이다. 상식과는 반대로, 존재하는 모든 것은 나머지 모든 것의 동시적 존재에 의존한다.

랩 게임의 실재가 증명하듯이, 순환적 인과성은 불가능한 게 아니다. 랩 게임에서 사람들이 동시에 무릎을 구부려 만든 토톨로지tautology, 논리학에서 '동어 반복'이라는 뜻이지만, 저자는 여기서 '동일한 것의 반복'이라는 뜻으로 쓰고 있음.-옮긴이는 90kg의 살을 지탱할 수 있다. 이것은 실재한다. 사실 토톨로지는 안정한 시스템의 필수 요소이다.

인지철학자 더글러스 호프스태터는 이 역설적 회로를 '이상한 고리Strange Loop'라 부른다. 호프스태터는 바흐의 카논에서 끝없이 올라가는 것처럼 보이는 음정들과 에셔의 끝없이 올라가는 계단을 그 예로 들었다. 호프스태터는 또한 유명한 거짓말쟁이의 역설(크레타 사람이 모든 크레타 사람은 거짓말쟁이라고 말하는)과 괴델의 증명할 수 없는 수학적 공리 증명도 이상한 고리에 포함시킨다. 호프스태터는 《괴델, 에셔, 바흐Gödel, Escher, Bach》에서 "'이상한 고리' 현상은 계층적 시스템의 단계들을 따라 위로(혹은 아래로) 움직이다가 예기치 않게 우리가 출발한 바로 그 장소로 돌아온 것을 발견할 때마다 나타난다."라고 썼다.

생명과 진화는 자신에게 필요한 순환적 인과성의 이상한 고리—기본 차원에서 동어 반복적인—를 수반한다. 필수 요소인 순환적 인과성이라는 논리적 모순을 포함하는 시스템이 없는 한, 생명과 제약 없는 진화는 나타나기가 불가능하다. 생명과 진화, 의식 같은 복잡한 적응 과정에서는 주요 원인들이 에셔가 그린 시각적 착시 현상과 비슷하게 변하는 것처럼 보인다. 우리 자신의 생물학처럼 복잡한 시스템을 만들려고 시도할 때 사람들이 부닥치는 문제 중 일부는 과거에 우리가 일종의 시계 장치 논리인 논리적 일관성을 고집했다는 것이다. 그것은 자율적 사건의 창발을 차단한다. 하지만 수학자 괴델이 증명했듯이, 모순이 없는 부분들로 만들어진 자기 유지 시스템에서 모순이 나타나는 것은 불가피한 속성이다.

괴델이 1931년에 발표한 불완전성 정리는 무엇보다도 자기 꼬리를 삼키는 순환성을 없애려는 시도가 소용없는 짓임을 보여주는데, 호프스태터의 표현을 빌리면, "자기 참조가 정확하게 어디에서 일어나는지 짐작하기 어려울 수 있기 때문"이다. '국지적' 단계에서 살펴볼 때에는 모든 부분이 문제가 없어 보인다. 모순은 그 문제 없는 부분들이 합쳐져 전체를 이룰 때 나타난다.

1991년, 이탈리아의 젊은 과학자 월터 폰타나가 함수 A가 함수 B를 낳고, 함수 B가 함수 C를 낳는 선형 배열을 원형으로 순환시켜 마지막 함수가 최초 함수의 공동 생산자가 되도록, 사이버네틱스 방식을 통해 자기 생성 고리로 쉽게 닫히게 할 수 있음을 수학적으로 증명했다. 카우프만은 폰타나의 연구를 처음 보았을 때 그 아름다움에 흥분을 감추지 못했다. "그것을 사랑하지 않을 수 없어요! 함수들이 서로를 만들어내요. 모든 함수 공간에서 그들은 서로의 팔을 붙잡고 창조의 포옹을 해요!" 카우프만은 그러한 자가 촉매 집합을

'알egg'이라고 불렀다. "알은 그들이 제시하는 규칙이 바로 자신을 만드는 규칙인 속성을 가진 규칙들의 집합이에요. 전혀 이상한 소리가 아니에요."

알을 얻으려면 서로 다른 행위자들이 들어 있는 거대한 웅덩이에서 시작해야 한다. 행위자들은 다양한 종류의 단백질 조각이나 컴퓨터 코드 조각이 될 수도 있다. 이것들을 충분히 오랫동안 상호작용하도록 내버려두면, 이것이 저것을 만들어내는 것들로 이루어진 작은 고리들이 생겨날 것이다. 시간과 활동 공간을 충분히 주면, 이 시스템에서 확산해가는 국지적 고리들의 네트워크는 결국 자신에게로 되돌아가 회로의 '모든' 생산자가 다른 생산자의 산물이 되고, 모든 고리가 대규모 병렬 상호 의존 관계로 나머지 모든 고리에 포함될 것이다. 이 '촉매 작용적 폐쇄'가 일어나는 순간에 부분들의 망은 갑자기 안정한 게임으로 변한다. 시작이 끝 위에 놓여 있고, 끝이 시작 위에 놓여 있는 식으로 시스템은 자신의 무릎 의자 위에 앉게 된다.

카우프만은 생명은 '중합체가 중합체에 작용하여 새로운 중합체를 만드는' 수프에서 시작했다고 주장한다. 그는 '기호열이 기호열에 작용하여 새로운 기호열을 만드는' 실험을 함으로써 그러한 논리의 이론적 실현 가능성을 보여주었다. 그는 단백질 조각과 컴퓨터 코드 조각을 논리적 등가물로 동일시할 수 있다고 가정했다. 그리고 코드를 만드는 코드 조각들의 네트워크를 단백질 모형으로 시뮬레이션함으로써 랩 게임처럼 순환적인 자가 촉매 시스템들을 얻었다. 그 시스템들은 시작도 중심도 끝도 없었다.

과포화 용액에서 갑자기 결정이 최종(비록 작긴 해도) 형태로 나타나는 것처럼 생명이 갑자기 완전한 전체의 모습으로 튀어나와 존재하기 시작했다. 그것은 모호한 반결정으로 시작하지도 않고, 반쯤 물질화된 유령으로 나타나는 것도 아니고, 200명이 늘어선 줄에서 갑자기 랩 게임 원이 나타나는 것처럼 그야말로 순식간에 느닷없이 나타났다. 카우프만은 "생명은 단절되고 무질서한 상태가 아니라, 완전하고 통합된 상태로 시작했다. 생명은 깊은 의미에서 '결정화' 되었다."라고 썼다.

그리고 계속해서 "나는 생물의 기본 특징인 자기 복제와 항상성이 중합체화학의 자연적인 집단 표현임을 보여주고 싶다. 충분히 복잡한 촉매 중합체 집합은 어떤 것이라도 집단적으로 자가 촉매 작용을 할 것이라고 예상할 수 있다."라고 썼다. 카우프만은 또다시 생명의 필연성 개념에 다가가고 있었다. "만약 내 모형이 옳다면, 우주에서 생명에 이르는 길은 구불구불한 뒷골목이 아니라 넓은 대로이다." 다시 말해 우리가 가진 화학 구조를 감안하면, '생명은 필연적'이다.

"우리는 수십억 개의 사물을 다루는 데 익숙해져야 합니다!" 언젠가 과학자들이 모인 자리에서 카우프만은 이렇게 말했다. 수가 아주 많아지면 달라진다. 중합체가 많아질수록 한 중합체가 다른 중합체의 생산을 촉발할 수 있는 가능한 상호작용의 수가 기하급수적으로 늘어난다. 따라서 다양성과 수가 계속 증가하는 중합체로 가득 찬 물방울은 어느 시점에서 집단 속에 있던 특정 수의 중합체가 갑자기 자연 발생적인 랩 게임 원을 이루는 문턱에 이르게 된다. 이것들은 스스로 만들어내고 유지하고 변화하는 화학 경로들의 네트워크를 이룬다. 에너지가 계속 흘러들어오는 한, 네트워크는 계속 웅웅거리고 고리도 유지된다.

코드나 화학 물질 또는 발명품은 적절한 환경에서 새로운 코드나 화학 물질 또는 발명품을 만든다. 이것이 생명의 모형이라는 사실은 명백하다. 한 생물이 새로운 생물을 만들어내고, 그것은 다시 새로운 생물을 만들어낸다. 작은 발명품(트랜지스터)이 다른 발명품(컴퓨터)을 만들어내고, 그것은 다시 다른 발명품(가상 현실)을 만들어낸다. 카우프만은 이 과정을 수학적으로 일반화하여 함수는 일반적으로 새로운 함수를 낳고, 그것은 다시 또 다른 함수를 낳는다고 말할 수 있길 원한다.

카우프만은 다음과 같이 회상했다. "5년 전 폭우가 쏟아지던 날, 브라이언 굿윈(진화생물학자)과 나는 제1차 세계 대전 때 사용한 이탈리아 북부의 벙커 속에서 자가 촉매 집합에 대해 이야기를 나누었지요. 그때 나는 자연 선택—다윈이 우리에게 이야기한 것—과 국가의 부—애덤 스미스가 우리에게 이야기한 것—사이에 깊은 유사성이 있다고 생각했어요. 둘 다 보이지 않는 손이 작용하지요. 하지만 나는 거기서 앞으로 더 나아갈 방법을 전혀 찾지 못했는데, 자가 촉매 집합에 관한 월터 폰타나의 연구를 보고서 깨달음을 얻었어요. 그 연구는 정말 대단한 것이었지요."

나는 카우프만에게 커뮤니케이션과 정보 연결이 적정 수준에 이른 사회는 필연적으로 민주주의가 된다는, 논란이 되는 개념을 언급했다. 사상이 자유롭게 흘러다니면서 새로운 사상을 만들어내는 곳에서는 정치 조직이 결국에는 피할 수 없는 강한 자기 조직 끌개로 작용하는 민주주의로 향하게 된다. 카우프만은 그 비유에 동의했다. "1958년인가 1959년인가 2학년 때 나는 큰 열정을 쏟아부어 철학에 관한 논문을 썼어요. 민주주의가 왜 잘 굴러가는지 그 이유를 알아내려고 애썼지요. 다수가 지배하는 제도라서 민주주의가 잘 굴러가는 게 아닌 건 명백했어요. 그리고 33년이 지난 지금 나는 민주주의가 서로 충돌하는 소수 집단들이 비교적 유동적인 타협에 이르도록 하는 장치라고 생각해요. 민주주의는 하위 집단들이 국지적으로는 좋은 면이 일부 있더라도 전체적으로 보면 그다지 좋지 못한 해결책에 매달리지 않게 해주어요."

카우프만의 불 논리와 무작위적 게놈 네트워크들이 시청과 수도가 돌아가는 원리를 반영하고 있다고 상상하는 것은 그다지 어렵지 않다. 소갈등과 소진화를 국지적 단계에서 연속 과정으로 구조화함으로써 큰 규모로 일어나는 대진화와 거대 진화를 피할 수 있고, 또 전체 시스템은 카오스적이지도 않고 정체적이지도 않게 된다. 작은 도시들에서는 끊임없는 변화를 추구하더라도 국가 전체는 상당히 안정한 상태를 유지할 수 있다. 그리고 그럼으로써 작은 도시들을 끊임없이 타협을 추구하는 상태로 유지할 수 있는 환경을 만들어낸다. 이러한 순환적 지원은 또 하나의 랩 게임이며, 그런 시스템이 역학적으로 자립적인 비비시스템과 비슷하다는 것을 시사한다.

"이것은 그저 직관적 생각에 지나지 않아요." 카우프만이 내게 주의를 촉구했다. "하지만 당신은 폰타나의 '기호열이 기호열을 낳고, 그 기호열이 또 다른 기호열을 낳는 것'에서 '발명품이 발명품을 낳고, 그 발명품이 또 다른 발명품을 낳는 것'으로, 그리고 문화적 진화와 국가의 부로 나아가는 길을 '느낄' 수 있어요." 카우프만은 자신의 큰 야심을 굳이 감추지 않는다. "나는 자기 모순이 없는 큰 그림을 찾고 있어요. 그것은 자기 조직하는 시스템으로서의 생명의 기원에서부터 게놈 조절 시스템에서 자연 발생적 질서의 창발, 적응할 수 있는 시스템의 창발, 생물들 사이의 거래를 최적화하는 비평형적 가격의 형성, 열역학 제2법칙에 해당하는 알려지지 않은 그 무엇인가에 이르기까지 모든 것을 함께 묶지요. 이것들은 모두 하나의 그림이에요. 나는 정말로 그렇다고 느껴요. 하지만 내가 집요하게 추구하는 이미지는 함수들의 유한집합이 이 가능성의 무한집합을 낳는다는 것을 증명할 수 있을까 하는 질문이에요."

휴! 나는 이것을 '카우프만 기계'라 부른다. 이것은 서로 연결되어 자발적으로 고리를 생성하고 더 복잡한 함수들을 무한히 뿜어내는, 작지만 잘 선택한 함수들의 집합이다. 자연에는 카우프만 기계가 가득 널려 있다. 고래의 몸을 만드는 난세포도 바로 카우프만 기계이다. 세균 덩어리에서 10억 년이 지난 뒤에 홍학을 만들어내는 진화 기계도 카우프만 기계이다. 인공 카우프만 기계를 만들 수 있을까? 이것은 폰 노이만 기계라 부르는 것이 더 적절할지 모르는데, 1940년대 초반에 폰 노이만이 같은 질문을 던졌기 때문이다. 폰 노이만은 기계가 자신보다 더 복잡한 기계를 만들 수 있을까 하고 물었다. 무엇이라 부르건, 질문 자체는 똑같다. 복잡성이 어떻게 스스로 복잡성을 계속 만들 수 있을까?

"대략적으로 말한다면, 지적 기반이 자리를 잡기 전까지는 실험적 질문을 할 수가 없어요. 따라서 정말로 필요한 것은 중요한 질문을 던지는 것이지요." 카우프만은 내게 이렇게 경고했다. 대화를 나누는 동안 나는 카우프만이 자기 머릿속에 떠오르는 생각을 그대로 내뱉는 모습을 자주 목격했다. 그는 무모한 추측을 그냥 내뱉은 뒤에 그중 하나를 골라 이리저리 굴리며 다양한 각도에서 검토했다. 그리고 웅변적으로 "왜 그런 질문을 하는가?"라고 스스로에게 물었다. 카우프만은 '모든 답의 답'보다는 '모든 질문의 질문'을 찾으려고 했다. "일단 질문을 던지면, 일종의 답을 찾을 가능성이 높거든요."

물을 가치가 있는 질문. 카우프만이 진화 시스템에서 나타나는 자기 조직된 질서라는 개념에 대해 생각한 것은 바로 이것이다. 그는 이렇게 털어놓았다. "우리 각자는 그 답이 정말로 중요하다는 의미에서 우리가 심오하다고 생각하는 질문들을 마음속에서 던질 수 있어요. 정말로 큰 수수께끼는 왜 우리 중 누군가가 그런 질문들을 던지느냐 하는 것이죠."

나는 의사이자 철학자, 수학자, 이론생물학자, 맥아더상 수상자인 카우프만이 자신이 다룬 무모한 질문들에 당황하는 것을 여러 번 느꼈다. '공짜 질서'는 우주에 창조적 질서가 숨어 있다는 과거의 이론들을 모두 거부했던 보수적인 과학의 면전에 공공연히 도전장을 던진 거나 다름없었다. 보수적인 과학은 카우프만의 개념을 받아들이지 않을 공산이 크다. 현대 과학계는 무작위적 우연의 나비들이 우주의 모든 측면에 제어 불능의 비선형적 효과들을 뿌린다고 보는 반면, 카우프만은 어쩌면 카오스의 나비들이 잠자고 있는 게 아닐까 하고 묻는다. 그는 창조 내부에 숨어 있는 무엇보다 중요한 설계의 가능성을 깨우고, 무질서를 잠재우고 질서 있는 고요를 탄생시킨다. 이것은 많은 사람에게 신비주의처럼 들리는 개념이다. 그와 동시에 이 거대한 질문을 추구하고 그 틀을 만드는 것은 카우프만의 큰 자부심과 에너지의 원천이다. "솔직하게 털어놓는다면, 스물세 살 때 10만 개의 유전자로 이루어진 게놈이 종류가 서로 다른 세포들이 나타나는 것을 어떻게 제어하는지 궁금해했을 때, 뭔가 심오한 것을 발견했다고 느꼈습니다. 그 느낌은 아직도 있어요. 나는 신이 내게 매우 친절했다고 생각합니다."

카우프만은 부드러운 어조로 이렇게 말했다. "만약 당신이 이것에 대해 글을 쓰려고 한다면, 내 이야기는 아주 괴상한 개념에 지나지 않는다는 말을 꼭 집어넣으세요. 하지만 법칙이 법칙을 만들고, 그 법칙이 또 다른 법칙을 만들며, 존 휠러의 표현을 빌리면, 우주가 스스로를 들여다보는 존재라는 생각은 정말 근사하지 않아요? 우주는 자신의 규칙을 공표하고, 자기 모순이 없는 어떤 것에서 나타납니다. 어쩌면 쿼크와 글루온과 원자와 소립자가 법칙들을 만들어내고, 그 법칙들에 따라 서로를 변화시킨다는 개념은 터무니없는 게 아닐지 몰라요."

카우프만은 자신의 시스템이 스스로를 만들었다고 마음속 깊이 느낀다. 진화 시스템은 카우프만이 그것을 발견하길 기대하는 어떤 방법으로 스스로의 구조를 제어했다. 카우프만은 자신의 공상적 네트워크 이미지를 얼핏 떠올리면서 바로 그 연결들에 진화의 자율적 관리에 대한 답이 있을 것이라는 직감이 들었다. 그는 질서가 자연 발생적으로 그리고 필연적으로 창발했음을 보여주는 것에 만족하지 않았다. 그 질서의 '제어' 역시 자연 발생적으로 창발했다고 느꼈다. 그 목적을 위해 무작위적 집단을 컴퓨터 시뮬레이션으로 수천 번 돌린 결과를 도표로 나타냈다. 어떤 종류의 연결이 무리의 적응성을 최대한으로 발휘하도록 허용하는지 알기 위해서였다. '적응성'은 시간이 지나면서 시스템이 환경에 들어맞도록 자신의 내부 연결을 조절하는 능력을 뜻한다. 카우프만은 생물(예컨대 초파리)은 시간이 지나는 동안 유전자 네트워크의 결과—초파리의 몸—가 먹이, 주거, 포식 동물처럼 변화하는 주변 환경에 가장 잘 들어맞도록 자기 유전자의 네트워크를 조절한다고 보았다. '물을 만한 가치가 있는 질문'은 무엇이 그 시스템의 진화 능력을 제어하는가, 그리고 생물은 스스로 자신의 진화 능력을 제어할 수 있는가 하는 것이다.

카우프만이 다룬 변수 중 가장 중요한 것은 네트워크의 연결성이었다. 연결성이 빈약한 네트워크에서는 각각의 노드는 평균적으로 다른 노드 하나와 혹은 그보다 적은 수의 노트와 연결되어 있다. 연결성이 풍부한 네트워크에서는 각각의 노드는 10개나 100개, 혹은 1000개나 100만 개의 노드와 연결되어 있다. 이론적으로 노드 하나당 다른 노드와 연결할 수 있는 수의 최대값은 전체 노드의 수에서 1을 뺀 것이다. 100만 개의 노드로 이루어진 네트워크에서 각각의 노드는 1000000−1=999999개의 연결을 가질 수 있는데, 이 경우 모든 노드는 나머지 모든 노드와 연결된다. 이 비유를 더 이어간다면, 제너럴모터스의 모든 직원은 제너럴모터스의 나머지 직원 74만 9999명과 직접 연결될 수 있다.

카우프만은 자신의 포괄적 네트워크에서 이 연결성 매개변수를 변화시키다가 제너럴모터스의 CEO라면 별로 놀라지 않을 사실을 발견했다. 다른 행위자에 영향을 미치는 행위자가 적은 시스템은 적응성이 별로 뛰어나지 않았다. 연결 수프가 너무 묽어서 혁신을 널리 전파할 수가 없었다. 그 시스템은 진화에 실패할 게 뻔했다. 카우프만이 노드들 사이의 평균 연결 수를 늘리자, 시스템은 더 탄력적으로 변해 교란이 일어나더라도 곧 원래 상태를 '회복'했다. 이 시스템은 환경이 변하더라도 안정을 유지할 수 있었다. 이 시스템은 진화할 것이다. 전혀 예상치 못했던 사실이 하나 있었는데, 연결 밀도가 어느 수준을 넘어서면 연결성이 증가하더라도 전체 시스템의 적응성은 오히려 '감소'했다.

카우프만은 이 효과를 언덕 모양의 그래프로 표현했다. 언덕 꼭대기는 변화에 최적의 유연성을 나타내는 지점에 해당한다. 언덕에서 한쪽의 낮은 지점은 연결이 빈약한 시스템, 즉 서툴고 정체된 시스템이고, 반대쪽의 낮은 지점은 연결이 지나치게 많은 시스템, 즉 서로 끌어당기는 연결이 1000여 개나 되어 꼼짝달싹할 수 없는 마비 상태에 빠진 시스템이었다. 서로 충돌하는 영향들이 한 노드에 너무 많이 연결되어 그 시스템의 모든 부분이 마비 상태에 빠진 것이다. 카우프만은 두 번째 극단을 '복잡성 파국complexity catastrophe'이라 불렀다. 연결성이 너무 지나치면 문제가 될 수 있다는 사실은 모두를 놀라게 했다. 길게 보면, 과도하게 연결된 시스템은 서로 연결되지 않은 개인들로 이루어진 군중처럼 허약했다.

그 중간 어딘가에 딱 적절한 연결성을 지닌 봉우리가 있었는데, 여기가 네트워크에 최고의 민첩성을 제공하는 지점이었다. 카우프만은 자신의 모형 네트워크에서 이 적절한 '골디락스' 점을 발견했다. 동료들은 처음에는 그의 최대값을 믿기가 어려웠는데, 그 당시에는 그것이 직관에 반하는 것으로 보였기 때문이다. 카우프만이 연구한 정제된 시스템들에서 최적의 연결성은 그 값이 '한 자리 수 중 어딘가'에 위치할 정도로 아주 낮았다. 구성원이 수천 개나 될 정도로 큰 네트워크는 구성원 하나당 연결이 10개 미만일 때 최고의 적응성을 보였다. 일부 네트워크는 노드당 평균 연결이 2개 미만일 때 최고의 적응성을 보였다! 대규모 병렬 시스템은 적응하기 위해 반드시 연결이 많아야 할 필요가 없었다. 연결이 광범위하기만 하다면, 최소한의 연결로도 충분했다.

카우프만이 예상치 못했던 두 번째 발견은 특정 네트워크를 이루는 구성원의 수가 얼마인가에 상관없이 이 낮은 최적값의 요동이 그리 크지 않은 것처럼 보인다는 사실이었다. 다시 말해 네트워크의 구성원 수가 많아지면, 각 노드의 연결 수를 늘려봤자 별 도움이 되지 않았다(시스템 전체의 적응성 면에서). 가장 빨리 진화하려면 구성원 수를 늘리되 평균 연결 비율은 늘릴 필요가 없다. 이 결과는 크레이그 레이놀즈가 자신의 합성 무리에서 발견한 사실, 즉 그 구조를 재배열하지 않고도 무리의 구성원 수를 점점 더 늘릴 수 있다는 사실을 확인해주었다.

카우프만은 행위자 또는 생물 하나당 연결이 2개 미만인 가장 낮은 값에서 전체 시스템은 변화에 대응할 만큼 충분히 민첩하지 않다는 사실을 발견했다. 이것은 만약 행위자들의 공동체에서 내부 커뮤니케이션이 충분치 않다면, 하나의 집단으로서 어떤 문제를 해결할 수 없음을 의미했다. 더 정확하게 말하면, 그들은 협력적 되먹임의 고립된 조각들이 되어 상호작용하지 않았다.

연결의 수가 이상적일 때에는 행위자들 사이에 흐르는 정보의 양도 이상적이었고, 전체 시스템은 시종일관 최적의 해결책을 발견했다. 이것은 환경이 급변하는 경우에도 네트워크가 안정 상태를 유지한다는 것을 뜻했다. 즉 시간이 지나도 하나의 전체를 유지했다.

카우프만의 법칙에 따르면, 특정 값 이상에서는 행위자들 사이에 연결의 풍부성을 높여도 적응이 동결된다. 아주 많은 작용들이 아주 많은 상반된 작용들로부터 영향을 받기 때문에 아무 일도 일어나지 않는다. 지형에 비유하자면, 지나친 연결은 지나친 울퉁불퉁함을 낳아 어떤 움직임도 적응의 봉우리에서 비적응의 골짜기로 굴러떨어질 가능성이 높다. 또 다른 비유를 들면, 너무 많은 행위자가 서로의 일에 간섭을 해 관료적 사후경직이 일어난다고 말할 수 있다. 적응성은 정지되어 마비 상태에 빠지고 만다. 연결의 장점에 세뇌당한 현대 문화에 연결성의 효율에 낮은 한계가 있다는 이 사실은 뜻밖의 소식이다.

포스트모던 커뮤니케이션에 중독된 우리는 이 사실에 귀가 번쩍 뜨일지도 모른다. 네트워크로 연결된 우리 사회에서 연결된 사람의 전체 수(1993년에 지구 전체의 네트워크들의 네트워크는 매달 사용자 수가 15%씩 늘어나는 속도로 팽창했다!)와 각 구성원이 연결된 사람들과 장소들의 수가 모두 늘어나고 있다. 팩스, 전화, 직접적인 정크 메일, 기업과 정부의 대규모 상호 참조 데이터베이스는 사실상 각 개인 사이의 연결 수를 증가시킨다. 하지만 이 중 그 어떤 것의 팽창도 우리 시스템(사회) 전체의 적응성을 특별히 향상시키지는 않는다.

카우프만의 시뮬레이션은 어느 수학 모형 못지않게 엄격하고 독창적이며, 과학자들 사이에서 존중받는다. 어쩌면 다른 수학 모형들보다 더 독창적일지 모르는데, 통상적으로는 가상의 네트워크를 사용해 실재하는 네트워크의 모형을 만들지만, 카우프만은 반대로 실재하는 (컴퓨터) 네트워크를 사용해 가상의 네트워크 모형을 만들기 때문이다. 하지만 순수한 수학적 추상화의 결과를 불규칙한 현실의 배열에 적용하는 것이 다소 억지라는 점은 나도 인정한다. 온라인 네트워크나 생물학적 유전자 네트워크, 국제 경제 네트워크보다 더 불규칙한 것도 없다. 하지만 카우프만은 자신의 포괄적인 시험대의 행동을 실제 생명으로 확대 적용하려고 한다. 복잡한 현실 세계의 네트워크와 실리콘의 심장으로 돌아가는 그의 수학 시뮬레이션의 비교는 바로 카우프만의 성배에 해당한다. 그는 자신의 모형들이 "옳은 것 같다."고 말한다. 그는 스웜 같은 네트워크들은 모두 같은 수준에서 비슷하게 행동한다고 장담한다. 카우프만은 "IBM과 대장균은 둘 다 세상을 똑같은 방식으로 본다."라고 추측하길 좋아한다.

나도 그의 생각이 옳다는 쪽에 걸고 싶다. 우리는 모든 사람을 나머지 모든 사람과 연결하는 기술을 갖고 있지만, 그런 방식으로 살려고 시도해본 사람들은 어떤 일을 하려면 연결을 끊어야 한다는 사실을 발견한다. 우리는 연결성이 가속화되는 시대에 살고 있다. 본질적으로 우리는 카우프만의 언덕을 계속 올라가고 있는 셈이다. 하지만 우리가 언덕을 넘어 연결성은 증가하지만 적응성이 감소하는 내리막길로 내려가는 걸 멈추게 할 수단이 거의 없다. 단절은 시스템이 지나친 연결로 치닫지 않도록, 그리고 우리의 문화 시스템이 진화 능력이란 측면에서 가장자리로 밀려나지 않도록 막아주는 제동 장치이다.

진화의 기술은 동역학적 복잡성을 관리하는 기술이다. 사물들을 연결하는 것은 어렵지 않다. 관건은 사물들을 조직적이고 간접적이고 제한적인 방식으로 연결하는 방법을 찾는 것이다.

샌타페이연구소에서 카우프만의 동료로 일하는 크리스토퍼 랭턴은 스웜 모형으로 인공 생명에 대한 실험을 통해 어떤 무리에 적용되는 규칙들의 특정 집합이 흥미로운 행동의 '스위트 스폿sweet spot'을 만들어낼 가능성을 예측하는 추상적 속성(람다 매개변수라 부르는)을 알아냈다. 이 스위트 스폿 밖에 있는 값들을 바탕으로 만든 시스템은 멈춰서는 경향이 있는데, 그것은 두 가지 방식으로 나타난다.

하나는 결정처럼 같은 패턴을 반복하는 것이고, 또 하나는 확산되어 나가면서 백색 소음으로 변하는 것이다. 람다 스위트 스폿 범위 안에 있는 값들이 흥미로운 행동을 가장 오랫동안 만들어낸다.

랭턴은 람다 매개변수를 최적의 상태로 조정함으로써 진화나 학습이 가장 쉽게 펼쳐질 수 있도록 세계를 최적의 상태로 조정할 수 있었다. 랭턴은 얼어붙은 반복 상태와 불안정한 잡음 상태 사이의 문턱을 '상전이phase transition'로 묘사한다. 상전이는 물리학자들이 액체가 기체로, 혹은 기체로 액체가 변하는 순간을 묘사할 때 사용하는 바로 그 용어이다. 하지만 가장 놀라운 결과는 바로 람다 매개변수가 상전이—적응성이 최대에 이르는 스위트 스폿—에 가까워지면 그 속도가 느려진다는 랭턴의 주장이다. 다시 말해 시스템은 가장자리를 그냥 휙 지나가는 대신에 가장자리에서 '머무는' 경향이 있다는 말이다. 시스템은 최대로 진화할 수 있는 장소에 가까이 다가가면 그곳에서 오랫동안 머문다. 랭턴이 그 예로 들기 좋아하는 이미지는 끝없이 뻗어 있는 완벽한 파도 위에서 느린 동작으로 서핑을 하는 시스템이다. 그 경로가 더 완벽할수록 시간은 더 느리게 흘러간다.

'가장자리'에서 속도가 느려진다는 이 사실은 갓 태어나 위태위태하게 발달하는 비비시스템이 어떻게 진화를 계속할 수 있는지 설명하는 데 도움이 된다. 임의의 시스템이 상전이에 가까이 다가가면, 스위트 스폿으로 '끌려가' 그곳에 머물면서 진화를 하고는 그 장소에 계속 머물려고 한다. 이것은 자신을 위해 스스로 무릎 의자를 만드는 항상성 되먹임 고리이다. 다만, 그 장소에 '정적static'인 것은 거의 없기 때문에, 그 되먹임 고리는 항상성homeostatic 되먹임 고리보다는 '항동성homeodynamic' 되먹임 고리라 부르는 게 더 나아 보인다.

카우프만은 또한 자신이 시뮬레이션한 유전자 네트워크의 매개변수들을 '스위트 스폿'에 '조율'하는 문제에 대해서도 이야기한다. 100만 개의 유전자나 100만 개의 신경세포를 연결하는 무수히 많은 방법 중에서 비교적 극소수이긴 하지만 네트워크 전체에 학습과 적응을 촉진할 가능성이 훨씬 높은 방법이 있다. 이 진화적 스위트 스폿에 균형을 잡고 있는 시스템은 학습도 가장 빨리 하고 적응도 훨씬 잘하며 가장 쉽게 진화한다. 만약 랭턴과 카우프만의 생각이 옳다면, 진화하는 시스템은 학습그 장소를 스스로 찾아낼 것이다.

랭턴은 그런 일이 어떻게 일어나는지 그 단서를 발견했다. 그는 이 장소가 카오스적 행동의 가장자리에 위치한다는 사실을 알아냈다. 랭턴은 적응성이 아주 뛰어난 시스템은 제어 불능 상태와 머리카락 하나 정도의 차이밖에 나지 않을 정도로 아주 느슨한 상태에 있다고 말한다. 그렇긴 하지만, 생명은 불통으로 인해 정지 상태에 빠진 시스템도 아니고, 커뮤니케이션이 너무 많이 일어나 꼼짝달싹할 수 없는 상태에 빠진 시스템도 아니다. 그보다는 '카오스의 가장자리'—모든 것을 위험에 빠뜨릴 만큼 충분한 정보가 흐르는 람다 지점—에 파장이 맞추어진 비비시스템이다.

경직된 시스템은 언제든지 질서를 약간 느슨하게 함으로써 더 나은 결과를 얻을 수 있고, 요동하는 시스템은 언제든지 좀 더 조직적인 모습을 갖춤으로써 더 개선될 수 있다.

미첼 월드롭Mitchell Waldrop은 자신이 쓴 《복잡성Complexity》에서 랭턴의 개념을 다음과 같이 설명한다. "만약 어떤 적응 시스템이 편안한 가운데 차선으로 달리고 있지 않다면, 효율성이 그 적응 시스템을 스위트 스폿을 향하도록 밀 것이라고 예상할 수 있다. 그리고 어떤 시스템이 경직성과 카오스 사이의 산마루에서 균형을 잡고 있다면, 그 시스템이 어느 한쪽으로 기울어지며 내려가려고 할 경우 그 적응적 속성이 시스템을 다시 끌어당겨 산마루로 돌려보낼 것이라고 예상할 수 있다." 월드롭은 "다시 말해 학습과 진화가 카오스의 가장자리를 안정하게 만들 것으로 예상된다."라고 썼다. 이것은 자기 강화 스위트 스폿인 셈이다. 이 스위트 스폿은 그 중심 지역이 이동하기 때문에, 동역학적으로 안정하다고 말할 수 있다. 린 마굴리스는 이 유동적이고 동역학적으로 지속되는 상태를 '항류성homeorhesis'—움직이는 점을 향해 계속 나아가는 것—이라 부른다. 지구 생물권의 화학 경로들을 어떤 목적을 위한 불균형 상태로 유지하는 것도 바로 영원한 추락에 가까운 이 상태이다.

카우프만은 이 주제를 다루면서 람다 값 범위로 설정된 시스템을 '아슬아슬하게 균형 잡힌 시스템poised system'이라 불렀다. 이 시스템들은 카오스와 엄격한 질서 사이의 경계에서 아슬아슬하게 균형을 잡고 있다. 주변을 둘러보면 아슬아슬하게 균형 잡힌 시스템은 우주 전체에서 발견되며, 심지어 생물계 밖에서도 발견된다.

존 배로John Barrow를 비롯해 많은 우주론자는 우주 자체가 놀라울 정도로 미묘한 값들(중력의 세기나 전자의 질량 같은)의 줄 위에서 위태위태하게 균형을 잡고 있는, 아슬아슬하게 균형 잡힌 시스템이라고 믿는다. 그 값들 중 하나가 0.000001%만 달랐더라도 우주는 처음 탄생하는 단계에서 붕괴해버리고 말았거나 물질들이 모두 한 덩어리로 뭉쳐버려 오늘날의 우주를 만들어내지 못했을 것이다. 이러한 '우연의 일치' 명단은 아주 길어서 책 여러 권을 채우고도 남을 정도이다. 수리물리학자 폴 데이비스Paul Davis의 주장에 따르면, 그러한 우연의 일치들을 "모두 합친 것은 … 우리가 아는 생명이 물리 법칙의 형태에 매우 민감하게 의존하고 있을 뿐만 아니라, 다양한 입자들의 질량과 힘의 세기 등의 실제 값을 자연이 선택할 때, 아주 우연하게 일어난 것처럼 보이는 사건들에 매우 민감하게 의존하고 있다는 인상적인 증거를 제공한다." 요컨대, 우리가 아는 우주와 생명은 카오스의 가장자리에서 아슬아슬하게 균형을 잡고 있다.

만약 아슬아슬하게 균형 잡힌 시스템을 창조자가 조율하는 대신에 시스템 자신이 스스로 조율할 수 있다면 어떻게 될까? 그렇게 되면 자율적으로 아슬아슬하게 균형 잡힌 복잡계의 생물은 진화에서 엄청난 이점이 있을 것이다. 그 생물은 더 빨리 진화하고 더 빨리 학습하고, 더 쉽게 적응할 수 있다. 카우프만은 만약 진화가 자기 조율 기능을 선택한다면, "진화하고 적응하는 능력 자체가 진화의 업적일지 모른다."라고 말한다. 실제로 자기 조율 기능은 더 높은 단계의 진화에서 필연적으로 선택될 것이다. 카우프만은 실제로 유전자 시스템은 자신의 시스템에서 최적의 유연성을 위해 연결의 수와 게놈의 크기 등을 조절함으로써 스스로를 조율한다고 주장한다.

자기 조율은 멈추지 않는 진화에서 신비의 열쇠, 즉 제약 없는 진화의 성배일지 모른다. 랭턴은 제약 없는 진화를 끊임없이 자기 조율에 성공해 점점 더 높은 수준의 복잡성에 도달하는 시스템으로 묘사한다. 혹은 비유적으로 '자신의 진화 능력에 영향을 미치는 점점 더 많은 매개변수를 제어하고', 그 가장자리에서 균형을 잡고 머무는 데 성공한 시스템으로 묘사한다.

랭턴과 카우프만의 틀에서 자연은 상호작용하는 중합체들의 웅덩이에서 시작하며, 중합체들은 스스로 촉매 역할을 하여 가장 효율적인 진화가 일어날 수 있도록 네트워크가 연결된 방식으로, 상호작용하는 중합체들의 새로운 집단을 만들어낸다. 진화가 풍부하게 일어나는 이 환경에서는 시스템의 진화 능력을 최적 상태로 유지하기 위해 자신의 내적 연결성을 조율하는 방법을 배우는 세포들이 생겨난다. 각각의 발걸음은 최적의 유연성이라는 가느다란 경로 위에 아슬아슬하게 자리를 잡고서 그 복잡성을 증가시키는 카오스의 가장자리를 향해 발을 내디딘다. 시스템이 이 솟아오르는 진화 능력의 마루에서 있는 한, 파도를 타고 계속 나아갈 수 있다.

우리가 인공 시스템에서 원하는 것도 이와 비슷한 것이라고 랭턴은 말한다. 어떤 시스템이 추구하는 첫 번째 목표는 바로 생존이다. 두 번째로 추구하는 것은 유연성을 최대로 발휘하도록 시스템을 조율하는 이상적인 매개변수들이다. 하지만 가장 흥미로운 것은 세 번째로 추구하는 질서이다. 이것은 앞으로 나아가는 매 단계마다 시스템을 끊임없이 자기 조율하는 전략과 되먹임 메커니즘을 찾는 것이다. 카우프만의 가설은 만약 자기 조율하도록 만들어진 시스템이 "아주 잘 적응할 수 있다면, 그것은 자연 선택의 필연적인 표적이 될지 모른다. 자연 선택을 이용하는 능력은 최초로 선택되는 특성 중 하나가 될 것이다."라고 말한다.

랭턴과 그 동료들이 생명이 가장자리에서 아슬아슬하게 균형 잡고 있는 것처럼 보이는 스위트 스폿을 찾기 위해 가능한 세계들의 공간을 탐색할 때, 나는 그들이 스스로를 끝없는 여름에 느리게 움직이는 파도를 찾아나선 서퍼라고 부르는 것을 들었다.

샌타페이연구소에서 일하는 또 한 사람의 동료인 리치 배절리Rich Bageley는 내게 "내가 찾는 것은 거의 예측할 수 있지만 완전히는 예측할 수 없는 것이에요."라고 말했다. 그리고 그것은 규칙적인 것은 아니지만, 그렇다고 카오스적인 것도 아니라고 부연 설명했다. 거의 제어 불능인 것과 위험한 가장자리의 중간에 위치한 것에 해당하는 셈이다.

"맞아요." 우리의 대화를 엿들은 랭턴이 말했다. "정확히 바로 그거예요. 밀려오는 대양의 파도와 비슷해요. 그것은 심장 고동처럼 쿵, 쿵, 쿵 하고 일정하게 밀려오지요. 그러다가 갑자기 예상치 못한 거대한 파도가 일어나지요. 우리가 찾는 게 바로 그거예요. 우리가 찾길 원하는 장소도 바로 거기고요."

21

솟아오르는 흐름

19세기 초에 열은 아주 난해한 수수께끼였다. 뜨거운 물체를 놓아두면 주변 온도와 같은 온도로 식고, 찬 물체를 놓아두면 주변 온도와 같은 온도로 따뜻해진다는 사실은 누구나 직관적으로 알 수 있었다. 하지만 열이 실제로 어떻게 작용하는지 설명할 수 있는 포괄적인 이론은 어떤 과학자도 알아내지 못했다.

제대로 된 열 이론이라면 일부 기묘한 사건을 설명할 수 있어야 했다. 방 안에 아주 뜨거운 물체와 아주 차가운 물체를 한참 동안 놓아두면, 두 물체가 결국 같은 온도로 수렴한다는 거야 누구나 아는 사실이었다. 하지만 얼음과 물이 섞인 그릇은 얼음만 들어 있는 그릇이나 물만 들어 있는 그릇만큼 빨리 따뜻해지지 않았다. 뜨거운 물체는 팽창하고, 차가운 물체는 수축했다. 운동은 열이 되어 사라질 수 있었다. 열이 운동을 일으키기도 했다. 그리고 일부 금속은 가열하면 무게가 늘어났다. 따라서 열에도 무게가 있었다.

초기에 열을 탐구한 사람들은 자신들이 온도와 열량, 마찰, 일, 효율, 에너지, 엔트로피—훗날 만들어진 용어들—를 연구한다는 사실을 전혀 몰랐다. 수십 년 동안 자신이 실제로 연구하는 것이 무엇인지 확실히 아는 사람은 아무도 없었다. 그래도 그들 사이에 가장 많이 받아들여진 이론은 열이 모든 곳에 스며 있는 탄성 유체—물질적 에테르—라는 설명이었다.

1824년, 프랑스의 군사공학자 카르노Carnot(이 이름은 사뮈엘 베케트Samuel Beckett의 유명한 희곡에 나오는 주인공 고도Godot와 운율이 비슷하다.)는 훗날 열역학 제2법칙으로 알려지는 원리를 발견했다. 대략적으로 설명하면, 모든 시스템(계)은 시간이 지나면 결국 멈춰선다는 것이다. 카르노의 열역학 제2법칙은 열역학 제1법칙(전체 에너지가 보존된다는 법칙)과 함께 다음 세기에 열뿐만 아니라 대부분의 물리학, 화학, 양자역학을 이해하는 주요 기반이 되었다. 요컨대, 열 이론은 현대 자연과학의 바탕이 되었다.

하지만 생물학에는 위대한 이론이 없다. 복잡성 연구자들 사이에 회자되는 농담이 하나 있는데, 오늘날의 생물학은 '카르노를 기다리고' 있다는 것이다. 이론생물학자들은 자신들이 열역학이 등장하기 이전인 19세기의 열 연구자들과 비슷한 처지에 있다고 느낀다. 생물학자들은 복잡성을 측정할 척도도 없이 복잡성에 대해 이야기하고, 두 번째 사례조차 없는 상태에서 진화에 대한 가설을 세운다. 이런 상황은 열량, 마찰, 일, 심지어 에너지에 대한 개념조차 없이 열에 대해 논의하던 열 연구자들을 연상케 한다. 카르노가 열 죽음heat death과 무질서를 향한 돌진이라는 아주 중요한 이론으로 물리학의 틀을 만들었듯이, 일부 이론생물학자들은 무질서 사이에서 질서를 찾는 생명의 아주 중요한 경향에 대한 틀을 만듦으로써 생물학 제2법칙을 발견하길 기대한다. 이 농담에는 풍자도 약간 섞여 있는데, 베케트의 악명 높은 연극에서 고도는 연극이 끝날 때까지 나타나지 않는 신비의 인물이기 때문이다!

떠오르는 질서에 관한 법칙인 생물학 제2법칙을 찾으려는 노력은 더 깊은 진화를 찾으려는 노력과 초생명을 탐구하는 노력 뒤에 무의식적으로 숨어 있다. 많은 후기 다윈주의자는 자연 선택이 카르노의 열역학 제2법칙을 극복할 만큼 충분히 강하다는 주장을 의심한다. 우리가 여기에 존재하니, 자연 선택 외에 분명 다른 뭔가가 작용했을 것이다. 그들은 자신들이 찾는 것이 무엇인지 확실히 모르지만, 직관적으로 그것이 엔트로피를 보완하는 힘이라고 말할 수 있다고 느낀다. 어떤 사람들은 그것을 반엔트로피anti-entropy라 부르고, 어떤 사람들은 음의 엔트로피, 즉 네겐트로피라 부르고, 어떤 사람들은 엑스트로피라 부른다. 그레고리 베이트슨은 "엔트로피로 이루어진 생물 종이 있는가?"라고 물은 적이 있다.

생명의 비밀을 찾으려는 이 탐구 노력이 과학자들의 공식 논문에서 공공연하게 드러나는 경우는 드물다. 하지만 늦은 밤에 그들과 대화를 나누다 보면, 많은 사람들이 그런 생각을 갖고 있음을 알 수 있다. 그들은 어렴풋이 본 전망을 넌지시 이야기한다. 장님 코끼리 만지듯이 각자가 본 부분은 서로 다르다. 그들은 자신의 믿음과 직감을 적절히 표현할 과학 단어를 신중하게 찾는다. 그들이 넌지시 언급한 전망을 종합하면 대략 다음과 같다.

빅뱅에서 탄생한 뜨거운 우주는 약 100억 년 동안 흘러왔다. 그 역사가 3분의 2쯤 지났을 때, 탐욕스러운 어떤 힘이 빠져나가는 열과 질서를 붙잡아 질서가 더 높은 국지적 장소들로 모으기 시작했다. 열과 질서를 붙잡은 힘에 대해 놀라운 사실은 (a) 그것이 자기 유지 능력과 (b) 자기 강화적 속성, 즉 주변에 그와 같은 것이 더 많을수록 더 많이 만들어내는 속성이 있다는 점이었다.

따라서 백색 섬광에서 이 두 가지 흐름이 탄생했다. 하나는 계속 아래쪽으로 흘러내려갔다. 이 흐름은 난폭하고 뜨거운 파티로 시작해 침묵의 차가움으로 꺼져갔다. 이것은 카르노의 우울한 열역학 제2법칙으로, 지금까지 존재한 법칙 중 매우 잔인한 법칙이다. 모든 질서는 결국은 카오스에 굴복하고, 모든 불은 꺼지며, 온갖 다양성은 아무 특징 없이 지루한 것으로 변해가며, 모든 구조는 결국은 무너져 사라지고 만다.

두 번째 흐름은 첫 번째 흐름과 나란히 달리지만 정반대의 효과를 나타낸다. 이것은 열이 흩어지기 전에(원래 열은 흩어지는 속성이 있다.) 열을 빼돌려 이용하고, 무질서에서 질서를 뽑아낸다. 이것은 꺼져가는 에너지를 빌리고 판돈을 올려 솟아오르는 흐름으로 만든다.

솟아오르는 흐름은 질서가 있는 짧은 순간을 이용해 흩어져가는 힘을 낚아챔으로써 다음 차례의 질서를 뽑아낼 수 있는 기반을 만든다. 이 흐름은 아무것도 저장하지 않고 모든 것을 다 소비한다. 자신이 가진 모든 질서를 다 투자해 다음번의 복잡성과 성장과 질서를 증폭시킨다. 이런 방식으로 카오스를 활용해 반카오스를 낳는다. 우리는 이것을 생명이라 부른다.

솟아오르는 흐름은 파도이다. 즉 점점 질이 나빠지는 엔트로피의 바다 가운데 약간 솟아오른 부분이자, 항상 거의 넘어진 상태로 늘 자신을 향해 무너지는 지속 가능한 마루이다.

이 파도는 우주 전체로 움직이며 퍼져나가는 가장자리이고, 카오스의 무너지는 양 측면 사이를 가르는 가느다란 선이다. 한쪽은 얼어붙은 회색 고체 상태를 향해 아래로 뻗어 있고, 또 한쪽은 지나치게 흥분한 검은 기체 상태를 향해 기울어져 있다. 이 파도는 이 둘 사이에서 영원히 움직이는 순간, 곧 영원한 액체이다. 엔트로피의 중력을 거스를 수 있는 것은 아무것도 없지만, 끝없이 무너지는 마루를 생물학적 질서가 서퍼처럼 타고 내려간다.

솟아오르는 파도에 축적된 질서는 외부의 에너지를 사용해 다음 번의 질서가 더 높은 영역으로 자신을 확장하는 널빤지 역할을 한다. 카로노의 힘이 아래로 흐르면서 우주를 냉각시키는 한, 솟아오르는 흐름은 일부 장소에서 열을 훔쳐 위쪽으로 흐를 수 있으며, 자기 힘으로 자신을 더 높이 쌓아올릴 수 있다.

질서를 더 많은 질서를 얻는 수단으로 사용하는 게임은 다단계 사기나 사상누각처럼 계속 확장하지 않으면 무너지는 게임이다. 생명체로서 살아온 우리의 집단 역사는 확실한 속임수 장치를 발견해 사람들을 감쪽같이 속이는—그리고 지금까지 별 탈 없이 살아온—사기꾼 이야기와 같다. 이론생물학자 와딩턴은 "생명은 생명을 가지고 무사히 살아갈 수 있는 기술로 정의할 수 있다."라고 말했다.

다소 시적인 이 전망은 어쩌면 나 혼자만의 전망일 수도 있는데, 다른 사람들의 말을 내가 잘못 해석한 것일지도 모른다. 하지만 나는 그렇게 생각하지 않는다. 나는 아주 많은 과학자들에게서 그런 이야기를 들었다. 나는 카르노의 법칙을 신비주의라 부를 수 없는 것처럼 내 전망이 완전히 신비주의적 전망이라고 생각하지 않는다. 물론 이 이야기가 인간의 희망을 담고 있는 건 사실이지만, 내가 공유한 희망은 반증 가능한 과학 법칙을 발견하는 것이다. 솟아오르는 흐름과 유사한 이론들(솟아오르는 흐름을 순전히 생기론의 운반 수단으로 본)이 있긴 했지만, 두 번째 힘이 확률 법칙이나 다윈의 자연 선택의 힘보다 덜 과학적이어야 할 이유가 없다.

그럼에도 불구하고 솟아오르는 흐름의 전망을 받아들이는 데 주저하는 분위기가 있다. 이 분위기는 더 큰 염려를 부추긴다. 그 염려란, 솟아오르는 흐름이 우주에서 어떤 방향성이 있는 변화를 의미하는 게 아닌가 하는 의심이다. 나머지 우주는 아래로 흘러가는데, 초생명은 반대 방향인 위쪽으로 꾸준히 나아간다. 생명은 더 많은 생명, 더 많은 종류의 생명, 더 많은 생명의 복잡성, 그리고 또 더 많은 무엇을 향해 나아간다. 바로 여기서 회의론이 고개를 든다. 현대 지식인은 진보의 냄새를 감지한다.

진보는 인간 중심주의 냄새를 풍긴다. 어떤 사람은 여기서 종교성까지 느낀다. 다윈의 말썽 많은 이론을 초기에 열렬히 지지한 사람들 중에는 프로테스탄트 신학자와 신학생도 있었다. 바로 그 이론이 인류의 우월한 지위를 과학적으로 증명한다고 보았기 때문이다. 다윈주의는 무감각한 생명이 완전성의 정상, 즉 남성 인간을 향해 나아가는 질서정연한 행진이라는 아름다운 모형을 제공했다.

인종차별주의를 정당화하기 위해 다윈의 이론이 계속 남용된 사실도 진화가 '진보'라는 개념을 뒷받침하는 데 도움이 되지 않았다. 진보 개념이 사망한 이야기에서 더 중요한 것으로는, 우주의 중심에 있던 인간의 위치가 평범한 나선 은하 가장자리에 위치한 하찮은 존재로 추락한 것을 들 수 있다. 우리가 그토록 하찮은 존재라면, 진화가 무슨 진보를 가져다줄 수 있겠는가?

진보는 죽었고, 그것을 대체할 수 있는 것은 아무것도 없다. 진보의 죽음은 진화 연구 분야에서는 거의 공식적으로 선언된 것이나 다름없다. 그것은 포스트모던 역사학, 경제학, 사회학에서도 마찬가지이다. 현대인이 자신의 운명을 바라보는 방식은 진보가 없는 변화이다.

그런데 두 번째 힘에 관한 이론은 진보의 가능성에 다시 불을 붙이면서 성가신 질문들을 제기한다. 만약 생명의 두 번째 법칙—솟아오르는 흐름—이 있다면, 그것은 무엇을 향해 흘러갈까? 만약 진화에 방향성이 있다면, 어떤 방향을 향해 나아갈까? 생명은 진보하는가, 아니면 단순히 방황할 뿐인가? 아주 작은 것이라도 생명(유기체 생명과 인공 생명 모두)의 진화가 따르는 어떤 추세가 있는가? 인간 문화와 그 밖의 비비시스템은 유기체 생명을 반영한 것일까, 아니면 한 종류가 다른 것들 없이도 진보할 수 있을까? 인공 진화는 그 창조자의 바람과 완전히 상관 없는 나름의 의제와 목적을 갖고 있을까?

첫 번째 답은 생명과 사회에서 목격되는 모든 진보는 인간이 유발한 착각이라는 것이다. 생물학에서 널리 퍼진 '진보의 사닥다리'나 '존재의 거대한 사슬' 같은 개념은 지질학적 역사의 사실 앞에서 설 자리를 잃는다.

생명이 최초로 출현한 사건을 출발점으로 삼아 이야기해보자. 시각적 은유를 사용해 최초 생명의 모든 후손을 서서히 부풀어오르는 구라고 상상해보자. 그 반지름은 시간을 나타낸다. 특정 시간에 살아 있는 각 생물은 그 시간에 존재한 구의 표면에 위치한 점이 된다.

40억 년 지점(현재의 시간)에서 지구상에 존재하는 모든 생명의 구는 그 구면에 약 3000만 종이 가득 차 있는 모습을 보여준다. 예를 들면, 그 중 한 점은 인간을 나타내고, 거기서 멀리 떨어진 곳에 있는 한 점은 대장균을 나타낸다. 구면에 있는 모든 점은 최초의 생명에서 똑같은 거리에 있다. 따라서 어느 것이 다른 것보다 더 우월하다고 말할 수 없다. 어느 시점에 구면 위에 존재하는 모든 생물은 똑같은 시간만큼 진화해왔다는 점에서 '동등하게 진화'한 것이다. 단도직입적으로 말하면, 인간은 대부분의 세균보다 더 진화한 존재가 아니다.

이 구형 그래프를 보면, 그 중에서 한 점에 불과한 인간이 어떻게 전체 지구에서 꼭대기 위치에 있다고 상상할 수 있겠는가? 공진화한 나머지 3000만 종도 모두(예컨대 홍학이나 옻나무도) 진화에서 중요한 점들이다. 생명이 새로운 생태적 지위를 탐색함에 따라 전체 구는 팽창하면서 공진화한 위치들의 수가 증가한다.

이 구형의 생명 그래프는 그동안 반복되어온 진보적 진화 이미지(생명이 작은 방울에서 시작해 성공의 사다다리를 계속 올라가 마침내 인간성이라는 꼭대기에 도달했다는)의 기반을 소리 없이 허물어뜨린다. 진보적 진화 이미지에는, 작은 방울로 시작한 생명이 그다지 대단한 곳으로 이어지지 않는 사닥다리를 올라가 또 다른 작은 방울 꼭대기에 도달하는 너무나도 흔한 생명의 이야기를 포함해, 그림 속에 당연히 함께 있어야 할 10억 개의 다른 사닥다리가 빠져 있다. 자연에는 꼭대기가 없고, 단지 10억 개의 점이 널린 구면만 있을 뿐이다. 거기에 도달해 존재하는 한, 그 생물이 어떤 생물인지는 중요하지 않다.

똑같은 상태를 유지하며 살아남는 것도 괜찮은 방법이다. 긴 진화 시간 동안 형태가 크게 변하는 대신에 거의 똑같은 형태를 유지하며 살아남은 종들의 사례는 아주 많다. 하지만 그 대가로 받는 보상은 똑같다. 호모 사피엔스와 대장균은 둘 다 우수한 공동 생존자이다. 다음 100만 년을 살아남는 데 한쪽이 다른 쪽보다 특별히 더 유리하지도 않다. (사실은 일부 비관론자들은 대장균이 비록 지금은 우리의 창자 속에서만 살아갈 수 있지만, 우리보다 더 오래 살아남을 확률이 100 대 1 정도로 높다고 말한다.)

하지만 진화하는 생명이 진보하는 방향으로 나아가는 게 아니라는 사실에 동의한다 하더라도, 어떤 일반적 방향이 있지 않을까?

내가 진화를 다룬 교과서들을 잠깐 훑어본 결과에 따르면, 찾아보기에서 '추세'나 '방향'이라는 단어는 단 하나도 발견하지 못했다. 진화에서 진보라는 개념을 추방하려는 열정에 사로잡힌 많은 신다윈주의자들은 진화에 관한 논의에서 추세나 방향 개념을 사용하는 것을 금지해왔다. 진화적 추세에 반대하는 대표적 생물학자인 스티븐 제이 굴드는 사실 그 개념을 논의라도 하려고 하는 극소수 생물학자 중 한 명이다.

버지스 셰일 화석들을 흥미진진하게 재해석한 굴드의 책《생명, 그 경이로움에 대하여Wonderful Life》에서 핵심 은유는 생명의 역사를 일종의 비디오테이프로 생각할 수 있다는 것이다. 그 비디오테이프를 거꾸로 돌려 어떤 기적적인 힘으로 시초의 결정적인 순간을 변화시키고, 그때부터 생명을 다시 태어나게 한다고 상상해볼 수 있다. 이 문학적 기법은 유서가 깊은데, 미국적 색채가 강한 크리스마스 영화 〈멋진 인생It's a Wonderful Life〉에서 절정에 이르렀다. 굴드의 책 제목도 이 영화 제목에서 따왔다. 거의 원조 드라마라 할 수 있는 이 영화에서 지미 스튜어트의 수호 천사는 스튜어트가 없었다면 세상이 어떻게 굴러갔을지 보여준다.

만약 우리가 지구에서 펼쳐진 생물의 서사시적 이야기를 다시 펼칠 수 있다면, 그것은 우리가 아는 것과 비슷하게 전개될까? 생명은 우리에게 익숙한 단계들을 반복할까, 아니면 전혀 다른 길을 걸어감으로써 우리를 놀라게 할까? 굴드는 만약 처음부터 진화가 다시 시작된다면, 왜 우리가 지구에서 생명을 제대로 알아보지 못할 것이라고 생각하는지 그럴듯한 이야기를 훌륭한 솜씨로 펼쳐 보여준다.

하지만 이 마법의 생명 비디오테이프를 일단 우리의 기계에 집어넣으면, 이걸로 할 수 있는 일이, 어쩌면 훨씬 흥미로운 일이 더 있다. 만약 불을 끄고 비디오테이프를 임의로 뒤집은 뒤에 재생시키면, 다른 우주에서 온 방문객은 비디오테이프가 제대로 돌아가는지 아니면 거꾸로 돌아가는지 분간할 수 있을까?

만약 서사시적 작품《생명, 그 경이로움에 대하여》를 거꾸로 돌리면, 화면에는 어떤 장면들이 나타날까? 방 안의 불을 끄고 직접 보기로 하자. 이야기는 아름답고 파르스름한 지구의 모습으로 시작하는데, 지구 표면은 살아 있는 생물들(어떤 것은 움직이고, 어떤 것은 뿌리를 박고 고정되어 있는)의 아주 얇은 막으로 둘러싸여 있다. 등장 인물의 종류는 수백만 종이나 되는데, 그 중 절반은 곤충이다. 시작 장면에서는 별로 대단한 일이 일어나지 않는다. 식물들은 끝없이 다양한 형태로 변해간다. 크고 민첩한 포유류는 비슷하게 생겼지만 몸집이 더 작은 포유류 비슷한 동물로 변해간다. 많은 곤충은 합쳐져 다른 곤충으로 변해가는 반면, 완전히 새로운 곤충이 나타나기도 한다. 이것들 역시 점차 합쳐져 다른 종으로 변해간다. 그 중 한 종을 선택해 느린 동작으로 추적해보면, 앞쪽으로나 뒤쪽으로나 눈에 띄는 변화가 일어나는 걸 보기 어렵다. 쇼의 속도를 빨리 하려면, 비디오를 고속으로 돌려야 한다.

그러면 지구 표면에서 생물의 종류는 점점 줄어든다. 전부는 아니지만 많은 동물 종은 몸 크기가 작아진다. 전체 종 수도 줄어든다. 플롯의 진행 속도는 느려진다. 살아 있는 생물들의 배역도 점점 줄어들고, 비디오테이프가 돌아갈수록 배역들은 점점 더 줄어든다. 생명은 범위나 크기 면에서 계속 축소되다가 아주 기본적인 수준으로 작고 지루하고 벌거벗은 상태가 된다. 마지막 동물 종은 하나의 작은 무정형 덩어리로 녹아들면서 종말은 아주 지루하게 전개된다.

정리하면, 광범위하고 복잡하게 뒤얽힌 다양한 형태들의 망이 대체로 자신을 복제하기만 하는 비교적 단순한 단일 단백질 덩어리로 붕괴해간다.

외계인 친구는 이걸 보고 뭐라고 생각할까? 이 덩어리는 알파일까 오메가일까?

생명에는 분명히 시간의 방향이 있지만, 신다윈주의자들은 그것 말고는 확실한 게 아무것도 없다고 말한다. 생물의 진화에는 방향성이라는 추세가 전혀 없기 때문에, 생명의 미래에 대해 아무것도 예측할 수 없다. 따라서 예측 불가능한 속성이야말로 우리가 진화에 대해 할 수 있는 극소수 예측 중 하나이다. 바다에서 물고기들—그 당시로서는 생명과 복잡성의 '꼭대기'였던—이 활개를 치고 다니는 시절에, 장기적으로 정말로 중요한 일을 육지 근처의 말라붙은 진흙 웅덩이 속에서 일부 못생긴 변종들이 하고 있었다고 누가 추측할 수 있었겠는가? 육지, 그게 뭐길래?

한편 후기 다윈주의자들은 '필연적'이라는 단어를 계속 읊조렸다. 1952년, 공학자 로스 애슈비는 큰 영향을 미친 저서《뇌를 위한 설계Design for a Brain》에서 "지구에서 생명의 발달을 놀라운 사건으로 보아서는 안 된다. 오히려 그것은 필연적인 사건이었다. 그것은 기본적으로 다양한 측면에서 안정적인 지구 표면처럼 큰 시스템을 50억 년 동안 역동적으로 계속 가볍게 부글거리게 한다면, 기적과 다름없는 일이 그 시스템(변수들이 아주 강한 자기 보존적 형태들로 뭉쳐 있는)을 그런 상태에서 벗어나게 할 수 있다는 점에서 필연적이다."라고 썼다.

생물학자들은 진화를 다루는 문장에서 '필연적'이라는 단어를 사용하면 질겁한다. 나는 이러한 반사적 반응은 필연적이라는 단어가 '신'을 의미하던 시절에 유래해 아직까지 남아 있는 반응이라고 생각한다. 하지만 이 단어가 인공 진화에서 정당하게 사용되는 극소수 사례—심지어 정통 생물학자들조차 인정하는—중 하나는 그것이 진화의 방향성 추세를 검증하는 시험대로 쓰일 때이다.

물리적 우주에는 생명을 특정 방향으로 나아가게 하는 기본적인 구속 조건이 있을까? 굴드는 생명의 가능성 공간을 '아주 넓고 낮으면서 균일한 비탈'에 비유해 이 관심사를 다루었다. 이 비탈에 무작위로 떨어진 물은 카오스적인 미소 운하들의 경로를 침식하면서 굴러 내려간다. 새로 생겨난 수로들은 그 위로 더 많은 물이 흘러내려가면서 강화되어 금방 작은 계곡들로 변해 그 뒤를 이어 생겨날 더 큰 협곡들의 위치를 영구적으로 새긴다.

굴드의 은유에서 각각의 작은 홈은 한 종의 역사적 타임라인을 나타낸다. 최초의 홈은 그 뒤에 생겨날 속屬과 과科와 분류군들의 경로를 준비한다. 처음에 홈이 구불구불 지나가는 길은 완전히 무작위적이지만, 일단 경로가 하나 생기고 나면 그 뒤를 이어 생겨나는 협곡의 경로가 그것으로 고정된다. 굴드는 자신의 은유에 '꼭대기에 떨어지는 물에 선호 방향을 전달하는' 최초의 비탈이 있다는 사실을 인정하긴 하지만, 진화의 '불확실한' 경로를 방해하는 것은 아무것도 없다고 주장한다. 굴드가 즐겨 쓰는 표현을 빌리면, 만약 매번 반반한 비탈을 가지고 시작해 이 실험을 몇 번이고 계속 반복한다면, 그때마다 골짜기들과 봉우리들의 패턴이 아주 다른 풍경을 얻게 될 것이다.

그런데 흥미롭게도, 만약 굴드의 사고 실험을 모래 상자에서 실제로 해보면, 그 결과는 다른 결론을 시사하는 것처럼 보인다. 실험을 계속 반복할 때 맨 먼저 눈에 띄는 특징은 가능한 모든 형태의 풍경 중 극히 제한된 부분집합만 나타난다는 점이다. 우리에게 익숙한 많은 지형—구릉진 언덕, 화산 원뿔, 아치형 지형, 걸린곡 등—은 전혀 나타나지 않을 것이다. 따라서 계곡들과 그 뒤에 나타나는 협곡들이 보여줄 일반적 구조를 안전하게 예측할 수 있는데, 그것은 바로 경사가 완만한 우곡雨谷이다.

둘째로 눈에 띄는 특징은 처음의 홈들은 무작위로 떨어지는 물에 반응해 무작위로 생겨나지만, 그 뒤에 생기는 침식 수로의 형태는 매우 균일한 경로를 따른다는 점이다. 계곡은 필연적 순서를 따라 펼쳐진다. 굴드의 비유를 계속 이어간다면, 최초의 물방울은 풍경에 나타난 최초의 종이다. 그것은 예상 밖의 어떤 생물이라도 될 수 있다. 비록 그 특성은 예측할 수 없어도, 모래 상자 비유는 그 후손들이 모래의 구조에 내재하는 추세에 따라 다소 예측 가능한 방식으로 펼쳐진다고 말한다. 따라서 진화에는 결과가 초기 조건에 민감한 점들(캄브리아기 폭발도 그런 것일 수 있다.)이 있긴 하지만, 그렇다고 해서 큰 추세의 영향을 배제할 수 있는 것은 아니다.

19세기에서 20세기로 넘어올 무렵 유명한 생물학자들이 진화에 나타나는 추세를 강조한 적이 있다. 그 중 한 버전은 정향 진화설定向進化說, orthogenesis이라 부른다. 정향 진화설은 생물들이 생물 A에서 알파벳 순서를 따라 생명 Z에 이르기까지 직선 방향으로 진화한다고 주장한다. 과거에 정향 진화설을 주장한 생물학자들 중 일부는 실제로 진화가 가지를 치지 않고 직선으로 나아간다고 생각했다. 그것은 각각의 종이 사닥다리의 단에 걸쳐 있고, 위로 올라갈수록 천상의 완전함에 더 가까워지는 사닥다리가 하늘 높이 뻗어 있는 이미지와 비슷하다.

하지만 직선적이 아닌 정향 진화설을 믿은 사람들조차 초자연주의자인 경우가 많다. 그들은 진화가 어떤 방향으로 나아가는 이유는 그렇게 정해졌기 때문이라고 믿었다. 그렇게 방향을 지시하는 힘은 초자연적 목적이나 생물 속에 불어넣어진 신비한 생명력 혹은 신이라고 생각했다. 이 개념들은 명백히 과학의 범위를 벗어나는 것이기 때문에, 과학자들을 조금이라도 끌어당긴 매력이 있었다고 하더라도, 그것은 신비적이고 뉴에이지적 요소에 오염돼 있었다.

하지만 지난 수십 년 사이에 신을 믿지 않는 공학자들이 스스로 자신의 목적을 정하고 자신의 목적을 지닌 것처럼 보이는 기계를 만들었다. 기계에서 자기 지시를 맨 먼저 발견한 사람 중 하나는 사이버네틱스 분야를 세운 노버트 위너였다. 위너는 1950년에 "우리는 기계에 목적을 집어넣을 수 있을 뿐만 아니라, 특정 고장을 피하도록 설계된 기계가 자신이 이룰 수 있는 목적을 찾는 경우가 압도적으로 많을 것이다."라고 썼다. 위너는 기계 설계의 복잡성이 어느 문턱에 이르면 필연적으로 창발적 목적이 나타난다는 뜻으로 이렇게 말한 것이다.

우리 자신의 마음은 마음 없는 행위자들이 모인 사회이다. 의도가 없는 다른 비비시스템들에서 목적이 나타나는 것과 정확하게 똑같은 방식으로 그 혼합 집단에서 목적이 나타난다. 미천한 자동 온도 조절 장치는 실제적인 의미로 목적과 방향이 있다. 설정된 온도를 찾아내고 거기서 작동을 정지시키는 것이 그것이다. 로드니 브룩스가 상향식 설계로 만든 MIT의 모봇은 목적 없는 단순한 회로에서 끓어오른 판단과 목표를 바탕으로 복잡한 과제를 수행한다. 곤충 로봇 젱기스는 전화 번호부 위로 기어오르길 '원한다'.

진화론자들은 진화에서 신을 떨쳐내면서 목적이나 방향의 흔적을 모두 떨쳐냈다고 믿었다. 진화는 설계자가 없는 기계, 눈먼 시계공이 만든 시계였다.

하지만 아주 복잡한 기계를 실제로 만들 때, 그리고 합성 진화를 시도할 때, 우리는 복잡한 기계와 합성 진화가 둘 다 스스로 굴러가면서 약간의 행동 지침을 만든다는 사실을 발견한다. 카우프만이 적응 시스템에서 보는 자기 조직하는 공짜 질서와 로드니 브룩스가 기계에서 성장시킬 수 있는 목적론적 목표는 진화—그것이 어떻게 일어나건 간에—가 스스로의 목표와 방향도 어느 정도 진화시켰다고 주장하기에 충분할까?

잘 들여다보면, 생기론적 설명이나 초자연적 설명을 끌어올 필요 없이, 생물의 진화에서 방향과 목적이 없는 부분들의 집단으로부터 방향과 목적이 나타나는 것을 발견할 수 있을지도 모른다. 컴퓨터 진화 실험들은 이 내재적 목적론, 스스로 만들어낸 이 '추세'를 확인해준다. 복잡성 이론 연구자 마크 베다우Mark Bedau와 노먼 패커드

Norman Packard는 많은 진화 시스템을 측정하여 다음과 같은 결론을 내렸다. "최근의 카오스 연구들이 결정론적 시스템은 예측 불가능할 수 있음을 보여준 것처럼, 우리는 결정론적 시스템이 목적론적일지도 모른다고 주장한다." '목적과 진화'가 합쳐진 소리에 화들짝 놀라는 귀를 가진 사람들은 이 추세를 의식적 목표나 계획 또는 의도적 목적으로 생각하는 대신에 '충동'이나 경향으로 생각하면 도움이 된다.

다음에 소개하는 명단에서 나는 진화에서 가능한 대규모 자기 발생 경향들을 제안한다. 여기서 내가 사용하는 '경향'이라는 단어는 일반적인 것을 뜻하며 예외도 허용한다. 어떤 범주에 속한 모든 계통이 그런 추세를 따르는 것은 아니다.

예로서 교과서에 자주 실리는 코프의 법칙을 살펴보자. 코프Cope는 1920년대에 영웅적인 화석 사냥꾼으로 활동하면서 일반 대중 사이에 공룡의 인기를 크게 높이는 데 기여했다. 코프는 선구적인 공룡 화석 탐사자이자 이 기이한 동물들을 지칠 줄 모르고 널리 홍보한 흥행사이기도 했다. 코프는 전체적으로 볼 때 포유류와 공룡은 시간이 지날수록 몸집이 커졌다는 사실에 주목했다. 하지만 나중에 고생물학자들과 더 자세히 조사해보니, 자신의 관찰은 기록된 사례들 중 3분의 2에만 적용되었다. 심지어 그가 염두에 둔 종들의 계통에서도 법칙에 어긋나는 예외가 많았다. 만약 코프의 법칙에 예외가 없다면, 지구에 살고 있는 가장 큰 생물은 숲 바닥 아래에 숨어 있는 도시 블록만 한 크기의 '원시적인' 균류가 아닐 것이다. 그럼에도 불구하고, 진화에는 세균처럼 작은 생물이 고래처럼 큰 생물보다 먼저 나타난 장기적 추세가 분명히 있다.

이런 경고들을 무시하고 나는 끝없이 일어나는 생물 진화에서 일곱 가지의 큰 추세 혹은 방향을 발견했다. 이 추세들은 인공 진화가 긴 마라톤으로 접어들 때 인공 진화를 편향시킬 일곱 가지 추세이기도 하므로, 이것들을 초진화의 추세라고 부를 수도 있다. 일곱 가지 추세는 다음과 같다. 비가역성, 복잡성 증가, 다양성 증가, 개체수 증가, 특수화 증가, 상호 의존성 증가, 진화 능력 증가.

비가역성: 진화는 왔던 길을 되돌아가지 않는다. (이것을 돌로의 법칙Dollo's Law이라고도 부른다.) 되돌아가지 않는다는 원리에는 예외가 있다. 고래는 어떤 의미에서 다시 물고기가 되는 길로 되돌아갔다. 하지만 이것은 법칙을 증명해주는 예외이다. 일반적으로 현재 살고 있는 생물들은 과거의 생태적 지위로 되돌아가지 않는다.

또한 어렵게 얻은 속성을 쉽게 포기하는 법도 없다. 일단 발명된 기술은 물릴 수 없다는 것은 문화적 진화에서 격언으로 통한다. 비비시스템이 일단 언어나 기억을 발견하면, 절대로 그것을 되돌리지 않는다. 785

생명의 존재 역시 되돌아가지 않는다. 나는 유기체 생명이 침입했다가 후퇴한 지질학적 영역은 들어본 적이 없다. 일단 생명이 어떤 환경(뜨거운 온천이건 고산 지역의 암석이건 로봇이건)에 자리를 잡으면, 그곳에서 끈질기게 어떻게든 그 존재를 유지한다. 생명은 무기물 세계도 이용하는데, 무모하게 그것을 유기물 세계로 변화시켜 나간다. 블라디미르 베르나드스키는 "일단 생물 물질의 격류 속으로 휩쓸려 들어온 원자는 쉽사리 그곳을 떠나지 않는다."라고 썼다.

생명 탄생 이전의 지구는 정의상 불모의 행성이었다. 비록 불모의 땅이긴 했지만, 원시 지구에는 생명에 필요한 성분들이 부글거리고 있었다는 사실은 대부분의 과학자가 인정한다. 그것은 사실상 생명이 접종될 날을 기다리는 전 지구적인 한천 배양 접시였다. 살균 처리한 지름 1만 3000km의 닭고기 수프 접시가 있다고 상상해보라.

어느 날 거기다가 세포 하나를 떨어뜨렸더니, 다음 날 세포가 기하급수적으로 증식하여 거대한 바다 같은 접시에 세포들이 가득 차게 되었다. 수십 년 안에 온갖 종류의 세포들이 모든 구석으로 침투해 살아간다. 설사 그러는 데 100년이 걸린다 하더라도, 그것은 지질학적 시간과 비교하면 눈 깜짝할 순간에 지나지 않는다. 생명은 이렇게 눈 깜짝할 사이에 태어났고, 일단 태어난 생명은 억제할 수 없다.

인공 생명도 일단 컴퓨터에 침입하고 나면, 결코 물러나지 않고 어딘가에 있는 일부 컴퓨터에서 그 존재를 이어나갈 것이다.

복잡성 증가: 친구들에게 진화에 방향성이 있을까 하고 물으면, 흔히 듣는 대답(만약 듣는다면)은 '복잡성이 증가하는 쪽으로' 나아간다는 것이다.

거의 모든 사람들에게는 진화가 복잡성이 커지는 쪽으로 나아간다는 이야기가 당연한 것처럼 들리겠지만, 복잡성이 정확하게 무엇을 의미하는지 제대로 된 정의가 거의 없는 실정이다. 현대 생물학자들은 생물이 복잡성이 증가하는 쪽으로 나아간다는 개념 자체에 의문을 표시한다. 스티븐 제이 굴드는 내게 단호하게 "복잡성이 증가하는 쪽으로 움직인다는 착각은 사람들이 만들어낸 개념입니다. 먼저 단순한 것을 만들어야 하니, 당연히 복잡한 것은 나중에 나타날 수밖에요."라고 말했다.

하지만 자연이 만들지 않은 단순한 것도 아주 많다. 만약 복잡성이 증가하는 쪽으로 나아가는 추진력이 없다면, 진화는 왜 그냥 세균 수준에 머물면서 수백만 가지 단세포 생명체를 만들지 않았을까? 혹은 물고기 수준에 머물면서 가능한 물고기 형태를 모두 다 만들지 않았을까? 왜 생물을 점점 더 복잡하게 만들었을까? 더 기본적인 문제로 돌아가, 왜 생명은 단순한 것에서 시작했을까? 우리가 알고 있는 법칙 중에서 생물이 갈수록 점점 더 복잡해져야 한다고 말하는 것은 전혀 없다.

복잡성을 향해 나아가는 추세가 정말로 있다고 한다면, 그것을 추진하는 원인이 있어야 한다. 지난 100년 동안 복잡성을 추진하는 원인이 무엇인지 설명하기 위해 많은 가설이 나왔다. 그 가설들은 다음과 같이 요약할 수 있다(그리고 시간 순서대로).

- 폭주 복제와 부분들의 중복이 복잡성을 만든다(1871년).
- 기복이 심한 실제 환경이 부분들의 분화를 촉진하고, 부분들이 합쳐져 복잡성을 만든다(1890년).
- 복잡성은 열역학적으로 더 효율적이다(1960년).
- 복잡성은 다른 특성의 선택에서 우연히 생긴 부산물이다(1960년).
- 복잡한 생물은 그 주위에 복잡성이 더 큰 생물을 위한 생태적 지위를 만들어낸다. 따라서 복잡성은 스스로 증폭되는 양성 되먹임 고리이다(1969년).
- 시스템은 부분을 제거하기보다는 추가하기가 더 쉽기 때문에 복잡성이 축적된다(1976년).
- 비평형 시스템은 엔트로피, 즉 낭비된 열을 흩뜨릴 때 복잡성이 축적된다(1972년).
- 순전히 우연만으로 복잡성이 나타난다(1986년).
- 끝없는 군비 경쟁이 복잡성을 증폭시킨다(1986년).

복잡성이란 단어는 현재로서는 모호하고 비과학적이기 때문에, 시간이 지남에 따라 정량적 복잡성이 증가하는지의 여부를 알아내기 위해 화석 기록을 체계적으로 연구한 사람은 아무도 없다. 특정 생물의 짧은 계통에 대해 일부 연구가 이루어지긴 했는데(서로 다른 복잡성 척도를 사용해), 그 결과는 때로는 이 생물들에서 일부 측면의 복잡성이 증가하지만, 때로는 증가하지 않음을 보여준다. 요컨대, 겉으로 보기에 생물이 복잡해질 때 무슨 일이 일어나는지 우리는 확실한 것을 모른다.

다양성 증가: 이것은 좀 더 자세한 설명이 필요하다. 버지스 셰일에서 무른 몸을 가진 동물들이 묻혀 있는 한 유명한 화석층은 다양성이 무엇을 의미하는지 다시 생각하게 만든다. 굴드가 《생명, 그 경이로움에 대하여》에서 말했듯이, 버지스 셰일은 캄브리아기의 혁신 붐 시기에 번성했던 이질적인 생물들의 놀라운 범위를 보여준다. 이 환상적인 생물들은 기본 설계 측면에서 그 후손들보다 훨씬 다양하다. 굴드는 버지스 셰일 이후에는 사소한 장식은 그 수가 엄청나게 증가했지만, 기본 설계의 다양성은 감소했다고 주장한다.

예를 들면, 생명은 형태를 화려하게 바꿔가며 수백만 종의 곤충을 탄생시켰지만, 곤충 같은 새로운 강綱은 더 이상 만들지 않았다. 삼엽충의 변종은 아주 많이 나타났지만, 삼엽충 같은 새로운 강綱은 더 이상 나타나지 않았다. 그리고 버지스 셰일은 같은 지역에 현재 살고 있는 생물들이 보여주는 턱없이 빈약한 기본 설계를 훨씬 능가하는 구조적 변이의 스뫼르고스보르드(스웨덴 요리에서 온갖 음식이 다양하게 나오는 뷔페식 식사)를 보여주기 때문에, 다양성이 작은 것에서 시작해 시간이 지남에 따라 점점 커진다는 전통적 견해를 뒤집어야 한다고 주장할 수도 있다.

만약 다양성을 중요한 변이로 해석한다면, 다양성은 줄어들고 있다. 일부 고생물학자는 일반적인 종의 다양성과 구별하기 위해 더 기본적인 이 기본 설계의 다양성을 '다기성disparity'이라 부른다. 전기 테이블 톱과 동력 원형 톱보다 망치와 톱 사이에 더 중요한 차이

(기본적인 다기성)가 있다. 굴드는 이것을 이렇게 표현했다. "세 종의 눈먼 생쥐는 다양한 동물상을 이룰 수 없지만, 코끼리와 나무와 개미는 다양한 동물상을 이룰 수 있다. 두 집단은 모두 단 세 종의 동물로 이루어져 있지만 말이다." 우리는 정말로 혁신적인 기본 설계를 내놓기가 아주 어렵다는 사실을 감안해 명백히 다른 기본 논리에 가산점을 준다. (관 모양의 창자를 대체할 보편적인 설계를 상상하려고 노력해보라!)

기본 설계가 다목적인 경우는 드물기 때문에 캄브리아기 이후에 그랬던 것처럼 그 중 대다수가 죽고 다시 교체되지 않는 것은 아주 중요한 사건이다. 여기서 굴드는 '생명의 역사에서 놀라운 사실, 즉 다기성이 크게 감소한 뒤에 살아남은 소수의 설계 내에서 다양성이 크게 증가한 사실'에 주목했다. 10개의 설계 중에서 9개는 버려지고, 마지막 1개에서 딱정벌레처럼 수많은 변이가 생겨났다. 우리가 캄브리아기 이후의 진화와 연관짓는 '다양성이 증가하는 원뿔'은 종의 다양성이라는 범위 안에서 생각할 때 더 적절한데, 오늘날 살아 있는 종의 수는 과거의 그 어느 시점보다 더 많기 때문이다.

개체수 증가: 오늘날 살고 있는 전체 생물의 개체수는 10억 년 전보다 더 많으며, 아마도 심지어 100만 년 전보다 더 많을 것이다. 생명이 기원한 사건은 오직 한 번만 일어났던 것으로 보이기 때문에, 한때 아담처럼 최초의 생물만이 존재했던 적이 있었을 것이다. 지금은 엄청나게 많은 생물 개체가 존재한다.

생물 개체수가 증가하는 또 하나의 중요한 방식이 있다. 상위 집단과 하위 집단은 계층적 방식으로 각각 개체를 만든다. 벌들은 무리를 지어 군체를 이룬다. 따라서 이제 개체수는 벌들의 전체 수에다 초개체 하나를 더한 것이 된다. 사람은 수십조 개의 개개 세포로 이루어진 개체인데, 이 세포들 역시 점점 증가하는 전체 생물 개체수에 더할 수 있다. 이 각각의 세포에는 기생충이 살 수 있으며, 그러면 개체수가 그만큼 늘어난다. 개체 개념은 수많이 중복되는 방식으로 한정된 같은 공간에서 서로의 내부에 자리를 잡을 수 있다. 따라서 세포로 이루어지고 바이러스에 감염되고 진드기까지 붙어사는 벌들이 있는 벌집이 세균으로만 가득 찬 같은 부피의 공간보다 개체수가 더 많을 수 있다.

스탠리 살스Stanley Salthe가 《진화하는 계층적 시스템Evolving Hierarchical Systems》에서 썼듯이, "유한한 물질 세계에 무한정한 수의 독특한 개체들이 존재할 수 있다. 개체들이 서로의 안에 자리를 잡고, 그 세계가 팽창한다면 말이다."

특수화 증가: 생명은 일반적으로 많은 일을 수행하는 과정에서 시작한다. 시간이 지나면 하나의 생명이 더 전문화된 일을 하는 많은 개체로 분화한다. 일반적인 난세포가 발생 과정을 거쳐 분화하면서 전문화된 세포들의 집단으로 변해가는 것처럼, 진화에서도 동물과 식물은 점점 더 좁은 생태적 지위에 의존해 살아가는 변이들로 갈라져 간다. 사실 '진화'를 뜻하는 evolution이라는 단어는 원래 난세포가 배아 상태의 생물로 발달하는 것을 의미했다. 이 단어는 나중에 허버트 스펜서가 시간이 지남에 따라 일어나는 생물의 변화를 가리키는 데 처음 사용했다. 스펜서는 진화를 "연속적인 분화와 통합을 통해 불확실하고 응집성이 없는 동질성에서 확실하고 응집성이 있는 이질성을 향해 나아가는 변화"(1862년)라고 정의했다.

위에서 열거한 추세들을 특수화 증가와 함께 합치면, 다음과 같은 큰 그림이 만들어진다. 생명은 하나의 단순하고 모호하고 형태가 갖추어지지 않은 창조성으로 시작해 시간이 지나면서 정확하고 확고

하고 기계 같은 구조의 구름으로 점점 더 고정되어갔다. 일단 분화된 세포 계통은 일반적인 계통으로 되돌아가는 일이 드물다. 일단 특수화된 동물 계통은 일반적인 계통으로 되돌아가는 일이 드물다. 시간이 지나면서 특수화된 생물의 비율이 증가하고, 특수화의 종류가 증가하고, 특수화의 정도가 증가한다. 진화는 세부적인 것이 더 발달하는 쪽을 향해 나아간다.

상호 의존성 증가: 생물학자들은 원시적인 생물은 물리적 환경에 직접 의존해 살아간다는 사실을 발견했다. 어떤 세균은 암석 속에서 살아가고, 일부 지의류는 돌을 먹는다. 이 생물들의 물리적 서식지에 조금의 교란만 일어나더라도 생물들의 삶은 큰 영향을 받을 수 있다. (이런 이유로 지의류는 광부의 카나리아처럼 산성비 오염을 감지하는 데 쓰인다.) 생물은 진화하면서 무기물 환경에 매여 있던 조건에서 벗어나 유기물과의 상호작용이 점점 늘어난다. 식물은 땅에 직접 뿌리를 박고 살아가는 반면, 식물에 의존해 살아가는 동물은 땅으로부터 좀 더 자유롭다. 양서류와 파충류는 일반적으로 알을 수정시키고 나서 그냥 환경 속에 방치하는 반면, 조류와 포유류는 새끼를 돌보기 때문에 태어날 때부터 생물에 더 가까이 매여 있다. 땅과 광물과 친밀하던 관계는 시간이 지나면서 다른 생물에 대한 의존으로 대체된다. 동물의 따뜻한 창자 내부에 들러붙어 살아가는 기생충은 생명체 밖에 존재하는 것과 접촉할 일이 평생 없을 것이다. 마찬가지로 사회적 동물인 개미는 땅에서 살아가더라도, 각 개체의 삶은 주변의 흙보다는 다른 개미들에 훨씬 많이 의존한다. 생물의 사회성 증가는 또 다른 형태의 상호 의존성 증가인 셈이다. 사람은 무생물보다 생물에 대한 의존성이 극단적으로 커진 사례이다.

진화는 생명을 기회가 닿는 대로 무생물에서 떼어내어 스스로에게 매이게 하면서 무에서 대단한 것을 만들어낸다.

진화 능력 증가: 1987년, 케임브리지 대학의 동물학자 리처드 도킨스는 제1차 인공 생명 워크숍에서 〈진화 능력의 진화The Evolution of Evolvability〉라는 제목의 논문을 제출했다. 여기서 도킨스는 스스로 진화하는 진화의 실현 가능성과 이점을 탐구했다. 비슷한 시기에 크리스토프 윌스Christopher Wills는 《유전자의 지혜Wisdom of the Genes》에서 유전자가 자신의 진화 능력을 어떻게 제어하는지 설명하는 시나리오를 발표했다.

도킨스는 바이오모프 랜드에서 인공 진화를 만들려고 시도하다가 이 생각에 대한 영감을 얻었다. 도킨스는 신의 역할을 하다가 아주 드물게 일어나는 어떤 혁신은 단지 개체에게 즉각적인 이득을 줄 뿐만 아니라, '진화적으로 많은 가능성을 배태한' 상태여서 장래의 후손이 광범위하게 변할 능력을 제공한다는 사실을 깨달았다. 도킨스는 현실 세계에서 최초로 나타난 체절동물(환형동물)을 예로 들었는데, 그것을 '극적인 성공을 거둔 개체가 아닌 … 기형'이라고 불렀다. 하지만 동물의 체절 분할에서 어떤 측면은 최고의 진화 동물이 될 후손 계통을 낳은 분수령이 되었다.

도킨스는 '적응에 성공적인 표현형뿐만 아니라, 특정 방향으로 진화하는 경향 혹은 심지어 그저 진화하려는 경향 자체를 선호하는' 더 높은 차원의 자연 선택이 존재한다고 주장했다. 다시 말해 진화는 생존성뿐만 아니라 진화 능력도 선택한다.

진화 능력은 한 가지 특성이나 기능—돌연변이율 같은—에 달려 있지 않지만, 돌연변이율 같은 기능은 그 생물의 진화 능력에 어떤 역할을 한다. 만약 어떤 종이 꼭 필요한 변이를 만들지 못한다면, 그 종은 진화할 수 없다. 신체를 변형시키는 능력은 행동학적 가소성과 마찬가지로 그 종의 진화 능력에 어떤 역할을 한다. 게놈의 유연성은 특히 중요하다. 어떤 생물의 생존 능력이 단 한 곳에 달려 있지 않은 것처럼, 어떤 종의 진화 능력은 어느 한 곳에만 달려 있지 않은 시스템 특성이다.

진화가 선택한 모든 특성과 마찬가지로 진화 능력도 틀림없이 누적적 성질이 있을 것이다. 일단 채택된 약한 혁신은 더 강한 혁신의 탄생을 위한 기반이 될 수 있다. 이런 방식으로 약한 진화 능력은 추가적인 진화 능력의 출현을 위한 지속적 토대가 된다. 아주 오랜 시간이 지나는 동안 진화 능력은 생존성의 필수 요소가 된다. 따라서 진화 능력을 증가시키는 유전자를 가진 생물 계통은 진화하는 능력(그리고 이득)을 분명히 축적하게 될 것이다. 그리고 그런 일이 끝없이 이어진다.

진화의 진화는 알라딘의 램프가 들어주지 않으려는 소원, 즉 세 가지 소원을 더 들어달라는 소원을 비는 것과 같다. 그것은 합법적으로 게임의 법칙을 바꾸는 힘이다. 마빈 민스키는 아이의 마음 발달 과정에서 이와 비슷한 힘인 자신의 규칙을 바꾸는 변화를 발견했다. 민스키는 "마음은 단지 새로운 지식을 점점 더 축적하는 것만으로는 그다지 많이 성장할 수 없다. 이미 알고 있는 것을 더 효율적으로 사용하는 새로운 방법까지 개발해야 한다. 이것을 '파퍼트의 원리Papert's principle'라 한다. 정신적 성장에서 가장 중요한 단계들 중 일부는 단순히 새로운 재주를 습득하는 데 달려 있는 게 아니라, 이미 알고 있는 것을 사용하는 새로운 관리 방법을 습득하는 데 달려 있다."라고 썼다.

진화가 더 큰 표적으로 삼는 것은 바로 변화가 변하는 과정이다. 진화의 진화는 단순히 돌연변이율이 진화한다는 것만을 의미하지 않는다(비록 그것을 수반할 수는 있지만). 사실 돌연변이율은 생물계뿐만 아니라 기계와 초생명의 세계에서도 오랜 시간에 걸쳐 놀랍도록 일정하다. (돌연변이율이 몇 % 이상 증가하는 일은 드물며, 0.01% 아래로 떨어지는 일도 드물다. 비율 변동은 0.1% 정도가 이상적인 것으로 보인다. 이것은 터무니없이 무모한 개념이 1000번에 한 번 정도 나타나는 것만으로도 진화를 일어나게 하기에 충분하다는 걸 뜻한다. 물론 일부 장소에서는 그런 일이 1000번에 한 번도 일어나기 어렵다.)

자연 선택은 진화 능력이 최대가 되도록 돌연변이율을 유지하는 경향이 있다. 그런데 자연 선택은 같은 이득을 위해 시스템의 모든 매개변수를 자연 선택이 추가로 일어날 수 있는 최적 지점으로 이동시킨다. 하지만 최적의 진화 능력 지점은 바로 거기에 도달하려는 행동 때문에 움직이는 표적이 되고 만다. 어떤 의미에서 진화 시스템은 선호하는 상태인 최적의 진화 능력으로 자신을 계속해서 되돌려보내기 때문에 안정하다. 하지만 그 지점은 계속 움직이기 때문에—거울에 비친 카멜레온의 색처럼—시스템은 영원히 불균형 상태에 있다.

진화 시스템의 천재성은 진화 시스템이 영구적 변화를 만들어내는 메커니즘이라는 데에 있다. 영구적 변화는 반복적으로 일어나는 변화를 뜻하는 게 아니다. 거리 모퉁이에서 보행자들의 행동이 보여주는 변화무쌍한 장면도 영구적 변화라고 말할 수 있기 때문이다. 실제로 이런 상황은 영구적 역동성이라 불러야 한다. 영구적 변화는 지속적인 불균형, 즉 영원히 거의 넘어진 상태에 있는 것을 뜻한다. 그것은 변화 자체를 겪는 변화를 뜻한다. 그 결과는 늘 변화하면서 자신의 존재를 없애려는 시스템이 된다.

혹은 새로운 존재로 태어나려는 시스템이 된다. 진화하는 능력은 그 자체에서 진화해야 한다. 그게 아니라면 애초에 진화가 어디서 나올 수 있었겠는가?

생명이 어떤 종류의 무생물 또는 시원 생명에서 진화했다는 가설을 받아들인다면, 진화는 생명보다 앞서야 한다. 자연 선택은 비생물학적 결과이다. 자연 선택은 시원 생명 개체군에서도 잘 일어났을 것이다. 일단 진화의 기본 변이들이 작용하면, 형태의 복잡성이 허락하는 한 더 복잡한 변이들이 나타나기 시작한다. 우리는 지구 생물의 화석 기록에서 다양한 형태의 단순한 진화들이 점진적으로 축적되어 오늘날 우리가 진화라 부르는 유기적 전체로 변해간 것을 목격한다. 진화는 진화들의 집단을 이루는 많은 과정들의 복합체이다. 시간이 지나면서 진화가 진화하자, 진화 자체의 다양성과 복잡성과 진화 능력이 증가했다. 변화는 스스로를 변화시킨다.

진화의 진화가 일어난 과정은 다음과 같이 요약할 수 있다. 처음에 진화는 변화하는 자기 복제 과정으로 시작되었는데, 그것은 자연 선택을 유발하기에 충분한 개체군을 만들어냈다. 일단 개체군이 많이 생겨나자, 유도 돌연변이가 중요한 역할을 했다. 다음 단계의 공생은 자연 선택이 만들어낸 변화들을 먹고 살아가면서 진화의 주역으로 떠올랐다. 게놈의 길이가 길어지자 내적 선택이 게놈을 지배하기 시작했다. 유전자의 응집과 함께 종 분화와 종 단계에서의 선택이 일어나기 시작했다. 충분히 복잡한 생물이 나타나자, 행동과 신체의 진화가 일어나기 시작했다. 결국 지능이 출현하자, 라마르크식 문화적 진화가 중요한 역할을 하게 되었다. 인간이 유전공학과 스스로 프로그래밍하는 로봇을 도입함에 따라 지구에서 진화의 구조는 계속 진화해갈 것이다.

따라서 생명의 역사는 생명의 복잡성 팽창이 촉발한 다양한 진화를 거쳐 나아가는 전진이다. 생명이 더 계층적으로 분화함—유전자, 세포, 생물, 종으로—에 따라 진화의 작용 방식도 변한다. 예일 대학의 생물학자 레오 버스Leo Buss는 진화가 진화하는 각 단계에서 자연 선택의 영향을 받게 된 단위는 뒤엉킨 위계를 새로운 단계의 선택으로 이동시킨다고 주장한다. 버스는 "생명의 역사는 서로 다른 선택 단위들의 역사이다."라고 썼다. 자연 선택은 개체를 선택한다. 버스는 개체를 이루는 속성은 시간이 지남에 따라 진화한다고 말한다. 한 예로 수십억 년 전에는 세포들이 자연 선택의 단위였지만, 결국 세포들은 서로 뭉치게 되었고, 자연 선택은 선택할 개체로 그 집단—다세포 생물—을 선택하는 쪽으로 이동했다. 이것은 진화의 개체를 구성하는 대상이 진화한다고 볼 수도 있다. 처음에 개체는 안정한 시스템이었고, 그 다음에는 분자, 그 다음에는 세포, 그 다음에는 유기체가 되었다. 그 다음에는? 다윈 이후에 상상력이 뛰어난 많은 진화론자가 '집단 선택'을 제안했는데, 이것은 종 자체를 하나의 개체로 보고 종들의 집단에 작용하는 진화를 말한다. 어떤 '종류'의 종들은 그 종의 생존성 때문이 아니라, 그 종의 알려지지 않은 속성—아마도 진화 능력—때문에 살아남거나 죽는다.

집단 선택은 아직도 논란이 되는 개념인데, "진화의 주요 특징들은 선택 단위들 사이에 전이가 일어나는 시기에 생겨났다."라는 버스의 더 큰 결론에 못지않게 큰 논란의 대상이다. 버스는 여기에 덧붙여 "각각의 전이—생명의 역사에서 새로운 자기 복제 단위가 나타난 각 단계—가 일어날 때, 자연 선택의 작용에 관한 규칙이 완전히 변했다."라고 말했다. 요컨대, 자연 선택이 진화한다는 것이다.

인공 진화도 마찬가지로 인공적으로나 자연적으로 진화할 것이다. 우리는 공학적 설계를 통해 인공 진화가 특정 과제를 수행하도록 하고, 많은 종의 인공 진화를 번식시켜 특정 과제를 더 잘 해내도록 할 것이다. 따라서 미래에 여러분은 딱 원하는 만큼의 신기성을 얻거나 완전한 자기 안내의 느낌을 경험하기 위해 카탈로그에서 특정 종류의 인공 진화를 선택할 수 있을 것이다. 하지만 인공 진화는 또한 모든 진화 시스템과 공유하는 특정 편향을 가진 채 진화할 것이다. 모든 변이는 틀림없이 우리의 독점적 제어에서 벗어나 나름의 계획을 실현하려 할 것이다.

인공 진화의 변이들과 그리고 우리가 진화라 부르는 것 내부에서 스스로 진화하는 하위 진화들의 혼합 집단이 정말로 존재한다면, 이 더 큰 진화, 이 변화의 변화의 특징은 무엇인가? 초진화 — 일반적인 종류의 진화들과 그 사이를 지나가는 더 큰 진화 — 의 특성은 무엇이며, 그것은 어디를 향해 나아가는가? 진화는 무엇을 원하는가?

그 증거를 모은 나는 진화가 자신을 향해 움직인다고 주장한다.

진화 과정은 끊임없이 자신을 모아 추스르고, 시간이 지남에 따라 스스로를 계속 수정한다. 매번 수정할 때마다 진화는 자신을 수정하는 능력이 더 향상된 과정이 된다. 따라서 그것은 '원천인 동시에 결실'이다.

진화의 수학은 진화를 더 많은 홍학이나 민들레 혹은 특정 실체를 향해 나아가게 하지 않는다. 번식력은 진화의 목표라기보다 공짜 부산물 — 여기서는 수백만 마리의 개구리가 생겨나는 — 이다. 대신에 진화는 자신을 실현하는 방향으로 나아간다.

생명은 진화를 위한 기반이다. 생명은 생물과 종의 원재료를 공급하며, 이것은 다시 진화가 더 진화하도록 촉진한다. 복잡해지는 생물들의 행진이 없다면, 진화는 진화 능력을 더 진화시킬 수 없다. 따라서 진화는 복잡성과 다양성과 수백만의 존재를 만들어내고, 그럼으로써 스스로에게 더 강력한 진화자로 진화해갈 여지를 제공한다.

스스로 진화하는 것은 모두 장난꾸러기 신 코요테이다. 이 장난꾸러기 신은 자신의 모습을 계속 바꾸면서도 결코 만족할 줄 모른다. 꼬리를 삼키고 속을 뒤집어 밖으로 드러내면서 더 복잡하게 얽히고 더 유연해져 엽葉, 틈새나 결합조직 같은 경계로 나뉜 해부학적 구조를 일컫는 말-옮긴이과 주름이 더 많아지고 스스로에 의존이 더 커질 때마다 점점 더 가만히 있지 못하고 변신을 추구한다. 꼬리를 다시 물기 전까지는 말이다.

우주는 이렇게 가차없이 진행되는 진화가 점점 더 많은 진화 능력을 축적하도록 내버려둠으로써 무엇을 얻을까?

내 눈에는 그것은 가능성으로 보인다.

그리고 가능성은 하나의 목적지로서 내 마음에 든다.

예측 기계

"미래에 대해 말해주세요."라고 나는 애원한다.

나는 구루(힌두교나 시크교의 스승이나 지도자)의 사무실 소파에 앉아 있다. 내가 도보로 여행해 방문한 이곳은 뉴멕시코주의 높은 산에 위치한 로스앨러모스국립연구소이다. 구루의 사무실은 과거에 개최되었던 화려한 색깔의 첨단 기술 회의 포스터들로 장식되어 있다. 이 포스터들은 히피 해커들로 지하 단체를 만들어 착용 컴퓨터로 라스베이거스의 은행에 침입하던 독불장군 물리학도 시절부터 시작해, 수도꼭지에서 떨어지는 물을 연구함으로써 카오스 과학을 발명한 반골 기질의 과학자 무리에서 주요 인물이 되고, 인공 생명 운동의 창시자가 되고, 로스앨러모스의 핵무기박물관과 대각선 방향으로 마주 보는 현재의 사무실에서 새로운 복잡성 과학을 연구하는 작은 연구소 우두머리가 되기까지 구루가 거쳐온 거의 신비에 가까운 경력을 보여준다.

도인 파머는 볼로 타이를 맨 이카보드 크레인Ichabod Crane, 워싱턴 어빙의 단편 소설 〈슬리피 할로의 전설〉에 나오는 등장 인물. 조지 워싱턴의 부하로 일하다가 죽었는데, 마녀인 아내가 죽음의 기수를 막기 위해 현대 세계로 되살려낸다. — 옮긴이 처럼 생겼다. 키가 크고 깡마른 체격에 나이는 서른쯤 되어 보이는 파머는 다음 차례의 놀라운 모험을 막 시작한 참이었다. 그는 컴퓨터 시뮬레이션으로 주가를 예측함으로써 월 스트리트의 승산이 희박한 게임에서 이길 수 있는 회사를 막 세웠다.

"저는 미래에 대해 줄곧 생각해왔는데, 한 가지 질문이 있습니다." 나는 서두를 이렇게 꺼냈다.

"IBM 주가가 오를지 내릴지 알고 싶은 거로군요." 파머는 심술궂은 미소를 지으며 말했다.

"아뇨. 미래는 예측하기가 왜 그렇게 어려운지 알고 싶습니다."

"오! 그건 아주 간단해요."

내가 예측에 대해 물은 이유는 예측이 제어의 한 형태이기 때문이다. 예측은 특히 분산 시스템에 적합한 형태의 제어이다. 미래를 예상함으로써 비비시스템은 미래에 미리 적응하기 위해 준비 태세를 바꿀 수 있고, 그런 방법으로 자신의 운명을 제어할 수 있다. 존 홀랜드는 "예상은 복잡 적응계가 하는 일이다."라고 말한다.

파머가 예측의 구조를 설명할 때 즐겨 보여주는 예가 있다. "자, 이걸 잡아봐요!" 이러면서 그는 공을 내게 던진다. 나는 그 공을 잡는다. 그러자 파머는 "공을 어떻게 잡았는지 아세요?"라고 묻는다. "바로 예측을 했기 때문이지요."

파머는 우리 머릿속에 야구공이 어떻게 날아가는지를 보여주는 모형이 있다고 주장한다. 우리는 뉴턴의 고전적인 공식 $F=ma$를 사용해 높이 뜬 공의 궤적을 예측할 수 있지만, 우리의 뇌에는 기초적인 물리학 방정식이 비축되어 있지 않다. 그보다는 경험적 데이터를 바탕으로 직접 모형을 만든다. 야구 외야수는 배트에 맞아 날아오는 야구공을 수천 번이나 보고, 글러브를 낀 손을 수천 번이나 치켜들고, 글러브를 수천 번이나 갖다대면서 자신의 추측을 조절한다. 어떻게 하는지 정확히 모르면서도 외야수의 뇌는 공이 어디에 떨어질지 알려주는 모형—$F=ma$만큼 훌륭하지만 그만큼 일반화된 것은 아닌 모형—을 점차 만들어간다. 그것은 순전히 과거에 공을 잡은 경험에서 얻은 손과 눈의 데이터를 바탕으로 한다. 논리 분야에서는 이 과정을 $F=ma$를 낳은 연역 추론과 대비해 귀납 추론이라 부른다.

뉴턴의 $F=ma$가 나오기 이전에 천문학 분야에서는 행성의 움직임을 프톨레마이오스의 주전원 모형—바퀴 속에서 다시 바퀴가 도는 모형—을 바탕으로 예측했다. 프톨레마이오스의 이론이 바탕으로 삼았던 중심 전제(모든 천체가 지구를 중심으로 그 주위를 돈다는) 자체가 잘못되었기 때문에, 프톨레마이오스의 주전원 모형은 새로운 천체 관측으로 행성의 운동에 관한 데이터가 더 정확해질 때마다 손질을 해야 했다. 하지만 주전원 모형은 끊임없는 수정을 버텨낼 만큼 놀랍도록 튼튼한 모형이었다. 더 정확한 데이터가 나올 때마다 바퀴 속의 바퀴에 다시 새로운 바퀴를 추가함으로써 모형을 관측과 비슷하게 만들 수 있었다. 심각한 결함에도 불구하고, 이 케케묵은 시뮬레이션은 효과가 있었고 '학습'도 했다. 프톨레마이오스의 단순한 체계는 1400년 동안이나 달력 제작을 조절하고 천체의 움직임을 실용적으로 예측할 만큼 충분히 효과가 있었다!

외야수가 경험을 바탕으로 만든 미사일 '이론'은 수정을 거듭한 프톨레마이오스의 주전원 모형을 연상시킨다. 만약 외야수의 '이론'을 자세히 분석해보면, 그것은 일관성 없고 임기응변적이고 복잡하게 얽혀 있고 개략적이라는 사실을 발견할 것이다. 하지만 그것은 진화가 가능하다. 그것은 사실은 별것 아닌 이론이지만, 나름대로 효과가 있고 개선된다. 만약 우리가 각자의 마음이 $F=ma$를 생각해낼 때까지 기다려야 한다면(게다가 $F=ma$를 절반만 생각하는 것은 아무것도 생각하지 않은 것보다도 나쁜 결과를 낳는다.), 아무도 공은 물론이고 그 어떤 것도 잡지 못할 것이다. 심지어 그 방정식을 아는 것조차 이제 아무 도움이 되지 않는다. 파머는 "$F=ma$로 날아가는 야구공 문제를 풀 수는 있겠지만, 그걸로는 외야에서 실시간으로 공을 잡을 수 없지요."라고 말한다.

"이번에는 이걸 잡아봐요!" 파머는 크게 팽창시킨 풍선 주둥이를 놓으면서 말했다. 풍선은 방 안에서 미친 듯이 이리저리 제멋대로 날아다녔다. 그걸 붙잡을 수 있는 사람은 아마 없을 것이다. 이 풍선은 카오스—초기 조건에 아주 민감하게 의존하는 시스템—를 보여주는 고전적인 예이다. 발사 순간에 일어난 감지할 수 없는 변화가 증폭되어 풍선의 비행 방향에 큰 변화를 초래한다. 비록 $F=ma$라는 법칙이 여전히 풍선의 운동을 지배하지만, 추진력이나 양력, 중력 같은 다른 힘들이 함께 작용해 예측 불가능한 궤적을 만들어낸다. 카오스의 춤을 추는 풍선은 태양 흑점 주기, 빙하기의 온도, 전염병, 관을 내려가는 물의 흐름, 그리고 더 적절하게는 주식 시장의 변동이 보여주는 예측 불가능한 왈츠와 비슷한 움직임을 나타낸다.

그런데 풍선은 정말로 예측 불가능할까? 미친 듯이 날아다니는 풍선의 방정식을 풀려고 하면, 그 경로는 비선형적이어서 거의 풀 수 없고 따라서 예측 불가능하다. 하지만 닌텐도를 하면서 자란 십대 청소년은 풍선을 잡는 법을 금방 터득할 수 있다. 매번 성공하는 것은 아니지만, 순전히 운으로 잡는 것보다는 나은 확률로 잡을 수 있다. 수십 번 시도를 하고 나면, 청소년의 뇌에는 축적된 데이터를 바탕으로 이론—직관적이고 귀납 추론적인—이 생겨난다. 1000번쯤 시도하고 나면 뇌는 풍선의 비행 중 일부 측면에 대한 모형을 만든다. 풍선이 정확하게 어디에 떨어질지 예측할 수는 없지만, 풍선 미사일이 선호하는 방향(예컨대 발사 지점 뒤쪽으로 떨어지거나 특정 패턴의 고리들을 따라 날아가거나)을 파악한다. 시간이 지나면 청소년은 순전히 요행으로 잡는 것보다 10% 이상 높은 확률로 풍선을 잡을 것이다. 풍선을 잡기 위해서는 또 무엇이 더 필요할까? 일부 게임에서는 '유용한' 예측을 하는 데 많은 정보가 필요하지 않다. 사자를 피해 달아나거나 주식에 투자할 때에는 순전히 요행에 의존하는 것보다 확률이 조금만 더 높아도 결과에 큰 차이가 날 수 있다.

정의상 비비시스템—사자, 주식 시장, 진화 개체군, 지능—은 예측하기가 불가능하다. 비비시스템은 모든 부분이 원인이자 결과가 되는 혼란스럽고 회귀적인 인과성의 장으로 이루어져 있기 때문에, 시스템 일부를 가지고 일반적인 선형적 외삽법을 써서 미래로 연장하기가 어렵다. 하지만 전체 시스템은 미래에 대해 대략적인 추측을 할 수 있는 분산 장치 역할을 할 수 있다.

파머는 주식 시장의 비밀을 알아내기 위해 금융 시장의 역학을 파악하려고 했다. 파머는 "시장의 좋은 점은 아주 많은 것을 예측하지 않아도 큰 성과를 거둘 수 있다는 점이지요."라고 말한다.

신문 뒷부분의 회색 지면에 인쇄된, 상승과 하락을 반복하는 주가 변동 그래프는 시간과 가격이라는 단 두 차원으로만 이루어져 있다. 주식 시장이 존재한 이래 투자자들은 미래의 주가 변동에 단서를 제공하는 패턴이 있지 않을까 하는 기대를 품고 이 물결치는 2차원의 검은 선을 유심히 살펴보았다. 아무리 모호한 단서라 하더라도, 믿을 수 있게 방향을 알려준다면, 그것은 황금 단지를 안겨줄 것이다. 주식 차트의 미래를 예측한다고 갖가지 방법을 홍보하는 값비싼 금융 소식지들은 주식 시장 세계에서 영원한 고정 설비와 같다. 주식 시장을 분석하는 일을 하는 사람들을 차트 분석가란 뜻으로 차티스트chartist라 부른다.

1970년대와 1980년대에 차티스트들은 통화 시장을 예측하는 데 어느 정도 성공을 거두었는데, 한 이론은 중앙 은행과 재무부가 통화 시장에서 휘두르는 막강한 영향력이 변수들을 제약함으로써 그것들을 비교적 단순한 일차방정식(선형 방정식)으로 기술할 수 있었기 때문이라고 설명한다. (일차방정식의 해는 그래프에서 직선으로 나타낼 수 있다.) 하지만 점점 더 많은 차티스트들이 쉬운 일차방정식을 이용해 추세를 정확하게 알아내자, 그 방법은 시장에서 수익성이 떨어졌다. 자연히 차티스트들은 카오스적인 '비선형' 방정식이 지배하는 혼란스럽고 복잡한 곳으로 시선을 돌리기 시작했다. 비선형 시스템에서는 출력이 입력에 비례하지 않는다. 모든 시장을 포함해 세상에 존재하는 복잡성은 대부분 비선형적이다.

값싼 고성능 컴퓨터가 등장하자, 금융 시장 예측 전문가들은 비선형성의 특정 측면을 이해할 수 있게 되었다. 금융 가격의 2차원 도표 뒤에 숨어 있는 비선형성에서 신뢰할 만한 패턴을 추출할 수 있다면 돈을, 그것도 큰돈을 벌 수 있다. 예측 전문가들은 그래프의 미래를 외삽법으로 예상할 수 있고, 그 예상에 돈을 건다. 월 스트리트에서는 이러한 것들과 그 밖의 난해한 방법을 해독하는 컴퓨터 전문가들을 '로켓과학자rocket scientist'라 부른다. 양복을 입고 증권 회사 지하실에서 일하는 이 괴짜 전문가들은 1990년대의 해커들이었다. 수리물리학자 출신인 도인 파머는 이전에 자신의 수학 모험에 동참했던 동료들과 함께 샌타페이—미국 내에서는 월 스트리트에서 가장 멀리 떨어진 곳 중 하나—에서 방 4개짜리 작은 집을 사무실로 삼아 사업을 시작했는데, 이들은 현재 월 스트리트에서 가장 잘 나가는 로켓과학자들로 각광받고 있다.

실제로 2차원 주식 차트에 영향을 미치는 요소는 몇 가지가 아니라 수천 가지나 된다. 주식의 이러한 수천 가지 벡터는 선으로 나타낼 때 하얗게 변해 가격만 눈에 띄게 남고 사라진다. 태양 흑점 활동이나 계절 변화에 따른 온도를 나타낸 도표에서도 같은 일이 일어난다. 예를 들면, 태양 활동을 시간 경과에 따른 단순한 선으로 나타낼 수 있지만, 그것을 일으키는 요소들은 엄청나게 복잡하고 다양하고 서로 얽혀 있고 반복적이다. 겉으로 드러난 2차원 선 뒤에는 그 선을 움직이는 힘들이 카오스적으로 혼합된 채 들끓고 있다. 주식이나 태양 흑점 또는 기후를 나타내는 진정한 그래프는 모든 영향을 나타내는 축을 포함하고, 그림으로 제대로 나타낼 수 없는 1000개의 팔을 가진 괴물이 될 것이다.

수학자들은 '고차원' 시스템이라 부르는 이 괴물들을 길들이는 방법을 찾으려고 애쓴다. 살아 있는 생물과 복잡한 로봇, 생태계, 자율적 세계는 모두 고차원 시스템이다. 형태 도서관은 고차원 시스템의 구조를 갖고 있다. 겨우 100개의 변수만으로도 엄청나게 많은 가능성의 무리를 만들어낸다. 각각의 행동은 나머지 99개의 행동에 영향을 미치기 때문에, 상호작용하는 전체 무리를 동시에 검토하지 않고서 한 매개변수만 검토하는 것은 불가능하다. 예를 들어 3개의 변수만으로 이루어진 단순한 날씨 모형조차도 기묘한 고리를 이루며 스스로에게 영향을 미쳐 카오스를 낳고, 어떤 종류의 선형 예측도 불가능하게 만든다. (사실 처음에 카오스 이론이 탄생하는 계기가 된 사건도 날씨를 예측하는 데에서 일어난 실패였다.)

일반 상식에서는 카오스 이론이 이러한 고차원 복잡계—날씨, 경제, 군대개미, 주가 같은—가 본질적으로 예측 불가능함을 증명한다고 말한다. 이 가정은 우리의 머릿속에 아주 깊이 박혀 있어서, 보통 사람들은 어떤 복잡계의 결과를 예측하려는 설계를 모두 순진하거나 정신나간 짓으로 여긴다.

하지만 많은 사람들은 카오스 이론을 크게 오해하고 있다. 카오스 이론에는 또 다른 측면이 있다. 1952년에 베이비 붐 세대로 태어난 파머는 음악을 음반으로 듣던 시대에 뿌리를 둔 은유로 이 사실을 설명한다.

그는 카오스가 양면을 가진 히트곡 음반이라고 말한다.

- 히트곡이 실린 면에 적힌 가사 : 카오스의 법칙에 따라 최초의 질서는 완전한 예측 불가능성으로 전개될 수 있다. 멀리 예측하는 것은 불가능하다.
- 반대면에 적힌 가사 : 하지만 카오스의 법칙에 따라 완전히 무질서해 보이는 것도 단기간에 대해서는 예측할 수 있다. 단기간을 예측하는 것은 가능하다.

다시 말해 카오스의 속성은 좋은 소식과 나쁜 소식을 모두 전해준다. 나쁜 소식은 먼 미래에 대해서는 설사 예측할 수 있다 하더라도 예측할 수 있는 것이 아주 적다고 말한다. 좋은 소식 – 카오스의 이면 – 은 단기적으로는 얼핏 보기보다 예측할 수 있는 것이 더 많다고 말한다. 장기 예측이 불가능한 고차원 시스템의 속성과 단기 예측이 가능한 저차원 시스템의 속성은 모두 '카오스'가 '무작위성'과 같은 것이 아니라는 사실에서 유래한다. 파머는 "카오스에는 질서가 있습니다."라고 말한다.

파머는 분명히 제대로 알고 있을 것이다. 그는 카오스가 과학 이론으로 정립되고 크게 유행하기 전에 이미 카오스의 어두운 경계를 향해 나아간 개척자이기 때문이다. 1970년대에 히피의 고향이라 할 수 있는 캘리포니아주 샌타크루즈에서 파머는 친구인 노먼 패커드와 함께 집단 과학을 하는 히피 괴짜 전문가 공동체를 만들었다. 그들은 집과 음식, 요리, 과학 논문 저자 표시 등을 함께 나누었다. '카오스비밀결사Chaos Cabal'라는 이름의 이 단체는 수도꼭지에서 떨어지는 물의 물리학과 그 밖에 무작위적으로 무엇을 만드는 것처럼 보이는 장치의 물리학을 연구했다. 파머는 특히 룰렛 바퀴에 강한 집착을 보였다. 그는 무작위적으로 도는 것처럼 보이는 바퀴의 움직임에 어떤 질서가 숨어 있을 것이라고 확신했다. 회전하는 카오스에서 비밀의 질서를 알아낼 수만 있다면 … 부자가, 그것도 아주 큰 부자가 될 수 있을 것이다.

애플 같은 상용 마이크로컴퓨터가 탄생하기 오래 전인 1977년, 샌타크루즈의 카오스비밀결사는 세 짝의 가죽 구두 바닥 위에 프로그래밍할 수 있는 소형 마이크로컴퓨터를 만들었다. 발가락으로 자판을 누를 수 있는 이 컴퓨터들은 룰렛 공의 움직임을 예측하는 일을 했다. 집에서 손으로 만든 이 컴퓨터들은, 라스베이거스에서 구입해 공동체의 혼잡한 침실에 설치해놓은 중고 룰렛 바퀴를 함께 연구한 결과를 바탕으로 파머가 고안한 코드로 작동했다. 파머의 컴퓨터 알고리듬은 룰렛의 수학이 아니라 바퀴의 물리학을 바탕으로 짠 것이었다. 본질적으로, 카오스비밀결사의 코드는 '회전하는 룰렛 바퀴와 통통 튀는 공의 움직임 전체를 구두 속의 칩 안에서 시뮬레이션'했다. 괴물처럼 거대한 컴퓨터를 돌리려면 24시간 내내 에어컨을 가동하고 관리자가 옆에 붙어 있어야 하던 시절에 그들은 이 모든 것을 겨우 4K의 메모리로 해냈다.

그 과학 공동체는 카오스의 이면을 한 번 이상 드러내는 데 성공했는데, 그것이 일어난 상황은 다음과 같았다. 카지노에서 한 사람(대개 파머)이 마법의 구두 두 짝을 신고 룰렛 담당자가 바퀴를 돌리는 동작, 콩콩 튀며 움직이는 공의 속도, 흔들리는 바퀴의 기울기 등의 변수를 보정했다. 거기서 가까운 테이블에서 한 동료가 전파 신호로 연결된 세 번째 마법의 구두를 신고 테이블 위에서 실제로 베팅을 했다. 파머는 사전에 발가락을 사용해 자신의 알고리듬을 카지노에 있는 특정 바퀴의 독특한 특성에 조율시켜 놓았다. 이제 공이 떨어지고 나서 멈춰서기까지 약 15초 사이에 구두 속에 있는 컴퓨터가 공의 카오스적 움직임 전체를 시뮬레이션한다. 파머의 예측 기계는 진짜 공이 번호가 적힌 칸에 들어가는 데 걸리는 시간보다 약 100만 배 더 빨리 공의 장래 목적지를 오른쪽 엄지발가락에게 윙윙거리며 알려준다. 그러면 파머는 왼쪽 엄지발가락으로 자판을 눌러 그 정보를 동료에게 전송하고, 동료는 그것을 발바닥으로 '듣고' 무표정한 얼굴로 공이 멈추기 전에 그 칸에 돈을 건다.

모든 게 제대로 돌아가면 돈을 땄다. 그 시스템은 돈을 딸 번호를 정확하게 예측하지는 못했다. 카오스비밀결사는 현실주의자들이었다. 그들의 예측 기계는 공의 최종 목적지를 작은 집단의 수들—8개 정도—로 예측했다. 실제로 도박을 하는 동료는 공이 멈추기 전에 그 숫자들의 칸에 돈을 걸었다. 그렇게 돈을 건 여러 개의 칸 중 하나에 공이 굴러들어가면, 함께 돈을 건 다른 칸들은 실패하지만, 전체적으로는 확률을 이길 만큼 충분히 자주 성공했다. 그리고 돈도 땄다.

그들은 하드웨어의 신뢰성이 떨어져 그 시스템을 다른 도박사들에게 팔았다. 파머는 이 모험에서 미래를 예측하는 방법에 대해 중요한 사실을 세 가지 배웠다.

- 첫째, 카오스적 시스템에 내재하는 패턴을 추출함으로써 훌륭한 예측을 할 수 있다.
- 둘째, 아주 멀리까지 내다보지 않아도 얼마든지 '유용한' 예측을 할 수 있다.

• 셋째, 미래에 대한 '아주 약간'의 정보도 아주 소중할 수 있다.

이 교훈들을 마음속에 단단히 새긴 파머는 다섯 물리학자(그 중 한 명은 이전에 카오스비밀결사 단원이었다.)와 함께 모든 도박사의 꿈인 월스트리트를 공략할 목적으로 신규 회사를 만들었다. 그들은 고성능 컴퓨터를 사용하기로 했다. 그리고 거기다가 실험적인 비선형 역학과 기타 신비한 로켓과학자의 트릭을 집어넣기로 했다. 그들은 병렬적으로 사고하면서 가능하면 자신들의 제어를 배제하고 기술이 스스로 알아서 일을 처리하도록 맡길 생각이었다. 거기서는 스스로 알아서 수백만 달러의 도박을 하는 존재가, 말하자면 생물이 만들어질 것이다. 그들은 그 기계에게 … (두두두두) … 미래를 예측하도록 할 것이다. 그들은 허세를 약간 부려 새로운 회사의 간판을 '예측 회사'라는 뜻으로 프리딕션컴퍼니Prediction Company라고 내걸었다.

프리딕션컴퍼니 사람들은 금융 시장의 미래를 단지 며칠만 미리 내다보더라도 큰돈을 벌기에 충분하다고 생각했다. 실제로 파머와 동료들이 일하는 샌타페이연구소에서 최근에 얻은 연구 결과는 '멀리 보는 것이 반드시 더 잘 보는 것은 아니다.'라는 사실을 새삼 확인시켜준다. 분명한 선택이 드물고 모든 결정이 불완전한 정보로 흐릿해지는 현실 세계의 복잡성 속으로 들어가면, 너무 먼 미래의 선택을 평가하는 것은 오히려 비생산적일 수 있다. 이 결론은 사람에게는 직관적으로 적용되는 것처럼 보이지만, 컴퓨터와 모형 세계에도 왜 적용되는지 그 이유는 분명하지 않았다. 사람의 뇌는 혼란에 빠지기 쉽다. 하지만 미래를 예측하는 과제를 전문으로 처리하는 여러분의 연산 능력이 무제한이라고 가정해보자. 그렇다면 더 멀리 그리고 더 깊이 들여다보는 것이 왜 좋지 않단 말인가?

간단한 답은 사소한 오류(제한적인 정보에서 비롯되는)도 먼 미래까지 확장할 경우 중대한 오류로 변할 수 있기 때문이라는 것이다. 오류가 섞인 가능성들의 수가 기하급수적으로 증가할 때 그것을 처리하는 데 드는 비용 때문에, 설사 연산이 공짜라 하더라도(절대로 그럴 리 없지만) 그런 수고를 할 만한 가치가 없다. 샌타페이연구소에서 일하는 예일 대학의 경제학자 존 지나코플로스John Geanakoplos와 미네소타 대학의 교수 래리 그레이Larry Gray는 자신들의 예측 연구를 위해 체스 게임을 하는 컴퓨터 프로그램을 시험대로 사용했다. (딥 소트Deep Thought 같은 최고의 컴퓨터 체스 프로그램은 세계 최고 수준의 그랜드마스터를 제외하고는 누구라도 이길 수 있다.)

컴퓨터과학자들의 예상과는 반대로 딥 소트나 인간 그랜드마스터는 체스를 잘 두기 위해 아주 멀리까지 내다볼 필요가 없다. 이러한 제한적인 예견 능력을 '긍정적 근시positive myopia'라 부른다. 일반적으로 그랜드마스터는 체스판을 살펴보면서 겨우 한 수 앞만 예측한다. 그러고 나서 가장 좋아 보이는 수를 한두 가지 선택해 그 결과를 깊이 숙고한다. 한 수 앞으로 더 나아갈 때마다 선택의 가짓수는 기하급수적으로 폭발하지만, 훌륭한 체스 선수는 마음속에서 한 수 앞을 생각할 때마다 가장 나아보이는 상대의 수 몇 가지만 집중적으로 검토한다. 가끔 경험을 통해 유리하거나 위험하다고 판단되는 상황에 마주칠 때면 수를 아주 멀리까지 내다보기도 한다. 하지만 일반적으로 그랜드마스터는(그리고 지금은 딥 소트도) 경험 법칙을 바탕으로 판단한다. 예를 들면, 다음과 같은 원칙들을 따른다. '선택 범위를 늘리는 수를 선호하라. 결과가 좋더라도 선택 범위를 좁히는 수를 피하라. 옆에 유리한 위치가 많은 유리한 위치를 차지하라. 그리고 앞을 내다보는 것과 지금 체스판 위에서 벌어지는 상황에 정신을 집중하는 것 사이에서 균형을 맞춰라.'

우리는 매일 이와 비슷한 트레이드오프 상황과 맞닥뜨린다. 사업이나 정치, 기술 혹은 인생에서 저 앞에 어떤 일이 기다리고 있을지 예상해야 한다. 하지만 완전히 근거 있는 판단을 내리기에 충분한 정보는 결코 얻을 수 없다. 우리는 어둠 속에서 더듬으며 나아가야 한다. 이를 보완하기 위해 경험 법칙이나 대략적인 지침을 사용한다. 체스에서 경험 법칙은 사실 아주 훌륭한 안내 지침이다. (내 딸들에게 주는 조언: 선택 범위를 늘리는 수를 선호하라. 결과가 좋더라도 선택 범위를 좁히는 수를 피하라. 옆에 유리한 위치가 많은 유리한 위치를 차지하라. 그리고 앞을 내다보는 것과 지금 체스판 위에서 벌어지는 상황에 정신을 집중하는 것 사이에서 균형을 맞춰라.)

상식은 '긍정적 근시'를 구현한 것이다. 일어날 수 있는 모든 상황을 예견한 직원용 업무 지침 – 하지만 막상 인쇄될 무렵에는 이미 낡은 것이 되고 말 – 을 개발하려고 몇 년을 보내느니, 긍정적 근시를 채택해 너무 멀리까지 내다보려고 하지 않는 편이 훨씬 낫다. '다음 수'에 일어날 게 거의 확실한 사건에 대해 일반적 지침을 마련하고, 극단적인 경우는 그런 일이 일어났을 때 그때 가서 대처한다. 낯선 도시에서 러시아워에 차를 몰고 갈 때, 지도를 보면서 도시를 통과하는 자세한 길을 계획하는 방법 – 먼 앞까지 내다보는 방법 – 도 있지만, '강변 도로가 나올 때까지 서쪽으로 곧장 나아가다가 거기서 좌회전하라'와 같은 발견적 방법을 선택할 수도 있다. 우리는 대개 두 가지 방법을 모두 약간씩 사용한다. 너무 멀리까지 보려고 하진 않지만, 바로 앞은 주시한다. 서쪽이나 언덕 위로 혹은 도심으로 꼬불꼬불 나아가지만, 다음번에 어느 쪽으로 방향을 틀어야 할지 알기 위해 지도를 참고한다. 우리는 경험 법칙의 안내를 받는 '제한적인' 예견 능력을 사용한다.

예측 기계는 예언자처럼 앞날을 자세히 보지 않더라도, 충분히 유용할 수 있다. 무작위성과 복잡성의 배경 잡음 중에서 제한적인 패턴—거의 어떤 패턴이라도—만 포착할 수 있으면 된다.

파머에 따르면, 복잡성에는 고유한 복잡성과 겉보기 복잡성의 두 종류가 있다. 고유한 복잡성은 카오스계의 '진짜' 복잡성이다. 이것은 캄캄한 예측 불가능성을 낳는다. 다른 종류의 복잡성은 카오스의 이면으로, 이용 가능한 질서를 흐릿하게 가리고 있는 겉보기 복잡성이다.

파머는 공중에 사각형을 그렸다. 사각형에서 위로 올라가는 것은 겉보기 복잡성을 증가시킨다. 사각형을 가로질러 가는 것은 고유한 복잡성을 증가시킨다. "물리학은 이곳 아래에서는 정상적으로 작용합니다." 파머는 두 종류의 복잡성이 모두 낮은 아래쪽 모퉁이를 가리키면서 말했다. 이곳은 쉬운 문제들의 홈그라운드이다. 그리고 대각선 위쪽 모퉁이를 가리키면서 이렇게 말했다. "저곳에서는 모든 게 어려워요. 하지만 우리는 지금 낮은 곳의 대각선 위쪽이 아니라 그냥 바로 위쪽으로 올라가고 있어요. 여기는 일들이 흥미로워지는 곳인데, 겉보기 복잡성은 높지만 진짜 복잡성은 여전히 낮은 곳이지요. 이곳에서는 복잡한 문제들도 그 속에 예측할 수 있는 것을 일부 포함하고 있어요. 우리가 주식 시장에서 찾는 것이 바로 이것들이죠."

프리딕션컴퍼니는 조악한 컴퓨터 도구로 카오스의 이면을 활용하면서 금융 시장의 쉬운 문제들을 해결할 수 있기를 기대한다.

동료인 노먼 패커드는 "우리는 찾을 수 있는 방법은 모두 다 사용하고 있어요."라고 말한다. 어떤 것이건 입증된 패턴 찾기 전략이 있으면 그것을 데이터에 적용해 '끈질기게 계속 다듬으면서' 알고리듬을 최적화하는 것이 기본 개념이다. 어떤 패턴에서 아무리 하찮은 단서라도 찾아내 거기서 얻은 지식을 활용한다. 여기에 임하는 자세는 바로 도박사의 그것과 같다. 조금이라도 도움이 되는 것은 이득이다.

카오스에 충분히 의지할 만한 이면이 있다는 파머와 패커드의 신념은 자신들의 경험에서 나온 것이다. 의심을 잠재우는 증거로는 라스베이거스의 룰렛 바퀴 실험에서 그들이 실제로 딴 돈만큼 더 좋은 게 없다. 그걸 알고도 그런 패턴을 이용하지 않는다면, 오히려 어리석을 것이다. 큰돈을 건 그들의 모험을 기록한 작가는《행복을 가져다주는 파이The Eudaemonic Pie》라는 책에서 "누가 신발에 컴퓨터를 넣지 '않고서' 룰렛 게임을 하려 하겠는가?"라고 말한다.

파머와 패커드는 경험뿐만 아니라, 카오스를 연구하면서 자신들이 만들어낸 훌륭한 이론들도 신뢰한다. 현재 두 사람은 가장 엉뚱하고 논란이 되는 이론을 시험하고 있다. 두 사람은 대다수 경제학자와는 반대로, 아주 복잡한 현상 중 특정 영역을 정확하게 예측할 수 있다고 믿는다. 패커드는 이 영역을 '예측 가능성 영역' 또는 '국지적 예측 가능성'이라 부른다. 다시 말해 예측 불가능성의 분포가 시스템 전체에 걸쳐 균일하지 않다는 뜻이다. 대개의 경우 어떤 복잡계에서 대부분의 지역은 예측 불가능할지 모르지만, 그 중 일부 지역은 짧은 시간 동안 예측 가능할지 모른다. 지난 일을 되돌아보면서 패커드는 카오스비밀결사가 룰렛 공의 대략적인 경로를 예측함으로써 돈을 딸 수 있었던 것은 바로 이 국지적 예측 가능성 때문이었다고 생각한다.

만약 예측 가능성 영역이 있다면, 그것은 분명히 전체적인 예측 불가능성이라는 건초 더미 아래에 묻혀 있을 것이다. 국지적 예측 가능성의 신호는 다른 1000가지 변수에서 나오는 소용돌이 잡음에 가려질 수 있다. 프리딕션컴퍼니의 여섯 로켓과학자는 낡은 것과 새로운 것, 첨단 기술과 저수준 기술을 섞어 사용하면서 이 조합적 건초 더미를 샅샅이 조사했다. 그들의 소프트웨어는 금융 데이터의 수학적 고차원 공간을 조사하면서 그들이 예측할 수 있는 저차원 패턴과 일치하는 국지적 영역을 찾았다. 금융 우주에서 질서(어떤 질서라도)의 단서를 찾으려고 한 것이다.

그들은 이 일을 실시간(혹은 초실시간hyperreal time이라고도 부를 수 있는)으로 했다. 구두 컴퓨터에서 시뮬레이션한 룰렛 공이 실제 공이 멈추기 전에 먼저 멈추는 것처럼, 프리딕션컴퍼니가 시뮬레이션한 금융 패턴은 월 스트리트에서 실제로 일어나는 것보다 더 빨리 나타났다. 그들은 주식 시장에서 단순화시킨 부분을 컴퓨터 위에 재현했다. 국지적 질서가 펼쳐지는 파동이 시작되는 부분을 발견하면, 그것을 현실보다 더 빨리 시뮬레이션한 뒤에 파동이 대략적으로 끝나리라고 예상되는 곳에 돈을 걸었다.

데이비드 베레비David Berreby는 1993년 3월호 〈디스커버〉에서 예측 가능성 영역을 찾는 노력을 아름다운 은유로 표현했다. "시장의 카오스를 바라보는 것은 거칠게 출렁이는 파도와 예측할 수 없게 휘감기는 소용돌이가 들끓으면서 하얀 거품이 이는 강물을 바라보는 것과 같다. 그런데 갑자기 한 곳에서 눈에 익은 소용돌이의 흐름이 나타난다. 그러면 그 다음 5~10초 동안 우리는 강의 그 부분에서 그 물결이 어느 방향으로 흐를지 예상할 수 있다."

물론 그 물결이 1km 아래쪽에서는 어디로 흘러갈지 알 수 없다. 하지만 5초 동안—혹은 월 스트리트에서는 5시간 동안—은 거기서 어떤 쇼가 펼쳐질지 예상할 수 있다. 그것만 알아도 충분히 도움이 된다. (혹은 돈을 벌 수 있다.) '어떤' 패턴을 발견하여 그것을 이용한다. 프리딕션컴퍼니의 알고리듬은 순간적으로 나타났다 사라지는 질서를 붙잡아 이 찰나의 원형을 이용해 돈을 번다. 파머와 패커드는 경제학자는 직업상 그러한 패턴의 원인을 밝혀내야 할 의무를 느끼지만, 도박사는 그런 구속을 받지 않는다고 강조한다. 어떤 패턴이 왜 생겨나는지 그 정확한 이유는 프리딕션컴퍼니의 목적에는 전혀 중요하지 않았다. 외야수의 내면화된 탄도 개념이나 던진 막대를 붙잡으려는 개에게 그것이 필요하지 않은 것과 마찬가지로, 귀납적 모형—프리딕션컴퍼니가 만드는 종류의 모형인—에는 추출된 사건의 원인이 필요하지 않다.

파머는 순환적 인과성으로 가득 찬 이 거대한 스웜 시스템에서 원인과 결과 사이의 흐릿한 관계에 대해 염려하는 대신에 "주식 시장에서 돈을 벌기 위해 던져야 할 핵심 질문은 주목해야 할 패턴은 어떤 것인가 하는 것입니다."라고 말한다. 또 질서를 가장한 패턴은 어떤 것일까? 그 열쇠는 원인이 아니라 질서를 파악하는 데에 있다.

파머와 패커드는 돈을 버는 데 모형을 사용하기 전에 백캐스팅 backcasting(연구나 자료를 바탕으로 과거에 일어난 사건을 재구성하는 것)을 통해 시험한다. 전문 미래학자들이 흔히 사용하는 백캐스팅 방법에서는 모형을 다루는 사람에게 최신 데이터를 사용하지 않고 모형을 만들게 한다. 일단 시스템이 과거(예컨대 1980년대)의 데이터에서 질서를 발견하면, 거기에 지난 수 년 동안의 데이터를 입력한다. 만약 그것이 1980년대에 발견한 것을 바탕으로 1993년의 결과를 정확하게 예측한다면, 패턴을 찾던 사람들은 날개를 얻은 셈이다. 파머는 "그 시스템은 20개의 모형을 만듭니다. 우리는 그 각각을 진단통계학의 체에 거르지요. 그러면 우리 여섯 사람은 의견을 모아 살려야 할 하나를 선택할 수 있습니다."라고 말한다. 하나의 모형을 만드는 과정은 프리딕션컴퍼니의 컴퓨터로 며칠이 걸릴 수도 있다. 하지만 일단 국지적 질서가 발견되면, 그것을 바탕으로 한 예측은 수천분의 1초 만에 나온다.

마지막 단계—진짜 지폐 뭉치를 걸고서 프로그램을 돌리는 것—를 작동시키려면, 박사들 중 한 명이 '엔터' 단추를 눌러야 한다. 이 행동은 큰돈이 아주 빨리 어지럽게 움직이는 빅 리그 세계로 알고리듬을 밀어넣는다. 이론에서 해방되어 살아서 자동으로 돌아가는 알고리듬은 자신을 만든 사람들이 중얼거리는 소리만 들을 수 있다. "거래를 해, 멍청아, 거래를 하라고!"

패커드는 "시장보다 5%만 더 나은 수익을 올릴 수 있다면, 우리 투자자들은 큰돈을 벌 수 있어요."라고 말한다. 패커드는 그 수치를 좀 더 자세하게 설명했는데, 자신들은 시장의 움직임 중 55%를, 즉 무작위적으로 추측하는 것보다 5% 더 낫게 예측할 수 있지만, 제대로 추측하면 그보다 200%나 나은 결과를 얻을 수 있다고 했다. 프리딕션컴퍼니(현재는 O'connor & Associates)에 투자한 월 스트리트의 부자 투자자들은 예측의 성과에 따라 사용료를 지불하는 조건으로 그 알고리듬을 독점적으로 사용할 수 있다. "우리에게도 경쟁자가 있어요." 패커드가 미소를 지으면서 말했다. "나는 같은 생각을 하고 있는 회사 네 곳을 알아요." 같은 생각이란, 비선형 역학으로 카오스에서 패턴을 찾아내고, 그것을 바탕으로 예측하는 것을 말한다. "그 중 두 곳은 일을 착착 진행하고 있어요. 일부 회사에는 우리 친구들도 있지요."

진짜 돈으로 거래를 하는 한 경쟁 회사는 시티뱅크이다. 영국 수학자 앤드루 콜린Andrew Colin은 1990년부터 트레이딩 알고리듬을 개발하고 개선해왔다. 그의 예측 프로그램은 그 매개변수들이 통화 데이터에 영향을 미치는 가설을 무작위로 수백 가지 만들어내고, 그것들을 지난 5년간의 데이터와 비교해 검증한다. 가능성이 가장 높은 영향들을 컴퓨터 신경망으로 보내면, 신경망은 데이터와 잘 일치하도록 각 영향의 중요도를 교묘하게 처리하며, 더 나은 추측을 내놓도록 하기 위해 최선의 조합에 보상을 한다. 신경망 시스템은 결과를 계속 되먹임함으로써 자신의 추측을 일종의 학습을 통해 개선할 수 있다. 어떤 모형이 과거의 데이터와 일치하면, 그것을 미래로 보낸다. 1992년에 〈이코노미스트〉는 "2년간의 실험 끝에 콜린 박사는 자신의 컴퓨터가 개념적 자본 거래에서 연간 25%의 수익을 올릴 수 있다고 추정한다. … 이것은 대부분의 인간 트레이더가 달성하길 원하는 목표보다 몇 배나 높은 것이다."라고 썼다. 런던의 미들랜드 은행에서는 로켓과학자 여덟 명이 예측 기계를 담당하고 있다. 이들의 계획에서는 컴퓨터가 알고리듬을 번식시킨다. 하지만 프리딕션 컴퍼니와 마찬가지로 '리턴 단추를 누르기' 전에 사람이 먼저 그것을 평가한다. 그들은 1993년 후반부터 진짜 돈을 사용해 거래를 하기 시작했다.

투자자들이 파머에게 묻고 싶어 하는 질문은 약간의 정보를 조금 더 아는 것만으로 시장에서 실제로 돈을 벌 수 있다는 사실을 어떻게 증명하느냐 하는 것이다. 파머는 일종의 '존재 증명'으로 월 스트리트에서 통화와 이런저런 것들을 거래하면서 매년 수백만 달러를 버는 조지 소로스George Soros 같은 사람들을 가리킨다. "성공한 트레이더들." 파머는 코웃음을 치면서 말했다. "학계 사람들은 이들을 그저 운이 좋았을 뿐이라고 업신여기지만, 증거는 정반대의 사실을 알려주지요." 인간 트레이더들은 무작위적 데이터의 바다를 지나가는 국지적 예측 가능성의 패턴을 감지하는 방법을 무의식적으로 터득한다. 이들이 수백만 달러를 버는 것은 패턴을 감지하고(어떻게 그러는지 그들은 말로 표현하지 못하지만), 내부 모형을 만든 뒤에(자신도 의식하지 못하는 사이에) 그것을 바탕을 예측하기(그 결과에 따라 보상이나 벌을 받으며, 이를 통해 되먹임 고리를 더 예리하게 벼린다.) 때문이다. 그들은 날아오는 공을 어떻게 잡는지에 관한 모형이나 이론을 전혀 모르는 것처럼, 거래에 관한 자신의 모형이나 이론이 무엇인지 전혀 모른다. 그들은 그저 그렇게 행동할 뿐이다. 하지만 두 종류의 모형은 모두 프톨레마이오스 체계처럼 연역 추론적 방식으로 경험을 통해 만들어진다. 프리딕션컴퍼니가 컴퓨터를 사용해 상승하는 주가 모형을 만드는 방법도 바로 이와 같이 데이터를 바탕으로 한다.

파머는 "만약 넓게 볼 때 우리가 이 일에서 성공을 거둔다면, 그것은 기계가 사람보다 예측하는 데 더 뛰어나고, 알고리듬이 밀턴 프리드먼보다 더 훌륭한 경제학자라는 것을 입증하겠죠. 이미 트레이더들은 이 방법에 대해 망설이고 있어요. 그것에 위협을 느끼기 때문이지요."라고 말한다.

어려운 부분은 단순하게 만드는 것이다. 파머는 "문제가 복잡할수록 사용하는 모형은 더 단순해져야 해요. 데이터를 완벽하게 일치시키기는 쉽지만, 그렇게 하다 보면 단지 요행에 맞춘 결과가 되기 쉬워요. 열쇠는 일반화에 있어요."라고 말한다.

예측 기계는 궁극적으로는 이론을 만드는 기계이다. 즉 추상화와 일반화를 낳는 도구이다. 예측 기계는 복잡하고 살아 있는 어떤 것이 만들어낸 무작위적이고 혼란스러운 데이터를 받아들인다. 긴 시간에 걸쳐 충분히 많은 데이터가 축적되면, 기계는 약간의 패턴을 파악한다. 그러면 기계는 고유의 기술을 사용해 그 데이터가 어떻게 만들어졌는지 내부의 임시 모형을 만든다. 기계는 특정 데이터 패턴에 지나치게 초점을 맞추는 것을 피하고, 다소 부정확한 일반화라는 모호한 일치를 추구한다. 일반적으로 일치하는 것, 즉 이론을 찾으면, 이제 예측을 할 수 있다. 사실 예측이야말로 이론에서 가장 중요한 것이다. 파머는 "예측은 가장 유용하고, 실질적으로 가장 중요하고, 과학 이론에서 얻는 가장 중요한 결과입니다."라고 선언하듯이 말한다. 이론을 만드는 것은 사람의 마음이 능숙하게 해내는 창조적 행동이지만, 아이러니하게도 우리가 어떻게 그렇게 할 수 있는지 설명하는 이론은 아직 없다. 파머는 이 불가사의한 일반적 패턴 찾기 능력을 '직관'이라 부른다. 그것은 '운 좋은' 월 스트리트 트레이더들이 사용하는 바로 그 기술이다.

예측 기계는 생물학에서도 발견된다. 인터벌Interval이라는 첨단 기술 싱크탱크 책임자인 데이비드 리들David Liddle은 '개는 수학을 못 하지만' 훈련을 통해 프리스비의 경로를 예측하듯이 계산하여 정확하게 붙잡을 수 있다고 말한다. 지능과 영리함은 기본적으로 예측 기계이다. 마찬가지로 모든 적응과 진화도 정도가 더 약하고 더 희박하게 분산되어 있긴 하지만, 기본적으로 예견과 예측을 위한 장치이다.

파머는 CEO들이 사적으로 모인 장소에서 "시장을 예측하는 것은 저의 장기 목표가 아닙니다. 솔직하게 말하자면, 저는 〈월 스트리트 저널〉의 금융 면도 잘 보지 않는 타입의 사람입니다."라고 털어놓았다. 그가 회개할 줄 모르는 히피 출신임을 감안하면, 놀라울 것도 없다. 파머는 주식 시장을 예측하는 문제에 5년 동안 매달려 큰 성공을 거둔 뒤에 더 흥미로운 문제—진짜 인공 생명, 인공 진화, 인공 지능 같은—로 관심을 옮기려 하고 있다. 금융 예측은 룰렛과 마찬가지로 그저 또 하나의 어려운 문제에 불과하다. "우리가 이 문제에 관심을 보이는 이유는 우리의 꿈이 그 밖에도 많은 것—날씨, 세계 기후, 전염병—을 예측하는 기계를 만드는 것이기 때문입니다. 우리가 잘 이해하지 못하는 데이터를 많이 만들어내는 것이라면 어떤 것이라도 말입니다."

파머는 "궁극적으로 우리는 컴퓨터에 조야한 형태의 직관을 불어넣길 원합니다."라고 덧붙였다.

1993년 후반에 파머와 그의 회사는 '컴퓨터화된 직관'을 사용해 시장을 예측하는 데 성공했으며, 그 방법으로 진짜 돈을 거래했다고 공식적으로 보고했다. 파머는 구체적인 방법과 과정을 말하고 싶어 좀이 쑤시지만, 투자자들과의 계약 때문에 말할 수가 없다. 하지만 그는 몇 년 안에 충분한 데이터가 축적되어 금융 거래에서 거둔 성공이 단순히 통계적 요행이 아님을 '과학적 기준'에 맞게 증명할 수 있을 것이라고 말한다. "우리는 정말로 금융 데이터에서 통계적으로 유의미한 패턴을 발견했어요. 정말로 예측 가능성 영역이라는 게 있어요."

예측 기계와 시뮬레이션 기계를 조사하는 동안 나는 캘리포니아주 패서디나에 있는 제트추진연구소를 방문할 기회가 있었다. 그곳에서는 최첨단 전투 시뮬레이션을 개발하고 있었다. 내가 그곳에 가게 된 것은 UCLA에서 온 컴퓨터과학 교수의 초청 덕분이었는데, 그는 컴퓨터의 능력을 대폭 확장하는 연구를 하고 있었다. 지원 부족으로 어려움을 겪는 많은 연구자처럼 이 교수도 선구적인 이론적 실험을 위해 군부의 자금 지원에 의존했다. 그 대가로 자신의 이론을 검증할 대상으로 실용적인 군사 문제를 선택했다.

그의 시험대는 어떻게 하면 분산 대규모 병렬 연산—내가 '스웜 연산swarm computing'이라 부르는—이 탱크전의 컴퓨터 시뮬레이션 속도를 높일 수 있는지 알아보는 것이었는데, 사실 그것은 그에게 전혀 관심 없는 응용 분야였다. 반면에 나는 최첨단 전쟁 게임을 무척 보고 싶었다.

제트추진연구소의 혼잡한 안내 데스크에서 실시하는 보안 검색 절차는 비교적 간단했다. 미군이 이라크 국경에서 비상 태세에 돌입한 상황에서 국립연구센터를 방문했다는 사실을 감안하면, 경비원들은 아주 친절했다. 나는 국가에 대한 충성과 시민권자임을 서약하는 문서에 서명을 하고서 받은 배지를 착용하고 교수의 안내를 받아

위층에 있는 아늑한 그의 사무실로 갔다. 회색의 작은 회의실에서 나는 머리를 길게 기른 대학원생을 만났는데, 그는 전투 시뮬레이션 수학을 사용해 우주의 연산 이론들에 관한 일부 난해한 개념들을 연구했다. 그 다음에 나는 제트추진연구소 책임자를 만났는데, 그는 저널리스트로 그곳에 온 나를 매우 불편하게 여기는 표정이 역력했다.

나를 초청한 교수가 그에게 왜 그러느냐고 물었다. 시뮬레이션 시스템은 기밀로 분류된 것도 아니었다. 그 결과는 그동안 공개 문헌에 발표되었다. 제트추진연구소 책임자는 다소 장황하게 대답했다. "음, 그게 그러니까, 지금은 전쟁 중이고, 지난해에 우리가 예행 연습으로 돌렸던 일반적 시나리오 — 예측에 대해 전혀 생각하지 않고 순전히 우연히 우리가 선택한 게임 — 가 정말로 우연하게도 지금 실제로 일어나고 있어요. 이 컴퓨터 알고리듬을 처음 시험할 때, 시뮬레이션을 위해 아무 시나리오나 하나 골라야 했지요. 그래서 … 이라크와 쿠웨이트에서 사막전을 벌이는 시뮬레이션을 선택했어요. 그런데 지금 우리는 이 시뮬레이션대로 전쟁을 하고 있어요. 우리는 전투 현장에 있는 셈이지요. 그래서 다소 민감해요. 미안합니다."

나는 그 전쟁 시뮬레이션을 보지는 못했다. 하지만 페르시아만 전쟁 걸프 전쟁 또는 쿠웨이트 전쟁이라고도 함. – 옮긴이 이 끝나고 1년쯤 뒤에 나는 그 전쟁을 우연히 사전에 시뮬레이션한 곳이 제트추진연구소뿐만이 아니라는 사실을 알게 되었다. 플로리다주에 있는 미군 중부사령부는 전쟁 이전에 사막 전투에 대해 더 유용한 시뮬레이션을 했다. 냉소적인 사람들은 미국 정부가 쿠웨이트 전쟁을 사전에 두 번이나 시뮬레이션했다는 사실이 그 전쟁을 원한 미국의 제국주의적이고 음모적인 발상을 드러내는 증거라고 해석한다. 내게는 그 예측 시나리오들이 악마적이라기보다는 도깨비 같고 기묘하고 교훈적으로 다가왔다. 나는 이 예를 사용해 예측 기계의 잠재력을 보여주려고 한다.

현재 미국이 청군(아군)으로 등장하는 전쟁 게임을 하는 곳은 전 세계에 20여 곳이 있다. 이 장소들은 대부분 군사학교와 훈련소의 작은 부서들이다. 앨라배마주의 맥스웰공군기지에 위치한 전쟁 게임 센터, 로드아일랜드주 뉴포트에 있는 해군전쟁대학의 전설적인 글로벌 게임 룸, 캔자스주 레번워스에 있는 육군전투개념국의 고전적인 '모래 상자' 테이블 장비 등이 그런 예이다. 이들에게 기술적 지원과 노하우를 제공하는 사람들은 워싱턴 D.C. 주위의 순환 도로에 산재한 준군사 싱크탱크나 혹은 캘리포니아주의 제트추진연구소와 로렌스리버모어연구소처럼 국립연구소 밀집 지대에 위치한 연구소에 틀어박혀 일하는 학자들과 전문가들이다. 물론 이러한 전쟁 시뮬레이션에는 TACWAR, JESS, RSAC, SAGA 같은 머리글자를 딴 약어 이름이 붙어 있다. 최근에 나온 전쟁 소프트웨어 카탈로그를 살펴보면, 규격품 형태로 즉시 구입할 수 있는 전쟁 게임이나 그 밖의 군사 모형이 400여 가지나 나와 있다.

미국의 군사 작전을 총괄하는 신경 중추는 플로리다주에 있는 중부사령부이다. 펜타곤 산하 기관인 중부사령부는 설립된 이래 줄곧 한 가지 주요 시나리오를 의회와 미국 국민이 받아들이도록 설득해 왔다. 그것은 바로 초강대국 간에 벌어지는 청군 대 홍군의 대결로, 그 역할에 어울리는 적은 소련뿐이었다. 하지만 1980년대에 지휘를 맡은 노먼 슈워츠코프Norman Schwarzkopf 장군은 이 시나리오를 받아들이지 않았다. 지적인 장군인 슈워츠코프는 소련은 전쟁을 원치 않고 따라서 소련과 전쟁할 일이 없을 것이라는 새로운 관점을 내놓았는데, 그것은 "소비에트 개는 사냥을 하려 하지 않을 것이다."라는 표현으로 군 내에 널리 회자되었다. 슈워츠코프는 작전 계획을 세우는 사람들의 관심을 대안 시나리오로 향하게 했다. 그 명단에서 이라크 국경을 따라 발발하는 중동의 사막전이 높은 순위를 차지했다.

1989년 초에 중부 사령부에서 장교로 근무하던 게리 웨어Gary Ware는 슈워츠코프의 직감을 바탕으로 전쟁 모형을 만들기 시작했다. 웨어는 군사 미래학자들로 조직된 소규모 팀과 함께 사막전 시뮬레이션을 만들기 위한 데이터를 수집했다. 그 시뮬레이션에는 인터널 룩Internal Look 작전이라는 암호명이 붙었다.

모든 시뮬레이션의 효과는 그 바탕이 되는 데이터에 달려 있다. 그래서 웨어는 가능하면 현실을 기반으로 인터널 룩 작전을 만들려고 했다. 그러려면 중동에 배치된 전력에 관한 수십만 가지 정보를 수집해야 했다. 그 일은 대부분 무척 따분한 것이었다. 그 전쟁 시뮬레이션에는 중동에 배치된 전투 차량의 수, 식량과 연료의 비축량, 무기의 살상력, 기후 조건 등이 모두 필요했다. 이러한 세부 정보는 군조차 쉽게 얻을 수 없었다. 그리고 모든 조건은 늘 유동적으로 변했다.

웨어 팀이 군 조직에 대한 자료 입력을 완료하자, 전쟁 게임 담당자들은 페르시아만 전체 지역에 대한 광학적 레이저 디스크 지도를 작성했다. 시뮬레이션한 사막전의 기반 — 땅 자체 — 은 최신 위성 디지털 사진에서 옮겨왔다. 모든 준비 작업이 끝나자, 전쟁 게임 담당자들은 쿠웨이트와 사우디아라비아를 CD 한 장에 압축해 넣었다. 이제 그들은 이 모든 데이터를 주요 컴퓨터 전쟁 게임 시뮬레이터인 TACWAR에 입력할 준비가 되었다.

1990년대 초반에 웨어는 쿠웨이트와 사우디아라비아의 가상 전투 장소에서 사막전을 돌리기 시작했다. 7월에 플로리다주 북부의 한 회의실에서 웨어는 인터널 룩 작전의 결과를 상부에 요약 보고

했다. 그들은 이라크가 사우디아라비아를 침공하고, 미국과 사우디아라비아가 반격하는 상황을 바탕으로 한 시나리오를 검토했다. 웨어의 시뮬레이션은 일어날 법하지 않은 이런 일이 일어날 경우 상당히 짧은 30일간의 전쟁을 예측했다.

2주일 뒤, 사담 후세인Saddam Hussein이 갑자기 쿠웨이트를 침공했다. 처음에 펜타곤 지휘부는 자신들이 이미 완전히 제대로 작동할 뿐만 아니라 데이터까지 충분히 확보한 전쟁 시뮬레이션을 개발했다는 사실을 몰랐다. 열쇠만 돌리면 그 지역에서 일어날 수 있는 다양한 전투의 결과를 얼마든지 얻을 수 있었다. 앞날을 예측하는 이 시뮬레이션에 대한 소식이 전해지자, 웨어가 중요한 인물로 떠올랐다. 그는 "만약 침공이 일어났을 때 그때부터 무에서 시작해야 했다면, 우리는 절대로 실전을 따라잡을 수 없었을 겁니다."라고 인정했다. 장래의 표준적인 군사적 대비 태세는 가능한 전쟁들의 평행 우주가 언제든 전개될 준비가 된 채 사령부의 상자 안에 들어 있어야 한다고 요구할지 모른다.

후세인의 최초 침공이 일어난 직후 전쟁 게임 담당자들은 인터널룩을 손질해 '실제' 시나리오의 무한히 많은 변형을 돌렸다. 그들은 '만약 후세인이 지금 즉시 계속 진격한다면 어떻게 될까?'라는 변형 시나리오를 중심으로 한 가능성 집단에 주의를 집중했다. 웨어의 컴퓨터들이 예상된 30일 전쟁 시뮬레이션을 한 번 돌리는 데에는 약 15분이 걸렸다. 시뮬레이션을 많은 방향으로 전개한 결과, 웨어 팀은 이 전쟁에서는 공군력이 결정적 열쇠를 쥐고 있다는 결론을 얻었다. 더 개선한 시뮬레이션을 반복한 결과는 전쟁 게임 담당자들에게 공군력이 성공을 거둔다면 미국이 전쟁을 승리로 이끌 수 있음을 명백하게 보여주었다.

게다가 웨어의 예측 기계에 따르면, 시뮬레이션이 예상한 결과를 공군력으로 실제로 거둘 경우, 미 지상군은 큰 손실 없이 작전을 수행할 수 있었다. 최고 지휘부는 최전선에 적절한 공군력을 배치하는 게 미군 사상자를 줄이는 핵심 요소라는 뜻으로 받아들였다. 게리 웨어는 "슈워츠코프는 우리 군의 사상자를 최소한으로 해야 한다는 원칙이 아주 단호했기 때문에, 우리는 모든 분석의 기준을 사상자 수를 줄이는 데 맞추었지요."라고 말한다.

그러자 예측 시뮬레이션은 미군 지휘부에 최소한의 인명 손실로 승리를 거둘 수 있다는 자신감을 심어주었다. 이 자신감을 바탕으로 대규모 공습이 시작되었다. 웨어는 "그 시뮬레이션은 (중부 사령부에서) 우리의 생각에 큰 영향을 미친 게 틀림없습니다. 슈워츠코프가 사전에 그런 생각을 하지 않았던 것은 아니겠지만, 그 모형은 우리에게 그 개념을 실현할 수 있다는 자신감을 주었지요."라고 말한다.

인터널 룩 작전은 예측으로서 아주 좋은 성적을 거두었다. 군 전력의 초기 균형에 약간 변화가 있었음에도 불구하고, 공중 및 지상 작전의 비율이 약간 다르긴 했지만, 실제로 벌어진 전쟁 양상은 30일간의 공중 및 지상 공격 시뮬레이션과 아주 비슷하게 흘러갔다. 지상전은 예측한 것과 아주 비슷하게 펼쳐졌다. 전투 현장 밖에 있던 나머지 사람들과 마찬가지로 시뮬레이션 담당자들도 슈워츠코프의 우회 진격 작전이 아주 신속하게 전개된 데 크게 놀랐다. 웨어는 이렇게 말했다. "하지만 우리는 (전장에서) 100시간 만에 우리 군이 그렇게 빨리 진격하리라고는 예상하지 못했어요. 우리는 100시간(4일간)의 전투 대신에 6일간의 지상전을 예상했어요. 지상군 지휘관들은 사전에 우리에게 시뮬레이션이 보여준 것보다 훨씬 빨리 진격할 것으로 생각한다고 말했지요. 그리고 정말로 자신들이 예측한 것만큼 빨리 진격했어요."

전쟁 게임 예측 기계는 이라크군의 저항이 실전에서 이라크군이 보여준 것보다 훨씬 크리라고 추정했다. 그것은 모든 전투 시뮬레이션은 적이 이용 가능한 모든 시스템을 다 동원해 전투에 임할 것이라고 가정하기 때문이다. 하지만 이라크군은 끈질긴 저항을 전혀 보여주지 않았다. 전쟁 게임 담당자들은 어떤 모형도 백기를 무기 시스템에 반영하진 않는다고 농담삼아 이야기했다.

전쟁이 너무 빨리 진행되는 바람에 시뮬레이션 담당자들은 시뮬레이션에서 명백한 다음 단계, 즉 전투 진행 상황을 일 단위로 예측하는 모형을 돌릴 짬이 없었다. 계획을 수립하는 사람들은 비록 매일 일어나는 사건을 최대한 기록하고, 어떤 순간을 기준으로 해서도 미래를 추정할 수 있었지만, '최초의 12시간이 지난 뒤에는 어떤 일이 일어날지 추측하는 데 굳이 천재성까지 필요하지 않다고' 느꼈다.

만약 실리콘 칩이 슈퍼군대의 전쟁을 이끄는 일을 돕는 수정 구슬의 역할을 하기에 충분하고, 소형 컴퓨터에서 돌아가는 알고리듬이 주식 시장의 흐름을 예측하는 기술로 충분하다면, 슈퍼컴퓨터를 개조해 나머지 세계를 예측할 수도 있지 않을까? 만약 인간 사회가 행위자들과 기계들로 이루어진 거대한 분산 시스템에 불과하다면, 그 미래를 예측할 수 있는 장치를 만들 수 있지 않을까?

그러나 그럴 수 없다. 왜 그럴 수 없는지는 과거의 예측들을 대충 훑어보기만 해도 알 수 있다. 역사를 볼 때, 대체적으로 문화적 예측은 임의로 추측한 것보다 결과가 좋지 않았다. 오래된 책들은 결코 오지 않은 미래 예측들의 무덤이다. 일부 예측이 적중한 적도 있지만, 미래가 오기 전에 극소수의 옳은 예측을 대다수의 그른 예측과 구별할 수 있는 방법은 없다. 예측은 틀리는 경우가 너무 많고, 잘못된 예측은 매우 유혹적이고 사람들을 잘못된 길로 이끌기 쉽기 때문에, 일부 미래학자들은 원칙적으로 예측을 피한다. 이들은 예측 노력은 믿을 수 없다는 것을 강조하기 위해 자신들의 편견을 의도적으로 과장해 '모든 예측은 틀릴 수밖에 없다.'라고 말하길 좋아한다.

이들의 주장은 일리가 있다. 장기 예측이 맞는 경우는 극히 드물기 때문에, 통계적으로 본다면 그 예측들은 모두 다 틀린 것이다. 하지만 똑같은 통계적 기준으로 볼 때, '단기' 예측은 맞는 경우가 아주 많기 때문에, 단기 예측은 모두 옳다고 말할 수 있다.

어떤 복잡계에 대해 조금 후에 그것은 지금 상태와 거의 같을 것이라고 말하는 것보다 더 확실한 예측도 없다. 이것은 너무나 당연해 하나 마나 한 소리나 다름없다. 시스템은 계속 지속되는 속성이 있다. 따라서 한 순간에서 다음 순간까지 시스템—심지어 생물도—이 거의 변하지 않는다는 이야기는 동어 반복에 지나지 않는다. 떡갈나무, 우체국, 내 매킨토시는 오늘에서 내일로 하루가 지나도 거의 변하지 않는다. 어디에 있는 것이건 복잡한 것에 대해 나는 확실한 단기 예측을 제시할 수 있다. 그것은 내일이 되어도 오늘과 거의 같을 것이다.

하루가 지나면 사물이 가끔 변한다는 진부한 말도 사실이다. 그런데 이렇게 금방 일어나는 변화를 예측할 수 있을까? 만약 예측할 수 있다면, 예측 가능한 일련의 단기 변화들을 모아 쌓음으로써 중기 추세를 만들 수 있을까?

그렇다. 장기 예측은 본질적으로 예측 불가능 상태로 남아 있지만, 복잡계에 대한 단기 예측은 가능할 뿐만 아니라 꼭 필요하다. 게다가 어떤 종류의 중기 예측도 충분히 가능하며, 그런 예측이 점점 더 많아지고 있다. 신뢰할 수 있는 예측이 현재의 행동에 미치는 영향 때문에 이상한 나라의 앨리스 같은 기묘한 느낌이 들 수도 있겠지만, 사회와 경제, 기술의 여러 측면을 예측하는 인간의 능력은 다음에 설명할 이유들 때문에 꾸준히 증가하고 있다.

적절한 순간에 사용하기만 한다면, 많은 사회 현상을 예측할 수 있는 기술이 현재 개발되어 있다.

시어도어 모디스Theodore Modis의 연구를 살펴보자. 모디스는 1992년에 출판된 《예측Predictions》에서 예측의 유용성과 신뢰성을 뒷받침하는 근거를 아주 잘 요약했다. 모디스는 인간 상호작용이라는 더 큰 망에서 발견된 세 종류의 질서를 소개한다. 각각의 질서는 특정 시간에서 예측 가능성 영역을 만든다. 모디스는 자신의 연구를 경제, 사회적 인프라, 기술 영역에 적용하지만, 나는 그의 발견이 유기적 시스템에도 적용된다고 믿는다. 모디스가 소개한 세 영역은 불변량, 성장 곡선, 순환 파동이다.

불변량: 모든 생물이 자신의 행동을 최적화하려는 자연적이고 무의식적인 경향은 그 행동에 시간이 지나도 거의 변하지 않는 '불변량'을 주입한다. 특히 인간은 최적화를 추구하는 능력이 뛰어난 것으로 입증되었다. 하루 24시간은 절대적인 불변량이기 때문에, 수십 년 동안 사람들은 요리나 여행, 청소 같은 잡일에 평균적으로 쓰는 시간이 놀라울 정도로 일정한 경향을 보인다(비록 그 시간 동안에 이동하는 거리나 하는 일은 달라질 수 있지만). 만약 새로운 행동(예컨대 걷는 대신에 비행기를 탄다거나)이 분석을 위한 기본 차원(하루에 이동하는 데 소요하는 시간)으로 새로 투입된다면, 새로운 행동은 종종 낡은 행동과 함께 미래로 확장할 수 있는(그리고 예측할 수 있는) 연속적인 패턴을 나타낸다. 이제 여러분은 일터까지 30분 동안 걸어가는 대신에 일터까지 차를 몰고 30분 동안 달린다. 미래에는 일터까지 30분 동안 비

행기를 타고 날아갈지 모른다. 효율을 추구하는 시장의 압력은 너무나도 가차없고 냉혹하여 인간이 만든 시스템을 필연적으로 최적화를 향해 한쪽(예측 가능한) 방향으로만 나아가도록 민다. 불변량의 최적화 지점을 추적하다 보면, 종종 우리는 깨끗한 예측 가능성 영역을 알 수 있다. 예를 들면, 기계 효율의 개선은 아주 느리게 일어난다. 아직까지 효율이 50%를 넘는 시스템은 하나도 없다. 45%의 효율로 작동하는 시스템은 이론상으로 가능하지만, 55%의 효율을 요구하는 시스템은 가능하지 않다. 따라서 연료 효율에 관한 단기 예측을 안전하게 할 수 있다.

성장 곡선: 시스템이 더 크고 더 다층적이고 더 분산되어 있을수록 생물이 성장하는 것과 같은 측면이 더 많이 나타난다. 성장하는 것들은 보편적 특징을 여러 가지 공유한다. 그 중 하나는 S자 곡선으로 나타나는 일생이다. S자 곡선은 느린 탄생, 가파른 성장, 느린 노화를 나타낸다. 전 세계의 연간 자동차 생산량이나 모차르트가 한평생 작곡한 교향곡 수는 모두 상당히 정확하게 S자 곡선과 일치한다. 모디스는 "S자 곡선의 예측 능력은 마술적인 것도 아니며, 무가치한 것도 아니다."라고 썼다. "S자 곡선의 우아한 형태 뒤에는 자연적 성장이 엄격한 법칙을 따른다는 사실이 숨어 있다." 이 법칙은 끝부분의 모양이 시작 부분의 모양과 대칭적이라고 말한다. 이 법칙은 생물의 생활사와 제도의 생활사 수천 가지를 경험적으로 관찰한 결과를 바탕으로 하고 있다. 이 법칙은 종형 곡선으로 나타나는 복잡한 물체들의 자연 분포와 밀접한 관련이 있다. 성장은 초기 조건에 극도로 민감하다. 성장 곡선에서 최초의 데이터 점들은 거의 무의미하다. 하지만 일단 어떤 현상이 굴러가기 시작하면, 그 역사를 수치적 스냅 사진으로 찍을 수 있고, 그것을 거꾸로 뒤집어 그 현상의 궁극

적 한계와 종말을 예측할 수 있다. 그 곡선에서 경쟁 시스템과의 교차점, 즉 '최고점'과 그 최고점이 꺾이는 날짜를 추론할 수 있다. 모든 시스템이 부드러운 S자 곡선 일생을 나타내는 것은 아니지만, 상당히 많은 종류와 수가 S자 곡선을 나타낸다. 모디스는 우리가 생각하는 것보다 훨씬 많은 것들이 성장의 법칙을 따른다고 믿는다. 만약 그렇게 성장하는 시스템들을 제때(그 역사에서 중간 무렵에) 조사한다면, 국지적 질서―S자 곡선 법칙으로 요약되는―의 존재가 또 다른 예측 가능성 영역을 제공할 것이다.

순환 파동: 복잡해 보이는 시스템의 행동 중 일부는 시스템 환경의 복잡한 구조가 반영된 것이다. 이 사실은 30년도 더 전에 허버트 사이먼이 지적했는데, 개미가 땅 위로 여행하는 것을 예로 들어 설명했다. 개미가 땅 위에서 지그재그를 그리며 나아가는 경로는 개미의 복잡한 보행을 반영한 것이 아니라, 주위 환경의 복잡한 구조를 반영한 것이다. 모디스에 따르면, 자연에서 일어나는 순환적 현상은 그 안에서 돌아가는 시스템에 순환적 성격을 불어넣을 수 있다. 모디스는 러시아 경제학자 콘드라티예프N. D. Kondratieff가 발견한 56년 경기 주기에 큰 흥미를 느꼈다. 모디스는 콘드라티예프의 경기 파동에 더해 자신이 기술한 과학 기술 발전에서도 그와 비슷한 56년 주기가 나타나고, 아르눌프 그루블러Arnulf Grubler가 연구한 인프라 교체에서도 56년 주기가 나타난다고 덧붙였다. 이러한 순환 파동들의 원인에 대해 많은 저자가 다양한 가설을 주장했다. 그 중에는 56년의 달 주기, 11년의 태양 흑점 주기에 5를 곱한 것, 심지어 인간 세대의 주기에 2를 곱한 것―각 세대 집단이 28년에 걸쳐 그 부모 집단의 영향에서 벗어남에 따라―도 있었다. 모디스는 1차적 환경 주기가 그 영향을 받은 2차적 또는 3차적 내부 주기를 많이 촉발한다

고 주장한다. 이 주기들의 파편을 발견하는 사람들은 그것을 이용해 행동 영역을 예측할 수 있다.

이 세 종류의 예측 가능성 영역을 결합하면, 시정視程이 아주 좋은 특정 순간에는 보이지 않던 질서의 패턴이 주의를 집중한 사람의 눈에 분명하게 드러날 수 있다. 그러면 마치 다음번에 울릴 북 소리처럼 그 미래를 거의 들을 수 있다. 그 다음 순간, 그 패턴은 잡음에 섞이면서 압도되어 사라지고 만다. 예측 가능성 영역은 뜻밖의 사건을 배제하지 않는다. 하지만 국지적 예측 가능성은 개선하고 심화하고 연장함으로써 더 큰 결과를 낳을 수 있는 방법들을 알려준다.

큰 예측에 성공할 확률이 희박하다고 해서 아마추어나 전문 증권 시장 분석가들이 과거의 주가를 바탕으로 장기적 파동 패턴을 추출하려는 시도를 접은 것은 아니다. 증권 시장 분석가에게 여자의 치마 길이, 대통령의 나이, 달걀 값 같은 외부의 주기적 행동은 어떤 것이건 좋은 표적이다. 증권 시장 분석가는 주가의 운명을 그들이 믿을 수 있는 수치로 예측해주는 신비의 '선행 지표'를 늘 찾는다. 오랫동안 증권 시장 분석가는 모호한 수비학적數秘學的 접근 방법 때문에 조롱을 받았다. 하지만 최근에 리처드 스위니Richard J. Sweeney와 블레이크 르배런Blake LeBaron 같은 학자들이 증권 시장 분석가들의 방법이 자주 통한다는 사실을 입증했다. 증권 시장 분석가의 규칙은 '시장이 잠깐 상승 국면에 있다면, 계속 상승한다는 데 베팅을 하라. 만약 시장이 하락 국면에 있다면, 계속 하락한다는 데 베팅을 하라.'처럼 놀랍도록 단순한 것일 수 있다. 이 규칙은 복잡한 시장의 고차원성을 이렇게 두 부분만으로 이루어진 단순한 규칙의 저차원성으로 축소한다. '상승하면 계속 상승, 하락하면 계속 하락'이라는 패턴을 따르는 것은 무작위적 우연에 운을 맡기는 것보다 결과가 좋으며, 따라서 평균적인 투자자들보다도 결과가 좋다. 안정 상태는 어떤 시스템에서 가장 예측하기 쉬운 것이기 때문에, 이 질서 패턴은 설사 놀라운 것이라 하더라도 그다지 놀라워 보이지 않는다.

증권 시장 분석가들과는 대조적으로 다른 금융 예측 전문가들은 시장을 예측하기 위한 노력으로 시장의 '기본'에 의존한다. 스스로 근본주의자라 부르는 이들은 복잡한 현상의 원동력과 그 뒤에 숨어 있는 역학과 기본 조건을 이해하려고 노력한다. 요컨대, 이들은 $F=ma$라는 이론을 추구하는 셈이다.

반면에 증권 시장 분석가는 그 패턴이 왜 거기에 나타나는지 이해하는 데에는 아무 관심도 없이 그저 데이터에서 패턴을 찾으려고 한다. 만약 우주에 질서가 있다면, 어디선가 어떻게 하여 모든 복잡성이 장래의 경로를 보여줄 질서를 드러낼 것이다(최소한 잠깐 동안은). 어떤 신호를 잡음으로 간주하고 무시해야 하는지 그 방법만 터득하면 된다. 증권 시장 분석은 도인 파머의 방식을 따르는 조직적인 귀납법이다. 파머는 자신과 프리딕션컴퍼니의 동료들은 "통계적으로 엄밀한 증권 시장 분석가"라고 시인한다.

50년 뒤에는 컴퓨터화된 귀납적 추론, 알고리듬을 바탕으로 한 증권 시장 분석, 영역 예측주의가 널리 인정받는 인간 노력으로 자리잡을 것이다. 그래도 증권 시장 예측은 여전히 기묘한 사례로 남을 텐데, 증권 시장은 어떤 시스템보다도 예측을 바탕으로 돌아가기 때문이다. 예측 게임에서는 만약 모든 사람이 같은 예측을 하면, 정확한 예측도 돈을 버는 데 별 도움이 되지 않는다. 프리딕션컴퍼니가 실제로 소유할 수 있는 것은 리드 타임lead time이다. 파머 그룹이 예측 가능성 영역을 이용해 큰돈을 번다면, 다른 사람들도 같은 곳으로 달려들어 패턴을 흐리게 하면서 돈을 벌 기회를 줄인다. 증권 시장에서 성공은 자신을 무효화하는 강한 되먹임 흐름을 만들어낸다. 성장하는 네트워크나 팽창하는 회사 같은 다른 시스템에서는 예측 되먹임이 자신을 무효화하지 않는다. 되먹임은 대개 스스로를 관리하고 유지해나간다.

최초의 사이버네틱스 연구자인 노버트 위너는 되먹임 제어가 지닌 막강한 힘을 설명하려고 애썼다. 위너는 단순한 수세식 변기 형태의 되먹임을 염두에 두었다. 그는 시스템이 종전에 한 일('수위가 아직도 낮다.')에 대한 약간의 정보를 시스템에 계속 흘림으로써 전체 시스템의 방향을 유도할 수 있다는 사실을 알아챘다. 위너는 이 능력이 시간 이동 함수라고 결론 내렸다. 그는 1954년에 "되먹임은 시스템이 전에 한 일의 결과를 다시 시스템에 집어넣음으로써 시스템을 제어하는 방법이다."라고 썼다.

감지기가 현재를 감지한다는 사실에는 궁금할 게 아무것도 없다. 그것이 지금 여기에 있다는 것 말고 현재에 대해 더 알아야 할 게 무엇인가? 그 시스템으로서는 현재에만 관심을 기울이는 게 최선인데, 다른 선택이 별로 없기 때문이다. 그런데 왜 이미 지나가서 이제 되돌릴 수 없는 일에 자원을 투입한단 말인가? 현재를 제어하기 위해 왜 과거를 뒤지는가?

시스템－생물, 기업, 컴퓨터 프로그램－이 과거를 현재에 되먹이기 위해 에너지를 쓰는 이유는 그것이 시스템이 미래에 대처하는 경제적 방법이기 때문이다. 미래를 보려면 과거를 보아야 한다. 되먹임 고리를 통해 끊임없이 흐르는 과거의 맥박이 미래에 대한 정보를 제공하고 미래를 제어한다.

하지만 시스템이 미래로 시간 이동을 하는 길이 또 하나 있다. 수

km 밖의 소리와 빛을 포착하는 신체의 감각 기관은 현재의 계량기이자 미래의 게이지(측정기) 역할을 한다. 실용적 관점에서 볼 때, 지리적으로 멀리 떨어진 곳에서 일어난 사건은 미래에서 달려오는 사건이나 다름없다. 멀리서 다가오는 포식 동물의 상은 지금 이 시점에서 미래를 알려주는 정보가 된다. 멀리서 들려오는 포효는 잠시 후 가까이 다가온 동물로 나타날 수 있고, 공기 중에 섞인 소금 냄새는 곧 일어날 조류의 변화를 알려준다. 따라서 동물의 눈은 먼 시간/공간에서 온 정보를 지금/이곳의 신체로 앞먹임feed-forward 한다.

일부 철학자는 대부분의 스펙트럼에서 놀랍게도 투명한 두 매질—공기와 물—에 잠긴 행성에서 생명이 출현한 것이 우연의 일치가 아니라고 말한다. 아주 투명한 환경은 생물의 기관들에게 '먼'(미래의) 사건에서 날아오는 데이터가 풍부한 신호를 받아, 그 생물의 반응을 예상하면서 그것을 처리할 수 있게 해준다. 따라서 눈과 귀와 코는 시간을 들여다보는 예측 기계인 셈이다.

이 개념에 따르면, 완전히 불투명한 물이나 공기는 먼 사건에 대한 정보가 현재에 도착하는 것을 막음으로써 예측 기계의 발달을 가로막을 수 있다. 불투명한 세계에 사는 생물은 시간과 공간 모두에서 큰 제약을 받을 것이고, 따라서 적응 반응을 발달시킬 여지가 부족할 것이다. 적응은(그 핵심에서) 미래에 대한 감각이 필요하다. 투명하건 불투명하건 변화하는 환경에서는 미래를 예측하는 시스템이 살아남을 가능성이 더 높다. 마이클 콘래드는 "근본적으로 적응성은 환경의 불확실성을 다루기 위해 정보를 사용하는 능력이다."라고 썼다. 그레고리 베이트슨은 이것을 "적응은 불변을 위해 노력하는 변화이다."라고 표현했다. 시스템(정의상 불변)은 지속(불변)하기 위해 적응(변화)한다. 홍학은 지속하기 위해 적응한다.

따라서 현재에만 고착된 시스템은 변화에 더 자주 허를 찔려 죽을 것이다. 그래서 투명한 환경은 예측 기계의 진화를 장려한다. 예측 기계는 복잡성에 생존성을 제공하기 때문이다. 복잡계는 예측하기 때문에 살아남고, 투명한 매질은 복잡계의 예측을 돕는다. 반면에 불투명성은 복잡한 비비시스템의 예측과 적응과 진화를 모두 방해한다.

포스트모던 인간은 현재 유형화되고 있는 세 번째 투명한 매질에서 헤엄을 친다. 디지털화가 가능한 모든 사실이 그런 매질이다. 숫자로 바꾸어 전선을 통해 전송할 수 있는 개인적 삶의 모든 흔적이 그런 매질이다. 이렇게 전자적으로 연결된 행성은 유리 섬유, 데이터베이스, 입력 장치의 투명한 껍데기 안에서 순환하는 부분들의 격류가 된다.

일단 움직이기 시작한 데이터는 투명성을 만들어낸다. 일단 전자적으로 연결된 사회는 스스로를 볼 수 있다. 프리딕션컴퍼니의 로켓 과학자들이 증권 시장 분석가들보다 더 좋은 성과를 올릴 수 있는 이유는 더 투명한 매질에서 일하기 때문이다. 네트워크로 연결된 금융 기관들에서 떨어져나온 수십억 개의 컴퓨터화된 조각들이 응고하여 투명한 공기 속으로 들어가는데, 프리딕션컴퍼니는 그 투명한 공기를 통해 패턴을 탐지한다. 그들의 워크스테이션을 통해 흐르는 데이터 구름은 그들이 들여다볼 수 있는 투명한 디지털 구를 만든다. 그들은 새로운 공기 중의 특정 지역에서 앞을 내다볼 수 있다.

그와 동시에 산업 현장에서는 비디오 카메라와 녹음기, 하드 디스크, 문자 스캐너, 스프레드시트, 모뎀, 위성 안테나 등을 대량 생산한다. 이들은 각각 눈과 귀와 신경세포에 해당한다. 그리고 서로 연결된 이들은 10억 개의 엽으로 이루어진 감각 기관이 되어, 숫자들이 날아다니는 투명한 매체 속에서 떠다닌다. 이 조직은 먼 곳에 있는 팔다리에서 전기적 신체로 정보를 앞먹임하는 데 도움을 준다. 미군 사령부의 전쟁 게임 담당자들은 디지털화된 쿠웨이트 지형, 적시에 제공되는 위성 이미지, GPS 정보가 딸린 송신기로 보고된 정보를 사용해 다가오는 전투의 경과를 예측할(집단 마음의 눈으로 볼) 수 있다.

미래를 예측하는 능력은 단지 사람만 갈망하는 것이 아니다. 그것은 모든 생물의 기본적인 속성이며, 아마도 모든 복잡계의 기본적인 속성일 것이다. 미래를 예측하는 능력은 모든 생물이 원하는 것이다.

복잡계에 대해 내가 내린 실용적 정의는 '스스로에게 말하는 존재'이다. 그렇다면 복잡계가 자신에게 말하는 이야기는 무엇일까 하는 질문이 나올 수 있다. 그 답은 스스로에게 미래에 대한 이야기를 한다는 것이다. 다음에는 어떤 일이 일어날까 하는 이야기 말이다. (다음이 몇 나노초 뒤건 몇 년 뒤건 상관없이.)

1970년대에 지구의 과거와 창조에 대한 이야기를 수천 년 동안 해온 행성 지구의 주민들은 미래에 지구에 어떤 일이 일어날지에 대해 처음으로 이야기를 하기 시작했다. 그 당시의 빠른 커뮤니케이션 덕분에 그들은 자신들이 사는 행성의 포괄적인 모습을 최초로 실시간으로 볼 수 있었다. 우주에서 촬영한 그 초상화는 매혹적이었다. 구름으로 덮인 파란 구슬이 검은색의 깊은 우주를 배경으로 은은하게 떠 있었다. 하지만 그 아래 지상에서 들려오는 이야기는 그렇게 아름다운 것이 아니었다. 세계 각지에서 날아오는 보고들은 지구가 해체되고 있다고 알렸다.

우주에 띄운 소형 카메라들은 전체 지구의 모습을 찍은 사진들을 보내왔는데, 그것들은 문자 그대로 경외감을 불러일으켰다. 즉 한편으로는 감동을 주면서도 다른 한편으로는 두려움을 느끼게 했다. 그 카메라들은 각국에서 쏟아져 들어오는 수많은 지상 데이터와 함께 분산 거울을 이루어 전체 시스템의 그림을 반사해 보여주었다. 전체 생물권은 점점 더 투명해지고 있었다. 모든 시스템이 그러하듯이 지구 시스템은 다음에는, 예컨대 20년 뒤에는 어떤 일이 일어날지 알고 싶어 앞을 내다보기 시작했다.

지구 전체에 흩어진 데이터 수집 막을 통해 떠오른 첫 인상은 지구가 심각한 부상을 입었다는 사실이었다. 정적인 세계 지도로는 그 어떤 것도 이 그림을 입증(혹은 반박)할 수 없었다. 어떤 지구의도 시간에 따라 오염과 인구가 증가하고 감소하는 걸 나타내거나 한 요인이 다른 요인과 서로 연결되어 미치는 영향을 해독할 수 없었다. 우주에서 찍은 어떤 영화도 만약 이 상태가 계속되면 어떻게 될까라는 질문을 끝까지 펼쳐 보여줄 수 없었다. 필요한 것은 행성 예측 기계, 전 지구적인 만약의 문제를 다루는 스프레드시트였다.

MIT의 컴퓨터 연구실에서 한 소탈한 공학자가 최초로 전 지구 스프레드시트를 대략적으로 만들었다. 제이 포레스터는 1939년부터 틈나는 대로 되먹임 고리를 연구하면서 기계가 조종하는 서보 기구를 완성했다. 포레스터는 MIT의 동료인 노버트 위버와 함께 서보 기구의 논리적 경로를 제대로 따라가 컴퓨터의 탄생을 이끌었다. 포레스터는 디지털 컴퓨터의 발명을 도우면서 최초의 연산 기계를 통상적인 공학 영역에서 벗어난 영역에 응용했다. 기업과 생산 과정의 관리를 돕는 컴퓨터 모형을 만든 것이다. 이들 기업 모형의 유용성에서 영감을 얻은 포레스터는 도시를 시뮬레이션하는 문제를 해결했는데, 그 도시는 보스턴 전 시장의 도움을 받아 모형으로 만든 것이었다. 그는 직관적으로 연쇄 되먹임 고리—종이와 연필로는 추적하기가 불가능하지만, 컴퓨터로는 어린애 장난과 다름없는—가 부와 인구, 자원 사이에 뻗어 있는 영향들의 망에 접근하는 유일한 방법이라고 느꼈는데, 그 판단은 거의 정확했다. 그렇다면 전체 세계를 모형으로 만들 수도 있지 않을까?

1970년에 스위스에서 '인류의 위기'를 주제로 열린 회의를 마치고 집으로 돌아가던 비행기 안에서 포레스터는 자신이 '세계 동역학World Dynamics'이라고 이름 붙인 모형을 만들 최초의 방정식들을 생각하기 시작했다.

그것은 초벌 스케치처럼 개략적인 것이었다. 포레스터의 조야한 모형은 직관적으로 대규모 경제를 지배할 것이라고 느낀 명백한 고리들과 힘들을 반영했다. 데이터는 빠른 평가에 도움이 되는 어떤 것이건 사용했다. 그 회의를 후원한 로마 클럽은 포레스터가 만든 원형을 검토하기 위해 MIT를 방문했다. 그들은 그것을 보고 크게 고무되었다. 그들은 그 모형을 다음 단계로 발전시키는 연구를 위해 포레스터의 동료인 데니스 메도스Dennis Meadows를 고용하도록 폴크스바겐 재단을 설득해 후원금을 지원했다. 1970년의 나머지 기간에 포레스터와 메도스는 더 정교한 과정 고리들을 설계하고 현재의 데이터를 얻기 위해 세계를 샅샅이 뒤지면서 세계 동역학 모형을 개선하는 데 매달렸다.

데니스 메도스는 아내인 데이나와 두 공동 저자와 함께 이번에는 현실 세계의 데이터를 사용해 크게 개선한 모형을《성장의 한계Limits to Growth》라는 제목의 책으로 발표했다. 그 시뮬레이션은 최초의 전 지구 스프레드시트로서는 아주 성공적이었다. 처음으로 생명과 지구 자원과 인간 문화로 이루어진 행성계를 추상화해 시뮬레이션으로 구체화했고, 그것을 미래를 향해 자유롭게 배회하게 했다. 《성장의 한계》는 또한 저자들이 얻은 결론을 전 세계에 알림으로써 전 지구적인 공습 사이렌 경보로서도 성공을 거두었다. 그 결론은 인류가 현재 걷고 있는 길을 미래로 확장한 결과들은 거의 전부 다 문명의 붕괴에 이른다는 것이었다.

성장의 한계 모형에서 나온 결과 때문에 그 후 수 년 동안 전 세계에서 수천 가지 논설과 정책 토론과 신문 기사가 쏟아져나왔다. 한 헤드라인은 '미래를 들여다본 컴퓨터가 경악을 금치 못하다'라는 제목을 내걸었다. 그 모형이 발견한 핵심 내용은 다음과 같다. "만약 세계 인구, 산업화, 오염, 식량 생산, 자원 고갈 등에서 현재의 성장 추세가 이대로 지속된다면, 앞으로 100년 안에 이 행성은 성장의 한계에 봉착할 것이다." 모형을 만든 사람들은 조금씩 다른 수백 가지 시나리오로 시뮬레이션을 수백 번 돌렸다. 하지만 트레이드오프를 어떻게 하든지 간에 상관없이 거의 모든 시뮬레이션은 인구와 생활 수준이 점차 위축되거나 급속하게 팽창하다가 얼마 지나지 않아 터지면서 폭발할 것이라고 예측했다.

이 모형은 정책에 미치는 의미가 암울하고 명백하며 달갑지 않다는 이유 때문에 큰 논란을 불러일으키면서 관심의 초점이 되었다. 하지만 이 모형은 자원과 인간 활동에 대한 논의를 전 지구적 규모로 확대시키는 긍정적 결과를 낳았다.

그러나 성장의 한계 모형은 저자들이 자신들의 선구적인 노력이 불을 지필 것이라고 기대했던, 더 나은 예측 모형을 낳는 데에는 성공을 거두지 못했다. 대신에 그 다음 20년 동안 세계 모형들은 불신을 받게 되었는데, 성장의 한계를 둘러싼 논란이 주요 이유였다. 하지만 20년이 지난 지금도 대중의 눈에 띄는 세계 모형이 성장의 한계 모형 하나뿐이라는 사실은 아이러니하다. 저자들은 《성장의 한계》 출간 20주년을 기념해 그것을 약간만 수정한 채 재출간했다.

현재 사용되는 성장의 한계 모형은 스텔라Stella라는 소프트웨어 프로그램으로 돌아간다. 스텔라는 포레스터가 메인프레임 컴퓨터로 만든 동역학적 시스템 접근 방법을 매킨토시의 시각적 인터페이스로 옮긴다. 성장의 한계 모형은 '저량貯量, stock'과 '유량流量, flow'으로 이루어진 인상적인 망으로 짜여 있다. 저량(돈, 석유, 식량, 자본 등)은 특정 노드(농사 같은 일반적 과정을 나타내는)로 흘러들어가 거기서 다른 저량의 유출을 촉발한다. 예를 들면, 돈과 비료, 노동력은 농경지로 흘러들어가 식량의 유출을 촉발한다. 식량과 석유를 비롯해 그 밖의 저량은 공장으로 흘러들어가 비료를 생산해 하나의 되먹임 고리를 완성한다. 고리와 부고리와 교차 고리로 이루어진 스파게티 같은 미로가 전체 세계를 만든다. 각각의 고리가 다른 고리에 미치는 영향력은 조절할 수 있으며, 실제 세계의 데이터—1헥타르의 땅에 비료와 물을 1kg씩 투입할 때 산출되는 식량의 양은 얼마이며, 그 과정에서 발생하는 오염 물질과 쓰레기의 양은 얼마인가 하는—로 나타나는 비율로 결정된다. 모든 복잡계에 공통적으로 적용되는 사실이 하나 있다. 그것은 한 가지 요소를 조절하는 행위가 어떤 영향을 낳을지 사전에 계산할 수 없다는 것이다. 그것이 전체 시스템에서 펼쳐져야만 그 영향을 정확하게 측정할 수 있다.

비비시스템은 살아남으려면 예측을 해야 한다. 하지만 예측 기계의 복잡성이 비비시스템 자체를 압도해서는 안 된다. 예측 기계에 내재하는 어려움의 한 예를 보고 싶다면, 성장의 한계 모형을 자세히 검토하면 된다. 이 모형을 특별히 선택한 이유는 네 가지가 있다. 첫째, 이 모형이 다시 발표되었다는 사실은 이 모형을 인간 노력에 대한 믿을 만한 예측 장치로 (재)간주해야 한다고 요구한다. 둘째,

이 모형은 그것을 평가하기에 편리한 20년간의 기간을 제공한다. 20년 전에 관찰된 패턴들이 아직도 나타나는가? 셋째, 성장의 한계 모형이 지닌 장점 한 가지는 비판이 가능하다는 점이다. 이 모형은 모호한 기술 대신에 계량화가 가능한 결과를 내놓는다. 그래서 검증이 가능하다. 넷째, 모든 모형 중에서 지구에서 살아가는 인류의 미래를 모형으로 만드는 것보다 더 야심적인 것은 없다. 이 중요한 시도의 성패는 모형을 사용해 아주 복잡한 적응계를 예측하려는 노력에 많은 교훈을 줄 것이다. 사실 우리는 다음과 같은 질문들을 던져야 한다. 세계처럼 겉보기에 예측 불가능해 보이는 과정을 조금이라도 신뢰할 수 있게 시뮬레이션하거나 예측하는 게 과연 가능한가? 되먹임을 바탕으로 돌아가는 모형은 복잡한 현상을 신뢰할 수 있게 예측하는가?

성장의 한계 모형은 유리한 점이 여러 가지 있다. 몇 가지만 꼽는다면, 지나치게 복잡하지 않고, 되먹임 고리가 추진력을 제공하며, 시나리오들을 펼친다. 하지만 약점들도 있는데, 내가 생각하는 것으로는 다음과 같은 것들이 있다.

폭이 좁은 전체 시나리오들: 성장의 한계 모형은 실제로 다양성이 풍부한 가능한 미래들을 탐색하는 대신에 비교적 폭이 좁은 일련의 가정들을 바탕으로 차이가 미미한 시나리오들을 많이 펼친다. 이 모형이 탐사하는 '가능한 미래들'은 대부분 저자들에게 그럴듯해 보이는 것들이다. 20년 전에 그들은 유한한 자원의 고갈을 합리적인 가정이라고 생각했고, 그래서 그 가정에 기초하지 않은 시나리오들을 모두 무시했다. 하지만 자원(희귀한 금속, 석유, 비료 같은)은 줄어들지 않았다. 제대로 예측하는 모형이라면 '생각할 수 없는' 시나리오를 만들어낼 수 있는 능력까지 갖춰야 한다. 시스템은 우리가 예상하지 못하는 장소들을 배회하기 위해, 가능성의 공간에서 충분히 움직일 수 있는 여유 공간을 가지는 게 중요하다. 자유도가 너무 많은 모형은 통제가 불가능한 반면, 자유도가 너무 제한된 모형은 신뢰할 수가 없기 때문에, 여기에는 운영의 묘가 필요하다.

잘못된 가정: 최 고의 모형이라도 전제가 잘못되었으면 엉뚱한 곳으로 탈선할 수 있다. 원래 이 모형의 핵심 가정은 지구에는 재생 불가능 자원이 250년분밖에 남아 있지 않은 반면, 그 수요는 기하급수적으로 늘어난다는 것이었다. 20년이 지난 뒤, 우리는 두 가지 가정이 모두 틀렸다는 사실을 알게 되었다. 석유와 광물 자원 매장량은 늘어났고, 그 가격은 크게 오르지 않았으며, 구리 같은 자원의 수요는 기하급수적으로 늘어나지 않았다. 1992년에 이 모형을 다시 발표할 때, 저자들은 이 가정들을 수정했다. 지금은 오염이 성장과 함께 반드시 증가하리란 것이 기본 가정이 되었다. 나는 지난 20년을 교훈으로 삼는다면, 이 가정도 20년 안에 수정되리라고 생각한다. 이러한 기본 속성의 '수정'이 필요한 이유는 성장의 한계 모형에 다음과 같은 약점이 있기 때문이다.

학습을 감안하지 않은 모형: 처음에 이 모형을 비판한 사람들은 성장의 한계 모형을 1800년부터 적용해 시뮬레이션해 보았더니 1900년에 이르자 '거리에 말똥이 6m 높이로 쌓였다고' 농담으로 이야기했다. 그 당시 말을 이용한 수송이 늘어나던 추세를 논리적으로 확대 적용하면 그런 결과가 충분히 나올 수 있다. 반농담조로 이렇게 이야기한 비판자들은 이 모형이 학습 능력이 있는 기술, 효율성 증가, 행동을 바꾸거나 해결책을 발견하는 사람들의 능력을 전혀 감안하지 않는다고 느꼈다.

모형에 집어넣은 적응이 한 가지 있긴 하다. 위기가 고조되면(오염이 증가하는 상황처럼) 그 문제를 해결하기 위해 자본 자산이 이동한다. (따라서 발생한 오염 계수가 낮아진다.) 하지만 이 학습은 분산되어 있지도 않고 제약이 없는 것도 아니다. 사실 모형을 만드는 것도 쉽지가 않다. 이 책의 다른 곳에서 보고된 연구 중 많은 것은 만들어진 환경에서 분산 학습과 제한 없는 성장을 달성하기 위한, 혹은 자연 환경에서 같은 것을 촉진하기 위한 선구적인 시도에 관한 것이다. 제약 없는 분산 학습이 없다면, 실제 세계는 불과 며칠 만에 모형을 추월할 것이다.

실제 세계에서 인도, 아프리카, 중국, 남아메리카의 주민들은 성장의 한계 모형이 제시하는 가상 예측에 기초해 자신의 행동을 바꾸진 않는다. 단지 눈앞에 닥친 자신의 학습 주기 때문에 변할 뿐이다. 예를 들면, 성장의 한계 모형은(대부분의 다른 예측과 마찬가지로) 어느 누가 예측한 것보다 더 빠른 속도로 떨어진 전 세계의 출산율을 전혀 예상치 못했다. 이런 현상이 일어난 것은 성장의 한계 모형 같은 종말론적 예측에 영향을 받았기 때문일까? 더 그럴듯한 메커니즘은 교육 수준이 높은 여성은 아이를 덜 낳고 더 잘사는 경향이 있으며, 사람들은 잘사는 사람의 생활 방식을 모방하는 습성이 있다는 것이다. 그들은 전 지구적인 성장의 한계 같은 것은 알지도 못하고 그런 것에 관심도 없다. 정부의 장려책은 이미 존재하던 국지적 동역학을 보조하는 데 그칠 뿐이다. 어디에 사는 사람이건 당면한 자기 이익을 위해 행동(그리고 학습)한다. 이것은 농산물 생산성, 농경지, 운송 같은 다른 기능에서도 마찬가지이다. 이렇게 요동하는 값들에 대한 가정은 성장의 한계 모형에서 고정되어 있지만, 현실에서 이 가정들 자체는 시간이 지남에 따라 유동적으로 변하는 공진화 메커니즘을 갖고 있다. 요지는 학습도 모형 안에 자리잡은 하나의 내부 고리로서 모형에 포함시켜야 한다는 것이다. 이 값들 외에 이 시뮬레이션—혹은 비비시스템을 예상한 어떤 시뮬레이션에서도—에서 가정들의 구조 자체도 적응할 수 있어야 한다.

평균적인 세계: 성장의 한계 모형은 세계를 균일하게 오염되고, 인구가 균일하게 분포되어 있고, 자원도 균일하게 분포되어 있다고 가정한다. 이러한 균일화는 세계를 적절한 모형으로 만들도록 충분히 단순화시킨다. 하지만 이것은 결국 모형의 목적을 훼손하는데, 지구의 해당 장소와 지역적 특징은 모형에서 가장 중요한 특징 중 하나로 포함되기 때문이다. 게다가 서로 다른 국지적 동역학 때문에 나타나는 동역학의 위계는 지구에서 일어나는 중요한 현상 중 일부를 빚어낸다. 성장의 한계 모형을 만든 사람들은 부고리의 힘을 인정한다. 사실 부고리는 소프트웨어의 기반을 이루는 포레스터의 시스템 동역학이 지닌 주요 장점이다. 하지만 이 모형은 세계의 가장 중요한 부고리인 지리학을 완전히 무시한다. 지리학이 없는 행성 모형은… 세계가 아니다. 학습이 시뮬레이션 전체에 분산되어야 할 뿐만 아니라, '모든' 기능 역시 그래야 한다. 이 모형의 가장 큰 단점은 지구에서 살아가는 생명의 분산된 속성—스웜 속성—을 반영하지 못했다는 데 있다.

제약 없는 성장을 모형화하지 못하는 문제: 내가 데이나 메도스에게 1600년부터 혹은 심지어 1800년부터 모형을 돌렸을 때 어떤 일이 일어났느냐고 묻자, 그녀는 그런 시도를 해본 적이 한 번도 없다고 대답했다. 나는 그 말을 듣고 깜짝 놀랐는데, 백캐스팅은 예측 모형의 표준 검증 도구로 쓰이기 때문이다. 이 경우에 모형을 만든 사람들은 시뮬레이션이 일관성을 보이지 않을 것이라고 생각했다. 그것은 경고임이 분명하다. 1600년 이래 세계는 장기적 성장을 경험했다. 만약 세계 모형이 신뢰할 만한 것이라면, 400년간의 성장을 시뮬레이션할 수 있어야 한다―최소한 역사로서는. 만약 성장의 한계 모형이 미래의 성장에 대해 뭔가 알려주는 게 있다고 믿으려면, 원리적으로 그 시뮬레이션은 많은 전환기를 포함한 장기적 성장 결과를 만들어낼 수 있어야 한다. 하지만 현 상황에서 성장의 한계 모형이 증명할 수 있는 것은 100년간의 붕괴 과정을 시뮬레이션할 수 있다는 것뿐이다.

메도스는 내게 "우리 모형은 놀랍도록 '완강'해요. 그것을 붕괴하지 않도록 하려면 온갖 종류의 일을 다해야 하지요. … 항상 똑같은 행동과 기본 동역학이 나타납니다. 즉 지나치게 팽창하다가 붕괴하고 말지요."라고 말했다. 이것은 사회의 미래를 예측하는 용도로 믿고 쓰기에는 아주 위험한 모형이다. 시스템의 초기 매개변수들은 모두 금방 종말로 수렴하고 말지만, 역사는 인간 사회가 경이롭게도 계속 팽창하는 시스템이라고 알려준다.

2년 전에 나는 진화가 일어나는 작은 생태계 세계를 만들던 프로그래머 켄 카라코치오스와 대화를 나누며 저녁을 보냈다. 그의 세계(이것은 결국 〈심라이프〉라는 게임이 되었다.)는 신의 역할을 하는 사람들에게 가상 동물과 식물을 각각 최대 32종씩 만드는 데 필요한 도구를 제공한다. 인공 동물과 식물은 상호작용하고 경쟁하고 서로를 잡아먹으면서 진화한다. "당신의 세계가 가장 오래 유지된 시간은 얼마인가요?"라고 묻자, 그는 "오!" 하고 신음 소리를 내면서 "겨우 하루요. 이렇게 복잡한 세계를 유지한다는 게 얼마나 힘든지 잘 아시잖아요. 이런 세계는 붕괴하길 좋아해요."

성장의 한계 모형에서 시나리오들이 붕괴하는 이유는 그것이 바로 성장의 한계 모형 시뮬레이션이 뛰어난 부분이기 때문이다. 모형에서 초기 조건은 거의 전부 다 종말이나 (아주 드물게) 안정 상태에 이르는데 — 하지만 새로운 구조로 넘어가는 경우는 절대로 없이 — 이 모형은 본질적으로 제약 없는 성장을 만들어낼 수 없기 때문이다. 성장의 한계 모형은 농업 시대에서 산업의 진화가 창발하는 과정을 모방할 수 없다. "세계를 산업 혁명 단계에서 그것을 넘어선 다음 단계로 이끌고 가지도 못하지요."라고 메도스는 시인했다. "모형이 보여주는 것은 산업 혁명의 논리가 필연적으로 제한의 벽에 부닥친다는 사실이에요. 모형은 두 가지 일을 할 수 있어요. 붕괴하기 시작하거나 그것을 구하기 위해 모형을 만든 우리가 개입하여 변화를 가하는 거지요."

나: 더 나은 세계 모형이 있다면, 스스로 다음 단계로 가도록 자신을 변화시키는 동역학이 있지 않을까요?

메도스: 이것이 일어나도록 시스템에 설계되어 있고, 우리는 뒤로 물러나 손 놓고 지켜보아야 한다는 생각은 다소 운명론적으로 보여요. 대신에 우리는 자신을 모형의 일부로 그 속에 집어넣지요. 인간 지능이 개입해 전체 상황을 인식하고, 인간 사회 구조에 변화를 가하지요. 따라서 여기에는 시스템이 어떻게 다음 단계로 넘어가야 하는지 — 지능이 시스템에 도달하여 시스템의 구조를 재편함으로써 — 우리가 생각하는 개념이 반영돼 있어요.

이것은 세계 구하기Save-The-World 모드이지만, 갈수록 복잡해지는 세계가 어떻게 작용하는지를 나타내는 데에는 부적합한 모형이다. 메도스가 지능이 인간 문화에 개입해 그 구조를 재편한다고 본 견해는 옳다. 하지만 그것은 순전히 모형을 만드는 사람들의 손을 통해 일어나는 것은 아니며, 문화적 문턱에서만 일어나는 것도 아니다. 이러한 구조 재편은 모든 시대에 매일 전 세계에서 60억 명의 마음속에서 일어난다. 인간 문화는 분산 진화 시스템이다(만약 그런 게 있다면). 수십억 개의 머리에서 매일 일어나는 이 분산 소진화를 포함하지 않은 예측 모형은 결국 붕괴할 수밖에 없는 운명이며, 그것이 없는 문명 자체도 그럴 수밖에 없다.

20년 뒤에 성장의 한계 모형 시뮬레이션은 단순히 업데이트가 필요한 데 그치지 않고, 완전히 다시 만들 필요가 있다. 이 모형의 최선의 용도는 더 나은 모형을 만들기 위해 극복해야 할 도전 과제이자 출발점 역할을 하는 것이다. 진정한 행성 사회의 예측 모형은 다음과 같은 조건을 갖춰야 한다.

1) 아주 다양한 시나리오들을 펼칠 수 있어야 한다.
2) 더 유연하고 근거가 있는 가정을 바탕으로 출발해야 한다.
3) 분산 학습을 포함해야 한다.
4) 국지적, 지역적 변이를 포함해야 한다.
5) 가능하면 복잡화가 증가하는 것을 보여주어야 한다.

내가 성장의 한계 세계 모형에 초점을 맞추는 이유는 이 모형이 잠재적으로 지닌 정치적 의미를 이용하기 위해서가 아니다(비록 첫 번째 버전은 성장에 반대하는 한 세대의 운동가들에게 영감을 주었지만). 그보다는 이 모형의 부족한 점들이 내가 이 책에서 강조하고자 하는 여러 가지 핵심 사실과 정확하게 일치하기 때문이다. 포레스터와 메도스의 모형은 아주 복잡한 적응계(지구에서 살아가는 인간의 인프라)를 시뮬레이션하려는 용감한 시도에서 이 시스템의 한 시나리오를 미래로 앞먹임하기 위해 성장의 한계가 아니라 특정 시뮬레이션의 한계를 강조한다.

그 점에서 메도스의 꿈은 포레스터와 중부사령부의 전쟁 게임 담당자들, 그리고 나 자신의 꿈과 같다. 즉 실제로 진화하는 세계를 충분히 반영한 시스템(기계)을 만들어, 실제 생명보다 이 소형 세계가 더 빨리 진화함으로써 그 결과를 미래에 투사할 수 있도록 하는 것이다. 우리가 예측 기계를 좋아하는 이유는 운명을 미리 알 수 있어서가 아니라 앞길을 안내받기 위해서일 것이다. 그리고 이상적으로는 그것은 자신보다 더 복잡한 것을 만들어낼 수 있는 카우프만 기계나 폰 노이만 기계가 될 것이다.

그것을 이루려면 모형에 '필수 복잡성'이 반드시 포함되어야 한다. 이 용어는 최초의 전자적 적응 모형 중 일부를 만든 사이버네틱스 연구자인 로스 애슈비가 1950년대에 만들었다. 모든 모형은 압축된 표상에 실제 세계의 세부 사항을 수많이 응축시켜 집어넣어야 하는데, 응축시켜야 하는 중요한 특성 중 하나는 실제 세계의 복잡성이다. 애슈비는 진공관으로 아주 작은 모형을 만드는 자신의 실험을 통해 만약 모형이 복잡성을 너무 지나치게 단순화시키면, 목표에서 벗어난다는 결론을 얻었다. 시뮬레이션의 복잡성은 모형으로 만든 실제 세계의 복잡성 범위 안에 있어야 한다. 그렇지 않다면 모형은 모형으로 만든 실제 세계의 다양한 변화를 따라잡을 수 없다. 또 다른 사이버네틱스 연구자인 제럴드 와인버그Gerald Weinberg는 《안정한 시스템의 설계에 관하여On the Design of Stable Systems》라는 책에서 필수 복잡성에 대해 훌륭한 은유를 제공한다. 와인버그는 적의 제트기를 겨냥한 유도 미사일을 상상해보라고 말한다. 미사일은 제트기 자체가 될 필요는 없지만, 제트기의 행동에 필적할 정도의 복잡한 비행 행동을 구현해야 한다. 만약 미사일이 최소한 표적 제트기만큼 빠르고 공기역학적으로 민첩하지 않다면, 결코 표적을 맞히지 못할 것이다.

성장의 한계 모형처럼 스텔라를 기반으로 한 모형들은 놀랍도록 많은 되먹임 회로를 갖고 있다. 1952년에 노버트 위너가 보여준 것처럼 되먹임 회로는 (조합 가능한 온갖 다양한 형태로) 제어와 자율적 관리의 원천이다. 하지만 되먹임에 대해 처음의 흥분에 가까운 반응이 나온 지 40년이 지난 지금 우리는 되먹임 고리만으로는 아주 흥미로운 비비시스템의 행동을 낳기에 불충분하다는 사실을 안다. 이 책에 등장한 연구자들은 비비시스템의 모든 특성을 만드는 데 꼭 필요한 복잡성은 두 종류가 더 있다는 사실을 발견했다. (물론 이것 말고도 더 있을지 모른다.) 그것은 바로 분산된 존재와 제약 없는 진화이다.

최근에 복잡계 연구에서 나온 핵심 통찰은 시스템이 새로운 것으로 진화할 수 있는 유일한 방법은 바로 유연한 구조를 가져야 한다는 것이다. 작은 올챙이는 개구리로 변할 수 있지만, 747 점보 제트기는 그 길이를 15cm만 늘려도 구조에 손상이 생긴다. 분산적 존재가 학습과 진화 시스템에 그토록 중요한 이유는 이 때문이다. 분산된 과잉 조직은 그 기능을 왜곡시키지 않으면서 구부러질 수 있고, 따라서 적응할 수 있다. 즉 변화를 얼마든지 수용할 수 있다. 우리는 그것을 성장이라 부른다.

성장의 한계 모형 같은 직접적 되먹임 모형은 안정—생명계의 한 가지 속성—을 이룰 수 있지만, 학습이나 성장이나 다양화—변화하는 문화나 생명 모형이 가져야 할 세 가지 필수 복잡성—를 할 수 없다. 이 능력들이 없으면, 세계 모형은 움직이는 실제 세계보다 멀리 뒤처질 것이다. 학습 능력이 없는 모형은 진화적 변화가 최소한으로 일어나는 가까운 미래를 예측하는 데 사용할 수 있다. 하지만 진화 시스템을 예측하려면—만약 일부 영역에서 예측할 수 있다면—시뮬레이션한 인공 진화 모형에 필수 복잡성이 꼭 필요하다.

하지만 진화와 학습을 들여온다면, 제어를 포기해야 한다. 데이나 메도스가 뒤로 물러나 전 지구적 문제를 지각하고 인간 노력의 '시스템에 개입해 시스템의 구조를 재편하는' 집단 인간 지능을 이야기할 때, 그녀는 성장의 한계 모형이 지닌 가장 큰 결함을 지적한다. 그 결함은 바로 선형적이고 기계적이고 실행 불가능한 제어 개념이다.

스스로를 만드는 시스템 밖에는 제어가 전혀 존재하지 않는다. 경제, 생태계, 인간 문화 같은 비비시스템은 어떤 곳에서도 제어하기가 어렵다. 자극을 주고, 교란시키고, 꼬드기고, 무리 짓게 해 이동시키고, 잘하면 내부에서부터 통합 조정할 수는 있다. 지구에서는 비비시스템 속으로 지능의 손을 보낼 수 있는 외부 플랫폼이 없고, 돌려주길 기다리는 제어 다이얼이 있는 지점도 내부에 없다. 인간 사회처럼 스웜 비슷한 큰 시스템의 방향은 상호 연결된 자기 모순적인 행위자들이 혼란스럽게 많이 모여 있는 집단을 통해 제어되는데, 이 행위자들은 전체가 어느 순간에 어디에 있는지 거의 인식하지 못한다. 게다가 이 스웜 시스템에서 활동하는 많은 구성원들은 개개의 인간 지능이 아니다. 그들은 합체된 실체, 집단, 제도, 기술 시스템, 심지어 지구 자체의 비생물적 시스템이다.

다음과 같은 노래가 울려퍼진다. "책임자는 아무도 없다. 우리는 미래를 예측할 수 없다."

이제 앨범의 뒷면에서 나오는 소리를 들어보자. "우리는 모두가 조종자이다. 우리는 바로 앞에 무엇이 있는지 예측하는 방법을 배울 '수' 있다. 배우는 것이 곧 사는 것이다."

23

전체, 구멍, 공간

“안녕하세요, 자기 조직하는 시스템 여러분!”

이렇게 말한 연설자는 세련된 미소를 지으면서 넥타이를 매만졌다. “해군연구개발국이 아머연구재단과 손을 잡고 개인적으로 아주 중요한 주제라고 생각하는 것을 주제로 하여 아주 적절한 시기에 이 회의를 조직했다는 사실에 저는 기쁜 마음을 이루 말로 표현할 수 없습니다.”

1959년 5월 초의 어느 봄날이었다. 놀랍도록 다양한 과학적 배경을 가진 사람들 400여 명이 아주 흥미진진할 것으로 기대되는 회의를 위해 시카고에 모였다. 참석한 사람들은 심리학, 언어학, 공학, 발생학, 물리학, 정보 이론, 수학, 천문학, 사회과학을 비롯해 주요 과학 분야들을 망라했다. 이토록 다양한 분야에서 이렇게 많은 최고 과학자들이 단 한 가지 주제를 가지고 이틀 동안 논의하기 위해 모인 회의는 그때까지 열린 적이 없었다. 이 한 가지 주제를 놓고 논의하기 위해 이토록 큰 규모의 회의가 열린 적도 일찍이 없었다.

그 주제는 그동안 거둔 성공으로 우쭐해지고 세계에서 자신이 담당하는 역할에 자신감이 넘치는 젊은 나라만이 생각이라도 해볼 수 있는 것이었다. 그 주제는 바로 자기 조직하는 시스템이었다. 즉 조직이 어떻게 스스로 혼자만의 힘으로 생명으로 발전하느냐 하는 문제를 다루었다. 자력갱생! 그것은 곧 미국의 꿈을 방정식으로 바꾼 것이었다.

"지금 이 시기를 선택한 것은 제 개인적 인생에도 특별한 의미가 있습니다." 연설자는 말을 계속했다. "지난 9개월 동안 미국 국방부는 조직적 노력에서 큰 진통을 겪었는데, 이것은 자기 조직하는 시스템을 만드는 것이 무엇인지 이해하려면 아직도 갈 길이 멀다는 사실을 분명하게 보여줍니다."

막 자기 자리를 찾아 앉던 이른 오전의 군중 사이에서 킥킥거리는 웃음소리가 터져나왔다. 연단에 선 해군연구개발국의 연구실장 조아킴 웨일Joachim Weyl은 미소를 지으면서 말을 계속했다. "여러분의 관심을 촉구하고 싶은 세 가지 기본 요소가 있습니다. 여러분이 연구하기에 딱 좋은 것들이죠. 컴퓨터 분야에서 우리는 결국 기억 요소에 대한 본질적인 이해를 이끌어낼 것입니다. 기억 요소는 미래에 여러분이 '자기 조직하는 시스템'이라고 부를지도 모르는 것에 절대적이고 필연적으로 존재하는 것이지요. 여러분도 나처럼 컴퓨터는 기억이 하나의 상태에서 다른 상태로 옮겨가는 수단에 불과하다고 말할지도 모르겠군요."

"두 번째 요소는 생물학자들이 분화라고 부르는 것입니다. 진화하는 모든 시스템에는 유전학자들이 돌연변이라 부르는, 본질적으로 무작위적인 사건이 꼭 필요하다는 사실은 명백합니다. 한 집단은 한 방향으로, 그리고 다른 집단은 다른 방향으로 나아가도록 추진하려면 처음에 유발 메커니즘이 일부 필요합니다. 다시 말해 잡음을 포함한 환경은 장기적 선택 규칙을 작동하게 하는 유발 메커니즘을 제공해야 한다는 거지요."

"세 번째 기본 요소는 큰 사회 조직을 다룰 때 가장 순수하고 가장 접근성이 높은 방식으로 나타납니다. 여기서는 우리의 목적을 위해 복종이라 부르기로 하죠. 원한다면 행정 기능이라고 불러도 좋습니다."

웨일의 연설에는 다음 단어들이 모두 포함되어 있었다. 신호 잡음, 돌연변이, 행정 기능, 자기 조직. 이 단어들은 DNA 모형이 나오기 전, 디지털 기술이 발전하기 전, 정보 관리 시스템 부서들이 생기기 전, 복잡성 이론이 등장하기 전에 이미 이야기되었던 것들이다. 여러분은 아마도 그 당시에 이 개념들이 얼마나 이질적이고 혁신적이었는지 상상하기 어려울 것이다.

그리고 얼마나 옳았는지도! 웨일은 내가 1994년에 쓴 책에서 다루었던 적응적 분산 시스템과 거기서 나타나는 창발 현상에 관한 새로운 과학에 대한 내용 전부를 이미 35년 전에 단번에 요약 정리한 것이다.

1959년 회의의 통찰이 이토록 놀라운 것이긴 하지만, 나는 다른 측면에서 놀라운 사실을 또 하나 발견했다. 바로 전체 시스템에 대한 우리의 지식이 지난 35년 동안 발전한 게 거의 없다는 사실이었다. 이 책에서 소개한 것처럼 최근에 중요한 진전이 일어나긴 했지만, 전체 시스템의 자기 조직과 분화, 복종에 대한 기본 질문 중 많은 것은 아직도 수수께끼로 남아 있다.

1959년 회의에 논문을 제출한 스타 과학자들은 1942년부터 더 작은 회의들에서 만났던 사람들이 공식적인 큰 회의에서 다시 모인 셈이었다. 초청받은 사람만 참석할 수 있었던 친밀한 분위기의 그 회의들은 조사이어메이시주니어재단이 주최하여 '메이시 회의'

로 알려졌다. 전시의 긴급성을 반영해 소규모 회의들은 학제간 연구를 하는 엘리트 과학자들로 이루어졌고, 큰 것을 생각하라고 강조했다. 9년에 걸친 회의에 초청받은 통찰력이 뛰어난 수십 명의 과학자 중에는 그레고리 베이트슨, 노버트 위너, 마거릿 미드, 로렌스 프랭크, 존 폰 노이만, 워런 매컬로크, 아르투로 로센블루에트Arturo Rosenblueth 등이 포함되어 있었다. 이 스타 과학자들은 훗날 그들이 선도한 전망—제어의 기술이자 과학인 사이버네틱스—때문에 사이버네틱 그룹으로 알려지게 된다.

어떤 일이 처음 시작될 때 별로 눈길을 끌지 못하는 것도 있지만, 이 회의는 달랐다. 첫 번째 메이시 회의 때부터 참석자들은 자신들이 그 길을 열어가는 곳의 색다른 풍경을 상상할 수 있었다. 오랜 과학적 배경과 본능적으로 의심부터 하고 보는 성향에도 불구하고, 그들은 즉각 이 새로운 견해가 그들이 평생 동안 해온 연구를 확 바꿀 것이라는 사실을 깨달았다. 인류학자 마거릿 미드는 첫 번째 회의에서 나온 개념들에 너무 흥분한 나머지 "회의가 끝날 때까지 내 이빨 하나가 부러졌다는 사실조차 알아채지 못했다."라고 회상했다.

핵심 그룹은 생물학, 사회과학, 그리고 오늘날 우리가 컴퓨터과학이라 부르는 분야(이 그룹은 그 당시 컴퓨터라는 개념을 막 만들어내던 참이었다.)의 주요 사상가들로 이루어져 있었다. 그들이 이룬 주요 성과는 생물학, 사회과학, 컴퓨터과학에서 사용될 제어와 설계 언어를 기술한 것이었다. 이 회의들의 획기적 성과 중 많은 것은 생물을 기계로, 기계를 생물로 간주하는 비전통적 접근 방법에서 나왔다. 폰 노이만은 뇌 신경세포의 속도와 진공관의 속도를 계량적으로 비교했는데, 이것은 이 둘을 '비교할 수' 있음을 보여준 과감한 시도였다. 위너는 자동 기계가 인간의 해부 구조로 이어진 역사를 검토했다. 의사인 로센블루에트는 신체와 세포에서 항상성 회로를 보았다.

스티브 하임스Steve Heims는 큰 영향력을 행사한 이 두뇌 집단의 역사를 기술한 《사이버네틱스 그룹The Cybernetics Group》에서 메이시 회의에 대해 이렇게 썼다. "미드나 프랭크 같은 인간 중심주의적 사회과학자들조차 생명을 엔트로피를 줄이는 장비로, 인간을 서보 기구로, 그 마음을 컴퓨터로, 사회 갈등을 수학 게임 이론으로 기술하는 기계적 차원의 이해를 지지하는 사람들이 되었다."

공상 과학 소설이 막 알에서 깨어난 지 얼마 안 돼 오늘날의 현대 과학에서 그러는 것처럼 큰 영향을 미치는 요소가 아니던 시대에 메이시 회의 참석자들은 오늘날 공상 과학 소설 작가들이 그러는 것처럼 자신들이 사용하던 은유의 의미를 종종 극한까지 확대했다. 한 회의에서 매컬로크는 "나는 특별히 인간을 좋아하지 않으며, 결코 좋아한 적이 없다. 내가 보기에 인간은 모든 동물 중에서 가장 불쾌하고 파괴적인 종이다. 만약 인간이 인간보다 더 많은 즐거움을 얻을 수 있는 기계를 진화시킨다면, 기계가 기꺼이 우리의 자리를 탈취하여 우리를 노예로 전락시키지 말아야 할 이유를 나는 모르겠다. 기계들은 인간보다 더 많은 즐거움을 얻을 것이고, 더 나은 게임들을 발명할 것이다."라고 말했다. 휴머니스트들은 이런 전망에 경악했겠지만, 이 악몽 같은 인간 비하적 시나리오 뒤에는 아주 중요한 개념이 몇 가지 숨어 있다. 즉 기계는 진화할 수 있고, 현실에서 지적인 일들을 인간보다 잘할 수 있을지도 모르며, 아주 정교한 기계의 작동 원리는 우리의 그것과 같다는 것 등이 그것이다. 이것들은 다음 1000년을 상징하는 은유이다.

미드는 훗날 메이시 회의에 대해 이렇게 썼다. "이 (사이버네틱) 그룹의 심사숙고에서 아주 수준 높은 일련의 생산적 성과들이 쏟아져 나왔다." 특히 되먹임 제어, 순환 인과성, 기계의 항상성이라는 개념과 정치 게임 이론이 거기서 탄생했고, 이것들은 점차 주류로 편입되어 마침내 오늘날에는 거의 진부한 개념에 가까울 정도로 기본적인 개념이 되었다.

사이버네틱 그룹은 질문을 위해 준비한 의제만큼 답을 많이 발견하지는 못했다. 수십 년 뒤에야 카오스, 복잡성, 인공 생명, 포섭 구조, 인공 진화, 시뮬레이션, 생태계, 생체공학 기계를 연구하는 과학자들이 그들의 질문들에 대한 틀을 사이버네틱스에서 발견했다. 《통제 불능》의 내용을 한마디로 요약한다면, 현재의 사이버네틱스 연구 상태를 업데이트한 것이라고 말할 수 있다.

하지만 여기에 아주 흥미로운 수수께끼가 숨어 있다. 만약 이 책이 정말로 사이버네틱스에 관한 것이라면, 왜 '사이버네틱스'라는 단어가 별로 등장하지 않을까? 이 분야의 최첨단 과학을 초기에 주도하던 사람들은 지금 어디서 무엇을 하고 있는가? 예전의 그 구루들과 그들의 훌륭한 개념들은 왜 그들의 연구를 자연스럽게 확장한 분야의 중심에 있지 않을까? 사이버네틱스에는 그동안 무슨 일이 일어났는가?

이것은 내가 처음에 젊은 세대의 시스템 연구 개척자들을 만나 함께 시간을 보내면서 당혹감을 느꼈던 수수께끼였다. 박식한 사람들은 초기의 사이버네틱스 연구에 대해 분명히 알고 있었겠지만, 그들과 함께 일하는 사람들 중에서 사이버네틱스를 연구한 경력이 있는 사람은 아무도 없었다. 한 세대 전체가 몽땅 사라져 지식의 전달 과정에서 구멍이 뻥 뚫린 것 같았다.

사이버네틱스 운동이 왜 사라졌는지를 설명하는 이론은 세 가지가 있다.

• 사이버네틱스는 새롭게 각광을 받으며 떠오르던(하지만 결국 빛을 보지 못한) 인공 지능 분야에 자금 지원을 빼앗기면서 고사하기 시

작했다. 인공 지능이 유용한 성과를 내는 데 실패한 것이 사이버네틱스에 사망 선고를 내린 결정타였다. 사이버네틱스의 한 측면에 불과한 인공 지능이 정부와 대학의 자금을 대부분 빨아들이는 동안 사이버네틱스의 방대한 나머지 의제들은 시들고 말았다. 대학원생들이 인공 지능 분야로 피신하면서 다른 분야들도 고사하고 말았다. 하지만 인공 지능 분야에서 나온 성과는 미미했다.

• 사이버네틱스는 일괄 처리 방식 컴퓨팅의 희생자였다. 사이버네틱스는 훌륭한 개념들을 많이 내놓았지만, 대부분 말에 그쳤다. 그 개념들을 검증하는 데 필요한 실험들은 완전한 탐색 모드 상태에서 최대 속력으로 돌아가는 컴퓨터에서 많은 사이클을 사용해야 했다. 하지만 이것은 메인프레임 컴퓨터를 관리하는 사람들로서는 들어줄 수 없는 무리한 요구였다. 그래서 사이버네틱스 이론 중에서 검증을 위해 실험에 옮겨진 것은 거의 없었다. 값싼 개인용 컴퓨터가 전 세계적으로 유행할 때에도 대학들은 그것을 받아들이는 데 매우 느렸다. 그래서 고등학생이 집에서 애플 II를 가지고 놀 때, 대학들은 여전히 천공 카드를 사용했다. 도인 파머와 그 친구들은 자신의 컴퓨터를 직접 만듦으로써 카오스 이론을 발견했다. 전통적인 사이버네틱스 연구자는 완전한 범용 컴퓨터를 실시간으로 사용할 수 있어야 했지만, 그런 기회를 결코 얻지 못했다.

• 사이버네틱스는 '관찰자를 상자 안으로 집어넣음으로써' 질식사했다. 1960년, 하인츠 폰 푀르스터는 시스템의 관찰자를 더 큰 메타시스템의 일부로 포함시킴으로써 사회 시스템에 대해 참신한 견해를 얻을 수 있다고 제안했다. 폰 푀르스터는 이것을 2차 사이버네틱스 또는 관찰 시스템의 시스템이라 불렀다. 이 통찰은 치료사가 치료하는 가족에 관한 이론에 자신까지 포함시켜야 하는 가족 요법

가족을 치료 대상으로 하는 심리 요법. 가족의 문제는 문제를 가진 개인만이 아니라 문제 가족을

대상으로 해결할 필요가 있다는 인식을 바탕으로 가족 전체의 심리적 성숙을 목표로 하는 요법 – 옮긴이 같은 분야들에 유용했다. 하지만 '관찰자를 시스템 안에 집어넣는 것'은 치료사가 환자들을 비디오테이프에 담고, 사회학자가 환자들의 비디오테이프를 보는 치료사를 비디오테이프에 담고, 또 치료사를 보는 사회학자 자신을 다시 비디오테이프에 담으면 … 무한후퇴로 빠져든다. 1980년대에 미국 사이버네틱스 학회의 명부는 시스템을 관찰하는 효과에 주로 관심을 가진 치료사, 사회학자, 정치학자의 이름들로 넘쳤다.

이 세 가지 이유가 합쳐져 1970년대 후반에 이르자 사이버네틱스는 고사하고 말았다. 사이버네틱스 분야에서 일어난 연구는 대부분 여러분이 지금 읽고 있는 이 책의 수준 정도에 불과했다. 즉 책상에 앉아서 일관성 있는 큰 그림을 엮어보려는 탁상공론 수준이었다. 진짜 연구자들은 인공 지능 연구소에서 좌절에 빠져 머리를 쥐거나 잘 알려지지 않은 러시아의 연구소에서 일했다. 러시아에서는 사이버네틱스가 수학의 한 분야로 명맥을 이어갔다. 나는 사이버네틱스에 관한 정식 교과서가 단 한 권이라도 영어로 출판된 적이 있다고 보지 않는다.

우리가 과학이라고 부르는 지식의 천에는 바로 이곳에 찢어진 부분, 곧 구멍이 있었다. 그 구멍은 지혜로운 노인들에게서 부담을 받는 일 없이 열정적인 젊은 연구자들이 메웠다. 이 간극 때문에 나는 과학의 공간을 다시 생각하게 되었다.

과학 지식은 병렬 분산 시스템이다. 거기에는 중심도 없고, 제어하는 사람도 없다. 100만 개의 머리와 분산된 책들이 그 부분들을 떠받친다. 이것 역시 망이다. 즉 사실과 이론이 또 다른 사실이나 이론과 상호작용하고 서로 영향을 주고받는 공진화 시스템이다. 하지만 과학을 울퉁불퉁한 수수께끼의 지형에서 병렬적으로 탐색하는 행위자들의 네트워크로 간주하고 하는 과학 연구는 내가 여기서 다룬 그 어떤 것보다 훨씬 큰 분야이다. 과학의 역학만 제대로 다루려고 해도 지금까지 내가 쓴 것보다 훨씬 두꺼운 책이 필요할 것이다. 나는 이 책이 끝날 시점에 이른 여기서 단지 그런 시스템을 넌지시 암시만 할 수 있을 뿐이다.

지식과 진실과 정보는 네트워크와 스웜 시스템에서 흘러다닌다. 나는 늘 과학 지식의 질감에 흥미를 느꼈는데, 그것이 울퉁불퉁하고 고르지 않은 것처럼 보이기 때문이다. 우리가 집단적으로 아는 지식 중 많은 것은 몇몇 좁은 영역에서 나오지만, 그 영역들 사이에는 광대한 무지의 사막이 펼쳐져 있다. 나는 이 관찰 사실을 이제 양성 되먹임과 끌개의 효과로 해석할 수 있다. 약간의 지식은 그 주변에 있는 많은 것을 밝혀주며, 새롭게 밝혀진 것은 다시 스스로를 되먹임하면서 한쪽 구석이 폭발한다. 그 반대도 마찬가지로 성립한다. 즉 무지는 무지를 낳는다. 그 결과로 아무것도 모르는 텅 빈 지역들 사이에 자기 조직 지식의 언덕이 군데군데 서 있는 울퉁불퉁한 지형이 생겨난다.

문화적으로 생겨난 이 공간에서 나는 사막—구멍—들에 큰 흥미를 느낀다. 우리가 모르는 것에 대해 우리는 무엇을 알 수 있을까? 진화론에서 곧 나타날 것처럼 기대되는 가장 큰 약속은 왜 생물이 변하지 않는지 그 수수께끼를 푸는 것인데, 안정 상태는 변화보다 훨씬 보편적이지만 설명하기는 훨씬 어렵기 때문이다. 우리는 변화의 시스템에서 무변화에 대해 무엇을 알 수 있을까? 변화의 구멍들은 변화 전체에 대해 무엇을 말해줄까? 그래서 내가 여기서 탐구하고자 하는 것은 전체들의 공간에 난 구멍들이다.

이 책에는 전체들뿐만 아니라 구멍들도 가득 들어 있다. 내가 모르는 것은 아는 것을 훨씬 능가하지만, 불행하게도 내가 모르는 것에 대해 글을 쓰는 것보다는 아는 것에 대해 글을 쓰는 것이 훨씬 쉽다. 물론 무지의 속성 때문에 나는 자신의 지식이 실패하는 모든 장소와 틈을 알지 못한다. 자신의 무지를 인식하는 것은 굉장한 재주이다. 그것은 과학에서도 마찬가지이다. 아마도 다음 단계의 과학 발전은 무지의 구멍들을 지도로 작성하는 게 될 것이다.

오늘날 과학자들은 과학이 혁명적이라고 믿는다. 그들은 계속 진행되는 소혁명들의 모형으로 과학이 어떻게 작동하는지 설명한다. 이 관점에 따르면, 연구자들은 사실을 설명하기 위해 이론을 만든다. (예를 들면, 무지개가 나타나는 이유는 빛이 파동이기 때문이다.) 이론 자체는 새로운 사실(파동도 구부러질 수 있을까?)을 찾아볼 장소를 제시한다. 여기서 다시 수확 체증의 법칙이 나타난다. 새로운 사실이 발견되면, 그것은 이론의 일부로 포함되어 그 힘과 신뢰성을 보강한다. 가끔 과학자들은 이론으로 설명되지 않는 새로운 사실(빛은 가끔 입자처럼 행동한다는)을 발견한다. 이것을 이상異常, anomaly이라 부른다. 처음에는 이상이 발견되더라도, 기존의 이론과 일치하는 새로운 사실들이 계속 발견되는 한 무시당한다. 그러다가 축적된 이상이 아주 중요한 의미를 지니거나 큰 문제를 일으키거나 그 수가 너무 많거나 하면 더 이상 무시할 수 없게 된다. 그러면 어느 과감한 젊은이가 혁명적인 모형(예컨대 빛은 파동인 동시에 입자라는)을 들고 나와 이상을 설명한다. 낡은 이론의 시대는 가고, 새 이론이 지배하는 시대가 열린다.

과학사학자 토머스 쿤Thomas Kuhn의 표현을 빌리면, 지배 이론은 패러다임paradigm이라 부르는 자기 강화 사고 방식을 형성하는데, 패러다임은 무엇이 사실이고 무엇이 단순한 잡음에 불과한지 결정한다. 패러다임 안에서 이상은 하찮은 것, 진기한 것, 착각, 나쁜 데이터이다. 패러다임을 지지하는 연구 계획은 지원금과 연구실 공간, 학위를 받는다. 패러다임 밖에서 활동하는 연구 계획 – 호기심을 자극하지만 하찮은 주제를 재미삼아 건드리는 연구 계획들 – 은 아무것도 얻지 못한다. 혁명적 발견을 하고서도 연구비 지원을 거절당하고 인정받지 못한 유명한 과학자 이야기는 하도 많아서 진부하게 들릴 정도이다. 나도 이 책에서 그런 진부한 이야기를 몇 가지 소개했다. 한 예는 신다윈주의 도그마를 부정하는 개념들을 추구했다가 무시당한 과학자들이다.

토머스 쿤이 유명한 고전 작품인 《과학 혁명의 구조The Structure of Scientific Revolutions》에서 한 말에 따르면, 과학에서 진정한 발견은 오로지 "이상을 인식하는 것과 함께 시작한다."고 한다. 발전은 반대를 인정하는 데에서 시작한다. 그동안 짓밟히고 억압되어온 이상들(그리고 그 발견자들)이 자신들의 역진리를 치켜들고 반란을 일으켜 권좌를 탈취함으로써 기존의 패러다임은 전복된다. 최소한 한동안은 새로운 개념들이 지배하지만, 이것들 역시 나중에는 경직되고 새로운 이상의 불평에 무신경해져서 결국 전복되고 만다.

과학에서 패러다임이 이동한다는 쿤의 모형은 아주 그럴듯해서 그 자체가 하나의 패러다임 – 패러다임의 패러다임 – 이 되었다. 우리는 지금 과학 내부와 외부를 막론하고 도처에서 패러다임들과 패러다임들의 전복을 목격하고 있다. 패러다임 이동은 우리의 패러다임이다. 사물들이 실제로는 그런 방식으로 작용하지 않는다는 사실은… 음, 이것도 하나의 이상이다.

앨런 라이트먼Alan Lightman과 오언 깅그릭Owen Gingerich은 1991년에 〈사이언스〉에 발표한 〈이상은 언제 시작되는가?When Do Anomalies Begin?〉라는 제목의 논문에서 지배적인 쿤의 과학 모형과는 반대로 "어떤 과학적 이상은 새로운 개념적 틀 내에서 설득력 있는 설명이 일어난 '뒤'에야 인정받는다. 이러한 인정이 일어나기 전에는 그 특별한 사실은 기존의 틀 안에서 당연한 것으로 간주되거나 무시된다."라고 주장했다. 다시 말해서, 지배적인 패러다임을 결국 무너뜨리는 실제 이상들은 처음에는 이상으로 인식조차 되지 않는다는 말이다. 그것들은 눈에 보이지 않는다.

라이트먼과 깅그릭의 논문을 바탕으로 '뒤늦은 인정' 사례를 몇 가지 소개한다.

• 1960년대 이전의 지질학자들은 남아메리카와 아프리카의 모양이 자물쇠와 열쇠처럼 서로 딱 들어맞는다는 사실에 그다지 큰 관심을 보이지 않았다. 이 사실은 물론이고, 대양 한가운데에서 발견된 중앙 해령도 지질학자들이나 대륙 형성에 관한 그들의 이론에 전혀 문제가 되지 않았다. 두 대륙의 윤곽이 딱 들어맞는다는 사실은 대서양 지도가 처음 만들어지던 때부터 알려졌으나, 지질학자들은 거기에 별도의 설명이 필요하다고 생각하지 않았다. 훗날에야 설명이 필요한 사실로 뒤늦게 인정되었다.

• 뉴턴은 아주 많은 물체의 관성 질량(진자를 움직이는 것처럼 물체를 움직이게 할 때 얼마나 큰 힘이 드는가?)과 중력 질량(물체가 지구로 떨어질 때 얼마나 빠른 속도로 떨어지는가?)을 정확하게 측정해 두 힘이 같은 것은 아니라 하더라도 크기가 같으며, 물리학 계산을 할 때 상쇄할 수 있다는 사실을 알아냈다. 수백 년 동안 이 관계를 의심한 사람은 아무도 없었다. 하지만 아인슈타인은 '이 법칙이 물리 우주 체계의 기반에서 설 자리가 전혀 없다는' 사실을 발견하고 놀랐다. 아인슈타인은 다른 사람들과 달리 이 사실에 궁금증을 느꼈고, 혁명적인 일반 상대성 이론으로 그것을 설명하는 데 성공했다.

• 천문학자들은 수십 년 동안 우주의 운동 에너지와 중력 에너

지―팽창하는 우주를 폭발과 붕괴 사이에서 균형을 잡게 해주는 한 쌍의 힘―가 거의 정확하게 균형을 이루고 있다는 사실을 이따금 발견했다. 하지만 이 사실은 1981년에 '인플레이션 우주' 모형이 나오면서 골치 아픈 역설이 되기 전까지는 전혀 '문제'가 되지 않았다. 패러다임 이동이 일어난 뒤에 그것이 문제로 부각되기 전까지는 두 힘 사이의 균형은 전혀 이상으로 간주되지 않았다.

이 사례들에서 공통적인 것은 이상이 설명이 전혀 필요 없는 관찰 사실로 나타난다는 점이다. 그것은 처음에는 전혀 문제가 되는 사실이 아니고, 그저 당연한 사실로 여겨진다. 이상은 패러다임 이동의 원인이 아니라, 패러다임 이동의 결과이다.

데이비드 배러시David P. Barash는 〈사이언스〉에 보낸 편지에서 비이상非異常, nonanomaly을 개인적으로 경험한 이야기를 했다. 그는 1982년에 사회생물학 교과서를 썼는데, 거기서 "다윈부터 시작해 진화생물학자들은 동물이 때로는 자신이 큰 대가를 치르면서까지 다른 동물에게 이익이 되는 것처럼 보이는 행동을 자주 한다는 사실 때문에 골머리를 앓았다."라고 말했다. 사회생물학은 1964년에 윌리엄 해밀턴이 포괄 적합도 이론을 발표하면서 시작했는데, 이 이론은 비록 논란이 되긴 하지만 동물의 이타적 행동을 그럴듯하게 해석하는 방법을 제공했다. 배러시는 "하지만 나는 라이트먼과 깅그리치의 논문에 자극을 받아 1964년 이전에 나온 동물행동학과 진화생물학 교과서를 많이 검토한 결과, 사실은―위에서 인용한 내 주장과 반대로―해밀턴의 통찰이 나오기 이전에 진화생물학자들은 동물들 사이에서 나타나는 이타적 행동에 그다지 골머리를 앓지 않았다는 사실을 발견했다(최소한 그들은 그 현상에 이론적으로나 실증적으로 큰 관심을 보이지 않았다)."라고 썼다. 배러시는 반농담조로 생물학자들은 "우리가 알지 못하는 것, 예컨대 동물행동학 같은 강좌를 가르친다."라는 말로 편지를 끝맺었다.

이 책의 마지막 부분은 복잡 적응계와 제어의 본질에 대해 우리가, 혹은 최소한 내가, 알지 못하는 것을 짧게 다룰 것이다. 그것은 질문들의 명단, 곧 구멍들의 목록이다. 많은 질문은 심지어 과학자가 아닌 사람에게조차 어리석거나 명백하거나 하찮거나 신경 쓸 가치가 거의 없어 보일 수 있다. 해당 분야의 과학자들도 똑같이 말할지 모른다. 이 질문들은 아마추어 과학 팬의 착각이나 헛소리 또는 기술 초월주의자가 잘 모르고 한 생각이라고 말이다. 뭐 그래도 상관없다. 나는 잘 알려지지 않은 펜티 캐너바의 축약 분산 컴퓨터 기억 장치에 관한 논문 서문에 더글러스 호프스태터가 쓴 훌륭한 문단을 읽고 큰 영감을 받아 비정통적인 이 짧은 설명을 계속하기로 마음먹었다. 호프스태터는 이렇게 썼다.

> 우리에게 익숙한 지각적 범주의 구성원들은 자동적으로 그 범주의 이름을 떠올리게 한다는 거의 자명한 사실로 이야기를 시작하려 한다. 따라서 우리가 계단(예컨대)을 볼 때, 계단이 아무리 크건 작건, 꼬불꼬불하건 똑바르건, 장식이 많건 적건, 현대적이건 낡은 것이건, 더럽건 깨끗하건 간에, 의식적 노력을 전혀 하지 않더라도 '계단'이라는 이름이 자연히 무대 중심으로 떠오른다. 전화, 우편함, 밀크셰이크, 나비, 모형 비행기, 신축성 바지, 가십 잡지, 여성 신발, 악기, 비치볼, 스테이션왜건, 식료품점 등등도 마찬가지이다. 외부의 물리적 자극이 간접적으로 우리 기억의 적절한 부위를 활성화시키는 이 현상은 인간 생활과 언어 모든 곳에 아주 철저하게 스며들어 있기 때문에, 대부분의 사람들은 놀라움을 느끼는 것은 말할 것도 없고, 거기에 조금이라도 흥미를 느끼는 것조차 어렵다. 하지만 이것은 아마

도 모든 정신적 메커니즘 중에서 가장 중요한 메커니즘일 것이다.

다른 사람들은 아무도 흥미를 보이지 않는 질문에 놀라움을 느끼거나 아무도 문제라고 생각하지 않는 문제에 놀라움을 느끼는 것이야말로 과학의 발전을 위해 더 나은 패러다임일 것이다.

이 책은 자연과 기계가 어떻게든 작동한다는 사실에 대한 나의 놀라움이 그 바탕이 되었다. 나는 그 놀라운 느낌을 독자에게 설명하려는 노력에서 이 책을 썼다. 이해하지 못하는 것을 만나면, 그것을 붙잡고 매달리거나 연구를 하거나 관련 문헌을 읽으면서 결국 이해했고, 그러고 나서 다시 글을 써나가다가 또다시 쉽게 답할 수 없는 다음 질문에 맞닥뜨렸다. 그러면 처음부터 같은 과정을 반복했고, 그런 식으로 돌고 도는 식으로 작업을 해나갔다. 그러다가 결국 나는 더 이상 글을 쓸 수 없게 만드는 질문을 만나게 되었다. 사람들은 그 질문의 답을 아무도 알지 못하거나, 상투적인 반응을 보이면서 나의 궁금증을 전혀 이해하려 하지 않았다. 이렇게 걸음을 멈추게 하는 질문들은 처음에는 전혀 중요해 보이지 않았다. 당장은 아무 쓸데 없는 질문으로 보였다. 하지만 사실은 이 질문들은 이상의 전조이다. 우리가 인식하기도 전에 사물들을 범주화하는 우리 마음의 능력에 호프스태터가 놀란 것처럼, 이 조용한 수수께끼들에서 미래의 통찰과 어쩌면 혁명적 이해가, 그리고 결국에는 우리가 그것들을 설명해야 한다는 인식이 나올 것이다.

이 질문들이 대부분 앞장들에서 내가 답을 제시한 것처럼 보이는 바로 그 질문들처럼 보인다는 사실에 고개를 갸웃하는 독자도 있을 것이다. 그러나 실제로는 나는 이 질문들 주위를 돌아다니면서 탐색하고 높은 산 위로 올라가려고 시도하다가 가짜 정상에서 발이 묶였다. 내 경험으로는 좋은 질문은 대부분 부분적인 답에 발이 묶인 채 움직이지 못할 때 나온다. 이 책은 흥미로운 질문을 찾기 위한 노력이었다. 그런데 도중에 다소 평범한 질문들 때문에 내 발이 묶인 적이 있다. 그런 질문들로는 다음과 같은 것들이 있다.

• 나는 이 책에서 '창발'이라는 단어를 자주 사용한다. 복잡성 연구자들이 사용하는 이 단어의 대략적인 뜻은 '서로 협력해 작용하는 부분들에서 생겨나는 조직'이라고 할 수 있다. 하지만 더 깊이 생각해보면, 이 단어는 근본적으로 아무 의미가 없다는 모호한 인상만 남긴 채 그 의미가 사라지기 시작한다. 나는 '창발했다'라는 단어가 사용된 모든 사례들에서 대신에 '일어났다'로 바꾸었더니, 뜻이 잘 통하는 것처럼 보였다. 여러분도 한번 그렇게 해보라. 전 지구적인 질서는 국지적 규칙들로부터 일어난다. 창발이란 단어를 쓸 때, 우리는 무슨 뜻으로 그 단어를 쓰는 것일까?

• 그리고 '복잡성'이란 도대체 무엇일까? 나는 1992년에 똑같이 《복잡성》이라는 제목을 달고 나온 두 권의 책을 학수고대했다. 하나는 미첼 월드롭이 쓴 것이고, 또 하나는 로저 르윈이 쓴 것이다. 적어도 둘 중 하나는 복잡성을 현실적으로 측정하는 척도를 제공하리라 기대했기 때문이다. 하지만 두 저자 모두 쓸 만한 정의를 제시하려는 시도 없이 그 주제에 대한 책을 썼다. 어떤 사물이나 과정이 다른 것보다 더 복잡하다는 사실을 어떻게 알 수 있을까? 오이는 캐딜락보다 더 복잡한가? 초원은 포유류의 뇌보다 더 복잡한가? 얼룩말은 국가 경제보다 더 복잡한가? 나는 복잡성의 수학적 정의를 서너 가지 알고 있지만, 그 중 어느 것도 내가 던진 이런 종류의 질문들에 답을 제시하는 데 보편적 유용성이 없다. 우리는 복잡성에 대해 아는 게 너무 적기 때문에 아직 그것이 무엇인지 제대로 된 질문을 던지지 못한다.

• 만약 진화가 점점 더 복잡해지는 쪽으로 나아가는 경향이 있다면, 그 이유는 무엇일까? 그리고 만약 실제로는 그렇지 않다면, 그렇게 보이는 이유는 무엇일까? 사실은 복잡성이 단순성보다 더 효율적이기 때문일까?

• 자기 조직, 진화, 학습, 생명 같은 과정에는 '필수 변이'—최소한의 복잡성 또는 부분들의 다양성—가 있는 것처럼 보인다. 충분한 변이가 충분하다는 사실을 어떻게 확실히 알 수 있을까? 우리는 다양성을 측정할 좋은 척도가 없다. 직관적 느낌은 있지만, 그것을 아주 정확한 어떤 것으로 바꿀 수가 없다. 변이란 무엇일까?

• '카오스의 가장자리'는 '중용의 도'를 이야기하는 것처럼 들릴 때가 많다. 카오스의 가장자리는 시스템이 최대의 적응성을 발휘하는 값들을 '적응을 위한 최적의 조건'으로 정의하기 위해 골디락스 놀이를 하는 것에 지나지 않을까? 이것 역시 또 하나의 필요한 동어반복일까?

• 컴퓨터과학에는 처치/튜링 가설이라는 유명한 추측이 있는데, 이것은 인공 지능과 인공 생명에 대한 많은 추론을 지지한다. 이 가설은 무한한 시간과 무한한 테이프만 준다면, 범용 연산 기계는 다른 범용 연산 기계가 계산할 수 있는 것은 무엇이라도 계산할 수 있다고 말한다. 하지만 맙소사! 무한한 시간과 공간은 바로 산 자와 죽은 자를 가르는 차이이다. 죽은 자는 무한한 시간과 공간에 머무는 반면, 산 자는 유한한 시간과 공간에서 살아간다. 따라서 일정 범위 내에서 컴퓨터에서 일어나는 과정은 그것이 돌아가는 하드웨어와는 독립적인 반면(기계는 다른 기계가 하는 일을 모두 모방할 수 있다.), 과정의 대체 가능성에는 실질적인 한계가 있다. 인공 생명은 탄소를 기반으로 한 하드웨어에서 생명을 추출해 다른 기반 위에서 작동하게 할 수 있다는 전제를 바탕으로 한다. 지금까지 행해진 실험들은

이 전제가 예상했던 것 이상으로 옳음을 보여주었다. 하지만 실제 시간과 공간에서 한계는 어디에 있을까?

• 시뮬레이션할 수 없는 것은 어떤 게 있을까? 만약 그런 게 있다면 말이다.

• 인공 지능과 인공 생명을 찾는 열쇠는 아주 복잡한 시스템의 시뮬레이션은 가짜일까 아니면 나름대로 실재하는 것일까 하는 중요한 수수께끼에 숨어 있다. 어쩌면 그것은 과잉 실재일 수도 있고, 아니면 과잉 실재란 용어는 그저 문제를 회피하는 것일지도 모른다. 모형이 원래의 사물을 모방하는 능력이 있음을 의심하는 사람은 없다. 문제는 어떤 사물의 시뮬레이션에 어떤 종류의 실재를 부여하느냐 하는 것이다. 만약 그런 게 있다면, 시뮬레이션과 실재 사이의 차이는 무엇일까?

• 초원을 어느 정도까지 씨앗으로 압축할 수 있을까? 이것은 프레리를 복원하려는 사람들이 우연히 던진 질문이었다. 전체 생태계에 들어 있는 정보의 보고를 수십 리터의 씨앗으로 축소했다가 나중에 거기에 물을 더해 프레리 생물들의 놀라운 복잡성을 다시 만들어낼 수 있을까? 중요한 자연 시스템 중에 단순히 축소시킬 수 없거나 정확하게 모형을 만들 수 없는 것이 있을까? 그런 시스템은 스스로 자신의 가장 작은 표현, 즉 자신의 모형인 셈이다. 큰 인공 시스템 중에는 압축하거나 추출할 수 없는 것이 있을까?

• 나는 안정성에 대해 더 많은 것을 알고 싶다. 만약 '안정한' 시스템을 만든다면, 그것을 정의할 수 있는 방법이 있을까? 안정한 복잡성의 경계 조건, 즉 필요 조건은 무엇일까? 변화가 변화이길 그치는 때는 언제일까?

• 왜 종은 결국 멸종할까? 만약 자연계의 모든 종이 늘 적응하려고 애쓰고, 경쟁자보다 앞서거나 환경을 최대한 활용하려고 부단히

노력한다면, 왜 일부 종들의 집단은 살아남지 못하고 사라질까? 아마도 일부 생물은 다른 생물보다 적응성이 더 뛰어날 것이다. 하지만 왜 자연의 보편적 메커니즘은 때로는 효과가 있는 반면, 때로는 모든 '종류'의 생물에게 효과가 없어 특정 집단은 뒤처지고 다른 집단은 발전하는가? 더 엄밀하게 말하자면, 적응의 동역학은 왜 일부 생물 형태를 본질적으로 비효율적인 형태로 변하게 할까? 굴과 비슷하게 생긴 한 이매패류(패각, 곧 겉껍데기가 2개인 조개류) 종의 패각이 점점 더 나선 모양으로 구부러지는 방향으로 진화하다가 멸종 직전에 이르러서는 패각이 열리기 힘든 지경에 이른 사례도 있다. 왜 이 종은 효율적인 형태 범위로 되돌아가지 않을까? 그리고 왜 멸종은 과科와 분류군 단위로 일어날까? 마치 나쁜 유전자가 그 원인인 것처럼 말이다. 자연은 어떻게 나쁜 유전자 집단을 만들어낼 수 있을까? 어쩌면 멸종은 혜성이나 소행성처럼 외부의 원인 때문에 일어날 수도 있다. 고생물학자 데이브 롭Dave Raup은 전체 멸종 사건 중 75%는 소행성 충돌 때문에 일어났다고 추정한다. 만약 소행성 충돌이 없었다면, 멸종도 일어나지 않았을까? 만약 지구에서 종의 멸종이 일어나지 않았다면, 지금 생물계의 모습은 어떻게 변해 있을까? 그리고 왜 어떤 종류의 복잡계는 실패하거나 멸종할까?

• 반면에 이 공진화하는 세계에서 왜 어떤 것은 안정한가?

• 자연적인 것이건 인공적인 것이건 자기 유지 시스템은 모두 자기 안정적 돌연변이율이 1～0.01%라고 한다. 돌연변이율은 보편적일까?

• 모든 것이 나머지 모든 것과 연결되는 것은 어떤 불리한 점이 있을까?

• 가능한 모든 생명의 공간에서 지구의 생명은 새 발의 피—창조성을 향한 하나의 시도—에 불과하다. 주어진 양의 물질로 부양할

수 있는 생명의 양에는 한계가 있을까? 지구에는 왜 생명이 더 다양하게 존재하지 않을까? 우주는 왜 이렇게 작은가?

• 우주의 법칙들도 진화할까? 우주를 지배하는 법칙들이 우주 안에서 생겨났다면, 자기 조정의 힘에 영향을 받지 않을까? 모든 합리적 법칙을 떠받치는 기본 법칙들은 유동적일지도 모른다. 우리는 '모든' 규칙이 끊임없이 변하는 곳에서 게임을 하고 있는 것일까?

• 진화는 자신의 합목적적 목적을 진화시킬 수 있을까? 만약 마음이 없는 행위자들의 연합에 불과한 생물이 목표를 만들어낼 수 있다면, 똑같이 맹목적이고 멍청하지만 어떤 면에서 아주 느린 생물인 진화 자체도 목표를 진화시킬 수 있지 않을까?

• 그리고 신은 어떻게 되는가? 신은 인공 생명 연구자나 진화론자, 우주론자, 시뮬레이션 연구자의 학술 논문에서 전혀 존중받지 않는다. 하지만 놀랍게도 같은 연구자들이 나와 개인적으로 대화를 할 때에는 신을 종종 언급한다. 과학자들이 사용하는 신이라는 용어는 국지적 창조자에 가까운 비종교적이고 기술적인 개념이다. 세계에 대해 이야기할 때에는 실재적인 존재이건 모형 속의 존재이건, 신은 세계 밖에서 작용하면서 그 세계를 만들어낸 모든 'X'를 대수학적으로 거의 정확하게 나타낸 표기에 해당한다. "좋아요. 이제 당신이 신이에요.… " 한 컴퓨터과학자는 시범을 보여주는 도중에 이렇게 말하는데, 이제 내가 그 세계의 규칙들을 설정하는 사람이라는 뜻이다. 신은 사물들을 실재하게 만드는, 창조되지 않은 관찰자를 표현하는 약자이다. 이렇게 해서 신은 과학 용어이자 과학적 개념이 된다. 그것은 제1원인이라는 철학적 의미나 만물의 조물주라는 신학적 의미를 지니지 않는다. 그것은 단지 세계를 작동시키는 데 필요한 초기 조건을 일컫는 편리한 방법에 지나지 않는다. 그렇다면 신이 되기 위한 필요 조건은 무엇인가? 좋은 신이 되려면 어떤 조건

을 갖추어야 하는가?

이 질문들 중 새로운 것은 하나도 없다. 이 질문들은 이전에 다른 사람들이 다른 맥락에서 이미 제기한 것들이다. 만약 지식의 망이 완전히 연결되어 있다면, 여기서 나는 적절한 역사적 인용들에 접근하여 이 모든 생각에 대한 역사적 맥락을 끄집어낼 수 있을 것이다.

연구자들은 그렇게 촘촘히 연결된 데이터와 개념의 네트워크를 꿈꾼다. 오늘날의 과학은 연결성 한계의 반대편 끝에 와 있다. 과학의 분산 네트워크에 있는 노드들은 진화 능력이 최대에 이르기 전에 훨씬 더 많이 연결시킬 필요가 있다.

고도로 연결된 지식망을 향해 첫걸음을 뗀 사람들은 의학 학술지들의 색인 작업을 통합하려고 노력하던 미 육군 의무대의 사서들이다. 1955년, 그 프로젝트에 참여한 사서인 유진 가필드Eugene Garfield는 기계 색인 작업에 관심이 컸는데, 의학 분야에서 발표된 과학 논문이 참고 문헌에서 인용된 사례를 모두 다 자동적으로 추적하는 컴퓨터 시스템을 개발했다. 결국 그는 필라델피아의 자기 집 차고에다가 발표된 모든 과학 논문을 컴퓨터로 추적하는 상업적 회사—과학정보연구소Institute of Science Information, ISI—를 세웠다. 오늘날 많은 직원과 슈퍼컴퓨터를 거느린 ISI는 수백만 편의 학술 논문을 그 참고 문헌들과 교차 연결시킨다.

이 책의 참고 문헌에 실린 논문 중 로드니 브룩스가 1990년에 발표한 〈코끼리는 체스를 두지 않는다Elephants Don't Play Chess〉를 예로 들어 설명해보자. 나는 ISI 시스템에 접속해 〈코끼리는 체스를 두지 않는다〉라는 제목의 논문이 해당 저자 이름과 함께 등록되어 있는 걸 발견할 수 있고, 그와 함께 내가 쓴 《통제 불능》 외에 참고 문헌이나 각주에서 이 논문을 인용한 모든 과학 논문의 목록도 볼 수 있다. "코끼리는 체스를 두지 않는다"가 도움이 된다고 판단한 연구자들과 저자들은 내게도 도움이 될지 모른다는 전제 아래 나는 개념의 영향을 역추적할 수 있는 방법을 얻게 된다. (하지만 현재는 인용 목록에 책은 포함되지 않기 때문에 이 예는 《통제 불능》이 논문일 때에만 성립한다. 하지만 그 원리는 유효하다.)

이 인용 목록은 내가 발표한 개념이 장래에 어떻게 확산되는지 추적하는 데에도 도움을 준다. 편의상 《통제 불능》이 논문으로 색인에 실렸다고 가정하자. 매년 나는 ISI 인용 색인을 조사해 내 연구를 자신의 연구에서 인용한 저자들의 명단을 모두 얻을 수 있다. 이 망은 내게 다른 방법으로는 결코 찾을 수 없었을 많은 사람의 개념—그중 많은 것은 내 연구를 인용했기 때문에 직접적 관계가 있는—과 접하게 해준다.

인용 색인 작업은 지금 아주 유망한 최신 과학 분야들의 지도를 작성하는 데 쓰인다. 인용이 아주 많은 논문들의 집단은 빠르게 진전이 일어나는 연구 분야를 알려준다. 이 시스템은 예기치 않은 결과를 한 가지 낳았는데, 정부 기금 담당자들이 어떤 연구에 기금을 지원할지 결정하는 데 인용 색인을 참고하게 된 것이다. 그들은 개개 과학자의 연구가 인용된 횟수—논문이 발표된 학술지의 비중이나 명성도 감안해 조정하지만—를 그 과학자의 중요도를 판단하는 기준으로 삼는다. 그런데 다른 네트워크와 마찬가지로 인용 평가는 양성 되먹임 고리가 생겨날 기회를 제공한다. 즉, 기금을 많이 지원받을수록 논문이 더 많이 나오고, 그로 인해 인용이 더 많이 되고, 그러면 다시 기금을 더 많이 지원받는 순환 고리가 생긴다. 마찬가지로 기금 지원이 없으면, 논문 발표도 없고, 인용도 없고, 다시 기금 지원을 받지 못하는 악순환 고리도 생겨난다.

인용 색인은 각주 추적 시스템으로 생각할 수도 있다. 참고 문헌에 실린 각각의 인용을 텍스트의 각주로 간주한다면, 인용 색인은 그 각주를 알려주는 셈이고, 그러면 그 각주를 추적함으로써 그 각주에 달린 각주까지 알 수 있다. 1974년에 테드 넬슨Ted Nelson이 이 시스템을 우아하게 일컫는 말로 '하이퍼텍스트hypertext'라는 용어를 만들었다. 본질적으로 하이퍼텍스트는 대형 분산 문서이다. 하이퍼텍스트 문서는 단어와 개념과 출처를 즉각 이어주는 연결들로 이루어진 모호한 네트워크이다. 하이퍼텍스트 문서는 중심도 없고 끝도 없다. 하이퍼텍스트는 그 안에서 돌아다니면서 읽을 수 있고, 또 옆길로 새어 각주와 각주의 각주를 읽으면서 '주' 텍스트만큼 길고 복잡한 삽입구적 생각들을 추적할 수 있다. 어떤 문서도 다른 텍스트로 연결될 수 있고, 또 다른 텍스트의 일부가 될 수도 있다. 컴퓨터화된 하이퍼텍스트는 다른 작가들이 쓴 여백의 글과 주석을 텍스트에 포함시키며, 또 업데이트와 개정, 발췌, 요약, 오역, 그리고 인용 색인 작업에서는 그 연구에 쓰인 모든 참고 문헌까지 포함한다.

따라서 분산 문서의 범위는 알 수가 없는데, 경계가 없고 저자가 다수인 경우가 많기 때문이다. 그것은 스웜 텍스트이다. 하지만 한 저자가 많은 방향으로 그리고 많은 경로를 따라 읽을 수 있는 단순한 하이퍼텍스트 문서를 작성할 수 있다. 따라서 하이퍼텍스트 독자는 그 작품에 어떻게 접근하느냐에 따라 저자의 망에서 다른 작품을 만들어낸다. 따라서 다른 분산 창조물과 마찬가지로 하이퍼텍스트에서 창조자는 자신이 창조한 작품에 대한 제어를 어느 정도 포기해야 한다.

다양한 깊이의 하이퍼텍스트 문서는 이미 10년 전부터 존재해왔다. 1988년에 나는 최초의 상업적 하이퍼텍스트 작품 중 하나를 개발하는 데 참여했다. 그것은 잡지 〈홀 어스 카탈로그〉의 전자 버전으로, 매킨토시 컴퓨터에서 하이퍼카드 프로그램으로 돌아갔다. 비교적 작은 이 텍스트 네트워크(소문서가 1만 개쯤 있었고, 그 사이를 여행하는 방법은 수백만 가지였다.)에서도 나는 상호 연결된 개념들의 새로운 공간에 대해 감을 얻었다.

한 예를 든다면, 거기서는 길을 잃기 쉬웠다. 중심을 잡아주는 내러티브가 없는 하이퍼텍스트 네트워크에서는 모든 것이 똑같은 무게를 가진 것처럼 보이고, 마치 공간이 도시 외곽 지역인 것처럼 어디를 가든 똑같아 보인다. 네트워크에서 대상의 위치를 찾는 문제는 아주 중요하다. 그것은 필사실에서 텍스트를 찾기가 어려웠던 14세기의 초기 저술 시절로 거슬러 올라가는데, 그 시대에는 목록이나 색인, 차례가 전혀 없었기 때문이다. 하이퍼텍스트 모형이 구전의 망보다 유리한 점은 색인과 목록을 만들 수 있다는 점이다. 색인은 인쇄된 텍스트를 읽는 것을 대체할 수 있는 방법이지만, 하이퍼텍스트를 읽는 많은 방법 중 하나에 지나지 않는다. 물리적 형태가 없는데도 충분히 거대한 정보 도서관—미래의 전자 도서관들이 그럴 것으로 예상되는데—에서는 전체 정보 중에서 얼마나 많은 것을 읽었는지 혹은 대략 얼마나 많은 방법으로 읽을 수 있는지와 같은 간단하지만 심리적으로 중요한 단서가 없다는 것이 약점이 될 수 있다.

하이퍼텍스트는 나름의 가능성 공간을 만든다.

제이 데이비드 볼터Jay David Bolter는 잘 알려지진 않았지만 아주 훌륭한 저서인《글을 쓰는 공간Writing Spaces》에서 이렇게 썼다.

> 인쇄 시대 후기에 접어든 오늘날, 저자와 독자는 아직도 모든 텍스트가, 텍스트 자체가 인쇄된 책의 공간에 있다고 생각한다. 인쇄된 책의 개념적 공간은 글이 안정적이고 기념비적이며, 저자가 배타적으

로 제어하는 공간이다. 그것은 완전하게 인쇄된 책들로 정의되는 공간이며, 인쇄된 각각의 책에 대해 수천 권의 동일한 책이 존재한다. 반면에 전자적 글의 개념적 공간은 유동성이라는 특징과 저자와 독자 사이의 관계가 쌍방향이라는 특징을 지닌다.

기술, 특히 지식 기술은 우리의 사고 형태를 빚어낸다. 각각의 기술이 만들어낸 가능성 공간은 특정 종류의 사고를 허용하고 다른 종류의 사고를 억제한다. 칠판은 반복적인 수정과 지우기, 무심코 해보는 생각, 자발성을 장려한다. 종이 위에 쓰는 깃펜은 주의, 문법에 대한 신경, 깔끔함, 조절된 사고 등을 요구한다. 인쇄된 페이지는 초고 수정, 교정, 자기 성찰, 편집 등을 요구한다. 반면에 하이퍼텍스트는 다른 사고 방식을 자극한다. 즉, 전보처럼 간결한 사고, 모듈식 사고, 비선형적 사고, 유연한 사고, 협력적 사고를 요구한다. 음악가 브라이언 에노Brain Eno는 볼터의 저서에 대해 이렇게 썼다. "(볼터의 논지는) 글쓰기 공간을 조직하는 방식은 우리의 사고를 조직하는 방식이며, 시간이 지나면 그것은 우리가 생각하는 세계 자체의 조직 방식이 된다는 것이다."

먼 옛날에는 지식 공간이 역동적인 구전으로 이루어졌다. 수사학의 문법을 통해 지식은 시와 대화의 구조—끼어들기, 질문, 삽입구처럼 다른 이야기가 가능한—를 갖게 되었다. 초기 문자의 공간도 마찬가지로 유동적이었다. 텍스트는 계속 진행 중인 사건이어서 독자가 수정하고 제자들이 개작하는 게 가능했고, 공개 토론의 광장이었다. 필사본이 인쇄된 책으로 옮겨가자, 표현하는 개념들은 기념비적인 것이 되어 고정되었다. 그와 함께 텍스트를 만드는 과정에 개입하던 독자의 역할이 사라졌다. 책에서 개념들이 변경할 수 없게 나열되면서 이제 작품은 아주 인상적인 권위를 지니게 되었다. (사실

권위라는 뜻의 단어 'authority'와 저자라는 뜻의 단어 'author'는 그 뿌리가 같다.) 볼터는 "고대나 중세 혹은 심지어 르네상스의 텍스트를 현대의 독자를 위해 준비할 때, 번역되는 것은 단지 단어들뿐만이 아니다. 텍스트 자체가 현대의 인쇄된 책의 공간으로 번역된다."라고 지적했다.

과거에 일부 저자들은 인쇄된 책의 닫힌 선형성에서 벗어나 하이퍼텍스트의 비순차적 경험으로 옮겨가려고 시도하면서 확장된 글쓰기와 사고 공간을 탐구하려고 노력했다.

제임스 조이스James Joyce는 《율리시스Ulysses》와 《피네간의 경야Finnegan's Wake》를 서로 충돌하고 교차 참조하고 읽을 때마다 이동하는 개념들로 이루어진 네트워크로 썼다. 보르헤스는 전통적인 선형적 방식으로 썼지만, 책들에 대한 책들, 플롯이 끝없이 가지를 쳐 나가는 텍스트들, 기묘하게 자기 참조하는 책들, 무한한 순열의 텍스트들, 가능성의 도서관들 등과 같은 글쓰기 공간에 대해 썼다. 보르헤스는 이렇게 썼다. "보르헤스는 그러한 허구를 상상할 수 있지만, 그것을 만들어낼 수는 없다. … 보르헤스 자신은 텍스트가 발산하고 수렴하는 평행 시간들의 네트워크로 이루어진 전자적 공간을 결코 이용할 기회가 없었다."

나는 컴퓨터 네트워크에서 살고 있다. 네트워크들의 네트워크—인터넷—는 전 세계에서 수천만 대의 개인용 컴퓨터를 연결하고 있다. 얼마나 많은 컴퓨터가 연결되었고, 심지어 중간 노드가 얼마나 많은지 정확하게 아는 사람은 아무도 없다. 인터넷협회Internet Society, ISOC, 1992년 1월에 인터넷의 번영과 발전을 도모하고, 인터넷의 이용과 기술에 관한 국제적 협력을 촉진하는 것을 목적으로 설립된 국제 비영리 기구—옮긴이는 1993년 8월에 인터넷에 170만 대의 호스트 컴퓨터와 1700만 명의 사용자가 연결되어 있다는 근거 있는 추정치를 내놓았다. 인터넷을 제어하는 사람은 아무도 없고, 책임지고 담당하는 사람도 없다. 간접적으로 인터넷을 지원하는 미국 정부는 어느 날 인터넷이 관리나 감독도 별로 없이 기술 전문가들의 단말기들 사이에서 혼자 잘 굴러간다는 사실을 발견했다. 인터넷은 그 사용자들이 자부하듯이 세상에서 잘 굴러가는 가장 규모가 큰 무정부 상태이다. 중앙에서 제어하는 기구가 없어도 매일 사용자들 사이에 수억 건의 메시지가 아무 문제 없이 오간다. 개인 간에 오가는 방대한 양의 메시지 외에 그 연결선들 사이에 메시지들이 상호작용하는 사이버 공간이 존재한다. 이 사이버 공간은 글로 표현한 공공 대화를 공유하는 공간이다. 매일 전 세계에서 서로 겹치면서 일어나는 셀 수 없이 많은 대화에 저자들이 수백만 개의 단어를 추가한다. 그들은 매일 수많은 분산 문서를 만드는데, 그 분산 문서는 영원한 건축과 끊임없는 유동과 순간적인 영구성이라는 속성을 지닌다. 볼터는 "전자 글쓰기 공간의 요소들은 단순히 카오스적인 게 아니다. 대신에 영원한 재조직 상태에 있다."라고 썼다.

그 결과는 인쇄된 책이나 심지어 식탁에서 벌이는 잡담에서 나오는 것과는 아주 다르다. 텍스트는 수천만 명의 참여자들이 나누는 건전한 대화이다. 인터넷 초공간이 촉진하는 종류의 사고는 비독단적 사고, 실험적 개념, 경구, 세계적 관점, 학제간 종합, 개방적이면서 종종 감정적이기도 한 반응이다. 많은 참여자는 책보다는 인터넷의 글쓰기 질이 더 좋다고 보는데, 인터넷에서 글쓰기는 정확하고 꼼꼼한 것보다는 개인과 개인이 연결되어 대화를 나누는 식이어서 솔직하게 터놓고 이야기하기가 쉽기 때문이다.

인터넷과 하이퍼텍스트로 이루어진 많은 새 책들처럼 분산 동적 텍스트는 완전히 새로운 개념과 생각과 지식의 공간이다. 인쇄 시대가 빚어낸 지식은 전범典範이라는 개념을 낳았는데, 이것은 기본 진리들로 이루어진 핵심 집단—잉크에 고정되어 있고 완전하게 복제되는—을 의미하며, 거기서는 지식이 앞으로 나아갈 수는 있지만 뒤로 후퇴할 수는 없었다. 매 세대의 독자들이 하는 일은 텍스트에서 전범에 해당하는 진리를 찾는 것이었다.

반면에 분산 텍스트 혹은 하이퍼텍스트는 독자에게 새로운 역할을 제공하는데, 모든 독자는 텍스트의 의미를 함께 결정한다. 이 관계는 포스트모던 문학 비평의 기본 개념이다. 포스트모더니스트에게 전범 같은 것은 없다. 그들은 하이퍼텍스트는 '독자에게 글쓰기 공간을 제어하는 데 저자와 함께 참여하도록' 해준다고 말한다. 어떤 작품의 진실은 읽을 때마다 달라지며, 그 중 어느 것이 다른 것보다 더 완전하거나 유효하지 않다. 의미는 다양하며, 많은 해석들의 집단이다. 어떤 텍스트를 해독하려면, 그것을 개념의 실들로 이루어진 네트워크로 보아야 한다. 그 중 일부 실은 저자의 것이고, 일부 실은 독자와 독자의 역사적 맥락에 속하고, 일부는 저자가 살아가는 시대라는 더 큰 맥락에 속한다. 볼터는 "독자는 그 네트워크에서 자신의 텍스트를 불러내며, 그러한 각각의 텍스트는 한 독자와 한 가지 특정 독서 행위에 속한다."라고 말한다.

이렇게 작품을 분해하는 것을 '해체deconstruction'라 부른다. 해체주의의 아버지라 불리는 자크 데리다Jacques Derrid는 텍스트(텍스트는 어떤 복잡한 대상도 될 수 있다.)를 "차이가 있는 네트워크, 즉 자신 이외의 다른 것, 다시 말해서 차이가 나는 다른 흔적들을 끝없이 언급하는 흔적들의 구조"라고 표현했다. 볼터는 이것을 "다른 기호들을 가리키는 기호들의 구조"라고 표현했다. 다른 기호들을 가리키는 기호들이라는 이 이미지는 물론 무한 후퇴와 분산 스웜의 뒤엉킨 반복 논리의 원형적 이미지이며, 인터넷의 기치이자 모든 것이 나머지 모든 것과 연결된 상태의 상징이다.

우리가 지식 또는 과학이라 부르는 총체는 서로를 가리키고 교육시키는 개념들의 망이다. 하이퍼텍스트와 전자 글쓰기는 그 상호성을 가속시킨다. 네트워크들은 인쇄된 책의 글쓰기 공간을 종이 위에 인쇄된 잉크보다 훨씬 더 차원이 높고 훨씬 더 복잡한 글쓰기 공간으로 재배열한다. 우리 삶의 모든 기기 장치는 '글쓰기 공간'의 일부로 간주할 수 있다. 날씨 감지 장비, 인구 조사, 교통량 측정계, 금전 등록기, 그리고 수백만 가지의 전자 정보 생성 장비에서 나오는 데이터가 자신의 '단어' 또는 표현을 인터넷에 쏟아낼 때, 이것은 글쓰기 공간을 확대시킨다. 이 정보들은 우리가 아는 것과 우리가 말하는 것과 우리가 의미하는 것의 일부가 된다.

그와 동시에 이 네트워크 공간의 형태 자체는 우리의 형태를 빚어낸다. 네트워크 공간이 생긴 것과 발맞추어 포스트모더니스트들이 나타난 것은 우연의 일치가 아니다. 지난 50년 사이에 균일한 대량시장—산업 발전의 결과—은 붕괴하여 작은 틈새 시장들의 네트워크—정보 혁명의 결과—가 되었다. 조각들의 집합체는 우리가 가진 유일한 종류의 전체이다. 비즈니스 시장, 사회적 관습, 영적 믿음, 민족성, 그리고 진리 자체가 점점 더 작은 파편으로 분열해가는 것은 이 시대의 특징이다. 우리 사회는 제대로 작동하는 파편들의 복마전이다. 이것은 분산 네트워크의 정의와 거의 비슷하다. 볼터는 "우리 문화는 그 자체가 광대한 글쓰기 공간이자 상징적 구조의 복합체이다. … 우리 문화는 인쇄된 책에서 컴퓨터로 옮겨가는 동시에 위계적 사회 질서로부터 '네트워크 문화'라 부르는 것으로 이행하는 마지막 단계에 있다."

네트워크에는 중앙에서 지식을 관리하는 관장이 없으며, 특정 견해를 가진 큐레이터들만이 있을 뿐이다. 고도로 연결되었지만 아직 심하게 분열된 사회에서 사람들은 더 이상 중앙 전범의 지도에 의존할 수 없다. 그래서 어쩔 수 없이 상호 의존적 조각들이 끈적끈적하게 뒤섞인 혼란 상태로부터 자신의 문화와 믿음, 시장, 정체성을 만드는 현대의 실존적 암흑으로 나아가야 한다. 거대한 중앙에 위치한 혹은 숨어 있는 '나는 존재한다'라는 산업적 아이콘은 공허한 것이 되었다. 분산되고 머리가 없고 창발적인 전체성이 사회적 이상이 되었다.

통찰력이 뛰어난 볼터는 "비평가들은 컴퓨터가 우리 사회에서 동질성을 조장하고, 자동화를 통해 획일성을 양산한다고 비난하지만, 전자 독서와 글쓰기는 정반대 효과를 나타낸다."라고 썼다. 컴퓨터는 이질성과 개인화, 자율성을 촉진한다.

컴퓨터화에 대해 잘못 예측한 것으로는 조지 오웰George Orwell의 《1984》보다 더 심한 것도 없다. 지금까지 컴퓨터가 만들어낸 실제 가능성 공간에 관한 것은 거의 다 컴퓨터화가 권위의 시작이 아니라 종말임을 말해준다.

스웜 작업은 우리에게 새로운 글쓰기 공간뿐만 아니라 새로운 사고 공간까지 열어주었다. 만약 병렬 슈퍼컴퓨터와 온라인 컴퓨터 네트워크가 이 일을 할 수 있다면, 미래의 기술—생체공학 같은—은 우리에게 어떤 종류의 새로운 사고 공간을 제공할까? 우리의 사고 공간을 위해 생체공학이 할 수 있는 한 가지는 우리의 시간 척도를 이동시키는 것이다. 현대인은 10년 정도의 거품 안에서 생각한다. 우리의 역사는 과거로 5년, 미래로 5년까지 뻗어 있지만, 그 이상으로는 뻗어 있지 않다. 우리는 수십 년이나 수백 년 단위로 사고할 수 있는 구조적 방법이나 문화적 도구를 갖고 있지 않다. 유전자와 진화를 생각하는 도구들이 이 상황에 변화를 가져올지 모른다. 우리 자신의 마음에 접근할 수 있게 도와주는 약도 물론 우리의 사고 공간을 개조할 것이다.

나의 발목을 잡으면서 글을 멈추게 한 마지막 질문은 가능한 사고 방식의 공간은 얼마나 클까 하는 것이었다. 모든 종류의 논리 중에서 지금까지 우리가 생각과 지식의 도서관에서 발견한 것은 얼마나 될까?

사고 공간은 아주 광대할지 모른다. 어떤 문제를 극복하거나 어떤 개념을 탐구하거나 어떤 진술을 증명하거나 새로운 개념을 만들어 내는 방법의 수는 개념 자체의 수만큼 많을지 모른다. 반대로 사고 공간은 그리스 철학자들이 생각한 것만큼 작고 좁을지 모른다. 나는 인공 지능은, 만약 그것이 탄생하는 날이 온다면, 지능은 있더라도 사람과 아주 비슷하지는 않을 것이라는 데 내기를 걸고 싶다. 그것은 사고 공간의 도서관에 가득 차 있을 수많은 비인간적 사고 방식 중 하나일 것이다. 이 공간에는 우리가 전혀 이해할 수 없는 종류의 사고도 많이 있을 것이다. 하지만 그래도 우리는 그것들을 사용하게 될 것이다. 비인간적 인지 방법은 우리의 제어를 넘어서고 벗어나는 놀라운 결과를 제공할 것이다.

혹은 우리가 스스로를 깜짝 놀라게 할지도 모른다. 우리는 지시들의 작은 유한집합으로부터 온갖 종류의 사고와 이전에 한 번도 본 적이 없는 복잡성을 만들어낼 수 있는 카우프만 기계 같은 뇌를 가질지도 모른다. 아마도 가능한 인지 공간은 '우리'의 공간일 것이다. 그러면 우리는 우리가 만들거나 진화시키거나 발견할 수 있는 어떤 종류의 논리로도 올라갈 수 있을 것이다. 만약 우리가 인지 공간에서 어디로건 여행할 수 있다면, 제약 없는 사고의 우주를 갖게 될 것이다.

나는 우리가 스스로를 깜짝 놀라게 할 것이라고 생각한다.

24

신이 되는 아홉 가지 법칙

자연은 무에서 뭔가를 만들어낸다.

처음에는 단단한 암석 행성이 있었는데, 그 다음에는 생명이 나타나고, 그러한 생명이 아주 많이 불어난다. 처음에는 황량한 산들이 있었는데, 그 다음에는 부들이 자라고 물고기와 붉은날개검은새가 노는 개울이 흐른다. 처음에는 도토리 하나만 있었는데, 그 다음에는 떡갈나무 숲이 자란다.

나도 그런 능력이 있었으면 좋겠다. 처음에는 금속 덩어리만 있었는데, 그 다음에는 로봇이 존재한다. 처음에는 전선만 조금 있었는데, 그 다음에는 마음이 존재한다. 처음에는 오래 전의 유전자만 약간 있었는데, 그 다음에는 공룡이 존재한다.

어떻게 무에서 뭔가를 만들어낼 수 있을까? 자연은 이 방법을 알지만, 우리는 자연을 열심히 관찰하고서도 아직 많은 것을 알아내지 못했다. 우리는 복잡성을 만들려고 시도하다가 실패한 경험에서, 그리고 거기서 얻은 교훈들을, 자연계를 모방하고 이해하면서 얻은 작은 성공과 결합함으로써 더 많은 것을 배웠다. 그래서 나는 컴퓨터 과학의 최전선과 생물학 연구의 가장자리, 학제간 실험의 기묘한 구석을 열심히 뒤진 끝에 무에서 뭔가를 만들어내는 과정을 지배하는 '신이 되는 아홉 가지 법칙'을 발견했다. 그것들은 다음과 같다.

- 존재를 분산시킨다.
- 상향식 제어를 사용한다.
- 수확 체증을 발전시킨다.
- 분할을 통해 성장한다.
- 주변을 극대화한다.
- 자신의 오류를 존중한다.
- 최적화를 추구하지 않고 다양한 목표를 추구한다.
- 지속적인 불균형을 추구한다.
- 변화 자체를 변화시킨다.

이 아홉 가지 법칙은 생물의 진화와 심시티처럼 다양한 시스템에서 성립하는 것을 발견할 수 있는 조직 원리이다. 물론 이것들이 무에서 뭔가를 만들어내는 데 필요한 모든 법칙이라는 것은 아니다. 하지만 복잡성 과학 분야에서 축적된 많은 관찰 사실들에서 이 원리들은 가장 광범위하고 분명하고 대표적인 원리이다. 나는 이 아홉 가지 법칙을 잘 따르면, 신이 되는 길까지 충분히 멀리 나아갈 수 있다고 믿는다.

존재를 분산시킨다 : 벌떼의 정신, 경제의 행동, 슈퍼컴퓨터의 사고, 그리고 내 속의 생명은 수많은 작은 단위들 사이에 분산되어 있다. (그 단위들 역시 분산되어 있을지 모른다.) 부분들을 합친 것이 각각의 부

분들보다 더 많을 때, 여분의 존재(무에서 나타난 무엇)는 부분들 사이에 분산되어 있다. 무에서 뭔가를 발견할 때마다 그것은 상호작용하는 많은 작은 조각들의 장에서 나타난다. 생명, 지능, 진화 등 우리가 아주 흥미롭게 느끼는 수수께끼들은 모두 다 거대한 분산 시스템의 토양에서 발견된다.

상향식 제어를 사용한다 : 분산 네트워크에서 모든 것이 나머지 모든 것과 연결될 때, 모든 일은 동시에 일어난다. 모든 일이 동시에 일어날 때, 광범위하고 빠르게 움직이는 문제들은 중앙의 제어 기구가 어떤 것이건 그것을 우회한다. 따라서 전반적인 관리는 중앙의 지시가 아니라 국지적, 병렬 방식으로 이루어지는 가장 소박한 상호 의존적 행동에서 일어나야 한다. 무리는 스스로를 조종할 수 있는데, 빠르고 대규모적이고 이질적인 변화가 일어나는 영역에서는 오직 무리만이 조종할 수 있다. 무에서 뭔가를 얻으려면, 제어는 단순성 내부에서 밑바닥에 머물러야 한다.

수확 체증을 발전시킨다 : 어떤 개념이나 언어, 재주를 사용할 때마다 우리는 그것을 강화하고 보강하고 다시 사용할 가능성을 높인다. 이것을 양성 되먹임 또는 눈덩이 뭉치기라고 부른다. 성공은 또 다른 성공을 낳는다. 복음서에서는 이 사회역학의 원리를 "가진 자는 더 받아 넉넉해지고, 가진 것이 없는 자는 가진 것마저 빼앗길 것이다."라고 표현했다. 자신의 생산을 늘리기 위해 환경을 변화시키는 것은 모두 수확 체증의 게임을 하는 셈이다. 그리고 지속적인 큰 시스템은 모두 다 이 게임을 한다. 이 법칙은 경제, 생물학, 컴퓨터과학, 인간 심리학에서 모두 성립한다. 지구상의 생명은 지구를 변화시켜 더 많은 생명을 낳게 한다. 자신감은 더 많은 자신감을 낳는다. 질서는 더 많은 질서를 만든다. 가진 자가 더 많이 얻는다.

분할을 통해 성장한다 : 제대로 작동하는 복잡계를 만드는 유일한 방법은 제대로 작동하는 단순계로 시작하는 것이다. 지능이나 시장 경제처럼 아주 복잡한 조직을 제대로 자라게 하지도 않으면서 즉각 자리잡게 하려는 시도는 실패할 수밖에 없다. 프레리를 만드는 데에는 시간이 걸린다. 심지어 필요한 조각들을 모두 갖고 있다 하더라도. 각각의 부분이 나머지 모든 부분을 상대로 자신을 시험하려면 시간이 필요하다. 복잡성은 독립적으로 작동할 수 있는 단순한 모듈들로부터 조금씩 자신을 조립해감으로써 만들어진다.

주변을 극대화한다 : 세계의 창조는 이질성에 있다. 균일한 실체는 가끔 일어나는 지각을 뒤흔드는 혁명을 통해 세계에 적응할 수 있지만, 그런 혁명이 일어나면 그들 중 일부는 죽고 만다. 반면에 다양한 이질적 실체는 매일 수천 번씩 일어나는 작은 혁명 속에서 세계에 적응할 수 있고, 그럼으로써 영속적이지만 결코 치명적이지는 않은 교란 상태에서 지속될 수 있다. 다양성은 먼 경계, 변두리, 숨겨진 구석, 카오스의 순간, 고립된 집단을 선호한다. 경제, 생태계, 진화, 제도의 모형에서 건강한 주변은 적응이 빨리 일어나게 하고, 탄력성을 높이며, 거의 항상 혁신의 원천이 된다.

자신의 오류를 존중한다 : 트릭은 나머지 모두가 따라하기 전까지 잠깐 동안만 효과가 있다. 평범한 상태에서 발전하려면 새로운 게임이나 새로운 영토가 필요하다. 하지만 전통적인 방법이나 게임 또는 영토 밖으로 나가는 과정은 오류와 구별하기 어렵다. 인간의 천재성이라는 가장 눈부신 성과조차도 최종 분석에서는 오류를 감수하는 행동이다. 몽상적 시인인 윌리엄 블레이크William Blake는 "오류가 되어 쫓겨나는 것은 신의 설계 중 일부"라고 썼다. 무작위적인 것이건 의도적인 것이건 오류는 모든 창조 과정에서 필수가 되어야 한다. 진화는 체계적인 오류 관리라고 생각할 수 있다.

최적화를 추구하지 않고 다양한 목표를 추구한다: 단순한 기계는 효율적일 수 있지만, 복잡한 적응 기구는 효율적일 수 없다. 복잡한 구조에는 주인이 많은데, 그 중 어느 하나만 배타적인 배려를 받을 수는 없다. 큰 시스템은 어떤 기능의 최적화를 위해 노력하기보다 많은 기능을 '만족시킴'으로써만('충분히 잘 돌아가게 함'으로써만) 살아남을 수 있다. 예를 들면, 적응계는 알려진 성공의 길(현재의 전략을 최적화하는 것)과 새로운 길을 탐색하는 데 자원을 투입하는 시도(그럼으로써 덜 효율적인 방법을 시도하느라 에너지를 낭비하는) 사이에서 줄타기를 해야 한다. 복잡한 실체에 뒤섞인 충동들은 아주 방대하기 때문에 그 생존의 실제 원인을 밝히기는 불가능하다. 생존은 지향하는 방향이 아주 많은 목표이다. 살아 있는 생물은 대부분 지향하는 방향이 아주 많아서, 단백질과 유전자와 기관이 정확하게 딱 맞아떨어져 연출된 것이라기보다는 그저 많은 변이 중에서 우연히 효과가 있는 변이가 살아남은 것이다. 무에서 뭔가를 만들어낼 때에는 우아함은 잊어버려라. 효과가 있는 것이 아름다운 것이다.

지속적인 불균형을 추구한다: 항구성도 가차없는 변화도 창조물을 지탱하지 못한다. 좋은 창조물은 훌륭한 재즈처럼 정상에서 벗어난 음들을 자주 사용해 안정된 공식과 균형을 맞춰야 한다. 균형은 곧 죽음이다. 하지만 시스템이 균형점으로 안정되지 않는다면, 그것은 폭발하여 곧 죽는 것보다 나을 게 없다. 그렇다면 무는 균형인 동시에 불균형이다. 무에서 만들어진 무엇인가는 지속적인 불균형, 결코 멈추지 않는 것과 결코 넘어지지 않는 것 사이의 가장자리에서 영원히 서핑을 하는 연속적 상태이다. 그러한 유동적 문턱을 향해 곧장 나아가는 것은 아직도 불가사의한 창조의 성배이자 모든 아마추어 신들이 추구하는 목표이다.

변화 자체를 변화시킨다: 변화는 구조화할 수 있다. 큰 복잡계들은 그렇게 한다. 즉 변화를 통합 조정한다. 아주 큰 시스템은 복잡한 시스템들로 만들어지며, 각각의 시스템은 다른 시스템에 영향을 미치기 시작하면서 결국에는 그 조직을 변화시킨다. 다시 말해서, 만약 게임의 규칙이 상향식으로 만들어진다면, 바닥 수준에서 상호작용하는 힘들이 게임이 진행되는 동안 게임의 규칙을 변화시킬 가능성이 크다. 시간이 지나면 변화의 규칙들이 스스로 변한다. 진화는 시간이 지나면서 실체가 변화하는 방식이다. 더 깊은 진화는, 시간이 지나면서 변화하는 실체를 지배하는 규칙이 시간이 지나면서 변화하는 방식이다. 무에서 끌어낼 수 있는 것을 최대한 끌어내려면 스스로 변하는 규칙을 가질 필요가 있다.

이 아홉 가지 원리는 프레리와 홍학, 삼나무 숲, 눈알, 지질학적 시간에 걸쳐 일어나는 자연 선택의 놀라운 작용, 그리고 코끼리 정자와 난자의 작은 씨앗에서 새끼코끼리가 발달하는 과정을 떠받치고 있다.

생명 논리의 이 아홉 가지 원리는 이제 컴퓨터 칩, 전자 커뮤니케이션 네트워크, 로봇 모듈, 의약품 탐구, 소프트웨어 설계, 기업 경영에 적용되고 있는데, 이 인공 시스템들이 자신의 복잡성을 극복하도록 하기 위해서이다.

바이오스피어가 테크노스피어를 살아 움직이게 할 때, 우리는 적응하고 학습하고 진화할 수 있는 인공물을 얻는다. 우리 기술이 적응하고 학습하고 진화할 때, 우리는 신생물학적 문명을 갖게 될 것이다.

복잡한 것들은 모두 합쳐져 삭막한 시계 장치 톱니바퀴와 화려한 자연 황무지라는 양 극단 사이에서 끊어지지 않는 연속체를 이룬다. 산업 시대의 특징은 기계적 설계를 찬양하는 것이었다. 신생물학적 문명의 특징은 창조물의 설계를 다시 생물적인 것으로 되돌리는 것이다. 하지만 발견된 생물학적 해결책—약초, 동물 단백질, 천연 염료 등등—에 의존한 이전의 인간 사회와 달리, 신생물학적 문화는 처음에는 상상할 수 없는 일로 보이겠지만, 공학적으로 설계한 기술과 속박되지 않은 자연을 결합해간다. 그 둘을 서로 구별할 수 없을 때까지.

다가오는 문화가 지닌 강한 생물학적 성격은 다음의 다섯 가지 영향력에서 유래한다.

- 우리 세계의 기술화가 갈수록 많이 진행되는데도 불구하고, 유기적 생명—야생 동물이건 가축이건—은 여전히 전 지구적 차원에서 인간 경험의 주된 기반이 될 것이다.
- 기계는 점점 생물학적 성격을 더 많이 띠게 될 것이다.
- 기술 네트워크는 인간 문화를 더욱 생태학적이고 진화적으로 변화시킬 것이다.
- 생물공학과 생명공학은 기계적 기술의 중요성을 압도할 것이다.
- 생물학적 방법이 이상적인 방법으로 존중받을 것이다.

다가오는 신생물학 시대에는 우리가 의존하는 동시에 두려워하는 것은 모두 만들어지기보다는 태어날 것이다. 우리는 지금 컴퓨터 바이러스, 신경망, 바이오스피어 2, 유전자 요법, 스마트 카드를 가지고 있는데, 이것들은 모두 인간이 기계적 과정과 생물학적 과정을 결합해 만든 인공물이다. 미래의 생체공학적 하이브리드는 더 혼란스럽고 더 널리 퍼지고 더 강력할 것이다. 나는 돌연변이를 일으키는 건물, 살아 있는 실리콘 중합체, 오프라인에서 진화하는 소프트웨어 프로그램, 적응성이 있는 자동차, 공진화하는 가구들이 들어선 방, 청소를 하는 냇봇gnatbot, 질병 치료를 위해 생산된 생물학적 바이러스, 신경 잭, 사이보그 신체 부위, 유전공학으로 설계한 농작물, 시뮬레이션한 성격, 늘 유동하는 컴퓨터 장비들의 광대한 생태계가 펼쳐진 세계를 상상한다.

생명의 강이 이 모든 것을 통해 흐른다.

지구에서 무생물 물질을 대부분 정복한 생명이 이제 기술 정복에 나서, 끊임없는 진화와 영원한 신기성, 제어 불능이라는 의제를 지배하게 되는 것을 보더라도 놀랄 이유가 전혀 없다. 더는 포기해야 할 제어가 없다 하더라도, 신생물학 기술은 시계와 톱니바퀴와 예측 가능한 단순성의 세계보다는 훨씬 가치가 있다.

비록 지금도 사물들은 아주 복잡하지만, 미래에는 모든 것이 더욱 복잡해질 것이다. 이 책에서 보고한 과학자들과 계획들은 카오스에서 질서가 나타나도록 하고, 조직된 복잡성이 비조직적인 복잡성으로 해체되는 것을 막고, 무에서 뭔가를 만들기 위해 설계의 법칙들을 활용하는 연구에 집중해왔다.

이 책에 실린 개념 중 내가 독자적으로 생각한 것은 거의 없다. 이 책에서 소개한 개념들은 대부분 참고 문헌에 실린 책과 논문 외에도 다음 사람들과 나눈 대화와 인터뷰, 주고받은 편지를 압축하거나 고쳐 쓰거나 인용한 것이다. 이들은 한 사람도 예외 없이 너그러이 시간을 내주었고, 나의 끝없는 질문에 귀찮아하지 않고 참을성 있게 대답해주었다. 내가 이들의 개념을 특이하게 해석한 것에 대해 이들은 책임이 없음은 물론이다. 인터뷰한 사람들 중 몇몇은 원고에 소중한 수정과 비평을 해주었다. 게다가 이름에 별표를 표시한 사람들은 친절하게도 최종 원고 중 일부를 검토해주기까지 했다. 모두에게 감사의 마음을 전한다.

Ralph Abraham
David Ackley
Ormond Aebi
John Allen
Noberto Alvarez
Robert Axelrod
Howard Baetjer
Will Baker
John Perry Barlow
Joseph Bates
Mark Bedau
Russell Brand
Stewart Brand*
Jim Brooks
Rod Brooks
Amy Bruckman
Tony Burgess*
Arthur Burks
L.G. Callahan
William Calvin
David Campbell
Peter Cariani
Mike Cass
David Chaum
Steve Cisler
Michael Cohen
Robert Collins
Michael Conrad
Neale Cosby
George Cowan
Brad Cox
Jim Crutchfield
Paul Davies
Richard Dawkins
Bill Dempster
Brad de Graf
Daniel Dennett*
Jamie Dinkelacker
Jim Drake
Gray Drescher
K. Eric Drexler
Kathy Dyer
Esther Dyson
Doyne Farmer*
David Fine
Paul Fishwick
Anita Flynn
Walter Fontana

Heinz von Foerster
Jay Forrester
Stephanie Forrest
John Gall
Eugene Garfield
John Geanokoplos
Murray Gell-Mann
George Gilder*
John Gilmore
Narenda Goel
Lloyd Gomez
Steven Jay Gould
Ralph Guggenheim
Jeff Haas
Stuart Hameroff
Dan Harmony
Phil Hawes
Neal Hicks
Danny Hillis*
Carl Hodges
Malone Hodges
Douglas Hofstadter
John Holland*
John Hopfield
Eric Hughes
David Jefferson
Bill Jordan
Gerald Joyce
Ted Kaehler
James Kalin
Mitch Kapor
Ken Karakotsio
Stuart Kauffman*
Alan Kaufman
Ed Knapp
Barry Kort
John Koza
Bob Lambert
David Lane
Chris Langton*
Jaron Lanier
William Latham
Don Lavoie
Mike Leibhold
Linda Leigh
Steven Levy
Kristian Lindgren
Seth Lloyd
James Lovelock
Pattie Maes
Tom Malone
Lynn Margulis
Maja Matrick
Tim May
David McFarland
John McLeod
H. R. McMasters
Dana Meadows
Dennis Meadows
Ralph Merkle
Gavin Miller
John Miller
Mark Miller
Scott Miller
Marvin Minsky
Mealnie Mitchell
Max More
Mark Nelson
Ted Nelson
Tim Oren
Norm Packard
Steve Packard
John Patton
Mark Pauline
Jim Pelkey
Stuart Pimm*
Charlie Plott
Przemyslaw Prusinkiewcz
Steen Rasmussen
Tom Ray
Mitchel Resnick
Craig Reynolds
Howard Rheingold*
David Rogers
Rudy Rucker
Jonathan Schull
Ted Schultz
Barry Silverman
Herbert Simon
Karl Sims*
Peter Sprague
Bruce Sterling*
Steve Strassman
Chuck Taylor
Mark Thompson
Hardin Tibbs
Mark Tilden
Ralph Toms
Joe Traub
Micheal Travers
Dean Tribble
Roy Valdes
Francisco Varela
Michael Wahrman
Roy Walford
Gary Ware
Peter Warshall
Jordan Weisman
Jim Wells
Mark Wieser
Lawrence Wilkinson
Greg Williams
Christopher Willis
Johnny Wilson
Stewart Wilson
David Wingate
Ben Wintraub
Ben Wise
Steven Wolfram
Will Wright
Larry Yaeger
David Zeltzer

참고문헌

Ahmadjian, Vernon. *Symbiosis: An Introduction to Biological Associations*. Hanover, 1986.

A comprehensive text on symbiosis which is clear and crammed with insights.

Alberch, Pere. "Orderly Monsters: Evidence for internal constraint in development and evolution." In *The construction of organisms: Opportunity and constraint in the evolution of organic form.*, Thomas, R. D. K. and W. E. Reif, eds. In press.

One of the most amazing papers I have ever read. Explains why monstrosities in living creatures are so similar and "orderly" given all possibilities.

Aldersy-Williams, Hugh. "A solid future for smart fluids." *New Scientist,* 17 March 1990.

Fluids and gel that change their state when signaled. Engineers can use this response to make them "smart."

Allen, Thomas B. War Games: *The Secret World of the Creators, Players, and Policy Makers Rehearsing World War III Today*. McGraw-Hill, 1981.

Fascinating history and insider's view of the large-scale simulations which the U.S. military agencies run to decipher the life-and-death complexity of war.

Allen, T. F. H., and Thomas B. Starr. *Hierarchy: Perspectives for Ecological Complexity*. University of Chicago Press, 1982.

Very ambitious book, but a bit soft in its arguments and clarity. The main point: patterns in ecological systems can only be perceived if viewed or measured at the appropriate scale.

Allen, John. *Biosphere 2: The Human Experience*. Penguin, 1991.

Coffee table book on the making of Biosphere 2 by its original visionary. Good history on how the idea arose and was tried out. It covers the experiment until shortly before it "closed."

Allman, William F. *Apprentices of Wonder: Inside the Neural Network Revolution*. Bantam Books, 1989.

Neural networks are the paramount example of connectionism and bottom-up control. A light journalistic treatment of the major players in the field; a good intro.

Amato, Ivan. "Capturing Chemical Evolution in a Jar." *Science,* 255; 14 February 1992.

Self-replicating RNA which can generate mutant forms.

Amato, Ivan. "Animating the Material World." *Science,* 255; 17 January 1992.

Brief report on various experiments to put smartness into inanimate materials.

Anderson, Philip W., Kenneth J. Arrow, and David Pines. *The Economy as an Evolving Complex System*. Addison-Wesley, 1988.

A landmark series of papers in the esoteric realm of physics, math, computer science, and economics. Does a great job in reinventing how we think of the economy. The central shift is away from classical equilibrium. For lay readers the summary is in English and newsworthy.

Aspray, William and Arthur Burks, eds. *Papers of John von Neumann on Computers and Computer Theory*. MIT Press, 1967.

If you are math-challenged (as I am), you need only read the fine introduction and summary by Burks.

Axelrod, Robert. *The Evolution of Cooperation*. Basic Books, 1984.

Lucid account of how Prisoner's Dilemma and other open-ended games can illuminate political and social thought.

Badler, Norman I., Brian A. Barsky, and David Zeltzer, eds. *Making Them Move: Mechanics, Control, and Animation of Articulated Figures*. Morgan Kaufmann Publishers, 1991.

To best exploit the technical details outlined in this book, you'll need the accompanying video of experimental figures trying to move. Some move quite well.

Bajema, Carl Jay, ed. *Artificial Selection and the Development of Evolutionary Theory*. Hutchinson Ross Publishing, 1982.

A banquet of benchmark papers on what artificial selection (breeding) has to say about natural selection. What is most noticeable is how paltry the feast is.

Basalla, George. *The Evolution of Technology*. Cambridge University Press, 1988.

Makes the case (with fascinating examples) that all innovation is incremental and not abrupt. Emphasizes the importance of novelty in technological change.

Bass, Thomas A. *The Eudaemonic Pie*. Houghton Mifflin, 1985.

The bizarre true story of how a California hippie commune of physicists and computer nerds beat Las Vegas using chaos theory. Addresses the problem of time-series predictions. An overlooked great read.

———. "Road to Ruin." *Discover*, May 1992.

Story about Joel Cohen's expansion of the Braess paradox—that adding more roads to a network may slow it down.

Bateson, Gregory. *Steps to an Ecology of Mind*. Ballentine, 1972.

A great book about the parallels between evolution and the mind. Of particular interest is the chapter on "The Role of Somatic Change in Evolution."

———. *Mind and Nature*. Dutton, 1979.

Bateson stresses and stretches the similarities between mind and evolution in nature.

Bateson, Mary Catherine. *Our Own Metaphor*. Smithsonian, 1972.

Mary Catherine Bateson's personal account of an informal conference on evolution, progress, and learning in human adaptation organized by her father, Gregory Bateson. The meeting was held to deal with the role of conscious purpose in such complex systems. Every conference should have such a document.

———. With a Daughter's Eye. William Morrow, 1984.

A memoir of Margaret Mead and Gregory Bateson that is more than a memoir. Written by daughter Mary Catherine, who is an intellectual of equal caliber to her parents, this is a book of cybernetic family stories.

Bateson, Gregory and Mary Catherine Bateson. *Angels Fear: Toward an Epistemology of the Sacred*. Macmillian, 1987.

Interwoven between the final writings of Gregory Bateson—completed posthumously by his daughter Mary Catherine—are dialogues between father and daughter that convey Gregory's deep ideas of sacrament, communication, intelligence, and being.

Baudrillard, Jean. *Simulations*. Semiotext(e), Inc., 1983.

Short, very French, very dense, very poetic, very impenetrable, and somewhat useful in that he attempts to wring some meaning out of simulations.

Beaudry, Amber A., and Gerald F. Joyce. "Directed Evolution of an RNA Enzyme." *Science,* 257; 31 July 1992.

Elegant experimental results of directed breeding of RNA molecules.

Bedau, Mark A. "Measurement of Evolutionary Activity, Teleology, and Life." In *Artificial Life II,* Langton, Christopher G., ed. Addison-Wesley, 1990.

A most intriguing attempt to quantify direction in evolutionary activity.

———. "Naturalism and Teleology." In *Naturalism: A Critical Appraisal,* Wagner, Steven and Richard Warner, eds. University of Notre Dame Press, 1993.

Can natural systems have purpose? Yes.

Bedau, Mark A., Alan Bahm, and Martin Zwick. "The Evolution of Diversity." 1992.

Offers a metric for measuring diversity in an evolutionary system.

Bell, Gordon. "Ultracomputers: A Teraflop Before Its Time." *Science,* 256; 3 April 1992.

A bet whether parallel computers will beat serial computers in the race for power.

Bergson, Henri. *Creative Evolution*. Henry Holt, 1911.

A classic of philosophy about the idea that evolution proceeds by some vital force.

Berry, F. Clifton. "Re-creating History: The Battle of 73 Easting." *National Defense,* November 1991.

Blow-by-blow account of the pivotal Gulf War battle that has been recreated as a Pentagon simulation.

Bertalanffy, Ludwig von. *General System Theory*. George Braziller, 1968. For many years this was the cybernetic bible.

It's still one of the few books on whole systems or "systems in general." But it seems to me to be vague even in the places Iagree with. And Bertalanffy's signature idea—equifinality—I think is wrong, or at least incomplete.

Biosphere 2 Scientific Advisory Committee. "Report to the Chairman, Space Biosphere Ventures." *Space Biosphere Ventures,* 1992,

Evaluates the validity and quality of Biosphere 2's first nine months from a scientific viewpoint.

Bolter, Jay David. *Writing Space: The Computer, Hypertext, and the History of Writing*. Lawrence Erlbaum Associates, 1991.
A marvelous, overlooked little treasure that outlines the semiotic meaning of hypertext. The book is accompanied by an expanded version in hypertext for the Macintosh. I consider it a seminal work in "network culture."

Bonner, John Tyler. *The Evolution of Complexity, by Means of Natural Selection*. Princeton University Press, 1988.
A pretty good argument that evolution evolves toward complexity.

Botkin, *Daniel B. Discordant Harmonies: A New Ecology for the Twenty-First Century*. Oxford University Press, 1990.
Essays in natural history by an ecologist who has a fresh view of nature as a disequilibrial system.

Bourbon, W. Thomas, and Williams T. Powers. "Purposive Behavior: Atutorial with data." Unpublished, 1988.
An intriguing claim that much behavior is not "caused" but emanates from emergent internal purposes. Illustrated with a simple experiment.

Bowler, Peter J. *The Eclipse of Darwinism: Anti-Darwinian Evolution Theories in the Decades around 1900*. The John Hopkins University Press, 1983.
This history serves as an excellent primer on alternative scientific theories to strict neodarwinism.

———. *The Invention of Progress*. Basil Blackwell, 1989.
A fascinating scholarly examination of how during the Victorian era evolutionary theory initially created a notion of progress, a legacy only now eroding.

Braitenberg, Valentino. *Vehicles: Experiments in Synthetic Psychology*. The MIT Press, 1984.
Shows how very simple circuits can produce the appearance of complicated behaviors and movement. The experiments were eventually implemented in tiny model cars.

Brand, Stewart. *II Cybernetic Frontiers*. Random House, 1974.
A curious, small book that is pleasantly two-faced. One-half is the first published report on computer hackers playing computer games, and the other is Gregory Bateson talking about evolution and cybernetics.

———. *The Media Lab: Inventing the Future at MIT*. Viking, 1987.
Although about media future, there are enough gems of insight about the future of interconnectivity to keep this rich book ahead of the curve.

Bratley, Paul, Bennet L. Fox, and Linus E. Schrage. *A Guide to Simulation*. Springer-Verlag, 1987.
The best overview of the role and dynamics of simulations in theory and practice.

Briggs, John. *Turbulent Mirror*. Harper & Row, 1989.
Goes from the theory of chaos to the "science of wholeness." Pretty good introduction to the strange behavior of complex systems, with many

wonderful pictures and diagrams. Emphasizes the turbulent chaotic side, rather than the self-organizing side of wholeness.

Brooks, Daniel, and R. E. O. Wiley. *Evolution as Entropy*. The University of Chicago Press, 1986.
An important book although Ihave read only a little of it. I wish Ihad a more technical and mathematical background to plunge deeper into it and to appreciate its attempt to be a "unified theory of biology."

Brooks, Rodney A. "Elephants Don't Play Chess." *Robotics and Autonomous Systems,* 6; 1990.
Instead elephants wander around doing things in the real world. This paper summarizes Brooks's lab's attempts (about eight robots so far) to make intelligence situated in the real physical environment.

———. "Intelligence without representation." *Artificial Intelligence,* 47; 1991.
Treats the evolutionary aspects of bottom-up control in robots.

———. "New Approaches to Robotics." *Science,* 253; 1991.
Summary of Brooks's subsumption architecture for robots.

Brooks, Rodney A., and Anita Flynn. "Fast, Cheap and Out of Control: A Robot Invasion of the Solar System." *Journal of The British Interplanetary Society,* 42; 1989.
About "invading a planet with millions of tiny robots." This is the source of my book title.

Brooks, Rodney A., Pattie Maes, Maja J. Mataric, and Grinell More. "Lunar Base Construction Robots." *IROS,* IEEE International Workshop on Intelligence Robots & Systems, 1990.
Proposal for a swarm of minibulldozers, saturated with "collective intelligence."

Bruckman, Amy. "Identity Workshop: Emergent Social and Psychological Phenomena in Text-Based Virtual Reality." Unpublished, 1992.
Excellent study of the new sociology of teenage obsessives building and playing online MUDs.

Buss, Leo W. *The Evolution of Individuality*. Princeton University Press, 1987.
Difficult book to grasp. The introductory and summary chapters are clear and fascinating, and probably important in understanding hierarchical evolution. Buss is onto something vital: that the individual is not the only unit of selection in evolution.

Butler, Samuel. "Darwin Among the Machines." *In Canterbury Settlement*. AMS Press, 1923.
An essay written in 1863, by the author of "Erewhon," suggesting the biological nature of machines.

———. *Evolution, Old and New*. AMS Press, 1968.
An early (1879), but still persuasive, philosophical rant against Darwinism penned by an early supporter of Darwin who renegaded into a fierce anti-Darwinian stance.

Cairns-Smith, A.G. *Seven Clues to the Origin of Life*. Cambridge University Press, 1985.

The freshest book to date on the puzzle of the origin of life. Written as a scientific detective story. Digests in lay terms his more technical treatment in Genetic Takeover.

Card, Orson Scott. *Ender's Game*. Tom Doherty Associates, 1985.
A science fiction novel about kids trained to fight real wars while playing simulated war games.

Casdagli, Martin. "Nonlinear Forecasting, Chaos and Statistics." In *Nonlinear Modeling and Forecasting,* Casdagli, M., and S. Eubank, eds. Addison-Wesley, 1992.
Some heavy-duty algorithms for extracting order from irregularity.

Cellier, Francois E. *Progress in Modelling and Simulation*. Academic Press, 1982.
Deals with the practical problems of computers modeling ill-defined systems.

Chapuis, Alfred. *Automata: AHistorical and Technological Study*. B. T. Batsford, 1958.
Amazing details of amazing clockwork automatons in history, both European and Asian. Can be thought of as a catalog of early attempts at artificial life.

Chaum, David. "Security Without Identification: Transaction Systems to Make Big Brother Obsolete." *Communications of the ACM,* 28, 10; October 1985.
Highly detailed explanation of how an ID-less electronic money system works. Very readable and visionary. Arevised version is even clearer. Worth seeking out.

Cherfas, Jeremy. "The ocean in a box." *New Scientist,* 3 March 1988.
Journalistic report on Walter Adey's synthetic coral reefs.

Cipra, Barry. "In Math, Less Is More—Up to a Point." *Science,* 250; 23 November 1990.
Report on Hwang and Du's proof of shortening a network by adding more nodes.

Clearwater, Scott H., Bernardo A. Huberman, and Tad Hogg. "Cooperative Solution of Constraint Satisfaction Problems." *Science,* 254; 22 November 1991.
Pioneer work on cooperative problem solving. Tells how managing "hints" for a swarm of cooperating agents trying to solve a problem is vital to the agents' success.

Cohen, Frederick B. *A Short Course on Computer Viruses*. ASP Press, 1990.
The scoop from the guy who coined the term "computer virus."

Cole, H. S. D., et al. *Models of Doom*. Universe Books, 1973.
A critique of the model/book "Limits to Growth" done by an interdisciplinry team at Sussex University in England.

Colinvaux, Paul. *Why Big Fierce Animals Are Rare*. Princeton University Press, 1978.
Pure pleasure. Wonderful prose in a short book on the intricacies and complexities of ecological relationships. Based on the author's own naturalist experiences. Seeks to extract ecological principles. Best book Iknow of about the cybernetic connectiveness of ecological systems.

Conrad, Michael, and H. H. Pattee. "Evolution Experiments with an Artificial

Ecosystem." *Journal of Theoretical Biology,* 28; 1970.
One of the earliest experiments in modeling coevolutionary behavior on a computer.

Conrad, Michael. *Adaptability: The Significance of Variability from Molecule to Ecosystem*. Plenum Press, 1983.
A good try at describing adaptation in broad terms across many systems.

———. "The brain-machine disanalogy." *Biosystems,* 22; 1989.
Argues that no machine using present day organization or materials could pass the Turing Test. In other words, human-type intelligence will only come with human-type brains.

———. "Physics and Biology: Towards a Unified Model." *Applied Mathematics and Computation,* 32; 1989.
I verge on understanding this short paper; Ithink there's a good idea here.

Cook, Theodore Andre. *The Curves of Life*. Dover, 1914.
The self-organizing power of living spirals, in pictures.

Crutchfield, James P. "Semantics and Thermodynamics." In *Nonlinear Modeling and Forecasting,* Casdagli, M., and S. Eubank, eds. Addison-Wesley, 1992.
Further work on an automatic method for extracting a mathematical model from a set of data over time.

Culotta, Elizabeth. "Forecasting the Global AIDS Epidemic." *Science,* 253; 23 August 1991.
Various studies take the same problem, same data, and get wildly different models. Good example of the problems inherent in simulations.

———. "Forcing the Evolution of an RNA Enzyme in the Test Tube." Science, 257; 31 July 1992.
Nice summary of Gerald Joyce's work.

Dadant & Sons, eds. *The Hive and the Honey Bee*. Dadant & Sons, 1946.
Bees are probably the most studied of insects. This fat book offers practical management tips for the distributed organism of bees and their hives.

Darwin, Charles. *The Origin of Species*. Collier Books, 1872.
The fountainhead of all books on evolution. Darwinism reigns in large part because this book is so full of details, supporting evidence, and persuasive arguments, all so well written, that other theories pale in comparison.

Davies, Paul. "Anew science of complexity." *New Scientist,* 26 November 1988.
Nicely written overview article of the new perspective of complexity.

———. *The Mind of God*. Simon & Schuster, 1992.
I have not yet been able to say exactly why Ithink this book is so apt to my subject of complexity and evolution. It's about current understandings of the underlying laws of the physical universe, but Davies presents these laws in the space of all possible laws, or all possible universes, and talks about why these laws were chosen or evolved or happened. Thus one gets into the mind of God, or god. It's full of fresh perspectives and near-heretical thoughts.

Dawkins, Richard. *The Selfish Gene.* Oxford University Press, 1976.
A wholly original idea (that genes replicate for their own reasons) and brilliant exposition. Dawkins also introduces his equally original secondary

idea of memes (ideas that replicate for their own reasons).

———. *The Blind Watchmaker.* W.W. Norton, 1987.
Perhaps the most neodarwinian of all books. Dawkins presents the case for a "universe without design" based entirely on natural selection. And he writes so well and clearly that his forceful ideas are hard to argue with. At the very least, this book is probably the best general introduction to orthodox evolutionary theory anywhere. Full of clever examples.

———. "The Evolution of Evolvability." In *Artificial Life,* Langton, Christopher G., ed. Addison-Wesley, 1988.
A brilliant sketch of a stunningly new idea: that evolvability can evolve.

Dempster, William F. "Biosphere II: Technical Overview of a Manned Closed Ecological System." *Society of Automotive Engineers,* 1989, SAETechnical Paper Series #891599.
Prelaunch technical details about the engineering achievements of Bio2.

Denton, Michael. *Evolution: A Theory in Crisis.* Burnett Books, 1985.
This is the best scientific critique of Darwinian evolution available. Denton does not seem to have a hidden agenda, which is refreshing in these kinds of books.

Depew, David J., and Bruce H. Weber, eds. *Evolution at a Crossroads.* The MIT Press, 1985.
A collection of scientific papers that explore fairly radical approaches to the steep conceptual problems in evolution theory.

De Robertis, Eddy M. et al. "Homeobox Genes and the Vertebrate Body Plan." *Scientific American,* July 1990.
Readable article on importance of ancient homeobox regulatory genes.

Dixon, Dougal. *After Man: A Zoology of the Future.* St. Martin's Press, 1981.
The only book Iknow that extrapolates evolution into the future without being capricious or superficial, that is, with some measure of scope and consistency. Although not meant to be scientific, this gorgeously illustrated book is an inspiration.

Dobzhansky, Theodosius. *Mankind Evolving.* Yale University Press, 1962.
Arather old-fashioned book in tone, geneticist Dobzhansky calmly plunges into the controversial waters of race, intelligence, personality, and evolution.

Drake, James A. "Community-assembly Mechanics and the Structure of an Experimental Species Ensemble." *The American Naturalist,* 137; January 1991.
Elegant experiments showing how the order and timing of introducing species influences the final mix of an ecological community.

Drexler, K. Eric. "Hypertext Publishing and the Evolution of Knowledge." *Social Intelligence,* 1; 2, 1991.
Athorough and enthusiastic sketch of a distributed public hypertext system and its advantages in spurring scientific knowledge

Dupre, John, ed. *The Latest on the Best: Essays on Evolution and Optimality.* The MIT Press, 1987.
By and large these essays make a convincing case that biological systems do not optimize to the best, because the question "best for what?" can't be

answered.

Dykhuizen, Daniel E. "Experimental Evolution: Replicating History." *Trends in Ecology and Evolution,* 7; August 1992.
Review and comments on laboratory studies of observed evolution within microbial populations.

Dyson, Freeman. *From Eros to Gaia.* HarperCollins, 1990.
Contains great chapter on "Carbon Dioxide in the Atmosphere and the Biosphere."

———. *Origins of Life.* Cambridge University Press, 1985.
Refreshingly lucid and orthogonal view of the origin of life problem by a noted physicist. In terms of brilliance has much in common with Schrodinger's "What is Life?"

———. *Infinite in All Directions.* Harper & Row, 1988.
An original thinker writes very lyrically on whatever interests him, which is usually what almost no one else is thinking about. Dyson can take an ordinary subject and find incredibly fresh insights in it. In this volume he considers how the universe will end.

Eco, Umberto. *Travels in Hyperreality.* Harcourt Brace Jovanovich, 1986.
The key essay in this compendium should be required reading for all Americans graduating from high school. It's about the real, the fake, and the hyperreal.

Eigen, Manfred, and Peter Schuster. *The Hypercycle*: A Principle of Natural Self-Organization. Springer-Verlag, 1979.
A powerful abstraction of cycles within cycles producing self-made stable cycles, or hypercycles.

Eldredge, Niles. *Unfinished Synthesis: Biological Hierarchies and Modern Evolutionary Thought.* Oxford University Press, 1985.
Eldredge, who coauthored punctuated equilibrium theory, here pushes evolutionary theory further in a pioneering work on hierarchies of evolutionary change. By all accounts understanding hierarchical change is the next frontier in the science of complexity.

———. *Macroevolutionary Dynamics: Species, Niches, and Adaptive Peaks.* McGraw-Hill, 1989.
Atechnical treatise for professionals on how emergent levels of evolution impact adaptation at the species level.

Endler, John A. *Natural Selection in the Wild.* Princeton University Press, 1986.
Endler rounds up all known studies of natural selection in nature and dissects them rigorously. In the process he arrives at refreshing insights of what natural selection is.

Flynn, Anita, Rodney A. Brooks, and Lee S. Tavrow. "Twilight Zones and Cornerstones: A gnat robot double feature." MIT Artificial Intelligence Laboratory, 1989, *A.I. Memo 1126.*
Blue-sky dreaming on why and how to build tiny gnat-sized robots—disposable, entirely self-contained autonomous critters that can do real work.

Foerster, Heinz von. "Circular Causality: Fragments." Intersystems Publications, ca.

1980.
Ashort chronology of the Macy Conference and the participants at each meeting, and an introduction to the seed idea of emergent "telos" or goal and purpose.

———. *Observing Systems*. Intersystems Publications, 1981.
An anthology of von Foerster's papers. These range from mathematical treatise to philosophical rants. All point to von Foerster's law that observers are part of the system.

Fogel, Lawrence J., Alvin J. Owens, and Michael J. Walsh. *Artificial Evolution Through Simulated Evolution*. Wiley & Sons, 1966.
Early connectionism that didn't produce much intelligence but did prove the worth of evolutionary programming. This is probably the first computational evolution.

Folsome, Clair E. "Closed Ecological Systems: Transplanting Earth's Biosphere to Space." *AIAA,* May 1987.
A rough sketch at what science needs to know to make a closed extraterrestrial living habitat.

Folsome, Clair E., and Joe A. Hanson. "The Emergence of Materially-closed-system Ecology." In *Ecosystem Theory and Application,* Polunin, Nicholas, ed. John Wiley & Sons, 1986.
A wonderful report on sealed jars of microbial life that keep going and going. The authors measure the energy flow and productivity of the closed system.

Forrest, Stephanie, ed. *Emergent Computation*. North-Holland, 1990.
How does collective and cooperative behavior step out of a mass of computing nodes? These proceedings from a conference on nonlinear systems round up current approaches from neural nets, cellular automata, and simulated annealing, among other computatioal techniques.

Frazzetta, T. H. Complex *Adaptations in Evolving Populations*. Sinauer Associates, 1975.
Realistically examines the riddle of how adaptation occurs with linked genes in real, fuzzy populations. Sort of an engineer's approach; pretty readable.

Frosch, Robert A., and Nicholas E. Gallopoulos. "Strategies for Manufacturing." *Scientific American,* September 1989.
A position paper that introduces closed loop manufacturing and the biological analog.

Gardner, M. R., and W. R. Ashby. "Connectance of Large Dynamic (Cybernetic) Systems: Critical Values for Stability." *Nature,* 228; 5273, 1970.
Often cited paper on ratio between connectivity and stability.

Gelernter, David. *Mirror Worlds*. Oxford University Press, 1991.
A magically elegant vision of mirroring real systems (such as a town or hospital) with parallel real-time virtual models as a means of overseeing, managing, and exploring them.

Gell-Mann, Murray. "Simplicity and Complexity in the Description of Nature." *Engineering & Science*, 3, Spring 1988.
Anot-impressive start at unraveling the difference between simplicity and

complexity. But it's something.

George, F. H. *The Foundations of Cybernetics*. Gordon and Breach Science Publishers, 1977.

A lukewarm (but French!) overview of cybernetics (pretty much outdated by now) with a couple of good generalizations.

Gilder, George. *Microcosmos: The Quantum Revolution in Economics and Technology*. Simon and Schuster, 1989.

Agenerous and meaty book on how technology is retreating from the material realm and heading into the symbolic realm, and the economic consequences of that shift.

Gleick, James. *Chaos*. Viking Penguin, 1987.

This bestseller hardly needs an introduction. It's a model of science writing, both in form and content. Although a small industry of chaos books has followed its worldwide success, this one is still worth rereading as a delightful way to glimpse the implications of complex systems.

Goldberg, David E. *Genetic Algorithms in Search, Optimization, and Machine Learning*. Addison-Wesley, 1989.

Best technical overview of genetic algorithms.

Goldschmidt, Richard. *The Material Basis of Evolution*. Yale University Press, 1940.

To get to the juicy parts, you have to read a lot of old-fashioned 1940s genetics. Consider this the prime source of the hopeful monster theory.

Gould, Stephen Jay. *Ever Since Darwin*. W. W. Norton, 1977.

Gould's essays never fail to inform and change my mind. In this collection, Iwas particularly attentive to "The Misunderstood Irish Elk."

———. *The Panda's Thumb*. W. W. Norton, 1980.

Of all Gould's anthologies of essays from his column in *Natural History,* this one has the most about macroevolutionary dynamics and new evolutionary thinking.

———. *Hen's Teeth and Horse's Toes*. W. W. Norton, 1983.

Lots of fascinating history about evolution theory in Gould's peerless style.

———. *Wonderful Life: The Burgess Shale and the Nature of History*. W. W. Norton, 1989.

A splendid masterwork. Rich, lucid, flawless, and iconoclastic. Gould's story of the painful reinterpretation of old shale fossils leading to an altered view of the history of life—that of decreasing diversity—is a mandatory read these days.

———. "Opus 200." *Natural History,* August 1991.

You'll find no better, more succinct explanation of how punctuated equilibrium works than this one from the horse's mouth. Not only the why but also a bit of history of what supporters call "punk eke" and detractors label "evolution by jerks."

Gould, Stephen Jay, and R.C. Lewontin. "The spandrels of San Marco and the Panglossian paradigm: a critique of the adaptationist programme." *Proceedings of the Royal Society of London,* B 205; 1979.

An oft-cited paper that argues against perceiving everything as the result of selective adaptation (the Panglossian paradigm). Gould makes a very readable case for a plurality of evolutionary dynamics.

Gould, Stephen Jay, and Elisabeth S. Vrba. "Exaptation—a missing term in the science of form." *Paleobiology,* 8; 1, 1982.
The term is for a feature devised as an adaptation for one reason which is then repurposed for another adaptive pressure. Using feathers devised for warmth in order to fly is the stock example.

Grasse, Pierre P. *Evolution of Living Organisms: Evidence for a New Theory of Transformation*. Academic Press, 1977.
Representative subchapters cover such juicy topics as "Limits to Adaptation," and "Forbidden Phenotypes," favorite postdarwinian challenges. Provocative book.

Hamilton, William D., Robert Axelrod, and Reiko Tanese. "Sexual reproduction as an adaptation to resist parasites (A Review)." *Proceedings of the National Academy of Science,* USA, 87; May 1990.
Not only is this a clever and convincing explanation of the origin of sex, but it is a marvelous demonstration of the power of computational biology.

Harasim, Linda M., ed. *Global Networks*. The MIT Press, 1993.
Twenty-one contributors speak on the effects seen so far of decentralized high-bandwidth communication at global scale; there is little hard data, mostly hints of opportunities and pitfalls.

Hayes-Roth, Frederick. "The machine as partner of the new professional." *IEEE Spectrum,* 1984.
Source of cute employment letter for humans.

Heeter, Carrie. "BattleTech Masters: Emergence of the First U.S. Virtual Reality SubCulture." Michigan State University, Computer Center, 1992.
Somewhere between a scholarly report and a marketing survey of the fanatical users of the first commercial networked virtual reality installation.

Heims, Steve J. *The Cybernetics Group*. The MIT Press, 1991.
An incredibly thorough history of the agenda and flavor of the Macy Conferences and vignettes of some of the illustrious participants.

Hillis, W. Daniel. *The Connection Machine*. The MIT Press, 1985.
The inventor's conceptual blueprint for the first commercial parallel processing computer and a few thoughts on what it might mean.

———. "Intelligence as an Emergent Behavior." In *Artificial Intelligence,* Graubard, Stephen, ed. The MIT Press, 1988.
In a special issue of Daedulus magazine which examined the state of artificial intelligence research in 1988, Hillis offers a connectionist view of possible AI, but one embedded in parallel and evolutionary processes. His are some of the most intelligent remarks I've heard on intelligence.

Hiltz, Starr Roxanne and Murray Turoff. *The Network Nation: Human Communication via Computer* (Revised Edition). The MIT Press, 1993.
A visionary book when it was first published in 1978, it accurately forecasted many of the effects of intensely connected computer communications and

distributed groups. It still has much to say about the coming network culture. A new section in the revised edition addresses the authors' current thoughts on superconnectivity.

Hinton, Geoffrey E., and Steven J. Nowlan. "How Learning Can Guide Evolution." *Complex Systems,* 1; 1987.
This very brief paper presents intriguing results of a type of Lamarckian evolution running on computers and some provocative speculations of other postdarwinian evolutions.

Ho, Mae-Wan, and Peter T. Saunders. *Beyond Neo-Darwinism*. Academic Press, 1984.
Not too many non-Darwinian books are published within science itself. This one comes from real biologists getting results that are suggestive, or merely permit a hint, of non-Darwinian evolution. This is good science at work.

Hofstadter, Douglas. *Gödel, Escher, Bach: An Eternal Golden Braid*. Basic Books, 1979.
Identical in all respects to the strangely loopy Pulitzer Prize-winning volume, *Copper, Silver, Gold: an Indestructible Metallic Alloy* by Egbert B. Gebstadter, now out of print.

Holldobler, Bert, and Edward O. Wilson. *The Ants*. Harvard University Press, 1990.
Deep, deep, rich, rich. All that is known about ants to date (including some expanded and revised sections from Wilson's earlier "Insect Societies"). A book to own and get lost in. Deserves the Pulitzer Prize it won.

Huberman, B. A. *The Ecology of Computation*. Elsevier Science Publishers, 1988.
A most interesting collection of pioneering papers on using economic and ecological dynamics within computation to manage complex computational tasks.

Johnson, Phillip E. *Darwin on Trial*. Regnery Gateway, 1991.
Johnson is a lawyer who treats Neo-Darwinism as a defendant on trial, and subjects its evidence to the strict rules of court. He concludes that it is an unproven hypothesis that does not at this point seem to fit the evidence at hand. For the uninitiated layperson, a good first read on anti-Darwinism, but it follows lawyerly logic rather than science logic.

Kanerva, Pentti. *Sparse Distributed Memory*. MIT Press, 1988.
A dry, but daring monograph on a new architecture for computer memory, one that relies on weak associative connections. Wonderful forward by Douglas Hofstadter, who explains the novel design's significance.

Kauffman, Stuart A. "Antichaos and Adaptation." *Scientific American,* August 1991.
A very accessible summation of Kauffman's important major ideas, with nary an equation in it. Read this one first.

———. "The Sciences of Complexity and 'Origins of Order'." Santa Fe Institute, 1991, technical report 91-04-021.
A personal and almost poetic short history of Kauffman's own idea of self-organizing order.

———. *The Origins of Order: Self Organization and Selection in Evolution*.

Oxford University Press, 1993.
A sprawling, deep, massive magnum opus of a book, as dense as a dictionary. Kauffman tries to tell you everything he knows, and he's bright, so hang in there. It's about the yin and yang of natural selection and self-organization. A seminal work, not to be missed.

Kauppi, Pekka E., Karl Mielikainen, and Kullervo Kuusela. "Biomass and Carbon Budget of European Forests, 1971to 1990." *Science,* 256; 3 April 1992.
Shows a biomass increase in Gaia which may be due to atmospheric carbon dioxide increase.

Kay, Alan C. "Computers, Networks and Education." *Scientific American,* September 1991.
An notable vision of how peer-to-peer networks might change education.

Kleiner, Art. "The Programmable World." *Popular Science,* May 1992.
About a chip that could be the basis for smart houses and distributed cooperative computing in the fabricated environment.

Kochen, Manfred. *The Small World.* Ablex Publishing Corporation, 1989.
Small world as in "there must be only 200 people in the whole world because Ikeep running into the same ones." If you go deeper into this incredibly rich volume of studies on social networks, you'll find it contains some of the coolest data for network culture seen yet. Here are real numbers on how many friends-of-a-friend connect us all.

Koestler, Arthur. *Janus: ASumming Up.* Random House, 1978.
No critic of Darwin in modern times has been as literate or influential as the brilliant Koestler. He spends the latter third of this book summing up his objections to Darwinism, and offering some suggestions for alternatives. His agile thinking on the subject loosened up my mind.

Korner, Christian, and John A. Arnone. "Responses to Elevated Carbon Dioxide in Artificial Tropical Ecosystems." *Science,* 257; 18 September 1992.
Where the CO_2 goes in closed greenhouses.

Koza, John. *Genetic Programming: On the Programming of Computers by Means of Natural Selection.* The MIT Press, 1992.
More than anyone else, Koza has tried to evolve software in systematic ways. This humongous tome is the record of his experimental details and results.

Langreth, Robert. "Engineering Dogma Gives Way to Chaos." *Science,* 252; 10 May 1991.
How engineers can outsmart chaotic vibration and injury with antichaos.

Langton, Christopher G., ed. *Artificial Life.* Addison-Wesley, 1987.
The mother of all artificial life studies. This is the proceedings of the first a-life workshop. The breadth of the articles is amazing.

Langton, Christopher, et al, eds. *Artificial Life II.* Addison-Wesley, 1992.
True news here. The most recent results of simulations of artificial evolution and protolife in computers. Original, deeply significant, and very accessible papers. Probably the most important book in this bibliography.

Lapo, Andrey. *Traces of Bygone Biospheres.* Synergetic Press, 1987.
Very Russian reclassification of life types on Earth by a sort of grand biomystic

combining Chardin's "noosphere" with Lovelock's "Gaia," and Vernadsky's geochemcial vitalism. Hard to read but intriguing.

Laszlo, Ervin. *Evolution, the Grand Synthesis*. Shambhala, 1987.
New-agey speculations of the role of evolutionary change in the universe. I guess I found the freewheeling style and long view refreshing although I can't say I learned anything in particular from it.

Latil, Pierre de. *Thinking by Machine: A Study of Cybernetics*. Houghton Mifflin, 1956.
A real find. This French author had the most insightful and news-filled takes on feedback cybernetics I found anywhere. All the more amazing for having been written in 1956. I owe much to him.

Layzer, David. *Cosmogenesis:* The Growth of Order in the Universe. Oxford University Press, 1990.
Seems a bit flaky to me, but he did have an unusual idea or two that I couldn't dismiss. He came up with "reproductive instability" as a driving force in evolution.

Lenat, Douglas B. "The Heuristics of Nature: The Plausible Mutation of DNA." Stanford Heuristic Programming Project, 1980, technical report HPP-80-27.
The most heretical, yet plausible, alternative theory to Darwinian evolution I am aware of is compactly presented in this technical report from the Stanford Computer Science Department.

Leopold, Aldo. *Aldo Leopold's Wilderness: Selected early writings by the author of A Sand County Almanac*. Stackpole Books, 1990.
Among many other things, this volume airs Leopold's early thoughts about the role of fire in natural systems.

Levy, Steven. *Artificial Life*. Pantheon, 1992.
An extremely enjoyable narrative of the making of the artificial life movement and a memorable overview of its central ideas and characters.

Lewin, Roger. *Complexity: Life at the Edge of Chaos*. Macmillian Publishing, 1992.
Annotated interviews with some of the central characters currently involved in making complexity itself a science. Not as deep or satisfying as Waldrop's book about the same subject, or Levy's on artificial life; this one gives a quick but superficial overview, and has a more biological, rather than mathematical, slant. Best part is the treatment of the problem of direction or trends in evolution.

Lightman, Alan, and Owen Gingerich. "When Do Anomalies Begin?" Science, 255; 7 February 1991.
Provocative thesis on the mechanism of progress within science.

Lima-de-Faria, A. *Evolution without Selection: Form and Function by Autoevolution*. Elsevier, 1988.
A difficult book. He seems to arrive at the same place as Kauffman but by intuitive and poetic means, rather than mathematics and science.

Lipset, David. *Gregory Bateson:* The Legacy of a Scientist. Prentice-Hall, 1980.
Bateson was interested in all things mysteriously complex. This biography of him and his interests illuminates the range of complexities that might be

understood by looking at language, learning, the unconscious, and evolution.

Lloyd, Seth. "The Calculus of Intricacy." *The Sciences,* October 1990.
The best general introduction to defining complexity I have seen, and gracefully written to boot.

Lovece, Joseph A. "Commercial Applications of Unmanned Air Vehicles." *Mobile Robots and Unmanned Vehicles,* 1, August-July 1990.
Comprehensive roundup of current work-in-progress in commercial autonomous robots.

Lovelock, James. *The Ages of Gaia: ABiography of Our Living Earth*. W.W. Norton, 1988.
Lovelock rounds out his Gaia hypothesis into a theory here, and offers his best arguments and observations in support of it. He also speaks of how Gaia might have evolved.

Lovtrup, Soren. *Darwinism: The Refutation of a Myth*. Croom Helm, 1987.
This is detailed blow-by-blow history of the ideas and personalities of anti-Darwinism. It's chock-full of delicious excerpts and quotes from past critics up until the present. It goes deep into the doubts of other experts about Darwinism.

Macbeth, Norman. *Darwin Retried*. Gambit Incorporated, 1971.
A fair "trial" of the evidence for Darwinian evolution. Short, but effective. Tends to highlight the discrepancies, but offers no alternatives.

Maes, Pattie. "How to do the Right Thing." *Connection Science,* 1; 3, 1989.
Discusses an algorithm for robotic intelligence which will bias choice of action in certain directions as an ongoing "plan."

———. "Situated Agents Can Have Goals." *Robotics and Autonomous Systems,* 6; 1990.
How functional goals can emerge from a mass of simple rules in robots.

Malone, Thomas W., Joanne Yates, and Robert I. Benjamin. "Electronic Markets and Electronic Hierarchies." *Communications of the ACM,* 30; 6, 1987.
How increased use of cheap coordination technology will shift the economy away from hierarchical forms to market networks. Excellent paper.

Mann, Charles. "Lynn Margulis: Science's Unruly Earth Mother." *Science,* 252; 19 April 1991.
An entertaining account of mainstream evolutionary biologists' reaction to Margulis's ideas.

Margalef, Ramon. *Perspectives in Ecological Theory*. The University of Chicago Press, 1968.
The best treatment of ecosystems as cybernetic systems.

Margulis, Lynn, and Rene Fester, eds. *Symbiosis as a Source of Evolutionary Innovation: Speciation and Morphogenesis*. The MIT Press, 1991.
Lots of case studies on symbiotic relations. Afew good chapters on reevaluating symbiosis' role in evolution.

Markoff, John. "The Creature That Lives in Pittsburgh." *The New York Times,* April 21, 1991.
About Ambler, the huge semismart walking robot built by CMU in Pittsburgh.

May, Robert M. "Will a Large Complex System be Stable?" *Nature,* 238; 18 August 1972.

An early mathematical demonstration that showed that beyond a critical value, complexity unstabilizes a system.

Mayo, Oliver. *Natural Selection and its Constraints*. Academic Press, 1983.

This extremely technical book treats the genetic constraints on natural selection very seriously. Mayo asserts the constraints create narrow boundaries for evolution. He also dabbles with some alternative theories, which he woefully concludes cannot replace the current theory.

Mayr, Ernst. *Toward a New Philosophy of Biology*. The Belknap Press of Harvard University Press, 1988.

Mayr is the arch-orthodox Darwinian. Not only did he cofound the Modern Synthesis of Neo-Darwinism, he remains its most dogmatic defender. Yet, he proposed what later became the bad-boy idea of punk-eek twenty years before Gould, and in this book he makes a strong case for radical, cohesive constraints of the gene.

Mayr, Otto. *The Origins of Feedback Control.* MIT Press, 1969.

A readable history of ancient servomechanisms and modern mechanical feedback devices, including one invented by the author's father.

———. *Authority, Liberty & Automatic Machinery in Early Modern Europe*. John Hopkins University Press, 1986.

How the metaphors of control shaped and were shaped by the technologies of control.

Mazlish, Bruce. *The Fourth Discontinuity: The Coevolution of Humans and Machines*. Yale University Press, 1993.

An excellent, penetrating history of the bionic convergence and its philosophical consequences. If this book had been published earlier, Iwould have borrowed much from it; but it came out as mine was being wrapped up.

Mc Culloch, Warren S. "An Account of the First Three Conferences on Teleological Mechanisms." Josiah Macy, Jr. Foundation, 1947.

A dense summary of the first three Macy conferences, which covered an amazing range of topics, all before they hit upon the term "cybernetics."

McKenna, Michael, Steve Pieper, and David Zeltzer. "Control of a Virtual Actor: The Roach." *Computer Graphics,* 24; 2, 1990.

How to direct a virtual roach to walk where you want it to within a virtual environment.

Mc Shea, Daniel W. "Complexity and Evolution: What Everybody Knows." *Biology and Philosophy,* 6; 1991.

A wonderful review of historical notions of increasing complexity in biological evolution ("what everybody knows"), and the author's own evidence against the idea.

Meadows, Donella H., Dennis L. Meadows, et al. *The Limits to Growth*. New American Library, 1972.

Notorious simulation from the Club of Rome which extrapolates economic and environmental trends of the whole Earth. Widely lauded and critiqued in the 1970s.

Meadows, Donella H., Dennis L Meadows, and Jorgen Randers. *Beyond the Limits: Confronting global collapses, envisioning a sustainable future*. Chelsea Green Publishing, 1992.
Sequel to 1972's best-selling The Limits to Growth.

Metropolis, N., and Gian-Carlo Rota, eds. *A New Era in Computation*. The MIT Press, 1992.
A very fine collection of essays written for the layperson which speak on the impact that parallel computing has had and will have on computer science, culture, and our own thinking.

Meyer, Jean-Arcady, and Stewart Wilson, eds. *From Animals to Animats*. The MIT Press, 1991.
The papers from a fruitful conference on the simulation of adaptive behavior, which gathered ethologists studying real animal behavior and roboticists trying to synthesize behavior in artificial "animats."

Meyer, Thomas P., and Norman Packard. "Local Forecasting of High Dimensional Chaotic Dynamics." Center for Complex Systems Research, The Beckman Institute, University of Illinois, 1991, technical report CCSR-91-1.
Theoretical underpinning for attempts to make "local" predictions in complex systems.

Midgley, Mary. *Evolution as a Religion: Strange hopes and stranger fears*. Muthuen & Co, Ltd., 1985.
Midgley wrestles with the philosophical consequences of "belief" in evolution, sometimes successfully and sometimes not. But she provides much to think about.

Miller, James Grier. *Living Systems*. McGraw-Hill, 1978.
A massive (we're talking about 1100 pages of minuscule type here) tome on the levels, sublevels and sub-sublevels of living systems, including organizations and such. Think of this as a printout of raw data on all living systems.

Minsky, Marvin. *The Society of Mind*. Simon & Schuster, 1985.
In 270 very readable one-page essays, Minsky presents a society of ideas about the society of mind. It is true Zen. Every page is a mob of astounding and mind-changing ideas. And at every point in thinking about complex systems I would come back to Minsky. This is the book that eventually led me to write this book.

Modis, Theodore. *Predictions*. Simon & Schuster, 1992.
In some ways a little cranky, but still useful nonetheless as a summary of technological forecasting.

Mooney, Harold A. *Convergent Evolution in Chile and California*. Dowden, Hutchinson & Ross, 1977.
Marks the parallel biological forms in two continents. Primarily ascribes this similarity to the orthodox explanation of similar climate. Does not address the alternative theory of internalist reasons for convergent evolution.

Morgan, C. Lloyd. *Emergent Evolution*. Henry Holt and Company, 1923.

A very early and not very successful stab at trying to articulate emergent control in evolution.

Moss, J. Eliot B. *Nested Transactions: An Approach to Reliable Distributed Computing*. The MIT Press, 1985.
Practical use of hierarchy.

Motamedi, Beatrice. "Retailing Goes High-Tech." *San Francisco Chronicle,* April 8, 1991.
Story on real-time trend-spotting, inventory stocking and manufacturing in the top retailers using intensive networked communications.

Needham, Joseph. *Science and Civilisation in China*. Cambridge at the University Press, 1965.
The ancient Chinese invented remarkably sophisticated mechanical devices, and this series of awesome books tracks each invention in mind-boggling detail. It's like having a patent registry for the Han people.

Negroponte, Nicholas P. "Products and Services for Computer Networks." *Scientific American,* September 1991.
What we can expect from pervasive ultrahigh bandwidth networks, by the director of the MIT Media Lab.

Nelson, Mark. "Bioregenerative Life Support for Space Habitation and Extended Planetary Missions." *Space Biosphere Ventures,* 1989.
Gets into the early attempts at self-sustaining space habitats.

Nelson, Mark, and Gerald Soffen, eds. *Biological Life Support Systems*. Synergetic Press, 1990.
The proceedings of a 1989 workshop on closed biological-based systems as human life support devices in space. Held at the site of Biosphere IIand cosponsored by NASA. Technical but rich.

Nelson, Mark, and Tony L. Burgess, et al. "Using a closed ecological system to study Earth's biosphere: Initial results from Biosphere 2." *BioScience,* April 1993.
Description of the scientific experiment in Biosphere 2 written by Bio2 staff after the first year. Has excellent bibliography for this esoteric subject.

Nitecki, Matthew H., ed. *Evolutionary Progress*. University of Chicago Press, 1988.
Biologists don't know how to handle the idea of progress in evolution. Here leading evolutionists, philosophers, and historians of biology grapple with the controversial idea in these postmodern times, and come up ambivalent in the aggregate. A few of them find the notion "noxious, culturally embedded, untestable, nonoperational, intractable." Those who do acknowledge progress in evolution are uncomfortable. This is a good, revealing collection of papers.

O'Neill, R. V. A *Hierarchical Concept of Ecosystems*. Princeton University Press, 1986.
Treats the latest hot trend in ecology: a new perspective which considers communities as hierarchical structures with different dynamics for every level. Does a good job in setting out the questions that need to be answered.

Obenhuber, D. C., and C. E. Folsome. "Carbon recycling in materially closed ecological life support systems." *BioSystems,* 21; 1988.

Measurements of carbon pathways in closed ecospheres.

Odum, Eugene P. *Ecology and Our Endangered Life-Support Systems*. Sinauer Associates, 1989.
A quick introductory tour of the science of ecology by the guy who brought energy accounting to the field.

Olson, R. L., M. W. Oleson, and T. J. Slavin. "CELSSfor Advanced Manned Mission." *HortScience,* 23(2); April 1988.
A paper from a symposium on "Extraterrestrial Crop Production." Good summary of NASA's closed system experiments.

Pagels, Heinz R. *The Dreams of Reason: The Computer and the Rise of the Sciences of Complexity*. Bantam, 1988.
A satisfyingly rich and perceptive scan on how the complexity of the computer makes visible the complexity of the world.

Parisi, Domenico, Stefano Nolfi, and Federico Cecconi. "Learning, Behavior, and Evolution." In *Proceedings of the First European Conference on Artificial Life,* The MIT Press, 1991.
Exploration of the role of learned behavior in accelerating evolution based on neural networks.

Pattee, Howard H. *Hierarchy Theory: The Challenge of Complex Systems*. George Braziller, 1973.
This is a book of all that was known about hierarchical systems 20 years ago, and it wasn't much. The authors ask some good questions which still have not been answered. In short, we still don't know much how hierarchies of control work.

Pauly, Philip J. *Controlling Life: Jacques Loeb & the Engineering Ideal in Biology*. University of California Press, 1987.
A scholarly biography of the guy who did most to make science think of biological organisms as mechanisms.

Pimm, Stuart L. "The complexity and stability of ecosystems." *Nature,* 307; 26 January 1984.
Tries to answer the question of how complexity and stability in ecosystems are related.

———. *The Balance of Nature?* University of Chicago Press, 1991.
Pimm treats food-webs as if they were cybernetic circuits, and out of both simulated and real food-webs has derived some of the freshest ecological news in a decade.

Pimm, Stuart L., John H. Lawton, and Joel E. Cohen. "Food web patterns and their consequences." *Nature,* 350; 25 April 1991.
An extremely informative review article on what is known about ecological food webs from a systems point of view.

Pines, David, ed. *Emerging Syntheses in Science*. Addison-Wesley, 1988.
An eclectic bunch of papers signaling the new science of complexity. The best papers in this anthology, derived from the founding workshop of the Santa Fe Institute, focus on the problems of complexity itself.

Porter, Eliot, and James Gleick. *Nature's Chaos*. Viking, 1990.

The exquisite color landscape photography of Eliot Porter is paired with the lyrical science prose of James Gleick. Both celebrate—in coffee table book format—the ordered complexities and complications of nature in its large and small details.

Poundstone, William. *Prisoner's Dilemma*. Doubleday, 1992.
Besides telling you more than you'll ever really want to know about the Prisoner's Dilemma game, this book also ties the game into the history of think tanks and the use of game theory in the arms race and the role of John von Neumann in both game theory and the cold war.

Powers, William T. *Living Control Systems*. The Control Systems Group, 1989.
A control engineer looks at the variety of control circuits in biological systems.

Prusinkiewicz, Przemyslaw, and Aristid Lindenmayer. *The Algorithmic Beauty of Plants*. Springer-Verlag, 1990.
Plants as numbers.

Pugh, Robert E. *Evaluation of Policy Simulation Models: A Conceptual Approach and Case Study*. Information Resources Press, 1977.
Evaluates world economic models such as Limits to Growth.

Raup, David M. *Extinction: Bad Genes or Bad Luck?* W. W. Norton, 1991.
The title is a very good question. This prominent paleontologist thinks it's a combination of bad genes and bad luck, but that "most species die out because they are unlucky." And thus he presents his evidence.

Reid, Robert G. B. *Evolutionary Theory: The Unfinished Synthesis*. Croom Helm, 1985.
This is the most interesting book on evolutionary theory Ihave come across. While other books can serve up more exhaustive critiques of neo-Darwinism, none compare to this one in presenting a post-Darwinian view. The author is not afraid to dip into nonbiological studies to shape his notion of evolution; yet he primarily dwells in biological fact. Most recommended.

Rheingold, Howard. *Tools for Thought*. Prentice Hall Books, 1985.
Subtitled: "The history and future of mind-expanding technology," this is a really hip and very informative chronicle of how computers became personal computers, of the visionary people behind that transformation, and of its social meaning and cultural consequences. I recommend it as the best history of computers to date.

Ricklefs, Robert E. *Ecology*. Chiron Press, 1979.
A textbook on ecology that is lucid, deep, and gracefully written and full of the author's personal insight, setting it apart from most rather antiseptic and formulaic ecology textbooks.

Ridley, Mark. *The Problems of Evolution*. Oxford University Press, 1985.
Here are the current bothersome problems in neo-Darwinian theory from within the perspective of neo-Darwinism.

Roberts, Peter C. *Modelling Large Systems*. Taylor & Francis, 1978.
Primarily on the difficulties of getting meaningful results via miniaturizing a large system.

Robinson, Herbert W., and Douglas E. Knight. *Cybernetics, Artificial Intelligence,*

and Ecology. Spartan Books, 1972.
A few helpful ideas and a fair representation of cybernetic thinking.

Root, A. I., ed. *The ABC and XYZ of Bee Culture*. A. I. Root Company, 1962.
For over a hundred years a perennial encyclopedia of bee culture lore for first-time beekeepers. Remarkably timeless, last updated in 1962.

Rosenfield, Israel. *The Invention of Memory*. Basic Books, 1988.
A survey view of the brain as having a nonlocalized memory, and a long prologue to an exposition of Gerald Edelman's controversial idea of "Neural Darwinism," or the natural selection of thoughts in the brain.

Sagan, Dorion. *Biospheres: Metamorphosis of Planet Earth*. McGraw-Hill, 1990.
Speculations on the science of biospherics—human habitats as extensions of Gaia.

Salthe, Stanley N. *Evolving Hierarchical Systems: Their Structure and Representation*. Columbia University Press, 1985.
Can't say I completely understand this book, but it is very provocative in picturing evolution as working differentially at various levels.

Saunders, Peter T. "The complexity of organisms." In *Evolutionary Theory: Paths into the Future,* Pollard, J. W., ed. John Wiley and Sons, 1984.
Saunders sees complexity arising out of self-organization rather than from natural selection.

Schement, Jorge Reina, and Leah A. Lievrouw. *Competing Visions, Complex Realities: Social Aspects of the Information Society*. Ablex Publishing, 1987.
Thoughts on communication networks as social structure.

Schneider, Stephen, H. Penelope, and J. Boston, eds. *Scientists on Gaia*. The MIT Press, 1991.
Some of the papers in this compendium are more rigorous than others, but all strive to describe Gaia in scientific rather than poetical terms. I found the papers which worried about the definitions of Gaia to be the most productive.

Schrage, Michael. *Shared Minds: The New Technologies of Collaboration*. Random House, 1990.
In a network society the tools of collaboration become essential and wealth-generating. Schrage reports on current research into new network skills.

Schull, Jonathan. "Are species intelligent?" *Behavioral and Brain Sciences,* 13; 1, 1990.
Since the analogy between learning and evolution is at least as old as the idea of evolution itself, the author examines species as thinking structures. His idea is critiqued by cognitive scientists and evolutionists.

Schulmeyer, G. Gordon. *Zero Defect Software*. McGraw-Hill, 1990.
An introduction to the controversial zero defect concept. Itake this book as one method to construct reliable complex systems.

Scientific American, eds. *Automatic Control*. Simon and Schuster, 1955.
Primarily for historical interest, this anthology of early Scientific American articles on cybernetic control talks about the impact of automatic systems on society at a time (late '40s) when the population of computers in the world

was exactly one.

Simon, Herbert A. *The Sciences of the Artificial.* The MIT Press, 1969.
There's a lot of common sense about how to build complex systems packed into this small book. It also offers rare insight into the role and meanings of simulations.

———. *Models of My Life.* Basic Books, 1991.
A dull autobiography about the extraordinary life of the last renaissance man in the 20th century. In his spare time he helped invent the field of artificial intelligence.

Slater, Philip. "Democracy is Inevitable." *Harvard Business Review,* September/October 1990.
Best argument I'm aware of for this provocative thesis: "Democracy becomes a functional necessity whenever a social system is competing for survival under conditions of chronic change."

Smith, Reid G. A *Framework for Distributed Problem Solving.* UMI Research Press, 1981.
General computer science introduction to constructing programs that work in a distributed environment.

Smith, John Maynard. *Did Darwin Get it Right?* Essays on Games, Sex and Evolution. Chapman and Hall, 1989.
Deals with current controversies in evolutionary biology in an even-handed and intelligent way.

Sober, Elliott. *The Nature of Selection: Evolutionary Theory in Philosophical Focus.* The University of Chicago Press, 1984.
This is an incredibly profound book. It is a philosophical examination of evolutionary theory which begins with the frequent criticism that neodarwinism is rooted in a contradiction, that "survival of the fittest is a tautology." Sober illuminates this causality puzzle and then goes on to reveal evolution as a system of logic. His work should not be missed by anyone doing computational evolution.

Sonea, Sonrin and Maurice Panisset. A *New Bacteriology.* Jones and Bartlett, 1983.
The "new" here is a view that sees bacteria as not primitive and not independent, but as a superorganism communicating genetic changes worldwide and rapidly.

Spencer, Herbert. *The Factors of Organic Evolution.* Williams and Nograte, 1887.
At the time of Darwin, the philosopher Herbert Spencer had an enormous impact in forming popular notions of the meaning of evolution. As laid out in this book, evolution is progressive, internally directed to improvement and perfection, among other things.

Stanley, Steven. "An Explanation for Cope's Rule." *Evolution,* 27; 1973.
One of the rare accepted trends in biological evolution—increasing size in animals—gets debunked.

———. *The New Evolutionary Timetable.* Basic Books, 1981.
Gingerly considers selection of units larger than individuals and addresses long-term directions in macroevolution, but does so without strong

conclusions.

Steele, E. J. *Somatic Selection and Adaptive Evolution: On the Inheritance of Acquired Characters*. University of Chicago Press, 1979.
The controversial experiments of immunologist Ted Steele, who claims to demonstrate Lamarckian evolution in inbred strains of mice, is presented in the experimenter's own words. Steele's work has not been confirmed.

Stewart, Ian. *Does God Play Dice?* Basil Blackwell, 1989.
For technical insight on chaos and dynamical systems, a better book than Gleick's bestseller "Chaos." Stewart doesn't have Gleick's narrative flair, but he does go deeper into the whys and hows, with numerous graphs, illustrations, and a bit of math.

Stewart, Thomas A. "Brainpower." *Fortune,* June 3, 1991.
Article about the role of knowledge in creating wealth for companies. Ipicked up the term network economics here.

Symonds, Neville. "A fitter theory of evolution?" *New Scientist,* 21 September 1991.
In lay science terms addresses results suggesting "Lamarckian" evolution in *E. coli* soups.

Tainter, Joseph A. *The Collapse of Complex Societies*. Cambridge University Press, 1988.
Idisagree with the author's basic tenet that declining returns on increasing complexity causes collapse of stable civilizations, but his argument is worth reviewing.

Taylor, Gordon Rattray. *The Great Evolution Mystery*. Harper & Row, 1982.
Taylor treats evolution as an unsolved mystery and trots out both conventional Darwinian explanations and conventional doubts about those explanations. It is the most palatable and easy to digest anti-Darwinian book, although a real skeptic of anti-Darwinism will need to proceed further via its good bibliography for the convincing details.

Thompson, D'Arcy. *On Growth and Form*. Cambridge University Press, 1917.
A classic reminder of the ubiquitous influence of form in life.

Thompson, John. *Interaction and Coevolution*. Wiley & Sons, 1982.
Solid compendium of the most current thinking, evidence, and analysis in coevolution.

Thompson, Mark. "Lining the Wild Bee." In *Fire Over Water,* Williams, Reese, ed. Tanam Press, 1986.
Story of the guy who put his head inside a wild bee swarm, and who writes about the meaning of bees and hives.

Thomson, Keith Stewart. *Morphogenesis and Evolution*. Oxford University Press, 1988.
A wonderfully refreshing and completely undogmatic view of evolution by a renegade group (the "heretics") at Yale. Thomson theorizes that internal constraints determine "themes" within evolution and "clusters" of species. Highly recommended.

Thorpe, Col. Jack. "73 Easting Distributed Simulation Briefing." Institute for

Defense Analyses, 1991.
An executive summary of the Gulf War 73 Easting Simulation pitched to win support for further military simulations.

Tibbs, Hardin. "Industrial Ecology." Arthur D. Little, 1991.
This white paper for an industrial consultant is an early sketch of what a full-bore industrial ecology would look like.

Todd, Stephen, and William Latham. *Evolutionary Art and Computers*. Academic Press, 1992.
In addition to gorgeous color plates of William Latham's evolutionarily generated art forms, this book doubles as a technical manual for the computer science and philosophy behind the images.

Toffler, Alvin. *PowerShift*. Bantam Books, 1990.
Futurist Toffler speculates pretty convincingly on expected trends in a networked economy and society.

Toffoli, Tommaso, and Norman Margolus. *Cellular Automata Machines: A New Environment for Modeling*. The MIT Press, 1987.
Tiny universes created by simple rules as a means to explore world-making. This is the most comprehensive text on the science of cellular automata.

Travis, John. "Electronic Ecosystem." *Science News,* 140; August 10, 1991.
Good introduction and background on Tom Ray's artificial evolutionary Tierra system.

Vernadsky, Vladimir. *The Biosphere*. Synergetic Press, 1986.
First published (and ignored) in 1926, this Russian monograph has only recently garnered attention in the West. It is a poetic-scientific foreshadowing of the Gaian notion—life and Earth as one organism.

Vernon, Jack A. *Inside the Black Room*. Clarkson N. Potter, Inc., 1963.
An early follow-up to Hebb's original experiments in sensory deprivation at McGill University, Vernon did his at Princeton University during the late '50s in a soundproof room in the basement of the psychology building.

Vrba, Elisabeth S., and Niles Eldredge. "Individuals, hierarchies, and process: towards a more complete evolutionary theory." *Paleobiology,* 10; 2, 1984.
There is a hunch that large-scale pattern in evolution (macroevolution) derives from the hierarchical nature of nature. This paper makes a preliminary case for the argument.

Waddington, C. H. *The Strategy of the Genes*. George Allen & Unwin Ltd, 1957.
The book that gave theoretical biology respect. Waddington wrestles with the influence of the gene's agenda upon evolution and tackles the Baldwin effect.

Waddington, C. H., ed. *Towards a Theoretical Biology*. Aldine Publishing, 1968.
For a field that lacks more than one example, biology has always yearned for more theory. These proceedings stemmed from a series of memorable symposia that Waddington hosted to launch a more comprehensive systems-style look at biological organisms. The "Waddington conferences" have taken on legendary status in the post-Darwinian community.

Wald, Matthew L. "The House That Does Its Own Chores." *The New York Times,*

December 6, 1990.
Report on the opening of the first demonstration "smart" house in Atlanta.

Waldrop, M. Mitchell. *Complexity: The Emerging Science at the Edge of Order and Chaos.* Simon & Schuster, 1992.
A popular account of the Santa Fe Institute's approach to complex adaptive systems. Good stuff on economist Brian Arthur and biologist Stuart Kauffman. Waldrop's book is better than Roger Lewin's identically named Complexity, because he explains more and attempts to synthesize the ideas.

Warrick, Patricia S. *The Cybernetic Imagination in Science Fiction.* The MIT Press, 1980.
Science fiction has enlarged the thought space for imagining cybernetic possibilities, which science proper can later fill.

Weinberg, Gerald M. *An Introduction to General Systems Thinking.* John Wiley & Sons, 1975.
Helpful introduction course on "thinking whole."

Weinberg, Gerald M., and Daniela Weinberg. *General Principles of System Design.* Dorset House Publishing, 1979.
Perhaps the best book on modern cybernetics. Works well in a classroom because it includes cybernetic exercises.

Weiner, Jonathan. *The Next One Hundred Years.* Bantam Books, 1990.
A journalistic survey of our Earth as a closed system.

Weintraub, Pamela. "Natural Direction." *Omni,* October 1991.
Readable and fairly reliable report on Hall and Cairns's work on directed mutation in bacteria.

Weiser, Mark. "The Computer for the 21st Century." *Scientific American,* September 1991.
It may be a while, but Ibelieve that someday this will be considered a seminal article staking out the role computers will play in our everyday lives.

Wesson, Robert. *Beyond Natural Selection.* MIT Press, 1991.
At times, a mere tedious cataloging of evidences and examples of nonadaptationist evolution. At rare moments, it gets to the "so what" of it all. Iowe the late author a couple of key ideas.

Westbroek, Peter. *Life as a Geological Force.* W. W. Norton, 1991.
Ageologist's personal recounting of evidence that life shapes rocks.

Wheeler, William Morton. *Emergent Evolution: and the development of societies.* W. W. Norton & Company, 1928.
An early, slim volume—a paper really—on holism.

Whyte, Lancelot Law. *Internal Factors in Evolution.* George Braziller, 1965.
An informed and bold speculation on the internal selection within the genome. Readable and thought provoking.

Wiener, Norbert. *Cybernetic, or control and communication in the animal and the machine.* John Wiley, 1961.
The germ of all cybernetic texts. Except for the preface, it is unexpectedly technical and mathematical. But worth delving into.

Wilson, Edward O. *The Insect Societies*. Harvard University Press, 1971.
An indispensable book of fascination, great insight, and clear, lucid science. Required meditations for Net-mind.

Wright, Robert. *Three Scientists and Their Gods*. Times Books, 1988.
Wonderfully crafted profiles of three world-class thinkers on a quest for the unifying theory of information. Wright has much to say about whole systems and complexity. Highly recommended. On rereading this book after I finished mine, I realize that it is probably closest to my own in spirit and range.

Yoshida, Atsuya, and Jun Kakuta. "People Who Live in an On-line Virtual World." *IEE EInternational Workshop on Robot and Human Communication,* technical report 92TH0469-7; 1992.
Afairly intensive study of users of a virtual networked world—Fujitsu's Habitat system in Japan—and how they used it.

Zeltzer, David. "Autonomy, Interaction and Presence." *Presence: Teleoperators and Virtual Environments,* 1; 1, 1992.
Locating autonomy and control as one axis of three in a matrix of virtual reality. (The other two are degree of interaction and presence.)

Zorpette, Glenn. "Emulating the battlefield." *IEEE Spectrum,* September 1991.
From the engineers' own mouths, a report on the new and increasing role of simulations in warfare.

Zubek, John P., ed. *Sensory Deprivation: Fifteen years of research*. Meridth Corporation, 1969.
A compendium of survey articles reviewing the literature of sensory deprivation up to 1969, when this topic was fashionable. The effects of SD are about as elusive as those of hypnosis, and all the hopes for the field have evaporated as uneven data piled up.

Zurek, Wojciech H., ed. *Complexity, Entropy and the Physics of Information*. Addison-Wesley, 1990.
Some attempts to define complexity.

Cybernetics. Josiah Macy, Jr. Foundation, 1953.
Contains transcripts from one set of the Macy meetings. Including great dialogues of befuddlement as Ashby introduces his "homeostat machine."

Self-Organizing Systems. Pergamon Press, 1959.
The fascinating proceedings of a major conference with an all-star line up of principal cybernetic pioneers. After each paper is a revealing record of the panel discussions, where the true learning happens. Why don't other books do this?

Transactions of the 9th Conference on Cybernetics. Josiah Macy, Jr. Foundation, 1952.
Remarkable discussions that have hardly aged on the emergence of control in biological and mechanical systems.

찾아보기

〈MUD〉 312, 500~507
〈계간 공진화〉 159, 161
〈던전 앤 드래곤〉 492, 500
〈문명〉 461
〈범종설〉 526
〈심시티〉 465~469, 473, 507, 550
〈심어스〉 462~466
〈엘피시〉 546~550, 647
〈파퓰러 사이언스〉 336
〈파퓰러스 Ⅱ〉 457, 460, 462
〈퐁〉 28, 29, 31
〈홀 어스 카탈로그〉 149, 873
《게임과 경제적 행동의 이론》 180
《기억의 발명》 42
《눈먼 시계공》 528
《뉴마티카》 233
《도덕경》 258
《도시의 동력》 468
《무결함 소프트웨어》 396
《무한한 다양성을 위하여》 223
《미로》 512, 531
《살아 있는 기계: 기술과 유기적 생명에 대한 연구》 226
《소우주》 343
《시뮬레이션》 474
《엔더의 게임》 491
《양지천장》 43
《인공 생명》 475, 678
《자연 선택의 유전학적 이론》 575
《자연 시스템과 인공 시스템에서 일어나는 적응》 573
《재귀적 우주》 553
《종의 기원》 63, 158, 735, 737
《창발적 진화》 36
1000년의 규칙 695
'22' 564, 565
2차 사이버네틱스 857
'45' 557, 562, 563
'73 이스팅 전투' 482, 483, 485, 486, 489, 490
'80' 556, 557, 561, 562
ASCAP 431,432
B2 스텔스 폭격기 496, 497
CAD 611, 612
CM5 로고 551
e-캐시 436
I-포인트 214, 216
NTC 489, 490
PIN 444
RIPEM 419, 420
RNA 세계 587, 588
SIMNET 486~489, 493, 496, 507, 509
S자 곡선 829, 830
WELL 369

ㄱ

가상 개미 599
가상 컴퓨터 560, 567, 601
가상 현실 19, 344, 471, 476, 495, 498, 507, 521, 621, 633, 634, 755
가이아 176~178, 189, 269, 272, 289, 301~303, 311, 317, 321, 330, 464, 465,

703, 713
감손율 295
강제된 협력 176, 188
개미 311, 347, 557~559, 679, 680
개미 알고리듬 597, 599
개빈 밀러 611
개인주의의 시대 371
객체 지향 언어 397
객체 지향 프로그래밍 394, 395, 429, 430
검은 패치 정신 이상 117
검증 389, 397, 407, 591, 709, 739, 746, 780, 816, 820, 841, 845, 857
게리 웨어 823
게임 이론 181, 187, 188, 194, 307, 412, 574, 682, 855
경제 계산 불가능론 249
고르바초프 188, 189
고차원 시스템 805, 806
공개키 암호 체계 417, 419, 420, 432, 440, 441, 443
공동 제어 640, 642, 643
공생 75, 109, 160, 162, 164, 176, 206, 209, 210, 243, 275, 327, 386, 402, 696, 703, 713~715, 738, 741
공생 생물 160, 509
공세계 160
공적응 158, 162
공진화 158, 159, 165, 176, 179, 181, 187~190, 197, 563, 574, 579, 593, 632, 648, 692, 696, 776, 844, 859
과잉 보상 251
괴델 752, 753
교착 상태 181
국가안보국 509, 418, 419
국지적 예측 가능성 813, 817, 831
군대개미 558, 805
군중 29, 34, 53, 54, 55, 346, 465, 498, 510, 544, 620, 761, 852
그레고리 베이트슨 89, 149~151, 180, 255, 691, 772, 834, 854
그레텔 에를리히 227, 228
그물망 모형 55
근원 155, 176, 255
글랜 테니 421
글리슨 204, 205
긍정적 근시 810, 811
기밀 정보 410
기생 생물 160, 162, 209, 210
기생충 158, 562~564, 566, 579, 601, 602, 648, 696, 790, 791
기시감 45
기형학 725
끌개 254, 737, 756, 859

나노기술 604, 605, 683
나비 효과 283, 748
내삽법 390
내장형 훈련 490
내적 선택 718, 734, 795
넌제로섬 게임 187, 189
네겐트로피 221, 772
네트 수학 147, 148
노먼 슈워츠코프 822, 823, 825
노먼 패커드 783, 812~816
노버트 위너 53, 180, 243~247, 782, 783, 833, 849, 854
노봇 422
노스럽 496
노자 258, 259
놀피 693
뉴커먼 증기 기관 234
뉴턴 656, 800, 801, 862
니코 틴베르헌 627~629
니콜라스 네그로폰테 480
닐 코스비 487, 488

ㄷ

다기성 788, 789
다양성 198, 715, 773, 785, 789, 867
다윈 705, 706, 712, 716, 730, 796
다윈 칩 567
다윈드로 550
다윈식 진화 594~596, 671, 688, 693, 697~699
다윈주의 122, 310, 568, 704, 705, 708, 715, 721, 727
다윈주의적 시장 351
다중 사용자 던전 500
다중인격증후군 100
단속 평형 186, 566, 567
닫힌계 189, 266, 267, 270, 277, 289, 301, 305, 306, 324
대니 힐리스 143, 156, 351, 576~602, 604, 648, 679, 696
대니얼 데닛 96~100
대수의 법칙 274
대장균 208, 209, 720, 721
댄 보트킨 193, 200, 726, 777
더글러스 엥겔바트 79
더글러스 넴즈 491
더글러스 호프스태터 48, 752, 753, 864, 865
데니스 메도스 838, 844~848, 850
데이브 롭 869
데이비드 레이저 170
데이비드 리들 819
데이비드 마르 48
데이비드 배러시 863
데이비드 베레비 814
데이비드 스토크 656
데이비드 애클리 590~597, 599, 603~605, 687
데이비드 윈게이트 139~142
데이비드 젤처 264, 624, 626, 631
데이비드 차움 442~449
데이비드 채널 226
데이비드 퍼내스 389
도널드 헵 113, 114
도약 진화 732, 738, 741
도약 진화론 713, 732
도인 파머 670, 677, 678, 799, 800, 802~804, 806, 808, 809, 812, 813, 815, 817~819, 832, 857
돈 하모니 272
돌로의 법칙 785
돌연변이 464, 537~539, 541, 543, 547, 556, 561, 566, 570, 581, 711, 713, 718, 720, 724, 725, 741, 853
돌연변이 엔진 538
돌연변이 유발 장치 538, 543, 566
돌연변이율 792~794, 869
동물행동학 628, 630, 863
동어 반복 255, 698, 753, 827, 867
되먹임 152, 154, 155, 175, 197, 230, 233, 235, 237~242, 247~256, 464, 535, 762, 765, 769, 787, 817, 832, 833, 837, 840, 841, 849, 855, 859, 872, 884
드니 디드로 553
디스크램블러 426
디지캐시 440, 442, 444
디지털 오디오 테이프 DAT 405, 406
디지털 현금 439~441, 448, 453
디지털 화폐 401, 409, 436, 439, 449, 450
디트리히 브라스 66
디피-헬만 키 교환 방식 412
딩 주 두 66

라마르크 173, 595, 687
라마르크식 진화 594~596, 599, 686~689, 697, 698
라몬 마르갈레프 199
람다 매개변수 164, 165
래리 그레이 810

래리 이저 677
랜돌트 박사 40
랜드 코퍼레이션 181
랜디 캠벨-퍼디 145
랠프 구겐하임 617
랠프 머클 604
랩 게임 751, 752, 754, 755, 757
레귤라 231
레오 버스 796
레오나르도 다빈치 258, 474
레옹 파르소 241, 243
로드니 브룩스 84~96, 99, 101, 102, 104~110, 113, 118~120, 124, 392, 629, 783, 871
로렌 카펜터 28~30
로렌스 포걸 572
로렌스 프랭크 854, 855
로버트 레이드 691
로버트 리클레프스 208
로버트 메이 197~199
로버트 액설로드 182~184, 187~189
로버트 프로시 357
로스 뱁콕 492, 493
로스 애슈비 158, 173, 197, 198, 780, 848
로이 윌퍼드 303
로이 트럽쇼 500
로이드 고메즈 262~266, 281, 282, 288, 323
로이드 모건 36
로저 549
로저 르윈 263, 866
루돌프 슈타이너 24
루디 러커 675
루이스 헬드 678
루크레티우스 476
루페르트 리들 728
룰렛 807, 813, 814, 819
리처드 골드슈미트 728, 729, 732
리처드 도킨스 526, 663
리처드 르원틴 707, 787
리처드 바틀 500
리처드 스위니 831
리치 배절리 769
린 마굴리스 176, 219, 311, 312, 464, 703, 704, 713, 714, 716, 720, 767
린네 725
린다 레이 283, 311, 320

ㅁ

마거릿 미드 854, 855
마르코 도리고 598
마빈 민스키 78, 98~100, 152, 793
마셜 맥루한 160
마우리츠 코르넬리우스 에셔 152, 153, 169
마음의 사회 98~100, 150
마이크로로버 85, 86
마이클 리트먼 590, 594~596, 687, 692, 693
마이클 매케나 626
마이클 모센 491
마이클 캐스 608, 609, 611
마이클 콘래드 573, 834
마자 마타릭 118
마크 넬슨 283, 284, 315, 327, 330, 331
마크 디프 607
마크 베다우 783
마크 와이저 340~346
마크 폴린 69~78, 80~82, 118, 120, 121, 123
만국 박람회 343
만달라 255
만프레트 아이겐 589
맞춤형 대량 생산 375, 400
맥매스터 장군 482, 483
메리 미즐리 701, 702
메릴 플러드 181
메이시 회의 853~855
메일링 리스트 414

메타제어 252
멘델 717
모듈화 377, 394, 400, 741
모드 158
모리스 마테를링크 26
모봇 80, 84~86, 91, 92, 94, 96, 107~111, 118, 120, 783
목시 621, 622
무글리 213
무리 지어 날기 32, 65
무리 짓기 32, 34, 65, 77, 341, 354, 672, 741, 850
무리 짓기 행동 35, 616, 672
무작위적 돌연변이 570, 572, 712, 717, 720, 721
무조건적 추적 불가능성 443
문법의 등고선 519
문화적 동화 694
문화적 진화 599, 695, 697, 757, 785, 795
미국공군항공우주의학교 276
미국방위고등연구계획국 496, 499
미디어랩 479, 480, 624, 634
미분방정식 195
미소 생태계 136
미첼 월드롭 766, 767, 866
미키 마우스 608, 614, 635, 636, 638, 640
밀크위드 157~159, 162~164, 545, 579
밀턴 프리드먼 818
밈 427, 695, 699, 700

ㅂ

바실리데스 514
바이러스 176, 177, 210, 213, 219, 674, 714, 790, 889
바이오모프 랜드 527~534, 536, 538, 540, 541, 792
바이오스 3 277, 278, 281, 284
바이오스피어 2 20, 285, 296, 303~305, 316, 328, 329, 665, 889
반노봇 422
반엔트로피 772
반카오스적 138, 743, 773
밥 램버트 614, 615
밥 크로스비 683, 701
방향성 730, 774, 775, 779, 786
배리 홀 720
배틀테크 493~495
백캐스팅 815, 844
버뮤다제비슴새 140, 141
버지스 셰일 778, 788
벌떼 마음 43, 48, 50, 51, 56, 62, 67, 68, 495
벤저민 프랭클린 582
벼룩봇 108
변이 525, 529, 533, 705, 706, 711, 719, 886
병렬 컴퓨팅 56, 67, 419, 576, 577, 580, 593, 595, 599, 600, 657
병렬성 52, 571~573, 576, 600, 650, 687
보르헤스 공간 531, 532, 553
보르헤스 도서관 520~523, 525, 528, 531, 533, 534, 538, 539, 553, 555
보르헤스 우주 526
보이지 않는 손 38, 39,64, 167, 403, 745, 756
보잉 497
복잡계 139, 169, 283, 306, 731, 733, 770, 805, 827, 835, 836, 840, 849, 869, 885, 887
복잡성 이론 195, 783, 853
복잡성 파국 761
볼드윈 효과 689, 690, 693
부분 마음 88, 96
분산 네트워크 138, 390, 601, 871, 879, 884
분산 스웜 시스템 600, 878
분산 시뮬레이션 인터넷 498
분산 연산 591, 598

분산 컴퓨팅 50~52, 413, 591, 599
분산 텍스트 878
분산 통치 27
분자 경제 322
분화 681, 710, 726, 729, 731, 744~746, 757, 760, 791, 795, 853
불균형 모형 195
불변량 828, 829
불안정성 영역 540
불완전성 정리 753
브라이언 굿윈 253, 756
브라이언 아마우치 103
브라이언 에노 875
브래드 드 그라프 620~622, 632, 634
브래드 콕스 429~432
브레드보드 프로젝트 278
블라디미르 베르나드스키 171~173, 175, 222, 785
블라디미르 포힐코 545, 546
블랙 239
블레이크 르배런 831
비가역성 785
비디오 다이얼톤 369
비디오사이퍼 426, 427
비비시스템 19, 672, 674, 803, 840
비선형적 수학 195
비선형적 인과 관계 56, 156
비이행적 선호 253
비토리오 마니에초 598
빌 고스퍼 666
빌 파워스 242

ㅅ

사그라다 파밀리아 335
사담 후세인 824
사막의 폭풍 489
사뮈엘 베케트 771
사유과학 246
사이버네틱 그룹 856
사이버네틱스 111, 149, 158, 206, 207, 245, 246, 248, 251, 253, 689, 691, 734, 833, 848
사이베리온 시티 505
사이퍼펑크 411, 414~419, 421, 426, 432, 454, 456
사회성 곤충 27
사회적 딜레마 181
산업생태학 357
삼중 기생충 564
상리 공생 162, 164
상전이 180
상향식 제어 746, 882, 884
상호 의존성 63, 129, 158, 209, 670, 785, 791
샌시 펜틀랜드 634
생기론 221, 224~226, 774, 783
생명의 압력 222
생명의 필연성 755
생물 군계 133, 287, 289~294, 296, 298, 322, 327, 331, 700
생물 논리 17, 18, 21, 333, 367
생물 연산 366
생물권 171, 175, 268, 300, 319, 328, 329
생물권 창조 원리 300
생물량 300, 319, 364, 464
생물학 제2법칙 771, 772
생태 경사 195
생태 천이 201
생태학적 건물 338
서보 기구 240, 242, 243, 245, 673, 837
선택주의 705, 706
선형적 사고 155
성장 곡선 828, 829
성장의 한계 모형 839~841, 838, 843~847, 849, 850
세계 동역학 838
세계 박람회 334
섹스 541, 565, 566, 571, 599, 605

셰리 터클 462
셸 산베드 530
소용돌이 52, 565, 566, 571, 599, 605
소트 루틴 578, 579
소프트웨어 불법 복제 427, 431
속도 유전자 729
솟아오르는 흐름 773, 774
수사슴 사냥 181
수소 경제 364
수평적 인과 관계 657
수학적 스웜 모형 59
수확 체증의 법칙 135, 145, 147, 401, 418, 696, 860, 883, 884
순차적 모형 55
순환 파동 828, 830
순환적 인과 관계 155
순환적 인과성 253, 629, 749, 753, 815
슈타인하트 수족관 260, 262
스마트 주택 338, 339
스몰토크 397
스웜 54~62, 600, 601, 747, 749, 764, 815, 820, 844, 850, 859, 873, 880
스웜웨어 61
스크램블러 426, 427
스타니스와프 렘 507
스타워즈 389
스탠리 살스 790
스텔라 840, 849
스튜어트 브랜드 149, 150, 152, 157, 159, 161, 163, 179, 310, 428, 463
스튜어트 카우프만 589, 746, 757, 758, 881
스튜어트 핌 136~139, 145, 146, 197, 198, 201, 264~266, 323
스티브 스트라스만 624~626, 632
스티브 패커드 130~147, 264, 325
스티브 하임스 855
스티븐 놀란 692, 693
스티븐 레비 475, 577
스티븐 스탠리 729
스티븐 울프램 222
스티븐 제이 굴드 697, 710, 728~730, 777, 778, 780, 781, 786, 788, 789
스틴 라스무센 671
스페이스 바이오스피어 벤처 281~283, 286, 327, 330
시간 이동 833, 834
시게오 싱고 391
시그마 정밀도 395
시너지아 랜치 280, 281, 283, 285
시뮬라크라 475~477, 479~481, 483, 497, 498, 507, 509, 510
시뮬레이션 205, 465, 472, 475, 479, 483, 485~487, 489, 491, 492, 496~498, 507, 611, 627, 636, 820, 821
시뮬레이션훈련연구소 491
시민국토보전단 128
시어도어 모디스 828~830
식물상 140, 300
신 역할 게임 460~462, 464~466
신경망 54, 56, 333, 367, 580, 747, 816, 889
신경세포 46, 48, 55, 67, 68, 367, 398, 836, 854
신다윈주의 705, 708, 709, 712, 720, 728, 738, 740, 779, 861
신라마르크주의 728
신생물학적 문명 888
신용 에스크로 412
신체적 적응 689, 690
실리콘 신경망 칩 56
실버블루나비 134
실어증 40, 42
심라이프 676, 845
심볼릭스 34
싱킹머신스 522, 657

아나톨 래포포트 182
아날로그 방법 298

아르눌프 그루블러 830
아르투로 로센블루에트 854
아리스티드 린덴마이어 612
아서 케스틀러 727
아스트로돔 285
아슬아슬하게 균형 잡힌 시스템 767~769
아웃소싱 381, 382, 384, 385
아인슈타인 469, 862
안정성 95, 137, 186, 190, 196, 197, 286, 389, 670, 699, 733, 735, 868
안정적 불안정성 168
안토니오 가우디 335
알고리듬 367, 520
알렉세이 파지트노프 545, 546
알베르크 725, 742
알베르토 콜로르니 598
암호 기술의 반항아 411, 414, 419, 436
암호화 407, 409, 410, 411, 412, 419, 420, 422, 423, 425, 426, 429, 432, 435, 436, 439, 443, 449, 455
앙페르 245, 246
애덤 스미스 756
앤드루 엘링턴 587
앤드룰 콜린 816, 817
앤디 립맨 479, 480
앨도 레오폴드 127~130, 135, 203
앨런 뉴올 575
앨런 라이트먼 861, 863
앨런 케이 67
앨빈 토플러 450, 684
앨프레드 로트카 172
앰블러 82~85, 111
얀 크리스티앙 스뮈츠 718
양성 되먹임 696, 787, 859, 872, 884
에니악 573, 574
에두아르트 쥐스 171
에드 바스 281, 304
에드 프레드킨 222, 223
에드박 574
에드워드 밀스 298, 299
에드워즈암고운부전나비 134
에른스트 마이어 719, 733, 734
에릭 휴스 412, 417, 464
에버글레이즈 296, 297, 640
에브게니 셰펠레프 275, 276, 282
에어빈 슈뢰딩거 221
에이미 브룩맨 503
에이사 그레이 706
에코스피어 268~274, 281, 284, 285, 307
에코테크 327
에코테크닉 284
에티엔 조프루아 생틸레르 725
엑스트로피 221, 772
엑스트로피주의자 221
엔트로피 168, 362, 772, 773, 787, 855
엘리 위트니 250
연결주의 580, 581
열린 진화 646
열역학 제1법칙 771
열역학 제2법칙 675, 757, 771~773
열역학적 엔트로피 168
염수 석호 287
영구적 신기성 660, 661, 663, 679
예측 가능성 영역 813, 820, 828
예측 기계 808, 811, 817~820, 822, 824, 825, 830~832, 834, 835, 840, 848
오메가 포인트 202, 367, 402
오스카 모르겐슈테른 180
오슨 스콧 카드 491
오언 깅그릭 861, 862
오즈 631, 632
오토 마이어 258
오퍼레이션즈 리서치 66
와딩턴 690, 774
와일더 펜필드 44, 45
왈도 621
용불용설 594, 720
우로보로스 228, 254, 255, 660, 698, 752

워글 633
워런 매컬로크 244, 854, 855
원심 조속기 235, 236
원자 62, 64, 222
월터 애디 288, 293, 295, 296, 298, 307, 309
월터 폰타나 699, 753, 756, 767
월트 디즈니 493, 638
위계 98, 101, 102, 107, 207, 732, 796, 844, 879
윈윈 188, 189
윌 라이트 466, 467, 550
윌 힐 352, 353
윌리엄 깁슨 370
윌리엄 래섬 536~543, 546, 549, 551, 552
윌리엄 모턴 휠러 27, 35, 36
윌리엄 베이트슨 150, 151, 180, 717
윌리엄 블레이크 886
윌리엄 제임스 98
윌리엄 파운드스톤 188, 553
윌리엄 해밀턴 205
윌슨 557, 695
유기체 38, 72, 104, 107, 212, 219, 349, 356, 358, 464, 582, 593, 674, 675, 678, 732, 776, 785, 796
유도 돌연변이 713, 720, 741, 795
유도 진화 589, 664, 698
유료 시청제 432
유아론 176
유연 근무제 회계 362
유연 생산 377, 383, 399
유연성 60, 246, 366, 377, 603, 605, 688, 690, 691, 692, 731, 761, 768, 769
유연한 생산 시설 362
유전 알고리듬 367, 500, 570~573, 577, 580, 590, 650, 747
유전공학 257, 365, 535, 591, 683, 795, 889
유전적 동화 689, 690
유진 가필드 871
의사 화폐 452
의태 209
이볼버 568, 569
이상한 고리 752, 753
이시도르 조프루아 생틸레르 725
이중 기생충 563, 564
이즈라엘 로젠펠트 42
이행대 195
인공 번식 524
인공 생명 366, 535, 607, 632, 634, 665, 671~673, 675, 676, 711, 775, 799, 819, 856, 870
인공 지능 78, 107, 113, 142, 253, 458, 693, 711, 819, 856~858
인공 진화 18, 543, 566, 581, 587, 659, 699, 708, 738, 739, 819, 850, 856
인공적 공진화 185
인공적 진화 336
인과성 708, 709, 746, 803
인용 색인 872, 873
인위 선택 527, 528, 661
인위적 들불 129
인증 134, 407, 415, 421, 444
인지과학 46, 594
일렉트로닉 아트 459
일본전자공업진흥협회 431, 432
잉여 653

ㅈ

자가 촉매 집합 752, 756
자율적 관리 17
자기 반사 162
자기 복구 17, 718
자기 복제 17, 559, 560, 564, 595, 646, 660, 662, 664, 667, 669~671, 695, 699, 755, 795, 796
자기 복제 기계 669
자기 의식 150, 258
자기 제어 16, 175, 232, 236~238, 246,

719
자기 조율 768, 769
자기 조절 175~177, 232, 236, 252, 258, 724
자기 조직 183, 189, 190, 205, 219, 265, 664, 696, 712, 713, 725, 735, 738, 741, 756, 757, 783, 851~853, 859, 867
자기 조직 시스템 695
자기 조직하는 시스템 757, 851, 852
자기 지각 237
자기 지시 253, 255, 700
자기 충족성 255
자기 통치 232, 258
자동 온도 조절 장치 168, 169, 234, 235, 255, 783
자동 유량 조절 장치 235
자동 장치 231, 232, 234
자동 제어 기술 246, 256
자동 제작 611
자동인형 477
자동-자아 232
자동화 애니메이션 615
자연 선택 593, 699, 710, 735, 738, 739, 741, 756, 772
자크 데리다 878
자크 모노 745
장 바티스트 라마르크 173, 594, 720
장 보드리야르 474, 475
재런 러니어 470, 477
잭 버논 114
잭 소프 496
적기 공급 196, 362
적응성 61, 64, 152, 343, 349, 692
적응적 기술 399, 467
적응적 연산 366
전략적 제휴 385
전자 도서관 257, 874
전자 프런티어 재단 415
전자 화폐 402, 436, 437, 439, 445~447, 452, 455
전쟁 시뮬레이션 821, 824
전체론 36, 149, 248, 280, 349, 357, 719
절약의 원리 656
정보해방전선 414
정점 생태계 202
정향 진화설 782
제럴드 와인버그 848
제럴드 조이스 587~589, 664, 665, 671
제럴드 홀 151
제로섬 게임 187, 189, 400
제록스 파크 339, 345, 498
제왕나비 158, 159, 162, 163, 164, 545
제이 데이비드 볼터 875~880, 883
제이 포레스터 468, 469, 837, 838, 840, 844, 847, 848
제임스 글릭 33, 61
제임스 러브록 159, 165~169, 173~178, 213, 214, 464, 703
제임스 베일리 657
제임스 와트 234~238, 243, 245, 424
제임스 조이스 876
제임스 캐머런 643
제프 하스 49, 460
제프리 힌턴 692
제한된 발생학 533
조 핸슨 266, 268, 269
조너선 와이너 175
조니 윌슨 465
조든 와이즈먼 492, 493
조세프 기텔손 276
조속기 235~237, 243, 245
조아킴 웨일 853
조앨 코헨 198
조절 유전자 724, 745
조지 길더 257, 343, 424
조지 소로스 817
조지 오웰 448, 880
조지 윌리엄스 168

조지프 베이츠 631~633
존 길모어 415
존 래시터 616, 617
존 로턴 198
존 배로 767
존 실리 브라운 498
존 엔들러 739
존 앨런 280, 282~284, 294, 328
존 워커 612
존 지나코플로스 810
존 케언스 720, 721
존 코웨이 666
존 코자 600, 650, 658
존 톰프슨 159
존 페리 발로 308, 369~371, 388, 402, 416
존 폰 노이만 180, 181, 188, 213, 573, 657, 669, 758, 848, 854
존 홀랜드 570~577, 650
존 휠러 759
존 휴링스-잭슨 41
죄수의 딜레마 181~185, 412, 568
주거비 230
주변부 종 311
줄리언 애덤스 208
중기생체 210
중심 원리 76, 77, 685, 686
중심적 의미자 97
지속 가능 130, 273, 363, 466, 741, 773
지속적 불균형 상태 168
지하 전자 경제 401
직렬 프로그램 573
직불 카드 437~439, 442
직접 조작 언어 397
진화 기계 551, 557, 559~561, 565, 566, 587, 595, 654, 758
진화 유발 장치 568
진화주의 549~551
짐 드레이크 136, 137, 139, 146, 264, 265
집단 마음 31, 37, 38, 151, 450, 598, 836
집단 선택 796
집단적 마음 29, 403
징기스 88~90, 108, 118~120, 124
쪼기 순서 138

차티스트 804
찰스 럼스덴 695
찰스 킬링 316, 317
창발적 특성 36
처치/튜링 가설 867
천 353
첨단 분산 시뮬레이션 테크놀로지 497
첨단 생명 지원 268
초개체 714, 789
초생명 73, 674,~679, 772, 794
초개체 35, 36, 204, 205, 210, 213, 340, 342, 375, 498, 502
초유통 431, 432
초진화 700, 785, 797
초파리 291, 709, 710, 719, 724, 725, 744, 746, 760
최소 작업 223
축약 분산 기억 44, 49
축음기 44
치킨 게임 181
칩스 436

카르노 771, 773, 774
카를 구스타프 융 254
카를 폰 프리슈 627
카멜레온 선문답 150
카오스 137, 195, 766, 802, 805~809, 813, 856, 857
카오스 비밀 결사 807~809, 813
카오스 수학 195
카오스 이론 137, 805, 806, 857
카오스의 가장자리 708, 867

카우프만 기계 757, 768, 881
카이 크라우제 549
칼 심스 518, 643, 659
칼 포퍼 708
캘리포니아과학아카데미 262
커넥션 머신 5호 522, 523, 544, 545, 577~579
컴퓨터 그래픽 29, 34, 49, 65, 537, 549, 608, 617, 623, 636, 643
컴퓨터 바이러스 19, 210, 215, 509, 556, 557, 560, 670, 671, 674, 679, 889
켄 카라코치오스 676, 846
코르넬리스 드레벨 233~235, 238, 243
코프 784
코프의 법칙 784
콘드라티예프 830
콘라트 로렌츠 627
크레이그 레이놀즈 34, 35, 65, 610, 672, 762
크리스토퍼 랭턴 666~673
크리스티안 린드그렌 185, 567
크립토아나키 407~409, 420, 447
크테시비오스 231~233
클레어 폴섬 213, 265, 267, 268, 281, 284, 323
클리퍼드 기어츠 694
키스 헨센 110

ㅌ

타르코프스키 219
테드 넬슨 283, 284, 315, 327, 330, 331, 373
테드 캘러 397, 415
테라리엄 285
테야르 드 샤르댕 402
테오도시우스 도브잔스키 701
테크노스피어 325, 326, 888
텍스처 뮤테이터 549
토니 버지스 193~196, 199, 293, 299, 300, 327, 778, 788
토머스 리드 532, 533, 535, 536, 540, 832
토머스 쿤 43, 860, 861
토머스 홉스 183
토머스 레이 552, 648
통제된 생태학적 생명 지원 시스템 277
특수화 785, 790, 791
틈새 경제 362
티에라 561~563, 565, 577, 668, 674, 711
틸트로터 497
팀 메이 405, 407, 409, 411, 412, 428
팃포탯 182, 187, 188

파리시 693
파퍼트의 원리 793
팝 323~325
패러다임 356, 860~863, 865
패티 메이스 634, 635
팩스 효과 418, 420, 421, 449
펑크이크 186
페레 알베르크 725
페로몬 598, 599, 645
페르소나 100, 503
펜티 카네바 48
펜티 캐너바 864
포괄 적합도 이론 863
포섭 구조 93, 94, 101, 102, 107, 392, 629, 635
포지티브섬 400
포카요카 393, 394
폰 노이만 기계 758, 848
폴 데이비스 767
폴 에를리히 157, 158, 163, 176, 177, 227, 228
폴 컨 490
폴리월드 677
폼신스 537
프라이스 160

프랑수아즈 자코브 745
프랜시스 골턴 717
프랭크 솔즈버리 279, 284
프랭크 황 66
프레더릭 클레멘츠 203
프레리 초원 125, 126, 128~130, 132, 133, 135, 136, 139, 146, 147, 205, 325
프리드리히 하이에크 249
프리딕션컴퍼니 809, 812~816, 817, 818, 832, 835
프리먼 다이슨 223, 321
프리미티브 648, 649, 652
프리웨어 419~421
프리티 굿 프라이버시 412, 419~421
프셰미스와프 프루싱키에비치 612
프톨레마이오스 231, 801, 817
플래시백 44
피니어스 게이지 216
피셔 575, 576
피어투피어 암호화 410, 411
피에르 그라스 711
피에르 드 라티 247~249
피터 가브리엘 620, 621
피터 데닝 600
피터 리트위노비치 642
피터 스프레이그 424, 425, 427, 429, 430, 432, 434, 435
피터 워셜 152, 153, 269, 270, 272, 290~294, 297, 298, 304, 307~309
픽사 28, 616~618, 635
픽셀 28, 30, 407, 467, 495, 522, 534~536
필 호스 280
필립 짐머만 420, 421
필수 복잡성 848~850

ㅎ

하딘 팁스 356, 357, 359, 361, 363, 364
하부 요소 465
하워드 패티 207
하이퍼리얼리티 474, 475, 477, 486, 488, 491, 497, 509, 511
하이퍼카드 397, 874
하이퍼텍스트 873, 874, 877, 878
하인츠 폰 푀르스터 857
한스 드리슈 226
한스 브레메르만 572
합성 생태계 298~300
항류성 767
해체주의 878
해커스 콘퍼런스 421, 428
허버트 사이먼 398, 521
허버트 스펜서 172, 790
헉슬리 172
험티 덤티 효과 152
헤론 233, 235, 239, 243, 255, 258
협박용 암호 444
형태 도서관 511, 569, 715, 736, 805
형태 발생 726, 727, 728
호르헤 루이스 보르헤스 43, 511, 531
홀랜드 기계 576
홀로덱 502
홀리 그레일 532
환각 44, 76, 114, 117, 151, 471, 544
환경결정론 196
환원주의 35, 36, 278, 279, 321
횡적 인과 관계 59, 60, 174, 253
후기 다윈주의 705, 713, 739, 740, 742, 772, 780
후향적 경로 155
후향적 호환성 339
휠윈드 프로젝트 574
휴리스틱스 원리 508
흰꼬리열대새 141